On va déguster LA FRANCE

致谢：

感谢劳伦斯·布洛赫（Laurence Bloch），让我有机会主持法国公共广播电台的节目。

感谢米歇尔·毕露（Michèle Billoud）与娜蒂雅·秀吉（Nadia Chougui）尽心尽力，每周规划全新的节目内容。

感谢萝丝玛丽·多明妮克（Rose-Marie Di Domenico）、伊丽莎白·达黑修修（Elisabeth Darets-Chochod）、艾曼纽·勒瓦罗（Emmanuel Le Vallois）和法国马哈布出版社的团队，支持并全力投入这本书的制作。

感谢安-茱莉·贝蒙（Anne-Julie Bémont）和法国公共广播电台的编辑支持并实现了这个企划。

感谢我的父母和姐妹，这些日子以来帮我不断重复阅读这本书。

感谢纳塔利·包德（Nathalie Baud）一路的支持与陪伴。

一并感谢菲利普·瓦勒（Philippe Val）、罗兰·福拉（Roland Feuillas）、菲利浦·达那（Philippe Dana）、莉迪亚·巴克里（Lydia Bacrie）、让-皮埃尔·加比艾尔（Jean-Pierre Gabriel）、史蒂芬·索林涅（Stéphane Solier）、阿兰·柯恩（Alain Cohen）。

感谢亚历山德拉（Alexandra）的耐心和宝贵建议。

On va déguster LA FRANCE

一起品尝法国

后浪

[法]法兰索瓦芮吉·高帝
(François-Régis Gaudry)
著

北京联合出版公司
Beijing United Publishing Co.,Ltd.

为什么要写这本书？

关于这个问题，我可以提供很多答案。

爱国式：因为法国料理是世界上最杰出的料理！

怀旧情感式：科西嘉老妈妈的菲雅多那奶酪蛋糕（Fiadone de Mamyta de Bastia）和我母亲烤的舒芙蕾，说什么都不能失传。

附庸风雅式：是时候在法国美食文化大部头里参上一脚了。

愤青式：图尔的炖小牛胸腺锅布榭尔（la beuchelle tourangelle）、萨瓦的奶酪火锅（Fondue savoyarde）、圣多诺黑泡芙挞（Saint-honoré），这些都比素食者的健康能量球有趣多了……

或者我们的出发点只是喜欢美食？甚至，这么说吧，喜爱文化？我们试着汇聚爱吃的心与知识学问，描绘法国人的饮食文化。在这本书里，我花了超过两年的时间，探访了十多位不同专家，包括主持人、记者、料理职人、厨师、面包师、学者、侍酒师、画家、摄影师、漫画家，还有我的家人。希望用独特而变化万千的风格，详细盘点法国所有的美食资产。

成果就是这本超过400页的人间精神食粮，相当厚重，超过3千克！但是又相当轻巧婀娜，自在悠闲地游走于不同料理间，从利穆赞的黑尾猪到布列塔尼的母牛，从蔬食之神阿兰·帕萨德（Alain Passard）的盐渍甜菜根到烘焙界野兽派大师菲利浦·康堤希尼（Philippe Conticini）的经典布雷斯特泡芙（paris-brest），其中更不乏法国作家拉伯雷（Rabelais）式的“舌灿莲花”和老字号糖果“卡宏巴”（Carambar）包装上的冷笑话。

欢迎来到奇幻诱人的法国美食殿堂，跟我们一起无止境地探索美食的根源。

祝您胃口大开！

法兰索瓦芮吉·高帝

François-Régis Gaudry

开胃轻松点*

看这些电影怎么说**……

“Ce sont les fameux **doubitchous de Sofia** (...)”

这些是索菲雅有名的肚必舒巧克力……

里面都是好东西哦，有代可可脂、人造奶油和红糖……这是传统做法，全部手工制作，用手搓揉后放到腋下捏出造型！

布鲁诺·莫诺（Bruno Moynot），《圣诞老人坏透了》（*Le Père Noël estune ordure*, 1982）

“**C’est lundi, c’est ravioli !**”

星期一，饺子穿新衣！

海伦·文森特（Hélène Vincent）《生活是一条宁静的长河》（*La Vie est une longue fleuve tranquille*, 1988）

“Manger des tripes sans cidre, c’est comme **aller à Dieppe sans voir la mer**”

吃牛肚不喝苹果酒，就好像去迪耶普不看海一样。

让·迦本（Jean Gabin），《名画追踪》（*Le Tatoué*, 1968）

你做的火鸡镶肉是你人生中最糟糕的料理，规律得具有指标性。每天都太恶心了，除了星期天，星期天餐厅公休。

路易·德菲内斯（Louis de Funès），《美食家》（*L’Aile ou la cuisse*, 1976）

这位女士，请您听好，目前看来，只有一件事可以让我们感到兴奋：薄酒莱，就是这样，还有白酱炖小牛肉！

让-皮埃尔·马里埃尔（Jean-Pierre Marielle），《致命的女性》（*Calmos*, 1976）

马赛鱼汤，装在盒子里？您指的是罐头吗？先生，请注意您的用词，您正在侮辱这道菜。

费南戴尔（Fernandel），《黄油烹饪》（*La Cuisine au beurre*, 1963）

Attention monsieur à ce que vous dites, vous l’insultez!”

* 内文篇章目录详见第415页。——编注

** 这里主要是几个与法国料理有关的电影搞笑片段，不完全与料理或开胃菜有关。——译注

“Vous avez le vin petit et la cuite mesquine.”

你们酒量这么小，连酒醉也是小气巴拉。你们根本就不配喝葡萄酒。你知道为什么西班牙人喝这么多酒吗？就是为了忘记你们这些可悲的粗人。

让·迦本（Jean Gabin），《冬天的猴子》（*Un singe en hiver*, 1962）

50 千克的马铃薯，一袋木屑，他照样可以蒸馏出25升的三星上等酒。乔是真正的魔术师。所以我才会去斥责那些胡乱造谣的人，叫他们闭上狗嘴。

弗朗西斯·布兰奇（Francis Blanche），《亡命的老舅们》（*Les Tontons-flingueurs*, 1963）

“50kilos de patates, un sac de sciure
de bois, il te sortait 25litres de 3étoiles à l'alambic ; un vrai magicien Jo.”

“Vous avez d'la pâte ?

您有面团吗？您有糖粉吗？用面团做个可丽饼，上面撒糖粉，就是糖粉可丽饼了！*

布鲁诺·莫诺（Bruno Moynot），《艳阳假期2》（*Les Bronzés font du ski*, 1979）

“Où sont les veaux, les rôtis, les saucisses ? Où sont les fèves, les pâtés de cerfs ?”

小牛肉在哪儿？烤肉、香肠在哪儿？豌豆、鹿肉酱呢？让我们好好来大快朵颐一番，忘却这些不公不义！有没有辣酱白豆、乳猪肉、烤羊排、胡椒味重一点的白天鹅肉？这些开胃菜总是让我胃口大开啊！

让·雷诺（Jean Reno），《时空急转弯》（*Les Visiteurs*, 1993）

嗯，这锅炖肉根本无法下咽！酱汁汤汤水水的，你为何没把汤汁收干？我已经跟你说过二十几遍，肉类煮熟后拿出来保温，汤汁另外收汁，放在另一口锅子里，另外倒出来放在别的锅子里收汁，你到底有没有听懂？

让·雅南（Jean Yanne），《禽兽该死》（*Que la bête meure*, 1969）

“Et ben ce ragoût est tout simplement dégueulasse ! La sauce, c'est de la flotte... Pourquoi tu l'as pas fait réduire”

* 电影片段里服务生提供许多甜点选择，但是主角只想要简单的糖粉可丽饼却没得吃。——译注

CHRONOLOGIE

法国美食编年史

撰文：洛伊克·比纳西斯（Loïc Bienassis）

Moyen Âge 中古世纪

阿尔萨斯地区及日耳曼部落出现腌酸菜。将白菜剁碎置于大木桶中，与盐层层交叠，佐以杜松子、莳萝、鼠尾草、茴香、雪维草或辣根。

XIIIe siècle 13世纪

巴黎人已经在吃布里奶酪。

XIVe siècle 14世纪

第戎的芥末酱已有一定的知名度。

Années 1320

《料理大全》（*Le Viandrier*）第一版问世，是法国现存最古老的食谱书。

1393

《巴黎食事》（*Le Mesnagier de Paris*）出现可丽饼的食谱：小麦粉、蛋、水、盐与葡萄酒，混合猪油与黄油烹调。

XVIe siècle

餐盘正式取代中古世纪装面包的木盘。

叉子及个人餐具正式成为法国贵族生活的一部分。

1542

《美食大全》（*Livre fort excellent de cuisine*，作者佚名）是法国在文艺复兴时期出版的唯一厨艺书籍。

1552

拉伯雷（Rabelais）在其作品中引用意大利语“马卡龙”一词，但并未解释其制作方式。

1651

拉瓦汉（La Varenne）出版《弗兰索瓦料理》（*Cuisinier François*），正式将法式料理与中古世纪料理区分开来，强调酱汁与食材风味，使用黄油、鲜奶油、当地香料及更多的蔬菜调味……

1653

法国第一本糕点全书《弗朗索瓦糕点》（*Pastissier François*，作者佚名）出版，书中有马卡龙、千层蛋糕、杏仁糖膏、泡芙。

Années 1620

干邑地区（Cognac）开始蒸馏制作“生命之水”（又称“白兰地”）。

2e moitié du XVIIe siècle

17世纪后半叶，美洲传来的扁豆成为法国南方料理的常客，取代卡叟洛锅（cassolo）原本常用的蔬菜。卡叟洛锅被视为卡酥来锅（cassoulet）的前身。

1666

1666年8月31日，图卢兹议会决定：非洛克福地区生产的奶酪，禁止使用“道地洛克福奶酪”标语来贩售。

Dernier tiers du XVIIe siècle

17世纪末，香槟区正式出现气泡酒。

1650 1700

勃艮第普遍使用“Grands Crus”酒类分级，例如蒙哈榭（Montrachet）、沃尔奈（Volnay）、香贝丹（Chambertin）、伏旧（Vougeot）……

1702

Thomas Corneille

高乃依（Thomas Corneille）的《世界历史地理百科》正式提到“卡蒙贝尔地区出产极佳奶酪”。

XVIIIe siècle

18世纪
贵族开始要求餐桌摆设全套餐具。

1733

夏贝尔（Vincent La Chapelle）在伦敦出版《现代烹饪》（*The Modern Cook*），书里第一次出现白酱炖小牛肉的食谱。

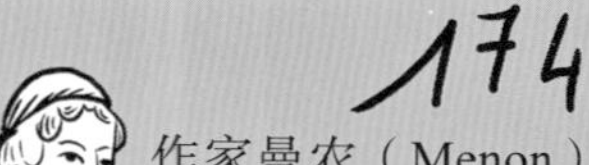

1746

作家曼农（Menon）的《布尔乔亚厨娘》（*La Cuisinière bourgeoise*）是18世纪最畅销的美食书籍，截至1866年已出版122版。

DEUXIÈME MOITIÉ DU XVIIIe SIÈCLE

“火上锅”（pot-au-feu）这道菜名源自普通的锅子（pot），《学院辞典》（*Dictionnaire de l'Académie*，1798）解释为“可以放进锅里的肉类数量”。

1755

作家曼农出版的《宫廷晚膳》（*Les Soupers de la cour*）是第一本提到马铃薯料理的法语厨艺书：先水煮，再削掉外皮，放进带辣味的白酱或芥末底的酱汁炖煮。

MILIEU DES ANNÉES 1760

布朗杰先生（Boulanger）的新式餐厅诞生，有几张餐桌，每道菜的价格都会清楚标示在菜单上。文献记载：“这些地方没有提供定食，每天任何时候都可以用餐，自选料理，价格固定。”

PALAIS ROYAL

皇家宫殿变成巴黎美食重镇：安东尼·博维利（Antoine Beauvilliers）在这里开设了第一家餐厅，“普罗旺斯三兄弟”（les Frères Provençaux）、“梅奥”（Méot）、“维利”（Véry）等餐厅也陆续开张……

1778

孔塔德（Contades）元帅的厨师让-皮埃尔·克罗兹（Jean-Pierre Clause），据传酥皮鹅肝肉酱就是他发明的，后来变成斯特拉斯堡特产。

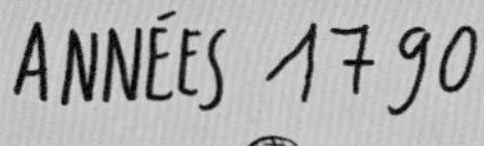

ANNÉES 1790

松露到这时候才开始栽种。第一个种松露的人是住在普瓦图的磨坊主皮埃尔·莫雷昂（Pierre Mauléon）。

VERS 1800

卡汉姆（Marie Antoine Carême）到著名的甜点师希维安·巴里（Sylvain Bailly）位于薇薇安路的店里工作。这段历练造就了这位高级烹饪艺术之父的非凡成就。

1801

约瑟夫·贝萧（Joseph Berchoux）的诗作《美食学或食客》（*Gastronomie ou l'homme des cha-mps à table*）问世。诗里第一次使用“gastronomie”（美食）一词。

1803

雷尼埃（Grimod de la Reynière）出版了第一本《老饕年鉴》（*Almanach des gourmands*）。后面还有7本于1804至1812年间陆续问世。

1804

奥古斯特·冯科策布（August von Kotzebue）在《巴黎回忆录》（*Souvenirs de Paris*）中首次提到使用“美乃滋”的鸡肉料理。

1804

AU ROCHER DE CANCALE

阿列西·巴连（Alexis Balaine）在巴黎大堂（les Halles）旁开设了知名生蚝餐厅“康卡尔的岩石”（Le Rocher de Cancale）。

1806

亚历山大·维哈在《皇室料理》（*Le Cuisinie rimpérial*）中首次将番茄做成酱汁。

1809

卡西古（Charles-Louis de Cadet de Gassicourt）的著作《美食逸闻》（*Cours gastronomique*），首次出现法国美食地图。

1826

萨瓦兰（Brillat-Savarin）出版了《好吃的哲学》（*Physiologie du goûtou Méditations de gastronomie transcendante*），是第一本将珍馔美食当成哲学素材来研究的作品。

1811

玛格丽特·斯波尔林（Marguerite Spoerlin）出版《上莱茵河食谱》，在1829年被译成法语。

1830

LE CUISINIER DURAND

记述法国南方料理的《杜尔德厨师》（*Le Cuisinier Durand*）是第一本标示马赛鱼汤做法的食谱书。

ANNÉES 1830

巴黎高级美食重镇从皇家宫殿转移到大道区，如圣殿大道上的蔚蓝卡德安饭店、意大利人大道上的哈迪咖啡馆、英国人咖啡馆、里舍咖啡馆及巴黎咖啡馆。

巴黎世界博览会期间，波尔多商会要求众多经理人合力将波尔多的重要酒庄分区并列级。

渔业稽查员维克多·柯斯特（Victor Coste）大力推动以现代化的方式养殖生蚝。在这之前，生蚝来源一直都以海钓为主。

1850 1860

1853

安塞姆·佩恩（Anselme Payen）写下第一份可颂小面包的食谱：面粉1千克，鸡蛋一两颗（打散），水500克及酵母，不加黄油。

1856

余尔班·杜布瓦（Urbain Dubois）与埃米尔·伯纳德（Émile Berbard）共同出版《经典菜》（*La Cuisine Cclassique*）一书。

1863

葡萄害虫根瘤蚜首次出现在法国加尔省的皮诺（Pujaut）。灾情持续了30多年，毁掉了将近七成的葡萄园。

1866

布什斯男爵（Baron Brisse）是第一位在《自由报》（*La Liberté*）开辟美食专栏的作家。每天都会介绍不同的料理及制作方式。

1867

皮埃尔·拉鲁斯（Pierre Larousse）出版的《世界料理辞典》（*Grand Dictionnaire universel*）将形容词“bourguignon”定义为“以葡萄酒料理的食材”，范例为“红酒炖牛肉”（boeuf bourguignon）。

1873

如勒·古菲（Jules Gouffé）的《糕点书》（*Livre de pâtisserie*）里有一道圣多诺黑香草奶油酱食谱，与现今的圣多诺黑泡芙做法几乎一模一样。圣多诺黑泡芙由甜点师希布斯（Chiboust）于1840年所创，他的店铺就位于巴黎圣多诺黑路上。

FIN XIXe - DÉBUT XXe SIÈCLE

19世纪末至20世纪初，巴黎的料理舞台上出现了许多崭新面孔：玛德莲广场及皇家路上的马克西姆餐厅（Maxim'ls）和韦伯或卢卡斯（Weber ou Lucas）；香榭丽舍大道及布隆森林附近的勒朵瓦扬（le Ledoyen）、爱丽舍宫（le Pavillon de l'lysée）、洛朗餐厅（le Laurent）、福奎特餐厅（le Fouquet's）、大瀑布餐厅（la Grande Cascade）、卡特朗餐厅（le Pré Catelan）；塞纳河左岸的银塔餐厅（la Tour d'Argent）及拉贝鲁斯餐厅（Lapérouse）。

1884

由凯萨·丽思（César Ritz）经营的摩纳哥大酒店邀请大厨奥古斯特·埃斯科菲耶（Auguste Escoffier）接掌餐厅。现代式豪华酒店从此应运而生（如伦敦的萨沃伊饭店、巴黎的丽池酒店等）。

dix-huit décembre 1889

2月18日的报纸上，有篇文章提到塔探小姐的反烤苹果挞（tarte Tatin）。塔探小姐（Stéphanie Marie Tatin）与她的妹妹在索洛涅地区的拉莫特博夫龙经营一家酒店。

1903

埃斯科菲耶出版的《烹饪指南》（*Le Guide Culinaire*），是20世纪法国高级料理的指标。

1er août 1905

1905年8月1日，法院为了遏止当时葡萄酒业界盛行的不正当商业手段，设立了原产地命名（appellationd'origine）标志。

PREMIÈRES DÉCENNIES du XXe

洛林咸派（quiche lorraine）通指加了蛋、黄油及培根的薄饼。咸派（quiche）一词自16世纪已出现在洛林地区。

1912

政府下令在托农（Thonon）设立旅馆工业应用学校，成为第一所国立的旅馆管理学校。

6 mai 1919

1919年5月6日，法国当局颁布与原产地命名相关的新法令：所有人只要认为某个命名被不当使用，对其造成直接或间接影响，皆可要求禁止使用该名称。

1920—1930年，是里昂妈妈料理的黄金时代：巴兹耶妈妈（Brazier）、布尔乔妈妈（Bourgeois）、布朗妈妈（Blanc）等人的盛名一直延续到20世纪70年代。

1921

库诺斯（Curnonsky）与莫里斯·罗夫（Marcel Rouff）出版了一系列《珍馔法国》（*La France gastronomique*），截至1928年共出版了26辑，介绍法国各地饮食。

26 JUILLET 1925

洛克福奶酪（Roquefort）的原产地命名受到法律保护。

Années 1920

长棍面包（baguette）一词正式出现在法语词典里，指来自巴黎的长条白面包。

1920年，伊丽莎白·葛拉蒙（Élisabeth de Gramont）在她的《法国美好事物年鉴》（*Almanachdes bonnes choses de France*）中提到“全世界最顶级的奶酪就是法国奶酪”。

Entre-deux-Guerres

法国 奶酪王国

1er OCTOBRE 1930

1930年10月1日，巴黎的戴哈日路上开设了一所食品学校，培养面包师、肉贩、厨师、杂货商、甜点及糖品师傅等各行职人。

知名美食作家吉内特·马蒂欧（Ginette Mathiot）出版《我会烹饪》（*Je sais cuisiner*）一书。

爱德华·彭米安（Édouard de Pomiane）在巴黎广播电台开启美食烹饪节目。

1933

《米其林指南》（*Le Guide Michelin*）订立评鉴标准：三颗星，值得专程前往；两颗星，值得绕道前往；一颗星，值得停车一尝。巴黎及外省区共23间餐厅获得三星殊荣。

1934

当代第一个品酒骑士协会（Confrériedes chevaliers du tastevin）在尼伊特圣若尔热正式成立。

1935

全国产地命名委员会（CNAO）正式成立，1947年改制为国家原产地名称管理局（INAO）。

1953

LES RECETTES de M.X

法国电视台第一个烹饪节目《X先生的食谱》（*Les recette de M.X*）开播。雷蒙·奥利维（Raymond Oliver）和凯萨琳·朗杰黑（Catherine Langeais）于1955年接着主持节目《主厨的食谱》（*Les Recettes du chef*），后更名为《烹饪的艺术与魔法》（*Art et magie de la cuisine*），一直播到1966年。

1965

保罗·博古斯（Paul Bocuse）的餐厅“Auberge du Pont de Collonges”获得米其林三星殊荣。

1965

弗朗索瓦·贝赫纳（Françoise Bernard）出版《简易食谱》（*Les Recettes facile*）。

1969

*ELLE*杂志出现玛德琳·彼得（Madeleine Peter）制作的食谱卡片。

1960

图瓦格兄弟（Les frères Troisgros）餐厅正式采用“餐盘服务”，先将菜肴在盘中装饰好，再由服务生端上餐桌。这项创新服务后来普遍被大型餐厅采用。

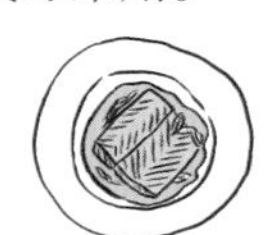

OCTOBRE 1973

1973年10月《高特米鲁美食评鉴》（*Gault-Millau*）杂志正式提出新式料理十诫：不过度烹调，使用新鲜高质量的食材，简化菜单，不一定非要遵循现代厨艺，对新技术须时刻保持好奇，避免腌泡、腌制或发酵等料理法，不用浓稠酱汁，注意食物营养，摆盘不作假，保持创新精神。

米歇尔·盖拉德（Michel Guérard）出版《伟大的健康料理》（*La Grande Cuisine minceur*）。

- 1992 -

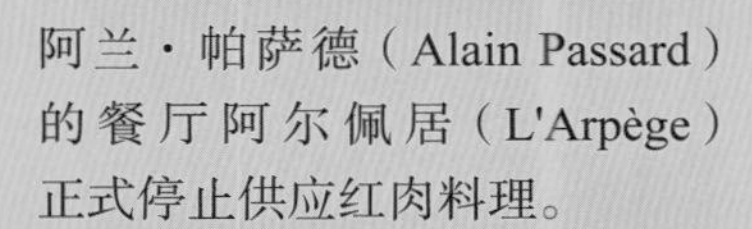

伊夫·坎德伯（Yves Cam-deborde）创立合贾拉餐厅（La Régalade），开启小酒馆（bis-tronomie）时代。

2·0·0·1

阿兰·帕萨德（Alain Passard）的餐厅阿尔佩居（L'Arpège）正式停止供应红肉料理。

Seize novembre deux-mille dix

2010年11月16日，法国美食传统正式被联合国教科文组织评定为文化遗产，被认为是“一种社会日常习俗，用来庆祝个人及团体生活中的重要时刻，如出生、结婚、纪念日、成就、相聚”。

2014

保罗·博古斯欢庆获得米其林三星殊荣50周年纪念。

4 JUILLET 2015

2015年7月14日，联合国教科文组织正式将“香槟区的丘陵、房子及酒窖”与“勃艮第葡萄酒产区风土”列入“世界遗产文化景观”。

法式腌黄瓜大解密

大家注意！请给点尊重。这个不起眼的东西来头不小，
它跟克丽比琪酱（sauce gribiche）与法式酸辣酱（sauce ravigote）构成绝佳组合，
是酱料的好搭档，更是法式奶油火腿三明治的挚爱。

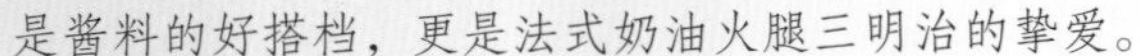

身份证明

学名：*Cucumis sativus*
科别：葫芦科甜瓜属
产地：西亚
产季：夏季
热量：每100克11大卡

世界腌黄瓜比一比

法式腌黄瓜
小而脆，带酸辣味，世界知名。

俄式腌黄瓜（malossol）
“malossol”指的是浸在盐水里发酵的方式。这种黄瓜（ogourtsi）较粗大，泡淡盐水加香辛料、大蒜、莳萝、茴香及糖，略带酸甜味。

犹太莳萝腌黄瓜（kosher dill pickle）
纽约和加拿大的犹太人都吃这个，常出现在汉堡里。

大黄瓜（concombre）与腌黄瓜（cornichon）
两者属于同一个品种的植物，只是采收时机不同。大黄瓜是等果实长大成熟才采收，腌黄瓜则是还小的时候就被采收了。爱玩填字游戏的人都知道，“老的腌黄瓜”指的就是大黄瓜。

同场加映
三明治，边走边吃的艺术（第297页）

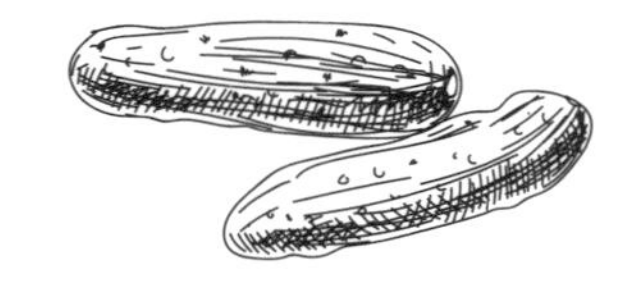

蕴含多种意思的腌黄瓜

- 法式腌黄瓜可用来戏称动物的角（corne）。
- 1547年，变成游戏名称“腌黄瓜向前跑”（cornichon va devant）。
- 1549年，“小号角”（petite corne）开始带有情色意味。
- 1808年，这个词被用来戏称圣西尔军校（École deSaint-Cyr）的学生，意指“傻蛋”。
- 到了20世纪，因为腌黄瓜的形状，被用来指称“电话”。作家奥古斯特·布鲁顿（Auguste Le Breton）在他的小说《大搜捕》（*Razzia sur la chnouf*）中就是这样使用的。

美味的家庭自制腌黄瓜

腌黄瓜不只是歌手尼诺·费拉（Nino Ferrer）*的心头好，美食记者埃希克·胡（Éric Roux）**也十分喜爱。他以个人名誉担保他只吃自己制作的腌黄瓜，此举是为了抵制“印度制”的法式腌黄瓜。

我每周六早上都去里永市集采购每日必需品。量贩商人乔瑟琳在每年7月的前两周就开始摆出好几十千克黄瓜，都是前一天早上新鲜现采的。她的葡萄牙人邻居也是，一大箩筐，每千克6欧元，相当划算。……每年7月，我都会准备6～8千克腌黄瓜，确保一整年都有的吃，而且足够分送给亲朋好友。首先我会用大量清水冲洗这些黄瓜，确认每根黄瓜的状况，用湿布或指甲刷来清洗黄瓜外皮……
确实完成这个枯燥冗长的程序后，我会拿出用沸水烫过的罐子，放入我准备好的香料。您可以发挥想象力，不过还是要有点节制：大蒜一瓣，珠葱一到两根，不太呛的辣椒一条，一些风轮菜的细枝或叶片，一些迷迭香、百里香、月桂叶、莳萝，以及大量的龙蒿。还有一些完整的芥末籽、香菜叶、葛缕子、刺柏、孜然、葫芦巴。再加点黑胡椒，然后把黄瓜分别放进这些装满香料的罐子里……将一升白醋倒进不锈钢锅，加一点盐，再加入390毫升水，整锅煮沸。相当精确。接着把这锅醋倒进黄瓜罐里，装满到罐口，立刻把罐子封口。一个月后，这些腌制小黄瓜就可以上桌，搭配冷肉拼盘或腊肉食用。

*尼诺·费拉（Nino Ferrer, 1934—1998）在1966年发行了一首诙谐的《腌制小黄瓜》（*Les Cornichons*）之歌。
**创立网站“大众厨房观察站”（observatoirecuisinespopulaires.fr），身兼博客“饮食万岁”（Vivre la restauration）总编辑。

法国万岁！马克之家万岁！

不要再自欺欺人了！法国的腌黄瓜超过95%产自亚洲，“法国制造”的腌黄瓜几乎已经不存在了。目前只剩一家食品工厂“马克之家”（Maison Marc）还在坚持。1952年创立于约讷省，那里的黄瓜都生长在土地之上（一般多采用攀藤种植），没有使用任何除草剂或除虫剂，不论风味或爽脆度都是无与伦比的。

无法被分类的美食主义者

撰文：巴斯卡勒·欧利（Pascal Ory）

萨瓦兰不只是奶酪品牌，更是一位美食家及作家，其作品时至今日依旧闻名于世。

让-安泰尔姆·布里亚-萨瓦兰
Jean-Anthelme Brillat-Savarin（1755—1826）

他是谁？

萨瓦兰与他的同辈不一样，他不像卡汉姆（Carême）是个厨师，也不像雷尼埃（Reynière）是个美食评论家。他是宾客，有足够的金钱可以挑剔讲究；他喜爱美食，愿意不断尝试新体验，而且有足够的知识和权威，可以做出理论分析而不显荒谬；他的心胸也够宽广，愿意嘲笑自己的学术口吻，且文笔相当好，即便是巴尔扎克（Balzac）或罗兰·巴特（Roland Barthes）也会为之倾倒。

一个享乐主义者

萨瓦兰于1755年出生在汝拉省（Jura）南边的比热（Bugey）。他非常喜爱家乡的山水、传统，当然最爱的还是这里的料理。他与雷加米埃夫人*（Madame Récamier）是表兄妹。1789年被选入法国三级会议，但激进分子批评他的改革行动太过温和，因而远走他乡，先后去了瑞士与美国。风暴过去后，他在1796年回到法国，并在拿破仑执政时期担任最高法院法官，直到1826年去世。

*雷加米埃夫人是当时巴黎著名的沙龙主办人，萨瓦兰因她参与了当时巴黎众多盛会。——译注

巴尔扎克的导师

巴尔扎克极力推崇萨瓦兰，甚至仿效其论辩书写法，写下《婚姻生理学》（*Physiologie du mariage*）一书。他甚至还编写了萨瓦兰的简介，放在《环球传记》（*Biographie universelle*）中。这位大文豪除了喜爱真正的美食，更爱萨瓦兰笔下的美食，他说"打从16世纪以来，除了拉布鲁耶（La Bruyère）及拉罗什福柯（La Rochefoucauld），没有任何散文作家有办法像他一样如此强烈鲜明地使用法语"，"他的文采如此闪耀，好比乌梅般鲜红诱人，更如同美食家的胭脂红唇"。

独一无二的经典

《好吃的哲学》（*La Physiologie du goût*）有个迷人的副标题"非凡美食的冥想"（*Méditations de gastronomie transcendante*），初版于1825年12月出版，大约是在萨瓦兰逝世前一个月。这本书结合了萨瓦兰的个人经历、对美食的看法以及各种料理食谱。在"教授的格言"（"Aphorismes du Professeur"）这一章有几句相当经典。

"告诉我你**吃什么**，我就知道你是**什么样的人**。"
"料理可以学习得来，但是**烤肉技术只能与生俱来**。"
"缺了**奶酪**的甜点，就好比缺了一只眼的美人。"
"对人类来说，**发现一道全新美食**比发现一颗新星更令人感到**幸福愉悦**。"

美食文学畅销作家

萨瓦兰的作品甫一出版即大获好评，带动了撰写每日生活小品文的风潮。两个世纪以来，他的作品不断再版，巴尔扎克为他写过序言，罗兰·巴特为他写过附记。知名美食作家费雪（M. F. K. Fischer）将他的作品译成英文。

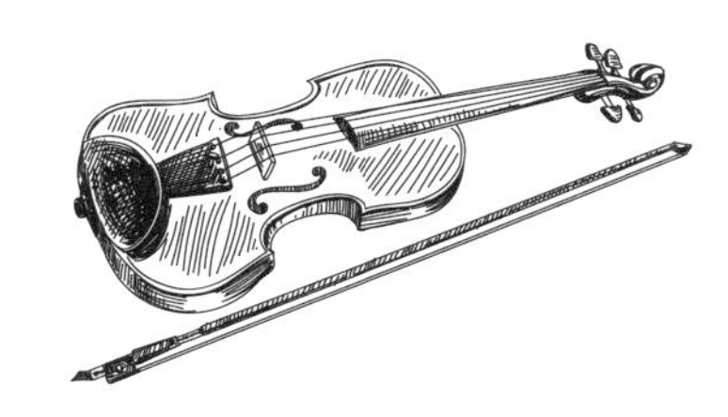

萨瓦兰在美国

他在美国居住的那段时间（1794—1796），主要以教法语和小提琴维生，甚至曾加入纽约管弦乐团表演。他宣称奶酪炒蛋（scrambled egg）是他引进美国的，被放在波士顿一家法国餐厅的菜单上。目前在美国还有一家"布里亚-萨瓦兰美食学院"（Académie de gastronomie Brillat-Savarin）。

地方美食先锋

在法国旧政权时代的食谱书里，地区料理的概念仍相当罕见。萨瓦兰在作品里多次推崇他的"故乡美食"，甚至引用了地方方言写成的篇章。1892年，第一本法语地区料理书出版，作者路西昂·冬德黑（Lucien Tendret）也是比热人，书名是《萨瓦兰的乡村餐桌》（*La Table au pays de Brillat-Savarin*）。

处处萨瓦兰

萨瓦兰声名远播，1856年甚至有位糕点师傅用他的名字为蛋糕命名（gâteau Savarin），用来制作此糕点的模具也引用了这个名字。两次大战期间，奶酪师傅安德鲁埃（Androuët）特别以"萨瓦兰"来命名一种奶味香浓的软质奶酪。由莫里斯·罗夫（Marcel Rouff）撰写的美食小说《杜丁布逢热爱美食的一生》（*La vie et la passion de Dodin-Bouffant, gourmet*），内容非常明显取材自萨瓦兰的一生。

小小果仁糖

撰文：路易·毕安纳西（Loïc Bienassis）

不管是蒙塔日产的精致巧克力果仁糖（praline），
还是粗犷变化版的巧克力焦糖花生（chouchou），这种法式小甜点永远流行。

世界各地的果仁糖

法国版：在烤过的杏仁上裹覆焦糖糖酥，外观呈不规则状。

比利时版：以巧克力为基底，填充不同内馅（奶油、烈酒等）。

美国路易斯安那版：以胡桃仁、红糖、牛奶及黄油为基底。18世纪法国移民定居新奥尔良，将自己食谱上的杏仁改成当地的胡桃仁。

名称由来

《法语词典》（*Le Dictionnaire françois*，1694）提到："多年来，我们将这些外面包裹糖衣的杏仁称作普拉林果仁糖，但创造这道点心和这个名称的人，是普拉林元帅的膳食总管。"元帅本名凯萨·普拉林（*César de Choiseul Praslin*，1598—1675），总管的身份则无人知晓。

不含杏仁的果仁糖

《侍者餐桌礼仪》（*Le Maistre d'hostel qui apprend l'ordre de bien servir sur table*，1659）一书中除了提到"杏仁果仁糖"，还有"紫罗兰果仁糖"：紫罗兰的花瓣与果仁糖一起放进糖浆里熬煮至熔化，让花瓣附着在果仁糖上，非常美丽又美味。书上还提到玫瑰、金雀花、柳橙及柠檬果仁糖，后两者是将果皮放在糖浆里炖煮入味。

—— 弗朗索瓦*的甜杏仁布里欧修（Praluline©）——

分量：8~10人份

材料：

中筋面粉（T55）250克
盐5克
新鲜鸡蛋3颗
新鲜酵母10克
水50毫升
糖10克
室温黄油125克
杏仁果仁糖320克

步骤：

- 前一天先准备面团：将面粉、盐、鸡蛋、揉碎的酵母、糖和水放入搅拌盆，以电动搅拌机搅拌4分钟。将常温黄油切成小块放入盆里，继续搅拌四五分钟，形成平整光滑的面团，放进冰箱过夜。
- 隔天用研磨棒捣碎果仁糖，不要捣太碎，保留品尝时的口感。
- 在工作台上撒面粉，将面团擀成约1.5厘米厚的方形面团（第15页图❶）。
- 撒上捣碎的果仁糖，然后将面团由外往内折，把果仁糖包在面粉中央（第15页图❷❸）。
- 用擀面棍将面团擀平成长方形（第15页图❹）。
- 将一边往内折，再将另一边折叠覆盖其上。在工作台上撒面粉，重复一次折叠和擀平的动作，将角落的果仁糖往中间推挤。将面团的四个角往中间拉，再把面团整个翻过来，用手揉塑成圆形（第15页图❺）。
- 将面团放在铺了烘焙纸的烤盘上，放入蒸汽烤箱（或烤炉）中，以45℃烤45分钟。时间一到取出面团，再放进预热至150℃的烤箱中。烤箱门留出1厘米空隙，烘烤45分钟（第15页图❻）。
- 享用面包前请先稍等一下。有些人喜欢趁温热时吃，但这种面包通常放凉了再吃。不妨搭配草莓作为甜点，或在早餐、下午茶的时候配茶享用。

*巧克力大师弗朗索瓦·普拉吕斯（François Pralus）是法国少数自行用可可豆生产巧克力的人，这份祖传食谱来自他那曾获法国最佳工艺师（MOF）的父亲，于1955年在罗阿讷（Roanne）所创。

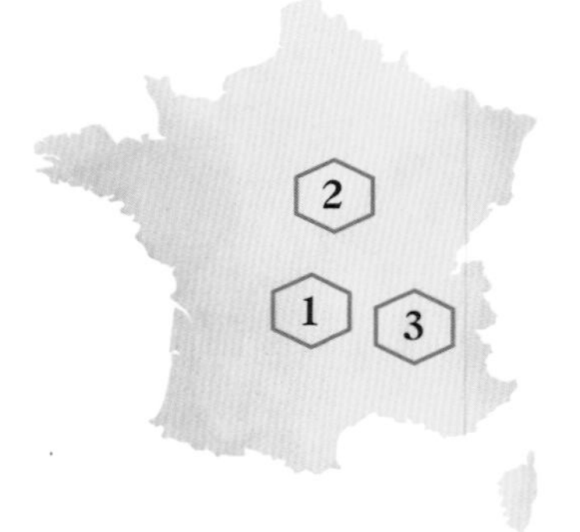

果仁糖的重要"产地"

1 艾格佩尔斯（Aigueperse）：19世纪开始极负盛名。

2 蒙塔日（Montargis）：马泽之家（Maison Mazet）目前是蒙塔日果仁糖的注册商标持有者，1903年由莱昂·马泽（Léon Mazet）创建。

3 罗讷-阿尔卑斯（Rhône-Alpes）：有好几种以粉红果仁糖制作的甜面包，如萨瓦省的圣珍妮丝布里欧修、布尔关布里欧修或是弗朗索瓦·普拉吕斯的甜杏仁布里欧修。至于粉红果仁挞则是阿兰·夏贝尔（Alain Chapel）所创，点子来自一位友人厨师，他在著作《料理，不只是食谱》（*La Cuisine, c'est beaucoup plus que des recettes*）中将果仁挞发扬光大，几乎攻陷了里昂所有的糕饼店。

粉红果仁糖

粉红果仁糖并非现代化学的产物。弗朗索瓦·马西雅罗（François Massialo）在他1692年出版的《果酱、利口酒及水果的新式指南》（*la Nouvelle instruction pour les confitures,les liqueurs et les fruits*）中，就已提到怎么制作不同颜色的果仁糖：灰色、红色、白色及金色。红色主要萃取自胭脂虫，放入水中与明矾及酒石酸（或称塔塔粉）一起煮沸。

同场加映
甜蜜环法之旅（第164页）

罗阿讷的果仁糖制作方法

将瓦伦西亚杏仁、罗马榛果及意大利皮埃蒙特榛果放进机器烘焙。糕点师趁这时将糖加热并上色，再加入葡萄糖。
最后用勺子将糖浆浇在果仁上，使其沾裹上色，约20千克果仁通常需要花一小时。
罗阿讷的果仁糖工厂每天可制作超过600千克的果仁糖，大部分会立即被压碎运送到店面，制作成甜杏仁布里欧修。

Praluline© 甜杏仁布里欧修的制作过程

法式鸡尾酒
小宾治的艺术

到安的列斯群岛的法国人不喝小宾治（Ti-punch），就像到日本不喝清酒一样令人难以想象！这种当地特产鸡尾酒是社交场合不可或缺的伙伴，为大家带来微醺的喜悦！

不同时段的小宾治

苏醒： 一天之中第一杯，清晨空腹时饮用。

小酌一杯： 上午十一点来一杯，为中午的小宾治揭开序幕。

断脚宾治： 辛劳一天后一口喝光小宾治，小心走路会不稳！

CRS宾治： 晚上饮用的小宾治（柠檬、朗姆酒、糖）。当地俚语“koté kipa ni wonm, pa ni plési”意思是：没有朗姆酒，就没有乐趣可言。懂了吗？

白朗姆酒或金朗姆酒？

奉行纯粹主义的人喜爱添加白朗姆酒，唯美主义者通常更钟爱金朗姆酒（老朗姆酒），酒精度最好是40%左右。

加冰块或不加冰块？

正宗的小宾治通常朗姆酒味很浓，从来不会“on the rock”（加冰块），这种叫作“警察宾治”。加冰块稀释的通常被戏称为“小女孩宾治”。

其他变化

把糖粉换成混合了焦糖及甘草的甘蔗糖浆（sirop de batterie），不妨再加入一点安格斯图拉苦精（angostura），添一丝苦涩，最后磨一些豆蔻细屑在上面。

同场加映

法语中含“G”的美食词汇（第27页）

克里斯丁*的小宾治酒谱

分量： 4人份

材料：

马提尼克或是瓜德罗普出产的白朗姆酒（酒精度50%~55%）

4/5份

红糖或红糖糖浆

1/5份非常小的酸橙切片4片，或柠檬角1/8颗的量

步骤：

- 将红糖（或糖浆）平分在四个小宾治酒杯里。
- 挤出酸橙汁液并放入酒杯。
- 用小汤匙搅拌让糖溶解。小心不要过度挤压，以免释放出苦味。倒入朗姆酒，再度搅拌均匀，然后举杯享受吧！

*克里斯丁·蒙塔杰尔是最优秀的朗姆酒界专家，他的朗姆酒窖及加勒比海精品香料店位于rue de l'Abbé-Grégoire Paris 5e。

是珍馔美食，
还是法式衰败？

在你手中的这本大部头美食圣经里，
我们除了愉悦地欢庆法式美馔飨宴，
当然免不了也要来浇点冷水。
罗马尼亚籍哲学家、法语作家萧沆[1]认为，
珍馔美食不过就是法国在垂死前的最后礼赞[2]。
他的论点提供了一个不同的题材，
让我们重新思考饮食这件事……

“价值观的瓦解及本能上的虚无主义在迫使个体进入感觉崇拜。当一个人什么都不相信的时候，感官就变成了宗教，肚皮变成了目的。衰败颓废的现象与美食是不可分割的。

“有个叫作阿皮乌基斯（Gabius Apicius）[3]的罗马人，在非洲的海岸漫游，寻找最鲜美的龙虾，但是遍寻不着符合他标准的龙虾。这种现象完全代表了一种烹饪上的疯癫，只有在毫无信仰的情况下才会发生。自从法国放弃了她的使命，饮食被提升成仪式等级，彰显出来的不是吃的事实，而是冥想、推测，并为此谈论数个小时，感觉到这种必要性，透过文化来取代需求——如同爱情一般——是本能行为的弱化与耽溺于价值的表征。

“所有人都曾有过这样的体验：当我们面临生活上的疑惑或危机，当所有的事情都让我们反感失望，午餐便成了一项飨宴。食物取代了想法。法国人从超过一个世纪前就知道自己要吃。不管是底层的农民还是高雅的知识分子都一样，用餐时间等同于精神空虚的日常仪式。将立即的需求转变为文明现象是一种危险的行径，也是很严重的症状。肚皮曾经是罗马帝国的坟墓，它也将不可避免地成为法国智识的坟墓。”

——《来自法国》（*De la France*，1941），Carnets de L'Herne系列。

同场加映

法语中含“G”的美食词汇（第27页）

1. 萧沆（Emil Cioran，1911—1995），罗马尼亚旅法哲学家，法国悲观主义哲学的代表，其作品主题主要为孤独、无聊及死亡。
2. Chant du cygne，指天鹅的歌声。本谚语源自一个传说，相传天鹅可以感觉到死亡来临，因此在濒死前唱出最华美的乐章，与人世间告别。用于诗人或画家身上，则代表其最后一件最可敬的作品。——译注
3. 罗马帝国时期的美食家，留下了五百多道食谱。——编注

我们来咬咬先生吧！

撰文：巴斯卡勒·欧利（Pascal Ory）

人们称为“咬咬先生”（croque-monsieur）的法式烤火腿奶酪三明治，是巴黎小酒馆的精神指标，也是傍晚边看电视边用餐的最佳选择。这道料理虽然经典，但每个人对其做法都有自己的想法。以下提供三种建议与三种食谱，你喜欢哪一种呢？

起源

这个巴黎人爱吃的三明治第一次出现可能是在1910年，嘉布遣大道上的“美好年代”咖啡馆。历史学家雷内·吉哈（René Girard）表示，因为某天棍面包用完了，老板米歇尔·路纳尔卡（Michel Lunarca）使用白吐司来做三明治。一位客人问他三明治里夹的是什么肉，他开玩笑地回答：“这是先生的肉！”

也来咬一下女士

为了给“咬咬先生”一个伴，其他餐厅业者另创了“咬咬女士”（croque-madame），就是在原本的三明治上加一个煎蛋。

普鲁斯特与法式烤火腿奶酪三明治

1919年，普鲁斯特（Marcel Proust）在《在少女花影下》（*À l'ombre des jeunes filles en fleur*）中第一次使用了这个词。“离开音乐会，在走回酒店的路上，我和我的祖母停了下来，跟德威勒巴里西斯夫人交谈，她说已经为我们在酒店准备了一些‘咬咬先生’（croque-monsieur）跟鸡蛋佐黄油。”有趣的是，书中使用的是单数名词，所以到底有几个三明治呢？

贝夏梅酱，加或不加？

如果喜欢三明治夹一层温润的白酱，可涂点贝夏梅酱。

平底锅或是烤箱？

在平底锅涂点黄油，可以为三明治表面增添金黄色泽及香脆口感。如果担心会太油，那就放进烤箱加热。

白吐司或是乡村面包？

传统做法是用白吐司，但现在也有好几种乡村面包变化款。使用普瓦兰面包（Poilâne）的版本在巴黎相当受欢迎，甚至大家给这款三明治起了个新名字“咬咬普瓦兰”（croque-Poilâne），不过这种比较接近单面三明治。

林涅克[1]的经典款三明治

准备时间：20分钟
烹调时间：10分钟
分量：4人份

材料：

白吐司8片
浓稠鲜奶油150毫升
液体鲜奶油100毫升
康堤奶酪（comté）150克，磨碎
帕马森奶酪（parmesan）50克，磨碎
短熟成的康塔尔干酪（cantal）8薄片
法式白火腿（jambon blanc）4片
研磨肉豆蔻粉、研磨胡椒

步骤：

- 将两种鲜奶油混合，留下两汤匙的分量，其余的与康堤奶酪及帕马森奶酪混合，静置10分钟。
- 烤箱预热至240℃。将预留的鲜奶油涂在吐司上，接着依序放上康塔尔干酪、火腿片、康堤奶酪（切成吐司大小），最后盖上吐司。
- 在吐司表面铺满混合的鲜奶油与奶酪，撒些胡椒及肉豆蔻粉，送进烤箱烘烤7分钟。然后将烤箱调为炙烤模式，把烤盘移至上层接近热源处，继续烤3分钟。

费相[2]的玉米粉火腿奶酪

准备时间：30分钟
烹调时间：35分钟
分量：4人份

材料：

粗粒玉米粉（polenta）150克
全脂牛奶750毫升
埃曼塔奶酪（Emmental）200克
液体鲜奶油400毫升
巴黎火腿（jambon de Paris）4片
白吐司4片
黄油4颗核桃大小
盐和胡椒

步骤：

- 将8片火腿裁切成10厘米×10厘米及3毫米厚度的大小。切掉吐司边，将吐司磨成细致的面包屑。
- 烤箱预热至160℃。将牛奶倒入锅中煮沸，均匀撒入玉米粉，转小火烹煮20分钟，不时搅拌，并分次缓缓加入鲜奶油、盐及胡椒。煮熟后倒在烤盘上，摊成平均约1厘米厚度，放进冰箱冷却10分钟。
- 煮过的玉米粉变硬后，裁切成12片10厘米×10厘米的正方形。在烤盘上整齐摆放4片方形玉米粉，铺上1片埃曼塔奶酪及1片火腿，再放上1片玉米粉、奶酪跟火腿，最后盖上1片玉米粉。
- 均匀撒上吐司面包屑及1颗黄油，送进烤箱烘烤15分钟。再将烤盘移置最上层炙烤30秒。如果没这么饿，可以只叠一层就好，然后多做几个三明治邀朋友共享。

坎德伯[3]的微笑三明治

准备时间：5分钟
烹调时间：5分钟
分量：4人份

材料：

白吐司8片
笑牛牌奶酪（La Vache qui rit）
火腿

步骤：

将奶酪涂抹在2片面包上，夹入火腿，在涂了黄油的平底锅上以小火微煎。

1.西利·林涅克（Cyril Lignac），Le Quinzième 餐厅主厨。
2.艾瑞克·费相（Éric Fréchon），Hôtel Bristol 餐厅主厨。
3.伊夫·坎德伯（Yves Camdeborde），Comptoir du Relais Saint-Germain 餐厅主厨。

法式水果软糖

撰文：吉伯特·匹泰勒（Gilbert Pytel）

这种方块甜食从17世纪开始
成为布尔乔亚阶级餐桌上的美好点缀。

一点历史

古埃及人已开始食用水果糖，基底是蜂蜜，加入黑莓及榅桲调味。最早的食谱出现在11世纪，由希腊和阿拉伯的医生发明，他们认为这种食物可治疗某些病痛。

外省区的美味水果糖

奥弗涅樱桃酒糖：水果糖里塞入加了樱桃白兰地（kirsch）的樱桃。

安茹省的方块糖：以君度橙酒（Cointreau）调味的水果软糖。

科尔马的覆盆子水果糖：覆盆子形状的水果软糖，内含覆盆子利口酒。

塔布的栗子糖：以比利牛斯山的栗子制作而成，加入朗姆酒调味，表面裹一层糖粉。

您知道吗？

→根据1999年9月28日发布的水果糖制作法规，成品必须包含50%的水果泥。

→覆盆子水果糖只能使用覆盆子，而覆盆子"风味"水果糖所使用的果泥还混合了其他水果。

→榅桲是最常用来制作水果糖的水果，也是最受欢迎的口味。

同场加映
糖渍水果的遗迹（第43页）

覆盆子水果糖[1]

分量：约1千克

材料：

覆盆子果泥500克[2]
葡萄糖85克
糖粉450克
塔塔粉4克

果胶混合材料
糖50克
果胶15克

步骤：

- 在平底锅中倒入果泥、葡萄糖及糖粉，开火加热至80℃，不停搅拌。接着均匀撒入混合好的果胶材料，加热至105℃，持续搅拌。接着熄火，加入塔塔粉，搅拌充分。
- 将果泥倒入边长40厘米×60厘米的容器里，使之冷却并凝固，然后用软糖切割器依个人喜好裁切大小和厚度。
- 你也可以用同样方法，替换不同口味的水果泥。

1. 食谱由贾克·吉宁（Jacques Genin）提供。
2. 可在专门店或网络上购买（90%覆盆子果泥+10%糖），最好买冷冻包。自制果泥时记得加入水果重量10%的糖。

于是贾克·吉宁创造了水果软糖

这位巧克力甜点大师说："几年前，我在巴黎塞纳河畔漫步，无意间发现诺斯特拉达姆士（Nostradamus）的《果酱制法》（*Traité des confitures*）。我以这本书为基础，花了好几年的时间，几度彻夜未眠，最后才找到了这种令人满意的做法。"

各种美食的守护圣人

撰文：史蒂芬·索林涅（Stéphane Solier）

饕客与美食家
Saint Venance Fortunat（12月14日）

厨师
Sainte Marthe（7月29日）
Saint Laurent（8月10日）也是烤肉师傅的守护者
Saint Euphrosyne（9月11日）
Saint Diego d'Alcala（11月12日）

猪肉品养殖贩卖
Saint Antoine le Grand（1月17日）也是采收松露者的守护者

牛羊养殖
Saint Blaise（2月3日）
Saint Marc（4月25日）

肉铺老板
Saint Aurélien（5月1日）
Saint Barthélemy（8月24日）
Saint Luc（10月18日）
Saint Nicolas（12月6日）

猎人
Saint Hubert（11月3日）

渔民
Saint Erasme（6月2日）
Saint Pierre（6月29日）
Saint Gulstan 或 Goustan（11月27日）
Saint André（11月30日）

牧羊人
Sainte Geneviève（1月3日）
Sainte Germaine Cousin（6月15日）
Saint Druon（4月16日）
Saint Loup 或 Leu（7月29日）

牛奶商人
Sainte Brigide（2月1日）

奶酪商人
Saint Uguzon（7月12日）

面包及糕点师傅
Saint Honoré（5月16日）
Saint Fiacre（8月30日）
Saint Michel archange（9月29日）
Saint Macaire（12月8日）
Saint Aubert de Cambrai（12月13日）

磨坊主人
Sainte Catherine（11月25日）

园艺师
Sainte Agnès（1月21日）
Sainte Dorothée（2月6日）

养蜂人
Saint Maidoc de Fiddown（3月23日）
Saint Bernard（8月20日）
Saint Ambroise（12月7日）

蔬菜农夫
Saint Fiacre（8月30日）
Saint Phocas（9月22日）

农场经营者
Saint Médard（6月8日）
Saint Benoît de Nursie（7月11日）
Sainte Marguerite d'Antioche（7月20日）

农夫、耕作者
Saint Isidore（5月15日）
Saint Guy（9月12日）

葡萄酒与醋酿造者
Saint Vincent（1月22日）
Saint Werner 或 Verny 或 Vernier（4月19日）

啤酒酿造者
Saint Amand de Maastricht（2月7日）
Saint Boniface（6月5日）
Saint Arnould（8月14日）
Saint Venceslas（9月28日）

同场加映
美食识字读本（第77页）

噢，马铃薯泥！

撰文：吉勒·库桑（Jill Cousin）

在祖母家的烤肉聚会上，绝对会有这道美好的马铃薯泥。
我们总是喜欢在薯泥中间挖个小坑，让酱汁流进去。
请注意，这道料理虽然看起来没什么大不了，要做得好吃可是需要非常精巧的手艺。

一点历史

马铃薯泥的命运一直以来都跟蔬菜浓汤息息相关，常被加在汤里增加浓稠口感。直到18世纪法国大革命后，法国人开始种植马铃薯，马铃薯泥才正式取代豆泥，成为主要配菜。

最适合做薯泥的马铃薯

若是质地紧实的马铃薯，煮熟后会较难压碎，所以尽量选择质地较松、较粉的马铃薯，例如“比提杰”（bintje），或是质地绵滑的品种，例如“香巴”（samba）、阿嘉塔（agata）、“马拉贝尔”（marabel）等。

最佳削皮时机

最好在烹煮之前就先削皮，然后切成规则的块状。烹调前先用水冲洗，去除马铃薯表面的淀粉。这样处理马铃薯会更加美味，但也会释放更多水分，所以煮一阵子后可以转小火，帮助水分蒸发。如果煮熟了才削皮，薯泥可能会变得较黏稠。

如何烹调？

水煮是唯一的方式！在锅内装满水，水一定要淹过马铃薯才行。烹调时间视马铃薯的大小和多寡而定，最好不时拿刀子戳一戳，马铃薯变软即可将锅子离火。若之后要加有盐黄油，那么烹煮时水中不需加盐。

如何碾碎？

放弃电动搅拌器吧！若将马铃薯完全捣烂，会释放过多淀粉质而变得相当黏稠。手摇蔬菜研磨器（moulin à légumes）适合喜欢口感平滑绵密的人，想尝到颗粒口感则可选择用叉子压碎。马铃薯压泥器是最不费力的工具，压出来的薯泥口感厚重又浓郁。然而过度碾磨马铃薯很可能会使质地产生变化，黏着性变强，最好自己斟酌一下。

如何做出质地浓郁的泥？

想要更浓郁一点，势必添加油脂。纯粹主义者坚持只用切成小块的冰黄油和常温的生牛奶。您也可以加橄榄油，但需要多加一些，否则马铃薯泥很难变浓稠。

老祖母的家传马铃薯泥

准备时间： 20 分钟
烹调时间： 25 分钟
分量： 6 人份

材料：

香巴马铃薯 1.5 千克
含盐粒结晶的有盐黄油 100 克
全脂牛奶 100 毫升
研磨胡椒

步骤：

- 将马铃薯削皮，切成四等份。
- 在大锅里装满水，将马铃薯煮到用刀可轻易穿透的熟度，约25分钟。
- 沥干后用压泥器碾碎马铃薯。
- 加入切成小块的冰黄油及室温牛奶，搅拌均匀。加入适量胡椒调味，立即享用！

卢布松的马铃薯泥

三星主厨乔尔·卢布松（Joël Robuchon）在1986年发明了这道食谱，使用小巧结实的“哈特”（Ratte）品种，把这道家常料理推向美食界的高峰。

准备时间： 10分钟
烹调时间： 45分钟
分量： 6人份

材料：

哈特马铃薯 1 千克
冰凉的无盐黄油 250 克
全脂牛奶 250 毫升
粗盐

步骤：

- 马铃薯连皮洗干净。在锅里装满2升水，加1汤匙粗盐，烹煮马铃薯至用刀可轻易穿透的熟度，约25分钟。黄油切成小块，放进冰箱备用。
- 将煮熟的马铃薯沥干，趁温热时剥皮。在大锅口架上蔬菜研磨器，把研磨格子调整到最细，将马铃薯磨碎。
- 开中火，将马铃薯的水分收干，一边用木匙用力搅拌约5分钟。另取一干净小锅，倒入牛奶加热至沸腾。
- 在马铃薯锅内加入冰黄油块，以小火加热，不停搅拌至马铃薯泥平滑浓稠。保持小火，慢慢加入热牛奶并持续搅拌。适量调味。摆盘并趁热享用。

也可以做成小点心

“女爵”马铃薯（pomme duchesse）
在锅里放进600克马铃薯泥及50克有盐黄油，小火收干水分。离火后加入3颗蛋黄，用力搅拌均匀。将马铃薯泥填入裱花袋，装上星形裱花嘴。在涂了油的烤盘上挤出薯泥小花球，放入烤箱以180℃加热到表面上色即可。

马铃薯炸丸子（pomme croquette）
跟“女爵”马铃薯制作方法一样，只是不用裱花嘴，单用裱花袋挤出约6厘米小圆柱。先裹层面粉，再沾裹蛋黄液，最后均匀铺上面包粉，放进油锅里炸几分钟。

马铃薯泡芙（pomme dauphine）
在锅里放进300克马铃薯泥，小火收干水分。离火后加入300克泡芙面团（做法参考第120页），搅拌均匀。用2只小汤匙挖薯泥并整形成小球状，放进油锅里炸至金黄色。

也可以做成一道完整料理

普罗旺斯奶油烤鳕鱼（brandade de morue）： 普罗旺斯及朗格多克地区的特产，以鳕鱼肉为底，加入橄榄油及牛奶“乳化”。虽非传统做法，但基于经济考量，人们时常会加入马铃薯泥。

马铃薯牛肉酱（hachis Parmentier）： 牛肉捣碎加入马铃薯泥后焗烤。

奶酪马铃薯泥锅（aligot）： 将马铃薯泥与新鲜的多姆奶酪（tomme）“结合”的料理。成功要诀当然是将两种食材完美拌匀，直到会“拉丝”为止。

同场加映

贾克·麦克西蒙的蔬菜烹饪指南（第282页）；多菲内焗烤马铃薯（第197页）

漫谈法国小洋葱

撰文：瓦伦提娜·屋达（Valentine Oudardl）

不论是大颗或小颗，不论是削皮、切碎、捣泥、插上丁香、油炸、切薄片、油浸、糖渍、镶肉，不论是白的、黄的、粉红还是红色的，洋葱是百搭的蔬菜，为料理加味、提味，使味道柔和。法国料理若是少了洋葱，会变成什么样呢？

洋葱的学名为*Allium cepa*，原产于中亚，是大蒜和韭葱的表亲，极可能是人类最早种植的一批农作物。古埃及人（建造胡夫金字塔的工人在当时是领取大蒜及洋葱作为工资）、希腊人、伊特鲁里亚人和罗马人都已开始食用洋葱。中世纪的人们将它种植在花园里，成为当时最常被用于医疗和料理的食材之一。从17世纪开始，人们将洋葱加进各式菜肴调味，进而取代香料。到了19世纪，洋葱变成法国料理不可或缺的元素。

布列塔尼

❶ 罗斯科夫（Roscoff）粉红洋葱

历史：1647年，一位修士从葡萄牙里斯本带回一颗种子，将它种在罗斯科夫的修道院里。后来越种越多，除了供给船只粮食所需，也帮助船员免于患上坏血病。自1828年起，圣波德莱昂（Saint-Pol-de-Léon）的农民将洋葱卖到英格兰的港口，赚了不少钱。然而，受到其他混合品种的威胁，罗斯科夫粉红洋葱的产量逐年锐减。幸好，2009年冠上了原产地命名控制（AOC），以及2013年的法国原产地命名保护（AOP），保存了传统种植方式，振兴当地洋葱产业。

特征：温润甜美，表皮细薄，呈粉色或铜色，果肉为白色。不可冷藏。

年产量：730吨

普瓦图-夏朗德

❷圣特罗让（Saint-Trojan）甜洋葱

别名：沙丘上的玫瑰

产地：奥莱龙岛（île d'Oléron）

历史：这款洋葱在美好年代（Belle époque，19世纪末至第一次世界大战前）声名大噪，在这之前无任何记载。当地人描述，岛上北方的土地富含黏土，南方为砂质土壤，适合种植这个品种的洋葱。所以当时北方的男人时常与南方女人结婚，好取得南方的土壤。20世纪后期，随着当地生蚝养殖业的发展，水疗中心兴盛，人们几乎要把这里的洋葱遗忘了。幸好有志之士组成了圣特罗让洋葱协会，确保甜洋葱的种植符合今日潮流。

特征：粉红色的洋葱，外形像陀螺。滋味甜美，可大口咬食。当地还有俚语形容“好一个直接送进嘴里大快朵颐的洋葱”。

年产量：6吨（美好年代时为5,000吨）

尼欧尔（Niort）紫洋葱

历史：自19世纪起即相当有名，味道浓郁，外观也赏心悦目。

特征：球茎宽大扁平，外皮是红色带点铜色的粉红，果肉为粉红色，干物质（总固形物）的含量比黄洋葱多。

年产量：未知

奥克西塔尼

❸ 塞文山脉（Cévennes）或圣安德（Saint André）甜洋葱

历史：1409年就有记录，主要于塞文山脉的南面山坡种植。虽然文献记载，19世纪末在尼姆（Nîmes）及蒙彼利埃（Montpellier）的市集已有这种甜洋葱，但是真正的贩售交易从1950年开始。甜洋葱的兴起归因于桑树及养蚕业的没落。中世纪的庭院周围会有石头堆砌的小墙围绕，修士们在庭院里种植甜洋葱，确保土地可持续耕种作物。分别在2003年得到AOC，在2008年获得AOP。

特征：珍珠色外皮，形状圆整略长。

年产量：约2,200吨

西图（Citou）洋葱

历史：洋葱名称来自位于黑山（montagne Noire）山脚下的村庄，洋葱种子经过代代相传。19世纪开始，栗子林与葡萄业衰退，造就这款洋葱的耕种与贩售扩大，现今已成当地特产。人们将它当成蔬菜来食用，而非单纯的调味品。

特征：属于黄洋葱，外形又圆又扁平，皮带点珍珠光泽，白色果肉非常甜美，以滋味柔和、香甜著称，比塞文甜洋葱更加温润。

年产量：约120吨

塞布德莱奇尼昂（Cèbe de Lézignan）

历史：来源不明。17世纪时，莱奇尼昂村庄的名称变成莱奇尼昂拉塞布；“céba”在加泰罗尼亚语里指的是洋葱，证明当时的洋葱在当时很有地位。今日，洋葱种植区域已扩展到边陲的乡镇。当地农民集结成协会，创立新品牌“塞布德莱奇尼昂”。

特征：圆形扁平状，外皮及果肉皆为白色，柔和多汁。直径相当大，一颗洋葱可重达两千克。

年产量：约250吨

维莱马尼（Villemagne）紫洋葱

历史：来源不明，当地盛传此洋葱的栽种年代相当久远，但20世纪70年代，年轻人不愿继承家族产业，洋葱产量大减。直到2006年，一对农人夫妻找到种子，才又开始栽种这款洋葱。

特征：红皮，扁平，甜美不呛辣，可以像苹果一样食用。

年产量：500千克

图卢热（Toulouges）洋葱

历史：在东比利牛斯省（Pyrénées-Orientales）种植年代相当久远。当地省会档案库有记载，在法国共和历XIII年（1804年9月23日到隔年9月），曾有小村庄居民互相投掷洋葱，最后由市政当局制定法律禁止！主要种植区在佩皮尼昂（Perpignan）西南方，在两次世界大战期间是相当重要的商业作物。农场通常由家族经营，将一大捆洋葱放在推车上叫卖。

特征：形状扁平，直径很宽，红宝石色外皮，白色果肉，以甜味著称。

年产量：没有人算过

用途：打成泥用来制作洋葱奶酪挞，半甜半咸，每年当地洋葱祭典时享用。

❹ 特雷邦（Trébons）洋葱

历史：起源自比戈尔（Bigorre），位于比利牛斯山与阿杜尔（l'Adour）河谷区之间，18世纪的文件资料曾有记载。特雷邦居民栽种这种洋葱来吃，有剩余的才会上街贩售。1980年后，玉米栽种兴起，洋葱产量大减。一些菜农在2000年又开始种植，还组成洋葱委员会与合作社。

特征：古老的洋葱品种，白色球茎带点淡黄色，外形细长，茎部为绿色，味道温和甜美不呛鼻，容易消化。

年产量：未有正式公开数字

用途：切薄片用来烹煮特雷邦的洋葱鸡料理。塞巴（cébar）品种*由含糖量不高的洋葱重新栽种而成，带甜味，主要用于复活节时的血肠与欧姆蛋料理。

* 特雷邦的洋葱在每年春秋种植，七八月时收获不带甜味的洋葱，秋天时重新放进土里栽种，隔年三四月采收，甜味较重。——译注

科西嘉岛

❺ 西斯可（Sisco）洋葱

历史：来源不明，可能已存在好几个世纪。科西嘉岛一位热情的农民在家族的谷仓里找到种子，于是重新开始种植。

特征：淡淡的粉红色，带有光泽，果肉为白色，味道柔和，类似塞文山脉的洋葱。完全手工采收，是一款可以保存的洋葱，通常会捆成一串挂在谷仓里，方便隔年食用。

年产量：50多吨，持续增加中

勃艮第

勃艮第奥克松（Auxonne）洋葱

历史：18世纪90年代，拿破仑要求驻扎在奥克松的炮兵部队食用洋葱，以增加精力和勇气。因此从19世纪初，索恩河山谷（Valde Saône）地区便开始大量种植洋葱。这种米卢斯（Mulhouse）品种的洋葱非常适合当地含沙量高的土壤。随着耕种机械化，洋葱的商业交易也开始蓬勃发展。

特征：外表呈圆形略扁平，铜色外皮，黄色果肉，味道温和略带甜味。

年产量：约400吨

用途：主要用于知名奥克松洋葱料理，油渍洋葱搭配红酒炖蛋（oeuf en meurette）及蒸马铃薯。

奥弗涅-罗讷-阿尔卑斯

图尔农（Tournon）洋葱

历史：来源很难确定，这个品种的洋葱类似图尔农的暗红色洋葱，也像科莫（côme）的黄洋葱。除了在罗讷河（Rhône）沿岸栽种的图尔农洋葱，现已消失的罗阿讷（Roanne）洋葱可能减缓了当时根瘤蚜的破坏及养蚕业的没落。老一辈的人说，葱农们会去搜集葡萄的果渣与罗讷河筑坝工程剩下来的沙土，来帮助洋葱发芽。

特征：体形小，呈圆形扁平状，皮带金色，味道温和甜美，最厉害的是切洋葱时不会流泪。

年产量：十几吨

用途：传统上，当地葡萄酒酿造者作业进行到最后一桶葡萄时，会在早晨准备一款小点心，就是图尔农洋葱沙拉配上鳀鱼。

阿尔萨斯

米卢斯（Mulhouse）与塞勒斯塔（Sélestat）的洋葱

历史：洋葱在中世纪是穷人的食物，到了15世纪变成阿尔萨斯的特产。塞勒斯塔的葱农为了不让风吹走种子，会在鞋底绑一块木板，将田地踩平，因此得到“洋葱踩踏者”的绰号。

特征：体形小，外表金黄色。

年产量：目前已无商业生产

切洋葱为什么会掉眼泪？

洋葱会吸收土壤中的硫，并以分子形式储存在细胞里。将洋葱切开时，洋葱组织会释放出某种酵素，将硫分子转换成次磺酸这种刺激性气体，让你的眼睛忍不住落泪。

如何避免流泪？（从最有效到最疯狂的方法）

1. 使用食物料理机
2. 戴上面具或蛙镜
3. 将洋葱泡在加了醋的水里
4. 在户外剥洋葱
5. 在水里剥洋葱
6. 切洋葱前先将刀浸湿
7. 将洋葱冷冻后再切
8. 在砧板旁点上许多蜡烛
9. 嘴里咬一根烧了一半的火柴
10. 叼一只金属汤匙
11. 请别人帮忙剥洋葱

乔伊斯*的两份洋葱食谱

焗烤洋葱汤

准备时间：20分钟
烹调时间：30分钟
分量：6人份

材料：

塞文山脉甜洋葱500克
有盐黄油75克
糖1汤匙
面粉1茶匙
鸡高汤2升
不甜白酒100毫升
百里香
康堤奶酪丝200克
盐、胡椒
肉豆蔻
乡村面包6大片

步骤：

- 加热平底锅熔化黄油，加入切碎的洋葱拌炒变色，小心不要烧焦，若颜色变得太深可加入一点水。
- 加入面粉、白酒、百里香及肉豆蔻，搅拌均匀后加入鸡高汤。依喜好适量调味，沸腾后转小火微滚约1小时。
- 取6个碗，确认面包片可以完全覆盖碗口。在每个碗里放几片撕碎的面包，倒入洋葱浓汤。将面包片像"帽子"一样覆盖碗口，在其上撒满奶酪丝，放进烤箱炙烤，待奶酪熔化即可上桌享用！

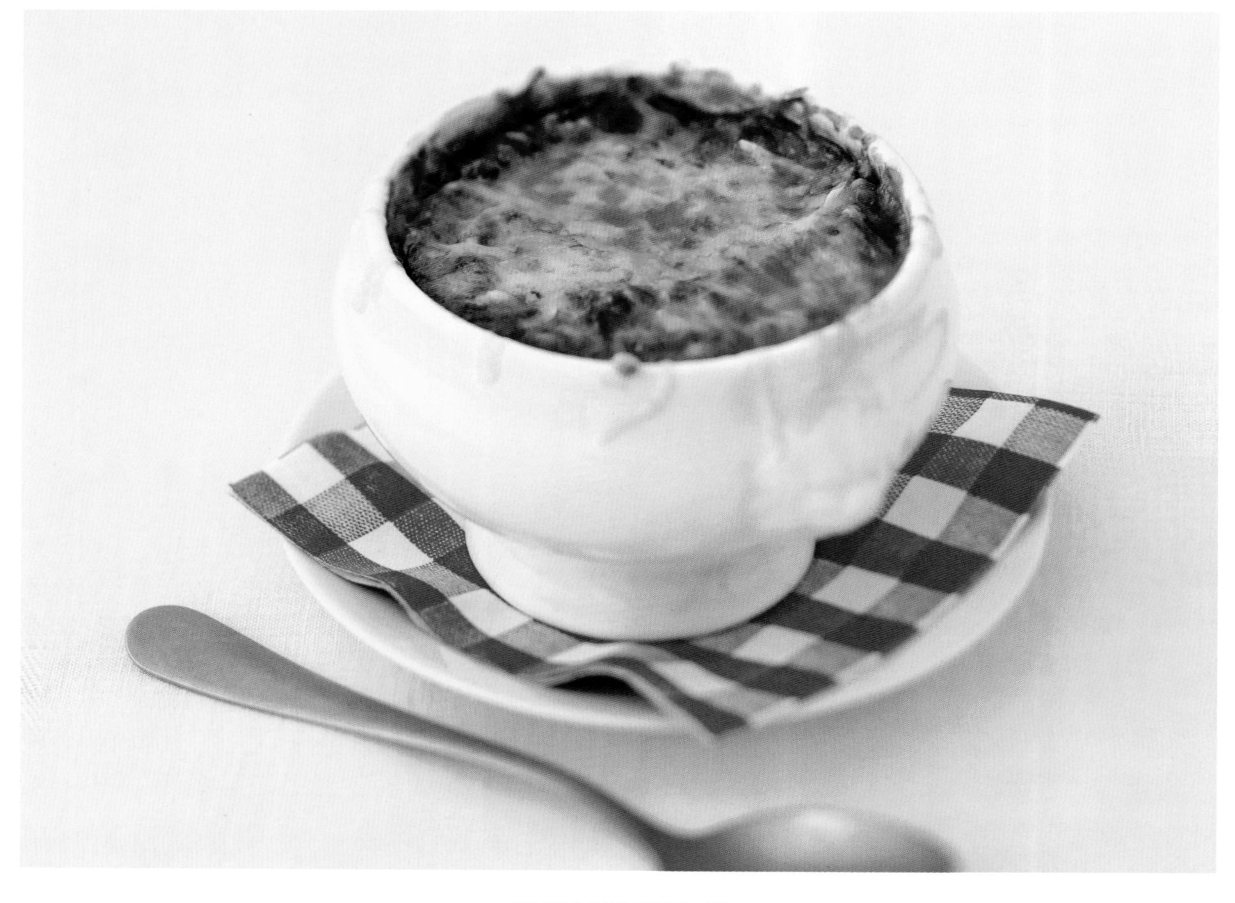

焗烤核桃紫洋葱

准备时间：30分钟
烹调时间：20分钟
分量：6人份

材料：

紫洋葱600克
黄油80克
红酒10克
帕马森奶酪100克
黄柠檬汁1/2颗的量
去壳核桃50克
盐、胡椒

步骤：

- 加热平底锅熔化黄油，加入切碎的洋葱和一点水，加盖炖煮约30分钟，直到洋葱变软且轻微上色。
- 锅子离火，以盐和胡椒适量调味，加入帕马森奶酪拌一下。将洋葱装入焗烤盘，送入烤箱焗烤或沙罗曼达炉（salamandre）加热，最后撒上磨碎的核桃及柠檬汁趁热享用。

* 乔伊斯·米姆恩（Jaïs Mimoun），巴黎Jaïs餐厅主厨。

你知道吗？

- 法语中cébette、ciboule、chiboule、cive、oignon pays，指的都是同一种白色的小洋葱，球茎未完全发育长大，茎苗呈深绿色而且味道与虾夷葱（ciboulette）相似。
- 陶罐蔬菜炖（civet）的词源来自"cive"，通常是将野兔放在青葱上，和红酒一起炖煮。
- 洋葱是郁金香的远房亲戚！除了都是球根植物（鳞茎），两者的花朵结构也一样：三加三的花瓣，三加三的雄蕊，一个雌蕊含有三花房及三子房。

法语里的洋葱

1273年，法语中第一次使用"ognon"（洋葱）一词，但其拼写法与现在的"oignon"不同，这个名词直到14世纪才确定下来。洋葱的鳞茎无法分瓣剥开，与其他相似的球根植物（如大蒜、红葱或虾夷葱）不同，因此其词首为"unio"（独一），取其词源意义。

如何用洋葱来表达？

Aux petits oignons：像呵护小洋葱一样周到。
En rang d'oignon：像洋葱一颗接一颗，依照大小排列整齐。
Occupe-toi de tesoignons：少管闲事，管好你自己的洋葱就好。
Être vêtu comme un oignon：穿好几层衣服，就像层层叠叠的洋葱皮。

不要再丢掉洋葱皮了！

大自然赋予的所有东西都有其用处，弃之可惜！那干洋葱皮可以做什么呢？创意料理家索妮雅·埃兹古礼安（Sonia Ezgulian）会把洋葱皮和盐混合捣碎，做成洋葱盐，装在瓶子里可以长时间存放，很适合撒在沙拉上调味。

同场加映
糖渍水果的遗迹（第43页）

奶酪与甜点

撰文：艾斯黛拉·贝雅尼（Estérelle Payany）

不管是做派、布里欧修奶油面包（brioche）还是贝奈特饼（beignet），
奶酪对于法国各地的糕饼发展都是不可或缺的材料。
这里告诉你当地传统糕点使用的奶酪，让你发现不一样的美味。赶快来试试吧！

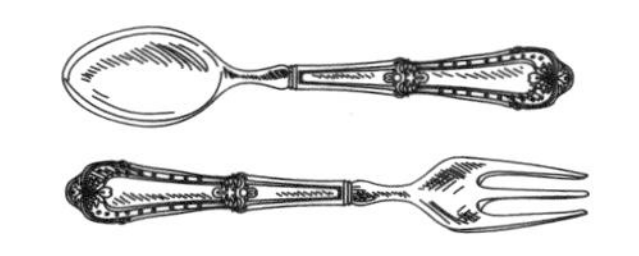

芙罗那（flaune）

跟科西嘉的菲雅多那蛋糕（fiadone）很像。

区域：阿维尼翁

外形：像细致的带美丽金黄色的布丁，底部为咸面派皮。

奶酪种类：由制作洛克福奶酪时产生的羊乳清制成，当地方言称为“recuècha”。

味道：带点甜味及橙花香，非常简单的美味。

特色：切片时容易结成小颗粒。

★ ★ ★

白奶酪挞

各地的人帮它取了不同的名字，从中世纪一直广为流传的名字则是“tarte bourbonnaise”。

区域：大东部大区（由阿尔萨斯、香槟-阿登、洛林三区组成）及中部

外形：外形有点像布丁。

奶酪种类：充分沥干的平滑白奶酪，有时会添加液体鲜奶油。

味道：浓郁，有时带点香草味，相当细微，奶酪的质量决定一切。

特色：妈妈做的永远都是最好吃的！

★ ★ ★

莙荙菜圆馅饼

菜如其名，这道甜点以蔬菜为基底，但是加入了奶酪！

区域：尼斯

外形：美丽的绿色馅饼，在尼斯地区是圣诞节13道甜点中的一道。

奶酪种类：帕马森奶酪。在莙荙菜叶里加入糖、胡椒、大茴香、葡萄干、松子等，然后用奶酪结合所有材料。奶酪当然是从意大利进口，有时也会以干燥羊奶酪取代。

味道：独一无二，无法定义。若能摈除成见，味道可说是相当可口。

特色：一生至少尝一次！

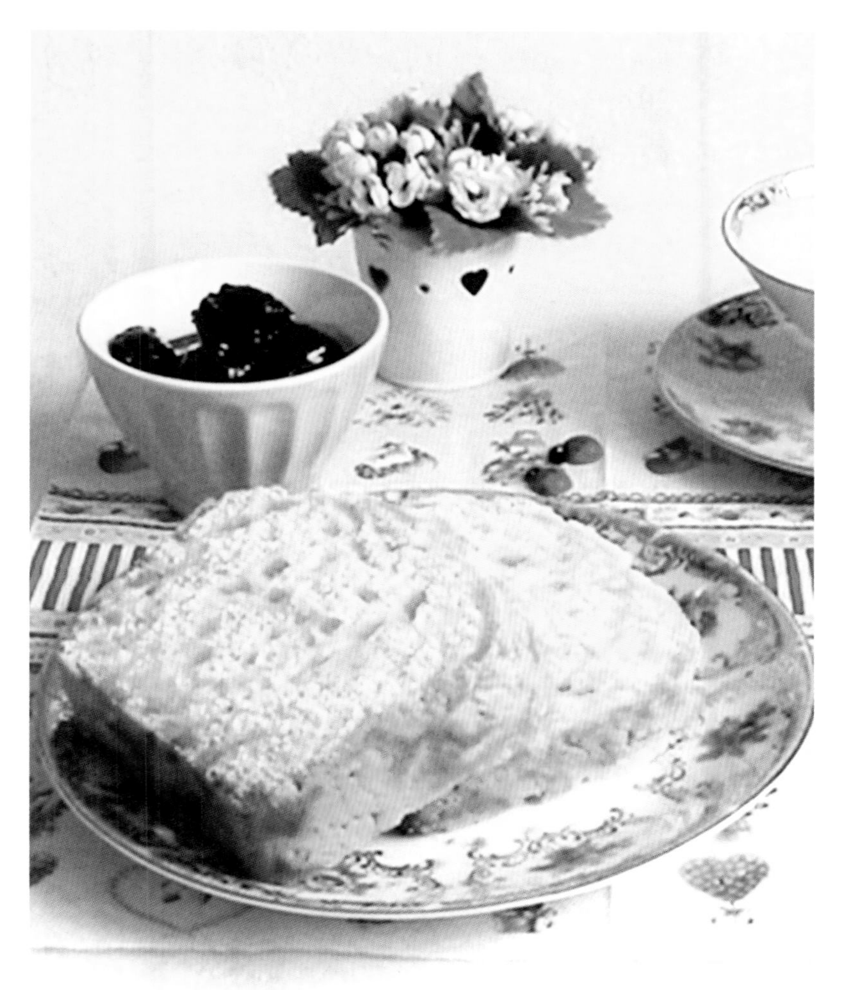

多姆布里欧修

带着淡淡甜味和新鲜多姆奶酪的微酸味，只有外形像布里欧修。

区域：康塔尔省（奥弗涅大区）

外形：圆形，金黄色，中心松软，有时会用萨瓦兰蛋糕模或烟囱蛋糕模来烘烤。

奶酪种类：与奶酪马铃薯泥锅一样，使用新鲜的多姆奶酪。

味道：令人惊艳的温和，适合搭配咖啡享用。

特色：自2005年起被纳入奥弗涅大区“火山公园”[1]旗下特产。

茱莉[2]的多姆布里欧修

准备时间：20分钟

烹调时间：45分钟

分量：大布里欧修1个

材料：

阿维尼翁新鲜多姆奶酪500克

面粉250克

糖200克、鸡蛋3颗

有机泡打粉1包[3]

黄油1颗核桃大小（涂抹模具）

步骤：

- 烤箱预热至170℃，将模具涂上黄油。
- 将奶酪捏成小片状放进沙拉盆里，加入鸡蛋和糖，用叉子搅拌均匀。混合面粉及泡打粉，加进盆里搅拌成黏稠的面团（视奶酪沥干程度，有时可能需要多加些面粉，最多30克）。
- 将面团放入模具，轻敲桌面让面团在模具里平均散开。放进烤箱烘烤45分钟，用刀尖插入测试，取出后不黏即可。可依个人喜好涂上黄油或果酱。

奶酪黑蛋糕
（tourteau fromage）

少数以羊奶酪为基底的软绵蛋糕。

区域：普瓦图-夏朗德（德塞夫勒省）

外形：半球形，表面烤焦而且非常黑，这是唯一一种会将外皮烤到焦黑的蛋糕。蛋糕内里则相当温润顺口。

奶酪种类：以前用羊乳制成的新鲜奶酪（faisselle），今日反而较常使用牛乳制成。

秘诀：需要完全沥干。

味道：焦黑的外皮跟绵密的内馅交织成奇妙的对比，带点甜味。

特色：以前只有庆典时享用，如复活节、五旬节或婚礼，现在则是全年都可以吃到。

★ ★ ★

奶酪蛋糕是诺曼底来的吗？

美国的奶酪蛋糕添加奶油奶酪，与东欧传统的白奶酪蛋糕很不一样（德语中称作“kaseküchen”，波兰语中称作“semik”）。现在大家习惯使用的费城奶油奶酪（Philadelphia Cream Cheese）于1872年研制，当时是为了模仿诺曼底一种古老的纳沙泰尔奶酪（neufchâtel）。巴黎法国佬（Frenchie）的奶酪蛋糕则会加萨瓦兰奶酪（brillat-savarin）。

同场加映

布洛丘奶酪，乳清的艺术（第260页）

新鲜奶酪的世界（第316页）

1.“火山公园”（parc des volcans d'auvergne）是由当地居民及农产业者创立的品牌，旨在保护及推广当地农产品、食品及风土。——译注

2.茱莉·安德鲁（Julie Andrieu），知名美食节目主持人。

3.法国市售泡打粉每包约10~15克。

美食品味出众的女作家

撰文：爱斯戴乐·罗讷托斯基（Estelle Lenartowicz）

小说家、记者，同时也是美食专栏作家。不论在她的出生地勃艮第，还是她后来寄居的普罗旺斯，这位迷人的女性一生持续不断分享她对美好食物的热爱。

美食起点：西朵妈妈

柯蕾特出生于勃艮第皮伊赛地区圣索沃（Saint-Sauveur-en-Puisaye）。她将童年居住的家族房舍形容为“像热面包一样可爱”，这里就是她对美食热爱的起点。她的母亲喜爱甜食，博学多闻又高雅，人称“西朵妈妈”。她时常为女儿烹煮简单的料理，坚持用水晶或瓷质餐具摆盘。她有时会带着女儿到镇上的大型杂货店采购巧克力、香草和肉桂。去肉铺时，老板娘总会切一片咸猪肉让小女孩开心品尝。西朵妈妈也教授女儿关于牲畜、植物与季节变换的知识。这个求知欲旺盛的小女孩喜欢穿越田野森林，只为寻找野地里的荸荠、木莓。有时她还会要求大人凌晨3点唤她起床，让她可以大快朵颐草莓、黑醋栗、红浆果等各式莓果。

天气好的时候，我们就把所有的小孩送到海滩上去烹煮。有些摆在干燥的沙滩上烘烤，其他的放在热水池里煮。

——《葡萄藤卷勾》

（*Les Vrilles de la vigne*，1908）

西多妮-加布里叶·柯蕾特

Sidonie-Gabrielle Colette（1873—1954）

猪肋排因为酸黄瓜而更添美味，我不需要用眼睛看，我感觉得到。

——《记者柯蕾特的专栏与报道》

（*Colette journaliste: Chroniques et reportages*）

柯蕾特的波琳

波琳·提桑迪耶（Pauline Tis-sandier）比任何人都熟悉柯蕾特的品味。波琳14岁就开始为柯蕾特工作，一生只为她服务，当她的女佣、厨师、贴身仆人，忠诚又低调。她知道“夫人吃得好的时候比较有灵感”，而夫人晚年因为关节病痛一直卧床，每天早起第一件事就是大喊：“波琳琳琳琳，今天我们吃什么？”

柯蕾特的芙纽多水果布丁蛋糕（flognarde）

只需要2颗鸡蛋、1杯面粉，1杯冷水或脱脂牛奶、一小撮盐、3汤匙糖粉。在陶罐里将面粉及糖堆成小山，中间挖小洞，慢慢倒进液体和鸡蛋，像制作可丽饼糊一样搅拌。倒进预先抹油的饼盘，放在炉子的一角保温约15分钟，确保之后炉火不会让面糊迅速烧焦。接着送进炉子烘焙20分钟，芙纽多开始隆起，填满烤箱，变成金棕色，在这里破裂，在那里膨胀。在最美丽的爆发时刻，从烤箱取出，轻轻撒上糖粉，趁热享用。她喜欢搭配气泡饮料，苹果酒、气泡酒，或不太苦涩的啤酒。

——《从我的窗口》

（*De ma fenêtre*，1942）

准备时间：10分钟

烹调时间：20分钟

分量：8人份

材料：

苹果4个

鸡蛋4颗

面粉150克

糖粉75克

全脂牛奶150毫升

肉桂粉1小撮

盐1小撮

步骤：

将面粉、糖粉、鸡蛋、盐、牛奶和肉桂粉拌匀。在圆形烤盘或派模预先涂上黄油，整齐摆上切成薄片的苹果，再倒上面糊。送入预热至200℃的烤箱烘烤20分钟。

柯蕾特的三个可爱“原罪”

葡萄酒：她从青少年时期就很喜爱葡萄酒。每次吃下午茶，她开明的母亲会拿出陈年老酒，教她学习品尝拉菲（château-lafite）或香贝丹（chambertin）。成年后，她写了好几篇关于葡萄酒的文章，例如《葡萄树与葡萄酒》，也结交了许多葡萄酒农及批发商朋友。她非常喜爱迪襟庄园（château-yquem）的佳酿，最后在巴黎薄酒莱路过世，真是始终如一。

大蒜：她会把大蒜配奶酪食用，或是把蒜片“当成杏仁片”直接生吃。每一餐她都会把无切边的面包浸满橄榄油，加入大量蒜泥，并撒上粗盐享用。她这样解释道：“当我们没有其他办法时，这是最能接近乡村的一种方式。”

鱼鲜：她在布列塔尼的罗斯文（Rozven）第一次尝到鲜鱼的鲜美滋味。在这个“介于天空与海水之间的岩石栖息处”，年轻的她爱上了钓鱼。她曾经钓到“鲜蓝色的龙虾”“玛瑙色的虾子”“背脊宛如棉絮般柔软的螃蟹”……在普罗旺斯的美丽小村庄，她最喜欢塞满肉馅的鲉鱼，也喜欢小绿蟹配上一盘白米饭。

这个过程是如此奥妙、神奇、迷幻，当我们将炖锅、陶土锅、气压锅中的料理放上火炉时，以及将料理摆上桌的时候，热气弥漫，迷人的焦虑及快感迎面袭来。

——《牢房与天堂》

（*Prisons et Paradis*，1932）

酥炸海葵

撰文：尚安东尼・欧大维（Jean-Antoine Ottavi）

所有骄傲的酒客们一定都认识科西嘉岛的葡萄酒农安东尼・阿雷纳（Antoine Arena），但是有谁有这个荣幸和特权，能够品尝由他的儿子安东尼马力捕获，以及他的夫人玛丽巧手料理的海葵炸饼？这可是相当罕见的美味。

学名：*Anemonia viridis*

品种：沟迎风海葵，生活在海洋中的无脊椎动物，其顶部有大量浅绿色的触手（200~300根），末端可能为紫色。体形娇小，大约5厘米高，平均直径约10厘米。触手上的毒液会诱发荨麻疹，为其赢得"海中荨麻"的称号。

栖息地：在法国沿岸海域非常普遍，在地中海、大西洋（从加那利群岛到苏格兰）、英吉利海峡及附近的北海海域，都可发现其踪迹。它们通常出现在光线充足、海面平静的浅海岩石上，用底盘附着其上，少数生活在大约20米深的海底沙地。

食用：法国很少有人食用海葵，好像只有科西嘉岛人、马赛人，以及蔚蓝海岸几个小镇的居民才有料理海葵的习惯。

捕钓的季节及技巧：全年皆可捕到海葵，可用弯叉或潜水手套直接拔起。为谨慎起见，抓过海葵的手没洗干净之前请不要触碰眼睛。

味道和质地：细致的海味，咬起来很像动物脑髓。

逸事：在儒勒・凡尔纳（Jule Verne）的小说《海底两万里》（*Vingt mille lieues sous les mers*）中，尼诺船长送海葵果酱给海洋学家阿罗纳克斯（是船长的客人也是俘虏）。在动画《海底总动员》中，也能看到小丑鱼跟海葵的互助共生。

玛丽的海葵炸饼

准备时间： 1小时
烹调时间： 10秒
分量： 6人份

材料：

海葵每人6~10个
面粉（或半麦半米粉）250克
酥炸用植物油
盐花
白胡椒
柠檬

步骤：

- 用流水细心清理海葵，去除沙石和污垢，沥干水分后仔细擦干。
- 预热油锅（使用植物酥炸油）至170℃~180℃。将海葵放进面粉中沾裹，再轻轻甩掉多余面粉，放进锅中酥炸十几秒即取出，放在吸油纸上沥干。
- 享用时撒上盐花、胡椒和一点柠檬汁调味，趁热享用。

同场加映
大海的鲜味：野生贝类（第84页）

卡宏巴开心糖

撰文：戴乐芬・勒费佛（Delphine Le Feuvre）

卡宏巴（Carambar）这种长条软质牛奶糖陪伴无数法国人长大，糖果纸上印有机智问答，多半是让人会心一笑的冷笑话。这些笑话开放给大众投稿，入选者可以得到与体重等重的卡宏巴糖果。

餐厅里的笑话

度朋先生大叫："服务生！有一只苍蝇在我的盘里游泳！"
"噢，师傅又放太多汤了，不然通常苍蝇脚都还能碰到底！"

服务生问客人："您怎么看这份牛排？"
"完全是意外，我拨开一根薯条才看到它！"

关于人物的笑话

美食裁判的极致是什么？
吃下酪梨（avocat，与"律师"同一个字）。

蓝精灵跌倒会怎么样？
黑青。

有位客人走进画廊，问道："我想要放在餐厅里，品位好一点，不要太贵，最好是带点油彩。"
老板回答："我了解了，您想要一盒沙丁鱼。"

厨房里的笑话

当洋葱被撞到的时候会说什么？
大蒜（ail，音同"哎唷"）！

男人最喜欢的水果是什么？
凤梨（l'anana，音同"年轻女子"）。

两颗鸡蛋见面说道：
"你看起来蛮混乱的。"（oeuf brouillé，意指炒鸡蛋。）
"我累坏了，完全躺平。"（oeuf à plat，意指煎蛋。）

一根萝卜在一摊水中，是什么季节？
就是当雪人融化的时候，春天！

泥水匠最喜欢的水果是什么？
桑葚（mûres，音同"墙壁"）。

好几颗鸡蛋整齐地排放在冰箱里。其中一颗问它的同伴："你怎么会有毛？"
"因为我是猕猴桃。"

一杯咖啡指什么？
喝下去的苦涩（l'amer à boire 音同 la mer à boire，意指很困难的事）。

同场加映
糖的神奇变化：焦糖（第392页）

让人看走眼的刺苞菜蓟

撰文：卡蜜·皮耶哈尔德（Camille Pierrard）

人们时常会把刺苞菜蓟误认为著莛菜，实在是大错特错！刺苞菜蓟是朝鲜蓟的亲戚，是里昂到普罗旺斯一带备受喜爱的蔬菜。

不是莙荙菜

刺苞菜蓟的叶子细长且各自分开，蓝绿色中泛着银白。可食用的地方跟莙荙菜一样，都是木质化的茎部。不过莙荙菜属于苋科（Amaranthacées），刺苞菜蓟则和朝鲜蓟一样属于菊科（Astéracées），所以味道也很类似。刺苞菜蓟的种类包括无刺的、带刺的（图尔或瑞士日内瓦）、绿色茎（沃昂夫兰地区）或红色茎（北非阿尔及尔）。多种植于里昂、多菲内（Dauphiné）、萨瓦省（Savoie）及普罗旺斯省，通常在秋冬收获，因此常被用来作为节庆料理的食材。

如何烹调？

要料理刺苞菜蓟，必须先将茎部剥开，切成7~10厘米的小段，切断其粗厚的纤维，还需剥除内层表面的薄膜。用柠檬摩擦切面可防止变色。若觉得准备过程太麻烦，市面上也售卖预先调理好的瓶装刺苞菜蓟。加点黄油、鲜奶油和肉汁略微炒过，可用来焗烤，或是做成陶盘烤蔬菜。这种菜也非常适合作为主菜旁的配菜。

棘手的身世

同为菜蓟属（*Cynarées*）的刺苞菜蓟（*Cynara cardunculus altilis*）及朝鲜蓟（*Cynara cardunculus scolymus*），在植物学分类里也同属于刺苞菜蓟种（*Cynara cardunculus*）。两者的亲属关系一直以来引起许多争议。在19世纪中叶，瑞士植物学家德堪多（Augustin Pyramus de Candolle）明确指出，人工种植的朝鲜蓟事实上来自野生的刺苞菜蓟（*Cynara cardunculus sylvestris*）。后来科学文献也倾向证实这个论点，野生的刺苞菜蓟是这两种植物的共同祖先。

一点历史

野生的刺苞菜蓟生长在地中海沿岸，古希腊、古罗马时代即开始进行人工种植，甚至极可能将其引介到法国南方，栽种地区沿着罗讷河谷延伸到阿尔卑斯山。1685年随着南特敕令（Édit de Nantes）的废除，许多新教徒耕种者移居瑞士，在当地发展出全新品种——佩兰巴雷带刺刺苞菜蓟（cardon épineux dePlainpalais）——受到美食家大力推崇。

焗烤刺苞菜蓟的两种口味

喜欢口感浓郁的贝夏梅酱，还是滋味清新的牛骨髓？
无论如何，这两种具有代表性的酱汁烹调出来的刺苞菜蓟都极其美味。

贝夏梅酱焗烤菜蓟

准备时间：20分钟
烹调时间：1小时20分钟
分量：4~6人份

材料：

刺苞菜蓟1.5千克
柠檬1颗
面粉100克
黄油60克
牛奶500毫升
奶酪丝100克
盐、胡椒
肉豆蔻粉

步骤：

- 将菜蓟茎部剥除薄膜并切段。在锅里加入2升沸水，加盐、柠檬汁、50克面粉及1汤匙黄油，放入菜蓟水煮约1小时（直到刀锋可以轻易刺穿）。
- 烤箱预热至200℃。在菜蓟煮熟前约25分钟开始准备贝夏梅酱：将剩下的黄油放进锅里加热熔化，然后倒入面粉拌匀，小心别让面粉变色。加入一点牛奶，持续搅拌到面糊变得光滑，再加入剩下的牛奶。加入盐、胡椒、肉豆蔻粉，转小火继续炖煮15~20分钟。
- 将菜蓟取出沥干并擦干水分，摆进焗烤盘里。均匀倒上贝夏梅酱，撒上奶酪丝，放进烤箱烘烤15~20分钟。

牛骨髓酱焗烤菜蓟

准备时间：20分钟
烹调时间：1小时20分钟
分量：4~6人份

材料：

刺苞菜蓟1.5千克
柠檬1颗
牛骨髓两三条
黄油50克
面粉90克
奶酪丝100克（例如格鲁耶尔干酪）
盐、胡椒

步骤：

- 将菜蓟茎部剥除薄膜并切段，用水煮至少1小时（参考贝夏梅酱版本做法）。
- 水煮完成前约15分钟，将骨髓放进加了盐的水中煮沸，再续滚约10分钟。将骨髓取出，汤汁保留一旁。
- 烤箱预热至180℃。在另一锅里熔化黄油，加入40克面粉，转小火持续搅拌成棕色面糊。加入刚才煮骨髓的汤汁（约400~500毫升），持续搅拌到变成浓稠酱汁。
- 将菜蓟取出沥干并擦干水分，摆进焗烤盘里。将骨髓摆置其上，撒上奶酪丝，淋上骨髓酱，放进烤箱烘烤约30分钟。

同场加映
白酒巴利菇煮朝鲜蓟（第224页）

法语中含“G”的美食词汇

撰文：奥萝尔·温琴蒂（Aurore Vincenti）

要发字母“g”的音时，声音必须通过喉咙，
因此有许多与喉咙及喉音相关的词常以“g”为代表。
在法语中，字母“g”则常用来表达我们与食物及饮食之间的关系。

代表喉咙的字母

印欧语系的词根“**gwel-**”“**gwer-**”意指“**吞咽**”，由此衍生出的词包括喉（gorge）、嘴（gueule）、贪吃者（goulu）。而词根“gaba-”“gava-”同样指喉咙、咽喉。拟声词根“**glut-**”则是指**暴食**（glouton），“**grag**”与后期拉丁语“**gurga**”结合，变成**喉咙**（gosier）。所以你可以说：我们在高康大（Gargantua）家的排水口（gargouille）旁漱口（se gargariser）。从高卢罗马文“gob”（口）衍生出了吞咽（gober）、杯子（gobelet）及呕吐（dégobiller）。若要与美食扯上关联，还得提及消化系统，食物进到肚子，也就是胃（gaster）。

大声饮食

强烈建议用餐时嘴巴或喉咙别发出声响。然而，词根“**garg-**”源自一个拟声词，也就是喉咙发出的声音，或是**液体在喉咙发出咕噜咕噜声响**。在英语里是“gargle”，德语是“gurgeln”，意大利语是“gargarizzare”，西班牙语“gorgotear”，法语是“gargouiller”。无论是咕噜咕噜还是叽里咕噜，无论我们想要把什么吞回去或是憋住什么不吐出来，都得经过喉咙这一关！

与嘴巴（gueule）有关的几个词

聚餐（**gueuleton**）：在罗马帝国时代，这个词意为精致的美食及宴席。然而到了19世纪，则添加了亲密的含义，用来描述简单舒适、慷慨、不拘小节的聚会气氛。

贪吃（**goulu**）：这个词用来形容贪婪的胃口，大口吞进、大口吐出，没有顾及任何消化程序。当攸关肚皮温饱时，这些贪吃的人绝对不会扭捏造作。

爽口（**gouleyant**）：这个词于1931年出现，从法国西部的地方方言借来一用，意指滑进喉咙的葡萄酒。透过字母“l”及“y”的发音联结，加深了这种琼浆玉液像丝绒一般滑进喉咙时温暖绵密的感觉。

美食家从何而来？

美食家（**gourmand**）这个词的起源，自16世纪开始即有许多争论，目前仍无定论。不过可以确定的是词根“gourm-”意指“喉咙”（gorge）。有很长一段时间，我们把喜爱美食（gourmandise）与贪婪画上等号，将美食家视同为暴食的人，喜爱餐食的分量更胜过质量。然而从18世纪开始，**暴食者**（**glouton**）的意思则越发趋近于**品味者**（**gourmet**）的含义。从15世纪开始，美食品味家（gourmet）指的是鉴赏葡萄酒的专家，在当时享有极良好的声誉。也因为这样，美食家逐渐摆脱了放纵的寓意，优雅地转变为精致典雅的意思；到了今日，人们除了将这个词用来形容精致细腻的菜肴，也有大快朵颐的意思。

吃下午茶，还是吃炖菜？

在午餐与晚餐之间的时段，我们会吃下午茶（goûter），不会吃炖肉（ragoût）！炖肉可不是拿来垫肚子用的。然而在17世纪的时候，这个词指的是可以开胃的餐点，因此衍生出**可以开胃**（**ragoûtant**）的形容词；加上反义的词首，就成了**令人恶心**（**dégoûtant**）的；加上另一个蕴含负面意思的词尾，就成了很**糟糕的料理**（**ragougnasse**），不过也有些人喜欢用这个词来形容简单丰盛的料理。

一小口（Gorgeon）就好

这个地区性的通俗用语起源于19世纪上半叶，指小量的饮品。酒水流进喉咙，味道深存其中，让人期待着下一口的到来。

卡谷优（Gargouillou）

大厨米歇尔·布拉斯（Michel Bras）发明的菜肴，由许多蔬菜幼苗、嫩枝、菜叶、花朵及种子与根部组成。它的名字让人联想起植物茂盛的大自然与小河呢喃所交织出的美妙乐章，同时也是一个感人的内在声响，将饮食转化为使命。这道菜可以说是诗意与有机料理的愉悦交锋。

味道，是个例外！

味道（goût）的词根来自印欧语系的“geus”，指的是感受与品尝。在品味过程中，选择与分辨非常重要。于是味道除了是一种感觉，还是一种能力，能够使用感官来辨识美妙的东西。所以这个词同样指品味（goût），而不仅止于食物。

美食巨人高康大

文艺复兴时期，法国作家拉伯雷（François Rabelais）的小说《巨人传》（*La vie de Gargantua et de Pantagruel*）中食量惊人的巨人高康大以能吃下天文数字的食物和饮料而闻名。他的名字取得好，因为“gargante”指的就是喉咙。这个伟大角色的父母也是不容小觑。父亲高朗古杰（Grangousier）有一副大嗓门（gosier），而母亲贾嘉美丽（Gargamelle）则有一副深喉咙（gargamella 在普罗旺斯语中指的也是喉咙）。他们**庞大古埃**[*]**式**（**pantagruélique**）**的好胃口**，带领我们前往**高康大式**（**gargantuesques**）**的美食盛典**！

*庞大古埃（Pantagruel）是高康大的儿子，同样是《巨人传》的主角之一。——译注

谁才美味，goûteux还是goûtu？

报告班长，两个都可以！Goûteux是比较精确的用法，但是goûtu这个变体来源自诺曼底和布列塔尼地区，2000年时在美食评论界扩展开来，已普遍被大众接受。

同场加映
来自奥贝克的天才（第175页）；拉伯雷的菜单（第40页）

香草，甜美的豆荚

撰文：乔丹·莫里姆（Jordan Moilim）

香草全方位的香气，带着我们回到童年时光。法国人将香草广泛应用于各式料理中，对香草的传播扮演着重要角色。法国的海外领地出产数种世界顶级的香草品种，让我们来一探芳踪吧。

香草荚的异想世界

埃德蒙·阿尔比乌斯（Edmond Albius）——香草的蓬勃发展都是他的功劳，然而只有少数行家知道他的名字。1841年，他刚满12岁，是法属留尼汪岛上的奴隶，也是第一位尝试对这种热带花卉进行手工授粉的人。传说这个小男孩因为对主人不满，顺手摘了香荚兰的花在手中搓揉泄愤，结果就这样阴错阳差地找到了这个人工授粉方式，而且沿用至今。1848年，奴隶制度废除后，埃德蒙被赋予了阿尔比乌斯这个姓氏，取自于香草花朵的颜色，来纪念他自此改变了香草的命运。

旅行的香草

香草的原产地在墨西哥，16世纪被引进西班牙，17世纪抵达英格兰。法国人一直到17世纪才开始“感受”到它独特的香气，于是将它引进波旁岛（île Bourbon），即现今的留尼汪岛。19世纪，香草来到了马达加斯加岛，第一批前往塔希提岛的香草也是从这里出发的；此时英国人也开始进口新喀里多尼亚（法属）的香草。

如何辨识市面上的香草？

想辨识香草质量优劣，只需要把它放在手指间滚动，摸起来感觉应该有些黏手；如果豆荚会滚动，代表它富含水分。

某些香草上有记号，是因为生产者为了避免作物被窃，在豆荚上标示了自己姓名的缩写。

如果香草荚上附着一些结晶体，别担心，它们不是被冻坏了。这是产自法属新喀里多尼亚的独特品种，叫作“结霜香草*”；表皮上的霜花是香草醛的结晶，是香气来源，千万别弄掉了。

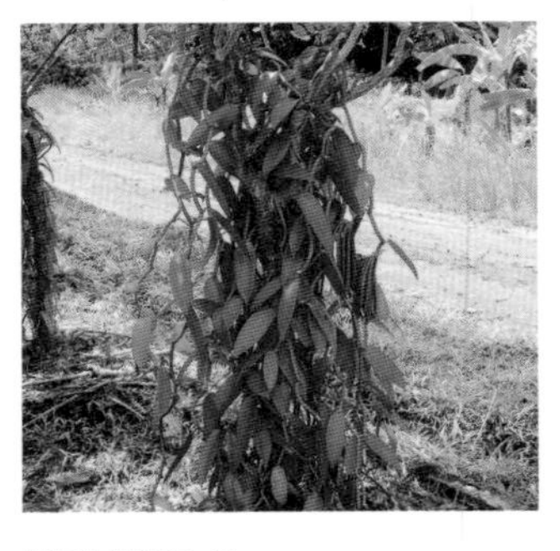

植物学观点

香草是一种攀缘兰花，高度可达15米。这种藤本植物借着气根附着在支撑物上，开出白色、绿色或淡黄色的花朵，常聚集成小束状。受粉后，位于根部的花柄会变成胶囊状，也就是“香草荚”。香草必须在热带环境中生长，但果实不能曝晒，需要有足够的遮蔽。授粉后（在法属群岛皆为人工授粉）9个月就可以采收。

*结霜香草（vanille givrée）是经特殊熟成两年而成的香草荚。这个过程让部分香草醛分子透出表皮，接触空气后在表面形成结晶，香气是普通香草的两倍。许多大厨都特别钟爱这种香草。——译注

留尼汪岛的香草处理过程

香草荚在被贩售之前，必须经过一连串的处理，才能有效释放香气，并确保后续容易保存。

焯烫

将香草荚放进65℃的水里浸泡约3分钟，阻止香草荚继续熟成，同时也有利于释放香草醛。

闷干

为软化豆荚并使其变成棕色，需趁热将豆荚放进铺了软布垫的木箱里，加盖闷放一至两天。

日晒

豆荚每天需在太阳下曝晒一至两小时，约持续10天，接着用棉制被单卷起来存放。

阴干

豆荚必须在阴暗通风的地方存放两三个月。

分类

豆荚被送去贩售前会一一测量尺寸，已有裂痕的香草荚会被丢弃。

“法国制造”香草大巡礼

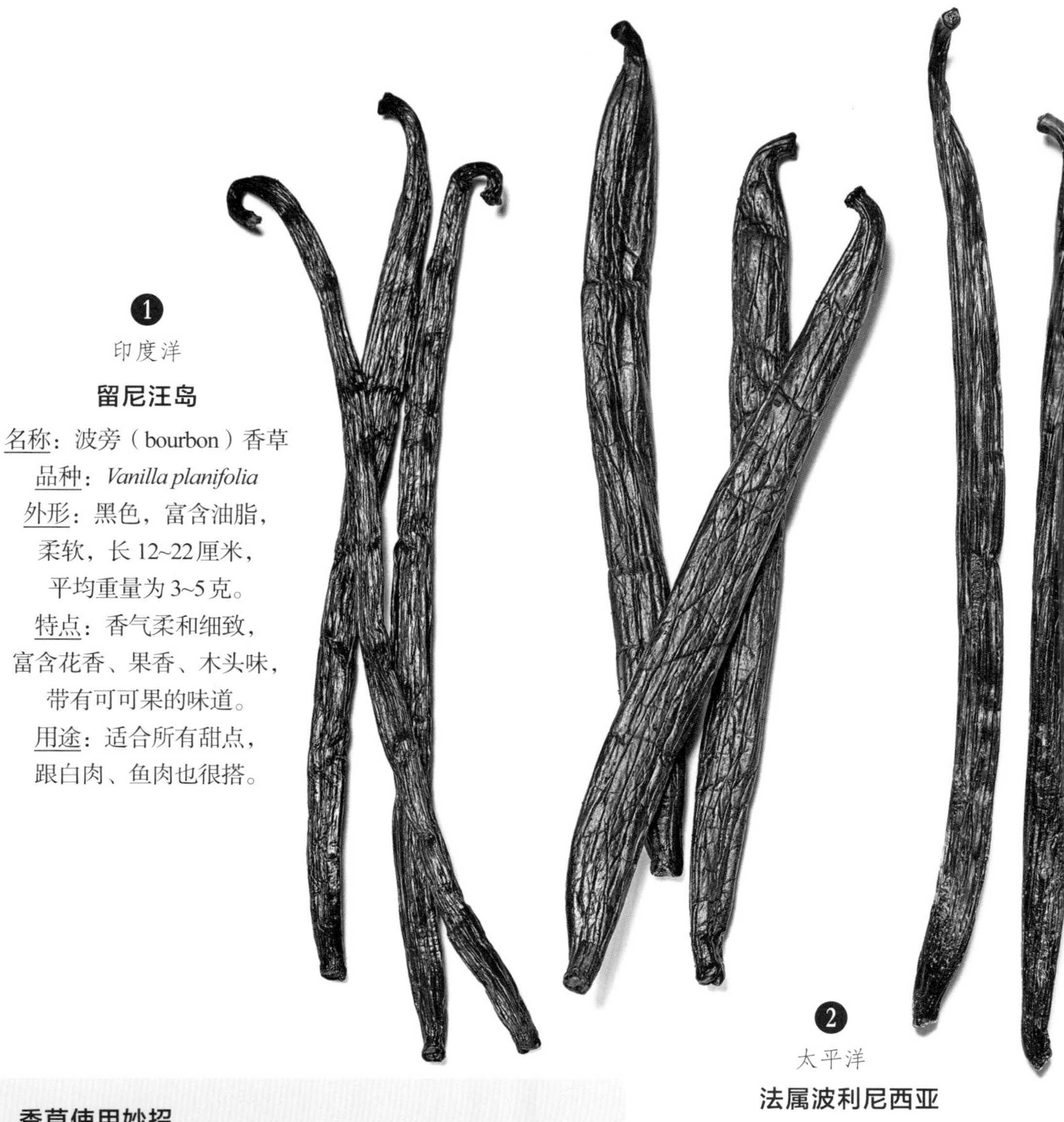

❶

印度洋

留尼汪岛

名称：波旁（bourbon）香草
品种：*Vanilla planifolia*
外形：黑色，富含油脂，柔软，长12~22厘米，平均重量为3~5克。
特点：香气柔和细致，富含花香、果香、木头味，带有可可果的味道。
用途：适合所有甜点，跟白肉、鱼肉也很搭。

❸

太平洋

新喀里多尼亚

名称：结霜香草
品种：*Vanilla planifolia*
外形：棕色至黑色，多肉，豆荚长超过20厘米，外表沾有霜状晶。
特点：味道持久，圆润，带有糖渍水果味、焦糖和可可味。
用途：非常顶级的品种，适合所有甜品和咸食。

❷

太平洋

法属波利尼西亚

名称：塔希提香草、塔哈岛（Tahaa）金牌香草
品种：*Vanilla tahitensis*
外形：无裂口，豆荚丰厚，富油脂，表皮明亮带深棕色，长13~22厘米；最短的豆荚重约5克，最大的重12~15克。
特点：香草味浓厚，带有焦糖、甘草、茴香、陈皮的味道，略带苦味。
用途：糕点、冰激凌、鸡尾酒、水果沙拉、鱼肉。

另一种独特的香草

加勒比海

马提尼克、瓜德罗普、法属圭亚那

名字：香蕉香草、野香草（vanillon）
品种：*Vanilla pompona*
外形：深色，略小（长7~15厘米），形状类似香蕉。
特点：带花香、奶油香，还有烟草、皮革的味道。
用途：生产过程相当机密，在当地常用来制作蛋糕、宾治酒、果酱和火焰香蕉（bananes flambées）。

香草使用妙招

牛奶：将一段2厘米的香草荚划开，刮出香草籽，连同豆荚加入250毫升全脂有机牛奶，慢慢加热至沸腾即关火，浸泡15分钟使其入味，然后再次加热。此为名厨奥利维·罗林涅（Olivier Roellinger）最难忘的儿时记忆。

香醋：将一段0.5厘米的香草荚划开，刮出香草籽，拌入沙拉酱汁里。

砂糖：将用剩的香草荚放进糖罐里，约几星期后即成香草糖。

炖牛肉：将半根划开的香草荚放进炖牛肉锅里，别怀疑，香草荚会带来圆润且独特的香料味。

艾曼纽[1]的经典安格斯酱[2]

这个完美的食谱可以制作约500克的安格斯酱，但务必使用电子秤来精准计算材料分量。

材料：

鲜奶油190克，牛奶190克
蛋黄76克（4~5颗的量）
细砂糖38克、面粉5克
香草荚1/2条

步骤：

- 将鲜奶油、牛奶及香草籽（划开香草荚，刮出香草籽）放进锅里加热至沸腾。
- 将蛋黄用力打散，加入砂糖及面粉，搅打直到颜色变淡并发亮。倒入滚烫的鲜奶油锅中，细心以小火烹调（85℃为佳），用刮刀持续搅拌。当酱汁沾在刮刀上不会滴下时即可离火。
- 将锅子放在冰块上急速冷却，接着放进冰箱保存。
- 建议提早24小时将香草泡在牛奶及鲜奶油中。

1.艾曼纽·利昂，法国最佳冰品工艺师（MOF），在法国第四区开设冰品专门店Une glace à Paris。
2.安格斯酱（crème anglaise），又称香草酱或英式蛋奶酱。——译注

吉康菜，北方美人

撰文：玛莉罗尔·弗雷歇（Marie-Laure Fréchet）

这是一个野生又带苦涩的故事。野菊苣（chicorée sauvage）原为阔叶苦苣（chicorée scarole）及皱叶苦苣（chicorée frisée）的亲戚，后来被菜农驯服，随之开发出我们现在常吃的吉康菜（endive 或 chicon）。

野生菊苣

菊苣（*Cichorium intybus*）多生长于路边、沟渠或森林边缘。蓝色呈星状的花朵在白天时绽放，在夜晚时凋谢，人们因此称它为“太阳的未婚妻”。

↓

人工种植菊苣

中古世纪，人们因其具有医学疗效而开始种植菊苣。在查理曼（Charlemagne）的《庄园法典》(*Capitulaire de Villis*）中指定为可栽种的植物。

↓

变种菊苣

1630年，一个来自蒙特勒伊（Montreuil）的农夫在地窖里种下了菊苣的根，长出了长而带黄色的叶子，风靡一时。自19世纪，蒙特勒伊成为巴黎的大菜园，负责供应市区所需的新鲜蔬菜。1848年，里尔（Lille）某个餐厅老板引进菊苣，使菊苣种植在北方一度兴盛，直到20世纪50年代这股种植热情才开始消退，今日几乎已完全消失。

↓

吉康菜

比利时人改良了菊苣的种植方式，在1850年创造出吉康菜。1893年，亨利·维尔莫杭（Henri de Vilmorin）将吉康菜种子带回法国，这种蔬菜从此在北方兴盛起来。

↓

离土种植

1974年，法国国家农业研究院（INRA）发展出第一款配种吉康菜，可以水耕栽培，成熟需要20~21天，没那么苦涩，且全年都可收获，占目前法国全国产量的95%。改良后的吉康菜味道较温和，深受消费者喜爱。

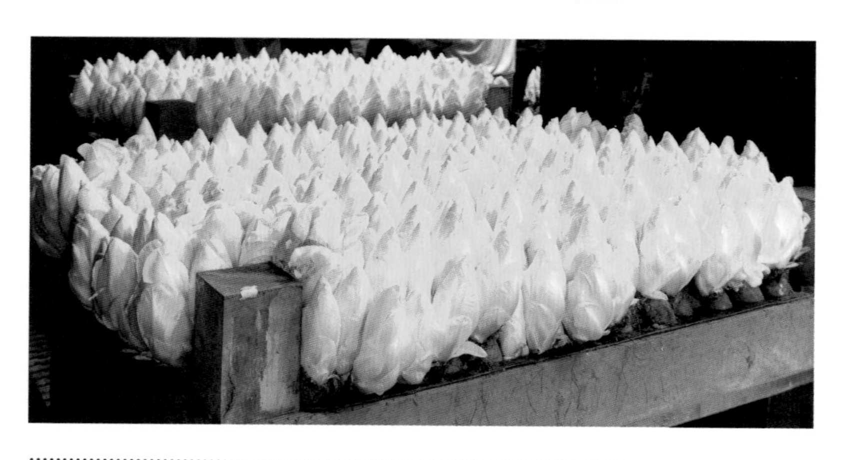

菊苣咖啡

这种工业化商品在17世纪时被当成咖啡的替代品，先是出现在荷兰，后来传到欧洲北部。拿破仑统治时代施行大陆封锁政策，禁止从英国及其殖民地进口物品，咖啡豆也被禁了，菊苣咖啡因此开始流行。做法是将菊苣的根部切成碎片，干燥后进行烘焙。除了泡来喝，也可用在料理或糕点中。某家大型的商业品牌还把它变成了大家“每日早餐的良伴”。

土壤种植吉康菜

目前只剩一些小型农场以这样的方式种植吉康菜。在土壤里生长的吉康菜味道可口，口感清脆，烹调时也不易软烂。

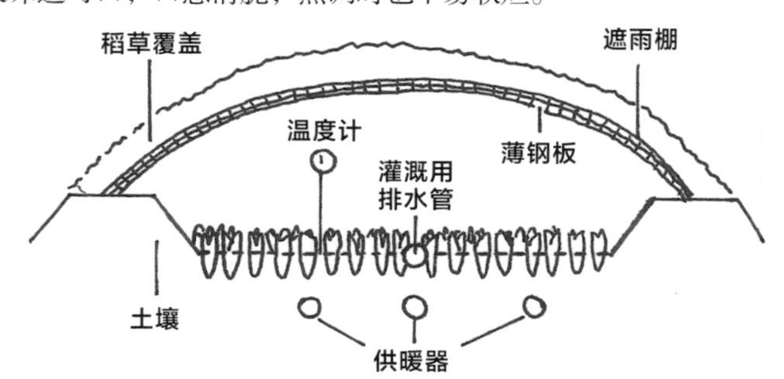

土壤播种法可让种子在每年四五月份长出莲座状叶丛，底部为厚大的根。秋天时，农夫摘下叶片，将根部拔除并放置在光线照不到的地方，放进土壤或苗床中，上面覆盖塑胶制的黑色遮雨棚及一层厚重的稻草，当作防潮隔热材料。接着加热土壤，大概四到六周之后就会长出一层层肥厚的白色叶子，第二年一月即可收获。

好一个吉康菜！

比利时人发明这种新蔬菜后，依其学名将之取名为吉康菜（chicon）。1879年，当它抵达巴黎果菜市场时，法国人希望自己给它起个名字。为避免与另一个极类似的苦苣品种（Cichorium endivia）混淆，便称之为“布鲁塞尔的吉康菜”（endive de Bruxelles）。

焗烤吉康菜

准备时间：45分钟
烹调时间：30分钟
分量：4人份

材料：

吉康菜8棵
巴黎火腿8片
奶酪丝100克
牛奶500毫升
黄油40克
面粉40克
盐、胡椒
肉豆蔻粉
糖1茶匙

同场加映
法国各地沙拉大不同！（第106页）

步骤：

- 剔除吉康菜中心较硬的部分。在炒锅中加入一点黄油，放入吉康菜，撒上盐及一点糖，加一点水，煮20分钟，煮到一半记得将吉康菜翻面。
- 制作贝夏梅酱：用平底锅熔化黄油，加入面粉搅拌均匀，加热2分钟后倒进牛奶，转小火熬煮酱汁使其浓稠。加盐、胡椒及肉豆蔻粉调味，再加入一半的奶酪丝。
- 将吉康菜的水分沥干，卷进巴黎火腿片里，放进焗烤盘。倒上贝夏梅酱，撒上剩下的奶酪丝，送入预热至180℃的烤箱，烘烤20~30分钟，直到奶酪丝变色。

除此之外还能做什么？

- 做成沙拉，加些核桃或榛子、苹果、小块的硬质奶酪或蓝纹奶酪。
- 当开胃小点，直接蘸酱吃。
- 微火炖煮，然后焗烤或是做成反转蔬菜挞。
- 糖渍，做成印度酸辣酱（chutney）。

美食博物馆

撰文：尚保罗·布兰拉（Jean-Paul Branlard）

在前往巧克力博物馆的途中，无意间在路上发现介绍番红花、大麦糖、草莓或卡蒙贝尔奶酪等各式各样的博物馆。这的确是探索法国风土相当明智且愉悦的方式。

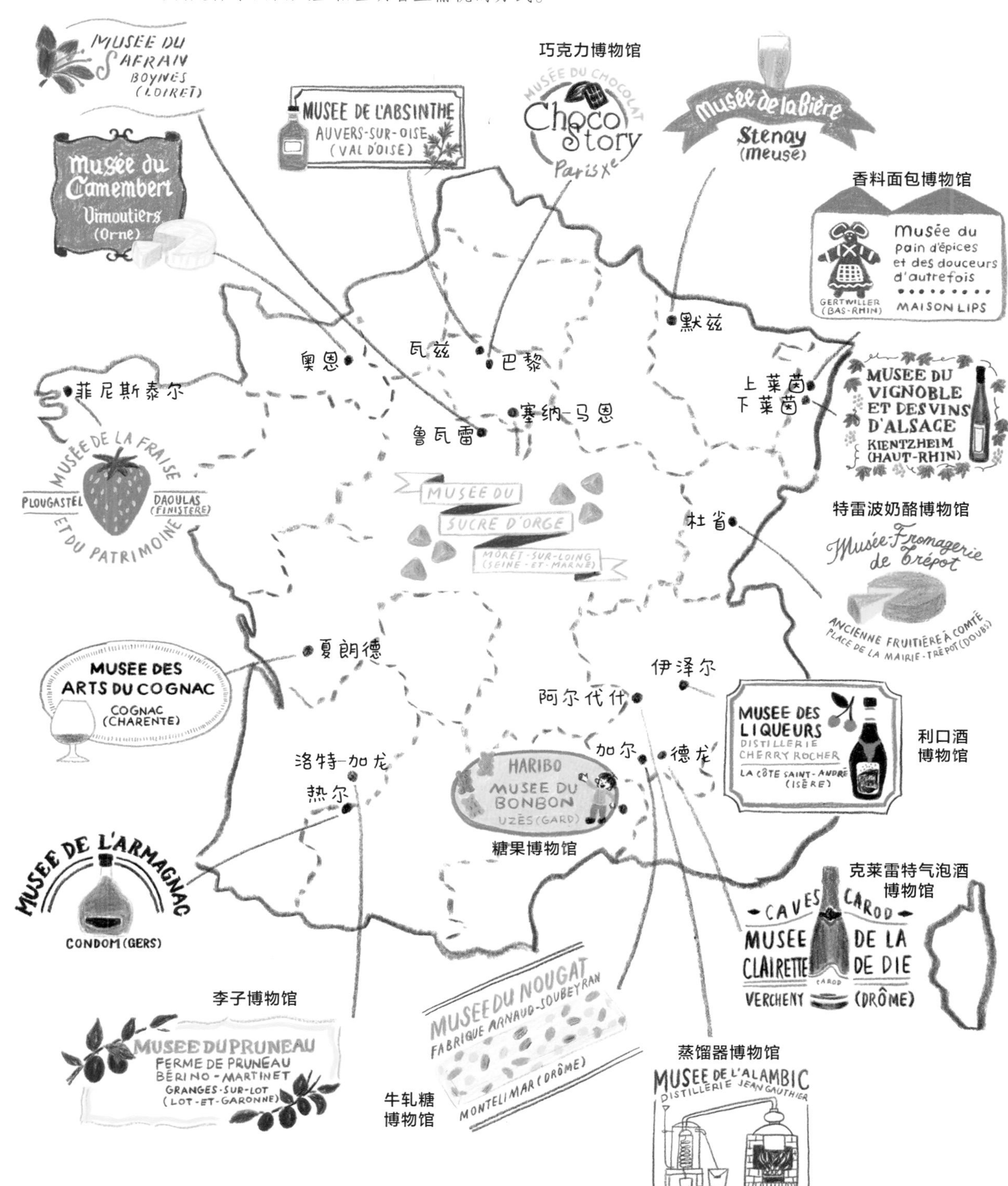

番红花博物馆

自1988年起，布瓦讷开辟了一条历史与学术的观光路线，介绍当地农业景观及番红花的生产制作。番红花被视为加提内地区的红色“黄金”。别忘了带把锄头，为秋天的番红花田松土、除杂草。

卡蒙贝尔奶酪博物馆

1986年开幕，该博物馆见证了奥捷地区的传统历史。海报、明信片、添加凝乳酶的大盆、白铁制的大勺子……现场还展出19世纪前半叶的农具收藏，以及超过1400种卡蒙贝尔奶酪包装，喜爱收集商标包装的朋友定会欣喜若狂。

草莓及文化遗产博物馆

自1995年起，有9个展间介绍普卢加斯泰勒的文化遗产及草莓。千万别错过植物学家暨探险家弗雷纪耶（Amédée-François Frézier）的手稿，上面记载了他在1714年将智利草莓（*Fragaria chiloensis*）带回布列塔尼的不凡过程。

干邑白兰地艺术博物馆

2004年在干邑的古城墙边开幕的博物馆，介绍干邑白兰地的制作过程，从葡萄种植到包装设计，一览无遗。例如白玉霓（ugni blanc）的栽种、1892年制的蒸馏器、橡木桶的制作、闻香室、装瓶过程等。这里也收藏许多古老器具、玻璃器皿、标签等。

雅马邑白兰地博物馆

1954年设立于孔东前主教府，介绍雅马邑超过七百年的制作历史，馆藏包括蒸馏器、古老酒瓶，以及一个重达18吨的木制压榨器，让人叹为观止。

苦艾酒博物馆（Absinthe）

1994年设立的博物馆，重建了19世纪末美好年代的咖啡馆氛围，介绍当时艺术家最喜爱的“绿色仙子”。馆内珍藏了许多海报、雕刻、苦艾酒杯及酒匙。后来发现苦艾酒事实上不是仙子而是巫婆*，会让人疯癫。

啤酒博物馆

位于色当城堡附近，1986年创立，介绍当地啤酒酿造的工艺和历史，以及旧时咖啡店及酒馆的造景。

阿尔萨斯葡萄田及葡萄酒博物馆

1980年创立，展示葡萄采收车、葡萄酒压制机、可移动式蒸馏机、橡木桶、大酒桶，以及相关产业（制桶业、玻璃器皿）的各式精美物件。镇馆之宝为1716年和1640年制造的两件螺旋压制机。

麦芽糖博物馆

1638年，本笃会修女发明了麦芽糖。博物馆于1994年设立，现场有修女示范传统制造过程。

*苦艾酒含有微量化合物，被认定为有毒，曾一度遭到禁止，目前欧盟已取消限制。——译注

同场加映

法式美食偏执狂（第126页）

布列塔尼布丁蛋糕

撰文：戴乐芬·勒赍佛

布列塔尼布丁蛋糕（far breton，在当地又称作farz forn）的主要原料是鸡蛋、糖、牛奶和面粉。
但接下来就有点复杂了，要用荞麦还是小麦面粉呢？要不要加李子？
为什么不加点猪血？每个人都有自己的意见！

你会说布列塔尼语吗？

每一个有凯尔特族的地区都会有（或曾经有）一个与众不同的布丁蛋糕的食谱，个中美味可能只有自己能体会了。

瓜德蛋糕（farz gwad）
韦桑岛（Île d'Ouessan）的特产，在面糊中加入一杯猪血。“Gwad”在布列塔尼语中意指“血”。

韦桑布丁蛋糕（farz oaled d'Ouessant）
咸味蛋糕，在面糊中加入烟熏培根丁、马铃薯、葡萄干及李子。

小牛肉蛋糕（farz al leue bihan）
会在面糊中加入母牛的初乳，也就是生产时分泌的乳汁（并不是真的加入小牛肉）。

布昂蛋糕（farz buan）
意思是“快速的蛋糕”。做法是将面糊倒在可丽饼锅或平底锅上，用木匙搅拌（好像在炒蛋那样），再加入糖和黄油，最后可以得到金色焦糖外表的块状蛋糕。

普鲁蛋糕（farz pouloud）
菲尼斯泰尔省西北角的古老食谱，类似布昂蛋糕。“Pouloud”在布列塔尼语中意指“凝块”。

比利格蛋糕（farz billig）
用平底锅制作的蛋糕，加入黄油和糖粉使之焦糖化，就像很厚的可丽饼。

蛋糕战争

蛋糕里要不要加李子？布列塔尼人真的很在意这个问题。有些人甚至会加入葡萄干和焦糖化的苹果，然而最初食谱所用的食材再简单不过了。主厨堤耶希·布鲁顿（Thierrt Breton）* 认为，这个农村蛋糕一开始只用小麦糊，是圣马洛地区的海盗们在蛋糕里加进了朗姆酒、香草和李子（而这些东西都是他们从布列塔尼海港抢来的）。

乡村布丁蛋糕（无李子版本）

准备时间： 10分钟
烹调时间： 50分钟
分量： 4人份

材料：
面粉220克
细砂糖175克
蛋5颗
全脂牛奶1升
液态奶油250克
盖朗德（guérande）细盐1茶匙
半盐黄油25克
另备面粉少许，撒模具用

步骤：
- 预热烤箱至250℃。在沙拉盆里依序放进面粉、糖、盐、蛋、牛奶、奶油拌匀。
- 在模具表面涂上黄油及面粉（需使用边缘较高的模具），倒入面糊，放进烤箱烘烤20分钟后熄火，将蛋糕继续留在烤箱里30分钟。取出放凉即可享用。

海盗布丁蛋糕（有李子版本）

步骤（同上）：
- 在面团中加入1汤匙朗姆酒，1个香草荚（挖出香草籽加进去）。
- 先在模具底部放入35颗软嫩的李子（带核），再倒进面糊。

* 堤耶希·布鲁顿，巴黎Chez Michel、Casimir及La Pointe du Groin三间餐厅的主厨。

同场加映
大话法式布丁（第313页）

直觉与刹那的创造者

撰文：查尔斯·帕丁·欧古胡（Charles Patin O'Coohoon）

以圣埃蒂安（Saint-Étienne）为基地，主厨皮耶·加尼叶的餐厅遍布世界各地，致力于推广惊人独特的创意料理。

> 料理不是只能用传统或现代来衡量。我们应该从料理中感受到厨师的温柔。
>
> ——皮耶·加尼叶

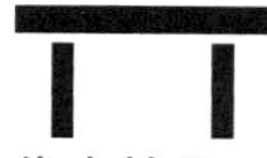

代表符号

1981年，加尼叶在圣埃蒂安（Saint-E'tienne）定居，并且与丹麦设计师皮尔·阿尔诺迪（Per Arnoldi）和建筑师诺曼·福斯特（Norman Foster）合作，设计出了一张桌子的符号，从此成为这位主厨的代表象征。

速科夫号

加尼叶于1971年至1972年服兵役期间，在"速科夫号"潜艇上担任厨师。1971年6月6日，在西班牙卡塔赫纳公海上，一艘俄罗斯油轮撞上潜艇，造成10人死亡。加尼叶幸运地逃过一劫。

令人难忘的一夜

加尼叶的血液中流淌着足球元素。1963年到1964年间，圣埃蒂安足球队的球员常常在比赛前到他父亲在圣普里耶昂雅雷（Saint-Priest-en-Jarez）开的餐厅吃午餐。他当时十三四岁，时常可以面对面接触他的偶像们。印象最深的是在20世纪70年代球队战绩鼎盛时期，当时球场总是挤满人，加尼叶的餐厅离球场只有几百米，只要有球赛的晚上，餐厅几乎不会有人上门。1976年10月21日是他最难忘的一夜：AS圣埃蒂安球队在欧洲俱乐部冠军杯球赛对上PSV埃因霍温球队，当时的法国总统密特朗来到他的餐厅吃晚餐，而他的大儿子在那天晚上出生。

皮耶·加尼叶

Pierre Gagnaire（1950—）

螯龙虾浓汤

分量： 4人份

材料：

欧洲品种螯龙虾（500~600克）2只
韭葱1根、洋葱1个，切薄片
大蒜2瓣，切碎
不甜白酒250毫升
新鲜番茄2个，切块
鱼高汤（fumet）1升
香草束1束（内含龙蒿）
鲜奶油250毫升
黄油、盐、干邑白兰地
埃斯佩莱特辣椒（Espelette）

步骤：

- 将螯龙虾放进沸水焯烫5分钟，接着放进冰块水里冷却。剥除尾巴及钳子的硬壳，取出虾肉放在一旁。
- 将头部及背部的壳敲碎，放进加了黄油的平底锅里略炒。加入韭葱、洋葱及白兰地，接着点火。
- 加入番茄、大蒜、香草束和白酒，收干汤汁至四分之三，再加入鱼高汤。沸腾后小火续煮20~30分钟。
- 加入鲜奶油，再以小火续煮15分钟。将汤汁放进漏斗中过滤，用力挤压骨头及浓汤料。适度调味。

摆盘

- 将虾肉切成块状，放入加了奶油的锅里加热，平分至四个深盘。用搅拌器混合螯龙虾汤，让汤汁更顺滑。在宾客面前直接将浓汤淋在螯龙虾切块上。

菜单的内容，情感的乐章

2002年，法国乐队Astonvilla推出了一首歌曲《慢食》(*Slowfood*)，歌词由皮耶·加尼叶最具代表性的菜单组成，由下列多位知名音乐人一起演唱。

让-路易·欧贝
Jean-Louis Aubert
巴斯卡林北极红点鲑，水煮肉片浸泡新鲜香草汁液及马达加斯加胡椒，配麦秆酒冻，成对螯龙虾佐香水柠檬沙巴雍。

阿兰·包洪
Alain Bashung
酥脆千层派佐1995年克莱门酒堡美酒，甘蓝菜泥、牛心蟹肉佐熔化黄油、峨参及野草莓蜂蜜，绿色白色芦笋调制的配菜。

贾克·拉兹曼
Jacques Lanzmann
深海鱼：铁锅煎鲣鱼片佐幼嫩鲭鱼咖喱酱汁，茄子炸沙丁鱼，蓝鳍鲔鱼佐褐虾酱，新鲜朝鲜蓟洋葱挞及甘蓝菜芽。

让-皮埃尔·柯飞
Jean-Pierre Coffe
虾三吃：小蓝龙虾焯烫，包裹榛果黄油、姜及香柠檬，小莫扎瑞拉奶酪、四季豆、龙虾肉及钳子切碎作为配菜，绿薄荷冷汤佐龙虾酱佛卡夏。

爱丽丝·拉尼库
Elise Larnicol
鲈鱼：芒通柠檬纸包烤全鲈鱼，水煮珍珠大麦蔬菜汁，青苹果果肉冻佐新鲜香菜及椰子片。

罗兰·慕勒
Laurent Muller
"夏特勒兹修士特制的绿色和黄色利口酒，加入舒芙蕾饼干。三种天堂小糕点：教堂司事千层卷糕、修女泡芙、嘉布遣修士蛋糕。"阿门。

同场加映

厨房的诗篇（第92页）

面条的世界

撰文：玛莉罗尔·弗雷歇（Marie-Laure Fréchet）

不管哪个年代，法国小孩都喜欢在母亲节这天自制面条项链送给妈妈。
从天使细面到小贝壳面，让我们将所有法国面条通通串起来吧！

面条历史

面条最初是从意大利经由普罗旺斯地区传入法国。从中世纪开始，普罗旺斯人就会制作menudés、macarons、vermissaux及fidiaux[1]等面条，加入香料及奶酪调味。

➢ 从北方传来的面饺（ravioli）❶，在17世纪时称作rafioules或raphioules。诺曼人占领西西里后，将饺子带进法国。

➢1749年，面条师傅成立了互助会，为了跟当时的面包师傅有所区别。

➢1767年，法国医生保罗-贾克·莫卢安（Paul-Jacques Malouin）出了一本书《磨坊业、制面业及面包师的艺术描述与现况》（*Description et détails des arts dumeunier, du vermicellier et du boulenger*）解释面条的制作方式。

➢ 到了19世纪，法国已有20多种不同面条的制作法。

阿尔萨斯的面条

阿尔萨斯面食大约15世纪才出现，称为Wasser Striebele，面条特色是加了很多蛋（每千克杜兰小麦粉要加7颗蛋），最常见的有德式面疙瘩（spätzle）❷和垛面（knepfle）❸。制作德式面疙瘩可用滤网或大孔刨丝器，将湿软的面团滤成长条放进滚水里煮，浮上水面即可捞出享用；垛面则外形较短小。鸟巢面（nüdle）❹是将面团擀平后切成细长条，完成时通常会卷成鸟巢状。

萨瓦省的面条

方形小片面（crozets）❺可能是从crozetos演变而来，原本是圆形小片面，中间用手指压出凹槽，类似猫耳朵面（orechiette），后来在17世纪传进萨瓦省时变成方形，现在都裁切成长、宽各5毫米、厚2毫米的大小。主要使用杜兰和普通小麦混合的面粉，或荞麦粉。Taillerins ❻则是宽扁面条，制作面条时会加入牛肝菌、栗子、喇叭菌或山桑子。

奥弗涅区的面条

有原产地命名及地理保护标志（IGP）的多菲内面饺（Raviole du Dauphiné）❼，面皮使用普通小麦粉、鸡蛋和水制成；内馅包着康堤奶酪或法国埃曼塔奶酪、白奶酪和黄油炒过的欧芹。在19世纪是由专门的师傅亲自到客人家中制作，非常受欢迎。另一种传统面食lozans，外表裁切成小块的菱形方格，加进汤里食用。

普罗旺斯蔚蓝海岸及科西嘉岛的面条

尼斯人对新鲜面条的制作传统相当自豪，这个传统在1892年由面食专卖店Maison Barale发扬光大。特色面食包括面疙瘩（gnocchi）❽，以及尼斯炖肉（daube）佐君荙菜面饺。科西嘉岛人同样宣扬这份传统，创造出不少独特面食，例如番茄橄榄牛肉炒面（pastacuitta）和牛肉炖菜汤配新鲜面条（stufatu）。

安的列斯群岛的面条

Dombrés ❾ 是一种小的球形面团，由面粉和水制成，再用沸水煮熟，类似面疙瘩，淋上酱汁食用。也可用来做玛丽-加朗特岛（Marie-Galante）的牛肚料理（bébélé）。

面条与法式料理

在19世纪以前，法国厨师对面条没有太大兴趣。

➢ **马利安东尼·卡汉姆（Marie-Antoine Carême）**创造了细面浓汤和通心粉浓汤，还发明了曼托瓦圆形管面（timbale à laMantoue），在面条做成的千层面上插上松露和鹅肝串。

➢ **儒勒·古菲（Jules Gouffé）**在他的《料理书》（*Livre de cuisine*）用一整个章节介绍面条及圆形管面，还提到焗烤通心粉、火腿细面及米兰式焗烤管面（timbale milanaise）的做法。

➢ **奥古斯特·埃斯科菲耶（Auguste Escoffier）**在他的《厨艺指南》（*Guide culinaire*, 1903）用一整个篇章介绍面条。他的面条做法不外乎"意大利式""米兰式"或"西西里式"。其中介绍了一个松露面条的食谱：用100克新鲜松露薄片，搭配250克通心粉。

➢ **雷蒙·奥利维（Raymond Oliver）**，1965年出版《面条庆典》（*Célébration de la nouille*）。

➢ **艾瑞克·费相（Éric Fréchon）**，巴黎Hôtel Bristol主厨，1999年发明通心粉镶松露的食谱。

奥利维的*单身面条食谱

材料：

煮熟的面条125克（静置保温）
新鲜漂亮的巴黎蘑菇125克
黄油50克
橄榄油4汤匙
盐、卡宴辣椒（cayenne）、红椒粉
鸡蛋3颗（或4颗）

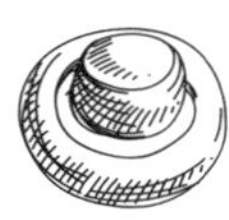

步骤：

- 在锅里加入一半的黄油及橄榄油，放入蘑菇拌炒直到变色。再加入五分之四的面条搅拌均匀。
- 将面条倒入烤模，弄出三四个凹槽，把蛋打进去，然后把烤盘送进烤箱。
- 将剩下的黄油及橄榄油放进锅里，加入剩下的面条煎直到变脆，放在刚刚烤好的面条上。
- 开一瓶当季的薄酒莱，或年轻带果香的波尔多，舒服地坐着享用料理。

* 雷蒙·奥利维（Raymond Oliver），Grand Véfour餐厅前主厨。

现代版米兰式焗烤管面

分量：1份

材料：

长条通心粉500克
洋葱1个
蘑菇200克
巴黎火腿125克
浓缩番茄糊1小罐
奶酪丝250克
鸡蛋3颗
黄油10克+1小块
盐和胡椒

步骤：

- 用加了盐的沸水将通心粉煮到弹牙（al dente）。捞出面条沥干，保留一杯煮面水待用。
- 将洋葱剥皮切片，蘑菇洗净切块，火腿切成小块。将鸡蛋打散，加盐及胡椒调味。在炒锅里加入黄油，开大火拌炒洋葱、蘑菇及火腿约几分钟，倒入浓缩番茄糊，加入一点煮面水。
- 烤箱预热至180℃。在蛋糕模具内抹一层黄油，将通心粉围绕成蜗牛壳状铺在底部，层层堆叠至3厘米高。然后均匀铺上番茄酱料和奶酪丝，持续重复堆叠，直到装满模具。
- 倒入打散的鸡蛋，最上方再铺一层通心粉。盖上一个有弧度的盘子，隔水加热约1小时。

1. 这四种中世纪的面条做法几乎相同，面粉加入水、蛋白及玫瑰花露揉至松弛，放在太阳下晒干，食用时搭配不同奶酪。——译注

同场加映
当名厨成为电视明星（第359页）

法国人最爱的面食

这些加工面食产品，也算是法国厨艺资产的一部分。

小贝克面（coquillettes）⑩
黄油、奶酪加火腿做成焗烤或烩面。

通心粉（macaroni）⑪
来自意大利，但是法国人将其广泛运用于各式料理中，如焗烤通心粉、米兰式管面或是塞特酱汁通心粉[1]。

字母面
这种做成字母造型的面条陪伴了好几代孩子，一边吃面一边认识字母，重点是，他们愿意乖乖把面吃光！

“大牌”面条的广告营销

Rivoire et Carré（1860）：1975年，这个品牌找来皮耶·狄波吉和丹尼尔·佩雷佛斯特代言。

Lustucru（1911）：1944年，这个品牌发明了老太太煮面[2]的人物形象，深入人心。

Panzani（1929）：在20世纪70年代，喜剧演员费南代尔扮演的牧师角色喊道：“它们是Panzani！”[3]

完美的煮面方法

➢ 一个大锅子，加很多很多水！每100克面条搭配1升水。

➢ 煮面时间要从水沸腾后起算。

➢ 水滚后加盐，每100克面条加7克盐。不需要加橄榄油，完全没有任何帮助。

埃斯科菲耶的焗烤通心粉

将250克通心粉放进加了盐的滚水，煮熟后沥干水分。加入30克黄油、100克奶酪丝（一半格鲁耶尔、一半帕马森）、盐、胡椒、肉豆蔻粉，以及3汤匙贝夏梅酱，混合均匀。放进焗烤盘里，撒上奶酪丝及面包粉，淋上一些奶油，送进烤箱直到奶酪熔化上色。

1. Macaronade，混合牛肉与番茄酱汁的通心粉。——译注
2. 在这支广告中，外星人绑架了老太太，只为了要吃她做的面条。——译注
3. 在这支广告中，非常爱吃面条的牧师屈服于贪吃的原罪，他安慰自己这只不过是一些面条而已，然而天上传来声音说：“只是一些面条没错，不过它们是Panzani。”——译注

绵密的巴斯克蛋糕

撰文：戴乐芬·勒费佛（Delphine Le Feuvre）

从圣让德吕兹到巴约纳再到比亚里茨，
“etxeko biskotxa”就是“家庭的蛋糕”，
深受每一个人喜爱。

起源

巴斯克蛋糕最先于19世纪30年代出现在康博莱班（Cambo-les-Bains）的温泉区，由玛丽安·依利戈安（Marianne Hirigoyen）所发明。这位糕点师将她的秘密食谱传给两位孙女——伊丽莎白·迪巴（Élisabeth Dibar）和安娜·迪巴（Anne Dibar）。后来大家称她们为“biskotx姐妹花”（biskotx在当地方言中指的就是巴斯克蛋糕）。

两种“官方”版本

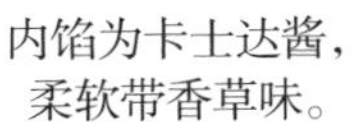

内馅为卡士达酱，柔软带香草味。

内馅为伊特萨苏（Itxassou）出产的黑樱桃果酱，入口即化。

只有这两个版本的巴斯克蛋糕被“Eguzkia 巴斯克糕饼协会”承认。“Eguzkia”在巴斯克语中意指太阳，由蛋糕的形状引申而来。

Eguzkia的巴斯克蛋糕（卡士达酱）

烹调时间：40分钟

分量：6人份

材料：

面团

面粉300克

黄油120克

冰糖200克

鸡蛋2颗

泡打粉1包（10~15克）

盐3小撮

朗姆酒或香草精2汤匙

卡士达酱

全脂牛奶500毫升

鸡蛋3颗

细砂糖125克

面粉40克

朗姆酒或香草精2汤匙

步骤：

- 面团：在沙拉盆里混合变软的黄油和白冰糖，接着加入面粉、泡打粉、鸡蛋、盐，最后加入朗姆酒或香草精，持续拌揉到可以整成均匀的圆面团，放进冰箱冷藏。
- 卡士达酱：将蛋和砂糖打匀，直到颜色变淡，再加入面粉拌匀。将牛奶煮沸，一半倒入刚刚的碗里持续搅打，然后倒回煮牛奶的锅里，与剩下的一半牛奶混合均匀。加热到沸腾后，继续搅拌三四分钟，直到卡士达酱变得浓稠。最后加入朗姆酒，置于室温冷却。
- 组合：在直径22厘米的烤盘上涂上黄油，撒上面粉。轻巧地搓揉面团，接着用擀面棍擀成厚四五毫米的面皮。取一半多一点铺在烤盘上，沿着边缘压平，倒入冷却的卡士达酱。将剩下的面皮像“盖子”一样盖上去，涂上蛋黄，用叉子划出横纹。
- 放入预热至160℃的烤箱，烘烤约40分钟。蛋糕冷却后即可享用，放到隔天会更好吃！

来到巴斯克，哪里买超好吃的巴斯克蛋糕？

→Maison Pariès，地址：1, place Bellevue, Biarritz

→Maison Adam，地址：27, place Georges-Clemenceau, Biarritz

→Moulin de Bassilour，地址：Quartier Bassilour, 64210Bidart

感受盐的况味

撰文：艾丝黛拉·贝雅尼（Estérelle Payany）

不论是在餐桌上，在猪肉肠里或是在面包中，盐的滋味，就是生命的滋味！让我们环游法国，认识知名的盐产地。

海盐或岩盐？

海盐主要产自地中海及大西洋沿岸的盐沼区，依靠太阳及风力让海水蒸发，得到盐的结晶。岩盐（矿盐）主要聚集于莱茵河、罗讷河与比利牛斯山区一带，制作方法有两种：一种是直接从地下或山洞开采，另一种则是将盐从岩石中溶解出来。

盐花或粗盐？

盐花（fleur de sel）只会在盐沼中形成，这种细致的结晶体只能在傍晚或早晨用手采集。盐花质地松脆，味道细腻，主要用于调味。粗盐（gros sel）则多用于烹饪，主要来自海洋或是地底盐矿。大西洋沿岸产的粗盐略带灰色且潮湿，地中海沿岸产的粗盐则呈白色且较干燥。

同场加映

盐，无论如何都要盐！（第320页）

盐田（salin）或盐（saline）？

其实两者差不多，只不过地区不同，说法也不同。“salin”指法国南部的盐沼区，“saline”则是指大西洋沿岸一带的盐沼……要让事情更复杂一点的话，这个词也可以指矿盐开采。

盐厂工人（paludier）或采盐人（saunier）？

事实上，两者是同一种职业，在地中海沿岸叫“saunier”，在大西洋沿岸则叫“paludier”，都是负责维护盐田及采收的人。

什么是IGNIGÈNE？

制盐的方式主要有两种，一种是利用太阳及风力等自然作用让海水蒸发，另一种则是将岩石中的盐溶出的卤水加热来得到盐的结晶。后者就是我们用的精盐（sel ignigène）。

酒杯使用大全

撰文：辜立列蒙·德希尔瓦（Gwilherm de Cerval）

不论是装水，还是装葡萄酒、鸡尾酒、白兰地，这些杯子都扮演了重要角色，甚至可以影响杯中物的滋味。

重量

杯子的重量能对感官起到微妙的作用。太重的酒杯会让人觉得酒喝起来平淡无奇，较轻巧的酒杯则会让人在品酒时感受到更多优雅细致的风味。

厚薄

杯缘越薄，嘴唇与饮品之间的阻隔就越小，更能精准地品尝到饮品的真实风味。

形状

细长的杯子可以凝聚香气。饮用时头往后倾，也有利于引导香气直接通往舌头深处，适合品尝酸味与苦味。

宽大的杯子让酒与空气有更多接触空间，使香气得以发挥。饮用时头必须往下靠，将饮品导向舌尖，更容易品尝甜味及咸味。

组成成分

杯子是三个元素融合的结果：二氧化硅（晶体）+苏打（融合）+石灰（强化）。想象一下您在家中制作焦糖，使用糖粉（晶体）和水（融合），将两者加热。嗯，其实差不多嘛！

透明度

杯身的透明度对确认饮品的清澈度、色泽、过滤与否、光泽及甘油比例等都非常重要。

你知道吗？

餐厅里使用的白酒杯通常比红酒杯小，这是为了让白酒的温度上升得慢一些。

同场加映

令人陶醉的瓶子（第225页）

* 1970年由法国国家原产地名称管理局（INAO）设计，主要用于品酒竞赛及正式品酒场合。——译注

另类烹饪法

撰文：巴蒂斯特·皮耶给（Baptiste Piégay）

用瓦斯烹煮，太普通了！用感应炉炖煮，太悲哀了！用电烤箱烤，太无趣了！厨师们好像都想参加“列宾发明大赛”*，创造出许多非正式烹调法，有些是愉悦的发想，有些是滑稽的手工，有些则是在不得已的情况下蹦出的即兴创作。

煮水器煮蛋

出处：让-菲利普·德安（Jean-Philippe Derenne），《随时随地烹饪》（*cuisiner en tous temps en tous lieux*, 2010）

方法：萨贝提耶慈善医院（hôpital de la Pitié-Salpêtrière）肺病部门前负责人觉得他的妻子住院时的餐点非常糟糕，因而利用手边的工具想出解决方案。其中一个就是煮水器。将一颗新鲜的鸡蛋放进煮水器，倒满水，水沸腾之后关掉电源，静置4分钟，再小心地将鸡蛋取出。

成功率：100%（做煎蛋的成功率为0）

洗碗机烹调鲑鱼

出处：艾维·提斯（Hervé This），法国国立食品研究中心（INNTA）的物理化学家，在20世纪80年代初期受到牛津物理学家尼古拉斯·库提（Nicholas Kurti）启发。美食研究家菲黛莉克·卡赛艾梅（Frédérick E GrasserHermé）和美食节目主持人茱莉·安德鲁也都认同这个方式。

方法：相当经典，来自于一种天才型的懒惰心态，或是相当稀奇的思维。艾维曾在《西法国日报》（*Ouest-France*, 2015年10月21日）上赞扬这种烹调法的优点：“洗碗机是相当好的替代方案，因为它可以用低温烹调，温度稳定，不需消耗额外能量，相当环保、方便且经济。”并解释了这个组合有多完美：“低温烹调法非常适合料理鱼类或包含许多胶原组织的鲜嫩肉类，因为它们不需靠烹调来软化。”（也就是说不要妄想在洗碗机里制作蔬菜炖肉锅。）首先根据心情给鲑鱼调味，例如加一点红胡椒粒、莳萝、橄榄油，接着将鲑鱼放进玻璃罐或密封袋里，按下启动按钮，以65℃洗涤1小时15分钟。

成功率：100%（没停电的话）

引擎烤鸡

出处：弗朗索瓦·西蒙（François Simon），《鸡肉的两百种烹调法》（*Agnès Vienot Éditions*, 2000）

方法：一种完美结合驾车喜好与生态保护的方式，结合了必要性（例如在去穆兰的途中）与乐趣性（一边烹调鸡肉），抵达目的地时，鸡就会完美地烤熟了。这种方法的发明者与专业网站Autoblog（机械网站而非家禽类网站）都相当认同这个理念。同样的准备方式：根据喜好腌制鸡肉，细心按压，在出发前静置一阵子。接着小心地包裹在铝箔纸里，放进引擎盖内。假设路上塞车，比方说4个小时，引擎大概可以加热到90℃，烤鸡就完成了！

成功率：100%（如果交通、车况以及副驾驶的心情都很正常顺利的话）

同场加映
亲爱的羔羊（第181页）

沥青烤羊腿

出处：不明（20世纪初期）

方法：一道经典的工地料理，随着大型公共建设工程的存在而不断改良。然而在其众多优点中也藏有许多不便利性。首先，你必须身处工地现场。用牛皮铝箔纸包裹羊腿（或者应该说闷住，因为必须包上好几层），加入香料调味，用铁线紧紧捆住，接着放进一桶滚烫的沥青里（最高可到280℃~300℃），留置1小时（每千克羊肉大约需要20分钟），还得事先考量到沥青从加热到滚烫的2小时。最后的成品非常鲜嫩多汁，让这道料理变成工地工程结束时不可避免的仪式。

成功率：60%（最难的条件都在开头，我们必须要跟工地的工头保持良好关系，毕竟不是每个人都可以任意进入工地。不然你也可以自己在家加热沥青）

* 1901年由律师身兼发明家的路易·列宾（Louis Lépine）创立的法国发明大赛。——译注

海味珠宝盒：沙丁鱼罐头

撰文：查尔斯·帕丁·欧古胡
（Charles Patina O'Coohooh）

法国有16家罐头加工厂，每年可以生产8,000吨罐装沙丁鱼，其中有一些还是手工制作的呢。让我们进入这些保存完善的工厂里一探究竟吧。

罐装沙丁鱼的一生

每年5月到10月是捕捞沙丁鱼的季节。捕获的沙丁鱼先被浸在盐卤中，然后清除内脏并清洗干净，风干后用葵花油炸。沥干之后，切除鱼鳃及尾部，再以一正一反的方式紧密地排进罐头中。

值得认识的沙丁鱼罐头*

品牌：La Quiberonnaise
工厂：La Quiberonnaise，莫尔比昂
创立年代：1921
特色：历经三代，全手工制作，保存了完美的手艺。

品牌：La perle des Dieux
工厂：La perle des Dieux，旺代
创立年代：2004
特色：旺代省唯一的手工罐头加工厂，从创立初期就会在罐头上标示年份。

品牌：La Compagnie Bretonne du poisson
工厂：Furie，菲尼斯泰尔
创立年代：1920
特色：率先在沙丁鱼罐头内添加有机橄榄油。

品牌：La Belle-Iloise、Les Royans、Saint-Georges
工厂：Conserverie la Belle-Iloise，莫尔比昂
创立年代：1932
特色：法国最重要的罐头工厂之一，创造了许多不同口味的罐头，并在66家店铺贩售。

品牌：Les Mouettes d'Arvor La Molènaise
工厂：Conserverie Gonidec，菲尼斯泰尔
创立年代：1959
特色：第一家开始贩售限量版罐头的加工厂，某些版本的罐头现已成为艺术收藏品。

品牌：La Pointe de Penmarc'h
工厂：Conserverie Chancerelle，菲尼斯泰尔
创立年代：1920
特色：全世界最古老的罐头加工厂以及其所设计的高档罐头产品。

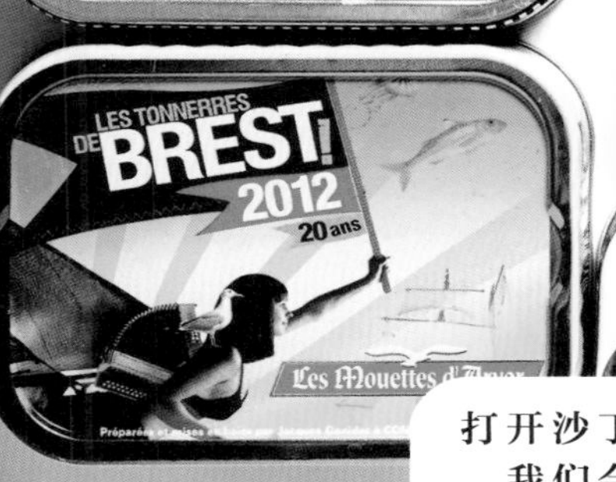

打开沙丁鱼罐头，我们会看到：

鱼肉和油115克
蛋白质25克
油脂15克
热量250大卡

狄波吉的沙丁鱼肉酱

这道食谱非常受欢迎。我一开始有点看不起这道菜，因为实在是太粗俗了，但是真的非常好吃，毋庸置疑。
——幽默作家皮耶·狄波吉（Pierre Desproges）

材料：

La perle des Dieux 沙丁鱼罐头2罐
旺代省的有盐黄油150克（这样沙丁鱼比较习惯）
浓缩番茄糊1大汤匙、番茄酱1大汤匙
柠檬汁1颗的量、茴香酒（Pastis）1茶匙
龙蒿叶10片、虾夷葱数段、辣椒酱
盐少许、胡椒粉、压碎的茴香籽少许

步骤：

将沙丁鱼压碎，与所有材料混合均匀，装进肉酱盆里，放进冰箱，这样就好了。是不是简单到令人惊讶？

光子的烤沙丁鱼

我的日本朋友料理达人光子·萨阿尔（Mitsuko Zahar），传授了这个简单又方便的配方，让罐装沙丁鱼摇身一变成为风味绝佳的烤鱼！

将烤箱预热（上火炙烤模式）。打开一罐沙丁鱼，将里头的油倒出，换成质量好的橄榄油，再滴上几滴酱油，加入几片大蒜，送入烤箱烤5分钟。取出后挤上柠檬汁，撒上一点柠檬皮丝即完成。

同场加映

又吃面了（第318页）

* 特别感谢沙丁鱼罐头收藏家阿兰·布当（Alain Boudin），巴黎最好的沙丁鱼罐头专卖店 Petite Chaloupe（7, boulevard de Port-Royal, Paris 13e）负责人。

拉伯雷的菜单

撰文：史蒂芬·索林涅（Stéphane Solier）

如何让文字品味非凡？16世纪的作家拉伯雷（Rabelais）可是这个领域的大师。
在此从他丰富的作品中选出四个绝妙的段落，看文字“大厨”如何利用不同的风格技巧，调味出浪漫“菜肴”，让读者垂涎三尺。

风格配方

烘烤这些文字，让表面的汁液变成焦糖，让它们在文章里噼里啪啦作响！让句子跳跃歌唱，加入一千零一种不同的头韵与谐音作调味。听听看骨头的爆裂声（[k]、[g]、[t]）、愉悦的吸吮声（[v]、[s]），或是面对最喜爱的美食感受到无限乐趣（元音群[a]、[é]、[è]、[i]，加上[l]强调）。

别忘了在您的锅里加入一点隐喻：有了这株香草束，作品细读起来只会更加美味！

知名的酒友，还有你们这些尊贵的麻子，
我的作品是写给你们，
而不是写给别人的……

您是否见过一只狗发现带骨髓的骨头？就好像柏拉图在《共和国》第二部中说的那样，这是世界上最具哲理的动物。如果您实际见过，会发现它是如何专注地窥伺那根骨头，多么谨慎地守护它，多么热忱地衔住它，多么细心地啃它，多么热情地咬开它，又多么敏捷地吸吮它。是什么驱使这只狗这么做的？它这么小心谨慎地期望的是什么？它又想得到什么好处？只不过就是一点骨髓罢了。的确，这一点骨髓比其他很多食物都要美味，因为骨髓是从大自然最美好的精髓中创造出来的……根据这个例子，面对这几部油脂丰富的作品，你们必须要明智地去辨别、品尝并评价，轻巧地搜索并勇敢探求。然后，通过仔细的阅读与反复的思索，将骨头打破，吸吮里头富含营养的骨髓。

——拉伯雷，《巨人传》（*Gargantua*）前言

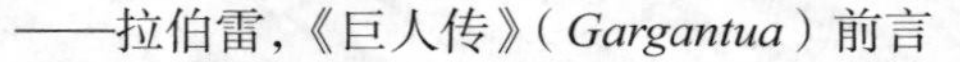

庞大古埃（Pantagruel）在寻找神瓶的过程中，
途经卡斯台尔（Gaster）阁下的岛屿，
发现了一个贪食族的宗教，
他们供奉大腹便便的神祇漫肚斯（Manduce），
并向国王进奉众多菜肴。

◆

我靠近这些贪食族，发现他们后头跟着许多跟班……他们向神灵供奉美味的葡萄酒和精致的烤乌贼、白面包、软面包、甜面包（choine）、粗面包（pain bourgeois）、六种炭火烤肉、烤小羔羊、姜黄粉调味的烤小牛肉冷盘、库斯库斯（couscous）、内脏下水（fressures）、九种肉类炖锅（fricassées）、时鲜浓汤、洋葱汤、混合蔬菜的杂烩锅（hochepots）、牛髓白菜月桂叶汤、蔬菜炖肉……蒜泥羊腿肉、辣酱馅饼、洋葱猪肋排、原汁烤鸡、肥嫩阉鸡……

——拉伯雷，《巨人传》第四部，第59—60章

在文章中使用列举法，让这些食材看起来多到夸张，占据页面的同时也激发读者的想象力。

在语句描述中加入字音的调味品，重复“f”“r”和“s”，会将读者的注意力吸引至菜肴的味道特征本身。

别忘了为你的字词加上有意义的后缀，
读者阅读时可以享受词句的铿锵有力。
普罗旺斯或加斯科涅（Gascogne），闻起来不香吗？

请细心料理美丽的缩小后缀，来发现这个世界的丰富多样。
这些美味的细节会让读者的胃口大开，
他们将细心品尝每一个字词以及其缩小的变体，
对词语的贪食将得到满足。

最后，在您的文章中穿插一些地方色彩！
在您的食谱中加入一些普罗旺斯当地的词汇（anchoy、tonnine和boutargue）或是阿拉伯语（coscossons），
增加丰富性，同时也可以挑动舌头（或语言）！

庞大古埃跟伙伴们
如何吃腻了咸肉，
加巴林（Carbalin）如何
去猎捕野味。

◆

大获全胜之后，庞大古埃……让他们在岸上饱餐一顿，喝到满足为止……于是奥斯登（Eusthenes）帮忙剥皮，并叫他们的俘虏去烤，就用正被焚烧中的骑兵去烤野味。接着浇上许多醋，然后大吃了起来，谁客气谁倒霉！看他们狼吞虎咽的样子实在痛快。这时庞大古埃说道："恨不得我们每人下巴都挂上两副猎鹰钟，我自己的再挂上雷恩（Rennes）、普瓦捷（Poitiers）、都兰（Tours）和康布雷（Cambray）的大钟，让大家看看我们大快朵颐的时候声音有多响亮。"

——拉伯雷，《庞大古埃》（*Pantagruel*），第26章

取出一些连接词，把它们四处撒满，您将会得到一个美妙的集聚性节奏，用来诠释您的饥渴。

加入一点"不可思议的夸张语言"（adynaton）来调淡酱汁，凭借这种超现实的夸饰法，让庞大古埃大快朵颐的愉悦神情活灵活现。

烹调完成前，在文章中细心裁剪一些新词汇（néologisme），凭借"bab-"（嘴唇）及"goincer"（猪号声）组成的badingoinces一词，让大家实际感受到这些人不计形象、狼吞虎咽的情景。

最后您可自由决定是不是要浇上一点联觉（synesthésie），让料理的细节多样性更加突出。下颌与嘴唇交织出的音乐会变成一场视觉的飨宴，音色上的规划重塑出吞咽的动作以及料理的精深朴实。

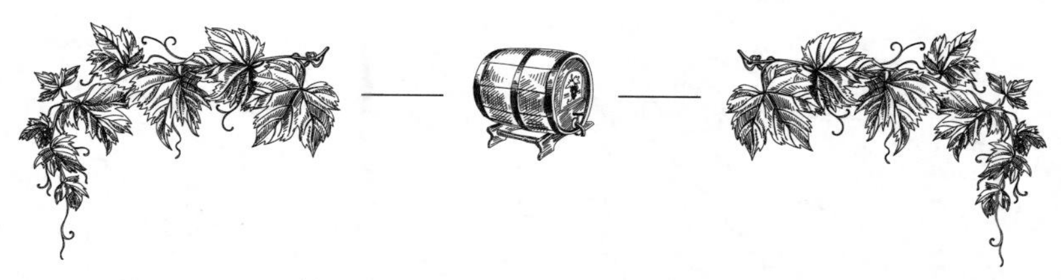

拉伯雷的作品从头到尾都是这样：
"葡萄酒的味道需要动词的味道，而拉伯雷的诗意无疑是来自于对文字况味的截取。就好像在阿尔戈弗里巴斯（Alcofrybas）进入庞大古埃的嘴里那一段，语言变成了吊桥，引领大家通往想象的世界。"

——里哥洛（F. Rigolot），《拉伯雷的语言》（*Les Langages de Rabelais*）

◆

这些多汁的词汇、美味的替代语法（将葡萄酒比喻成"九月的果泥"）及一连串搭配音律的料理名称，让烹调的词汇从食材本身获得实质的主体性，都邀请读者进入一种极致的愉悦、畅快、自由及反传统境界，其中也不乏具有智慧与分寸的人文教训。

◆

知名的酒友，还有你们这些尊贵的麻子，让我们为这种愉悦又完美的和谐喝上一杯吧！

在您的备料中加入一小撮"顶真"（anadiplose），
恣意地撷取句子最后一个词，作为下个句子的开头。
在这里使用的是料理名词，
您的宾客们将会感受到前所未有的诱惑。

使用"夸张"（hyperbole）修辞来调整一下味道，
利用浮夸的数字以及大量的复数词汇，
巧妙提点饮食的乐趣，呈现巨人世界里丰盛的美食。

在一旁油煎几份有分量的谚语（expressions proverbiales），美食的夸张与谚语的通俗性，
唯有此二者可以彰显语言的内涵。
——把盘子给我装满（Aller à pleines escuelles）！
您不觉得可以感受到饮食者的愉悦吗？

静置一阵子，接着炖煮一些拟人化（personnification）的修辞，为您的料理加味，
让您的杯具跳舞，创造出野餐的愉悦氛围！

贾嘉美丽（Gargamelle）如何在怀着高康大（Gargantua）的时候吃下一堆肠子。

◆

原因她忘了，那是个下午，二月第三天，她吃了太多的牛肠子（gaudebillaux）。肥厚的牛肠子来自再生草饲牛（coiraux），在再生草农场（guimaux）的牛槽被养肥的牛。再生草农场是一年收割两次的农场。

他们一共宰杀了367,014头肥壮的牛，好让我们在封斋节前一天腌好，以便开春后有大量的咸牛肉可以享用。饭前先来份当季咸牛肉，之后喝起酒来也比较痛快。

这些牛肠这么丰盛肥美，你们也可以猜想到，在场的每个人都馋得不得了……高朗古杰（Grangousier）这个老好人非常得意，吩咐所有盘子都要装到满出来……后来，他们突然想在这美好的地方来些午后小点，霎时间酒瓶走、火腿奔、酒杯飞、水罐敲……

"给我把这杯酒喝光！
给我装满红酒，满到酒杯都哭出来！
不再口渴！"

——拉伯雷，《巨人传》第4章

鞑靼的艺术

撰文：戴乐芬·勒费佛（Delphine Le Feuvre）

虽然现在流行素食，但鞑靼料理依旧是小酒馆不可或缺的私房好菜。不只法国，全世界还有许多国家热爱生食。此篇是给生食爱好者的建议！

起源

传说“鞑靼”（tartare）这种吃法在鞑靼人（Tartar）出现时就已存在。鞑靼人是游牧民族，习惯将马肉放在马鞍下，让肉变得更加柔软后直接食用。1876年，凡尔纳的小说《米歇尔·斯特罗戈夫》（*Michel Strogoff*）中一出舞台剧的菜单上出现了一道鞑靼牛肉：在第二幕第五景，一位英国记者与一位鞑靼人旅馆老板谈到一种由碎肉和生鸡蛋做成的肉酱“koulbat”。同一时期，在比利时和法国北部出现了类似的食谱，名叫“filet américain”，是将切碎的马肉佐以美乃滋。今日我们通常使用牛肉来做这道菜。

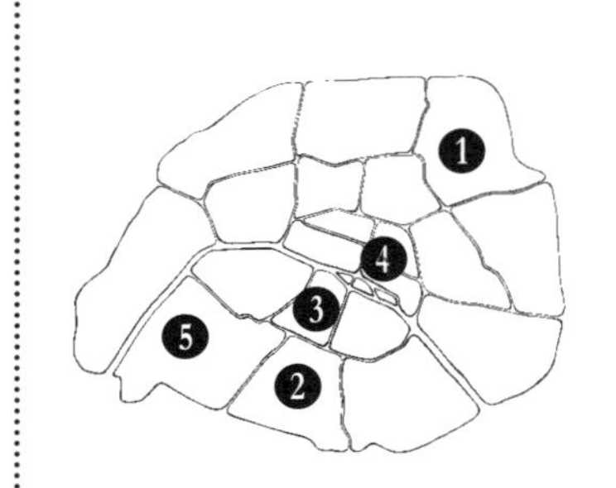

巴黎最好的鞑靼料理和餐厅

1. La table d'Hugo Desnoyer：使用了至少250克牛腿排薄肉片！
2. Le Severo：新鲜牛肉350克，用刀切碎，佐以整颗的酸豆。
3. La Rotonde：使用冷藏绞肉机处理牛肉，提供三种不同的调味选择：普通、强劲、辛辣。
4. Le Beef Club：新鲜牛肉180克，用刀切碎，浸泡在白味噌及威士忌中腌制。
5. Grand Bistro de la Muette：使用奥贝克（Aubrac）地区的牛肉，用刀切碎，口味偏“意大利式”。

鞑靼牛排

1938年，普斯佩·蒙塔宁（Prosper Montagné）在初版《拉鲁斯美食百科全书》（*Larousse gastronomique*）中提到一种“鞑靼牛排”（bifteck à la tartare）：“鞑靼也用来指称生的牛菲力或里脊肉，切碎后以盐和胡椒调味，塑形，上面加颗生蛋，附上酸豆、洋葱及欧芹。”

鞑靼牛肉的建议食谱

肉质：牛菲力每人150~180克，用刀剁碎以保持嚼劲。有些人喜欢绞碎，较容易咀嚼。

调味：蛋黄1颗，加几滴塔巴斯科辣酱（Tabasco）和伍斯特酱（Worcestershire），撒上切碎的欧芹、酸黄瓜及酸豆，最后来些芥末、红葱及一点橄榄油。

摆盘：可将生肉事先均匀调味，或采用自助式，附上所有调味料，让客人自己调味。

配菜：薯条或蔬菜沙拉。

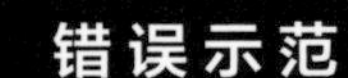

- **用蛋壳装着生蛋黄，摆在肉的上方**：蛋壳表面可能带有许多细菌。
- **预先切好鞑靼牛肉**：必须在上桌前最后一刻处理牛肉，不然肉品容易氧化。
- **肉剁得太碎**：最好使用孔隙较大的绞肉机，以保有口感。

三星级的鞑靼牛肉

在罗阿讷（Roanne）中央车站对面的图瓦格之家（La Maison Troisgros），可以吃到主厨米歇尔·图瓦格（Michel Troisgros）的车站鞑靼生肉（tartare de la gare），佐以两种酱汁：地狱酱汁（番茄、青椒、香菜、咖喱、孜然、小豆蔻、柳橙）及美乃滋酱，加上切碎的酸豆、酸黄瓜、欧芹和红葱。

同场加映

马肉，可以吃吗？（第48页）

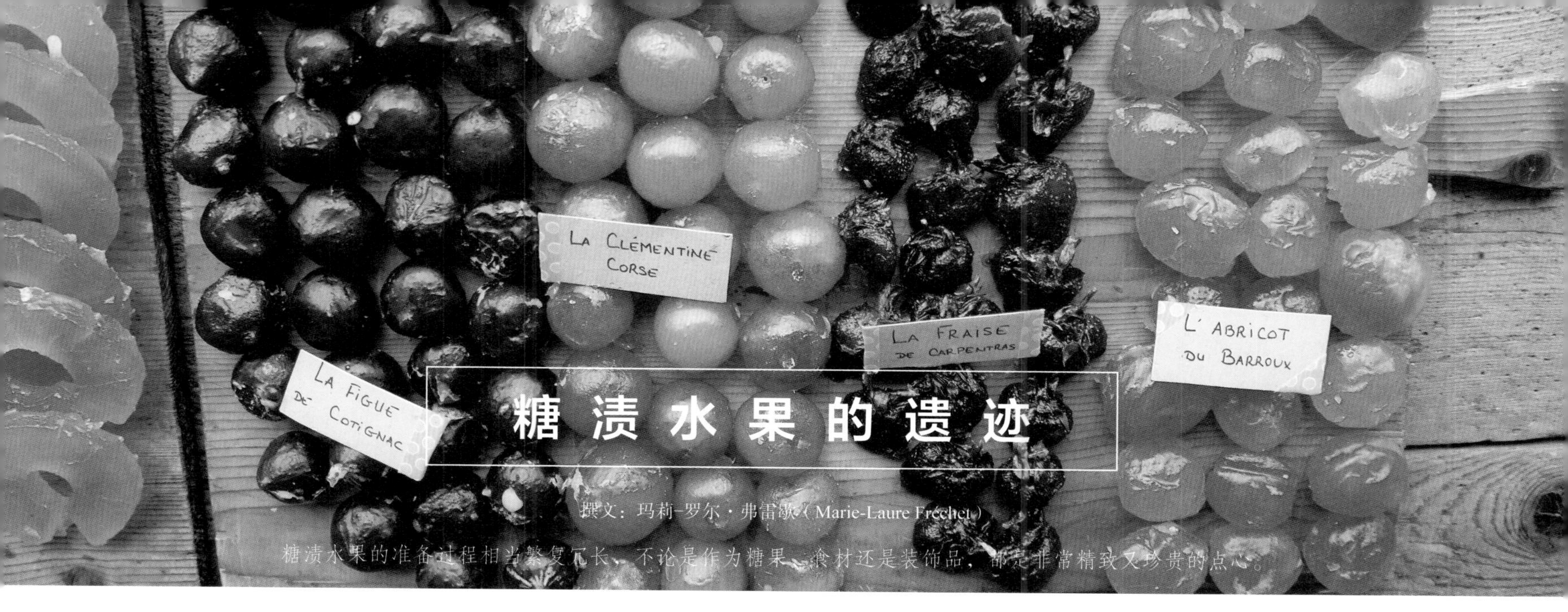

糖渍水果的遗迹

撰文：玛莉–罗尔·弗雷歇（Marie-Laure Fréchet）

糖渍水果的准备过程相当繁复冗长，不论是作为糖果、食材还是装饰品，都是非常精致又珍贵的点心。

历史

古罗马时代就已出现糖渍水果，在中世纪时，宾客用餐结束后会移至另一个房间享用甜食来帮助消化，称为“厅堂甜点”（épices de chambre）。糖渍工业在文艺复兴时期开始蓬勃发展，因为当时的人对食用新鲜水果抱持谨慎态度。诺斯特拉达姆士（Nostradamus）在其著作《糖渍水果》（*Traité des fardements et confitures*）中介绍了糖渍果干的制作方式。当时也有人拿坚果或蔬菜来糖渍。

技术

使用整个新鲜水果或切块，也可以用植物的茎、花朵或块根，经沸水烫煮后再放进沸腾的糖里熬煮。接着依序放入越来越浓的糖浆中浸泡，让糖浆逼出水果中的水分。几乎所有的水果都可糖渍，除了葡萄、苹果或浆果类。

糖渍栗子

阿尔代什省（Ardèche）的特产，约从19世纪末开始大受欢迎。制作糖渍栗子需要技巧，特别是在浸泡糖浆时不能弄碎栗子。栗子酱（crème de marrons）的发明就是为了消化这些碎掉的栗子。

糖霜花

1818年创立的Candiflor，是图卢兹仅存的传承古法技术的糖霜花制造商。镇店之宝是用新鲜花朵制成的图卢兹紫罗兰糖霜花。

同场加映

来煮果酱（第368页）

神秘的糖渍水果冰激凌

关于这种冰激凌的起源众说纷纭。我们知道拿破仑三世在1858年去过孚日山脉的温泉小镇普隆比埃莱班（Plombières-les-Bains）。当地一位糕点师傅请他品尝了一种以安格斯酱（英式蛋奶酱）为基底，上面撒满糖渍水果的冰激凌，人们称之为普隆比埃冰激凌（glace plombières）。但在距此30年以前，厨艺书上已记载一种“铅管冰激凌”（glace plombière，没有s），由巴黎的冰激凌师傅托尔托尼（Tortoni）所创，因以铅管作为模具而得名。请不要跟“铅管奶蛋酱”（crème plombière）搞混了，这种酱又称为希布斯特酱（crème chiboust），常用来装饰蛋白霜甜饼或填充圣多诺黑泡芙。

制作方法

准备时间：20分钟
烹调时间：5分钟
分量：6人份

材料：
全脂牛奶1升
蛋黄6颗
细砂糖300克
糖渍水果（切成小方块状）250克
优质樱桃白兰地（Kirsch）100毫升

步骤：
- 将糖渍水果浸在樱桃白兰地中45分钟。
- 将蛋黄打散，加入砂糖拌匀，不需打发。加入滚烫的牛奶搅匀，倒入锅中加热但不要沸腾，直到蛋奶酱可以停留在汤匙上的浓稠度即可。
- 将糖渍水果沥干加入蛋奶酱中，放进冰激凌机制成冰激凌。

糖渍水果的首都

位于南法的阿普特（Apt）有许多果园，非常适合发展糖渍水果产业。从14世纪开始成为当地特产，19世纪征服英国市场，并外销到世界各地。直到20世纪80年代，阿普特一半的居民都从事糖果工业，共有三家传统手工糖果厂及三家大型糖果加工厂。

各种糖渍水果蛋糕

糖渍水果蛋糕：起源于英国的李子蛋糕，加入葡萄干和朗姆酒泡制的糖渍水果碎块。

巧克力橙皮糖（orangette）：在糖渍柳橙皮外沾裹一层巧克力。

糖衣水果（fruits déguisés）：中间镶入杏仁膏，外面裹上一层软质或硬质的糖衣。

布丁蛋糕（gâteau de semoule）：以粗面粉为基础，加糖和牛奶煮熟，再加入糖渍水果。

外交官蛋糕（pudding diplomate）：以手指饼干、海绵蛋糕或布里欧修为基础，加糖、鸡蛋和牛奶一起烤熟，撒上糖渍水果装饰，上桌时再淋上安格斯酱。

波兰人蛋糕（gâteau polonaise）：吸满朗姆酒糖浆或樱桃白兰地的巴黎式布里欧修，内馅加了糖渍水果和卡士达酱，外头裹上意大利蛋白霜，再撒上杏仁碎片。

花色小蛋糕（petits-fours）：糖渍水果装饰的一口大小蛋糕。

艾克斯的杏仁饼（calissons d'Aix）：以糖渍甜瓜（或其他水果）和杏仁粉制成的糖果，加橙花纯露调味，表面裹一层糖霜，形状类似船。

RESTAURANTS ROUTIERS

公路餐厅

撰文：爱斯戴乐·罗讷托斯基（Estelle Lenartowicz）

您是否曾在法国国道旁看过这样的红蓝标志？这代表公路餐厅，一种非典型食堂，每天都有许多专职司机前往用餐。餐盘里提供的是值得大家绕道前往的料理，简单、美味、实惠，温暖人心脾胃。

➡ 公路餐厅，那是什么东西？⬅

三种评选标准

一间公路餐厅能否做生意，可不是公路驿站自己决定的！

要想拿到这个显眼的标志，必须符合三个标准：❶营业时间从中午到晚上；❷有合适的停车场；❸给客人提供淋浴间。

法国合格公路餐厅的总数量：

1·0·0·0

AQP有一个名为AQP的条例，用来作为优良公路餐厅的规范标准。AQP指的就是“好的服务、无可挑剔的质量、物美价廉的餐点”，而且是完整的三道式餐点，前菜通常还可以自助式吃到饱。

一点历史

1934年，弗朗索瓦·索略（François de Saulieu de la Chomonerie）推出了公路驿站连锁餐厅（Les Relais routiers），提倡团结精神与会员关系，将许多提供简单丰盛的美食的平价餐厅联合起来。这些餐厅后来被编入《公路餐厅指南》（*Guide des Relais Routiers*），人称“公路界的小红书[1]”。

➢ 20世纪70年代，战后黄金三十年，公路餐厅开始有名人贵客上门：碧姬·芭铎（Brigitte Bardot）、让娜·莫罗（Jeanne Moreau）、米歇尔·萨尔杜（Michel Sardou），还有演员皮埃尔·布拉瑟（Pierre Brasseur）——她在餐厅喝多了，打碎了许多碗盘，差点被送到警局，后来捐了五万法郎才平息纷争。

➢1974年，道路建设进步，在高速公路沿路上开了第一家公路餐厅。

➢2014年，为了欢庆开业八十周年，《公路餐厅指南》推出特别版，并让民众投票。约有一千多家餐厅参与甄选。指南中详载了许多信息，包括各家餐厅的菜单及八种语言写成的机械术语小辞典。

1. 在法国，“小红书”（Guide rouge）指的就是红色书皮的《米其林指南》。——编注

公路餐厅调查员

法国各地有许多志愿调查员，四处视察每个餐厅有没有遵守基本规章，同时奖励值得称赞的餐厅。他们的目标是保护公路餐厅的美食传统，并彰显其箴言：“切实地喂饱司机，并且爱护他们。”

拌炒朝鲜蓟[2]

准备时间： 20分钟

烹调时间： 35~45分钟

分量： 4人份

材料：

布列塔尼朝鲜蓟4个
橄榄油少许
黄油50克
带叶小洋葱（oignon nouveau）1棵
番茄1个
盐、胡椒

步骤：

- 将朝鲜蓟放进压力锅或蒸笼中煮熟，切成四份，切除花苞底部的茸毛。
- 在平底锅中放入少许橄榄油和黄油，放进朝鲜蓟大火拌炒5分钟，加点盐和胡椒调味。
- 洋葱去皮剁碎，番茄切丁，两者搅拌均匀，跟朝鲜蓟一起摆盘。

2. 你可以在Kerisnel公路餐厅吃到这道菜，位于圣波勒德莱翁（Saint-Pol-de-Léon）），菲尼斯泰尔省（Finistère）。

漂浮之岛[3]

准备时间： 25分钟

烹调时间： 20分钟

分量： 4~6人份

材料：

液态焦糖100克

蛋白霜
蛋白4颗
细砂糖1茶匙

安格斯酱
蛋黄3颗
糖粉30克
香草荚1枝
牛奶300毫升
玉米粉1/2茶匙

步骤：

- 准备安格斯酱：在沙拉碗中将蛋黄及糖粉拌匀。切开香草荚，刮出香草籽加进去。在马克杯中倒入一半的牛奶，加入玉米粉拌匀后倒进锅中，再倒入剩下的牛奶、香草荚还有香草籽，加热但不要沸腾。
- 将热牛奶倒进蛋黄中，以搅拌器搅拌均匀。隔水加热20分钟，用抹刀持续搅拌，直到酱汁变得浓稠，可以停留在抹刀上。
- 将沙拉碗放在另一个装满冰块的大碗中急速冷却，防止安格斯酱过度加热。等安格斯酱确实冷却后放进冰箱冷藏。
- 烤箱预热至160℃。准备蛋白霜：在蛋白中加入砂糖打发。
- 在烤盘底部倒进液态焦糖，再倒入打发的蛋白霜，进烤箱烘烤10分钟。将蛋白霜分成数份，淋上安格斯酱即可上桌。

3. 你可以在圣索沃公路餐厅（Relais de St Sauveur）吃到这道菜，位于圣索沃（Saint-Sauveurd'Emalleville），滨海塞纳省（Seine-Maritime）。

本篇食谱摘自《公路餐厅》（*Les Routiers*），伊莎贝尔·乐帕居（Isabel Lepage）著。

同场加映： 美食之路：国道七号（第386页）

碎 肉 丸 子

撰文：皮耶-布莉丝·乐佩（Pierre-Brice Lebrun）

在阿尔萨斯可以尝到一些犹太人的猪肝丸子（lewerknepfle），
若想试试当地真正地道的丸子料理，必须到比利牛斯山脚下走一趟。

碎肉丸子（boles de Picolat）是加泰罗尼亚地区的传统菜。碎肉捏成的丸子，佐以辣味番茄酱汁、白腰豆、牛肝菌、松子及绿橄榄，几乎每户人家都有自己的独家制作配方，但他们一致同意，碎肉必须是猪肉和牛肉各半。

制作方法

准备时间：2小时30分钟
烹调时间：2小时30分钟
分量：5~6人份

材料：

白腰豆800克
香草束1束、大蒜2大瓣（制作肉丸用）
欧芹1束
月桂叶数片
牛奶
橄榄油少许
大蒜2大瓣（制作番茄酱用）
隔夜面包1大片
剁碎的牛肉350克
剁碎的猪肉350克
猪胸肉（切成丁状）125克
干燥牛肝菌200克
鸡蛋2颗
漂亮的洋葱两三个
盐和胡椒
番茄5个，做成番茄泥（1.5升）
去核绿橄榄200克（罐装需冲洗）
辣椒或肉桂少许

步骤：

- 前一晚先将白腰豆浸泡在水中过夜（加一点小苏打可以让白腰豆更容易软化）。隔天将白腰豆置于炖锅中，倒入盐水（盖过白腰豆）及香草束，加盖烹煮1小时30分钟。
- 牛肝菌放进温牛奶中软化，取出置于一旁备用，再将面包放进温牛奶。
- 用双手将碎肉、软化散开的面包、鸡蛋、剁碎的大蒜和剪碎的欧芹籽拌揉混合，以盐和胡椒调味。
- 在平底锅内倒入橄榄油及切碎的洋葱拌炒，炒好沥干静置一旁。
- 大蒜和猪肉丁放入锅中拌炒。番茄剥皮去籽，切成4片放进锅中，再放入牛肝菌和洋葱，收汁。
- 手掌蘸点水（避免肉丸粘连），搓揉出直径五六厘米的肉丸子。锅里加点橄榄油，放入肉丸轻微拌炒使表面上色，接着放进番茄酱汁中加热至沸腾。加入白腰豆、月桂叶、橄榄、辣椒或肉桂，盖上锅盖，转小火闷煮约1小时（火太大容易让丸子变干）。有些人会在酱汁中加100毫升干邑。

当地食材：

卡斯泰尔诺达里（Castelnaudary）的林果白豆（lingot），比考尔（Bigorre）的加斯科猪肉（Gascon），特雷邦（Trébons）的甜洋葱。开一瓶科利乌尔（Collioure）或科尔比埃（Corbières）葡萄酒，或是Chateau de Jau 酒庄的“JaJa de Jau”，美妙极了！

同场加映
名副其实的美味牛肝菌
（第 347 页）

巴 黎 评 判

撰文：辜立列蒙·德希尔瓦（Gwilherm de Cerval）

1976年，在一次盲饮评鉴会上，法国酒第一次被美国加州的同行打败，人们称之为巴黎评判（Jugement de Paris）。
让我们来回顾一下这葡萄酒世界的真实评判！

日期：1976年5月24日
地点：巴黎洲际酒店（Hotel Inter Continental）
事由：盲饮十支霞多丽白酒和十支卡本内苏维浓红酒，每个类别都是四支法国酒和六支美国加州酒。参加评选的酒由两位筹划者挑选，挑选标准为“最能代表每个产区的酒”。

筹划者：

- Steven Spurrier，英国葡萄酒商，巴黎玛德莲娜酒窖所有人。
- Patricia Gallagher，当时葡萄酒研究院的院长。

评鉴员：

- Claude Dubois-Millot，高特米鲁（Gault & Millau）美食评鉴的业务经理。
- Odette Kahn，《葡萄酒评论杂志》（*Revue du vin de France*）总编辑。
- Raymond Oliver，Grand Véfour餐厅老板兼主厨。
- Pierre Tari，Château Giscours酒庄所有人。
- Christian Vannequé，银塔餐厅（Tour d'Argent）首席侍酒师。
- Aubert de Villaine，Romanée Conti酒庄共同所有人。
- Jean-Claude Vrinat，le Taillevent餐厅老板。
- Pierre Bréjoux，INAO 总监。
- Michel Dovaz，葡萄酒学院会员。

白酒前三名

美国
Château Montelena
1973

法国
Roulot-Meursault
1er cru Charmes
1973

美国
Chalone Vine

红酒前三名

美国
Stag's Leap
Wine Cellars
1973

法国，木桐酒庄
Château Mouton-Rothschild
1970

法国
Château
Montrose
1970

结论：显然，美国的葡萄酒在这一天被认定为质量优于法国。

缺陷：事后证实，20世纪70年代初期的法国葡萄酒酿制遇到困难，表现低迷。

如果想重温历史：电影《酒业风云》（*Bottle Shcok*），由蓝道·米勒（Randall Miller）执导，改编自同名小说，作者是乔治·塔伯（George M. Taber）。两部作品皆于2008年出版和上映。

同场加映
波尔多勃艮第大对决（第272页）

海胆，妙趣横生的动物

撰文：玛丽阿玛·毕萨里昂（Marie-Amal Bizalion）

这种“海洋刺猬”栖息于沿海地带，其坚固的甲壳下藏有一颗慷慨温柔的心，唯有驯服它才能领会其中的绝妙滋味。

是否美味

高卢人从古至今都爱吃海胆。有些人会为了一尝海胆美味而倾家荡产，有些人光看一眼就觉得恶心反胃。从饕客的立场来看，后者真是太可惜了，很少有一样食材能提供如此复杂的滋味，咸鲜甘甜兼备。主厨皮耶·加尼叶（Pierre Gagnaire）认为海胆有淡淡烟熏味，有点像榛子、蜂蜜，甚至带一点血味，“几乎可以用性感来形容”。

味道与颜色，各有所好

据说大西洋沿岸的海胆味道是甜的，地中海沿岸的则带着海水咸味。事实上，即使是同一种类的海胆，也会因食用不同海草与海带，而发展出不同的味道。人们食用的海胆“肉”其实是卵巢和精囊，颜色则与性别有关：雌海胆颜色较鲜艳；雄海胆颜色较浅，有时还会覆盖一层白膜。

食用方法

如何挑选：当然要挑活的！海胆上的棘刺必须会动。

如何打开：戴上园艺手套，准备一把锋利的剪刀，将刀锋刺进柔软的开口（海胆的口部），剪开一条线，然后沿着圆周剪开正面2/3的壳，避免伤及黏着在底部的生殖腺。

如何清洗：装一碗清水，将海胆翻过来在水里轻甩，让内脏脱落。

如何取肉：用汤匙轻轻刮起海胆的生殖腺。

如何保存：最好打开后立刻烹调或食用，不然最好立即冷冻。

同场加映

法国鱼子酱（第254页）

法国主要食用的三个品种

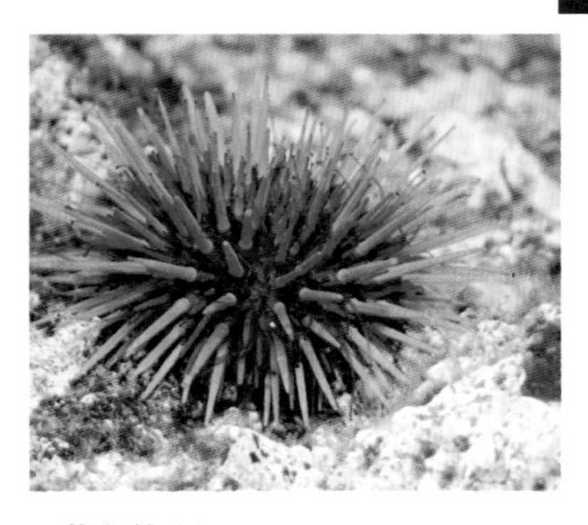

● 紫色海胆

学名：*Paracentrotus lividus*

栖息地：大西洋沿岸，北达爱尔兰，南至摩洛哥及地中海。

外形：直径不超过8厘米（包含棘刺部分），棘刺细长呈散乱状。从橄榄绿到棕色、深粉红色到紫色都有。

味道：根据海胆吃的食物不同，味道可能偏咸或偏甜，但整体来说非常浓郁。海胆肉有时肥厚到充满整个壳内，对于喜爱美食的人来说是最上等的海胆。

● 粒状海胆

学名：*Sphaerechinus granularis*

栖息地：从英吉利海峡至西非佛得角共和国，还有地中海地区。

外形：直径可达13厘米，棘刺很短，尖端钝，呈白色，可以清楚看到壳的颜色，从白色到紫色都有。

味道：和体形相比，海胆肉相对较少，现吃的味道鲜美，但很快就会变得有点苦。

● 绿色海胆

学名：*Strongylocentrotus droebachiensis*

栖息地：喜爱寒冷的海域，从布列塔尼到格陵兰。市场标示为冰岛海胆，因为通常从冰岛进口。

外形：直径可达8厘米（不含棘刺），棘刺中等长度，不尖锐，颜色从淡绿到深绿。

味道：味道不如紫色海胆那么细腻，带点泥味和海草味。若海胆肉看起来很饱满，有可能是捕捉后被喂食了饲料……比其他种类海胆容易保存。

烹调手法

忘了柠檬吧！柠檬会破坏海胆细腻的味道，烹调过程当然是越简单越好。

原味生食：这是最理想的方式！将刚捕到的海胆放在涂满黄油的棍面包上，准备一瓶卡西斯（Cassis）产的白酒，放在海水中冰镇，穿着潜水衣坐在礁岩上直接享用。

拌炒：留几瓣海胆肉当装饰，其余的和液体鲜奶油、盐、胡椒、鸡蛋拌一拌。隔水加热，持续搅拌，直到变成浓稠奶油状，盛回清洗干净的外壳中享用。

拌面：生海胆加一点水和橄榄油，混合均匀，拌入刚煮好的宽面。

开胃菜：与软化的黄油混合，涂抹在烘烤过的乡村面包上，撒一点盐。

烤箱：将海胆肉稍微清洗一下，放在打开的海胆壳里，打上一颗鹌鹑蛋，放进烤箱中烘烤直到蛋白熟透。

海胆养殖

因为野生海胆的捕获量逐渐减少，皮耶·嘉勒（Pierre Le Gall）于1982年在雷岛（l'ile de Ré）首创海胆养殖。在2006至2016年间，他的儿子伊凡（Yvan）是世界上唯一的海胆养殖者，而且还是养紫色海胆。

关于海胆的名词

海胆：有人称之为“海中的栗子”或“海洋刺猬”。

棘刺：长在外壳上的硬刺。

外壳：其实是没有刺的硬壳。

海胆肉：海胆的生殖腺，也就是精囊和卵巢。

围口部：包围口部的肉质部分，我们就是由此切开海胆。

亚里士多德提灯：公元前345年，亚里士多德细究海胆结构，发现海胆的口器由五颗牙齿组成。

海胆庆典

从1960到2011年，位于罗讷河口（Bouches-du-Rhone）蓝色海岸（Côte bleue）的众多港口皆可捕到海胆。冬天的每个周日，成千上万的美食家会在户外享用海胆，后来这项活动改名为“海洋庆典”（Fêtes de la mer）。目前只有发源地卡里勒鲁埃（Carry-le-Rouet）及索塞雷（Sausset-les-Pins）仍在举办该庆典。

希望可以一直维持下去

从1994年开始，在马赛及马蒂格（Martigues）两地之间，有10个钓场受到严格审查。2007年时，每平方米可以找到4个紫色海胆；到了2010年只剩下1.5个，很可能是因为病害或过度捕捞。然而在2015年又上升到3.7个*。此外还有另一个威胁迫在眉睫：地球海洋极速酸化，破坏了海胆幼虫生长造壳所需要的钙质颗粒。

*资料来源：Syndicat mixte parc marin de la Cote bleue

业余捕捉海胆，需要付出代价

限制数量：在布列塔尼大区，每人每天可捕12个，地中海沿岸可捕48个。超过数量需缴交罚金1,500欧元。

限制季节：不同地区，开放捕捉时间可从9月2日（奥德省）到12月15日（科西嘉岛），结束时间通常在4月1日至30日之间。

其他时间呢？在开放季节之外捕捉海胆，可能会被罚款22,500欧元*。还是让海胆安静地繁殖吧。

* 资料来源：Ministère de l'Environnement, de l'Énergie et de la Mer, article L.945-43du Code rural et de la pêche Maritime

奇特的物种

在棘皮动物界总共有800多种海胆（属于海胆纲），以及四门亲戚，包括海星与海参。共同特征是身体构造呈辐射对称，且大多是五辐对称，在动物王国中十分独特。

信仰

会带来好运：德鲁伊[1]认为海胆是神圣的生命起源，对古代共济会则是死亡与重生的象征。许多高卢罗马墓园中会发现海胆化石，目前仍是奥弗涅（Auvergne）地区及北方诺尔省（Nord）的守护象征。

可以刺激性欲：如果碘是一种兴奋剂，那么大量吃下后可能会让人感到些微亢奋。海胆含有大量花生四烯酸乙醇胺（anandamide），会带来狂喜效果，与大麻的THC（四氢大麻酚）类似。

颜色代表性别？错！地中海沿岸的墨黑色的海胆不是雄性的紫海胆，而是紫海胆的亲戚黑海胆（*Arbacia lixula*），味道非常苦。

可能有毒：在法国海岸线生长的海胆，没有引发食物中毒的风险（虽然有些海胆会发出恶臭）。危险主要来自棘刺，有时会引发灼痛反应。

法国万岁？

虽然远远落后于日本，但法国已是全世界海胆食用量第二大国。但也不用太过骄傲。日本人已经吃光了他们的存量，法国现在也需要从冰岛进口了。

1.在凯尔特（Celte）神话中，德鲁伊（druide）是僧侣，也是医生、教师、法官和先知，具有与众神对话的能力。——编注

海胆解剖课

海胆的外壳由碳酸钙质构成，带有许多棘刺，遮住了可伸缩的触角及用来清理身体的钳。内部有一条管道连接齿形口和肛门，以及底部的五个生殖腺，呈星状排列。这些精囊和卵巢就是我们大快朵颐的部位。

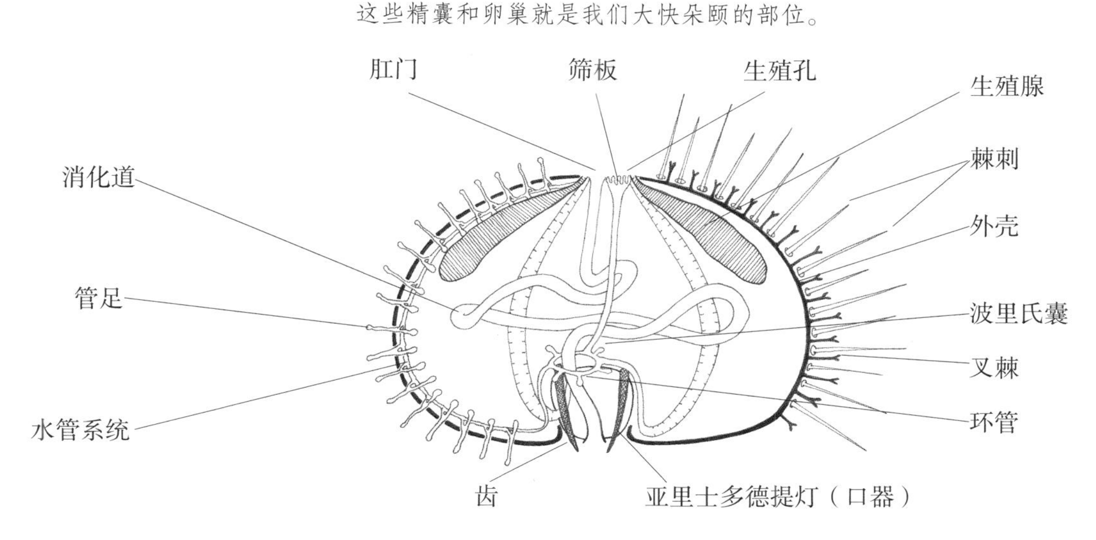

尼古拉*的海胆炒蛋

准备时间：20分钟

烹调时间：12分钟

材料：

新鲜鸡蛋12颗

海胆16个

黄油100克

液体鲜奶油50毫升

盐、胡椒

步骤：

- 用剪刀打开海胆，取出橘色的生殖腺，放进冰箱冷藏。冲洗海胆外壳，留下12个最漂亮的。
- 取一锅子加热，熔化一半的黄油。倒入加了盐打散的蛋液，用微火或隔水加热法炒蛋，持搅拌器从锅子中心朝外画圆。等到蛋液变浓稠后，将锅离火，用余温炒蛋。
- 加入剩下的黄油及液体鲜奶油缓慢搅拌。放入海胆，轻柔搅拌，然后盛入海胆壳中，撒一点胡椒即可享用。

* 尼古拉·斯通伯尼（Nicolas Stromboni），著有《科西嘉岛料理》（*Corsica: The Recipes*）。

马肉，可以吃吗？

撰文：卡蜜·皮耶哈尔德（Camille Pierrard）

顾及情感及实用价值，人们对马肉一直是又爱又恨。

食用马肉至今仍是法国的少数饮食禁忌之一，现在就让我们来认识一下这种肉品。

禁忌的起源

马匹一直以来是贵族驯养的动物，也用来协助农耕。法国直到19世纪后半期才开始食用马肉。为了因应当时肉品短缺的情况，牲畜管理处开始推广马肉。工人阶级对马肉料理的接受度最高。不过其中也包含了商业考量，借着打破传统屠夫业的特权，来确保肉类贸易的自由竞争。

> 这是一种马肉肠
> 一种只有马肉的肠
> 我刚在马背上做好的
> 这是一首跃动的歌
>
> ——波比·拉庞特（Bobby Lapointe），节选自《马肉肠1号》（*Saucisson de cheval N°1*）

1855年12月

法国举行了第一场马肉餐会，许多医生及记者获邀，目的是为了证明马肉的营养价值及料理优点。这个推广活动后来受到诸多批评，不少讽刺画家如奥诺雷·杜米（Honoré Daumier）以此为创作题材。

1866年

拿破仑三世让马肉贩售合法化，法国第一家马肉铺在南锡（Nancy）开业。

1870年

战争与食物短缺，间接使大众开始抛开疑虑，食用马肉。

1911年

马肉食用的高峰期。

1914—1920年
1939—1947年

战时与战后粮食短缺，因为马肉的价格较其他肉类便宜，大众又纷纷开始食用马肉。

1966年起

经济起飞，马肉销量急速衰退。

1970年起

马肉制品占总肉品销量的2%；到了2013年已降到0.4%。

自相矛盾

法国的马肉爱好者偏爱比赛及骑乘马匹的肉质（红色），但法国主要生产的是用来拉车耕作的大型马匹（肉呈粉红色），外销到意大利和西班牙。从20世纪50年代开始，法国食用马肉超过一半从国外进口，一部分是从欧洲（比利时、波兰）进口活的马匹，另一部分是从美洲（加拿大、阿根廷、墨西哥）进口马肉。

法国的马肉产量

2014年，屠宰场宰杀了17,100匹马。

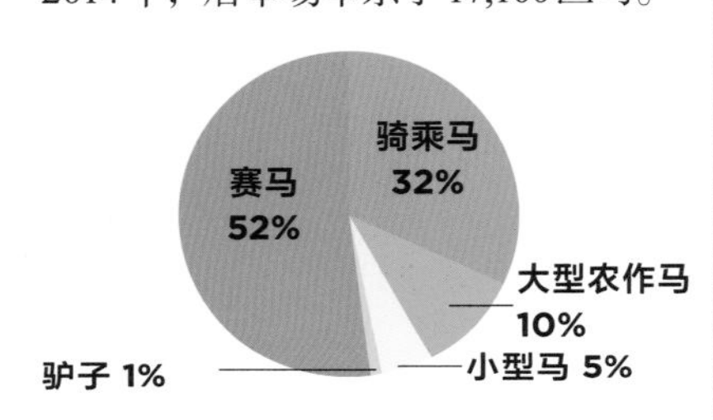

*资料来源：FranceAgriMer - IFCE – SIRE, 2015/《法国马业要点》（*L'essentiel de la filière équine française*, 2015）

地方的马肉特产

从历史上来看，食用马肉的现象主要出现在工业人口较密集的城市地区，特别是巴黎和北加来海峡，发展出了不少马肉特产。

啤酒炖肉（carbonade flamande）

弗拉芒民族（flamand）的特产，不管是法国人还是比利时人都爱吃。以前会用马肉，现在多用牛肉加啤酒炖煮。

鞑靼生肉（tartare）

最早出现在巴黎小酒馆，是一种将生马肉或生牛肉剁碎的料理。料理名称源自哥萨克人和鞑靼人，传说这些游牧民族会将生马肉用盐腌制，挂在马鞍的侧边，让肉质软化。

贝西排骨（entrecôte Bercy）

一块烤马肉排，搭配欧芹与水田芥，佐白酒、青葱与柠檬酱汁，提供给巴黎贝西地区（Bercy）的葡萄酒批发商享用。贝西地区在19到20世纪初一直是欧洲最大的葡萄酒与烈酒交易市场。

酱烧马肉（rossbif）

跟英国的烤牛肉（rosbif）完全不同！“Ross”在阿尔萨斯语中指“马匹”，这道料理会将马肉腌制三四天再拿去烤。

马肉肠

典型的加来海岸美食。在肠衣内填满绞碎的肉，有时经过烟熏，调味方式则因地而异。肉肠颜色红色偏棕色，常塞进面包中当作内馅，或夹在面包里享用。

图解马肉

1 颈肉
2 上肋肉
3–4 肋排及肋眼
5 前腰脊肉
6 里脊（菲力）
7 后腰脊肉
8 后腿肉
9—10—11—12 腿肉（腿心、上腿）
13—14—15 腿内侧肉
16 腱子肉
17 腰肉
18 侧腰肉
19 嫩腿肉
20 膈膜
21 膈柱肌肉
22—23—24—25 肩部肉、肩胛肉
26 胸肉
27 侧胸肉
28 腹肉

同场加映

巴黎围城，犹如饿虎扑食（第256页）

让人醉上一场的词汇

撰文：奥萝尔·温琴蒂（Aurore Vincenti）

醉酒时的狂喜能使我们从安稳的清醒中挣脱，仿佛漫步在云端。
微醺的滋味既温柔又带点暴力，无忧无虑、开心又充满柔情蜜意。
感官的振奋让我们沉浸在愉悦状态中，让你在完全喝醉前感受微醺的喜悦。

刚开始，一点点（un peu）

温和的开始，欣喜感缓慢生起，让人微微放松。形容词“pompette”原带有球状的概念，主要是来自于15世纪的古老同形词，意为蝴蝶结或是绒毛球。后来正式转变成代表人们喝醉时放在鼻子上的小绒毛球。在拉伯雷的作品中可以看到类似的描述：“微醺的鼻子”（nez à pompettes）。然而这个词还保有一定的尊严，一种不受约束的合理态度，代表了香槟的气泡与聚会的开端。

相较于绒毛球须，**“醉汉的发束”**（la mèche de l'éméché）就让人感到些许晕眩了。动词“émécher”有时可以指“将头发弄成一撮”，这个罕见的定义倒是完整诠释了**喝醉时的蓬头散发**。

请尽情使用 / 享用这些状态

- Prendre une chicorée：喝醉酒
- Prendre une maculature：印刷业的俚语，意指“油墨吸太多的纸”，引申为喝醉酒
- Prendre une ronflée：喝醉酒
- S'arsouiller：喝酒过量

算是喝得有点多了（beaucoup）

“把嘴巴塞满（se bourrer la gueule）并没有特别限于形容喝到醉醺醺，也可以用来形容在嘴巴和肚子里填满大量食物。然而在现代法语中，这个用词毫无疑问地没有跟任何固体扯上关系，因为我们**“浇灌舌头”（s'arrose la meule）**直到填满了整个嘴巴，若不整个鼓起来就会装不下，于是意象上变成了圆形。身体就算排斥这种液态的强制喂食，肚子仍会变得圆鼓鼓的，像一个大球，让人联想到**大酒桶**。

“Soûl”则是用来形容酒足饭饱的人。这个词来自拉丁语“satullus”，意思是“有点饱足”。后来这个词的用法渐渐局限在饮酒上。我们可以**醉得跟头驴一样，跟猪一样，跟波兰人一样，或是跟斑鸫一样**，在葡萄田里大啖葡萄，结果就是变得非常兴奋、非常开心。

气氛热烈，欲罢不能（passionnement）

早在17世纪，法国人就会用**“被煮沸了”**来形容一个人**酒喝太多**。煮沸（cuite），这个烹饪领域的词语，代表的是酒精饮料从加热到煮沸的情景。这个俚语也暗示我们，喝酒的时候会需要加热炉子。也难怪喝得太多会让**“整个人都沸腾起来”（grosse cuite）**。

“喝醉”（prendre une biture）的法语可能有两个起源。第一个来自俚语，和海军有关，指的应该是停泊港口使用的锚链柱（bitte）。在海上度过漫长的几个星期后，停靠港边必须要做的就是和朋友欢聚，大吃大喝。第二个是从古法语的动词“boiture”演变而来，在15世纪时指“饮品或狂饮”。当我们喝醉（se prend une biture）时，当然不可能适可而止。如果这些词让你觉得很有亲切感，你也可以现在就开喝（se mettre une race*）！

* 指一个人或是和朋友一起喝下大量的酒，直到醉倒为止。——译注

一种老式的魅力

有些古老的词，因为听起来很响亮，会让你忍不住想要使用它们：“昨晚，我们像小疯子一样**酩酊大醉（faire ribote）**。”我们很容易想象到，这是一个星期天的傍晚，临时来造访的朋友们一起享用烤得刚好的羊腿肉与从地窖取出来的几瓶好酒。“Faire ribote”指的就是在**花边桌布旁饮酒作乐**。这个词的日耳曼表亲“ribaud”更加顽皮，会让我们的周日堕入欲望和放荡的黑暗面。生活放荡（ribauder）指的是互相招惹（se frotter）、使人堕落。所以不要搞混了。不过话说回来，朋友聚会的后续通常有很多可能性。

同场加映
城市啤酒与乡下啤酒（第210页）

★

贝西区（Bercy）和阿尔丰斯－穆耳居路（Rue Alphonse-Murge）

18世纪，路易十四在位，在巴黎贝西区设立了第一批葡萄酒仓，它们在法国大革命后成为酒类的交易中心。此区成为世界最大的葡萄酒集散地，消费惊人，也因此衍生出许多关于喝醉酒的词语：“出生于贝西山坡上”（être né sur les coteaux de Bercy）、“生了贝西的病”（avoir la maladie de Bercy）、“喝到兴奋”（tenir une bonne bersillée）。较少人知道的是，动词“se murger”（喝大量的酒）也是在当地创造出来的。穆耳居路（Rue Alphonse-Murge）就位于贝西仓储附近，俚语“沿着穆耳居路的墙面前进”（longer les murs de la rue Murge）就是用来指那些在当地酒吧喝到不省人事的人会做的事。这些墙面见证过许多人“让位给一杯酒”（faire place à un verre de vin）[1]、“捉一只狐狸”（piquer un renard）[2]以及“敲打墙面”（battre les murailles）[3]。

★

1. 指随地便溺。——译注
2. 指呕吐。——译注
3. 指踉跄而行。——译注

鲱鱼，来头不小的贵族

撰文：玛莉罗尔·弗雷歇（Marie-Laure Fréchet）

冷水海域常见的鱼类，在食物史上有着举足轻重的地位，适合腌制或者烧烤，烟熏味中带点咸味，更是人间美味。

新鲜鲱鱼

鲱鱼属于鲱鱼科，是拉丁鱼的表亲，栖息在盐度极高的冷水深海海域，主要在波罗的海一带。每年10月到隔年1月间，是鲱鱼的“饱满期”，雄鱼充满了鱼精，雌鱼则是充满了鱼卵，此时的鲱鱼比较肥美。来到1月到3月的“清空”阶段，鱼肉就会变得比较干涩，也较不美味。新鲜鲱鱼主要可用来腌制或烧烤。

国王鱼

鲱鱼在将近千年的饮食文化中占有举足轻重的地位，也因此有个小名叫作“国王鱼”。鲱鱼的捕捞促成了后来欧洲第一条海洋法规的订立，鲱鱼贸易在好几个世纪间和香料贸易一样重要。当时鲱鱼被用来当作交易的货币，还曾经多次使战役暂停，好让渔船能出海捕鱼。

为了让大家整年都可以吃到鲱鱼，人们会先腌制鱼肉再进行烟熏。整个欧巴勒海岸（Côte d'Opale）一直到20世纪初都是遵循鲱鱼生态的节奏在生活，一直到20世纪70年代鲱鱼捕捞开始萧条为止。后来为了确保鲱鱼数量，人们约定了捕捞配额，也开始重视并保护手工熏制鲱鱼的工艺，才成功地保存了熏制鲱鱼的传统。

同场加映

鳀鱼酱（第232页）

油煎鲱鱼佐马铃薯

准备时间：20分钟
腌制时间：1夜
烹调时间：20分钟
分量：4人份

材料：

淡鲱鱼排4片
洋葱1个
胡萝卜1根
油脂（中性味道）
黑胡椒粒
百里香、月桂叶
质地结实的马铃薯6颗
不甜白酒100毫升

步骤：

- 用清水冲洗鱼排，小心沥干。将洋葱及胡萝卜去皮后切成小圆薄片。
- 在砂锅中依序放进鲱鱼排、洋葱、胡萝卜及香草，倒进油脂盖满，放在阴凉处腌渍至少一个晚上。
- 隔天，将马铃薯放进加盐滚水中煮熟，趁热切成厚片，淋上白酒及腌渍鲱鱼使用的油脂，再根据喜好加一点醋。
- 可将整条鱼直接端上桌，或是切成块状，跟腌制蔬菜一起享用。

熏制鲱鱼家族

盐熏鲱鱼（hareng saur）用来统称以盐腌渍然后烟熏的鲱鱼。法语“saur”一字来自荷兰语“soor”，意指“干燥”；由此意引申，盐熏鲱鱼有时也被称作“sauret”。法语俚语将熏鲱鱼称为“警察”（gendarme），因为它们都非常僵硬。

根据盐渍及烟熏时间长短，可分为：

白鲱鱼（harent pec）：刚浸入盐水不久的鲱鱼。
淡鲱鱼：带轻微咸味及烟熏味。
传统鲱鱼：沿海鲱鱼（见下方）。
烟熏咸鲱鱼（bouffi 或craquelot）：整条鱼连同鱼白一起盐渍及烟熏。
烟熏半剖咸鲱鱼（kipper）：切除内脏，从头到尾剖半摊开成蝴蝶状，经盐渍及烟熏。
醉白鲱卷（rollmops）：放进醋里腌制的鲱鱼。

沿海鲱鱼：行家与老饕限定！

每年只在11月在鲱鱼前往滨海布洛涅（Boulogne-sur-Mer）及多佛尔（Douvres）之间的海域产卵时捕捞一次。人们将鲱鱼整条放进干燥的盐堆中腌渍，接着放进木桶（被称作“咸鱼桶”）中一整年，直到下一次的鲱鱼捕捞季。贩卖时会连着两天，每天进行五次的“脱盐”过程，再进行烟熏及加工。这种鲱鱼的味道非常强烈又成熟，通常会做成**烟熏咸鲱鱼排或半盐鲱鱼排**。

JC大卫，盐熏鲱鱼的传统

1973年，于滨海布洛涅（Boulogne-sur-Mer）创立的“JC大卫”鲱鱼熏制工厂，传承了鲱鱼盐渍及熏制的传统，每次制作需要5天的时间，让盐分缓慢地渗进肉质，让烟雾轻抚鲱鱼两侧。“JC大卫”同时也是独特的文化遗产，40个接近百年历史的燃木烘炉，6个八吨重的鲱鱼浸槽，成就了这个欧洲最古老的滨海盐渍场，是活生生的文化传承证明。他们的淡鲱鱼排得到优质农渔产品的红标认证（Label Rouge），风味超凡。

盐熏鲱鱼，从垂钓至上桌的过程

1 在冰岛外海捕获鲱鱼后，在船上先切去鱼头、清空内脏，接着切成两半，或是对半剖开成蝴蝶状，然后冷冻直送鲱鱼熏制工厂。

2 “白衣人士”（hommes du blanc）——名称源自进行熏制前的鱼肉颜色——手工替一尾尾鲱鱼涂上干燥盐。

3 用铁棒穿起鱼排，放在推车上送进烤炉。鱼肉上的铁棒烙痕是质量保证。

4 使用橡木烟熏鲱鱼，约需24~48小时。过程中会有专门的烟熏工人在旁监督火候，并根据当时气候进行调整，让炉火维持在30℃。

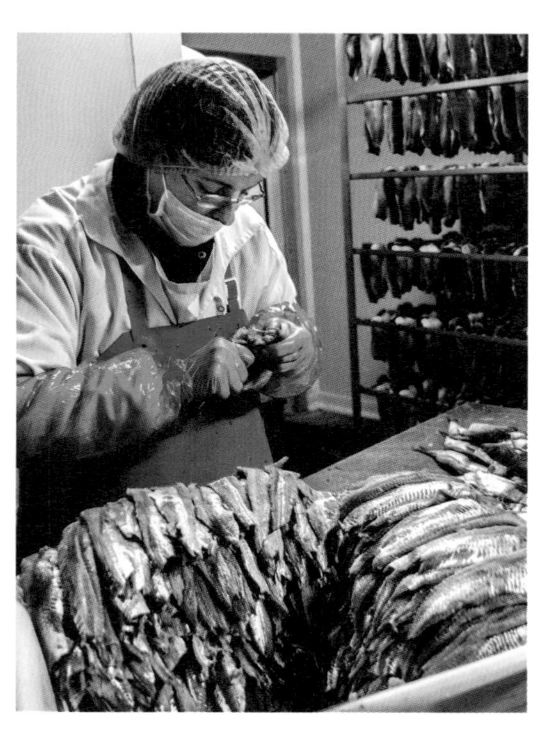

5 去骨工人用刀尖去除鱼排的骨头。

6 装盒工人将鱼排装进包装盒里。

重生吧，被遗忘的蛋糕！

撰文：吉伯特·匹泰勒（Gilbert Pytel）

有些甜点一度爆红，后来又逐渐被遗忘。
这里有五款蛋糕，由甜点师傅重新创作，以符合现代潮流。

波兰人蛋糕

创作者：赛巴斯汀·高达
（Sébastien Gaudard）

历史：最早出现在19世纪的法国、英国与美国，当时有许多不同甜点的食谱都相当类似，例如波兰夏洛特蛋糕、波兰夹心烤饼……

味道：甜点冠军赛巴斯汀·高达传承他的父亲在彭塔穆松（Pont-à-Mousson）的传统制作方式，让布里欧修吸满朗姆酒，摆上意大利蛋白甜饼，加上糖渍水果和卡士达酱，再撒上一些碎杏仁片，放进烤箱里烘烤。

网址：sebastiengaudard.com

拿破仑蛋糕

创作者：普希金咖啡馆
（Café Pouchkine）

历史：来源不明，传说是为了向1812年俄法战争中的拿破仑致敬。还有一说是这款糕点出现在19世纪末的俄国，后来由普希金咖啡馆的糕点师重新设计制作。

味道：算是千层派的远房亲戚，是以加了柳橙的千层酥为底，上面充填浓郁的波旁威士忌香草奶油，外层裹覆焦糖化的薄片，是味道极致的甜品。

网址：cafe-pouchkin

爱之井

创作者：巴黎史多汉糕点店
（Stohrer）

历史：第一款爱之井（puits d'amour）的食谱出现在1735年，当时是用千层派皮制作的大型酥皮馅饼（vol-au-vent），中间挖空再填满栗醋果冻，上面放个酥皮烤制的小柄，用来代表井里的水桶。传说路易十五喜欢送这个甜品给他的情妇们，作为爱情的象征。

味道：史多汉糕点店改变原先的食谱，在千层派皮中填入香草卡士达酱，表面用烙铁烫出一层厚厚的焦糖。单人份的爱之井深受大家的喜爱，多人分享的大块蛋糕更加美味。

网址：stohrer.fr

奶油挞

创作者：班诺·卡斯泰尔糕饼店
（Benoît Castel）

历史：18世纪由意大利人发明。最早出现在北方乡村，通常在蜜月及受洗时享用。

味道：这是班诺·卡斯泰尔糕饼店的招牌甜点，做法非常简单，奶油酥饼、马达加斯加香草制成的浓郁鲜奶油、伊思尼的清淡香缇鲜奶油（chantilly d'Isigny），加起来就是顶级的美味。

网址：benoitcastel.com

杏仁博斯托克

创作者：雷诺特之家
（Maison Lenôtre）

历史：博斯托克（bostock）这个名字源自英国，一直到20世纪30年代中叶才出现在法国，长得就像法式吐司（painperdu）的精致版。奇怪的是，这种被称为法式吐司的点心在英语系国家相当普遍，在法国却相对少见。

味道：咬上一口就停不下来，这个细致的甜面包撒满了杏仁、橙花糖浆、杏仁奶油和碎杏仁片，不上瘾都难。

网址：lenotre.com

同场加映

布达鲁洋梨挞（第172页）

来一点辛香呛味

撰文：布兰汀·包耶（Blandine Boyer）

这些生长在地面的小鳞茎常被当作调味料，有时也被当成药品，浓郁的味道在餐盘里可掀起不少骚动呢！

熊葱（***Allium ursinum***）

熊葱又称熊蒜或野韭菜。受众多大厨的影响，美食达人们疯狂找寻熊葱的枝叶。这是有原因的：熊葱从种子长成成熟的球茎，需要7到10年的时间。如果失去所有的叶子，球茎将无法正常生长，所以适度采摘叶子变得至关重要。熊葱也短暂地标志了春天的到来，它的叶子只需几周就会变黄凋落。可将叶子冷冻保存，但仍会慢慢萎蔫。用法：熊葱可用来取代热那亚青酱（pesto）里的罗勒，加一点欧芹来缓和熊葱的浓烈，加点干燥的羊奶奶酪相互抗衡，再加一点南瓜子、冷压的葵花油或油菜籽油，让味道更加调和。

三角大蒜（***Allium triquetrum***）

三角大蒜生长在沿海地区，在布列塔尼、蔚蓝海岸和科西嘉岛相当常见。从野外取一点球茎，种在花园的阴暗处，几乎全年都能采收叶子，味道就像欧芹和大蒜的结合。

用法：切碎后撒在欧姆蛋、番茄或蒸马铃薯上，增加风味。铃铛造型的花朵相当美丽，也可用来装点沙拉和新鲜奶酪。

野生韭葱（***Allium polyanthum***）

人们也叫它葡萄韭葱或是“多花大蒜”，实在很难分辨它是葱还是蒜。长在葡萄园中的野生韭葱常被当成杂草拔除——它喜欢生长在南面干燥的山坡。生食味道苦涩浓郁，烹煮后带些微甜味。属多年生植物，所以只能采摘长在土地以上的部分来吃。

用法：最好的方式是做成炸饼，切碎加入啤酒和鹰嘴豆粉面糊（鹰嘴豆粉150克、面粉50克、水150毫升、啤酒5汤匙）油炸。

商标奶酪

撰文：尚保罗·布兰拉（Jean-Paul Branlard）

有些商标奶酪也值得列入文化遗产，以下四种传奇工业品牌就是最佳例证。

我们先聊聊奶酪、制造商标和商业品牌。商标是“一种用来辨别产品的标志，有特定的名称或专属的代表图像”。获得崇高认证（AOP或IGP）的奶酪通常会交由同样经过认证的制造商或品牌来（例如贩卖洛克福奶酪的品牌Papillon®）营销贩售，许多农场手工制作的奶酪也采用同样的方式。

什么是“商标奶酪”？

这个名称相当模糊，也并非正式用语，让人联想到工业或半工业产品。这些奶酪并没有特定产区或“品种”，每个品牌都有各自的特色，例如“凯拉的蓝纹奶酪”（Bleu du Queyras®）是在多菲内地区的工业牛奶酪品牌；“任性天神”（Caprice des Dieux®）于1956年创立，是一种经过杀菌的软质牛奶酪，制造商Bongrain集团设计了一款椭圆形盒子，在奶酪界成为独树一格的象征。还有众多不同的品牌商标，如Saint-Albray®、Saint-Môret®、Chaussée aux moines®、Chavroux®、Tartare®、Vieux Pané®、Bleu de Bresse®、Bleu de Laqueuille®、Bellocq®……谁没有贪吃过装在精致圆盒中的“笑牛奶酪”（Vache qui rit®）呢？

布尔索尔（Boursault®）

在莫尔河畔圣西（Saint-Cyr-sur-Morin），亨利·布尔索尔（Henri Boursault）生产一种由牛乳制成的小块奶酪。他发现分离乳脂的过程中，总会产生相当多的鲜奶油。1951年，他开始尝试在奶酪中加入鲜奶油，创造出一种三倍乳脂（triple creme）奶酪，在穿孔纸包装中继续熟成。该品牌在1969年成功进驻大型连锁超市。

波尔斯因（Boursin®）

1968年10月11日晚上7点55分，在法国广播电视台（ORTF）的频道上出现了第一款工业奶酪的广告，正是波尔斯因的“大蒜香草奶酪”。1963年，弗朗索瓦·波尔斯因（François Boursin）以自己的名字创立了这个品牌。这款奶酪被包裹在锡箔中以确保新鲜度，而其销售契机源自一个错误。1961年，某家报社误将竞争对手“布尔索尔”的奶酪印成“波尔斯因大蒜奶酪”。弗朗索瓦立刻抓住机会，顺势发明了一种以大蒜为基底的奶酪，一推出就大受好评。1972年，该品牌又创造出著名的广告标语：“一点面包、葡萄酒，还有波尔斯因奶酪（Du pain, du vin, du Boursin®）。”

南特牧师（Curé Nantais®）

1880年左右，圣朱利安德孔塞勒（Saint-Julien-de-Concelles）的农民皮耶·伊菲（Pierre Hivert）听从一位牧师的建议，发明了一款奶酪。起初取名为“美食家的飨宴”（Régal des gourmets），后来为了纪念这位牧师，改名为“南特牧师”。一开始是家族经营，直到1980年由奶酪商接手，将工厂移至波尔尼克（Pornic）。到了20世纪90年代后期，奶酪工厂被雷恩（Rennes）一个食品加工集团网罗旗下，但依然保留手工制作的传统。

波特萨鲁特（Port-Salut®）

19世纪50年代，在拉瓦勒（Laval）附近的波特涵杰尔修道院（后来改名为波特萨鲁特修道院），修士们以制造奶酪为生。1875年，修道院院长向一位巴黎商人提议，在他店里贩售这种外皮呈橘色的半软质牛奶酪，一上架便大受欢迎。这些奶酪以修道院命名，并于1870年注册商标。1959年，修士们将商标转让给农产协会（Fermiers réunis），进行工业化生产，后者从此成为该商标的法定持有者。

克劳德，吃饭了！

撰文：法兰索瓦芮吉・高帝和戴乐芬・勒费佛

享用美食是大导演克劳德・索泰（Claude Sautet）最喜爱的活动。米其林三星大厨，同时也是电影爱好者的皮耶・加尼叶（Pierre Gagnaire），从克劳德的三部电影中挑选了三道料理，重新诠释食谱。

她与他们的爱情

***César et Rosalie*, 1972**

场景：

电影的最后几幕，离开了西萨及大卫的萝萨莉回来了。萝萨莉的这两位前任情人后来住在一起，当他们的人生挚爱回来时，他们正在窗前一同用餐。

对白：

他们当时正在享用**龙虾**（加尼叶换成螯龙虾），西萨问大卫："你知道里面有什么吗？**苹果酒**。"

新鲜鲱鱼

➤《相聚数日》（*Quelques jours avec moi*）：用香菜及焦糖奶油腌制的碎白菜

➤《她与他们的爱情》：苹果酒龙虾和红鲻鱼

➤《真爱未了情》（*Nelly et Monsieur Arnaud*）：乡村沙拉

➤《服务生！》：法式焗烤马铃薯（gratin dauphinois）

➤《马克思与拾荒者》（*Max et les Ferrailleurs*）：酸菜香肠猪肉锅（choucroute）

➤《玛多》（*Mado*）：彭勒维克奶酪（Pont-l'évêque）

索泰的电影美酒

➤《真爱未了情》：1961年的索甸贵腐甜白酒（sauternes）和干邑白兰地（Cognac）

➤《服务生！》（*Garçon!*）：普依（Pouilly）的白酒或是香槟（5.5%）一杯

同场加映

鱼摊巡礼（第218页）

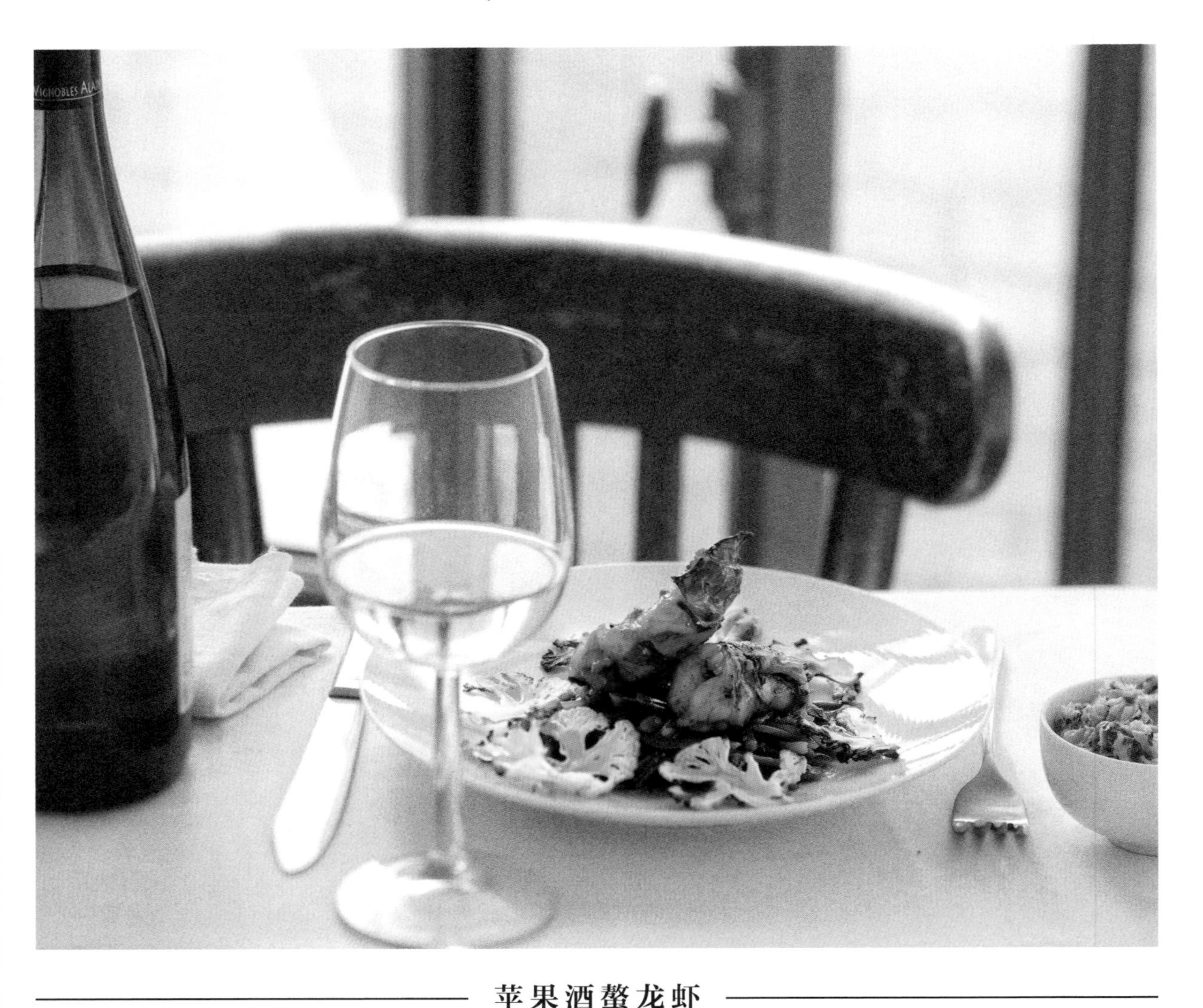

苹果酒螯龙虾

准备时间： 30分钟

烹调时间： 10分钟

分量： 6人份

材料：

大型螯龙虾1只（2千克），或中型龙虾3只（每只700克）

不甜苹果酒（cidre brut）1瓶

加苹果酒醋制作的美乃滋200毫升

花椰菜1/2棵

剪碎的欧芹2汤匙

黑胡椒10克

盐

用盐水煮过的四季豆200克

橄榄油

黄油

步骤：

- 将花椰菜切丝（最好使用蔬菜刨丝器），平铺在烤盘上，洒上一点水，放进200℃的烤箱烘烤3分钟。
- 在锅中倒入苹果酒小火烹煮，持续规律地搅拌，直到苹果酒变成糖浆状。
- 将螯龙虾放进加了盐的沸水煮5分钟，接着取出冷却，趁微温时剥去外壳。
- 将虾螯压碎，与美乃滋混合，加入欧芹，持续搅拌直到变成肉酱（rillette）的质地。
- 另取一锅小火熔化黄油，使之变成褐色，加入压碎的黑胡椒，离火置于一旁备用。将虾尾部切成几大段，裹上苹果酒糖浆，淋上黄油。
- 在加热过的盘子中央摆上四季豆，淋上一点橄榄油。接着摆上螯龙虾，铺上花椰菜丝。将虾螯美乃滋装在小碗中一起上菜。

三兄弟的中年危机

***Vincent , François , Paul... et lesautres* , 1974**

场景：

在乡下与朋友用餐，一共11个人。弗朗索瓦正在切羊后腿。当天讨论的话题围绕城市变迁。

对白：

“我他妈去你们的，去你们的礼拜天，他妈的白痴烤羊腿。妈的！”

带骨烤羊后腿

准备时间： 30分钟

腌制时间： 48小时

烹调时间： 50分钟

分量： 4~6人份

材料：

羔羊后腿1只，约1.5~1.8千克（请肉贩事先处理过）

低脂无糖酸奶1罐

不甜白酒1/2茶匙

红椒粉（paprika）1茶匙

甜咖喱粉1/2茶匙

切碎的新鲜迷迭香1/2茶匙

八角粉1小撮

杜松子4粒，压碎

大蒜12瓣，剔除中心的芽

黄油100克

橄榄油

细盐

步骤：

- 在沙拉盆中加入酸奶、所有香料、3汤匙橄榄油和不甜白酒拌匀，均匀刷在羊腿上，接着裹上保鲜膜，放进冰箱腌渍48小时。
- 腌渍完成后，将羊腿刷上橄榄油，放进铸铁锅中煎至表面上色，大约10分钟后撒上细盐，然后将羊腿取出。
- 在锅中加入黄油、去芽的大蒜瓣，再放入羊腿。将锅送进预热至160℃~180℃的烤箱，烘烤约40分钟。请注意，绝对不能让黄油烤焦，烘烤过程中可适时加点水，并时常将羊腿翻面。
- 羊腿烤好后需静置半小时，再和大蒜瓣一起盛盘上菜。配菜可选白味噌料理的茄子泥。

服务生！

***Garçon !*, 1983**

场景：

亚历，60来岁，是巴黎一家小酒馆的服务生。他正在为一对（在电影中出现两回的）熟客解释菜单，女士一直犹豫不决。

对白：

“今天的‘本日特餐’是菱鲆鱼排佐普罗旺斯青酱。是用青酱蒸的，非常非常非常清淡。”

水煮菱鲆鱼佐普罗旺斯青酱

准备时间： 30分钟

烹调时间： 20分钟

分量： 6人份

材料：

菱鲆鱼排2片（每片600克，不带皮）

橄榄油500毫升

新鲜罗勒1束，摘下叶子切碎

烘焙过的松子80克

成熟的番茄3大个

（若非当季，可选择罐头番茄）

大蒜3瓣，切碎

月桂叶1片

银斑百里香1支

帕马森奶酪120克，磨碎

盐花

埃斯佩莱特辣椒（Espelette）

步骤：

- 在大型焗烤盘内放进橄榄油、罗勒叶、大蒜、月桂叶及百里香。码上鱼排，送入60℃的烤箱烘烤约20分钟。烤好后沥干油脂，置于一旁保温。
- 将橄榄油过滤，取出罗勒叶及大蒜（保留橄榄油），与松子和帕马森奶酪一起绞碎混合，做成普罗旺斯青酱。
- 番茄去皮，切成大块丁状，加入一些橄榄油、盐花和埃斯佩莱特辣椒调味。
- 取一深盘加热，放进捣碎的番茄，叠放上淋了青酱的鱼排。配菜可选用努瓦尔穆杰（Noirmoutier）的微温小马铃薯，淋上1/2茶匙的不甜白酒调味。

鹰嘴豆，逗不逗？

撰文：玛丽阿玛·毕萨里昂

被冷落了好一段时间后，这种优点满满的豆子又重新回到我们的餐盘里。鹰嘴豆种植蓬勃发展中！

成功故事

鹰嘴豆（Cicerum italicum）源自中东，812年出现在法国的园林中。喜爱干燥气候的鹰嘴豆在法国东南部相当普遍，直到20世纪中叶后才逐渐没落。

现在鹰嘴豆的种植面积又开始迅速增加：2000年有1,063公顷，到了2016年变成9,493公顷。奥克西塔尼大区（Occitanie）遥遥领先，随后是普罗旺斯-阿尔卑斯-蔚蓝海岸大区（Provence-Alpes-Côte d'Azur）及阿基坦大区（Nouvelle Aquitaine）。目前法国西南部正在试验种植新品种，如“黑色德西”（Desinoir）。

爆炸性的融合

每颗鹰嘴豆含有16%的蛋白质、17%的铁、17%的镁，以及维生素B_1、B_2、B_3、B_5、B_6、B_9。将杜兰小麦粉与鹰嘴豆粉以13:7的比例混合，可摄取九种人体需要的基本氨基酸。为避免胀气，在浸泡鹰嘴豆时可在水中加小苏打。

*资料来源：杰拉德·罗伦（Gérard Laurens），人称“鹰嘴豆老爹”的专门顾问。

铝罐、玻璃瓶或散装？

比较起来，玻璃瓶装的好处是不会有铁味。可以的话，尽量选择干燥的，最好是当地生产的鹰嘴豆。

尼斯索卡煎饼（socca）

将250克鹰嘴豆粉与500毫升水、1茶匙盐和3汤匙橄榄油均匀混合。在烤盘上抹点油，铺上一层薄薄的鹰嘴豆泥。将烤箱温度调到最大，并选择炙烤模式。饼身变色后即可取出，随意切成小片，撒上胡椒即可享用。

在哪儿品尝？在尼斯旧城区的小咖啡馆里坐下来，或是在路边趁热用手捏来吃。

土伦卡德煎饼（cade）

类似索卡煎饼，但饼身较厚。放进烤箱烘烤10分钟，再置于炙烤架上，直到表面金黄，内部保持松软。撒上胡椒和切碎的青葱（cébette）。

在哪儿品尝？每周二到周日的土伦（Toulon）市集，在保罗龙德兰路（Rue Paul-Lendrin）上，有一辆蓝色的卡德煎饼三轮车，车上有木头烤炉，还有曾经当过大厨的师傅提供原味、羊奶奶酪、罗勒等各种口味煎饼，全都是有机的！

马赛鹰嘴豆炸糕（panisse）

在1升水中加点盐和2汤匙橄榄油，煮沸离火，加入250克鹰嘴豆粉末，使用搅拌器或电动搅拌棒充分混合。放回炉子上，开小火并持续搅拌（鹰嘴豆粉很快就会变浓稠）。将豆泥铺在平滑的模具中约1厘米厚，放进冰箱静置30分钟。用压模器切成圆形，或切成细长条状，用热油炸至表面金黄。

在哪儿品尝？在埃斯塔克（Estaque）海边的小吃摊，装在圆锥形纸袋里享用。

调味好搭挡

孜然、柠檬、番红花、芝麻、橄榄油、摩洛哥坚果油、大蒜、西芹、青葱、羔羊肉、绵羊肉

两种当地生产的鹰嘴豆

➢ 鲁比耶尔（Rougiers）

瓦尔省（Var）的火山地质相当适合鹰嘴豆生长，在鲁比耶尔鹰嘴豆公会的支持下，每年9月都会有鹰嘴豆庆典，在当地的酒窖合作社贩售。

➢ 卡尔朗卡（Carlencas-et-Levas）

埃罗省（Hérault）的鹰嘴豆种在玄武岩高原上，外表呈金黄色、皮薄，只需25分钟就能煮到入口即化。这里的鹰嘴豆不外销，在“二战”期间被当作交易的货币，用来兑换鞋子、鸡蛋等。1975年，尚尚家族（famille Jeanjean）重新开始推动当地的鹰嘴豆农业。

阿纳尔*鹰嘴豆泥

这道鹰嘴豆泥可搭配面包或生菜，当成开胃前菜来享用，
是大厨阿曼德·阿纳尔的招牌菜，
他使用的是自己菜园里种的鹰嘴豆。

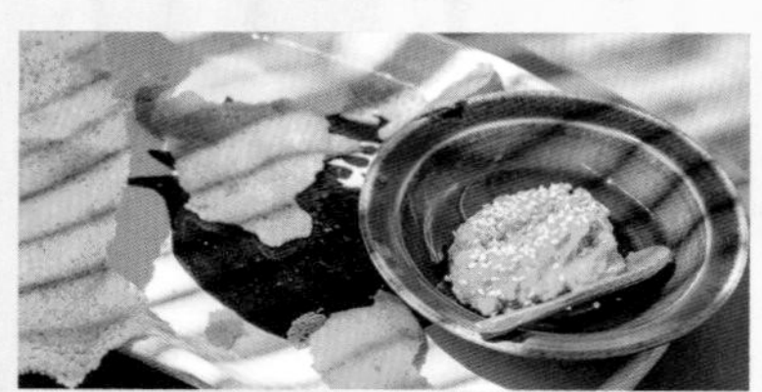

浸泡时间： 12小时

烹调时间： 至少45分钟

分量： 8人份

材料：

干燥的鹰嘴豆200克
洋葱1个、丁香1粒、大蒜1瓣
普罗旺斯综合香草束1束
姜黄粉1茶匙、五香粉1茶匙
糖渍柠檬1颗，切成4块
橄榄油200毫升
盐、胡椒

步骤：

- 将鹰嘴豆泡水12个小时。沥干后放进锅里，装满水盖过鹰嘴豆，加入扎了丁香的洋葱（切成4块）、大蒜瓣及香草束。水滚后微火续煮至鹰嘴豆变软（约45分钟）。
- 沥干鹰嘴豆，保留烹煮的水。将温热的鹰嘴豆、柠檬、姜黄粉及五香粉用搅拌器打成泥。加入橄榄油拌匀，让豆泥变黏稠。需要的话可加一点煮鹰嘴豆的水。以盐和胡椒调味，再淋一点橄榄油，可防止鹰嘴豆泥变干。

*阿曼德·阿纳尔（Armand Arnal），米其林一星餐厅La Chassagnette的大厨，店址：Route du Sambuc, Arles((Bouchesdu-Rhône)。

同场加映

来一点“豆”知识（第242页）

野猪，带毛的狂野滋味

撰文：玛丽阿玛·毕萨里昂

野猪（Sus scrofa）受尽农人羞辱，却是猎人的心头好；比起在田野间，它在饕客的餐盘中更是颇受好评。来认识一下这个野味巨星吧！

从人类的观点来看

野猪一晚上就能摧毁整片玉米田，所以野猪被抓到后通常会优先宰杀，况且野猪肉也很美味。但从生物多样性的角度来看，野猪贡献不小，因为它的鬃毛可以携带大量种子，随着它在野地奔跑时四处散播。

野猪家族成员

雄野猪：体重可达200千克。长大后，下颚的尖牙会长成弯曲的獠牙。

雌野猪：体重很少超过100千克，没有獠牙。

小野猪：出生时毛皮带有米色及褐色条纹，长至四到八个月大时会变成红棕色，人们称其为“红兽”。

近亲：家猪是被人类驯化的野猪。另有杂交的品种，例如雄野猪与雌家猪交配（sanglichon），或是雌野猪与雄家猪交配（cochonglier）。

远亲：西貒（美洲）、疣猪与丛林猪（非洲）、鹿豚（亚洲）。

计算一下

法国宰杀的野猪数量，在两年内从130,000只增加到666,933只。2016年的宰杀数量足足比2015年增加13.9%，平均每天有1,827只野猪被宰杀。2016年排行前五名的地区依次为加尔省（Gard）、阿尔代什省（Ardèche）、瓦尔省（Var）、上莱茵省（Haut-Rhin）及下莱茵省（Bas-Rhin）*。

*资料来源：Réseau Ongulés Sauvages ONCFS/FNC/FDC

同场加映

阿斯泰利克斯美食之旅
（第310页）

享用野味之前

野猪有可能感染一种对人类有害的寄生虫——旋毛虫（trichine），所以野猪肉最好长时间烹调煮熟，或以零下20℃冷冻三星期。肉店贩售的野猪都经过兽医检验及卫生控管。

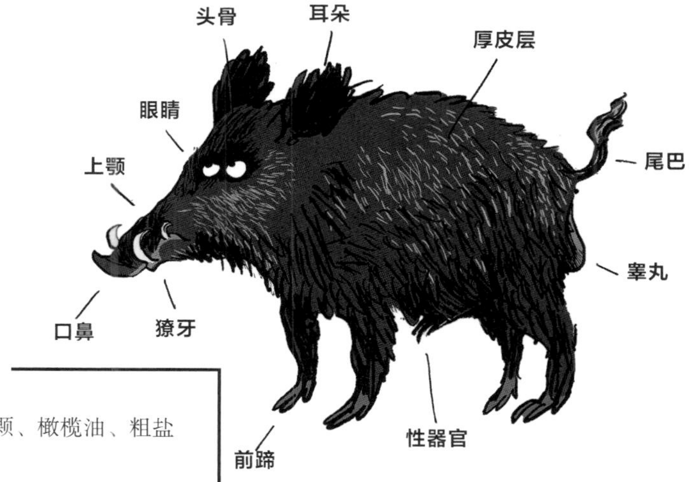

普罗旺斯炖野猪肉

准备时间：15分钟
烹调时间：4小时
分量：6人份

材料：

腌肉
野猪腿或里脊部位1.5千克，切块
浓烈的红酒1升
干邑白兰地1/2杯
醋1/2茶匙
胡萝卜3根，切片
扎上丁香的洋葱1个
带皮大蒜3瓣、胡椒10粒
百里香、月桂叶
新鲜削下的柳橙皮2颗

炖煮
洋葱2个，剁碎
面粉2汤匙、水两三杯
去核黑橄榄20颗、橄榄油、粗盐

步骤：

- 前一晚先将腌肉的所有食材放进大碗，加盖后送进冰箱冷藏。料理当天，将腌肉取出沥干，保留腌汁。擦干腌肉的水分。
- 取一铸铁炖锅，加入洋葱略炒后取出静置。加一点橄榄油，将肉块分次放进锅中略炒到上色。撒上面粉拌匀，加入腌汁，再加水直到盖过腌肉，盖锅微火炖1小时。
- 加入橄榄与腌过的胡萝卜，加点盐调味，继续用微火炖至少3小时。炖到肉变软了即可享用。

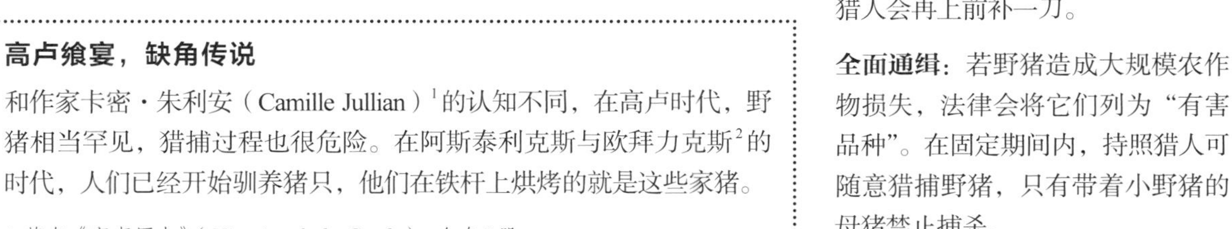

高卢飨宴，缺角传说

和作家卡密·朱利安（Camille Jullian）[1]的认知不同，在高卢时代，野猪相当罕见，猎捕过程也很危险。在阿斯泰利克斯与欧拜力克斯[2]的时代，人们已经开始驯养猪只，他们在铁杆上烘烤的就是这些家猪。

1. 著有《高卢历史》（*Histoire de la Gaule*），全套8册。
2. 见同场加映。

奇特的构造

Écoute：耳朵
Mirettes：眼睛
Boutoir：口鼻
Hure：头部
Vrille：尾巴

猎人与野猪的战争

野猪相当聪明，嗅觉跟听觉都很敏锐，会游泳，也擅长潜伏在浓密的草丛中。所以人类追捕野猪通常会以失败收场。

追踪：猎人会搜寻野猪留下的足印，从足迹尺寸及指头间的距离，推算野猪的重量。接着猎犬和追捕手再将猎物引导至特定位置，此时枪手已就位。

伺机而动：弓箭手最喜欢藏身在树上或瞭望台上，等候野猪现身。

逼近：猎人安静无声地靠近猎物。

围捕：一群受过训练的猎犬追逐并团团围住野猪。如果猎物还活着，猎人会再上前补一刀。

全面通缉：若野猪造成大规模农作物损失，法律会将它们列为“有害品种”。在固定期间内，持照猎人可随意猎捕野猪，只有带着小野猪的母猪禁止捕杀。

*参照《莙荙菜叶的威胁》（*La Menace blette*），索尼雅·埃兹古礼安（Sonia Ezgulian）著。

*《尼斯厨房》（*La Cuisine du comté de Nice*），贾克·梅德森（Jacques Médecin）著。

*参照《需要烧掉莙荙菜叶吗？》（*Faut-il brûler les blettes?*），索尼雅·埃兹古礼安著。

①

先制作面皮。将面粉倒在工作台上，中间挖个凹槽，加入鸡蛋、橄榄油、温水和一大撮盐。

②

将面粉和材料混合，搓揉几分钟，视情况再加点面粉或水。将面团搓揉至平滑圆整为止。

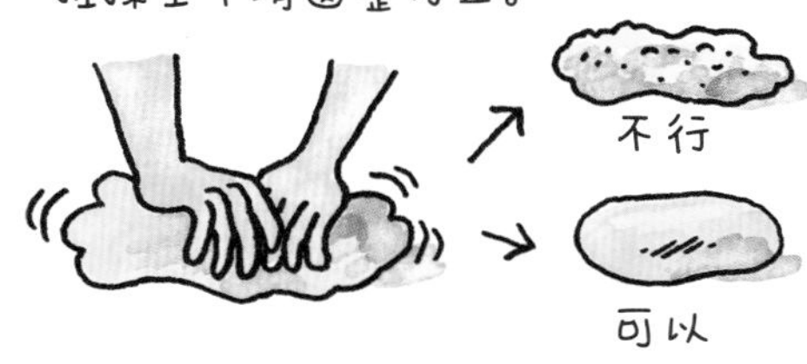

用保鲜膜包裹面团，在阴凉处静置2小时。

③

接着准备内馅。切下莙荙菜的叶子，把茎丢掉，别忘了要把双手洗干净哦！

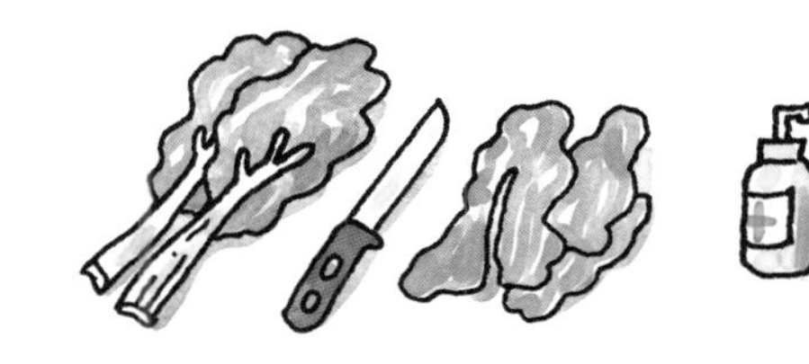

在加了盐的沸水中焯烫叶子几分钟，取出沥干后放在一旁放凉。

④

用双手大力挤压菜叶，挤掉多余水分，然后剁碎。

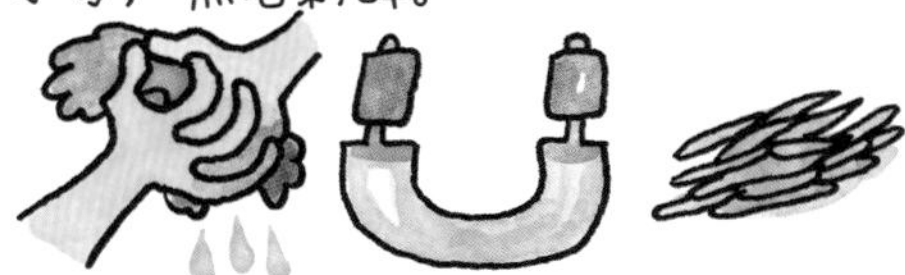

在平底锅里加入大蒜、切碎的洋葱和一点橄榄油拌炒，再加入米粒。

⑤

像煮炖饭一样烹煮米粒，加入约203毫升水（适量就好）。

米饭煮熟后关火，加入剁碎的菜叶、帕马森奶酪粉、鸡蛋，还有剁碎的羊奶奶酪。

⑥

制作巴巴囧的方式如下：在工作台上撒点面粉，取一小块面团，用擀面棍擀成宽13.7厘米、厚3毫米的长方形面皮。

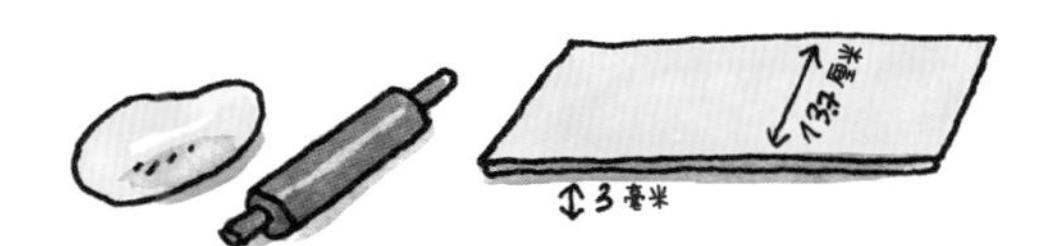

拿两只小汤匙，挖出核桃大小的内馅，放在面皮的下半部，间隔5.2厘米。

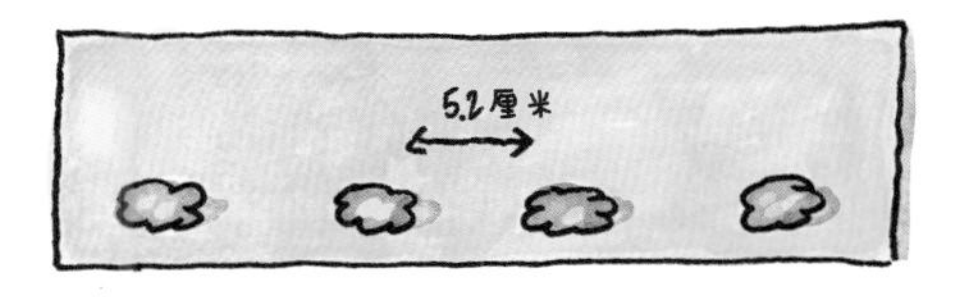

⑦

用刷子蘸点水，将面皮上半部沾湿，然后往下对折包住内馅。

沿着内馅周围仔细压平，确保面皮紧密贴合。用比萨刀把小饺子一个个切下来，放在撒了面粉的板子上。

⑧

最后，等炸油加热至180 ℃，将巴巴囧放进锅里油炸至金黄色。

取出巴巴囧沥干，放在吸油纸上。

本篇漫画作者为纪尧姆·隆（Guillaume Long），喜爱美食的他在漫画集《吃吃喝喝》（*Á boire et à manger*）中，幽默风趣地描述了他的美食（惊险）旅程。感谢他为本书特别绘制了巴巴囧食谱。

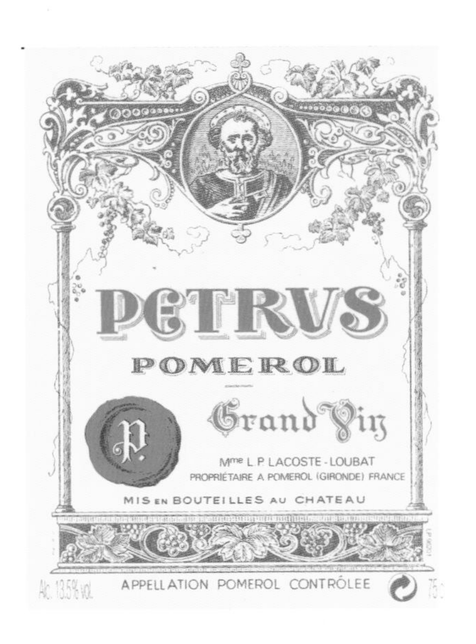

酒 杯 里 的 “ 奇 谈 ” ？

撰文：辜立列蒙·德希尔瓦（Gwilherm de Cerval）

对那些知识渊博的业余爱好者和职业收藏家来说，某些葡萄酒款越来越少见，逐渐成为一种传说。这里介绍几个享有盛名的酒庄，让大家看看法国酒是如何在世界各地发光发热的。

波尔多 Bordeaux

12世纪时，阿基坦的艾莉诺（Aliénor d'Aquitaine）女公爵与英国国王亨利二世联姻，第一批法国葡萄酒开始从波尔多出口至英国。英国、德国、俄国、弗拉芒及爱尔兰的贸易商（Boyd-Cantenac、Lynch-Bage、Kirwan），在17世纪纷纷进驻波尔多。当时波尔多的葡萄园占地共130,913公顷，占全法国葡萄园的17%。

拉菲堡 CHÂTEAU LAFITE ROTHSCHILD

创立时间：17世纪
产区名称：波雅克
种类：红酒
葡萄种植：常规种植
奇谈逸事：18世纪凡尔赛宫及英国皇室宫廷设宴使用的酒。
独特之处：1855年被列入一级酒庄。
精彩年份：1959
单瓶价格：2,652欧元
单杯价格：442欧元
与谁对饮：黎塞留公爵（Ducde Richelieu）。他早在1760年就已经品尝过此酒。

木桐堡 CHÂTTEAU MOUTON-ROTHSCHILD

创立时间：1853
产区名称：波雅克（Pauillac）
种类：红酒
葡萄种植：常规种植[1]
奇谈逸事：内森尼尔·罗斯柴尔德男爵要求葡萄酒一定要在城堡内装瓶，然而一直到1924年都是以大型酒桶（200~250升）直接运送至贸易商处。
独特之处：1973年才首次被列入“特级园”（Grand Cru）。酒标每年都请不同的艺术家来设计。
精彩年份：1945
单瓶价格：10,950欧元
单杯价格：1,825欧元
与谁对饮：杰夫·昆斯（Jeff Koons），设计2010年酒标的艺术家。

欧布里昂堡 CHÂTEAU HAUT-BRION

创立时间：1553
产区名称：贝沙克-雷奥良（Pessac-Léognan）
种类：红酒
葡萄种植：常规种植
奇谈逸事：塔列朗是拿破仑一世的外交部长，也是当时的酒庄主人，时常在城堡中宴请王公贵族与世界各地的领导人。
独特之处：独一无二的格拉夫（Graves）[3]在1855年被列入一级酒庄（1er Grand Cru Classé）。
精彩年份：1989
单瓶价格：2,112欧元
单杯价格：352欧元
与谁对饮：卢森堡王子罗伯特。1935年，他从曾祖父克兰斯·帝龙（Clarence Dillon）手中买下这座酒庄。

佩楚酒庄 PÉTRUS

创立时间：19世纪
产区名称：玻美侯（Pomerol）
种类：红酒
葡萄种植：常规种植
奇谈逸事：佩楚酒庄的声名于20世纪50年代逐渐建立起来，主要归功于埃德蒙德·露巴夫人的固执与活力，熟识的人都称她“露阿姨”。
独特之处：酒标上不使用城堡称号，也未列入分级（Cru）。
精彩年代：20世纪90年代
单瓶价格：2,500欧元
单杯价格：416.60欧元
与谁对饮：英国女王伊丽莎白二世。她的订婚典礼上招待宾客的就是这里的酒。

拉图堡 CHÂTEAU LATOUR

创立时间：1680年左右
产区名称：波雅克
种类：红酒
葡萄种植：有机种植
奇谈逸事：上一任堡主亚历山大·德瑟谷尔被法王路易十五封为“葡萄园王子”。
独特之处：1855年被列入一级酒庄。
精彩年份：1961
单瓶价格：3,699欧元
单杯价格：616.50欧元
与谁对饮：现任堡主弗朗索瓦·皮诺（François Pinault）。他于1993年买下酒庄，现属于开云集团（Kering）[4]。

玛歌堡 CHÂTEAU MARGAUX

创立时间：16世纪
产区名称：玛歌（Marguax）
种类：红酒
葡萄种植：有机种植（未经认证）
奇谈逸事：1771年，佳士得拍卖会上第一次出现的红葡萄酒（claret）[2]，就是来自玛歌堡。
独特之处：1855年被列入一级酒庄（1er Grand Cru）。
精彩年代：20世纪90年代
单瓶价格：1,036欧元
单杯价格：172.60欧元
与谁对饮：作家海明威。他相当喜爱这个酒庄的酒，甚至将他的女儿玛歌的名字拼写为Margaux，而不是Margot。

依更堡 CHÂTEAU D'YQUEM

创立时间：1593
产区名称：索甸（Sauternes）
种类：超甜型白酒
葡萄种植：常规种植
奇谈逸事：路易十六时期的驻美大使汤玛斯·杰佛森，在当时美国总统乔治·华盛顿的支持下，将依更堡的酒引进美国。
独特之处：1855年被列入一级酒庄，但在低产年份（1910、1915、1930、1951、1952、1964、1972、1974、1992、2012）产量为零。
精彩年份：1921
单瓶价格：8,670欧元
单杯价格：1,445欧元
与谁对饮：新浪潮电影大师克劳德·夏布洛（Claude Chabrol）。在他大部分的电影作品中出现的都是该酒庄的酒。

勃艮第
Bourgogne

在两千多年前，夜丘（Côte de Nuits）及伯恩丘（Côte de Beaune）已开始出产葡萄酒，深受当时的罗马人及高卢罗马人的喜爱。勃艮第的葡萄园总共28,334公顷，占全法国葡萄园的3.6%，占全世界葡萄酒产量的0.5%。此外，特级园的葡萄酒不到勃艮第葡萄酒总产量的1%，而每个葡萄农的农地面积平均为6.5公顷。我们常说“物以稀为贵”，这句话在勃艮第得到了最好的诠释！

亨利·贾伊尔酒庄
DOMAINE HENRI JAYER

创立时间：20世纪50年代初期
产区名称：里奇堡特级园（Richebourg Grand Cru）
种类：红酒
葡萄种植：有机种植（未经认证）
奇谈逸事：亨利·贾伊尔是植物学家、哲学家，也是无与伦比的鉴赏家。他不只会种葡萄，酿酒技术也是一流，足以媲美有名的罗曼尼康帝酒庄。
独特之处：2006年，在第戎（Dijon）过世后，酒庄的酒价便急速攀升。
精彩年份：1985
单瓶价格：18,618欧元
单杯价格：3,103欧元
与谁对饮：贝尔纳·毕佛（Bernard Pivot），贾伊尔的挚友，是记者也是作家。

乐飞酒庄
DOMAINE LEFLAIVE

创立时间：1717
产区名称：蒙哈榭特级园（Montrachet Grand Cru）
种类：白酒
葡萄种植：自然动力农法
奇谈逸事：安娜克劳德·乐飞是在勃艮第推广自然农法的先驱之一。
独特之处：安娜克劳德于2015年过世，享年59岁，酒庄的酒自此更显珍贵。
精彩年份：1996
单瓶价格：5,980欧元
单杯价格：996.60欧元
与谁对饮：法国文豪大仲马。他曾说：“蒙哈榭酒，喝的时候需要脱帽且屈膝跪地。”

柯奇酒庄
DOMAINE J.-F. COCHE DURY

创立时间：1964
产区名称：高登查理曼特级园（Corton-Charlemagne Grand Cru）
种类：白酒
葡萄种植：常规种植
奇谈逸事：酒庄于1964年开始贩售瓶装酒。1972年，在第三代继承人尚·弗朗索瓦的领导下开始声名大噪。
独特之处：向直接来庄园买酒的顾客长期提供相当合理的价格。
精彩年份：1989
单瓶价格：5,561欧元
单杯价格：926.80欧元
与谁对饮：查理曼。因为不喜欢自己的白胡子沾上红酒，便下令在高登山地上种植霞多丽葡萄。

阿曼卢梭酒庄
DOMAINE ARMAND ROUSSEAU

创立时间：接近1990年
产区名称：香贝丹特级园（Chambertin Grand Cru）
种类：红酒
葡萄种植：有机种植（未经认证）
奇谈逸事：20世纪30年代末，就在美国禁酒令结束不久后，开始在美国销售。
独特之处：酒庄一直都是父传子的经营模式，但之后将会由家族第四代女性希丽儿·卢梭接管。
精彩年份：2005
单瓶价格：1,780欧元
单杯价格：296.60欧元
与谁对饮：拿破仑一世。这是他每天喝的酒，也参与了他的每一场战役。

罗曼尼康帝酒庄
DOMAINE DE LA ROMANÉE-CONTI

创立时间：1760
产区名称：罗曼尼康帝特级园（Romanée-Conti Grand Cru）
种类：红酒
葡萄种植：自然动力农法（biodynamique）
奇谈逸事：康帝亲王路易·弗朗索瓦·德·波旁买下了罗曼尼酒庄，后改名为罗曼尼康帝。
独特之处：罗曼尼康帝特级园属于该酒庄的独家葡萄园，占地1.63公顷。
精彩年份：1978
单瓶价格：15,992欧元
单杯价格：2,665.30欧元
与谁对饮：卢梭，作家、哲学家、音乐家，也是路易·弗朗索瓦·德·波旁的挚友。

乐桦酒庄
DOMAINE LEROY

创立时间：1868
产区名称：慕西尼特级园（Musigny Grand Cru）
种类：红酒
葡萄种植：有机种植（未经认证）
奇谈逸事：1942年，亨利·乐桦成为罗曼尼康帝酒庄的股东之一，也因此获得当地人脉及酿酒技术。
独特之处：拉茹·比兹乐桦曾经是罗曼尼康帝酒庄的经营者之一，相当坚持发展自然农业。
精彩年份：1949
单瓶价格：3,794欧元
单杯价格：632.30欧元
与谁对饮：演员杰哈·隆凡。他在电影《恋恋醉美》（*Premiers Crus*）中曾推荐勃艮第的酒。

奥维纳酒庄
DOMAINE D'AUVENAY

创立时间：1989
产区名称：马兹香贝丹特级园（Mazis-Chambertin Grand Cru）
种类：红酒
葡萄种植：有机种植（未经认证）
奇谈逸事：产量极少的葡萄园（3.9公顷），由拉茹·比兹乐桦夫人所创立。
独特之处：庄园前身是一个古老的农场，单纯居住用。
精彩年份：2009
单瓶价格：2,695欧元
单杯价格：449.10欧元
与谁对饮：快住手！喝这款酒实在是太大逆不道了！

卢米酒庄
DOMAINE G & C ROUMIER

创立时间：1924
产区名称：慕西尼特级园
种类：红酒
葡萄种植：有机种植（未经认证）
奇谈逸事：乔治·卢米率先开启直接在酒庄内装瓶的风气，贩售政策则倾向外销到国外。
独特之处：酒庄占地11.87公顷，只有0.2公顷是用来种植并酿制白酒。
精彩年份：2005
单瓶价格：8,194欧元
单杯价格：1,365.60欧元
与谁对饮：赛德里克·克拉皮斯（Cédric Klapisch），爱好美酒的电影人，还为此编导了电影《浓情酒乡》（*Ce qui nous Lie*）。

更多精彩逸事，请看下页。

香槟区
Champagne

香槟区被联合国教科文组织列为世界遗产，在17世纪因唐·培里侬（Dom Pierre Pérignon）修士所创的独特酿酒方式闻名世界。19世纪时，由于伯兰爵（Joseph Bollinger）、库克（Johann-Joseph Krug）、道依茨（William Deutz）等德国人相继来到香槟区开设酒庄，使得香槟在国际上的知名度迅速提高。香槟区连同周边占地34,000公顷的葡萄园，在2015年出产了3.09亿瓶香槟，可说是在世界各地宣扬法国文化的先锋。

库克
KRUG

创立年份：1843
精选珍酿（Cuvée）[5]：钻石香槟（Clos du Mesnil）
种类：白葡萄酿的香槟
葡萄种植：常规种植
奇谈逸事：率先使用小型橡木桶来发酵香槟，并在桶中至少保存6~8年，确保香槟的口味丰富均衡又可长久保存。
独特之处：只出产顶级特酿。
精彩年份：1988
单瓶价格：1,770欧元
单杯价格：295欧元
与谁对饮：贝尔纳·阿尔诺（Bernard Arnault），LVMH集团董事长，在1999年成为酒庄主人。

沙龙香槟酒庄
CHAMPAGNE SALON

创立年份：1911
精选珍酿：沙龙香槟（“S” de Salon）
种类：白葡萄酿的香槟
葡萄种植：常规种植
奇谈逸事：他们会将酒在地窖中陈放10年，确认质量卓越精良才会进行生产。
独特之处：只出产年份香槟和霞多丽的白中白香槟（blanc de blancs）。
精彩年份：1959
单瓶价格：5,812欧元
单杯价格：968.60欧元
与谁对饮：路易十五。他指定以香槟作为他私人宴会的饮料。

唐培里侬香槟酒庄
CHAMPAGNE DOM PERIGNON

创立年份：1936
精选珍酿：年份香槟（vintage）
种类：白葡萄酿的香槟
葡萄种植：常规种植
奇谈逸事：拿破仑一世与尚雷米·香东（酩悦香槟的创始者）之间的友情，让这个酒庄开始在世界上崭露头角。
独特之处：只出产年份香槟，只在最好的年份进行生产。
精彩年份：1955
单瓶价格：1,132欧元
单杯价格：188.60欧元
与谁对饮：玛丽莲·梦露。这是她最钟爱的香槟。

罗讷河谷地
Vallée du Rhône

罗讷河谷地的酒常被当成“次等酒”（bibine），提供给战后重建法国的工人饮用，长久以来都被形容是“带酸味的劣质酒”（piquette）。然而今日该区有超过4.4万公顷的葡萄园，在罗马时代（公元前125年）就已经存在。14世纪逃离阿维尼翁的教皇们，后来前往并安身于教皇新堡区（Châteauneuf-du-Pape）。20世纪90年代后期，世界知名评酒家罗勃·派克（Robert Parker）爱上此地吸饱阳光的葡萄酒，让教皇新堡在媒体的推动下逐渐有了名气。

拉雅堡
CHÂTEAU RAYAS

创立时间：20世纪20年代初期
产区名称：教皇新堡
种类：红酒
葡萄种植：有机种植（未经认证）
奇谈逸事：极少的产量，在古老的桶中酿制，以及含沙量高的地质条件，都让这里生产的酒醇厚奥妙。
独特之处：本产区可使用的葡萄品种至少有13种，但拉雅堡只用格那希（grenache）。
精彩年份：1990
单瓶价格：1,023欧元
单杯价格：170.50欧元
与谁对饮：教宗若望二十二世。他在教皇新堡区建立了第一座教皇城堡。

亨利博诺酒庄
DOMAINE HENRI BONNEAU & FILS

创立年份：1956
产区名称：教皇新堡
种类：红酒
葡萄种植：有机种植（未经认证）
奇谈逸事：许多酒是在水泥制的酒桶中发酵，接着装进大木桶中熟成至少6年时间，在是造就这个酒庄的成功关键。
独特之处：酿酒师亨利·博诺于2016年过世，酒的价格随即飙升。
精彩年份：1990
单瓶价格：2,975欧元
单杯价格：495.80欧元
与谁对饮：你想跟谁喝就跟谁喝！机会难得，一生只有一次！

同场加映
根瘤蚜：葡萄酒的头号死敌（第232页）

1. 使用“常规种植”（conventionnelle）的葡萄农会使用化学农药，去除所有可能危害葡萄生长的因素。——译注
2. 英国人用来称呼波尔多红酒的用词。——译注
3. 原位于格拉夫产区的欧布里昂堡是1855年评比中唯一在梅多克（Medoc）之外的列级酒庄，而从1987年起，佩萨克·雷奥良自格拉夫独立为一个新产区。——编注
4. 原名为巴黎春天集团，主要由法国皮诺家族控股。——译注
5. 在香槟区，酒标上的“cuvée”表示用最精湛方法酿出的最好的酒，代表该厂牌最顶级的香槟。——编注

L'ÉPOPÉE DU CROISSANT

可颂史诗

撰文：玛莉罗尔·弗雷歇

跟棍面包一样，可颂面包可以说是法国的象征。唯一不同的是，可颂经历了很长的旅程才抵达巴黎。
让我们来见证一下可颂（颠沛流离）的旅程。

中世纪之前

古典风格

可颂的拉丁语为*crescere*，意指“增长”，在古代带有宗教含义，象征月亮及其阴晴圆缺，是迷信与崇拜的物件。埃及人会供奉一种可颂形状的面包给天神们，亚述人则用它来制作圣餐，而波斯人将它献给死者。在第一批基督徒的圣餐中，我们也可以发现可颂的身影。

16世纪

东方元素

可颂来到了小亚细亚，奥斯曼帝国把它的形状当成国族徽章。1536年，奥斯曼的苏莱曼一世（Suleiman I）与法国国王弗朗索瓦一世（François I）结盟，促成“可颂蛋糕”的发明，在凯萨琳·德·美第奇*（Catherine de Médicis）安排的晚宴上就能看到其身影。可颂形状的糕点自此传遍整个地中海盆地。

* 亨利二世（弗朗索瓦一世的次子）的王后。——编注

17世纪

维也纳风格

是传说还是事实？1683年，土耳其人包围维也纳，趁着黑夜从地底下进攻这座城市。当时还有些面包师傅醒着，正要准备面团，发现了敌军并发出警报，成功瓦解土耳其的攻击计划。为了感谢这些面包师傅，奥地利大公利奥波德一世（Léopold I）赋予他们许多特权。而面包师傅为纪念这次胜利，发明了一种形状像奥斯曼国旗上的新月形的面包，以此嘲讽土耳其的失败。

18—19世纪

巴黎风情

人们一般认为是玛丽·安东妮（Marie Antoinette）与路易十六结婚后，把可颂面包带来巴黎的。但比较可信的版本应该是一位维也纳前官员及企业家奥古斯特·张格（August Zang），他在1838年于巴黎开设面包店，大受好评，人们争相购买他的“维也纳式甜酥面包”。在那个年代，可颂面包并不是用酥皮制作，而是像其他甜面包一样以布里欧修为基础。

20世纪初

法式风格

在20世纪20年代，法国糕饼师开始接手制作可颂甜面包，改成用黄油酥皮制作，也就是我们今天吃的可颂。

1970年

黄油版还是普通版？

20世纪70年代出现了两种版本的可颂：一种使用黄油；一种使用人造奶油，被称为“普通版”（ordinaire），较不油腻，价格也相对便宜。纯粹主义者仍是偏爱黄油版，认为味道比较细致美味。我们可以从形状进行区分：普通版呈新月状，黄油版则是笔直形状。

1977年

工业化生产

1977年出现了“可颂工厂”（La Croissanterie）连锁面包店。同年达能集团（Danone）也推出达能卷（Danerolles），这是一种可自行在家烘焙的可颂面团。食品加工业自此正式接手可颂制作，同时也提供一系列冷冻面团给面包店。结果，现在有80%的可颂都是工厂生产。

今日

真正的可颂面包

真正的可颂面包要形状饱满，表皮呈金黄色，带有亮泽，酥皮层次明显，面包心呈蜂窝状，黄油味浓郁却不油腻。还要由面包师或糕点师亲手制作，使用质量最上等的食材。目前还没有任何法律来规范及保护可颂的制作方式。

杏仁可颂

这是一个可以用来回收隔夜可颂面包的食谱，
是面包师傅的经典款。

材料：

隔夜可颂面包6个

杏仁奶油酱

杏仁粉75克、无盐黄油65克
糖粉65克、鸡蛋1颗

糖浆

糖100克、水250毫升
朗姆酒50毫升

糖霜

杏仁碎片50克、糖粉50克

烹调时间：20分钟 / **静置时间：**30分钟 / **分量：**6人份

步骤：

- 小火将黄油熔化。鸡蛋加糖粉搅拌均匀，再加入熔化的黄油及杏仁粉，放进冰箱冷藏30分钟。将水、朗姆酒及糖粉搅拌均匀，加热滚煮约10分钟。
- 将可颂切成上下两半，在表面刷上糖浆，再涂上杏仁奶油酱。放上烤盘，撒上杏仁碎片，送进预热至180℃的烤箱烘烤15分钟。取出后撒上糖粉即可享用。

蔬菜炖肉锅

撰文：卡蜜·皮耶哈尔德

蔬菜炖肉锅（pot-au-feu）又称“火上锅”，是法国传统料理最具代表性的一道，也是适合假日享用的家庭式料理。好几个世纪以来，厨师与作家皆着迷于这道奇妙的汤品，以下提供几道食谱及制作黄金法则。

黄金法则

1

1千克肉加3升水，遵循这个比例来加水。

不一定要从冷水开始煮，用温水可以节省加热升温的时间。

事先将肉冲洗，可避免烹煮时产生太多浮渣。

盐会加快肉汁渗进水中的速度，煮到一半再加盐可保证肉质，也不影响汤头风味。

建议使用大的铸铁锅或铜锅。避免使用不锈钢锅，因为散热快，不容易保持温度恒定。

马铃薯要单独煮熟，不然汤头容易变浊。

建议隔餐加热享用，有助于溶出肉质中的胶原蛋白。最好用低温缓慢加热。

烹煮过程不可加盖。

特罗雄*的蔬菜炖肉锅

准备时间：45分钟
烹调时间：4小时
分量：6人份

材料：
牛小排500克
牛腿肉或牛肩肉600克
牛前腿肉500克
综合香草束1束（百里香、月桂叶、欧芹嫩茎，以韭葱绿捆绑起来）
插上丁香的洋葱1个
葱白6根
胡萝卜6大根
圆形芜菁6颗
根芹菜1小棵
其他当季蔬菜：菊芋、芜菁甘蓝、西洋芹、卷心菜
骨髓大骨4块
紧实的小马铃薯12个
黑胡椒粒1茶匙
粗盐烤过的乡村面包

步骤：
- 将肉放入铸铁锅，倒入5升温水煮滚，一边捞出浮渣。
- 放入香草束及插了丁香的洋葱，炖煮2小时。撒上些许粗盐及胡椒粒，再煮30分钟。放入蔬菜及大骨，继续烹煮1小时，可视情况加点水。
- 取一点炖肉锅的汤，用另外的锅将马铃薯煮熟再放入炖锅里。

上菜：
- 取出香草束和洋葱。将汤舀进汤盘里，调味并捞去多余油脂。
- 将肉沥干，解开捆绑肉块的细绳，摆在深盘中央，周围摆上沥干的蔬菜。
- 挖出骨髓抹在烤得酥脆的面包上。将炖肉锅与芥末酱、酸黄瓜和粗盐一起端上桌。

* 埃希克·特罗雄（Eric Trochon），Semilla餐厅主厨，2011年法国最佳工艺师。

严选文学中的蔬菜炖肉锅

有时是法国的骄傲

蔬菜炖肉锅，指的是一块牛肉被放进微滚的盐水中，去汲取肉质中的精华……我们加一点由菜叶或根茎蔬菜做成的高汤提味，与面包或面条一起食用，让炖肉锅更加营养；我们将它称为带肉菜的汤……大家都同意只有在法国可以吃到这么美味的炖肉锅……带肉菜的汤是法国人饮食的基础，几个世纪的经验累积让这道料理更臻完美。

——萨瓦兰《好吃的哲学》

有时是穷人的料理

她坐下来用晚餐，圆桌上的桌布已经三天没洗了。坐在她对面的丈夫掀开汤锅的盖子，带着惊喜的语气说道：“噢！美味的炖肉锅！再没有什么比这个更好吃了！”这时候，她幻想着精致的晚宴、闪亮耀眼的银器，梦想墙上挂着挂毯，上面绣着古典人物、奇异的飞鸟，还有仙境般的园林……

——莫泊桑《项链》（*La Parure*，1884）

宗教式的庆典

蔬菜炖肉锅，准确地说来，是牛肉块以硝石轻轻刷过，再抹上一点盐，然后切成片状。它的肉质是如此细腻美好，以至于还未入口就可以感受到鲜嫩美味。散发出来的香味不光是牛肉本身的肉汁清香，也带有龙蒿的活力气息，还有一点点，不是太多，无瑕透明的肥猪肉香气，镶点在肉身。

——莫里斯·罗夫《杜丁布逢热爱美食的一生》

诗意的比喻

他的想象力持续处在沸腾状态，创意在其中舞动，好比蔬菜炖肉锅中的芜菁和马铃薯。

——保罗·克洛岱尔《沉睡者》（*L'endormie*, 1887）

同场加映

环法荞麦之旅（第308页）

糖浆的各种滋味

撰文：卡蜜·皮耶哈尔德

水果和植物做的糖浆源自阿拉伯中世纪的药典，却又同时充满童真的乐趣，是某些鸡尾酒的必备元素。下面介绍几款具有代表性的美味糖浆。

红石榴糖浆

糖浆界的大明星，名称取自其基底原料石榴果。现在大家用的则是一种加了柠檬及香草调味的红莓果糖浆。

发源地：遍布全法国

用法：加入牛奶、柠檬汽水或是鸡尾酒中。

当归糖浆

当归带有白色花朵，因药用功能而闻名。18世纪开始在尼奥尔地区大量种植，主要用来制作利口酒及糖果。制作糖浆时只需煮沸叶柄，糖渍的叶柄相当可口。

发源地：尼奥尔及普瓦特万沼泽

用法：加在水里或柠檬汽水中，相当解渴。

一点历史

→ 12世纪，阿拉伯人发明了糖浆，他们称之为“sharab”。后来随着阿拉伯医学传至欧洲，这个词的拉丁语演变成为“siruppus”，也就是现在糖浆（syrup）一词的起源。

→ 20世纪20年代，法国开始工业化生产糖浆。许多的蒸馏工厂及利口酒制造厂，纷纷开始制作并贩售不含酒精的糖浆。

→ 今日工厂制作的糖浆，水果含量通常很低（有时甚至只有30%）。想要品尝天然手工糖浆，最好向少量生产的制造商购买，或自己动手做。

留兰香（又名绿薄荷）糖浆

留兰香可镇痛，助消化。最好早晨摘取，避免阳光让香气变质。忘记广告上的祖母绿颜色吧，纯天然的薄荷糖浆是几乎无色透明的。

发源地：遍布全法国

用法：炎炎夏日，在冰水中加一点留兰香糖浆，或加在鹦鹉鸡尾酒（perroquet）中。

杏仁糖浆

南法特产，最初是用大麦及杏仁煎制，如今则是用杏仁奶[1]及橙花纯露来制作。

发源地：法国南部

用法：加水冲开，或是和茴香酒一起调制成莫莱斯库鸡尾酒（Mauresque）。

接骨木糖浆

接骨木的白色花朵相当细腻，深红色的浆果不能生吃，也没有特别强烈的味道。做好的糖浆带点微酸及花香。

发源地：遍布全法国

用法：加在水中饮用，也可用于甜点（如米布丁或布丁）。

紫罗兰糖浆

19世纪中叶开始，图卢兹、伊埃尔及南法开始种植紫罗兰，其萃取物多用于化妆品。味道相当温和。

发源地：图卢兹、伊埃尔、格拉斯、巴黎南方

用法：加在卡士达酱、冰激凌或水果沙拉中，增添风味。

洛神花糖浆

安的列斯群岛的典型作物，又名玫瑰茄。马提尼克的圣诞节[2]传统是饮用洛神花糖浆调制的饮料，用每年这一时期开花的花萼制成，味道略带酸味。

发源地：马提尼克

用法：加在水中，或是取代红糖加在宾治酒中。

黑醋栗糖浆

黑醋栗从18世纪开始用来治疗痛风、发烧及风湿病。1840年起在勃艮第大量种植，因应利口酒的需求。其浆果制成的糖浆香气非常浓郁。

发源地：勃艮第

用法：加入白酒调制成基尔（Kir），加香槟调制成皇家基尔（Kirroyal），或加在水里就是儿童版基尔。

糖浆与茴香酒的传奇冒险

糖浆与茴香哥俩好，调制的鸡尾酒所向披靡！

- 茴香 + 杏仁糖浆 = 莫黑斯科
- 茴香 + 桃子 = 佩力肯（pélican）
- 茴香 + 薄荷 = 鹦鹉（perroquet）
- 茴香 + 石榴汁 = 番茄鸡尾酒（tomate）
- 茴香 + 薄荷 + 石榴汁 = 枯叶（feuille morte）
- 茴香 + 草莓 = 糊糊鸡尾酒（rourou）
- 茴香 + 葡萄柚 = 索尼耶（saunier）
- 茴香 + 柠檬 = 金丝雀（canari）

薇若妮克的薄荷糖浆

准备时间： 2天

烹调时间： 3分钟

材料：

薄荷叶50克
柠檬1颗
粗盐1茶匙
滚水600毫升

步骤：

- 将薄荷叶剁碎，加入柠檬汁，再分次加入盐和糖，用木汤匙磨碎，静置一夜。
- 倒入滚水，再静置一夜。
- 将汁液过滤，煮滚两三分钟，倒进沸水杀菌过的玻璃瓶。放在冰箱中可保存一个月。

黑醋栗糖浆

准备时间： 10分钟

烹调时间： 20分钟

分量： 3.5升

材料：

糖1千克
水1升
黑醋栗1千克

步骤：

- 慢慢将糖和水煮沸，小火微滚10分钟，不断地搅拌。
- 加入洗过沥干的黑醋栗果实，继续滚煮10分钟。
- 在漏勺覆上一层纱布或棉布，将黑醋栗汁滤过，同时用研杵压碎果实，萃取汁液，再倒进密闭的玻璃瓶中，置于阴暗处保存。

同场加映
神秘的自酿酒（第296页）

1. 杏仁奶是用我们常吃的坚果杏仁（almond）制成，而不是真正杏桃的白色果仁。——编注
2. 马提尼克是法国海外属地，位于南半球，所以当地过圣诞节时是夏天。——编注

意外的美味

撰文：卡蜜·皮耶哈尔德

“Serendipite”这个词源于英语“serendipity”，指种种因素交错而获得新奇体验的一种艺术。

许多美好的法国料理都源自一场场意外。一点创造性的偶然，一大撮愉悦的错误使然，还有一大匙的故事流传……

随风飞扬千层酥皮馅饼（vol-au-vent）

出现时间、地点：19世纪上半叶的巴黎。

传说：名厨卡汉姆（Marie-Antoine Carême）的一个小伙计，有天忘了在千层酥皮上刺孔，就把酥皮送进烤箱。当他看到烤箱中的酥皮涨成两倍大，便大喊：“它要飞走了（elle vole au vent）！”结果变成一个轻巧的圆形酥皮馅饼，中间挖空填入酱料作为内馅。

真实度：70%的事实，加上30%的饮食文学演绎。

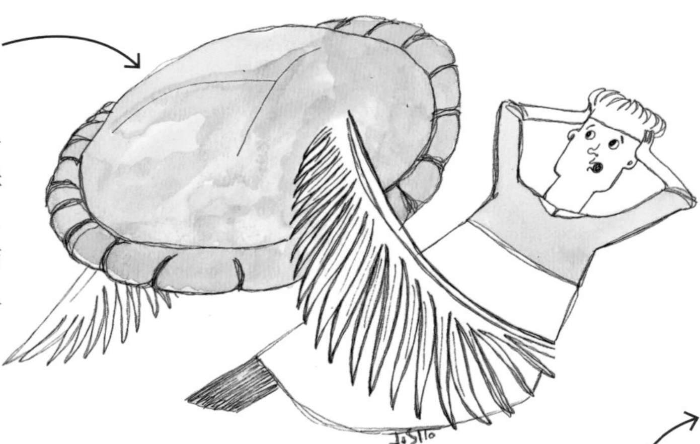

洛克福奶酪（roquefort）

出现时间、地点：准确日期不明，但第一次出现在文献中约是1070年。

传说：有个牧羊人因搭讪牧羊女，把他的面包和山羊奶酪忘在阿韦龙（Aveyron）孔巴陆（Combalou）的山洞里。几个月后，他回到山洞，发现乳酪上长出了蓝色霉菌。

真实度：10%的事实，40%的言情小说情节，50%的阿韦龙地区碎碎念。

反烤苹果挞（tarte Tatin）

出现时间、地点：19世纪末的拉莫特博夫龙（Lamotte-Beuvron）。

传说：客栈老板的女儿卡洛琳（Caroline Tatin）及史蒂芬妮·塔探（Stéphanie Tatin）在索洛涅地区（Sologne）经营一家酒店。据说有天小女儿要做苹果挞，但忘了放挞皮，完成后才将挞皮放上，创造出一个反的苹果挞。美食评论家库诺斯基（Curnonsky）将这道甜点取名为“塔探小姐们的水果挞”，并且大力推广。

真实度：50%的事实，30%的料理天才，20%的想象虚构。

焦糖奶油酥（kouign-amann）

出现时间、地点：1860年的杜瓦讷内（Douarnenez）。

传说：有一回，面包师伊夫荷内·斯可迪雅（Yves-René Scordia）店里的客人特别多，他想要尽快补货，便用手边现有的食材（面团、黄油、糖），以他熟悉的千层派皮手法来即兴制作，最后得到一个上层有焦糖口感并带有黄油香气的酥饼。在布列塔尼语中，“kouign-amann”便是指黄油蛋糕或布里欧修。

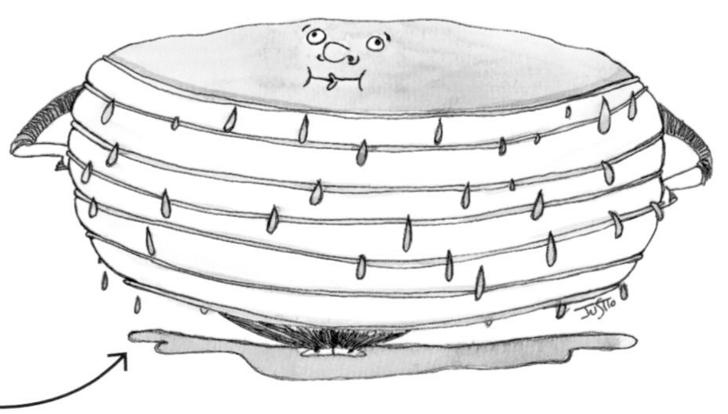

法式焦糖炼乳酱（confiture de lait）

出现时间、地点：19世纪，拿破仑战争期间。

传说：虽然阿根廷人声称是他们发明了炼乳酱，但根据法国的传说，发明炼乳酱的是拿破仑军队里的一位厨师，他把加了糖的牛奶放在炉上熬煮过久，结果变成炼乳酱。当时每个士兵都分到了一些。

真实度：25%的事实，75%的沙文主义。

曼克蛋糕（gâteau manqué）

出现时间、地点：1842年的巴黎。

传说：菲力克斯之家（Maison Félix）的一位糕饼工人，有回要制作萨瓦蛋糕（biscuit de Savoie），结果在打发蛋白时搞砸了。为了避免浪费食材，他加进黄油，并在烤好的蛋糕上撒满了果仁糖（也有一说是撒上杏仁碎片）。

真实度：40%的事实，60%的老祖母讲故事。

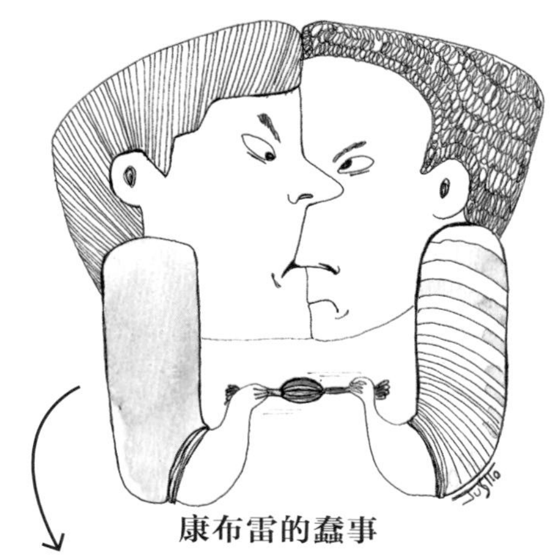

夏朗德皮诺甜酒（pineau des Charentes）

出现时间、地点：16世纪末的圣通奇（Saint-Genis-de Saintonge）。

传说：夏朗德（Charentes）的一位葡萄酒农，有一回不小心将还未发酵的葡萄汁倒进装有干邑白兰地的酒桶中，几年后变成了甜美清澈的葡萄酒。在20世纪20年代，这是第一批在市面上销售、掺有酒精但未发酵的葡萄汁。

真实度：10%的事实，60%的传统技能，30%的销售手段。

康布雷的蠢事

出现时间、地点：19世纪的康布雷（Cambrai）。

传说：有个糖果店学徒在制作当地有名的薄荷糖时，不小心算错比例。他虽然因此受到指责，但糖果却大受好评。目前康布雷的两家糖果店，阿富先（Afchain）和戴斯平诺（Despinoy），仍持续争论谁做的才是正宗薄荷糖。

真实度：50%的事实，20%的传说，30%的故事流传。

卡宏巴糖（Carambar）

出现时间、地点：1954年的巴赫伊（Marcq-en-Barœul）。

传说：德乐丝坡（Delespaul）糖果工厂机器出故障，制作出这种具有代表性的细长焦糖棒。工厂一再坚持这是创作，绝非意外，但传言仍跟糖果一样紧紧黏合，无法摆脱……

真实度：0%的事实，100%的茶余饭后传说。

巴约讷火腿（Jambon de Bayonne）

出现时间：14世纪

传说：富瓦（Foix）的贾斯东·菲比斯伯爵（Gaston Phébus）在一次狩猎中伤了一头野猪。几个月后，这头野猪被发现横卧在一处咸水湖旁。猪肉的盐渍法因此在阿杜尔河（Adour）盆地流传开来。

真实度：50%的事实，50%的骑士传说。

索甸贵腐甜白酒（Sauternes）

出现时间、地点：根据故事版本而不同，可能是1835年出现在波姆，或是1847年出现在依更。

传说：有一年长期下大雨，白塔图堡（Château La Tour Blanche）的葡萄酒商佛克（Focke）被迫延迟收获葡萄；尽管有些葡萄已经开始腐烂，却也因此酿出了超甜型葡萄酒（vin liquoreux）。另一个传说是依更堡（Château d'Yquem）的路尔萨侣斯侯爵（Lur-Saluces）坚持采收葡萄时要在现场，但他在俄国狩猎耽误了回程，造就了"贵腐"酒。

真实度：两个版本都是60%的事实，40%的添油加醋。

南特白奶油酱（beurre blanc nantais）

出现时间、地点：19世纪末的埃德尔河畔夏贝尔（Chapelle-sur-Erdre）。

传说：客栈老板娘克蕾蒙斯·勒费弗（Clémence Lefeuvre）有回准备伯那西酱（béarnaise）时忘了加蛋，最后调出了这种白酱。但她的后代表示这个酱汁的发明不是意外，是她当时听从客人建议，先在带醋味的白奶油酱中加进红葱，再慢慢调整比例。

真实度：1%的事实，99%的传说，成就100%的天赋才华。

塔探小姐的水果挞*

准备时间：2小时
烹调时间：1小时
分量：6人份

材料：
苹果1.6千克，皇家加拉（royal gala）或红龙苹果（jonagold）皆可
熔化的黄油80克
冰糖130克

挞皮面团
面粉170克
黄油70克
糖20克
盐1小撮
蛋黄（非必要）
水2汤匙

步骤：
- 准备挞皮面团：将黄油隔水加热熔化，加进面粉、糖及盐，用指尖搓揉混合成小颗粒。加入水及蛋黄，混合均匀。用手心挤压面团三四次，让黄油均匀分布。将面团搓揉成球状，放进冰箱静置1小时。
- 烤箱预热至200℃。在直径24厘米的高边圆形烤盘中混合熔化的黄油及冰糖。
- 苹果削皮去核，切成4等份。将苹果片弧面朝下，在烤盘中排上第一层；接着弧面朝上，再排上第二层。送入烤箱烘烤30分钟。
- 将面团擀平（厚约2毫米）。取出烤盘，放在炉子上以中火微滚25分钟，让苹果的水分蒸发，同时让苹果表面焦糖化。不时旋转一下烤盘，避免苹果粘连边缘。当烤盘底部的苹果呈现焦糖化（可以挖起一小部分苹果做确认）即可熄火。
- 将挞皮铺在苹果上，用叉子刺出几个小孔，送进烤箱烤25分钟。取出置于一旁冷却，若能放置过夜则可帮助焦糖凝固。
- 直接在烤盘中将苹果挞切片，放上炉火加热几秒钟，让底部焦糖熔化。当挞身不再粘连烤盘时，将盘子放在烤盘上，然后翻转烤盘。请留意热焦糖可能会流出。

* 食谱来自塔探苹果挞同业协会（La Confrérie des Lichonneux de Tarte Tatin），1979年创立，致力于保护传统配方。

同场加映
法国奶酪之王——卡蒙贝尔（第89页）
卡宏巴开心糖（第25页）

野生蘑菇

撰文：吉勒·库桑（Jill Cousin）

眼睛睁大，准备好篮子，注意脚边！森林里遍布惊喜，但前提是要知道如何寻找。

让我们去森林漫步

采集野生蘑菇须遵守“森林法”及“环境法”的规定。无论是家庭食用还是商业贩售，若没有得到土地所有者的授权，森林中的植物都禁止采集。若是在公有森林，采集总量最多5升，一旦超过就属违法，依据刑法“欺诈性侵占法规”，可除以750欧元到45,000欧元不等的罚金，及三年以下有期徒刑。

美好的收成

蘑菇的生长取决于降水、温度及日照。9月与10月是最理想的采集季节，天气不要太热，最好采集前几天下一点雨。寻找蘑菇不是靠偶然，最好的蘑菇都隐身在斜坡的沙地中。采集时请避开道路两侧及靠近污染源的地方，不要用塑料袋装，最好提个篮子，让蘑菇可以呼吸。

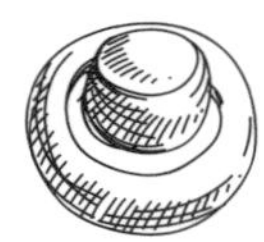

死亡的危险

请确定眼前的蘑菇是可以食用的种类，特别要小心的不是鲜艳的菇类，而是那些长得跟一般蘑菇很像的家伙！法国每年大概有六到十人因误食毒蘑菇而死。若无法确定，可咨询真菌学家或药剂师。

蘑菇不喜欢水！

为保存蘑菇的香气，要避免用水清洗或剥掉外皮。最好是拿一块湿布或湿纸巾轻轻擦拭，或用刷子刷洗。如果蘑菇上带了很多泥土，可以快速用水冲一下，千万不要泡在水里浸湿。

蘑菇干燥法

适用于水分含量极少、质地相对紧实的菇蕈品种，例如鸡油菌、羊肚菌、牛肝菌或硬柄小皮伞（faux mousseron）。这些菇类切好之后，可自然风干或放在烤箱中烘干。

★ ★ ★

野生蘑菇可以做什么料理？

炒菇：在炒锅中放进一点黄油、1瓣大蒜及1颗红葱爆香。加入切成薄片的蘑菇，拌炒几分钟。上桌时撒一点扁叶欧芹。

炖饭：红葱1颗切碎，放入平底锅中拌炒。加入卡纳罗利米（carnaroli），倒入白酒，逐次加入煮沸的鸡高汤，待米粒将汤汁完全吸收后再加入新的高汤，直到米饭煮熟。加入拌炒过的蘑菇，离火，加入黄油及帕马森奶酪，直接上桌享用。

浓汤：将蘑菇与黄油及红葱末拌炒，加入鸡高汤滚煮15分钟。用电动搅拌棒捣碎食材，同时逐次加入少许液体鲜奶油。上桌时撒上一点欧芹。

菲利浦*的蘑菇炸饼
（beignet de champignons）

准备时间：10分钟
静置时间：1小时
烹调时间：2分钟

材料：

多种新鲜蘑菇（四孢蘑菇、野生蓝菇、平菇等）
面粉
鸡蛋1颗
金黄面包粉（chapelure blonde）
炸油
欧芹
柠檬、盐

步骤：

- 处理新鲜蘑菇，需要的话可切掉菌柄，将大朵蘑菇切半。沾上面粉，放进打匀的蛋液中，再均匀裹上金黄面包粉（或日式面包粉）。摆在烤盘上，放在阴凉处静置。
- 油锅加热至180℃。将蘑菇少量逐次放进锅中油炸，取出后放在干布或吸油纸上。准备一点欧芹、盐和柠檬一起上桌。

菲利浦的鸡油菌佐乌鱼子

准备时间：20分钟
烹调时间：10分钟
分量：4人份

材料：

灰色鸡油菌400克
（味道与乌鱼子特别协调）
乌鱼子50克（粉状或片状）
柠檬1颗
橄榄油

步骤：

挑选并清洁鸡油菌，剥开最大的并用刷子细心清洁。加入一点橄榄油拌炒，直到蘑菇重新吸收释放的水分。
可淋上一点橄榄油，撒上乌鱼子粉末，挤点柠檬汁后上桌享用。

同场加映

埋藏在地下的瑰宝——松露（第276页）
名副其实的美味牛肝菌（第347页）

* 菲利浦·艾曼纽利（Philippe Emanuelli），著有《蘑菇料理初探》（*Une initiation à la cuisine du champignon*）一书。

十种最受欢迎的蘑菇

卷缘齿菌

学名：*Hydnum repandum*
可采收期：8月至11月
聚集处：多叶和松柏植物下
味道：柔和，越熟成越会带点苦味
食用方式：熟食

羊肚菌

学名：*Morchella conica*
可采收期：2月至4月
聚集处：主要在山区，多叶和松柏植物下
味道：细腻，带点核桃味道
食用方式：熟食（生羊肚菌有毒）

美味牛肝菌

学名：*Boletus edulis*
可采收期：8月至11月
聚集处：酸性土壤，多叶和松柏植物下
味道：柔和，带核桃味
食用方式：生食、熟食或干燥后食用

黑牛肝菌

学名：*Boletus aereus*
可采收期：5月至10月
聚集处：橡树和栗子树下
味道：带点苦味
食用方式：适合所有料理，干燥后风味更佳

鸡油菌

学名：*Cantharellus cibarius*
可采收期：5月至11月
聚集处：富含硅质的土壤，平地在多叶林木的下层，高山则是在松柏植物下
味道：带胡椒味
食用方式：生食或熟食

管状鸡油菌

学名：*Cantharellus tubaeformis*
可采收期：7月底至12月初
聚集处：酸性土壤或苔藓覆盖地
味道：带有奶味及木头味
食用方式：熟食或风干后食用，生食会导致肠胃不适

黑喇叭菌

学名：*Cantharellus cornucopioides*
可采收期：8月至11月
聚集处：阴暗森林中多叶植物下层
味道：带点辛辣及胡椒味
食用方式：熟食或风干后食用，食用过量会造成肠梗阻

口蘑

学名：*Calocybe gambosa*
可采收期：4月至6月
聚集处：草原，特别是山区
味道：带点面粉味
食用方式：熟食或风干食用

绣球菌

学名：*Sparassis crispa*
可采收期：9月至11月
聚集处：松木下
味道：带肉桂及核桃味
食用方式：完全熟食（生食有毒性！）

黑松露

学名：*Tuber melanosporum*
可采收期：11月至次年2月
聚集处：海拔500~1,000米，与橡树、白蜡树或千金榆共生
味道：带香草味、腐质味
食用方式：生食，刨成碎片

米歇尔*的炒蘑菇面包

准备时间：10分钟
烹调时间：10分钟
分量：6人份

材料：

白洋菇300克
新鲜或风干的羊肚菌20多朵
黄油125克
面粉15克
柠檬汁1个的量
蛋黄2颗、吐司6片
不甜白酒100毫升
盐、胡椒

步骤：

- 整理蘑菇，和75克黄油一起拌炒5分钟。加入柠檬汁，撒上面粉，加入白酒混合均匀，烹煮5分钟。锅子离火，打入两颗蛋黄，以盐和胡椒调味。
- 用剩下的黄油将吐司煎至金黄酥脆，再将炒蘑菇放置其上，即可上桌。
- 吐司可以换成挖空的布里欧修，或是挖空的牛奶小餐包；面包都要先烤过再填入炒蘑菇。

*米歇尔·苞德（Michelle Baud），酱汁达人。此篇改编自知名美食作家吉内特·马蒂欧（Ginette Mathiot）的食谱。

蒸馏的奥秘

撰文：查尔斯·帕丁·欧古胡

从雅马邑白兰地到伏特加，
法国人蒸馏的烈酒可一点也不输英国人。
一起来了解这些酒的制作过程。

酒名	内容物	制造处	蒸馏法
雅马邑白兰地（Armagnac）	白葡萄	热尔（Gers）、朗德（Landes）、洛特加龙（Lot-de-Garonne）	双重蒸馏
干邑白兰地（Cognac）	白葡萄	夏朗德（Charente）、滨海夏朗德（Charente-Maritime）、多尔多涅（Dordogne）、德塞夫勒（Deux-Sèvres）	双重蒸馏
卡尔瓦多斯苹果白兰地（Calvados）	苹果	卡尔瓦多斯（Calvados）、奥恩（Orne）、滨海塞纳（Seine-Maritime）	双重蒸馏
夏特勒兹（Chartreuse）	130种植物	伊泽尔（Isère）省	单一蒸馏
水果白兰地（Eau-de-vie de fruits）	水果	只要具备蒸馏技术及器具皆可	双重蒸馏
威士忌	大麦麦芽	从阿尔摩滨海（Côtes-d'Armor）至科西嘉岛	双重蒸馏
琴酒	杜松子	从卡尔瓦多斯至巴黎	单一蒸馏
伏特加	马铃薯、小麦、黑麦	从埃纳（Aisne）至夏朗德	至少双重蒸馏
朗姆酒	甘蔗	瓜德罗普、法属圭亚那、留尼汪岛、马提尼克	通常为双重蒸馏
白橙皮酒（triple sec）	橙皮	曼恩地区（Maine）及卢瓦尔河流域	三重蒸馏

在巴黎酿酒

巴黎酿酒厂（Distillerie de Paris）诞生于2015年，是同类型酿酒厂的先驱，由尼古拉斯（Nicolas）及塞巴斯丁·居莱斯（Sébastien Julhès）两兄弟所创。他们有特制的蒸馏器，可酿制四十多种白兰地、琴酒、伏特加及调味酒。该蒸馏器的注册编号为751301，最后两个数字是在该行政区的次序编号，可见这是巴黎百年来第一台烈酒蒸馏器。

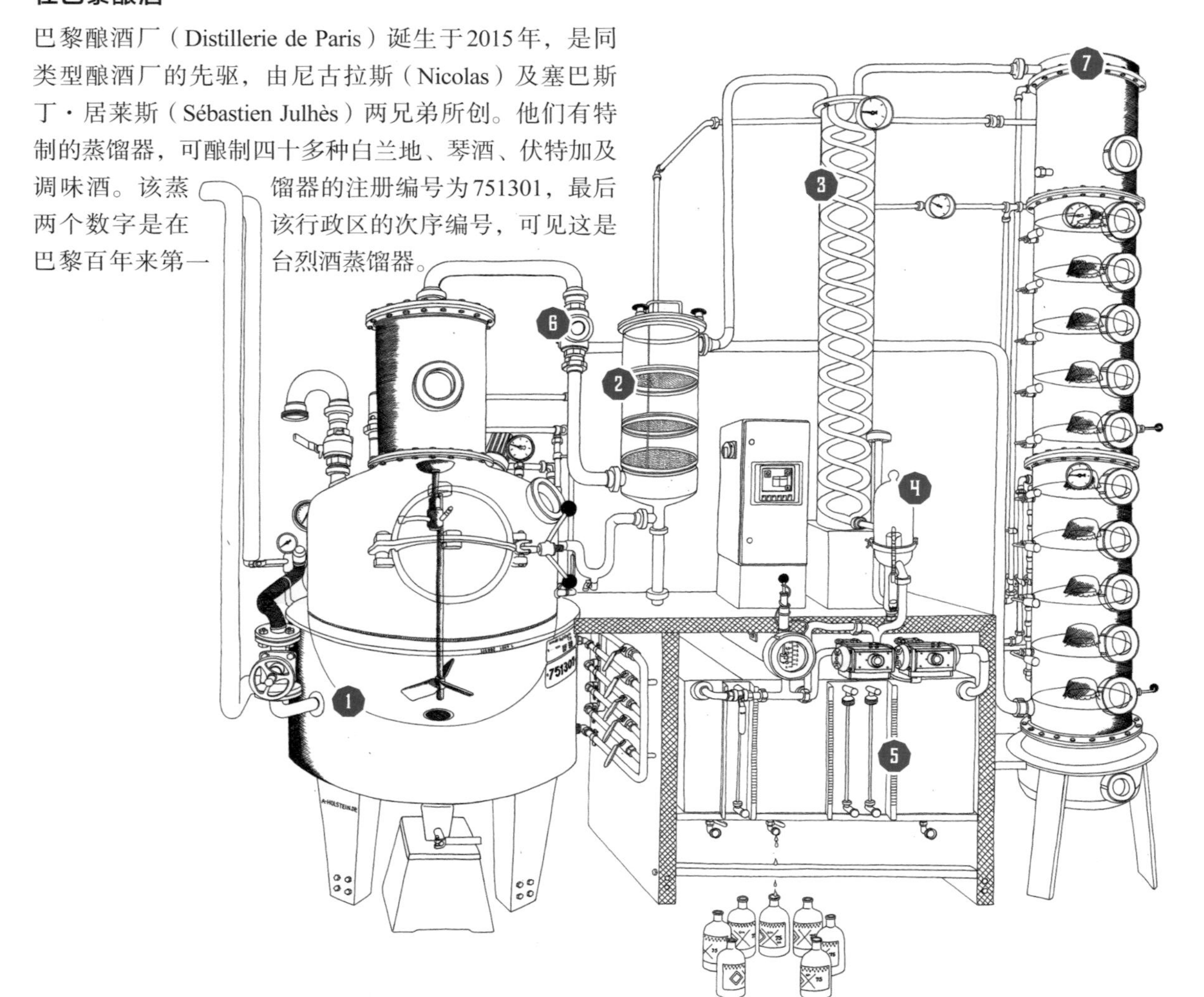

如何运作？

1 锅炉：位于蒸馏器下半部，用来存放等待被蒸馏的物质。蒸馏方式采用直接或隔水加热。每种物质的沸点不同，温度越高，能够蒸馏出来的物质就越多。

2 植物篮：只有在蒸馏植物时才会使用，例如浆果。

3 冷凝器：酒精蒸气在被冷水包围的蛇行管中移动，逐渐凝结为液体，也就是所谓的馏出物。

4 酒精比重计：用来测量馏出物的酒精浓度。

5 储存槽：将馏出物进行分类的地方。一开始收集到的“酒头”含有较多挥发性杂质，例如甲醇。中间收集到的“酒心”则含有较多乙醇，也就是制作烈酒的主要物质。

6 筛选器：将第一次蒸馏出的蒸气送至精馏管中进行第二次蒸馏。适用于制作威士忌及其他烈酒。

7 精馏塔：由9块精馏板组成，作为第二组蒸馏器。经二次蒸馏出的蒸气会包含更多乙醇。

手工蒸馏厂

法国各地都有人在酿酒，下面介绍几家特色手工蒸馏厂。

黑醋栗香甜酒

Distillerie Lejay-Lagoute，第戎（Dijon），1841年创立

洛林黄香李白兰地

Distillerie de Mélanie，摩泽尔省，2009年接手 Distillerie Maucourt

梨子调味酒

Distillerie Manguin，阿维尼翁，1957年创立

覆盆子香甜酒

Distillerie F. Meyer，下莱茵省，1958年创立

李子酒

Distillerie Brana，比利牛斯-大西洋省，1974年创立

秋桃香甜酒

Distillerie Bellet，科雷兹省，1922年创立

杏桃香甜酒

Distillerie Joseph Cartron，科多尔省，1882年创立

仔细“蒸馏”出的法语词汇

Spiritueux（烈酒）：通过蒸馏得到的高浓度酒精饮品，有时会再经过浸（infusion）或泡制（macération）过程，增加其风味。

Fermentation（发酵）：通过酵母将原料中的糖分转化为酒精，发酵汁液可继续进行蒸馏。例如，谷物发酵后可酿成啤酒，经过蒸馏后则得到威士忌。

Distillation（蒸馏）：在蒸馏器中让发酵汁液沸腾，将其中的酒精与其他物质分离。可经过一次蒸馏（夏特勒兹酒）、二次蒸馏（卡尔瓦多斯苹果白兰地）或三次蒸馏（威士忌）。

Eau-de-Vie（生命之水）：将低酒精饮品再次蒸馏而成。

Brandy（白兰地）：生命之水的英语说法。

啤酒炖肉

撰文：珂达·布蕾克（Keda Black）

啤酒炖肉（carbonade amande）就是法国北方人的红酒炖牛肉（bourguignon），依个人喜好炖制肉品，加上带有焦糖味的浓郁酱汁，现在不用到佛兰德斯地区（Flandre）也吃得到！

完美的啤酒炖肉食谱

准备时间： 30分钟
烹调时间： 约4小时
分量： 4人份

材料：

适合炖肉的牛肉1千克（最好切成片状而不是块状）
琥珀啤酒400毫升
中性食用油1汤匙（葵花油或葡萄籽油）
面粉1汤匙
洋葱4个
黄油15克
综合香草叶1捆
（扁叶欧芹、虾夷葱、雪维草及龙蒿）
综合香草枝1束
（百里香、月桂叶、欧芹茎及芹菜枝）
香料面包（pain d'épices）1片
葡萄酒醋1汤匙
红糖1汤匙
酸豆1茶匙
盐、胡椒

步骤：

- 在平底锅或炖锅中倒入油，放入牛肉大火快速拌炒至两面上色。不要一次把全部的牛肉丢进锅里，最好是分次拌炒。将炒过的牛肉全部放进锅中（要开火），撒上面粉拌匀，取出置于一旁备用。
- 烤箱预热至140℃。洋葱剥皮切成薄片，用黄油小火拌炒10来分钟。将综合香料叶洗净、沥干后切碎。
- 取一个可放进烤箱的炖锅，铺上一层牛肉、一层洋葱、一层香草，重复相同顺序。将综合香草叶放在最上层，撒上撕碎的香料面包。淋上醋，撒上糖，倒入啤酒，加盐和胡椒调味。最后倒入滚水至盖过食材，加盖送进烤箱烘烤三至四小时，直到牛肉可以用叉子叉起的程度。取出后撒上酸豆即可上桌。
- 最好选一款带点甜味的啤酒，这样煮出来的牛肉才不会太苦。

什么啤酒可以做什么菜？

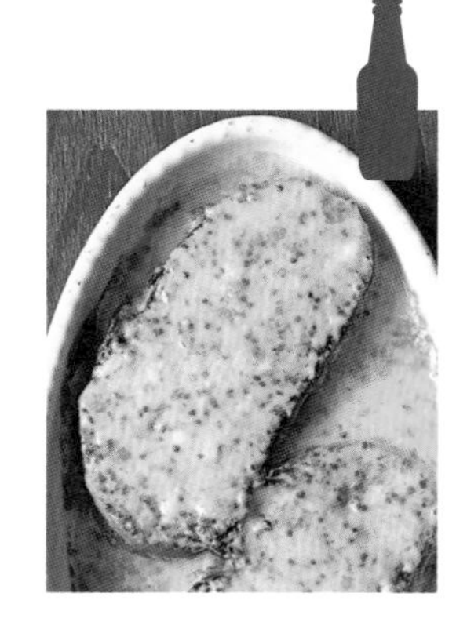

黑啤酒 → 威尔士干酪（Welsh rarebit）

这道威尔士独特料理席卷了法国北部。在锅中加入一大份康塔尔干酪（cantal）及2汤匙啤酒、芥末酱、伍斯特酱，以及埃斯佩莱特小红辣椒。将食材放在一片乡村面包上，放进烤箱焗烤。可搭配沙拉一起享用，当然还有瓶里剩下的啤酒！

金啤酒 → 可丽饼

这种清淡的啤酒能让可丽饼口感更轻盈，也可用来制作格子松饼和贝奈特饼（beignet）。酒的香草味及异国氛围，不仅让可丽饼的质地变得细腻，也带来味觉上的冲突刺激。

琥珀啤酒 → 淡菜

淡菜和薯条是绝佳下酒菜。煮淡菜时锅底放一点黄油炒过的红葱，再倒入几杯啤酒，带出微酸的美味。

同场加映

燃烧吧，淡菜！（第137页）
城市啤酒与乡下啤酒（第210页）

旋涡甜点课

撰文：戴乐芬·勒费佛

如果厨房出现了孩子玩具箱里的陶轮，
或是跳蚤市场发现的老式唱片机，可以拿来做什么？
糕点师傅杨·毕斯（Yann Brys）想出了新发明：
旋转装饰“旋涡技法”，
如今已席卷世界各地的甜点店。

旋涡技法的诞生

2004年，杨·毕斯正在为达洛悠甜点店（Dalloyau）准备年中节庆的甜点商品，他想要为国王饼设计一款新的装饰造型，因此尝试将国王饼放在展示盘上旋转（当时是手动旋转），然后用刀尖从中心往外画出装饰线条，旋涡技法应运而生。他接着尝试运用同样技巧装饰其他甜点，包括2009年为母亲节特别制作的樱桃多层慕斯蛋糕，以及获得2010年最佳甜点工艺师头衔的杰作柠檬挞。

旋涡技法席卷全球

这个技法发明十年后，在社交媒体上引发一股风潮，尤其是在Instagram上。世界各地的糕点师纷纷采用这种方法，包括巴黎的顶尖糕点师，La Goutte d'Or Pâtisserie的杨·孟奇（Yann Menguy）、Un dimanche à Paris的尼古拉斯·巴歇尔（Nicolas Bacheyre），以及莫里斯饭店（Le Meurice）的甜点主厨塞德里克·格罗莱（Cédric Grolet）。通过表演展示，杨·毕斯也将他的技法传到欧洲其他国家，间接帮助许多甜点师开创出新的风格。比如巴黎布里斯托尔酒店（Bristol）的首席甜点师罗伦·尚南（Laurent Jeannin，2017年逝世），他用熔化的巧克力制作出一个硬质的装饰底盘，外形如同黑胶唱盘。毫无疑问，这个魔幻旋涡会继续为我们带来更多惊喜！

“旋涡技法”使用说明

适用类型：适合所有质地柔软且口感馥郁的鲜奶油制品，本身要足够浓稠，可以作画勾勒，例如香缇鲜奶油、意大利蛋白霜、打发的甘纳许……

器材选择：杨·毕斯使用的是真正的陶轮，重8千克。我们在家里可以使用唱片机（78转）。

方法：把要装饰的蛋糕放在转盘上，转动机器，接着用裱花袋或刀子，轻柔地将鲜奶油抹在蛋糕上，从中心开始慢慢往外旋转。

技巧：挤花袋往外移动的时候必须逐渐增加施力，注意手不需要跟着蛋糕一起旋转，转动的只有蛋糕本身而已。

第1课

奶油装饰

在裱花袋上装上平口（花瓣）花嘴。花嘴与工作台成90度角，另一手辅助，让裱花袋维持固定位置。

第2课

巧克力装饰

使用结晶化[1]的巧克力，也就是说升温至45℃使之熔化，降温至2℃，再加热至29℃。将巧克力倒进挤花袋，在转盘上铺一张烘焙纸，然后打开机器。先将一小滴巧克力滴在转盘正中央，然后依照喜好画出想要的线条。在室温下待其凝固后，把它放在圆形甜品上做装饰，呈现活泼的线条感。

第3课

装饰国王饼

锋利的刀锋可以创造出奇幻的螺旋装饰。手臂弯曲约75度，将刀锋轻巧地放在酥皮上（注意不要刺破酥皮），另一只手帮助固定刀锋。手掌从中心向外移动的速度越快，螺旋间的空隙就越大。

1. 结晶巧克力指让可可脂变成稳定的结晶状态；巧克力结晶不足，做出来的成品颜色就不够光洁亮丽。——编注

看着照片，一步一步跟着做

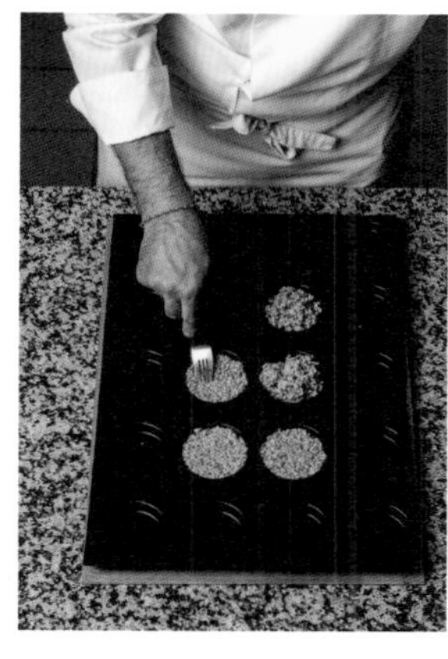

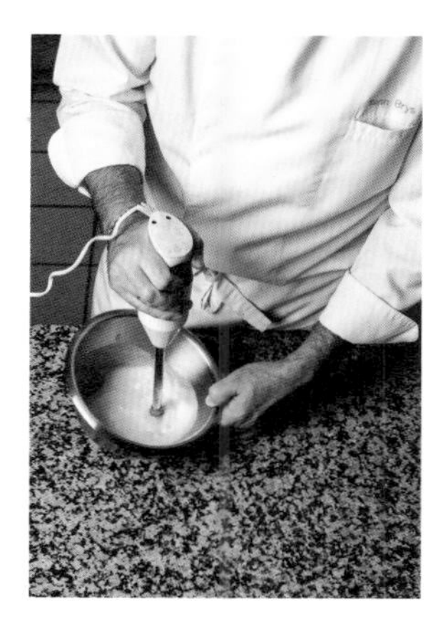

青柠欧芹旋涡蛋糕

准备时间：30分钟
烹调时间：5分钟
分量：8人份
工具：Flexipan® 圆形硅胶烤盘2个（直径8厘米、高1.2厘米）

材料：

底座
杏仁碎片70克
松子25克
玉米片80克
杏仁果仁糖45克
调温白巧克力[1]（Ivoire Opalys）70克
盐1小撮

奶蛋酱
全脂牛奶45克
黄油100克
青柠1/2颗
新鲜罗勒叶数片
鸡蛋65克（约1大颗）
细砂糖70克、黄柠檬汁65克
吉利丁粉2克（最好使用明胶）

甘纳许
全脂牛奶50克
椰子酱35克
青柠1/2颗
香草荚1/2枝，剖半刮出香草籽
吉利丁粉1克
调温白巧克力（Ivoire Opalys）130克
液体鲜奶油135克

步骤：

制作底座
将玉米片捣碎，跟杏仁及松子一起放进烤箱，以170℃烘烤，不时搅拌。将巧克力熔化，与果仁糖混合。❶ 加入烤过的玉米片、杏仁、松子和盐，搅拌均匀。❷ 用叉子背面将巧克力泥平铺在硅胶烤盘的圆孔中。

制作奶蛋酱
在牛奶中刨入青柠皮丝后加热，再放入罗勒叶，盖上盖子浸泡5分钟。将鸡蛋与砂糖一起打发，然后倒入过滤后的牛奶。❸ 加热黄柠檬汁，倒进刚才的奶蛋液中加热至沸腾。加入预先溶解于15克水中的吉利丁粉，再冷却至45℃。❹ 加入切成小块的黄油，用电动搅拌器搅拌均匀。❺ 将奶蛋酱填入另一个硅胶烤盘中。

准备甘纳许
❻ 在牛奶中刨入青柠皮丝后加热，浸泡4分钟。将牛奶过滤后倒入椰子酱，加入香草籽，加热但不需沸腾。❼ 在巧克力中加入预先溶解于10克水中的吉利丁粉。❽ 用电动搅拌器搅拌均匀，再加入已经冷却的椰奶酱拌匀。放进冰箱冷藏4小时。最后将冰凉的甘纳许用打蛋器打发，装进挤花袋里。

摆盘
❾ 在松脆的底座挤上一点甘纳许，再摆上已经凝固的奶蛋酱。❿ 将蛋糕放在陶盘或转盘上。⓫ 开动机器，挤上甘纳许，从中间往外做出旋涡。上桌品尝前先放入冰箱冷藏。

1. 调温巧克力（chocolat de couverture）指可可脂含量超过31%的巧克力。——译注

同场加映
夹心马卡龙（第277页）

热爱南法美食的挑嘴电影人

撰文：爱斯戴乐・罗讷托斯基

美食老饕马瑟・巴纽，他的书和电影充满无数美食典故，那是一个有着南方独特口音、香味四溢的普罗旺斯……

当地孩童的美食年代

在渔民的**小酒吧转一圈**，你可以选茴香酒（那是一定要的）、苦艾酒、皮康酒（Picon）、白兰地……带点药草疗效的酒深受欢迎。"你必须让酒在舌头上像花般绽放。首先舌尖会有点像被夹住的感觉，像有一把慢慢摊开的扇子轻抚着牙龈，然后，哇！一股香甜浓郁滑进喉咙。"

——电影《磨坊信札》（*Les Lettres de mon Moulin*, 1954）

在**马赛旧港**，渔夫刚卸下的渔网里有生蚝、淡菜、缀锦蛤、蛤蛎、鳕鱼、鮟鱇鱼……

欧巴涅（Aubagne）有着儿时记忆里的味道，不论是父亲外出打猎带回的欧石鸡，还是母亲做的杏仁奶油饼。

普罗旺斯石灰岩以及地中海海岸的岩湾，遍地的香草，丘陵阴影处长满百里香、迷迭香、荨麻、马郁兰、鼠尾草、薄荷、薰衣草及风轮菜（普罗旺斯方言又称"驴胡椒"）。

大受欢迎的 4/3 酒谱 "皮康柠檬库拉索"

电影《马里留斯》（*Marius*, 1931）

凯萨：这有什么难的？你看好，先在杯里倒入1/3的库拉索酒，小心点，少少的1/3就可以了！再倒1/3的柠檬汁，看到了吗？再倒1/3皮康酒，看好哦！最后再倒满满1/3的水，这样就好了！

马里留斯：但这样一共是四个1/3。

凯萨：所以呢？

马里留斯：可是一个杯子里只有三个1/3啊。

凯萨：你这个笨蛋，这和你倒入的1/3的大小有关啊！

马里留斯：不是吧！这和测量大小完全没关系，这是数学的四则运算法！

马瑟・巴纽

Marcel Pagnol（1895—1974）

巴纽式普罗旺斯炖菜*

准备时间：45分钟

烹调时间：1小时15分钟

分量：给6~8个不怀好意的小学同学

材料：

紫色茄子2个
彩椒3个（青、黄、红各1个）
黄西葫芦（"gold rush"品种）4条
意大利白西葫芦2条
番茄5个
大的白洋葱2个
紫皮大蒜4瓣
罗勒2把
薄荷叶10片、月桂叶1片
新鲜百里香
干燥马郁兰1茶匙
新鲜鼠尾草5片
新鲜龙蒿1枝、迷迭香1枝
浓缩番茄糊2汤匙
橄榄油、盐、现磨胡椒

步骤：

- 为确保炖菜色彩缤纷并保有各自味道，每种蔬菜分别用不同的香料调理。
- 将所有的蔬菜洗净、擦干并去籽；西葫芦切成半月形，茄子及彩椒切块，番茄切成4片。洋葱及大蒜去皮后切片。清洗香草束。
- 将茄子放进盐水中煮5分钟后沥干。在橄榄油及大蒜片中分别拌炒不同蔬菜：洋葱炒百里香及月桂叶、彩椒炒马郁兰及鼠尾草、西葫芦与罗勒拌炒、茄子则与薄荷一起。拌炒蔬菜时记得加盐及胡椒调味。
- 在平底锅中加热橄榄油，炒香大蒜，倒入番茄糊不停搅拌，再加入番茄块、迷迭香及龙蒿，调味后静置一旁放凉。
- 在一个大盘子中倒入所有蔬菜，小心混合，避免压坏。放进冰箱冷藏24小时，甚至48小时也可以。上桌前撒上切碎的罗勒。

普罗旺斯方言字汇表

Cascailler：摇晃、摇动
Coucourde：笋瓜、南瓜
Dégover：豌豆、豆子剥去豆荚
Estouffa castagne：吃了会噎住的
Estrasse：破抹布
Gargamelle：喉咙
Galavard：老饕
Goustaron：点心
Mastéguer：咀嚼
Pastisser：涂抹
Pister：在橄榄木研磨钵中捣碎
Pistou：捣碎的罗勒酱（青酱）
Piter：把面包放进汤中浸湿
Roustir：烤成金黄色

巴纽电影中的名言

就算是水，喝多了也会要人命！你看，那些淹死的人就是最好的证明！

——《磨坊信札》，关于开胃酒

圣埃米利翁（红酒产区）、圣加勒米耶（气泡水发源地）、圣马瑟兰（软质奶酪）……它们全都能吃或喝，但它们依旧是圣人。

——《心跳》（*Le Schpountz*,1938）

佛兹太太，香肠是最好又最便宜的肉，因为它是唯一没有骨头的肉。

——《心跳》

别弄混了，这个面包跟那个面包是完全不同的面包。

——《面包师的妻子》

贪吃的原罪，只从我们吃饱的那一刻开始起算。

——《磨坊信札》

这酒好像是从北极圈的葡萄园来的。

——《马里留斯》，关于冰凉的白酒

要是总得跟客人说实话，那就不用做 生意啦！

——《凯萨》（*César*, 1936）

*食谱取自《与马瑟・巴纽一同用餐》（*À table avec Marcel Pagnol:65recettes du pays des collines*），弗雷德里克・雅克曼（Frédérique Jacquemin）著。

美乃滋水煮蛋

撰文：法兰索瓦芮吉·高帝

酒馆的明星料理、家常菜肴，受欢迎又富含蛋白质。美乃滋水煮蛋是一个在世界各地闪耀光芒的巴黎神话，有着自己的规则、食谱及专属的保护协会，是个相当神秘的存在！

抢救美乃滋水煮蛋

20世纪90年代中期，美食评论家克劳德·勒贝（Claude Lebey）与记者贾克·佩西斯（Jacques Pessis）决定创立美乃滋水煮蛋协会（Association de sauvegarde de l'œuf mayo 简称 A.S.O.M.），来重振这款特色料理。他们每年挑选一家巴黎酒馆，颁发认证及文凭。A.S.O.M. 在2013年最后一次颁奖后，保护美乃滋水煮蛋的重任落到“美乃滋水煮蛋人民共和国”头上，由巴黎 Petit Choiseul 餐厅老板菲德·佛努伊（Fred Fenouil）创立。

A.S.O.M. 的四项认证指标

1. 用看起来开胃又豪迈的盘子盛装。
2. 直径“大”或“很大”、质量极佳的鸡蛋。
3. 调味适当的芥末美乃滋，淋在水煮蛋上。
4. 使用新鲜蔬菜当配料，或是一片莴苣叶。

美乃滋水煮蛋无法解释，吃就对了。
——美食评论家克劳德·勒贝（Claude Lebey）

同场加映
家常美乃滋（第100页）
消失的开胃前菜（第124页）

传统美乃滋水煮蛋

材料：

鸡蛋每人1颗半
莴苣叶每人3片
扁叶欧芹或雪维草（chervil）

美乃滋
蛋黄1颗
花生油或葵花油
第戎芥末酱
盐及胡椒

步骤：

- 将鸡蛋放进滚水中煮9分钟（不能超过这个时间），取出后放在流动的冷水中冷却。剥去蛋壳后纵向切半。
- 用手打出的美乃滋可流动又不会太浓稠；如果是用电动搅拌器制作美乃滋，可在最后加点鲜奶油，避免太稠。美乃滋的芥末味道必须够强烈。
- 莴苣叶去掉茎摆在盘子上，将3颗切半的鸡蛋呈放射状摆上去，切面朝下，再淋上大量的美乃滋直到整个盖住鸡蛋。在每个鸡蛋顶端摆上扁叶欧芹或雪维草做装饰。

试试金合欢水煮蛋版本！

是要加进地中海那里的黄色花朵吗？把水煮蛋的蛋黄弄碎就明白了。这是美乃滋水煮蛋的考究版：鸡蛋水煮9分钟，冷却后剥去蛋壳，对半切开。取出蛋黄，用漏斗或过筛器捣碎，取三分之一放置一旁，剩余的蛋黄混合美乃滋及切碎的新鲜香草（欧芹、雪维草、虾夷葱、龙蒿等）。将混合好的蛋黄酱填回鸡蛋中，再均匀撒上捣碎的蛋黄。

伏尔泰咖啡馆的詹姆士蛋

这个位于塞纳河畔的古老小酒馆，有全巴黎最好吃也最便宜的美乃滋水煮蛋：只要0.9欧元！三代经营这家酒馆的皮可家族（Picot）立志保护这道大众料理，避免它变得精英化！

如果想被当成熟客对待，点菜时最好指名“詹姆士蛋”（œuf James）。这个名字是为了纪念艺评家詹姆士·罗德（James Lord），他在20世纪50年代定居巴黎，常跟毕加索、贾科梅蒂（Giacometti）及巴尔蒂斯（Balthus）来往，本人相当喜爱美乃滋水煮蛋。

巴黎超好吃美乃滋水煮蛋

Le Voltaire，巴黎第七区
Flottes，巴黎第一区
Le Petit Choiseul，巴黎第二区
La Fontaine de Mars，巴黎第七区
La Closerie des Lilas，巴黎第六区

餐盘里的藻类

撰文：皮耶里克·杰古（Pierrick Jégu）

吃起来带碘味，外观相当奇特，质地也很古怪，这些海洋植物是从什么时候开始出现在我们的餐桌上的？

红皮藻

伸长海条藻

皇家昆布

紫菜

皇家昆布

学名：*Saccharina latissima*
家族：褐藻
尺寸：长度可达6米
收获：二月至四月。野生采集，也可人工种植，主要在圣马洛（Saint Malo）一带。
味道：含碘量极高，带甜味！
烹调：非常适合焯烫。可切成细长条加在沙拉中，也可包白肉或海鲜烹调来增添鲜味，或与豆类一起烹调，帮助消化。
历史：皇家昆布和它的“亲戚”布列塔尼昆布，是两种含碘量最高的海藻。昆布是熬煮日式高汤的基本食材，也是鲜味的主要来源。

石莼（又称海萵苣）

学名：*Ulva lactuca*
家族：绿藻
尺寸：约15~40厘米
收获：四月至十月（布列塔尼地区）。
味道：质地柔软带有延展性，味道类似略带苦味的蔬菜，有人觉得像欧芹，有人觉得像酸模。
烹调：叶片非常适合拿来做纸包料理。可以生吃、熟食或干燥后食用，适合做沙拉、青酱或加在鱼肉料理中调味，甚至可以取代抹茶（macha）来做甜品。
历史：无疑是世界上最普遍的大型藻类，各地海岸都可发现其踪迹。

伸长海条藻（或称海豌豆）

学名：*Himanthalia elongata*
家族：褐藻
尺寸：细而修长，可长到1~3厘米
收获：三月至五月。
味道：微带些碘味 。
烹调：焯烫后更加柔软鲜绿。烹调方式很多，可作为蔬菜配海鲜拌炒，也可以像鱿鱼一样油炸，可加醋腌制或做糖渍，不妨试试裹上巧克力的吃法！
历史：这类海藻有盛产季节，就和蔬菜水果一样。三到五月的海藻吃起来最柔软，味道最细腻。

红皮藻

学名：*Palmaria palmata*
家族：红藻
尺寸：10~30厘米
收获：生长在布列塔尼的潮滩上，四月至十二月退潮时可采收。
味道：柔和，带碘味和些许核桃味。
烹调：生食相当清脆，简单烹调后则入口即化。可干燥后食用，可剁碎做成海藻酱或加进鞑靼生鱼中，可搭配圣贾克扇贝，或为酱汁提味。
历史：凯尔特人和维京人的后代水手都相当喜爱红皮藻，因其富含维生素C，可预防坏血病。18世纪的爱尔兰人也在食用红皮藻。

紫菜

学名：*Pyropia*
家族：红藻。颜色介于紫色与绛红色，经烹调后转为暗绿色。
尺寸：可长到60厘米
收获：四月至六月、九月至十一月。
味道：碘味不明显，干燥后会有干香菇的鲜味。
烹调：干燥后就是大家常吃的海苔，可做寿司卷；新鲜紫菜可当成香草加进高汤、鱼肉、白肉、咸派、面包，也可当蔬菜简单拌炒。
历史：日本人食用紫菜已超过2000年，一开始是野生采集，江户时期（1603—1867）成为第一种在东京湾种植的海藻。

裙带菜

学名：*Undaria pinnatifida*
家族：褐藻
尺寸：1~2米
收获：二月至三月。在布列塔尼以缆绳方式大量种植。
味道：碘味重，类似生蚝的味道。
烹调：裙带菜就是我们常说的“海带芽”，特点是叶片很柔软，中间很清脆。可加在味噌汤或西葫芦汤中，或是跟生蚝、鲔鱼、家禽或菠菜一同料理，甚至可以加入布列塔尼布丁蛋糕中增添口感！
历史：可能是在20世纪70年代晚期，因附着在日本生蚝上，意外地被引进法国。后来人们主动进口裙带菜，在布列塔尼地区以人工种植。

盐角草（Salicorne）

只因为它也在海洋中生长，所以大家就把它当成海藻。错！盐角草是一种季节性的嗜盐植物，出现在沿海地区的潮滩及盐沼地。五月到八月可采集它的嫩枝。热量极低，富含碘、镁、钙，以及维生素A、C和D，非常容易料理，冷热食皆可。可直接上桌或是比照酸黄瓜腌制法一样处理。

同场加映
海陆大餐（第117页）

海藻，哪里找？

自己采集？最好还是让专业人士来，他们认识品种，也会根据季节及潮汐变化，在最合适的时机采收，确保新鲜度。

去店里买？专门店、杂货店或有机超市都可买到新鲜的、干燥的海藻或海藻加工品。

向厂商下订单？可直接跟农家或加工厂下订单，在菲尼斯泰尔省的Algue Service就提供产地直送服务。

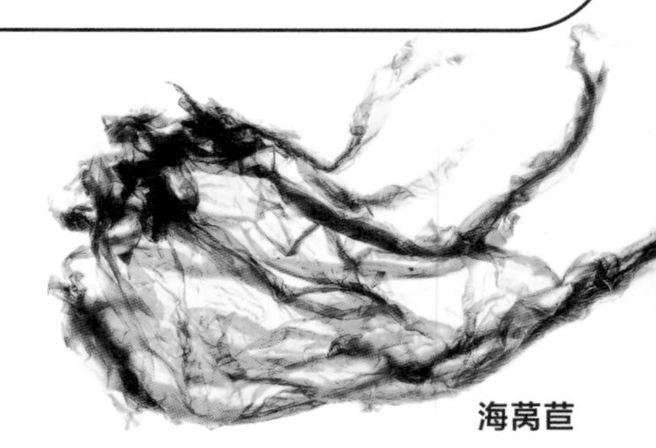
海萵苣

裙带菜

美食识字读本

喜爱美食是种原罪？但教会似乎将法国美食当作取之不尽的灵感泉源。以下是美食膜拜必须认识的词汇。

撰文：史蒂芬·索林涅

本笃会式（à la bénédictine）：鳕鱼和马铃薯混合成泥的料理。鳕鱼是四旬期的应景食物[1]，常做成本笃会式的一口料理。

加尔默罗会式（à la carmélite）：一种淋上冷热酱汁（sauce chaud-froid）[2]的香煎鸡胸冷盘料理，以松露薄片佐小龙虾慕斯做装饰（参考该教会僧侣所穿的黑白相间的袍子）。

法政牧师式（à la chanoinesse）：在鸡肉上淋上带有小龙虾酱汁的至尊奶油酱，或指小牛胸腺或溏心蛋搭配黄油、胡萝卜及松露，淋上小牛高汤及雪莉酒做成的酱汁。这个名称让人联想到法国旧政权时代（15至18世纪）那些法政牧师餐桌上的传奇佳肴。

恶魔式（à la diable）：将肉切片、调味、烘烤，再配上辣酱。特别适合料理家禽、鲱鱼或朝鲜蓟。

马札兰[3],信徒式（à la mazarine）：用肉片包裹巴黎蘑菇和填满蔬菜丁的朝鲜蓟。

哈利路亚泡芙（alléluias）：用卡斯泰尔诺达里（Castelnaudary）的香水柠檬制成的甜食。名字来自教皇庇护七世感谢糕点师傅为他提供了这种甜食。

天使香草（angélique）：当归，很久以前修士开始种植的一种香草植物，可酿制利口酒或糖渍后用于糕点。

三钟经金啤酒（Angélus）[4]：Lepers啤酒厂从1978年开始依循古法酿造的啤酒，法国北方的厨师经常用来做料理。用米勒（Millet）的名画《晚祷》作为酒标。

小钱袋馅饼（aumônière）：用薄面皮做成小袋子，里头充填甜或咸的内馅。名称来自挂在腰间装布施零钱的钱袋。

伯沙撒国王瓶（Balthazar）：香槟瓶子，容量是标准香槟瓶的16倍。名称来自《旧约圣经》中巴比伦最后一位国王，据说他在宴会中用他父亲从耶路撒冷圣殿偷来的神圣花瓶装葡萄酒。

嘉布遣会修士的胡子（barbe-de capucin）：一种菊苣，是吉康菜的近亲。传说18世纪时，一名嘉布遣会修士在石灰岩采石场附近掉了这种菊苣的根，后来长出了白色略带茸毛的锯齿状叶子，让人联想到修士的胡子。

雅各的棍子（bâton de Jacob）：一种闪电小泡芙，内填卡士达酱，外层淋上吹糖浆（sucre au cassé）[5]。

班尼迪克丁（Bénédictine）：草本利口酒，配方来自意大利本笃会（Benedicti）修士，酒标上标示着圣本笃修会的座右铭D.O.M.（Deo Optimo Maximo）。

圣水盆（bénitier）：扇贝的通称，外壳常被某些教堂拿来盛装圣水，由此得名。

贝尔尼蛋（Bernis）：加了芦笋的鸡蛋（通常是水波蛋）料理。名称是为了向贝尔尼红衣主教（François-Joachim de Pierre de Bernis, 1715—1794）致敬，他一直捍卫法国料理，并以精致的餐桌摆设为荣。

主教帽子（bonnet d'évêque）：火鸡尾部的戏谑称呼，因为火鸡站立时尾部会呈现斜角的帽形。

钟楼面包（cacavellu）：科西嘉岛在复活节食用的布里欧修，会包入四旬期期间没被食用的鸡蛋。它的名字代表复活节的钟声。

嘉布遣挞（capucin）：在烤成小碗形的挞皮中填入加了格鲁耶尔干酪的泡芙馅。与意大利的卡布奇诺（cappuccino）无关。

红衣主教（cardinal）：❶以海鱼佐螯龙虾切片或松露切片，淋上白酱或螯龙虾酱，颜色与红衣主教袍子的颜色相似。人们会用这种料理方法准备菱鲆或螯龙虾。❷红衣主教炸弹（bombe cardinal），一种加了红莓果的冰品，或是淋上草莓、覆盆莓或黑醋栗果酱的水果甜点。

则勒司定（célestine）：❶拌炒过的鸡肉搭配蘑菇及去皮番茄，淋上白兰地，再加一些白酒，最后撒上大蒜和欧芹。❷鸡汤，加入以树薯粉制作、切成小片的咸味香料可丽饼，还有水煮鸡胸肉及雪维菜。名称可能来自则勒司定会修士身上的白色袍子及黑色圣衣（scapulaire）。

查尔特勒（chartreuse）：由查尔特勒修会的修士发明，用多种植物制成的夏特勒兹草本利口酒。

教皇新堡（Châteauneuf-du-Pape）：罗讷河谷地南面的法定葡萄酒产区（AOC），靠近阿维尼翁教皇夏季住处的石灰岩地质区。

天使发丝（cheveux d'ange）：用于糕点中的细糖丝，或是极细长的意大利面条。

克里曼丁橘（clémentine）：柑橘与苦橙树杂交出的柑橘类水果，由克莱蒙神父于1902年在阿尔及利亚发现，并以此命名。

圣贾克扇贝（coquille Saint Jacques）：抵达圣贾克朝圣之路终点的朝圣者会得到这种知名巨海扇蛤的贝壳，作为他们决心的证明，故此得名。

南特牧师奶酪（curé nantais）：旺代省的某款商标奶酪，由未经煮熟的牛乳挤压制成，外皮经过水洗。据说是一位牧师在1794年朱安党起义期间发明的。

小魔鬼烤面包（diablotins）：在薄片面包上添加（或不加）贝夏梅酱，盖满奶酪丝，放进烤箱烘烤，搭配汤品食用。因为面包被盖住了，让人联想到日耳曼或斯拉夫民间传说中小魔鬼的恶作剧。

以扫汤（Esaü）：以白色高汤（fond blanc）或清汤制成的扁豆泥汤。名称典故来自圣经故事，以撒的儿子以扫将长子的权利让给弟弟雅各，来交换一盘扁豆料理。

噎到基督徒（etouffe-chrétien）：指过于有营养或浓稠到难以下咽的料理。任何令人垂涎欲滴的菜肴，通常也难以消化……

耶稣派（Jésuite）：三角形千层派酥，内馅是杏仁奶油糊，外层淋上皇家糖霜。以前的糖霜是用巧克力果仁糖制成，很像耶稣会修士边缘卷起的帽子。

耶稣香肠（Jésus）：来自里昂及法国大东部地区的风干香肠，通常在圣诞节期间制作，用来庆祝耶稣诞生，因此而得名。

马札兰蛋糕（mazarin）：原本是一种很厚的海绵蛋糕，中间挖空塞入糖渍水果。后来变成两块达克瓦兹蛋糕（dacquoise），中间夹一层果仁糖慕斯。名称是为了纪念红衣主教马札兰。

乞食果干（mendiants）：四种果干的组合：杏仁、无花果、榛子和马拉加葡萄，属于普罗旺斯13种圣诞甜点之一。颜色让人联想到托钵修会[6]的袍子：道明会的白袍，方济会的灰袍，加尔默罗会的棕袍，奥斯定会的深紫色袍。

尼布雅尼撒瓶（Nabuchodonosor）：香槟瓶子，容量是标准瓶的20倍。名称来自巴比伦国王尼布雅尼撒二世。

宁录拼盘（Nemrod）：指经常用来搭配野味的配菜，有蔓越莓泥、炸马铃薯丸，以及填满栗子泥的大朵烤蘑菇，用来向《创世记》中"耶和华面前英勇的猎人"宁录致敬。

诺内特小圆面包（nonnette）：圆形小香料面包，表面有一层糖霜。以前都是由修女制作的，它的名称也由此而来。

犹大的耳朵（oreille de Judas）：木耳的别名，形状像耳朵，中式料理常用食材。这种菇类对接骨木的"喜爱"可以解释其名称由来，传说犹大在背叛耶稣后，因羞愧而在接骨木树上上吊。

帕斯卡利娜烤羊肉（pascaline）：以前为复活节准备的烤羔羊肉。在整只羊身中塞满碎羊肉、煮熟的蛋黄、硬面包屑、各式香草及香料，加上绿色酱汁或松露佐火腿酱。大仲马在《厨艺词典》中曾经提过这道食谱。

可爱的原罪（péché mignon）：❶一种鸡尾酒：鲜奶油及桃子花蜜，加入气泡葡萄酒、朗姆酒或伏特加。❷一种让我们自甘堕落的原罪……仔细想想，这个词指的不是暴食贪吃的行为，而是无法控制对甜食的吸引力，想要放纵地享受美食。也可以算是坦然接受自己的缺陷。

修女的屁（pet-de-nonne）：炸小泡芙，可撒上糖粉，或填入奶油馅或果酱。咬一口，泡芙中的空气就会跑出来，所以有了这个谑称。

主教桥奶酪（pont-l'énêque）：方形诺曼底软质牛奶奶酪（AOC），外皮经水洗，自中世纪以来即在卡尔瓦多斯省的庞特伊维克（Pont-l'Évêque）制造，可能是12世纪的西多会修士发明的。

沙巴女王蛋糕（reine de Saba）：在饼干面团中加入打发蛋白霜制成的巧克力蛋糕，可搭配安格斯酱。这道点心的名字让人想起所罗门王在耶路撒冷遇见的黑皮肤女王。

修女泡芙（religieuse）：底部是一个大泡芙，充填卡士达酱、咖啡口味的希布斯特鲜奶油（crème chiboust）或巧克力；上层是同样内馅的较小泡芙，淋上糖霜。糖霜的颜色让人想到修女的袍子，两个泡芙交叠起来也像女人身形。

黎塞留（Richelieu）：❶英式炸鲽鱼佐以柠檬香草奶油及松露切片。❷棕色油糊加上肉汁、碎蘑菇和松露做成的酱汁。❸用来搭配肉品主餐的配菜，包含镶番茄、镶蘑菇、红烧莴苣及拌炒马铃薯丁。❹加了马拉斯钦酸樱桃酒的面团，铺上杏桃果酱及杏仁奶油糊，外层裹翻糖霜加糖渍水果装饰。以上这些食谱可能是由黎塞留公爵的厨师所发明的。

司事手杖面包（sacristain）：杏仁酥卷，撒上杏仁碎片、坚果和糖霜，外表让人想到教堂司事的手杖。

圣人（Saint）：❶许多奶酪的名字都跟宗教有关，难道是因为它们神圣洁白？例如欧塞尔的新鲜奶酪（Saint-Florentin）、多菲内的花皮软质奶酪（Saint-Félicien）、奥弗涅的生奶酪（Saint-Nectaire）。❷许多酒精饮料也获得圣人庇护，例如薄酒莱AOC（saint-amour）、波尔多AOC（saint-émilion）……

圣弗洛朗坦蛋糕（Saint-Florentin）：浸了樱桃白兰地的海绵面包做成的蛋糕，内馅加了意大利蛋白霜、熔化黄油、樱桃白兰地酒及糖渍樱桃。

圣多诺黑小泡芙（Saint-Honoré）：在千层派皮上淋焦糖糖霜，内馅是希布斯特鲜奶油，貌似皇冠，用来纪念面包的守护者圣多诺黑。

圣余贝尔（Saint-Hubert）：❶在砂锅中放入野味和松露块，上桌时淋上马德拉甜酒及野味汤汁调和的酱汁。❷野味做的肉酱，可用来充填蘑菇、挞皮、酥皮。这个名称取自猎人与农林的守护者。

圣马洛酱（Saint-Malo）：用鱼肉泥及红葱、白酒、大蒜一同收干做成的烤鱼酱汁。也可能是指一种鳀鱼酱。

圣彼得鱼（Saint-Pierre）：一种肉质多汁的鲂鱼。传说鱼身两侧的斑点是使徒彼得食指和拇指的痕迹。

害死牧师的手卷意面（strozzapreti）：加了面粉、布洛丘奶酪、菪莨菜及马郁兰，水煮后搭配肉酱食用，是上科西嘉岛的特色料理。这个词字面上的意思是"弑牧师者"，因为太好吃了，很多牧师吃得太快而噎死，所以有这个名称。

特拉普会（trappist）：❶特拉普会修道院啤酒，由奉行天主教熙笃会（俗称"特拉普会"）会规的修道院酿制，多集中在比利时。❷特拉普会修士制作的各种圆形奶酪通用名称……

威斯坦汀修女小蛋糕（visitandine）：圆形或船形的小蛋糕，用面粉及杏仁粉制成，有时会淋上樱桃白兰地做成的糖霜。由17世纪圣母往见会（visitation Order）的修女发明，使用了大量的蛋白，以弥补肉类的不足（当时修道院内禁止吃肉）。

1.四旬期期间不能吃"会流血的肉"，所以大家改吃鱼；但鱼类保存不易，便将鳕鱼用盐腌制，方便运送。——编注

2.先加热待冷却后使用的酱汁。——译注

3.马札兰（Jules Cardinal Mazarin）是路易十四的宰相，也是枢机主教。——译注

4.原意为天使，现指记述圣母领报及基督降生的经文。——译注

5.指加热至145℃~155℃的糖变成糖浆前的最后阶段，可用来制作棉花糖。——译注

6.托钵修会（mendicant orders）指不积蓄个人或团体财产，完全依靠捐助的天主教会。在中世纪，最早成立的托钵修会包括方济会、加尔默罗会、道明会和奥斯定会。——编注

“尝木”结舌的树干蛋糕

撰文：路易·毕安纳西（Loïc Bienassis）

木柴与圣诞节密不可分，法国各地都有流传已久的习俗与庆祝方式，
包括用祈福大蜡烛点燃木头，在木头上淋烧酒（vin cuit）*，点燃木材时做祷告……

现存最古老的食谱

皮耶·拉坎（Pierre Lacam）在《糕点的历史与地理回忆录》（*Mémorial historique et géographique de la pâtisserie*, 1890）中提到：“以裱花袋做成的饼干与海绵蛋糕为基底……将海绵蛋糕切成十来个相同大小的圆柱，用摩卡酱或巧克力酱将圆柱和底座黏合固定，然后在外层也涂满酱，撒上烤杏仁碎片。用扁口锯齿状裱花嘴在表面挤出像树皮一样的花纹，摆上四五个圆形厚片饼干当作树枝的结点，用刚才的酱再做出一层树皮装饰。树干蛋糕的两端只涂酱，不做任何装饰。有些糕点店会用绿色的杏仁糖膏装点树干，或把开心果剁碎撒在蛋糕上。我们也会涂抹意大利蛋白霜，属于质地比较紧实的版本。”由此可知，树干蛋糕不是用一片海绵蛋糕卷出来的，而是将数个环状蛋糕薄片用奶油酱固定起来。

那树干冰激凌呢？

树干冰激凌的来历几乎与它的蛋糕表亲一样古老。

拉坎与安东尼·夏哈波（Antoine Charabot）合著的《法国与意大利的传统及艺术冰品》（*Le Glacie classique et artistique en France et en Italie*, 1893）中，就有一份树干冰激凌食谱：将糖煮榛子冰激凌或巧克力冰激凌与圆形饼干交错排列，做成蛋糕基底，树皮则是用星形裱花嘴来做装饰。最后再用“开心果冰激凌做成的几片叶子，以及黑醋栗或草莓冰激凌做成的花朵”让成品更臻完美。

究竟是谁发明树干蛋糕的呢？

□A. 圣日耳曼德佩区（Saint-Germain-des-Prés）的某位糕点师傅，在19世纪30年代中叶发明的。
□B. 最早出现在里昂，可以追溯到19世纪60年代。
□C. 巴黎的糕点师安东尼·夏哈波，在1874年或1879年发明的。
□D. 摩纳哥查理三世亲王的糕点冰品师皮耶·拉坎发明的。

正确答案：安东尼·夏哈波
拉坎在《法国与意大利的传统及艺术冰品》中提到：“每家糕点店里都有这种蛋糕，但没有人知道是谁发明的。通过不懈寻找，我发现是一位名叫安东尼·夏哈波的师傅在1879年发明的。好几家糕点店也开始制作这样的蛋糕，从1886年到现在，这股潮一直没有消退。”

同场加映
国王派的秘密（第360页）
普罗旺斯的13道圣诞甜点（第132页）

* 普罗旺斯的传统甜酒，以煮过的葡萄汁多次发酵而成。法国人圣诞节要吃13道甜点，烧酒就是其中之一。——编注

高达*的栗子酱佐酥软梨子树干蛋糕

分量：6~8人份

香草煮梨子

材料：

红色威廉斯梨子3个（半个用来做装饰）
水400克
细砂糖125克
塔希提香草荚1根
黄柠檬汁1颗的量

步骤：

- 前一天先把2个梨子削皮，淋上黄柠檬汁。
- 在锅中加入水及糖，煮沸。刮出香草籽，放进锅中一起煮沸。放入前一天准备的梨子，转小火微滚5分钟。用刀尖可轻松刺进梨子便已煮熟，熄火静置一旁。

杏仁海绵蛋糕

材料：

新鲜鸡蛋4颗
细砂糖125克
面粉125克
黄油40克
杏仁粉50克

步骤：

- 烤箱预热至220℃。面粉过筛。熔化黄油，直到浓稠绵软。
- 在不锈钢盆内打入鸡蛋，加入细砂糖。用隔水加热的方式加热，同时将鸡蛋及细砂糖打发，直到温度上升至60℃~65℃。将盆子拿离热水持续搅打，直到蛋液完全冷却。
- 取2汤匙蛋液放进刚才的黄油中。将面粉及杏仁粉均匀撒进剩下的蛋液中，再倒入黄油，用木勺轻柔地搅拌。
- 用抹刀将面糊平整地铺在40厘米×25厘米的硅胶烘焙垫上，放进烤箱烘烤10~12分钟。

栗子酱

材料：

栗子泥（pâte de marrons）500克
栗子酱（crème de marrons）230克
黄油200克

步骤：

- 将栗子泥与栗子酱搅拌均匀，加入黄油打发，直到颜色变白。取300克放进冰箱冷藏，后续装饰用。

组合

- 将梨子沥干，切成1厘米宽的方块（总共约300克）。
- 用刷子蘸一点梨子糖浆，涂抹在海绵蛋糕上，再均匀涂上栗子酱，铺上梨子块。
- 把蛋糕卷成长约25厘米的长圆柱，放进冰箱冷藏2小时。取出蛋糕后，在表面均匀涂抹上剩下的栗子酱，用汤匙背面或刮勺模拟出树皮的纹路。
- 将剩下的梨子切半，其中一片淋上柠檬汁。把梨子和糖渍栗子放在树干蛋糕上做装饰。

甜点师的建议

如果想让香气更浓郁，建议在糖浆中加些梨子白兰地，再刷在海绵蛋糕上。

* 赛巴斯汀·高达（Sébastien Gaudard），店址：22, rue des Martyrs, Paris。

在树干蛋糕出现前，还有哪些圣诞特产？

在乡村，用来庆祝耶稣诞生的甜食不外乎是一些经过改良的面包，然而其中所隐含的传统含义，如今已无从得知。

☞普罗旺斯：在14世纪，有些人会食用**佛卡夏面包（fougasse）**，但其中代表的意义无从得知。

☞萨瓦：人们会在午夜弥撒结束时享用**油炸千层酥（rissoles）**，一种包内馅的滚边小馅饼，据说15世纪时就有人在吃了。

☞阿尔萨斯：人们喜欢食用**圣诞水果面包（berewecka）**，在面团中加干果、糖渍水果跟香料，几个世纪以前就有人在吃了。

嗜吃法国的美国作家

撰文：法兰索瓦芮吉·高帝

吉姆·哈里森（Jim Harrison，1937—2016），无可救药的美食猎人，看到美食就变成饿鬼。这位国际知名的美国作家曾造访法国无数次，只为了尽可能地吃喝更多的美味。

哈里森的高康大式美食之旅

诺曼底

两个我先前没注意到的老人突然在树下说笑起来……他们是附近的园丁，正准备吃午餐。他们在一块平坦的石头上准备了一小圈木炭，还事先挖空了六个大红番茄，在里面塞了加热软化的大蒜、一根百里香、一片罗勒叶，还有两汤匙的软质奶酪。他们开始烘烤番茄，直到番茄熟透、奶酪也熔化为止。我就着一大块面包，吃了一整个焗烤番茄，同时喝着一杯又一杯的红酒。吃完这份即兴的午餐，因为我们身处诺曼底，所以大伙又喝了一两口小瓶罐装的卡尔瓦多斯苹果白兰地。很简单的止饥料理，却是无与伦比的美味。

——《天黑之前》（*Just Before Dark*，1990）

巴黎

我们去了“平价美食”（Gourmet Ternes），那是由一位前肉贩工会负责人所管理和经营的餐厅，他们的牛肉质量极佳，颇受好评。考虑到热浪来袭，我放弃品尝肉酱（rillette）的念头。后来我点了一份扁豆沙拉和一块超级大的牛排。美国牛肉的自尊在这里有点受伤。这块肉就算不比帕尔姆（The Palm）或是布鲁诺的铅笔牛排馆（Bruno's Pen & Pencil）的好，至少也是一样美味。我们把晚餐推迟到很晚，为的就是等热浪过去……隔天清晨，我在例行散步时，感觉浑身不对劲。聪明人可能会直接禁食，然后跟鸽子打交道。不过那天在福奎特（Le Fouquet's）的餐点，前菜我只点了一份简单的茄子冻和一点酱汁。主餐稍微有点卸下心防，点了一份油封鹅肉，搭配一点鹅油烹调的马铃薯。这个餐厅也够聪明的，不提供“吃到饱”的服务。接着在贝尔库勒（Bellecour）吃到的餐点，毫无疑问可以排进我的名单中的前十名，这可不是单纯的赞美……我选了一道水煮鳕鱼沙拉，佐“海芦笋”（passe-pierre），那是一种长在海岸边的野生绿菜豆。主餐是烤鸽子（原本应该跟它对话的那只），最后以一个新鲜的无花果拢画下完美句点。

——《天黑之前》

里昂

在里昂，我到巴兹耶妈妈（Mère Brazier）那儿做客，点了两份松露可丽饼，加上一份以松露调味（demi-deuil）*的布列斯鸡（Bresse gauloise），大腿皮下夹了好几片松露。接着吃了一点水果，还有很多伯恩丘（côte-de-Beaune）的葡萄酒。好吧，这实在称不上是让人眼花缭乱的美食，然而扣掉一些例外不算，这里的餐点颠覆了我大部分聚餐的印象。说真的，我对这一餐留下的美好回忆，至今还是相当地神秘离奇。

——《贪婪流浪者历险记》（*The Raw and the Cooked: Adventures of a Roving Gourmand*，2001）

圣乔治莫泰勒（Saint-Georges-Motel）

从巴黎出发，一阵疾驰之后，我们终于抵达圣乔治莫泰勒这个小村庄。…… 我点了一道山狸馅饼、一份加了很多松露的欧姆蛋，还有一份非常大的野猪肉。当然还有很多不同的奶酪、水果，几瓶葡萄酒，以及好几种不同的烈酒。

——《天黑之前》

同场加映
让人醉上一场的词汇（第49页）

* 料理用语，指以高汤奶油酱（sauce suprême）调味并加入松露内馅的料理法。——译注

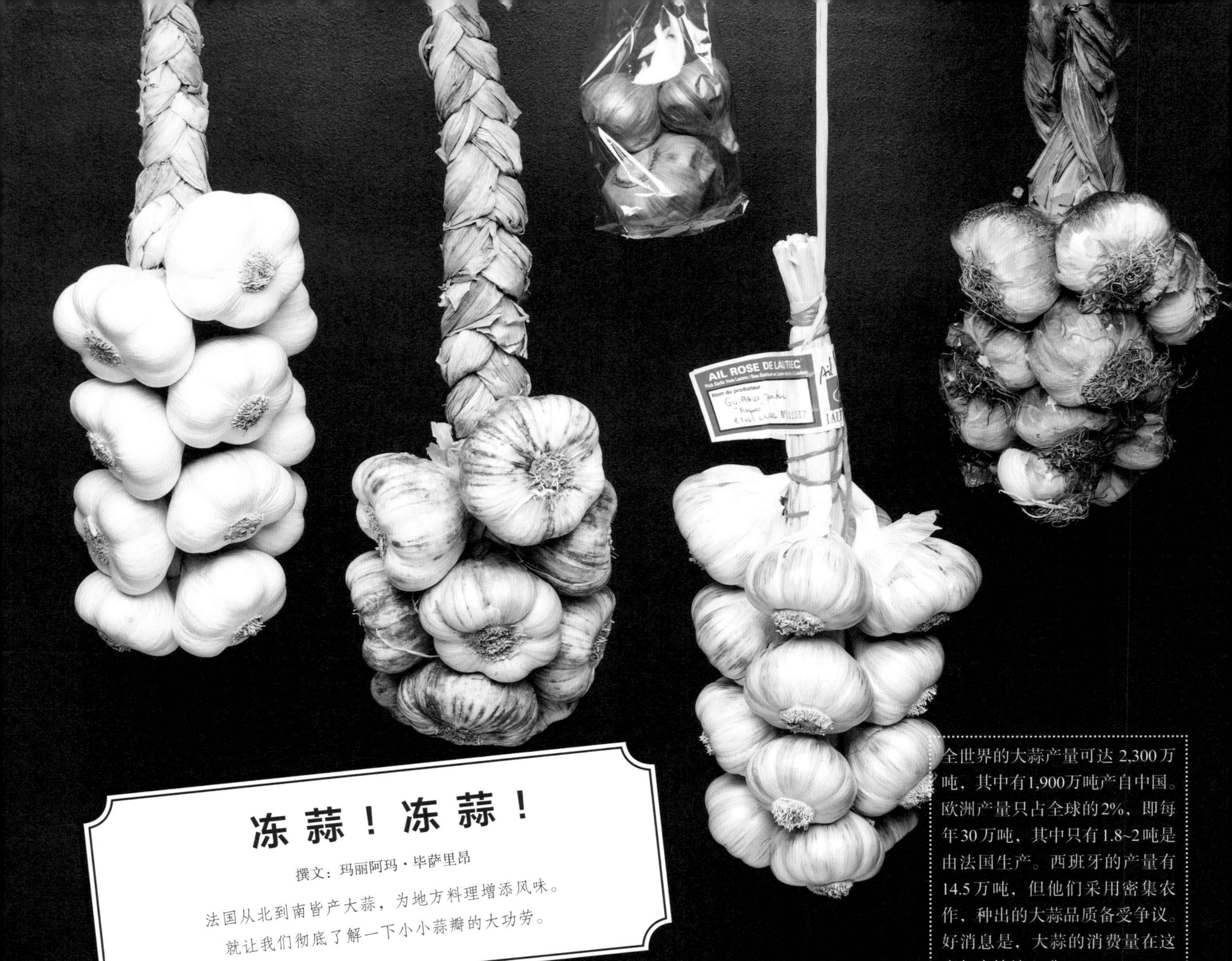

冻蒜！冻蒜！

撰文：玛丽阿玛·毕萨里昂

法国从北到南皆产大蒜，为地方料理增添风味。
就让我们彻底了解一下小小蒜瓣的大功劳。

全世界的大蒜产量可达 2,300万吨，其中有1,900万吨产自中国。欧洲产量只占全球的2%，即每年30万吨，其中只有1.8~2吨是由法国生产。西班牙的产量有14.5万吨，但他们采用密集农作，种出的大蒜品质备受争议。好消息是，大蒜的消费量在这十年来持续上升。

获得标章认证的大蒜

❶ 罗特列克（Lautrec）粉红大蒜

1966年来唯一获得红标认证（Label Rouge）的大蒜品种。1996年取得IGP认证。

来源：传说于中世纪引进法国。

生产：受到气候限制，每年产量约400~800吨，共有160家生产商。

特色：蒜瓣表皮呈鲜艳粉红色，可保存一年。味道温润，带有淡淡甜味。

❷ 罗曼尼雅（Lomagne）白大蒜

2008年取得 IGP 认证。

来源：1265年已经出现在塔恩-加龙省（Tarn-et-Garonne）的佃租名单中。

生产：产区属钙质黏土，占地145公顷，共75户蒜农，年产1,200吨。

特色：外皮带虹彩光泽，蒜球圆形丰厚，适合整颗直接烹煮，味道带点辛辣。

❸ 卡杜尔（Cadours）紫大蒜

2017年取得 AOP 认证。

来源：1750年就有人种植。

生产：产区属黏土地质（因此皮呈紫色），占地120公顷，共86户蒜农，年产350吨。

特色：表皮带紫色纹路，蒜球肥大，相当早熟，七月就收成风干，可保存六个月。味道浓郁带点辛辣。

奥弗涅（Auvergne）粉红大蒜

拥有注册商标，2016年获得IGP认证。

来源：1850年即有人食用。1960年，黎曼尼雅（Limagne）的平原区是当时最大生产区。

生产：位于比隆（Billom）及艾格佩尔斯（Aigueperse）间，占地20公顷，25户蒜农，产量只有140吨。陷入生产危机。

特色：可保存非常久（也因此曾经相当受欢迎）。蒜球为白色，蒜瓣表皮带粉红色，味道鲜美带点葱味。

❹ 亚路（Arleux）烟熏大蒜

2013年取得 IGP 认证。

来源：1804年即有记载。使用泥炭进行烟熏，帮助大蒜干燥。

生产：占地15公顷，8户蒜农，产量90吨。

特色：蒜球较小，带粉红色。捆成一束，用泥炭、稻草或木屑烟熏10天，可保存一年。烟熏之后带点金色，入口时带有很淡的烟熏味。

德龙省（Drôme）的大蒜

2008年取得 IGP 认证。

来源：1600年，在农学家奥立佛·德赛尔（Olivier de Serres）的文献中即有记载。

生产：占地60公顷，15户蒜农，产量100吨。

特色：蒜球大，三分之二呈白色，三分之一呈紫色。质地柔嫩，味道鲜美微甜。

其他同样优质的大蒜

❺ 比隆（Billom）油渍黑大蒜

罗伦·吉哈（Laurent Girard）只用比隆的有机粉红大蒜，做法相当机密，蒜瓣剥开后颜色非常黑，口感浓郁带点茴香、松露和梅子的味道……

网址：www.ailnoirdebillom.fr

谢尔吕埃（Cherrueix）砂质大蒜

这种带粉紫色的大蒜还未拿到 IGP 认证，种植于康卡尔（Cancale）及圣米歇尔山（Mont- Saint-Michel），因为生产地靠近海洋，吃起来有浓郁的海洋味及一点盐沼的味道。

普罗旺斯的大蒜

普罗旺斯是法国吃大蒜最多的地区，却没有专属的命名产区，相当令人匪夷所思。这里每年生产2,000吨大蒜，白色、粉红、红色都有。独特之处在于每年四月开始，有四分之三的大蒜会长成蒜苗。

一点伟大的小历史

自古以来，大蒜在亚洲与地中海沿岸种植普遍。在一份由查理曼签署的法规中，我们可以发现下令种植大蒜的条文。大蒜在中世纪时已相当受欢迎，在1553年时地位变得高贵起来。亨利四世刚出生时，他的祖父便用大蒜抹他的嘴唇，保护他免受疾病侵害。

家族兴旺

大蒜的学名是*Allium sativum*，它有许多外表极为类似的表亲，包括洋葱、韭葱、虾夷葱、红葱等。更令人惊讶的是，它和郁金香、百合、风信子、铃兰，甚至芦荟也同属百合目（*Liliales*），其家族有将近800名成员。

刻板印象

对心脏有益：可以抵抗心血管疾病，已获得科学验证。

对肠道有益：大蒜含有益生元，可促进肠道菌群生长。但吃太多可能导致胃灼伤。

健康奇迹：虽然研究人员在大蒜中发现可抗癌或对抗艾滋病毒的物质，但其成效仍存有争议。

味道为何这么重？

经切割或压碎后，大蒜会释放出蒜酶和蒜胺酸（无味），两者结合成大蒜素（allicine），并释放出许多种硫化物分子，散发出强大的气味。其中一种烯丙基硫化物所引发的可怕气味还会被消化道吸收，渗透进血液、器官中，让汗液和尿液都染上那种味道，周期长达3天……而且大蒜剁得越细，气味留在体内的时间就越长！

★

大蒜入门词汇

蒜球：大蒜膨大变形的地下鳞茎，内有多达20瓣蒜。

珠芽：蒜瓣的同义词。

皮膜：包裹整个鳞茎的外皮。

蒜束：有些大蒜的柄非常坚硬，人们会把连接蒜球的柄排列捆绑成一束，方便干燥保存。

蒜辫：某些品种的蒜柄较柔软，人们会把它们编织成一串挂环，挂着风干。

料理大蒜的方法

做成奶油酱汁：剥掉蒜皮，用牛奶炖煮，加盐和胡椒调味，再捣成泥，可涂抹在烤肉或吐司上。

整颗料理：整颗大蒜不剥皮，放进肉汁中炖煮，或与鱼肉一起送进烤箱，直到内部软烂即可食用。

做成蒜泥：跟粗盐一起用研磨棒捣碎，会比切碎或绞碎更好。可用于制作大蒜辣酱（rouille）、蒜泥蛋黄酱（aïoli）及青酱（pistour）等，或加进茄子泥或鹰嘴豆泥。

腌在罐里：新鲜大蒜剥皮，浸泡在冰凉的盐水（30克天然灰盐加1升矿泉水）中，装在密封的罐子里，在室温下发酵一周，接着放进地窖（三周）或冰箱（比三周更长）。开罐后冷藏可以保存很久，可当开胃菜生食，香脆可口。

羊肉可以加大蒜吗？

“噢，绝对不能在羊肉里放大蒜……”演员让·雅南（Jean Yanne）在电影《屠夫》（*Le Boucher*）中说道。导演克劳德·夏布洛（Claude Chabrol）借此表达他对这种料理的恐惧，他认为大蒜会破坏羊肉细致的肉质。有件事可以肯定，在肉块上划个缺口塞进大蒜，绝对不是个好主意。不只因为缺口会破坏肉质，煮不熟的大蒜味道也会太过浓郁。相反地，整颗大蒜浸在肉汁中烹煮就没问题，味道不会互相混淆，喜欢或讨厌大蒜的人都可以享用。至少在电影里是这样做的……

德布耶*的羊肉佐油渍蒜瓣

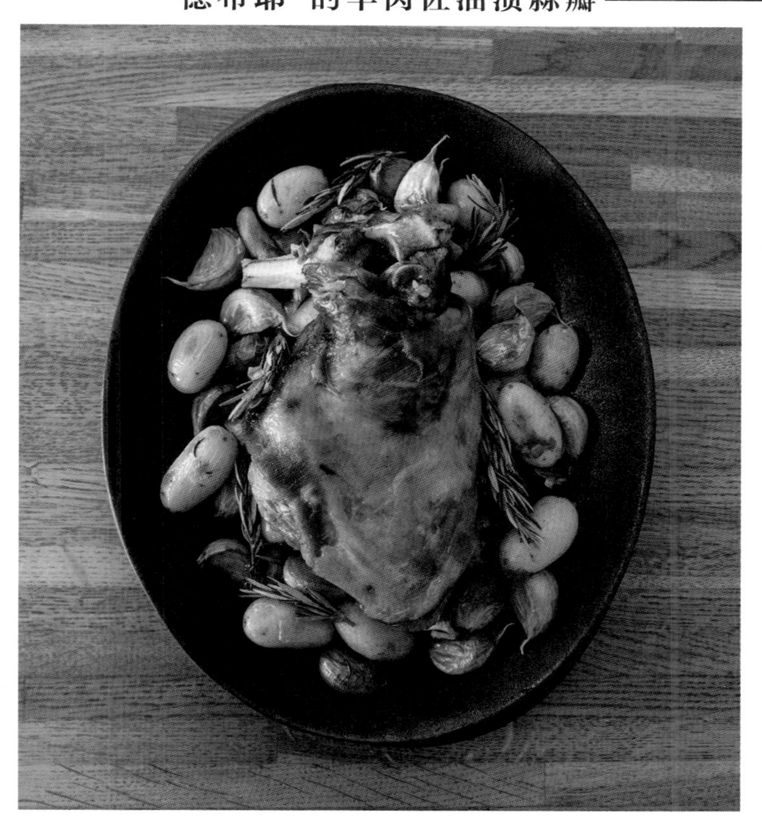

准备时间：5分钟

烹调时间：2小时

分量：4人份

材料：

比利牛斯山羊肩肉1份

埃斯佩莱特辣椒盐

综合香草束（百里香、迷迭香、月桂叶）

鸭油、橄榄油、葵花油各200毫升

未剥皮大蒜20瓣

步骤：

- 前一天先在羊肉上撒上盐及辣椒，和综合香草束一起包起来放进冰箱冷藏。
- 料理当天，将羊肉放进炖锅中，加入橄榄油、葵花油、鸭油，直到腌过羊肉的高度。将大蒜放进滚水中焯烫5分钟，接着跟香草束一起撒放在锅中。
- 不需预先加热烤箱，以180℃烘烤2小时。

*朱利安·德布耶（Julien Duboué），A Noste餐厅主厨。

关于大蒜的建议

如何挑选：蒜球圆鼓、厚重，摸起来结实；可以的话，检查下蒜瓣里有没有绿色的芽。

如何剥皮：切掉大蒜末端，用刀背挤压一下，蒜皮会自动脱落。

如何保存：整颗蒜球放在干燥阴凉处，可以保存好几个月。别跟马铃薯放一起，马铃薯的湿气会导致大蒜腐烂。

如何去除辛辣和臭味：生食前先放进牛奶焯烫几分钟。

如何去除手上大蒜的味道：洗手时用不锈钢汤匙搓揉手指。

一年四季都好吃的大蒜

蒜苗：在蒜瓣分化前即被采收的幼小大蒜，叶片柔软，外形类似迷你韭葱。

何时采收？每年三到四月，冷藏可保存数天。

在哪儿采购？法国南部和西南部阿基坦大区。

什么味道？味道不强烈，拒绝大蒜的人也会爱上它。

如何料理？整颗加盐生食；剁碎加进沙拉或欧姆蛋；加盐拌炒后放在面包上。

新蒜：丰盈饱满的小型蒜瓣才刚成形，包裹在柔软的外皮下。

何时采收？根据区域不同，大致在四月底到七月间，放冰箱可保存10天。

在哪儿采购？几乎各地都有，最好选购当地品种。

什么味道？味道细腻又强烈，质地清脆。

如何料理？生食；和时蔬一起拌炒；切成细长片状，与橄榄油、辣椒一起拌炒意大利面。

干燥大蒜：饱满的蒜瓣，外皮轻薄易碎，成熟末期采收，在日照下干燥数日。

何时采收？法国南方自六月底开始采收，往北一点则是八月。保持干燥可保存至隔年春天。

在哪儿采购？到处。

什么味道？为完全成熟的大蒜，味道相当浓烈。

如何料理？和番茄酱汁、汤品或炖菜一起熬煮；抹在烤盘或芝士锅底部；整颗油渍。

同场加映
漫谈法国小洋葱（第20页）

舌灿莲花的猪

撰文：奥萝尔·温琴蒂

猪是我们餐桌上最好的朋友，为我们牺牲生命，让文人争相着墨歌颂。
请欣赏关于猪的综合诗篇。

那些和猪有关，或是从猪衍生出来的词汇

抠抠

驴子“伊欧伊欧”，母牛“哞哞”，猪则是发出“嗷嗷”（kos-kos）的声音。法语的猪（cochon）很可能就是从这个希腊语的拟声词演变而来的。

海豚

你知道海豚字面上的意思，就是在海里游泳的猪吗？希腊语“delphax”指的就是“母猪”或“猪”。拉丁语“porcus marinus”，字面的意思是“海中的猪”，指的就是鼠海豚（法语为marsouin，学名为Phocoena）这种动物。

瓷器

意大利语“porcellana”源自法语“porcelaine”，意为“细致坚固的瓷器”，也指“栖息在单壳中的软体动物”。据说这个单壳的外形与母猪的生殖器一样，因此衍生出另一个法语词“porcella”（意为“母猪”）。

关于猪的好书推荐

➔《猪只，猪只的烹调与历史象征》（*Le Cochon,histoire symbolique et cuisine du porc*，1987），雷蒙·布杭（Raymond Buren）、米歇尔·巴斯图侯（Michel Pastoureau）、贾克·维胡思（Jacques Verroust）著

➔《不被喜爱的表亲的历史》（*Histoire d'un cousin mal aimé*，2003），米歇尔·巴斯图侯著

➔《小洋葱》（*Aux Petits Oignons*，2006），奥兰多·德拉德（Orlando De Rudder）著

➔《法语历史词典》（*Dictionnaire historique de la langue française*，2011），艾伦·雷伊（Alain Rey）著

➔《全身都美味的猪》（*Tout est bon dans le cochon*，2015），克里斯钦·艾谢贝斯特（Christian Etchebest）、艾瑞克·欧斯皮塔（Éric Ospital）著

跟猪有关的三个抱怨

像猪一样脏

对那些狼吞虎咽的人，我们会说他吃得跟猪一样脏。猪不只喜欢在烂泥堆中打滚，也以爱吃闻名，不管什么东西全都来者不拒！

像猪一样笨

歌手贾克·布雷尔（Jacques Brel）在《资产阶级》（*Les Bourgeois*，1962）的歌词中这样唱道：“资产阶级就跟猪一样，越老越笨……”罗马博物学者老普林尼（Pliny the Elder）在《博物志》（*Histoire naturelle*，公元77—79年）一书中，则把猪描述成一种愚笨、没有辨识能力的动物。

像猪一样净做些龌龊的蠢事（cochonneries）

猪只淫猥的“名声”相对来说成立，在此之前，用来代表淫乱的动物是狗。大约在中世纪晚期，狗变成了人类最好的朋友，于是猪便承接了这个邪恶的象征。

不过，猪的全身都很美味！

丰腴常被视为优点，有时还带着点内疚……“吃一些垃圾食物”（cochonneries）或“说些不正经的话”（cochoncetés），为我们带来犯罪的快感。这种从性观点出发的叛逆维度，却在亲密关系中找到一个积极的出口，我们会说“像猪一样的朋友”（copains comme cochons），在友谊或家庭关系中象征了彼此的亲近。

拥有一头猪也是富饶的象征。自18世纪下半叶以来，可以看到不少做成猪只形状的存钱罐。因为母猪非常能生，而且俗话说得好：“猪全身上下甚至毛发都好吃。”如果猪什么都吃，那么猪全身上下也都可以吃，或者说，从猪血到猪鬃都可以食用。

又爱又恨？

在所有四足动物中，猪看起来像是最粗鲁的动物。外形上的瑕疵似乎影响了它的天性。所有的猪习惯都很粗暴，品味都很低俗，所有的感觉都只沦为一种愤怒的欲望及残酷的贪婪，让它本能上看到什么都大口狂吞，甚至是它刚出生的后代。

——布丰（Comte de Buffon），《自然通史》（*Histoire naturelle*，1769），第六卷，第二版。

布丰的这段描述并非出自科学的观察，而是一种象征式的观点。如果这个博物学家放弃严谨而做出如此激动的言论，那也是因为猪同时引发了人们厌恶及迷恋的心情。法语的许多词汇及成语都诠释了这种矛盾的观点。历史学家米歇尔·巴斯图侯利用人类与猪只在生物学上的亲属关系，来解释人类的这种态度。人类与猪都是杂食性动物，有相同的消化系统，而且猪一直被认为是极端聪明并敏感的动物。人类与猪虽然不同，但却非常类似。

猪肉、猪油，还是猪？

法语“lard”来自拉丁语“laridum”，指的是哺乳类动物在皮肤及肌肉之间的脂肪。当人们问起这是猪膘还是猪肉时，那是因为不知道对方是不是偷偷把油脂当成猪肉在卖……至于“cochon”则是一个常用的昵称，我们会在家居、亲近的环境中使用这个词；而“porc”则属于较高阶的用法，例如在商业场合中，我们会说“porc”的养殖，而不会说“cochon”的养殖。通常我们指称猪肉会用“porc”，但从美食学来说，在菜单上写“côte de cochon”（猪排）会比“côte de porc”要来得高明且时尚许多。无论如何，从很久以前开始，在法国当一头猪可真不容易，必须承受很多侮辱性的字眼，又要被嫌老（vieux cochon），又要被嫌肮脏（sale porc），又要被骂猪头（tête de lard），真是辛苦呀！

同场加映
舌尖上的法国牛肉（第166页）

品味美食与人生的女作家

撰文：爱斯戴乐·罗讷托斯基（Estelle Lenartowicz）

虽然乔治·桑的小说很少提到美食，但在她的现实生活中，美食是不可缺少的一部分。这位知名法国女作家在贝里（Berry）的诺昂（Nohant）有一座小庄园，她经常在此举办筵席，接待亲朋好友。

乔治·桑的美食笔记

她的笔记里有将近700道食谱，内容大致可分成三类：

当地好滋味：她十分钟爱自己居住的土地，喜爱蔬菜和野味，这为她的食谱增添了几分田园风情。

异国风味：曾在英国的寄宿学校受教育的她也喜欢英式料理（司康饼、英式布丁、美国螯龙虾），对异国料理更是无法抗拒（巴西酱烤牛菲力、茶香木薯舒芙蕾）。

无法抗拒的甜味：只要是甜点，她都爱吃，尤其是糖渍水果、香草巧克力片、布里欧修、蛋白糖霜脆饼……

乔治·桑
George Sand（1804—1876）

奶油酥饼

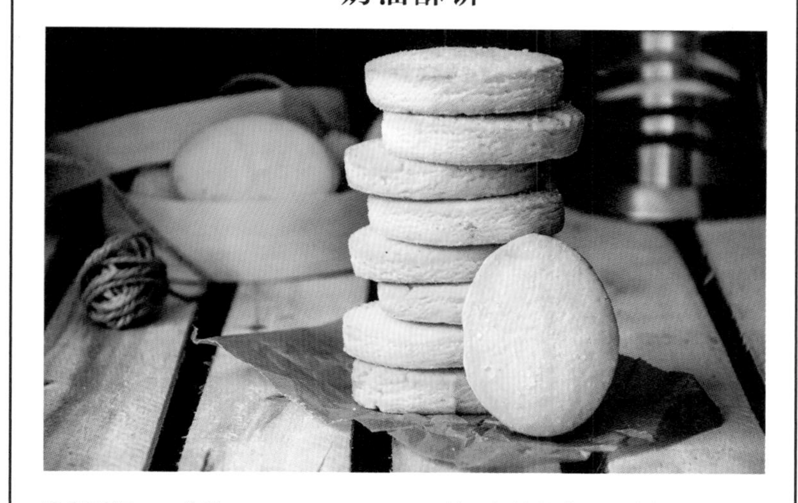

准备时间：15分钟
烹调时间：20分钟
静置时间：12小时
分量：约20块

材料：
面粉250克
黄油125克
糖粉100克
蛋黄2颗
香精（香草、橙花或玫瑰）

步骤：
- 将面粉堆在工作台上，中间挖洞，放入切块的黄油、糖粉、蛋黄及香精。用手掌持续搓揉，直到形成结实的面团。将面团滚圆，用毛巾包裹，放进冰箱冷藏一夜。
- 隔天，烤箱预热至180℃。将面团擀成0.5厘米厚的面皮，用饼干模型裁出形状，放在涂了黄油的烤盘上，放进烤箱烘烤，偶尔转一下烤盘方向。
- 烘烤过程需要随时注意，只要饼干一呈现深黄色，立即从烤箱中取出。放在白铁盒中可保存数天。

诺昂庄园

滋养人心的花园：花园里有一块适合野餐的绿地，还有菜园、果园和温室。乔治·桑在这里种番薯和菠萝。

设备极齐全的厨房：厨房里有专业烤箱，各式不同的锅具、锅炉和铜锅。

豪华的饭厅：饭厅的大桌子上整齐摆放着珐琅彩瓷的碗盘、水晶杯，还有绣上女主人名字缩写的餐巾。

乔治桑的餐桌

不管是大文豪、音乐家还是画家，当时最伟大的艺术家都曾是乔治·桑的座上宾。

诗人**戈蒂耶**（**Théophile Gautier**）曾在1863年的夏天访问庄园，他认为食物非常好吃，但是野味和鸡肉太多了。

作家**福楼拜**（**Gustave Flaubert**）曾于1869及1873年两度造访庄园。

剧作家**屠格涅夫**（**Ivan ourgueniev**）在参观庄园收藏时一边吃着鱼子酱，口中一边说着萨米语（Sami）。

作家**小仲马**（**Alexandre Dumas fils**）夏天经常拜访庄园。他喜欢在河里泡澡，或说些双关语哄大家开心，但乔治·桑常是最后一个听懂的。

多亏作曲家**李斯特**（**Franz Liszt**）和他的作家情妇达古特伯爵夫人（Marie d'Agoult），乔治·桑才会与肖邦结识。

作曲家**肖邦**（**Frédéric Chopin**）非常擅于模仿，是诺昂庄园晚宴上的开心果。

作家**巴尔扎克**（**Honoré de Balzac**）自1838年造访庄园之后，与乔治·桑便开始了频繁的书信往来。

画家**德拉克罗瓦**（**Eugène elacroix**）为了感谢乔治·桑的接待，亲自教她的小儿子绘画。

大海的鲜味：野生贝类

撰文：皮耶里克·杰古

双壳类软体动物和腹足动物种类无数，无论有名还是罕见，都有可能落到您的餐盘中。
就让我们详细认识一下这些鲜美的贝类。

扇贝

海扇蛤科（Pectinidae），双壳软体动物。

描述：外形似小的圣贾克扇贝但较饱满。黑扇贝（pétoncle noir）的“耳朵”则是左右不对称的。

捕获：业余钓鱼者喜欢在岸边徒步捕捉，专业人士则出海至英吉利海峡或大西洋捞网捕捉。

味道/质地：含碘味及榛子味，肉质易碎。

料理：切薄片生食、在锅中拌炒，或连同外壳一起烤来吃。

诀窍：野生扇贝比较好吃。

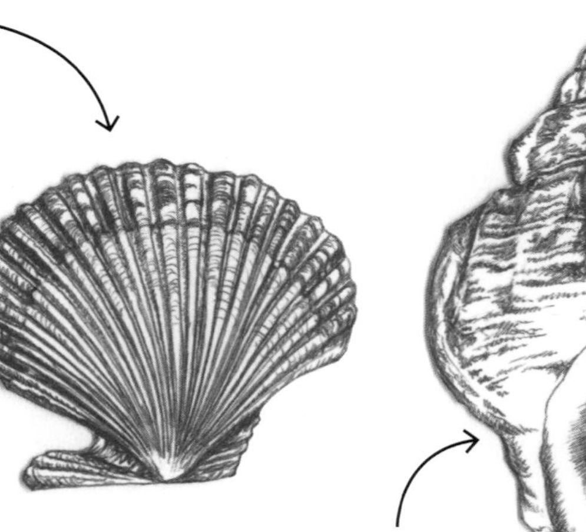

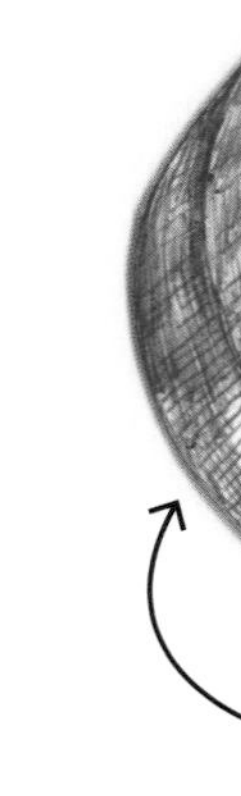

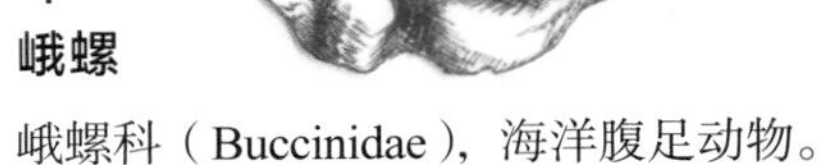

峨螺

峨螺科（Buccinidae），海洋腹足动物。

描述：长4~10厘米，外壳呈棕色、黄色、绿色或赭色，螺旋花纹。

捕获：以铅丝笼捕捉，诺曼底、布列塔尼海湾很多。

味道/质地：含碘味，清脆。

料理：跟美乃滋很搭，可撒在沙拉上，或以鞑靼（tartare）的方式生食。

诀窍：取出螺肉，在烹调的水中加点醋或白酒，避免肉质黏糊。

马珂蛤

马珂蛤科（Mactridae），双壳软体动物。

描述：外壳平滑，呈白色到象牙色。

捕获：约岛（île d'Yeu）的名产，只有少数岛民被允许在每年春秋之间捕捉。

味道/质地：肉质丰厚，含碘味。

料理：岛民会加入洋葱、白酒、黄油及欧芹一起料理。

诀窍：在法国，只有约岛有马珂蛤。

帽贝

笠螺科（Patellidae），海洋腹足动物。

描述：直径4~6厘米，锥形壳。

捕获：沿岸捡拾，用刀子将帽贝从岩石上剥离。

味道/质地：含碘味，肉质结实。

料理：做炖菜、鱼酱，或剁碎后入锅拌炒。

诀窍：可敲打帽贝来软化肉质。

蛤蜊

帘蛤目（Veneridae），双壳软体动物。

描述：直径可达12厘米，外壳呈灰色至浅棕色，有同心条纹。

捕获：在布列塔尼或旺代的沙滩小洞中可挖到。

味道/质地：碘味相当明显。

料理：摆在海鲜拼盘中生食，或当文蛤或浅蜊烹调。

诀窍：盎格鲁-撒克逊人喜欢在“蛤蛎浓汤”（clam chowde）里面加培根及马铃薯。

文蛤

帘蛤目（Veneridae），双壳软体动物。

描述：长3.5~5厘米，外壳饱满，呈暗白色至棕色，深条纹。

捕获：浅藏在沙中，可徒步捡拾，或前往诺曼底、布列塔尼海湾捕捞。

味道/质地：细致，含碘味。

料理：单独食用，也可放在炖饭里，或跟其他贝类一起用奶油汤汁炖煮。

诀窍：烹调时间不要太长，避免蛤肉煮太熟缩水。

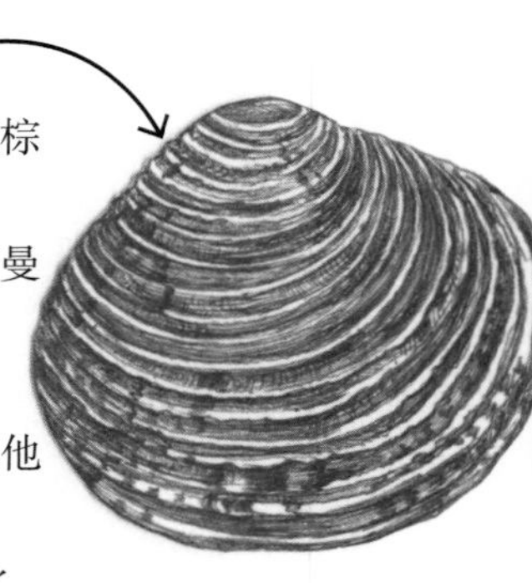

软壳蛤

海螂蛤科（Myidae），双壳软体动物。

描述：外壳呈椭圆细长状，最长可达20厘米，呈暗白色或灰色。

捕获：生活在浅海沙地底下40厘米深处。

味道/质地：含碘味，朴实。

料理：将肉剁碎，跟黄油一起拌炒。

诀窍：菲尼斯泰尔北部方言称其为“kouillou kezeg”，意为“马的睾丸”。

浅蜊

帘蛤目（Veneridae），双壳软体动物。

描述：外壳纹路细密，轻微鼓起，直径可达5厘米。在沙子或泥滩中。

捕获：遍布全法国海岸线，栖息在沙子或泥滩中，用耙子或拖网捕捞。

味道/质地：细腻的碘味。

料理：可直接生食，或搭配白酒拌炒意大利面。

决窍：烹调手法越简单越好，品尝其自然鲜美。

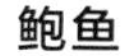

鲍鱼

鲍螺总科（Haliotididae），腹足动物。

描述：外壳呈耳朵状，内壳如珍珠般有虹彩光泽。

捕获：规范严格，只能在海水低潮期捕捉。有人工养殖。

味道/质地：非常细腻甘甜，含碘味及坚果味。

料理：与坚果奶油酱一起拌炒，或切薄片配沙拉，或以鞑靼的方式生食。

决窍：把鲍鱼裹在布里，上面覆盖重物后冷藏一夜，让肉质软化。

徒步捡拾或捕捞

徒步捕捞不只是一项周末活动，也是一种真正的职业。这些专业人员持有官方执照，必须遵守捕捞配额、捕捉期、贝壳大小等规定，以确保海洋资源能永续发展。沿海空间属于公共区域，如果你也想尝试，请务必事先了解当地法规，不过度及过量捕捞，并遵守一些简单程序，例如把翻转过的石头放回原处，注意潮汐时间以免发生任何意外。

鸟蛤

鸟蛤科（Cardiidae），双壳软体动物。

描述：外壳小，白色，有垂直凸起的条纹。

捕获：遍布全法国海岸线，可徒步捕捉的“明星”物种。也有人工养殖。

味道/质地：细腻，带碘味。

料理：煮熟后可热食或冷食，搭配猪肉非常美味。

决窍：料理的汤汁非常鲜美，别浪费了。

海螺

玉黍螺科（Littorinidae），海洋腹足动物。

描述：长两三厘米。

捕获：遍布全法国海岸线，徒步捡拾。海螺常躲在池沼或岩石下吃海藻。

味道/质地：带碘味，质地柔软。

料理：直接摆在涂了有盐黄油的面包上生食。

决窍：不要过度烹调，避免肉质胶化嚼不烂。

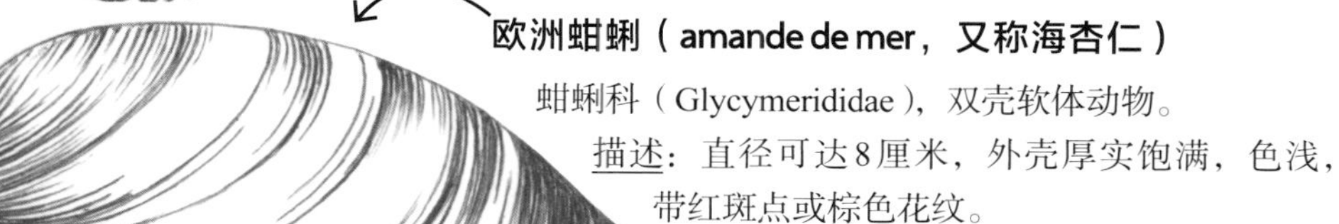

欧洲蚶蜊（amande de mer，又称海杏仁）

蚶蜊科（Glycymerididae），双壳软体动物。

描述：直径可达8厘米，外壳厚实饱满，色浅，带红斑点或棕色花纹。

捕获：出现在英吉利海峡、大西洋及地中海沿岸，用锄头将它们从沙里挖出。

味道/质地：带碘味与些微苦味。

料理：生食、烧烤、用浓缩高汤煮，或加洋葱一起煮。

决窍：做成填料（farci）非常好吃。

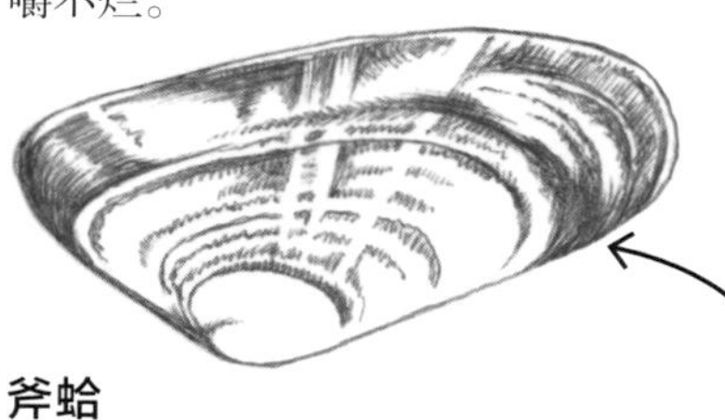

斧蛤

斧蛤科（Donacidae），双壳软体动物。

描述：长度可达3.5厘米，双壳展开时呈现蝴蝶形，色彩淡雅，曲线柔和。

捕获：遍布全法国海岸线，喜欢栖息在湿润的沙中。内行人会拉着有轮子的挖泥器徒步捕捉。

味道/质地：带碘味，质地细腻。

料理：用铁板烤，或加点橄榄油，跟大蒜和黄油一起烹调。

决窍：容易死，购买后请迅速食用。

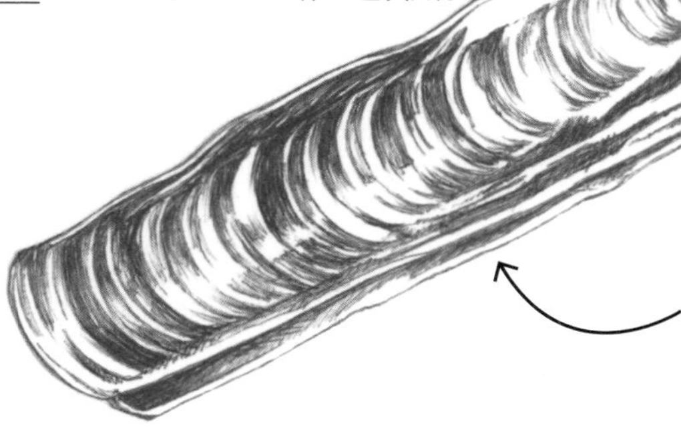

竹蛏

竹蛏科（Solenidae），双壳软体动物。

描述：长10~20厘米，形状细长且锋利。

捕获：在沙滩上寻找呈现“8”字形或钥匙孔般的小洞，丢入粗盐，让竹蛏自己钻出来。从北海至地中海沿岸都有。

味道/质地：带碘味，质地柔软。

料理：蒸煮，适合搭配香草奶油、埃斯佩莱特辣椒或一点柑橘汁。

决窍：如果一碰它的斧足就缩回，代表它还活着。

帘蛤

帘蛤科（Verneridae），双壳软体动物。

描述：最大直径可达10厘米，外壳厚，呈椭圆形，红褐色，光滑带有光泽。

捕获：徒步捡拾，或搭乘有挖泥器的船只至大西洋沿岸捕捞。

味道/质地：带碘味，清脆。

料理：生食，加点柠檬汁，配一杯白酒。

决窍：肉够多，足以做成填料。

自然葡萄酒

撰文：辜立列蒙·德希尔瓦（Gwilherm de Cerval）

自然葡萄酒（vin naturel）常被误认为有机葡萄酒（vin bio），但目前并无官方机构认可。这股逐渐流行起来的自然酒风潮，究竟是雅痞趋势，还是自然意识抬头？如果你还没喝过，不妨先来了解一下这种引人争论的新式酿酒法。

自然、天然，活生生的酒？

酿酒师不会在葡萄园内使用任何化学药剂，酿制过程中不另外添加商业酵母与硫化物，酿制出的葡萄酒带有原始野生的气息，常被形容是活的酒！这种酒更好入口，也更容易消化。

硫化物，是朋友还是敌人？

二氧化硫是葡萄酒世界最具争议，也是最常使用的化学添加物，具有抗氧化及防腐功能，但使用过量也会破坏某些香气生成，让酒被局限在标准味道中。葡萄酒天性善变，少了二氧化硫抑制细菌与酵母菌生长，很容易变成醋。酿酒师找到折中方案，只有在装瓶前才添加微量的二氧化硫，预防变质的同时让果味得以保存。

自然酒的五项承诺

抵制化学药剂和肥料

★

使用马匹耕种葡萄田

★

全程手工采收葡萄

★

拒绝使用商业酵母

★

不添加二氧化硫

★

葡萄酒就是人生！

——罗马帝国著名诗人贺拉斯（Horace）

同场加映

有硫黄！（第103页）

葡萄园里有马？（第133页）

关于风味

有些酒商会把异常风味包装成当地品牌“特色”来推销，千万小心下列陷阱！

汗液味：可能是因为酒窖环境卫生不佳，酒被一种叫“Brett”的酵母菌感染。

腐蛋味：装瓶时因缺乏空气，酵母菌与硫化物结合产生的气味。

坚果味：虽说是氧化作用产生的气味，但掌控得宜的话，能为葡萄酒增添梦寐以求的复杂香气，特别是汝拉区（Jura）的葡萄。

馊水味：乳酸菌控制不良导致。

拖把味：葡萄酒还原作用导致。

醋味：葡萄酒醋化产生的酸味。

漆味：酒窖卫生环境不佳导致。

标签也疯狂

“Grololo”果裸裸：以果若葡萄（grolleau）酿制的红酒。酒庄主人乔·辟东（Jo Pithon）选择以线条勾勒出自由奔放的图案。

“Tout bu or not tout bu”喝光还是不喝光？ Domaine du Possible 酒庄主人洛依克·胡和（Loïc Roure）的文艺情调，与莎士比亚的名言完美交错。

“La vie on yest”拉维欧尼耶：Domaine Gramenon 酒庄出品，把酒标念得快一点，就会变成葡萄品种“维欧涅”（viognier）。

“L'aimé chai”我爱酒：Domaine Mouthes Le Bihan酒庄，产区杜拉斯丘（Côte du Duras），酒精含量特别高，会让你的酒测破表。

“Attention chenin méchant”小心内有白诗南*：虽然庄主尼古拉·侯（Nicolas Reau）已经警告过了，但他的酒还是相当“危险”。

自然酒界的十位名人：

→ Pierre Overnoy，Maison Overnoy-Houillon 酒庄，普皮兰（Pupillin）

→ Philippe et Michèle Laurent，Domaine Gramenon酒庄，罗讷河谷地

→ Henry Frédéric Roch，Domaine Prieuré Roch酒庄，夜丘（Côte de Nuits）

→ Didier Barral，Domaine Léon Barral酒庄，佛杰尔（Faugères）

→ Stéphane Tissot，Domaine André et Mireille Tissot酒庄，阿尔布瓦（Arbois）

→ Marcel Lapierre，Domaine éponyme酒庄，薄酒莱地区

→ Éric Pfifferling，Domaine de l'Anglore 酒庄，塔维（Tavel）

→ Mark Angeli，Domaine La Ferme de la Sansonnière酒庄，安茹（Anjou）

→ Antoine Arena，Domaine Antoine Arena 酒庄，科西嘉岛

→ Robert et Bernard Plageoles，Domaine Plageoles酒庄，加雅克（Gaillac）

自然酒居家饮用常识

如何保存？置于温度低于14℃的环境，避免酒精在瓶中继续发酵。

如何饮用？保持微冰凉，装进长颈大肚瓶醒酒瓶饮用，有助于挥发自然酒常会出现的二氧化碳。

自然酒词汇

Glouglou：形容美味的葡萄酒，咕噜咕噜就喝下肚了。

Rock'n roll：描述酒精/酸度/果味平衡感不佳的葡萄酒。

Barré：指香气缺乏准确度的葡萄酒。

Pet' Nat'：自然气泡酒（pétillant naturel）的缩写。

Coup de jaja：俚语，意思近似“来喝一点酒吧”。

Perlant：由瓶内生成的二氧化碳所引发的轻微发泡。

Réduction：与氧化作用相反，指酒精在瓶里因缺乏氧气产生的还原反应。

Vin libre：形容摆脱生产酿造限制、自由自在的葡萄酒。

自然葡萄酒的相关机构，目前只有“自然酒协”（Association des Vins Naturels, AVN）。

* 白葡萄品种“白诗南”（chenin）的发音近似法语“狗”（chien），此取谐音意指“内有恶犬”。——译注

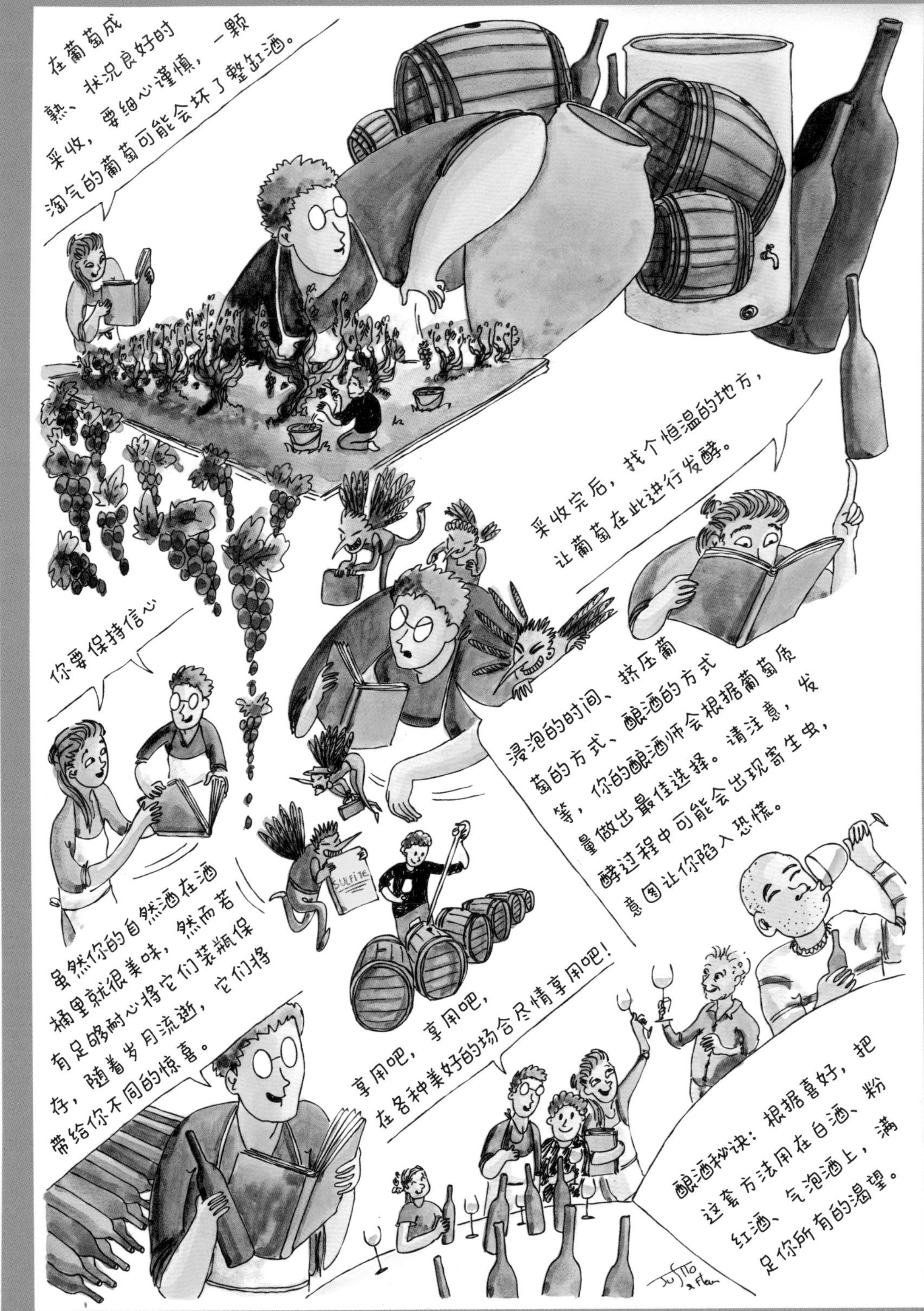

*本篇作者芙萝•高达（Fleur Godart），绘者贾丝婷•山罗（Justine Saint-Lô），共同出版了《原汁原味》（*Pur Jus*）一书，该书介绍了许多酿酒师的故事，是一本深刻、动人又有趣的记录。感谢两人特别为本书创作了这一篇。

可丽饼，布列塔尼的骄傲

撰文：吉勒·库桑（Jill Cousin）

来到布列塔尼，戴着比古丹高帽（bigouden），吃着美味的可丽饼，是习俗更是一种艺术。翻锅时如果不想让可丽饼再次掉到地上，请参照下面的指示！

使用器材

经验丰富的布列塔尼人，在他的结婚礼品名单上一定会有比利格煎饼炉（bilig），这种圆形铸铁板可放在瓦斯炉或电炉上使用。他们会用一种T字棒摊平面糊，再用小木铲把可丽饼翻面。至于一般人，一个不会粘连的铸铁煎锅就够了。

正确姿势

如果希望饼皮又薄又均匀又完整，使用T字棒的手腕的旋转力道是关键，需要常常练习才会熟能生巧。

翻转可丽饼

拥有一口好的平底不粘锅，是成功翻转可丽饼的第一步。当饼皮底部已经变得金黄，用小木铲把边缘掀开，摇动锅子让可丽饼滑动，接着一鼓作气甩动手腕，将锅子往前方向上甩。别忘了最后要接住可丽饼！

圣腊节的明星

金黄的圆形可丽饼，颜色象征太阳及光线的回归，是2月2日圣腊节（Chandeleur）的代表食物。

贝谭[1]的可丽饼面糊

准备时间： 15分钟
烹调时间： 1小时
分量： 25片可丽饼

材料：

有机普通小麦面粉1千克
白糖或红糖300克
有机鸡蛋12颗（预留3颗蛋白）
全脂牛奶2升

口味1：榛果黄油[2]30克
口味2：香草荚1/2枝，浸泡250毫升的热牛奶（一定要等牛奶冷却后再倒入面糊）
口味3：柳橙果皮
口味4：褐色朗姆酒1汤匙

步骤：

- 用打蛋器将鸡蛋和糖拌匀（请勿使用电动搅拌器，因为面粉是非常脆弱的）。倒入1.5升牛奶，加入面粉，小心地用木汤匙拌匀。
- 将材料中自己喜欢的口味加入面糊，拌匀后用锥形漏勺过筛，放进冰箱冷藏1小时。
- 煎可丽饼前，将剩余的牛奶用大勺子舀进面糊中，小心拌匀。将3颗蛋白打发，一勺一勺地慢慢拌入面糊中拌匀，就可以开始煎了。

蜂蜜柠檬可丽饼

准备时间： 5分钟
烹调时间： 2分钟
分量： 1片可丽饼

材料：

可丽饼面糊80克
蜂蜜12克
柠檬汁少许
柠檬1片

步骤：

在烧热的煎饼炉上将面糊刷平，煎熟后折成三角形放在盘子上。涂上蜂蜜，挤上柠檬汁，放上柠檬片做装饰。

埃斯科菲耶[3]的橙汁可丽饼

分量： 20多片

材料：

可丽饼面糊
过筛面粉250克
糖粉100克
盐1撮
鸡蛋6颗
牛奶750毫升
熔化的黄油2汤匙
口味：香草糖粉、樱桃白兰地、朗姆酒、干邑白兰地
黄油100克
糖粉100克
库拉索柑橘酒（curaçao）
糖渍柑橘皮

步骤：

- 混合上述材料，做成橙汁可丽饼面糊，然后煎成一片片可丽饼。
- 将室温软化的黄油放入罐子，用刮勺拌匀，再加入糖粉、库拉索柑橘酒及糖渍柑橘皮拌匀。
- 将折成四分之一的可丽饼摆在铁盘中，放在加温器上趁热上桌。在宾客面前撒上糖粉及柑橘酱汁。

同场加映
布列塔尼咸薄饼（第241页）

1. 贝谭·拉荷薛（Bertrand Larcher），Breizh Café主厨兼老板。
2. 榛果黄油（beurre noisette）又称焦化黄油，因色泽令人联想到烤过的榛果而得名，并非尝起来像榛果。——编注
3. 食谱取自《奥古斯特·埃斯科菲耶的厨艺》（*La cuisine d'Auguste Escoffier*），克里斯丁·康斯坦（Christian Constant）及伊夫·坎德伯（Yves Camdeborde）著。

法国奶酪之王——卡蒙贝尔

撰文：罗杭·赛米奈尔（Laurent Seminel）

这种外表覆盖白色霉菌的奶酪，虽深受法国人喜爱，但制作过程却意外发生危机！

卡蒙贝尔奶酪之母

1791年，一位来自布里（Brie）的修士因反对当时政府的改革，到卡蒙贝尔村的农场避难。他教导年轻的农妇玛丽·阿雷尔（Marie Harel）制作奶酪的秘诀，在附近的市场上贩售。玛丽的5个孙辈后来都成了酪农。

诺曼底卡蒙贝尔奶酪（AOP）

原产地命名的目的是保护真正的诺曼底卡蒙贝尔奶酪，它们占全法国卡蒙贝尔奶酪产量的5%，由生乳制成，外层覆盖一层霉菌。制作过程必须符合以下标准：

➢从牛奶生产到奶酪制作、熟成及包装，都必须在特定地区完成，包括卡尔瓦多斯省、芒什省、奥恩省及厄尔省。

➢ 提供生乳的乳牛至少半数是诺曼底当地品种，一年之中必须草饲超过6个月。

➢压模、盐渍、熟成等过程必须符合极严格的标准，例如在大盆中取得的凝乳，在充入模具时必须分次进行，至少5次，每次间隔至少40分钟。

卡蒙贝尔奶酪1个

II

凝乳5汤匙＋牛奶2.2升
在烘干室进行13~15天的熟成，让奶酪外皮长出“白花花”的霉菌，熟成后重量应至少有250克。

用勺子充填奶酪，指的是什么？

受AOP保护的诺曼底卡蒙贝尔乳酪，将奶酪充入模具的方式有两种：使用带手柄的半球形勺子手工填充（多数AOP卡蒙贝尔奶酪都采用这种方式），或使用链接式充填器自动化填充。

生乳的战争

➢**2007年**，拉克拙莉丝集团（Lactalis）及依思尼集团（Isigny Sainte-Mère）* 决定放弃使用生乳，因为它们认为生乳对健康有害。它们要求政府放宽AOP的规定，让它们可以合法加热生乳。但坚持卡蒙贝尔奶酪只能用生乳的奶酪工厂Graindorge、Réot和Gillot坚决反对。

➢**2008年**，农业部做出决议，反对用生乳进行加工。拉克拙莉丝集团向食品总局反映，在Graindorge出产的奶酪中发现致病细菌。气氛紧张！

➢**2016年**，拉克拙莉丝集团收购Graindorge奶酪厂，让当地人气得咬牙切齿……

* 这两大集团生产了法国90%的AOP卡蒙贝尔奶酪。

其他的卡蒙贝尔奶酪

在诺曼底制作的卡蒙贝尔奶酪，与“诺曼底卡蒙贝尔奶酪”不一样。这些奶酪使用的可能是生乳、加热过的牛乳、滤过的牛乳，或使用巴斯德杀菌法的牛乳。这些牛乳必须来自四个诺曼底地区的省份。跟切达（cheddar）、布里（brie）或格鲁耶尔（gruyère）奶酪一样，卡蒙贝尔奶酪在全世界都可以生产。

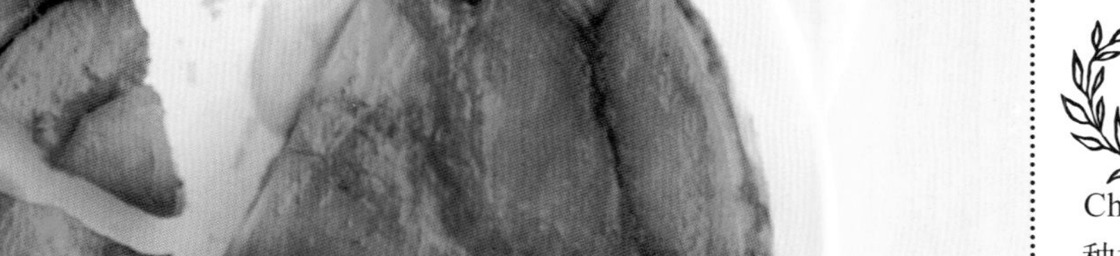

卡蒙贝尔奶酪制造程序

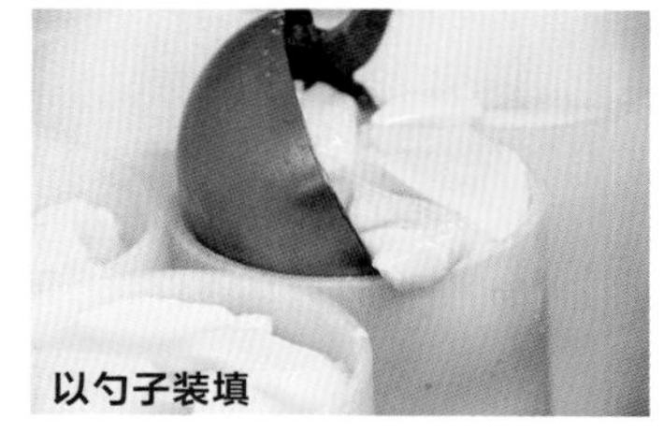

以勺子装填

沥干乳清

脱模

加盐

熟成

奶酪工厂典范

奥恩省的Champ Secret农场采用有机种植，以青草和干草饲养诺曼底乳牛，并且百分之百以其产出的牛乳来制作诺曼底卡蒙贝尔奶酪。

网址：fermeduchampsecret.com

卡蒙贝尔奶酪塔探苹果挞

分量：6人份

材料：

卡蒙贝尔奶酪1盒
千层派皮400克
苹果4个
黄油40克
红糖

步骤：

- 烤箱预热至180℃。将苹果切厚片，以黄油加1汤匙红糖小心拌炒至焦糖化。
- 在模具或盘子的底部铺上烘焙纸，均匀摆上苹果片，接着加入切片的卡蒙贝尔奶酪。将千层派皮覆盖其上，边缘卷进模具里。
- 送进烤箱烘烤20分钟，派皮变得金黄后即可取出。放凉后搭配气泡苹果酒一起享用。

同场加映
包装盒上的历史（第322页）

法式欧姆蛋

撰文：费德里克·拉里巴哈克里欧里（Frédéric Laly-Baraglioli）

有什么料理比欧姆蛋更简单、更“法式”呢？
既是家庭料理，也是美食艺术，欧姆蛋全盘解读！

您是说欧姆蛋吗？

欧姆蛋（omelette）这个词的英语、德语、荷兰语、葡萄牙语、俄语，甚至是意大利语，全都长得一样！词源来自“âmelette”（意指鸡蛋里头保护并生养的珍贵小灵魂）或“alumelle”（意指缩小版的刀，与欧姆蛋的椭圆形状相似）。

法国欧姆蛋大集合

添加蔬菜的欧姆蛋

洋葱和蒜苗（阿基坦），韭葱、酢浆草或蒲公英（奥弗涅和香槟区），芦笋和朝鲜蓟（普罗旺斯），番茄（普罗旺斯和科西嘉岛），西葫芦和豌豆（克拉马尔），芝麻菜或马齿苋（尼斯），莙荙菜（尼斯煎蛋卷），酪梨（瓜德罗普），洋葱、番茄、辣椒和姜（留尼汪）。其他地区还会加牛肝菌、松露、鸡油菌、喇叭菌、凯萨蘑菇……

添加海鲜的欧姆蛋

鳕鱼（耶稣受难日享用的巴斯克煎蛋卷），鳗鱼（加斯科涅），鲂仔鱼（尼斯），海胆（科西嘉），烟熏咸鲱鱼（滨海布洛涅），乌蛤（索姆）。

添加奶酪的欧姆蛋

埃曼塔奶酪（萨瓦），康堤奶酪，布洛丘奶酪和薄荷（科西嘉岛），查尔斯奶酪（香槟区和勃艮第），洛克福奶酪（阿韦龙）……

添加肉品的欧姆蛋

白火腿（巴黎），肥猪肉或培根（法国东部），血肠（加泰罗尼亚）……

甜味欧姆蛋

焦糖苹果、草莓、蓝莓、小红莓、樱桃、巧克力、朗姆酒舒芙蕾，还有加入浸过牛奶再烤到膨胀的金黄色手指饼干的多菲内欧姆蛋。

塔裘*的朗德辣椒欧姆蛋

准备时间： 10~15分钟

烹调时间： 10~20分钟

分量： 2人份

材料：

鸡蛋5颗

朗德辣椒1盘（绿辣椒、长辣椒或甜辣椒）盐、胡椒

鸭油

步骤：

- 去除辣椒蒂，剔除辣椒籽，切成大块，用鸭油在锅中小火拌炒至少10分钟，直到辣椒上色（甚至些微变黑），让辣椒香味完全释放出来。
- 快速地将鸡蛋打散，加入盐、胡椒和辣椒，用鸭油小火烹煮5~10分钟，再将蛋对半卷起，保持中心湿润浓郁。

*食谱由朗德地区（Landais）的农家主妇乔塞特·塔裘（Josette Darjo）提供。

煎欧姆蛋的三个建议

1. 使用木头刮铲及质量优良的平底不粘锅，抹上足量的油脂。
2. 使用叉子将鸡蛋（每人两三颗）打散，不要过度搅打（以免变干）。
3. 将蛋卷对折，使用盘子来卷动或翻转欧姆蛋。

带汁液，或不带汁液？

湿润的蛋卷是法式欧姆蛋的特色，带有些微汁液不代表它没熟啊！当欧姆蛋被折叠或卷起时，很容易呈现外熟内软的状态。如果您选择将煎蛋翻面，两面都煎过的话，记得先将第一面煎熟，第二面只要小火煎一下下即可。

千层欧姆蛋饼

阿维尼翁地区在收获季节享用的传统美食，这种千层欧姆蛋饼足以媲美戏曲丑角的礼服裙摆。将加了不同食材的欧姆蛋饼层层交叠：一层绿色（莙荙菜和欧芹、鼠尾草等香草）、一层红色（红椒或番茄）、一层黄色（西葫芦、黄椒、奶酪丝或洋葱）、一层深绿色（酸豆橄榄酱）、一层淡色（大蒜）、一层橘色（胡萝卜），最后可能还有一层粉红色（火腿或鲔鱼）。将叠好的欧姆蛋趁热装进模具中，放凉后淋上番茄酱汁。

★ ★ ★

将特别的炒鸡蛋包裹在凝固的蛋液中，**没其他东西了。**

——奥古斯特·埃斯科菲耶

★ ★ ★

马琵*的冒泡欧姆蛋

分量： 4人份

步骤：

取8颗鸡蛋，保留其中4颗蛋白，打成质地浓郁的蛋白霜。

在盆中用叉子将8颗蛋黄及4颗蛋白打散。加入50克鲜奶油、盐及大量胡椒粉。取一平底锅，在锅中熔化75克黄油。趁等待时将蛋白霜倒入蛋液，就像做巧克力慕斯那样，整堆放进去，千万不要搅拌。把蛋液倒进锅中，半熟时将蛋卷对折，即可上桌享用。

*马琵·土鲁斯罗特列克（Mapie de Toulouse-Lautrec, 1901—1972），记者及美食作家。

普拉赫嬷嬷的欧姆蛋秘密

这个世界知名的欧姆蛋诞生于圣米歇尔山，由安奈特·布提欧·普拉赫（Annette Boutiaut épouse Poulard，1851—1931）所发明。她的欧姆蛋分量较大，但质地相当轻盈。普拉赫嬷嬷声称，她的欧姆蛋如此浓郁的秘诀在于鸡蛋的数量和质量，还有她所使用的黄油。

号称“美食王子”的评论家库诺斯基（Curnonsky）认为，这款欧姆蛋的灵感可能来自巴尔扎克的小说《搅水女人》（*Rabouilleuse*）：“他发现如果我们把蛋黄和蛋白分开打发，做出来的欧姆蛋会比较细腻。大部分的厨师都是整颗蛋一起打，太粗暴了。他认为，我们应该要把蛋白打成慕斯，再慢慢加入蛋黄液……”

巴斯卡欧姆蛋

为什么鸡蛋常和复活节（pascade）连在一起，甚至还有节庆“冠名”的巴斯卡欧姆蛋（omelette pascale）？因为食用鸡蛋在古代埃及是永恒与再生的象征，用来庆祝耶稣基督的永生再适合不过。这也是个聪明的方法，让大家可以消耗掉长达40天斋期所累积下来的鸡蛋（四旬期不能吃蛋）。

巴哈卡利欧里*的布洛丘奶酪薄荷欧姆蛋

这道料理的美味秘诀在于奶酪放得比鸡蛋还多，取代传统欧姆蛋里的黄油、牛奶及鲜奶油。

准备时间： 5分钟
烹调时间： 10分钟
分量： 4人份

材料：

鸡蛋 5~6颗
布洛丘奶酪（brocciu）500克
薄荷 1/2束，切碎
盐、胡椒
橄榄油（或黄油）

步骤：

- 将三分之二的奶酪切碎，和鸡蛋用叉子一起打散。加入盐、胡椒及三分之二的碎薄荷。
- 用橄榄油（黄油）煎蛋，蛋液快熟的时候撒上剩下的奶酪（剥成大块）及薄荷，翻面再煎，或折成蛋卷，口感更松软。

*食谱由科西嘉岛的乔塞特·巴哈卡利欧里（Josette Baraglioli）提供。

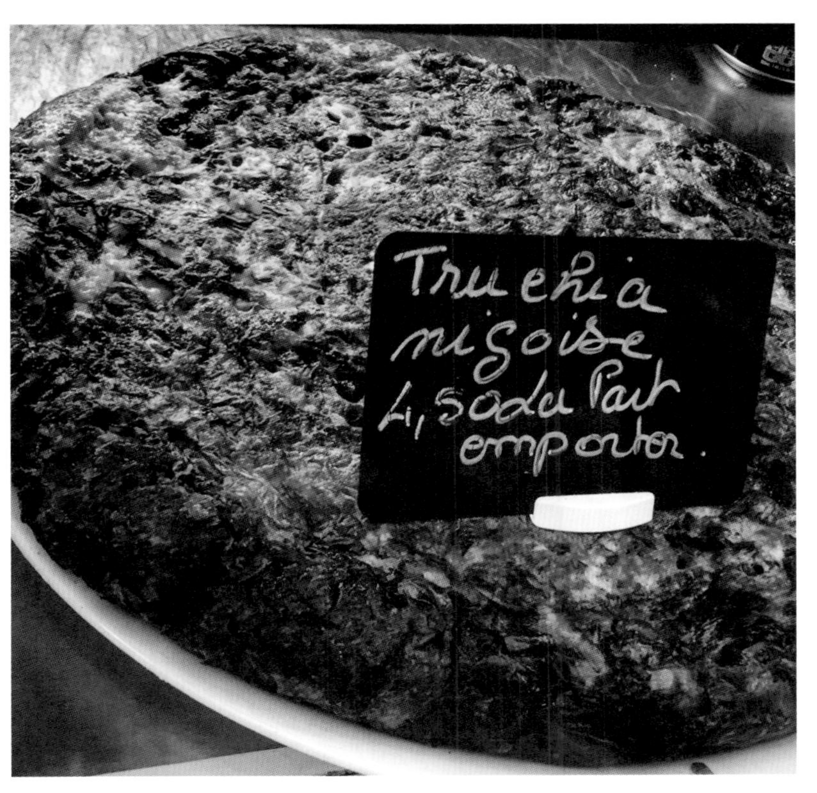

苏菲*的图查蔬菜煎蛋（trouchia）

准备时间： 10~15分钟
烹调时间： 30分钟
分量： 4~6人份

材料：

鸡蛋6颗、洋葱2个
莙荙菜嫩叶2包（或莙荙菜1包）
欧芹1束、雪维草1束
帕马森奶酪丝1把
盐、胡椒、橄榄油
肉豆蔻粉1刀尖
压碎的大蒜1瓣

步骤：

- 将欧芹与雪维草切碎。用橄榄油爆香切碎的洋葱。摘除莙荙菜梗，将剩下的绿叶切成极细丝，好好清洗后沥干。
- 在大沙拉碗里加入蛋及奶酪丝，再加入莙荙菜丝、炒过的洋葱末、雪维草与欧芹末、肉豆蔻粉、大蒜、盐及胡椒，充分拌匀。
- 在平底锅加入适量橄榄油，倒入所有食材并均匀压平。蔬菜煎蛋必须厚达3厘米。盖上锅盖，小火闷煎15分钟。
- 15分钟后，用铲子挑起煎蛋边缘，确认底部没有粘连，接着将煎蛋一口气倒扣在盘子上。在锅中涂上一层薄薄的油，把煎蛋重新滑进锅里，再用小火闷煮15分钟。
- 请注意：蔬菜是生的，必须煮熟才行，所以这种煎蛋才要煎这么久。

*苏菲·阿格佛格里欧（Sophie Agrofoglio），尼斯A Buteghinna传统小食堂的主厨。

同场加映

去你的蛋蛋（第325页）
布洛丘奶酪，乳清的艺术（第260页）

厨房的诗篇

撰文：史蒂芬·索林涅（Stéphane Solier）

短短的诗句，结合了最可口的佳肴与最美味的文字。

波德莱尔，《酒魂》（《恶之花》）

LE VIN

CIV

L'ÂME DU VIN

Un soir, l'âme du vin chantait dans les bouteilles :
« Homme, vers toi je pousse, ô cher déshérité,
Sous ma prison de verre et mes cires vermeilles,
Un chant plein de lumière et de fraternité!

Je sais combien il faut, sur la colline en flamme,
De peine, de sueur et de soleil cuisant
Pour engendrer ma vie et pour me donner l'âme;
Mais je ne serai point ingrat ni malfaisant,

Car j'éprouve une joie immense quand je tombe
Dans le gosier d'un homme usé par ses travaux,
Et sa chaude poitrine est une douce tombe
Où je me plais bien mieux que dans mes froids caveaux.

Entends-tu retentir les refrains des dimanches
Et l'espoir qui gazouille en mon sein palpitant?
Les coudes sur la table et retroussant tes manches,
Tu me glorifieras et tu seras content;

Le vin

J'allumerai les yeux de ta femme ravie;
A ton fils je rendrai sa force et ses coule
Et serai pour ce frêle athlète de la vie
L'huile qui raffermit les muscles des lutt

En toi je tomberai, végétale ambroisie,
Grain précieux jeté par l'éternel Semeur
Pour que de notre amour naisse la poési
Qui jaillira vers Dieu comme une rare fl

拉伯雷，《巴努日面对神瓶的赞诗》（《第五部》第 44 章节）

O Bouteille
Plaine toute
De misteres,
D'vne aureille
Ie t'escoute
Ne differes,
Et le mot proferes,
Auquel pend mon cœur.
En la tant diuine liqueur,
Baccus qui fut d'Inde vainqueur,
Tient toute verité enclose.
Vin tant diuin loin de toy est forclose
Toute mensonge, & toute tromperie.
En ioye soit l'Aire de Noach close,
Lequel de toy nous fist la temperie.
Somme le beau mot, ie t'en prie,
Qui me doit oster de misere.
Ainsi ne se perde vne goutte.
De toy, soit blanche ou soit vermeille.
O Bouteille
Plaine toute
De mysteres
D'vne aureille
Ie t'escoute
Ne differes.

圣阿芒，《香瓜》

Le Melon

[...] Ô manger précieux! Délices de la bouche!
Ô doux reptile herbu, rampant sur une couche!
Ô beaucoup mieux que l'or, chef-d'œuvre d'Apollon!
Ô fleur de tous les fruits! Ô ravissant Melon!
Les hommes de la cour seront gens de paroles,
Les bordels de Rouen seront francs de vérole,
Sans vermine et sans gale on verra les pédants,
Les preneurs de pétun[1] auront de belles dents,
Les femmes des badauds ne seront plus coquettes,
Les corps pleins de santé se plairont aux cliquettes[2],
Les amoureux transis ne seront plus jaloux,
Les paisibles bourgeois hanteront[3] les filous,
Les meilleurs cabarets deviendront solitaires,
Les chantres du Pont-Neuf[4] diront de hauts mystères,
Les pauvres Quinze-Vingts[5] vaudront trois cents
Argus[6],
Les esprits doux du temps paraîtront fort aigus,
Maillet[7] fera des vers aussi bien que Malherbe,
Je haïrai Faret[8], qui se rendra superbe,

兰波，《受惊吓的人》

LES EFFARÉS[1]

Noirs dans la neige et dans la brume,
Au grand soupirail qui s'allume,
Leurs culs en rond,

A genoux, cinq petits[2], — misère! —
Regardent le Boulanger faire
Le lourd pain blond.

Ils voient le fort bras blanc qui tourne
La pâte grise et qui l'enfourne
Dans un trou clair.

Ils écoutent le bon pain cuire.
Le Boulanger au gras sourire
Grogne un vieil air[a].

Ils sont blottis, pas un ne bouge,
Au souffle du soupirail rouge
Chaud comme un sein[3].

Quand pour quelque médianoche[4],
Façonné comme une brioche[b]
On sort le pain,

Texte de la copie de Verlaine (fac-similés Messein).
Variantes du recueil Demeny :
a. Chante un vieil air.
b. Et quand pendant que minuit sonne,
Façonné, pétillant et jaune,
Un 3e manuscrit, que Darzens a eu entre les mains, portait : Et quand
elque médianoche, *corrigé par la suite quand Rimbaud s'est avi*

弗朗西斯·培根，《炸鱼料理》（《诗篇》）

PLAT DE POISSONS FRITS

Goût, vue, ouïe, odorat... c'est instantané :
Lorsque le poisson de mer cuit à l'huile s'entr'ouvre, un jour de soleil sur la nappe, et que les grandes épées qu'il comporte sont prêtes à joncher le sol, que la peau se détache comme la pellicule impressionnable parfois de la plaque exagérément révélée (mais tout ici est beaucoup plus savoureux), ou (comment pourrions-nous dire encore?)... Non, c'est trop bon! Ça fait comme une boulette élastique, un caramel de peau de poisson bien grillée au fond de la poêle...

Goût, vue, ouïes, odaurades : cet instant safrané...
C'est alors, au moment qu'on s'apprête à déguster les filets encore vierges, oui! Sète alors que la haute fenêtre s'ouvre, que la voilure claque et que le pont du petit navire penche vertigineusement sur les flots,
Tandis qu'un petit phare de vin doré — qui se tient bien vertical sur la nappe — luit à notre portée.

阿波利耐尔，《餐点》（《日常小品》）

LE REPAS

Il n'y a que la mère et les deux fils
Tout est ensoleillé
La table est ronde
Derrière la chaise où s'assied la mère
Il y a la fenêtre
Briller sous le soleil
Les caps aux feuillages sombres des pins et des oliviers
Et plus près les villas aux toits rouges
Aux toits rouges où fument les cheminées
Car c'est l'heure du repas
Tout est ensoleillé
Et sur la nappe glacée
La bonne affairée
Dépose un plat fumant
Le repas n'est pas une action vile
Et tous les hommes devraient avoir du pain
La mère et les deux fils mangent et parlent
Et des chants de gaîté accompagnent le repas
Les bruits joyeux des fourchettes et des assiettes
Et le son clair du cristal des verres
Par la fenêtre ouverte viennent les chants des oiseaux
Dans les citronniers
Et de la cuisine arrive
La chanson vive du beurre sur le feu
Un rayon traverse un verre presque plein de vin mélangé d'eau
Oh! le beau rubis que font du vin rouge et du soleil
Quand la faim est calmée
Les fruits gais et parfumés
Terminent le repas

洪萨，《III，24》（《颂诗》）

784 *Les Odes*

45 Et face sa peau vermeille
pour son devoir,
tte au soir
l'oreille[1].

Le marchant hardiment vire
Par la mer, de sa navire
51 La proue et la poupe encor :
Je ne suis touché d'envie
Aux chers despens de ma vie
54 De gaigner des lingots d'or.

Tous ces biens je ne quiers point,
Et mon courage n'est poinct[2]
57 De telle gloire excessive.
Manger ô[3] mon compaignon,
Ou la figue d'Avignon,
60 Ou la Provençale olive.

L'artichot, et la salade,
L'asperge, et la pastenade,
63 Et les pepons Tourangeaux
Me sont herbes plus friandes
Que les royales viandes
66 Qui se servent à monceaux.

Puis qu'il faut si tost mourir,
Que me vaudroit d'acquerir
69 Un bien qui ne dure guiere?
Qu'un heritier qui viendroit
Apres mon trepas, vendroit
72 Et en feroit bonne chere?

贾克·普维，《赖床》（《话语》）

LA GRASSE MATINÉE

Il est terrible
le petit bruit de l'œuf dur cassé sur un comptoir d'étain
il est terrible ce bruit
quand il remue dans la mémoire de l'homme qui a faim
elle est terrible aussi la tête de l'homme
la tête de l'homme qui a faim
quand il se regarde à six heures du matin
dans la glace du grand magasin
une tête couleur de poussière
ce n'est pas sa tête pourtant qu'il regarde
dans la vitrine de chez Potin
il s'en fout de sa tête l'homme
il n'y pense pas
il songe
il imagine une autre tête
une tête de veau par exemple
avec une sauce de vinaigre
ou une tête de n'importe quoi qui se mange
et il remue doucement la mâchoire
doucement
et il grince des dents doucement
car le monde se paye sa tête
et il ne peut rien contre ce monde

80

卡士达酱

撰文：麦考特（Mercotte）[1]

卡士达酱常被当作各种小泡芙、派及蛋糕的内馅；没有卡士达酱，就没有闪电泡芙、修女泡芙和千层派！

卡士达酱的起源

古法语为 cresme de pâtissier，出现于16世纪，当时指的是一种面粉制成的浓厚奶酱。后来经弗朗索瓦·马西洛特（François Massialot）改良，并在1691年的《布尔乔亚与皇家厨艺》（*Cuisinier royal et bourgeois*）中记录做法。需要的食材包括一打全蛋、半磅质量很好的面粉，再来一打鸡蛋及两品脱半（约1.4升）事先煮滚的牛奶。全部放进锅中，加入少许盐及半磅（约0.23千克）黄油一起煮熟。

制作卡士达酱的诀窍与秘方

- ☞想让卡士达酱易成形，建议使用精制面粉或T45面粉（低筋）。
- ☞若对麸质过敏，就改用马铃薯淀粉或玉米淀粉。
- ☞最好使用生乳，不然就用微过滤的全脂牛乳。
- ☞想要卡士达酱更浓郁，可将一半的牛奶换成乳脂含量35%的鲜奶油。
- ☞一开始最好只混合蛋黄和糖，不必打到发白，这样比较容易煮成奶酱。
- ☞若想避免结块，就把蛋液、糖粉、面粉拌匀后，分次倒入牛奶混合，最后得到几乎呈液态的酱汁。
- ☞煮酱汁时在锅中缓慢画“8”字，不停搅拌以避免酱汁粘连。
- ☞盖上保鲜膜前，可以在热卡士达酱上加一块黄油，避免表面生硬。
- ☞若想让卡士达酱迅速冷却，可倒进平板容器中；酱汁摊得越薄，冷却速度越快。

1.麦考特：人称马卡龙皇后、甜点女神，同时也是法国电视台M6的节目《最好的甜点师》（*Le Meilleur Pâtissier*）评审之一。延伸阅读：《最好的麦考特》（*Le Meilleur de Mercotte*）。

2.指可可含量超过31%的巧克力。——译注

不败卡士达酱

准备时间：10分钟

烹调时间：5分钟

分量：4人份

材料：

全脂鲜奶250毫升

香草荚1/2个

糖粉50克

蛋黄3~4颗

面粉10克

玉米粉10克

步骤：

- 将香草籽刮进蛋黄液中，加入糖粉，用刮刀仔细拌匀。撒入面粉及玉米粉，小心混合，切勿过度搅拌。
- 将牛奶与香草荚一起煮滚，将四分之三倒入蛋黄混合液，大力拌匀后再倒回锅中。煮至沸腾后续煮1分钟，不停搅拌，让酱汁更浓郁。
- 将煮好的卡士达酱倒进合适的容器中，盖上保鲜膜冷却。

卡士达酱的变化

卡士达酱100克

软化黄油50克

=

穆斯林鲜奶油（crème mousseline）

温热卡士达酱+软化吉利丁1/2片+打发的冰凉全脂液态鲜奶油50克

=

外交官鲜奶油（crème diplomate）

打发的全脂液体奶油50克

=

女士鲜奶油（crème Madame）或公主鲜奶油（crème Princesse）

温热卡士达酱+软化吉利丁1片+意大利蛋白霜（蛋白25克+糖5克打发，淋上115℃煮到冒泡的糖35克）

=

希布斯特鲜奶油（crème Chiboust）

杏仁黄油酱225克（杏仁粉110克+糖粉110克+Maïzena®玉米粉10克+软化黄油130克+农业朗姆酒1汤匙+鸡蛋2个）

=

杏仁奶油糊（frangipane）

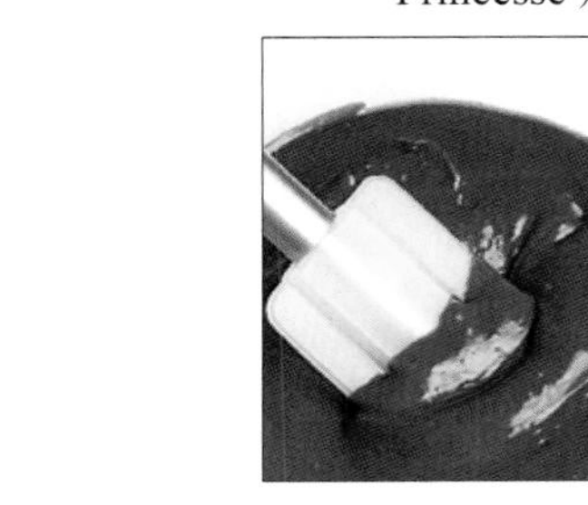

热卡士达酱+调温巧克力[2] 220克

=

巧克力奶油酱

美味的内脏，没有禁忌

撰文：阿得瑞安·冈萨雷斯（Hadrien Gonzales）

从国王路易十五至三星主厨阿兰·夏贝尔，各式的睾丸总能让最挑剔的美食家收获极大乐趣。除了滋养身体，还有极高的催情作用……

提高“性”致的绵羊

重量：100~150克

地区：利穆赞大区

简史：米勒瓦谢高原（Millevaches）最具代表性的动物是什么？羊！在这个地区，羊群被当成图腾崇拜。在克勒兹省（Creuse）的贝内望拉拜埃（Bénévent-l'Abbaye），人们会在8月24日圣巴塞洛谬节（Saint Barthélemy）当天庆祝绵羊节。当地人有将绵羊睾丸入菜的习惯，但直到2002年才终于成立业余美食鉴赏协会“绵羊的睾丸”，把这套料理推至经典美食殿堂。

料理方式：将绵羊睾丸稍微拌炒，再淋上大量柠檬汁和欧青油醋（persillade）。

催情能力：2/5

地区：里昂

简史：20世纪80年代初期，阿兰·夏贝尔作为“欢愉的羊睾丸协会”创始成员，经常聚集在马丁尼耶路上的小酒馆，与大伙一起品尝绵羊睾丸（他们叫作“白腰子”）。今日这个协会约有30多位成员，固定在每年11月最后一个周六举行联合大会。食客们会穿着红色的袍子，并在脖子上挂着一条细绳，上面绑着非常具有象征意义的切蛋器。

料理方式：他们尝试用各种方式来料理这个器官，包括水煮，做成炸饼，淋上蜗牛奶油或葡萄酒酱汁……

催情能力：1/5

地区：巴黎

简史：一直到1974年，屠宰场关闭前，屠夫与巴黎北边菜市场的搬运工人习惯聚在一起享用“维莱特的小玩意儿”（frivolités de La Villette），当作早晨充饥的小点心。

料理方式：羊睾丸切成薄片，裹上蛋液跟面包粉后拌炒，搭配柠檬切片享用。

催情能力：2/5

提高“性”致的公鸡

重量：跟羽毛一样轻

地区：洛林大区

简史：这道料理的出现多亏了路易十五的老婆，所以又被称为“王后酥”。因为不满丈夫的性能力，据说王后在凡尔赛宫的糕点师傅协助下发明了这款千层酥饼，里头有小牛胸腺蘑菇酱、鸡冠和公鸡的腰子。

料理方式：为什么这道催情食谱会变成阿尔萨斯餐桌上的标准餐点？没有人知道原因。从2000年开始，每年9月，在斯特拉斯堡举办的欧洲商品展览会上，都会举行这道菜的料理竞赛。但鸡睾丸常被换成小牛胸腺，因为备料不易，屠宰场很难将鸡睾丸另外分出来。

催情能力：5/5

提高“性”致的公牛

重量：250~300克

地区：朗德省

简史：斗牛比赛期间，想吃在竞技场上丧生的公牛睾丸可不容易。20世纪80年代末，人脉广阔的老饕米歇尔·卡黑（Michel Carrère）会于赛事期间，在波尔多的米其林一星餐厅La Chamade的地窖中，邀请喜爱睾丸的同好同享当天光荣牺牲的公牛睾丸，总共12颗。

料理方式：在圣贾斯汀（Saint Justin）开业已20年的La Toque餐厅，在年度斗牛节庆典时都会推出这道“人生必吃”料理：先在铁盘上煎过，再搭配烤茄子和用大蒜与欧芹调味的西葫芦泥一起食用。

催情能力：4/5

罗杰朋友的羊睾丸料理*

分量：3人份

材料：

绵羊睾丸6颗
百里香1束
月桂叶1片
柠檬2颗
盐、胡椒
冰凉黄油200克

步骤：

- 撕掉羊睾丸外层薄膜（也可请肉贩事先处理），焯烫1分钟，接着静置冷却。
- 取一锅水，撒入盐、百里香、月桂叶及几片柠檬，小火水煮羊睾丸15分钟，随时注意熟度。
- 取出沥干后，像做煎鱼一样用黄油简单拌炒。上桌时可淋上一点柠檬汁，也可加入欧芹或酸豆来调味。

*食谱由阿兰·夏贝尔提供。

重要部位的各式说法

真正的美食家从来不用“睾丸”（testicule）这个词。也许是觉得不够诗意，或怕人家误以为说的是自己的私处。他们通常会用“animelle”，源自拉丁语 anima（灵魂），意指所有动物的生殖器；“动物”（animal）一词也源于此。如果是绵羊的睾丸，则倾向使用“白腰子”（rognons blancs）。因为斗牛赛的关系，公牛的生殖器会用西班牙文“criadillas”称呼。如果是黑公牛，也可以称之为“松露”（truffes）。野猪猎杀者则会在餐盘上找到“追捕”（suites）的灵感，而公羊们则聚集所有的“荣誉”（honneur）。

同场加映
法式美食偏执狂（第126页）

追忆“科西嘉汤”的美味

撰文：费德里克·拉里巴哈克里欧里

在科西嘉岛及法国各地餐厅或传统旅馆的菜单上，几乎都能看见这道汤品。
不过每个科西嘉人都有各自的家族传统食谱与美味记忆，自己母亲或祖母做的才是最好喝的汤！

杰奎琳·邦其

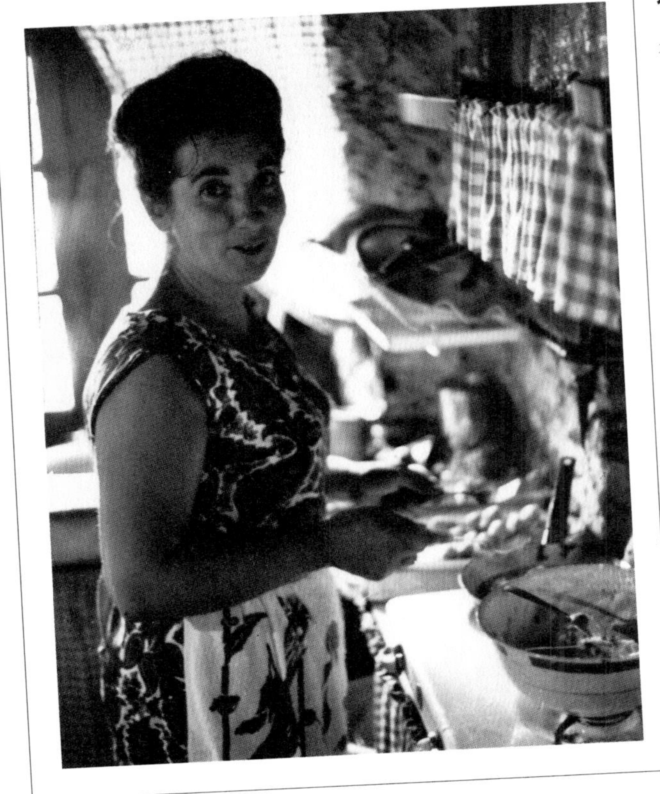

本地汤品的秘密

身为法国母亲，必须要能活用手边食材做出丰盛美味的料理，而那道菜通常就是那一餐唯一的主菜。由于食材会因季节和地区而有所不同，今日对于这道美味汤品的食谱才会如此争论不休！

不变的元素

以豆类植物（干燥或新鲜的菜豆）作为汤品的主体。
一片科西嘉岛的猪肉，作为油脂和美味的来源。
当季蔬菜与淀粉的搭配，裁切成5毫米的小方块，增加柔软度及口感。

可变动的元素

根据季节及口味选择蔬菜淀粉。
菜豆汤版本
白菜汤版本
香草汤版本

料理二合一

某些山区小镇的居民为了让餐桌看起来更丰盛，会从汤中捞出煮熟的蔬菜当作温沙拉享用。

科西嘉汤的科西嘉风味？

在20世纪60年代之前，完全找不到任何“科西嘉汤”（soupe corse）的相关说法，食谱通常只是写着**“乡村汤”**或是**“菜豆汤”（*souppa fi fasgioli*）**。直到1970年至1980年间，这道汤品的名称才被确定下来。其实这汤里的基本食材并没有科西嘉岛独有的特产，除了一些**美化料理的手法**，也因此获得**“穷人美食”（*cucina povera*）**的称号。可能只有在加了邦塞挞火腿（panzetta）或科西嘉生火腿（prisuttu），或添加薄荷等香草时，这道菜才多了点科西嘉风味。因此，这道科西嘉汤有各种版本，山林、平原，乡村、城市，或是**布尔乔亚版本**，如今甚至变得有些附庸风雅起来了。

科西嘉汤*

浸泡时间：1~6小时
准备时间：20分钟
烹调时间：30~40分钟
分量：8人份

材料：

腰豆约2千克
扁荚菜豆约1千克
芹菜一两根
紫洋葱1个
韭葱2根
胡萝卜2根
白色西葫芦2根
白菜1/2棵
马铃薯三四个
邦塞挞火腿1片
月桂叶1片
罗勒和/或薄荷1束
大蒜三四瓣
盐、胡椒
橄榄油
意大利面100~200克（视期望的稠度而定）

步骤：

- 将干燥的腰豆浸在冷水中；如果豆子熟成少于三个月至少要浸1小时，少于六个月要浸3小时，多于六个月则至少要浸6小时（每浸满6小时要记得换水，避免豆子开始发酵）。
- 将腰豆放进锅中预煮5~10分钟，再把水倒掉。将火腿用滚水焯烫，去除浮渣，把水倒掉。扁豆对切，芹菜、韭葱（可以保留大部分的葱绿）和白菜切片，洋葱、胡萝卜、马铃薯及西葫芦则切成5毫米的小方块。
- 取一个大的压力锅，淋上橄榄油，撒上盐，将洋葱及火腿放进去拌炒。加入所有蔬菜及月桂叶，装满水煮沸。
- 加入所有豆子（可切开一些豆子，汤品会更浓稠），取出月桂叶，盖上锅盖。气阀发出声响后再煮20分钟。打开锅盖，转小火至中火继续炖煮。随时注意汤的浓稠度，蔬菜（特别是马铃薯跟豆子）一定要煮熟。如果觉得汤汁不够浓稠，可以压碎一颗马铃薯。

- 罗勒叶及薄荷叶切碎，大蒜切小块，在汤品差不多要煮好的时候，与切成两三段的意大利面一起放进汤中，5分钟后熄火，余温会将面条继续煮熟。淋上一满杯的橄榄油，待冷却后加盐及胡椒调味。

* 食谱由科西嘉省府巴斯蒂亚（Bastia）的老祖母杰奎琳·邦其提供。

皇家库斯库斯

撰文：玛丽埃勒·高德里

皇家库斯库斯*（couscous royal）这道菜，对马格里布人来说简直是种亵渎！但在法国都是这样烹调这道料理的，甚至还名列法国人最爱的美食前几名。

法式库斯库斯

在北非是找不到“皇家库斯库斯”这道料理的！这完全是巴黎人的发明，经由蒙帕纳斯的餐厅Chez Bébert发扬光大。之所以称作“皇家”，是因为料理中使用了许多肉类，有鸡肉、小羊肉、肉丸等，还有香料香肠（merguez），这在马格里布人看来简直粗俗到不行，因为传统的库斯库斯并不会添加烤肉，而是将肉跟蔬菜一起放在高汤中炖煮，再将高汤淋在库斯库斯上。

库斯库斯来自奥弗涅地区？

对本身也是记者的雷蒙·杜梅（Raymond Dumay）教授来说，库斯库斯可能发源于奥弗涅地区！“如果奥弗涅的重要菜肴将有一天会在世界各地展露风采，那就是库西库沙（couchi-coucha）。这道料理使用的粗麦粉来自罗马人高度珍视的利马涅区（Limagne）麦子。豌豆、西葫芦和芜菁都产自布理夫（Brive）盆地。还有新鲜的蔬菜。所有这些食材搭配羊肉、鸡肉及其他敏感的肉类，例如白腰子这种小东西，味道会更细致。享用时可搭配特别的阿里萨辣酱（arrizat）。”

——《从打火石到烧烤，法国美食地理导览》（*Du Silex au barbecue, guide géogastronomique de la France*）

*一种蒸熟的粗麦粉，源自马格里布（Maghreb）柏柏尔人的传统食物。——译注

莎娜慕哈*的库斯库斯

适合初学者的食谱，可再行改良使其更加美味，跟在餐厅吃到的一样。

准备时间：30分钟

烹调时间：1小时55分＋1小时30分

分量：6人份

材料：

羊肩肉或颈肉1千克
香料香肠12条
青椒1/2个
红甜椒1/2个
番茄3个
西葫芦3条
芹菜3根
小型芜菁500克
胡萝卜500克
洋葱4大颗
红椒粉1汤匙
浓缩番茄糊1汤匙
大蒜3瓣
高汤块2块
鹰嘴豆1小盒
库斯库斯500克
花生油少许
橄榄油5汤匙
盐、胡椒

*安德黑·莎娜慕哈（Andrée Zana-Murat），巴黎Café Guitry店主。地中海沿岸地区出生的她热情豪爽，大方提供了库斯库斯的食谱与制作秘诀。

步骤：

肉类

- 羊肉冲洗干净，撒上盐和胡椒，放在沙拉碗中。在超大炖锅中加入橄榄油煎羊肉，先开大火再转中火，每面都上色后即可取出放在深盘中。
- 在涂满油脂的平底锅中煎香肠，煎好后静置一旁，使用前再加热。

蔬菜

- 清洗所有蔬菜并削皮。洋葱、青椒、红甜椒及芹菜等切成薄片。番茄表皮划两刀，放进滚水15秒后取出，剥皮去籽再剁碎。西葫芦间隔削皮（使其外皮绿白相间），然后将其对切再切成大块。芜菁及胡萝卜也以同样方式处理，但皮全削掉。
- 用刚刚煎肉的锅拌炒切碎的洋葱。洋葱上色后离火，加入红椒粉及浓缩番茄糊。再放回炉上，加入捣碎的大蒜和所有蔬菜，拌炒5分钟，最后加入刚刚剁碎的番茄。

高汤

- 将肉类加入蔬菜锅中，并加入沥干的鹰嘴豆，淋上高汤（用热水溶解高汤块）。加入的液体只能到食材的表面。煮滚后转小火继续炖煮1小时。可以趁这时候来准备库斯库斯。
- 时间到了之后，在锅中加入西葫芦，小火炖煮20分钟，不加盖。烹调过程中可加盐和胡椒适度调味。
- 将肉类摆在深盘中央，旁边摆上蔬菜。库斯库斯和高汤另外盛盘。

库斯库斯

- 将库斯库斯放在大碗中，倒入大量冷水盖过表面，用手搅和一下，等到水变成暗白色再倒掉。重复清洗一两次后，拿个网眼很小的滤勺把水沥干，放回碗中。
- 将库斯库斯淋上花生油，加入盐，用叉子拌匀，让空气流通避免结块，每5~10分钟便搅拌一次。大约30分钟后，库斯库斯会变大，看起来像是“煮熟”了。若想让空气更加流通，最好的方式就是用两手搓揉。尝一口，需要的话再加点盐。
- 将库斯库斯均匀倒入专用蒸锅，盖上盖子蒸20分钟。熟了之后盛入深盘，加入小块黄油后用叉子拌匀。必要的话加盐调味。

废弃食材大变身

撰文：玛丽阿玛·毕萨里昂

为了对抗经济不景气，也想多吸收一点维生素，人们充分利用蔬果的每一个部分：植物的茎梗、柔软的或咬不动的外皮、看似不能吃的根。我们的祖先是不想浪费才吃，今日人们则带着节庆的心情与环保的态度食用。

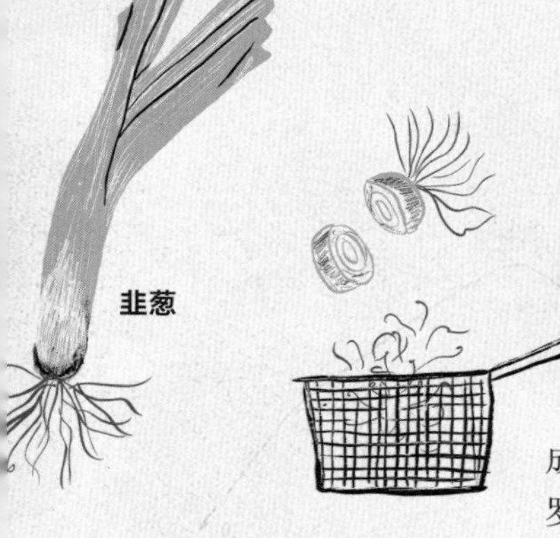

如何料理植物的根部？

韭葱根天妇罗

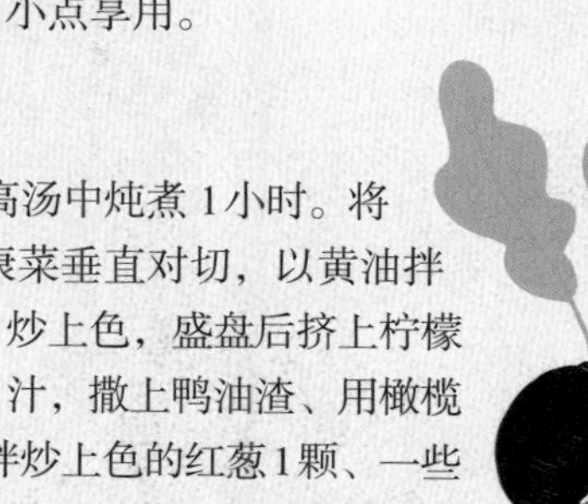

选择根须茂密的韭葱，从根部往上3厘米处切下（保留根须），对切成4条，洗净沥干。放进天妇罗面糊（蛋黄1颗、冰水200毫升、面粉120克，简单拌匀），沾满面衣后放进锅中油炸。取出后放在吸油纸巾上，撒上盐调味。可当成餐点的摆盘装饰，或是当成开胃小点享用。

普提的吉康菜根高汤佐鸭油渣

切下3个吉康菜的根部，放进鸡高汤中炖煮1小时。将3个生吉康菜垂直对切，以黄油拌炒上色，盛盘后挤上柠檬汁，撒上鸭油渣、用橄榄油拌炒上色的红葱1颗、一些压碎的坚果，再淋上高汤浓汁。最后拿1个生的吉康菜切碎做装饰。

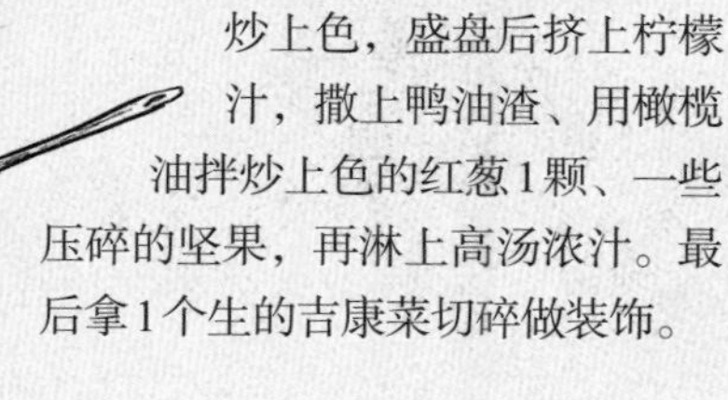

吉康菜

樱桃萝卜

如何料理不要的叶子？

樱桃萝卜青酱汁

切下樱桃萝卜的叶子，和葵花子、大蒜、帕马森奶酪、盐一起用搅拌器打碎，再加入橄榄油打到浓稠，跟美乃滋一样。可加在面条中或抹在吐司上，增加一点辣味和酸度。

胡萝卜叶沙拉

叶梗捏掉，叶片切碎，撒在加了羊莴苣（mâche）、小番茄及棕色蘑菇薄片的沙拉上，给沙拉添一点刺激的味道。

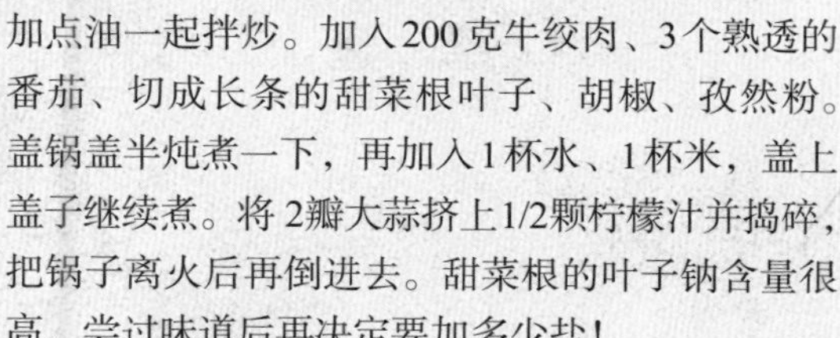

胡萝卜

炖甜菜根的叶子

取12根叶梗切碎，连同2颗切碎的红葱及一些松子加点油一起拌炒。加入200克牛绞肉、3个熟透的番茄、切成长条的甜菜根叶子、胡椒、孜然粉。盖锅盖半炖煮一下，再加入1杯水、1杯米，盖上盖子继续煮。将2瓣大蒜挤上1/2颗柠檬汁并捣碎，把锅子离火后再倒进去。甜菜根的叶子钠含量很高，尝过味道后再决定要加多少盐！

甜菜

卢贝*的芦笋皮烤布蕾

准备时间： 20分钟

烹调时间： 45分钟

分量： 10人份

材料：

芦笋皮10根的量
全脂牛奶500毫升
液体鲜奶油500毫升
蛋黄10颗、新鲜的帕马森奶酪
番石榴糖粉少许、肉豆蔻1撮
未去除外皮的杏仁10颗、盐

步骤：

- 在锅子里倒入奶油及牛奶加热，加入盐、糖粉及肉豆蔻，沸腾后熄火。放入芦笋皮，然后置于一旁放凉。
- 将芦笋皮滤出，在牛奶中加入蛋黄拌匀，倒进小杯子模具中，送进预热至100°C的烤箱烘烤。享用前撒上新鲜的帕马森奶酪片及切碎的杏仁。

* 爱德华·卢贝（Edouard Loubet），米其林二星餐厅La Bastide de Capelongue主厨。

如何料理剥下的豆荚？

豌豆荚冷汤

捡10来个豌豆荚，放进加盐的滚水中煮45分钟，再放入锥形过滤器挤压过滤。加入3块羊奶奶酪、半根浸湿后挤干的棍面包、一点橄榄油，再次绞碎拌匀。加入剪碎的薄荷及香菜，撒上一些生豌豆，先冷藏再上桌。

菠萝

豌豆

蚕豆荚薯泥

称250克的蚕豆，剪掉蒂头茸毛多的部分，再将豆荚剪成小段，和一大块黄油一起放进锅中，加盖煮约10分钟。加入2个切块的马铃薯和咖喱粉，加水淹过食材，加盖再煮30分钟。煮好后用叉子碾碎豆荚薯泥，加入盐、胡椒、黄油和/或鲜奶油。

蚕豆

如何料理削下的蔬果皮？

菠萝皮高汤

玛丽阿玛会将果皮连同50克红糖、750毫升水、肉桂、小豆蔻、丁香一起滚煮约20分钟。静置冷却后用布过滤汁液，再配上煎到金黄的菠萝片。

装饰用茄子皮

索妮雅会将茄子皮切成细长的条状，加橄榄油大火拌炒。当茄子皮变脆时，将它们放在吸油纸上，撒上盐和胡椒调味。接着将茄子皮切成细丝，再次放进刚才的锅中拌炒，然后放在加了醋的茄子糊上。

胡萝卜皮酸辣酱（chutney）

取3把胡萝卜皮，用食物调理机绞碎，再加入3颗用油拌炒过的红葱、切成丁的干果（无花果、杏桃、蜜枣）、大量辣椒、姜和香菜稍微绞碎。倒入锅中，和少许醋及1瓶啤酒一起炖煮，直到液体全部收干，装进罐子保存。

黄瓜

茄子

胡萝卜

柠檬挞

撰文：戴乐芬·勒费佛

柠檬挞可以说是法国的经典甜点之一。在酥脆的挞皮内填入带酸味的奶酱，再依据个人喜好添上意大利蛋白霜，就算什么都不加也很美味。

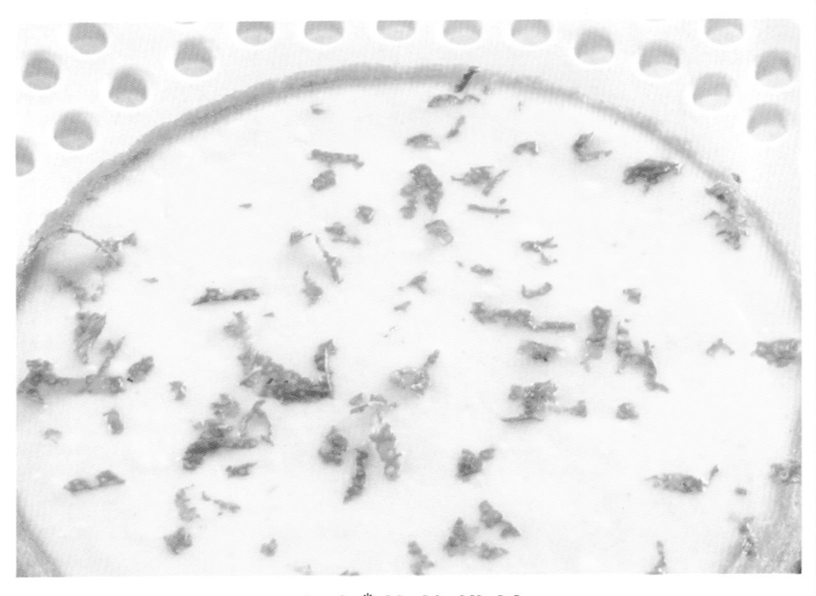

吉宁*的柠檬挞

准备时间： 1小时

烹调时间： 20分钟

冷藏时间： 3小时＋1小时

分量： 6人份

材料：

奶油酱

青柠汁180克（约6~10颗）

青柠皮丝3颗

鸡蛋3大颗

细砂糖170克

无盐黄油200克

挞皮（2个）

放至常温的无盐黄油175克

糖粉125克

杏仁粉60克

鸡蛋2大颗＋蛋黄1颗

香草荚1枝

盐1撮

面粉310克

步骤：

· 先将制作面团所需的鸡蛋及黄油从冰箱中取出，放至常温。

制作奶油酱

· 在厚底平底锅中加入青柠皮丝、蛋与糖粉拌匀，再加入青柠汁，以极小火加热，同时以硅胶刮刀搅拌。

· 当奶油酱开始变浓稠时，继续加热直到完全浓稠。第一次滚沸时，将锅子离火，随即用锥形漏勺过滤至冰凉的盆子里，静置5分钟。

· 将黄油全部放进去，用手持电动搅拌棒打成乳霜状，放进冰箱静置3小时。

准备挞皮

· 将香草荚切开，刮出香草籽。将黄油切小块，和糖粉及杏仁粉装进沙拉碗中，用手指混合均匀，直到捏成细小颗粒状。加入鸡蛋与香草籽，用手指混合均匀。

· 在面粉中加入盐，倒进沙拉碗中和成面团。将面团的外围捏往中心聚集再对折，将面团揉成球形。

· 在工作台上撒一点面粉，放上面团，切成两块。将面团夹在烘焙纸中间，分别擀成圆形，再包上保鲜膜放进冰箱冷藏1.5小时。

· 到时间后取出面团，在撒了面粉的工作台上擀成很薄的挞皮。取一个圆形挞模放在挞皮上，切割出一个稍微宽一点的圆形，然后放进冷冻室两三分钟。取出挞皮铺在挞模上，沿着边缘调整挞皮位置，将超出的部分用手往外压，再用擀面杖将多余的挞皮擀掉。

· 烤箱预热至170℃，烘烤挞皮约20分钟，直到上色。烤好后静置冷却，填入奶油酱后冷藏。

同场加映

法国柑橘大赏（第292页）

* 贾克·吉宁（Jacques Genin），店址：133, rue de Turenne, Paris。

朗姆巴巴国王

撰文：艾维拉·麦森（Elvira Masson）

提到斯坦尼斯瓦夫·莱什琴斯基（Stanislas Leszczynski），首先会联想到位于南锡（Nancy）的美丽广场*，但“慈善的斯坦尼斯瓦夫”其实也是一位伟大的美食家。

斯坦尼斯瓦夫一世出生于贵族世家，在1704至1709年间统治波兰。由于当时的政治纷争，他被迫流亡法国洛林的吕内维尔城堡，与孟德斯鸠及伏尔泰一起研究哲学，也开始研究美食。也因为他和他的天才糕点师尼古拉·史多汉（Nicolas Stohrer），才会有朗姆巴巴蛋糕（baba au rhum）诞生。在他的女儿玛丽·雷婕斯卡（Marie Leszczynska）嫁给路易十五后，这位巴巴国王成了王室的岳父，被册封为洛林公爵，甜点界的历史随之改写。史多汉随着国王夫妇移居巴黎，并在蒙托格依街上开了第一间糕饼店，至今仍挂着他的名字。斯坦尼斯瓦夫与点心的渊源不仅如此，还有许多颇有争议的传说。

是真的？还是假的？

这些甜食的发明，都是因为斯坦尼斯瓦夫……

咕咕洛夫蛋糕（kouglof）：不是！

18世纪的阿尔萨斯已出现第一个咕咕洛夫蛋糕模的踪迹。尽管不是斯坦尼斯瓦夫国王亲自发明，但他非常喜欢这种蛋糕。

巴巴朗姆蛋糕：是的！

或者说，我们假设是他发明的！斯坦尼斯瓦夫国王认为咕咕洛夫蛋糕吃起来太干，于是史多汉便在蛋糕上淋上甜葡萄酒，创造出巴巴朗姆蛋糕。后来甜酒才被换成朗姆酒。

南锡马卡龙：等待证实！

这种杏仁饼干经常出现在巴巴国王的餐桌上。他的试吃员吉里耶（Gilliers）在1751年出版的《法式甜食》（*Le Cannaméliste français*）中就提到过这种饼干。他的医生布克欧兹（Buc'hoz），在1787年的《食材准备的艺术》（*L'Art de préparer les aliments*）中也提到过。

科梅尔西的玛德琳：有可能！

有回洛林公爵举办宴会，当时有位来自科梅尔西（Commercy）的女仆玛德琳·波勒米耶（Madeleine Paulmier）到厨房帮忙，烤出了这款松软的小蛋糕，深得巴巴国王欢心，便用她的名字为糕点命名。还有一说，玛德琳来自圣贾克朝圣之路上一位叫作玛德琳的女孩，她用圣贾克扇贝的壳当模型烤鸡蛋糕，提供给当时的朝圣者果腹。

香水柠檬糖：不是！

以香水柠檬做调味的糖浆制作出的方形小糖果，出现在19世纪的南锡。

同场加映

自制美味鱼糕（第393页）

甜蜜环法之旅（第164页）

* 斯坦尼斯拉斯广场，1983年被列入世界遗产。——译注

奇特的猎物，奇特的野味

撰文：玛丽阿玛·毕萨里昂

饥荒期间，所有带毛皮或带羽毛的野味都成了蛋白质的来源。现在因为有严格的狩猎管制，这里介绍的某些野味已经吃不到了，其他的你可能也不爱吃。

禁止食用的野味

刺猬，吉卜赛的美味佳肴

非常喜欢刺猬的吉卜赛人，完全不顾2007年颁布的猎杀禁令，照样猎食。他们最喜欢“Niglo ap i bus”（铁杆烤刺猬），将刺猬四肢摊开，或用管子将身躯吹饱气，再用锋利的刀子去掉刺猬的尖刺及皮毛，取出内脏，最后用火烤一下或用沸水滚煮。将身躯切对半，摊平，插上铁杆，架在木炭上烘烤。滴下的油脂带有淡淡的橄榄油味道，可留起来拌炒马铃薯。

河狸，四旬斋的蛋白质

可能因为它有一半时间生活在水中，教会允许大众在四旬斋期间吃河狸肉。此外，阿维尼翁新城的僧侣会将其捣碎做成肉肠，直到18世纪才停止。河狸时常因为皮毛及性腺的分泌物（做成香水很受欢迎）而被猎杀。1999年，南法卡马格地区的河狸几乎灭绝。所幸在多年的保育下，如今约有1.5万只海狸在那里栖息。若想品尝河狸美味的肝脏和它质地类似小牛胸腺的尾巴，得前往阿根廷火地岛。1946年，当地引进加拿大海狸，只要阿根廷国家科学委员会继续宣扬它的好处，河狸就不会绝迹……

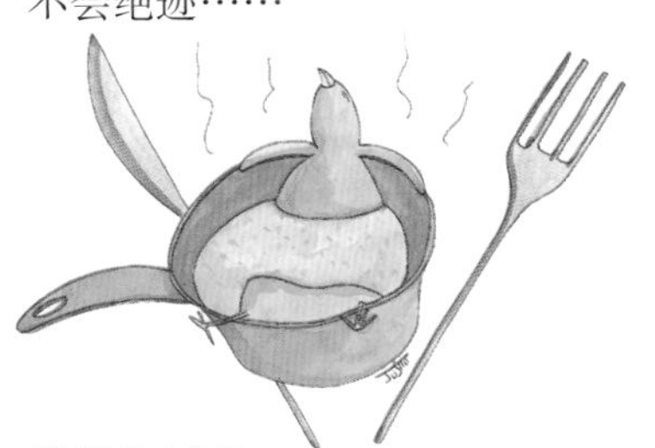

暗笑的圃鹀

圃鹀（ortolan）是麻雀的表亲，在罗马时代已备受喜爱，不仅让大仲马陷入痴狂（他在《烹饪大辞典》中提到好几种料理法），法国前总统密特朗在去世前八天还尝了最后一次。自从1999年禁止猎捕以来，圃鹀总算摆脱了残酷命运：在黑暗中度过三星期，每天强制喂食十二次，最后一次灌食整杯的雅马邑白兰地，再让它死亡。大啖圃鹀时，从脑髓到内脏都不要浪费，而且还要躲在餐巾后头吃，这样不仅保留野味的香气，也可以避免其他人看到狼吞虎咽的吃相。

过时的野味

如今社会富裕，只有少数的老人还会去捕捉体形较小的猎物。

科西嘉的烟熏睡鼠

睡鼠的学名为Glis glis，体重约250克。有圆眼睛、浓密的长尾巴和柔软的皮毛。睡鼠并非濒危物种，现在也已经没有人再煮食它的肉。然而从古代到文艺复兴时期，整个地中海盆地都使用陶罐来焗烤睡鼠。秋天的睡鼠多肉，在科西嘉岛还是有人捕捉，方法是把睡鼠巢穴的出口全部封起来，只留下一个用烟来熏，等它一逃出来就打晕。接下来呢？在意大利卡拉布里亚，人们会把内脏清空，连毛皮一起烤，流出来的油脂则用面包蘸着吃。

极为罕见的野味

在法国，所有鹬鸟、斑鸫及野鸭的交易都是被禁止的。深入认识一下丘鹬（bécasse），捕捉丘鹬需要极大的耐性和一条训练有素的猎犬。

丘鹬，难以接近的“森林女王”

美食专栏作家雷尼埃（Grimod de La Reynière）曾经写道：“人们如此地崇敬这种鸟儿，像对待伟大的僧侣那般尊敬。它的排泄物被精心收集放在用柠檬汁沾湿的烤肉上，最热情的爱好者还会带着万般敬意吃下它。”[1]在2014年，包含亚朗·杜卡斯（Alain Ducasse）在内的四位大厨，要求政府允许每年有一天可享用这种长喙涉禽类候鸟，但被拒绝了。若想品尝丘鹬，得经常跟丘鹬猎人打交道；他们相当遵守法律，以求能维持人鸟共生的平衡。伊夫·坎德伯（Yves Camdeborde）[2]习惯不清除内脏，整只放进烤箱，淋上雅马邑白兰地，佐以炒牛肝菌就大功告成。

1. 节录自《业余爱好者的美食年鉴》（*Almanach des gourmands par un vieil amateur*, 1804），第37—38页。

2. 巴黎Comptoir du Relais餐厅主厨，巴黎第七区。

建议猎杀的野味

某些外来物种，如加拿大雁（oie bernache），已成为法国领土中不受欢迎的分子（persona non grata）[3]。以下介绍两个相当令人担忧的例子。

再吃一点海狸鼠吧

海狸鼠，学名为*Myocastor coypus*，可重达10千克。这种带有橙色门牙和鼠尾巴的大型草食啮齿动物，19世纪时因其皮毛而从南美洲进口，但很快就被丢到野外。它们繁殖迅速，摧毁河岸的鸟类巢穴，还会散播钩端螺旋体病，被列入一级有害物种，全年均可捕杀。将海狸鼠肉与猪肉、鸡蛋、香料、白兰地放入砂锅炖煮，或在陶罐中加卡尔瓦多斯苹果白兰地炖煮。

3. 在外交词汇中，列为“不受欢迎者”会被拒绝入境。——译注

4. Règlement d'exécution 2016/1141de l'UE du 14/07/2016。

松鼠，不要搞混颜色了！

从以前到现在，欧亚红松鼠在法国乡村都相当受到喜爱，从1976年开始受到严格的保护。相反地，它美国的近亲灰松鼠在19世纪被进口到法国，不仅会掠夺红松鼠的粮食，还会传染致命病毒，属于欧盟鼓励根除的物种之一[4]。不久的将来应该就像英国一样，在肉贩摊位上看到灰松鼠的踪迹……伦敦St John餐厅主厨费古斯·昂德森（Fergus Henderson）认为，应该研究老祖宗的方法来烹调灰松鼠“吃起来像野兔，但油腻许多”的肉质。或是你也可以照抄他的食谱，煮一份水田芥炖松鼠肉，一人吃一只。

同场加映
野猪，带毛的狂野滋味
（第57页）

la mayonnaise

家常美乃滋

撰文：法兰索瓦芮吉·高帝

自己做的美乃滋肯定比工厂统一做出来的美味，
动手试试这款法国料理中最知名的酱料吧！

传统手动搅拌法

这是老祖母的制作方式。有些人连打蛋器都不用，只拿叉子来搅拌。

准备时间：四五分钟

分量：1碗

材料：

蛋黄1颗、葵花油200毫升

葡萄酒醋1汤匙、浓芥末酱2茶匙

盐3大撮、现磨胡椒（转6圈）

步骤：

取大碗放在抹布上，让碗固定。放进蛋黄，加入芥末酱、盐和胡椒。用打蛋器仔细搅拌，静置1分钟。以细线般的分量注入油，用打蛋器不停搅拌，直到得到浓郁的美乃滋。接着加入葡萄酒醋，再度搅拌。完成后于室温静置。

速成电动搅拌器

分量：1碗

材料：

鸡蛋1颗，其余同传统手动搅拌法

步骤：

取一个高筒状容器（电动搅拌棒的搅拌盒），除了鸡蛋需使用全蛋，其余材料和传统手动搅拌法一样。将所有材料放进容器中，以电动搅拌棒间歇性搅打，直到得到质地均匀的美乃滋。这种方法做出来的美乃滋质地会相当紧实，且颜色更白（因为加了蛋白）。

美乃滋五大法则

1 所有材料都要在室温状态。材料的温度越低，油水融合乳化的程度就越低，因为油脂会自行凝固。

2 不需要让鸡蛋跟芥末一起静置，这样做并不会帮助乳化。

3 加几粒盐及几滴柠檬汁，可拯救打坏的美乃滋。因为这两种材料可以增加美乃滋的表面活性。

4 油脂不能加得太快，否则有可能会阻碍乳化过程。

5 美乃滋不适合放进冰箱，否则油脂会凝固，美乃滋就会油水分离。

要不要加芥末？

➢ 纯粹主义者是绝不妥协的：美乃滋最早的成分就是油、蛋黄、醋和盐。一但加了芥末，就变成雷莫拉酱（remoulade）了。

➢ 奥古斯特·埃斯科菲耶的《烹饪指南》（*Le Guide culinaire*,1902）提到一种没有加芥末的美乃滋做法。

➢ 葛林括（Théodore Gringoire）和索林涅（Louis Saulnier）的《烹饪索引》（*Le Répertoire de la cuisine*）中提到使用芥末。

➢ 亚尼克·阿勒诺（Yannick Alleno）的《酱汁，厨师的思考》（*Sauces, réflexions d'un cuisinier*，2014）将现代的美乃滋定义为加了芥末的酱汁，而雷莫拉酱则是一种额外加入“酸豆、酸黄瓜、欧芹、雪维菜、龙蒿及鳀鱼精华*”的酱汁。

美乃滋（mayonnaise）从何而来？

➢ 有人说来自**马翁（Mahón）**，梅诺卡岛（Minorque）的首府，位于巴利阿里群岛（Baléares）上。1756年，黎塞留元帅从英军手中收回这座岛，他的厨师用岛上可取得的两种材料——蛋和油——为他制作了这种酱料，命名为“马翁乃滋”（mahonnaise）。

➢ 有人说来自**“马纽乃滋”（magnonaise）这个单词**。根据名厨安东尼·卡汉姆的说法，这个动词包含了“吃”（magner）或是“制作”（manier）的意思。

➢ 有人说来自**“马优乃滋”（moyeunaise）或“马焉乃滋”（moyennaise）**。根据名厨普斯佩·蒙塔宁（Prosper Montagné）的说法，“马优”（moyeu）或“马焉”（moyen）这两个词在古法语里的意思为蛋黄。

➢ 有人说来自**“马浓乃滋”（magnonnaise）**。马浓（Magnon）是洛特-加龙省其中一个镇的旧称，一位当地的厨师首先于法国南部推广这种酱料。

➢ 有人说来自**马耶讷省（Mayenne）**，该领地的公爵为了做出一种出色的酱料来为鸡肉调味，在亚杰之役（1589年）的前一晚熬夜，害他隔天落马并且打了败仗。

➢ 有人说来自**巴约讷（Bayonne）**，当地也有一种乳化酱料，名叫巴约乃滋（bayonnaise）。

美乃滋的变体

美乃滋＋不同食材	＝美乃滋家族
番茄泥、红辣椒	安达卢西亚酱（Sauce Andalouse）
番茄酱、干邑白兰地、塔巴斯科辣酱	鸡尾酒酱（Sauce Cocktail）
用白酒收干的红葱末、虾夷葱末	红葱美乃滋（Sauce Mousquetaire）
剁碎的酸豆、酸黄瓜、洋葱、欧芹、雪维草、龙蒿	塔塔酱（Sauce Tartare）
大蒜、蛋黄、柠檬汁、橄榄油，搭配去皮马铃薯	橄榄油蒜泥酱（Aïoli）
捣碎的大蒜1瓣、橄榄油（取代葵花油）	马优里酱（Sauce Mayoli）
咖喱粉1撮	咖喱美乃滋（Sauce Mayo Curry）
柠檬汁，上桌前用力打发	穆斯林酱（Sauce Mousseline）
将雪维草、欧芹、水田芥、菠菜、龙蒿切碎，以70℃慢慢加热并用力挤压出汁液，再加入香草末	绿美乃滋（Sauce Verte）
以柠檬汁取代酒醋，上桌前加入打到紧实的鲜奶油	鲜奶油美乃滋（Mayonnaise Chantilly）
煮熟的蛋黄、芥末酱、醋，切碎的腌黄瓜、酸豆、欧芹、雪维草跟龙蒿，切碎的熟蛋白，用力搅打	水煮蛋香草美乃滋酱（Sauce Gribiche）
煮熟的蛋黄、辣椒粉1小撮、虾夷葱、欧芹、龙蒿、雪维草、酸豆、剁碎的酸黄瓜、白醋	酸辣酱（Ravigote）
芥末、酸豆、酸黄瓜、洋葱、欧芹、雪维草及龙蒿剁碎，再加入一些鳀鱼精华	雷莫拉酱（Sauce Remoulade）
一半塔塔酱混合一半绿美乃滋	文森酱（Sauce Vincent）
鱼子酱、螯龙虾酱、芥末酱，以及一点埃斯科菲耶酱	俄罗斯酱（Sauce Russe）
将煮熟蛋黄、芥末酱、酸豆、腌黄瓜、洋葱、欧芹、雪维草、龙蒿跟鳀鱼放入碗里压成泥	剑桥酱（Sauce Cambridge）

* 鳀鱼精华（essence d'anchois）也是一种酱汁，做法是在陶土做的盆内交错摆上一层鳀鱼、一层盐，置于室温，时常搅拌，发酵完成的汁液即为精华。——译注

同场加映
清爽奶酪美乃滋（第108页）

巴尔扎克，间歇性的美食家

撰文：史蒂芬·索林涅

他和面包师守护神圣多诺黑（Saint Honoré）有一样的名字，他与拉伯雷（Rabelais）是同乡，这位文采华丽的暴食苦行僧将永远无法摆脱对于美食向往的隔代遗传。

巴尔扎克的美食肖像

儿时回忆？

父亲严厉控管，常常晚餐只吃水果，寄宿学校的伙食更是乏善可陈。看到同学家里寄来都兰[1]传统美食，相比之下真是苦涩的回忆！

最喜欢的充饥小点？

藏在书包里的烟熏牛舌。

创作期间的饮食习惯？

早晨吃水果和水煮蛋，晚上吃黄油煎沙丁鱼、鸡翅或羊腿切片，还有很浓很浓的咖啡！

交出书稿后的庆祝食谱？

上百个生蚝、4瓶白酒、12块预先腌制的肋排、一只芜菁烤乳鸭、一对烤野鸥、一条诺曼底比目鱼、甜点、鲜果……全部由出版社买单！

最爱的食物？

烤通心粉派。他和高康大一样可以一口气吃下四个！

最奢侈的一餐？

1836年，在哈里高监狱[2]中，由维富餐厅[3]送来的肉酱、松露家禽、酱淋野味、果酱、葡萄酒跟利口酒！

偏好的葡萄酒？

是的，巴尔扎克不只爱喝咖啡。"葡萄酒滋养我的身体，而咖啡照料我的灵魂！"梧雷、蒙路易、梭密尔、香槟区，还有西班牙及葡萄牙的烧酒（vin cuit）。

对幸福的想法？

"都兰给我的印象是一种鹅肝馅饼，让人吃得饱饱的，还有它美味的酒，不会让你微醺，只会让你变傻变美好。"

他的小小（甜食）弱点？

"面对一整堆的梨子及美丽的桃子，他的嘴唇颤动，眼睛闪耀着幸福，双手因喜悦而颤抖……简直是享乐主义（pantagruélisme）[4]的蔬食版本……"

同场加映

法式欧姆蛋（90页）

法国人最爱喝的咖啡（第300页）

巴尔扎克的巴黎美食地图

他的系列作品《人间喜剧》（*La Comédie humaine*）提供了完美地图，让我们一窥19世纪初的巴黎美食。

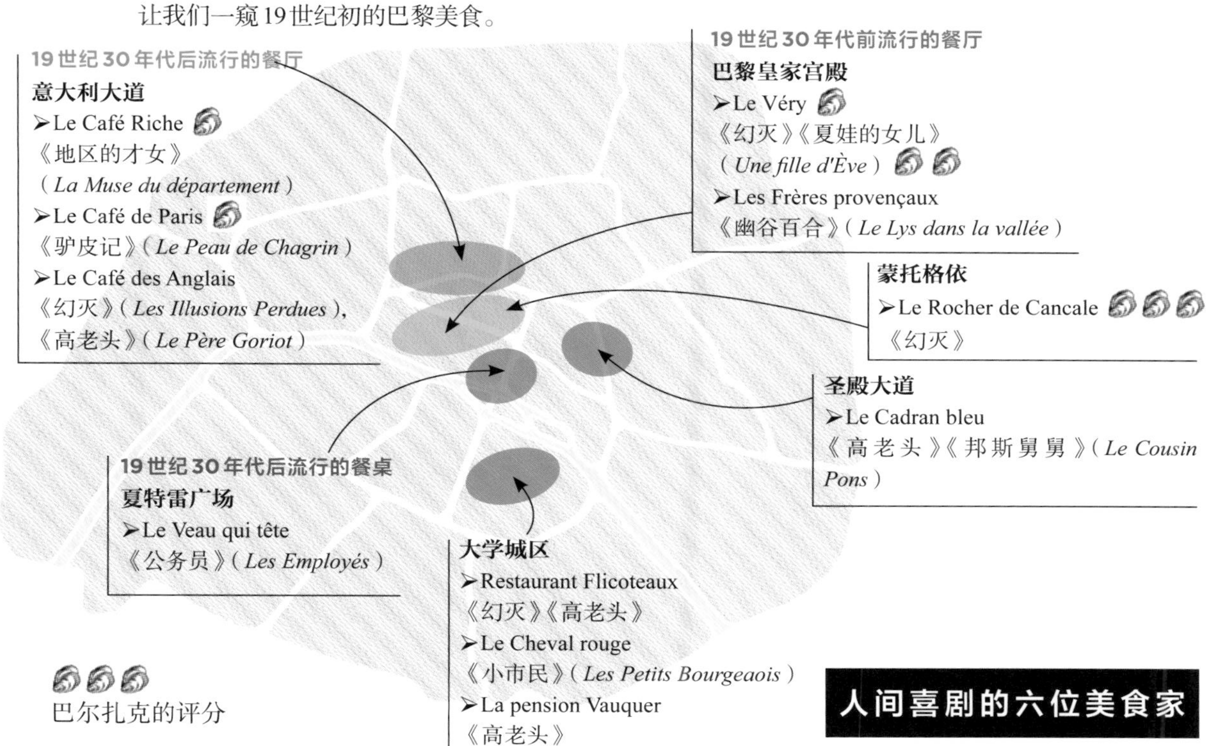

巴尔扎克的美食段落

邦斯很怀念某些奶油，是真正的诗歌创作！某些白酱，简直是杰作！某些加了松露的家禽，太让人喜爱了！最厉害的是莱茵河的鲤鱼……佐一些酱汁，在酱汁盆中清澈透亮，在舌头上丰厚饱满，简直可以拿到蒙蒂翁大奖（prix de Montyon）[5]。——《邦斯舅舅》

他走进维利酒家（chez Véry）点了几样菜，想学学巴黎的生活情调，同时排遣自己的苦闷。一瓶波尔多的葡萄酒、一盘奥斯坦德（Ostende）生蚝、一盘鱼、一盘鹧、一盘通心粉，几样水果，便是他最大的欲望。他一边享受这顿小规模的酒席，一边盘算晚上在埃斯巴侯爵夫人面前卖弄才情……他看到饭店送来的账单，顿时从幻梦中惊醒…… ——《幻灭》

在外省区，没有工作加上生活单调，让人们的心思转往关注料理。在外省区吃饭不如巴黎豪奢，但我们吃得更好。餐点都经过周全的设想及研究。在偏远的外省，那些穿着围裙的烘焙大师是被忽略的天才，他们知道如何调理简单的菜豆，美味可口到罗西（Rossini）都会点头称是，赞扬这个完美的成就。 ——《搅水女人》（*La Rabouilleuse*）

1. 法国历史上的行省，巴尔扎克的故乡。——编注
2. 位于巴黎第六区。巴尔扎克在1836年出版《高老头》后，因拒绝去国民警卫队服役，在这里坐了一星期的牢。——译注
3. 坐落于皇室宫殿花园的维富餐厅（Véfour），从18世纪以来一直是巴黎的政治、艺术、文学精英们享受美食的殿堂。——译注
4. 这个词同样源自《巨人传》另一主角庞大古埃，以嗜吃享乐闻名。——编注
5. 由法兰西学院及法国科学院共同颁发的奖项。——译注

人间喜剧的六位美食家

巴尔扎克创造了六个角色，他们都会用美食来抚慰现实生活中的不幸。

麻木不仁的丈夫

《信使》（*Le Message*）中的蒙彼利斯伯爵、《阿尔贝·萨瓦里斯》（*Albert Savarus*）中的德瓦特维尔先生及《高老头》中的波塞昂子爵，都是通过美食来弥补对婚姻的失望。

无能者

《搅水女人》中性无能的胡杰医生及《邦斯舅舅》中长相丑陋的希维安·邦斯，两人都通过享受美食来慰藉自己身体的不足。也多亏《邦斯舅舅》中那位来自贝里（Berry）的女仆，我们才能得到那道冒泡的欧姆蛋独门配方。

幸福的美食家

《人间喜剧》只有一位幸福的美食家——《入世之初》（*Un début dans la vie*）里年轻的奥斯卡·余松，只不过他的盛宴是想象出来的，包括开胃小菜、汤品、炖肉、牛舌、炖鸽肉、通心粉、11种水果甜食和葡萄酒！

旅人蛋糕

撰文：玛莉罗尔·弗雷歇

随着旅游业及带薪假的兴起，市场上出现了“旅人蛋糕”，容易包装保存，适合带上路随时享用。

一点历史

罗马时代的士兵出征时会带一种很硬的饼干，叫作“panis militaris”。成吉思汗的士兵们也会带上一种加了蜂蜜及香料的蛋糕，后来可能随着十字军到了欧洲，在第戎及阿尔萨斯地区落地生根。

因为铁路带动了旅游业的发展，加上带薪假的设立，野餐风气兴盛，人们开始制作没有奶油装饰的蛋糕，方便携带及保存。在20世纪50年代写给年轻女性的家庭烹饪手册中，也推广了这种适合全家享用的简易蛋糕食谱。

历史记载的旅行蛋糕

布维里尔蛋糕（gâteau beauvilliers）的名字，来自19世纪最早在巴黎开业的几间大餐厅，糕点师做了一种碎杏仁片口味的蛋糕，可以用薄锡纸包裹带着食用，但后来渐渐被人们淡忘。

费南雪（financiers）的灵感来自一种椭圆形杏仁小蛋糕（visitandine），由中世纪时圣母往见会的修女制作。大约在1890年，一位住在巴黎证券交易所附近的糕点师突发奇想，把小蛋糕做成金砖的样子卖给那些股票经纪人，结果大受欢迎。

费南雪小蛋糕

准备时间：20分钟

腌制时间：15分钟

分量：约1打

材料：

杏仁粉60克
糖粉90克
半盐黄油60克，另备20克涂抹模具
蛋白90克（3颗蛋）
面粉30克
香草精2克

步骤：

烤箱预热至180℃。用小火在锅中熔化黄油，直到变成棕色。等待黄油降温时，将杏仁粉过筛，接着逐次加入蛋白小心搅拌，最后加入熔化黄油及香草。将蛋糕糊挤入涂了黄油的费南雪模具，放进烤箱烘烤12~15分钟。

蛋糕

在英国，“cake”可以代表所有种类的蛋糕。但在法国，这个词专指那些用长方形蛋糕模烤出来的蛋糕。

糖渍水果蛋糕的灵感来自英国的李子蛋糕，咬一口可以吃到满满的葡萄干和泡过朗姆酒的糖渍水果丁。

柠檬蛋糕，又称周末蛋糕（cake weekend），1955年由Dalloyau甜点店发明，蛋糕加了柠檬皮，外层淋上熔化的糖霜，巴黎人最喜欢周末出门带着走。

大理石蛋糕出现在1950年，可能源自捷克传统点心babovka，后来经由Savane® 品牌引入大卖场贩售而变得普及。制作方法：将4个鸡蛋与250克糖粉拌匀，再拌入熔化的黄油、250克面粉和1/2包泡打粉。熔化200克巧克力，加入一半量的面糊中。取一个蛋糕模具，将两种面糊层层交叠倒进去，以180℃烘烤35分钟。

四分之一蛋糕（quatre-quart），又称磅蛋糕（pond cake），19世纪就已有食谱，材料包括四种等量食材：面粉、黄油、鸡蛋（四五颗）及糖粉，各250克。做法很简单，将鸡蛋与糖粉拌匀，拌入面粉及熔化的黄油，以180℃烘烤45分钟。

现代的蛋糕

酸奶蛋糕在20世纪70年代相当受欢迎。
制作方法：将1杯酸奶、1/2杯油、2杯糖粉、3杯面粉、3颗鸡蛋及1/2包泡打粉拌匀，倒入高边圆形烤模，以180℃烘烤30分钟。

半熟巧克力蛋糕（mi-cuit au chocolat）质地细密、湿润，半生不熟（但巧克力不会流出来）。别跟米榭·布拉斯（Michel Bras）在1981年发明的熔岩巧克力蛋糕（biscuit de chocolat coulant）搞混了。

松软巧克力蛋糕（moelleux au chocolat）加了打发的蛋白，质地更加蓬松。

从士兵到小学生都喜欢的BN饼干

1896年创立的南特饼干工厂曾生产多种糕点，包括布列塔尼酥饼（Petit breton）、玛德琳蛋糕、马卡龙等。直到第一次世界大战爆发，饼干工厂被征召，改为前线士兵生产面包。战争结束后，饼干工厂推出了一种简单又经济的饼干“Casse-Croûte BN”，成为工人与小学生每天必吃的零食。1933年开始加入巧克力馅，但直到第二次世界大战结束后，“巧克力BN”才开始大受欢迎。

有硫黄！

撰文：杰洪·加尼耶（Jérôme Gagnez）

酿酒过程中通常会添加硫化物来防止葡萄酒变质，
但许多葡萄酒农认为这么做对酒不好，因此引发许多争议。

硫化物的益处

二氧化硫是一种具有抗氧化及防腐性能的食品添加剂，可降低葡萄酒氧化程度，也可避免因细菌及酵母菌所产生的变质。少了二氧化硫，葡萄酒有可能会发酵过头，变成了醋。

硫化物的害处

大量使用二氧化硫可能会抑制葡萄酒某些香气的生成。更糟的是还有可能会引发严重的宿醉头痛。

起源

早在17世纪，荷兰商人会在装酒的大桶中烧浸过硫的布条，用来熏酒桶。那时他们便已发现二氧化硫对葡萄酒的保护作用。

使用哪一种硫化物？

硫化物大致分为两种：天然的火山硫黄和食品工业硫黄。即便火山硫黄很明显不会让我们在喝多了的隔天头痛欲裂，荒谬的法律仍禁用火山硫黄，而同意使用食品硫黄。

添加剂量

每升可使用的二氧化硫的最多为：
红酒150毫克
气泡葡萄酒185毫克
白酒和粉红酒200毫克

完全没有硫化物？

葡萄酒不可能完全不含硫化物，因为在发酵过程中，酵母会自然产生每升5到30毫克的二氧化硫。

今日我们饮用的酒，是否都含有硫化物？

现今贩售的葡萄酒，绝大多数都添加了硫化物，差别只在于比例多寡。因此最好选择懂得适度使用二氧化硫的酿酒师，他们酿出来的酒从各个层面看来，不仅是香气表现较优秀，喝起来也比较好消化。有些酿酒师宣称他们的酒完全未添加硫化物，但真正能够做出完全纯净葡萄酒的酿酒师少之又少。

同场加映
自然葡萄酒（第86页）

法国的火腿

撰文：查尔斯·帕丁·欧古胡

猪的全身上下都可以食用，而火腿可以算是结构最完整的部分。
熟食可以拿来夹三明治，生食可以盐渍、风干或烟熏，
法国几乎每个角落都有人在吃火腿。

猪肉食品业的法律规定分类标准

顶级火腿（supérieur）：不含磷酸盐和胶凝剂，糖分含量不超过1%。占全法国产量的80%。

严选火腿（choix）：不含胶凝剂。占全国产量的15%。

规格火腿（standard）：允许使用添加剂。仅占全国产量的5%。

巴黎火腿并非来自巴黎！

这种普通的火腿经盐渍、水煮、去骨后，放入陶罐中，猪皮朝下，在上头压上重物，待肉质冷却；大厨如勒·古菲（Jules Gouffré）将巴黎火腿的做法收录在他的著作中。如今巴黎火腿指的是用这种方式制造的火腿，将去骨的盐渍猪腿肉放入长方形模具中，加入香料调味的高汤来熬煮。

火腿	来源	标章	纯种	盐渍	烟熏	风干	熟成	颜色
雅登火腿 Jambon sec des Ardennes	雅登	IGP 2015					最少9个月	红色
阿得旭火腿 Jambon de l'Ardèche	阿得旭	IGP 2010		用胡椒摩擦	有时用栗树		最少7个月	深红色
奥弗涅火腿 Jambon d'Auvergne	阿得旭	IGP 2016		盐			9个月	深褐色
巴约火腿 Jambon de Bayonne	贝阿恩	IGP 1998		阿杜尔盐			7个月	深褐色
拉科纳火腿 Jambon de Lacaune	隆格多克	IGP 2015					9~12个月	深褐色
吕克赛火腿 Jambon de Luxeuil	上索恩	无标章		用阿尔布瓦的葡萄酒浸泡	烟熏室（产树脂的树）		8个月	浅褐色
萨瓦火腿 Jambon de Svoie	萨瓦、上萨瓦	无标章			有时用			
旺代火腿 Jambon de Vandée	旺代及邻近的城镇	2014		以香草蘸白兰地摩擦				粉褐色
比考尔黑火腿 Jambon noir de Bigorre	上比利牛斯、热尔、上加龙	AOP 2015	加斯科猪	阿杜尔盐		10个月	10个月	深红色
科西嘉生火腿 Prisuttu	科西嘉岛	AOP 2011	科西嘉猪		有时用栗树		12~18个月	红色

同场加映
舌尖上的法国猪肉（第168页）

寻找失落的玛德琳

撰文：法兰索瓦芮吉·高帝

玛德琳是文学界最出名的小蛋糕，也是美食家眼中的极品。
想要制作完美的玛德琳，可没这么简单呢！

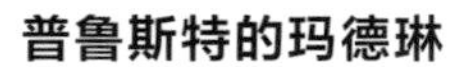

普鲁斯特的玛德琳

那天，马塞尔品尝玛德琳蛋糕的碎屑时，昔日在贡布雷的影像与童年记忆突然涌现……

她差人端上这些娇小又圆嘟嘟的名叫小玛德琳的蛋糕，模样就像是用圣贾克扇贝的壳瓣当作模型烤出来的。我为死气沉沉的今天和前景黯淡的明天而感到心灰意懒，不自觉地将一匙浸了一块小玛德琳的茶水送到嘴边。就在这一匙混着蛋糕屑的热茶碰到上腭的那一瞬间，我打了个冷战。我注意到自己身上正在发生奇异的变化。一种美妙的愉悦感在我体内蔓延，就这么出现，完全不清楚来由。这种愉悦感，顿时让我觉得人生的悲欢离合不算什么，人生的苦难也无须在意，人生的短促更像是幻觉而已。就像坠入情网般，一种珍贵的精神充满着我：或者确切地说，这股精神并非在我体内，它即是我。

——普鲁斯特，《追忆似水年华：卷一，在斯万家那边》（1913）

玛德琳的起源

我们可以确定玛德琳来自法国洛林大区的科梅尔西，但实际的发明者却没办法确定，因为大家的名字都叫玛德琳……

中世纪时，有位名叫玛德琳的厨娘利用圣贾克扇贝的外壳做模具，制作小块的甜面包，提供给前往圣雅各之路的朝圣者果腹。

17世纪时，雷兹（Rets）的枢机主教保罗·迪冈第（Paul de Gondi），因投石党之乱而流亡到科梅尔西。1661年，他的厨娘玛德琳·西蒙农（Madeleine Simonin）改良贝奈特饼（beignet）的配方，想做出能让公爵夫人喜爱的新甜点，没想到就这样一炮而红，玛德琳小点心也永远跟科梅尔西这座城市紧密相连。

18世纪时，另一位流亡在外的名人，斯坦尼斯瓦夫一世（Stanislas Leszczynski，前波兰立陶宛联邦国王、玛丽王后的父亲，由路易十五册封为"洛林公爵"），也有位女厨师（当然也叫玛德琳）制作这种被遗忘的糕点，使它再度受到欢迎。

玛德琳为何会隆起？

这个问题，就连科学家也无法确定。目前有几种假设：

- 比较多人知道的说法是，因为冷面糊受到热冲击，局部快速加热所导致。就算不事先冷藏面糊，还是会形成隆起。
- 隆起的部分也可能是烤模最深的部分，含有最多的泡打粉。
- 著名的糕点师傅安东尼·卡汉姆（Antonin Carême）说，因为面团搅拌过度，才会让玛德琳变得圆鼓鼓的。

勒布达的玛德琳

法博斯·勒布达（Fabrice Le Bourdat）是巴黎 Blé sucré 甜点店*的主厨，他的食谱获得2014年《费加罗观察》（*Figaroscope*）巴黎最佳玛德琳评比的冠军，极致完美的秘诀是在刚出炉的蛋糕上淋上脆脆的糖霜，增加口感。

静置时间：2~3小时
烘烤时间：9~10分钟
分量：12~13个玛德琳

工具：
白铁或金属玛德琳蛋糕模12个

材料：
鸡蛋2颗
糖100克
牛奶40克
面粉125克
泡打粉5克
无盐黄油140克

糖霜
糖粉120克
现榨柳橙汁30克

步骤：
- 将鸡蛋与糖粉一起打散，再倒入牛奶。
- 倒入筛过的面粉及泡打粉，最后倒入液态热黄油，搅拌均匀。
- 将面糊置于冰箱中，冷藏静置两三小时。
- 用膏状黄油涂抹蛋糕模具，撒上些许面粉。
- 将面糊倒入模具中，放进210℃的烤箱烘烤约10分钟。
- 将糖粉及柳橙汁搅拌均匀，蛋糕出炉脱模后，用刷子蘸取糖霜液涂在玛德琳上，放到温热就能品尝了。

*巴黎Blé sucré甜点店，地址：7Rue Antoine Vollon

请不要随意加入下列材料

- 蜂蜜
- 香草
- 柠檬（皮丝或果汁都不要）

普罗旺斯蒜泥酱大冷盘

撰文：法兰索瓦芮吉·高帝

如法国诗人腓特烈·密斯特拉（Fréderic Mistral）所言，
“这道大冷盘将普罗旺斯的阳光、热情、活力与欢愉全浓缩在一起了”，适合众人一同享用。

简单生活，简单调味

橄榄油蒜泥酱

最早的橄榄油蒜泥酱只用了大蒜和橄榄油，后来二星主厨爱德华·卢贝（Edouard Loubet）添加了蛋黄、水和柠檬汁来帮助乳化。若想省去使用研磨钵的麻烦，你也可以用手持搅拌器或电动搅拌器搅打，直到酱汁呈乳霜状，再加入蒜泥调味。

盐渍鳕鱼

如果没有时间将鳕鱼脱盐，改用新鲜鳕鱼浸泡盐水（1升水加15克盐）1小时30分钟，鱼肉会逐渐变得结实。最后再清蒸10~15分钟即可。

1. 食谱摘录自爱德华·卢贝的作品《普罗旺斯大厨：100道无可争议的食谱》（*Le Cuisinier provençal: Les 100 recettes incontounables*）。
2. 新胡萝卜（carotte nouvelle）指春天收获的胡萝卜，保存期限较短，在卖场看到时通常带着叶子。——编注

卢贝的普罗旺斯蒜泥酱大冷盘[1]

这份食谱添加了传统配方中没有的西葫芦和小乌贼，让这道特色美食更具风味。

去盐淡化时间：
盐渍鳕鱼：24小时
峨螺：1小时
烹调时间： 2小时30分
分量： 6人份

材料：

冷盘
盐渍鳕鱼1.5千克
峨螺750克
普罗旺斯综合香草束1把
胡椒6粒
扎了2粒丁香的洋葱1个
茴香酒40毫升
鸡蛋6颗
马铃薯6个
新胡萝卜[2]6根
新鲜四季豆500克
西葫芦3小条
茴香球茎3个
花椰菜1小个
橄榄油2汤匙
粗盐1把
现磨的盐和胡椒
小乌贼800克

橄榄油蒜泥酱
橄榄油350毫升
大蒜6瓣
蛋黄1颗
柠檬汁1/2颗的量
盐

步骤：

冷盘
- 将盐渍鳕鱼切成块状，用滤网装着浸泡冷水24小时，淡化其盐分。其间需要换三次水。
- 在制作蒜泥酱前2小时，先用粗盐清洗并浸泡峨螺1小时，仔细冲洗干净。在大锅内倒入3升水，加入胡椒粒、香草束、扎着丁香粒的洋葱及茴香酒，放入峨螺煮25分钟去腥并增添香气，捞出沥干。
- 水煮鸡蛋10分钟至全熟。用浸泡盐渍鳕鱼的水煮马铃薯和胡萝卜15分钟。四季豆去头去梗，西葫芦间隔削皮（使其外皮绿白相间），与茴香球茎一同切成长条状。将上述蔬菜放入同一锅内煮10分钟，煮好后沥干。将花椰菜分切成小花束状，放入加盐滚水煮15分钟后捞起。

橄榄油蒜泥酱
- 大蒜去皮，在研磨砵里捣成泥。
- 加入蛋黄和盐，缓缓注入橄榄油，并顺着同一方向不停搅拌。
- 倒入50毫升橄榄油，加1茶匙水和柠檬汁，然后继续倒油并搅拌，直到酱汁乳化。

收尾及摆盘
- 将盐渍鳕鱼沥干，放入另一锅中。注入冷水直到淹过鳕鱼，水煮滚后立刻离火，加盖闷5~8分钟。
- 小乌贼剖肚清洗干净。在热锅中倒入冷油后，立刻放入小乌贼大火快炒5分钟，以免变硬。
- 鳕鱼剥皮去骨后用大盘子盛装。水煮蛋剥壳对切，然后把所有蔬菜、峨螺和小乌贼一起围绕着鳕鱼摆放。

同场加映

家常美乃滋（第100页）

法国各地沙拉大不同！

撰文：法兰索瓦芮吉·高帝

无论乡村或观光胜地，法国各区的沙拉皆有其独创味道与做法。以下精选出11道特色沙拉，请大家细细品尝！

里昂沙拉
La Lyonnaise

里昂地区餐厅的特色菜，是在里昂山区普遍吃得到的培根蒲公英沙拉的城市变化版。

生菜种类：皱叶菊苣或蒲公英叶
所需食材：半熟水煮蛋、烟熏培根丁、欧芹、原味或蒜味烤面包丁
调味好料：葵花油或坚果油、陈年红酒醋、盐和胡椒
千万不要：用莴苣代替皱叶菊苣

2

葡萄园沙拉
La vigneronne

用葡萄园里常见的野菜做成的乡村沙拉，在勃艮第是很常见的家常菜。

生菜种类：蒲公英叶，偶尔可加些苦苣或羊莴苣
所需食材：猪油炸过的培根，通常会顺便炸几片蒲公英叶
调味好料：炸过培根的猪油、红酒醋、盐和胡椒
千万不要：在波尔多附近吃这道菜

3

尼斯沙拉
La Niçoise

一代名厨埃斯科菲耶“搞砸”的尼斯沙拉，由前尼斯市长的食谱完美重现。[1]

生菜种类：野菜（芝麻菜、马齿苋等），偶尔可加些综合生菜叶
所需食材：番茄、黄瓜、去壳蚕豆、尼斯朝鲜蓟、甜椒、青葱、罗勒叶、大蒜、全熟水煮蛋、油渍鲔鱼、油渍鳀鱼、尼斯产的腌渍橄榄
调味好料：橄榄油、盐和胡椒，绝对不要加醋
千万不要：加入四季豆、马铃薯、米饭之类煮熟的食材

4

巴黎人沙拉
La Parisienne

街头巷弄里霓虹招牌闪烁的酒馆或餐厅，菜单上必列的经典菜肴。

生菜种类：结球莴苣
所需食材：法式白火腿丁、埃曼塔乳酪丁、全熟水煮蛋，偶尔可加些巴黎蘑菇
调味好料：葵花油、芥末酱、红酒醋、盐和胡椒
千万不要：加入黑橄榄、玉米粒或棕榈心

朗德沙拉
La Landaise

自1950年以来，这道菜一直是老饕的必点料理。

生菜种类：莴苣、综合沙拉叶、羊莴苣
所需食材：鸭杂（鸭胗、鸭胸、鸭肝等）、松子或坚果、蒜味面包丁、新鲜番茄或苹果
调味好料：橄榄油或坚果油、红酒醋、盐和胡椒
千万不要：在素食者面前上这一道菜

孚日沙拉
La Vosgienne

又名“热醋汁沙拉”，是天主教四旬期食用的传统菜肴。

生菜种类：蒲公英叶
所需食材：水煮马铃薯、培根
调味好料：以培根炼出来的油、切碎的红葱、红酒醋、盐和胡椒制成的热醋汁，可让蒲公英叶吃起来更软嫩
千万不要：使用市售包装培根，在料理过程中会出水

萨瓦沙拉
La savoyarde

于1960年冬季奥运会举办期间出现，可能是源自阿尔卑斯山区的家常料理。

生菜种类：蒲公英叶、结球莴苣或面包菊苣（chicorée pain de sucre）
所需食材：萨瓦火腿切片或烤培根、坚果、博福特奶酪丁（Beaufort）
调味好料：葵花油、芥末酱、红酒醋、盐和胡椒
千万不要：加入冬天采收的番茄

8

山羊奶酪温沙拉
La chèvre chaud

20世纪80年代在法国中部贝里地区的当红沙拉，这道菜总能让食客在南法密内瓦地区的小餐馆流连忘返。

生菜种类：橡叶莴苣（feuilles de chêne）、羊莴苣、结球莴苣
所需食材：在烤酥皮或乡村面包上放上新鲜的查维格诺尔山羊奶酪（Crottin de Chavignol）[2]，放进烤箱里熔化，也可撒点小茴香或葛缕子。
调味好料：菜籽油（或花生油、坚果油）、带叶小洋葱（oignon nouveau）、红酒醋、盐和胡椒
千万不要：拿块市售的树干蛋糕放在一片烤吐司上东施效颦

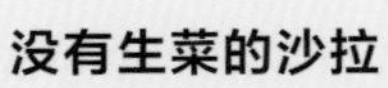

没有生菜的沙拉

扁豆沙拉：将扁豆放进未加盐的冷水中（扁豆:水 = 1:3），水滚后续煮20~25分钟，捞出沥干后与烤培根、红葱末、欧芹末、芥末油醋酱拌在一起食用。

鹰嘴豆沙拉：将煮熟的鹰嘴豆（请参阅本书第56页）、罐装沙丁鱼、蒜末和切碎的带叶小洋葱拌在一起，淋上黄柠檬汁和橄榄油调味。

甜菜根沙拉：熟甜菜根丁、康提奶酪碎片、全熟水煮蛋、葵花子（自由添加）和芥末油醋酱，混拌后食用。

1. 据说真正的尼斯沙拉不会加马铃薯和四季豆，而埃斯科菲耶却选择在他的食谱中加入这两样食材。——编注
2. 卢瓦尔省颇负盛名的山羊奶酪，外壳会随成熟度由白色变为黑色，白色的内里同样会随成熟度由软变硬。——译注

同场加映

就是爱吃醋（226页）
莴苣与菊苣（337页）

1
2
3
4
5
6
7
8

法国健康料理之父

撰文：查尔斯·帕丁·欧古胡

新料理运动（Nouvelle Cuisine）先驱，佩德尤金旅馆餐厅（Les Prés d'Eugénie）的主厨米歇尔·盖拉德专注研究并开发美味与健康兼顾的料理。

温泉小镇大展身手

20世纪70年代中期，他和太太克莉丝汀·巴德蕾米（Christine Barthélémy）搬到温泉小镇尤金勒班（Eugénie-les Bains）定居，向前来他太太经营的温泉水疗连锁中心度假的旅客提供美味又健康的餐点，很快就摘下米其林三星。他的厨房从此成为实验室，不仅与冷冻产品品牌合作，更持续发展美味与营养兼顾的料理。

主厨大事记

1933
出生于法兰西岛大区瓦勒德瓦兹省（Val-d'Oise）的弗特伊（Vétheuil）。

1956
担任巴黎克理庸大饭店（l'Hôtel de Crillon）甜点主厨。

1958
荣获法国“最佳工艺师（MOF）”称号。

1965
在拍卖会买下上塞纳省一间名叫“火上锅”（Pot-au-Feu）的小酒馆。

1971
火上锅餐厅得到米其林的两颗星星。

1974
和太太搬到温泉小镇尤金勒班定居。

1977
他的佩德尤金旅馆餐厅拿下第三颗米其林星星。

1976
出版《伟大的健康料理》（*La Grande Cuisine Minceur*）一书。

1976
登上《时代杂志》封面。

2013
创立一所健康烹饪学校。

米歇尔·盖拉德
Michel Guérard（1933— ）

热烤草莓挞

分量：8人份

材料：

市售圆形千层酥皮8片（每片直径14厘米，厚0.2厘米）
香味重的草莓2千克
糖粉200克＋8克
蛋黄3颗
黄柠檬汁60克＋60克
吉利丁1片（2.5克）
室温黄油100克
黄柠檬皮丝1颗
香缇鲜奶油200克

步骤：

- 早上，将草莓对半切开，排在带孔的烤盘上（使汁液流出）。烘烤时，记得在烤盘下方放另一个烤盘承接汁液。撒上200克糖粉，以180℃烤2分钟。
- 静置草莓半天，使其出水，再将其平铺于厨房纸巾上。熬煮方才流出的草莓汁液，使其浓缩黏稠。
- 准备柠檬鲜奶油：在锅中放入蛋黄、85克糖和60克柠檬汁搅打均匀，接着放上火炉，煮滚后续煮2分钟。
- 将锅子离火，放入泡水软化的吉利丁片，待降温至55℃时再拌入黄油，静置待凉。
- 将柠檬皮丝、柠檬汁和香缇鲜奶油混入拌匀，盛入船形酱汁壶。
- 把烤熟沥干的草莓平铺于8片酥皮上，边缘预留1.5厘米空隙，烤箱预热至200℃，烘烤20分钟。
- 在表面淋上草莓汁，撒些糖粒，即可搭配柠檬鲜奶油享用。

清爽奶酪美乃滋

材料：

零脂肪的白奶酪130克
蛋黄1颗
芥末1小匙
红酒醋1大匙
橄榄油100毫升
盐、胡椒

步骤：

- 在碗里放入蛋黄、芥末、盐和胡椒，充分拌匀，再倒入红酒醋搅拌。
- 慢慢加入橄榄油并持续不停搅拌，最后放入新鲜白奶酪。依个人喜好调味后放入冰箱冷藏。
- 美乃滋可用于调和不同食材，或搭配一块冷肉（鸡肉或烤牛肉）或蔬菜棒当作开胃菜。

三道经典招牌料理

青蔬松露鹅肝沙拉

La Salade gourmande，1968

当时引起美食界一阵轰动，因为他将芦笋、四季豆及鹅肝全放在一盘沙拉里，而且竟然将油醋酱淋在鹅肝上！在此之前，人们完全无法想象这样的口味，如今成为一道经典沙拉。

丝绒酱佐野生蕈菇与芦笋

L'Oreiller moelleux de mousserons et de morilles aux asperges de pays，1979

他在菜单上写道：1978年到中国旅行后，在归途中突发奇想，将时蔬与丝绒口感完美融合。

醉螯龙虾钓新月

Le Homard ivre des pêcheurs de lune，2007

雅马邑白兰地腌渍虾肉，再切成珍珠色的薄片。

工欲善其事，必先利其器

撰文：玛丽埃勒·高德里

从学徒到大厨，所有的厨师都像是和刀结了婚，无论是在最好还是最坏的情况下，装着各式刀具的工具箱绝不离身。

1 黄油刀
刀身：长4-7厘米，不太锋利
用途：涂黄油

2 牡蛎刀或柳叶刀
刀身：长4-7厘米，短且厚实
用途：撬开牡蛎壳

3 鸟嘴刀
刀身：长5-7厘米，前端下垂
用途：削蔬果皮

4 削皮刀
刀身：长7~10厘米，前端尖锐
用途：削蔬果皮，剔除果梗

5 番茄刀
刀身：长10~14厘米，前端尖锐有小锯齿
用途：番茄切片

6 剔骨刀
刀身：长12~16厘米，薄且有弧度
用途：替家禽或鱼类去骨

7 剁刀或屠夫刀
刀身：长15~25厘米
用途：切断肉类的骨架或是海鲜类的甲壳

8 面包刀
刀身：长18~30厘米，硬直带锯齿
用途：切面包

9 切薄片刀或主厨刀
刀身：长15~30厘米，厚实的大刀刃
用途：能够将硬的食材切细剁碎，或是切成薄片。

10 屠宰刀
刀身：长25~30厘米，刀柄通常是铆接
用途：劈开或肢解带骨肉类的骨头部分

11 砍骨刀
刀身：长22~30厘米，厚实，刀背有峰状凸起
用途：砍断肉类的骨架

12 磨刀棒
刀身：长20~30厘米，圆柱状，有些会在杆心加碎钻
用途：磨利刀具

蔬菜的切法

酱料丁
切成2毫米大小的正方体，做酱料、配菜或蔬菜馅。

杂烩丁
切成3毫米大小的正方体，做配菜或蔬菜杂烩。

调味蔬菜块
切成1厘米大小的正方体，做鱼或肉类料理的配菜。

切丝
切成5厘米长、2厘米厚的长条，当作装饰的配菜或沙拉。

同场加映
昔日法国各省的手工小刀（第196页）

香辣番茄炖香肠

撰文：堤耶希·卡斯珀维奇（Thierry Kasprowicz）[1]

这道俏皮又辛辣的番茄炖香肠（rougail saucisses），是到留尼汪岛必吃的经典料理。

你必须知道的三件事

❶"rougail"一词源自印度语"ouroukaille"，意指绿色腌渍辣椒，是由番茄、洋葱和辣椒煮成的糊状酱汁，依据食谱不同而有多种变化。"香辣番茄炖香肠"是最广为人知的做法。

❷以燃烧柴火的方式炖煮，增添独特的烟熏风味，征服所有老饕的味蕾。

❸这道菜依各区域与家庭的做法不同，可能会加入大蒜、姜、百里香和姜黄。

安图[2]的香辣番茄炖香肠

分量：6人份

材料：

图卢兹（Toulouse）新鲜或烟熏香肠12根

植物油2大匙，紫洋葱5个

成熟番茄5个，蔬菜油

绿色辣椒一两根（依个人吃辣程度决定）

步骤：

- 将香肠放入装满冷水的锅中，用中火煮约25分钟，去除多余盐分，取出沥干。
- 在平底锅中倒入少许植物油，微煎一下香肠，担心太油的话，可稍微戳刺香肠表面，释出油脂。接着切成1厘米厚的肉丁。
- 小火炒洋葱末，再把香肠丁倒回锅里，加入切碎的绿色辣椒拌炒。待释出汤汁后放入切碎的番茄，盖上锅盖以小火煮25分钟。
- 锅内所有食材应煮到软烂，汤汁浓稠不油腻。可搭配米饭和当地生产的锡拉奥（Cilaos）扁豆一起食用。

在留尼汪享受传统美食

➢ Chez Ti Fred à Petite Île：在充满友善的用餐环境中享用以柴火烹煮的料理。

➢ Le Reflet des Îles à Saint-Denis：著名的首府传统美食飨宴。

➢ Le Tamaréo à La Nouvelle, Cirque de Mafate：可步行抵达的住宿区，提供地道的凯利番茄炖鸡（Carry coq pays）和番茄花生糊（rougail pistaches），给你外出踏青的好理由！

➢ Le Gîte de l'Ilet à l'Ilet à Cordes, Cirque de Cilaos：仙境般的住宿区，保证宾主尽欢。

➢ Ferme-Auberge Annibal à Bras-Panon：香草鸭料理守护者，伊娃·阿尼拔（Eva Annibal）夫人的民宿农场。

1.《卡斯珀指南》（*Guide Kaspro*）的发行人，这是一本专门介绍留尼汪岛的美食指南。

2. 克里斯汀·安图（Christian Antou）是留尼汪传统美食的捍卫者，已殁。（网址：goutanou.re）

同场加映

法国的香肠（第385页）

伟大又疯狂的法国厨师

撰文：法兰索瓦芮吉·高帝

这12位高级法式料理的厨师都在60岁之前逝世，心脏病及自杀是最常见的死因。

弗朗索瓦·瓦戴尔
FRANÇOIS VATEL
（1631—1671）

瓦兹省尚蒂伊城堡（Château de Chantilly）的厨房总管。
✝卒于尚蒂伊城堡，享年40岁。
死因：自杀。

阿兰·夏贝尔
ALAIN CHAPEL
（1937—1990）

安省米奥奈餐厅（Mionnay）米其林三星主厨。
✝卒于圣雷米（Saint-Rémy-de Provence），享年53岁。
死因：心肌梗死。

安东尼·卡汉姆
ANTONIN CARÊME
（1784—1833）

甜点主厨，著有《法国烹饪艺术》（*L'Art de la cuisine française*）。
✝卒于巴黎，享年49岁。
死因：肺病，在厨房吸入过多烧煤炭的毒气。

贾克·皮克
JACQUES PIC
（1932—1992）

德龙省瓦朗斯市皮克之家（La Maison Pic）米其林三星主厨。
✝卒于德龙省瓦伦斯市，享年60岁。
死因：心脏病发。

费南·普安
FERNAND POINT
（1897—1955）

法国伊泽尔省维埃纳的金字塔餐厅（La Pyramide）主厨。
✝卒于维埃纳，享年58岁。
死因：长年患病。

贝纳·洛索
BERNARD LOISEAU
（1951—2003）

科多尔省索略市的金色海岸餐厅（La Côte d'Or）米其林三星主厨。
✝卒于索略，享年52岁。
死因：自杀。

保罗·拉康伯
PAUL LACOMBE
（1913—1972）

里昂莱翁小酒馆（Léon de Lyon）的米其林一星主厨。
✝卒于里昂，享年59岁。
死因：过劳（长期患有糖尿病与心脏病）。

伯努瓦·维奥利耶
BENOÎT VIOLIER
（1971—2016）

瑞士洛桑克里西耶市政府餐厅（Crissier）米其林三星主厨。
✝卒于克里西耶，享年45岁。
死因：自杀。

贾克·拉康伯
JACQUES LACOMBE
（1923—1974）

瑞士科洛尼金色狮子餐厅（Lion d'Or）米其林二星主厨。
✝卒于瑞士马尔蒂尼市（Martigny），享年51岁。
死因：车祸。

米歇尔·戴博格
MICHEL DEL BURGO
（1962—2017）

中国香港卢布松餐厅（L'Atelier Robuchon HK）前米其林三星主厨。
✝卒于巴黎，享年55岁。
死因：长年患病。

尚·图瓦格
JEAN TROISGROS
（1926—1983）

法国料理界知名的图瓦格家族长子。
✝卒于孚日省维泰勒市，享年57岁。
死因：在一场网球比赛时心脏病发。

罗伦特·简宁
LAURENT JEANNIN
（1968—2017）

巴黎布里斯多饭店（l'hôtel Bristol）甜点主厨。
✝卒于巴黎，享年49岁。
死因：心脏病发。

在传统中实现创新

撰文：尼古拉·斯通伯尼（Nicolas Stromboni）[1]

葡萄酒美丽之岛（Île-de-Beauté）[2]综合了异国情调和在地特色，岛上的葡萄园提供独特且迷人的葡萄酒乡旅程，却从不失去对风土的依恋，下列12款珍品佳酿即是铁证。

酒庄：**Domaine d'Alzipratu**
酒款：**Lume**（白酒）
使用意大利原产维门替诺（vermentino）[3]单一品种酿造，圆润又性感的拉丁风情，爽口诱人，入喉底蕴深远，率真中尤见矜持。
适合搭配：口感滑腻的熟成奶酪

酒庄：**Domaine Gentile**
酒款：**Muscat authentica**（白酒）
这款麝香葡萄酒集结了科西嘉岛柑橘类水果的精华，巧妙兼容玫瑰和荔枝的芳香，是款能让歌剧作曲家们源泉万斛、下笔如神的入喉琼浆。
适合搭配：伊斯巴翁（ispahan）马卡龙

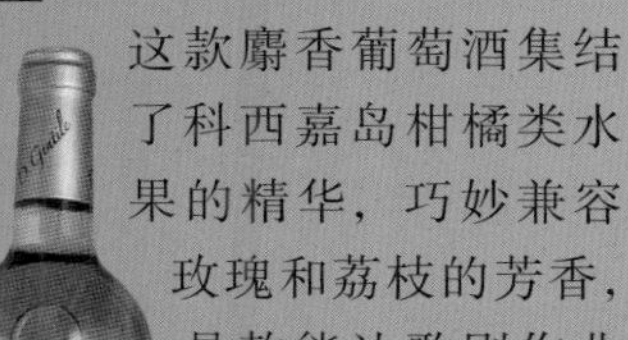

酒庄：**Domaine Giudicelli**
酒款：**Foudre**（红酒）
朴实无华，像是修养良好的农绅，由名贵的涅露秋（nielluccìu）葡萄酿造，香气馥郁，余韵悠长不受拘束，是款极具意大利皮蒙区风情的酒。
适合搭配：意大利鸡油菌红酒炖饭

酒庄：**Domaine Pieretti**
酒款：**Marine**（白酒）
颠覆矿物气味的定义，用清新纯净的岩石清涧酿造地道的维门替诺单一品种，致密而澄澈。
适合搭配：新鲜现煮的嫩牛腿肉（araignée）

酒庄：**Domaine Antoine Arena**
酒款：**Carco**（白酒）
维门替诺葡萄、阳光、土壤、风以及独特的山海环境，共谱科西嘉葡萄酒自成一格的美丽传奇。
适合搭配：地中海鱼类料理

酒庄：**Clos Venturi**
酒款：**Chiesa Nera**（白酒）
在大地的几何空间里混酿维门替诺、白阳提（bianco gentile）和吉诺维（genovese）三种科西嘉原生葡萄品种，质地如巴洛克圣殿般瑰丽堂皇，口感细致优雅。
适合搭配：野生牡蛎

酒庄：**Domaine Abbatucci**
酒款：**Diplomate**（白酒）
如果今日酿造葡萄酒的技术是不断创新的结果，那昨日种种则是经过岁月淘洗所积累而来的珍贵理解。以科西嘉得天独厚的维门替诺葡萄植株为基底，和地方特有的老藤葡萄美味结合成这款品味高尚的美酒。
适合搭配：用橄榄油炙烧的上等螯龙虾。

酒庄：**Enclos des Anges**
酒款：**Domaine**（红酒）
英裔爱尔兰血统的酒庄酿酒师，以格那希（grenache）葡萄酿出这款具有多元文化且芳香四溢的美酒，向有"地中海勃艮第"美称的科西嘉风土致上最崇高的敬意。
适合搭配：油封羔羊肉

酒庄：**Clos Canereccia**
酒款：**Amphore de carcaghjolu neru**（红酒）
为拯救风土产物以延续世代文明，科西嘉岛居民以希腊古法人工栽培carcahgjolu此种古老的葡萄品种，所酝酿出的这款酒香气饱满馥郁、粗犷厚实却平易近人，几乎人人都能接受。
适合搭配：米兰炖牛膝（osso bucco）

酒庄：**Domaine Zuria**
酒款：**Domaine**（粉红酒）
无垠大地孕育出的各色佳酿，从不糟蹋品饮者的官能享受。首批标志着复兴科西嘉国境之南伟大风土的司琪卡雷洛（sciacarellu）葡萄品种，全世界皆渴求一亲芳泽，机会难得，切莫犹豫。
适合搭配：超薄龙虾生鱼片

酒庄：**Domaine Canarelli**
酒款：**Biancu Ghjentile**（白酒）
操着法国罗讷河谷北部恭得里奥口音，诉说着老葡萄品种"biancu ghjentile"所在的当地词汇，这款酒甘美而活力洋溢，是活力与魅力之间的美丽妥协。
适合搭配：青柠腌生鱼佐杧果

酒庄：**Domaine Sant'Armettu**
酒款：**Minustellu**（红酒）
来自美妙的古老藤蔓品种"米努斯岱鲁"（*minustellu*），这款佳酿的风味仿若身着芭蕾舞衣的体态，精实又轻盈。
适合搭配：几乎全生的皮卡亚烤牛肉（picania de bœuf）

同场加映
新鲜奶酪的世界（第316页）

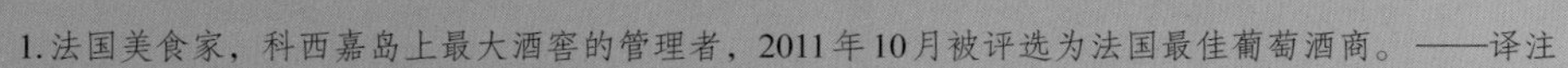

1. 法国美食家，科西嘉岛上最大酒窖的管理者，2011年10月被评选为法国最佳葡萄酒商。——译注
2. L'Île-de-beauté是法国产地保护标志葡萄酒（IGP，2009年开始从VDP转变而来的新分级名称），范围包括上科西嘉和南科西嘉的多个葡萄园。——译注
3. 科西嘉岛种植面积最广的白葡萄品种，DNA检测显示，此品种与意大利利古里亚区（Liguria）的葡萄品种"Pigato"以及皮蒙区的葡萄品种"Favorita"相似。——译注

黄油，吃还是不吃？

撰文：奥萝尔·温琴蒂

法国大量食用脂肪的饮食文化，让盎格鲁-撒克逊人深感质疑。
但使用黄油烹调并没有使法国人因此失去健康，
法国女人总是能让蜂腰身材与反烤苹果挞并存！

料理拉丁语

古代希腊人和罗马人把黄油当膏药使用。法语中的“beurre”（黄油）一词来自拉丁语“butyrum”，更早是源自希腊语“bouturon”，是由希腊语“bous”和印欧语“turos”两个词组成。前者指的是“牛”，后者指的是“奶酪”，因此黄油最早就是被定义为牛奶制成的乳酪！

不用牙齿咬

在拉丁语和希腊语中，“黄油”这个词包含了“t”的音；英语和德语是“butter”；荷兰语是“boter”；但法语“beurre”并没有这个所谓“齿音”的子音存在，极可能是**因为人们不“咬”黄油**。此外，这些国家对顶级黄油的品质要求就是**质地柔滑**！法语里有“像黄油般熔化”（fondre comme du beurre）或“就像刀切黄油般顺利进行”（rentrer dedans comme dans du beurre）的说法，要名副其实地顺畅好念，“beurre”就绝对不能有“t”的音！

黄油的价值

在法语中，黄油常被拿来比喻和财富有关的事物。因此为了让生活过得好一点，我们需要在**菠菜中加黄油（beurre dans les épinards）**[1]。

1. 为了改善菠菜的味道（意指改善生活条件），最好多加点黄油（意指钱）。——译注

同场加映
新鲜奶酪的世界（第316页）

黄油在法语里的褒义

➻ 当一个人去“制作黄油”（faire son beurre），代表他得赚钱谋生。若形容一个人有**“黄油屁股”（le cul dans le beurre）**，代表他含着金汤匙出生，不需特别努力即享有荣华富贵。

➻ 法国写实主义作家左拉在小说《酒店》（*L'Assommoir*）中写道，一位名叫古波的老实人揶揄他那边清扫街道边抱怨的老婆说：“夫人呀，要是这么扫街能让**菠菜再加点黄油（mettre du beurre dans les épinards）**就好喽！”意思是指在固定薪资之外多赚些钱贴补家用，也可指为平淡无奇的日常生活增添乐趣。

➻ 做人不能太过分，**别想在菠菜或面包上加过多的黄油（on a beurré ses épinards ou son pain）**！意思是别想得到黄油的同时又想省下买黄油的钱（甚至都还没提到牛奶女工的屁股[2]呢）……别得寸进尺，做人还是简单一点比较快乐。

2. 法语中的另一句俗谚“le beurre, l'argent du beurre et l'cul d'la crémière”（黄油、卖黄油的钱和牛奶女工的屁股）也有同样意思，劝人别什么都想一把抓。——编注

➻ 他的日子就像这样过着：走出房间，走进厨房，打开碗橱，拿了一块六斤的面包，小心翼翼地切下一片，用手掌收集落在桌板上的面包屑，将它们扔进嘴里，就怕少吃了。然后，他用刀尖从一个棕色的土锅底部取一点加了盐的黄油，涂在面包上，开始慢慢吃起来。

——莫泊桑《老人》（*Le Vieux*）

黄油在法语里的贬义

➻ 黄油并不总是财富的象征，像是**烤肉串上的黄油（plus que de beurre en broche）**、**树枝上的黄油（en branche）**、**手上的黄油（sur la main）**、**屁股上的黄油（au cul）**……全都说明了有黄油并不是什么了不起的事，而且越来越没有价值。还有种讽刺的说法：既然黄油这么珍贵，那么没有它不就更彰显它的稀世价值吗？

➻“为了黄油玩牌（compter pour du beurre），就不会有任何人赢钱。”在这句话当中，黄油不再站在金钱这一边，而是表示这是一场没有赌金也没有计分的牌局。

➻ 涂满黄油，还是酒醉不醒？掉到地上的面包，一定是涂了黄油的那一面朝地。法语里说某人**被涂上黄油（êtes beurré）**，意思是他的舌头就像那片掉在地上的黄油面包翻错了面（讲错话），或是讲起话来一嘴油腻（parler grassement）[3]。然而从20世纪开始，人们常把油腻的“beurré”听错成酩酊大醉的“bourré”，真是令人费解……

3. 原文应是“parler grossièrement”，指讲话含混不清；这里偷偷把副词换成形、音、意皆相近的 grassement（同样为油腻的意思），鱼目混珠，大玩文字游戏。——译注

➻ 夏尔·佩洛（Charles Perrault）所写的童话故事中，小红帽带了个蛋糕和一罐黄油去探访祖母，结果吮指回味乐无穷的却是野狼。假如故事中的小红帽带去的伴手礼不是一罐黄油（un beurrier），而是卖黄油的人[4]，野狼早吓得逃之夭夭了……

4. 原文beurrier，原指卖黄油的人，现指装黄油的容器。——译注

LA BOUILLABAISSE DE MARSEILLE

马赛人的马赛鱼汤

撰文：玛丽阿玛·毕萨里昂

这道国家级明星汤品原本只是贫困渔夫们的家常菜，现今已与法国国歌《马赛曲》齐名，而且在家就能自己料理！

受保护的鱼汤

当初来到马赛旧港区的希腊渔夫们，为了解决卖不完的鱼货，煮出了这道炖汤，如今已升级为工序繁复且售价不菲的特色料理。为了保存鱼汤的传统，1980年时，马赛的数间餐厅联合制定了一套基本规范（la charte de la bouillabaisse）。

靠本能航行，用直觉煮汤

这套规范由已故的南法厨师何布尔（Reboul）[1]，向经验老到的渔夫请教"纯正的"马赛鱼汤做法后所撰写。制作马赛鱼汤请务必遵守以下三大原则：

- 只能使用地中海的鱼
- 拿捏好鱼汤里所使用的鱼种比例
- 从头到尾仔细照看烹煮鱼汤的过程

食谱

- 准备几条鱼，去鳞、去头，掏净内脏，切成几大块备用。
- 用大火烧热橄榄油，加入切碎的洋葱、番茄和大蒜拌炒。将沿岸小鱼（如孔雀锦鱼、虾虎鱼、小鲉鱼、九带鮨等）和刚刚切下的鱼头，可能的话再加一两只螃蟹，全加入锅内不停拌炒，直到材料均匀融合。倒入两三升水，滚煮1小时。
- 加盐和胡椒、两撮番红花丝、欧芹、1/2颗带枝叶的茴香球茎（或1瓶盖茴香酒）。用电动搅拌棒将食材在锅内绞碎，再放入锥形漏勺过滤，一边用力挤压出汁。
- 将滤过的鱼汤放在炉上加热，放入生马铃薯切块，按照肉质结实度依次放入鱼块（鲂鱼或康吉鳗）。
- 在上菜前5分钟，加入肉质较软的红鲻鱼和龙鰧鱼一起煮，这道菜就完成啦！
- 一定要搭配番红花蛋黄酱（rouille），没有它，这道菜一文不值。将大量蒜末拌入两三个量的马铃薯泥，再拌入蛋黄、番红花、辣椒、盐、胡椒，加入适量橄榄油一起搅拌均匀，上桌时抹在烤/炸面包丁上（有人喜欢先将面包丁浸泡鱼汤）。

没有鱼，也是这么料理！

何布尔称之为"独眼马赛鱼汤[2]"的做法，曾让一时手边没有鱼可料理的普罗旺斯作家马瑟·巴纽（Marcel Pagnol）欣喜若狂。准备工作和真正的马赛鱼汤相同，只是在汤里放入的不是鱼和茴香球茎，而是番茄、洋葱、大蒜、马铃薯片等蔬菜，还有橙皮丝、月桂叶、番红花。材料煮熟后直接在汤里煮水波蛋（煮3分钟）。在每个盘子里放入一片面包，小心放上水波蛋，然后绕其边缘摆满马铃薯，最后注入鱼汤。

同场加映

煮鱼的艺术（第334页）

1.《普罗旺斯料理》（*La cuisinière provençale*，1897）一书的作者。

2."独眼"指的是鸡蛋，看起来像盘子上的一只眼睛。——编注

拉丝的美味

撰文：玛丽埃勒·高德里（Marielle Gaudry）

费劲地将奶酪熔化拉丝，是我们在冬夜里一定会做的事。

	奶酪焗烤马铃薯	哈克雷烤奶酪	萨瓦奶酪火锅	奶酪马铃薯泥锅	康库瓦约特液态奶酪
历史小典故	这道菜的名称来自萨瓦省的马铃薯品种（tartiflâ）。1980年，为了促销奶酪，瑞布罗申乳酪跨行业公会发明了这道焗烤料理。灵感来自上萨瓦省阿拉维山区的传统料理“péla”，在长柄锅中煮食马铃薯、洋葱和熔化的瑞布罗申奶酪。	在这个名称出现之前，中世纪的牧羊人有一道叫作“烤奶酪”的家常料理，把切半的圆盘形奶酪贴近壁炉使其熔化，再刮下奶酪糊食用。20世纪60年代，冬季运动逐渐兴盛，于是法国特福公司生产了第一台烤奶酪机。	“二战”后，奶酪锅才成为萨瓦特色文化。类似的还有奥弗涅的蒙多尔（Mont doré）奶酪锅（以康塔尔干酪和圣奈克特奶酪为基底），以及诺曼底的卡尔瓦多斯（Calvados）奶酪锅。	最早奥弗涅地区的用料只有面包和新鲜多姆奶酪（tomme），是12世纪法国中部奥贝克山区的修士为了接待前往圣贾克朝圣之路，中途在此落脚的朝圣者们所准备的餐点。17世纪时小麦严重歉收，由马铃薯取代面包。	弗朗什-孔泰大区的这道特色美食的名称来源说法众多。有一说是源自高卢罗马时代文献中的拉丁语“concoctum lactem”。另一种说法是在“一战”期间，有个名叫劳特·拉古恩的人想到将此料理杀菌后装入马口铁罐，供应前线作战的士兵食用。
使用奶酪种类	瑞布罗申奶酪，但是和萨瓦传统的焗烤马铃薯不同，这道食谱加了培根丁和白酒。食谱在2014年得到红标认证，必须使用来自萨瓦AOP标识的瑞布罗申奶酪，而且必须依照古法全程在烤箱里烤制。 **4人分食瑞布罗申奶酪1块。**	瑞士瓦莱州AOP的哈克雷奶酪，和法国萨瓦省IGP（2017年起）的哈克雷奶酪。 也可使用莫尔比耶奶酪（morbier）、安佩尔圆形干酪（fourme d'Ambert），或一整块羊奶奶酪，享受不同的拉丝乐趣。 **4人分食哈克雷奶酪1千克。**	传统使用博福特、康堤和格鲁耶尔，再加半个瑞布罗申奶酪会更浓郁。因邻近瑞士，受到瑞士影响，例如混合瑞士弗里堡奶酪（Vacherin de Fribourg）和萨瓦格鲁耶尔干酪的一半一半奶酪锅（Moitié-moitié）。 **4人分食博福特350克、康堤350克、格鲁耶尔350克。**	在制造拉基奥尔奶酪（laguiole）、萨莱尔奶酪（lalers）及康塔尔奶酪的过程中提取出的新鲜多姆奶酪。与其说它是奶酪，不如说是经强力挤压再略微发酵所形成的凝乳更为恰当，非常容易拉丝。 **4人分食新鲜多姆奶酪500克。**	小心，这种奶酪味道非常浓！将脱脂牛乳精炼凝结的部分加水混合，最后再加入黄油，就可得到康库瓦约特液态奶酪。 **4人分食康库瓦约特液态奶酪250克。**
千万别犯错	真正的美食家绝不会在这道菜里加法式酸奶油。	吃哈克雷烤奶酪很开心，但可别借了邻居的烤盘不还啊……	只要把面包块掉在奶酪锅里，就会受到处罚*！最经典的处罚就是光着身子在雪地打滚。	徒手搅拌锅里黏糊糊的食材可没那么简单。要它们拉丝超过一米都不成问题，但要让它们不黏在一起比想象中难多了。	这个词不好发音啊！可不要念成“空库瓦约特”了。
如何品尝美味	装在铸铁锅中直接上桌，可准备一盘沙拉当配菜。 **搭配酒类：萨瓦的白酒，尤其推荐希南贝杰宏（Chignin-Bergeron）。**	将哈克雷奶酪烤盘放在桌子中间，再依照食用人数摆放个人电热盘。另一种吃法是将切半的圆盘形奶酪摆在热源上方，大家自己刮来吃。 配菜：连皮热马铃薯、风干牛肉加猪肉制品拼盘、酸黄瓜和沙拉叶。 **搭配酒类：萨瓦的白酒，尤其推荐阿佩尔蒙（Apremont）。**	把锅放在桌子中央，准备切成小方块的乡村面包，搭配白火腿、生火腿、当地风干香肠和沙拉叶。 **搭配酒类：萨瓦的白酒，尤其推荐胡塞特（Roussette）。**	可搭配农民制作的独家口味腊肠。 **搭配酒类：阿韦龙省的红酒，尤其推荐马希雅克（Marcillac）。**	可选择原味、蒜味、添加坚果或汝拉黄酒等不同口味，各种生菜蘸食。用汤匙舀一口，或涂在烤面包上，或淋在煮熟的热马铃薯上，再搭配莫尔托香肠（Morteau）和沙拉叶。 **搭配酒类：汝拉的白酒，尤其推荐阿尔布瓦（Arbois）。**

*这个游戏源自瑞士法语区，把面包留在奶酪锅里的人就得付那餐的酒钱。——译注

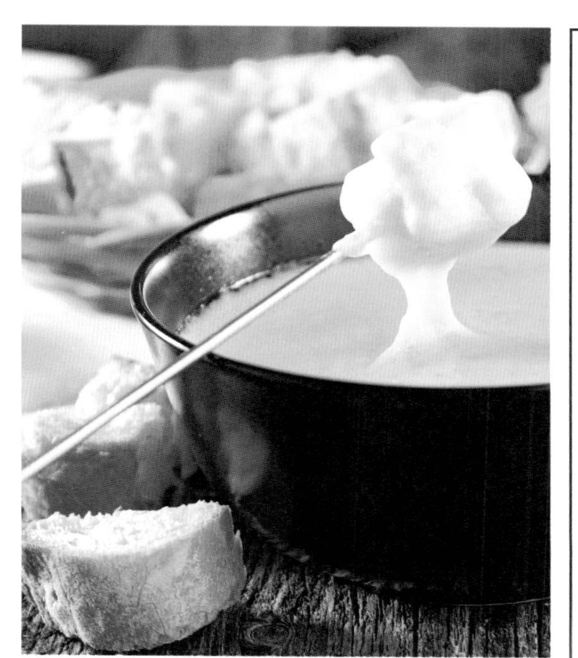

萨瓦奶酪火锅

分量： 4人份

材料：

博福特奶酪350克
康堤奶酪350克
瑞士格鲁耶尔奶酪350克
阿佩尔蒙（Apremont）白酒1/2瓶
口感扎实的传统面包（例如乡村面包）
现磨胡椒少许

步骤：

· 面包切成小方块，奶酪切成小丁。将大蒜剥皮切半，在锅内壁抹过一遍。
· 将锅子放在瓦斯炉或电炉上，用中火热锅。在锅里倒入酒，微滚时加入奶酪块，并用木汤匙搅拌，让奶酪均匀熔化。加入胡椒，继续搅拌。
· 将调好的奶酪锅放在保温盘上，移到桌子中央，就可以大快朵颐了！

美味诀窍：

· 如果奶酪锅太稀，可加一小匙马铃薯淀粉，让汤汁变得浓稠。
· 奶酪锅快吃光之前打个蛋下去，作为压轴美味！

奶酪焗烤马铃薯

分量： 4人份

材料：

马铃薯1千克
优质瑞布罗申奶酪1块
洋葱2个
培根丁200克
黄油30克
盐、胡椒

步骤：

· 马铃薯削皮洗净，放入一锅加盐冷水中，加热至水滚后再煮20分钟。将煮熟的马铃薯沥干水分。
· 在铸铁锅中加热黄油，拌炒洋葱末约5分钟，使其变成半透明状。加入培根丁再炒几分钟。
· 烤箱预热至180℃。将马铃薯和瑞布罗申奶酪切薄片。用黄油涂抹焗烤盘内每一面，在底部铺上一半分量的马铃薯片，上面铺一层炒软的洋葱培根、一层奶酪片，如此层层相叠至食材用尽，最后撒上盐和胡椒，送进烤箱烤20分钟，即成拉丝美味！

不同地区，不同做法

瑞布罗申焗烤马铃薯（Reblochonnade）和传统奶酪焗烤马铃薯（tartiflette）非常相似，只是不加培根丁，而且多了法式酸奶油。弗朗什—孔泰的奶酪焗烤马铃薯，用的是莫尔比耶奶酪而非瑞布罗申奶酪；这道料理在法国中南部康塔尔省被称为特吕法德焗烤薯块（truffade），用的是萨莱尔奶酪及康塔尔奶酪。

奶酪马铃薯泥锅

分量： 4人份

材料：

奥贝克新鲜多姆奶酪500克
比提杰（bintje）马铃薯1千克
奥贝克的法式酸奶油250克

步骤：

· 马铃薯削皮洗净，放入一锅加盐冷水中，加热至水滚后再煮20分钟。将新鲜多姆奶酪切成薄片备用。
· 马铃薯煮熟后沥干水分，使用捣泥棒压挤成绵密的薯泥，倒入锅中，确认没有多余的水分，再倒入法式酸奶油，用木汤匙搅拌均匀。
· 将锅子移至炉上小火，倒入多姆奶酪片，以画8字形的方式用力搅动锅内所有食材，直到整锅奶酪薯泥熔化拉丝即可享用。

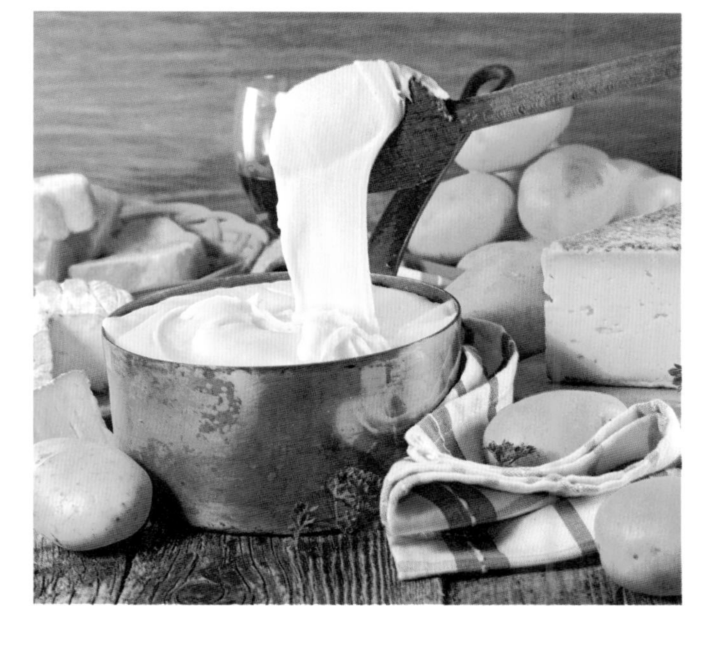

别忘了热烤奶酪盒！

在弗朗什-孔泰大区，人们会直接将金山奶酪（mont d'or）连包装木盒一起送进烤箱里烤。把盖子翻面垫在木盒下方，将盒子里的奶酪表面挖个小洞，塞入1瓣量的蒜末和50毫升汝拉不甜白酒，以220℃烘烤30分钟。上桌时搭配带皮煮熟的热马铃薯和莫尔托香肠一起享用。

分量： 4人分食1块金山奶酪

搭配酒类：

汝拉丘（Côtes-du-Jura）白酒

同场加映
马瑞里斯奶酪派（第245页）

蔚蓝海岸的美食天才

撰文：查尔斯·帕丁·欧古胡

推动法国新料理运动的主厨之一。凭借着他的地中海料理，南法小镇穆然（Mougins）的知名度得到飞速提升。

大师的足迹

1930年，出生于法国阿列尔省（Allier）科芒特里（Commentry）。

1961年，在法国瓦尔省莱拉旺杜（Lavandou）二星级卡瓦列雷俱乐部酒店餐厅（Club de Cavalière）担任主厨兼经理。

1969年，在法国滨海阿尔卑斯省开设穆然磨坊餐厅（Moulin de Mougins）。

1972年，获选为法国最佳工艺师（MOF）。

★ ★ ★

1974

穆然磨坊餐厅获得米其林三星。

★ ★ ★

1978年，出版《我的太阳料理》（*Ma Cuisine du soleil*）。

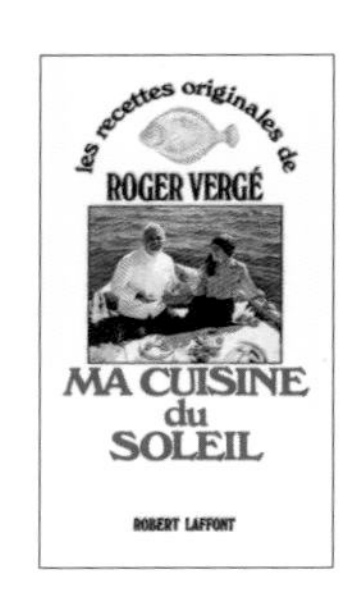

1982年，与贾斯东·雷诺特（Gaston Lenôtre）和保罗·博古斯（Paul Bocuse）受邀至美国佛罗里达州迪士尼世界的法国主题区开设餐厅。

1992年，出版《磨坊餐厅蔬食料理》（*Les Légumes de mon moulin*）。

2006年，当地为了向这位大师致敬而创立了“穆然国际美食节”，又称“穆然之星”（Les Étoiles de Mougins）。

2015年，这位大厨去世，纽约《时代周刊》为他做了一整页的专题报道，其中写道：“果决是他料理技巧的一部分，没有灰色地带也没有迟疑。他用简单食材所做出的料理至今依旧令人感到不可思议。”

罗杰·佛吉
Roger Vergé（1930—2015）

总之，爱吃，
你就会知道如何做料理。

著名菜肴

- 朝鲜蓟镶肉
- 西葫芦花佐沃克吕兹黑松露蘑菇奶油酱汁
- 烩螯龙虾佐粉红胡椒
- 鲽鱼佐烩蔬菜，搭配巴雷特（Palette）红酒酱

穆然磨坊餐厅

红地毯：因邻近戛纳，这间餐厅获得众多明星青睐，如理查德·伯顿、伊莉莎白·泰勒、詹姆斯·柯本、丹尼·凯伊、佛雷·亚斯坦、杰哈·德巴狄厄、甘特·萨克斯与约翰·屈伏塔。1993年，穆然磨坊餐厅承办美国艾滋病防治基金会首场募款餐会，现场众星云集，盛况空前。

美术馆：罗杰·佛吉认识几位尼斯画派（École de Nice）的艺术家朋友。他非常大方地敞开磨坊大门接纳这些创作，让餐厅变身实验艺廊，展示凯萨·巴达奇（César Baldaccini）、尚米榭·佛隆（Jean-Michel Folon）、雅曼（Arman）、尚克劳德·法希（Jean Claude Farhi）、西奥·托比亚斯（Theo Tobiasse）和妮基·桑法勒（Niki de Saint Phalle）等人的作品。

普罗旺斯青酱汤*

分量：6人份
浸泡豆子：12小时
准备时间：40分钟
烹调时间：1小时

材料：
潘波豆200克（cocos blancs）
马铃薯1个（约100克）
胡萝卜2根
芜菁2个
长形西葫芦2根
西洋芹嫩茎2根
四季豆1大把，最好是扁荚的（haricots Pape）
韭葱葱白1根
洋葱1个
熟透番茄6个（每个约80克）
新鲜罗勒叶3片
大蒜6瓣
橄榄油100毫升
牛肉或鸡肉汤块2块
综合香草束1束
盐、胡椒

步骤：
- 潘波豆在冷水中浸泡12小时，沥干后和综合香草束一起放入2升冷水中，煮约1小时可将豆子煮熟。

蔬菜汤
- 胡萝卜、芜菁、西葫芦、洋葱和四季豆切小块，韭葱葱白、西洋芹嫩茎切碎，把所有蔬菜放入锅中，加入4汤匙橄榄油和4汤匙冷水，用中火煮10分钟，其间以木匙不停搅拌。
- 锅里水分煮干，蔬菜也煮到没有颜色的状态后，加水盖过蔬菜，加入2块高汤块，以大火滚沸5分钟后再加盐。开始煮约20分钟后，再将切成小块的马铃薯放入汤锅中。

青酱
- 将番茄水平横切成两半，去籽并压挤出汁液，切丁备用。剥去大蒜外皮，择下罗勒叶，将以上所有食材放入研磨钵，倒入剩余的橄榄油，捣碎成均匀的泥状。

- 将潘波豆锅里的香草束挑起来，与蔬菜汤混合加热煮滚，离火后再加入青酱，以木匙搅拌均匀。直接整锅端上桌享用。

*食谱摘自《我的太阳料理》。

海陆大餐

撰文：法兰索瓦芮吉·高帝

英美人士常说的“海陆双拼大餐”（surf and turf），是传统与厨师的创意碰撞出来的双重美味。就让我们来看看有哪些美味拼法！

牛肉 ➕ 鳀鱼

圣吉里斯海陆炖菜（agriade saint-gilloise）*

是南法卡马格地区（Camargue）的传统特色炖菜，当地人称之为“broufade”“broufado”或“fricot des barques”，在从前可是罗讷河船员的拿手菜。

分量： 6人份

做法： 将1.5千克牛颊肉或牛肩肉（最好是卡马格公牛）切成2厘米厚的片，放入沙拉碗中，和6瓣量的蒜末、2片月桂叶、2颗丁香、一小撮现磨肉豆蔻粉和4汤匙橄榄油混合拌匀，置于冰箱腌渍一晚。隔天，将6颗洋葱剥皮切丝，混入20根法式腌黄瓜、50克酸豆、150克鳀鱼大力拌匀，再加入冰了一晚的腌肉汁和4汤匙陈年红酒醋。在铸铁锅底部铺一层肉、一层拌洋葱和胡椒少许，层层堆叠直到所有食材都用完，但最后一层要铺上拌洋葱。记得不要加盐，因为鳀鱼会释放盐分！倒入4杯水，盖上盖子，送入预热至150℃的烤箱烤4小时。烤好后搭配卡马格米饭一起享用。隔天再次加热会风味更佳。

* 食谱由玛莉热纳维耶芙·戴尔马（Marie-Genevièv Delmas）提供，她是电影动画师罗宏·戴尔马（Laurent Delmas）的母亲。

小牛肉 ➕ 牡蛎

鞑靼小牛肉佐生蚝

2010年巴黎美食最新奇的组合之一。在巴黎，从Passage53餐厅主厨佐藤慎一（Shinichi Sato）到Septime餐厅主厨贝特杭·葛雷布（Bertrand Grébaut），众多新生代主厨都选择用“鞑靼”方式料理这两样食材。

分量： 4人份

做法： 先将250克小牛肉切片，再切成长条，最后切成碎丁，做成鞑靼牛肉。撬开8个牡蛎的壳，取出牡蛎。在沙拉碗里混合小牛肉、牡蛎、切碎的红葱，加入柠檬汁少许、盐一小撮和橄榄油少许，即可食用。

牡蛎 ➕ 脆皮扁肠（crépinette）

阿卡雄海湾（bassin d'Arcachon）和吉伦特地区（girondine）的两种传统食物，在年末节庆期间完美合体。脆皮扁肠是用猪油网把猪绞肉（有时用禽肉和野味）包裹起来，然后压扁制成的特色小吃，通常会拿来烧烤。在波尔多，饕客们喜欢将新鲜冰冷的生蚝和现烤热烫的脆皮扁肠一起食用。

枪乌贼 ➕ 血肠（boudin）

香煎乌贼佐血肠布丁

2010年，位于加来海峡（Pas-de-Calais）拉马德兰苏蒙特勒（Madeleine-sous-Montreuil）的Grenouillère餐厅，其主厨亚历山大·高提耶（Alexandre Gauthier）以这道极其“融洽的不协调”的菜肴而备受瞩目！

分量： 4人份

做法： 将两根生血肠肠衣剪开，用滤网挤压内馅过筛成泥状，适量添加盐和胡椒调味，保持室温状态。将芝麻菜、水芹、蒲公英叶等新鲜生菜择好洗净，红葱切成薄片，与橄榄油、芥末酱混合备用。用橄榄油煎乌贼4只（每只约80~120克）大约几分钟，直到乌贼四面皆微微上色，取出切成大块。用抹刀将血肠泥从斜对角方向涂抹在大平盘上，厚度约0.3厘米。将乌贼切片排列其上，接着迅速替生菜叶调味后撒上去，撒上少许橄榄油和现磨胡椒即可上桌。

同场加映
与众不同的欧洲峨螺（第373页）

在法国名画里寻味

撰文：派翠克·宏布尔（Patrick Rambourg）

热闹丰盛的餐桌景象经常出现在法国艺术画作中，以下选评5幅不同时期的经典作品。

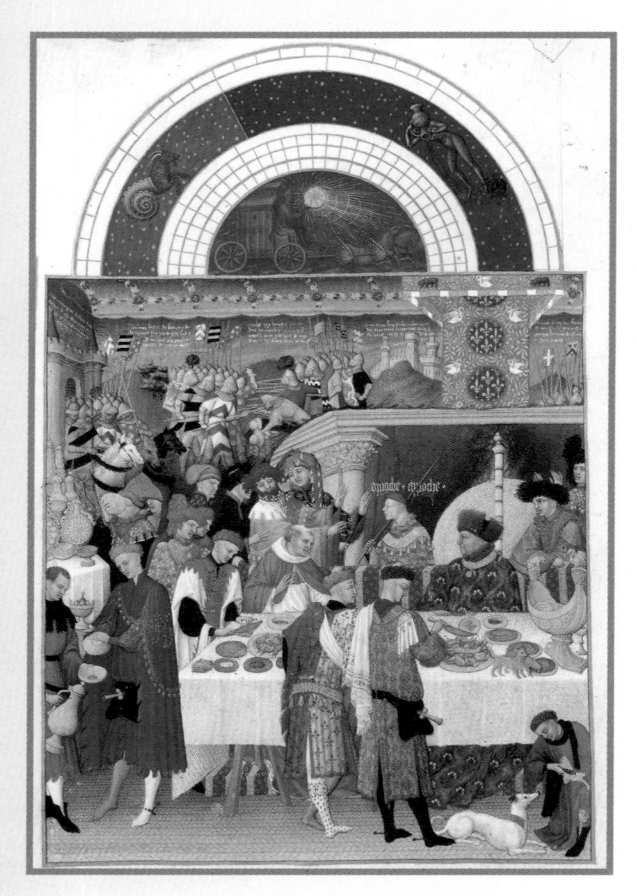

《最美时祷书》
（*Les tres riches heures du Duc de Berry*，1412—1416）
林堡兄弟（Limbourg）

这幅小巧的艺术作品描绘出贵族人家过节的热闹情景。从画作右侧的中殿和左侧堆叠的黄金餐具，可见主人是个重要人物。在他面前，一位乡绅正准备切割烤肉，旁边身着蓝衣的是专门负责为王公贵族倒酒的侍酒官。此画作展示出中世纪摆设精致复杂的餐桌。

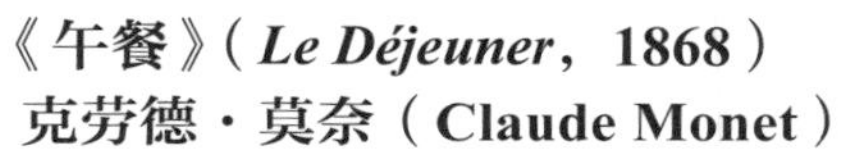

《午餐》（*Le Déjeuner*，1868）
克劳德·莫奈（Claude Monet）

19世纪的艺术家经常描绘小资产阶级家庭的用餐景象，来象征幸福美满。在这幅画中，母亲和孩子等待父亲到来，从桌上准备好的报纸和鸡蛋可看出那是他的座位。一切皆已就绪，随时可开动。

《丈夫不在时准备用餐的太太们》
（*La scène des Femmes à table en l'absence de leurs maris*, 1636）
亚伯拉罕·博斯（Abraham Bosse）

场景明显是在一个有床的房间里，女子们围坐在餐桌旁吃饭聊天，铺着白色桌布的餐桌摆满丰盛佳肴。其实在画家创作作品时，这样的饭厅并不存在，要到17世纪启蒙时代后才开始出现。

《阿尔梅隆维拉，隆尚赛马大奖之夜》（*Armenonville, le soir du Grand Prix de Longchamp*，1905）
亨利·热尔韦（Henri Gervex）

自19世纪中以来，巴黎已成为艺术、时尚和美食之都。画面中是一间位于巴黎布洛涅森林的豪华餐厅，上流社会的人们来此享用珍馐美馔，室内装潢典雅，采用大片落地窗，能将窗外美景尽收眼底。

《蓝色餐桌》（*Table bleue*，1963）
丹尼尔·史波利（Daniel Spoerri）

1960年开始，史波利将食物和饮食习惯纳入创作，吃剩的东西成了他作品里的新主角。在瑞士日内瓦J画廊展出的《蓝色餐桌》中，脏盘子、空瓶子和翻倒的玻璃杯，如实呈现用餐结束后的杯盘狼藉。所有物件全都粘在一片木板“桌面”上，成为一幅挂在墙上展出的“视觉陷阱”。

LA FAMILLE PÂTE à CHOUX

泡芙家族

从16世纪法国王后凯塞萨琳·德·美第奇（Catherine de Médicis）口中的“波普兰小泡芙”（popelin），到今日我们熟知的色彩缤纷、层层堆叠的泡芙塔，无论过了多久，泡芙在法国甜点界永远占有一席之地。

脆糖小泡芙
（chouquette）

希布斯特鲜奶油

爱之井：1735年首次出现于《现代烹饪》（*Le Cuisinier modern*）。

新桥挞（pont-neuf）

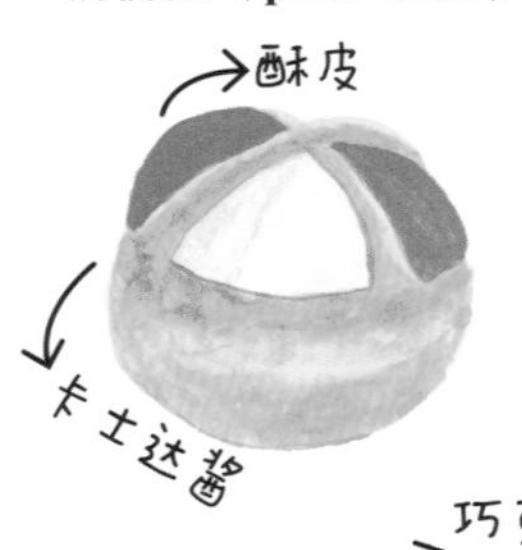

夹心巧克力酥球
（profiterole）

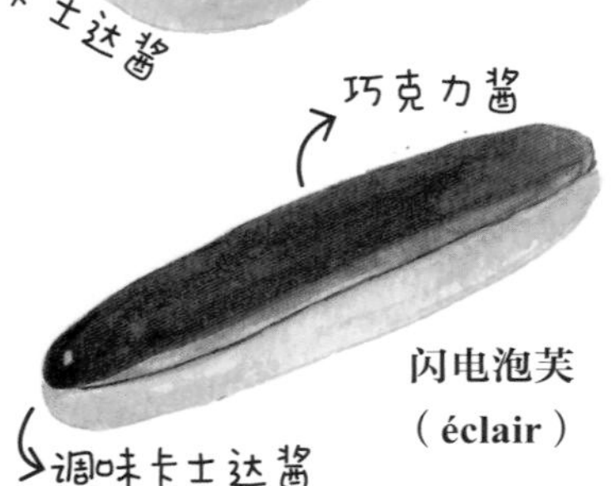

闪电泡芙
（éclair）

造型泡芙挞
（croquembouche）

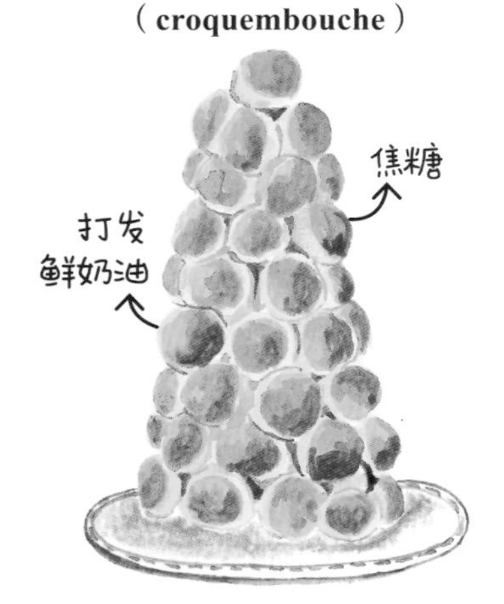

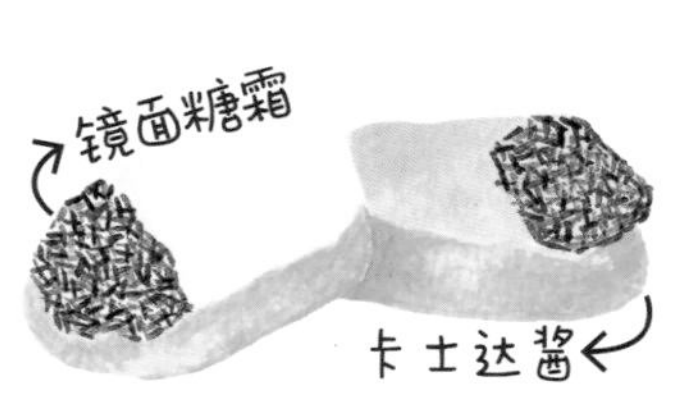

莎隆堡泡芙（salambo）：别名橡树果泡芙（gland pâtissier），1890年剧作家雷耶（Reyer）将福楼拜的小说《莎隆堡》改编成歌剧而得名。

香草香缇鲜奶油
焦糖
千层派皮
香草卡士达酱

圣多诺黑泡芙（Saint-honoré）：1850年左右，由巴黎皇家宫殿附近的甜点店“希布斯特之家”（Maison Chiboust）发明。

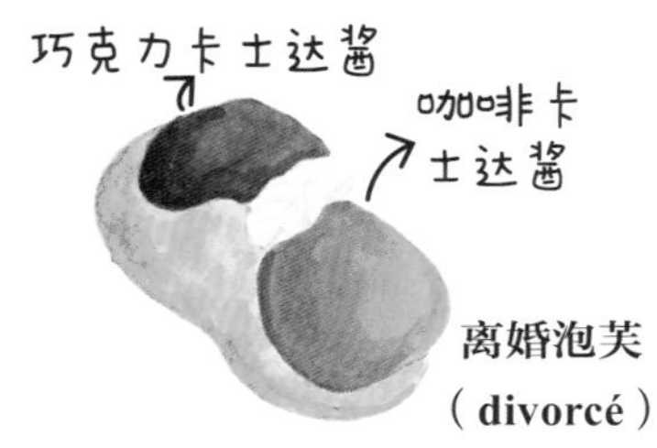

离婚泡芙
（divorcé）

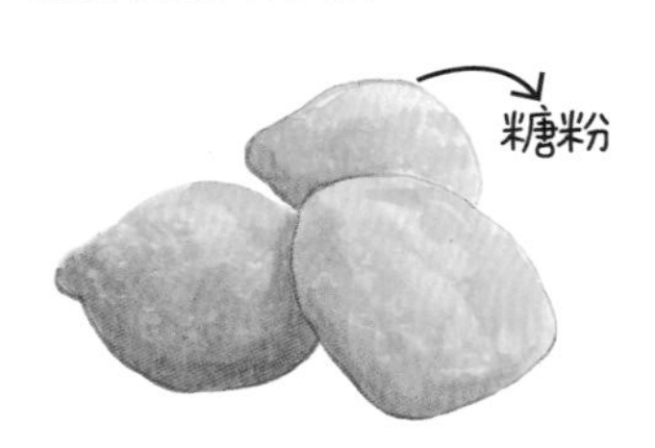

修女的屁（pet-de-nonne）：15至16世纪出现的一种油炸小泡芙（参考第77页）。

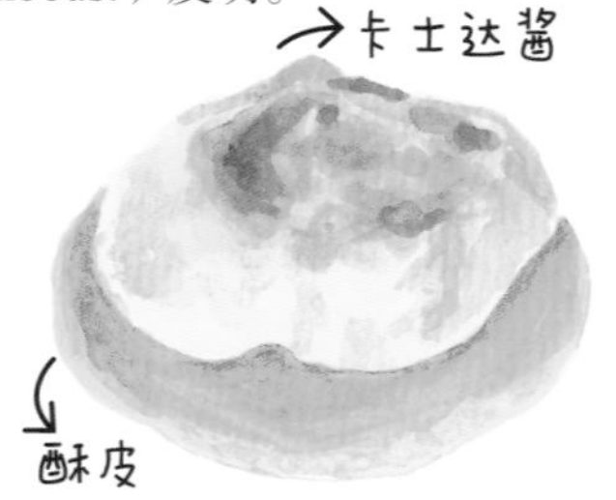

波卡泡芙（polka）

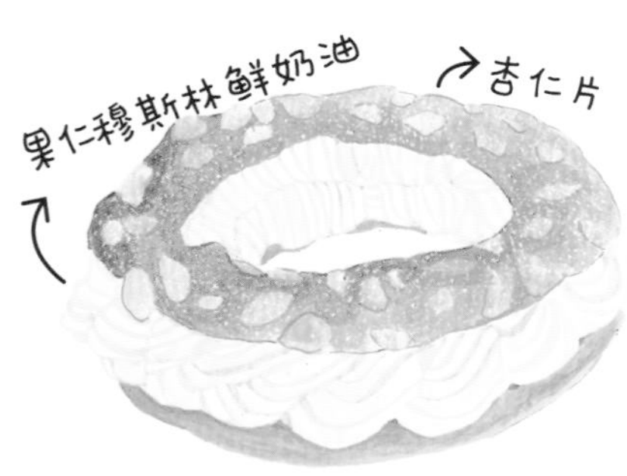

布雷斯特泡芙（paris-brest）：形状像自行车车轮，1910年由伊夫林省的一名糕点师路易·杜兰（Louis Durand）制作。

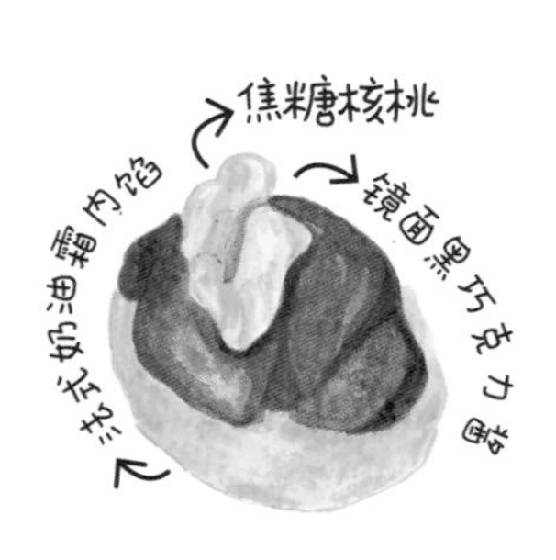

夏朗德坚果泡芙
（noix charentaise）

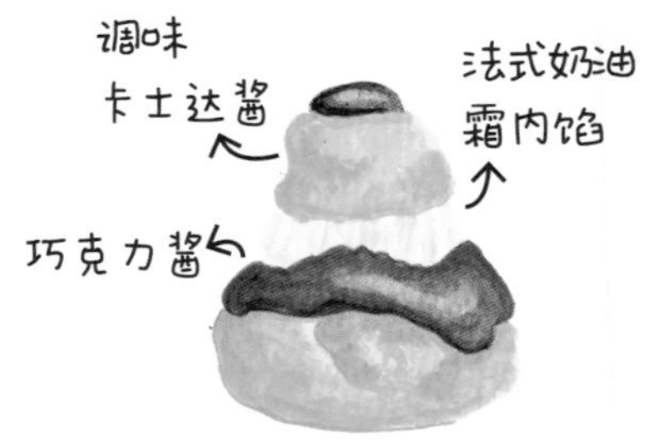

修女泡芙（religieuse）：1856年首次出现在巴黎一家由意大利人经营的咖啡馆。

同场加映
重生吧，被遗忘的蛋糕！（第52页）

——密夏拉克*的泡芙——

准备时间：20分钟
烘烤时间：25分钟
分量：约15个泡芙

材料：
水75克、全脂牛奶75克
细砂糖3克、盐3克
黄油65克、面粉80克
全蛋145克（约小型蛋3颗）

步骤：

- 烤箱预热至210℃。在小锅里加入水、牛奶、糖、盐和黄油拌匀，移至炉上煮至沸腾。
- 把面粉一次倒入，边加热边搅拌，直到奶糊质地均匀，就是所谓的“收干面糊”（dessécher la pâte）。
- 搅拌至不粘锅壁后倒入碗中，加入蛋液，继续搅拌，直到质地变紧实，提起木勺时面糊被拉起呈鸟喙状。
- 将面糊装入裱花袋，依想要的泡芙大小选择适合宽度的裱花嘴，在铺着烘焙纸的烤盘上挤出大小一致的圆形面糊，放入烤箱烘烤10分钟，然后将烤箱温度调至150℃，继续烘烤25分钟。

关键记事

19世纪初，卡汉姆（Antonin Carême）开始改良并“堆叠”泡芙。当时的夹心巧克力酥（profiterole）变成现在我们熟悉的泡芙，内馅塞满卡士达酱或香缇鲜奶油，外层淋上巧克力酱。1860年出现了大型泡芙塔，而外表裹着杏仁片的“小公爵夫人”（petite duchesse）就是今日远近驰名的闪电泡芙。

* 克里斯托弗·密夏拉克（Christophe Michalak），见第146页。

腰子VS胸腺，谁比较牛？

撰文：查尔斯·帕丁·欧古胡

小牛身上的这两个内脏部位各有忠实粉丝，人气势均力敌。

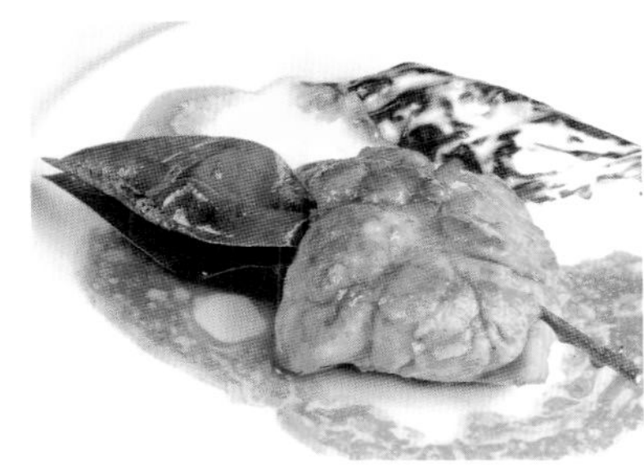

● 牛腰子

器官：小牛的肾脏

部位：位于腹部后方，腰椎附近

文献记载：乔治·贝尔纳诺斯（George Bernanos）于1929年出版的《欢乐》（*La Joie*）中写道："昨天我看到她自己一人把这道菜给吃掉大半，又肥又亮的牛腰子就她一人独享，罪恶，真是罪恶啊。"

平均重量：500克

备料：清除牛腰子周围的筋膜和脂肪。

煮法：穿在叉子上边切边烤，或用榛果黄油在锅里翻炒。

搭配：芥末酱或马德拉酱（sauce au madère）。

口感：弹牙，带着些许嚼劲，嫩而不柴。

味道：只要将尿骚味去除干净（焯烫），就能做出美味料理。

其余价值：自8世纪以来，牛腰子的脂肪一直被用于炖煮诺曼底的汤品。

营养成分：富含铁质。每100克热量163大卡、蛋白质26克。

● 小牛胸腺

器官：胸腺

部位：小牛气管前方胸腔入口处的腺体，成牛无此器官

文献记载：乔治·佩雷克（George Perec）的《思考与分类》（*Penser Classer*）中写道："将4块事先在淡柠檬水中浸泡过的小牛胸腺沥干，切薄片，放入中型烤箱烤40分钟，其间不时往内喷水。从烤箱取出后加入100毫升重乳脂鲜奶油，搭配干性发泡的蛋白霜装盘上桌。"

平均重量：300克

备料：将小牛胸腺泡冷水5小时，滚水焯烫后擦干，清除筋膜、细碎边肉再稍加修整。

煮法：在煎锅中用文火煨，或切成薄片煎。

搭配：与羊肚菌一起填入中间挖空的酥皮馅饼。

口感：特别柔韧多汁。

味道：细致纯粹。

其余价值：将备料时清除的筋膜、细碎边肉和洋葱一起用黄油拌炒，加入2汤匙葡萄酒，过筛后即成香浓酱汁。

营养成分：饱和脂肪酸含量极少，是继牛肚之后脂肪量最少的内脏，富含维生素和矿物质。每100克含热量125大卡、蛋白质22克。

同场加映
前卫厨师暨美食作家（第344页）

一菜双享
尼农的酸奶菜布榭尔

爱德华·尼农（Édouard Nignon）曾改良过这道都兰地方菜——布榭尔（Beu-chelle Tourangelle），就是酸奶油蕈菇佐牛腰子与小牛胸腺，料理时加香草束提味。做法如下：胸腺和腰子都完成备料步骤后，将腰子切丁，下锅清炒，再加入白兰地或威士忌烧一下；胸腺切薄片，以黄油嫩煎，再加入白兰地或威士忌烧一下。倒入150毫升法式酸奶油，加盐和胡椒调味。用另一炒锅翻炒羊肚菌，再将三种食材混合，即可盛盘上桌。

香料面包之王

撰文：玛丽埃勒·高德里

面粉、蜂蜜、香料……
正是这三种各具特色的食材让香料面包滋味不同凡响。

一只荷包满满的熊？

法国糕点品牌Vandamme在1980年推出了"香料面包之王"这款商品，而广告就是4只唱歌跳舞的熊。这种传统裸麦香料面包表皮软黏但内部扎实，是很多法国孩童最爱的下午点心。

小典故大发现

香料面包的"香料"（épice）该写成单数还是复数？其实两种写法都对，因为它有可能使用一种或数种香料（肉桂、大茴香、肉豆蔻、姜、丁香等）。传统的老面面团材料包括面粉、水和蜂蜜，需要放置三周到六个月不等。通常糕点店才会这么做，一般人在家可选择较简单的方式。

号称使用"纯蜂蜜"（pur miel）的香料面包，代表只用蜂蜜来增添甜味；相反，"加入蜂蜜"（au miel）则代表同时添加其他糖类。要符合香料面包的标准，在制作过程中至少要使用50%的蜂蜜。

第戎的香料面包通常做成诺内特小圆蛋糕（nonnette）的形状，表面淋上糖霜，内馅添加柳橙果酱。这种面包原是修道院做来贩卖，也是它名称的由来，在汉斯（Reims）、洛林和里昂都找得到。阿尔萨斯的香料面包则做成小人形状，上面装饰彩色糖霜，也叫作人形面包（Mannele），是为了庆祝圣尼古拉节（Saint-Nicolas）而制作的。

—— 汉斯的香料面包* ——

备料时间： 10分钟
静置时间： 24小时
烘烤时间： 30~40分钟
分量： 1块
材料：

糖30克
栗子蜂蜜60克
香料2.5克（肉桂、大茴香、肉豆蔻少许）
黄油30克
水80毫升
茴香酒20毫升
糖渍柳橙30克
糖渍柠檬30克
面粉108克
泡打粉9克

步骤：

- 烤箱预热至160℃。在锅里加热熔化蜂蜜、糖、黄油和香料，静置凉凉后，加入水、茴香酒和糖渍水果。用搅拌棒均匀混合面粉和泡打粉，倒入前述混合料。将混合的所有食材倒入事先抹了黄油的蛋糕模具约3/4满，送入180℃的烤箱烘烤30~45分钟。

* 食谱由Atelier d'Eric糕点店的主厨艾力克·桑塔格（Éric Sontag）提供，地址：32, rue de Mars,51100, Reims。

同场加映
法国生产的蜂蜜（第378页）

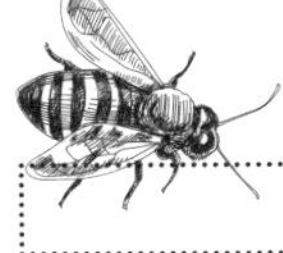

香料面包之都

	汉斯	第戎	热尔特维莱
面粉	裸麦面粉	普通小麦面粉	普通小麦面粉
蜂蜜	洋槐蜂蜜	洋槐蜂蜜	栗子蜂蜜
代表品牌	Fossier（1756）	Mulot & Petitjean（1796）	Fortwenger（1768）、Lips（1806）

就算香料面包如今不再有官方版本，**弗朗什-孔泰韦尔塞镇（Vercel）**的百年香料面包依旧会持续流传。它最原始的版本可以追溯到13世纪，由高山蜂蜜或冷杉树蜜加大茴香籽所制成。

新料理运动幕后的推手

撰文：法兰索瓦芮吉·高帝

这位新料理运动的先驱于2017年逝世。他是一位喜欢和传统唱反调，并且深具远见的米其林三星主厨。

餐酒搭配的专家

20世纪60年代后期，主厨米歇尔·盖拉德前往桑德杭的餐厅用餐，觉得当天搭配料理的葡萄酒有点让人失望。受到批评后，桑德杭开始埋首钻研葡萄酒。20世纪80年代，他向酿酒大师贾克·贝吕塞（Jacques Puisais）讨教，成为巴黎首位为每道菜分别搭配单杯酒的主厨。他大胆尝试用梧雷的白葡萄酒搭配都兰的羊奶奶酪，震撼了料理界。当时饱受批评，如今已成经典搭配，足见桑德杭的独到眼光。

艾彼西尤斯鸭

1985年，法国《快讯周刊》前编辑部主任尚-弗朗莫瓦·何维尔和《观点周刊》编辑部主任克劳德·安倍，两人都是“百人俱乐部”（Club des Cent）的会员，他们向桑德杭下战帖，要他根据古罗马食谱制作一份套餐。桑德杭潜心埋首史料，重新诠释了罗马皇帝提比略御厨艾彼西尤斯（Apicius）的食谱：整只鸭在葛缕子风味蔬菜高汤中微煮上色，涂上香料蜂蜜烤至酥脆，食用时搭配番红花苹果榅桲果泥和薄荷椰枣泥。

门下法国名厨

阿兰·帕萨德（Alain Passard）：巴黎米其林三星主厨，师徒情谊深厚，买下恩师的餐厅 L'Archestrate 改名为 L'Arpège后，25年来依然尊称桑德杭为“主厨”。

杰罗姆·班克特（Jerome Banctel）：在2006到2013年担任桑德杭的行政主厨。

其他还有多明尼克·史坦克（Dominique Le Stanc）、克里斯汀·勒斯凯（Christian le Squer）、派翠克·杰发（Patrick Jeffroy）、贝尔通·给恩洪（Bertrand Guéneron）、杰罗姆·班克特（Jerome Banctel）、迪米崔·杜瓦诺（Dimitri Droisneau）、亚伦·索立伟赫斯（Alain Solivérès）。

阿兰·桑德杭
Alain Senderens（1939—2017）

关键大事记

1939年12月2日出生于南法瓦尔省的伊埃尔。

1962年，进入巴黎五区的银塔餐厅（la Tour d'Argent）工作。

1978年，他的 L'Archestrate 餐厅拿下米其林第三颗星。

1985年，买下巴黎 Lucas Carton 餐厅。

2005年，宣布放弃米其林三星，并将 Lucas Carton 餐厅改以自己的名字“Le Senderens”命名。

2017年，6月25日，逝世于法国中部科雷兹省的圣瑟提耶尔。

中国之旅

20世纪70年代后期，桑德杭结束中国之行后，成为第一个将酱油融入法国菜的厨师。他用酱油为白奶油酱调味，创作了一道名为“Shizuo”的革命性鲑鱼料理。

艾彼西尤斯鸭（2010年版）

烹调时间：20分钟
静置时间：18小时
分量：4人份

材料：
乳鸭1只 2.2千克
蜂蜜80克、不甜白酒200毫升
白色高汤（fond blanc）1升
新鲜薄荷叶1小把、番红花丝、糖
青苹果3个（“史密斯老奶奶”品种）
新鲜突尼斯椰枣12颗
艾彼西尤斯混合香料（香菜、葛缕子、茴香、胡椒和小茴香）

步骤：
- 整只鸭只保留俗称“船身”的两片鸭胸肉和与其相连的骨架。其余鸭肉与混合香料放入白色高汤煮沸，然后静置浸泡至冷却备用。
- 把高汤再次煮沸，放入鸭胸后转小火，熬煮15分钟。
- 混合蜂蜜、不甜白酒和60克混合香料制成腌料，浸入鸭胸，静置12~18小时。之后将鸭胸擦干，保留腌料待会儿使用。
- 将一体金属煎锅烧热，放入鸭胸，将每面煎至焦黄。
- 烤箱预热至180℃，将煎锅连鸭胸一起放入烤箱烤8分钟。
- 苹果削皮切块，再用水、糖和番红花制成的糖浆熬煮。椰枣去皮（沸水浸泡1分钟即可去皮），用夹钳取出籽核，装饰上新鲜的薄荷叶。从烤箱中取出鸭胸，刷上先前的腌料，切片。摆盘时搭配薄荷椰枣和番红花丝苹果切块。
- 建议可搭配甜白酒。

同场加映
百人俱乐部（第240页）
高特米鲁上菜（第206页）

——朗德鸭肝佐清蒸甘蓝菜——

材料：

鸭肝600克
羽衣甘蓝4千克
小颗粒白胡椒4克
盖朗德（Guérande）细盐4克

步骤：

- 将甘蓝的叶子一片片剥开，放入锅中烫2分钟，捞出后用干布拭干水分。
- 将70克鸭肝切片，用盐和胡椒调味，然后逐片包卷在甘蓝叶中，蒸4分钟，盛装在热盘中，一人份2片。

———布列塔尼香草螯龙虾———

1968年的创意料理

材料：

母螯龙虾4只，每只重550克
乳脂含量较低的液体鲜奶油30毫升
香草荚2枝，刮下香草籽
香槟10毫升
红葱80克、红姜6克
中式细面50克
菠菜嫩叶70克、酸模叶50克
黄油100克、橄榄油5毫升
柠檬1/2颗

步骤：

- 螯龙虾清蒸5分钟至熟，放凉。不需剥除虾壳，从尾端纵向切成两半，清洗后再切段。
- 在锅中拌炒切碎的红葱和刮下的香草籽（保留豆荚），倒入香槟煮至收汁。倒入液体鲜奶油，约煮15分钟至浓稠，再将汤汁过筛。
- 将菠菜叶和酸模叶去除瑕疵部分然后洗净。中式细面煮熟放凉。削下柠檬皮，用滚水焯烫两次后泡入冷水中。
- 重新加热螯龙虾。取1/4的酱汁加点柠檬汁和姜，把中式细面放入其中加热。将剩余的酱汁重新加热，加入黄油然后搅拌至浓稠起泡，再放入一片柠檬皮。
- 在锅中倒入橄榄油，快炒菠菜叶和酸模叶，然后用厨房纸巾将叶菜的水分吸干。
- 取一大盘，在盘中央约直径10厘米的范围内放上细面，摆上虾尾，双螯放中间，周围用菠菜叶和酸模叶装点。把酱汁搅打成奶泡状，淋在盘中摆放的食材上，最后以虾头和香草荚装饰。

消失的开胃前菜

撰文：玛莉罗尔·弗雷歇

开胃前菜已经逐渐被开胃酒和开胃小点取代。未来能否重拾传统，在周日午餐时间重享这些经典菜肴呢？

小典故大发现

在建筑用语中，“hors-d'œuvre”指的是独立于建筑主体外的部分；在料理世界则是指“开胃前菜”，自17世纪开始出现，让客人在点菜到上菜这个空当稍微垫垫肚子；人们称之为在汤和鱼上桌前的那道“如空气般轻盈的料理”。一直到20世纪初，以阿里巴布（Ali Bab）为首的美食编年史作家们一直认为“开胃前菜不重要”，更认为它“可以随便取消，不会破坏菜单上的出菜顺序”。名厨埃斯科菲耶也觉得前菜没有存在的必要，过多的味道反而容易喧宾夺主。《家庭百科》（*Le Livre de la ménagère*）的作者余尔班·杜布瓦（Urbain Dubois）则担心“肠胃健康”问题，他提倡“清淡的菜肴味道更好，不仅齿颊留香且吃完口气依然清新”。

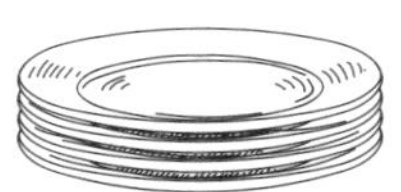

家庭烹饪菜肴

20世纪60年代，家庭主妇开始脱下围裙，努力工作养家，很难指望她下了班还有力气揉面团做丸子。有了开胃前菜，晚餐的准备工作就简单多了。魔鬼蛋万岁！雷莫拉酱（sauce rémoulade）拌根芹菜、胡萝卜丝沙拉万岁！还有公共食堂的甜菜沙拉和半个葡萄柚……也算是一种可怕的共同回忆！20世纪80年代，开胃菜一直都是星期日聚会餐桌上的必备菜肴。但后来受到食谱“简易化”及餐厅“亲民化”的影响，这些具有象征意义的家庭菜肴现已沦为小酒馆、公路餐厅和熟食店的廉价料理，且逐渐被更具创意的开胃小点所取代。

开胃菜大特卖

法语“canapé”除了指沙发，也代表用手指即可拾起的开胃小点，取其铺放配料的面包形状而得名。在20世纪70年代，它是搭配开胃酒的好伙伴，后来被工厂做的咸饼干所取代。如今它又流行起来，鸡尾酒餐会上必定可以见到这些经典开胃小点，例如在切成小正方形或三角形的烤面包上铺烟熏鲑鱼、鱼子酱或芦笋尖。

找回小瓷皿

这种专门用来盛装开胃菜（更确切来说是盛装樱桃萝卜）的方形或椭圆形小瓷皿，原是结婚礼品清单上的必列用品，今日却已沦落至阁楼的杂物堆中。不妨到跳蚤市场寻宝，买一个精致的古董小瓷皿，让你的开胃菜更有“味道”。

20世纪50年代，黄金年代

20世纪50年代是开胃前菜的鼎盛时期，无论是午餐还是不含汤品的晚餐，对于开胃前菜都特别讲究。《现代烹饪艺术》（*L'Art culinaire moderne*）一书中提供了超过150道精心编纂的开胃菜食谱，特别将冷菜和热菜、沙拉和腌制鱼类、酥皮点心和砂锅料理（cassolettes）、烤饼和炸丸子等分门别类加以介绍，并写道：“开胃菜应尽可能用最少的食材呈现最佳卖相。备料要能保鲜，摆盘应饶富品味，上菜则赏心悦目。”

同场加映

美乃滋水煮蛋（第75页）

公路餐厅（第44页）

奥利维*的希腊风烩蘑菇

烹调时间：30分钟

分量：4人份

材料：

非常小的巴黎蘑菇500克

柠檬1颗

白酒3/4升

浓缩番茄糊4汤匙

食用油4汤匙

百里香1枝

月桂叶2片

盐、胡椒和几粒香菜籽

步骤：

- 整理并擦拭蘑菇，注意要保持整朵完整。
- 热锅倒油，依次放入蘑菇、柠檬皮丝、香草叶、白酒和番茄糊，撒入盐和胡椒，不加盖以中火熬煮约30分钟，让所有蘑菇表面均匀裹满酱汁。煮好后离火待凉即可食用。

* 雷蒙·奥利维（Raymond Oliver），见第359页

酪梨凉拌海鲜

简介：这是20世纪70年代富有异国情调的开胃菜。用半个酪梨盛装拌过的碎蟹肉或小虾（锯齿长臂虾），再淋上鸡尾酒酱（美乃滋、番茄酱汁、干邑或威士忌、塔巴斯科辣椒酱）。人们甚至为这道开胃菜发明了专用酪梨杯。

滋味如何？为了让这道经典菜肴再次出现在亚眠地区（Amiens）的餐桌上，在晚宴放映幻灯片之前，就让它与当地其他特色开胃料理一起上桌吧。

根芹菜丝佐雷莫拉酱

简介：将生的根芹菜刨丝，拌入加了第戎芥末、酸豆和香料的美乃滋。

滋味如何？正统做法是不加胡萝卜丝的，而且一定要使用自制美乃滋才对味！

希腊风烩蘑菇

简介：所谓的“希腊风”是用生鲜蔬菜与香草束一起烹煮，待冷却后再上桌食用的一种吃法，是小酒馆菜单里必备的沙拉冷盘。

滋味如何？如果你不自己动手做（参考第124页食谱），除了专业猪肉商和熟食店之外，没人会做这道料理了！

蔬菜沙拉火腿卷

简介：又称俄罗斯火腿卷，用一片白火腿包卷美乃滋拌沙拉，是19世纪60年代一家莫斯科餐厅的比利时厨师吕西安·奥利维（Lucien Olivier）的创意料理。

滋味如何？即使要多花一点时间，我们还是可以在家自制这种火腿卷。你可以用马优里酱（sauce mayoli）代替美乃滋。使用质量好的巴黎火腿（jambon de Paris）风味更佳。

哈密瓜佐波特酒

简介：自古以来法国人就认为，食用哈密瓜时饮用甜葡萄酒能帮助肠胃消化。至于为何是这两种食材的搭配，就不得而知了。

滋味如何？正如哈密瓜的头号粉丝大仲马所推荐的那样，我们在乳酪和甜点之间，在咸味和胡椒味之间享用它。当然，一定要搭配波特酒。

金合欢蛋沙拉（Œuf mimosa）

简介：可别与美乃滋蛋沙拉混为一谈。将水煮蛋切半，挖出蛋黄与美乃滋拌匀再填回去；为了制造金合欢花的黄澄效果，另取些混了香草碎屑的碎蛋黄撒在蛋沙拉上。

滋味如何？味道比魔鬼蛋更特殊，但名气不如魔鬼蛋那么大。

香醋韭葱

简介：使用幼嫩韭葱，浅绿色叶子以上的部分全部切除，捆成一束放入加盐滚水煮8~15分钟（依大小不同）直到煮熟，用香料醋调味。

滋味如何？其实并不是所有人都喜欢这道经典的酒馆料理。

黄油萝卜

简介：樱桃萝卜除了蘸盐吃，只要再加一点点优质黄油就能淡化它的辛辣味。

滋味如何？当然好吃！切几片干肠搭着吃，风味更佳。

番茄沙拉

简介：将番茄去皮切成圆薄片，用醋、大蒜和欧芹调味。到了20世纪90年代，这道菜被“莫扎瑞拉番茄生牛肉”给取代了。

滋味如何？选择熟的刚好的祖传番茄*，再淋上少许优质橄榄油提香。

* 最接近原生品种，没有经过基因改良的番茄。——编注

油渍沙丁鱼

简介：用扇形的盘子盛装从罐头里拿出来的沙丁鱼，再点缀几片锯齿边缘的柠檬片，是适合忙碌主妇的速成开胃菜。

滋味如何？罐头里装的没有别的，就只有经典！

法式美食偏执狂

撰文：查尔斯·帕丁·欧古胡

这些美食协会除了有正式的长礼袍和会旗，还有绝对的奉献精神。它们积极推广在地美食，从脆糖小泡芙到小牛头，法国处处皆美味。

小牛头研究协会

ACADÉMIE UNIVERSELLE DE LA TÊTE DE VEAU

推荐产品：小牛头

所在地：佩萨克（Pessac）

创立年份：1992

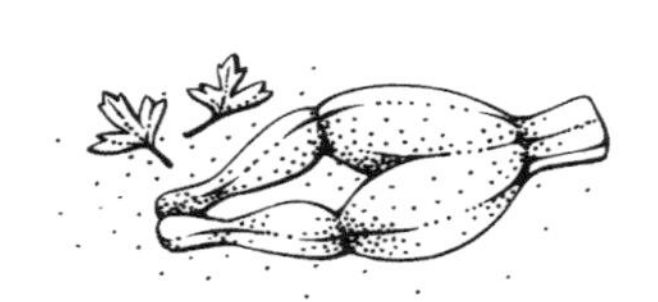

风味青蛙美食协会

CONFRÉRIE DES TASTECUISSES DE GRENOUILLES

推荐产品：青蛙

所在地：维泰勒（Vittel）

创立年份：1972

牛肝菌协会

CONFRÉRIE DU CÈPE

推荐产品：牛肝菌

所在地：圣索拉库西埃（Saint-Saut-Lacoussières）

创立年份：1996

索莱兹蓝韭葱协会

CONFRÉRIE DU BLEU DE SOLAIZE

推荐产品：索莱兹蓝韭葱

所在地：索莱兹（Solaize）

创立年份：1997

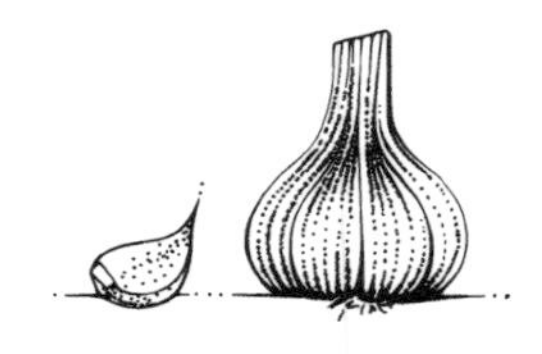

罗特列克粉红大蒜协会

CONFRÉRIE DE L'AIL ROSE DE LAUTREC

推荐产品：外皮粉红的大蒜

所在地：罗特列克（Lautrec）

创立年份：2000

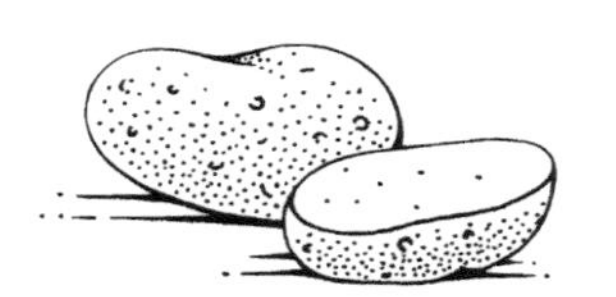

卡卡斯光臀美食协会

CONFRÉRIE DE LA CACASSE À CUL NU

推荐产品：马铃薯炖肉杂烩

所在地：艾格雷蒙（Aiglemont）

创立年份：2001

猪肠美食协会

CONFRÉRIE DE LA TRICANDILLE

推荐产品：猪肠

所在地：布朗屈埃福尔（Blanquefort）

创立年份：2004

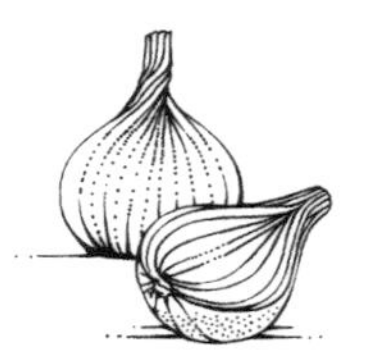

罗斯科夫洋葱协会

CONFRÉRIE DE L'OIGNON DE ROSCOFF

推荐产品：粉红皮洋葱

所在地：罗斯科夫（Roscoff）

创立年份：2010

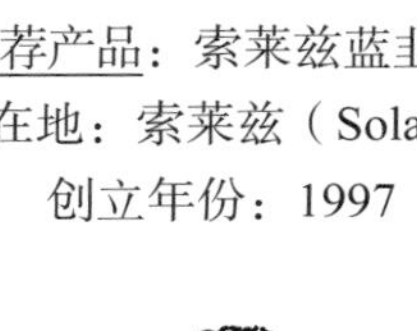

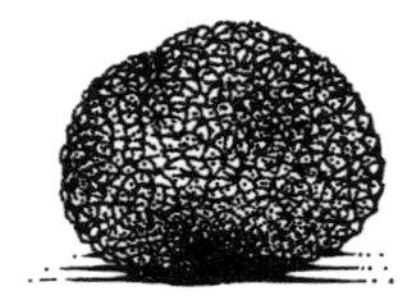

黑钻石美食协会

CONFRÉRIE DU DIAMANT NOIR

推荐产品：黑松露

所在地：里舍朗舍（Richerenches）

创立年份：1982

诺曼底烤布丁协会

CONFRÉRIE DE LA TEURGOULE

推荐产品：须烤5小时的肉桂牛奶布丁

所在地：多聚莱（Dozulé）

创立年份：1978

萨尔特熟肉抹酱骑士协会

CONFRÉRIE DES CHEVALIERS DES RILLETTES SARTHOISES

推荐产品：封在猪油中的熟猪肉抹酱

所在地：马梅尔（Mamers）

创立年份：1968

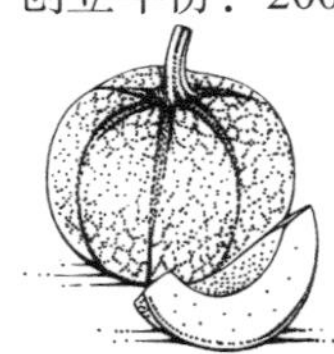

卡瓦永蜜瓜荣誉骑士协会

CONFRÉRIE DES CHEVALIERS DE L'ORDRE DU MELON DE CAVAILLON

推荐产品：南法蜜瓜

所在地：卡瓦永（Cavaillon）

创立年份：1988

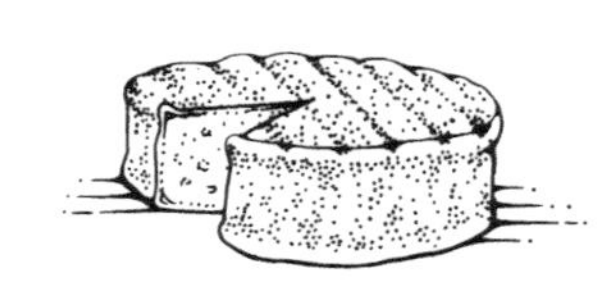

卡蒙贝尔奶酪骑士协会

CONFRÉRIE DES CHEVALIERS DU CAMEMBERT

推荐产品：有花纹表皮的生牛奶奶酪

所在地：维穆蒂耶尔（Viemotiers）

创立年份：1985

圣尼科拉德波香肠杂菜锅协会

CONFRÉRIE DE LA POTÉE PORTOISE DE SAINTNICOLAS-DE-PORT

推荐产品：香肠杂菜锅

所在地：圣尼科拉德波（Saint-Nicolas-de-Port）

创立年份：1975

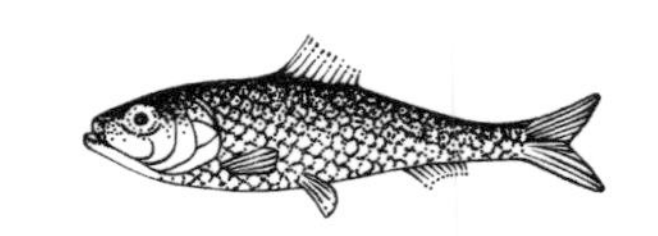

海岸鲱鱼美食协会

CONFRÉRIE DU HARENG CÔTIER

推荐产品：鲱鱼

所在地：贝尔克（Berck-sur-Mer）

创立年份：1991

蒙马特骑士团葡萄园

COMMANDERIE DU CLOS MONTMARTRE

推荐产品：蒙马特生产的酒

所在地：巴黎

创立年份：1983

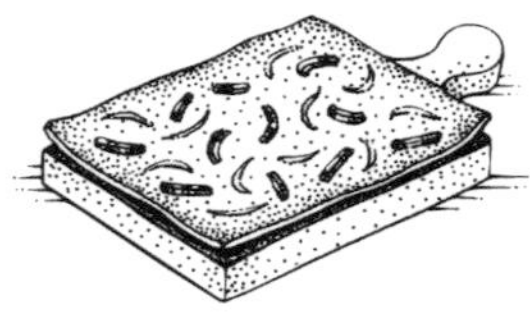

正统火焰薄饼协会

CONFRÉRIE DU VÉRITABLE FLAMMEKUECHE

推荐产品：火烤阿尔萨斯薄饼

所在地：萨埃索尔桑（Saessolsheim）

创立年份：1979

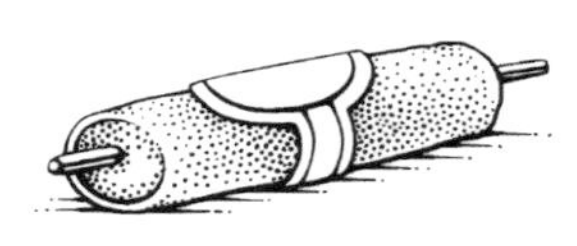

圣莫尔奶酪骑士团

COMMANDERIE DU FROMAGE SAINTEMAURE DE-TOURAINE

推荐产品：生羊奶酪

所在地：圣莫尔（Sainte-Maure-de-Touraine）

创立年份：1972

陶罐猪肝酱糜协会

CONFRÉRIE DE LA TERRINE DE FOIE DE PORC

推荐产品：陶罐猪肝酱糜

所在地：库索尔勒（Cousolre）

创立年份：1986

阿列日蜗牛美食协会

CONFRÉRIE DE L'ESCARGOT ARIÉGEOIS

推荐产品：小灰蜗牛

所在地：拉图迪克里厄（La Tour-du-Crieu）

创立年份：2001

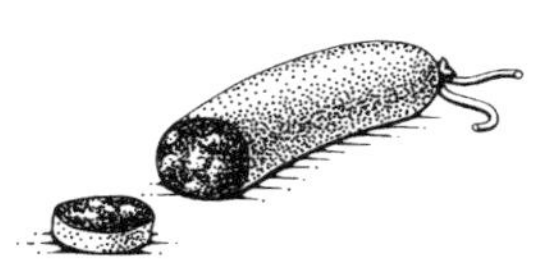

孔夫朗地方风味香肠协会

CONFRÉRIE JUBILATOIRE DES TASTE-BOUTIFARRE DU CONFLENT

推荐产品：加泰罗尼亚地方的猪血肠

所在地：普拉代（Prades）

创立年份：2009

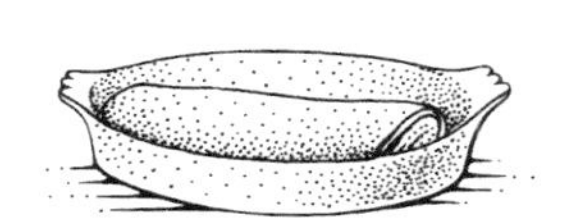

皮卡第细绳美食协会

CONFRÉRIE DE LA FICELLE PICARDE AMIÉNOISE

推荐产品：炉烤火腿蘑菇可丽饼

所在地：布雷特伊（Breteuil）

创立年份：2013

美味内脏香肠骑士协会

CONFRÉRIE DES CHEVALIERS DU GOÛTE ANDOUILL-E

推荐产品：猪肉内脏香肠

所在地：雅尔若（Jargeau）

创立年份：1971

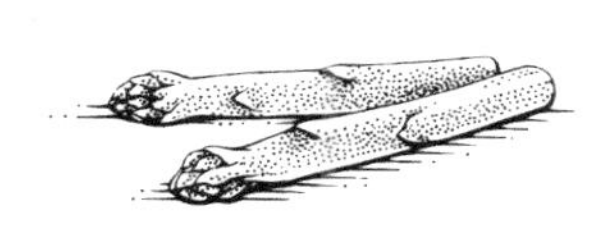

布雷耶芦笋协会

CONFRÉRIE DE L'ASPERGE DU BLAYAIS

推荐产品：白芦笋

所在地：雷尼亚克

（Reignac-de-Blaye）

创立年份：1973

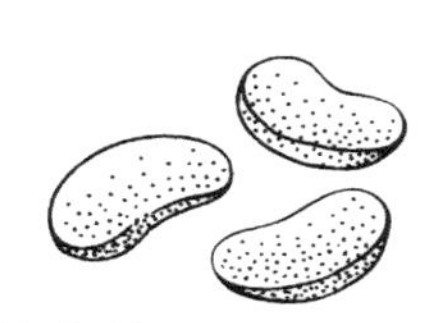

毕高莱肉浓汤协会

CONFRÉRIE DE LA GARBURE BIGOURDANE

推荐产品：猪油鹅肉卷心菜浓汤

所在地：阿尔热莱加佐斯

（Argelès-gazost）

创立年份：1997

洛林肉酱协会

CONFRÉRIE DU PÂTÉ LORRAIN

推荐产品：酥皮肉酱

所在地：夏德努（Châtenois）

创立年份：1990

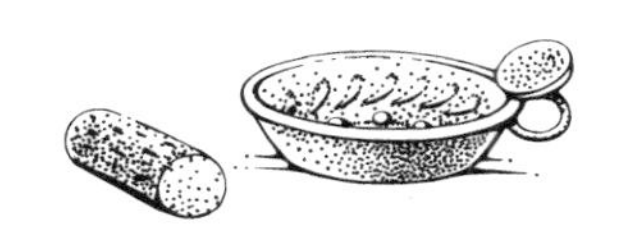

品酒骑士协会

CONFRÉRIE DES CHEVALIER-S DU TASTEVIN

推荐产品：勃艮第的葡萄酒

所在地：尼伊特圣若尔热

（Nuits Saint-Georges）

创立年份：1934

伊特萨苏樱桃协会

CONFRÉRIE DE LA CERISE D'ITXASSOU

推荐产品：黑樱桃

所在地：伊特萨苏（Itxassou）

创立年份：2007

波旁马铃薯馅饼协会

CONFRÉRIE DU PÂTÉ AUX POMMES DE TERRES

推荐产品：马铃薯圆馅饼

所在地：蒙特马罗尔

（Montmarault）

创立年份：2004

菲雅多那蛋糕协会

CONFRÉRIE DU FIADON

推荐产品：科西嘉布洛丘奶酪做成的蛋糕

所在地：阿雅克肖（Ajaccio）

创立年份：2013

索尔克叙尔覆盆子协会

CONFRÉRIE DE LA FRAMBOISE SAULXURONNE SUR MOSELOTTE

推荐产品：覆盆子

所在地：莫斯洛特河畔索尔克叙尔（Saulxures-sur Moselotte）

创立年份：1975

马铃薯腊肉菜汤伙伴协会

CONFRÉRIE DES COMPAGNONS DE LA BRÉJAUDE

推荐产品：利穆赞地区以马铃薯和腊肉熬煮的汤品

所在地：圣朱利安

（Saint-Julien）

创立年份：1989

皮普里亚克咸薄饼协会

CONFRÉRIE PIPERIA LA GALETTE

推荐产品：裸麦面粉做的咸薄饼

所在地：皮普里亚克

（Pipriac）

创立年份：1998

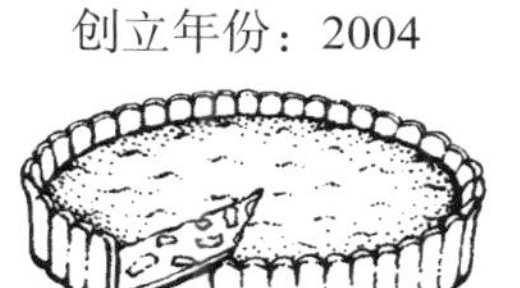

洛林咸派协会

CONFRÉRIE DE LA QUICHE LORRAINE

推荐产品：洛林咸派

所在地：莫尔特河畔东巴勒

（Dombasle-sur-Meurthe）

创立年份：2015

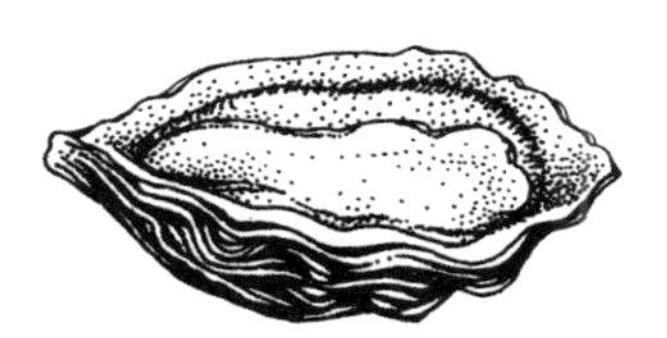

马内恩翡翠生蚝协会

CONFRÉRIE DES GALANTS DE LA VERTE MARENNES

推荐产品：芬克雷翡翠生蚝

（fine de claire verte）

所在地：马雷内奥莱龙

（Marennes-Oléron）

创立年份：1954

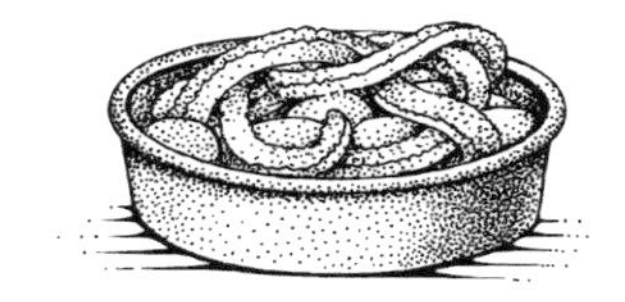

牛肚美食协会

CONFRÉRIE DES MANGE RIPES

推荐产品：阿莱斯牛肚料理

所在地：阿莱斯（Alès）

创立年份：1999

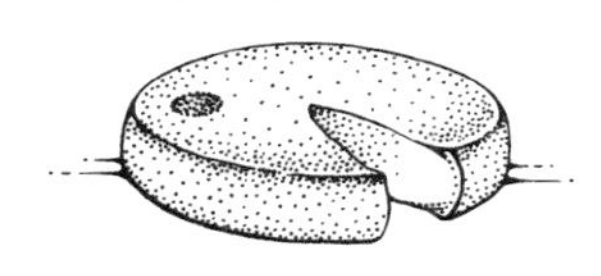

瑞布罗申奶酪协会

CONFRÉRIE DU REBLOCHON

推荐产品：软心生牛奶奶酪

所在地：托纳（Thônes）

创立年份：1994

武特扎克桃子试味员协会

CONFRÉRIE DES GOÛTEURS DE PÊCHES DE VOUTEZAC

推荐产品：桃子

所在地：武特扎克

（Voutezac）

创立年份：2008

皇家金黄葡萄酒协会

CONFRÉRIE DU ROYAL VIN JAUNE

推荐产品：汝拉白酒

所在地：阿尔布瓦（Arbois）

创立年份：1989

雉鸡养殖协会

CONFRÉRIE DE LA FAISANDERIE

推荐产品：陶罐雉肉酱糜

所在地：卢瓦尔河畔叙利

（Sully-sur-Loire）

创立年份：1987

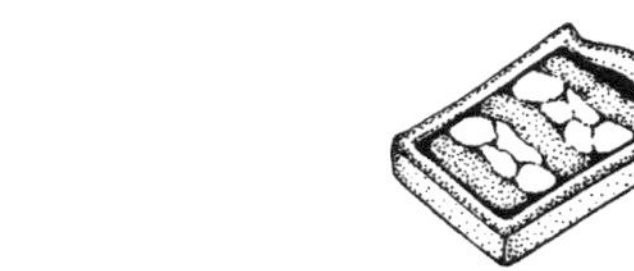

巴松库尔猪腿美食协会

CONFRÉRIE DE LA CUISSE COCHONNE DE BAZONCOURT

推荐产品：烤猪腿

所在地：巴松库尔（Bazoncourt）

创立年份：1985

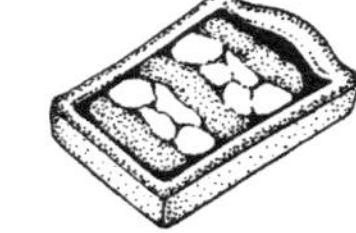

乌当母鸡肉酱协会

CONFRÉRIE DE LA POULE DE HOUDAN ET DU PÂTÉ DE HOUDAN

推荐产品：乌当纯种母鸡

所在地：阿韦吕（Havelu）

创立年份：2016

脆糖小泡芙师傅协会

CONFRÉRIE DES MAÎTRES CHOUQUETTIERS DU GATINAIS

推荐产品：脆糖小泡芙

所在地：乌祖埃代尚

（Ouzouer-des-Champs）

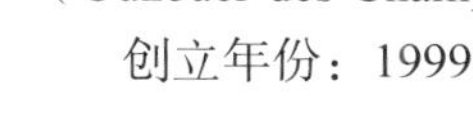

创立年份：1999

阿尔孔萨酸菜猪肉香肠协会

CONFRÉRIE DE LA SAUCISSE DE CHOU D'ARCONSAT

推荐产品：酸菜猪肉香肠

所在地：阿尔孔萨（Arconsat）

创立年份：2000

昆虫佐法式酱料

撰文：玛丽阿玛·毕萨里昂

欧洲人从很久以前就不吃昆虫了。
因为在公元4世纪，天主教神父和《圣经》的官方翻译杰罗姆·德斯特里顿（Jérôme de Stridon），
把罗马帝国的衰败归咎于当时罗马贵族爱吃食木虫的幼虫。
从此吃昆虫被视为腐败的象征，但这却阻止不了法国人继续吃昆虫。

菜单上有什么昆虫食材？

直到20世纪初，某些法国人仍对昆虫爱不释“口”，举凡空中飞的、地上爬的、毛茸茸或黏糊糊的，都能成为桌上菜肴。

熊蜂：昆虫学家皮耶·安德烈·拉特雷耶（Pierre André Latreille）曾提过，在19世纪初，人类仍会吃这种蜜蜂。“连儿童都知道怎么杀蜜蜂以取得藏在它们体内的蜂蜜。”摘自乔治·居维叶（Georges Cuvier）《依组织分类的动物界》（*Le règne animal distribué d'après son organization*，1817）第三卷，第525页。

蜘蛛：法国作家拉莫特–朗恭（Étienne Léon de Lamothe-Langon）对天文学家拉朗德（Lalande，1732—1807）的怪毛病有这样一段叙述：“我看到他把手伸到鼻烟盒或糖果盒里，拿了一些我看不出是什么的东西。有趣的是，他把它移至嘴边，放在嘴唇上，开始用一种满足的表情吸吮它。我的邻居感受到我的好奇，便靠在我耳边说：‘那是蜘蛛。’‘蜘蛛！’我故意大叫，好让大家都听得见。这位天文学家回道：‘哎！先生，这有什么好惊讶的？我喜爱它们细腻的口感，像草莓和朝鲜蓟。如果你也如此认为，便能真心与我分享这珍馐。’”摘自《回忆录和法国同行的回忆》（*Mémoires et souvenirs d'un pair de France*，1840）第三卷，第120页。

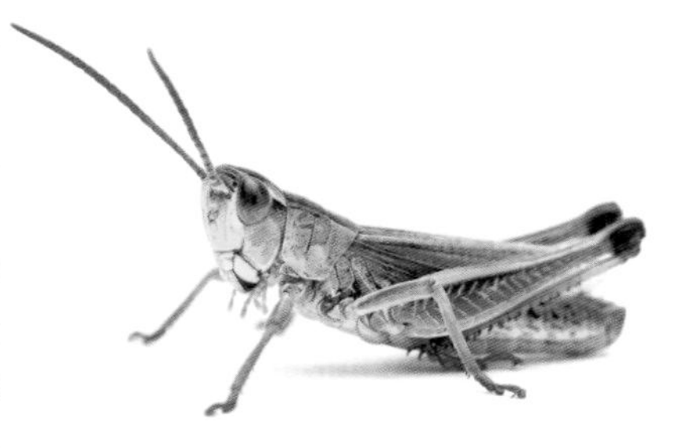

蚱蜢：美国独立战争期间，作家弗雷德里克·弗里曼（Frederick Freeman）的父亲纳撒尼尔·弗里曼（Nathaniel Freeman）上校发现在远处扎营的法国盟军在田里四处放火并狂奔，赶忙前去查看。原来法国人正开心地进行一项罕见的活动——吃蚱蜢竞赛。他们一抓到蚱蜢，就立刻穿在长矛上烤着吃。当时人们用干燥的牛粪做燃料来生火，在极其炎热的秋日很容易燃烧。摘自《科德角的历史》（*The History of Cape Cod*，1858）第一卷，第524页。

鳃角金龟幼虫：《乡村公报》（*La Gazette des campagnes*）戏称之为“白色蠕虫”，并刊出由律师亨利·米尤（Henry Miot）提供的一份高蛋白食谱：“将肥肥短短的白色蠕虫裹上一层混合了面包屑、盐和胡椒粉的裹粉，然后用一张涂满黄油的厚纸包裹起来，埋进焚烧后剩下的灰烬底闷烧20分钟。”

鳃角金龟：1878年2月12日，北方参议员亚齐·泰斯特林（Achille Testelin）在参议院发表一份原创料理，这是迄今在法国官方公报上发表的唯一食谱：“将鳃角金龟捣碎后丢到筛子里。如果你想煮清汤，就往里面倒水；如果时间允许，你想煮浓汤，就倒入高汤。这道汤味道鲜美，受到美食家的赞赏。”布鲁诺·富利尼（Bruno Fuligni）于2015年出版的《古怪食物集》（*Les gastronomes de l'extrême*）中提到：“作家凯提勒·孟戴斯（Catulle Mendès）喜欢先拔掉它的鞘翅和脚，然后活生生地直接吸食，尝起来有鸡肉的鲜味。”

今日法国，吃什么虫？

亚非马蜂的幼虫相当受留尼汪岛居民的喜爱。他们会用油炸方式，或捣成酱放入番茄生姜炖菜中煮来吃。

谁在吃谁？

喜欢昆虫的人们吃虫，
还有很多动物也吃虫。

都是食虫一族！

你以为只有古老的部落还在吃虫吗？其实每个法国人都有机会在不知情的情况下吃到昆虫，总计每人每年吃下约500克。包括藏在谷物或面粉里的蠕虫；会制造胭脂红酸的胭脂虫，能把香肠和汽水染成红色；蛆（苍蝇的幼虫）是卡苏马苏奶酪（casgiu merzu）的咸味来源；粗足粉螨是制造多姆奶酪外皮的主角；冷杉或灌木的蜂蜜，美其名曰“蜜露”，其实是蚜虫的汁液；睡觉或打呵欠时，小心不要吞下小飞虫或蜘蛛……

地方饮食VS附庸风雅

→20世纪初，在阿尔代什的森特涅地区（Saint-Jean-le Centenier）仍有人吃毛虫煎蛋卷。
→在汝拉，人们喜欢热炒蜜蜂幼虫来吃。
→在法国中央高原沼泽区边上的孩子们会吸食蜻蜓腹部，因为它十分甜。
→ 商人保罗·柯尔谢耶（Paul Corcellet）在巴黎歌剧院大街经营的一间美食杂货店，专门贩卖充满“异国情调”的食品，一直到1989年都还贩卖裹覆着巧克力的白蚁。

同场加映
奇特的猎物，奇特的野味（第99页）

酥皮肉酱

撰文：查尔斯·帕丁·欧古胡

酥皮肉酱协会将之视为圣品，世界锦标赛颁奖给它，法国人每年要吃掉6.5吨。让我们来尝尝大师级手艺吧！

拉斯特[1]的农家酥皮肉酱

材料：6人份

器具

酥皮肉酱长方形金属烤模（31厘米×8厘米），或椭圆形金属烤模（21厘米×13厘）米

烹饪温度计1支

酥皮面团

鸡蛋1颗、黄油160克

糖1小撮、盐1咖啡匙

水50克、面粉250克

软化黄油1汤匙，涂抹烤模内壁

馅料

上等鸡胸肉350克

无骨鸡腿300克

猪五花肉（不带皮）350克

盐花28克、研磨黑胡椒（转8圈）

法国四香料[2] 1小撮

白酒80毫升、开心果仁120克

胶冻

鸡肉或蔬菜高汤1升

吉利丁片32克

波特酒（porto）4汤匙

2. 传统四香料（quatre-épices）通常指丁香、肉桂、黑胡椒、姜粉和肉豆蔻。——译注

步骤：

前两天

- 准备面团：熔化黄油，待凉后与其余的面团材料放入搅拌机，搅打20秒，塑形成团，包上保鲜膜静置于阴凉处。
- 准备馅料：将所有肉切成约3厘米×3厘米的肉丁，再放入大网格绞肉机绞碎。将绞肉与其他馅料混合均匀，用保鲜膜覆盖后放入冰箱冷藏。

前一天

- 在烤模内壁涂上一层黄油。将面团擀成0.4~0.5厘米厚的面皮，铺进烤模内部，再倒入腌渍一天的馅料（顶部不需用面皮覆盖）。
- 烤箱预热至200℃，烤25分钟，即可烤出漂亮的金黄色。然后将烤箱温度降至140℃，以烹饪温度计测量，烤至酥皮肉酱的内馅中央温度达到65℃为止。
- 烘烤期间，以热高汤熔化吉利丁片，加入波特酒。将酥皮肉酱从烤箱中取出，倒入波特酒胶冻，约30分钟后再拿出来倒一些进去，重复此动作四五次。最后将整盒酥皮肉酱剩余的胶冻放进冰箱一晚。

食用当天

- 加热剩余的胶冻，倒满整盒酥皮肉酱，再度放进冰箱使之结冻。食用前加热烤模以顺利脱模，切片即可享用。
- 主厨诀窍：添加2汤匙干邑酒可增添整体香气。

1. 尤洪·拉斯特（Yohan Lastre），酥皮肉酱世界冠军，巴黎 Lastre sans apostrophe 餐厅创始人。

6个城市，6种独特肉酱

庞坦肉酱（Pantin）：手工制作的长形圆条肉酱，不使用模具，直接窑烤而成。

乌当肉酱（Houdan）：用乌当鸡与开心果制成，长方条状。

沙尔特肉酱（Chartres）：以山鹑或雉鸡为内馅，可添加鹅肝，长方条状。

佩里格肉酱（Périgueux）：内馅包含整块鸭肝是该料理的特色，长方条状。

亚眠肉酱（Amiens）：使用鸭肉为基底，搭配小皇后苹果（reinette），长方条状。

布朗通肉酱（Brantôme）：经典肉酱内馅会使用猪肉、小牛肉和山鹬，长方条状。

“要是不会酥皮肉酱，就别想成为皇家大厨。”

这是酥皮肉酱世界冠军比赛的精神口号。自2009年起，每年在法国德龙省的坦莱尔米塔日市（Tain-l'Hermitage）举办，评审团由法国最佳工艺师及名厨组成。

酥脆的外皮？

由小牛肉和猪肉为基底，为增添美味而加入家禽或野味的酥皮肉酱，外层以酥皮面团或千层派皮紧紧包覆。原是为了方便料理及延长保存期限，直到中世纪才将它切开连皮一起吃。查理五世的御用大厨，人称“大伊风”（Taillevent）的纪尧姆·堤黑勒（Guillaume Tirel），他编写的中世纪料理圣经《料理大全》（*Le Viandier*）就记载了不下25道肉酱食谱，普及程度可见一斑。

酥皮肉酱还是肉酱酥皮？

在法国，人们多称之为酥皮肉酱（pâté en croute）；但在里昂，人们会说这是肉酱酥皮（pâté croute）。

同场加映
要被剁成肉酱了！（第206页）

冠盖云集，纵享美食

撰文：《巴黎快报》记者，席维雅·沃夫（Sylvie Wolff）

三家历史况味浓厚的老餐馆，盘子里摆的是传统美味，墙上挂的是那些传奇人物的回忆……

哈里森·福特

汤姆·汉克斯与斯皮尔伯格

瓦莱莉·安妮

詹姆斯·科本

卡洛琳

克劳德·勒卢什

阿兰·德龙

弗雷德里克·贝格伯德

米歇尔·德尼索与多米尼克·拉冯纳特

韦罗尼克·雅诺

桑德里纳·博奈尔

Les Vapeurs负责人与演员让·皮埃尔

LES VAPEURS 餐馆

餐馆的名字让人联想到1920年，于黎明时分回到巴黎外港的蒸汽船；这家海港餐厅由拉斐尔·加尔冬（Raphaël Gardon）于1926年创立，20年后由儿子乔治接管。1948年获得夜间营业许可后，顾客日夜川流不息。20世纪60年代开始，乐队在此驻演，每晚演奏让客人贴身热舞的性感音乐。1975年，随着美国电影节的活动，演员和国际制片人把这里当成聚会场所。梅朗（Meslin）家族于1997年接手经营，继续接待大咖客人。

明星料理：热乎乎上桌的醉虾、衬着菠菜叶的黑线鳕、峨螺杂烩或魟鱼淋上焦香黄油，美味丝毫不逊于一尾至少500克的香煎鲽鱼。

名人主顾：好莱坞影星肖恩·康纳利、柯克·道格拉斯、汤姆·汉克斯、哈里森·福特和杰克·尼科尔森等，还有法国名人常客安东尼·德科内、米歇尔·德尼索、弗雷德里克·贝格伯德和朱莉·德帕迪约。

名人趣闻：强尼·哈立戴（Johnny Hallyday）每次光临必点一份加了小鸟辣椒的超辣鞑靼牛肉。

地址：160, boulevard Fernand-Moureaux, Trouvillesur-Mer（Calvados）

网址：www.lesvapeurs.fr

LIPP 餐馆

比起其他地方，这里有更多政治及艺术圈的显达政要与名人士绅，大家都想永远保留这间餐馆的样貌与氛围。这家餐馆的精彩历史始于1880年，来自阿尔萨斯的雷欧纳·利普（Léonard Lipp）和妻子贝托妮耶（Pétronille），经营这家只有十几张餐桌的餐馆。1927年5月21日，查尔斯·林白（Charles Lindbergh）在完成首次巴黎纽约不着陆飞行后直奔Lipp，让这家餐馆声名大噪。1988年，应文化部部长杰克·朗（Jack Lang）的要求，该餐馆被列入历史古迹候选名单。

明星料理：每周菜单和标准菜色60年来不曾改变，明星料理至今依旧是阿尔萨斯风味的思华力肠佐雷莫拉酱和腌酸菜，以纪念这家店的创始者。

名人主顾：巴黎名流与政要特别中意这间餐馆的仪式和隐秘隔间。从毕加索到阿尔贝托·贾克梅蒂，从雷昂·布鲁姆到蓬皮杜或密特朗，所有艺术和政治圈的精英都曾在餐馆内的鼹鼠皮长凳上觥筹交错。

名人趣闻：开业至今，这里从不贩卖可口可乐。2007年美国总统到访，要点他最喜欢的饮料，就这样硬生生被拒绝了。

地址：151, boulevard Saint-Germain, Paris（7e）

安托万·皮奈

西蒙娜·韦尔与安东尼·韦尔

弗朗索瓦·密特朗

毕加索

贝尔纳·皮沃

内尔纳·布里埃与让-保罗·贝尔蒙多

简·铂金与塞尔吉·甘斯布

毕加索

阿兰·德龙

伊芙·蒙当和塞萨尔

查尔·阿兹纳弗

约翰尼·哈利戴与雪儿薇·瓦丹

西蒙·仙诺和伊夫·蒙当

利诺·文图拉

LA COLOMBE D'OR 餐馆

1931年，保罗·胡（Paul Roux）和他的妻子继承了这家小旅馆，很快就与布拉克、莱热、夏加尔、马蒂斯等艺术家结为好友。1942年，马赛尔·卡尔内（Marcel Carné）执导电影《夜间访客》期间，剧作家贾克·普维（Jacques Prévert）暂住在此旅馆，因而找到往后拍摄电影《金盔》的灵感与场景。10年后，西蒙·仙诺与伊夫·蒙当在此缔结连理。据说毕加索、米罗和考尔德（Alexander Calder）的幽灵至今仍会光顾。

明星料理：一年12个月里，这家餐馆有10个月是订位全满的状态。不知道是因为它的料理美味，还是因为餐厅里摆满了足以在美术馆展出的艺术品？大盘生菜分享餐、水煮鲈鱼或西斯特隆羊肋排，这些都是饕客必点。

名人主顾：光顾此餐馆的艺术家不胜枚举，从毕加索到亨利–乔治·克鲁佐，从丁格利到亚历山大·考尔德和阿尔曼，都是这里的常客。

名人趣闻：雕塑家恺撒喜欢自己走进餐馆的厨房，调配自己点的海胆和朝鲜蓟意大利面。

地址：1, place du Général-de-Gaulle, SaintPaul-de-Vence（Alpes-Maritimes）

英式滋味，绝妙好味？

撰文：路易·毕安纳西（Loïc Bienassis）

在写满法语的菜单中，出现不少号称“英式”的料理。
到底法国人从海峡对岸的邻居那边借用了哪些烹饪技巧呢？

英式奶酱？

是否因为法国人深爱对岸的卡士达酱，所以爱屋及乌地接受了他们带有香草味、没那么浓稠的安格斯酱（crème anglaise）？答案至今仍旧是个谜。美食作家雷尼埃曾在1806年提过类似的做法，但一直都没有具体的成品出现。20世纪前半叶，还不时兴使用吉利丁制作酱汁，但1938年出版的《拉鲁斯美食百科全书》（*Larousse gastronomique*）把含有吉利丁成分的酱汁称作“黏稠的安格斯酱”（crème anglaise collée）。

英式水煮法？

1820年法国宫廷厨师安德鲁·菲亚（André Viard）说：“相较于意大利或西班牙人嗜吃肉干和焦烤的肉，英国人则偏好五分熟。”可见当时法国人对英国肉类料理的印象是血淋淋的半生肉。更常听到另一种说法：所谓英式料理就是用盐水煮青菜，可以想见肉类他们也是这么料理的。《拉鲁斯美食百科全书》书中关于“英式料理法”的定义是：“通常是用水煮熟（例如羊腿），或是用白色高汤煮熟（例如阉鸡）。”

英式肉类冷盘？

在19世纪90年代出现了“英式肉类拼盘”这样的说法，其中必备的烤牛肉（rosbif）大受法国人喜爱，成了各地咖啡厅和小餐馆菜单上的午餐热门选项。《拉鲁斯美食百科全书》介绍这道超人气冷盘应该包含约克火腿、牛舌、牛肋排、牛里脊或烤牛肉。通常搭配碎肉冻、水田芥、腌酸黄瓜等食材一起食用。

同场加映
安格斯酱（第29页）

普罗旺斯的13道圣诞甜点

撰文：玛丽阿玛·毕萨里昂

圣诞凌晨弥撒结束后，亲朋好友会一起享用这13道甜点，如同基督和他的12个使徒，一个都不能少。大家以为这传统由来已久，其实是在20世纪30年代，根据“费利毕杰协会”（Félibriges）[1]建议选了13种点心，取代四百年来圣诞餐桌上的13种面包。

1. 由普罗旺斯文学家腓特烈·密斯特拉（Frédéric Mistral）发起，旨在保存普罗旺斯的传统语言与文化。——编注

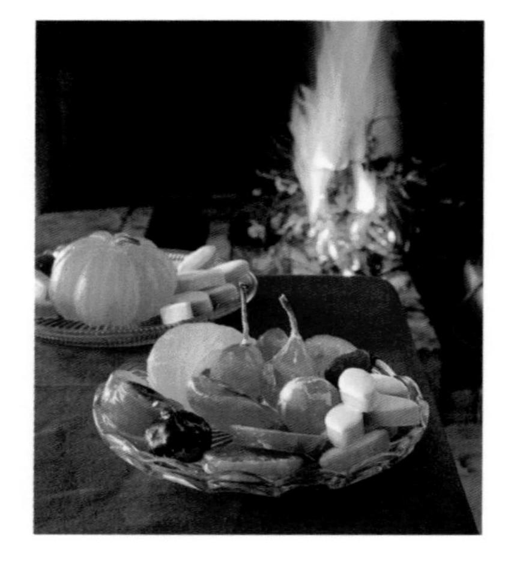

独特的圣诞传统

阿尔萨斯是全法国庆祝圣诞节最虔诚的地区。在12月4日圣巴尔布节那天，人们会开始种小麦草，祈祷在圣诞节当天能摆出三盆象征耶稣复活的茂盛芽草。16世纪时，圣诞节晚餐之前，家里最年长和最年幼的成员会合力点燃一根木头，放进壁炉里并洒上酒，开始诵读祷文：“如果来年不是更多，也请不要更少……”

九项必备点心

黑色和白色的牛轧糖、蜜饯、椰枣、香橙和四种果干：无花果、葡萄干、核桃、杏仁。

四项推荐面点

可自行选择添加苹果、葡萄、橘子，以及当地特产：艾克斯的卡里颂杏仁饼（calisson d'Aix）、瓦尔的炸甜饼（ganse du Var）、马赛的橄榄油小面包（pompe à l'huile）、尼斯的甜菜馅饼（tourte de blettes）、亚尔的培根佛卡夏面包。要用手掰开点心来吃，否则会招来厄运。

欧洁[2]的甜菜馅饼

制作时间：1小时30分钟
醒面时间：2小时
烘焙时间：40分钟
分量：可切成10份

材料：

面团
面粉500克
鸡蛋2颗（大）
泡打粉1包
水1杯
橄榄油100克
柠檬皮丝1颗量
盐1小撮

馅料
莙荙菜叶[3]320片
西洋梨3个
红糖150克（cassonade）
磨碎的帕马森奶酪60克
橄榄油1汤匙
鸡蛋2颗
松子50克
葡萄干50克
茴香酒100毫升
盐
糖粉

步骤：

- 在面粉堆中间挖个洞，倒入打过的蛋液和其他面团材料，揉整成面团。用湿布覆盖，室温下静置2小时。
- 莙荙菜挑拣洗净，擦干后切成条状，撒些盐后轻轻翻动，然后静置2小时让菜出水，其间翻动两三次。
- 将西洋梨切丁，放入厚底锅，倒入少量的水，盖上锅盖用小火煮45分钟。将葡萄干浸泡在茴香酒中，使之膨胀。
- 将出完水的莙荙菜冲洗并沥干，与其他馅料混合。
- 烤箱预热至180℃。在烤模内部涂抹黄油，用手将一半的面团压进烤模，仔细铺满底部及周围，然后填入刚刚混合的馅料。
- 在撒了面粉的工作台上将剩下的面团擀成面皮，重复折叠两三次再擀平，然后覆盖在填满馅料的烤模上。在表面划几刀开口，放进烤箱烤40分钟。出炉后静置待凉，撒上糖粉即可享用。

2. 卡蜜耶·欧洁（Camille Oger），博客作家兼记者。
3. 莙荙菜即叶用甜菜，营养都集中于叶片，属甜菜的变种。

同场加映
牛轧糖，不加核桃？（第270页）

葡萄园里有马？

撰文：皮耶里克·杰古（Pierrick Jégu）

最近20年来，我们又可以在葡萄园内看见马匹的身影。
当大酒庄争相采用最先进的拖拉机，有些葡萄栽种者还是宁愿以马来耕作。
这么做并不是为了缅怀过往，而是为了葡萄园未来的永续发展。

以马耕作的八个好处

1 马匹造成的污染显然比拖拉机要少得多，尤其不会污染空气！

2 与拖拉机不同，马匹不会长时间反复碾轧同一块土地，造成土壤过于密实、通风不良，致使土壤中的微生物无法存活。

3 驾驭马匹的农夫直接走在土地上，能够随时掌握土壤各方面的变化，包括质地、颜色、气味等。

4 训练有素的马匹可以在葡萄藤间穿梭，完成更多精细活儿，例如可以协助工人挖除杂草，又不会伤害到葡萄藤。

5 利用动物作为耕作劳力，并非一味保留古法，更多是将新设备和技术相结合。

6 重新启用劳役马，不但有助于保护优良马种，如孔泰马（comtois）、佩尔什伦马（percheron）、布雷顿马（breton）或澳克苏瓦马（auxois）等，也间接带动其他产业的发展，例如劳役马养殖业、马匹的租赁业，还有犁具或喷洒器的制造等。

7 人马之间所产生的信任联结和情感交流，是使用动力机械无法成就的。

8 一辆拖拉机的成本约140,000欧元，一匹配备马具的马大约只需5,000欧元。

同场加映
自然葡萄酒（第86页）

使用马匹耕作的四座葡萄酒庄

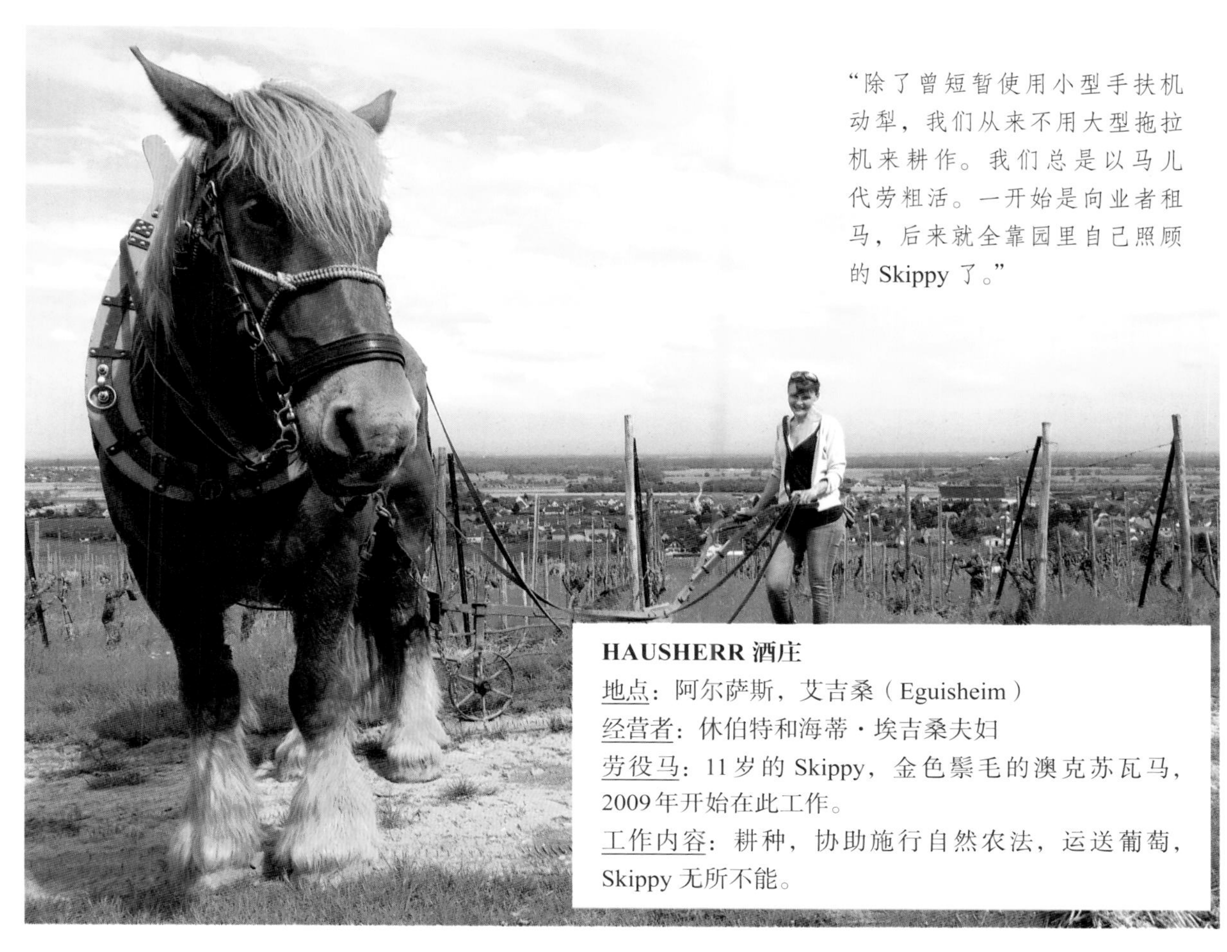

"除了曾短暂使用小型手扶机动犁，我们从来不用大型拖拉机来耕作。我们总是以马儿代劳粗活。一开始是向业者租马，后来就全靠园里自己照顾的Skippy了。"

HAUSHERR 酒庄
地点：阿尔萨斯，艾吉桑（Eguisheim）
经营者：休伯特和海蒂·埃吉桑夫妇
劳役马：11岁的Skippy，金色鬃毛的澳克苏瓦马，2009年开始在此工作。
工作内容：耕种，协助施行自然农法，运送葡萄，Skippy无所不能。

CHRISTIAN DUCROUX 酒庄
地点：薄酒莱，龙提尼耶（Lantignié）
经营者：克里斯汀·杜库
劳役马：20岁的Hevan，孔泰马和布雷顿马的混血，是匹"个小志气高"的母马，18年前开始在这儿工作。另外两匹分别是18岁的Kaïna，重达750千克的大型孔泰马；3岁大的Écho阉马，仍处于"实习"阶段。它们都是不钉马蹄铁、不套缰绳的"放山马"。
工作内容：一般劳役、耕作、喷洒有机肥和防治病虫药运送葡萄。

"起初使用马匹，是想避免脆弱的土壤被压得太过密实。既然用了第一匹，自然而然又找了第二匹，然后就再也不用机械了。"

ALEXANDRE BAIN 酒庄
地点：卢瓦尔河东岸，普伊芙美（Pouilly-Fumé）
经营者：亚历山大·班恩
劳役马：14岁的Phénomène，11年前开始在这儿工作，"熟练又专业"；8岁的Viaduc，3年前加入工作行列，"强壮魁梧又精明能干"。两匹都是佩尔什伦品种的阉马。
工作内容：培土、嫁接、犁耕，挖除葡萄藤下方的杂草顺便翻土，在葡萄藤之间喷洒有机肥……除了收获葡萄，其他什么活都做！

"园区占地11公顷，不算小，耕作的粗活全都让马儿来代劳。"

LES CLOSERIES DES MOUSSIS 酒庄
地点：梅多克（Médoc），阿尔萨克镇（Arsac）
经营者：劳伦斯·阿里亚斯和巴斯勒·史瓦姆
劳役马：19岁的Jumpa，布雷顿马，2013年开始在这儿工作。阿里亚斯慧眼独具，选上这匹身高只有160厘米的栗色马，没有很高大但很健壮。
工作内容：所有耕作粗活，包括冬季培土、挖除杂草顺便翻土、嫁接等，但不做喷洒作业。

"短小精干，天生就是干活的马，粗壮的身体踩在地上也不会破坏土壤，是匹善于牵引耕作的好马，我们的眼光准没错！"

人见人爱的樱桃

撰文：亚维娜·蕾杜乔-韩森（Alvina Ledru-Johansson）

不论是耳环饰品还是蛋糕装饰，樱桃总是在美好日子的送礼首选。

佛勒菲樱桃

La folfer

五月中旬至六月收获。
深红色果皮，红色果肉。甜蜜多汁，香脆可口。

巨人红樱桃

La giant red

五月中旬至六月收获。
深红色果皮，深红色果肉。
口感结实，甜酸适中。

菲尔杜斯樱桃

La ferdouce

五月中旬至六月收获。
深红色果皮，深红带白色果肉。
口感结实，香甜可口。

席乐斯特樱桃

La celeste

五月中旬至六月收获。
红色果皮，红色果肉。饱满多汁，甜中带酸。

贝利兹樱桃

La bellise

六月收获。
深红色果皮，深色果肉。
甜蜜多汁，香脆可口。

甜心樱桃

La sweatheart

六月至七月收获。
红色果皮，偏白色果肉。
香脆多汁，甜中带酸。

芙萝西樱桃

La florie

五月中旬至六月收获。
深红色果皮，红白果肉。

毕卡里兹樱桃

La bigalise

六月收获。
深红色果皮，红白果肉。
结实多汁，香甜微酸。

拿破仑樱桃

La napoléon

六月中旬收获。
果皮桃红带点白，红色果肉。
结实多汁，香甜可口。

丽斯樱桃

La earlise

五月至六月初收获。皮肉皆呈黑红色。
香甜多汁，入口即化，甜酸适中。

加拿大大樱桃

La canada giant

六月至七月收获。
红色果皮，偏白色果肉。香甜多汁。

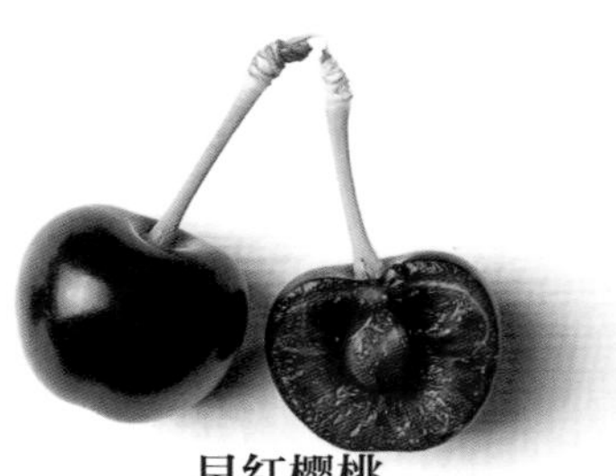

早红樱桃

La early red

五月中旬至六月初收获。
皮肉皆呈黑红色。口感结实，香甜可口。

樱桃克拉芙缇比一比

经典版克拉芙缇

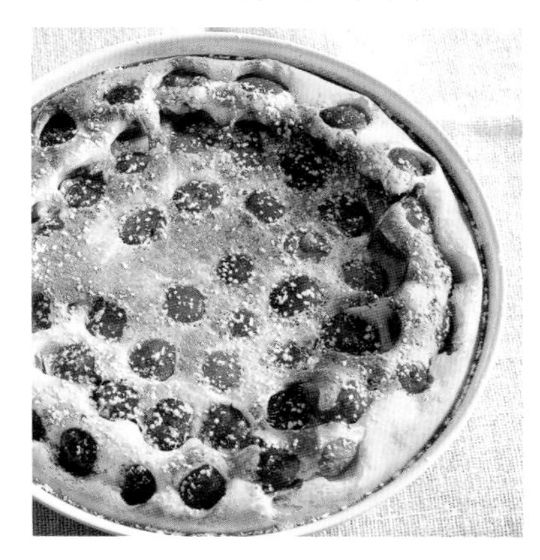

分量：8人份

材料：

熟樱桃700克（不去核）
面粉250克
鸡蛋5颗
细砂糖4汤匙
香草荚1/2枝
牛奶1/2升
盐少许
黄油
糖粉（选择性添加）

步骤：

- 用搅拌器混合面粉、鸡蛋、砂糖、盐和香草籽，边搅拌边慢慢加入牛奶，直到呈现均匀的面糊。
- 将烤模内侧全涂上一层黄油，倒入所有樱桃，再倒入面糊，放进200℃的烤箱烘烤30分钟，脱模后撒上糖粉。

*菲利浦·康堤希尼（Philippe Conticini），巴黎Pâtisserie des Rêves甜点店主厨。

康堤希尼*的奶酥版克拉芙缇

分量：8人份

材料：

樱桃500克

面糊

鸡蛋3颗、榛果粉70克
红糖135克+少许（最后撒上）
面粉55克、盐花1/2茶匙
有机橙皮丝
肉桂粉1/2茶匙
低脂牛奶140毫升
浓稠法式酸奶油25克
香草荚3枝
樱桃香甜酒2汤匙（自由添加）
黄油15克（涂抹烤模）

奶酥材料

室温黄油70克
粗红糖（vergeoise）30克
肉桂饼干100克

步骤：

- 制作奶酥：将黄油、糖和压碎的饼干在沙拉钵里混匀，倒入烤盘后均匀展开，放进烤箱以160℃烘烤15~20分钟。
- 制作面糊：将鸡蛋搅打到起泡，加入其他的干料、用刀尖刮下的香草籽、酸奶油、牛奶、橙皮丝和樱桃香甜酒，搅拌约30秒直到呈质地均一的面糊，静置15分钟。
- 将樱桃紧密地排在涂上黄油的烤模底部，倒入面糊，铺上奶酥碎屑，撒上红糖，送入180℃的烤箱烤15~20分钟。

到底要不要留樱桃核？

去除樱桃核，樱桃可能会在烘烤时流出汁液，把蛋糕染红；保留樱桃核，烘烤后会产生独特的苦味。有人喜欢吃蛋糕不用吐核，而且对小孩子和老奶奶来说，吃起来更容易！

克里斯提安·尚皮耶（Christian Jean-Pierre）的果园

这位农家子弟在东比利牛斯省的塞雷地区（Céret）长大，他辞去海关工作后，决定回归初衷。现在他和妻子全心投入经营家族果园，在4公顷的土地上种植樱桃，第134页介绍的樱桃就是园内培养的主要品种。

塞雷盆地：樱桃盆地

一个世纪以来，塞雷地区为法国提供了外形圆润且肉质肥厚的水果。每年四月中旬开始，会冒出第一批闪亮亮的红色“宝石”。自1932年起，每年都会从当地运送一箱首批摘采的樱桃给法国总统品尝。

同场加映
篱笆上的莓果（第382页）

奶酪之岛

撰文：费德里克·拉里巴哈克里欧里

大家都听说过科西嘉奶酪的美誉，
但你可听过岛上独有的风味特殊的5种奶酪？

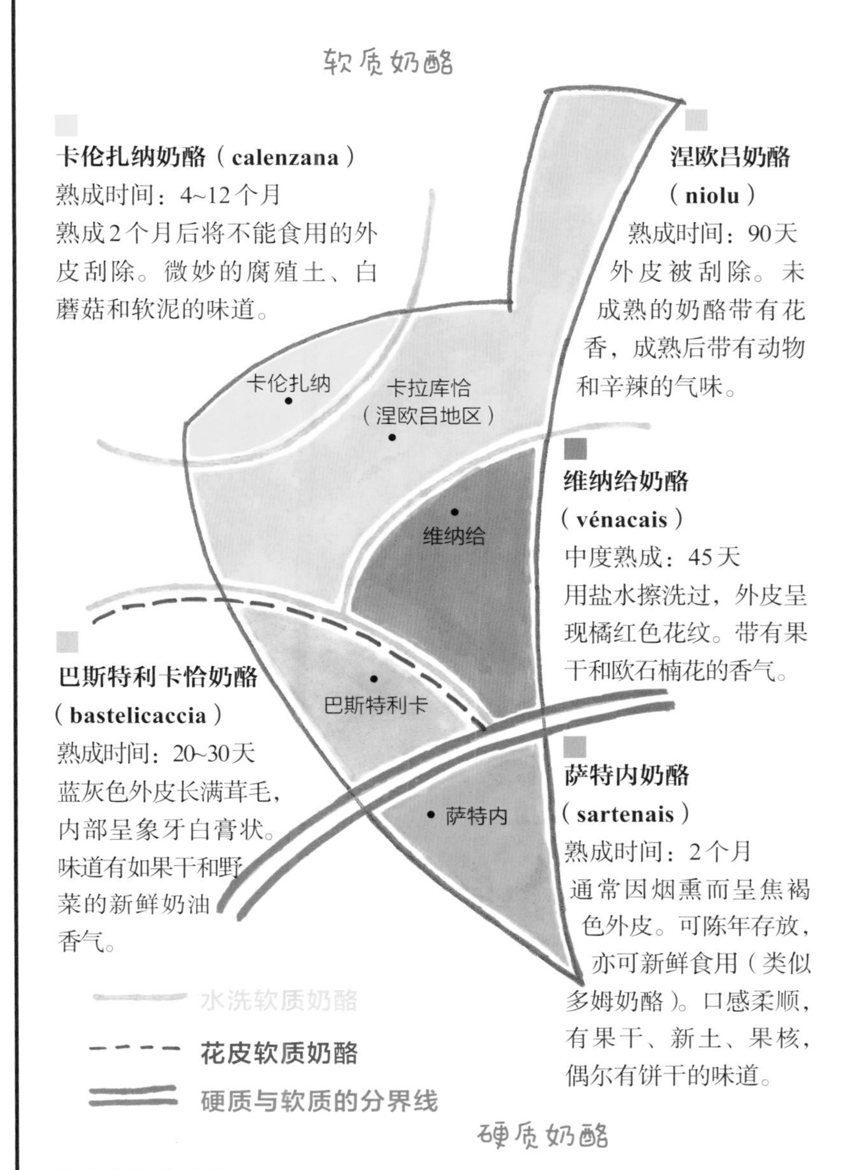

卡伦扎纳奶酪（calenzana）
熟成时间：4~12个月
熟成2个月后将不能食用的外皮刮除。微妙的腐殖土、白蘑菇和软泥的味道。

涅欧吕奶酪（niolu）
熟成时间：90天
外皮被刮除。未成熟的奶酪带有花香，成熟后带有动物和辛辣的气味。

维纳给奶酪（vénacais）
中度熟成：45天
用盐水擦洗过，外皮呈现橘红色花纹。带有果干和欧石楠花的香气。

巴斯特利卡恰奶酪（bastelicaccia）
熟成时间：20~30天
蓝灰色外皮长满茸毛，内部呈象牙白膏状。味道有如果干和野菜的新鲜奶油香气。

萨特内奶酪（sartenais）
熟成时间：2个月
通常因烟熏而呈焦褐色外皮。可陈年存放，亦可新鲜食用（类似多姆奶酪）。口感柔顺，有果干、新土、果核，偶尔有饼干的味道。

使用什么动物奶？

为维护当地传统牧业，科西嘉人从不考虑以羊奶或山羊奶来制作奶酪。上述五种奶酪的差别在于制作方法和熟成。

漫画《阿斯泰利克斯历险记》中的爆炸性科西嘉奶酪，指的是什么？

传说中的“腐臭奶酪”，合理推论可能是下面两种：

卡苏马苏奶酪：科西嘉岛南部的特产，因熟成时间够长，加上熟成过程中使用大量活蛆，逐渐加重其味！这种市场上没有贩售的“寄生虫奶酪”，尝过后绝对令人毕生难忘！

皮尼亚塔奶酪（pignata）或卡斯吉欧米纳图奶酪（casgiu minatu）：这种独家奶酪制作秘方即将失传。用剩余的旧奶酪加入油、大蒜或白兰地混合而成，是一种对嗅觉有极大冲击性的抹酱！

同场加映
布洛丘奶酪，乳清的艺术（第260页）

白酱炖小牛肉

撰文：查尔斯·帕丁·欧古胡

白酱炖小牛肉（blanquette de veau）被视为布尔乔亚的料理圣品，是法国人热爱的菜肴之一。就让它来攻陷我们的口腹吧！

多么洁白呀！

这道菜的起源难以判定，但可以确定它系出名门。

→**夏贝尔（Vincent La Chapelle）**在1735年编写的《现代烹饪》一书中，最早出现这道料理的食谱。前一餐没吃完的烤小牛肉，常会配着巴黎蘑菇及洋葱一起做成开胃菜。

→1752年出版的《**特雷弗辞典**》（*Dictionnaire de Trevoux*）指出，白酱炖小牛肉是布尔乔亚家庭餐桌上相当常见的一道菜肴。

→1867年起，大厨**如勒·古菲**的食谱用生牛肉代替烤牛。先将小牛肉放进加了香草的高汤中，煮熟前再放入另一锅用黄油和面粉炒出来的白酱中炖煮。

煮哪一块肉好？

腰里脊肉：腹部接近肋骨的部位，肥瘦相间（但瘦肉比例较高），带有软骨。

下腹肉：胶质多，肉质嫩，是最适合炖小牛肉的部位。

牛颈肉：适合小火炖煮。

牛肩肉：前肢上方部位，适合烧烤、炖煮、快炒等多种料理方式。

五大黄金准则

1. 必须用珐琅锅炖煮，以保有洁白的颜色。
2. 绝对不能将食材染色。
3. 不可以将酱汁煮滚，以免凝结成块。
4. 加入蛋黄或白色油糊（roux），可让这道菜变得浓稠。
5. 搭配克里奥尔米饭*食用，风味更佳。

*克里奥尔米饭（riz créole）并没有特定食谱，通常会在煮饭时加入盐，也可添加香料或香草。——编注

四位主厨的创意巧思

巴兹耶妈妈 Mère Brazier

翻转食材：法式腌黄瓜

创意巧思：这家远近驰名的里昂妈妈餐厅，一直以来都会加入陈年腌黄瓜切片，增添口感。

罗杰·佛吉 Roger Vergé

翻转食材：羔羊肉

创意巧思：这位太阳料理厨师用炖羊肩和羊腿肉来取代小牛肉，重新诠释这道经典料理。

亚朗·杜卡斯 Alain Ducasse

翻转食材：蔬菜

创意巧思：在他的巴黎Allard酒馆，主厨用煮软的蒜苗和芦笋尖装饰这道菜。

盖·马丁 GUY MARTIN

翻转食材：羊肚菌

创意巧思：巴黎GrandVéfour餐厅主厨以传统煮法为基础，但用新鲜的羊肚菌代替巴黎蘑菇。

康斯坦*的白酱炖小牛肉

分量：4人份

材料：

小牛肉（颈肉、肩肉）1千克
洋葱1个
丁香4粒
月桂叶1片
胡萝卜2根
蒜瓣3颗
新鲜香草束1把
（韭葱绿、欧芹梗、百里香）
巴黎蘑菇150克
柠檬1颗
黄油50克
液体法式酸奶油200毫升

油糊
蛋黄1颗
黄油35克
面粉35克

步骤：

- 将小牛肉切成大块，洋葱和蒜瓣去皮，胡萝卜去皮切成大圆片，丁香插在洋葱上。将上述材料和新鲜香草束、月桂叶全部放进深汤锅中。锅内注入冷水至高水位，加入少许盐。盖上盖子，小火熬煮3小时，尽可能捞除浮沫杂质。
- 另起一锅炒制油糊。在小平底锅中熔化35克黄油，加入35克面粉拌匀，炒2分钟后放凉备用。
- 切除巴黎蘑菇的蒂头，根据蘑菇大小切成6块或8小块。在平底锅里倒入1大杯冷水、50克黄油和半颗柠檬的汁，煮滚后加入切碎的蘑菇，再煮三四分钟后将蘑菇捞出，剩余的汤汁可倒入煮肉的锅中。
- 用手指掐一块肉来检查是否煮熟，肉一定要煮到软烂。捞出小牛肉和香草束，剩余的高汤继续滚煮至剩下大约1.25升，然后用滤网沥除高汤内的残渣。
- 在高汤内加入酸奶油，再倒入放凉的油糊混合均匀，煮至丝绒般的浓稠度。如果感觉酱汁太黏稠可再加一点水，或者你发现酱汁太稀就舀出一些，并加入蛋黄。最后用盐、现磨胡椒和半个柠檬的汁调味。摆盘时再放入牛肉和蘑菇。

*克里斯提恩·康斯坦（Christian Constant），巴黎Violon d'Ingres餐厅主厨。

同场加映
库诺斯基的菲力牛排（第328页）

燃烧吧，淡菜！

撰文：法兰索瓦芮吉·高帝

贻贝，就是我们常吃的淡菜，健康又便宜，料理起来一点也不费力，可随个人喜好用大锅炒或用木材烧烤，即刻大快朵颐！

小辞典

贻贝养殖者（mytiliculture）：源自拉丁语“mytilus”，意为贻贝（俗称淡菜）的养殖者。

贻贝木栅（bouchot）：用来让养殖贻贝附着生长的木桩，早在1235年的法国就有人用过这个词。

圣米歇尔山（Mont Saint-Michel）：这个海湾生产的贻贝在2011年获得欧洲原产地命名保护（AOP）。

★ ★ ★

食用淡菜的两大原则

料理淡菜前应清理干净，包括刷洗贝壳和剪须（足丝）。

2

若当成主餐，每人可吃掉1升（约700~800克）淡菜。若当作前菜，则分量减半。

火焰淡菜，把淡菜排好排满！

最早发明这道菜的有可能是史前的克罗马农人，或是在海滩上巡防的法国侦察兵，他们将藏在沙滩孔洞下的淡菜挖出来速速料理，因而出现了“火焰淡菜”（éclade）这个专用词。很久以前，夏朗德地区的渔民也习惯在户外（比较不容易发生火灾）就近找可燃素材来烧烤淡菜。

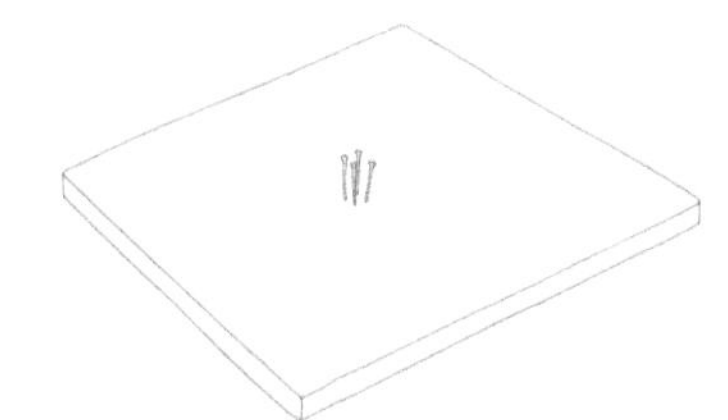

1 找一块1米见方的实木板，最好是松木。在木板中心钉入四根钉子，然后用大量的水湿润木板（这样不易烧焦），放在四周净空的地板上。

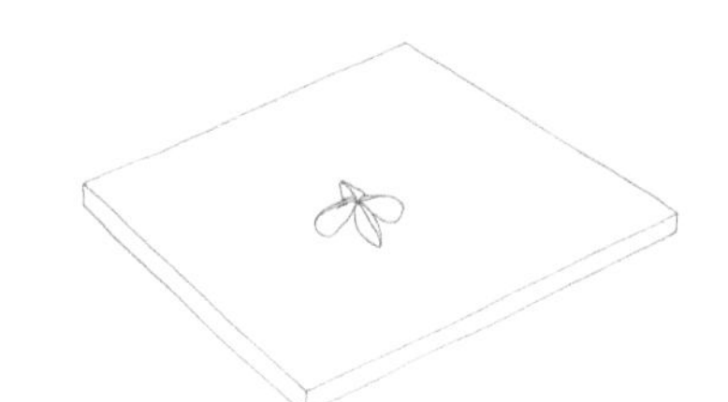

2 为使其固定，先取4颗淡菜依十字方向卡入4根钉子中，双壳连接处朝上。最好不要直立，而是打横摆放（如图所示），这样就算淡菜打开了也不容易倾倒，壳内贝肉也不会沾到灰烬。

3 把剩下的淡菜绕着中央同心，由内往外尽可能紧密排列成同心圆。多准备一些淡菜，就可以吃个痛快。

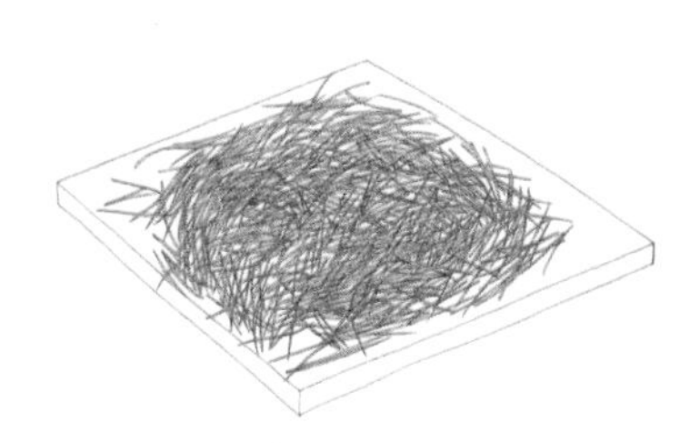

4 在淡菜上方覆盖厚厚一层干燥的松树针叶，然后点火燃烧。

5 等火熄灭（大约5分钟）就完成了。可用厚纸板扇风来清除灰烬。

用手指掰开淡菜的壳，搭配涂抹黄油的面包和不甜白酒（推荐南特的muscadet）一起享用，吮指美味中会带着一丝不可思议的森林气息。

使用锅具料理淡菜的四种做法

崇尚天然的煮熟方法 ➡

将清理干净、一“丝”不挂的淡菜放进大锅中，盖上锅盖，开小火边烧边用木铲轻轻搅拌，几分钟后（时间长短取决于淡菜数量多寡），当淡菜全都开了就可以上桌享用。

+ 黄油、扁叶欧芹、百里香、月桂叶和白葡萄酒

= **海洋风白酒淡菜**

将一束欧芹的茎切碎，保留叶子。在汤锅内熔化一大块黄油，加入去皮切碎的红葱2颗、欧芹茎的碎末、百里香1枝、月桂叶1片和白酒约2毫升。红葱炒软后放入淡菜，转大火，盖上锅盖，不时摇晃汤锅使所有食材均匀受热。最后加入欧芹叶，上桌开动！

+ 农场生产的法式酸奶油

= **法式酸奶油淡菜**

按照前述海洋风白酒淡菜的方式料理，在最后加入法式酸奶油4汤匙。如果淡菜释出过多汤汁，可先将淡菜捞出，小火将汤汁收干至剩下2/3的量，再倒入法式酸奶油。

+ 蛋黄、法式酸奶油、咖喱粉

= **咖喱奶油炖菜**

按照前述海洋风白酒淡菜的方式料理，淡菜煮好后滤出汤汁，小火将汤汁收干至剩下2/3的量。将蛋黄、法式酸奶油4汤匙和咖喱粉1小撮搅拌均匀，然后一边倒入汤汁一边搅拌，直到呈丝绒般的均匀质地。相较于富拉（Fouras）的奶油淡菜，使用咖喱调味，圣通日（Saintonge）则偏好使用番红花。

NOAILLES

来，去马赛逛大街

撰文：茱莉亚·沙缪（Julia Sammut）

诺阿耶区（Noailles）是马赛最热闹的街区，就让出身南法的美食记者茱莉亚带我们去她最喜欢的店家采购吧！

诺阿耶区的店家会和顾客热络交谈，你会买到令你回味无穷的小豆蔻布里欧修、新鲜的薄荷和柠檬、随时可煮的鹰嘴豆、自家制的手工薄饼皮、北非哈里萨辣酱、热的皮塔饼（pain pita）、阿鲁米烤奶酪（halloumi à griller）、新鲜凝乳块……来到这儿千万别空手而归！

店名：JOURNO
地址：28, rue Pavillon
从以前到现在，这家店一直都是这一带的油炸面包大王。他们的突尼斯炸面包三明治有夹鲔鱼内馅的、有淋上哈里萨辣酱的，也有搭配醋腌蔬菜等多种选择。他们还备有柠檬水、各式蛋糕，还有传统突尼斯金属杯装软糖，就连我们的突尼斯籍女性同伴都忍不住想买呢！

店名：EMPERUR
地址：28, rue Pavillon
其他地方不可能找得到像这样的一家店，从电器用品到厨房用具一应俱全，而且都是外面买不到的！

店名：MURAT
地址：13, rue d'Aubagne
谬哈夫妇的店里卖的都是中东食品：芝麻酱（tahina）、蜜饯、希腊酸奶、现炸的薄片卷饼、土耳其生熏肉片（pastirma）……现在他们正准备用中东的豆蔻制作亚美尼亚风味的布里欧修。

店名：AU GRAND SAINT-ANTOINE
地址：11, rue du Marché-des Capucins
来到这个街区，绝对不能错过伯颂斯家族（Bossens）贩卖的烟熏鸭胸和卡列猪杂肉丸（caillette）。

店名：LE PÈRE BLAIZE
地址：Père Blaize, 4/6, rue Meolan
有着200年历史的传统草药店，独家研发的花草茶能帮助你提神醒脑，比咖啡更有效！

店名：SALADIN
地址：10, rue Longue-des-Capucins
不论是散装零售或大宗批发，这一区的香料霸主就是它。店内还有坚果、果干、腌渍橄榄，只要走进去，一定会被这家店迷住。

店名：LE CARTHAGE
地址：8, rue d'Aubagne
人们习惯上午10点前吃甜甜圈，所以会在早上来买纯正突尼斯风味的炸甜甜圈（beignet tunisien），淋上蜂蜜或撒上糖粉。内行的都知道，来这里还要买地道的三明治快餐和现炸北非卷饼（brick）。

店名：LE CÈDRE DU LIBAN
地址：39, rue d'Aubagne
每天大约11点，店里两兄弟忙着包装从输送道滑下来的刚出炉皮塔饼，一边热情地跟顾客聊着他们的祖国黎巴嫩，还有他们满怀热情制作出来的美食。

店名：SAUVEUR
地址：10, rue d'Aubagne
法布里斯·贾卡龙（Fabrice Giacalone）接手经营马赛的第一家比萨店后，遇上神秘的救命恩人迪保拉（Sauveur di Paola）将自己的独门秘方传授给他，成为这家店的人气必点比萨。上头一半是埃曼塔奶酪，一半是番茄鳀鱼，淋上店里特制的蒜香橄榄油，美味免费升级。

店名：CHEZ JACQUES
地址：14, rue d'Aubagne
意大利的圣安东尼家族（Saint Antoine）在这里经营了50年的老店，专卖凝乳、生乳、发酵乳等各种酪农产品。

店名：CHEZ YASSINE
地址：8, rue d'Aubagne
这里提供正宗突尼斯市场菜肴，菜单上有“keftaji”（烤甜椒、薯条和用两把刀以光速切割开的鸡蛋）、leblebi（鹰嘴豆汤）、淋上调味酱的现炸薄片卷饼（内馅包含蛋或鲔鱼等，是突尼斯最受欢迎的小点），在餐厅内用餐还供应面包。

店名：TAMKY
地址：5, rue des Halles-Delacroix
负责看顾这家大卖场的兄弟姊妹总共有13个，全是操着浓重马赛口音的越南人。这里贩卖亚洲美食和各式各样的异国商品，放在台前的是亚洲人熬肉汤时所使用的青葱和南姜，走上楼梯是熟食区，有越南香肠、春卷等。

浓 情 巧 克 力

撰文：玛丽埃勒·高德里

生日必吃的半熟巧克力蛋糕，浪漫烛光晚餐收尾的熔岩巧克力蛋糕，不论哪一种都是经典之作！

巧克力蛋糕出现之前，
巧克力饮品已经诞生！

➢1528年，埃尔南·科尔特斯（Hernan Cortes）将墨西哥的巧克力饮品带进西班牙宫廷。

➢1609年，犹太裔的西班牙巧克力制造商为了逃离宗教审判，跑到法国巴约讷（Bayonne）定居。

➢1615年，路易十三的皇后，奥地利的安妮（Anne d'Autriche），将巧克力引进法国宫廷。

➢1659年，路易十四授予大卫·夏伊友（David Chaillou）贩卖巧克力饮品的权利，使他成为法国史上第一个巧克力制造商。

➢1780年，法国第一家巧克力工厂在巴约讷成立。

➢1836年，安东尼·梅利耶（Antoine Menier）创作出法国第一款分格相连的巧克力砖。

巧克力慕斯

分量：6人份

材料：

黑巧克力250克（Nestlé Dessert®的52%黑巧克力方块，或65%浓郁巧克力砖）
鸡蛋4颗
盐少许
浓缩咖啡1茶匙

步骤：

- 将巧克力隔水加热熔化。将蛋黄与蛋白分开，然后把蛋黄加入放凉的巧克力酱混合均匀。
- 在蛋白中加点盐打发，一开始以中等速度搅打，一旦蛋白开始发泡便可加速搅打成蛋白霜。煮一杯浓缩咖啡，然后舀1小匙加入蛋白霜中，以刮刀小心翻动。
- 先取1/4蛋白霜与蛋黄巧克力酱轻轻地翻拌均匀，重复同样步骤4次，直到所有蛋白霜和巧克力酱均匀混合，放入冰箱冷藏至少3小时。

巧克力蛋糕比一比

—布拉斯的熔岩巧克力蛋糕—

由名厨米榭·布拉斯（Michel Bras）于1981年发明的熔岩巧克力蛋糕，又称作“会流动的巧克力”，如今已红遍全世界。

分量：6人份

材料：

慕斯圈6个（直径5.5厘米，高4厘米）
调温巧克力110克
鸡蛋2颗
黄油50克（室温放软）
粗杏仁粉40克（烘焙用）
米浆40克
糖90克
可可粉
烘焙纸（7厘米×25厘米）

<u>巧克力软心</u>
调温巧克力120克
液体鲜奶油200毫升
黄油50克
圆形烤模6个
（直径4.5厘米）

步骤：

- 前一晚准备巧克力软心，将120克巧克力加入鲜奶油、黄油和60毫升水，隔水加热熔化，分装进6个圆形烤模内，放进冰箱冷藏。
- 裁切6张烘焙纸，纸面涂抹少许黄油，然后贴紧慕斯圈内壁。在烤盘铺上一层烘焙纸，放上慕斯圈，再将可可粉撒满圈内。
- 在烘烤蛋糕前几小时，将冰箱里的巧克力软心脱模，再冰进冰箱备用。
- 将110克巧克力切碎，隔水加热。熔化后拿离热源，拌入黄油、粗杏仁粉、米浆和蛋黄。
- 将蛋白打发，再加糖搅打，使蛋白霜更紧实。
- 将蛋白霜与巧克力糊拌匀，装入挤花袋。先把每个慕斯圈底部填满，然后在中央放入巧克力软心，最后再把整个慕斯圈填满，使表面平整。冷藏6小时后从冰箱取出，再送进180℃的烤箱烤20分钟。取出后稍微放凉即可脱模。

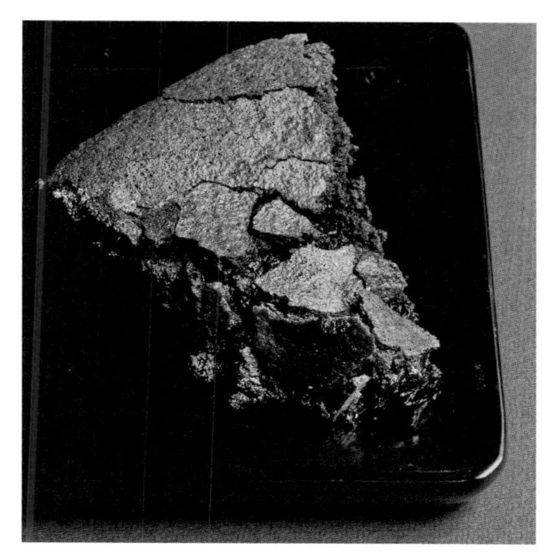

—帕拉丁的半熟巧克力蛋糕—

按照美食家苏西·帕拉丁（Suzy Palatin）的食谱，要做出柔软湿润的内里，需要比一般更多的材料。

分量：6人份

材料：

黑巧克力250克，可选用法芙娜的瓜纳拉（Guanaja）巧克力
黄油250克
糖250克
面粉70克
鸡蛋4颗

步骤：

- 烤箱预热至200℃。将巧克力在微波炉中加热3分钟，加入黄油，再加热1分钟使之熔化。加入糖和过筛的面粉，仔细搅拌至质地均一。
- 把鸡蛋打散打匀，加入巧克力面糊拌匀后，倒入直径24厘米、已事先抹油撒面粉的烤模中，送入低于180℃的烤箱烤25分钟后取出。等蛋糕降温接近室温时再脱模。

选择哪种巧克力？

优质的甜点专用巧克力或调温巧克力，除了可可脂之外，不含卵磷脂和其他脂肪。

- 制作蛋糕用可可脂含量70%的黑巧克力
- 制作慕斯用可可脂含量50%~65%的黑巧克力
- 制作甘纳许用调温巧克力（可可脂含量不低于31%）

同场加映
特级可可片装巧克力（第204页）

烧烤与蔬食皆拿手的天才主厨

撰文：法兰索瓦芮吉·高帝

烧烤大师、蔬食鬼才、造型艺术家，他是世界上最受人景仰的主厨之一。

绝对主厨

1956年，出生于布列塔尼大区伊勒维莱纳省（Ille-et-Vilaine）。

1970年，在利夫雷（Liffré），于米歇尔·凯何菲（Michel Kerever）主持的金狮饭店（Hôtellerie du Lion d'Or）当学徒。

1976—1977年，在汉斯，于杰哈·波瓦耶（Gérard Boyer）主持的农舍餐厅（La Chaumière）工作。

1978—1980年，在巴黎，服务于阿兰·桑德杭主持的阿切斯特亚图餐厅（L'Archestrate）。

1980—1984年，在昂吉安赌场的昂吉安公爵餐厅（Le Duc d'Enghien）担任大厨。26岁时成为最年轻的米其林二星厨师。

1985年，在布鲁塞尔，于卡尔顿饭店（Carlton）获米其林二星。

1986年，从恩师桑德杭手中买下阿切斯特亚图，更名为阿尔佩居（L'Arpège）。

1996年，阿尔佩居餐厅开业后第十年，获得米其林三星。

✿✿✿

2001年，“和肉类分手”，不再料理红肉，转而投入蔬食。他于萨尔特河畔的费耶（Fillé-sur Sarthe）买下第一座菜园，接着在厄尔省与芒什省买下另外两座。

2011年，与克里斯多夫·布兰（Christophe Blain）合著《和阿兰·帕萨德一起下厨》（*En Cuisine avec Alain Passard*）。

2016年，担任Netflix纪录片《主厨的餐桌》（*Chef's Table*）第五季主角，由大卫·贾柏（David Gelb）执导。

2017年，在里尔美术宫（Palais des Beaux-Arts de Lille）参与“开放博物馆”（Open Museum）。

阿兰·帕萨德
（1956—）

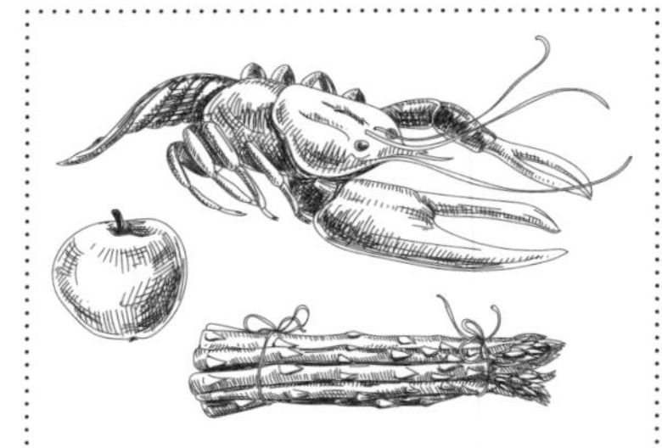

独门功夫

→ 将**螯龙虾**垂直切成细条，再淋上黄酒（vin jaune）酱汁。

→ 将**芦笋**捆成一束立起，以无盐黄油炙烤3小时。

→ 用粗盐料理蔬菜。

→ 精准地将**半只鸡**和**半只鸭**缝在一起，裹盐焗烤。精湛的手艺堪称厨艺界的高级定制大师！

→ 将**苹果**削成缎带般，把苹果挞做成玫瑰花束的造型。

四季豆、白桃及杏仁

对我而言，桃子就像“美好时节”（belle saison）的雪酪（sorbet），其清淡的甜味与香气搭配四季豆，形成动人且调和的双拼口感。杏仁则是增添了新鲜松脆感。

材料：

四季豆600克
生鲜杏仁（almond）12颗
漂亮的白桃1个
新鲜紫罗勒数枝
加盐黄油
橄榄油
盐花
黑胡椒

步骤：

- 将四季豆放进沸水煮至弹牙。以漏勺取出后，浸在冷水中以保持色泽并避免过熟。
- 将豆子沥干后放入炒锅内，加入一块有盐黄油，淋上一长条橄榄油的量，以小火翻炒。加入去壳的生鲜杏仁、切成12片的生白桃及几片美丽的紫罗勒叶。均匀撒上盐之花、研磨黑胡椒转数圈。特别注意勿拌搅，以保存白桃片的美感及完整性！
- 分盛至四个热盘内，趁热享用。

料理艺术家

身为厨师的阿兰·帕萨德，这回化身艺术家，雕塑多尾超过两米高的铜制龙虾，并将剪报拼贴成一道道细致的料理。

以下是他描述创作的缘起：

“当时是2004或2005年。我到日本旅行。某夜，我因为时差而失眠，便致电酒店柜台，向对方索取胶水和剪刀。接着我把房间里的报纸拿来裁剪……拼贴出番茄佐莫扎瑞拉奶酪，与佛姆德阿姆博特蓝纹奶酪（Fourme d'Ambert）佐哈密瓜……回到巴黎后，我继续进行拼贴。伽利玛（Gaillimard）出版社因为我的创作，向我邀约出版一本包含50张图像的食谱书*。时至今日，拼贴成了我的另外一座秘密花园。我投入心力在巴黎的这座花园，周末便待在埃夫勒（Évreux）与萨尔特（Sarthe）的菜园。我为每一项材料维系一道新关系，作为我料理姿态的延伸。”

*这两页食谱的拼贴插画即是阿兰·帕萨德的作品。——编注

紫色芜菁及新鲜马铃薯佐红番茄

基于好奇，我把它们结合在一起。番茄均衡了芜菁优雅的苦味，与软绵的马铃薯形成美妙的平衡，带茴香味的龙蒿则带领这道菜看进入现代料理的味觉范畴！

分量：4人份

材料：

紫色芜菁（navet mauve）4个
中型的红番茄4个
新采收的小马铃薯12个
橄榄油4汤匙
盐
研磨胡椒
有盐黄油1块
龙蒿2枝

步骤：

- 将每个芜菁切成4块，和黄油、橄榄油、带皮马铃薯一起放进锅中，加水至盖过食材的高度。转小火炖煮，直到水蒸气冒出。
- 加入切瓣的番茄、盐及研磨胡椒，在番茄煮至恰到好处且仍未软烂时起锅。
- 可用香草点缀菜肴，特别是将非常赏心悦目的龙蒿放在马铃薯和番茄上。

七月时蔬佐芜菁薄片，拌橄榄及蜂蜜柠檬酱汁

阿尔佩居餐厅令人惊艳的经典料理，尤其在炎炎夏日极具消暑作用！
青柠与蜂蜜的酸味强化了综合美蔬的口感。芜菁薄片如肉饺外皮般包裹每一口混搭的食材……
我喜爱这种刺激与温和的对比，仿佛生熟相伴的游戏！

分量：4人份

材料：

黑番茄2个（tomate noire de Crimée）
红、黄或白甜菜根2个
紫色芜菁4个
黑皮萝卜4个
樱桃萝卜4个
黄瓜1/2条
西葫芦1条
黄色胡萝卜4根
橘色胡萝卜4根
综合沙拉叶1把
青柠2颗

<u>橄榄蜂蜜柠檬酱汁</u>

洋槐蜂蜜70克
橄榄油150克
柠檬2颗

步骤：

- 挑选大小适中的蔬菜并清洗干净。将部分蔬菜煮至弹牙，记得分开烹煮以保留色泽。
- 甜菜根、胡萝卜及黑皮萝卜皆不削皮放入近沸腾的水中烹煮，煮好后直接在锅中放凉。除了保留黑皮萝卜的外皮，其余悉数去皮，放在碟子上备用。
- 使用刨片器将芜菁刨成可透光的薄片，浸入沸水中三四秒钟，接着放进冰水中冰镇，以免太快熟透。然后在厨房纸巾上放平沥干。
- 将柠檬榨汁慢慢注入蜂蜜和橄榄油一起拌搅，直到搅出光滑细腻、均匀漂亮的质地，并带有些微粘连性，倒进船形酱料皿中存放。
- 取一餐盘，将生料（番茄、樱桃萝卜、黄瓜及西葫芦）和熟料（甜菜根、胡萝卜及黑皮萝卜）混合，叠放出圆顶造型。接着在上面铺放芜菁薄片，周围摆放综合沙拉叶，和船形酱料皿一起端上桌，即可享用！

肥肝：酱糜的艺术

撰文：玛丽埃勒·高德里

您喜欢什么样的肥肝（foie gras）？原味，用微波炉烹调，还是浸渍桑格利亚酒？以下提供三种料理方法供你选择。

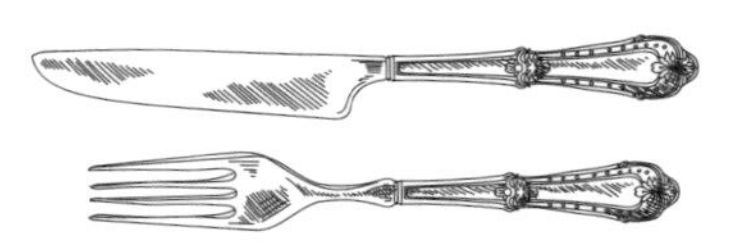

美味的词源

从“foie”（肝脏）的拉丁词源“jecur ficatum”（jecur 指肝脏，“icatum”的含义已被弱化），可窥探罗马帝国时期肥肝的食用传统；这个词指的是被喂食无花果的鹅，其肝脏经干燥并揉压成丸状，老普林尼在其著作《博物志》中曾特别提起。

阿尔萨斯，肥肝的摇篮

肥肝是南法阿基坦（Aquitaine）及南部比利牛斯（Midi-Pyrénées）等地区的经典菜色，该区养鹅鸭的人家占全国三分之二。但其实这道料理源自斯特拉斯堡，阿尔萨斯首长的御用厨师尚皮耶·克罗（Jean-Pierre Clause）被要求制作一道特殊的菜肴，遂于1778年发明了孔塔德酥皮肉酱（pâté de Contades）。后来萨瓦兰笔下的“斯特拉斯堡肥肝酱”，就是指这个用一整块鹅肝或鸭肝制成、混入绞碎的猪膘与牛肉、外裹酥皮的肥肝酱。

地理保护标志

一小群来自法国西南部的肥肝生产者，联合于1992年提出“地理保护标志”（IGP）标签的要求，并于1999年获准。该标签不仅保证鸭的来源和质量，从加工地区到生产方式都得遵循传统。

简单又快速的微波炉肥肝酱糜

将清除血管的肥肝切成数块，撒上盐与胡椒，放在餐盘内并覆上保鲜膜，以700瓦功率加热1分30秒。将加热过的肥肝置于陶罐内，确保按压紧实，然后在上面铺一块小板子，压上重物，放进冰箱静置24~48小时。

达洛兹*的桑格利亚肥肝酱糜

来自朗德省的三星主厨招牌菜，赋予肥肝节庆般的滋味。

分量： 12人份

材料：

桑格利亚酒（sangria）
西班牙红酒2升
桃子汁1/4升
白兰地100毫升
细砂糖100克
未经化学加工处理的柑橘1千克
未经化学加工处理的柠檬500克
桃子500克
（若非当季，可以杧果替代）
金冠苹果500克（golden delicious）
草莓500克
肉桂棒2根
香草荚1枝

肥肝
特级鸭肝2片（每片600克）
细盐、胡椒

步骤：

桑格利亚酒

- 在料理酱糜前48小时，将所有材料混合，放入冰箱静置。

酱糜

- 在食用前预留至少48小时准备。称量肥肝重量，1千克肝加12克盐及6克胡椒，以此比例来调味，置于冰箱腌渍一晚。
- 隔日将桑格利亚酒加热至80℃，再放入肝，依据肝的大小用小火烹煮25~30分钟，直到肝的中心软嫩。
- 将肝沥干后直切三份，叠放进陶罐内，在上面铺一张烤盘纸，垫上一张硬纸板，再放一块重物挤压塑形，放进冰箱保存。
- 品尝时搭配烤过的乡村面包片。

* 食谱摘自《我的节庆食谱》（*Mes recettes en fête*），海伦·达洛兹（Hélène Darroze）著。

如何选择肥肝？

生的，越新鲜越好，摸起来柔软，色泽一致，介于象牙白至亮黄色，不带血迹。一片鸭肝的理想重量是450克，鹅肝则是600~700克。

★ ★ ★

名厨保罗·博古斯的诀窍

从完整的肝叶取一小块肉，放在食指和大拇指间搓揉。肉质在手指温度下应保持光滑细腻，若变得油腻且松散，表示质量普普通通。

什么是半熟（mi-cuit）肥肝？

以70℃~85℃熟成的为半熟肥肝，可做成保存稍微久一点的罐装加工品；以90℃~110℃熟成者则称为大熟（cuit）。低温熟成的肥肝可维持新鲜度及风味，但必须尽快食用完毕。我们可以在市场买到陶罐、玻璃罐、罐头或真空包装的半熟肥肝。

隔水加热肥肝酱糜

将室温生肝一片切成两块，去除血管。撒上盐、胡椒及2克糖，再依据喜好淋上波特酒或索甸贵腐甜白酒，覆上保鲜膜。烤箱预热至150℃。将肥肝装进陶罐，放在一个装了水的烤盘上，送入温度调低至110℃的烤箱烤15分钟，再将温度调低至90℃，续烤35分钟。利用烹饪温度计检查肥肝中心的温度，须介于45℃~55℃之间。静置于冰箱三天后再食用。

同场加映
酥皮肉酱（第129页）

来杯法式花草茶

撰文：安洁·费侯-马格（Angèle Ferreux-Maeght）

花草热饮结合了口感的欢愉及药用的特性，可以称得上是门学问。但有时小孩子还是会戏称它为“婆婆的尿尿”。

定义

浸泡方式是借着水的热度，将植物的活性成分及香气萃取出来，尤其适用于花朵、嫩叶及香草植物。持续沸腾煎煮，则适用于坚韧厚实的叶子、根及外皮。

步骤

❶

将干燥的植物保存在密封的玻璃罐或能遮蔽光线的纸袋中。

❷

将水加热（以矿物质少且经过滤的水质较为理想），温度达到85℃~90℃，或是冒出大泡泡时就熄火，以免破坏植物的活性成分。

❸

把水从热源移开，加进你要浸泡的植物（1升水加10~30克干燥植物）；或是把植物放进空茶壶，再注入热水。静置一会儿，最好加盖以避免香味逸散。浸泡2~5分钟，可享用植物芳香成分的特性，浸泡10分钟则可尝到苦味及单宁酸。

❹

花草茶在室温下最多只可放1天，冷藏保存最多48小时，注入制冰盒放在冷冻库可保存数周。

百里香

产地：格拉斯（Grasse），滨海阿尔卑斯省（Alpes-Maritimes）
学名：*Thymus vulgaris*
科别：唇形科（Labiées）
口感：强烈，略带苦味，有薄荷香及柠檬香。
特性：提神，祛痰，解痉挛，抗菌。一天可饮用数次。

迷迭香

产地：地中海地区
学名：*Rosmarinus officinalis*
科别：唇形科
口感：醇厚强烈，有点像树脂的质地。
特性：提神，助消化，祛风（有助排肠气），利胆（利于排胆汁）。适合有消化或肝脏问题的人在餐后饮用。

椴树叶

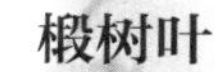

产地：卡庞特拉（Carpentras），沃克吕兹省
学名：*Tilia vulgaris*
科别：锦葵科（Malvacées）
口感：温和，蜂蜜香和淡薄荷香。
特性：镇静及舒缓，适合有睡眠问题者在晚上睡前饮用。

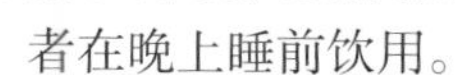

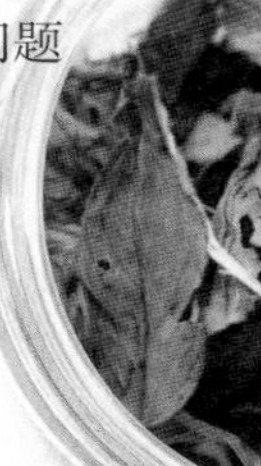

薄荷

产地：米利拉福雷（Milly-la-Forêt），埃松省（Essonne）
学名：*Mentha piperita* 或 *Mitcham milly*
科别：唇形科
口感：强烈，浓浓薄荷香会长时间留于口颊。
特性：提神，助消化，祛风。每次泡五六片薄荷叶，适合有消化困难、肠胃胀气、反胃或痉挛者在每餐后饮用。

甘菊

产地：舍米耶（Chemillé），曼恩-卢瓦尔省（Maine-et-Loire）
学名：*Anthémis nobilis* 或 *Chamaemelum nobile*
科别：菊科（Astéracées）
口感：花香，淡淡苦味。
特性：镇静安神，适合有睡眠问题者在晚上睡前饮用。滋补，助消化，解痉挛，止痛，对胃痛或消化问题亦具良效，适合餐后饮用。

同场加映
法国料理不可或缺的香草
（第295页）

菜单博物馆

撰文：乔丹·莫里姆（Jordan Moilim）

经验丰富的餐馆老板杰宏·杜蒙（Jérôme Dumant），是法国最知名的菜单收藏者。他在巴黎开的Les Marches餐厅名列《公路餐厅指南》。他投入古物交易及餐厅菜单拍卖超过30多年，拥有1000多份菜单，个人偏爱20世纪30至60年代的小酒馆菜单。这两页展示的便是他上千收藏品中的一小部分。

Au pied de Cochon
Restaurant
6, rue Coquillière.
Téléphone: CENTRAL 11-75, 11-76
Halles centrales de Paris, entre la Bourse de Commerce et Saint Eustache...

OUVERT JOUR ET NUIT

NOS HORS-D'ŒUVRE · Le Pied de Cochon vous recommande · NOS VIANDES · NOS FROMAGES · NOS PLATS D'ŒUFS · NOS POISSONS

GARE St LAZARE
15, PLACE DU HAVRE

Coutèla
TRAITEUR

PETITS DÉJEUNERS · PATISSERIES FINES · SALON DE THÉ
EUROPE 35-14 et 15

Au vrai Saumur
F. LAUR, Pre
GRAND COMPTOIR
BRASSERIE - BUFFET-FROID
1, CHAUSSÉE DE LA MUETTE
PARIS-16e ◆ AGENCE HAVAS
TÉL. : JASMIN 47-84 - 47-85 - 47

GARNIER
111, RUE SAINT-LAZARE - PARIS 8e
TÉL. : EUROPE 50-40 (4 lignes groupées)
CONSIGNE

LE MUNICHE
25-27 rue de Buci Paris 6
MÉDicis : 62-09
tous les jours
service sans interruption
de midi à 3 heures du matin

FURSTEMBERG
BAR CLIMATISÉ
au sous-sol
ODÉon : 79-51
TOUS LES SOIRS A 21 H
Piano : ANDRÉ PERSIANY
la Batterie : PARA-BOSCHI

Aujourd'hui

VINS RECOMMANDÉS

VIANDES FROIDES

Catégorie

Chez Honorine

Couvert .15

8, BOULEVARD DELESSERT, - PARIS (16e)
Téléphone : TROCADÉRO 55-12

Hors d'Œuvres · Entrées · Desserts

L'Oiseau Bleu
Pâtisserie
Confiserie
Salon de thé
Restaurant
47, Boulevard Haussmann, PARIS-9e
OPÉra 36-76 (face au Printemps)

AUBERGE
SAINT-JEAN-DE-LUZ
25, RUE LESUEUR PARIS-16e
TÉLÉPHONE PASSY 65-55
MENU

ŒUFS - OMELETTES
(2 ŒUFS)

Œufs coque	90	Au plat	90
Brouillés	90	Brouillés au fromage	130
Au plat jambon	130	Au plat bacon	130
Omelette nature	90	Fines herbes	90
Omelette bacon	130	Omelette fromage	130
Omelette Parmentier	100	Omelette au jambon	130

NOTRE PLAT DU JOUR GARNI 150

Sauté de Bœuf aux pommes

LES GRILLADES GARNIES DE POMMES .. 170

Steak – Côte de Veau

LES LEGUMES 40.50

SALADE DE SAISON ... 50

FROMAGES DIVERS . 30 Yaourt ... 35

DESSERTS

Fruits de saison	80	Pâtisserie fraîche	40
		Cake	40
		Mendiants	50.
Bananes	35	Confiture	50.

MON. 57-95

EX-GAFNER

LA GROTTE D'ARCY-SUR-CURE

Halte !.. 39, RUE LEPIC

CHEZ JEAN DE CORBIGNY

1958

CORBIGNY Km. 283 MORVAN FRANCE

Une cuisine aimable

Menu Couvert 130 Café 120

Des vins gourmands

NOUS ENTRÉES

Consommé chaud ou froid 250 - Bisque de Homard 350 - Potages 200 - La Poêlée d'Escargots 380
Foies de Volaille en Gelée 350 - Piperade Basque 280 - La Brouettée de Hors-d'Œuvre 480
Terrine Nivernaise 380 - Tête de Couchon à l'ail 300 - Œufs en Cocotte comme à Corbigny 280
Jambon et Saucisson du Morvan 580 - Fonds d'Artichaut Strasbourgeoise 380
Les Friandises chaudes 380 - Foie gras des Landes 1000

TOUTE LA MER

Moules St-Mathieu 380 - Soles Meunière 650
Le Saint-Pierre en Papillotte (spécialité) 580 Le Loup au Noilly Prat (spécialités) 680
Turbot grillé Hollandaise 780 poché beurre fondu 680 - La Cassolette de Crustacés 450
Les Saint-Jacques des Ducs de N'vers (spécialité) - Omelette de Barante (spécialité) 380
Médaillon Homard au Wisky - La Langouste Mayonnaise (s.g.) - La Quenelle de Brochet d'Arcy-s/Cure 450
Le Brochet à l'échalotte 680

SPÉCIALITÉS

Le Délice de la Rôtisserie 350 - Rognon entier dans sa graisse 850
La Langouste vivante à la broche (s/commande) - Le Coquelet aux herbes de montagne (2 personnes) 1450

ABATS

Rognon de Veau au Pouilly 800 - Cervelle meunière 550 - Ris de Veau Avallonnaise 680

LES PLATS D'CHEUX NOUS

Nout'mélange de Charcuterie 650 - Les « Œufs au vin rouge » 280 - L'Boudin d'Clamecy 450
Les Gourmanderies du Morvan 480 - L'Saucisson chaud 550 - Andouillette poêlée 550
L'Jau au vin d'Irancy 1/4 480 - La Tranche de Viau des Amougnes - 680 - L'poulet à la Sauce jaune

NOUS GRILLADES

Le carré d'Agneau à la broche - 680 - La Selle de mouton Morvandelle 850
Entrecôte à la facon Corbigny - Steak au poivre tout bête - Steak à l'échalotte 680
L'Aloyau à la Dijonnaise 680 - Les côtes grillées 580 - Grenadin au Pouilly 680

NOUS DESSERTS

L'Épanderie de Fromages 250
Coupe Lepic - Coupe Opéra - Crème fraîche - Crème Chantilly 280
Les Fruits d'St-Aulde 280 - Gâtiaux Sancerrois 280 - Fruits rafraîchis 350
Le Mont Follin dans la Patouille 280 - Glaces café, praliné, vanille 280
Les Crêpes de la Rôtisserie 380

151, Boulevard Saint-Germain, PARIS
TÉL. LIT. 53-91

FERMÉE LE LUNDI

Menu du 9 Novembre 1948 Couvert 12

HUITRES Claires (avec citron la dz. 27; Belon ou sauce) la dz. 15

ESCARGOTS de Bourgogne la dz.

CAVIAR FRAIS DE RUSSIE 750

CERVELAS REMOULADE (SPÉCIALITÉ) 100

Filets de Harengs Pommes à l'huile 90

Museau de bœuf 80 – Hareng de la Baltique 100

FRICANDEAU 120 –

Médaillon de mousse foie d'oie en gelée

Tomates – Pommes à l'huile 80. SARDINES

Potage : St Germain 35 – Oeuf mayonnaise

Œufs : oeufs plat au jambon 175.

CHOUCROUTE GARNIE (spécialité) 27

Plat du Jour : Veau sauté jardinière

Steack grillé Pommes Pont Neuf –

assiette anglaise (Roastbeef – Veau) (mayonnaise ou salade) et Gigot

Cantal

Glace

Poire 100

Pomme 100

Mandarines (2)

Banane

chez georges

restaurateur

273, boulevard péreire paris 17

Nous avons le plaisir de vous recevoir tous les jours de 12 h. à 14 h. 30 de 19 h. à 23 h. 30

Tél. (1) 45.74.31.00

PRIX SERVICE COMPRIS (15 %)

DE PÈRE EN FILS

Quelques jolis vins

blancs

Quinceau	1988	Ble 68
Nardon	1988	Ble 98 / ½ 54
blanc	1987	Ble 97 / ½ 53
blanc	1988	Ble 160 / ½ 89
fumé Jaqueneau	1987	Ble 210 / ½ 110

rouges

	1986	Ble 81 / ½ 47
Ermitage	1986	Ble 88 / ½ 49
Brouilly	1988	Ble 118 / ½ 68
Beaumont Médoc	1984	Ble — / ½ 65
de Gaillat	1983	Ble 130
Macquin St Georges St Georges St Emilion	1985	Ble — / ½ 68

La bouteille du mois Jean Viaud Ble 115

Nos Hors d'Œuvre chauds et froids

Melon rafraîchi 78 Melon Parme
Salade verte aux fines herbes 36
Saucisson chaud pistaché à la Lyonnaise
Salade de museau de bœuf 37
Les deux Andouilles 37 Baltiques à la crème 49
Pied de veau vinaigrette 37 Harengs marinés pommes chaudes 47
Oeufs pochés au coulis de tomates 49
Jambon de Parme 89
Escargots Bourgogne la dz 84 Tête de veau sauce Gribiche 89
Foie gras de Canard frais maison 107 en ½ part 68

Salades de la saison

Salade de crevettes décortiquées au vinaigre de framboises 71
Salade de chicorée frisée aux lardons 49
Emincé de Haddock sur chiffonnade de salade 65
Salade de courgettes aux pétoncles 64
Sardines crues à l'huile d'olive et au citron vert 51

Les Terrines sont faites à la Maison

Terrine de Raie au coulis d'épinards 69
Terrine de foies de volaille au poivre vert 61
Terrine de lapereau au genièvre 61
Petits maquereaux au vin blanc 51
Saumon cru mariné à l'aneth 106

Poissons selon arrivage du marché

Filets de sole sauce étrilles aux pâtes fraîches 125
Saumon à l'oseille 110
Joues de Raie aux câpres 96
Morue fraîche aux petits légumes 96

La Langue de Bœuf aux épinards frais 89
flageolets fins 107
gratin dauphinois 119
chou 90
moutarde, pommes de terre frites 85
lentilles 90
aise avec sa ratatouille 107
lée à l'estragon 89

VINS AU VERRE ET EN CARAFE

			75 cl.	½ 37 cl.	Verre 18 cl.
Petit Chablis	A.C.	Pichet.	400	200	100
Savennières	A.C.	—	400	200	100
Beaujolais	A.C.	Bout.	400	200	100
Sylvaner	A.C.	Bout.	350	180	90
Champagne Gratien					300

Ch^teau MOUTON ROTHSCHILD 1951 Ble 1.080 frs 1/2 Ble 550 frs

BIÈRES

Slavia	33 cl.	100
Kronenbourg	33 cl.	120
Guiness Stout	25 cl.	160
Tuborg	33 cl.	160
Carlsberg	33 cl.	160
Lowenbraü	33 cl.	160

APÉRITIFS 10 cl.

Apéritifs de marque	160
Apéritifs - Gin	200
Porto Vieille Réserve	260
Porto Grand Vintage	300
Xérès	280
Xérès "Dry Sack"	370
Whisky., 7 cl.	450
Ricard, Pernod, 7 cl	220
Dry Martini Cocktail, 7 cl	
Dry Gordon	
Champagne cocktail, 18 cl.	

Eaux minérales. 1/4 70 1/2 90

DEMANDEZ LA CARTE DES VINS D

PLACE GAILLON PARIS (2e) DROUANT

"le boissy d'anglas"

41, rue boissy d'anglas

"Tante Louise"

180
200
225
200
225
875
375
875
275

50
60
80
50

80

PAUL BOCUSE
MEILLEUR OUVRIER DE FRANCE
PARIS 1961

69 - Collonges-au-Mont-d'Or - FRANCE

Mesdames..... Mesdemoiselles..... Messieurs.....
chez nous vous êtes chez vous
Asseyez-vous Reposez-vous
Consultez ce Guide-Menu :

CHEZ DUPONT TOUT EST BON
(DÉPOSÉ)

à votre service à toute heure
JOUR ET NUIT
Pain, Couvert et Serviettes ... 30. -

LE PETIT DÉJEUNER SUISSE bien complet ... 100
Café au lait ou chocolat, ou thé au lait, croissant, petit pain, beurre, miel, confiture et compote de fruits (jusqu'à midi).

LES HUITRES -- LES COQUILLAGES

Catchup - Pickles - Picalilli ... 30
CHOIX DE FRUITS DE MER. 3 fines de Claires, 3 Belon, 3 Marennes (le plateau) 210
(Pain de seigle - beurre - Citron - Un verre de Bourgogne blanc).
Les Moules Marinière à notre façon ... 70
Escargots de Bourgogne (gros) ... la 1/2 douz. 65
Portugaises Fines de Claires ... la douz. 120

— 160
— 220
— 225
Beurre ... 30
... 100

Café noir fr	
Limonade, S	
Café Liégeois	
Chocolat Liégeois glacé	50
Sirop	40
Jus de fruit Orange	60
— Ananas	60
— Tomate	45
Vivor gazeux	50

Sherry-Gobbler	70
Marie Brizard, Get, à l'eau	60
Champagne, le 1/4	250
Jus de fruit Raisin	45
— Pomme	45
— Cassis	45

Café - Thé - Chocolat - Boissons chaudes

THÉ complet, Ceylan ou Chine, avec toasts beurrés, confiture ou une pâtisserie 100
CHOCOLAT moelleux, avec toasts beurrés, confiture ou une pâtisserie 100

Lait	25	Viandox	25
Café moka noir	25	Consommé	30
Café moka lait	25	Punch	50
Café noir, grande tasse	25	Thé Ceylan ou Chine, lait ou citron	40
Café lait, grande tasse	25	Grog Américain	45
Café filtre	30	— au rhum Négrita	50
Infusions	25	— Picon Claquesin	50
Chocolat moelleux	40		

Glaces - Entremets

Glaces, parfums divers	50	Coupe Jack	90
Café ou Chocolat glacé	50	Fruits rafraîchis	70
Ananas au kirsch	100	Meringues glacées	80
Sorbets aux liqueurs	80	Pêche Melba	80
Tranche Maison	50	La Coupe Dupont (fruits)	80
		Crème caramel	40

Pâtisserie

Croissant	15	Tartine pain seigle beurré	20
Tartine pain mie beurrée	20	Toast beurré	20
Tartine pain riche beurrée	20	Cake Anglais	40
Brioche	25	Tarte aux fruits	50 à 60
Petit Pain au chocolat	25	Pâtisserie fraîche	50 à 70
Schneick	25	Le Fameux Gâteau Dupont (un délice)	100

RESTAURANT DROUANT (PLACE GAILLON) Couvert. 120 f

PAVILLON ROYAL (BOIS DE BOULOGNE)

1955

CHAMPAGNE GRATIEN BRUT LA Ble 1350

HUITRES ET COQUILLAGES

		La douz.
Portugaises de Claires	Spéciales	
Armoricaines	Moyennes	400
—	Supérieures	550
Belon	Fines	550
—	Supérieures	750
—	Extra	950
—	Choix extra	1200
—	Super extra	1450
Marennes vertes	Moyennes	540
— —	Supérieures	720
— —	Extra	880
— —	Choix extra	1150
— —	Super extra	1400

Beurre 50 1/2 citron 25 Ketchup. . 50

Assiette de fruits de mer	750	Crevettes Bouquet	700
Oyster cocktail	450	Crevettes grises	250
Praires. La douzaine . . 460	700	Moules parquées	250
Clams. La pièce, moyen 140 gros.	220	Oursin. Pièce.	50
Palourdes. La douzaine 460	700	Escargots de Bourgogne, la douz	—
Saumon fumé	700	Anguille fumée.	—

		Le toast
Caviar frais extra.	1400	800
— Pressé	700	350
— Œufs de saumon	350	—

Coquille de moules mayonnaise	280	Langouste sauce mayonnaise	1400
Coquille de poisson	400	Homard froid à la nage	1400
Coquille de langouste Parisienne	680	Coquille de crabe	350

BUFFET FROID

Jambon de Bayonne	550	Pâté de Perdreau Lucullus	780
Jambon d'York	520	Œuf à la gelée au jambon	120
Langue écarlate à la gelée	280	Foie gras des Landes au Porto	780
Assiette charcutière	550	Poularde en gelée, Le quart	700

Salade 150 Pied de céleri 100 Salade de légumes 280

SPÉCIALITÉS ET PLATS DU JOUR

Pilaff de moules au curry	300	Moules Marinière.
Pilaff de crabes à l'Américaine.	350	Coquille de turbot
Pilaff de homard à l'Américaine	750	Coquille de homard
Bouillabaisse de la maison	690	Bisque de homard.

COQUILLE SAINT JACQUES 480- Truite vivant
Filets de sole Drouant 550- Sole au champ
Merlan pané Colbert 420- Turbot grill
Suprême de barbue au plat 500- Grenouilles
Rouget barbet gr. Mtre d'hotel 520- Homard Droua
Quenelles de brochet Cardinal 580- Homard Newbu
Sole frite sauce tartare 620- Goujonnette

Oeufs cocotte Périgourdine 280- Oeufs brouil
Omelette à l'espagnole 250- FEUILLETE AU

CUISSEAU DE PORC FRAIS TRUFFE
GRENADIN DE VEAU POELE AUX CEP
Poulet sauté archiduc I/4 780- Salmis de fa
Civet de lièvre à la Française 650- Rumsteack po
Caille de vigne au raisin 680- Rognons saut
Perdreau roti sur canapé I.40

Epinards en branches I90- Tomates Prov
Poissons nouveaux à la crème 200- Endives meun

Minute Steack	620	Mixed grill américa
Châteaubriant maître d'hôtel	680	Côtelettes d'agneau
Rognon de veau grillé vert pré	620	Foie de veau au bac

Sauce béarnaise, supplément. ...... 40 frs par personne.
Toutes les grillades sont garnies pommes frites.

DESSERTS

Plateau de Fromage	200	Roquefort Société
Grand gâteau.	260	GLACES : Coupe
Tarte aux fruits	260	— Praliné
Meringue glacée	260	— Niobé
— Chantilly	260	— Sorbet
Pêche Melba	350	— Rocher
Fraises Melba.	350	— Mousse
Fraises Marie Antoinette	350	— Parfait
Compote assortie	300	Crème fraîche

FRUITS

Pomme. 250 Poire . . 250 Raisin . . 350 Ananas
Banane . 50 Orange . 150 Pamplemousse 250 Fruits
Pêche . . — Framboises. . 400

VOIR AU DOS LA CARTE DES VINS

ŒUFS

Coque (les deux)	70
Plat (les deux)	80
Brouillés au fromage	90
Au bacon	120
Au jambon	120
Œufs, saucisse sur toast	100

OMELETTES

Omelette nature	80
— fines herbes	80
— jambon	120
— bacon	120
— fromage	120

Froid : Œuf à la gelée ... la pièce 60
Œuf mayonnaise ... la pièce 70

Légumes frais	50 à 70	Le Yaourt	20
Salades de saison	50	Suisse Gervais (les deux)	20
Nos fromages	50	Confitures "Maître"	40

DESSERTS ET FRUITS DE SAISON
(Consultez le Menu du jour)

SANDWICHES

PAIN RICHE, PAIN MIE, OU PAIN SEIGLE

Jambon pain mie blanc	45	Gruyère	50
— pain au lait seigle	45	Salami de Milan	50
— pain baguette	45	Saucisson d'Arles	50
Beurre et cresson	35	Saucisson de Paris ail	45
Saucisse chaude de Colmar	45	Roastbeef	60
Cervelas	45	Langue	60
Pâté de foie	45	Veau	60
Rillettes	45		

Spécial Dupont (chaud).
(Gruyère, jambon de Paris entre deux pains de mie revenus au beurre). Chaud ... 110

Si vous êtes satisfaits, rappelez à vos amis que...

CHEZ DUPONT TOUT EST BON

Si vous ne l'êtes pas dites le nous

Miss K 修 女 泡 芙

撰文：艾蜜莉·弗朗索（Émilie Franzo）

介绍巴黎当红甜点主厨克里斯托弗·密夏拉克（Christophe Michalak），并揭开他著名的咸奶油焦糖修女泡芙制作方法的面纱。

谜样的蛋糕

2002年，密夏拉克于雅典娜广场饭店（Plaza Athénée）担任甜点主厨时，发明了咸奶油焦糖修女泡芙，成为其职业生涯代表作。由两块泡芙组成，填入焦糖奶油内馅，表面覆上一层脆皮（craquelin），是店内人气最高的甜点。

密夏拉克大事记

➢1973年，出生于瓦兹省桑利斯。

➢ 2000年，成为巴黎雅典娜广场饭店的甜点主厨。

➢2005年，荣获世界甜点冠军。

薄脆饼干的小故事

由黄油、面粉及红糖（cassonade）混合制成，其酥脆度与美感是克里斯托弗·密夏拉克口中所有“自尊自重”的泡芙身边不可或缺的功臣。他虽在比利时进修时习得技术，却未曾实践，直到法国最佳工艺师奖得主史蒂芬·勒胡（Stéphane Leroux）主厨重新带动这道配方的风潮后，方于2000年起开始使用。

如何辨识质量不好的修女泡芙？

☞ 奶油内馅呈不平滑的颗粒状。

☞ 泡芙软软的，有受潮的情形。

同场加映

布雷斯特泡芙（第 319 页）

咸奶油焦糖修女泡芙

分量：12个

材料：

脆皮

黄油 50 克
红糖 60 克
（cassonade）
面粉 60 克

泡芙面团

水 75 克
全脂牛奶 75 克
细砂糖 3 克
盐 3 克
黄油 65 克
面粉 80 克
全蛋 145 克

焦糖酱

细砂糖 190 克 + 30 克
全脂牛奶 550 克
香草荚 1 枝
蛋黄 90 克
卡士达粉 40 克
室温黄油 305 克
盐花 2 克

焦糖香缇鲜奶油

细砂糖 50 克
高温灭菌、乳脂含量35%的液体鲜奶油 150 克
吉利丁 10 克

焦糖酱

· 将香草籽刮入牛奶加热。在锅内分三次倒入190克细砂糖干炒，直到呈现棕色焦糖状。分三次注入温牛奶并熄火拌匀。
· 将蛋黄、30克细砂糖、卡士达粉及盐花混匀，倒入焦糖牛奶，煮滚后续滚30秒，一边不停搅拌。
· 加入黄油块，用手持搅拌器搅打成液状。盖上保鲜膜，放进冰箱至少2小时。

焦糖香缇鲜奶油

· 将鲜奶油加热，混入吉利丁熔解。在锅内分三次倒入细砂糖干炒，直到呈现棕色焦糖状。注入热鲜奶油，静置冷却后放进冰箱。
· 将冰鲜奶油打发成香缇鲜奶油，放进冰箱保存。

泡芙面团

· 见第120页的泡芙面团食谱。

脆皮

· 将软化黄油、红糖与面粉搅拌成均匀的面团，平铺在上下两张烘焙纸间，放进冰箱静置20分钟。
· 把面团切成直径5厘米和3厘米的圆形，叠在泡芙上。在烤箱熄火的状态下，送进温度达210℃的烤箱内烤10分钟，接着重新开火，以150℃烤25分钟。

堆叠

· 从泡芙底部填入焦糖酱。将铺了脆皮的小泡芙叠上大泡芙，然后挤上一圈焦糖香缇鲜奶油，放一小颗牛奶糖点缀。

可怜的小心“甘”[1]？

撰文：詹维耶·马提亚斯（Xavier Mathias）

尽管有人说甘蓝是一种“被遗忘的”[2]蔬菜，或是乡下人吃的难闻蔬菜，但我们仍然可以在餐桌看到它的身影。而且，将甘蓝镶满馅料，可算是烹饪技法的一大突破！

羽衣甘蓝肉卷

分量：6人份
准备时间：30分钟
烹调时间：1小时45分钟

材料：
羽衣甘蓝1大个
香肠肉250克
小牛绞肉200克
牛绞肉200克
生肥肝200克
鸡蛋2个
吐司4片
牛奶150毫升
大蒜1瓣
欧芹4枝
家禽熬制的高汤1升
百里香2枝
盐、胡椒
料理用细绳

步骤：
- 摘除甘蓝最外层几片菜叶，整个放入铸铁锅，用加盐滚水焯烫15分钟。放在滤锅内沥干，静置冷却。
- 吐司浸入牛奶中；欧芹洗净并择下叶子，和剥皮蒜瓣一道剁碎；肥肝切成几个大方块。将肉、拧干的吐司、鸡蛋、大蒜和欧芹末搅拌匀，撒上盐及胡椒。
- 将甘蓝放在毛巾上，小心翼翼地将菜叶拨开，直到看到菜心。若水分过多则用厨房纸巾吸干。用刀切下菜心并切成细丁，与肥肝一起拌入馅料。将全部的馅料一层一层填入甘蓝中，再将菜叶盖回原位。用细绳将整个甘蓝捆绑起来。
- 将捆好的甘蓝放进炖锅中，注入高汤，加入百里香，以小火烹煮1小时30分钟。
- 上菜时，将甘蓝放在大深盘中央，小心取下细绳，在周围倒入汤汁。将肉卷切成厚片，大家一起享用。

品种繁多的甘蓝菜家族！

芸薹属（Brassica）

甘蓝种（Brassica oleracea）

花椰菜（*var. botrytis*）
食用部位：花
种类：彩色花椰菜、罗马花椰菜……

卷心菜（*var. capitata*）
食用部位：叶子
别名：高丽菜

羽衣甘蓝（*var. sabellica*）
食用部位：叶子
种类：黑叶羽衣、宽叶羽衣……

青花菜（*var. italica*）
食用部位：花、嫩茎

长叶甘蓝（*var. ramosa*）
食用部位：叶子

抱子甘蓝（*var. gemmifera*）
食用部位：叶子、芽
别名：球芽甘蓝、布鲁塞尔甘蓝

皱叶甘蓝（*var. sabauda*）
食用部位：叶子

苤蓝（*var. gongylodes*）
食用部位：茎
别名：大头菜

葡萄牙甘蓝（*var. costata*）
食用部位：叶子

芸薹种（Brassica rapa）

小白菜（*var.chinensis*）
食用部位：叶子
种类：青江菜、上海白菜

大白菜（*var. pekinensis*）
食用部位：叶子
别名：结球白菜

1. 甘蓝菜的法语“chou”，亦可作为对亲近的人的昵称。——译注
2. 指以前的人常吃的蔬菜，因现代人不再食用而遭遗忘。——译注

同场加映
好喝的汤在这里（第170页）

法国美食评论第一人

撰文：罗杭·赛米奈尔（Laurent Seminel）

原是戏剧及文学评论家，后来开启了美食评论之路，尤以一场融入行为艺术的著名晚宴而闻名。

葛里莫·德拉雷尼埃
Grimod de la Reynière
（1758—1837）

家庭富裕

· 父亲是代表国王征税的包税人暨邮局的主管，收入丰厚。
· 祖父拥有当时巴黎最好的餐厅，1754年2月10日被一块鹅肝噎死。

身体残疾

· 前臂因畸形而截肢，父亲为他定制人工手臂，虽然得永远戴着手套，但也得以写作。

名人朋友

· 祖父与伏尔泰素有往来，并将女儿许配给马勒塞尔布（Malesherbes）。
· 与博马舍（Beaumarchais）是好友。

雷尼埃大事记

1758年11月20日，罗杭·德拉雷尼埃（Laurent Grimod de la Reynière）之子诞生。

1774—1775年，就读于路易大帝中学。

1775—1776年，在波旁行省与里昂行省的家族领地旅行，接着到多菲内行省、日内瓦及洛桑旅居10个月。

1777年，获得律师资格，同时开始与《戏剧报》合作。

1780年，成为巴黎高等法院律师，定居于杜乐丽宫。

1782年，定居于香榭丽舍路一号的家族宅邸，并定期举行“周三夕食会”（Société des Mercredis），1796年后改在“康卡尔的岩石”（Rocher de Cancale）餐厅举行，直到1810年。

1783年，出版《关于欢愉的哲学反思》（*Les Réflexions philosophiques sur le plaisir*）一书，并于2月1日举办了一场模拟葬礼的盛大晚宴。

1784年9月28日，开始“哲学午餐”（*déjeuners philosophiques*）计划。

1786年，因一封信得罪了拿破仑，只好逃亡至多梅夫尔的修道院。1788年后前往苏黎世、洛桑、日内瓦及里昂旅行。

1789年，前往普罗旺斯、瑞士、德国旅行。定居里昂，展开香草贸易。

1792年，宣告破产。

1797—1798年，发行《戏剧评论》（*Censeur*）。

1803年，出版第一册《老饕年鉴》（*l'Almanach des gourmands*），设立赏味评审团。

1808年，出版《宴客主人手册》（*Manuel des amphitryons*）。

1837年12月25日，逝世于奥尔日河畔维利耶尔（Villiers-sur-Orge）。

同场加映
饮食文化评论权威（第354页）

布塔尔格，地中海的鱼子酱

撰文：费德里克·拉里巴哈克里欧里

希腊人称它为主的造物，突尼斯的犹太人宣称拥有它，萨丁尼亚及西西里的人们懂得享用它，南法也成了布塔尔格（boutargue）的应许之地。

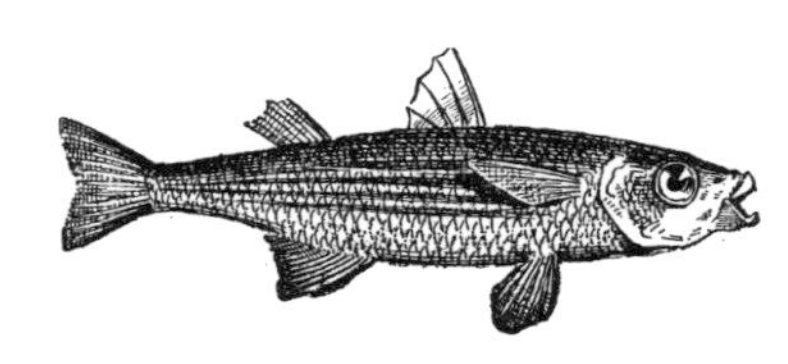

什么是布塔尔格？

→ 就是鲻鱼的卵，又称法国乌鱼子。将两片由囊袋包裹着的鱼卵抹上盐，夹在两块板子中间，压实风干，最后用蜜蜡封起来保存。
→ 主要产地在马尔提格的贝尔（Berre）和科西嘉岛东岸的巴洛湖（Palau）、郁比诺湖（Urbino）、迪安娜湖（Diana）及毕古葛利亚湖（Biguglia）。
→ 海盐风味与口感令人上瘾，以前被称作“穷人家的鱼子酱”。

经过认证的佳肴

拉伯雷可能是在蒙彼利埃学医时，于朗格多克（Languedoc）的湖边发现布塔尔格，也因此成为《巨人传》主角父亲爱吃的美食之一。18世纪享誉欧洲的大情圣，意大利作家卡萨诺瓦（Casanova）也爱吃布塔尔格，验证了美食评论家库诺斯基（Curnonsky）的假设，该食物有催情作用。

同场加映
法国鱼子酱（第254页）

如何料理？

→ 品尝原味，切薄片放在面包上，加橄榄油或黄油，淋上柠檬汁。
→ 做成炒蛋，或搭配鹰嘴豆或白腰豆沙拉，或磨碎加入炖饭。
→ 做意大利面（2人份）。准备意大利直面或扁面300克，布塔尔格刨丝30克，帕马森奶酪刨丝30克。将5汤匙橄榄油、胡椒、三分之一的布塔尔格及奶酪丝、三四汤匙煮面水混合成酱汁。拌入煮好的面条，再逐次拌入剩余的布塔尔格与奶酪丝。盛盘时摆上几片布塔尔格薄片，淋些许橄榄油，最后刨些柑橘皮丝在上头。

B还是P，哪个正确？

法语的布塔尔格（boutargue）首字母是“b”，科西嘉方言为“butaraga”，普罗旺斯方言为“butargo”，意大利语为“bottarga”，葡萄牙语为“butarga”，阿拉伯语为“bittarikha”或“butarik”；只有在马尔提格方言是“p”开头的“poutargue”，有可能是拼写失误造成的。上述每种拼写法都包含了古埃及语“outarakhon”及希腊语“oiontarichon”的词根，意为“盐渍的蛋”。

威士忌的另一个国度

撰文：杰宏·勒佛（Jérôme Lefort）

法国人是全世界最早喝威士忌的人，如今更投入生产的行列。法国各地的微型酒厂蒸馏出这些神圣的麦芽烈酒……

什么是威士忌？

这个名称最初指的是所有烈酒，现指由麦芽或谷物蒸馏而成的烈酒。苏格兰与爱尔兰争论着谁才是威士忌的发源地，美国与加拿大承袭了旧世界的技术，日本则在20世纪初开始发展……接着法国也加入生产行列。

先见之明与苦瓜脸

长久以来，法国的“酿酒者”一直跟在苏格兰威士忌的后面苦苦追赶。他们几个世纪前想出了一个工业化的酿造模式，结果却酿出了欠缺灵魂的威士忌。

职人与坚定追随者

然而，坚定的高卢人重新对法式威士忌展开各种研究。在法国各地，酿造者以泥炭熏焙发芽的荞麦、自制酵母菌株、低压酿制，以获取顺口的金黄汁液……

法国威士忌的优点

生产质量优良的谷物。

★

法国人尼古拉·加隆（Nicolas Galland）与莒勒·萨拉丹（Jules Saladin），于19世纪发明了新的麦芽酿制技术。

★

由巴斯德（Louis Pasteur）领衔的正宗发酵科学。

★

擅长使用小型蒸馏器，拥有悠久的制桶历史，以及驰名世界的陈酿技术。

同场加映

蒸馏的奥秘（第70页）

★

承诺的数字

2017年，法国约有50家酿酒厂，每年生产将近80万瓶威士忌；到了2020年，产量达到300万瓶！

★

行家精选

- 尼古拉·莒勒斯（Nicolas Julhès），巴黎酿酒厂创始人。
- 菲利浦·莒杰（Philippe Jugé），法国威士忌联盟主席。

❶ 瓦伦海姆（Warenghem）/布列塔尼

1987年开始酿制法国第一支威士忌。酿酒厂位于朗尼永（Lannion），有一座受苏格兰启发的超大蒸馏器，以双桶熟成，部分烈酒装在布列塔尼生长的橡木所制成的酒桶内。

亚莫希克单一麦芽双桶熟成威士忌（Armorik Single Malt Double Maturation）：木质、圆润、焦糖，睡前饮用

❷ 巨石蒸馏厂（Distillerie des Menhirs）/布列塔尼

位于普洛默兰（Plomelin）的家族酿酒厂，生产原产地命名控制（AOC）的布列塔尼苹果酒，历史悠久。2002年开始率先使用荞麦酿制威士忌。

艾杜银标布洛希莉安德森林单一荞麦威士忌（Eddu Silver Brocéliande）：紧涩、烟熏、荞麦、辛香

❸ P&M/科西嘉岛

最初酿制啤酒，后来才加入生产威士忌的行列。皮耶塔（Pietra）与马威拉（Mavela）两间酒厂合并，1999年开始酿制威士忌。使用圣乔治山坳（Saint-Georges）的水源，以及琼提酒庄（Domaine Gentile）的蜜思嘉（muscat）白酒酒桶。

P&M7年单一麦芽威士忌（P&M Single Malt,7years）：原始、松树汁、和煦、刚烈

❹ G.禾泽利厄（G. Rozelieures）/洛林

一名谷物栽种者与一名酿酒者，决定于2000年开始酿造威士忌。当地盛产酿酒用大麦，该地区的橡木林可制造最好的酒桶，还有纯净的泉水。

烟熏单一麦芽系列（Single Malt Fumé Collection）：木质、细致、焦糖、不黏腻、尾韵长

❺ 高冰庄园威士忌（Domaine des Hautes Glaces）/罗讷-阿尔卑斯地区

2014年开始酿制威士忌。庄园所在地标高900米，自种标签认证的有机大麦，并且以柴火熏焙。2017年被人头马君度集团（Remy Cointreau）收购。

单一麦芽收获威士忌（Single Malt Moissons）：草本、谷物、易入喉、均衡、尾韵长

❻ 真福者（Les Bienheureux）/阿基坦

2015年开始调和威士忌，并非酿酒厂，而是陈酿商。参与者包括韦德洛（Videlot）集团和佩楚酒庄（Petrus）的所有人琼·姆埃（Jean Moueix），以及贸易商亚力山德·席黑（Alexandre Sirech）。每次调和三种法国单一麦芽后，然后在夏朗德省进行最终陈酿。

蓝标三重调和威士忌（Blue label, Triple malt）：丝绸般圆润、细致、果香、顺口

甜滋滋的糖挞

撰文：玛莉罗尔·弗雷歇与路易·毕安纳西

来自里尔的烘焙天才亚克斯·克罗格（Alex Croquet），是做糖挞的专家。
在比利时也能一尝这款法国北部经典糕点的甜滋味。

克罗格的经典糖挞

分量：大约10个

材料：

甜面团

T45面粉（低筋）或T55面粉（中筋）1千克
全蛋550克
新鲜酵母40克
盐25克
冰糖120克
浓稠鲜奶油100克
冰的无盐黄油500克
水50毫升

配料

黄油100克
浓稠鲜奶油50克
蛋黄40克

组合

甜菜红糖（vergeoise）100克

步骤：

甜面团

- 将面粉、蛋、水及酵母放进搅拌机里搅拌10分钟，直到表面光滑。加入盐、糖及鲜奶油再搅拌10分钟。加入切块的冰黄油和水，持续搅拌10分钟。
- 取出面团，整形成圆球状，在室温下静置30分钟。
- 将面团压扁、折叠，帮助面团排气，然后重新揉捏面团，再次静置30分钟。
- 上述操作程序重复两次，经过1小时30分钟后，将面团分成数个面团块，每个约250克，分别滚成圆球并静置30分钟。
- 用擀面棍将圆球擀成直径16~18厘米的圆片，静置发酵1小时。

配料

- 熔化黄油，与其他材料混合。

组合

- 用手指在小圆面团戳几个孔，往孔内注入配料，并撒上大量红糖。送190℃的烤箱10~12分钟。烤好后待微温享用。

糖类小字典

细砂糖：将砂糖筛滤而得，常用来做甜点。

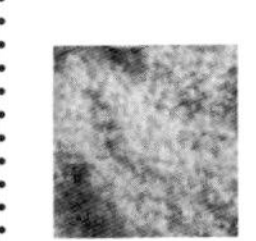

红糖（cassonade）：由甘蔗制成红糖，具有琥珀色泽及朗姆酒香气。名称源自“casson”，16世纪时指的是粗糖。

甜菜红糖（vergeoise）：由甜菜糖浆经过二次熬煮结晶而成。质地松软，呈金色或棕色，常用于制作肉桂饼干（spéculoos）或糖派。比利时人称此款红糖为“cassonade”，切勿混淆。

红冰糖：将砂糖溶解再结晶而成，颗粒更大。红冰糖是未经脱色处理的冰糖。

糖粉：将白砂糖碾磨成极为细致的质地。通常用于制作糖霜、装饰甜点，或撒在松饼上。

果酱专用糖：添加天然果胶（0.4%~1%）以及柠檬酸，有助于果酱固化。

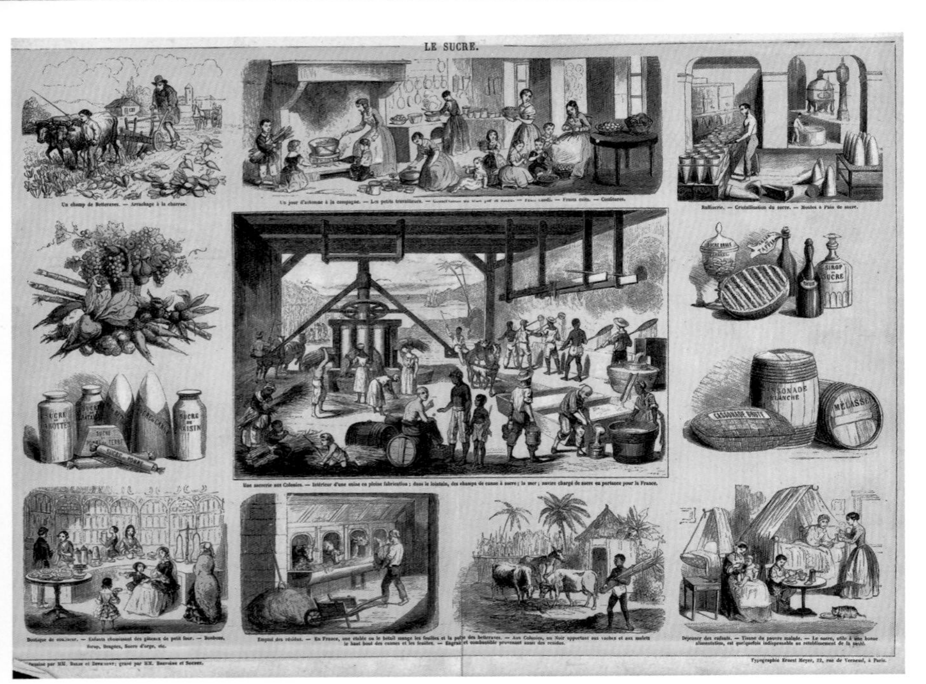

从甘蔗到甜菜根

法国大革命前，法国因拥有安的列斯群岛，蔗糖产量占全世界的三分之一，亦即每年10万吨。

自1806年起，由于拿破仑的大陆封锁政策和英国的报复行动，欧洲失去来自美洲的糖。拿破仑只好实施替代方案。

1812年，拿破仑造访银行家兼植物学家本杰明·杜利瑟（Benjamin Delessert）位于帕西（Passy）的工厂，对他们用甜菜根制糖的技术感到兴奋不已，便摘下自己的荣誉军团勋章别在杜利瑟身上。

自1830年起，甜菜根制糖业开始蓬勃发展。随着技术的进步，让甜菜糖在质量及产量上得以与蔗糖抗衡。

自1870年起，法国开始引进渗透系统。将甜菜根切片后泡水，让糖分渗入水中，再采用过滤与蒸发的方式萃取糖分。此一做法沿用至今。

同场加映
糖的神奇变化：焦糖（第392页）

夏布洛的炖锅

撰文：罗宏·戴尔马（Laurent Delmas）

电影人克劳德·夏布洛（Claude Chabrol）热爱酱汁料理，甚至在他执导的电影中四处溅洒酱汁，而他的炖牛肉仍卡在我们的喉咙中……

电影：《禽兽该死》（*Que la bête meure*）

主角：保罗·德古（让·雅南饰演）

场景：德古与家人一起吃午餐时，为了炖牛肉而羞辱妻子（阿努克·费尔贾克饰演）。

台词："嗯，这锅炖肉根本无法下咽！酱汁汤汤水水的，你为何没把汤汁收干？"

食谱：炖牛肉

料理建议："我告诉过你不下二十次，肉熟了以后要保温，酱汁要放在长柄锅里加热浓缩。要另外放！"

不容争辩的结论："料理是唯一一种瞒不了人的艺术。绘画或音乐可以出错，但料理万万不可，不是好吃就是难吃。"

炖牛肉

材料：

牛后腿肉1千克（下背臀部位置）
芜菁500克
胡萝卜500克
马铃薯500克
新鲜去荚豌豆500克
洋葱3个
大蒜1瓣
白酒400毫升
黄油80克
面粉60克
香草束1束
盐、胡椒

步骤：

- 将黄油放进炖锅里加热熔化，丢入切成数块的牛肉煎至焦黄，然后撒上面粉继续煎。
- 放进洋葱切片并煎至焦黄，撒上面粉继续煎。丢入剁碎的大蒜、香草束、盐及胡椒。
- 注入白酒及一杯水，等到快要沸腾时转小火，加盖继续煮1小时30分钟。
- 芜菁和胡萝卜去皮切块放入锅中，小火煮50分钟。马铃薯去皮切成四块，与去荚豌豆一起放入锅中，继续煮40分钟。

风土，土生土长的法语词

撰文：路易·毕安纳西

法国人总喜欢说"风土"（terroir）很难翻译，好像其他地方都没有这个词……真的是这样吗？

官方定义

这个官方定义是由法国国家农业研究院（INRA）、法国国家原产地名称管理局（INAO）以及联合国教科文组织（UNESCO）共同策划拟定。

"'Terroir'指一个有限的地理空间，经由一个人类社群，在历史的过程中建立独特的文化特征、知识、经验，而这些都是奠基在自然环境与人为因素的互动机制上。这其中的专业技能提供了一种原创性的典范，使源于此空间的产品或服务，包括生活在其中的人都获得识别。'Terroir'是一个具有生命力且创新的空间内所包含的人、事、物，无法被同化于单一的传统中。"

其他语言怎么说？

德语、英语、意大利语、日语、葡萄牙语、俄语……全都直接套用法语的"terroir"。西班牙语通常将"terruño"作为同义词，不过这个词的本义为"小故土"。

该词汇的典故

→"风土"于13世纪开始出现在法语中，意指一个村庄的领地。至今我们还能在18世纪的法国地籍清册中读到这个词。到了17、18世纪时，变成了"土地"（sol）的同义词。一块好的"风土"指的是一块生长情况良好的小麦田。当时的土壤学家奥立佛·德赛尔（Olivier de Serres）宣称："农业的基石在于认识风土的本质。"

→相反地，一杯葡萄酒"闻起来有'风土'味"，则表示质量不高。"一块土地及该地区的气候，为产自此处的食物提供了独到特质。"人们确实同意这样的概念，但尚未将此认知与"风土"联系起来。

→到了19世纪，这个词意指结合一段共同历史与文化的一处空间，如诺曼底风土、普罗旺斯风土，甚至法国风土。"某某'风土'的产品"亦指该产品与某地挂钩，但仅具有"当地"含义，并无特殊的情感价值。

→到了后期，特别是从1970年开始，"风土"正式被赋予目前的含义，以及极为正面的评价。

法国唯一女性三星主厨

撰文：法兰索瓦芮吉·高帝

身为法国瓦朗斯地区（Valence）知名厨艺世家的继承人，安娜-苏菲·皮克是目前米其林指南中唯一一位获得三颗星的女性厨师。她勇于突破的料理风格，证明其烹饪艺术实臻巅峰！

➡ 皮克家族四代精英主厨

苏菲·皮克（Sophie Pic, 1870—1952）
1889年在法国阿尔代什省的圣佩瑞（Saint Péray）定居开业。1936年将餐厅迁至瓦朗斯，正式更名为皮克之家（Maison Pic）。

安德烈·皮克（André Pic, 1893—1984）
1934年和1939年两度摘得米其林三星。
✿✿✿

贾克·皮克（Jacques Pic, 1932—1992）
1950年成为主厨。
1956年摘得米其林二星。
1976年摘得米其林三星。
✿✿✿

安娜-苏菲·皮克
1997年成为主厨。
2007年摘得米其林三星。
✿✿✿
2009年在瓦朗斯开设Bistro7餐厅。
2009年在瑞士洛桑开设餐厅。
2012年 Dame de Pic 餐厅在巴黎开业。
2017年 Dame de Pic餐厅伦敦分店开业。

安娜-苏菲·皮克
Anne-Sophie Pic（1969—）

➡ 皮克之家的人气料理

蓝色螯龙虾佐红色浆果（2008）
日式上汤中蛰伏着虾蟹之王的利落身段，散发着覆盆子、草莓和樱桃的气息。色彩优雅，酸香微妙，芳香浓郁。

咖啡生蚝（2014）
大黄的酸味，与香料咖啡和威士忌咖啡的香气混搭，更能衬托出产自托湖（Thau）的塔布许生蚝的鲜嫩甘美。

➡ 皮克之家的人气料理

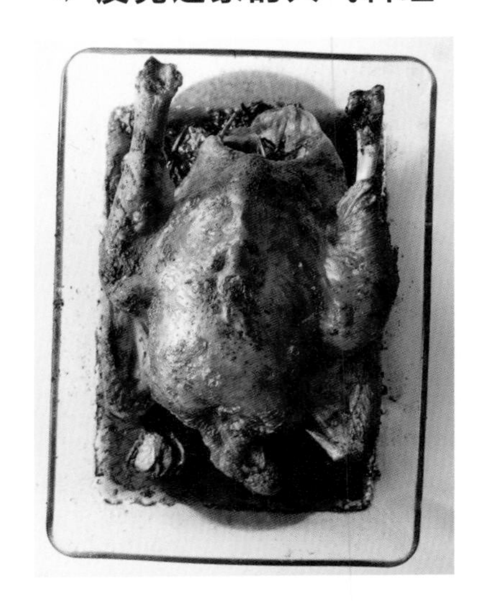

母亲的龙蒿烤鸡
周日餐桌上常出现的菜肴，通常需要一大束龙蒿和橄榄油。将龙蒿铺在烤盘上，淋些橄榄油，再取一些塞进鸡的肚子里。将整只鸡表面抹上一层油，放进铸铁锅中，送进170℃的烤箱烤1.5~2小时。每隔15分钟就翻一次面，这样每个部位都能均匀受热并上色。烤完后，整只鸡几乎是被油和胶质包住的状态。取出鸡肉，立刻在锅内倒水继续加热，此举不仅能将扒住锅底的肉汁迅速化开，煮好的肉汁更是经典美味！

啤酒风味雪花蛋白霜
选一款微甜白啤酒。轻轻搅打蛋白，然后慢慢加入几汤匙白啤酒，这样就能打出具有酸酵香气且质地相当结实的蛋白霜。

杜松子柠香黄油
将黄油加热成软膏质地，加入压成细碎的杜松子，再加入柠檬皮丝，放进冰箱2小时。这种黄油适合搭配卷心菜或蒜苗。蔬菜煮好后再加入这种黄油，香气逼人！

现磨胡椒的惊喜
在你的胡椒研磨罐内装进各种不同的胡椒粒（马达加斯加的野胡椒、塞利姆胡椒等），再加些质量好的甘草粉和咖啡粉。这种混合研磨的调味胡椒香气相当特别，与烤牛肉是绝配！

淡水鱼，种类可不少！

撰文：玛丽阿玛・毕萨里昂

栖息在淡水中的可食用鱼类多达30余种。
在没有冷藏货柜的年代，在王公贵族的餐桌上，
淡水鱼绝对是抢尽了海水鱼的风头。

淡水、海水，游来游去

在河流中生长，长大后游到海里繁殖的鱼，称为降河洄游鱼类，例如鳗鱼。与其习性相反，在海洋中生长，成熟后回溯至江河上游产卵的鱼，称为溯河洄游鱼类，如大西洋鲑鱼、鳟鱼、七腮鳗。

人工养殖或野生捕捞？

在你绑鱼钩、抛钓线之前，务必要查清楚相关环境及保育法规，繁殖季节可能会禁止捕捞，身长不够的小鱼也必须放回水中。别想捕捉溯溪而上的野生鳟鱼来贩卖，这是法律禁止的。

不同水域的鱼种

河流	池塘、湖泊或运河	高山湖泊	淡水水域
欧鲢	鲤鱼	欧白鲑	鳗鱼
鮈鱼	湖拟鲤	山鲶鱼	七腮鳗
大西洋鲑	欧鳊	北极红点鲑（陆封型）	梭鲈
	丁桂鱼		美洲红点鲑
	鲈鱼		鳟鱼
	白斑狗鱼		
	欧鲶		
	鲶鱼		

横行霸道的鲶鱼

鲶鱼家族破坏力惊人，例如欧鲶强势入侵各地河川，造成小龙虾、梭子鱼、红冠水鸡和鸭子大量死亡。2015年曾在罗讷河捕获身长2.73米、重达130千克的欧鲶。这么大的欧鲶肯定有很多肉，听说身长不超过1米的鲶鱼肉挺好吃的。其他鲶鱼虽然体形小得多，却是池塘里根除不了的祸害。它的味道和肉质让人想到鳗鱼，但它生活的环境实在脏到令人生畏，皮肤也很粗硬，拿来烧烤倒是不错，而且无刺。

内行吃法

高山湖泊湖底有很多山鲶鱼（*Lota lota*），渔民每年可捕获4~6吨。山鲶鱼是无须鳕的表亲（不是深海鮟鱇鱼），骨头很少，肉质细腻。它的肝脏用黄油煎，撒点盐和胡椒，配着烤吐司吃就相当美味。

差点被吃光的鱼

欧白鲑是生活在高山湖泊的特有鱼类，于20世纪20年代几乎销声匿迹，后来在瑞士纳沙泰尔湖（Neuchâtel）流放鱼苗而复育成功。肉质结实又细致，不论烟熏、生吃、火烤、水煮、油炸都好吃。位于安锡勒维厄（Annecy le-Vieux）的Clos des Sens饭店主厨罗伦沛（Laurent Petit），其招牌菜为烟熏白鲑鱼卵。另一道美馔是用爆香的红葱末加鱼肝清炒，最后用朗姆酒炝锅，上桌时搭配香草酱*。

* 此香草酱采用日内瓦湖的渔民艾瑞克・贾克耶的建议。他是多位名厨的鲜鱼供应商，他的店面也有贩售新鲜渔获和烟熏、酱糜等制品。地址65, Route nationale,74500Lugrin

同场加映
鱼摊巡礼（第218页）

梨子酒风味烟熏烧烤鳗鱼

此食谱摘录自《高卢餐宴》（*Banquet gaulois*）：
此书搜罗70道直接（或几乎）传承自法国祖先的食谱。

准备时间：20分钟
浸泡时间：1小时
烹调+烟熏时间：20分钟
分量：6人份

材料：
梨子酒500毫升
鳗鱼1.2千克（清除内脏、背骨，但保留鱼皮）
油适量（烧烤用）
盐、胡椒

步骤：
- 抓1把锯木屑（苹果树或樱桃树），泡在水中1小时。
- 用中火将梨子酒煮沸约10分钟，直到减少至4/5量。
- 将鳗鱼切成两三块，以盐和胡椒调味。小心地将烧烤架刷上油，放上鳗鱼，以中火两面烧烤约10分钟，一边刷上浓缩梨子酒。烤得差不多的时候，将拧干的木屑丢入余火，烟熏鳗鱼5分钟。

杏仁鳟鱼

准备时间：10分钟
烹调时间：15分钟
分量：4人份

材料：
鳟鱼4条或去骨鱼排8片
黄油4汤匙
杏仁片2汤匙
柠檬1个
盐、胡椒

步骤：
- 在鳟鱼内外（或鱼排正反面）抹上胡椒。取一半黄油在锅中加热，放入鳟鱼，每面煎8分钟（鱼片4分钟），撒盐和胡椒调味。
- 在另一个锅中熔化剩余的黄油，放入杏仁煎至淡褐色即可取出。将鳟鱼盛盘，撒上杏仁，淋上锅中熔化的黄油，最后用柠檬片装饰。

1. 羊胃内脏包（trénels），阿韦龙传统家常菜，在羊瘤胃里塞入火腿、内脏、蔬菜和香料，再用肉汤煮熟。——编注
2. 蔬菜煎饼（farçous），阿韦龙地方菜，将莙荙菜叶切碎拌鸡蛋和面粉，做成煎饼。——编注
3. 这些都是羊奶做的奶酪。——编注

马修·布尼亚（Mathieu Burniat）是非常有才华的比利时新生代漫画家，唯一的缺点就是太爱吃法国美食了。证据就是他创作的两本书《杜丁-布逢的美食激情》（*La Passion de Dodin-Bouffant*）和《杰出人物的餐桌》（*Les Illustres de la table*），里面满是对美食的爱情宣言。他为这本书创作的这篇漫画，同样滔滔不绝地讲述他在拉尔札克的美食冒险。

Burniat

看啊，这就是血肠！

撰文：布兰汀·包耶

请跟着我来一场热血环法血肠大赛！

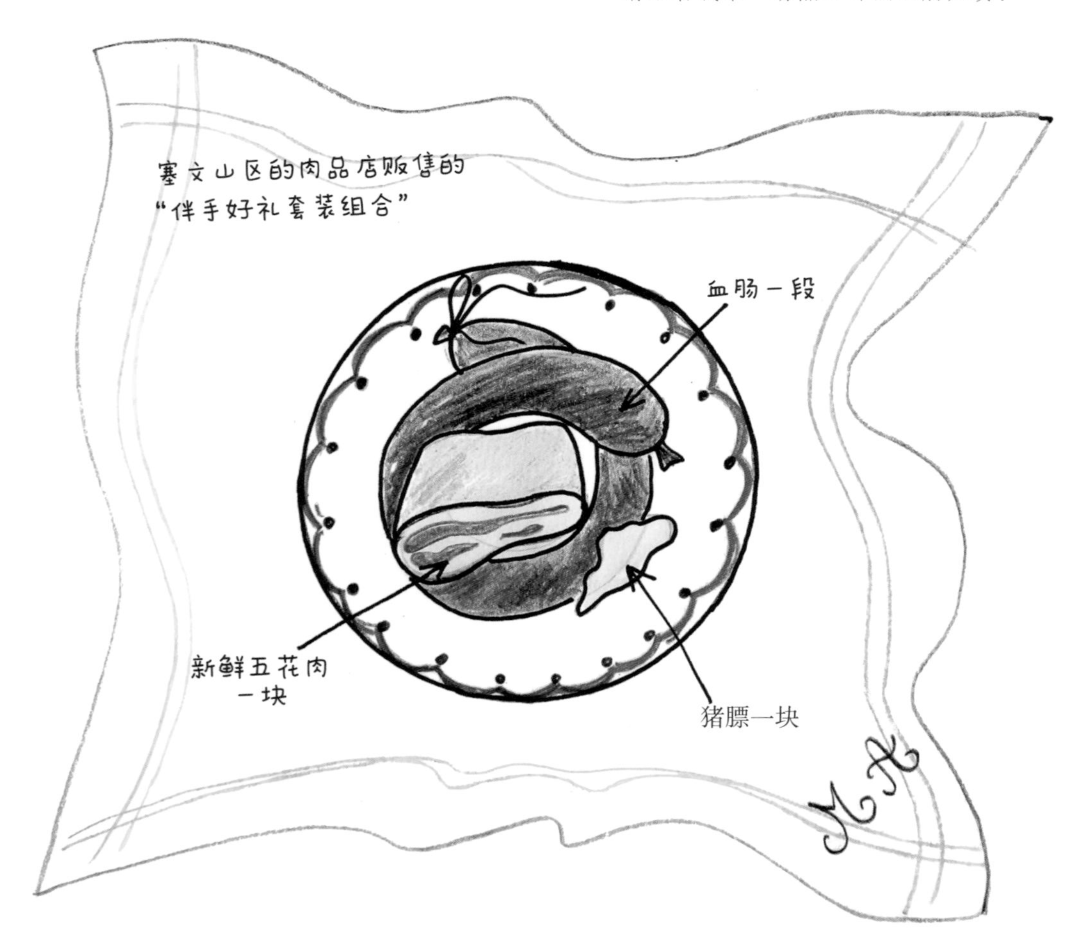

送你，血肠！

现在大家流行去**小酒馆吃喝**，
这也让**手工制作的血肠**有机会东山再起。
法国各地的专业肉贩与屠夫将会继续捍卫
手工制作的传统，以及各地发展出的
多样化口味。

“夏吃番茄，冬享血肠”

从前，屠夫们宰猪采血后，会马上制作血肠，
而且**现做现吃**。事实上，猪血怕高温。
在南法，比较谨慎的猪肉屠宰商不愿意在夏天
动刀宰杀猪只，因为不含防腐剂的血肠必须在
三天内食用完毕；血肠无法冷冻保存，因为
血液会结块，让人难以下咽。

皮埃蒙特的蔬菜血肠

直到20世纪50年代，法国某些地区的血肠仍然添加带苦味的野菜：蒲公英、芝麻菜、婆罗门参、茴香、锦葵、吉康菜……搭配卖相较差的菠菜和菜园里的生菜（但不能用甜菜或卷心菜）。由家中女性一手包办挑菜、洗菜、烹煮和切碎等工作……

原则上是把大量的香草叶、菠菜和塞文山脉产的甜洋葱用猪油煮到软烂无颜色，然后加入温猪血、盐、胡椒、大量的百里香以及四香料（最好四种混合研磨，香气无与伦比），另外还可添加八角或满满一杯茴香酒！

另一种不常见的食材是橙花，用量需精心斟酌。如果不知情的人能吃出橙花的味道，那就是加太多了！在灌入肠衣前，将所有食材均匀混合，大约间隔60厘米扭转成一节段，然后用80℃的水煮，最后吊挂数小时晾干。

送礼惯例

在冰箱发明以前，人们在寒冷的冬日会将当日现宰的猪肉放入罐中，加盐腌制，再包装组合当作礼物送给邻居和朋友。这礼物套装包括一盘血肠、一块猪膘和一块五花肉（更慷慨的会多放一块里脊肉）。如此一来，整个漫长的冬天都有鲜美猪肉可吃了。

血肠料理

榅桲血肠酥卷

将切丁的榅桲和半盐黄油、少许红糖（cassonade）和四香料（quatre-épices）熬煮成泥，涂抹在市售的薄叶酥皮上，接着铺上剥皮切片的血肠，包折成长方形，用少许猪油小火微煎，放在厨房纸巾上吸掉多余油脂后即可享用。

塞文山区的血肠五花肉薯泥

将切成大方块的五花肉在锅里煎至焦黄。将香料血肠切小段，剥皮，用锅里的猪油小火慢煎至外表酥脆。取出血肠，在锅内倒一点水继续加热，融化锅底的肉汁。将血肠搭配五花肉和马铃薯泥摆盘，淋上肉汁即可享用。

焗烤马铃薯血肠

将马铃薯和菊芋蒸熟，压成泥，加入鲜奶油、肉豆蔻和鸡蛋1个。另外用黄油将洋葱炒软，倒入焗烤盘，与去皮血肠稍加混拌，然后在表面铺满薯泥，刨上几片黄油，送进烤箱烤20分钟。

海陆双享

将小乌贼清洗处理干净，头部与腕足大致切块，放进锅中用橄榄油稍微炒一下，与压成泥的加泰罗尼亚血肠大致混拌，填入小乌贼的身体里，用牙签封口，再用橄榄油将各面煎成金黄色，最后加入大蒜番茄酱汁、百里香和埃斯佩莱特辣椒粉，小火慢煨。

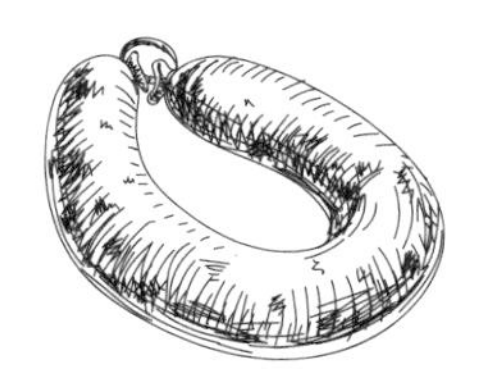

认识血肠

血肠，最初用的是新鲜的猪血，最常加入的配料是生洋葱丁或猪油炒洋葱丁、香料和鲜奶油。

后来，为了使血肠口感更滑嫩，或是增加咀嚼的层次，不同地区的人会加入一些特别的食材，如《卖牛奶的少女和牛奶罐》(*Perrette et le pot au lait*)故事中列举的猪皮、培根、猪杂、蔬菜、水果、面包、鸡蛋、新鲜香草、酒、鲜奶油、牛奶等，然后灌入粗细不同的猪肠衣（偶尔会使用牛肠衣），水煮或消毒之后，再用锅子煎到外表香酥。内馅加入猪头肉冻的粗血肠，可冷食或切片后煎炸食用。另外也有像煎欧姆蛋一样快速料理的吃法。

法国各地血肠独门用料大公开

地区	别称	猪血以外的其他用料（不一定完整）
阿尔萨斯		洋葱、切碎的小皇后苹果（reinette）、新鲜黄油
布列塔尼		苹果、洋葱、雪维草
塞文山脉		菠菜、苦味生菜、八角、橙花
安茹	Gogue	鲜奶油、牛奶、莙荙菜、大肠塞鸡蛋
加泰罗尼亚	Boutiffara、boutifar、botiffara	猪肉、培根、辣椒
里昂		洋葱、干邑白兰地、草本香草、红葱/鲜奶油、洋葱、莙荙菜
南锡		洋葱、鲜奶油、苹果泥
凯尔西（Quercy）		猪颊肉、猪鼻肉、柑橘皮、橙花、干邑白兰地
普瓦图		脱脂牛奶、鸡蛋、菠菜、粗粒麦粉或手指饼干
圣康坦（Saint-Quentin）		洋葱、鸡蛋
巴黎	Boudin de Paris	等比例的猪血、洋葱和猪油
曼恩（Maine）	Boudin du Maine IGP	等比例的猪血、猪咽喉肉和洋葱
奥克西塔尼（Occitanie）	Boudin du Maine IGP	猪头、猪皮、猪杂、肠衣
利穆赞（Limousin）		咸猪肉、栗子
贝阿恩（Béarn）		牛肉、猪头、猪咽喉肉、猪肺、蔬菜汤
尼斯	Trulle	莙荙菜、米
科西嘉	Sangui et ventru	莙荙菜、科西嘉香料（薄荷叶等唇形科香草）、栗子或坚果
留尼汪岛		培根、青葱、欧芹、番薯、辣椒
安的列斯群岛	Boudin créole	青葱、香料、百里香、多香果、辣椒、烤香蕉叶
勃艮第		牛奶、米
斯特拉斯堡		猪舌、培根丁、牛肠衣
欧德（Audes）		猪头、猪咽喉肉、猪皮、猪脚
库唐斯（Coutances）		生洋葱、猪肠
奥弗涅		猪头、牛奶

跟猪说再见

到了冬季，许多村庄仍然延续在传统圣猪节（la Saint-Cochon，又称圣血肠节）举办的庆典活动，来自各地的人们暂时忘却彼此间的差异，并肩围绕着神圣的血肠，进行热闹而神圣的仪式。

以前的人对猪心存感念，感谢它们在寒冷的冬日供人们温饱。但人们对其并没有固定称呼，有些人称它为Moussu（先生），甚至是Ministre（大师）。传统上，用橡实或栗子喂食猪只最后一餐（象征圆满的一生）之后，农场上上下下和热情的亲朋好友便一起屠宰这至少150千克重（理想情况下）的猪先生。

法国各地对于“杀猪”有不同的表述或新奇的说法：tuaille、tuade、tuaison、tuerie（皆为“杀戮”之意）等。在奥克西塔尼地区，当地人的说法是“分解猪体”（pèle-porc、pélaporc, péléra）；在科西嘉岛则是“让猪倒下”（a tumbera）。

如今，屠宰场的工业化标准作业（在比利牛斯山区称作“mataporc”，在朗格多克称作“sagnaïre”），以及禁止私宰猪只的法令，取代了屠夫沾满鲜血的手。

同场加映
大肚子上餐桌（第338页）

目不暇接的环法面包飨宴

撰文：玛莉罗尔·弗雷歇

每个地区都有自己的特色面包。和奶酪一样，面包也是法国饮食传统重要的一部分。准备好，开始这场环法面包飨宴吧！

南北特色面包

法露许面包（上法兰西大区）㉑
无硬壳、面心柔软的小型酸种面包，一出炉马上收进帆布袋里，目的是让面包散发的蒸汽软化面包本身。以里尔当地学生戴的黑丝绒贝雷帽命名。

烟盒小面包（皮卡第大区）㉔
圆球状面包的顶部覆盖着一小块由面团翻折出来的面皮，就像烟盒的盖子。

布里面包（诺曼底大区）⑯
加了黄油的面团，经过拍打使口感绵密扎实。以前人们会添加布里奶酪，因而得名。烘烤前会用刀片划出叶脉或麦穗形状的长条切口。

莫尔莱翻折面包（布列塔尼大区）❸
半球状的白面包，面团翻折后塑形成"头部"，叠在面包主体上。

帽子面包（菲尼斯泰尔省）❹
大型球状面包，塑形时用手指在面团中央戳一个洞，然后在上面放一个较小的面球。

摄政王面包（瓦兹省）⑳
由5个小圆面包组成。17世纪出现，是最早使用酵母的面包之一，在当时被视为奢侈品。

巴黎长棍面包㉚
将250~300克的面团卷折五次，塑形成60~65厘米长的棍子面包。

都兰窑烤口袋面包㊺
扁平薄面皮经高温烘烤后膨胀鼓起。它的名字（fouée）指的就是烤面包使用的烧柴烤窑。

勃艮第绳子面包㊲
长方形面团表面放上一条编制成绳状的细长面团，烘烤时中央通常会裂开。

波尔多花冠面包㊷
由7个80克的球形面团，绕着圆形面皮连成环状。

里昂花冠面包㊾
用手掌在面团中央压出一个洞，然后双手手指穿过洞口，将面团转成环形。

图卢兹衣帽架面包（上加龙省）㊻
将500克面团滚成长条状，两边再各往内卷1/3的长度。

法式佛卡斯（南法地中海地区）㊼
加了橄榄油的面团，周边会切割成棕榈叶的形状。以前的面包师每天准备烤面包前，会先烤个佛卡斯来测试烤箱温度够热了没。

博凯尔面包（朗格多克省）㊸
经过长时间揉捏和手工塑形，在烘焙过程中表面会出现裂缝，中间则布满气孔。

佛德面包（萨瓦省）㊶
源自瑞士。用擀面棍在圆形面团中央压出十字沟槽。

米歇特切口面包（普罗旺斯地区）㊸
中央有条状切口的长形面包，每个约250克重。

尼斯手掌面包㊹
源自意大利。造型像四根手指。

奥弗涅面包㉗
重量500克的球形面包，表面再盖上一片50克的薄面皮。也可做成小面包版。

扭卷面包（西南地区）㊹
绳索状的长形面包。

舒博特面包（阿尔萨斯）㊴
把550克面团分切成两个长方块，上下叠在一起，再切割成四块菱形，连接在一起烘烤而成。其名称（sübrot）有"便宜"之意。

库皮耶特面包（科西嘉）㊵
面包一端分岔成两块。

其他法国面包家族成员

朝鲜蓟造型面包㉓
把长条状的面团边缘切割成锯齿状，再卷起做成朝鲜蓟造型。

火柴面包㉜
使用来自希腊柯林斯（Corinthe）的黑麦粉和葡萄干制成。人们以圣本诺（saint Benoît）为此面包命名，他吃了被下毒的小圆面包而亡。

普罗面包㉟
重500克的白面包，通常切片抹酱食用。

波勒卡面包㉒
圆形大面包，表面有方形或菱形格纹。

圆面包（TOURTE）
最常见的扎实面包，在面团表面轻撒面粉再进炉烘烤。

另类面团：扭结面包

扭结面包（bretzel）的形状使人联想到心脏或交叉的双臂，其名称来自拉丁语 bracellus（手镯）。这个象征德国美食的小面包，关于它的起源众说纷纭，然而12世纪在阿尔萨斯霍恩堡修道院（Hohenbourg）编写的手稿中早有记载，至今已有一千年的历史。它是由烫过的面团制作而成，也就是说，在烘烤前把面团放进加了小苏打的水中煮一下，这样烤出来的面包会有呈现独特光泽的硬壳。

丹尼丝的扭结面包*

准备时间： 30分钟
静置时间： 2小时20分钟
烘烤时间： 15分钟
分量： 15个

材料：

面粉500克 + 30克（撒在工作台上）
酵母粉2包
糖1茶匙
盐1茶匙
温水250毫升
食用小苏打粉30克
蛋黄1颗
粗盐1把或小茴香籽50克

步骤：

- 将面粉倒入大钵中，中间挖洞，倒入1包酵母粉、盐和糖，再慢慢倒入温水，用手均匀搅拌，直到面团触感扎实且质地均一。用干净的布盖住大钵，静置于温暖的环境醒面（发酵）2小时。
- 在工作台上撒些面粉，将面团揉滚成直径2厘米、长40~50厘米、两端较细中段较粗的圆形长条，编成（大约15个）斜躺数字8的形状，静置醒面20分钟。
- 将烤箱预热至200℃。在两个烤盘铺上烘焙纸，另煮一锅水，加入小苏打粉和1包酵母粉，把8字扭结面团放进滚水中，等它们一浮出水面就捞出沥干水分。
- 用刷子将每个扭结面团刷上蛋黄液，撒上粗盐或小茴香籽，送入烤箱15分钟，直至表面金黄，取出趁热享用。

*食谱由丹妮丝·索林耶高帝（Denise Solier-Gaudry）提供。

焦糖奶油酥（KOUIGN-AMANN）可以算是面包吗？

它是用加了黄油和糖的面团，再层层叠入黄油烘烤而成。烘烤过程中，面团表面撒的糖粉焦糖化，使外部酥脆而内部层次分明，入口即化。这道布列塔尼特产甜点，名字中的"kouign"意为蛋糕，"amann"则是指黄油。

这道甜点是在面粉短缺的年代发明的，材料比例非比寻常，光400克面粉就加了300克黄油和300克糖！

同场加映
法国传统面包工艺（第356页）

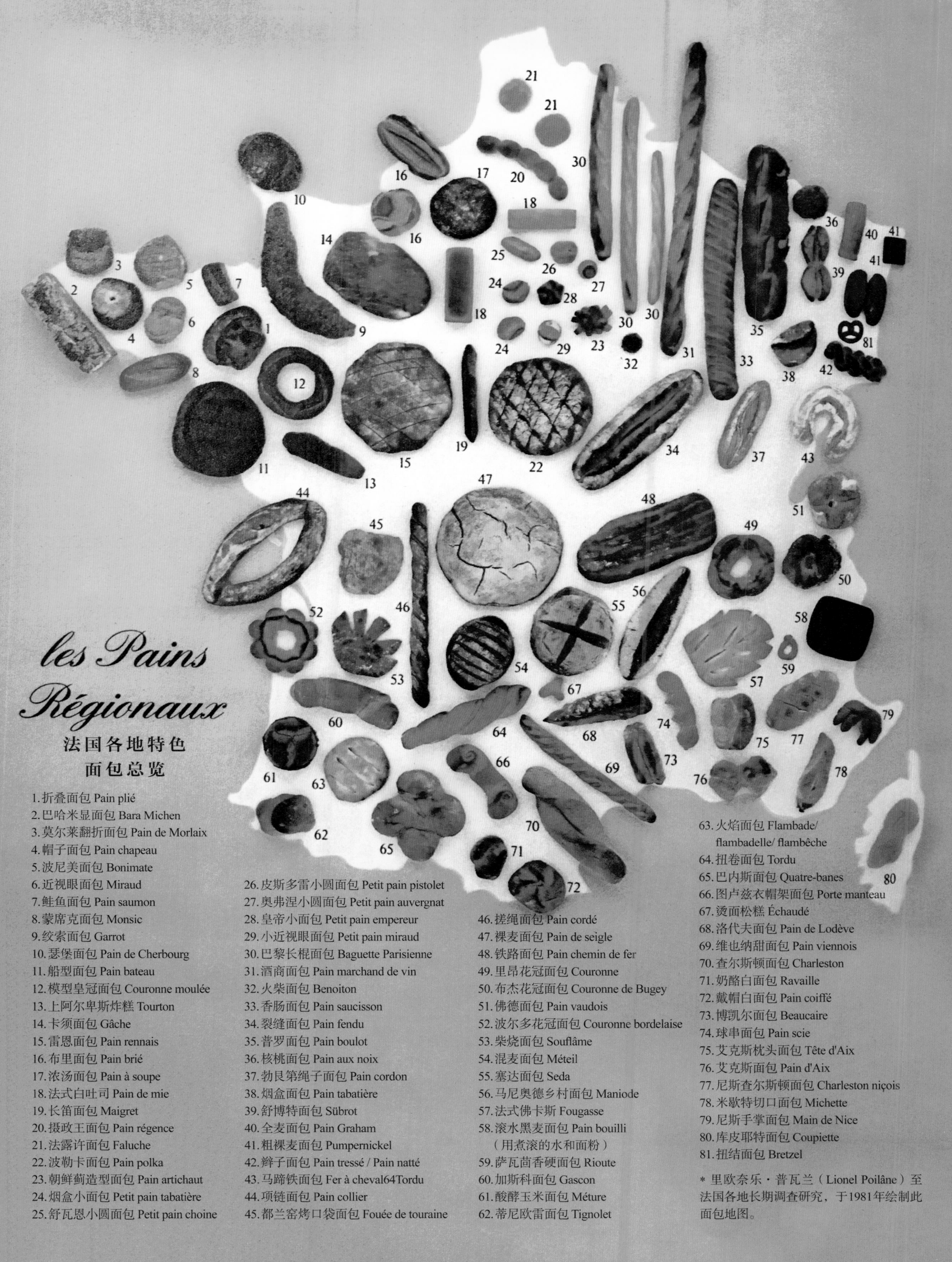
les Pains Régionaux
法国各地特色
面包总览
1.折叠面包 Pain plié
2.巴哈米显面包 Bara Michen
3.莫尔莱翻折面包 Pain de Morlaix
4.帽子面包 Pain chapeau
5.波尼美面包 Bonimate
6.近视眼面包 Miraud
7.鲑鱼面包 Pain saumon
8.蒙席克面包 Monsic
9.绞索面包 Garrot
10.瑟堡面包 Pain de Cherbourg
11.船型面包 Pain bateau
12.模型皇冠面包 Couronne moulée
13.上阿尔卑斯炸糕 Tourton
14.卡须面包 Gâche
15.雷恩面包 Pain rennais
16.布里面包 Pain brié
17.浓汤面包 Pain à soupe
18.法式白吐司 Pain de mie
19.长笛面包 Maigret
20.摄政王面包 Pain régence
21.法露许面包 Faluche
22.波勒卡面包 Pain polka
23.朝鲜蓟造型面包 Pain artichaut
24.烟盒小面包 Petit pain tabatière
25.舒瓦恩小圆面包 Petit pain choine
26.皮斯多雷小圆面包 Petit pain pistolet
27.奥弗涅小圆面包 Petit pain auvergnat
28.皇帝小面包 Petit pain empereur
29.小近视眼面包 Petit pain miraud
30.巴黎长棍面包 Baguette Parisienne
31.酒商面包 Pain marchand de vin
32.火柴面包 Benoiton
33.香肠面包 Pain saucisson
34.裂缝面包 Pain fendu
35.普罗面包 Pain boulot
36.核桃面包 Pain aux noix
37.勃艮第绳子面包 Pain cordon
38.烟盒面包 Pain tabatière
39.舒博特面包 Sübrot
40.全麦面包 Pain Graham
41.粗裸麦面包 Pumpernickel
42.辫子面包 Pain tressé / Pain natté
43.马蹄铁面包 Fer à cheval64Tordu
44.项链面包 Pain collier
45.都兰窑烤口袋面包 Fouée de touraine
46.搓绳面包 Pain cordé
47.裸麦面包 Pain de seigle
48.铁路面包 Pain chemin de fer
49.里昂花冠面包 Couronne
50.布杰花冠面包 Couronne de Bugey
51.佛德面包 Pain vaudois
52.波尔多花冠面包 Couronne bordelaise
53.柴烧面包 Souflâme
54.混麦面包 Méteil
55.塞达面包 Seda
56.马尼奥德乡村面包 Maniode
57.法式佛卡斯 Fougasse
58.滚水黑麦面包 Pain bouilli
（用煮滚的水和面粉）
59.萨瓦茴香硬面包 Rioute
60.加斯科面包 Gascon
61.酸酵玉米面包 Méture
62.蒂尼欧雷面包 Tignolet
63.火焰面包 Flambade/
flambadelle/ flambêche
64.扭卷面包 Tordu
65.巴内斯面包 Quatre-banes
66.图卢兹衣帽架面包 Porte manteau
67.烫面松糕 Échaudé
68.洛代夫面包 Pain de Lodève
69.维也纳甜面包 Pain viennois
70.查尔斯顿面包 Charleston
71.奶酪白面包 Ravaille
72.戴帽白面包 Pain coiffé
73.博凯尔面包 Beaucaire
74.球串面包 Pain scie
75.艾克斯枕头面包 Tête d'Aix
76.艾克斯面包 Pain d'Aix
77.尼斯查尔斯顿面包 Charleston niçois
78.米歇特切口面包 Michette
79.尼斯手掌面包 Main de Nice
80.库皮耶特面包 Coupiette
81.扭结面包 Bretzel
* 里欧奈乐・普瓦兰（Lionel Poilâne）至法国各地长期调查研究，于1981年绘制此面包地图。

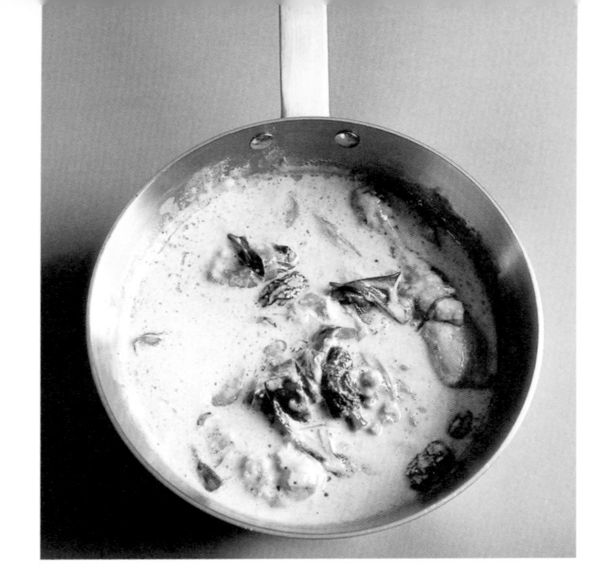

黄葡萄酒小母鸡佐羊肚菌

对葡萄酒充满热情的主厨弗朗索瓦·杜德（François Duthey），与妻子在塞弗南地区（Sévenans）经营 Auberge de la Tour Penchée 餐厅已25年，就由他来介绍这道以黄葡萄酒入菜的特色料理吧。

汝拉的黄金：黄葡萄酒（VIN JAUNE）

全法国仅汝拉地区生产这种不甜的黄葡萄酒，以当地白葡萄品种萨瓦涅（savagnin）酿制而成。

生产：只有四个受到原产地命名保护（AOC）的地区获准酿造，包括夏隆堡（Château-Chalon）、阿尔布瓦（Arbois）、埃托勒（l'Étoile）和汝拉丘（Côtes-du-Jura）。酿造过程一开始与白葡萄酒类似，采摘葡萄，压挤、发酵，再放入橡木桶中存放六年又三个月。在这段时间内既不清除酒渣（使酒澄清），也不进行添桶（将桶中蒸发的酒补满）。该葡萄品种特有的酵母菌会在酒体表面生成一层薄膜，让酒不会因直接接触空气而过度氧化。

装瓶：黄酒陈年六年不添桶，桶中的酒平均每升会蒸发1/3的量，因此黄葡萄酒的专用瓶克拉夫兰瓶（clavelin）仅有620毫升，而蒸发掉的380毫升则被称为“献给天使的礼物”。

品饮：香味浓郁强烈，带有青苹果、果干（包括坚果）、咖喱和番红花等香料的香气，以及微妙的花香。黄葡萄酒经常被用于禽类料理，除了搭配小母鸡，熟成的康堤奶酪也非常对味。

杜德的食谱

材料：

全鸡1只（剁成6~8块）
干燥羊肚菌1把
萨瓦涅白葡萄酒半瓶
黄葡萄酒1杯
鸡汤1杯
红葱1颗
脂肪含量45%以上的鲜奶油1汤匙
半盐黄油
面粉
盐和胡椒

步骤：

- 以少许水浸泡羊肚菌几小时（水要淹过羊肚菌）。取出羊肚菌，用大量清水冲洗6~10次，并且将浸泡的水装入玻璃杯备用。
- 在铸铁锅中加入黄油（约1大颗榛果的量），爆香红葱末，再放入沾了少许面粉的鸡肉块煎，加入盐、胡椒、鸡汤、白葡萄酒和浸泡羊肚菌的水，加盖炖煮40分钟。
- 上桌前加入鲜奶油和羊肚菌，最后再倒入一杯黄葡萄酒点火燃烧。

小诀窍：

- 与其使用整瓶昂贵的黄葡萄酒调味，不如在烹调的最后步骤加一杯；或是选择萨瓦涅的白葡萄酒，一样回味无穷。
- 烹煮时可加入一些切碎的蒜苗，增添味觉层次。

同场加映
野生蘑菇（第68页）

绞死者葡萄酒

撰文：罗伯特·波德（Robert Baud）[1]

当葡萄藤受到人类尸体滋养……会对葡萄酒产生什么影响吗？

传说那块土地上……

“绞刑架”（bois des pendus）指的是在法国大革命之前执行绞死的刑罚，在弗朗什-孔泰大区又称为“执法台”（bois de justice）[2]，它们被架设在城镇和村庄附近的高地，向众人展示酷刑，以示惩戒。悬挂在台上的尸体肉身被猛禽啄食和蛆虫腐蚀，落下的尸水和尸块则为土壤带来养分。从这方土地上长出一种根部看起来像极了人体外形的曼德拉草（mandragore，又称风茄），人们绘声绘色地传说它具有神奇的魔法药性。肥沃丰饶的土壤更使邻近地块受益，加上充足的日照，这里相当适合种植葡萄藤。

带刺的蒙贝利亚尔瑰宝

在1793年以前，蒙贝利亚尔公国（Montbéliard）隶属于法国。下图是远眺蒙贝利亚尔堡垒的一张水彩画，标注的作画日期为1589年6月15日。图中左上方是“执法台”遗址，包括一座绞首架，曾经是悬挂尸首的场地。附近环绕的是市镇医院所属的葡萄园，能酿造出优质葡萄酒的普萨（ploussard）和萨瓦涅品种皆被描绘在图中。有文献记载此葡萄园于1654年停止向教会奉献什一税。不知道这些葡萄酒是否带有曼德拉草的味道……

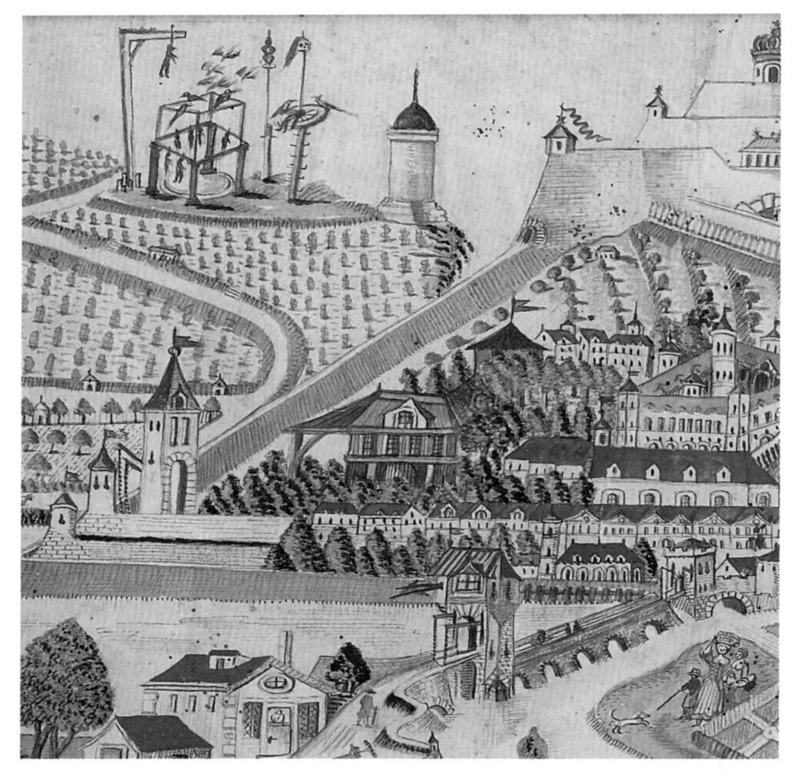

此照片由蒙贝利亚尔博物馆友情提供，克劳德亨利·贝尔纳多（Claude-Henri Bernardot）拍摄。

1. 杜省（Doubs）勒穆特罗（Moutherot）地区的一位热爱葡萄的酿酒师。
2. 这里引用的是19世纪法国地籍法的专有名词，虽然相关法律早已对“司法审判、执法台、绞刑架”等不同口头用语进行修正，但是蒙贝利亚尔公国当时的封建法律赋予最高审判者，即葡萄庄园主人或领主，有宣布并执行死刑的权力，而且可以就地在每个领主的庄园里行刑，因此这些口语用词后来在法国的各地被非常频繁地使用。

同场加映
自然葡萄酒（第86页）

贵族出身的鲜奶油：香缇鲜奶油

撰文：薇若妮卡·勒鲁日（Véronique Richez-Lerouge）

在18世纪的法国社交圈，香缇鲜奶油（crème Chantilly）是洞明世事、通晓人情的化身，绸裙翩翩于午茶时刻的悠扬乐声中；今日能让全世界聚焦的，也是这香甜奶油的倩影。

谁发明了香缇鲜奶油？

四种说法：

1671年，尚蒂伊[1]城堡（Château de Chantilly）的厨房总管**弗朗索瓦·瓦戴尔（François Vatel）**，在一场招待路易十四的晚宴上，发明了一种轻盈香甜的打发鲜奶油。多年后，尚蒂伊城堡的一位主祭用黄杨木树枝再次打出这种鲜奶油。

嫁到法国的**凯瑟琳·德·美第奇（Catherine de Médicis）**皇后，将意大利用树枝打发鲜奶油的制作技术带到法国。

法国波旁王朝时期，**孔代亲王（prince de Condé）**在城堡附近的小农庄制作"香缇风味"的打发鲜奶油。这个真正存在的小农庄及其农场、乳品厂、牧场、两所小屋，为当时的上流社会提供了休闲娱乐的交际空间。

瓦兹省香缇镇（Chantilly）的巧克力甜点师布里斯·柯内颂（Brice Connesson）[2]推测：这种特殊的鲜奶油最早于1784年的文献中被提及，**玛丽·费奥多罗芙娜（Marie Feodorovna，后来的俄罗斯皇后）**在讲述一场于香缇小村所举办的宴会时，以同样的名字给这款鲜奶油命名。

1.也译作"香缇"。——编著

2.店址：La Passion du chocolat, 45, rue Connétable。

香缇鲜奶油的成功故事

在19世纪，这种奶油在食谱书中被记载为"用搅拌棒打发成泡沫状的甜味香缇鲜奶油"。20世纪初，香缇鲜奶油蔚为风潮，可单独享用或搭配水果和甜点食用。20世纪70年代，能够增加气体压力以打发奶油的"空气加压搅拌机"问世后，广为当代糕点业者使用，从此蛋糕上厚重的奶酱就被轻盈的香缇鲜奶油所取代。随着家庭电动搅拌棒的推陈出新，香缇鲜奶油逐渐普及于一般家庭中。

柯内颂的马斯卡彭香缇鲜奶油

法国天才甜点师柯内颂，将绵密的意大利新鲜奶酪与最轻盈的鲜奶油结合，成就最"邪恶"的甜食！

材料：

液体鲜奶油850克（乳脂含量35%）

马斯卡彭奶酪（mascarpone）150克

糖粉50克

香草荚1/2枝

步骤：

- 前一晚，将马斯卡彭奶酪与冰的液体鲜奶油均匀混合。刮1/2枝的香草籽，加入混合鲜奶油中均匀搅散，连同去籽的豆荚一起浸泡，放进冰箱过夜。
- 第二天，取出香草豆荚，轻轻搅打鲜奶油，直到表面微微起泡。加入一半的糖粉，开始用力搅打。当鲜奶油开始变浓稠时，加入剩余糖粉，继续搅拌至质地均一且轻盈，用来作为泡芙内馅最为理想。

如何制作出完美的香缇鲜奶油？

<u>比例</u>：液体鲜奶油1升、糖粉50克、香草荚1/2枝

<u>液体鲜奶油</u>：质量优良，杀菌或未杀菌皆可，乳脂含量至少35%。避免使用UHT[3]鲜奶油（添加剂太多），绝对不要用低脂鲜奶油。可使用乳脂含量高的液体鲜奶油，只是成品质地会比较厚重且油腻。

<u>香草</u>：为了留住香草香气，将剖半的香草豆荚浸泡在液体鲜奶油中，放在冰箱里12小时。在打发前再刮下香草籽也没关系。

<u>糖</u>：糖粉较轻，加入鲜奶油中较容易打发膨胀；细砂糖则会使打好的香缇鲜奶油有垂坠感（不易蓬松）。

<u>温度</u>：准备一钢盆冰块，上方另叠一个钢盆，倒入4℃的冰凉液体鲜奶油，这样最容易打发。

<u>打发</u>：用大的细线圈的打蛋器，以规律的节奏转动手腕，一边搅打一边分次加入糖粉。时间约为15分钟。

<u>电动搅拌棒</u>：有效但也有风险。最好从慢速开始，慢慢加速。注意控制时间和速度，如果打得太快或太久（打发过头），可能会导致油水分离。打发时间为5~7分钟。

<u>诀窍</u>：加入乳脂含量高的液体鲜奶油一两汤匙，打出来的香缇鲜奶油香味比较浓郁。

<u>规则</u>：一定要使用上述三种原料，才能算是"香缇鲜奶油"。

3. Ultra Haute Températur，指经过超高温度处理，在很短的时间内破坏大部分细菌，保存期限更长。——译注

同场加映

泡芙家族（第120页）

法式香煎鸭胸

撰文：阿诺·达冈（Arnaud Daguin）

这种经典食材是如何在20世纪60年代脱颖而出，
让全世界的饕客们爱不释“口”呢？

我的父亲安德烈·达冈（André Daguin），
不敢把鸭胸弄得半生不熟……

“什么？五分熟的鸭胸肉？这样不是让客人冲到厕所，就是送医院！”1955年，我父亲皱着眉头说，“你很清楚鸭子不干净，必须放进油里煮一段时间才安全。”但讲究安全的鸭肉只能用柴而无味来形容，这块美丽的红肉应该上桌独舞，而不是泡在油里当配角。它不仅承担了法国老饕们的爱，更要继续征服全世界。

——鸭胸督察员：**安德烈·达冈**签名画押

香煎厚切鸭胸

这是我妻子阿妮丝·德维勒（Agnès Deville）料理30人份鸭胸肉的做法。独特的切法使这道鸭胸肉成了爱德角度假村（Capd'Agde）最受欢迎的精选烧烤料理。

将一片鸭胸肉纵切成两半（长椭圆形），以刀尖在整片鸭皮上划出菱格纹，但不要切到肉。热锅后将皮朝下放进平底锅，以小火干煎；鸭的皮下脂肪受热熔出的油可将皮面煎成焦脆的金黄色。

将带皮鸭胸肉移出，切掉边缘多余的油脂。从鸭皮那一面纵向划切，直到距离两侧约几厘米处（3厘米以内）停止，不要切断。摊平切口，此时肉大致呈圆形。将它置于一旁，去和朋友们享用餐前酒，上菜前再热锅，将肉的那一面迅速煎一下，再翻到鸭皮面煎几秒钟，即可上桌享受赞美！

鸭胸，是 magret 还是 maigret？

法国西南方加斯科涅地区（Gascogne）料理鸭肉的传统是整只做成油封鸭（confit de canard），很少会有人把鸭拿来烤，直到晚近才出现单独料理鸭胸的想法。法语“magret”意指从肥鹅或肥鸭身上取下的胸脯肉片；加斯科涅方言则将之简化成“magre”，意思是“瘦的”（maigre）。多亏我父亲安德烈·达冈，在我出生那年（1959，时任 l'Hôtel de France à Auch 餐厅主厨）发明了这种料理鸭胸的方法，他的“绿胡椒鸭胸”（magret au poivre vert）在1965年成为法国料理的经典。因此香煎鸭胸（magret de canard）的加斯科涅名号在他的强烈主张下，从此为世人所熟知。

一代总管的殉职

撰文：路易·毕安纳西（Loïc Bienassis）

弗朗索瓦·瓦戴尔（François Vatel），
16世纪20年代出生于法国皮卡第（Picardie）的阿莱讷（Allaines）。
身为孔代亲王的厨房总管，
于1671年月负责统筹在尚蒂伊城堡举办的一场盛大晚宴，
贵宾是国王路易十四。怎知他竟然……

周四晚间国王驾临，猎物、灯笼、月光和水仙花装饰的餐宴会场，一切都按照预定计划顺利进行。晚宴准备就绪，但因为有几桌客人不在预定宴请的名单之列，因而没来得及准备足够的烤肉料理，这让**瓦戴尔**几近崩溃，多次自责地说：“我实在是太惭愧了，犯下如此令国王颜面尽失的过错，我怎么还有脸活。”他向孔代亲王宅邸的管家古尔维尔（Gourville）说道：“我已经12个晚上没睡觉了，感觉天旋地转，请代我执行总管职务。”虽然管家尽其所能地安慰他，然而没能及时供应烤肉的阴影，终究似梦魇般缠绕着他的心头，挥之不去。

清晨四点，因情绪低落而失眠的**瓦戴尔**，遇上送鱼货到官邸的海鲜供应商。“这些就是全部了吗？”**瓦戴尔**问。“是的，先生。”供应商回应。但这人并不清楚**瓦戴尔**此时也在等待先前向南北各大渔港预订的鱼货。**瓦戴尔**等了好一阵子，还是没有其他供应商出现，他开始焦虑，心想其他的鱼货大概不会送来了。于是他去找古尔维尔吐露心声：“管家先生，对于再一次失误，我难辞其咎。我已名誉扫地，颜面尽失，这次真的无法挽回了。”不明就里的古尔维尔还嘲笑了他一番。**瓦戴尔**兀自上楼回房，拔了剑，用刀柄顶着门板，将刀尖刺向胸膛，尽管前两次的刺击并未致他于死地，但其去意坚决，在第三次刺击时他跪地瘫软，终于倒地不起。

令人遗憾的是，**瓦戴尔**先前订购的鱼货就在此时陆续送达。大家前去通知**瓦戴尔**时，推开房门才发现他倒卧在自己的血泊中，早已气绝身亡。

——1671年4月26日，塞维涅夫人（Sévigné）
写给巴黎格里尼昂夫人（Grignan）的信

什么料理曾拿
“瓦戴尔”当佐料？

安东尼·卡汉姆（Antonin Carême）曾以瓦戴尔的名字为自己的三道料理命名（《法国十九世纪烹饪艺术》，1833—1843）：鲜鱼佐瓦戴尔鱼汤、大西洋鳕佐瓦戴尔鱼汤、牛肉冻佐瓦戴尔鱼汤。根据2007年出版的《拉鲁斯美食百科全书》所述：“瓦戴尔鱼汤是一种用鳎鱼熬煮的清汤，搭配皇家小龙虾酱和切成菱形的鳎鱼肉片食用。”

名留千古的完美主义者

瓦戴尔自戕事件，对和他同时代的人来说**几乎没有任何影响**。他是管家，不是厨师；他没有留下任何食谱，更没有**写过任何著作**。总而言之，**让他名留千古的，就是他死亡这件事。**

苹果挞经典三重奏

撰文：艾维拉·麦森（Elvira Masson）

关于苹果挞，有些人喜欢一出炉马上趁热吃，有些人喜欢稍微放凉再享用，有些人甚至会再加一球冰激凌……

焦糖苹果挞*

苹果品种： 加拿大灰苹果（Canada grise）
分量： 6人份
准备时间： 25分钟
烘烤时间： 35分钟

材料：

千层酥皮1卷，自制、市售皆可
糖200克
苹果1.3千克
朗姆酒20毫升
香草精3茶匙
肉桂粉1茶匙

步骤：

- 将千层酥皮平铺于烤盘上（烤盘不要抹黄油）。苹果削皮去核，切半备用。
- 在厚底煎锅内倒入糖，不搅拌，用小火加热至糖熔化，开始呈现焦糖色时，放入苹果煮约10分钟，倒入朗姆酒和香草精，再撒上肉桂粉，仔细搅拌均匀。
- 烤箱预热至180℃。将焦糖化的苹果铺满酥皮，再将剩下的焦糖浆刷在苹果上，放进烤箱烤约35分钟，直到烤盘周围的酥皮不会粘住烤盘时，就可取出。稍微放凉后，搭配法式酸奶油或一球冰激凌一起享用。

* 食谱由赛巴斯提恩·杜摩提耶（Sébastien Dumotier）提供。

同场加映
塔探小姐的水果挞（第67页）

诺曼底苹果挞

苹果品种： 富士苹果或嘎拉苹果（gala）
分量： 6人份
准备时间： 25分钟
烘烤时间： 40分钟

材料：

千层酥皮1卷，自制、市售皆可
苹果1千克
鸡蛋3个
法式酸奶油300毫升
（选用乳脂含量较高、质地较浓稠的）
糖100克
卡尔瓦多斯苹果白兰地（calvados）50毫升
鲜榨柠檬汁1/2个的量

步骤：

- 将千层酥皮平铺于烤盘上（烤盘不要抹黄油）。苹果削皮去核后切片，淋上柠檬汁以防氧化，然后一片挨着一片铺在酥皮上。
- 烤箱预热至180℃。将鸡蛋和糖搅打至颜色变淡时，加入法式酸奶油和苹果白兰地，搅拌至质地均一，全部淋在苹果上，放进烤箱约40分钟，直到整个表面呈现焦黄色即可取出。

薄皮苹果挞*

苹果品种： 金冠苹果（golden delicious）
分量： 6人份
准备时间： 15分钟
烘烤时间： 35分钟

材料：

千层酥皮1卷，自制、市售皆可
苹果3个
红糖2汤匙
黄油15克

步骤：

- 烤箱预热至200℃。将酥皮铺在垫着烘焙纸的烤盘上，然后用叉子在挞皮上戳洞。
- 苹果削皮去核，切成约0.3厘米的薄片，然后以玫瑰花瓣的图案（片与片之间稍微重叠）铺排在挞皮上。
- 黄油分切成小块，和糖一起均匀撒在苹果表面，放进烤箱约35分钟，烘烤至整个表面呈现焦黄色即可取出。稍微放凉至微温，是最佳品尝时机。

* 食谱由丹妮丝·索林耶–高帝（Denise Solier-Gaudry）提供。

出自名厨之手的苹果挞

阿兰·帕萨德（Alain Passard）
将“粉红佳人”苹果（pink lady）削成缎带般的薄长条，卷成玫瑰花朵的外形，铺满整个挞面，做成玫瑰苹果挞。

菲利浦·康堤希尼（Philippe Conticini）
在圆形酥皮抹上薄薄一层苹果泥，再以“粉红佳人”苹果片从镶边开始往中央排列，再往上堆叠成一个立体的玫瑰花造型。

西利·林涅克（Cyril Lignac）
以杏仁为基底的肉桂苹果挞，再加一些朗姆酒……请酌量添加！

甜蜜环法之旅

撰文：艾维拉·麦森（Elvira Masson）与戴乐芬·勒费佛（Delphine Le Feuvre）

贾克·布瑞尔（Jacques Brel）在他一首脍炙人口的歌曲中赞颂糖果店的美好，他觉得糖果比花朵更值得喜爱。以下是法国各地区特色糖果的总览介绍。

❶尼欧尔的天使当归糖（Angélique confite de Niort）：蘸糖衣七次，是搭配咸可丽饼的传统甜食。

❷弗拉维尼茴香糖（Anisde Flavigny）：大茴香籽外裹上紫罗兰、甘草、柑橘等不同口味糖浆。

❸南锡香柠檬糖（Nancyde Bergamote）：金黄色扁方形，带有浓郁柠檬香精的香味。

❹佩泽纳水果糖（Berlingotde Pézenas）：外形和南特水果糖不同，它是圆的。

❺南特水果糖（Berlingot nantes）：长得像彩色小粽子，口味微酸。

❻康布雷薄荷糖（Bêtisede Cambrai）：枕头形状的薄荷糖，中间夹着琥珀色的焦糖块。

❼裂木棒（Bois cassé）：夏朗德省特产。口感酥脆。

❽巴黎布瓦希耶糖果球（Boule Boissier de Paris）：白桃、玫瑰、柑橘或紫罗兰香味的彩色糖果球。

❾甘草口含锭（Cachou Lajaunie）：装在黄色圆盒里的黑色糖果，每年销售超过一千万盒！

❿巧克力咖啡豆（Cafétis）：罗讷-阿尔卑斯大区，裹上黑巧克力的咖啡豆。

⓫艾克斯的卡里颂杏仁饼（Calisson d'Aix）：杏仁糕掺入糖渍瓜果，外裹一层白色糖霜。

⓬加盐奶油太妃糖酱（Caramel au beurre salé）朗德的海盐风味。

⓭伊思尼太妃软糖（Caramel tendre d'Isigny）：用诺曼底黄油或牛奶制成。

⓮第戎黑醋栗水果软糖（Cassissine de Dijon）：软糖包着黑醋栗香甜酒。

⓯梅斯的蓟花糖（Chardonde Metz）：白巧克力糖衣包裹着白兰地，小心喝醉！

⓰诺尔的许克糖（Chuquedu Nord）：用红白条纹的糖果纸包装的咖啡糖，中间是焦糖夹心。

⓱莫杭济斯的寇克水果糖（Coque aux fruits de Morangis）：色彩缤纷的糖果包着果酱夹心。

⓲内穆尔虞美人红果糖（Coquelicot de Nemours）：色泽鲜红，果香扑鼻。

⓳奥尔良榅桲果冻糖（Cotignac d'Orléans）：包装盒上是圣女贞德的肖像。

⓴波城蛋蛋糖球（Coucougnette du Vert Galant）：烤杏仁外裹黑巧克力，最外层是融合覆盆子、生姜或雅马邑白兰地酒香的软糖。

㉑里昂的“绿枕头”（Coussinde Lyon）：用库拉索柑橘酒（curaçao）调味的杏仁软糖内包巧克力夹心。

㉒伊萨德巧克力核果糖（Crotte d'Isard）：以巧克力包裹杏仁或榛果，外层撒上椰子粉。

㉓熊牙糖（Dent de l'ours）：加了开心果的杏仁糕，裹上绿色的白巧克力，再放一颗裹巧克力的杏仁。

㉔糖衣果（Dragée）：裹着五彩糖衣的杏仁或巧克力球，是圣体圣餐礼和婚礼的传统礼物。

㉕阿列日的雪花糖（Flocon d'Ariège）：外层是极脆薄的蛋白霜，包裹杏仁巧克力。

㉖布鲁日的拉丝糖（Forestine de Bourges）：绸缎般的糖衣，包裹杏仁、榛果和巧克力。

㉗鲁昂的迷你拉丝糖（Froufrou de Rouen）：五颜六色的迷你枕头，内包果酱馅。

㉘卢瓦雷的法式柑仔糖（Fructicanne du Loiret）：果瓣外形，有柑橘或柠檬口味。

㉙糖渍水果（Fruit confit）：中世纪的人用蜂蜜，现代人用糖水，将新鲜水果加工做成蜜饯。

㉚波尔多的佳利安脆糖（Gallien de Bordeaux）：外层是焦糖脆片，内包焦糖杏仁果。

㉛波河的鹅卵石糖（Gravillon du Gave）：内包焦糖果仁。

㉜蒙佩利尔弹珠糖（Grisettede Montpellier）：加了蜂蜜和甘草的黑色弹珠糖。

㉝图卢兹的果泥棉花糖（Guimauve de Toulouse）：不含任何蛋白。

㉞黎塞留奶油夹心糖（Le Richelieu）：杏仁或开心果奶油夹心的方形焦糖脆片。

㉟科梅尔西的玛德琳牛奶糖（Madeleine de Commercy）：记忆中的儿时美味。

㊱黑面甘草糖（Masque noir）：人脸造型，略带紫罗兰香味。

㊲布列塔尼巨石巧克力（Menhir de Bretagne）：杏仁牛奶巧克力甘纳许内包榛果，再撒上一层可可粉。

㊳佩泽纳迷你喜哥棒棒糖（Mini chique de Pézenas）：缩小版的五彩棒棒糖。

㊴甘草方块糖（Mousse de lichen）：内含阿拉伯胶，以助消化闻名。

㊵纳韦尔的尼格斯焦糖（Négus de Nevers）：外层脆皮，里面是巧克力焦糖或咖啡焦糖。为欢迎来访法国的埃塞俄比亚国王而发明。

㊶尼尼奇条状棒棒糖（Niniche）：吉贝龙的特产，曾荣获“1946年法国最佳糖果”。

㊷凯尔西蜜糖核桃（Noixdu Quercy）：烤蜂蜜焦糖核桃，外裹白巧克力。

㊸索村的牛轧糖（Nougat de Sault）：有白有黑，由普罗旺斯的薰衣草蜂蜜和杏仁制成。

㊹纳韦尔焦糖脆片（Nougatine de Nevers）：硬焦糖杏仁脆片裹糖霜，形状像冰球一样扁圆。

㊺里昂橙皮巧克力（Orangettes lyonnaises）：糖渍橙皮裹黑巧克力。

㊻阿维尼翁巧克力球（Papaline d'Avignon）：色彩缤纷的蓟花小糖粒，里面包着牛至利口酒。

㊼维奇手工甘草糖（Pastillede Vichy）：维奇镇的泉水含矿物盐，制作出来的糖以助消化著称。

㊽法式水果软糖（Pâte de fruits）：源自奥弗涅，15世纪中开始在克莱蒙费朗制造。

㊾普伊方块糖（Pavé de Pouilly）：内包酥脆果仁糖，外层软焦糖沾杏仁粉。

㊿维奇麦芽糖（Petit poucetde Vichy）：用闪亮的糖果纸包装，有各种水果口味，微酸。

51 果仁糖（Praline）：参见第14页。

52 粉红果仁糖（Praline rose）：在里昂被用来制作粉红玫瑰挞，是当地的特色美食。

53 里昂巧克力焦糖果仁（Quenelle de Lyon）：它的名字让人想到里昂的特色美食：里昂鱼糕（quenelle）。

54 板岩巧克力（Quernon d'Ardoise）：染成蓝色的白巧克力包覆方形焦糖薄片。昂杰特产，当地屋顶也是蓝色。

55 南特水果夹心糖（Rigolette de Nantes）：蒸过的蔗糖内包果酱。

56 57 胡嘟嘟贝壳糖（Roudoudou）：给小孩舔着吃的彩色贝壳糖。拉卢韦斯克特产，比利时也找得到。

58 瓦朗谢讷薄荷糖（Sottisede Valenciennes）：是康布雷薄荷糖的翻版，早期以薄荷口味为主，中间有一圈焦糖夹心。

59 佩泽纳棒棒糖（Sucettede Pézenas）：颜色缤纷、外形较长的三角形水果糖。

60 瓦昂德雷椭圆棒棒糖（Sucette du Val André）：用铜锅纯手工熬制。

61 莫雷镇的麦芽糖（Sucre d'orge de Moret-sur-Loing）：1638年开始生产，以治疗感冒而闻名。

62 鲁昂的苹果麦芽糖（Sucre de pomme de Rouen）：圆柱条状，外包装以鲁昂市的天文钟为商标。

63 玛歌皇后的乳头（Téton de la reine Margot）：柑曼怡香橙酒调味的果仁糖，外层是白巧克力，为纪念玛歌皇后（以低胸性感形象而闻名）。

64 图卢兹的紫罗兰晶糖（Violette de Toulouse）：结晶版的图卢兹市花，使用纯天然紫罗兰香精。

65 巴约讷的果泥棉花糖（Guimauve de Bayonne）：Le Bonbon au Palais 的独家糖果。在巴斯克地区生产，以糖和蛋清制成，色彩鲜艳、香气扑鼻。

66 特浓薄荷糖（Croibleu）：成分包括薄荷、松树汁、桉树叶及甘草，独特的清爽味道，是知名解酒良方。

67 蜂蜜甘草软糖（Chabenacaumiel）：以阿拉伯胶和蜂蜜炼制。

165 圣诞彩糖（Fondant）：调味软糖，适合圣诞节全家共享。

69 克特雷特水果糖（Berlingot de Cauteret）：香味特浓，最早被用来淡化科特雷特镇热疗温泉水的硫黄味。

70 佩泽纳太妃软糖（Caramelde Pézenas）：南法风情的香甜奶油焦糖。

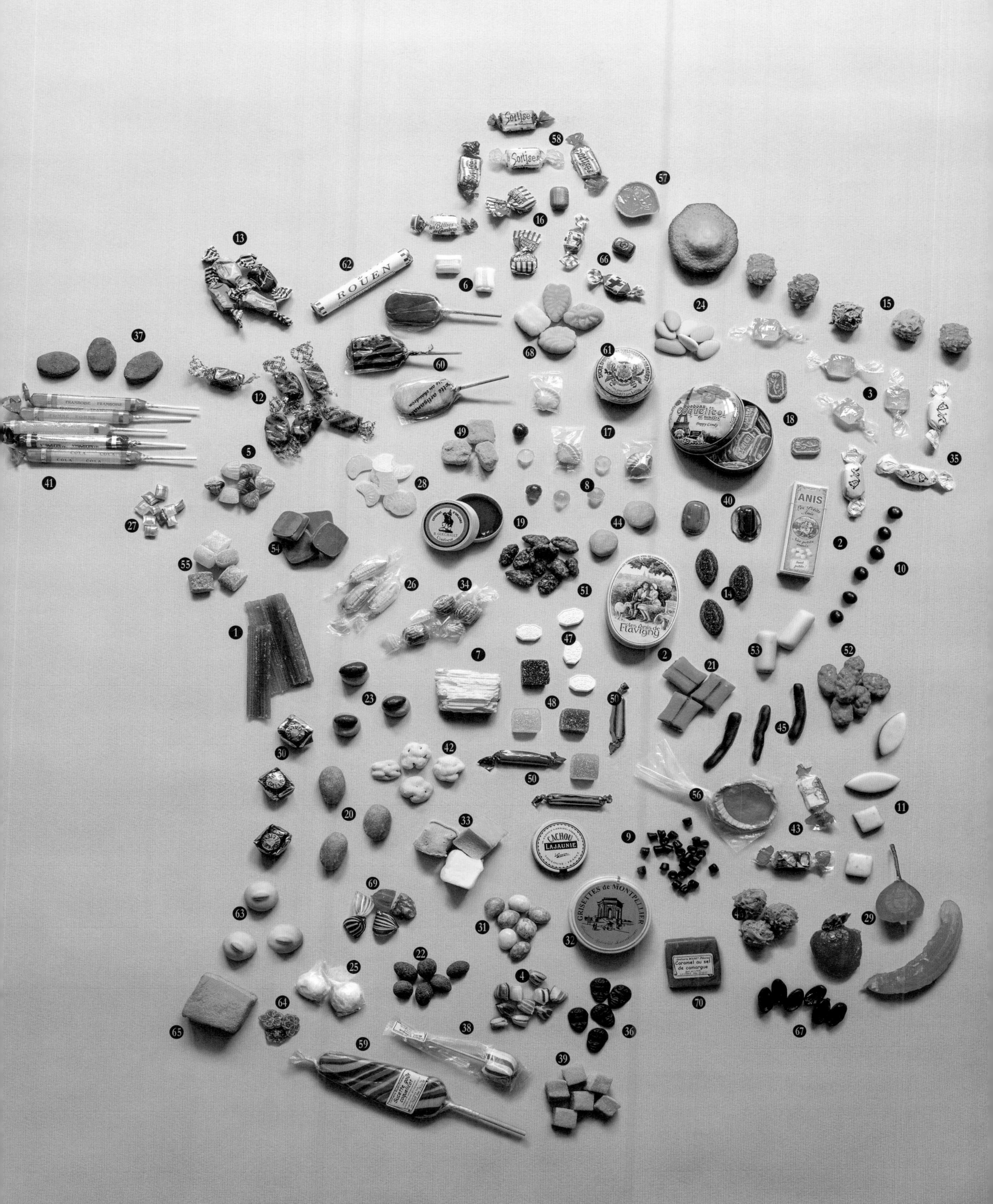

感谢巴黎 Le Bonbon au Palais 糖果店店主乔治・马戈（Georges Marques）分享以上信息。地址：19, rue Monge, Paris

舌尖上的法国牛肉

不同品种的牛只来自不同的产地风土，肉质特色别具一格，
以下是法国各地区特产牛只的介绍。

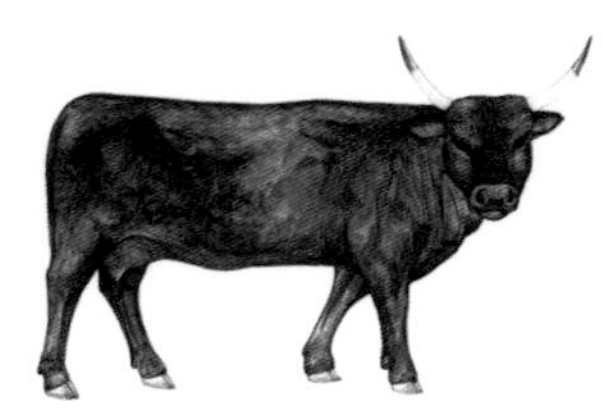

哈索迪比乌牛（RAÇO DI BIOU）

产地：卡马格（Camargue）
认证：2003年获得AOC认证
外观：深黑毛色
肉质：肉红脂肪少，牛味十足

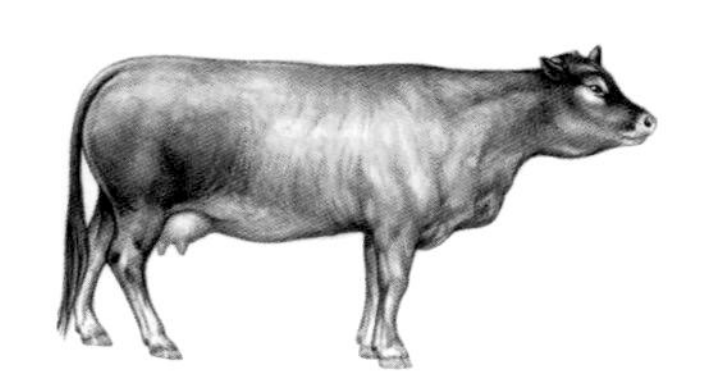

巴萨德斯牛（BAZADAISE）

产地：巴萨斯（吉伦特省）
认证：1997年获得IGP
外观：板岩灰色牛身，下倾的圆牛角
肉质：霜降肉纹，肉质细嫩

夏洛来牛（CHAROLAISE）

产地：沙罗勒（勃艮第）
认证：1999年获红标认证
外观：奶油般的白色牛身，白色圆牛角
肉质：深红色，细致软嫩

克里奥尔牛（CRÉOLE）

产地：瓜德洛普群岛
认证：无标志认证
外观：身形小，黄褐色牛身，肩部隆起
肉质：滋味质朴

沙雷尔斯牛（SALERS）

产地：沙雷尔斯附近山区
认证：2004年获红标认证
外观：深桃花心木毛色，毛长而卷，里拉琴形状的牛角
肉质：鲜红色牛肉，霜降肉纹细密，滋味质朴

诺曼底牛（NORMANDE）/混种

产地：诺曼底
认证：无标志认证
外观：白色牛身带有大面积栗色或黑色斑块
肉质：霜降肉纹，肉香浓郁

劳尔德斯牛（LOURDAISE）/混种

产地：上比利牛斯省
认证：无标志认证
外观：淡白色牛身，流线型长牛角
肉质：细腻，乳香浓郁

奥贝克牛（AUBRAC）/混种（饲养作肉牛及乳牛）

产地：奥贝克高原中央山区
认证：1999年获红标认证
外观：黄褐色牛身，镶黑边外耳，里拉琴状的牛角
肉质：红宝石色泽，纹理细密

金黄阿基坦牛（BLONDE D'AQUITAINE）

产地：阿基坦盆地
认证：无标志认证
外观：淡黄毛色，白色牛角，角尖颜色较深
肉质：浅霜降肉纹，口感细致

菲兰德斯牛（FERRANDAISE）/混种

产地：蒙菲兰德（多姆山省）
认证：无标志认证
外观：褐白相间的牛身，牛角似低平的里拉琴
肉质：细嫩，滋味质朴

南特艾斯牛（NANTAISE）/混种

产地：南布列塔尼
认证：无标志认证
外观：毛色介于小麦色和粉灰色
肉质：霜降肉纹，十分适合熟成

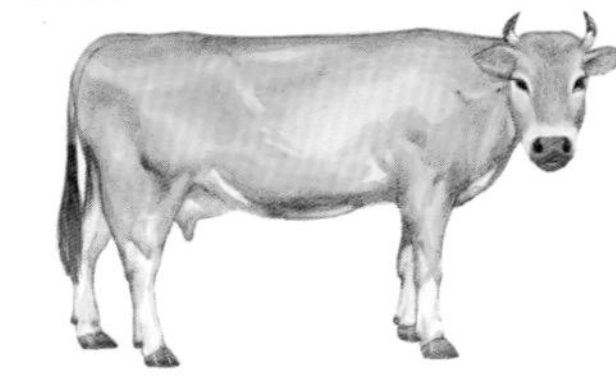

帕尔特奈牛（PARTHENAISE）

产地：帕尔特奈（德塞夫勒省）
认证：2006年获红标认证
外观：黄褐色牛身，黑色眼圈，短牛角
肉质：鲜红色，细致软嫩

利穆赞牛（LIMOUSINE）

产地：利穆赞
认证：1998年获一级红标认证
外观：发亮的小麦色牛身，朝向前的细窄牛角
肉质：鲜红色，纹理细密，带少量脂肪

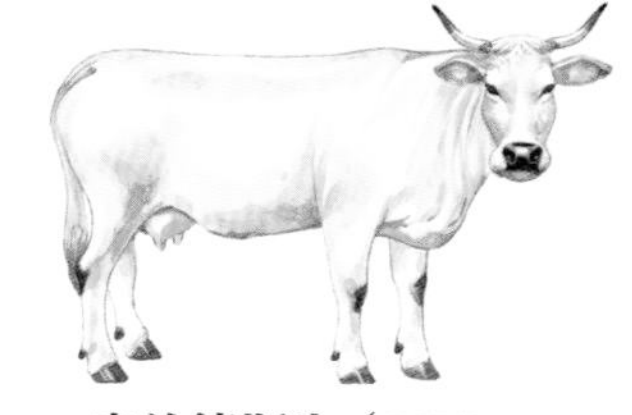

米兰德斯牛（MIRANDAISE）

产地：热尔省
认证：无标志认证
外观：体形巨大，粉灰色牛身
肉质：带少量脂肪

加斯科牛（GASCONNE）

产地：加斯科涅
认证：1997年获红标认证
外观：银灰毛色，四肢末端呈黑色
肉质：纤维紧致，口感扎实

贝阿恩牛（BÉARNAISE）/混种

产地：贝阿恩（比利牛斯山脉）
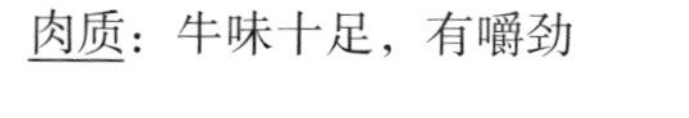
认证：慢食农产保护计划（sentinelle Slow food）
外观：金黄毛色，肩部呈红褐色，弯曲的牛角
肉质：牛味十足，有嚼劲

红德佩牛（ROUGE DES PRÉS）

产地：曼恩安茹（Maine-Anjou）
认证：2004年获得AOC认证
外观：红褐色牛身，白色斑块
肉质：深红色，肉甜多汁，肉香持久

布列塔尼黑斑牛（BRETONNE PIE NOIR）/混种

产地：布列塔尼
认证：慢食农产保护计划
外观：黑色牛身，白色斑点，是法国身形最小的品种之一。
肉质：口感细致，肉香浓郁

牛肉部位图解

1. 上肋排
2. 肋排（肋眼）
3. 上腰脊肉
4. 菲力
5. 上后腰脊肉
6. 后腿肉
7. 上大腿内侧肉
8. 大腿肉
9. 牛腿心
10. "和尚头"
11. 腹胁肉
12. 横膈膜
13. 膈膜
14. 三尖肉
15. 牛腩或腰腹肉
16. 牛小排
17. 牛肩瘦肉（香煎）
18. 肩胛肉（板腱）
19. 前腿肉（香煎）
20. 前腿肉（炖肉）
21. 牛肩瘦肉（炖肉）
22. 牛尾
23. 牛腱
24. 腰腹肉
25. 牛腰肉
26. 牛胸腹肉
27. 牛头肉
28. 牛颊肉
29. 牛舌

舌尖上的法国鸡肉

这里介绍的都是肉质相当好的古老原生品种，在法国被视为是鸡肉中的奢侈品！
从勒芒到布列斯，都是极品中的极品！

巴尔贝齐厄鸡
（BARBEZIEUX）
产地：夏朗德省的巴尔贝齐厄
外观：体形大，黑色羽毛，红色单冠
肉质：软嫩

布列斯鸡
（BRESSE GAULOISE）
产地：安省的贝尼，1957年获得AOC认证
外观：白色羽毛，红色单冠
肉质：背脊肉多脂又富弹性

波旁什鸡
（BOURBONNAISE）
产地：阿列省的波旁
外观：白色羽毛带黑斑点，红色单冠
肉质：紧实

布尔堡鸡
（BOURBOUR）
产地：法国北部的布尔堡
外观：白色羽毛带黑斑点，红色单冠
肉质：软嫩

沙罗勒什鸡
（CHAROLAISE）
产地：索恩–卢瓦尔省的沙罗勒
外观：白色羽毛，红色火焰形状的鸡冠
肉质：饱满紧实

科蒙鸡（CAUMONT）
产地：卡尔瓦多斯的科蒙
外观：体形修长，羽毛呈蓝黑色，鸡冠向内凹陷，呈皇冠或奖杯形
肉质：紧实而可口

科唐堤纳鸡
（COTENTINE）
产地：邻近科唐坦半岛的芒什省
外观：黑色羽毛，红色单冠
肉质：风味质朴，但肉质仍十分柔软

拉弗莱什鸡（LA FLÈCHE）
产地：萨尔特省的拉弗莱什（亨利四世大名鼎鼎的锅煲鸡就是用它煮的）
外观：黑色羽毛，鸡冠分叉，像长了两支角
肉质：褐色，细致有弹性

古尔奈鸡（GOURNAY）
产地：滨海塞纳省的古尔奈昂布黑，来自农村的小型品种
外观：密实的黑色羽毛带白斑点
肉质：肉质细致，又被称作"诺曼底的布列斯鸡"

法韦罗莱鸡
（FAVEROLLES）
产地：厄尔–卢瓦尔省的法韦罗莱
外观：体态健壮，五趾爪，羽毛浅色部分带鲑鱼色色泽
肉质：细致

福雷裸脖鸡
（COU NU DU FOREZ）
产地：卢瓦尔省的福雷
外观：颈部无毛，白色羽毛，红色单冠
肉质：细致密实

高卢金鸡
（GAULOISE DORÉE）
产地：全法（是法国的象征，也是欧洲最古老的品种之一）
外观：羽毛颜色鲜艳
肉质：褐色，紧实

都兰洁利那鸡
（GÉLINE DE TOURAINE）
产地：都兰省
外观：土鸡品种，黑色羽毛，红色鸡冠
肉质：肉白紧实而味美

雷恩咕咕鸡
（COUCOU DE RENNES）
产地：伊勒–维莱讷省的雷恩
外观：羽毛灰色带斑点，鸡冠短而直
肉质：略带榛果味

嘉第内鸡
（GÂTINAISE）
产地：法兰西岛大区南部
外观：白色羽毛，红色单冠
肉质：十分有弹性

勒芒鸡（LE MANS）
产地：萨尔特省的勒芒
外观：羽毛黑中透绿，红色火焰形鸡冠
肉质：相当细致

乌当鸡（HOUDAN）
产地：伊夫林省的乌当，可追溯至14世纪
外观：浓密的冠毛，鸡冠形似橡树叶，是除了法韦罗莱鸡之外唯一具有五趾爪的品种
肉质：紧致而美味

鸡肉部位图解

1. 鸡胸肉
2. 鸡大腿
3. 骨腿
4. 鸡翅
5. 鸡背
6. 鸡脖子

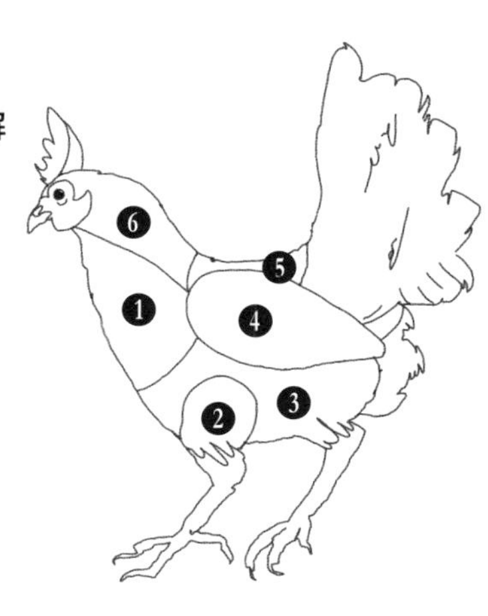

舌尖上的法国猪肉

在法国有六种古老原生品种的猪，都在户外野放圈养，它们身上每一个部位都相当美味。

巴约猪（PORC DE BAYEUX）

原产地：诺曼底

外观：粉红色皮，圆形黑色斑点，垂耳

肉质：喂食乳制品，所以肉质很好

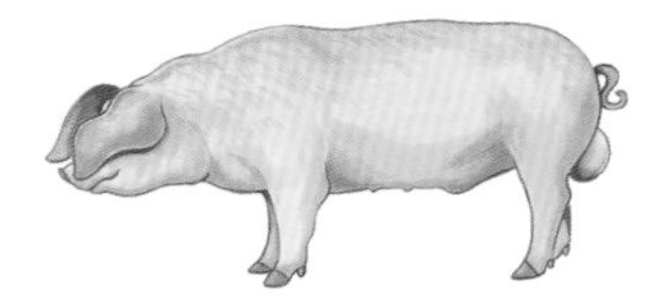

西白猪（GRAND BLANC DE L'OUEST）

原产地：诺曼底

外观：毛色一致，白色透着粉红色，鬃毛为白色，在接近腰部有一绺乱毛，垂耳

肉质：十分适合制作猪肉加工品。人们用它来制作巴黎火腿

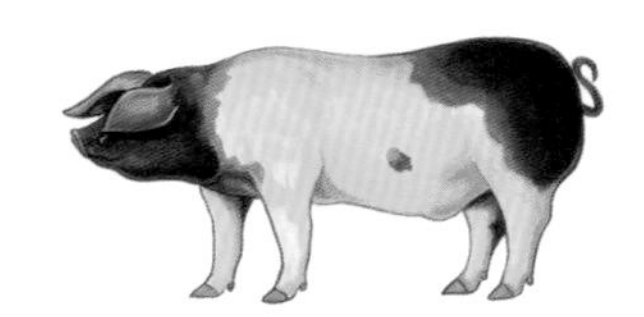

巴斯克黑白猪（PIE NOIR）

原产地：巴斯克地区

外观：毛色很有个性，头尾是黑色，其余皆为白色，垂耳

肉质：因为食用橡实、青草和栗子，是制作西南法腌肉的代表性猪种，饲养者将它重新命名为“基托纳”（Kintoa）

努斯塔猪（PORC NUSTRALE）

原产地：科西嘉岛

外观：毛色介于棕色和黑色之间，垂耳

肉质：夏季时在山区放养，冬天食用榛果和栗子，让它成为法国最佳肉类加工品之一

加斯科猪（PORC GASCON）
又称比戈尔黑毛猪（NOIR DE BIGORRE）

原产地：上比利牛斯省

外观：黑色外皮，猪鬃长且硬，猪背脊又厚又结实，垂耳

肉质：霜降肉纹，肉质细嫩，可制成高级猪肉加工品

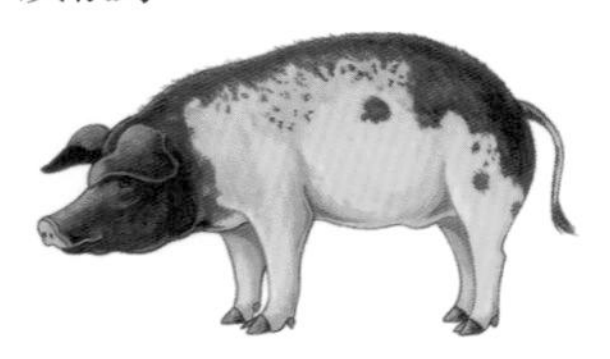

利穆赞黑尾猪（CUL NOIR DU LIMOUSIN）

原产地：利穆赞大区

外观：白皮带黑色斑点，猪鬃很细，垂耳

肉质：红润细嫩

猪肉部位图解

1. 猪颊肉（嘴边肉）
2. 猪耳朵
3. 松阪肉
4. 肩胛肉
5. 大里脊
6. 小里脊
7. 臀尖肉
8. 后腿肉
9. 五花肉
10. 猪肋排（排骨）
11. 梅花肉
12. 蹄髈
13. 蹄花
14. 猪尾

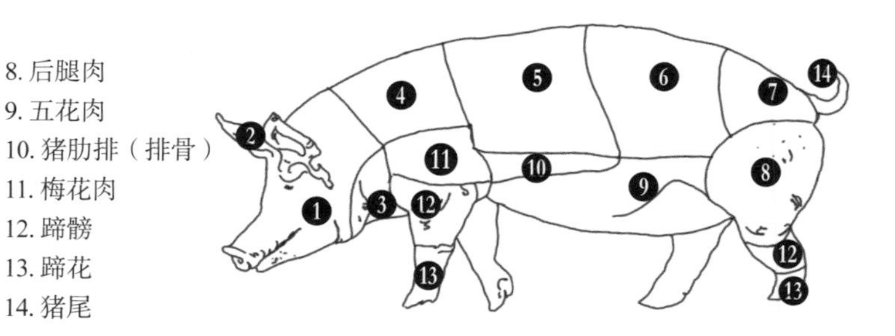

舌尖上的法国羊肉

若要列出质量最好的绵羊（肉），以下就是答案。

利穆赞绵羊（LIMOUSINE）

产地：2000年获IGP认证为“利穆赞绵羊”（Limousin）

外观：短颈白脸，白色长毛

肉质：粉红色，细嫩，带有牧场青草味

科西嘉绵羊（CORSE）/混种

产地：科西嘉岛

认证：获IGP认证为“努斯特拉绵羊”（agnellu Nustrale）

外观：黑色、红棕或白灰色的长羊毛

肉质：粉红色，带有科西嘉丛林气息

索洛涅绵羊（SOLOGNOTE）

产地：索洛涅（Sologne）

认证：慢食农产保护计划（arche du goût Slow food）

外观：脸和腿呈棕色，中等长度的白色羊毛

肉质：粉红细致，与鹿肉味道相似

拉卡尼绵羊（LACAUNE）/混种

产地：阿韦龙省

认证：1992年获认证为“欧克地区放养绵羊”（pays d'Oc）

外观：白色脸部，白色羊毛带点银色调

肉质：粉红，风味细腻甜美

南阿尔卑斯绵羊（PRÉALPES DU SUD）

产地：上普罗旺斯阿尔卑斯省和上阿尔卑斯省

认证：1995年获红标认证为“西斯特隆绵羊”（Sisteron）

外观：白色瘦长的脸部，白色短羊毛

肉质：粉红，软嫩，风味细腻

塔拉斯孔绵羊（TARASCONNAISE）

产地：比利牛斯中央山区

认证：获IGP认证为“比利牛斯羔羊”（agneau des Pyrénées）

外观：白色脸部，短螺旋羊角，浓密白色羊毛

肉质：粉红，带有榛果香味

巴雷热绵羊（BARÉGEOISE）

产地：上比利牛斯省

认证：2003年获AOC认证为“巴雷热加瓦尔涅绵羊”（Barèges-Gavarnie）

外观：白色脸部，短螺旋羊角，白、黑或栗色羊毛

肉质：红色，略带山区青草味及甘草味

中央高地白绵羊（BLANCHE DU MASSIF CENTRAL）

产地：玛瑞德山区（Margeride）

认证：2008年获IGP认证为“洛泽尔省绵羊”（Lozère）

外观：白色脸部，耳朵长而下垂，白色羊毛

肉质：粉红色，细嫩，带有牧场青草味

羊肉部位图解

1. 羊颈肉
2. 前肩和羊上脑（脊骨两侧嫩肉）
3. 肋脊
4. 羊里脊肉
5. 带骨脊肉（羊鞍）
6. 羊腿
7. 羊腱
8. 胸腹肉
9. 上肋排
10. 肩胛肉

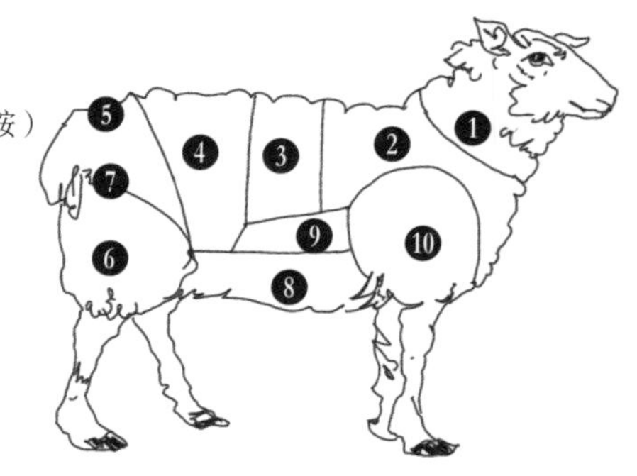

关于吃肉的一些题外话

撰文：奥萝尔·温琴蒂

关于肉（viande）

这个词来自拉丁语“vivanda”，意即“**作为生存所需**”。从11到14世纪，这个词被用来指**所有的食物**；直到14世纪末，才成为今日所谓的“哺乳动物和鸟类的肉”。但有一些俚语，例如“Ce n'est pas viande pour lui”（这件事超出他能力所及），这里的“viande”指的并不是“肉”，而是广义的“事物”。另外，“viandard”在以前是指“大型马、嗜血追逐的猎人、爱占人便宜且唯利是图者、淫猥的男人”，带一些贬义，到了现代则指“**嗜吃红肉的人**”。

另一个和肉有关的法语词“barbaque”，有人认为和16世纪的墨西哥西班牙语“barbacoa”（在火上烤肉）有关；如果是这样，便有可能和英语“barbecue”（烤肉）词出同源；也有一种说法认为和罗马尼亚语“berbec”（绵羊）有关。1813年的一份法语证书中，出现了“bidoche”（教堂屠夫的别称）这个词，其确切来源目前没人知道，但它和“barbaque”一样，本义都是指品质差强人意的肉品。然而不管词义好坏，如今这些词都已经融入法国人的生活中了。

关于砧板（billot）

这个词来自高卢语“bilia”，意为树干，就是可以在上面放东西、切东西或捣碎东西的**一段木头**。在屠夫的行话中，这段木头是他们拿来**剁肉块**用的家伙。不禁让人联想到古代用来**抵着死刑犯脖子**的那段木头……这理由足够说服你改吃素了吗？

★

巴黎的屠夫？里昂的屠夫？

无论是拼写成“louchébem”还是“loucherbem”，这两个词都代表19世纪前半叶在里昂和巴黎地区的屠夫们（boucher）彼此间使用的暗号：先把词首音移到词尾，在词首补一个字母“l”，最后在词尾再加上一个彼此心照不宣的“嗯”（em）！

★

阿尔萨斯白酒炖肉锅

撰文：戴乐芬·勒费佛

以前面包师傅一大清早会用陶锅煮这道白酒炖肉锅（bäckeoffe），所以这道菜的菜名在当地方言中指的就是“面包师傅的火炉”。现在也已成为阿尔萨斯的代表美食之一。

准备时间：30分钟
静置时间：12小时
烹调时间：2小时
分量：4人份

材料：
猪腰肉（小里脊）400克
牛肩胛肉400克
无骨羊肩肉400克
生猪脚1只
马铃薯1.5千克
粗蒜苗1根
洋葱1个
胡萝卜2根
面粉100克
盐、胡椒

腌料
阿尔萨斯白酒1瓶
洋葱2个
欧芹3枝（连茎带叶）
月桂叶1片
百里香1枝
胡椒粒10颗
丁香5颗

步骤：
- 将腌料的2个洋葱去皮切半，欧芹洗净并择下叶子。将三种肉切成方块，然后和洋葱、欧芹叶、月桂叶、百里香、胡椒和丁香一起放进料理盆，倒入白酒淹过所有食材，放进冰箱腌12小时。
- 烤箱预热至180℃。将马铃薯、胡萝卜、蒜苗去皮洗净并切成薄片，洋葱1个去皮切碎。
- 从腌料中取出肉块，先将猪脚放进椭圆形砂锅底部，再依次铺上一层肉、一层蔬菜、一层碎洋葱，重复上述动作两次。撒上盐和胡椒，最后把残余的腌料倒入，盖上锅盖。
- 在面粉中加入少许水，均匀拌揉成柔软的面团，拉成长圆条状，将锅盖与陶锅接缝处加以密封。放入烤箱焖煮2小时30分钟。上桌时在客人面前直接取下锅盖。

跨界合奏，和谐的美味！

卡酥来砂锅（cassoulet）：这道法国西南部知名特色料理毫无违和地将猪肉和鸭肉制品（脂肪、香肠、油封鸭、猪皮等）融合在一块儿！（见第209页）

皇后酥（bouchées à la reine）：以小牛肠、鸡肉、蘑菇与浓郁奶酱制成内馅，包在酥皮里。

双陆拼盘（kig ha farz）：炖煮这道布列塔尼锅时，主角猪蹄膀和配角牛肉会在锅里噗噗翻滚。（见第308页）

肉冻拼盘（potjevleesch）：这道料理的名字，在弗拉芒语（flamand）中的意思是缩小版的“小肉锅”，适合冷食的微酸肉冻凝结了鸡肉、兔肉、猪肉和小牛肉的精华。

好喝的汤在这里

撰文：玛丽阿玛·毕萨里昂

人类在约一万五千年前学会用火之后，就开始把根茎类蔬菜、骨头、香草丢进锅子里，再加进谷物使汤汁浓稠。直到13世纪，“汤”（soupe）这个词终于出现了。来品尝法国各地的汤品吧！

❶班亚纳浓汤（Bajana）：牧羊人结束一天工作后喝的冬日御寒汤品。
材料：以柴火烤干的栗子煮至碎裂，加一点牛奶或葡萄酒增加浓稠度。

❷青酱蔬菜汤（foupe au pistou）：食谱源自热那亚，被尼斯到马赛一带的人采用。
材料：白豆、四季豆、扁豆、西葫芦、番茄、马铃薯、迷你通心粉、帕马森奶酪或意大利香肠佐罗勒大蒜橄榄油。

❸剩菜汤（foupe châtrée）：穷人料理，萨莫安斯的经典汤品。
材料：用黄油炒软洋葱，加入白酒与水煮熟。在大汤碗里放满隔夜面包和多姆奶酪条，倒入热汤再送进烤箱焗烤。

❹啤酒汤（biersupp）：源自13世纪，带有“医疗”精神的酒精汤。
材料：洋葱、鸡汤、啤酒、面包心，加鲜奶油和黄油炸面包丁食用。

❺葱蒜番茄肉汤（fricassée au tourain）：使用冬天里难得的蔬菜熬煮的乡村风味汤。
材料：咸肥猪肉炒洋葱，撒上面粉后加水盖过食材，加入大蒜泥。

珍博拉汤（Jemboura）：四旬期结束后，家家户户宰猪炖肉汤。多尔多涅省传统菜。
材料：洋葱、大葱、胡萝卜、大头菜、芜菁、香料等，和血肠一起煮汤。

❻诺曼底肥油汤：应该是中世纪饥荒时期一位修道院院长发明的。他把动物脂肪跟蔬菜一起煮，好让汤里有肉味。
材料：猪油、牛肾、蔬菜、香料，炖煮过滤后凝成一块，再加入用马铃薯、蚕豆、四季豆和大蒜煮成的蔬菜汤。

❼南瓜浓汤（soupe au giraumon）：汤名取自法国探险家布干维尔于18世纪从塔希提带回法国的南瓜。
材料：水煮扁南瓜，再加入牛奶、糖、盐、胡椒调味后煮滚。

❽扁豆菜肉汤（Elzekaria）：西南部腌肉菜汤（garbure）在当地的变化汤品。
材料：卷心菜、洋葱、蚕豆、肥猪肉、大蒜、埃斯佩莱特辣椒，和一点醋。

❾科西嘉汤：参见第95页

❿焗烤洋葱汤：参见第22页

你的汤和我的汤不一样

我们难以回溯这些汤品的起源，有些食谱似乎亘古不变，有些用料越来越丰富，然而共同点就是那振奋人心的温暖滋味。

不同种类的汤

浓汤（soupe），源自后期拉丁语“suppa”和日耳曼语“suppa”。通常是以蔬菜为基底，蘸面包食用。

蔬菜汤（potage），源自从前煮汤用的锅子（pot）一词。可煮成清汤或勾芡，可冷食或热饮，会在主菜之前食用。

丝绒浓汤（velouté），以丝绒酱（白色高汤）为基底，加蛋让口感更浓稠。

法式清汤（consommé），利用肉类熬煮出的清汤。

伯那西腌肉菜汤

浸泡时间：12小时
准备时间：1小时
烹调时间：3小时
分量：6人份

材料：
肥猪肉300克，切大块
油封鸭腿4只
卷心菜1个
马铃薯6个
干燥白腰豆250克
小芜菁6个
洋葱2个
大蒜3瓣
盐、胡椒、综合香草束
烤过的乡村面包6片

步骤：

- 前一晚先把白腰豆放入深锅里浸泡。
- 将肥猪肉煎至金黄，加入沥干的白腰豆。芜菁切4等份、洋葱切丝、大蒜剥皮，加上综合香草束一起放入锅中。加入5升水，用盐和胡椒调味，煮滚后续煮1.5小时。
- 卷心菜切丝，用滚水烫5分钟后捞起过冷水，加入汤锅。煮了1小时后，加入马铃薯块和油封鸭腿，还剩半小时。煮好后，在汤盘中间放上面包片，倒入汤汁和各种蔬菜。

同场加映
蔬菜汤一家亲（第246页）

在上世纪80年代，这些人都不到30岁，如今多数已成为知名主厨。你能认出米歇尔·图瓦格（Michel Troisgros）、阿兰·杜卡斯（Alain Ducasse）和阿兰·帕萨德（Alain Passard）吗？

关于这张照片

翻开《法国料理与葡萄酒》（*Cuisine et vins de France*）杂志，1984年9月号，我留意到一张由莫里斯·胡居蒙（Maurice Rougemont）拍摄的跨页照片，标题是“谁将会成为2000年的大厨”。美食评论家吉尔·普德劳斯基（Gilles Pudlowski）当时挑选出19名平均年龄26岁的厨师。我必须承认这篇美食评论的直觉非常敏锐，当中只有几位逐渐被遗忘，其他具有雄心壮志的年轻人，在30年后成为受人敬重的大厨。其中一位甚至悄悄当起我们节目《一起来品尝》的评论人，你要不要试着把他找出来呢？

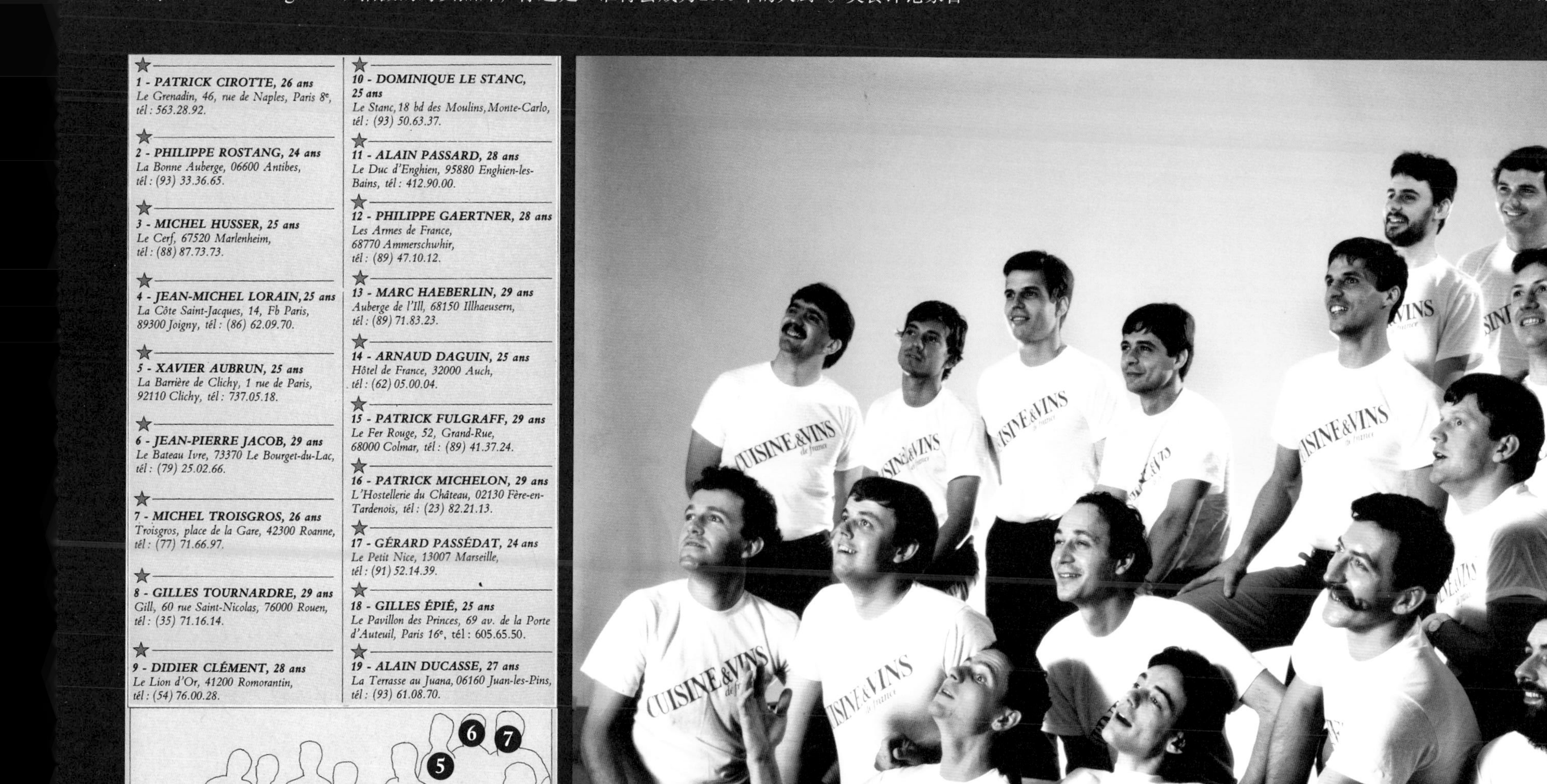

1 - **PATRICK CIROTTE, 26 ans** *Le Grenadin, 46, rue de Naples, Paris 8e, tél : 563.28.92.*

2 - **PHILIPPE ROSTANG, 24 ans** *La Bonne Auberge, 06600 Antibes, tél : (93) 33.36.65.*

3 - **MICHEL HUSSER, 25 ans** *Le Cerf, 67520 Marlenheim, tél : (88) 87.73.73.*

4 - **JEAN-MICHEL LORAIN, 25 ans** *La Côte Saint-Jacques, 14, Fb Paris, 89300 Joigny, tél : (86) 62.09.70.*

5 - **XAVIER AUBRUN, 25 ans** *La Barrière de Clichy, 1 rue de Paris, 92110 Clichy, tél : 737.05.18.*

6 - **JEAN-PIERRE JACOB, 29 ans** *Le Bateau Ivre, 73370 Le Bourget-du-Lac, tél : (79) 25.02.66.*

7 - **MICHEL TROISGROS, 26 ans** *Troisgros, place de la Gare, 42300 Roanne, tél : (77) 71.66.97.*

8 - **GILLES TOURNARDRE, 29 ans** *Gill, 60 rue Saint-Nicolas, 76000 Rouen, tél : (35) 71.16.14.*

9 - **DIDIER CLÉMENT, 28 ans** *Le Lion d'Or, 41200 Romorantin, tél : (54) 76.00.28.*

10 - **DOMINIQUE LE STANC, 25 ans** *Le Stanc, 18 bd des Moulins, Monte-Carlo, tél : (93) 50.63.37.*

11 - **ALAIN PASSARD, 28 ans** *Le Duc d'Enghien, 95880 Enghien-les-Bains, tél : 412.90.00.*

12 - **PHILIPPE GAERTNER, 28 ans** *Les Armes de France, 68770 Ammerschwihr, tél : (89) 47.10.12.*

13 - **MARC HAEBERLIN, 29 ans** *Auberge de l'Ill, 68150 Illhaeusern, tél : (89) 71.83.23.*

14 - **ARNAUD DAGUIN, 25 ans** *Hôtel de France, 32000 Auch, tél : (62) 05.00.04.*

15 - **PATRICK FULGRAFF, 29 ans** *Le Fer Rouge, 52, Grand-Rue, 68000 Colmar, tél : (89) 41.37.24.*

16 - **PATRICK MICHELON, 29 ans** *L'Hostellerie du Château, 02130 Fère-en-Tardenois, tél : (23) 82.21.13.*

17 - **GÉRARD PASSÉDAT, 24 ans** *Le Petit Nice, 13007 Marseille, tél : (91) 52.14.39.*

18 - **GILLES ÉPIÉ, 25 ans** *Le Pavillon des Princes, 69 av. de la Porte d'Auteuil, Paris 16e, tél : 605.65.50.*

19 - **ALAIN DUCASSE, 27 ans** *La Terrasse au Juana, 06160 Juan-les-Pins, tél : (93) 61.08.70.*

布达鲁洋梨挞

撰文：戴乐芬·勒费佛

这道布达鲁挞（tarte Bourdaloue）发明于1850年的巴黎，来看看这热乎乎的洋梨挞究竟如何征服法国人的心，成为法式甜点中的经典。

起源

17世纪时，耶稣会教士路易·布达鲁（Louis Bourdaloue）在巴黎宣教，巴黎的一条街道便是以他的姓氏命名。但并不是他发明了布达鲁挞，而是甜点师傅法斯盖勒（Fasquelle）于19世纪创作。他的甜点店就位于布达鲁街，并以此为这道甜品命名。

布达鲁挞的传统材料

自这道甜点问世以来，它的配方几乎未曾变过。

→一片甜挞皮面团
→杏仁奶油酱
→糖水煨威廉斯梨
→蛋白杏仁饼碎块

镁光灯焦点：赛巴斯汀·高达（Sébastien Gaudard）

赛巴斯汀·高达是甜点师之子，怀着乡愁来到巴黎，在旧魔法书里取得古老配方，制作出今日美食者所敬仰的珍宝。

哪里可以找道赛巴斯汀·高达的布达鲁挞？

➢殉道者甜点店（Pâtisserie des Martyrs）
店址：22, rue des Martyrs
➢杜乐丽花园甜点店（Pâtisserie-salon de thé des Tuileries）
店址：1, rue des Pyramides

高达的布达鲁洋梨挞

准备时间： 45分钟
烹调时间： 1小时
分量： 6人份

材料：

香草煮梨子（见第79页）

挞皮（2块）
马铃薯粉90克
面粉160克
黄油180克
水50毫升
精盐1小茶匙
蜂蜜1茶匙
蛋黄1颗

液体杏仁奶油酱
黄油100克
糖粉100克
杏仁粉125克
玉米粉1汤匙
农业黑朗姆酒2汤匙
鸡蛋一两个（125克）
液体鲜奶油80克

装饰
糖粉少许
蛋白杏仁饼（捏碎）

步骤：

· 根据第79页的配方，制作香草煮梨子。

准备挞皮

· 将面粉及马铃薯粉一起过筛。把黄油放进沙拉钵搅拌，直到形成顺滑的质地，加入盐、蜂蜜、蛋黄、水一起拌匀。慢慢倒入过筛的粉，直到面团拌匀，压平并包上保鲜膜，静置于冰箱2小时。
· 将面团擀平为0.15厘米厚的面皮。在直径18厘米的圆形挞模上抹上黄油，铺上面皮做底，稍微压实后用叉子戳几个洞，垫上一张烘焙纸，再铺上樱桃核或干燥蔬菜，冷藏至少30分钟。烤箱预热至160℃，送入挞皮烤25分钟。
· 若只制作一份，另一份面团裹上保鲜膜，置入冷冻库。

准备杏仁奶油酱

· 将液体鲜奶油搅打成香缇鲜奶油。快速搅拌奶油，然后依次加入其他材料，并持续以较快的速度搅打，最后拌入香缇鲜奶油。

组合

· 将6块切半的梨子沥干，切成16片置于一旁备用。将杏仁奶油酱填入烤好放凉的挞皮上，大约1.5厘米高。排上洋梨切片，抹上少许熔化黄油，送进预热至180℃的烤箱烤35~45分钟。
· 烤好后取出放凉，在挞缘撒上糖粉，并且沿着洋梨边缘撒上杏仁饼碎屑。

同场加映
重生吧，被遗忘的蛋糕！（第52页）

烤鸡的艺术

撰文：查尔斯・帕丁・欧古胡

鸡，可是站在家禽饲养场顶端的明星，一从烤箱出来就变成经典家庭料理。请遵循以下几项规则，让它能不负众望地成为周日聚餐的焦点。

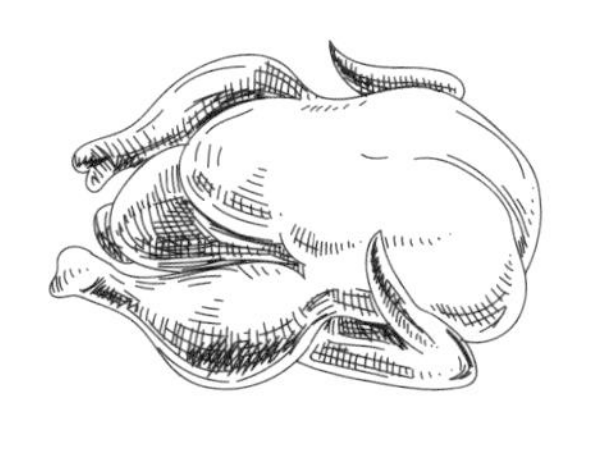

烘烤一只鸡不需要花太多心思，但很多人终其一生都不知道怎么烤鸡。

——沃韦纳尔格侯爵，吕克・德克拉皮耶（Luc de Clapiers，1746）

同场加映
舌尖上的法国鸡肉（第167页）

你可以……

➢ 选择质量优良的土鸡或有机养殖鸡肉。

➢ 进烤箱前，将鸡肉置于室温。

➢ 选择一个够大的烤盘，装下整只鸡还有余裕。

➢ 进烤箱前在鸡皮上抹盐，可以吸收水汽，也可帮助鸡皮变得更酥脆。

➢ 烤鸡时要边烤边翻面。

你千万不能……

➢ 不能在烤盘里加水。

➢ 在鸡烤好之前不能撒胡椒，烤过的胡椒会有苦味。

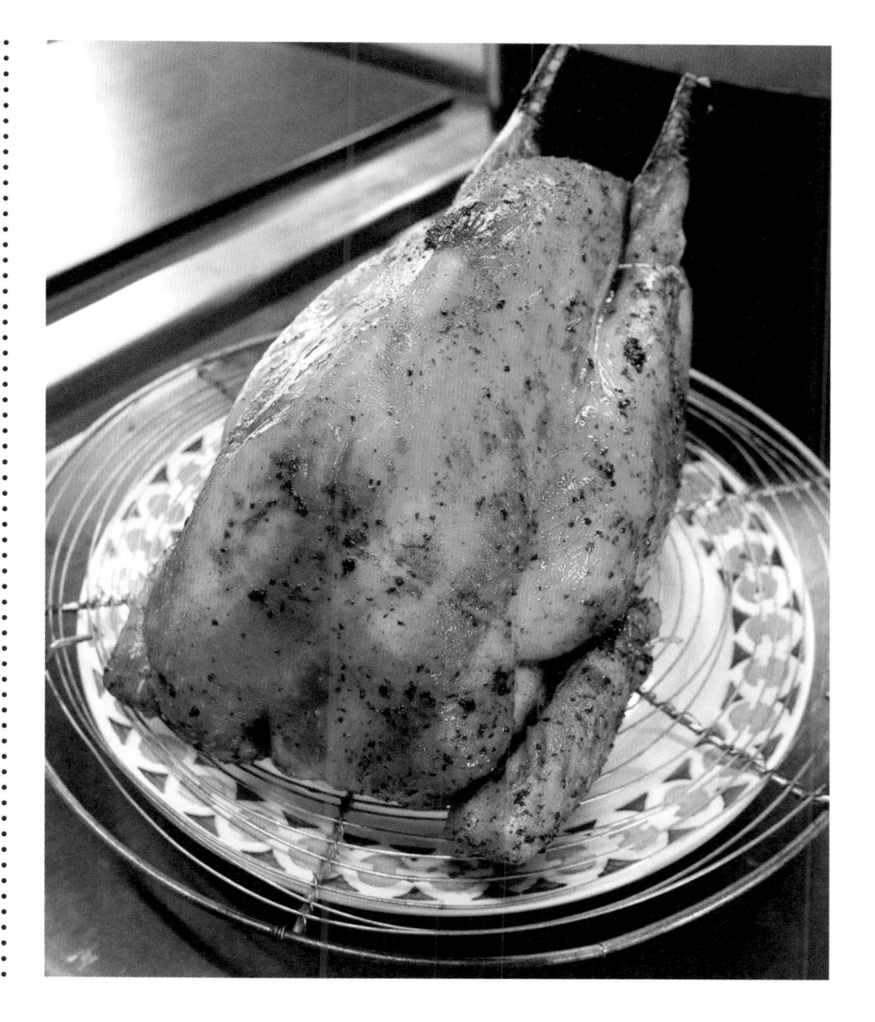

三种好吃到让人起鸡皮疙瘩的烤鸡料理

大火烤鸡[1]

鸡只重量：约2千克
烹调时间：1小时10分钟
静置时间：30分钟
烤箱温度：250℃
使用油脂：黄油150克

步骤：

- 鸡内部：塞入柠檬1个、百里香、大蒜及粗盐1茶匙。
- 鸡外部：在鸡皮上涂上150克黄油并撒盐调味。
- 烘烤：整只鸡背朝下放入铸铁锅中，送入250℃的烤箱烤10分钟，翻转让鸡左腿贴着锅底烤10分钟，接着换鸡右腿再烤10分钟。将烤箱温度调至150℃，重新将鸡背朝下烘烤3分钟，其间每5分钟就捞起锅中的油淋在鸡身上。烤好后静置30分钟，上桌前再进烤箱以100℃加热10分钟。
- 成品：鸡皮十分酥脆，肉汁虽少，但肉质鲜嫩无比。

温火烤鸡[2]

鸡只重量：约2千克
烹调时间：3小时
烤箱温度：140℃
使用油脂：黄油和橄榄油

步骤：

- 鸡内部：塞入黄油、大蒜及新鲜香草。
- 鸡外部：在鸡皮下抹黄油，鸡皮上则涂上橄榄油，撒盐调味。
- 烘烤：取一只与鸡大小相同的玻璃烤盘，让一边的鸡腿贴着烤盘烤15分钟，接着换另一边的鸡腿贴着盘底烤15分钟。接着翻转让鸡胸朝下烘烤2小时30分钟。出炉后撒盐和胡椒调味，即可切开享用。
- 成品：鸡皮虽没那么酥脆，但肉汁全包裹在鸡肉里了。

盐卤烤鸡[3]

鸡只重量：约1.6千克
烹调时间：50分钟
静置时间：10分钟
烤箱温度：180℃
使用油脂：橄榄油60毫升

步骤：

- 在1升水中加入19克盐、200克糖及200克酱油，煮至沸腾。再加入3升水、胡椒粉、1个柠檬（切成片状），及100克洋葱末。
- 将巴尔贝齐厄鸡（Barbezieux）放进锅中，置于阴凉处浸泡6小时。然后沥干并静置3小时，使其干燥。
- 在鸡肚中塞入迷迭香3克、月桂叶3片及压碎的大蒜1瓣。在60毫升橄榄油中加入红椒粉（paprika）5克及卡宴辣椒粉5克，涂抹鸡皮表面，然后静置干燥1小时。
- 鸡背朝下放进180℃的烤箱烤20分钟，再分别将鸡腿靠着烤盘各烤15分钟。出炉后静置20分钟。

"傻子不吃的珍宝"与"许愿骨"，两个别搞混了！

傻子常会忘了吃的部分，指的是位于尾椎骨沟槽中的两块嫩肉。带来好运的许愿骨，则是名为三叉骨的Y字形细骨头：一人抓住一边往自己的方向拉，直到骨头裂成两段，拿到较大块骨头的人所许下的愿望就会实现。

1. 食谱出自弗黑德西克・梅纳爵（Frédéric Ménager），养鸡业者兼厨师。
2. 食谱摘自《烹饪也是一种化学》（*La cuisine c'est aussi de la chimie*），亚瑟・勒凯斯那（Arthur Le Caisne）著。
3. 食谱出自法比安・波福（Fabien Beaufour），Dyades餐厅主厨。

“二战”时期的巴黎餐馆

撰文：派翠克·宏布尔

菜单不只见证我们对料理的热情，也为历史留下证据。
这是在“二战”时期德军占领巴黎期间，巴黎 Leprince 餐馆*的简史。

背景

“二战”时期，德军占领法国的这段日子，在法国人心中留下难以磨灭的印记；而让人想起“二战”悲惨回忆的瑞典芜菁与菊芋，则因此长期被法国人排挤。1940年9月，从法国人领到第一批食物券开始，即进入了食物配给的黑暗时期。首都巴黎的餐馆也必须顺应时势，在食材匮乏的情况下想出解决之道。

1939年8月30日的菜单

在战争爆发的前几天，Leprince餐馆仍飘着来自各地的香味：“美国龙虾”“罗斯科夫美乃滋螯虾”“窝瓦河鱼子酱”“雷莫拉酱根芹菜沙拉”“新鲜鹅肝”“大菱鲆冷盘佐绿美乃滋”“香烤乳鸭佐豌豆”“诺曼底烤小母鸡”……当然别忘了还有各种蔬菜、奶酪、水果及甜点。然而形势越来越严峻，法令也越来越严格。从12月开始，每周一不供应屠宰肉类，每周二则不供应牛肉。12月15日之后，变成每周五完全不供应任何肉类。1940年10月，餐馆也开始实施配给制度，菜单上缺的东西越来越多；10月15日的晚上，连开胃菜的黄油都无法供应，也没有咖啡了。

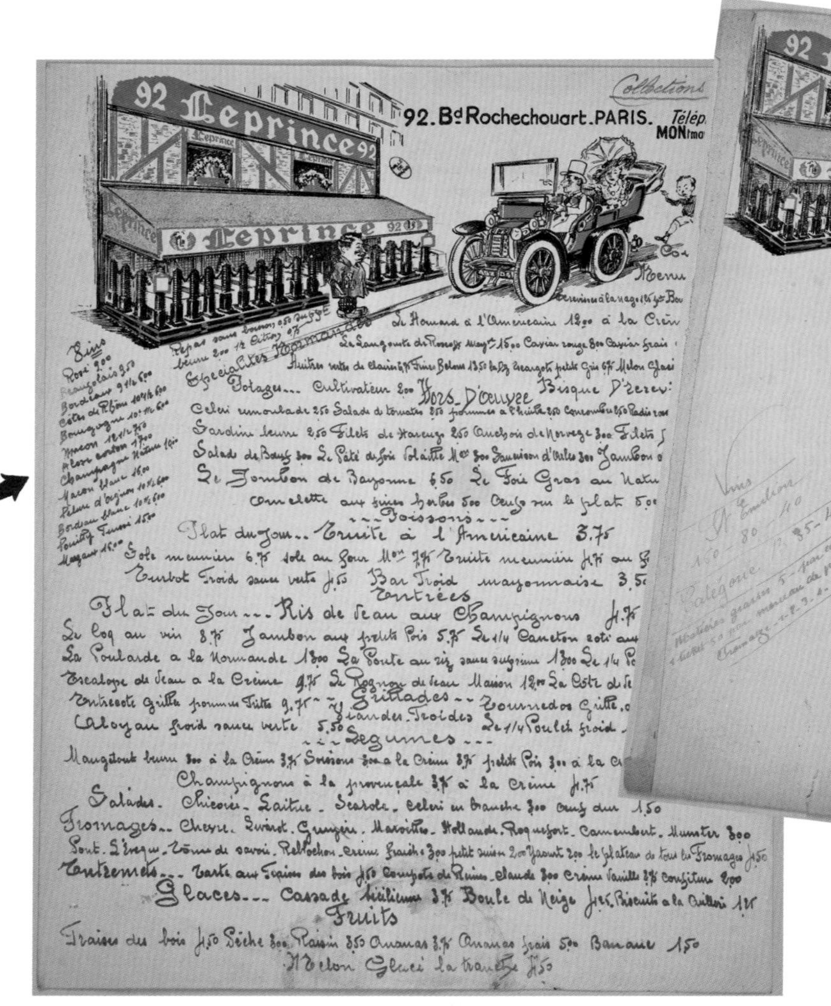

92 Leprince 92
92. Bd Rochechouart. PARIS.

Hors d'oeuvre

Poissons

Entrées

Grillades

Legumes

Fruits

Lundi 21 Mai 1945

Menu à 40 francs

1945年5月21日的菜单

“二战”末期，法国元气大伤，餐馆也都关得差不多了。1945年的春天尤其艰难，仍在营业的餐厅只能提供定价40法郎的套餐，包含樱桃萝卜、家常炸肉饼和果酱。“二战”结束后，还得等上几个月，顾客才能再次尝到1939年之前的美味餐点，并恢复单点制度。

* Leprince 餐馆地址：92boulevard Rochechouart, Paris 18e。

Cake de guerre
2 verres de farine ½ verre de sucre
1 tasse de lait - 1 oeuf entier ½ cuillère
à café bicarbonate cuisson 25 minutes
four chaud

《一起来品尝》的节目助理娜蒂雅·秀吉（Nadia Chougui），从她姨妈那儿继承了一本“二战”食谱笔记。我们的专栏作家艾丝黛拉·贝雅尼（Estérelle Payany）试做并改良了其中一道甜点——烽火蛋糕（cake du guerre）。

烽火蛋糕

材料：

面粉2杯（约170克）
糖1/2杯（约90克）
鸡蛋1个
牛奶1杯（约140克）
小苏打粉1/2茶匙

步骤：

将面粉、糖与小苏打粉搅拌均匀，中间挖洞，放入鸡蛋与牛奶快速搅匀。烤箱预热5分钟至180℃（温度不需太高，因为用这种做法做出的蛋糕容易变干）。将面糊倒入直径20厘米的烤模，进烤箱烤20分钟。

艾丝黛拉·贝雅尼的小叮咛：

这款蛋糕比较甜，而且干掉的速度很快，必须要在当天吃完。品尝这款蛋糕，让我们思考什么是食物真正的味道，以及过去认为理所当然的美食及其价值。将蛋糕浸泡菊苣咖啡（战争时的咖啡替代品），应该还是能假装这是块美味的蛋糕。

建议：

下列方法可让蛋糕更符合现代人的口味，但又不至于改变初衷。

- 使用酪浆（lait ribot）代替牛奶，口感更柔软。
- 加入柠檬皮或几滴天然香草精。
- 当作蛋糕底，铺上覆盆子、樱桃、苹果等水果。

来自奥贝克的天才

撰文：法兰索瓦芮吉·高帝

将布拉斯（Bras）的词尾“s”发出声来，便是对当代美食界最知名的姓氏表达崇高的敬意。

关键纪事

1946年11月4日，出生于阿韦龙省（Aveyron）加布里亚克（Gabriac）的餐饮世家。他的母亲擅长制作非常美味的家庭式料理，包括知名的奶酪马铃薯泥锅（aligot），并且在拉基奥尔（Laguiole）开了一间餐厅Lou Mazuc。

1978年，与妻子一同继承了母亲的餐厅。

1992年，在拉基奥尔的山丘上开设了自己的餐厅Le Suquet。

✿✿✿

1999

获得米其林三星殊荣。

2002年，在日本北海道开设Toya餐厅。

2009年，儿子赛巴斯汀接手餐厅。

米榭·布拉斯
Michel Bras（1946—）

关于布拉斯，你可能不知道的五件事

布拉斯是自学成才：他一直跟着母亲在自家的家庭旅馆工作，从来没有在大餐厅工作的经验。

他将拉基奥尔生产的刀子推广到世界各地：他从1978年起在自己的餐厅规定只使用这种刀子，客人整个套餐吃下来都使用同一把刀子。

他被认为是前卫料理、蔬食料理及“环境永续”料理的先驱：他的餐厅好几次被评比为世界最佳餐厅之一。

他发明了熔岩巧克力蛋糕：后来世界各地都有人起而模仿，甚至启发了某知名冷冻品牌的热销产品。

他再造了厨艺风格美学：他的餐点不是摆在餐盘中，而是摆饰在亮洁的桌面上。他于2002年出版的《法国，奥贝克，拉基奥尔，布拉斯》（*Bras, yuLaguiole, Aubrac, France*）已成为经典。

神话般的料理：卡谷优多彩时蔬花草温沙拉（Gargouillou）

这道“作品”带有乡村风格又充满激进色彩，质朴又富现代感。创作于1980年，享誉全球。

名字从何而来？

“卡谷优”这个名字来自奥弗涅（Auvergne）当地用火腿和马铃薯炖煮的菜肴。

外观看起来如何？

这道料理融合了野生蔬菜、香草及嫩菜叶，食材随着季节变化。蕨类植物、苋菜、白琉璃苣（bourrache blanche）、大头蒜（ail rocambole）、三叶草、花椰菜嫩心、豌豆、雪维草块茎、旱金莲（capucine）、风铃草（raiponce）、飞碟瓜（pâtisson）、虾夷葱、菊苣、繁缕、樱桃萝卜、婆罗门参、番茄、青葱、高山茴香花（cistre）和其他植物的嫩枝、叶子、花、软茎、种子或根部，相互交错，交织出植物的独特结构，颜色亮丽，香气四溢。调味佐料只有蛋奶酒，以及在高汤中以微火炖煮过的火腿肉汁。

如何创造出这道料理？

主厨是这样说的：“跑步让我感觉幸福，所有的事物都变成清晰流动的影像。这种超脱自我的形式，带我感受到前所未有的味蕾体验。卡谷优就是在这样一场六月的内在之旅期间出现的，当时奥贝克草原长满无数鲜花，不同香气和光线融合交织，真可说是一场盛典，是这个季节最美丽的赞歌。”

有可能在家里制作吗？

卡谷优是一项对于奥贝克的感性诠释，想在百里之外重现经典，只是徒劳无功罢了。最好还是前往他和儿子赛巴斯汀主持的餐厅品尝。或是收集当地的季节蔬菜嫩叶、香草和各式可食用野草，使用在地食材重塑料理。这里提供布拉斯的风味秘诀：“用平底锅翻烤几片熏火腿，接着倒入一些蔬菜高汤去除油脂，并将锅底的焦香融进汤汁。加一小块黄油让汤汁浓稠。将蔬菜浸在汤汁里加热，最后有律动地进行摆盘。多加些春季的细致香草、田野间的青草、发芽的种子……加些珍珠*点缀，带出不同的味觉感受。”

* 原文未多做解释，可能指珍珠洋葱，或是用橄榄油滴出珍珠状装饰。——译注

法国葡萄酒地图*

探索法国数不胜数的葡萄酒法定产区

* 本地图出自 lacartedesvins-svp.com

1 Ajaccio
2 Alsace ou Vin d'Alsace/ Alsace grand cru/ Crémant d'Alsace/ Marc d'Alsace
3 Anjou/ Anjou Villages/ Anjou Villages Brissac/ Anjou - Coteaux de la Loire/ Bonnezeaux/ Cabernet d'Anjou/ Coteaux de l'Aubance/ Quarts de Chaume/ Rosé d'Anjou/ Savennières/ Savennières Coulée de Serrant/ Savennières Roche aux Moines
4 Béarn/ Pacherenc du Vic-Bilh
5 Beaujolais/ Brouilly/ Chénas/ Chiroubles/ Côte de Brouilly/ Fleurie/ Juliénas/ Morgon/ Moulin-à-Vent/ Régnié/ Saint-Amour
6 Bellet ou Vin de Bellet
7 Bergerac/ Côtes de Bergerac/ Monbazillac/ Pécharmant/ Rosette/ Saussignac
8 Bordeaux/ Barsac/ Blaye/ Bordeaux supérieur/ Bourg ou Côtes de Bourg ou Bourgeais/Cadillac/ Canon Fronsac Cérons / Côtes de Blaye/ Côtes de Bordeaux/ Côtes de Bordeaux-Saint-Macaire/ Crémant de Bordeaux/ Entre-deux-Mers/ Fronsac Graves / Graves de Vayres Graves supérieures / Haut-Médoc/ Lalande-de-Pomerol/ Listrac- Médoc/ Loupiac/ Lussac-Saint-Emilion/ Margaux/ Médoc/ Montagne-Saint-Emilion/ Moulis ou Moulis-en-Médoc/ Pauillac/ Pessac-Léognan/ Pomerol/ Premières Côtes de Bordeaux/ Puisseguin Saint-Emilion/ Saint-Emilion grand cru/ Saint-Estèphe / Saint-Georges-Saint-Emilion/ Saint- Emilion/ Saint-Julien/ Sainte-Croix-du-Mont/ Sainte-Foy- Bordeaux/ Sauternes
9 Bourgogne/ Aloxe-Corton/ Auxey-Duresses/ Bâtard-Montrachet/ Beaune/ Bienvenues-Bâtard-Montrachet/ Blagny/ Bonnes-Mares/ Bourgogne aligoté/ Bourgogne mousseux/ Bourgogne Passe-tout-grains/ Bouzeron/ Chambertin/ Chambertin-Clos de Bèze/ Chambolle-Musigny/ Chapelle-Chambertin Charlemagne/ Charmes-Chambertin/ Chasagne-Montrachet/ Chevalier-Montrachet/ Chorey-lès-Beaune/ Clos de la Roche/ Clos de Tart/ Clos de Vougeot ou Clos Vougeot/ Clos des Lambrays/ Clos Saint-Denis/ Corton/ Cor ton-Charlemagne/ Côte de Beaune/ Côte de Beaune-Villages/ Côte de Nuits-Villages Coteaux bourguignons ou Bourgogne grand ordinaire ou Bourgogne ordinaire/ Crémant de Bourgogne/ Criots-Bâtard-Montrachet/ Echezeaux/ Fixin/ Gevrey-Chambertin/ Givry/ Grands-Echezeaux/ Griotte-Chambertin/ Irancy/ La Grande Rue/ La Romanée/ La Tâche/ Ladoix/ Latricières-Chambertin/ Mâcon/ Maranges/ Marsannay/ Mazis-Chambertin/ Mazoyères-Chambertin/ Mercurey/ Meursault/ Montagny/ Monthélie/ Montrachet/ Morey-Saint-Denis/ Musigny/ Nuits-Saint-Georges/ Pernand-Vergelesses/ Pommard/Pouilly-Fuissé/ Pouilly- Loché/ Pouilly-Vinzelles Puligny-Montrachet/ Richebourg/Romanée-Conti/ Romanée-Saint-Vivant/ Ruchottes- Chambertin/ Rully/ Saint-Aubin/ Saint-Bris/ Saint-Romain/ Saint-Véran/ Santenay/ Savigny-lès-Beaune/ Viré-Clessé/ Volnay/ Vosne-Romanée/ Vougeot/ Fine de Bourgogne/ Marc de Bourgogne
10 Brulhois
11 Bugey/ Roussette du Bugey
12 Buzet
13 Cahors
14 Chablis/ Chablis Grand Cru/ Petit Chablis
15 Champagne/ Coteaux champenois/ Rosé des Riceys
16 Châteaumeillant
17 Châtillon-en-Diois/ Clairette de Die/ Crémant de Die
18 Cheverny/ Cour-Cheverny
19 Costières de Nîmes
20 Côte roannaise
21 Coteaux d'Aix-en-Provence
22 Coteaux du Giennois
23 Coteaux du Lyonnais
24 Coteaux du Quercy
25 Côtes d'Auvergne
26 Côtes de Duras
27 Côtes de Millau
28 Côtes de Provence/ Bandol/ Cassis/ Coteaux varois en Provence/ Les Baux de Provence/ Palette/ Pierrevert
29 Côtes de Toul
30 Côtes du Forez
31 Côtes du Jura/ Arbois/ Château-Chalon/ Crémant du Jura/ L'Etoile/ Macvin du Jura
32 Côtes du Marmandais
33 Côtes du Rhône/ Beaumes de Venise/ Château-Grillet Châteauneuf-du-Pape/ Condrieu/ Cornas/ Côte Rôtie/ Côtes du Rhône Villages/ Crozes-Hermitage ou Crozes-Ermitage/ Gigondas/ Hermitage ou Ermitage ou l'Hermitage ou l'Ermitage/ Lirac/ Muscat de Beaumes-de-Venise/ Rasteau/ Saint-Joseph/ Saint-Péray/ Tavel/ Vacqueyras/ Vinsobres
34 Côtes du Roussillon/ Banyuls/ Banyuls grand cru/ Cabardès/ Collioure/ Côtes du Roussillon Villages/ Crémant de Limoux/ Fitou/ Grand Roussillon/ Limoux/ Maury
35 Côtes du Vivarais
36 Duché d'Uzès
37 Entraygues - Le Fel
38 Estaing
39 Fiefs Vendéens
40 Fronton
41 Gaillac/ Gaillac premières côtes
42 Grignan-les-Adhémar
43 Haut-Poitou
44 Irouléguy
45 Jurançon
46 Languedoc/ Clairette de Bellegarde/ Clairette du Languedoc/ Corbières/ Corbières-Boutenac/ Faugères/ Minervois/ Minervois-La Livinière/ Muscat de Frontignan ou Frontignan ou vin de Frontignan/ Muscat de Lunel/ Muscat de Mireval/ Muscat de Rivesaltes/ Muscat de Saint-Jean-de-Minervois/ Picpoul de Pinet/ Rivesaltes/ Saint-Chinian
47 Luberon
48 Madiran
49 Malepère
50 Marcillac
51 Menetou-Salon
52 Montravel/ Côtes de Montravel/ Haut-Montravel
53 Moselle
54 Muscadet/ Coteaux d'Ancenis/ Gros Plant du Pays Nantais/ Muscadet Coteaux de la Loire/ Muscadet Côtes de Grandlieu/ Muscadet Sèvre et Maine
55 Muscat du Cap Corse
56 Patrimonio
57 Pouilly-sur-Loire/ Pouilly-Fumé ou Blanc Fumé de Pouilly / Sancerre
58 Quincy
59 Saint-Pourçain
60 Saint-Sardos
61 Saumur/ Saumur-Champigny/ Cabernet de Saumur/ Chinon/ Coteaux de Saumur/ Coteaux du Layon
62 Touraine/ Touraine Noble Joué/ Bourgueil/ Coteaux du Loir/ Coteaux du Vendômois/ Crémant de Loire/ Jasnières/ Montlouis-sur-Loire/ Orléans/ Orléans-Cléry/ Reuilly/ Rosé de Loire/ Saint-Nicolas-de-Bourgueil/ Valençay/ Vouvray
63 Tursan
64 Ventoux
65 Vin de Corse ou Corse
66 Vin de Savoie ou Savoie/ Roussette de Savoie/ Seyssel

餐桌上的哲学

撰文：堤柏·德·圣-莫希斯（Thibaut de Saint-Maurice）

假如法国那些伟大的思想家并不仅仅满足于精神食粮呢？他们跟凡人一样进食、挑食，也曾思考盘中物和餐桌礼仪……本篇选录从蒙田（Michel de Montaigne，1533—1592）到吉尔·德勒兹（Gilles Deleuze，1925—1995）各个时期的相关作品。

……我既不爱沙拉，也不爱水果，只有甜瓜除外。我父亲憎恨各式酱料，我则每种都爱。我禁止自己吃得太多，可是吃到现在，这些肉的质量让我确信没有什么肉会害了我自己，就像月亮的圆缺或季节转换对我也不会有什么影响。我们对自身体内的活动没有意识，也不知它如何运作。身体会产生一些自然反应，一开始我觉得挺方便的，然后又觉得有点恼怒，后来又再次觉得刚好。从几件事看来，我能感觉到我的胃和食欲因此有变化……

蒙田，《随笔集》第三卷
（*Essai*, Ⅲ，1580）

甜瓜之于蒙田

蒙田内心深知吃下的食物会影响灵魂。他阅读许多上古哲学书籍，并从中承继了这个概念。总之最重要的就是要吃得好，也就是说我们要从食物中获得适当与平衡的欢愉。

蒙田爱吃甜瓜！他记录了在意大利的旅行，其中提到他享用了当季的第一个甜瓜，还仔细记下村庄的名字。蒙田为何如此喜爱甜瓜？大概因为甜瓜是平衡的完美化身，而这正是蒙田极力追求的。甜瓜生长得非常接近地面却又甜又香，可以当前菜吃也可以当甜点享用，而且其天然甜味能与咸味相得益彰，产于东方却在西方大放异彩。看来看去，浑然天成的平衡水果非甜瓜莫属了。

牛奶之于卢梭

……大家都害怕凝固的牛奶，这实在是太疯狂了，明明所有人都知道牛奶在胃里就是会凝固。就是因为这样牛奶才能变成足以喂养孩子与动物宝宝的固体食物。
我们吃的第一样食物就是牛奶。牛奶的味道一开始会让人反感，我们只能去习惯那强烈的味道。水果、蔬菜、香料植物，和几块不加调味和盐的烤肉（记得“不加盐”这个重点），对原始人来说已经是丰盛的大餐了……

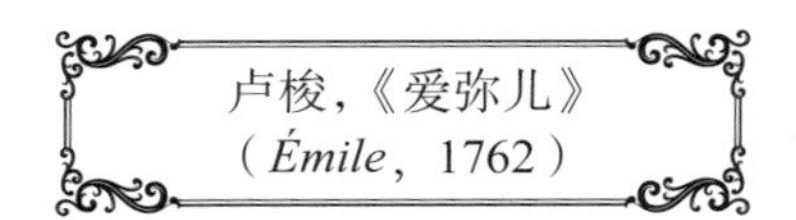

卢梭，《爱弥儿》
（*Émile*，1762）

对于卢梭而言，吃不过是一种满足生存需求的举动。尽管他是法国大革命的笔耕者，写下了许多政治评论著作，但对于政治以外的事物，他反而更站在保守的这一边。因此，在食材方面，他也拒绝各种过度花费心思准备的食品。他歌颂未经改造的天然食物，赞扬这样的饮食习惯与价值观，例如直接食用新鲜蔬果、谷物或鸡蛋等。

在卢梭眼里，牛奶是最完美的食物，优于所有食材。大自然提供的牛奶是最原始的食物，也是所有人初生之时最先接触的食物，让我们长得又高又壮。牛奶的口感纯净温和，滋味简单而纯粹，另一项益处就是不需要人为介入便能自然发酵。总之，牛奶的味道是骗不了人的，我们不但不可能不饮用这么原始的食物，而且还要经常饮用，才不会因其他人工合成的味道而丧失了我们对天然美味的味觉。

饮食禁忌之于伏尔泰

虽然伏尔泰的消化系统不太好，他仍是启蒙时代晚期最常举办丰盛晚宴的人之一。伏尔泰除了松露肉酱之外没有特别偏爱的菜肴，而松露肉酱也变成了这哲学晚宴的交际代表——就和哲学辩证一样，哲人也在餐桌上交换、分享食物。伏尔泰极力批评对宗教迷信的宽容，他还把这场战斗带进厨房里，大力讽刺宗教饮食的禁忌。18世纪时，鱼比肉要贵上两到四倍，禁吃肉类而规定吃鱼就是要让穷人挨饿；这是惩罚穷人的方式，也是拯救富人的方式，让富人执行禁欲时不那么辛苦。伏尔泰晚宴上唯一的原创食谱，就是摆脱规定与迷信，抛开人与人之间的差异，一同品尝活着的喜悦。

……耶稣为什么在沙漠里禁食四十天呢？他在那里受到魔鬼试探。圣马太发现在四旬期之后他饿了，那他在斋期中难道就不饿吗？
愚昧残忍的神父！你们命令谁遵守四旬期斋戒呢？是命令富人吗？他们可是极力逃避。那是命令穷人吗？他们可是一年到头都在封斋啊！

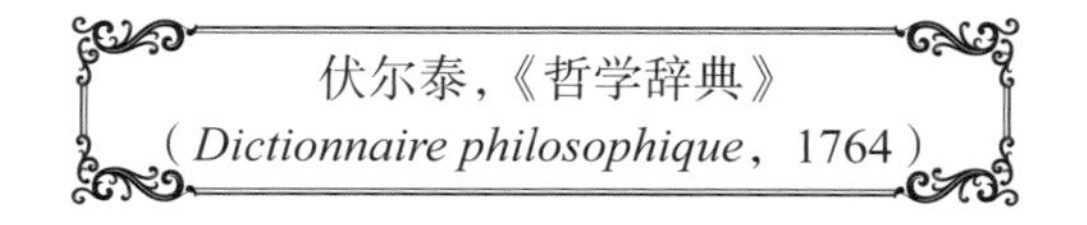

伏尔泰，《哲学辞典》
（*Dictionnaire philosophique*，1764）

牛排薯条之于罗兰 · 巴特

罗兰 · 巴特认为烹饪、餐饮与食物犹如小说、句子和字词；烹饪会有逻辑，是因为烹饪本身就是一种语言。食谱和手艺就像语法，而烹饪能够道出故事里的情节发展；他称之为“神话学”（Mythologies）。

牛排和薯条是两位重量级的叙事主角，它们出现在家家户户的餐桌上，容易烹调又能使人精力充沛，如此也呈现出法国的特质。牛排带血，是展现生命的一方。举例来说，烹调牛排时并不会全力燃烧它的热量，而是赋予“血肉的意象”——几乎是全生的，或者说是一分熟；如果想煮熟牛排，就会委婉地把烹饪方式称为“五分熟”（刚好熟）。因此吃牛排就是在进行融合，外表身体和内在特质将从中获得新生。这样的印象近似于葡萄酒，于是乎牛排也成了“一个国族化更胜于社会化的基本元素”。

薯条则是归在土地那一方。薯条在国外被称为“法国薯条”（French fries），吃薯条就是参与了“弘扬法国种族的仪式”。

……吃带血牛排同时代表了人的自然天性与道德面，不论暴躁易怒、精神萎靡、神经紧张，都能通过这个仪式得到体质上的滋养与补足。正如葡萄酒成为许多知识分子拥有自然的原始力量的媒介。牛排也是一样，是种救赎的食物；吃了牛排，他们才能把大脑写成散文诗，并用血液和软髓做动词变化，虽然大家一直指责这些文章枯燥无用……

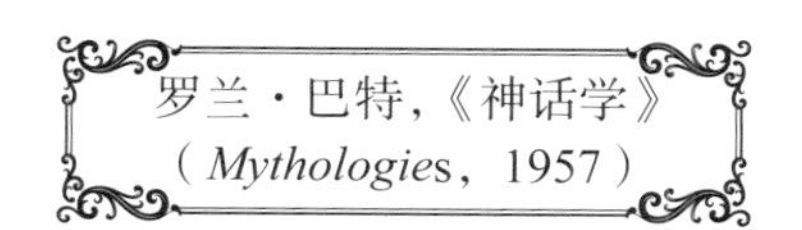
罗兰 · 巴特，《神话学》
（*Mythologies*，1957）

节食之于福柯

……简而言之，不论是为了避免患病或治愈疾病而节食，和把节食当成生活的艺术在执行，两者的情况很不一样。节食纯粹是在自己体内建立起必要而足够的合理忧虑。这种忧虑交织在每日的生活之中，促成主要的活动，同时关系道德与健康；这种忧虑依照周遭的元素，决定身体需要做出的反应与策略；这种忧虑的最终目标是让个人武装起来，朝理性之路前进……

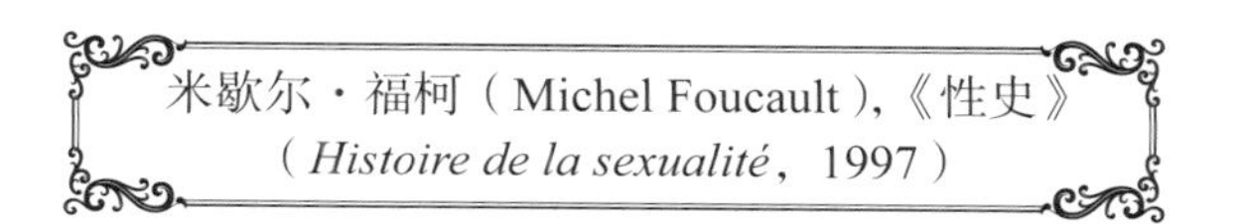
米歇尔 · 福柯（Michel Foucault），《性史》
（*Histoire de la sexualité*，1997）

福柯根据古老的营养学和饮食概念，指出营养学是一种策略艺术。而这种策略使人类的饮食遵从自然的处方时，饮食习惯也成了“生活的艺术”。福柯认为，与其禁止各种乐趣，不如去认识并且质疑这些乐趣。因此，执行节食不在于否定吃东西的乐趣，而是要观察自己的身体对每种食物所产生的反应，把乐趣建立在这些反应上，以创造出个人“风格”。

在福柯看来，节食的艺术就在于对自身的了解。执行节食是“自由地赋予个人风格”的一种方式，就像厨师在烹饪每种食材时，会适切地展现风格和主观性。

酒精之于吉尔 · 德勒兹

德勒兹一定会毫不犹豫地承认自己喝了很多酒。大部分人认为酗酒的人不懂得什么是极限，德勒兹却不这么认为。他解释，酒精可以让人更理解自己的极限在哪里，因为酒鬼要“评估自己能够承受的量，而且还不能倒下”，因为如果真的不顾一切地喝，一旦醉倒就再也起不来了，那么隔天也就没办法继续喝了。

因此，饮酒时喝下的量至关重要。酒精所带来的矛盾的智慧，就是要让我们理解自己的极限。但是为何要妥协于酒精呢？德勒兹的解释十分具哲学性——喝酒能让人撑过生命里太困难的事。人会因为生活的力道而感到痛苦与无力，酒鬼会妥协于酒精，就是为了要能“耐得住酒精”，为了让自己不要喝到超过极限，借此重新创造出生活中原本不存在的限制。

……喝酒几乎是为了要让太过困难的事情变得可能实现，就算之后得付出代价……这些事太艰巨，是生命里太过强烈的事物，所以我们有点愚昧地相信，喝酒可以让我们变得更强大……我自己的感觉是喝酒能帮我建立概念，这说来奇怪，我因为喝酒而建立起哲学概念。没错，是喝酒帮了我。接着我又发现喝酒再也帮不了我了，可能是我因为酒精而深陷于危险之中，也有可能是只要喝了酒，我就再也无心工作，遇到这种时候，就该停止喝酒。

吉尔 · 德勒兹，《德勒兹的 ABC》
（*Abécédaire*，1988）

香料与花朵的魔术师

撰文：查尔斯·帕丁·欧古胡

出生于康卡尔（Cancale）的罗林涅，把海味料理与来自远方的香料结合在一起。现在，让我们跟随法国料理界最伟大的航海家吧！

关键时刻

1955年，出生于康卡尔。

1976年，学习化学。

1982年，在家族大宅中设置餐馆，正式命名为毕库德之家（Les Maisons de Bricourt）。

1984年，毕库德之家摘下第一颗米其林星星。

2004年，创立罗林涅香料之家。

2006年，摘下第三颗星星。

2008年，退回星星。

2016年，把毕库德之家传给儿子雨果来经营。

母港，康卡尔

罗林涅生于毕库德大宅，在一栋1760年建成的莫卢尼耶（malouinière）建筑中成长。身为海盗后代，罗林涅从未离开康卡尔，在这座布列塔尼小镇建造了属于他的世界，包括教授独特料理（如鲂鱼佐印度归来酱）的**私掠船厨艺学校**（**École de cuisine Corsaire**），以及点心茶坊**“香草籽”**（**Grain de vanille**）。

这位大厨在**“旅人之家”**（**La Maison du voyageur**）摇身一变成为“炼金术师”。他闷烤、捣碎、研磨、称重并调配香料，成品则在他的“香料之家”贩售。在面向圣米歇尔湾的高处坐落着他的**希瑟城堡**（**Château Richeux**），这座别墅建于20世纪20年代，后来成为他主要的根据地，里面有11间房子和一家挂有米其林星星的**贝壳餐厅**（**Le Coquillage**）。

最近的目标则是拓展以克雷屋群（kleds，布列塔尼传统建筑）为主体的**“餐旅风之田”**（**La Ferme du vent**）。

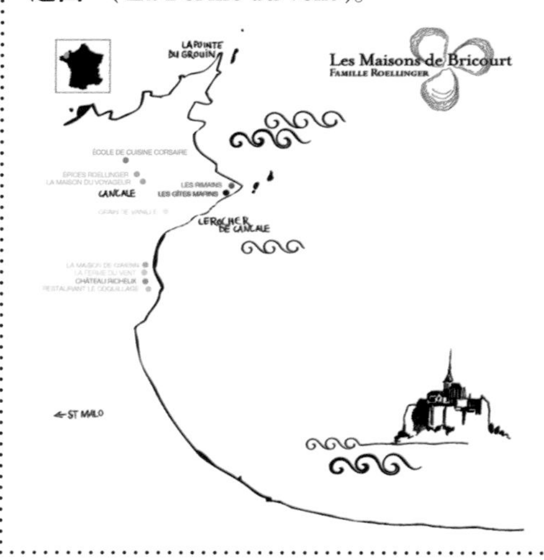

奥利维·罗林涅

Olivier Roellinger（1955— ）

崭露头角

他在学生时期曾遭到一群混混暴力袭击，因此昏迷了好几个星期，也坐了两年轮椅。事件发生后，他决定放弃科学，转而施展料理的天赋。他潜心研读了从安东尼·卡汉姆到爱德华·尼农（Édouard Nignon）的所有书籍，学习制作圣马洛奶油白酱，最终取得厨师证照。

香料帝国

他的儿时记忆中充满香料的味道。外公尤金·修旺（Eugène Chouan）是布列塔尼最大的香料商。他在康卡尔开始厨师生涯时，遇见一位以法国东印度公司为研究主题的学者，因此调制出第一个香料配方——印度归来香料。它结合了姜黄、香菜、八角、肉豆蔻种子皮、花椒、孜然等18世纪就可以在圣马洛城内找到的香料粉。

雨果的吉达番茄、蛤蜊、海带与海盗咖喱

身为罗林涅家的孩子，雨果下锚停泊在厨房前的职位是海军军官。

他继承了父亲的特色，烹调的料理结合海陆风味，使用当地食材，

如伊勒-维莱讷省的有机果菜农吉达·马孔（Gildas Macon）的番茄。

分量： 4人份

材料：

海盗咖喱粉（curry corsaire）40克（含香菜、姜、姜黄和小豆蔻）

有机葡萄籽油200克

宝拉红番茄（Paola）2个

图拉黑番茄（Black from Tula）3个

水手花园（Jardin Marin）的海带粉3茶匙

瓜希柳辣椒粉（Guajillo）1撮

雪莉酒醋1汤匙

橄榄油3汤匙

盐1撮

四季豆1把

蛤蜊24个

香菜花

盐花

步骤：

- 先制作海盗船油：把咖喱粉放到烤箱内，以180℃烤到呈褐色，混入葡萄籽油，以70℃煮7分钟，再用咖啡滤纸滤过。
- 将2个黑番茄、2个红番茄、海带粉、辣椒粉、雪莉酒醋、橄榄油和盐放入食物调理机，搅打5秒钟，制成油醋酱。
- 用滚水将四季豆煮熟。小心打开蛤蜊并挑出蛤肉。切四片番茄。先把蛤蜊放到盘内，接着放上一片番茄，撒一点盐花调味，最后淋上海盗船油，撒上香菜花。
- 上桌前淋上油醋酱。

亲爱的羔羊

撰文：玛丽埃勒·高德里

复活节的餐桌上不能没有羔羊！来学学如何“与羊共舞”，合意的话，还可以再更进一步。

扯羊腿的五种方法

羊后腿是绵羊身上最有价值的部位，全年皆可享用，也有很多料理方式。请看米歇尔·鲁邦（Michel Rubin）[1]介绍的五种美味食谱。

经典烧烤羊腿

食谱：在一只2.5千克的羊腿表面划开几道，放到烤盘上。撒盐和胡椒，淋上2汤匙橄榄油，再加入4瓣大蒜、几片月桂叶和百里香，或用1/2~1匙红椒粉（paprika）取代。放入180℃的烤箱烤50分钟至1小时。

肉质：软嫩，呈玫瑰色（约五分熟）

配菜：千层马铃薯和普罗旺斯炖菜

流泪羊腿

食谱：洋葱2个，切成半圆片，大蒜3瓣切片。将1千克马铃薯洗净后削皮切片。在羊腿上划6刀，把大蒜片塞进去，在表面涂满加了盐和胡椒的橄榄油。把洋葱、剩下的大蒜放入烤盘，盖上马铃薯片和50克黄油，放入150℃的烤箱烤15分钟。接着放入羊腿，将温度调到180℃，再烤40分钟。

肉质：三到四分熟（内生外熟）

配菜：焗烤马铃薯

七小时汤匙羊腿

食谱：羊腿放入铸铁锅，用橄榄油煎到表面金黄，取出备用。用同一口铸铁锅爆香四五瓣大蒜、切成小片的胡萝卜、综合香草束（百里香、月桂）1束和洋葱末，以盐和胡椒调味。把羊腿放回锅里，以120℃烘烤7小时。

肉质：入口即化，用汤匙即可享用。

配菜：炒马铃薯

四十瓣蒜烘羊

食谱：把一条2千克的羊腿放在烤盘上，淋一点橄榄油，撒盐和胡椒调味。放入大蒜四五球，不需剥皮，再撒一些百里香。放入180℃的烤箱烤50分钟。

肉质：软嫩，呈玫瑰色（约五分熟）

配菜：煮白腰豆

蜜汁羊腿

食谱：把蜂蜜涂在羊腿表面（可以烤出一层焦糖），再撒些香料（肉桂、丁香粉、肉豆蔻屑），放入180℃的烤箱烤1小时。出炉后用一点醋加热底层焦黄部分，溶成带点酸味的酱汁。

肉质：表层有焦糖

配菜：红薯和笛豆（flageolet）

古早味羔羊料理

皇家复活节羔羊：去骨羔羊塞入羔羊绞肉、水煮蛋黄、隔夜面包心，还有一些香草和香料，整个送入烤箱烧烤。

羊杂：羊头、羊心、羊肺、羊胸腺、羊肝、羊蹄，全部焖煮成汤，最后用生蛋黄和柠檬汁勾芡。

羔羊排佐芦笋尖：酥脆的羊胸搭配炒肋排，淋上贝夏梅酱，和芦笋尖一起享用。

小羊肩肉烩芜菁（navarin）

这道菜的名字是双关语，既指1827年爆发海战的希腊地名纳瓦 里诺（Navarino），也指食谱中的重要角色芜菁（navet）。

➤哪一个部位？小羊肩。

➤享用季节？春季

丹妮丝[2]的小羊肩肉烩芜菁

分量：6人份

材料：

羊颈肉600克
羊肩肉600克（去骨切块）
葵花油3汤匙
新鲜小洋葱3个
欧芹4束
大蒜1瓣
月桂叶1片
百里香3株
豌豆400克
胡萝卜400克
芜菁400克
质地紧实的马铃薯400克
盐、胡椒

步骤：

❶ 洋葱去皮切丁。

❷ 欧芹洗净摘下叶子，大蒜剥皮，两者一起切碎。

❸ 平底锅里倒点油煎肉，表面金黄即可放入铸铁锅。

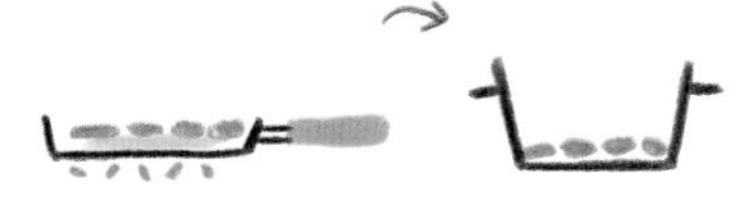

❹ 在同一口平底锅中放入洋葱，小火炒5分钟后倒入铸铁锅。

❺ 加入大蒜和欧芹末、百里香、月桂叶。

❻ 加盐和胡椒调味，加水盖过所有材料。

❼ 小火炖煮1小时。

❽ 趁空当剥出豌豆，将胡萝卜和芜菁削皮洗净后切成小块，马铃薯削皮洗净后切对半。

❾ 羊肉炖煮1小时后，加入胡萝卜、芜菁和豌豆，续煮45分钟。在最后20分钟时加入马铃薯一起炖煮。

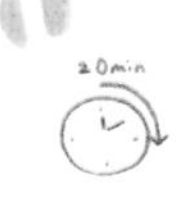

1. 摘自其著作《美味羔羊》（*Le goût de l'agneau:traité de recettes monothéistes, méditerranéennes & moyenorientales*）。
2. 食谱由丹妮丝·索林耶-高帝（Denise Solier-Gaudry）提供。

生蚝，海中的稀世珍宝

撰文：盖瑞·朵尔（Garry Dorr）*

法国的生蚝极具地方特色，质量优异，养殖区从诺曼底一直到地中海。
以下为您介绍一生中必定得尝一次的生蚝。

诺曼底

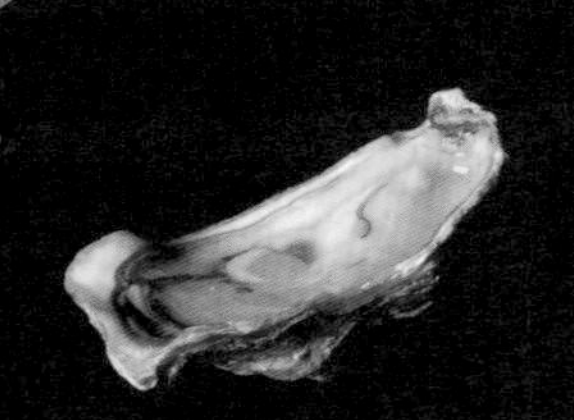

滨海布兰维尔蝴蝶生蚝
Papillon de Blainville-sur-Mer（n°5）
生产者：Ludovic Lepasteur 小量生产。
口感：细致，带海盐口感，后味清爽。

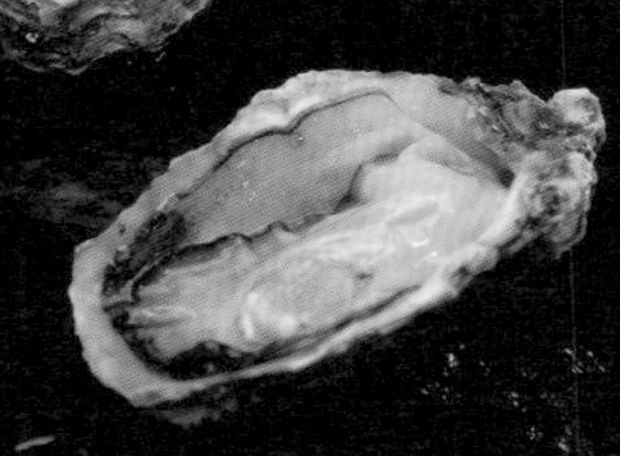

圣瓦斯特选生蚝
Spéciale Saint-Vaast（n°4）
生产者：Jean-François Mauger
名气大、质量佳，养殖过程严格控管。
口感：极具特色的重盐味。

滨海伊思尼特选生蚝
Spéciale Isigny-sur-Mer（n°3）
生产者：Sylvain Perron
体形中等，肉量适中。
口感：细致，味道清淡，带些许盐味。

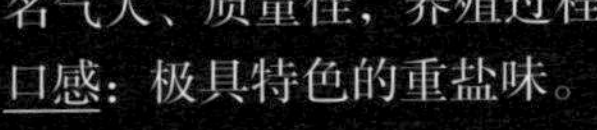

犹他湾特选生蚝
Spéciale Utah Beach（n°2）
生产者：Jean-Paul Guernier
养殖区以丰富的浮游生物著称。
口感：肉质肥美，香气清淡，吃完后齿颊留香。

布列塔尼

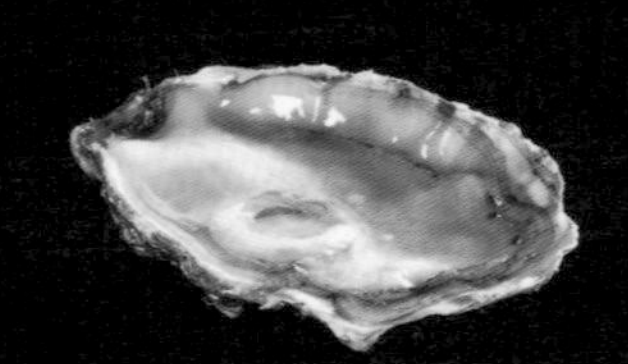

卡多黑贝隆生蚝
Belon Cadoret（n°00000）
生产者：Jean-Jacques Cadoret
卡多黑本身就是贝隆扁形蚝的质量保证商标。
口感：特殊木质与谷物香气，肉质鲜脆肥美。

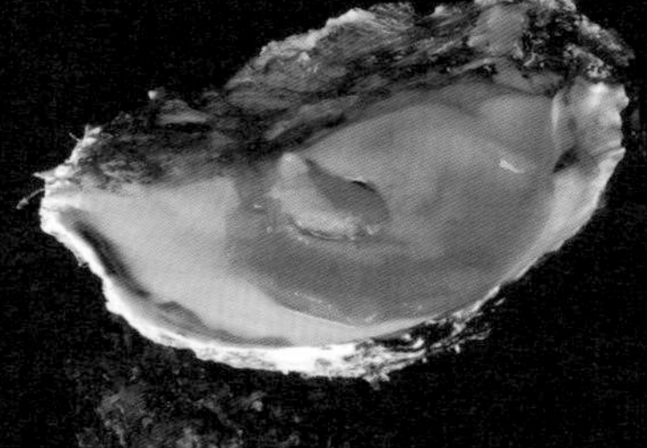

普拉阿孔精实生蚝
Fine de Prat-Ar-Coum（n°3）
生产者：Yvon Madec
布列塔尼海湾的经典品种，经过两年细心照料。
口感：口感平衡，有嚼劲。

普拉阿孔马蹄生蚝
Pied de Cheval de Prat-Ar-Coum
生产者：Yvon Madec
体形最大的品种之一，马德克家族自1898年起传承至今。
口感：味重，圆润，饲养15年左右的马蹄生蚝可重达1.2千克。

雷岛（Île de Ré）

雷岛精实生蚝
Fine de l'île de Ré（n°3）
生产者：Sébastien Réglin
灯笼养殖法（圆柱形的网状养殖笼，里面以坚固的托盘隔层）。
口感：海水味重，吃起来有海带味，肉质细嫩，完美的下酒菜。

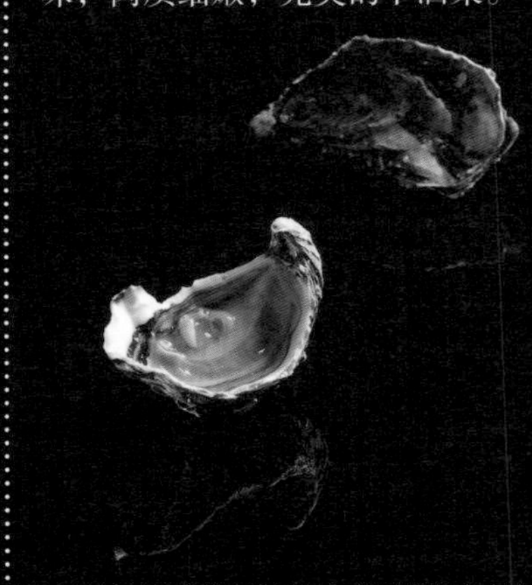

* 巴黎 Le Bar à huîtres 鲜餐厅老板，网址：lebarahuitres.com

诺穆提耶（Noirmoutier）

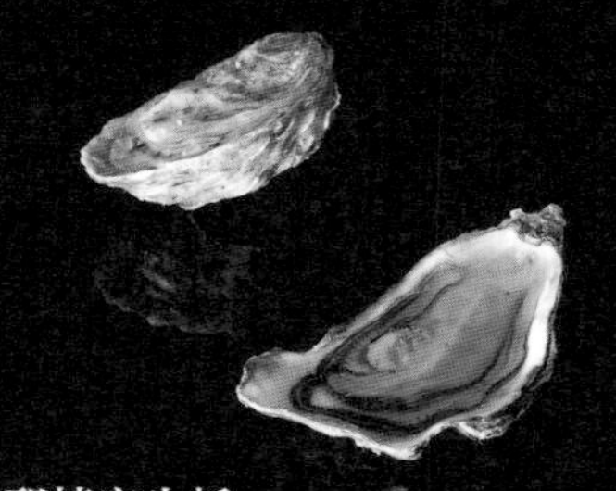

诺穆提耶精实生蚝

Fine de l'île de Noirmoutier（n°2）

生产者：Alain Gendron

小岛传统合作养殖的品种。

口感：咸味重，肉质细嫩，带点苦味。

普瓦图－夏朗德

芬克雷生蚝

Fine de claire（n°2）

生产者：David Hervé

这款生蚝无人可及，可说是生蚝界的劳斯莱斯！

口感：堪称世界之最，温和、甜美、回味无穷。

吉拉多特选生蚝

Spéciale Gillardeau（n°3）

生产者：Gillardeau

20世纪80年代成立以来一直是法国生蚝的指标品牌。生蚝先在诺曼底养殖四年，再移到马雷内（Marennes）增肥[1]。

口感：清爽，均衡，带有细致的盐味，质地柔软。

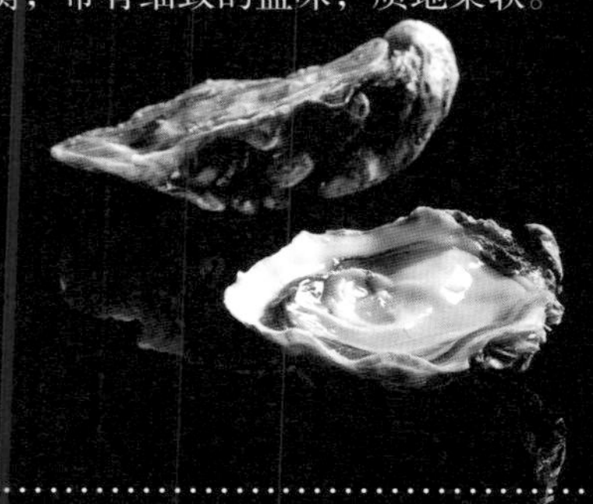

阿基坦（Aquitaine）

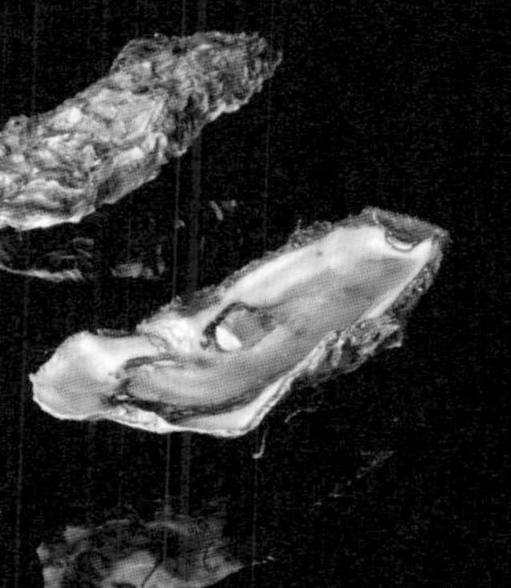

鸟岛野生生蚝

Huître Sauvage de l'île aux Oiseaux

生产者：Olivier Laban

唯一未经人工干预生长的生蚝，因此形状不规则，需徒手“采摘”。

口感：天然，自行熟成，海带味与盐味颇重。坚持质量，绝不让步！

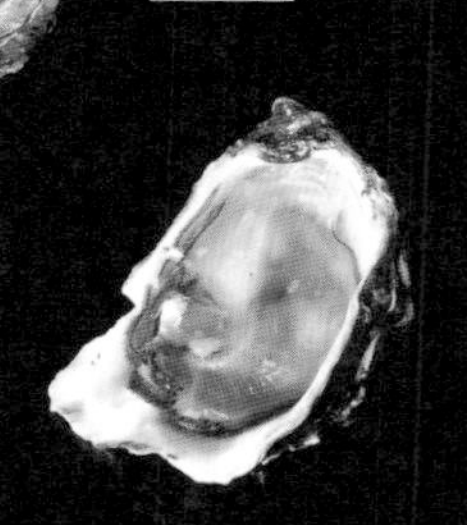

皮拉沙丘蝴蝶生蚝

Papillon de la dune du Pilat（n°5）

生产者：Olivier Laban

产量最少、体形最小的生蚝，堪称皮拉沙丘深情之吻！

口感：偏咸，带铜味的后味是阿尔卡雄（Arcachon）盆地生蚝的特色。

地中海区

粉红糖特选生蚝

Bonbon rose（n°5）

小巧的生蚝，有时甚至会到6号。肉质肥美，是个货真价实的“胖糖”。

口感：轻微的海盐味和些微甜味，肉质介于软嫩与爽脆之间。

粉红特选生蚝

Huître Rose Spéciale

生产者：Florent Tarbouriech（n°00）

以拼贴法[2]养殖的拓湖（Thau）特级生蚝。使用太阳能板供电，每日把生蚝提出水面日晒，外壳因此呈粉红色，壳内层也会变彩色。

口感：微微的海盐味和甜味，肉质介于软嫩与爽脆之间，体形大颗。

科西嘉岛

戴安娜池奴斯塔勒扁形生蚝

Plate de Diana Nustrale

生产者：Alain Sanci

戴安娜池塘位于美丽岛（île de Beauté）东边的平原，罗马时代就以出产优质生蚝著称。

口感：肉质肥美，带有浓郁海水味与坚果味，嚼劲十足。

乌比诺凹形生蚝

Huître creuse d'Urbinu

生产者：Bronzini di Caraffa 家族

科西嘉东岸的凹形生蚝，产量小，主要供应当地居民。

口感：复杂，盐味明显，跟其他科西嘉生蚝一样不分级，但一点也不逊色！

1.原本养殖在海里的生蚝被带到养分丰沛的克雷池（claire），待上二至六个月继续增肥，池中的藻类会让蚝肉呈现翠绿光泽。——编注

2. 拼贴法（collage）是法国特有的养殖法，生蚝长到3厘米大时就均匀粘到绳索上吊起来，让生蚝有足够的空间生长，养出来的生蚝形状很规则。——译注

蔬菜炖肉的艺术

撰文：瓦伦提娜·屋达

法语的蔬菜炖肉（potée）一词源自炖煮用的砂锅（pot en terre），
通常只在农家庆典时出现，
顾名思义就是把肉和菜放到高汤里炖煮。

奥弗涅蔬菜炖肉*

炖煮时间：3小时
分量：4人份

材料：

半盐肥猪肉500克
半盐猪肩肉1千克
水煮风干香肠1条
皱叶甘蓝1个
猪油2汤匙（可用黄油代替）
胡萝卜6根、韭葱葱白6根
芜菁2个、西洋芹2根
马铃薯6个、大蒜2瓣
洋葱2个、丁香2粒
综合香草束（百里香、欧芹、月桂、韭葱叶）
盐、胡椒

步骤：

- 猪肉浸泡冷水1小时去盐，用布擦干。择掉甘蓝最外层的叶子，切成4等份后择掉一点菜心，用滚水烫5分钟，沥干备用。胡萝卜和芜菁去皮，切成小圆筒块状。洋葱去皮，在其中一个上插上丁香，另一个切成4等份。大蒜去皮切对半。
- 用铸铁锅加热猪油，把肉煎到表面金黄，然后加入上述的蔬菜、香草束和大蒜。加水盖过所有材料，煮到沸腾后放入甘蓝菜，盖上锅盖，小火炖煮2小时30分钟。
- 马铃薯去皮，和香肠一起放到锅里，加点盐和胡椒调味，再煮30分钟。煮好后把蔬菜炖肉盛入深盘，上桌前淋上汤汁。

* 食谱取自“法国烹饪艺术委员会”，属于奥弗涅法国料理遗产。

同场加映

阿尔萨斯白酒炖肉锅（第169页）

那位克朗女子的身形因为那些蔬菜炖肉与冷肥猪肉而显得丰腴。
——《悲怜赤子心》（*Vipère au poing*，1948），艾尔维·巴赞（Hervé Bazin）

蔬菜炖肉混合了农场里的肉品和菜园里的蔬菜，只有在平静的农村能见到它的身影。
——《幽灵传》（*Biographie de mes fantômes*，1901—1906），乔治·杜亚梅（Georges Duhamel）

香槟区“葡萄采收者”炖肉锅（vendangeurs）：新鲜猪肩、小腿肉、肋排、烟熏香肠、胡萝卜、韭葱、芜菁、马铃薯、卷心菜心、香草束。

洛林捞锅（又称potaye或retirage）：烟熏肩肉、烟熏猪胸瘦肉、猪尾巴、猪肉、洛林熏香肠、卷心菜、芜菁、胡萝卜、韭葱、洋葱、西洋芹、马铃薯、半盐白腰豆、四季豆、新鲜蚕豆、豌豆、香草束。

布列塔尼炖肉锅：半盐或烟熏肥猪肉、猪肋排、新鲜火腿、原味香肠或烟熏香肠、胡萝卜、卷心菜、韭葱、洋葱、马铃薯、芜菁。

阿尔萨斯白酒炖肉锅（Bäckeoffe）：当地人称之为“面包师傅锅”，以前当地面包师傅清晨起床烤面包时，顺便把蔬菜炖肉锅放进炉子里一起加热，其他人起床后就有热腾腾的早餐可以吃了。猪肩胛肉、猪蹄、猪尾巴、牛肩胛肉、无骨羊肩肉、丽丝玲白（riesling）酒、马铃薯、洋葱、大蒜、香草束。

勃艮第炖肉锅：肥猪胸肉、猪肩肉、猪脚、水煮风干香肠、卷心菜、胡萝卜、芜菁、韭葱、马铃薯、洋葱、香草束。

弗朗什-孔泰炖肉锅：肥猪肉、猪五花、烟熏肩肉、莫尔托香肠（Morteau）、卷心菜、大头菜、胡萝卜、芜菁、韭葱、马铃薯、香草束。

贝里炖肉锅：腰豆、水煮风干香肠或一般香肠、洋葱、百里香、月桂叶，全部放到红酒里炖煮。

利穆赞炖肉锅：盐渍猪五花、烟熏肥猪胸肉、卷心菜、胡萝卜、芜菁、韭葱、洋葱、马铃薯、大蒜、香草束。也可另外加：小火腿、香肠、法式内脏肠。

萨瓦炖肉锅：迪欧香肠（Diot）、风干蒜味香肠、猪胸、猪肩、烟熏肥猪肉、皱叶甘蓝、马铃薯、胡萝卜、洋葱、白酒、香草束。

阿尔比炖肉锅：烟熏生火腿、水煮风干香肠、牛腿肉、小牛腱、油封鹅、卷心菜、胡萝卜、芜菁、西洋芹、韭葱葱白、白腰豆。

多菲内炖肉锅：瑞士思华力肠（Cervelas）、牛舌、牛小排、肥猪肉、猪皮、猪腱、猪肩、猪脚、小牛脚、洋葱、马铃薯、皱叶甘蓝、胡萝卜、芜菁、西洋芹、香草束和其他调味。

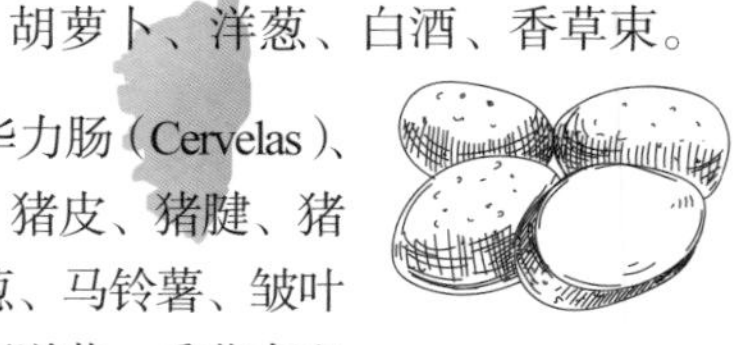

安的列斯炖肉锅：半盐猪肩和猪肋排、小火腿、熏肥猪肉、皱叶甘蓝、胡萝卜、芜菁、番薯、山药、绿香蕉、大蕉、胡椒、青葱、青柠和其他调味料。

皮耶洛：“这蔬菜炖肉还不赖。”
尚克劳德：“是啊，但也没好到可以写一本论文。”
——《圆舞曲女郎》（*Les valseuses*），贝特朗·布里叶（Bertrand Blier）导演，菲利浦·杜马榭（Philippe Dumarçay）编剧

顶尖厨师大对决

撰文：艾曼纽·罗宾（Emmanuel Rubin）

这两位厨师各自拥有许多餐厅，也摘下不少米其林星星，
他们都前往世界各地宣扬法国美食……

法式料理界两位互为可敬的对手，超级比一比！

	亚朗·杜卡斯（Alain Ducasse）	乔尔·卢布松（Joël Robuchon）
年纪	出生于1956年9月13日，卡斯泰勒-萨拉赞（Castel Sarrazin）。	出生于1945年4月7日，普瓦捷（Poitiers）。
国籍	2008年入籍摩纳哥	法国籍
学历	从塔朗斯（Talence）的酒店管理学校辍学。	莫莱昂（Mauléon）的小型神学院毕业，经历“环法之旅”后，加入了法国工匠协会。
绰号	Dudu、Ducasse-couilles、Ducash	JR
精神导师	米歇尔·盖拉德、罗杰·佛吉及阿兰·夏贝尔	让·德拉维恩（Jean Delaveyne）
餐厅	25间餐厅，分布在7个国家（法国、中国、摩纳哥、英国、美国、卡塔尔、日本）。	25间餐厅，分布在9个国家（法国、摩纳哥、英国、美国、日本、中国、加拿大、新加坡、泰国）。
招牌菜	蔬菜锅（cookpot de légumes）、松露蔬菜沙拉（salade de légumes à la truffe）	哈特马铃薯泥（purée de pommes de terre rattes）、花椰奶油鱼子冻（gelée de caviar à la crème de chou-fleur）
星等	18颗星，其中有3次拿到三颗星。	31颗星，其中有5次拿到三颗星。
奖章	荣誉军团骑士勋位（Chevalier de la Légion d'Honneur）	荣誉军团军官勋位（Officier de la Légion d'honneur），法国最佳工艺师
世界版图	除了经营餐厅，集团旗下还有餐饮学校、巧克力工厂、培训咨询的机构，也持有城堡酒店体系（Châteaux et Hôtels Collection）的股份。	除了餐厅、酿酒厂及商店，也提供美食及农业食品领域的咨询服务。自1999至2012年，他在电视上策划了几档烹饪节目，也执掌了Gourmet TV频道（2002—2004）。
薪资	年薪1,200万欧元（资料来源：Forbes 2016）	年薪700万欧元（资料来源：Capital-Infogreffe 2016）
顾问	自2006年起，与法国国家太空研究中心（CNES）合作，为航天员制作料理。	Reflets de Franc及Fleury-Michon等品牌系列的顾问。
重要一日	1984年8月9日，他是一场空难的唯一幸存者。这次的奇迹生还深刻影响了他对生命的看法与态度。	1995年，他在50岁时退休，6年后带着对厨艺的新视野重回工作岗位。
影响力	法国烹饪学院联合创始人。他的巴黎Le Plaza Athenée餐厅在2017年全球五十大餐厅名录里排行第13名。	法国烹饪学院（Collège Culinaire de France）联合创始人。
书籍著作	出版50多本书籍，拥有一家出版社，其中包括卢布松的书。	出版30多本著作，翻译成多国语言。1996年负责策划知名的《拉鲁斯美食百科全书》（*Larousse Gastronomique*）。
得意门生	Franck Cerutti、Bruno Cirino、Jean-François Piège、Hélène Darroze、Jean-Louis Nomicos、Christophe Saintagne……	Frédéric Anton、Olivier Belin、Éric Ripert……
失败之作	位于巴黎的BE糕饼杂货铺，还有阳狮集团旗下的Marcel餐厅。	波尔多的Le Grand Restarant餐馆，只掌厨一年便离开了。
名言警句	领导力，是领导者在规划道路方向的同时，也确保员工能够全力支持的能力。	除了一些有趣特别的体验之外，伟大的法式厨艺让我倒尽胃口！

把酱汁端上来！

撰文：法兰索瓦芮吉·高帝和埃希克·特罗雄

19世纪的法国外交官塔列朗（Talleyrand）曾写道："英国有两种酱汁及三百种宗教。而法国却恰恰好相反，只有两种宗教，却有超过三百种的酱汁。"就让我们来探索法式酱汁这项美妙的文化遗产。

高汤、油糊、原汁

对奥古斯特·埃斯科菲耶来说，这三种酱汁全都是"建立料理艺术的关键基石"。这位世界名厨对于奠定法国各式酱汁的制作标准有极大贡献，他与布里恩·勒梅希耶（Brian Lemercier）共同编写了《酱汁目录》（*Répertoire des sauces*），曾获法国最佳工艺师的主厨埃希克·特罗雄在书中介绍酱汁的四大家族，包括以白色高汤与褐色高汤为基底的酱汁、贝夏梅酱与伯那西酱的两大类别，还有莫尔奈酱（奶酪白酱）和修隆酱。

高汤（Fond）

高汤是法式酱汁的基础，是以肉类、蔬菜和香料加清水熬煮数小时，过滤之后的清汤或原汁；原汁（jus）则可分为添加肉类熬煮的荤汤汁和单纯以蔬菜熬煮的素汤汁。高汤不只可做酱汁基础，也可做炖煮或炖菜的汤底。大致上分为三类：

➢ **白色高汤（fond blanc）**：指白肉（家禽或小牛肉[1]）与具有香气的配料，加入液体（通常是清水）熬煮而成。

➢ **褐色高汤（fond brun）**：原料通常是牛肉、小牛肉或鸡肉，加上具有香气的配料。熬煮前会先将肉品送进烤箱或在锅子中烹煎上色。

➢ **鱼高汤（fond de poisson）**：法语又称作"fumet"。

油糊（Roux）

油糊的基础原料是面粉和黄油（分量各半），以中火不断拌炒而成。大致上分为三类：

➢ **白色油糊（roux blanc）**：又称作丝绒酱（velouté），是白酱及贝夏梅酱的基底。

➢ **棕色油糊（roux blond）**：带榛果香气，可制作搭配白肉或鱼类的各式白酱，以及贝夏梅酱。

➢ **褐色油糊（roux brun）**：各类褐色酱料的基底，通常用来搭配红肉。

"黄油白酱"还是"南特黄油酱"？

别伤脑筋了，这两个名字指的是同一种东西。黄油白酱（beurre blanc）的成分有黄油、红葱、醋及白酒，南特黄油酱（beurre nantais）也是，唯一的差别是后者一定得用南特地区的果普龙（Gros plan）和密斯卡岱（Muscadet）白酒。至于黄油酱的历史则要追溯到1890年圣瑞利安德孔瑟莱的La Buvette de la Marine餐厅，位置靠近南特地区。果莱侯爵的厨师克蕾蒙丝·勒费弗（Clémence Lefeuvre），为了搭配在卢瓦尔河捕获的鱼而发明了这道佐酱；另一个说法则是一场意外，原本要制作伯那西酱，却忘了加入龙蒿和蛋黄，直到现在当地都还有人称它为"做坏的酱汁"。

黄油白酱

分量：约250克

材料：

不甜白酒100毫升（最好是南特的酒）

红葱2个、醋50毫升

黄油400克、盐、胡椒

步骤：

在锅中加入白酒、醋及红葱末，小火收汁到原本分量的3/4。加入切成小块的黄油，搅拌均匀，以盐和胡椒调味。可搭配在肉汤中烹调的水煮鱼及烧烤食用。

白色高汤家族

通常使用家禽或小牛的碎骨，加上带有香气的配料熬煮而成。

白色高汤（FOND BLANC）

→ ＋液体鲜奶油＋黄油＋柠檬：至尊白酱（SAUCE SUPRÊME）
- → ＋番茄＋黄油：极光酱（AURORE）
- → ＋肉汁＋辣椒黄油：阿布费拉酱（ALBUFERA）

→ ＋蛋黄＋液体鲜奶油：巴黎酱（PARISIENNE）德国酱（ALLEMANDE）
- → ＋蘑菇＋欧芹＋柠檬：普雷特酱（POULETTE）

制作方法

白色高汤

熬煮时间：小牛高汤5小时
鸡高汤1小时

分量：2升

材料：

小牛骨1千克，或鸡骨架1千克

胡萝卜150克、洋葱150克

丁香1颗、韭葱150克

带叶西洋芹50克

综合香草束1束、大蒜1/2瓣

步骤：

在深锅内放进牛骨，加水淹过骨头，小火熬煮至微滚，再加入所有配料，边煮边捞起白沫浮渣。用锥形滤勺过滤，留下高汤备用。

至尊白酱

白色高汤500毫升和白色油糊（黄油15克加面粉15克拌炒）加热至沸腾。加入液体鲜奶油100毫升，熬煮至浓稠、可黏附在汤匙表面，加入柠檬汁30毫升及黄油25克。以盐和胡椒调味，加点卡宴辣椒粉和现磨肉豆蔻。建议搭配：家禽肉类。

巴黎酱

小牛骨白色高汤900毫升和棕色油糊（面粉60克和黄油60克拌炒）加热至沸腾。将蛋黄60克、柠檬汁50毫升、液体鲜奶油200毫升混匀，加一点热高汤搅拌均匀，全部加入锅中熬煮至微滚，收汁调味即完成。建议搭配：酥皮馅饼。

阿布费拉酱

至尊白酱500毫升＋浓稠肉汁酱100毫升（第187页）＋辣椒黄油50克。建议搭配：水煮或炖煮的家禽。

极光酱

至尊白酱400毫升＋番茄泥100毫升＋黄油75克。建议搭配：蛋、白肉、家禽肉类。

普雷特酱

蘑菇原汁50毫升稍微收干后加入巴黎酱500毫升，加热至沸腾后滚煮5分钟，将锅子离火。加入黄油75克，摇晃锅子使黄油熔化、让酱汁变稠。加入欧芹末10克及一点柠檬汁。建议搭配：羊脚菇、蛋、蔬菜。

1. 在西方传统料理上，一般会将味道没那么重的小牛肉与羔羊肉归为白肉。——编注

褐色高汤家族

用烤过或煎过上色的骨头和香料熬煮而成。

- 褐色高汤（FOND BRUN）
  - +褐色油糊 +米雷普瓦（mirepoix）[1] +番茄 → 西班牙酱（ESPAGNOLE）
    - +红酒 +鳀鱼 +洋葱 +胡萝卜 +收汁 → 日内瓦酱（GENEVOISE）
  - +收汁 → 肉汤半胶汁（DEMI-GLACE[2]）
    - +收汁 → 浓稠肉酱汁（GLACE DE VIANDE[3]）
    - +煮鱼的清汤 +香菇 → 马特拉酱（MATELOTE）
    - +洋葱 +番茄 → 布列塔尼酱（BRETONNE）
    - +白酒 +红葱 +卡宴辣椒粉 → 恶魔酱（DIABLE）
    - +白酒 +红葱 +欧芹 → 贝西酱（BERCY）
    - +红酒 +红葱 → 波尔多酱（BORDELAISE）
    - +白酒 +洋葱 +芥末酱 → 罗伯酱（ROBER）
      - +切碎的法式腌黄瓜60克 → 柯尔贝酱（COLBERT）
    - +白酒 +蘑菇 → 猎人酱（CHASSEUR）
    - +马德拉酒 → 马德拉酱（MADERE）

制作方法

褐色高汤

熬煮时间：牛骨5小时，其他部分2小时
分量：2升

材料：
牛骨、牛腱、牛胫、牛蹄和任何剩下可用的瘦肉共1千克
胡萝卜150克
洋葱150克
带叶西洋芹75克
新鲜番茄200克（非必要）
浓缩番茄糊20克
综合香草束1束
大蒜1/2瓣
粗盐1小撮

步骤：
将骨头和肉放进烤箱烤至表面上色，不时用夹子翻面以确保上色均匀。倒掉多余油脂，加入蔬菜及番茄糊一起烘烤。刮下烤盘底部烧得焦香的部分，和所有食材及香料束一起倒入深锅，加4升水熬煮至形成高汤。用锥形滤勺过滤，留下高汤备用。

西班牙酱

在锅中加入褐色高汤4升滚煮，加入褐色油糊300克，转小火慢煮，不时捞除浮沫。将肥猪肉丁煎至出油，加入胡萝卜125克、洋葱75克、百里香、月桂叶拌炒，然后全部倒入汤锅。在炒蔬菜的锅中倒入白酒，边煮边用锅铲刮起锅底焦香部分，煮至原先分量的一半然后熄火，全部倒入汤锅。将高汤滚煮1小时，用滤勺碾压蔬菜过滤，保留汤汁。重新加入褐色高汤1升，熬煮1小时。隔日再加入褐色高汤1升和番茄泥500克熬煮至沸腾，转小火收汁1小时，捞除浮沫，过滤备用。建议搭配：白肉、野味、鱼类。

日内瓦酱

西班牙酱+红酒1升+鳀鱼25克+洋葱100克+胡萝卜100克。
建议搭配：鲑鱼和鳟鱼。

肉汤半胶汁

褐色高汤2升+波特红酒（porto）或马德拉酒100毫升+巴黎蘑菇15克+黄油15克，滚煮1.5小时，即可得到500毫升的半胶汁。

浓稠肉酱汁

将褐色高汤2升熬煮1.5小时，直到浓缩成200毫升、如糖浆质地的浓稠肉酱汁。

马特拉酱

将加入红酒的鱼高汤300毫升与切碎的蘑菇30克熬煮收汁，再加入小牛肉半胶汁200毫升混匀过滤。加入黄油30克，摇晃使之熔化，让酱汁变得浓稠，最后以盐和胡椒调味。建议搭配：鳗鱼、鱼类。

布列塔尼酱

黄油炒洋葱末100克直到呈金黄色，和白酒250毫升一起加入褐色高汤熬煮。加入小牛肉半胶汁300毫升、番茄泥200毫升、新鲜番茄切丁200克、压碎的蒜瓣10克，滚煮七八分钟，用锥形滤勺过滤。加入黄油20克使酱汁浓稠，再加入切碎的欧芹20克。建议搭配：四季豆或各种豆类。

恶魔酱

将50毫升白酒、20毫升醋、40克红葱末、3克胡椒、10克龙蒿加入褐色高汤熬煮。加入小牛肉半胶汁400毫升，继续熬煮至沸腾，续滚2分钟后熄火，离火静置15分钟让酱汁充分融合，再用锥形滤勺过滤。加入黄油40克使酱汁浓稠，最后加点卡宴辣椒粉提味。建议搭配：家禽肉类、烤鱼。

贝西酱

将红葱30克炒至出水，加入褐色高汤。加入白酒50毫升，熬煮至原本分量的1/10。加入小牛肉半胶汁500毫升，收汁至原本分量的2/3。加入100克黄油使酱汁浓稠，再加入1克切碎的欧芹和50毫升白酒，调味后备用。建议搭配：牛排、菲力牛排。

波尔多酱

预先拌炒30克红葱，与胡椒、百里香、月桂叶加入盛装褐色高汤的锅中。加入500毫升波尔多红酒，熬煮收汁至原本分量的1/4。加入小牛肉半胶汁，再用锥形滤勺过滤。最后加入事先焖煮过、切成小块的牛髓。建议搭配：切成小块的肉。

罗伯酱

用黄油炒100克洋葱，加入褐色高汤。加入150毫升白酒和50毫升醋，熬煮至原本分量的1/3。加入400毫升小牛肉半胶汁，重新煮滚收汁。加入第戎芥末酱20克和糖5克混匀，倒入锥形滤勺过滤，以盐和胡椒调味，不可再加热。建议搭配：牛舌、小型野味、水波蛋。

柯尔贝酱

建议搭配：蔬菜、鱼类、烤肉。

猎人酱

用30克黄油炒250克蘑菇，加入褐色高汤。加入30克红葱末和50毫升干邑白兰地，煮滚收汁，再加入500毫升白酒继续熬煮。加入400毫升小牛肉半胶汁混匀，再加入10克黄油使酱汁浓稠。加入切碎的雪维草和10克龙蒿，以盐和胡椒调味即完成。建议搭配：家禽肉类、兔肉、小牛肉、小牛胸腺。

马德拉酱

加热200毫升小牛肉半胶汁，加入3汤匙马德拉酒混合均匀。注意不要让酱汁沸腾。建议搭配：切成小块的肉（如腰肉）。

1. 将胡萝卜、洋葱、西洋芹切碎，炒或烤到出现焦香味，可以使料理味道变得醇厚的调味料。——编注
2. 也有人音译为多蜜格拉斯酱和格拉斯酱。——编注

伯那西酱家族

属于乳化酱汁的一种，也可称为半凝结热酱汁。

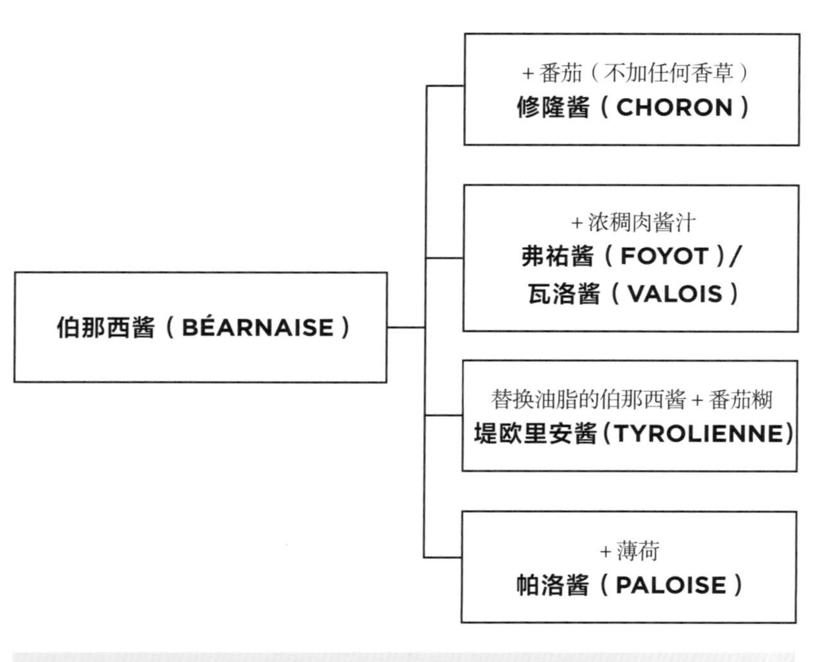

伯那西酱跟地名有关吗？

这种酱汁的发源地不是贝阿恩，而是亨利四世位于圣日耳曼昂莱（Saint-Germain-en-Laye）的皇宫。取这个名称是为了纪念亨利四世，他又被称作"伟大的贝阿恩人"（le Grand Béarnais）。发明者正是国王的御厨寇利内（Collinet），他也发明了马铃薯舒芙蕾。

制作方式

伯那西酱

分量：400毫升（8人份）

材料：

白醋100毫升
红葱50克，切碎
龙蒿20克，切碎蛋黄5个
澄清黄油300克（beurre clarifié）
雪维草10克，切碎

步骤：

将白醋、红葱、一半的龙蒿和胡椒少许混合，熬煮收汁，放凉备用。加入蛋黄，用打蛋器搅拌至质地均匀、如沙拉酱一般的乳化酱汁。慢慢加澄清黄油拌匀，用锥形滤勺过滤，加入剩下的龙蒿及雪维草。建议搭配：肉类、烤鱼。

修隆酱

伯那西酱300克加切碎的番茄100克。建议搭配：牛肋排、肋眼牛排、红肉烧烤。

弗祐酱/瓦洛酱

伯那西酱400毫升加浓稠肉酱汁50毫升。建议搭配：红肉烧烤。

堤欧里安酱

在制作伯那西酱时，将黄油换成葵花子油，然后取300克加入番茄糊（fondue de tomate）100克。建议搭配：肋眼牛排、菲力牛排、红肉烧烤。

帕洛酱

在制作伯那西酱时，将龙蒿换成新鲜薄荷。建议搭配：羊肉及红肉。

荷兰酱家族

属于乳化酱汁的一种，也可称为半凝结热酱汁。

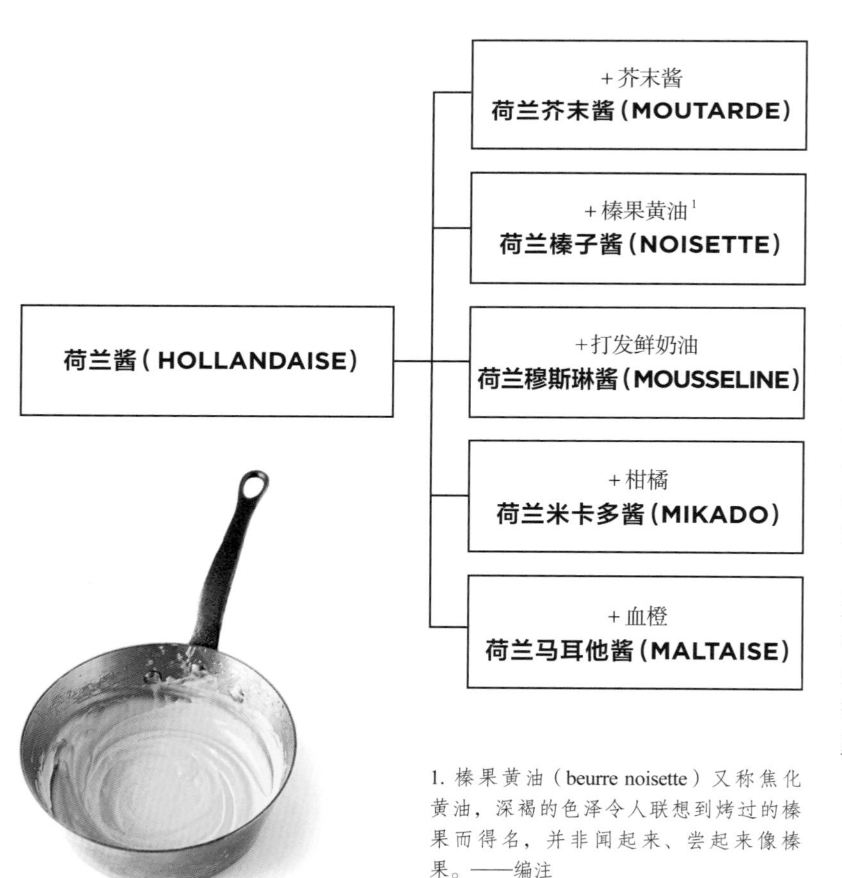

1. 榛果黄油（beurre noisette）又称焦化黄油，深褐的色泽令人联想到烤过的榛果而得名，并非闻起来、尝起来像榛果。——编注

制作方式

荷兰酱

分量：400毫升（8人份）

材料：

水4汤匙
蛋黄5个
黄油500克
柠檬1个
盐、胡椒

步骤：

将水及蛋黄搅拌至质地均匀、呈现如沙拉酱一般的乳化酱汁。逐步加入黄油和柠檬汁搅打，加盐1撮及胡椒调味。建议搭配：鱼类、芦笋。

荷兰芥末酱

荷兰酱400毫升加浓芥末酱3汤匙、盐1撮、胡椒少许、柠檬汁1/2个，拌匀，再加浓稠法式酸奶油200毫升。建议搭配：鱼类。

荷兰榛子酱

在制作荷兰酱（400毫升）时，最后加入榛果黄油75克。建议搭配：白芦笋、蔬菜、水煮鲑鱼及鳟鱼。

荷兰穆斯琳酱

将液体鲜奶油100毫升打发成蓬松的固体鲜奶油。加热荷兰酱300毫升，离火后拌入打发的鲜奶油，趁热端上桌。建议搭配：烤鱼、芦笋。

荷兰米卡多酱

将2个柑橘皮刨出皮丝，用热水焯烫。挤出柑橘果汁，连橘皮放进400毫升荷兰酱中，再加点卡宴辣椒提味。建议搭配：白芦笋及蔬菜。

荷兰马耳他酱

荷兰酱400毫升加入1个血橙的果皮及汁液，再以锥形漏斗过滤。建议搭配：白芦笋。

贝夏梅酱家族

两位伟大主厨的贝夏梅酱大对决：安东尼·卡汉姆 vs 奥古斯特·埃斯科菲耶

埃斯科菲耶的贝夏梅酱

材料：黄油、面粉、牛奶，还可加入洋葱、百里香、胡椒、肉豆蔻、盐、小牛肉

步骤：

将面糊及煮沸的牛奶混合，煮至沸腾时一边不停搅拌，一边加入调味料及食材，还有蒸熟的小牛肉，以小火炖煮一小时。用细棉布过滤，在酱汁表面放一块黄油任其熔化，不要搅拌。如果这份贝夏梅酱是要用来烹煮瘦肉，那制作时可不加小牛肉，不过其他的香料都必须要保留。

卡汉姆的贝夏梅酱

材料：瘦火腿肉数片、小牛腿肉1块、小牛腿心1块、小牛臀肉1块，大母鸡2只、高汤（足够盖过所有肉品的分量）、重乳脂鲜奶油、巴黎蘑菇、黄油、面粉

步骤：

在锅底抹黄油……在锅中四处摆放几片瘦火腿肉，加入牛腿肉、腿心肉、后臀肉，2只大母鸡及足以盖过肉品的高汤。将锅子加盖，放进已预热的烤箱，几小时后可以得到一份未变色、质地如丝绸般的酱汁。将酱汁倒进以黄油和面粉炒制的面糊，加入蘑菇及综合香草束。一个半小时后，倒入1.7升重乳脂鲜奶油，就可以得到一份细致、雪白又完美的贝夏梅酱。

结果：

- 这两个版本的贝夏梅酱相当不同。
- 卡汉姆的贝夏梅酱相当细致。他使用瘦肉及上等部位制作高汤，成品非常类似日式上汤，而非只是用单纯肉骨熬成的传统小牛肉高汤。
- 埃斯科菲耶的版本则是一项革新，他将做法简化，让一般民众也可在家制作。

贝夏梅酱（BÉCHAMEL）

- +蛋黄+埃曼塔奶酪丝 → **莫尔奈酱（MORNAY）**
- +鱼高汤+松露+螯虾黄油 → **主教酱（CARDINAL）**
- +洋葱+糖+法式酸奶油 → **苏比斯酱（SOUBISE）**
- +法式酸奶油 → **贝夏梅奶酱（SAUCE CRÈME）**
  - +螯虾+干邑白兰地 → **南迪亚酱（NANTUA）**
- +卡宴辣椒粉+水煮蛋 → **（苏格兰酱 ）**

贝夏梅酱可以用来做：

- ➤焗烤吉康菜火腿卷
- ➤法式烤奶酪火腿三明治
- ➤希腊焗烤茄子千层派（Moussaka）
- ➤焗烤千层面
- ➤焗烤蔬菜

你知道吗？

相传贝夏梅酱（béchamel）是法国国王路易十四的总管路易·贝夏梅尔（Louis de Béchameil）发明的，也因此用他的名字来命名。不过这么多年流传下来，贝夏梅尔的“i”不知道什么时候被搞丢了！

制作方式

贝夏梅酱

分量：约1升（10人份）

材料：

黄油70克、面粉70克
冰牛奶1升
肉豆蔻、细盐、白胡椒

步骤：

取一只长柄锅加热熔化黄油，加入面粉，用打蛋器搅拌至均匀。将冰牛奶慢慢倒入长柄锅内，边倒边搅拌，使牛奶与油糊均匀混合。将牛奶油糊加热至沸腾，续滚四五分钟，同时不停搅拌。以肉豆蔻、盐、胡椒调味，用锥形滤勺过滤后放凉备用。

莫尔奈酱

贝夏梅酱1升加蛋黄3个和埃曼塔奶酪丝100克。建议搭配：蛋与蔬菜，如焗烤菪莛菜。

主教酱

贝夏梅酱200毫升加鱼高汤100毫升和松露萃取液50毫升，熬煮至沸腾。加入液体鲜奶油100毫升和螯虾黄油[1] 50克，摇晃熔化使酱汁浓稠。以盐和胡椒调味，再加一点卡宴辣椒粉。建议搭配：高级鱼类料理。

苏比斯酱

将洋葱125克切丝，与黄油一起拌炒至软化。加入糖20克及贝夏梅酱250毫升拌匀，将所有食材煮至沸腾，再用锥形滤勺过滤。加入法式酸奶油120毫升，继续熬煮收汁直到酱汁变浓稠，加盐及胡椒调味。建议搭配：烤小牛肉、水煮蛋、蔬菜。

贝夏梅尔奶酱

贝夏梅酱400毫升与液体鲜奶油200毫升，加在一起熬煮至浓稠，以盐和胡椒调味。建议搭配：蔬菜、家禽肉类、蛋。

南迪亚酱

贝夏梅奶酱200毫升与螯虾高汤（或鱼高汤）100毫升一同熬煮至沸腾。加入螯虾黄油使酱汁浓稠。加入干邑白兰地120毫升和卡宴辣椒粉1小撮，最后用锥形滤勺过滤。建议搭配：里昂鱼糕。

苏格兰酱

贝夏梅酱500毫升加卡宴辣椒粉和肉豆蔻粉1小撮。煮4个水煮蛋，将蛋白切成细丝，蛋黄利用筛网压成泥加入酱汁中。建议搭配：鳕鱼。

1. 螯虾黄油250克：取黄油200克隔水加热至熔化，加入龙虾的壳、虾脚及螯共250克，搅拌均匀使之入味。待黄油上色并吸收香味后，用锥形滤勺过滤，冷却后迅速使用（可保存两三天）。

同场加映

家常美乃滋（第100页）

来一片美味的风干香肠

撰文：乔丹·莫里姆

美味香肠代表了愉悦的餐前酒时光。
即使法兰西香肠的形象被工业制品重创，
仍然有手工达人坚持传承灌香肠的艺术。尽情享用切片香肠吧！

❶ **巴约猪肉香肠**（芒什省）
生产者：Ferme de l'Hôtel Fauvel
成分：瘦肉80%，肥肉20%
熟成期间：3周
特殊风味：高雅的草本香气

❷ **努斯塔猪肉香肠**（南科西嘉）
生产者：Félix Torre
成分：瘦肉80%，肥肉20%
熟成期间：4个月
特殊风味：质朴，略带榛果与新鲜奶油味，香气在口中历久不散

❸ **黑尾猪香肠**（比利牛斯—大西洋省）
生产者：Thierry Pardon
成分：瘦肉90%，肥肉10%
熟成期间：9周
特殊风味：烟熏与栗子香

❹ **加斯科猪肉香肠**（科勒兹省）
生产者：Pierre Giraud
成分：瘦肉65%，肥肉35%
熟成期间：6~8周
特殊风味：胡椒风味略带烟熏气息

❺ **巴斯克黑白猪香肠**（比利牛斯—大西洋省）
生产者：Pierre Oteiza
成分：瘦肉90%，肥肉10%
熟成期间：1个月
特殊风味：橡实与栗子香

❻ **公牛香肠**（朗德省）
生产者：Maison Bignalet
成分：公牛瘦肉60%，猪瘦肉及猪五花40%
熟成期间：4周
特殊风味：胡椒，略带蒜味，入口尾韵野性十足

❼ **鸭肉香肠**（洛特省）
生产者：Patrick Duler
成分：油封鸭肉10%，鸭胸肉80%，葡萄酒渣10%
熟成期间：3周
特殊风味：香气十足，带红酒炖公鸡的味道

❽ **黑斑牛香肠**（萨尔特省）
生产者：Agnès Bernard
成分：瘦肉70%，肥肉30%
熟成期间：3个月
特殊风味：皮革与动物野性气息

香肠外皮到底能不能吃？

如果是塑胶外皮覆以米粉或滑石粉的工业香肠，最好别吃。货真价实的香肠外皮都是天然肠衣，当然可以吃。上面附着的浅白色东西来自青霉菌，有益肠道健康。就跟你们说了啊，香肠里里外外都是宝！

同场加映
舌尖上的法国牛肉（第166页）
舌尖上的法国猪肉（第168页）

陨落的彗星

撰文：阿得瑞安·冈萨雷斯

2015年，他的餐厅被美食界誉为“世界之最”。一个半月后，他的轻生振撼了美食界。一起回顾这颗陨落彗星短暂的生命轨道。

自杀动机成谜*

当我们在访问过程中告诉他，他的餐厅获得了米其林三星认证，也在《高特米鲁美食指南》中得到19/20的评价时，维奥利耶笑得非常开怀。不过，当他忆及在过去一年内，接连失去了父亲以及良师益友菲利浦·罗沙（Philippe Rochat），随即湿了眼眶。餐厅吸烟室的空气仿佛在颤动……2016年1月30日，他在餐厅楼上的房间被发现时，已失去生命迹象。他以猎枪结束了自己的生命。餐厅自2016年2月开始由其遗孀布莉姬特·维奥利耶（Brigitte Violier）接手经营。

* 资料来源：《费加罗报》2016年12月

生平事记

1971年，出生于圣特斯（Saintes）。

1990年，参加法国工匠协会的环法课程*。

1996年，任职于克里西耶（Crissier）的Hôtel de Ville餐厅。

1999年，成为Hôtel de Ville餐厅的主厨。

2000年，获得法国最佳工艺师头衔。

2003年，加入法国工匠协会。

2012年，与妻子重新打造Hôtel de Ville餐厅。

2015年，名列法国外交部旅游发展署世界最佳餐厅榜单。

* Compagnons du Tour de France des Devoirs Unis，在法国各地旅行并教授手艺的课程。——编注

招牌菜色

★佩尔蒂伊鲜摘粗细双拼芦笋佐奥赛佳帝王鲟鱼子酱

★盐味黄油香煎蓝螯虾佐辣味梅尔巴吐司

★绿胡椒香煎岩羚羊小排

伯努瓦·维奥利耶
Benoît Violier（1971—2016）

维奥利耶谈良师益友

阿兰·夏贝尔
（Alain Chapel，1937—1990）

“夏贝尔夫人常说，我比与夏贝尔共事的厨师更了解夏贝尔。不过我最大的遗憾就是无缘与夏贝尔一起共事。”

伯努瓦·季沙
（Benoît Guichard，1961—）

1994年，维奥利耶加入卢布松的巴黎团队，现任巴黎Jamin餐厅的行政主厨季沙是他当时的导师。“他是才华横溢的专业厨师，完美典范。”

弗雷迪·吉拉德
（Frédy Girarde，1936—）

在吉拉德的指示之下，维奥利耶于1996年加入Hôtel de Ville餐厅的行列。“我在十五六岁时，会收集吉拉德的食谱和剪报。”

菲利浦·罗沙
（Philippe Rochat，1953—2015）

罗沙于1996年12月接替吉拉德，成为Hôtel de Ville餐厅的主厨。“我从未见过任何人拥有如此犀利的味觉。”

绿胡椒香煎岩羚羊小排

分量： 4人份

材料：

岩羚羊小排每人180克，修除边肉和皮
花生油50毫升
黄油80克，切小丁
带皮大蒜80克
百里香细枝20克
风轮菜20克
红葱100克，对切
杜松子10粒，压碎
盐、野味专用混合香料

绿胡椒酱

绿胡椒粒10克，压碎
红葱50克，切碎
白酒200毫升
干邑20毫升
野味或小牛肉褐色高汤300毫升（事先完成）
鲜奶油50毫升
黄油30克
新鲜百里香1束
盐

步骤：

绿胡椒酱

· 用些许黄油翻炒绿胡椒粒与红葱末，调味。加干邑点火燃烧。加入白酒溶化锅底焦化物，煮至剩下2/3酱汁。淋上褐色高汤，小火微滚5分钟。加入鲜奶油，最后再加黄油与些许干邑，调整味道。

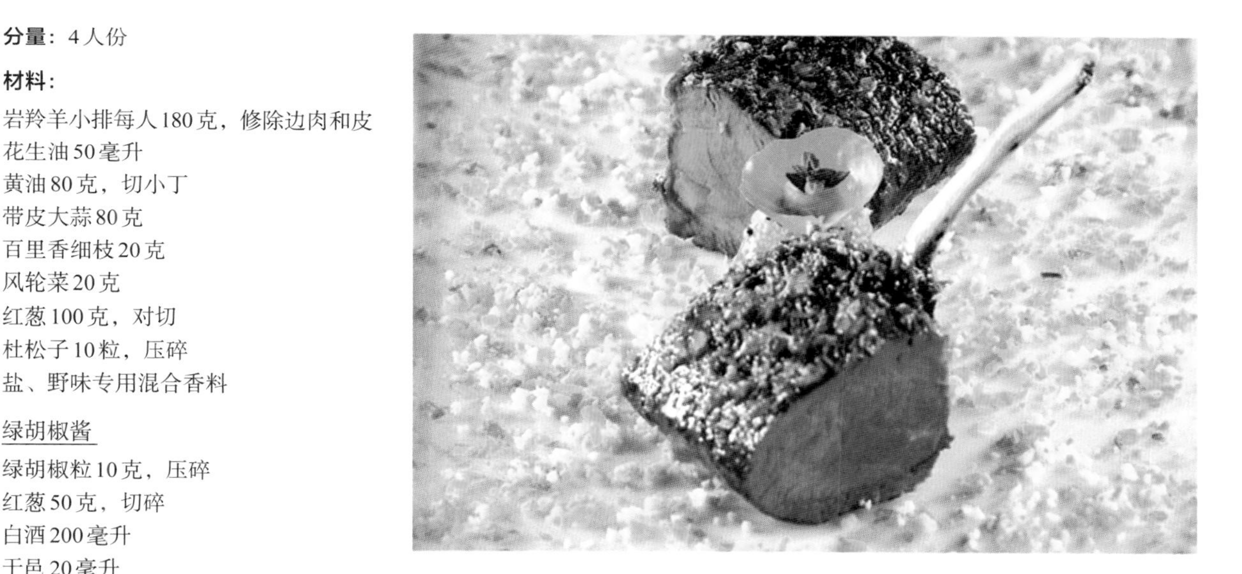

岩羚羊小排

· 在羊小排上撒胡椒与盐调味。平底锅热油，放入羊小排煎至表面上色。
· 加入调味的香草植物和黄油，放入180℃的烤箱烤5分钟，不时用锅中的油浇淋羊小排表面，避免油烤焦。羊排的中心温度为35℃并呈粉红色，才是完美的五分熟。
· 取出羊小排，移至网架上并覆盖铝箔纸，静置15分钟。
· 上桌前，将羊小排放入烤箱以180℃烤3分钟，并切开两端。将事先准备好的酱汁加热并用调理棒略为搅匀，与羊小排一起享用。可搭配当季的蔬菜。

尼斯洋葱挞

撰文：法兰索瓦芮吉·高帝

虽然是尼斯版本的比萨，但所有普罗旺斯人都会开心地互相分享做法，
前提是，对于洋葱挞上要放什么料能达成共识……以下是可爱的尼斯洋葱挞（pissaladière）食谱。

尼斯洋葱挞的四要素

挞皮：原本的挞皮是加入橄榄油做成的面包面团，也就是隔壁意大利人吃的佛卡夏面包的亲戚。后来酥皮面团（pâte brisée）成功潜入了现代配方。不算太离谱，但也不怎么样……

洋葱：洋葱挞的核心食材，最好是白色或甜味洋葱，必须炒至软化、上色、几乎焦糖化的境界。分量一定要够，据说传统洋葱挞的洋葱厚度必须跟挞皮一样。

橄榄：不可或缺的配角，最好使用尼斯的橄榄。你可以信任货真价实的"尼斯原产地命名保护"橄榄，俗称"小鹌鹑（caillette）"，色泽从青绿色、褐色到深灰色都有。如果你使用"小鹌鹑"的意大利表亲塔加斯卡橄榄（taggiasche），我们也不会惩罚你啦……

鳀鱼：尼斯洋葱挞的名字来自鳀鱼苗发酵的咸鱼酱（pissalat），而这个词又来自尼斯方言"peis salat"，意思是"咸鱼"。这下你可以确定尼斯洋葱挞里有鳀鱼了吧！现代版本则是用鳀鱼片取代咸鱼酱。

尼斯洋葱挞的亲戚

蒙顿洋葱挞（tarte de Menton）：没有鳀鱼的尼斯洋葱挞。

蒙顿披夏（pichade de Menton）：类似比萨，上面有鳀鱼、番茄酱、洋葱、黑橄榄与大蒜。

* 感谢多明尼克·勒史坦克（Dominique Le Stanc）提供蒙顿洋葱挞的做法，在他的餐馆也能大快朵颐。地址：La Merenda,4, rue Raoul Bosio, Nice（Alpes-Maritimes）

同场加映
漫谈法国小洋葱（第20页）

一种挞皮，三种可能

分量：6人份
准备直径30厘米的烤盘

材料：
面粉300克
新鲜酵母30克
全脂牛奶150毫升
橄榄油150毫升
盐

基础挞皮

- 在汤锅中倒入牛奶，加热至不烫手指的程度。加入酵母稀释。
- 在大沙拉碗中放入面粉与一撮盐，并在面粉中间挖个洞，倒入加了酵母的牛奶与橄榄油，揉成均质的面团，但不要揉到起筋。
- 将面团放进涂了少许油的烤模，以手指将面团推平。将烤模盖上布，放到温度较高的地方（避免阳光直射），醒面至少半小时，直到面团膨胀成两倍大。

蒙顿洋葱挞*

材料：
甜味洋葱1.5千克
（例如塞文山脉的洋葱）
大蒜2瓣
尼斯黑橄榄100克
月桂叶1片
百里香1根
橄榄油

步骤：

- 洋葱去皮切成细条。在汤锅中加2汤匙橄榄油，放入洋葱丝、月桂叶、百里香和去皮的整瓣大蒜，以中火翻炒至洋葱丝软化但没有上色。
- 如果洋葱本身水分不足，可以添加一两汤匙清水。如果洋葱不够甜，可加1汤匙糖。加盐调味。
- 洋葱炒好后取出大蒜，将洋葱放到挞皮上，放入200℃的烤箱烤30分钟。脱模后摆上去核橄榄，淋上些许橄榄油，趁热享用！

 **油渍鳀鱼20条**

 **尼斯洋葱挞1个**

- 翻炒洋葱时，加入一半切碎的鳀鱼，让两者味道融合，然后放在挞皮上。
- 从烤箱取出尼斯洋葱挞后，先放一旁降温，并在上面摆上橄榄与剩下的鳀鱼。

 **熟透的番茄4个（去皮压碎）或番茄丁1罐**

 **蒙顿披夏（pichade）1个**

- 翻炒洋葱与鳀鱼的同时，加入番茄丁并煨煮至蔬菜水分蒸发。炒好后放在挞皮上，送入烤箱。

À Table ! Ça Tourne

上桌啰！开麦啦！

撰文：罗宏·戴尔马

不管是小酒馆、大餐厅、餐酒馆或夜总会，都可以一边大啖美食，一边重现在此拍摄的电影画面。

LE GARET

《圣保罗钟表匠》（*L'Horloger de Saint-Paul*，1974）是里昂导演贝特朗·塔维涅的处女作，也是他对里昂这座“高卢与老饕的首都”的赞美。演员保罗·德康柏，又名菲利浦·诺黑，就是这家里昂老城区小酒馆的常客。

推荐 *Au Menu* 菜单

磨坊风味香煎牛脑、水煮小牛头、工兵围裙（裹粉煎蜂巢牛肚）与牛乳房。佐以邻近出产的薄酒莱，小杯品饮或整壶狂饮。

地址：7, rue de Garet, Lyon（Rhône）

BRASSERIE LIPP

艾迪安·夏帝耶执导的《三十不立》（*Tanguy*，2001），其中经典的一幕就是在这家有着古老墙壁的巴黎餐酒馆拍摄。片中不想离家的男主角唐吉宣布他找到公寓时，正与萨碧娜·阿塞玛、安德雷·杜索里尔与爱莲娜·杜克在此用餐。

推荐 *Au Menu* 菜单

俾斯麦鲱鱼排、猪蹄膀酸白菜、甜点朗姆巴巴。

地址：151, Bld Saint Germain, Paris6e

CABARET NORMAND

由亨利·维尼尔执导的《冬天里的一只猴子》（*Un singe en hiver*，1962），故事场景是一座虚拟城市“虎城”，实际上是在花之海岸（Côte fleurie）的维列维尔（Villerville）拍摄。片中让-保罗·贝尔蒙与让·迦本在这间酒馆买醉，将酗酒提升到艺术境界。

推荐 *Au Menu* 菜单

传统诺曼底料理。

地址：2, rue Daubigny,Villerville（Calvados）

Lapérouse

在亨利乔治·克鲁佐执导的《犯罪河岸》（*Quai des Orfèvres*，1947）中，查尔斯·杜兰饰演的布什尼翁邀请苏西·德莱尔饰演的珍妮到该餐厅负有盛名的华美包厢用餐，因而让贝尔纳·布里耶饰演的丈夫产生妒意。这座位于塞纳河畔的豪宅建于1766年，是巴黎重要的文化与美食遗产。

推荐 *Au Menu* 菜单

根据经营者与季节，不时更换料理。

地址：51, rue des Grands-Augustins, Paris6e

AU PUITS DE JACOB

这间犹太餐厅是电影《真的不骗你》（*La Vérité si je mens*，1997）的拍摄场地。荷西·加西亚、理查德·安科尼纳与安东尼·德龙在此吃午餐时，结识阿蜜拉·卡萨饰演的老板千金。

推荐 *Au Menu* 菜单

百分之百犹太风味库斯库斯，感谢主！

地址：54,54Rue Godefroy Cavaignac,75011Paris

AUBERGE PYRÉNÉES CÉVENNES

在米歇尔·哈扎纳维西斯执导的《OSS117：开罗谍影》（*OSS117: Le Caire, nid d'espions*，2006）中，笨蛋间谍与上司吃饭的地方就在这间天花板有木条横梁，桌上铺着格子桌布的小客栈。

推荐 *Au Menu* 菜单

油渍鲱鱼佐马铃薯、熟香肠、多菲内焗烤马铃薯。电影中的OSS117号间谍会点白酱炖小牛肉（blanquette），然后搭配一杯布依（Brouilly）的红酒。笨蛋间谍也算愚者千虑，必有一得啊！

地址：106Rue de la Folie Méricourt,75011Paris

Chartier

它是众人膜拜的地标！在让-皮埃尔·热内执导的《未婚妻的漫长等待》（*Un long dimanche de fiançailles*，2004）中，茱迪·福斯特在这里与认识两天的情人进餐。

推荐 *Au Menu* 菜单

当日例汤、酪梨佐鸡尾酒酱、炸鸡腿与焦糖布丁，提供完整又平价的日常料理。

地址：7Rue du Faubourg Montmartre, 75009Paris

同场加映

电影里的名厨（第387页）

香槟

撰文：安东尼·杰贝尔（Antoine Gerbelle）

不管是方程式赛车的颁奖台，还是家庭庆祝或美食飨宴，
香槟都会为你冒泡欢呼！一起解读香槟之秘！

关于香槟的关键数字

4 700 000 000

上面那串数字是法国香槟的年销售额，其中出口占26亿 €

每瓶香槟的气泡数目

1 045 014

每年酿造的香槟，平均有

268 000 000 瓶

15 800 户香槟酒农，其中720户自行贩售香槟

33 800 公顷
香槟区的葡萄园面积

115 000
名葡萄采收工，
以手工采收葡萄

300 个香槟品牌

合作的企业有
136
家，其中有43家贩售香槟

我只在两个场合喝香槟，热恋与失恋的时候。

——时尚传奇，可可·香奈儿（Coco Chanel）

附庸风雅，就像是香槟气泡在放屁与打嗝间举棋不定。

——法国音乐才子，塞吉·甘斯伯（Serge Gainsbourg）

开香槟三步骤

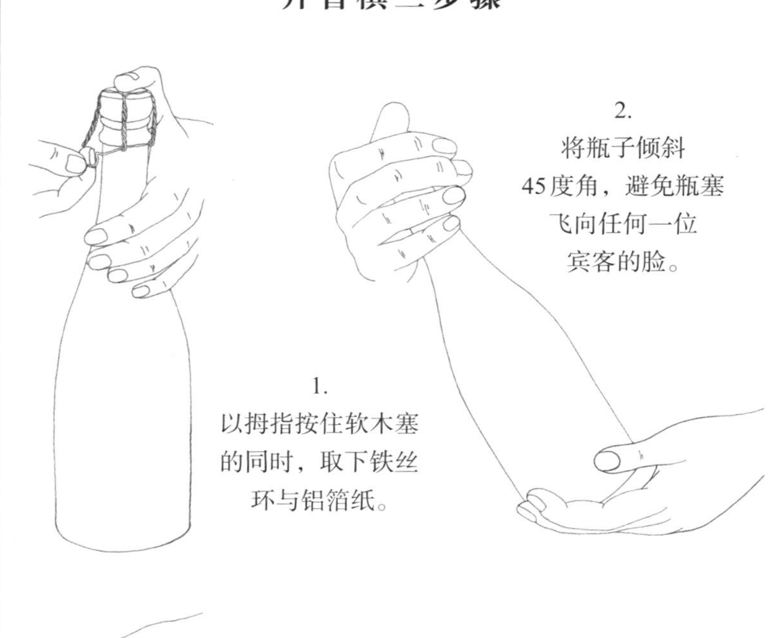

1\. 以拇指按住软木塞的同时，取下铁丝环与铝箔纸。

2\. 将瓶子倾斜45度角，避免瓶塞飞向任何一位宾客的脸。

3\. 牢牢握住瓶塞，抓住瓶身并转动，轻轻地从瓶颈处松开盖子，别让它飞走。

不可不认识的人物

唐培里侬
Dom Pérignon（1638—1715）

唐培里依并非气泡香槟的始祖，而且这位本笃会修士始终试图消除气泡，因为这个“瑕疵”让香槟区的酒被冠上“恶魔之酒”的绰号。气泡香槟的酿造是一项集体而且漫长的成果，唐培里依修士不仅扮演重要的角色，更将来自山（汉斯山）与河（马恩河谷）的特级园混酿艺术发扬光大。

十大香槟销售市场

法国 **1,579** 亿瓶

英国3,110万瓶

美国2,180万瓶

德国1,240万瓶

日本1,090万瓶

比利时830万瓶

澳洲780万瓶

意大利660万瓶

瑞士570万瓶

西班牙390万瓶

令人惊讶的是，中国未名列十大香槟市场，显见其对气泡酒时尚仍需要加把劲。

香槟公主与七葡萄品种

就像白雪公主身边有七矮人，可用来酿制香槟的葡萄也有七种。是哪些呢？给个提示吧！香槟区的天王是哪三种葡萄？

黑皮诺（pinot noir），占38%，主要种植在汉斯山与巴尔丘（Côte des Bars）凉爽的石灰岩土壤上。

莫尼耶（meunier），又称莫尼耶皮诺（pinot meunier），占32%，在马恩河谷称霸。

当然还有霞多丽，占30%，在白丘（Côte des Blancs）的白垩土壤上如鱼得水。

另外四种都是白葡萄：阿芭妮（Arbane）、小美斯丽（petit meslier）、白皮诺（pinot blanc）与灰皮诺（pinot gris）。说它们冷门，是因为法国香槟酒专业协会（香槟界的“独裁政府”）钦定给这四种葡萄的种植面积非常小，只占全部葡萄园的0.5%。原因在于不想让人质疑正统香槟只能用三种葡萄酿造的尊贵形象。至于是形象或营销？见仁见智。

酿造香槟的六个步骤

1. 榨汁

在酒槽中压榨葡萄，并进行基酒（vin clair）发酵。

2. 装瓶

将基酒装瓶并加入糖与酵母，以进行第二次酒精发酵。

3. 起泡

瓶中压力上升（六千至七千百帕之间）会产生香槟气泡。起泡现象会持续一至三个月。

4. 陈年与窖藏起泡

这时的酒也称为“木条上的酒”（sur lattes），酒瓶一层层由木条隔开。对于无年份的香槟，这个带渣陈酿的过程为期十五个月，而年份香槟则是三年。知名香槟厂的陈放时间可能会更长。

5. 冷却除渣与封口

利用内部压力将瓶颈（事先已被冷冻）中的酵母沉积物排出。

6. 补酒与封口

除渣后留下的空间必须补上香槟与甜酒，称为补酒（dosage）。最后封上软木瓶塞，以及让收集者为之疯狂的香槟金属瓶盖。

2012 最后的年份香槟

在过去，香槟酒厂只有在绝佳的葡萄年份才酿制年份香槟。年份香槟犹如神童，从一出生就被文身标记，从小鹤立鸡群，非常罕见，侍酒业对其呵护备至。接着，全面营销及全球化市场的时代来临。现在的香槟酒农与香槟厂每年都会酿制一些年份香槟，一条龙的生产模式，和其他地区一样。然而，香槟能与其他葡萄酒相提并论吗？如果气候暖化让冬天气温升高，葡萄的绝佳年份将越来越稀少。过去二十年当中，仅有2002、2008，尤以2012年荣登辉煌年份宝座。2012年的首批年份香槟已在2017年出窖，会在2020年初开始绽放光芒，并持续三十年的黄金岁月。

法国是个很神奇的国家，连最寻常的小酒吧都能随时为您呈上一杯适饮温度的顶级香槟。

——比利时作家，艾蜜莉·诺彤（Amélie Nothomb）

唯有香槟能让女人喝了依然美丽。

——路易十五的情妇，蓬皮杜侯爵夫人（Marquise de Pompadour）

同场加映
酒杯里的“奇谈”？（第60页）

解密：香槟酒标上的文字

每瓶香槟的酒标上都有两个缩写字母，代表该瓶香槟的生产者。还有另一组由香槟协会发放的注册号码。

RM：种植者自己生产的香槟。
NM：由代理商购买葡萄酿制的香槟。
CM：由多位种植者组成合作社所酿的香槟。
RC：合作社酿的香槟，但由社员以自家名义贩售。
SR：一群种植者（通常是家人亲戚）共同酿造并销售的香槟，通常与服务性合作社合伙。
ND：代理商买来，再以自家名称向外发售的香槟。
MA：帮别人代工酿制的香槟（餐厅、代理商、大型零售商……）
Blanc de blanc（白中白）：表示这瓶香槟只用白葡萄酿制。
Blanc de noir（黑中白）：以红葡萄快速压榨酿制的浅色香槟。

关于香槟的甜度

分级方法可是跟其他葡萄酒不一样哦！

→完全无添加（nature、pas dosé、non dosé、dosage zéro）：没有添加任何糖分
→天然干（brut nature）：
每升含糖量少于3克
→超级不甜（extra-brut）：
每升含糖量0~6克
→不甜（brut）：
每升含糖量12克
→略甜（extra-dry）：
每升含糖量12~17克
→微甜（sec或dry）：
每升含糖量17~32克
→半甜（demi-sec）：
每升含糖量32~50克
→浓甜（doux）：
每升含糖量超过50克

你是否曾在巴黎街头看过这张精彩的法国手工刀地图？
它就贴在知名刀剪专门店 Courty* 的橱窗里

昔日法国各省的手工小刀

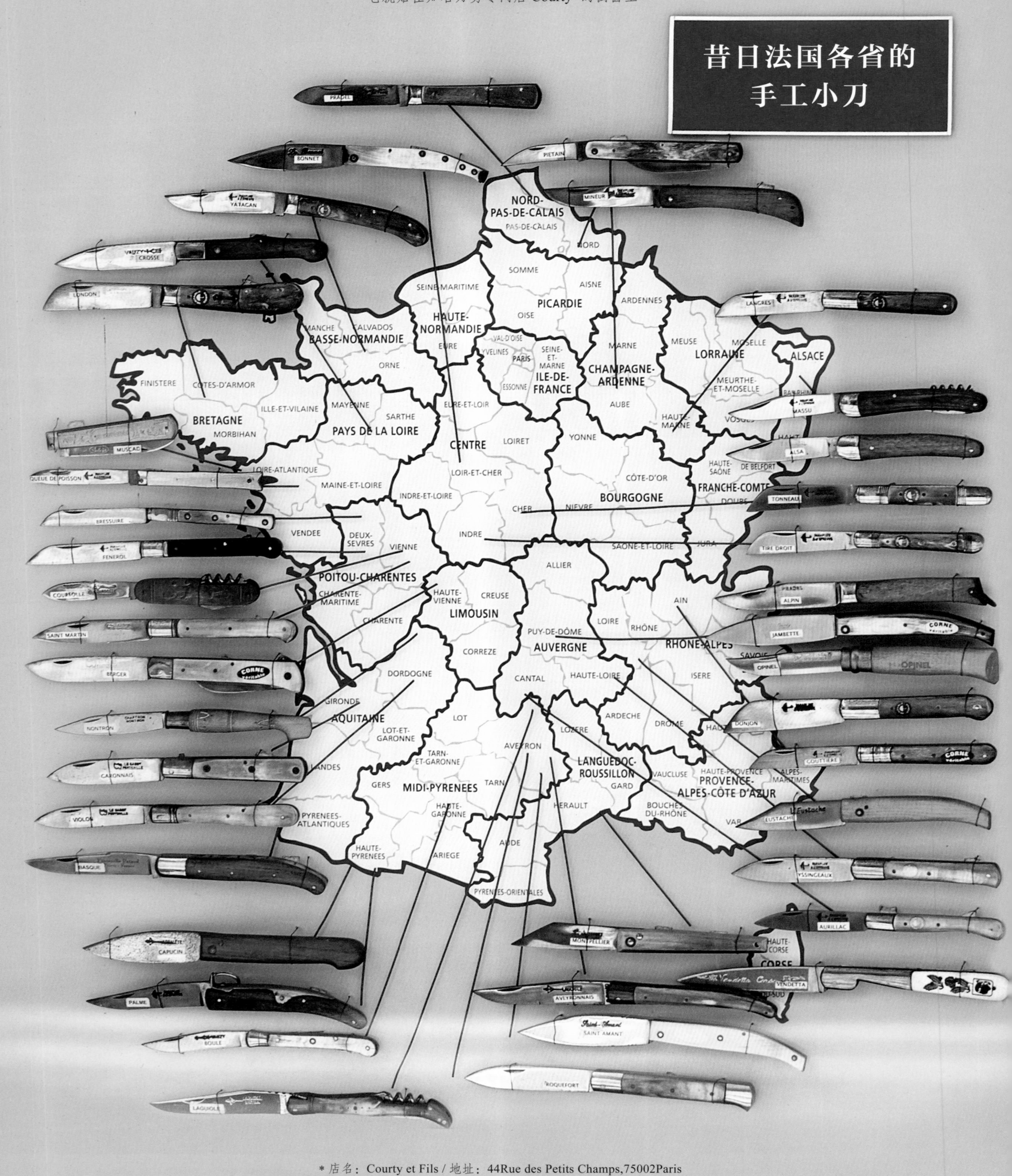

*店名：Courty et Fils / 地址：44Rue des Petits Champs,75002Paris

戴着巫婆帽的厨师

撰文：法兰索瓦芮吉·高帝

他的狂妄与坏脾气让许多人不以为然，然而这位阿尔卑斯山的巫（厨）师在法国美食界却有不可动摇的地位。

马克·维杭
Marc Veyrat（1950—）

五大惊人事迹

★史上唯一两次拥有两家米其林三星餐厅（L'Auberge de l'Eridan与La Ferme de mon père）的主厨，也获得两次《高特米鲁美食指南》满分（20/20）。

★20世纪90年代，他采摘野生植物并结合分子料理技术，开创兼具环保理想与实验精神的美食。他与民族植物学家法兰索瓦·库普兰（François Couplan）携手合作，在料理中引进酢浆草、地榆和西非古代大米（acha）。

★他以黑帽代替厨师的高帽，向祖父致敬。祖父总在他放学时，递给他装满了蓝莓、覆盆子以及草莓的黑色毡帽。

★他培养出许多优秀主厨，包括艾曼纽·雷诺、让·苏比斯与大卫·杜谭都倚仗其影响力。

★餐厅曾遭遇多起火灾，2006年的滑雪意外也几乎夺去他的生命。即使一连串的打击，他仍鼓起勇气走出谷底阴霾，重新在马尼戈（Manigod）设立Maison des Bois餐厅。

充满叶绿素与柠檬香气的酢浆草招牌料理

分量：4人份

切割蛋壳：

用小剪刀剪开4个鸡蛋的蛋壳上端，以清水冲洗。将蛋白与蛋黄分开，蛋黄倒回蛋壳里。将装了蛋黄的蛋壳放在粗盐上，进烤箱以65℃烤2小时（或隔水加热烹调3分钟）。蛋一定要垂直放置！

绵密酢浆草酱：

将脱脂液体鲜奶油200毫升与酢浆草10克一起加热，并浸泡10分钟。加入白酒醋25毫升，以手持搅拌器打匀，过滤，放凉。分别装入4个注射器至一半高度，置于一旁备用。

泡沫肉豆蔻：

将吉利丁1片放入冷水浸泡5分钟。将液体鲜奶油200毫升、蔬菜高汤50毫升与5克稍微压碎的肉豆蔻加热，浸泡10分钟。加入鸡高汤粉2克以及糖1克，以手持搅拌器打匀。过滤后放入泡软的吉利丁。倒入虹吸氮气瓶中，装入氮气奶油气囊打入液态氮，摇晃之后放凉备用。

摆盘：

摇晃氮气瓶后将瓶口朝下，在蛋黄表面挤上泡沫肉豆蔻，再用注射器将酢浆草酱注入蛋的底部。

同场加映
篱笆上的莓果（第382页）

多菲内焗烤马铃薯

撰文：法兰索瓦芮吉·高帝

这道菜对于马铃薯狂热分子的吸引力已远远超越其故乡多菲内，成为伟大的经典家庭料理。前提是你烤成功的话……

四项铁则

❶挑选马铃薯

来自多菲内的主厨吉·萨沃伊（Guy Savoy）推崇（年轻的）夏洛特马铃薯（charlotte），而让-皮埃尔·维加（Jean-Pierre Vigato）则捍卫（老的）比提杰马铃薯（bintje）。总之要选用质地结实的马铃薯，除了夏洛特，侯斯瓦勒（roseval）或阿蒙丁（amandine）也是好选择。

❷切马铃薯

切成平均0.2厘米的薄片。绝对不可以用水冲洗切好的薄片，因为马铃薯淀粉是焗烤口感完美与否的关键。

❸大蒜

绝不能少。拿一瓣大蒜切半，涂抹焗烤盘，并浸泡在黄油与鲜奶油混合液里。

❹质地

完美的焗烤马铃薯应该是金黄色的。烤好之后的马铃薯不该泡在鲜奶油里，但也不能太干。

丹妮丝的焗烤马铃薯

准备时间：30分钟
烹调时间：1小时
分量：6人份

材料：

质地结实的马铃薯1.2千克
全脂牛奶400毫升
液体鲜奶油400毫升
大蒜1瓣、黄油20克
肉豆蔻、盐、胡椒

步骤：

- 烤箱预热至200℃。大蒜剥皮，挑除中间芽心部分并切对半，涂抹焗烤盘内部。
- 然后将大蒜切碎，放进汤锅与牛奶及鲜奶油一起煮。加入盐和大量磨碎的肉豆蔻，搅拌均匀并煮至沸腾。
- 马铃薯削皮洗净，切成0.2厘米的薄片，一层一层叠入烤盘中。每一层马铃薯中间撒上盐与胡椒。
- 将锅中的牛奶倒入烤盘，轻压一下马铃薯，让它们都浸泡在牛奶中。最后撒上切丁的黄油，进烤箱烤1小时。

两种地方变奏版

多菲内焗烤马铃薯 ➕ 奶酪丝 ➖ 萨瓦焗烤马铃薯

每层马铃薯中间放奶酪丝150克，最上面再撒50克。

多菲内焗烤马铃薯 ➕ 牛肝菌 ➖ 波尔多焗烤马铃薯

准备牛肝菌400克，擦干净后剥掉菌柄再切片（不要切太薄）。欧芹洗净，切除梗后与剥皮大蒜一起切碎。全部放入平底锅翻炒后，再放入每一层马铃薯之间。

自成一格的南瓜大家族

撰文：詹维耶·马提亚斯

以前都说南瓜只能拿来在冬天喂牛，
现在这个来自南美洲的大家族终于能让大众领教它的魅力所在。

南瓜是水果！

“蔬菜”是从料理借来的词汇，泛指餐点里的植物配菜（水果、花卉、叶子、根茎、块茎等）；“水果”则是植物学名词，就是花朵受精后产生内含种子的器官。南瓜与茄子、青椒、黄瓜、番茄一样，都是被当作蔬菜烹调的水果。

这瓜……到底是哪种瓜？

瓜类的名称多如牛毛，常令人晕头转向。从植物学上来分，通通属于葫芦科南瓜属（*Cucurbita*）。然而南瓜的名字如此平凡，实在很难看出葫芦里卖什么药。

南瓜：通称，泛指南瓜家族中不同种类的瓜。

美洲南瓜（Cucurbita pepo），又称夏南瓜：虽然现在这个名称被滥用了，但根据植物学分类，美洲南瓜是南瓜属下的其中一“种”，人工栽培出的种类非常广泛，包含杰克灯笼南瓜（Jack'o'lantern）与金丝瓜（spaghetti squash）。

印度南瓜（Cucurbita maxima）：同样根据植物学分类，著名的法国艳红南瓜（Rouge vif d'Etampes）、巴黎白南瓜（Blanc de Paris），或是灰姑娘的南瓜马车，都属于印度南瓜。跟迪士尼动画的设计恰恰相反，南瓜马车不可能是美洲南瓜。

西葫芦：我们熟悉的西葫芦，原来是小型美洲南瓜的人工培育种。

彩色小南瓜：相当经典的以讹传讹的例子。法国人将赏玩用的彩色小南瓜（美洲南瓜家族）称为“苦西瓜”（coloquinte），然而真正的苦西瓜（*Citrulus colocynthis*）是西瓜属，具有药性和毒性。彩色小南瓜也可以吃，只是很苦又难以消化，但不会让人拉肚子。

红栗南瓜：法国农夫菲利浦·德布罗斯（Philippe Desbrosses）从日本引进了红栗南瓜，但严格来说，红栗南瓜并不是一个品种，而是泛指外形像陀螺的橘色印度南瓜（也有绿色和青色），瓜肉带有栗子的味道。赤皮南瓜、打木南瓜、北海道绿皮南瓜，都是同一种。

种类学名	品种	特色
笋瓜（*argyrosperm*）	科奇提普韦布洛瓜（Coïchiti pueblo）	瓜柄有棱角，与果实接触部分较粗；没有卷须
鱼翅瓜（*ficifolia*）	暹罗南瓜（Courge de Siam）	黑色种子，多年生广适性植物，叶子近似无花果叶
印度南瓜（*maxima*）	红栗南瓜、法国艳红南瓜、艾辛癞皮瓜（Galeux d'Eysines）、扁南瓜	厚实的圆柱形瓜柄在成熟时会变得柔韧；叶子和茎上有软毛
中国南瓜（*moschata*）	胡桃南瓜、尼斯长南瓜、普罗旺斯麝香瓜、那不勒斯大圆瓜、贝瑞甜南瓜	瓜柄坚硬多角，与果实接触的部分呈“鼎足”形；叶色深绿并有白色花纹
美洲南瓜（*pepo*）	西葫芦、金苹果（Pommes d'or）、金丝瓜、观赏用彩色小南瓜、飞碟瓜……	瓜柄短硬；叶子纹路深，常带有白色斑点

希杰*的三道南瓜食谱

红栗南瓜丝绒浓汤

- 将红栗南瓜洗干净并去子，不需削皮，切成大块。
- 洋葱去皮切丝，大蒜2瓣挑除芽心并压碎。将洋葱与大蒜放入炖锅中，用黄油80克以小火炒至软化出汁。
- 接着加入南瓜块，放入几根姜丝，继续翻炒几分钟，可以加入2汤匙Noilly Prat苦艾酒。加水至食材的一半高度，续煮20分钟。
- 关火之后加入鲜奶油150毫升，用食物调理机搅碎，让南瓜汤细致顺滑。加盐与胡椒调味，若太浓稠可加水稀释。喝汤时可撒些烤过的南瓜子。

焗烤胡桃南瓜佐布鲁斯羊奶

- 将半条胡桃南瓜洗干净并去子，切成4厘米块状。
- 将南瓜块放进焗烤盘，另外加入4瓣完整的大蒜、橄榄油少许、盐、蜂蜜1大匙、迷迭香与百里香1束，搅拌均匀。
- 放进预热至200℃的烤箱烤25~30分钟，要不时翻面搅拌，让南瓜均匀上色。取出后置于一旁降温。
- 从烤箱取出时，南瓜应极为柔软且微焦糖化。
- 享用时可搭配雪莉酒醋与橄榄油调味的沙拉。将南瓜块分盛入餐盘，加上1匙布鲁斯羊奶奶酪（brousse），撒上烤过的南瓜子（要先用平底锅干炒）。开动！

中国南瓜米拉蛋糕

米拉（millas）原本是以谷物（玉米、小米、小麦、米）制成的蛋糕，我奶奶改用菜园里的南瓜来做。

- 将1千克重的南瓜去皮洗净并切成小丁，蒸熟后以食物调理机搅碎，再加入砂糖250克、全蛋3个和蛋黄1个搅匀。在南瓜泥中放筛过的面粉150克和液体鲜奶油80毫升，置于一旁待用。
- 将米300克与牛奶500毫升、砂糖40克，以及从1枝香草荚刮出的籽一起煮熟，室温放凉。
- 去核黑枣250克，淋上几汤匙干邑，排进涂了黄油、撒了面粉的圆形蛋糕烤模。混合煮好的米和南瓜泥，填入烤模，放入180℃的烤箱35分钟。

* 尚-克里斯多夫·希杰（Jean-Christophe Rizet），巴黎La Truffière餐厅的前任星级主厨。

1 尼斯长南瓜（Longue de Nice）
2 红栗南瓜（Red Kuri）
3 旺代碧玉小南瓜（Melonette Jaspée de Vendée）
4 贝瑞甜南瓜（Sucrine du Berry）
5 胡桃南瓜（Butternut）
6 帕提杜瓜（Patidou）
7 小提琴南瓜（Violine）
8 佛手瓜（Chayote）
9 东达帕达娜瓜（Tonda padana）
10 金丝瓜（Spaghetti squash）
11 斑纹南瓜（Delicata）
12 16 黑佛南瓜（Futsu black）
13 金苹果南瓜（Pomme d'or）
14 非洲刺角瓜（Kiwano）
15 那不勒斯大圆瓜（Pleine de Naples）

法国奶酪地图：各地特产奶酪大巡礼

撰文：玛丽埃勒·高德里

法国境内的奶酪种类超过1200种，目前仅有45种取得原产地命名保护（AOP），
包括软质、硬质、白霉、蓝纹等各类极具当地风格的美味奶酪。
另有9种获得地理保护标志（IGP）的奶酪。

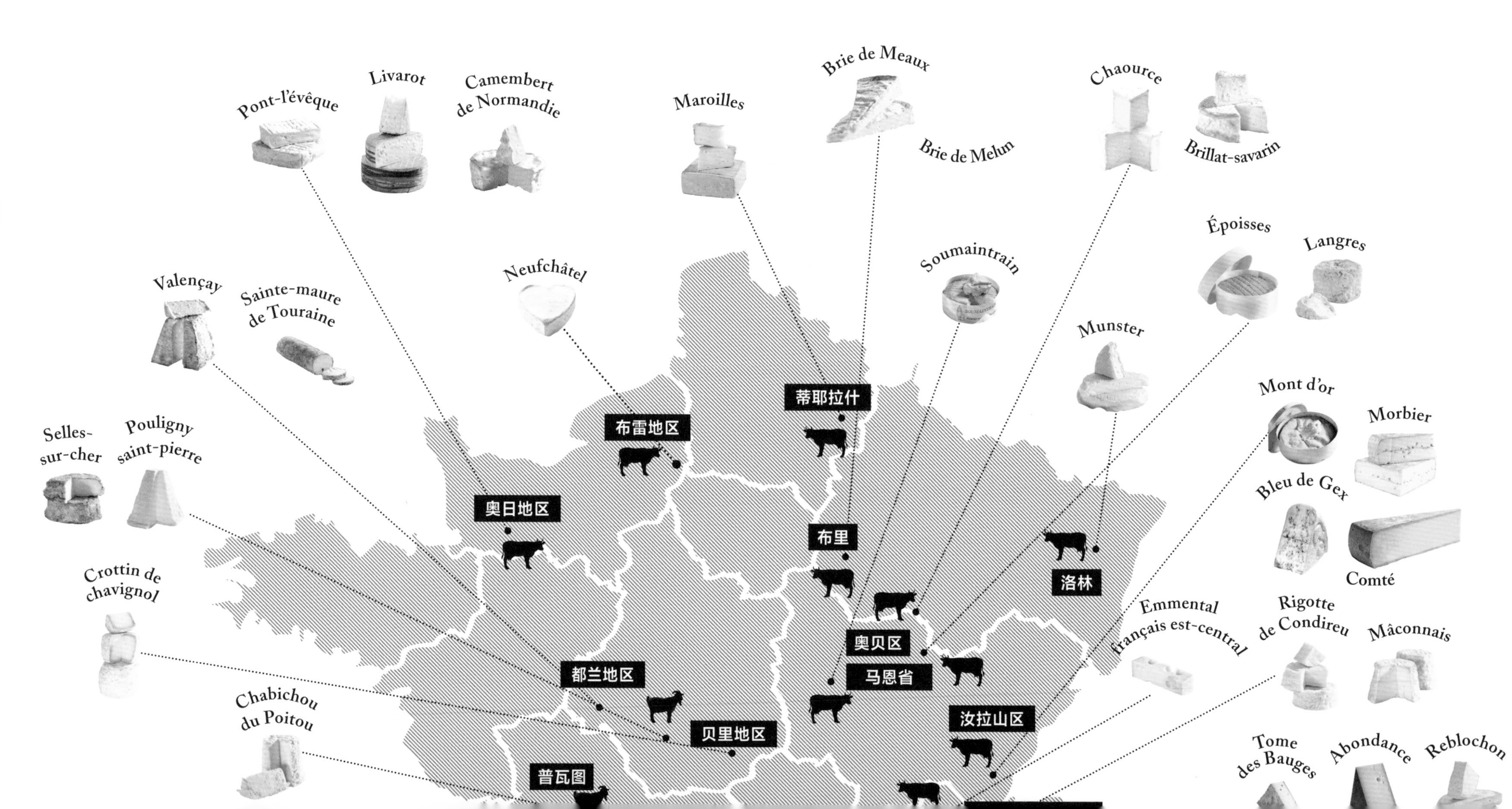

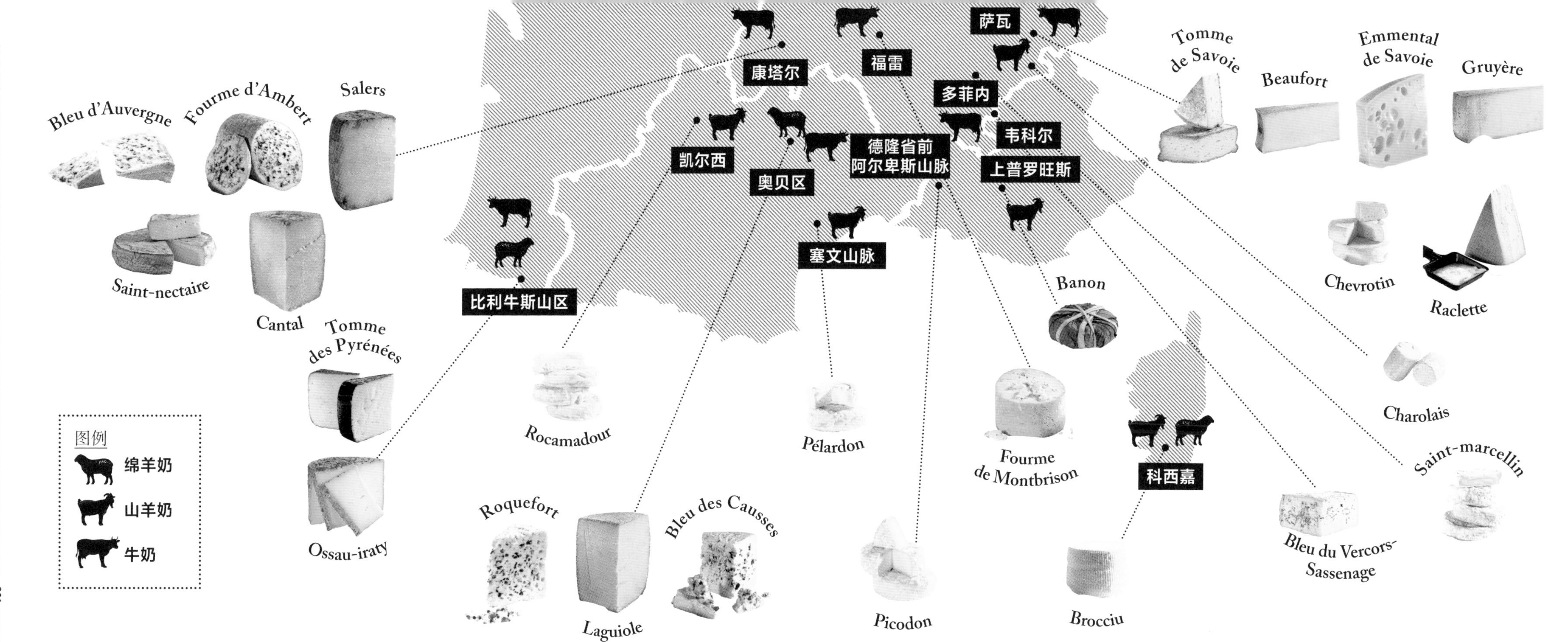

AOP奶酪

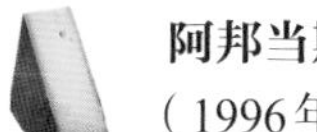

阿邦当斯 Abondance
（1996年获得认证）

产地：上萨瓦省
质地：硬质半熟奶酪
熟成：3个月
外观：橘棕色圆轮，内心呈象牙黄色
风味：微咸，些许苦味中带榛果香气

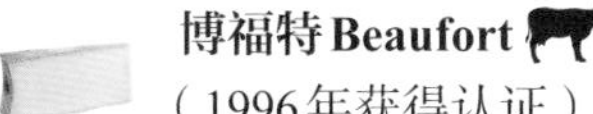

博福特 Beaufort
（1996年获得认证）

产地：萨瓦省
质地：硬质全熟奶酪
熟成：至少5个月
外观：圆轮状，光滑棕色外皮带白色斑点，黄色的内心依季节略有深浅之分
风味：有黄油和干果香气，偶有菠萝香

巴侬 Banon
（2007年获得认证）

产地：上普罗旺斯阿尔卑斯省
质地：天然外皮软质奶酪
熟成：2周至2个月
外观：圆盘状，以栗树叶子包裹，内心乳香浓郁
风味：羊奶与榛果芳香

奥弗涅蓝纹奶酪 Bleu d'Auvergne
（1996年获得认证）

产地：多姆山省/康塔尔
质地：蓝纹奶酪
熟成：3个月
外观：扁圆柱状，象牙白内心带蓝绿色霉斑
风味：蓝霉与灌木，甚至带菌菇气息

吉克斯蓝纹奶酪 Bleu de Gex
（1996年获得认证）

产地：汝拉省/圣茹斯特（Ain）
质地：蓝纹奶酪
熟成：2个月
外观：浅黄色外皮上刻着Gex字样，象牙白内心布满蓝绿色纹理
风味：榛果与菌菇芳香

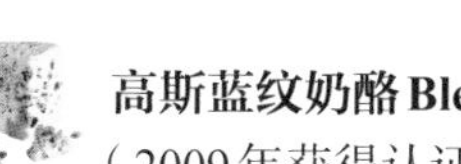

高斯蓝纹奶酪 Bleu des Causses
（2009年获得认证）

产地：阿韦龙/洛特省（Lot）/洛泽尔（Lozère）
质地：蓝纹奶酪
熟成：3个月
外观：扁圆柱状，象牙白内心带蓝绿色霉斑
风味：浓烈蓝霉气息

维柯尔萨瑟纳日蓝纹奶酪 Bleu de Vercors-Sassenage
（2001年获得认证）

产地：德龙省/伊泽尔
质地：蓝纹奶酪
熟成：至少2个月
外观：圆柱状，柔软灰色外皮，内心紧致呈大理石纹路
风味：榛果芳香

莫城布里 BriedeMeaux
（1996年获得认证）

产地：塞纳-马恩省/卢瓦雷/默兹省（Meuse）/奥布省（Aube）/上马恩省/马恩省/约讷省（Yonne）
质地：白霉软质奶酪/熟成：至少8周
外观：扁圆盘状，柔软白色外皮，象牙白内心带有气孔
风味：牧场马厩与灌木气息

AOP奶酪

默伦布里 Brie de Melun
（1996年获得认证）

产地：塞纳-马恩省/约讷省/奥布省
质地：白霉软质奶酪
熟成：至少10周
外观：棕色大理石纹白色外皮，黄色内心
风味：榛果与菌菇芳香

圣莫尔德图兰 Saint-maure de Touraine
（1996年获得认证）

产地：安德尔-卢瓦尔省/维埃纳省/安德尔省/卢瓦尔-谢尔省
质地：天然外皮软质奶酪
熟成：至少10天
外观：起皱的灰蓝色外皮，白色紧实内心
风味：夏天为羊奶与干草芳香，冬天则是榛果香气

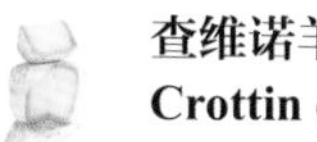

查维诺羊奶干酪 Crottin de chavignol
（1996年获得认证）

产地：谢尔省（Cher）/涅夫勒省（Nièvre）/卢瓦雷省（Loiret）
质地：天然外皮软质奶酪
熟成：至少10天
外观：白色或蓝色花皮，扎实白色内心
风味：羊奶香，略带榛果后韵

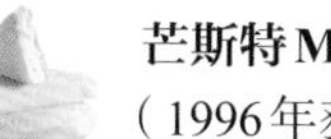

芒斯特 Munster
（1996年获得认证）

产地：下莱茵省/默尔特-摩泽尔省（Meurthe-et-Moselle）/孚日省（Vosges）/摩泽尔（Mos-elle）/贝尔福地区（Belfort）/上索恩省
质地：软质浸洗奶酪
熟成：至少21天
外观：橘粉色外皮，奶油色内心
风味：奶类、木本与晒干谷物的芳香

普瓦图查比舒 Chabichou du Poitou
（1996年获得认证）

产地：上普瓦图
质地：白霉软质奶酪
熟成：至少10天
外观：白或黄的皱褶外皮，白色内心
风味：山羊奶香，略带榛果味

夏洛莱 Charolais
（2014年获得认证）

产地：索恩-卢瓦尔省/罗讷省/卢瓦河省/阿列尔省
质地：天然外皮软质奶酪
熟成：至少15天
外观：浅褐至微蓝色外皮，紧实白色内心
风味：带榛果香气的咸味

雪佛丹 Chevrotin
（2005年获得认证）

产地：萨瓦省/上萨瓦省
质地：硬质生乳奶酪
熟成：至少21天
外观：橘色外皮
风味：木本与榛果香味

康堤 Comté
（1996年获得认证）

产地：汝拉省/杜省（Doubs）/圣茹斯特
质地：硬质全熟奶酪
熟成：至少4个月
外观：棕色圆轮，奶油黄或鲜黄色内心
风味：黄油、烘焙与木本芳香

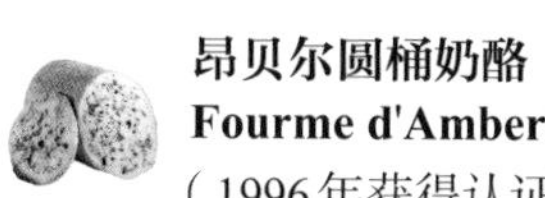

昂贝尔圆桶奶酪 Fourme d'Ambert
（1996年获得认证）

产地：多姆山省
质地：蓝纹奶酪
熟成：至少28天
外观：柔软灰色外皮，奶油色内心布满蓝灰色斑点
风味：质朴的蓝霉风味

罗卡马杜 Rocamadour
（1999年获得认证）

产地：洛特省
质地：天然外皮软质奶酪
熟成：至少6天
外观：白色至微蓝色的柔软外皮，浓郁象牙白内心
风味：黄油与乳香

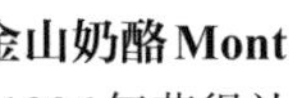

金山奶酪 Mont d'or
（1996年获得认证）

产地：上杜省
质地：软质浸洗奶酪
熟成：21天
外观：盛于云杉圆木盒中，浅褐至浅粉色外皮，亮白色内心
风味：黄油及木本芳香

莫尔比耶 Morbier
（2002年获得认证）

产地：上杜省/圣茹斯特/汝拉省
质地：硬质生乳奶酪
熟成：至少45天
外观：扁圆盘状，粉红至橘褐色外皮，象牙白至淡黄色内心，中间有一条灰线
风味：浓郁奶油口感，微带香草与柠檬香

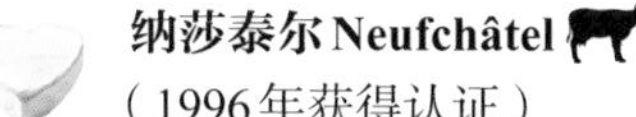

纳莎泰尔 Neufchâtel
（1996年获得认证）

产地：滨海塞纳省/瓦兹省
质地：白霉软质奶酪
熟成：至少10天
外观：通常做成心形，柔软白色外皮，浓郁黄色内心
风味：新鲜奶香，带咸味

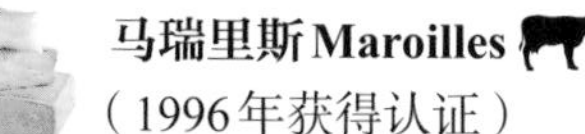

马瑞里斯 Maroilles
（1996年获得认证）

产地：埃纳省/诺尔省（Nord）
质地：软质浸洗奶酪
熟成：2~4个月
外观：橘色外皮，内心浓郁呈金黄色
风味：略带咸味的奶香，夹着一丝苦味

孔德里约利可特羊奶干酪 Rigotte de condrieu
（2013年获得认证）

产地：卢瓦尔省/罗讷省
质地：天然外皮软质奶酪
熟成：至少8天
外观：外皮为象牙白带蓝灰色斑点，内心紧实呈白色
风味：羊奶与榛果芳香

圣内泰尔 Saint-nectaire
（1996年获得认证）

产地：康塔尔/多姆山省
质地：硬质生乳奶酪
熟成：至少28天
外观：土色外皮带白色、棕色或灰色斑点，内心呈明亮奶油色
风味：榛果味

彭勒维克 Pont-l'évêque
（1996年获得认证）

产地：卡尔瓦多斯省/芒什省/厄尔省/奥恩省/滨海塞纳省
质地：软质浸洗奶酪
熟成：至少18天
外观：格子方砖形，外皮呈玫瑰色，内心为浅黄色，带一点气孔
风味：浓郁奶香与榛果芳香

萨莱尔 Salers
（2003年获得认证）

产地：康塔尔/上卢瓦尔省/多姆山省/阿韦龙省/科雷兹省
质地：硬质生乳奶酪
熟成：至少3个月
外观：金黄至棕色外皮，黄色大理石纹内心
风味：水果干与黄油香

IGP乳酪

萨瓦兰奶酪 Brillat-savarin
（2017年获得认证）

产地：奥布省/科多尔省/塞纳-马恩省/索恩-卢瓦尔省/约讷省
质地：新鲜奶酪或熟成白霉软质奶酪
熟成：2周
外观：新鲜时无外皮，熟成后外皮呈白色
风味：黄油与菌菇香气

萨瓦爱曼塔 Emmental de Savoie
（1996年获得认证）

产地：萨瓦省
熟成：至少75天
质地：硬质全熟奶酪
外观：黄至棕色外皮，黄色内心有气孔
风味：清新果香，无辛辣感

法国东中部爱曼塔 Emmental français est-central
（1996年获得认证）

产地：上索恩省/贝尔福地区/上马恩河省/孚日省/科多尔省/杜省/汝拉省/索恩-卢瓦尔省/圣茹斯特/上萨瓦省/罗讷省/萨瓦省/伊泽尔省
质地：硬质全熟奶酪
熟成：12周
外观：黄色外皮，亮黄色内心布满气孔（法国酪农称奶酪中的气孔为“眼睛”）
风味：新鲜口感带温和果香

格鲁耶尔 Gruyère
（2013年获得认证）

产地：萨瓦省/弗朗什-孔泰大区
质地：硬质全熟奶酪
熟成：至少120天
外观：棕色外皮，带有气孔的内心冬天时为淡黄色，夏天为金黄色
风味：柔和果香与花香

布洛丘 Brocciu
（2003年获得认证）
产地：上科西嘉/南科西嘉省
质地：新鲜奶酪
熟成：至少21天
外观：白色小圆柱状，内心亦为白色
风味：新鲜绵羊奶或山羊奶的香气

诺曼底卡蒙贝尔
Camembert de Normandie
（1996年获得认证）
产地：奥恩省/卡尔瓦多斯省/厄尔省/芒什省
质地：白霉软质奶酪
熟成：1个月
外观：柔软白色外皮，浅黄色内心
风味：牛奶香，灌木气息

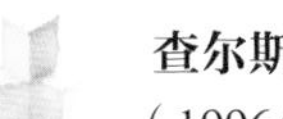
查尔斯 Chaource
（1996年获得认证）
产地：奥布省/约讷省
质地：白霉软质奶酪
熟成：至少15天
外观：柔软白色外皮，白色内心
风味：水果与榛果味

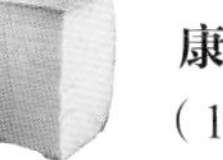
康塔尔 Cantal
（1996年获得认证）
产地：康塔尔
质地：硬质生乳奶酪
熟成：至少1个月（成熟度低），可超过8个月（成熟）
外观：浅灰至金黄甚至带棕色的外皮，象牙白至深黄色的内心
风味：香草与榛果芳香

马贡内 Mâconnais
（2009年获得认证）
产地：罗讷省/索恩-卢瓦尔省
质地：天然外皮软质奶酪
熟成：至少10天
外观：奶油般微蓝外皮，光滑白色内心
风味：羊奶芳香带着矿物质风味

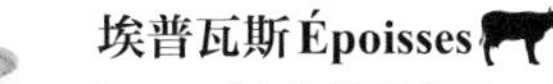
埃普瓦斯 Époisses
（1996年获得认证）
产地：科多尔省/约讷省/上马恩省
质地：软质浸洗奶酪
熟成：至少4个月
外观：盛于圆盒中，外皮为浅橘色或砖红色，内心呈浅褐色
风味：微带辛辣，奶油口感

蒙布里松圆桶奶酪
Fourme de Montbrison
（2010年获得认证）
产地：卢瓦尔省/多姆山省
质地：蓝纹奶酪
熟成：至少3周
外观：橘色外皮，奶油色内心带蓝霉大理石纹
风味：浓郁果香与奶香，略有蓝霉气息

拉基奥尔 Laguiole
（2008年获得认证）
产地：阿韦龙省
质地：硬质生乳奶酪
熟成：至少3个月
外观：浅灰外皮，内心带黄色大理石纹
风味：带酸味和黄油芳香

朗格勒 Langres
（2009年获得认证）
产地：上马恩省
质地：软质浸洗奶酪
熟成：至少40天
外观：浅黄至橘黄色的外皮，白色内心
风味：清新芳香带有凝乳酸味

利瓦侯 Livarot
（1996年获得认证）
产地：卡尔瓦多斯省/厄尔省/奥恩省
质地：软质浸洗奶酪
熟成：3周至3个月
外观：外头系以芦苇草绳，棕红色外皮，明亮象牙白内心
风味：皮革与烟熏肉类的香气

佩拉东 Pélardon
（2001年获得认证）
产地：奥德省/加尔省/埃罗省/洛泽尔省/塔恩省
质地：天然外皮软质奶酪
熟成：至少11天
外观：奶油色至蓝色外皮，白色内心
风味：山羊奶、干草堆、蜂蜜与榛果味

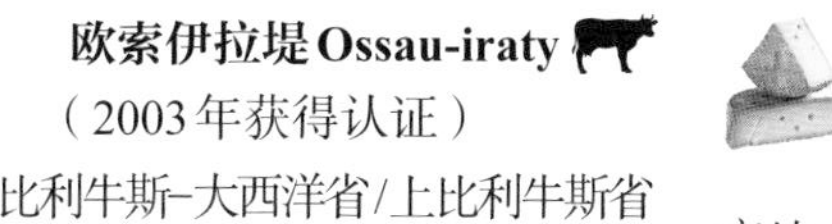
欧索伊拉堤 Ossau-iraty
（2003年获得认证）
产地：比利牛斯-大西洋省/上比利牛斯省
质地：硬质生乳奶酪
熟成：2.5~12个月
外观：橘黄至灰色外皮，象牙白内心
风味：绵羊奶香与榛果味

皮科东 Picodon
（1996年获得认证）
产地：阿尔代什省/德龙省（Drôme）/加尔省/沃克吕兹省
质地：天然外皮软质奶酪
熟成：至少14天
外观：奶油白至蓝色外皮，紧实白色内心
风味：带榛果味的羊奶香

普里尼圣皮耶
Pouligny-saint-pierre
（2009年获得认证）
产地：安德尔省（Indre）
质地：天然外皮软质奶酪
熟成：至少10天
外观：柔软白色外皮，扎实白色内心
风味：水果干与羊奶香气

洛克福 Roquefort
（1996年获得认证）
产地：阿韦龙省
质地：蓝纹奶酪
熟成：至少3个月
外观：带有蓝绿色与灰色纹理
风味：浓烈腐土与潮湿地窖气息，咸味，带有羊奶香

谢河畔瑟莱
Selles-sur-cher
（1996年获得认证）
产地：卢瓦尔-谢尔省/谢尔省/安德尔省
质地：天然外皮软质奶酪
熟成：至少10天
外观：粉质灰色外皮，稠密白色内心
风味：羊奶与微微榛果芳香

博日多姆奶酪
Tomme des Bauges
（2007年获得认证）
产地：萨瓦省/上萨瓦省
质地：硬质生乳奶酪
熟成：至少5周
外观：灰色外皮，黄色内心带少许气孔
风味：水果与木本芳香，带菌菇气息

瓦隆榭 Valançay
（2004年获得认证）
产地：谢尔省/安德尔省/安德尔-卢瓦尔省/卢瓦尔-谢尔省
质地：天然外皮软质奶酪
熟成：至少11天
外观：浅灰至淡蓝色外皮，扎实白色内心
风味：新鲜核桃、水果干与干草芳香

瑞布罗申 Reblochon
（1996年获得认证）
产地：萨瓦省/上萨瓦省
质地：硬质生乳奶酪
熟成：3~4周
外观：橘色外皮，象牙白内心
风味：浓郁黄油香，带榛果味

哈克雷 Raclette de Savoie
（2017年获得认证）
产地：萨瓦省
熟成：至少2个月
质地：硬质生乳奶酪
外观：黄至棕色外皮，白至米黄内心
风味：花香与果香，带烘焙香料气息

圣马尔瑟兰 Saint-marcellin
（2013年获得认证）
产地：伊泽尔省
熟成：12~28天
质地：天然外皮软质奶酪
外观：薄皮小圆饼状，柔软绒毛白色外皮，奶油色内心
风味：新鲜牛奶与蜂蜜香气

苏曼特兰 Soumaintrain
（2016年获得认证）
产地：约讷省
熟成：至少21天
质地：软质浸洗奶酪
外观：外皮为象牙白至橘色，内心呈象牙白至蜂蜜黄
风味：草本、菌菇与干草芳香

萨瓦多姆奶酪
Tomme de Savoie
（1996年获得认证）
产地：萨瓦省
熟成：10周
质地：硬质生乳奶酪
外观：外皮灰色带斑点，内心呈白至黄色
风味：柔和带榛果味

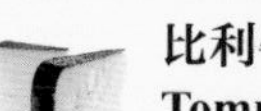
比利牛斯山多姆奶酪
Tomme des Pyrénées
（1996年获得认证）
产地：比利牛斯-大西洋省/上比利牛斯省/阿列日省/上加龙省/奥德省
质地：硬质生乳奶酪
熟成：至少21天
外观：金黄或蜡黑色外皮，米白色内心
风味：金皮的味道醇厚，黑皮的偏酸

特级可可片装巧克力

撰文：玛丽埃勒·高德里和乔丹·莫里姆

大部分巧克力工厂使用的原料，都是经过加工的可可豆。不过，还是有一小群手工达人，为了制作顶级片装巧克力，努力在全世界搜寻质量最佳的可可豆。以下是我们的精选推荐。

❶品牌：贝纳颂（Bernachon）
可可豆：初奥（Chuao）55%
产地：委内瑞拉
深色果香扑鼻而来，略带烤杏仁芳香。

❷品牌：霞波（Chapon）
可可豆：纯粹里奥卡里韦（pure origine Rio Caribe）100%
产地：委内瑞拉
微涩口感，带有水果干与烟草的优雅香气。

❸品牌：波娜特（Bonnat）
可可豆：马拉尼昂（Maragnan）可可豆75%
产地：巴西
果香与花香，细微柑橘气息。

❹品牌：杜卡斯（Ducasse）
可可豆：佛拉斯特罗（Forastero）75%
产地：喀麦隆
活力奔放，有酸味及草本清香。

❺品牌：柯兹（Cluizel）
可可豆：罗安哥娜有机可可豆（Los Anconèsbio）67%
产地：海地
甘草、糖渍水果与绿橄榄芳香。

❻品牌：法芙娜（Valrhona）
可可豆：佩德雷加尔瓷白可可豆（Porcelana El Pedregal）64%
产地：委内瑞拉
成熟水果与蜂蜜的细致香气。

❼品牌：帕吕（Pralus）
可可豆：坦桑尼亚有机可可豆（Tanzanie Bio）75%
产地：坦桑尼亚
葡萄芳香，细微香料与干柴气息。

❽品牌：莫罕（Morin）
可可豆：艾可可（Ekeko）48%
产地：玻利维亚
太妃糖、椰子、杏仁与香料面包的气息。

同场加映
浓情巧克力（第139页）

零失败的普罗旺斯炖菜

撰文：法兰索瓦芮吉·高帝

这道夏日蔬菜大集合并非简单的杂烩炖菜，而是如同《料理鼠王》中的菜式一般颇费工夫的一道料理。成功的秘诀就是分开烹调每一种蔬菜！

推荐食材

茄子、西葫芦、洋葱
番茄、甜椒、大蒜
百里香、月桂叶
罗勒或欧芹、橄榄油

禁止食材

西洋芹、胡萝卜、肥猪肉丁
白酒、橄榄、松子

三种相似的炖菜

改良版普罗旺斯炖菜
CONFIT BYALDI

这道菜的灵感来自土耳其特色菜，由大厨米歇尔·盖拉德（Michel Guérard）于1976年重新演绎，再由《料理鼠王》的厨艺顾问汤玛斯·凯勒（Thomas Keller）发扬光大。将蔬菜（洋葱、番茄、西葫芦、茄子、大蒜）切成薄片状，放在铺了番茄炒辣椒（piperade）的烤盘上，不加任何油以慢火烘烤，食用时加点巴萨米克醋。

蔬菜大烤盘
TIAN DE LÉGUMES

Tian是奥克语，指釉面陶土盘，常用于橄榄油烤蔬菜、肉类、鱼类、鸡蛋等，烹调方式相当多元。如果要做成纯蔬菜料理，食材则跟普罗旺斯炖菜一模一样。

波希米亚炖菜
BOHÉMIENNE

这道菜来自以前的教皇领地（Comtat Venaissin，大约在阿维尼翁与罗讷河以东地区），做法就是不放西葫芦的普罗旺斯炖菜。

起源

普罗旺斯炖菜（ratatouille），更准确地说，是来自尼斯。不过仔细想想，除了洋葱和大蒜，这一锅里的蔬菜都来自南美洲。根据腓特烈·密斯特拉（Frédéric Mistral）撰写的奥克语字典《费利毕杰大字典》（*Lou Tresordou Felibrige*）所述，奥克语ratatouio意指残羹剩肴大杂烩。1778年，官方说法也称法语ratatouille是“粗鲁的杂烩炖菜”。直到20世纪，这锅美食才扬眉吐气，成为南法经典料理。

黄金守则

将每种蔬菜分开烹调确实很麻烦，但能确保蔬菜完美呈现糖化效果。普罗旺斯炖菜其实更像炖蔬菜泥。

冬天不要做普罗旺斯炖菜，除非你想吃在温室中密集催生的蔬菜。

隔天加热的普罗旺斯炖菜更美味。别担心做太多，就算冷了也非常好吃。

普罗旺斯炖菜

分量：供全家人享用有余

材料：

茄子4根
西葫芦5根
熟透番茄5颗，或番茄糊罐头250克
甜椒3颗（尽量黄绿红各一）
洋葱2大颗
大蒜3瓣
百里香1枝
罗勒数把
橄榄油150毫升
盐

步骤：

- 将茄子、西葫芦、甜椒洗干净，切去头梗，去除甜椒籽，全部切成1厘米的小丁。注意将每种蔬菜分开放好。
- 在番茄上用刀划个十字，放进沸水里煮1分钟再放进冷水，剥去番茄皮，切成块状置于一旁备用。
- 剥除洋葱与大蒜的皮，切成细长条状。将罗勒叶切碎。
- 在大炖锅里倒入些许橄榄油，放入约1/2瓣的大蒜丝和全部的洋葱丝，炒至略微上色。
- 另取一万用汤锅，将西葫芦、茄子与甜椒分别炒至上色，炒的时候可加点水以免太干。以中火煮15分钟，让蔬菜软透但不要烧焦。
- 将所有蔬菜放入大炖锅，加入番茄糊、剩下的大蒜丝、罗勒（或欧芹）。加盐调味，不盖锅盖，用小火煨煮至少1小时。

同场加映
热爱南法美食的挑嘴电影人
（见74页）

高特米鲁上菜

亨利·高特（Henri Gdault）与克利斯汀·米鲁（Christian Millau），
从 1970 年开始提倡“新料理运动”（Nouvelle Cuisine），
让法国与全球的美食脱胎换骨。

新料理运动：美食评论家亨利·高特和克利斯汀·米鲁在1973年10月的《高特&米鲁》月刊第54期中，首次宣布“法国新料理”时代来临，希望能打破承袭自埃斯科菲耶（Auguste Escoffier）的传统教条。

新料理运动十诫

I. 不过度烹调
II. 使用新鲜上好食材
III. 简化菜单选项
IV. 并非一味追求现代主义
V. 追寻新技法
VI. 避免腌渍、发酵与自然熟成等料理方法
VII. 去除厚重的酱汁
VIII. 必须关注健康
IX. 不过分在摆盘上搞花招
X. 具备原创与开发的能力

新料理运动的13位名厨

保罗·博古斯（Paul Bocuse）
保罗·哈伯兰（Paul Haeberlin）
皮耶尔·图瓦格与尚·图瓦格（Pierre et Jean Troisgros）
阿兰·夏贝尔（Alain Chapel）
罗杰·佛吉（Roger Vergé）
米歇尔·盖拉德（Michel Guérard）
夏尔勒·巴里耶（Charles Barrier）
雷蒙·奥利维（Raymond Oliver）
贺内·拉赛尔（René Lasserre）
贾斯东·雷诺特（Gaston Lenôtre）
路易·乌第耶（Louis Outhier）
皮耶·拉波特（Pierre Laporte）

☞ 新料理运动之憎

肉汁冻、鱼肉冻、褐酱与白酱
腌渍物与发酵的野味
大火热炒或烧烤的料理
罗西尼牛排（tournedos Rossini）
红酒炖公鸡（coq au chambertin）
杏仁鳟鱼（truite aux amandes）
焗烤螯龙虾（homard Thermidor）

☞ 新料理运动之爱

脆口蔬菜、盐蘸松露、绿胡椒
无油酱汁、蔬菜慕斯、生鲑鱼
清凉红酒佐生蚝
粉红鱼肉（烹煮后脊骨边肉呈粉色）
一滴血野味（以针刺入煮好的肉类表面，冒出的油脂沁出一滴血的熟度）

五道经典菜肴

保罗·博古斯：黑松露酥皮浓汤（1975）
米歇尔·盖拉德：青蔬松露鹅肝沙拉（1968）
保罗·哈伯兰：慕斯青蛙腿（1967）
贾克·皮克：海钓鲈鱼佐鱼子酱（1973）
图瓦格兄弟：鲑鱼佐酸模奶酱（1963）

要被剁成肉酱了！

撰文：史提芬·贺诺（Stéphane Raynaud）

阿尔代什省的肉铺家族世代流传下来的陶罐酱糜*，
不仅口齿留香，更易于制作。来填肉糜吧！

—— 陶罐禽类肝酱 ——

准备时间：30分钟
烹调时间：2小时
分量：1千克
材料：
禽类肝脏300克
新鲜猪胸肉300克
烟熏肥猪肉100克
猪肩胛肉200克
法国四香料（quatre-épices）1茶匙
洋葱和红葱各2颗
新鲜百里香2枝
鸡蛋2颗
液体鲜奶油200毫升
鸭油1汤匙
干邑白兰地40毫升
盐、胡椒
步骤：
- 锅中放入鸭油加热，放入洋葱末与禽类肝脏煎至上色，再加入干邑白兰地使其燃烧。
- 将肥猪肉切成小丁，肩胛肉做成绞肉剁碎，两者混合拌匀。加入炒软的洋葱与肝脏、红葱末、四香料、鸡蛋、鲜奶油及百里香末，全部拌匀并调味。
- 把肉酱放入有盖的长形容器，放入200℃的烤箱中以隔水加热方式烤2小时。

工具：
- 有盖的陶盆或瓷盘，容量约1.2升
- 绞肉机，配件网格约7毫米宽

隔水加热法：
在高边烤盘内注入热水，淹过酱糜容器的3/4高度，送进烤箱即可。

*本篇食谱摘自《猪父子》（*Cochon & Fils*）和《酱糜》（*Terrines*）。

—— 薄酒莱酱糜 ——

准备时间：30分钟
腌渍时间：24小时
烹调时间：2小时
分量：1千克
材料：
猪咽喉肉300克
猪肩胛肉300克
猪肝200克
猪网油1副（在肉铺购买）
胡萝卜3根
洋葱4颗、大蒜4瓣、月桂叶1片
薄酒莱红酒（beaujolais）400毫升
波特酒100毫升
盐、胡椒
步骤：
- 将胡萝卜、大蒜、洋葱去皮并切成薄片。两种猪肉和猪肝切丁，与蔬菜、薄酒莱红酒、波特酒一起浸泡腌渍24小时。
- 将全部材料绞碎并调味，倒入一半的腌渍酱汁混合，填入陶盆。
- 盖上猪网油，仔细将肉馅边缘塞好。放入180℃的烤箱，以隔水加热的方式烤2小时，直到酱糜表面上色。冷却后食用。

同场加映
酥皮肉酱（第129页）

液态黄金：橄榄油

撰文：玛丽阿玛・毕萨里昂

橄榄树喜欢干燥的大地，讨厌冰寒霜冻，
因此它们生长在地中海沿岸，而且已有超过7,000年的历史。

地理区域

沿海：从芒通延伸至与西班牙比邻的边界。

内陆：上普罗旺斯阿尔卑斯、普罗旺斯德龙、阿尔代什省和卡尔卡松周边。

三种分类

除了以榨取方式来区分橄榄油外，还可以用“滋味”来分类。

青涩果香：以半熟橄榄压榨

熟成果香：以成熟橄榄压榨

黑酵果香：萃取前经过发酵程序

青涩果香（fruité vert）

香气：草本、强烈、刺激，甚至带点苦味，隐隐有罗勒、新鲜杏仁与朝鲜蓟芳香。

用途：鱼贝甲壳类、煮熟蔬菜、生菜沙拉

气味浓烈，甚至有胡椒的刺激感，尤其是采摘后几个月内压制的橄榄油，能与味道甜美的菜肴产生平衡口感。适合淋一些在鲑鲳鲔鱼、意式生牛肉薄片、鱼类料理上，或是淋很多在罗勒番茄沙拉上，适合佐巴萨米克醋，拌野苣洛克福奶酪西洋梨沙拉、香茅炒虾仁、芝麻酱佐茄子泥。

熟成果香（fruité mûr）

香气：成熟水果、水果干、花香

用途：鱼类、白肉、煮熟蔬菜、甜点、水果

淋在加了橄榄、帕马森奶酪及樱桃番茄的烘布丁、橙汁煨吉康菜、蒸煮或烧烤白肉，或是烹调普罗旺斯炖菜或荷包蛋。用来做甜味面团，还可以在香草冰激凌、薄荷草莓沙拉上滴几滴，更能凸显甜味。

黑酵果香（fruiténoir）

香气：灌木气息、可可豆、菌菇

用途：羊肉、野味、异国料理、蒜味沙拉

具有浓烈的橄榄香气，与香料塔吉锅、炖野猪肉、油封羊肩等菜肴一起煨煮，依然能尝到原味。可直接用于培根皱叶莴苣沙拉、蒜味鳀鱼、新鲜蘑菇佐红葱与欧芹柠檬汁，尤其适合黑巧克力慕斯！

主要橄榄品种与产区

品种（产区）：Aglandau（沃克吕兹省）、Lucques（朗格多克）、Négrette（加尔省）、Petit Ribier（瓦尔省中部）、Picholine（加尔省、罗讷河口省）、Rougette（埃罗省）、Salonenque（普罗旺斯萨隆）、Cailletier（尼斯）

七个原产地命名保护产区（AOP）

艾克斯普罗旺斯、科西嘉、上普罗旺斯省、尼斯、尼姆、尼永（Nyons）、莱博德普罗旺斯（Vallée des Baux-de-Provence）

唯一的原产地命名控制产区（AOC）

普罗旺斯橄榄油，产地遍及广大的法国东南部。

几款特别推荐的橄榄油

莫拉蒂橄榄园（Olivier Morati）

➢ 科西嘉AOP橄榄油

采用当地唯一种植的橄榄品种biancaghja，在极度成熟时采摘压榨而成，温和甜美带新鲜杏仁香气。

地址：Santu-Pietru di Tenda

雷奥庄园（Domaine Leos）

➢ H橄榄油

浓烈刺激的青涩果香，主要以aglandau橄榄压榨，带有朝鲜蓟、香蕉与苹果气息。是一款有机橄榄油。

网址：www.huilehoriginelle.com

圣安妮油坊（huilerie Sainte-Anne）

➢ 普罗旺斯AOC成熟橄榄油

以古法压榨，更能凸显甘草与可可豆的香气。

地址：138, route de Draguignan, Grasse, Alpes-Maritimes

苏菲欧提父子油坊（Soffiotti & fils）

➢ 尼斯AOP特级亚曼丁橄榄油（Cru Amandine）

百分之百以cailletier品种的有机橄榄压榨的熟成果香橄榄油，带有榛果与鲜奶油香气。

地址：Col Saint-Jean, Sospel, Alpes-Maritimes

价格昂贵，谁之过？

法国境内约有20,000公顷橄榄园，平均每公顷可生产200升橄榄油，然而西班牙或摩洛哥每公顷却能生产800至1,000升。让法国遥遥落后的罪魁祸首就是橄榄果实蝇！2010年后，更是每况愈下，这些果实蝇让2014至2015年的橄榄产量比往年少了60%。难怪法国的橄榄油价格会居高不下！

*资料来源：法国橄榄行业协会（Afidol）

☞ 橄榄油小知识

吃大餐前喝一大口橄榄油，能保护胃，预防消化不良，还能大幅减缓酒精吸收、代谢的速度。干杯！

辣椒辣椒

撰文：贾克·布纽尔（Jacques Brunel）

来自世界各地的辣椒，让法国料理的味道更浓郁刺激。一起来认识这种茄科植物！

就喜欢这辣味

原产自美国的辣椒，犹如罗马神话中的双面神雅努斯（Janus），一面笑容可掬，一面不怒自威。辣椒的辣度其实要看辣椒素的含量，辣椒素是具有刺激性但无毒的植物分泌物，可用来斥退掠食者。但人类偏偏喜爱辣椒的辛辣，不仅刺激唾腺，更有助于减肥与抗癌。

史高维尔辣度指标

美国化学家韦伯·史高维尔（Wilbur Scoville）按照辣度给辣椒分级，等级从0到2,000,000，代表每单位当中的辣椒素分子数目。按照史高维尔辣度指标，甜椒与其家族中最凶猛者的辣椒素分子数相差300,000。

小亲亲等级

❼ 甜椒：

甜椒比红椒大一些，花粉可能具刺激性，但并不含辣椒素。法国有许多品种的甜椒：马赛小绿椒、尼斯小方椒、瓦朗斯（Valence）与朗德（Landes）甜椒等。

史高维尔辣度指标：0

❻ 朗德辣椒：

长形红色和绿色的辣椒，辣度是甜椒的100倍，但尝起来不会有火辣感，和朗德地区的各种肉类料理是绝配。

史高维尔辣度指标：0~100

❺ 昂格雷辣椒（Anglet）：

巴斯克人经常加在料理中，让炖小牛肉、番茄炒辣椒、辣椒煎蛋卷或巴斯克炖鸡的味道更浓郁，但他们会说这些菜一点也“不辣”。昂格雷辣椒在自家花园很常见，通常在绿色时采收。

史高维尔辣度指标：0~100

小泼妇等级

❹ 埃斯佩莱特（Espelette）辣椒：

原产安的列斯群岛的长形辣椒，来到巴斯克地区后变得比较温和，不过还是达到了辣度指标的中间等级。生长在埃斯佩莱特村庄周围的辣椒获得了AOP认证，素有“鲜红鱼子酱”的美誉，在巴斯克地区几乎取代了胡椒的地位。细致的辣味为巴斯克猪肉制品、小鱿鱼（chipirons）、奶酪和鹅肝酱注入更多风味。

史高维尔辣度指标：1,500~2,500

纵火犯等级

❸ 小鸟辣椒（piment-oiseau）：

这种绿色或红色的长形小辣椒，会让吃了安的列斯群岛或留尼汪岛传统菜肴的人跳起舞来，例如洋葱番茄辣椒炖香肠（rougails）、油炸鱼丸（accras）、焗烤佛手瓜（gratins de christophines）等。在当地能买到辣椒酱、辣椒粉或新鲜辣椒，但千万要谨慎使用。记得，只有油脂（而非水）能解其熊熊辣火。

史高维尔辣度指标：50,000~100,000

❶ 哈瓦那辣椒（habanero）：

当然还有更火辣的品种，不过这种灯笼小辣椒可是个小炸药，对胃无害，却会攻击你的眼睛与皮肤（料理时记得戴手套）。留尼汪岛称它为卡普利辣椒（cabri），安的列斯群岛则昵称它为“贾克太太的屁股”（Bondamanjak），可能会造成“火山爆发”。杀不死你的会让你更强大，对吧？

史高维尔辣度指标：100,000~325,000

* 卡宴辣椒（Cayenne）并没有出现在排行榜上，因为它在圭亚那并不常见，再来是它的名称有些暧昧不明。卡宴辣椒可以指南美或亚洲的辣椒，也有可能是红椒或匈牙利红椒粉（paprika）。

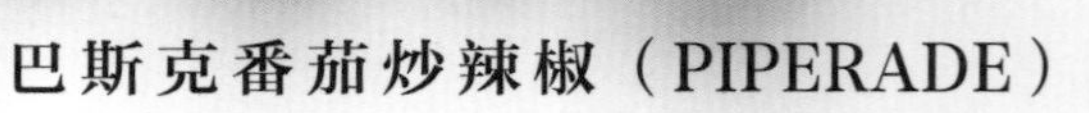

巴斯克番茄炒辣椒（PIPERADE）

Biper / piper 就是巴斯克语的辣椒。

这道菜顾名思义要加辣椒而不是甜椒。通常会跟蛋一起炒。

分量： 6~8人份

步骤：

- 在炒锅中以橄榄油炒5片切碎的伊巴尤那（ibaïona）火腿及2颗切薄片的洋葱，炒至软化的状态。
- 加入1~2瓣大蒜末、300克去籽并切成细条状的朗德（或昂格雷）辣椒。等辣椒炒软后加入5大颗切碎的番茄，用盐调味，加入1撮埃斯佩莱特辣椒粉。
- 小火再煮45分钟至1小时，直到蔬菜水分完全蒸发并呈现软熟状态。快速打8颗蛋，淋在煮软的辣椒上，搅拌均匀，蛋液熟后立即离火。

卡酥来炖肉锅

撰文：查尔斯·帕丁·欧古胡

卡酥来（cassoulet）原是卡斯泰尔诺达里（Castelnaudary）的炖菜，后来流传至卡尔卡松与图卢兹，成了法国的经典美食。

卡酥来炖肉锅大战

	卡斯泰尔诺达里 ÀCastelnaudary	卡尔卡松 ÀCarcassonne	图卢兹 ÀToulouse
菜豆	■	■	■
猪里脊	■	■	■
火腿	■	■	■
猪蹄	■	■	■
风干香肠	■	■	■
猪皮	■	■	■
猪肥肉			■
山鹑		■	
羊腿或羊肩肉	■	■	
油封鹅肉	■		
油封鸭肉			■
图卢兹香肠			■

杜图尼耶*的卡酥来炖肉锅

分量：6~8人份

材料：

干燥白腰豆500克、去骨羊肩肉1副、削掉肥肉的猪皮150克、猪肉香肠600克、带骨风干火腿1只、油封鹅胗6颗、油封鸭腿3只、油封鸭翅1只、不甜白酒1杯

辛香用料

洋葱1颗、胡萝卜2根、大蒜3瓣、丁香1粒、肉豆蔻粉少许、综合香草1束、圆熟番茄1颗

步骤：

· 将白腰豆与带骨风干火腿分别浸泡于水中静置一晚。

· 焯烫带骨火腿。将羊肩肉切块焯烫后沥干。白扁豆烫熟放凉。洋葱与胡萝卜去皮切小丁。大蒜连皮压碎。番茄去皮去籽。将风干火腿切成小丁，猪皮切成细条。

· 在铸铁炖锅内放入羊肩肉，煎至金黄，加入猪皮与胡萝卜、洋葱、火腿，煎至甜味释出后加白酒与一杯水炝锅续煮。加入剩下的香料与火腿大骨，放入白腰豆，加水盖过所有食材，边煮边捞去浮沫。

· 将油封鸭腿与鸭翅放入预热至140℃的烤箱，淋上油封油脂烤20分钟。加入香肠一起烤，最后再放鸭胗。烤1小时后，将烤肉锅里的料全放入腰豆锅，续煮30分钟。

这道菜该配什么酒？

· “吃卡酥来不配酒，就像当神父不会说拉丁语。”——幽默作家皮耶·狄波吉（Pierre Desproges）挑一瓶上加龙省的弗隆东（Fronton）美酒吧！

*亚兰·杜图尼耶（Alain Dutournier），巴黎Carré des Feuillants餐厅二星主厨。

卡酥来的黄金守则

· 选用西南部的白腰豆。

· 用汤锅炖煮。

· 至少有1/3是肉。

· 绝不能加法兰克福香肠。

· 猪皮不可少，能释放胶质让酱汁浓稠。

· 烹煮时绝对不能搅拌。

· 在烹煮过程中敲破表面凝脂至少6次。

同场加映
法国的香肠（第385页）

用“脚”煮饭

撰文：玛丽阿玛·毕萨里昂

法国人把动物从头吃到尾的偏执实在疯狂，连“脚”都不放过。

慢食悠活的礼赞

从中世纪到19世纪，费工耗时的内脏料理艺术曾蔚为风尚，只是现在多已失传。不管是羊、猪、牛或小牛，只要几欧元就能喂饱一桌食客。您是否也想翘脚大啖“脚”料理了？

小牛蹄，里昂沙拉风味

放入盐水与胡萝卜、洋葱、普罗旺斯香草束，小火煨2小时。接着去骨切丁，放温后佐以芥末、红酒醋、红葱、酸豆、白奶酪、欧芹末调成的酱汁。

羊蹄，佐普雷特酱

与胡萝卜、插上丁香的洋葱、普罗旺斯香草束和盐炖5~6个小时。沥干后去骨，与蘑菇一起用黄油炒香，放入过滤后的高汤中煨煮。另留2杯高汤，利用煎锅中剩余的奶油炒香面粉做成酱汁，倒进收汁后的羊蹄汤锅，继续煮10分钟后关火。佐以用鲜奶油1碗、蛋黄2颗、柠檬汁1/2颗打成的酱汁。

猪蹄，圣默努尔德风格

圣默努尔德（Sainte Ménehould）小镇特产，来自1730年一锅被遗忘在炭火上过夜的猪蹄。将猪蹄用布包好定型，与蔬菜及香草植物一起炖煮7小时。接着切成长条，裹上蛋液和面包粉，以黄油煎炸。18世纪的大厨文森·夏贝勒也喜欢用薄面皮裹上猪蹄再炸。品尝时务必啃骨头并吸吮美味的骨髓。

牛蹄，蔬菜炖肉锅

除了原本的食材，加入牛蹄能让汤汁更柔滑浓郁。

马赛白酒番茄炖羊瘤胃包羊蹄*

准备时间：90分钟

烹调时间：8小时

分量：8人份

材料：

羊蹄8只、羊瘤胃2个（洗净并切成8厘米×8厘米的方形）、面粉

酱料

猪肥肉丁200克、韭葱2根、洋葱3颗（其中1颗插上3粒丁香）、切成薄片的胡萝卜2根、切碎的番茄4颗、白酒1升、高汤3升、压碎的大蒜2瓣、普罗旺斯香草束、盐、胡椒

馅料

盐渍猪五花300克、大蒜4瓣、欧芹4枝、盐，全部绞碎。

步骤：

· 在切成方形的羊瘤胃边角切一个开口，挖一匙馅料放在正中间，将其他三个边角穿进另一边角的开口（或是用线绑紧）。

· 用铸铁炖锅将猪肥肉丁煎上色，再放入韭葱与洋葱末炒出汁，加入胡萝卜、番茄、整颗的洋葱、大蒜末、普罗旺斯香草束、盐、胡椒、白酒与高汤。放入猪蹄与包成小包的羊瘤胃。

· 用水和面粉做成长条面团，封住锅盖的缝隙，放在炭火上过夜，或用小火煨煮。搭配水煮马铃薯。西斯特隆（Sisteron）的居民会加上橙皮，我们当然也不能例外。

*出自《普罗旺斯料理》（*Cuisinière provençale*，1897），何布尔（Reboul）著。

同场加映
大肚子上餐桌（第338页）

城市啤酒与乡下啤酒

撰文：伊丽莎白·皮耶（Élisabeth Pierre）

法国虽是红酒的国度，城市与乡村仍随处可见啤酒吧，甚至在你家隔壁就能找到喜爱的啤酒。

法国，啤酒的国度

1900年，法国总计有4,000家啤酒酿造厂。当时所有大城市都设有啤酒厂，但到了20世纪中期却纷纷关闭。2017年，法国啤酒卷土重来，目前有超过1,100家微型酿酒厂，几乎每天都有一家啤酒厂开张。

法国昔日的啤酒风格

➢ **塞瓦斯大麦啤酒（cervoise）**：高卢人的传统饮料，添加香草植物、香料与蜂蜜。

➢ **里昂黑波特啤酒（Porter Noire）或里昂黑啤酒**：充满焦糖与巧克力香气，19世纪时享誉国外，如今强势回归。

➢ **佐餐啤酒（bières de table）**：由啤酒厂直送到府，19世纪家庭餐桌上的常客，现在则以低酒精度（低于3.5%）和浓郁的啤酒花香气而自豪。

➢ **窖藏啤酒（bières de garde）**：冬天将啤酒送进地窖保存，以便来年夏天畅饮。

同场加映

啤酒炖肉（第71页）

如人饮酒，口味自知！

清淡宜人

称为佐餐啤酒或是社交啤酒（session beer）。酒精度低，酒味却很明显。

➢巴巴啤酒厂（Brasserie Bap BAp）：❶轻量级（Poids Plume, 3%），佐餐啤酒，带有杏桃与忍冬花芳香，微微草本与谷物气息，尾韵果香带苦味。

➢借口啤酒厂（Brasserie L'Excuse）：❷异国情调（L'Exotique, 3.5%），佐餐IPA，酒花风味明显，带柑橘、热带水果与青草香，清凉解渴。

清新解渴

属于下层发酵啤酒，味道均衡且清爽解渴，可长期冷藏。

➢阿拉尼翁河啤酒厂（Brasserie Alagnon）：❸春之姑娘（La Damoiselle de Printemps, 5%），拉格，谷物与花朵香气，尾韵利落。

➢珍珠啤酒厂（Brasserie La Perle）：❹珍珠拉格（Perle lager, 4.5%），皮尔森，蜂蜜与谷类芳香，带草本苦韵。

酸不可言

酸啤酒，拥有完美控制的酸度，灵感来自德国古老啤酒，例如柏林白啤酒（Berliner weisse）、德国酸咸小麦啤酒（gose）、烟熏小麦啤酒（grätzer）。

➢上比埃什啤酒厂（Brasserie Haut Buëch）：❺格拉泽（Grätzer, 6%），烟熏小麦啤酒，气泡清新，带酸苦，尾韵干净利落。

➢依龙啤酒厂（Brasserie Iron）：❻血红（Sanguine, 4.5%），洛神花小麦酸啤酒，色泽浓艳，质地柔滑，乳酸芬芳，洛神花的果香平衡啤酒的酸度。

草本果香苦味

带有浓烈啤酒花特征的啤酒，通常在麦芽汁煮沸后加入啤酒花，或是发酵过程结束后的冷却期投入啤酒花。不同的酒花会赋予啤酒不同的香气，如草本、树脂或花香。

➢大巴黎啤酒厂（Brasserie Grand Paris）：❼西楚银河印度淡色爱尔（IPA Citra Galactique, 6.5%），美式IPA，啤酒花有柑橘与热带水果香，以及花香与树脂气息，清新气泡感，尾韵利落带苦味。

➢吉夫尔谷啤酒厂（Brasserie Valléedu Giffre）：❽Alt Sept 65（8.3%），帝国IPA，树脂清新，柔和顺口，苦韵利落。

咖啡苦味

以深烘麦芽或与啤酒花共同烘焙的麦芽酿造的啤酒，令人想起意大利浓缩咖啡与苦薄荷巧克力。

➢邦多尔酿酒厂（Brasserie Bendorf）：❾星之梦（Rêves d'Étoiles, 7.9%），IPA黑啤酒，苦巧克力与浓缩咖啡香，接着是带有啤酒花苦韵的黑巧克力气息。

➢流氓啤酒厂（Brasserie La Canaille）：❿普埃布拉战役（Barricade Puebla, 7.5%），瀑布啤酒花（Cascadian）深色爱尔，烘焙咖啡香中带树脂气息，掺杂果味（红色水果、热带水果），尾韵散发咖啡苦味。

浓烈酒精

三料啤酒承袭昔日修道院酿制的啤酒，酒精度比一般啤酒高3倍，口感丰润圆融，带香料与果香。

➢圣埃蒂安啤酒厂（Brasserie Stéphanoise）：⓫格鲁特三料（Glütte Triple, 7.5%），带有黄色水果、烤面包、胡椒、香料与麦芽香气。

➢世界尽头啤酒厂（Brasserie Boutdu Monde）：⓬德贺内三料（Térénez Triple, 6.7%），带香料、水果、谷物香，口感浓郁丰润。

烟熏烧烤

以山毛榉或泥煤烟熏过的麦芽酿制的啤酒。

➢鲸鱼啤酒厂（Brasserie La Baleine）：⓭吉卜赛（Gitane, 5%），烟熏爱尔，淡红色泽，口感甘甜，带浓郁泥煤与烤面包味。

➢鲁日德李塞啤酒厂（Brasserie Rouget de l'Isle）：⓮老烟囱（Vieuxtuyé, 6%），烟熏拉格，焦糖与烟熏香肠气味，口感甘甜，带烧烤与烟熏气息。

➢法萝多瓦啤酒厂（Brasserie La Farlodoise）：⓯烟熏法萝多瓦（La Farlodoise Fumée, 5.5%），烟熏爱尔，猪肉与香肠气味，口感圆润，带烘焙与烟熏气息。

甜味啤酒

充分利用麦芽和残余糖分油润丰富的质感，例如大麦酒（barley）与小麦啤酒。

➢荒地植物啤酒厂（Brasserie Garrigues）：⓰老破鞋（Sacrée Grôle, 12.6%），大麦酒，亮橙色泽，糖渍水果与焦糖芳香，风味如西洋梨果酱般浓郁油润，带烟熏气息。

➢宁卡西啤酒厂（Brasserie Ninkasi）：⓱宁卡西特级小麦啤酒（Ninkasi Grand Cru Wheat Wine, 12%），小麦酒啤酒，松树与柑橘清香，丝滑口感，带糖渍水果与胡椒气息。

甘甜焦糖

有红色、棕红色与淡黄琥珀色的麦芽啤酒，层次与口感相当丰富。

➢卢瓦尔河啤酒厂（Brasserie de la Loire）：⓲109（6%），琥珀爱尔，新鲜榛果香。

烘焙烧烤型

风格范围相当广泛，从烘烤麦芽的小麦啤酒到不甜或浓郁的司陶特啤酒都有。

➢小玉米啤酒厂（Brasserie La P'tite Maiz）：⓳羊我个司陶特（Goat me a Stout, 6.6%），燕麦司陶特，咖啡与巧克力香，口感圆润丝滑。

旧方法，新潮流，新风味

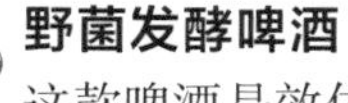

野菌发酵啤酒

这款啤酒是效仿比利时的拉比克啤酒（lambic），利用空气中的微生物进行自然发酵。

➢旭洛兹啤酒厂（Brasserie Sulauze）：⓴大自然之母（Ta Mère Nature, 5%），野生爱尔，在木桶中混合三种野生酵母菌进行发酵，带酸性与木质香气，有香草与菠萝味。

木桶熟成啤酒

高卢人使用木桶进行发酵与储存啤酒，现代酒厂也使用新酒桶或葡萄酒与烈酒的熟成木桶来酿制年份啤酒，装瓶或开始酿制啤酒的年份日期会显示在酒标上。

➢谢夫勒斯谷啤酒厂（Brasseriela Vallée de Chevreuse）：㉑猎物足迹（Volecelest, 8%），法国橡木新桶熟成的三料啤酒，无花果、蜂蜜与糖的芳香，利口甜酒的口感，带糖渍柳橙、杏桃干与木质气息。

➢圣哲曼啤酒厂（Brasserie Saint Germain：㉒第24页比利时双料（Page 24 Belgian Dubbel, 7.9%），以勃艮第红酒桶熟成的比利时棕色啤酒，具浓烈烧烤香气，口感柔和，带黑巧克力与黑樱桃气息。

加料啤酒

酿制啤酒时可与水果一起浸泡，也可在酿制过程中加入干燥花朵或各式香料。

➢梅留欣啤酒厂（Brasserie Brasserie Mélusine）：㉓爱与花（Love & Flowers, 4.2%），加入干玫瑰花瓣的小麦啤酒，带紫罗兰与玫瑰气息，泡沫细致，矿物质风味的优雅口感。

➢维克桑啤酒厂（Brasserie Vexin）：㉔维利欧卡斯（Véliocasse, 7%），蜂蜜金黄啤酒，烤面包、焦糖与蜂蜜的香气，口感柔滑甘美，糖渍水果的味道令人食指大动。

城里的啤酒 乡下的啤酒

法国的啤酒复兴始自20世纪80年代，由布列塔尼的柯雷夫啤酒厂（Brasserie Coreff）率先发起，新兴酿酒师越来越受到大众欢迎。

城市啤酒

都会酿酒师对于活络社区关系有积极影响，他们偏好与社区里的酒窖或酒吧合作，让都会经济更蓬勃发展。

➢平原啤酒厂（Brasserie de la Plaine）：㉕HAC冷泡啤酒花（HAC houblonnée à cru, 5.5%），平原金黄爱尔，白色花朵与热带水果香气，口感带酸味、果味与苦味。

➢存在啤酒厂（Brasserie de l'Être）：㉖狮头女神（Sphinx, 4.5%），季节啤酒，酵母与柑橘芳香，口感带酸，尾韵利落而苦。

蒙特勒伊啤酒厂（La Montreuilloise）：㉗蒙特勒伊之花（Fleurde Montreuil, 5%），接骨木花琥珀啤酒，花朵与焦糖芳香，口感带酸，果香中带一层烤麦芽风味。

➢棕熊啤酒厂（Brasserie Grizzly）：㉘黑丝绒（Veloursnoir, 4.3%），司陶特，咖啡香气，口感柔滑温和，带巧克力风味。

洞穴摊贩（L'Antre de l'Échoppe）：㉙灰烬中的喷火怪（Chimèrede Cendre, 4.8%），不甜的司陶特，浓烈烘焙芳香，带苦巧克力与泥土风味，尾韵利落。

村庄啤酒

酿酒厂重新赋予村庄生气与活力，成为村民交流的中心，或是展览、演奏会场地。

➢收入赤字啤酒厂（La Rente Rouge）：㉚失眠（Insomnuit, 6.5%），以夜圣乔治（Nuits-Saint-Georges）酒桶熟成的棕色啤酒，带咖啡味与乳香，入口清甜，尾韵有水果干和黑樱桃风味。

➢三座喷泉啤酒厂（Brasserie des Trois Fontaines）：㉛曼杜比恩黑啤酒（Mandubienne brune, 7%），棕色爱尔，红色水果芳香，入口圆润，口感轻快，带完美的烘焙苦味。

➢三匹狼啤酒厂（Brasserie Les Trois Loups）：㉜三料啤酒（Triple, 8.5%），比利时三料，水果酯类芳香，口感丰富多层次，柔和顺口，具草本、花香与树脂气息。

➢天鹅啤酒厂（Brasserie An Alarc'h）：㉝12月（Kerzu,7%），帝王司陶特，咖啡、红色水果与香草芳香，入口可尝到巧克力味，接着是咖啡浓香，丝滑尾韵绵长。

➢魁柯布啤酒厂（Brasserie du Quercorb）：㉞拉斯宁法（Las Ninfas, 5%），维也纳拉格，焦糖与茴香芳香，柔顺滑口，带烤吐司气息，尾韵略涩。

乡村酿酒师的风土啤酒

农民在农场里将自家种植的谷物，大麦、小麦、燕麦、黑麦、斯佩尔特小麦，加工酿制成风土啤酒。有些农场会自行发麦，不过大部分的谷物都会送往当地的微型发麦厂。也有越来越多人开始种植啤酒花。

➢柯斯纳尔农庄啤酒厂（Ferme-Brasserie La Caussenarde）：㉟燕麦味（L'Avoinée, 5.5%），燕麦深色爱尔，烘焙谷物、杏仁蛋糕及烤面包的香气，口感柔滑浓郁，尾韵带苦而利落。

➢三喙啤酒厂（Brasseriedes Trois Becs）：㊱荨麻啤酒（Bière à l'ortie, 6.5%），爱尔，草本芳香，口感圆融带矿物味，烤麦芽气息。

➢波啪啤酒厂（Brasserie Popinh）：㊲依可纳（Icauna, 4.8%），淡色爱尔，花朵、柠檬与树脂的风味，清凉解渴又顺口，柠檬香的苦韵悠长。

➢坎提耶农庄（Ferme de la Quintillière）：㊳黑麦鹞（La Busard Seigle, 5%），三种谷物爱尔，可以吃的啤酒，以全谷物酿制，浓滑且具香料气息。

➢里贝拉啤酒厂（Ribella）：㊴神秘里贝拉（La Ribella Mistica, 8%），以科西嘉有机大麦酿制，加上农庄自产啤酒花与内比欧（Nebbiu）的栗子。

啤酒专用词汇

爱尔（Ale）
这个在英国原指无添加啤酒花的传统琥珀啤酒，现泛指上层发酵啤酒。

大麦酒（Barley Wine）
指采用上层发酵的浓烈甜口啤酒，酒精度高，通常在木桶中熟成，而且越陈越香。Wheat Wine则是加小麦酿的大麦酒。

黑白啤酒（Blanche Noire）
德语Dunkelweizen的法语说法，指深色小麦啤酒，以烘焙过的麦芽酿制。法国的小麦啤酒通常称为白啤酒。

塞瓦斯大麦啤酒（Cervoise）
高卢人的传统啤酒，最初很可能没有使用啤酒花。

双倍勃克（Doppel bock）
德语bock是指下层发酵的烈啤酒，色泽多元，从铜金色至深棕色都有；double则是指酒精度较强的啤酒风格。

烟熏小麦啤酒（Grätzer）
原产自波兰，以橡木烟熏的小麦麦芽酿制而成。

冷泡啤酒花（Houblonnée à cru）
英语为dry-hopping，在冷却的啤酒槽里投入啤酒花。这项技术广泛使用于啤酒花风味明显的美式风格啤酒。

印度淡色爱尔（India Pale Ale, IPA）
原指啤酒花风味强烈的英式啤酒。它的名称原指运往英国殖民地印度的啤酒，为了在长途旅程中易于保存而投入大量啤酒花。事实上，这种大量添加啤酒花的酒早已存在，传统在10月酿制的啤酒会投入啤酒花以利保存。而根据啤酒花的品种，又可分为美式IPA或英式IPA。

拉格（Lager）
来自德语lagern，意为窖藏，现泛指下层发酵啤酒。此酿酒方式源自19世纪中的德国，需低温保存。

淡色爱尔（Pale Ale）
使用浅色麦芽酿制的英国传统啤酒。

美式淡色爱尔（American Pale Ale）
以美国啤酒花酿制的淡色爱尔。

波特啤酒（Porter）
18世纪来自伦敦的上层发酵深棕色啤酒，有烘焙可可豆与巧克力的香气。波罗的海波特（Baltic Porter）是下层发酵的高酒精度版，符合波罗的海国家的风格。

社交啤酒（Session）
来自美国的习惯用语，指酒精度非常低的啤酒，等同法国的“佐餐啤酒”（bières de table）。

司陶特啤酒（Stout）
上层发酵的黑啤酒，来自司陶特波特（Stout Porter），也就是加强版的波特啤酒。现今的司陶特口感多元，可以呈现淡雅不腻口（如爱尔兰司陶特）、柔顺滑口（甜美司陶特、奶香司陶特）、浓烈带劲（双料司陶特、帝王司陶特）或带啤酒花香（印度司陶特），甚至窖藏熟成的风味。

酸啤酒（Sour）
泛指口感偏酸的啤酒。有许多酿制技巧可让啤酒带酸味，主要方法是加入乳酸菌。酸小麦啤酒（Wheat Sour）是以小麦酿制。

三料啤酒（Triple）
酒精度含量很高的啤酒，颜色通常为金黄色。名称来自比利时，也就是中世纪的修道院啤酒。单料（simple）的酒精度是3%，双料（double）是6%，三料（triple）约为9%。

维也纳拉格（ViennaLager）
指采用维也纳麦芽酿制的下层发酵啤酒，带有烤吐司的芳香。

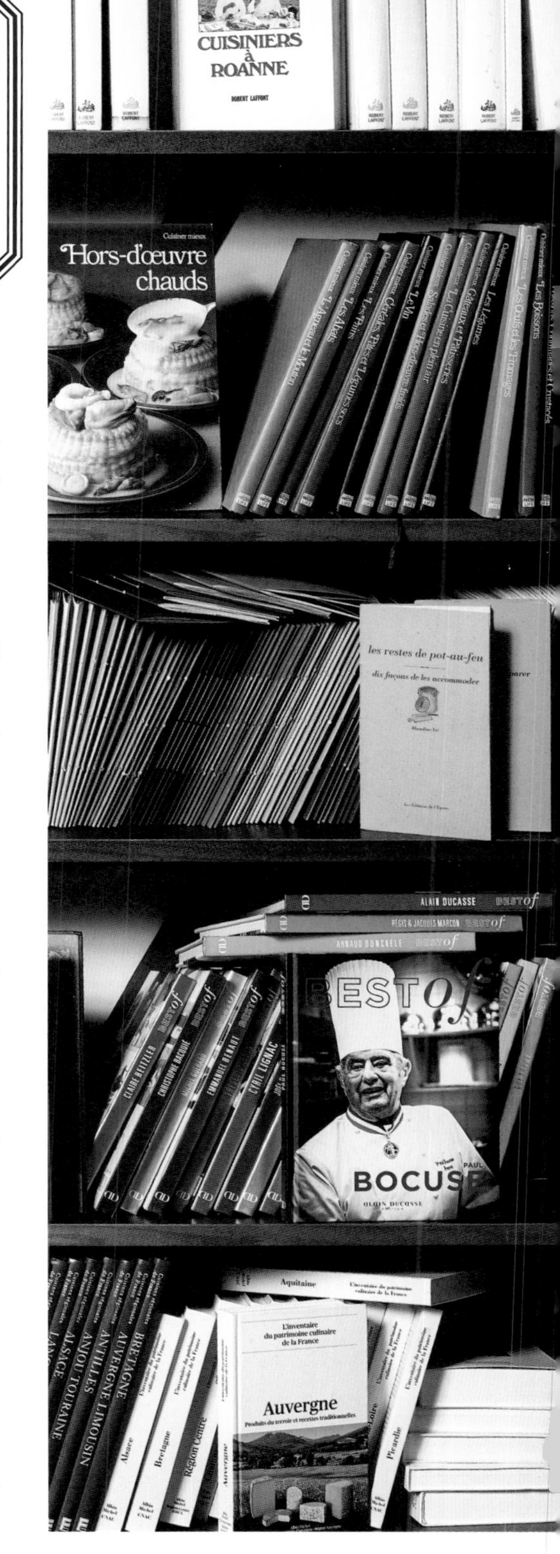

我的食谱书柜

撰文：黛博拉·度朋（Déborah Dupont）*

法国料理史上最经典及最畅销的食谱是哪几本呢？
让我们来一次书架巡礼吧！

神级经典

ELLE杂志百科全书

ELLE在1950年出版了一本出色的料理百科，由马琵·图卢兹罗特列克（Mapie de Toulouse-Lautrec）执笔撰写大部分内容。解说详尽的珍贵书籍，充满古典魅力。

《法国的三种料理》

Les Trois cuisines de France

1990年发行的收藏食谱，至今换过不少封面。读者可从字母缩写辨识是来自哪位大厨的手笔：米歇尔·盖拉德、皮耶·加尼叶或是马克·曼努（Marc Meneau）等。

《法国的地方料理》

Cuisines régionales de France

收录法国各地方的特色料理，还有划时代的美味照片。

《美景与美食》

Recettes et paysages

这是一套五大册的亚麻书皮精装丛书，带您回味20世纪50年代的经典料理。美食评论家库诺斯基（Curnonsky）与其他名笔为其作序，呈现法国料理的民族主义精神。

《法国烹饪的发明与遗产》

L'Inventaire du patrimoine culinaire de la France

由国家料理艺术学会于20世纪90年代末期出版，这套无与伦比的知识典藏能让读者发现法国每个地区（留尼汪岛除外）的风味特产与传统料理。

《别出心裁的料理》

Recettes originales de...

这套由克劳德·勒贝（Claude Lebey）编辑的丛书记录了法国料理界呼风唤雨的大厨，与20世纪70年代的新料理运动密不可分。

《料理精益求精》

Cuisiner mieux

由各国的美食记者于1980年共同编辑，共27册，涵盖各大类型料理，并以插图呈现每个步骤，是国际级的畅销书。

《十种准备料理的方法》

Dix Façons de préparer

仅有24页的小手册，书页以亚麻线手工缝合，必须用裁纸刀割开才能阅读。从1989年以来已出版了289册，至今仍不断刺激着爱好者的搜集欲望。

《经典》

Best of

最新诞生的神级系列，2008年出版，作者寻遍现下知名大厨与甜点师，以照片形式一一呈现十余道成名招牌菜肴的料理步骤。

畅销书

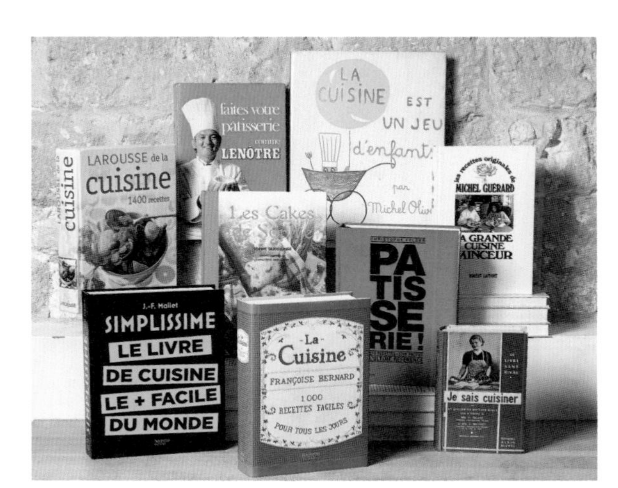

畅销书不一定是销售数字最高，但一定是再版多次，译成多国语言，而且常常出现在法国人家的厨房，实至名归的成功书籍。

→**《烹饪如游戏》**（*La Cuisine est un jeu d'enfants*, 1963），米歇尔·奥利维（Michel Oliver）著。

→**《伟大的健康料理》**（*La Grande cuisine minceur*，1976），米歇尔·盖拉德著。

→**《拉鲁斯料理字典》**（*Larousse de lacuisine*，1990）

→**《我会烹饪》**（*Je sais cuisiner*，1932），吉内特·马蒂欧（Ginette Mathiot）著。

→**《简易食谱》**（*Les Recettes faciles*，1965），法兰索瓦·贝赫纳（Françoise Bernard）著。

→**《跟贾斯东·雷诺特一起做甜点》**（*Faites votre pâtisserie comme Gaston Lenôtre*，1980），贾斯东·雷诺特著。

→**《苏菲的蛋糕》**（*Les Cakesde Sophie*，2000），苏菲·都德曼（Sophie Dudemaine）著。

→**《甜点！》**（*Pâtisserie!*，2011），克里斯多夫·费尔德（Christophe Felder）著。

→**《全世界最简单的西餐》**（*Simplis-sime*，2015），让-弗朗索瓦·马莱（Jean-François Mallet）著。

同场加映
前卫厨师暨美食作家（第344页）

*巴黎美食书店（La Librairie Gourmande）老板，地址：92-96, rue Montmartre，网址：www.librairiegourmande.fr。

栗子，栗子

撰文：吉勒·库桑

正牌的栗子（châtaigne），对于总是被七叶树果实（marron）抢去风头感到有苦难言。
来学一下怎样才能不再上当。

栗子大对决

阿尔代什 VS 科西嘉 

法国栗子的两大产区。

	阿尔代什	科西嘉
品种	在65个公认品种当中，最常见的为：Aguyane、Précocedes Vans、Pourette、Sardonne、Bouche Rouge、Comballe、Garinche、Bouche de Clos、Merle	在47个公认品种当中，最常见的为：Insitina、Bastelicaccia、Tricciuta、Insetu Pinzutu、Carpinaghja
产区	从圣维克多（Saint-Victor）经蒙珀扎（Montpezat）、奥伯纳（Aubenas）至莱斯旺（Les Vans）。	科西嘉东北的高山区，从科尔泰（Corte）至萨里索伦札拉（Solenzara）沿线。
产量（2010年资料）	4,200吨	1,000吨
势力范围	2014年取得AOP，包含各种形式的栗子（整粒、干燥、粉状）。“阿尔代什栗子”的原产地名保护产地涵盖阿尔代什省的188个乡镇，以及加尔省、德龙省的9个比邻乡镇。	“科西嘉栗子粉”自2010年取得AOP。要冠上这个产地名称，必须是来自高山区或中高山区的栗树，最好位于海拔400~800米，而且不能经过任何化学耕种或加工处理。
丰收庆典	秋天栗子丰收时会举行“卡斯塔尼亚”（castagnades）节庆。	博科尼亚诺（Bocognano）在12月有“栗子博览会”（Fiera di a castagna）。
食谱	**库辛纳（cousina）**：鲜奶油栗子浓汤。 **栗子酱**：栗子煮成泥后，再加糖及香草荚一起煮过。 **阿尔代什栗子蛋糕（ardéchois）**：以栗子奶油酱做成的松软蛋糕。	**栗子波伦达（pulenda）**：将水、过筛栗子粉和一点盐放在锅中煮。可趁热切片与荷包蛋、布洛丘奶酪、科西嘉盐腌干香肠享用，或隔天用橄榄油煎着吃。 **栗子奶酪炸饼（fritelle Castagnine）**：用栗子粉和布洛丘奶酪做的油炸面团。

马栗还是板栗？

法语marron其实指的是马栗，即欧洲七叶树（*Aesculus hippocastanum*）的果实，是不能吃的。然而法国人将平常吃的栗子称为“marron”，其实是以讹传讹，正确的名字应该是châtaignes（板栗），指的是欧洲栗树（*Castanea sativa*）的果实，外壳长满刺，里面打开只有一颗果实，每年10月可以开始收成。

栗树，滋养之树

栗子是法国南方与地中海沿岸不可或缺的食材。栗子树也被昵称为“面包之树”，以前面粉短缺时，便用栗子粉代替。

奶酪栗子波伦达*

准备时间： 15分钟
烹调时间： 1小时
分量： 8人份

材料：

过筛的栗子粉1千克、科西嘉盐腌干香肠（figatelli）2根
布洛丘奶酪（brocciu）1千克

步骤：

- 在大炖锅中加2升的水煮沸，加盐，一边慢慢倒入栗子粉，一边用圆木棒或长木匙搅拌。一定要开大火，不停搅拌，尽量别让栗子粉粘在锅子边壁。煮30分钟，直到变成结实的面团。
- 离火撒些栗子粉在面团上，揉一下，并用刮刀将面团刮离锅子，放在一块干布上，盖上面团，静置几分钟。
- 取料理用棉绳或薄铁片，将面团切成宽2厘米的片状。干香肠用炭火烤熟，鸡蛋煎熟，布洛丘奶酪切八等份。
- 拿1块波伦达面团，搭配1片布洛丘奶酪、1段干香肠和1颗荷包蛋，趁热享用。

*食谱摘自《面包、葡萄酒与海胆》（*Du Pain,du vin et des oursins*），尼古拉·斯通伯尼（Nicolas Stromboni）著。

男爵夫人的礼仪须知

撰文：路易·毕安纳西

端坐在21世纪的餐桌前，遵循19世纪的布尔乔亚用餐礼仪，
您敢接下这个挑战吗？

名副其实的畅销书

19世纪最有影响力的礼仪论著，出自一位女性作者布兰奇·索耶（Blanche Soyer，1843—1911），其笔名更是如雷贯耳：丝塔芙男爵夫人（Baronne Staffe）。她的著作《世界之用：现代社会的礼仪规则》（*les Usages du Monde：Règles du savoir-vivre dans la société moderne*）出版于1889年，而且再版数次。书中教导读者在家庭生活中大小场合（受洗、结婚……）及社交聚会（拜访、交谈……）如何合宜地应对进退。

USAGES du MONDE

Règles du Savoir-Vivre

dans la

Société Moderne

par

la Baronne Staffe

PARIS

VICTOR-HAVARD, ÉDITEUR

1894

为每个宾客摆多少个杯子，才算是称职的主人？

“盘子前面有5个（或2个）杯子：大的杯子用来掺水与葡萄酒（或者纯饮），第二个形状特殊的杯子用来喝马德拉甜酒，第三个杯子喝勃艮第葡萄酒，第四个杯子喝波尔多葡萄酒，第五个杯子有时是笛形杯或碟形杯，用来喝香槟。大部分的家庭都喜欢笛形杯。至于希腊、西西里岛以及西班牙的酒，会与甜点一起享用，所以需要一个精雕细琢的小水晶杯。莱茵河产区的酒一定要用水绿色杯子盛装。”

若您对汤品毫无招架之力，是否可以要求再添一盘？

不可以。理由很简单：“这道几乎是液体的菜肴具有强大吸收能力，一下就能填满胃囊并加重负荷，导致您无法享用其他菜肴。”

盘底还有些汤，该如何优雅地喝完？

别喝完！盘子底部一定要留下一些汤，因为将盘子倾斜以喝完盘底的汤这件事是不被允许的。男爵夫人甚至毫不考虑用面包拭净盘底汤汁的可能性。

该如何优雅地切放在一旁的小面包？

嘿！面包不用切。您想过这个过程会有多危险吗？男爵夫人会提醒并强调您不需要这么做。“面包应该用手剥。为什么不用刀切？因为面包碎屑很可能因此而四散，飞溅到邻座男士的眼睛里，或是邻座女士裸露的肩膀上。”

为什么您不该帮邻座有点口渴的女士倒杯酒？

因为不该由您服务，而且您也不需费心在她的酒里兑水。在同桌宾客之间，水壶与酒壶是交替放置的。“酒壶放在男性宾客举手可及的位置，他必须为他同行的女伴服务，而且一定要在她的酒杯中加水。女士在餐桌上只能喝兑了水的葡萄酒，甜点时间例外。”

哪些食物可以直接用手拿？

除了面包，还是面包。黄金守则，钢铁纪律：绝对不用手碰触面包以外的食物。所有的水果都要用叉子和甜点刀剥皮或去核食用。

该如何处理樱桃核？

“食用樱桃或其他带核且无法切割的水果时，不可以将果核吐在餐盘上，也不可以用手接果核再放在餐盘上。应该用甜点匙去靠近嘴，将果核轻吐在匙上，再放回餐盘里。在家多练习，就能得心应手。”

想将精美的宴客菜单带回家收藏，该怎么做？

拿走吧，就这么简单。主人不会告你的。每位宾客面前都有一张“优雅”或“充满艺术性”的套餐菜单，把它带走是很正常的。不过要记住，菜单的背面会写上宾客的大名并朝向该名宾客位置，等到宾客就座后，记得将菜单转个面。

同场加映

让人醉上一场的词汇（第49页）

米做的甜点

撰文：艾维拉·麦森

米的味道平淡，看似没什么特别，却可以融入各式各样的料理，不仅是许多法国佳肴的主要食材，在甜点界也占有一席之地。瞧瞧下列食谱就能明白了。

名厨埃斯科菲耶（Auguste Escoffier）在他1927年出版的《米》（*Le riz*）一书中这样说："米能配合多种烹调方式，甚至能一年365天更换菜单也丝毫不会腻。"米是最棒的营养食材，有将近120种烹调方式。在他出版这本书的时候，法国人对这个谷物还相当陌生，连厨师也不一定知道该拿它怎么办。不过米的好处克服了一切，它比马铃薯更有营养，物美价廉，甜咸皆宜。"加点糖，与焦糖同煮，就是名副其实的甜点。"书中也提供了令埃斯科菲耶赞不绝口的米甜点食谱：孔代风水蜜桃（加入蛋黄的米布丁，缀以糖渍水蜜桃）、克里奥尔（créole）香蕉米饭舒芙蕾、英式米布丁。

米蛋糕

像家家酒一样简单的甜点，冷热皆宜。

准备时间：30分钟
烹调时间：30分钟
分量：6人份

材料：

牛奶1升
液体鲜奶油50毫升
鸡蛋2颗
圆米200克
细砂糖150克
香草荚1枝

焦糖食材
糖75克
水3汤匙

步骤：

- 用冷水将米洗过，放在汤锅里。加水至淹过米的高度，煮3~4分钟后将米沥干，再用冷水冲洗，防止米过熟。
- 剖开香草荚并刮取香草籽，与牛奶一起煮沸，再加入米以小火煮30分钟。
- 取出香草荚，将混合打匀的鸡蛋、糖与鲜奶油倒入煮好的米里，搅拌均匀。
- 准备焦糖酱，将水与糖倒入另一口锅煮沸，直到略为上色。
- 烤箱预热至180℃。将焦糖倒入烤模，再倒入煮好的米铺平，送入烤箱以隔水加热方式烤30分钟。冷却后再将蛋糕脱模。

诺曼底烫歪嘴布丁*

这种米布丁一定要趁热吃，才会得到"烫歪嘴"（teurgoule）这个名字。迫不及待吃上一口热腾腾的米布丁，简直是最佳写照。

准备时间：10分钟
烹调时间：6小时
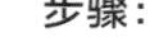
分量：4人份

材料：

全脂牛奶2升
圆米150克
白砂糖180克
盐少许
肉桂粉2平茶匙

步骤：

- 将米放在容量两升的陶盆里，加入砂糖、盐与肉桂粉，以刮刀搅拌均匀。轻轻倒入牛奶，让盆里的米不致被冲散。
- 将陶盆放入烤箱，以150℃烤1小时，再降至110℃烤5小时。当表面烤成金黄色就表示"烫歪嘴"布丁烤好了。
- 等布丁稍微凝固即可趁热享用，稍微放凉也可以。

*食谱由诺曼底烤布丁与奶油面包协会（Confrérie de la Teurgoule et Fallue de Normandie）提供。

杜塞*的米布丁

准备时间：20分钟
烹调时间：30分钟
分量：4人份

材料：

全脂牛奶1升
液体鲜奶油500毫升
香草荚1枝
细砂糖200克
圆米200克

奶香焦糖版
糖500克
液体鲜奶油250克，共2份
盐少许

鲜果或干果版
新鲜水果丁
水果干1把

步骤：

米布丁

- 在厚底汤锅内倒入牛奶与鲜奶油。剖开香草荚并刮取香草籽，与米和砂糖一起加入牛奶锅中。
- 将全部食材煮至沸腾，再将火关至最小，续煮30分钟并不时搅拌。
- 将煮好的米倒在浅盘上，室温放凉，再放进冰箱冷藏1小时。
- 取出香草荚，轻轻拌匀米布丁，盛进沙拉碗中。

佐料

- 奶香焦糖酱：将砂糖煮至颜色变深，加少许盐，趁热倒进250克沸腾的液体鲜奶油（小心别被烫伤），煮至沸腾后再加入第二份鲜奶油。最后倒进大碗中放凉。
- 水果版则在煮好的米布丁上直接倒入水果丁。

*食谱由布鲁诺·杜塞（Bruno Doucet）提供，你可以去他巴黎的La Régalade小酒馆品尝这道美味米布丁。

同场加映
新鲜奶酪的世界（第316页）

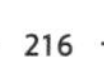

关于葡萄酒，那些字是怎么说的？

撰文：奥萝尔・温琴蒂

在法国，葡萄酒的地位是神圣的，虽然它带来的后果有时相当“亵渎”。拉伯雷曾说，被奉为神明的葡萄酒会带我们翻山越岭，其实比较偏向欢乐酒神（Bacchanales）的国度，而非庄严的基督之血。所以朝圣者之路经常也是酒香之路，就算最著名的圣雅各之路也一样！

酒的思绪

我们将感觉快乐或忧郁的权力交由葡萄酒来决定。就这个观点来看，我们可以说这瓶酒带出了我们的**愉悦、悲伤或糟糕的一面（avoir le vin gai, triste ou mauvais）**。饮料与我们的心灵状态产生了语法与生理的微妙转变。葡萄酒成为生命体，它的情绪与我们的心情融为一体，无论好坏都同舟共济。我们可以用酒淹没悲伤、**“借酒浇愁”（noyer son chagrin）**，也能在杯中加点水冲淡一切、“弭平恩仇”（mettre un peu d'eau dans sonvin）。

荏苒时光

岁月对身心的影响，也同样展现在葡萄酒的熟成过程。我们保存窖藏佳酿，因其老化得当（vieillit bien），风味与价值随着时光与日俱增。越陈越香的葡萄酒越能在悠悠岁月中尽显风华。只不过，光阴也可能让我们变得更尖酸。**葡萄酒变酸（tourne au vinaigre）**让人**“哀莫大于心死”**，所以最好抓准拔瓶塞（tirer le vin）的时刻，即装瓶与醒酒的关键时机（mettre en bouteille）。俗谚说得好：**“既然酒都开了，就喝了吧（quand le vin est tiré il faut le boire）。”**既然身在其中已无法回头，干脆一不做二不休。形容一个人“有酒瓶之量”（avoir de la bouteille），暗喻上了年纪且经验丰富，能以**耐心等待熟成的佳酿**。英语的“复古”（vintage）其实也跟法国的葡萄丰收（vendange）有关，在今日指**具有时间戳记的复古事物**，在15世纪时却是用来描述葡萄收成。而葡萄酒的时间戳记（年份），在法语是用millésime这个词来标注。

淡薄劣酒

法国当然不是只有特级佳酿，法国人也酿得出难喝的酒。法语picoler来自意大利语piccolo，指“小”的意思，引申为“淡薄的酒”（petitvinléger）。随后由一战时的（poilu）法军将这个词发扬光大*，当然是因为**酒很淡，能爽快畅饮才导致过量**。同为“pi”词根的picrate（苦味酸盐）、picole（酗酒）、pinard（红酒）、piot（酒），来自希腊语pikros，指“辛辣、尖锐”，就跟piquette（酸味劣酒）的口感一样。一战时期常用苦味酸钾与苦氨酸来制造**炸药**，法军自然而然将炸药与辛辣刺口、**难喝到爆炸**的酒联想在一起……法国人即使身在战壕还是很有幽默感的！

* poilu在法语中有毛茸茸的意思，另指第一次世界大战时勇敢、耐劳的法国军人，因为他们脸上都留着大胡须，而且以热爱廉价葡萄酒闻名。——编注

爱吃的高卢祖先

撰文：史蒂芬・索林涅

现今的法国料理，是否仍受到高卢时代的风俗影响？传说还是现实？让我们一一为您分晓。

承自高卢祖先的美食传统？

今日法国料理有些账要跟祖先算一算。“假设高卢人对食物所表现的兴趣与法国人贪吃成性具有因果关系，绝非无稽之谈”，因为“在高卢社会，美食与社会及政治密不可分”。——尚罗伯・皮特（Jean-Robert Pitte），《法国美食》（*Gastronomie française*，1991）

豆类或蔬菜加上油脂的组合：

- 盐渍猪五花炖扁豆。
- 蚕豆版卡酥来炖肉锅（从凯瑟琳皇后将白腰豆带来法国之后，法国人才开始胃胀气）。
- 阿尔萨斯酸菜猪肉锅（choucroute）
- 乡村浓汤（科西嘉汤、猪油鹅肉卷心菜浓汤……）。

传统猪肉制品：高卢人完全掌握了制作火腿、培根、熟肉抹酱和猪血肠的艺术。

炖肉：

- 各地的砂锅炖肉（pot-au-feu）。
- 各地的传统肉汤：盐水煮牛肉（bœuf grossel）、蔬菜炖肉、洋葱煮回锅牛肉（bœuf miroton）、白酒炖小牛肉（blanquette de veau）、内脏料理（小牛头、牛舌、牛颊肉）、猪蹄髈、炖鸡汤……

黄油料理：黄油在高卢料理中出现频率很高，而橄榄油实属罕见的昂贵食材，只有精英阶级能享用。

法国美食象征：高卢人酷爱蛙腿与蜗牛。

法国北部的啤酒：让高卢人的啤酒酿造专业知识永垂不朽。

法国人对葡萄酒的品位出众：葡萄酒于公元前600年由希腊人传入法国，并深受高卢精英阶级喜爱。

地方甜品：

- 利穆赞三叉面包，在基督受难主日吃的奶油面包。
- 皇冠杏仁千层派（Pithiviers）。
- 布列塔尼磅蛋糕，是卡努特人（住在厄尔-卢瓦尔省的高卢人）的蜂蜜圆饼（galette au miel）的直系子孙。
- 国王派：源自高卢人与罗马人的冬至庆典，金黄香酥的圆形饼皮代表冬天最缺乏的太阳光芒。

传闻	正确	错误
野猪是高卢人最爱的食物。		在高卢人的厨余当中很少见到野猪，那是精英阶级独享的美味。
高卢人酒量如海。	古代作家，包括柏拉图、阿庇安、狄奥多罗斯、老普林尼等人，都认为塞尔特人*喝酒不掺水的方式令人厌恶，而且喝太多了！	
高卢人经常举办大型宴会。	史料与大型宴会场所的考古遗址都能证明这一点。	
高卢人都躺着吃饭，跟罗马人一样。		高卢人坐在矮长凳或低床铺上吃饭。

* 公元前500年以后，法国已成为塞尔特人（Celtes）主要居住地区。古罗马人把居住在今天法国、比利时、瑞士、荷兰、德国南部和意大利北部的塞尔特人统称为高卢人。——编注

同场加映

追忆“科西嘉汤”的美味（第95页）

L'ÉTAL DU POISSONNIER

鱼摊巡礼

撰文：查尔斯·帕丁·欧古邦

法国海岸线长达19,000公里，是绝佳的天然捕鱼场。让我们去逛逛法国最佳工艺师阿诺·凡纳姆（Arnaud Vanhamme）的鱼摊（位于巴黎第十五区），开开眼界吧！

闪耀青光的青皮鱼

其脂肪含量介于5~12%，所以被称为油脂鱼。经常巡游于远洋的海面，因鱼背呈蓝绿色，能避免被海鸟捕食。

鲭鱼

学名：*Scomber scombrus*（鲭科）
产季：3-5月
肉质：白色带油脂（生食熟食皆让人爱不释口）。
烹饪：涂上厚厚芥末酱，以纸包起来烘烤。

竹荚鱼

学名：*Trachurus trachurus*（鲹科）
产季：2-6月
肉质：半透明，鲜美而结实，与鲭鱼类似。
烹调：生食，也可用烤箱烤或纸包焖熟。

沙丁鱼

学名：*Sardina pilchardus*（鲱科）
产季：10月至隔年2月
肉质：带点油脂，鱼刺细小，越小条越美味。
烹调：最常做成罐头，也可生食或烤熟食用。

鳀鱼

学名：*Engraulis encrasicolus*（鳀科）
产季：4-10月
肉质：细致
烹调：还用说吗？当然是片成鱼片，抹盐后放在披萨上！

扁平的比目鱼

生活于海床底栖层的鱼种大多都是身材扁平，例如魟鱼跟鮟鱇有扁平的腹部，比目鱼*则是扁平的“侧面”，两只眼睛挤在同一侧，另一侧身体呈白色。

大菱鲆

学名：*Psetta maxima*（菱鲆科）
产季：全年，4-7月为盛产期
肉质：白色细致而无油，是比目鱼中最美味的一种。
烹调：整条进烤箱。

菱鲆

学名：*Scophtalmus rhombus*（菱鲆科）
产季：全年
肉质：白色，细致，价格比大菱鲆亲民。
烹调：以蔬菜白酒海鲜高汤（court-bouillon）烫熟。

小头油鲽

学名：*Microstomus kitt*（鲽科）
产季：5-10月
肉质：脂肪少
烹调：油煎或烤熟

鳎鱼

学名：*Solea solea*（鳎科）
产季：12月至隔年3月
肉质：细致又结实，鱼肉极易片下。
烹调：烤熟后佐奶油白酱，是小酒馆的经典料理。

*比目鱼为鲽形目鱼类的统称，包括鲆鱼和鲽鱼。——编注

餐桌上常见的白肉鱼

生活于海床之上的水域，巡游范围广阔，依靠海床生物维生。白肉鱼的种类相当多，包括我们熟悉的无须鳕、牙鳕与鲷鱼；鱼皮的颜色也相当多，从银灰到红色都有。

欧洲海鲈

学名：*Dicentrarchus labrax*（狼鲈科）
产季：11月至隔年3月
肉质：极为细致，脂肪少，有点鱼刺。
烹调：盐焗。

牙鳕

学名：*Merlangiusmerlangus*（鳕科）
产季：全年
肉质：呈细致片状，脂肪少，味道清淡。
烹调：裹粉油炸，尤以科尔贝鳕鱼（merlan Colbert）最受欢迎。

大西洋白姑鱼

学名：*Argyrosomus regius*（石首鱼科）
产季：全年，12~隔年2月为盛产期
肉质：白色，细致，如其法语名称一样“干瘦”。
烹调：煮熟放凉后蘸美乃滋，以油腻对抗干瘦。

欧洲无须鳕

学名：*Merluccius merluccius*（无须鳕科）
产季：3~7月
肉质：白色，结实，烹调时能保持完整形状。
烹调：放烤箱烤熟。

金头鲷

学名：*Sparus aurata*（鲷科）
产季：9~11月
肉质：白色，细致，无油，极柔软美味。
烹调：炭烤，最好吃！

赤鲷

学名：*Pagrus pagrus*（鲷科）
产季：6~10月
肉质：不如金头鲷细致。
烹调：整条以铁板炙熟。

大大小小的虾

甲壳动物（Crustacea）的名称来自拉丁语 crusta，意即“外壳”。甲壳亚门有许多常见的物种，包括高级料理中不可或缺的鲜美虾子。它们的共同特征是两对触须，以及由甲壳素构成的外壳。

灰虾 CREVETTE GRISE

学名：*Crangon crangon*（褐虾科）
产季：全年
肉质：精致柔软。
烹调：平底锅炒熟后加胡椒调味，整尾入口享用，适合当开胃菜。

欧洲螯龙虾

学名：*Homarus gammarus*（海螯虾科）
产季：5~8月最肥美
肉质：结实有弹性。
烹调：烤箱烤熟，简单就很美味。

挪威海螯虾

学名：*Nephrops norvegicus*（海螯虾科）
产季：4~8月
肉质：细致且绵软。
烹调：蘸美乃滋当开胃菜。

知名的螯龙虾／龙虾料理方法

热月螯龙虾（Thermidor）*

将螯龙虾直剖成两半，螯折断。在虾肉上撒点盐与胡椒，淋上些许油。将螯龙虾放在烤箱上层以高温烤15分钟。准备油糊（roux），将黄油50克与面粉2汤匙拌煮15分钟，注意别煮到颜色太深。加入牛奶250毫升和盐，续煮1分钟。离火后拌入以液体鲜奶油2汤匙打散的蛋黄1颗，加入核桃大小的浓芥末。取出虾肉，切片，裹上酱汁再放回虾壳里摆好，送回烤箱焗烤。

比斯开螯龙虾浓汤（Bisque）

用油炒两个敲碎的螯龙虾壳，加入大蒜末2瓣及红葱末3颗。加入干邑白兰地100毫升并点火燃烧。放入去皮并切丁的番茄400克，再加入鱼高汤750毫升，以中火煮40分钟。最后以手持搅拌棒绞碎后再用滤网滤清汤汁。

螯龙虾薄片（Carpaccio）

螯龙虾以蔬菜白酒高汤煮熟后剥壳，以保鲜膜包好龙虾肉放进冷冻库。再以电动刀将虾肉片薄，淋上香草口味的油醋汁。

美乃滋螯龙虾（Mayonnaise）

保罗·博古斯的做法，将螯龙虾以蔬菜白酒高汤煮熟后放凉。剥掉虾壳，将虾肉切片，以盐及胡椒调味，淋上几滴醋与油。在沙拉盘铺上切碎的莴苣生菜，铺上螯龙虾片，撒上鳀鱼片、切成月牙形的白煮蛋、酸豆及美乃滋，中间放上莴苣心当作装饰。

阿美利坚螯龙虾（À l'américaine）

螯龙虾煮熟后剥壳，留下虾卵。将虾肉切块，以黄油炒香。番茄2颗去皮切碎，置于一旁备用。胡萝卜1根、洋葱1颗、红葱2颗及大蒜1瓣切碎，用黄油50克炒香，再加入虾块与白酒200毫升。淋上干邑白兰地1杯，点火燃烧。加入番茄丁及番茄糊2汤匙。取出虾块，大火收干汤汁，再慢慢加入黄油与面粉混合的面糊，以及虾卵。最后全部倒在虾块上即可。

到底是阿莫利肯（armoricaine），还是阿美利坚（américaine）？

这道螯龙虾料理一向被认为是19世纪中期的厨师皮耶·弗黑斯（Pierre Fraysse）所创。原籍法国塞特（Sète）的弗黑斯从美国回来之后，在他的美式风格餐厅Chez Peter's中推出了这道以番茄、洋葱与白酒料理的螯龙虾大餐，并取名为“阿美利坚螯龙虾”。而“阿莫利肯螯龙虾”则是稍晚才出现，由布列塔尼乡亲建议（施压），他们认为蓝色螯龙虾才是这道菜的灵魂。

烹调方式

重量600克的螯龙虾以蔬菜白酒高汤煮8~10分钟，重量1千克的则需煮15分钟。

红衣主教虾

龙虾和螯龙虾的壳经过烹煮后会呈现鲜艳红色，犹如主教袍子的颜色。

*1880年，埃斯科菲耶（Auguste Escoffier）发明了这道菜。1896年时，餐馆隔壁剧院的舞台剧“热月”（Thermidor）声名大噪，餐馆负责人因而将这道螯龙虾取名为热月螯龙虾。——译注

美味的软体动物

头足纲（Cephalopoda）的名称来自希腊语kephalê（头部）及pod（足部），头颅柔软，嘴部坚硬，触须上有吸盘，外表像海怪，但煮熟后很美味。

章鱼

学名：*Octopus vulgaris*（无章鱼科）
产季：8月至隔年5月
肉质：结实，充满海水碘味。
烹调：醋拌。

欧洲乌贼

学名：*Loligo vulgaris*
（枪乌贼科）
产季：8月至隔年2月
肉质：柔软且略带弹性。
烹饪：以大蒜与欧芹香煎。

好“碘”子

四合酱佐金头鲷*

将整尾金头鲷放烤箱烤熟。
接着倒入同等分量的橄榄油、水、柠檬汁与黄油，加入几颗尼斯橄榄一起享用。

*贾克·麦克西蒙（Jacques Maximin），Bistrot de la Marine餐厅前主厨。

白酒鲭鱼[1]

材料：
完整鲭鱼4条，每条350克
胡萝卜2根
西洋芹1根
带叶小洋葱8颗
晒干的新鲜大蒜4瓣
有机黄柠檬1颗
黑胡椒8粒
橄榄油2汤匙
白酒750毫升
白酒醋250毫升
迷迭香1枝
柠檬百里香2枝
月桂叶2片
丁香2粒
盐、磨碎的胡椒

- 将鲭鱼除去内脏，片成鱼片，挑掉鱼骨，用冷水冲洗后擦干。
- 将胡萝卜、芹菜与带叶小洋葱去皮，切成细条。大蒜去皮。黄柠檬连皮切成圆片。将黑胡椒粒略为压碎。
- 取一炖锅，准备腌渍鲭鱼的酱汁。热橄榄油，放入带叶小洋葱、大蒜、胡萝卜、西洋芹，炒大约5分钟，直到蔬菜出汁但不致上色的程度。倒入白酒与白酒醋，煮至沸腾。
- 在另一个炖锅中放入柠檬片、事先调好味的鲭鱼片、迷迭香、柠檬百里香、月桂叶、丁香、黑胡椒，然后淋上前一锅的热酱汁，续煮至沸腾后离火。整锅放凉，至少等12小时后才端上桌享用。

塔巴斯科辣酱煮愤怒牙鳕[2]（merlanencolère）

分量：4人份
材料：
牙鳕4小条，每条250克（去鳞并清空内脏）
面粉3汤匙
鸡蛋4颗
金黄面包粉200克（chapelure blonde）
细盐1/2汤匙
埃斯佩莱特辣椒粉1/2汤匙
炸油2升
烟熏塔巴斯科辣酱

- 将鱼洗净擦干，然后将鱼尾塞到鱼嘴里，卷成一圈（牙鳕的牙齿尖而密，故能呈现此高难度姿势）。放进装了面粉的袋子里，轻轻摇晃。
- 准备两个盘子，一个放打好的蛋液，一个放混匀的面包粉、盐跟辣椒粉。另外准备一个铁网。将蘸好面粉的鱼裹上蛋液，再蘸面包粉，放在铁网上。
- 将炸油的温度升到180℃，一次放入两条鱼，油炸大约6分钟，取出沥干，放在纸上吸去多余油分。趁热洒上塔巴斯科辣酱享用。

乌贼镶菠菜[3]

分量：4人份
材料：
乌贼4只，每只18厘米
洋葱2颗，切细条
小茴香粉1茶匙
新鲜菠菜600克
碎米100克
白酒100毫升
油（涂烤盘用）
盐、胡椒粉

- 烤箱预热至180℃。乌贼洗干净，摘下头部及须，切成小块。
- 取一炖锅，将洋葱丝炒到呈透明，再加入切成小块的乌贼须，继续炒2分钟。加入小茴香粉与盐，再加入菠菜，盖上锅盖焖软。然后放入米，如果太干可以加些水，盖上锅盖再煮20分钟。
- 将炒好的馅料填入乌贼的肚子，用牙签将开口封好，撒上盐与胡椒粉。将镶好的乌贼放在涂了油的烤盘上，倒入白酒，送进烤箱烤25分钟即可享用。

1. 艾曼纽·雷诺（Emmanuel Renaut），Flocons de sel餐厅的三星主厨。
2. 菲力普·艾曼纽耶利（Philippe Emmanuelli），著有《鱼》（*Fish*，2014）一书。
3. 尚皮耶·蒙塔内（Jean-Pierre Montanay），著有《关于章鱼》（*Auteur de Poulpe*，2015）一书。

白酒巴利菇煮朝鲜蓟

撰文：法兰索瓦芮吉·高帝

极棒的普罗旺斯料理，更精确地说，是来自阿尔皮耶山（Alpilles）的料理。这道嫩朝鲜蓟炖菜，从乡土料理跃升为名厨必备的佳肴。

什么是巴利菇？

巴利菇（barigoule，也可写为barigoulo）是一种伞菌菇，它的正式命名为松乳菇（*Lactarius deliciosus*）。也有一说是这道食谱衍生自杏鲍菇的俗名pleurote du panicaut，以讹传讹就变成berigoula和barigoule。

可以确定的是，朝鲜蓟最初是与菇类、肥猪肉以及其他香料植物一起炖煮。到了1742年，笔名为曼农（Menon）的美食作家在《法国新料理》（*La Nouvelle Cuisine*）一书中提及这道食谱时已不使用菇类，只留其名供人缅怀。

丹妮丝的白酒巴利菇朝鲜蓟*

准备时间： 20分钟
烹调时间： 35分钟
分量： 4人份

材料：

紫色朝鲜蓟8颗或嫩朝鲜蓟12颗
柠檬1颗
肥猪肉丁100克
胡萝卜1大根
西洋芹1根
新鲜洋葱2小颗
大蒜1瓣
欧芹4枝
百里香1枝
白酒1/2杯
面粉1平汤匙
橄榄油1汤匙
醋1汤匙
盐、胡椒

步骤：

- 处理朝鲜蓟，将尾部切到剩下3厘米，剥除第一层叶子，再切除剩下叶子的顶端。用尖刀将朝鲜蓟的心切齐，淋上柠檬汁后放在加了醋的水里。如果是比较大颗的紫色朝鲜蓟，可将其切对半再煮，并用蔬果挖球器刮去花苞底部的茸毛。淋上柠檬汁。
- 胡萝卜削皮并切丁。西洋芹切小段。洋葱与大蒜剥皮后，前者切圆片，后者与欧芹一起剁碎。
- 在炖锅中加热橄榄油，放入胡萝卜、洋葱与芹菜炒5分钟，再加入肥猪肉丁与大蒜、欧芹碎末。倒入白酒煮2分钟，让酒气挥发。
- 加入朝鲜蓟与百里香，用盐与胡椒调味，撒上面粉并搅拌，以避免结块。在锅里倒些水，但不要淹过朝鲜蓟，露出其顶端。盖上锅盖，以小火煮30分钟。
- 用刀尖刺一下朝鲜蓟检查熟度。如果汤汁蒸发太快，可再加一些水；相反地，若汤汁仍然太多，最后可以大火煮2分钟让其蒸发。
- 佐餐酒推荐普罗旺斯的粉红酒。

*食谱由丹妮丝·索林耶高帝提供。

同场加映
布洛丘奶酪，乳清的艺术
（第260页）

乔治·培瑞克的写作小厨房

撰文：艾丝黛拉·贝雅尼

塞满食物的橱柜，写满佳肴名称的泛黑册页……
在作家乔治·培瑞克（Georges Perec）的著作中，不仅吃香、喝辣，
还记载了众多受名厨青睐的乡土料理。

从处女作《物》（*Les Choses*，1965）开始，乔治·培瑞克即不断累积菜肴与烹饪的问题，同时探讨社会的消费形态。第二本著作《庭院里哪一辆镀铬车把的单车？》（*Quel petit vélo à guidon chromé au fond de la cour?*，1966）的封底以“应能满足嘴刁的橄榄米饭食谱”这句话吊读者胃口。书中遍寻不着这道食谱，才知道是日后一系列米饭沙拉食谱的引线，并于其后的著作中不断提及。培瑞克贪吃吗？其实还好。即使他曾写“试图列出我在1974年吃过的液体和固体食物清单”，证实种类之多，从羔羊脑到奶油特雷维索红苦苣（trévise），再到番石榴冰沙，别忘了还有数量壮观的熏鱼和伏特加，低调宣示他的波兰血统。在《思考／排序》（*Penser / Classer*，1985）一书当中，有81张适合烹饪新手的料理小卡，以数学组合来设想比目鱼、小牛胸腺、兔子与幼兔的食谱。在《生活指南》（*La Vie mode d'emploi*，1978）一书中，时间在1975年6月25日晚上8点精确地冻结，那是所有住户正好要用餐的时间。他甚至在《消失》（*La Disparition*，1969）这本挑战完全不使用e字母的小说中，提到孜然龙虾、匈牙利红椒巴尔干蔬菜汤、黑松露雪鸡肉冻。他捕捉用餐当下，记录所食，将餐桌时光凝结在永恒的文字里，不愿遗忘生活中的瞬间。从普鲁斯特到培瑞克，餐桌成了回到过去的时光机。

草莓慕斯

“书本放在音乐谱架上，翻开一页插图，图片为1890年兰铎伯爵在朗福德城堡的大厅里举行接见会。左页，以现代造型的花纹框饰和花环装饰着的，是草莓慕斯的食谱。准备300克的草莓，用威尼斯制的滤网挤压过滤，用器具搅拌并混合半升非常扎实的打发鲜奶油。将搅拌好的馅料倒入圆形小纸模，在冰凉的冰窖中放置两小时，让它们微微结冰。等到要享用时，在每个草莓慕斯上摆上一颗大草莓。”

——乔治·培瑞克，《生活指南》

“消失”的黑醋栗巴菲冰激凌（Parfait au Cassis）

分量： 6人份

食材：

液体鲜奶油400毫升
蛋黄4大颗
新鲜黑醋栗250克
黑醋栗香甜酒50毫升
糖浆120克

步骤：

蛋黄与糖浆混合打发。黑醋栗与香甜酒放入食物调理机搅碎，再与蛋黄糖浆混合。液体鲜奶油打至干性发泡，然后将所有材料混合，填入长方形容器，冷冻12小时，取出后切片享用。

令人陶醉的瓶子

撰文：辜立列蒙·德希尔瓦

大型的酒瓶通常都与香槟有关。
这是由19世纪的酒商约定俗成的习惯。
细长的瓶子常以《圣经》人物命名，
在这里简要介绍几个爱酒人士必须记住的酒瓶容量。

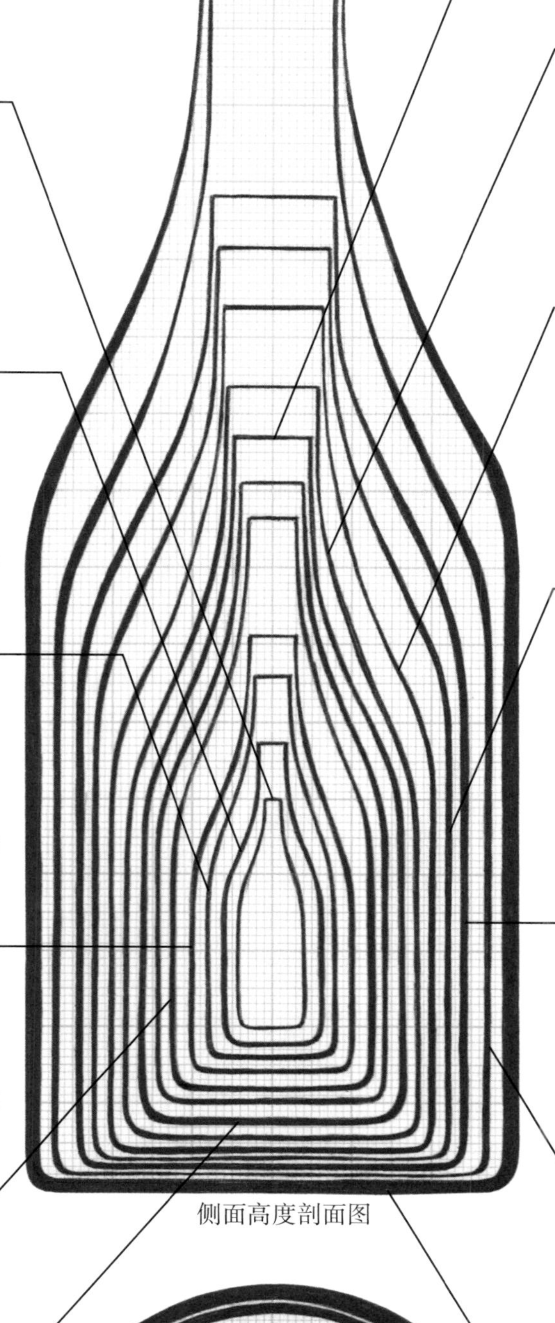

侧面高度剖面图

N°1 夸脱瓶（QUART）
或皮克洛小瓶（piccolo）
高度：20厘米/可倒杯数：1.5杯
容量：200毫升（理论上必须有187.5毫升）
享用场合：飞机上
开瓶概率：只有航空公司会提供给乘客。

N°2 德米半瓶（DEMIE）
或小姑娘瓶（fillette）
高度：26厘米/可倒杯数：3杯
容量：375毫升（标准瓶的一半）
享用场合：贵府夫人怀孕的时候
开瓶概率：自从餐厅提供一杯酒的服务后，这种酒瓶产量大幅下滑。

N°3 标准瓶（BOUTEILLE）
或香槟瓶（champenoise）
高度：32厘米/可倒杯数：6杯
容量：750毫升
享用场合：任何场合
开瓶概率：法国人每人每年要消费44.2升的葡萄酒（相当于60瓶标准瓶）。

N°4 玛格南大酒瓶（MAGNUM）
高度：38厘米/可倒杯数：12杯
容量：1.5升（等于2个标准瓶）
享用场合：情人节
开瓶概率：我们常说这才是最适合葡萄酒的酒瓶尺寸。

N°5 以色列国王瓶（JÉROBOAM）
或双倍玛格南大酒瓶（double magnum）
高度：50厘米/可倒杯数：24杯
容量：3升（等于4个标准瓶）
享用场合：酒窖珍藏
开瓶概率：酒农自己常用的酒瓶尺寸，通常用来独享。

N°6 犹太王瓶（RÉHOBOAM）
高度：56厘米/可倒杯数：36杯
容量：4.5升（等于6个标准瓶）
享用场合：离职酒会
开瓶概率：这种酒瓶尺寸很难买，只有少数酒窖才有。

N°7 玛土撒拉大酒瓶（MATHUSALEM）
或帝王瓶（impérial）
高度：60厘米/可倒杯数：48杯
容量：6升（等于8个标准瓶）
享用场合：朋友之间没完没了的聚餐
开瓶概率：低。

N°8 亚述王瓶（SALMANAZAR）
高度：67厘米/可倒杯数：72杯
容量：9升（等于12个标准瓶）
享用场合：圣诞节家族大团圆
开瓶概率：极低，除非您在金光闪闪的舞厅夜夜笙歌。

N°9 珍宝王瓶（BALTHAZAR）
高度：74厘米/可倒杯数：96杯
容量：12升（等于16个标准瓶）
享用场合：敦亲睦邻
开瓶概率：极低，八成与香槟葡萄园有合伙关系。

N°10 巴比伦王瓶（NABUCHODONOSOR）
高度：79厘米/可倒杯数：120杯
容量：15升（等于20个标准瓶）
享用场合：劳动节与工会同仁共享
开瓶概率：极低，除非您喜欢与俄罗斯富豪在圣巴斯岛私人海滩度假。

N°11 所罗门王瓶（SALOMON）
高度：86厘米/可倒杯数：144杯
容量：18升（等于24个标准瓶）
享用场合：庆祝生日
开瓶概率：少有酒庄会每年生产这个尺寸。

N°12 巨人瓶（PRIMAT）
高度：102厘米/可倒杯数：216杯
容量：27升（等于36个标准瓶）
享用场合：庆祝“二战”欧战胜利纪念日
开瓶概率：只有卓皮耶香槟（Drappier）才生产这种尺寸，那是戴高乐将军最爱的香槟。

N°13 撒冷王瓶（MELCHISEDECH）
高度：110厘米/可倒杯数：240杯
容量：30升（等于40个标准瓶）
享用场合：结婚典礼
开瓶概率：除非你一辈子想结好几次婚。

12 10 8 6 2 1 3 4 5 7 9 11 13

平底剖面图

就是爱吃醋

撰文：玛丽阿玛·毕萨里昂

法国料理不能没有醋。法国有各种精致美味的醋，从奥尔良（Orléans）到巴纽尔斯（Banyuls），由优秀的生产者与真正的工匠根据古法精心制作。在此为您解密这个令人着迷的酸味。

来上点化学课

路易斯·巴斯德于1865年解开了这个食物作为防腐剂与增味剂的秘密。发酵的酒精接触水及空气后会变酸。为了防止坏菌繁殖，人们会在烈酒里兑水，并加入醋：当天气炎热的时候，醋母菌（*Mycoderma aceti*）会在液体表面形成一层薄膜，吸收液体中的氧气后开始燃烧乙醇，直到将液体转化为醋酸。

在家制醋六步骤

工具：有出水开关的木制、陶制或搪瓷醋桶。

将醋桶放在室温20℃以上的地方。

将2/3的醋桶装满同等分量的低酒精佳酿与醋。

用有系带的纱布取代桶塞。

留意液体表面（快速）形成的半透明薄膜。

经过3周时间后，定期试试味道。

当醋酿好时（两周至两个月，视温度而定），取出一些，再添入同等分量的酒，尽量别破坏表面的薄膜。

莫尼耶*的醋香煮鸡肉

这道菜名和电影《醋劲小鸡》（*Poulet au vinaigre*）同名，由美食家克洛德·夏布洛尔与演员让·普瓦雷（Jean Poiret）扮演俗称“鸡”的警察。它也是相当古老的家庭食谱，常见于19至20世纪的布尔乔亚料理著作中。

分量：4人份
准备时间：25分钟
烹调时间：1小时

材料：
土鸡的清腿排、鸡翅、鸡脖、鸡肝
黄油（煎鸡腿用）
胡萝卜2根
洋葱1颗
大蒜1瓣
西洋芹1根
醋1杯
百里香、月桂叶、盐、胡椒
软化黄油30克
面粉30克

步骤：
- 炖锅里加水淹过切好的蔬菜、香料、鸡翅与鸡脖，煮至沸腾。等汤汁收到剩一半，过滤之后加入一杯醋，再继续煮至汤汁剩下1/3。
- 用黄油将鸡腿排煎至金黄，盖上锅盖以小火煮35分钟。
- 高汤煮沸后，转小火，加入黄油与面粉混匀的面糊。离火，加入与醋一起搅碎的鸡肝，再加入鸡腿与鸡排。趁热享用。

*玛莉咏·莫尼耶（Marion Monnier），滨海夏朗德La Caillebotte小酒馆主厨。

同场加映
莴苣与菊苣（第337页）

醋的4种用法

★★★

熔化锅底焦化的精华

用锅煎过小牛肝、鲜鱼或家禽肉之后，开大火烧热并迅速倒入优质的醋，煮几分钟让汤汁收干，熔化锅底的焦化精华，再把主菜放进酱汁里同煮。

2 保存食物

在冰箱发明前，人们用醋来延长食物的保存期。醋会改变食物的味道，可以让食物更美味。松乳菇就是个例子，它的刺鼻味道在经过炒干后会消失，然后加入橄榄油、洋葱、大蒜末、普罗旺斯香草和一杯优质红酒醋，煮15分钟，放入玻璃罐并注入橄榄油，将精华锁在里面。

3 活化口感

要让美乃滋吃起来更浓稠绵密，可在最后淋上一些醋。草莓、覆盆子和香瓜可加一点贝雍白酒醋（vinaigre de Banyuls blanc），再搭配3片揉过的薄荷叶或罗勒叶。高血压患者可以放心地用醋取代料理中的盐。

腌渍

肉类浸泡醋酸能软化肉质。不论红酒醋或白酒醋，都可以用来制作腌肉酱四重奏（蜂蜜、橄榄油、醋、芥末），在烤肉架上谱出和谐旋律。普罗旺斯人会在炖牛肉或野猪肉的腌酱里加几滴醋，让味道更来劲。

名厨的油醋酱

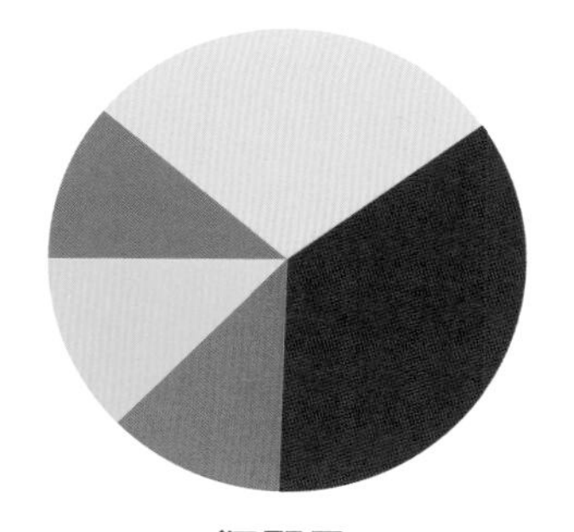

狂野风

用力搅拌红酒醋1茶匙、白酒醋2汤匙、花生油1汤匙、核桃油1汤匙、松露汁（jus de truffe）2汤匙、盐和胡椒。加入松露30克与压碎的白煮蛋1颗，加热但不用煮沸。搭配温热的野生芦笋尖（盐水煮5分钟）。

*弗雷迪·吉拉德，瑞士Hôtel de ville餐厅前任主厨。

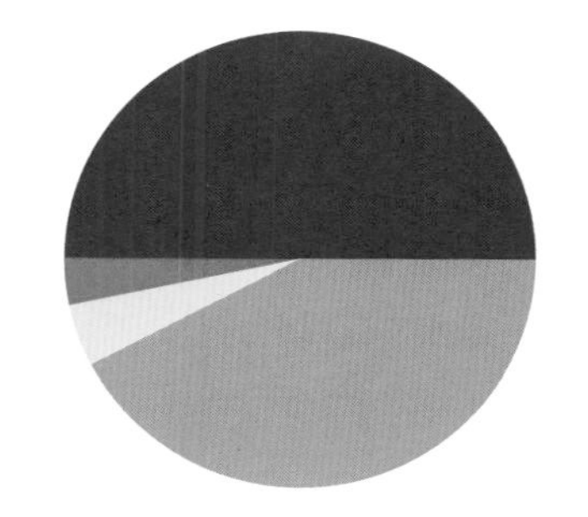

创意风

甜菜1小颗煮熟并去皮、石榴糖蜜（mélasse de grenade）1汤匙、贝雍白酒醋1汤匙、屈屈龙（Cucuron）橄榄油6汤匙、盐、磨碎的沙捞越（Sarawak）白胡椒，全部放入搅拌机打匀。搭配隔夜的炖肉锅或是细长的铅笔韭葱（poireaux crayon），极为完美。

*赫内（Reine）与娜蒂雅·莎慕（Nadia Sammut），卡德内La Fenière客栈主厨。

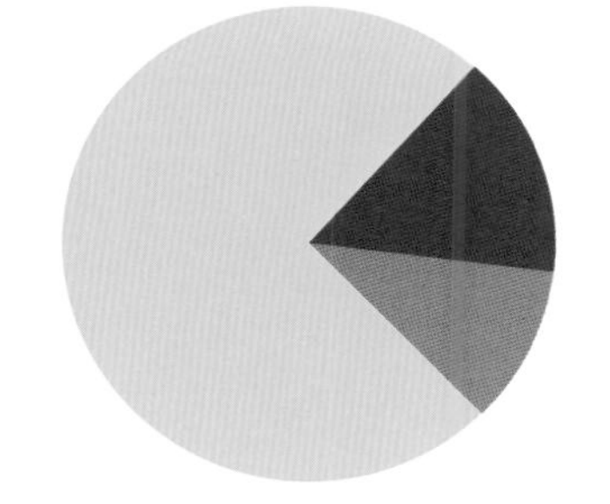

乡村风

雪莉酒醋30毫升加入榛果油20毫升和盐3撮，搅打至乳化，再加入花生油80毫升与胡椒1撮，继续搅打。非常适合四季豆沙拉，佐以朝鲜蓟心、红葱和煎至金黄的压碎榛果。

*艾瑞克·费相，巴黎Épicure餐厅的主厨。

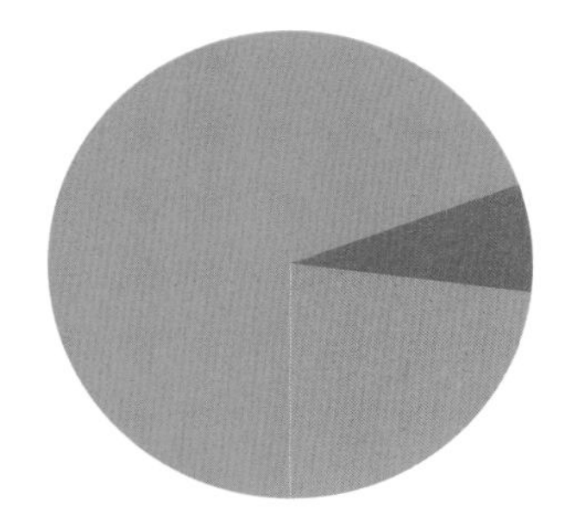

维生素C风

取血橙4颗榨汁，加入红酒醋1汤匙、橄榄油4汤匙、盐与磨碎的胡椒。可搭配血橙沙拉。西洋芹与紫洋葱切丝，加上尼斯橄榄、费塔奶酪丁与切细的扁叶欧芹。

*亚朗·杜卡斯，三星名厨。

法国醋的产地

奥尔良醋

起源：1934年，奥尔良醋业公会成立。18世纪原有300间制醋工厂，目前仅剩一间。

成分：法国葡萄酒与醋底。

巴纽尔斯（贝雍醋）

起源：希腊人于公元前8世纪在此种下葡萄。醋的产量极少，自1976年开始生产上市。

成分：巴纽尔斯利口酒与醋酸菌。

汉斯醋

起源：自18世纪起，醋业与香槟业息息相关。

成分：用香槟酒渣与夏多内、黑皮诺、灰皮诺一起加工，于橡木桶中熟成。

波尔多醋

起源：18世纪时有许多制醋厂，现在只有少数酒庄才有此特权。

成分：波尔多原产地名控制级葡萄酒，于大型橡木桶中熟成。

拉尼醋

起源：大约1875年，根瘤蚜大肆蹂躏巴黎地区的葡萄园，马恩河畔拉尼（Lagny-sur-Marne）转换跑道开始酿制白烈酒，拉尼醋因而于1890诞生。

成分：制糖甜菜酿的酒精与山毛榉木屑一起装在橡木桶中，用水果增加香味。

巴斯克苹果酒醋

起源：衍生自巴斯克古老的苹果酒（sagarno），是无气泡也不甜的“准苹果酒”。

成分：本地发酵的苹果浆。

夏朗德葡萄甜酒醋

起源：1589年，被遗忘的干邑白兰地与葡萄渣酿成的美丽错误。

成分：AOC夏朗德葡萄甜酒（pineau des Charentes）装在橡木桶中，慢慢醋化。

汝拉黄酒醋

起源：十字军东征后，顶级佳酿被认为不适宜酿醋。到了1993年，菲利浦·戈那（Philippe Gonet）经过3年试验终于成功。

成分：萨瓦涅（savagnin）葡萄陈酿酒。

利穆赞苹果酒醋

起源：盛产甜苹果的农家地区，在当地市集即能买到醋。

成分：当地的苹果，在栗树桶中醋化熟成，风味独特。

工业与手工大对决

工业量产的醋

→占年产量的98%。

在30℃的巨大钢槽中，将装有醋酸菌的微细气泡注入酒精稀释液中，24小时内就大功告成。

手工酿制的醋

→占年产量的2%。

在木桶中发酵至少3周，然后窖藏至少6个月。通常酸度较低，但滋味更耐人寻味。

关于醋母

每次酿新醋时，我们总是心怀敬意地把浓稠黏腻的醋母捧进新醋桶。其实醋母只是一层细菌的尸体，最终都会沉淀，丢弃也罢。

感谢盗贼

1628年，图卢兹深受瘟疫肆虐之苦。有4个未被感染的盗匪四处打家劫舍，因此被判处火刑，除非他们说出免疫的秘密。为了免于一死，盗匪承认揉了浸泡多种植物的白酒醋。他们的秘方于1748年被收录在法国药典：以白酒醋浸泡多种香料，尤其是苦艾、迷迭香、鼠尾草、大蒜。

当心花言巧语

“遵循古法”“限量生产”“橡木桶熟成”……就算是有机醋，这些词都不能保证这是一瓶手工酿制的醋。只有标签上标示“production artisanale”才算。

推荐好醋

Laurent Agnès醋工坊
在缓慢时光中精酿的奢华手工醋，包括天然或调味的苹果酒醋及葡萄酒醋。
地址：Saint-Jean-d'Angély（Charente-Maritime）
电话：05 46 26 18 45

爱情蛋糕

撰文：卡蜜·皮耶哈尔德

“准备您的，准备您的面糊……”由雅克·德米（Jacques Demy）执导的电影《驴皮公主》（*Peau d'âne*）中，公主娓娓唱出爱情蛋糕的食谱。本篇则由甜点大师皮埃尔·埃尔梅（Pierre Hermé）为我们呈现他心目中的爱情蛋糕。

经典场景

雅克·德米于1970年将夏尔·贝洛（Charles Perrault）的童话改编成电影时，决定加入做蛋糕的歌舞片段，因为德米的母亲是位很厉害的甜点师，也喜欢唱歌。之后他委托知名电影配乐师米歇尔·勒格朗（Michel Legrand）进行创作，而这首轻快生动的歌曲让爱情蛋糕成为虚构甜点界公认的明星。不过，勒格朗似乎为了强调歌曲的节奏与押韵，让此道食谱看似“不食人间烟火”。

驴皮公主由法国女星凯瑟琳·德纳芙（Catherine Deneuve）担纲演出，在这个经典桥段中，她翻找蛋糕食谱，放弃了其他同样极富想象力的虚构甜点，如雪浓梭古堡朗姆酒蛋糕或幸福核桃，选择了爱情蛋糕，并立刻套上金黄色的蓬蓬裙装开始大显身手。

埃尔梅的爱情蛋糕

电影中的蛋糕食谱，实际做出来会让人难以下咽。甜点大师皮埃尔·埃尔梅为我们提供了更美味的版本。

霜化玫瑰花瓣

红玫瑰花瓣
蛋白50克（约2颗的量）
细砂糖100克

步骤：

- 精选美丽的花瓣，刷上一层薄薄的蛋白，接着撒上细糖粉，放在网架上。
- 将网架移到干燥的环境，避免潮湿，让花瓣风干并糖霜化，需要2到3天时间。做好之后可直接食用，或放在密封盒中保存。

玫瑰杏仁糊

糖粉260克、杏仁粉270克
面粉130克、全脂牛奶40克
玫瑰纯露5克、室温黄油260克
红色食用色素1克
（依想要的颜色调整用量）
蛋黄95克（约5颗的量）
全蛋55克（约1颗的量）
蛋白145克（约5颗的量）
细砂糖60克

步骤：

- 先将杏仁粉与糖粉过筛，再另外过筛面粉。将牛奶、玫瑰纯露和食用色素混合。
- 将桌上型搅拌器装上扇叶，把室温黄油、糖粉与杏仁粉打至发白；将扇叶换成打蛋器，加入蛋黄与全蛋继续打2分钟。轻轻倒入加了色素的牛奶拌匀，然后全部倒入另一只碗中备用。
- 用刚刚的打蛋器打发蛋白，直到拿起打蛋器时，挑起的蛋白形成“鸟喙”的形状，再慢慢加入细砂糖拌匀。
- 以硅胶刮刀将打发的蛋白加入适才的牛奶蛋糊，均匀撒入面粉，搅匀后填入烤模。

蛋糕体

黄油25克、面粉70克
玫瑰杏仁糊、新鲜覆盆子250克
圆形蛋糕烤模3个（直径16厘米，高3厘米，底部是花瓣形状）

步骤：

- 将旋风烤箱预热至180℃。在烤模内刷上黄油，再撒上面粉，使其均匀黏附每一面。反转烤模，倒出多余的面粉。
- 在挤花袋内填入玫瑰杏仁糊，装上12号花嘴，然后在每个烤模里填入200克的面糊。放上30克的覆盆子，小心不要放得太靠近烤模边缘。再挤上80克面糊，再放上30克覆盆子。最后挤光120克的面糊，抹平表面，送入烤箱。
- 蛋糕一送入烤箱，马上将温度降至150℃，烤1小时30分钟或1小时40分钟。用刀子插入蛋糕试熟度，刀面不粘连表示蛋糕已烤好。
- 取出蛋糕后立即脱模，放在铁网架上，于室温中放凉。可以先将蛋糕封上保鲜膜，放入冰箱保存，或直接开始装饰蛋糕。

装饰

甜点用糖霜500克
水50克
红色食用色素数滴
玫瑰果仁糖
杏桃果酱100克

步骤：

- 用手将糖霜揉得更软更匀，放入单柄汤锅中，加水与食用色素，慢慢加温至37℃，立即取出食用。注意，糖霜的温度不可超过37℃。
- 用擀面棍将玫瑰果仁糖大略压碎。
- 将杏桃果酱加热至45℃，用刷子涂在蛋糕上。淋上温热的糖霜，均匀撒上玫瑰果仁糖碎粒，并在每个蛋糕上装饰一片霜化玫瑰花瓣。放入冰箱冷藏。
- 食用前两小时从冰箱中取出。常温状态享用为佳。
- 可以单纯配水，或是泡一壶伊斯巴翁风味茶（thés Ispahan）。

同场加映

盘点低俗料理（第261页）

VIN TONIQUE MARIANI

A LA

Coca du Pérou

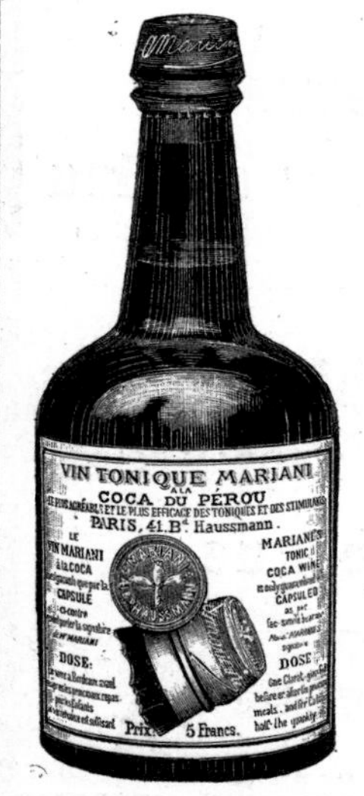

LE PLUS AGRÉABLE
LE PLUS EFFICACE
DES TONIQUES
ET
DES STIMULANTS

Exiger la capsule verte et la signature de M. Mariani.

PARIS, 41, Boulevard Haussmann.
NEW-YORK : 52, West 15th Street.

Et toutes les pharmacies

可口可乐是法国人发明的？

撰文：法兰索瓦芮吉・高帝

亚特兰大最有名的饮料，竟然有科西嘉血统……

可乐简史

美国作家马克・彭德格拉斯特（Mark Pendergrast）曾做过一项研究，他认为可口可乐的祖先其实是法国的古柯酒（French Wine Coca），一种以古柯叶、可乐果（kola）与达米阿那叶（damiana，生长于墨西哥与中南美洲的矮树，据称有壮阳效果）制成的含酒精饮料。

美国药师约翰・彭伯顿（John Pemberton）于1885年推出的含糖可口可乐饮料很可能参考了马里亚尼酒（vin Mariani）——科西嘉的化学家安杰洛・马里亚尼（Angelo Mariani）在1863年以波尔多红酒及秘鲁古柯碱（可卡因）精心炮制的提神药酒。这个“灵丹妙药”以治疗流感、阳痿、贫血和神经疾病而走红，连教皇利奥十三世（Léon XIII）都是它的忠实顾客，因此享誉全球。美国颁布禁酒令后，约翰与合伙人艾迪・霍兰德（Ed Holland）创立了可口可乐，发明了不含酒精的气泡饮料，配方直至今日仍未公之于世。

资料来源：*For God, Country & Coca-Cola*, 1993

古柯酒

分量：500毫升

材料：

古柯叶60克、二号砂糖30克
波尔多红酒250毫升、干邑白兰地200毫升

步骤：

将所有食材放入密封罐中浸泡3个月，定期摇晃密封罐，帮助食材混合。

在漏斗上盖一条布，将密封罐里的东西过滤至另一个瓶子里。

事实上，我们忘了一件很重要的小事：你不可能找到古柯叶。这东西在法国是不合法的。联合国在1961年将它列为毒品，因为它是提炼古柯碱（可卡因）的原料。

那些年，在巴黎吃东西是一场噩梦

撰文：法兰索瓦芮吉・高帝

巴黎是世界美食之都？这么说会被18、19世纪时的人笑掉大牙！当时人们眼中巴黎的旅馆与餐馆简直是灾难现场。
以下摘录“血淋淋”的真实指控……

英国作家，托比亚斯・斯摩莱特（Tobias Smollett）的证词

（法国旅馆）房间寒冷亦不舒适。床极窄，食物又糟，酒发臭，服务恶劣，店主还蛮横无理。至于账单，根本是抢劫。

——《法国与意大利之旅》
（*Voyages à travers la France et l'Italie*, 1763）

畅销旅游作家，塔克希拉・德洛德（Taxile Delord）的证词

被敲诈的可怜外国肥羊！当他们各自回到家乡，不管在英国、普鲁士、瑞士或小亚细亚，他们会说法国料理只是个神话，根本不存在。法国料理只不过是在炭火上不停烘烤的碎肉卷，加上万年不变的沙拉。而法国人自豪的葡萄酒更是场恶劣的骗局，是墨水树*跟漂白水的组合。这并不是法国的错，而是游客选错方向。他们为什么头低垂着，看也不看就一头栽进旅馆附设的餐厅呢？

——《巴黎异乡人》
（*Paris-Étranger*, 1855）

德国王子的参谋长，约阿钦姆・内梅兹（Joachim Christoph Nemeitz）的证词

所有人都以为我们在法国，尤其是在巴黎，吃香喝辣。这是错的……我们在旅社的生活很糟，餐点准备不够，食物种类也不多。他们只提供一道汤，一块白煮肉或一块烩小牛肉或排骨，搭配一点点蔬菜，甜点是牛奶、奶酪、饼干、当季水果，而且一年到头一成不变。

——《显赫人士的巴黎旅居生活》
（*Séjour de Paris pour les voyageurs de condition*, 1718）

法国作家，路易-萨巴斯钦・梅尔西耶（Louis-Sébastien Mercier）的证词

旅馆的餐桌让外国人难以忍受，但也没得选择。拿了餐具后，要跟12个陌生人挤在一起用餐。天生礼貌又害羞的人无法撑到晚餐结束，很不划算。在餐桌中间，靠近肉类最肥美部位的位置都被熟客占据，他们大大咧咧地坐在最好的座位上，不苟言笑。用餐指令一下，他们就开始狼吞虎咽。缓慢嚼食的人夹在这些如风卷残云的鱼鹰之间，只能守斋戒了。

——《巴黎景象》
（*Tableau de Paris*, 1781—1788）

美食作家，萨瓦兰（Brillat-Savarin）的证词

1770年，路易十四繁荣时代已逝，摄政王诡谲统治与弗勒里（Fleury）红衣主教主政的太平盛世也结束了，异乡人想在巴黎找到享用美食的场所，仍然相当不易。

——《美味的飨宴》
（*Physiologie du goût*, 1825）

同场加映
是珍馔美食，还是法式衰败？（第16页）

*墨水树冲泡热水会呈紫色或桃红色，是非常优秀的染剂。——编注

大仲马的烹饪词典

撰文：爱斯戴乐·罗讷托斯基（Estelle Lenartowicz）

牛肉如何料理？青蛙汤怎么调味？熊肉、鲨鱼、大象又该怎么吃？所有疯狂或严肃的解答，都在大仲马的美食字典里。一起来探索这部美食文学的不朽巨著。

精选（当然很主观的）十五个最佳定义

亚历山大·仲马（Alexandre Dumas，1802—1870）深信自己在厨艺方面的声誉总有一天会超越文学成就，因而穷其余生编纂了一部宏伟的美食著作，即这部非常、非常伟大的《烹饪大辞典》（*Grand Dictionnaire de cuisine*, 1872）。大仲马的吨位与其重量级著作《三剑客》不相上下，这部烹饪辞典包罗了3,000种食物、香料、饮料与食谱，所有过去与现在能吃的，以及可能可以吃的，都收录在里面了。书中也收录个人逸事与菜肴描述，佐以历史小插曲，是最浪漫热情的烹饪教科书。

面包：最家喻户晓

若想把面包做好吃，需要花一天的时间做面包，用一个月的时间把揉面团所需的面粉准备好，还要花一整年让小麦长大。

蛋糕：最具争议性

这个名称毫无疑问是来自溺爱，因为我们用它来宠爱孩子，给他们吃块蛋糕当作奖励或鼓舞。

乌龟：最残忍的食材

将乌龟绑在梯子上，在它的脖子上挂上25千克重的东西，接着拿一把利刃割下它的头，放血五至六小时。让乌龟仰躺在桌子上，卸下腹甲，除去所有内脏，再用刀子刺入龟甲，连皮一起卸下它的蹼。

松露：最值得颂扬

每个时代的老饕，只要听到“松露块菌”或“马教属块菌”，或是“佐以松露”等字眼，没有不举帽致敬的。若您曾经询问松露本人，它会回答：“请您吃我，然后您会热爱上帝。”

无花果：最具趣闻性

植物园的园艺师曾委托一位头脑简单的仆人，送两颗顶级无花果给布丰（博物学家）。仆人忍不住偷吃了一颗。布丰知道应该有两颗，便问仆人另外一颗在哪里。仆人随即认错。布丰问：“你是怎么吃的？”仆人拿起剩下的那颗无花果，边吃边说：“像这样吃啊！”

鲑鱼：最具诗意的食材

它们在春天离开大海，成群旅行并产卵。这种随季节迁徙的鱼类有着令人印象深刻的秩序，它们会分成左右两排，在队伍最前端相连，形成一个尖角，和我们常见的空中候鸟队形一样。鲑鱼这种前进方式会制造很大的声音，一旦遇上危险，又会迅速逃离，让掠食者望着它们兴叹。它们溯溪的速度很慢，而且不顾危险，不论是堤坝瀑布都阻止不了它们前进。它们会侧躺在石头上，把自己强弯成彩虹的形状，再用蛮力把自己抛向空中，越过障碍物。鲑鱼以这种方式溯溪而上，有时甚至能游到远离海岸超过800里格[1]的地方。

面包师：最好运

圣路易甚至豁免了所有面包师服兵役的义务。此项豁免意义重大，因为在战争时期，除非享有特权，否则所有国民一旦受到领主征召，就要即刻从戎。

鲨鱼：最老实的建议

对于爱吃鲨鱼或渴望能吃鲨鱼的人，我们推荐“幼鲨胃囊酥皮馅饼”。不过要事先声明，我们既没吃过，也不想吃，所以无法提供关于这道菜的意见。

老鹰：最被宽恕的食材

高大、高贵、高傲的万禽之王，并不适合拥有柔软细致的肉质。众人皆知其肉粗糙坚硬，而且希伯来人明确禁止食用它们。让它们继续翱翔并藐视太阳吧，别吃了。

水：最朴实

我的一生中，有五六十年的时间都只喝水。不论是品尝顶级的波尔多拉菲红酒或勃艮第香贝丹红酒，从未让我产生爱酒人士那般的狂喜。对我来说，还不如一杯清凉泉水带给我的喜悦。没有任何东西能够改变水的纯净。

1. 欧洲古老的长度单位，1里格大约为步行1小时的距离。——编注

晚餐：最严苛的要求

只有睿智的人能以高尚得体的方式实践这项日常行为。晚餐并非只是吃东西而已，还必须以谨慎却泰然自若的愉悦态度彼此交谈。席间对话要仰赖红宝石色泽的餐酒调解斡旋，用甜点的蜜糖衬托话语的美味和芬芳，最后再用咖啡获得真正的深度。

天鹅：最狠毒的评价

鸟类学家眼中或“耳中”的天鹅有件事很不寻常。动物标本师将天鹅称为“唱歌的天鹅”（Cygnus musicus）。任何听过天鹅“天籁”的人都会同意这是他们听过最难听的声音。

烫伤：最周到的预防

对有责任心且尽其所能的厨师来说，烫伤是最常见的意外。我们摘录了罗汉先生的合约，上面竟注明了公认最有效的烫伤药，以预防未来必定会发生的情况。

沙拉：最科学的做法

沙拉在加醋之前，要先拌调了盐与胡椒的油，这样沙拉才不至于沾太多醋，因为沾了油的沙拉叶会让醋滑落。因此，如果在沙拉里放了太多醋，就像大家都会失手那样，也绝对不要懊恼，因为醋仍然会像沙普塔[2]先生审慎地以重力原理计算出的那样，因油的作用而聚集在沙拉碗底。

清汤：最爱国主义

没有好清汤就没有好料理。法国料理的优越之处在于卓越的法式清汤。

2. Jean-Antoine Chaptal，18 世纪医生与化学家。——译注

法式嫩炒豌豆

在汤锅中放入两升的细嫩豌豆，加入黄油与水，用手搓揉豌豆，然后将水倒掉。加入一束欧芹、一小颗洋葱、一颗莴苣心、少许盐与一小匙细砂糖，盖上锅盖，小火煮半小时。取出欧芹及洋葱，将莴苣放在盘子里。在豌豆锅里加入大量黄油和少许面粉，开火炒豌豆，直到豌豆与黄油完全入味，倒在莴苣上，形成一个小尖堆。不用勾芡，因为豌豆会自行呈现黏稠状态。

请记住，为了使豌豆在烹饪过程中保持水分，可以用装了热水的盘子取代锅盖。

同样的料理你也可以不用生菜，并且用蛋黄和新鲜奶油取代黄油面粉酱。

阿诺·拉勒芒[3]解密

“我喜欢豌豆的微酸口感。豌豆是粗粮，外壳清脆而内部柔软，可以搭配很多菜肴，可做各种变化，可以整颗食用、压泥、做慕斯、做酱汁。豌豆的颜色令人想起夏天与清新的草本植物。现代厨师的任务是尽可能去芜存菁，让料理更轻盈，所以我会避免使用黄油面糊，来凸显豌豆的原味。莴苣让豌豆更鲜嫩，肥猪肉丁则赋予豌豆丰润油脂，这三者是绝不会失败的组合。我们现在还能吃到法式嫩炒豌豆，这种烹调方式永不过时。我认为传统料理与现代料理并无任何藩篱，试图将料理分门别类是不对的。料理纯粹是品味与乐趣，跟时尚无关。”

3. 阿诺 · 拉勒芒（Arnaud La llement），汉斯 L'Assiette Champenoise 餐厅三星主厨。

虾尾欧姆蛋*

将虾清洗干净并搅碎。把蛋打散，加盐，撒胡椒，与虾浓酱混合，然后用您习惯的方式烹调欧姆蛋。

虾仁炒蛋的做法也是一样的。如果您手边有鸡高汤，可以混入虾浓酱中，然后把虾浓酱与虾都打进蛋液里（全蛋两颗加蛋黄一颗）。

您也可以将两三百只虾剥壳，加橄榄油与醋捣成泥，再用筛网筛得更绵密，做成冷虾浓酱，铺在以盐和胡椒调味的沙拉上。

尚保罗·阿巴迪[4]解密

“这是非常诱人的一道菜，因为大仲马有一份非常完整的欧姆蛋食谱。他其实可以只加虾仁和蛋就好。大仲马忠实地保留了虾的味道，可惜少了虾的口感，只留下了虾味。我不会用白酒煮加了盐的虾，因为我觉得这样会带有一点罐头鲭鱼的味道。欧姆蛋的诀窍在于温度掌控，火必须够强，蛋液才能凝固；时间要够长，但不能炒到颜色太深以致影响味道。欧姆蛋其实可以非常出彩，但是需要一些专业技巧，所以很难成功。”

4. 尚保罗 · 阿巴迪（Jean-Paul Abadie），米其林二星主厨。

同场加映
法式欧姆蛋（第 90 页）

* 本篇食谱摘自《烹饪大辞典》，巴斯卡 · 欧里（Pascal Ory）序，2008 年版。

根瘤蚜：葡萄酒的头号死敌

撰文：辜立列蒙·德希尔瓦

1864年，法国爆发了最严重的葡萄酒危机。
来自美国的根瘤蚜在加尔省的利拉克（Lirac）肆虐，
在短短30年间摧毁了250万公顷的葡萄园。

DESTRUCTION DU PHYLLOXERA EN BOURGOGNE

悬赏缉捕

名称：根瘤蚜
学名：*Daktulosphaira vitifoliae*
身长：0.3~1.4毫米
出没地点：葡萄叶与葡萄树根

根瘤蚜的两种形态

→瘿栖根瘤蚜：会刺破葡萄叶并产生虫瘿。对植物本身无害。

→根栖根瘤蚜：会刺破葡萄蔓根部并产生粗瘤，使树在3年内死亡。

如何解决

祸根来自美国，而治疗方法也来自美国：将欧洲葡萄树枝嫁接到能抵抗根瘤蚜的美国葡萄树根上。现在法国几乎所有的葡萄园都采用这种方式。

死里逃生

时至今日，仅有极少数葡萄园逃过了根瘤蚜之祸，并经历了150次的葡萄收成。文豪左拉（Émile Zola）也许就曾经品尝过以下这两款佳酿：

→伯兰爵“法国葡萄老藤”特级香槟（Bollinger vieilles vignes françaises）。

→圣蒙法定产区（AOC Saint-Mont）的“佩德贝尔纳德庄园”（Vigne de la ferme Pédebernade）。

原根种植

根瘤蚜不会攻击种在砂质土壤的葡萄藤，沙子可以防止蚜虫在地下挖掘通道。近年来，一些充满热情的酒农尝试重新种植未嫁接的葡萄，称为“原根种植”。以下是我们精选的佳酿：

→希农（AOC Chinon），“原根种植”红酒，贝尔纳博德里酒庄（Bernard Baudry）。

→都兰（AOC Touraine），“文艺复兴”红酒（Renaissance），亨利马里奥纳酒庄（Domaine Henry Marionnet）。

→布尔盖（AOC Bourgueil），“原根种植”红酒，卡特琳与皮耶布列顿酒庄（Catherine et Pierre Breton）。

→普伊芙美（AOC Pouilly Fumé），“小行星”白酒（Astéroïde），迪迪耶达格诺酒庄（Didier Dagueneau）。

→卢瓦尔河畔蒙路易（AOC Montlouis-sur-Loire），“布尔奈原根种植”白酒（Les Bournais Francs de pied），施黛酒庄（François Chidaine）。

同场加映
自然葡萄酒（第86页）
绞死者葡萄酒（第160页）

鳀鱼酱

撰文：法兰索瓦芮吉·高帝

鳀鱼酱（anchoïade）是普罗旺斯人的抹酱！
配烤面包或沙拉都很棒！

鳀鱼酱还是鳀鱼碎？

将鳀鱼与大蒜一同捣碎，再加入橄榄油，就成了鳀鱼酱，涂在刚烤好的面包上。鳀鱼碎就是没捣碎的鳀鱼酱，将整条鳀鱼和大蒜、橄榄油放在盘上，用叉子压一压直接放在面包上。

卢贝*的鳀鱼酱

分量：4人份
准备时间：15分钟

材料：
油渍鳀鱼250克
洋葱1/2颗、大蒜1瓣
扁叶欧芹2枝
西洋芹叶5片
糖1/2茶匙、橄榄油330毫升

步骤：

- 洋葱与大蒜去皮，摘掉大蒜的芽，和欧芹、西洋芹叶和糖一起捣碎，再加入鳀鱼捣至顺滑。倒入橄榄油拌匀，让酱汁更浓郁。
- 最后加入一颗冰块，让鳀鱼酱颜色变浅且质地会更有弹性。倒出享用即可。
- 诀窍：加一点糖就能画龙点睛。
- 大厨妙方：煎完牛肉后，在平底锅里加一汤匙鳀鱼酱，融合锅底焦化物做成酱汁。

*爱德华·卢贝，Domaine de Capelongue庄园餐厅主厨。

各种鳀鱼酱料

欧洲鳀鱼（Engraulis encrasicolus）身长7~20厘米，体形苗条，银色外皮在光线反射下为蓝绿色。盐渍后成为重要蛋白质来源，可见以下多种料理方式。

→梭颂（sausson）：瓦尔地区的酱汁，以鳀鱼、杏仁、新鲜茴香、薄荷与橄榄油制成。

→咸鱼酱（pissalat）：尼斯洋葱塔的主要酱料，以发酵鳀鱼苗制作而成。

→鳀鱼温热蘸酱（bagnacauda）：来自意大利皮蒙区，以鳀鱼、大蒜及橄榄油制成，将蔬菜烫熟后蘸着吃。

→巴斯蒂亚鳀鱼（anchois à la-bastiaise）：橄榄油渍鳀鱼加上大蒜与欧芹。

科利乌尔鳀鱼

在法国，这个小渔港几乎等于鳀鱼的代名词。位于东比利牛斯省，紧邻地中海的科利乌尔（Collioure）出产高质量的鳀鱼，不论是油渍或盐渍，都获得了地理保护标志（IGP）的认证。

同场加映
液态黄金：橄榄油（第207页）

天生绝配的乳酪与葡萄酒

撰文：宰立列蒙·德希尔瓦

别再用卡蒙贝尔配波尔多了！我们更喜欢吃奶酪配白葡萄酒（除了极少数例外），尤其有许多原产地命名保护（AOP）的奶酪也是出自葡萄酒产区，当然要趁地利之便尽情享用！

查维诺羊奶干酪
Crottin de Chavignol
质地：羊奶奶酪
原料：山羊奶
香气：花香
熟成：10天至2个半月

松塞尔白酒
Sancerre blanc
产地：卢瓦尔河流域
葡萄品种：苏维浓
香气：花香
适饮温度：10~12℃
推荐酒庄：Romain Dubois
推荐佳酿：Vincent Pinard “Harmonie”

➡ 熟成时间短的查维诺羊奶奶酪带有粉质口感，会黏附在牙龈上；熟成时间较短的松塞尔白酒清新活泼，能一扫口齿的干涩。

诺曼底卡蒙贝尔
Camembert de Normandie
质地：白霉软质奶酪
原料：牛奶
香气：果香
熟成：至少21天

不甜苹果酒 Cidre brut
产地：诺曼底
水果：苹果
香气：果香
适饮温度：10~12℃
推荐酒庄：Patrick Mercier Domaine Éric Bordelet
推荐佳酿：Argelette

➡ 卡蒙贝尔奶酪越成熟，越呈现流质状态；具葡萄酒香的苹果酒气泡淡雅，让口腔充满优雅果香。

芒斯特奶酪 Munster
质地：软质浸洗奶酪
原料：牛奶
香气：香料
熟成：至少21天

格乌兹塔明那白酒
产地：阿尔萨斯
葡萄品种：格乌兹塔明那（gewurztraminer）
香气：热带水果
适饮温度：10~12℃
推荐酒庄：修伯皮耶维桑（Hubert Pierrevelcin）
推荐佳酿：Domaine Albert Mann “Tradition”

➡ 芒斯特奶酪质地柔软带咸味，鲜明的气味在口腔环绕良久；格乌兹塔明那白酒微甜的余韵，能平衡芒斯特的强烈口感，给予口腔热带水果的香气。

布洛丘奶酪 Brocciu
质地：新鲜奶酪
原料：绵羊奶或山羊奶
香气：花香
熟成：2~21天以上

阿雅克肖白酒 Ajaccioblanc
产地：科西嘉
葡萄品种：维门替诺（vermentinu）
香气：花香
适饮温度：10~12℃
推荐酒庄：Mireille et Jean-André Mameli
推荐佳酿：Domaine de Vaccel “liGranit”

➡ 新鲜布洛丘奶酪质地柔软细致，充满甜美奶香；阿雅克肖白酒带山楂花与细致香料味，不会抢奶酪风采，与清新解渴的尾韵相得益彰。

欧索伊拉堤奶酪
Ossau-iraty
质地：硬质生乳奶酪
原料：绵羊奶
香气：水果干
熟成：80天至12个月

伊鲁莱吉白酒 Irouléguyblanc
产地：法国西南部
葡萄品种：大蒙仙（gros manseng）、小蒙仙（petit manseng）、小古尔布（petit courbu）
香气：热带水果
适饮温度：10~12℃
推荐酒庄：Manu et Marion Ossiniri
推荐佳酿：Domaine Arretxea “Hegoxuri”

➡ 欧索伊拉堤经数月熟成，质地易碎，具榛果芳香；伊鲁莱吉白酒口感丰润甜美，热带果味与奶酪的脂滑浓郁极搭。

阿邦当斯奶酪
Abondance
质地：硬质半熟奶酪
原料：牛奶
香气：草本清香
熟成：100天以上

萨瓦胡塞特白酒 Roussette de Savoie
产地：萨瓦
葡萄品种：胡塞特
香气：柑橘
适饮温度：10~12℃
推荐酒庄：Patrick Charvet
推荐佳酿：Domaine Gilles Berlioz “ElHem”

➡ 阿邦当斯奶酪富草原和谷仓香气，质地结实又入口即融，与胡塞特白酒的圆润和活力完美融合。

洛克福奶酪
Roquefort
质地：蓝纹奶酪
原料：绵羊
香气：腐殖土味
熟成：至少3个月

莫利红酒 Maury rouge
产地：朗格多克-胡西雍
葡萄品种：黑格那希（grenache noir）、卡利浓（carignan）
香气：可可豆
适饮温度：16~18℃
推荐酒庄：Yves Combes
推荐佳酿：Domaine les Terres de Fagayra “Op. Nord”

➡ 洛克福的质地易碎，口感浓郁；莫利红酒的丹宁与糖分能中和洛克福的强烈口感。

圣内泰尔奶酪
Saint-nectaire
质地：硬质生乳奶酪
原料：牛奶
香气：土壤
熟成：至少28天

胡密谷红酒 CôteRoannaiserouge
产地：奥维涅
葡萄品种：圣侯曼加美（gamaysaint-romain）
香气：香料
适饮温度：16~18℃
推荐酒庄：Famille Chassard
推荐佳酿：Domaine des Pothiers “Clos du Puy”

➡ 圣内克泰尔柔软醇厚，奶酪皮为土色带有土壤气息，与加美葡萄在橡木桶中被磨炼的细致单宁风格是绝配。

康堤奶酪 Comté
质地：硬质全熟奶酪
原料：牛奶
香气：榛果
熟成：4~41个月
推荐熟成师：马瑟·佩堤（Marcel Petite）

阿尔布瓦白酒 Arbois blanc
产地：汝拉
葡萄品种：夏多内
香气：核桃
适饮温度：10~12℃
推荐佳酿：Domaine Stéphane Tissot “Les Bruyères”

➡ 时日尚短的康堤奶酪充满花果香，经熟成数月，质地趋向粉粒状并开始有烤榛果的芳香；阿尔布瓦轻微氧化的口感，与奶酪的香气相辅相成。

勃艮第埃普瓦斯奶酪
Époisses Bourgogne
质地：软质浸洗奶酪
原料：牛奶
香气：灌木
熟成：6~8周

欧塞尔丘白酒 Côtes d'Auxerre blanc
产地：勃艮第
葡萄品种：夏多内
香气：花香
适饮温度：10~12℃
推荐酒庄：Alain et Caroline Bartkowiez
推荐佳酿：Domaine Goisot的欧塞尔丘

➡ 埃普瓦斯具有奶油般光滑浓郁的质地，口感强度更胜气味；欧塞尔白酒充满活力，令人垂涎欲滴，灌木丛的芳香可一扫埃普瓦斯在口腔留下的浓烈气味。

同场加映
法国奶酪地图：各地特产奶酪大巡礼（第200页）

无瑕的蛋白霜饼

撰文：玛莉罗尔·弗雷歇

洁白无瑕，酥脆又绵密，令嗜甜者无法抗拒。有法国、意大利和瑞士版本。

“每次聚会，人人都想多吃几个**蛋白霜饼**。这种甜点犹如**仕女的珠宝**，美食家也会向它们致意。”

——19世纪法国名厨安东尼·卡汉姆（Antonin Carême）

名称来源

蛋白霜饼（meringue）这个词的由来是料理界的不解之谜。瑞士版：来自糕点厨师加斯帕里尼（Gasparini）所在的城市迈林根（Meiringen），他在1720年为路易十五的未婚妻做了这道甜点。波兰版：来自波兰巧克力蛋糕murzynek。但两种说法都无法令学者满意。

历史典故

早在公元6世纪，拜占庭医生安廷米（Anthime）已发现搅打蛋白能让它呈现白雪状态。不过直到文艺复兴时期才真正被应用到烹饪当中。拉瓦汉（La Varenne）在1651年的《法兰索瓦料理》一书中写到打发蛋白的食谱和一种“雪花蛋霜”，技巧与意大利蛋白霜饼极为类似。玛丽皇后也曾在小特里亚农宫尝试制作瓦谢杭（vacherin）奶油冰激凌蛋糕，用汤匙把蛋白霜装饰在蛋糕上。直到卡汉姆的年代，挤花袋才逐渐普遍。卡汉姆的“巴黎蛋白霜饼”以玫瑰或酸橙（bigarade）增添香味，并撒上开心果仁。

化学作用

鸡蛋在成长的期间，蛋白质部分会留住空气气泡。而这些气泡在80℃会膨胀，超过80℃就会凝结变硬，有助于蛋白霜饼固定。

料理技巧

根据用途和实际情况，决定打发糖与蛋白的温度。

外脆内甜软的法国蛋白霜饼

最简单的版本。将蛋白与糖打发，糖的分量必须是蛋白的两倍。使用细砂糖，或是细砂糖与糖粉各半。启动电动打蛋器，首先以低速搅打蛋白直到起泡，再慢慢加入糖，一边以最快速度搅打，让蛋白变得紧实。送进烤箱，以100~120℃烤1小时15分钟至2小时，视蛋白霜饼的大小而定。或是以170℃烤20分钟，还可以用140℃烤2小时。烘烤只是为了将蛋白烤干，而且脆饼里的糖会略微焦糖化，脆饼颜色更深也更好吃。

法国蛋白霜饼的亲戚

帕芙洛娃（pavlova）：蛋白霜饼做成的圆形皇冠上装饰鲜奶油和新鲜水果，是俄罗斯芭蕾舞者帕芙洛娃（Anna Matveïevena Pavlova）在20世纪20年代于澳大利亚和新西兰公演时，为了欢迎她而发明的。这两个国家都声称是帕芙洛娃蛋糕的发源地，但研究显示发明者可能是新西兰人。

瓦谢杭（vacherin）：以蛋白霜饼及冰激凌或冰沙组成的蛋糕，并以鲜奶油装饰。名称来自与其外形相仿的同名奶酪。

黑人头（tête-de-nègre）：蛋白霜做成的脆皮圆球外裹巧克力鲜奶油，再裹巧克力细丝。也有人称它为奥赛罗（othello），算是比较“政治正确”的名称。

漂浮之岛（île flottante）：将打发蛋白装在内部沾糖粉的模具，送进烤箱隔水加热，最后放在安格斯酱（crème anglaise）上。

精彩蛋糕（merveilleux）：两片蛋白霜饼夹着一层香缇鲜奶油，外层再裹上香缇鲜奶油，并沾满巧克力屑。是法国北部与比利时的传统甜点。

雪花蛋霜（œufs à la neige）：将等量的蛋白与糖一起打发，再挖成一球球放进热水或牛奶中煮至定型（用微波炉也行），最后搭配蛋黄做成的安格斯酱享用。

达克瓦兹（dacquoise）：配方接近马卡龙，但会添加榛果粉或杏仁粉。烤好之后将两片蛋白霜饼中间夹上咖啡、焦糖杏仁或巧克力口味的奶油馅。

丝滑柔细的意大利蛋白霜饼

加入糖浆制成。每颗蛋白使用30~50克的糖。先将糖煮至冒泡（118~120℃），再慢慢倒入打成慕斯状的蛋白，轻轻搅拌直到蛋白霜冷却。意大利版的蛋白霜饼不需进烤箱加热定型，可用喷枪使其上色。

意大利蛋白霜饼的亲戚

蛋白霜柠檬塔：经典甜点的饕客升级版。

波兰人蛋糕（polonaise）：巴黎式布里欧修（brioche pa-risienne）蘸朗姆酒或樱桃酒糖浆，中间夹一层糖渍水果与卡士达酱，外层包覆意式蛋白霜，再撒上杏仁片。

希布斯特鲜奶油（crème Chiboust）：意式蛋白霜与卡士达酱的合体，是用来制作圣多诺黑（saint-honoré）泡芙塔的馅料。巴黎希布斯特甜点店于1850年研发。

挪威冰激凌蛋糕（Omelette norvégienne），或称热烤阿拉斯加：将海绵蛋糕夹上一层层冰激凌，外表整个裹上意式蛋白霜，送入烤箱烤至上色，上桌时点火燃烧。这道甜点的问世要归功于物理学家本杰明·汤普森（Benjamin Thompson），证明了蛋白不会导热，因此激发巴黎大酒店（Grand Hôtel de Paris）主厨的灵感，于1867年万国博览会之际研发了这道甜点，向科学家致意。

酥松轻脆的瑞士蛋白霜饼

以隔水加热的方式将蛋白与糖粉打至浓稠。蛋白温度升到50℃时，拿离热源继续搅拌直至冷却，此时蛋白霜看起来光滑且有光泽。接着放入烤箱，以100℃烤30分钟至1小时，视蛋白霜饼的大小而定。

纯素的蛋白霜饼？

有可能做得出来！用鹰嘴豆汁能做出出色的仿蛋白霜。鹰嘴豆汁跟蛋白一样，都含有10%的（植物性）蛋白质和90%的水。法国男高音乔艾尔·侯赛尔（Joël Roessel），同时也是“素食革命网站”（revolutionvegetale.com）的作者，于2014年发现鹰嘴豆的这项妙用，接着被美国素食美食家古斯·沃尔特（Goose Wohlt）大力宣传，并将鹰嘴豆汁取名为“aquafaba”（豆子水）。

瑞士蛋白霜的亲戚

面包铺蛋白霜饼（meringue de boulangerie）：烤的酥脆的蛋白霜饼直接当小点心，不管是什么颜色都一样经典。

蛋白霜蘑菇：蛋白霜做成小蘑菇的样子，用来装饰树干蛋糕。

热烤阿拉斯加

准备时间：30分钟
烹调时间：5分钟
分量：6人份

材料：
海绵蛋糕1个
香草冰激凌1升

糖浆配方
水100毫升
细砂糖90克
柑曼怡香橙干邑甜酒2汤匙

意式蛋白霜
细砂糖300克
水120毫升
蛋白6颗

步骤：
- 糖浆：水加糖煮沸，再加入柑曼怡香橙干邑甜酒。
- 海绵蛋糕切成长方形，刷上大量糖浆，铺上几层香草冰激凌，放入冰箱冷冻。
- 意式蛋白霜：锅内倒入水与糖煮至沸腾，不需搅拌，让温度升高至110~112℃（使用煮糖温度计测量）。煮糖水的同时一边打发蛋白，当糖水温度到达预定温度便淋在蛋白上，然后继续打发直到冷却。
- 从冷冻库取出冰激凌蛋糕，用刮刀均匀抹上意式蛋白霜，再用挤花袋挤一些花边装饰。进烤箱以240℃烤至上色，取出后淋上20毫升加热过的柑曼怡甜酒。

同场加映
包耶的栗子蜂蜜洛泽尔峰（第311页）

精彩蛋糕

准备时间：1小时
静置时间：3小时
烹调时间：2小时
分量：1大个蛋糕

材料：
蛋白5颗
细砂糖150克
糖粉150克＋50克
液体鲜奶油500毫升
香草荚1根
黑巧克力或白巧克力1片

步骤：
- 将蛋白打发，慢慢加入细砂糖，直到蛋白呈硬性发泡。轻轻加入150克过筛糖粉，用刮刀拌匀。
- 将蛋白填入挤花袋，在铺了烘焙纸的烤盘上挤2个直径20~25厘米的圆形，先从中央开始挤，再以螺旋状往外扩张。进烤箱以100℃烤2个小时，放置一旁让其完全冷却。
- 剖开香草荚，将刮下来的香草籽、糖粉与液体鲜奶油打发成香缇鲜奶油。在冷却的蛋白霜饼上抹一层香缇鲜奶油，放上第二个蛋白霜饼。将剩下的鲜奶油均匀涂抹在整个蛋白霜饼的表面。用刨丝器将巧克力片刨成碎屑，“精彩地”撒在蛋糕上，冷藏3小时。
- 同样材料也可做成2个直径8厘米的单人尺寸蛋糕。

自吹自擂的“慕蟹”

撰文：法兰索瓦芮吉·高帝

不用查法语字典，因为里面没有“慕蟹”（moussette）这个词。
它指的是美味的幼蜘蛛蟹，仅有极少数布列塔尼和诺曼底的内行饕客能品此珍馐。龙王啊！怎么会这么美味！

慕蟹到底是什么？

慕蟹又被称为“苔藓蟹”（crabe mousse），一直被误认是单独的螃蟹品种，但经研究证实是大西洋蜘蛛蟹（*Maja brachydactyla*）的幼蟹，也就是两岁以下的螃蟹（一般甲壳类最长活到8岁）；2008年后，我们才知道它跟地中海的欧洲棘突蜘蛛蟹（*Maja squinado*）也不一样。它的法语名称moussette来自它全身覆盖的绒毛和背上的苔藓，而且它后蟹脚的尖端仍然是软壳状态。

住在哪里？

蜘蛛蟹非常享受北大西洋的海水，它们住在120米深的海底。春天时，蟹宝宝会成群结队游往岸边，栖息在水深0~20米的泥沙淤积处，大多是小港湾或河口三角洲。这些幼蟹的栖息繁殖区位于英吉利海峡西部的圣布里厄湾（Saint-Brieuc），以及科唐坦半岛（Cotentin）的西岸。

怎么捕捉？

潜水捕捉，或用渔船放蟹笼捕捉。捕捉季节极为短暂，大致从4月初至6月初，完全视气候而定。

哪里可以买？

格兰维尔港口（Grandville）的渔船边、科唐坦半岛的市场、翁弗勒（Honfleur）、多维尔（Deauville）以及巴黎的某些鱼摊。慕蟹属于季节性、非常地域性的美食，价格倒是很实惠，每千克5~11欧元之间，视捕获量丰硕与否而定。与每千克30欧元的龙虾相比，慕蟹简直是天上掉下来的礼物！郑重推荐位于芒什省滨海古维尔镇（Gouville-sur-Mer）的水产批发商罗弘·马榭（Laurent Macé）。每周六早上他也会在卡尔瓦多斯省翁弗勒镇的圣卡特琳娜广场（place Sainte-Catherine）市集摆摊。

味道如何？

以肉质纤细柔嫩而闻名，不仅充满海洋独特的碘味，也比其他成年的蜘蛛蟹更甜美。

如何烹调？

根据菲利浦·阿赫迪（Philippe Hardy）*的建议，你可以用全世界最简单的烹调法：“将螃蟹放在加水不加盐的万用大汤锅中煮，等到水开始翻滚，继续煮7~10分钟。等煮好的螃蟹温度降到室温，即可蘸自制的美味美乃滋享用。”

*芒什省Mascaret餐厅主厨，地址：1, rue de Bas, Blainville-sur-Mer（Manche）。

如何保存？

瑟堡（Cherbourg）的Poissonnade鱼店*建议：“将螃蟹煮熟后沥干。拿一条干净的厨房布巾在煮蟹的水里浸湿，然后把螃蟹包起来，装在塑料袋里系紧，等冷却后就这样直接进冰箱。这样可以保存2~3天。”

*地址：10rue, Grande Rue, Cherbourg（Manche）。

品尝慕蟹：郑重其事的仪式！

1

至少一个人一只慕蟹。如果是主菜，一个人最好要有两到三只。

2

禁止敲碎蟹脚！慕蟹的壳都不硬，可以用手掰开直接食用。

3

由十只蟹脚开始下手，从关节处折断，拉出蟹肉……好神奇啊！拉出一个像棒棒糖般的雪白蟹肉，直接蘸美乃滋享用。

4

继续敲击蟹壳，蟹身的下半部能够轻易地与蟹盖分开，
先去掉头部咖啡色的部分（不过也有很多人非常爱吃），
再挖慕蟹的内脏，里面还有很多意想不到的细致丝状蟹肉。

政治人物的料理

撰文：卡蜜·皮耶哈尔德

政治人物往往也是美食家，有些甚至自行发挥创意构思食谱，虽然到了今日，这些食谱已或多或少被遗忘。一起重温政治人物的料理文选。

亨利四世的鸡汤（poule au pot）

路易十四的家庭教师阿杜安·德佩雷菲克斯（Hardouin de Péréfixe），在他1661年的著作《大亨利王的历史》（*Histoire du roy Henryle Grand*，1661）中，描述亨利四世有一天向萨瓦公爵宣称："假如上帝再次赐予我生命，我会让我王国里的每一个农民都有能力煮鸡汤。"亨利四世的鸡汤成为富裕社会的象征，并与好国王的形象紧密联结；而路易十八也在法国王朝复辟时期允诺人人都能有鸡汤喝。

后话：法国政治与烹饪集体虚构的神话滥觞。

苏比斯酱（sauce Soubise）

苏比斯亲王夏尔·德·罗昂（Charles de Rohan），是路易十五及路易十六的元帅兼大臣，也是洋葱酱（类似浓酱）的创始人。20世纪初期由奥古斯特·埃斯科菲耶确定配方，并建议搭配水波蛋或肉排一起食用。

后话：被捧上庙堂之巅的传统酱汁，但看起来放得有点久了。

库托参议员的皇家酒焖兔肉（lièvre à laroyale）

参议员阿西斯提德·库托（Aristide Couteau）于1898年公布了他的皇家兔肉食谱，兔肉必须酒焖，并加入40瓣大蒜和60颗红葱，意图与安东尼·卡汉姆于18世纪后期设计的皇家兔肉裹鹅肝一争高低。后者被美食作家亨利·巴宾斯基（Henri Babinski）收录进美食书里。

后话：无谓的争风吃醋，理由不成立！

加斯东·杰拉德的法式芥末鸡（poulet Gaston Gerard）

这道菜诞生于1930年一场为了向"美食王子"库诺斯基致意的晚宴上，是个美丽的意外。当时的第戎市长是加斯东·杰拉德（Gaston Gérard），其妻子不小心将红椒粉打翻在正烹调的芥末鸡肉上。为了补救，她在鸡肉里又加了康堤奶酪丝、法式酸奶油以及白葡萄酒。

后话：对这位女大厨很抱歉，后来我们只记得她丈夫的名字……

季斯卡的黑松露酥皮浓汤（soupe VGE）

1975年，保罗·博古斯获颁法国荣誉勋章，他在国宴上为法国总统吉斯卡尔（Valéry Giscard d'Estaing）创作了这道黑松露鹅肝浓汤，并在汤盅上覆盖酥皮焖烤。

后话：与圃鹀及小牛头并列为第五共和国的不朽美食。

法式芥末鸡（加斯东鸡）

准备时间：30分钟
烹调时间：50分钟
分量：6人份

材料：

布列斯鸡约1.5千克
法式酸奶油400克
康堤奶酪丝400克
不甜的阿里哥蝶（aligoté）白酒100毫升
第戎芥末酱1汤匙
红椒粉（paprika）1茶匙
面包粉3汤匙
黄油50克
盐、胡椒
法式芥末鸡（加斯东鸡）

步骤：

· 将鸡切块并去骨。在炖锅内熔化黄油，将鸡肉煎至表面金黄，加盐、胡椒与红椒粉调味。盖上锅盖以小火焖煮约30分钟，然后取出鸡肉放在烤盘上。
· 在炖锅的汤汁里加入白酒和康堤奶酪丝，让它们慢慢熔化。再加入法式酸奶油跟芥末酱让汤汁变稠。
· 将酱汁加热至沸腾后淋上鸡肉，撒上面包粉和一些奶酪丝，进烤箱以180℃烤几分钟。

奥古斯特·埃斯科菲耶的经典名菜

蜜桃梅尔芭（Melba）、米蕾耶（Mireille）马铃薯[1]、莫尔奈酱（Mornay）……
料理天王的菜肴不乏向名人致意的手笔，政治人物当然也在其列。

黎塞留[2]配菜

用来搭配肉类主菜的一套配菜，包括番茄镶肉、蘑菇、焖炒莴苣及马铃薯。"番茄不可少，它代表红衣主教的帽子。"——埃斯科菲耶，《我的菜肴》（*Ma Cuisine*，1934）

至尊嫩鸡胸（Suprêmes de volaille）

亨利四世菲力牛排（Tournedos Henri IV）这些菜的共同特色在于佐菜：朝鲜蓟心及炸马铃薯泥丸子，并淋上伯那西酱。

柯尔贝尔奶油（Beurre Colbert）

以路易十四的知名大臣为名，是加了肉汁的奶油。柯尔贝尔也是一道炸鱼食谱的名字，以及一道用来料理水煮蛋跟春季蔬菜的禽类清汤。

米拉波[3]牛排、乳鸭模制馅饼及水煮蛋

鳀鱼、橄榄、龙蒿与（或）松露，成就这道以革命分子为名的菜肴。

塔列宏小牛脊肉、小母鸡、比目鱼排

这几道向维也纳会议（1815）的优秀谈判代表塔列宏（Talleyrand-Périgord）致意。佐以通心粉、磨碎的帕马森干酪、鹅肝丁，以及松露细丝或薄片。

康巴塞雷斯虹鳟佐浓汤

这些以螯虾为食材的菜肴名称来自法兰西第一帝国的国务大臣康巴塞雷斯（Cambacérès），这位美食家以豪华丰盛的餐桌而闻名。埃斯科菲耶还以他的名字为鹅肝松露泥馅饼命名。

1. 澳洲女高音Nellie Melba，法国知名女歌手Mireille Mathieu。——编注
2. 黎塞留（Richelieu），路易十三的宰相。——编注
3. 奥诺雷·米拉波（Honoré Mirabeau），法国大革命时期著名政治家与演说家。——编注

黑卡龙（Noire de caromb）
一年开花两次/口感：★★
食用方式：新鲜吃、做果酱

紫色波尔多（Negronne）
一年开花两次/口感：★★
食用方式：新鲜吃、做果酱、晒干

苏丹尼（Sultane）
一年开花两次/口感：★
食用方式：新鲜吃、做果酱

宏德波尔多（Ronde de Bordeaux）♥
一年开花一次/口感：★★
食用方式：新鲜吃、做果酱、晒干

帕斯提耶尔（Pastilière）
一年开花一次/口感：★★
食用方式：新鲜吃

黑山口（Colde Dame noir）♥
一年开花一次/口感：★★★
食用方式：新鲜吃、做果酱、晒干

金黄（Dorée）
一年开花两次/口感：★★
食用方式：新鲜吃、做果酱

漫长八月（Longu ed'Août）
一年开花两次/口感：★
食用方式：新鲜吃

陶芬（Dauphine）
一年开花两次/口感：★★
食用方式：新鲜吃、做果酱

紫色索莱斯（Violette de Solliès）
一年开花一次/口感：★
食用方式：新鲜吃、做果酱

双季玛德琳（Madeleine des deux saisons）
一年开花两次/口感：★★
食用方式：新鲜吃、做果酱

阿尔玛（Alma）
一年开花一次/口感：★★★
食用方式：新鲜吃、做果酱

采收

一年开花一次：夏季结束时

一年开花两次：一次在初夏（初熟无花果），一次在夏末秋初

口感

好：★

很好：★★

非常好：★★★

♥ 代表无花果种植达人皮耶·波德（Pierre Baud）的最爱

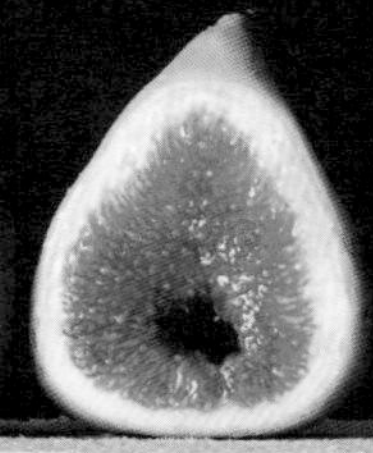

圣约翰灰果（Grise de saint-Jean）
一年开花两次/口感：★★
食用方式：新鲜吃、做果酱、晒干

仙德罗莎（Cendrosa）
一年开花一次/口感：★★★
食用方式：新鲜吃、做果酱

达尔马提（Dalmatie）
一年开花两次/口感：★★
食用方式：新鲜吃、做果酱

布朗什（Blanche）
一年开花两次/口感：★★
食用方式：新鲜吃、做果酱、晒干

白山口（Col de Dame blanc）
一年开花一次/口感：★★★
食用方式：新鲜吃、做果酱、晒干

维尔达（Verdal）♥
一年开花一次/口感：★★★
食用方式：新鲜吃、做果酱、晒干

天娜（Tena）
一年开花两次/口感：★★
食用方式：新鲜吃、做果酱、晒干

马赛无花果（Figue de Marseille）♥
一年开花两次/口感：★★★
食用方式：新鲜吃、做果酱、晒干

马赛曲 Marseillaise
一年开花一次/口感：★★
食用方式：新鲜吃、做果酱、晒干

斑纹帕娜雪（Panachée）♥
一年开花一次/口感：★★
食用方式：新鲜吃、做果酱

甜蜜炸弹无花果

撰文：法兰索瓦芮吉·高帝

在宽阔无花果叶的树荫下睡午觉，鼻尖隐隐飘来无花果青涩甜美的气息……
源自小亚细亚的无花果，从第三纪开始在地中海阳光下蓬勃生长。法国展开双手热烈接纳这甜蜜果实，让它在园艺和厨艺上发光发热。

品尝教学

在普罗旺斯的果园里，人们常说：“甜的无花果，必须是头歪一边，衣衫不整，眼角还噙着泪！”我们会说无花果“流泪”或“生珠”，这种极度成熟的无花果真是人间美味！可惜产季如昙花一现，巴黎人没那个福分。无花果通常不需使用农药，因此可以连皮一起吃。如果外皮太韧，可用水果刀在蒂头划个十字切口，将皮剥开。

植物学的奇迹

无花果树（*Ficus carica* L.）与桑树同属于桑科，“隐头花序”是该属植物最大特征。无花果的花藏在果实（果肉）中，顶端是雄花，底部是雌花，而且为数众多。与无花果树共生的榕果小蜂则负责授粉繁殖的工作。法国作家安德烈·纪德（André Gide）曾在小说《人间粮食》（*Les Nourritures terrestres*）中提到：“它的花朵盛开层层叠叠，犹如密室之中喧嚣的婚礼。”可见无花果还是会开花的。品尝无花果时，在齿间迸裂散开的胞果（种子），植物学的角度来说，其实是无花果的果实，这样一想数量还真多。你可以说无花果是在内心绽放的“花束”，最后变成一个“水果篮”。

无花果种植达人

皮耶·波德（Pierre Baud）是职业果农、苗圃达人与无花果达人。在他位于沃克吕兹省韦松拉罗曼（Vaison-La Romaine）的有机农场里，有超过300个品种的无花果树。前一页的22种无花果都来自他的收藏。

同场加映

大仲马的烹饪词典（第230页）

丹妮丝的无花果核桃脆饼

分量：40多块饼干

材料：

面粉500克
细砂糖180克
葵花油180毫升
（或味道较温和的橄榄油）
热白酒（不要煮到沸腾）180毫升
无花果干12个，切丁
泡打粉1包
盐

步骤：

- 将所有材料放在大沙拉碗中搅拌均匀，但不需要揉捏，做出来的面糊要柔软且不黏手。
- 用手摘成同等大小的小方块，用擀面棍压平。用刀或滚轮刀切成3~4厘米的方块，再用刮刀铲起来，放在铺了烘焙纸的烤盘上。
- 烤箱预热至200℃，烤15分钟左右。随时观察烘烤情况。

无花果鳀鱼酱

无花果的甜蜜与芳香，碰上鳀鱼的咸味与微苦滋味……
别出心裁的出色搭配！

材料：

熟透的无花果350~400克
油渍鳀鱼6条
酸豆10颗
大蒜1瓣
橄榄油少许

步骤：

- 大蒜带皮水煮2分钟。无花果剥皮。鳀鱼与酸豆用搅拌机搅碎。
- 取一个研钵，放入无花果肉、鳀鱼、酸豆、煮过并去皮的大蒜，边研磨边倒入橄榄油，直到抹酱呈现均质状态。涂于烤面包上享用。

阿兰·帕萨德（Alain Passard）的美味创意三连发

焗烤肉桂无花果

- 烤盘底部涂上黄油，将无花果切成1.5厘米的厚片放上去，紧密排列但不要重叠。
- 撒上冰糖和磨碎的肉桂，再放上一些黄油薄片，进烤箱用上火烤6~7分钟。
- 出炉后舀上重乳脂鲜奶油一起享用。

无花果嫩泥

- 锅中放入1汤匙橄榄油、4颗白色小洋葱丝、3颗去皮去籽的中型番茄、8~10颗去皮无花果，焖煮25~30分钟。
- 冷却后以搅拌机搅打，一边慢慢倒入200毫升的橄榄油或花生油（事先冷泡辣椒1/2根），用盐及胡椒调味，再加些柠檬汁。
- 搭配烤面包与清凉的不甜白酒一起享用。

炸芝麻无花果

- 将无花果去皮，放入打散的蛋液中滚一圈，再沾白芝麻。
- 开小火，锅内放一小片盐味黄油加热至冒泡，再放入无花果，煎的期间不断翻面。
- 享用时可裹上一圈冰糖，并加上一球香草冰激凌。

葡萄与无花果各半，喜忧参半（Mi-figue, mi-raisin）

这句俗语典故来自1487年的威尼斯商人。他们从希腊的柯林斯（Corinthe）进口葡萄干，却不老实地在其中混杂了较廉价的无花果干。这句话流传至今，根据《小罗伯特字典》（*Le Petit Robert*）的释义，是“满意与不满的混合”。

百人俱乐部

撰文：爱斯戴乐·罗讷托斯基

百人俱乐部（Club des Cent）是巴黎顶级的饕客私人俱乐部，成员来自金融业、工业及媒体界的精英，每周聚会一次，以颂扬对美食的热爱。对于这个动刀动叉的神秘团体，您了解多少呢？

> “做人当吃遍天下，做个见多识广且识得珍馐美味之人。”
> ——路易·佛瑞斯特（Louis Forest）

俱乐部成立缘起

自由记者路易·佛瑞斯特集结了当时一小部分的名流显贵，于1912年创办了这个俱乐部。他们喜爱驾车在法国各地旅游，却苦于找不到满意的住宿与餐馆。这些四处尝鲜的美食爱好者遂决定互相分享他们的口袋名单。佛瑞斯特在招募会员的一封信函上这样写着：“我们只想要有一张完整的名单，上面只有最好的旅馆和法国餐馆，能在铺着白色亚麻桌布的餐桌上享用干净餐具盛装的美味食物。”

俱乐部创建于第一次世界大战前夕，因此也带有强烈的民族主义色彩：捍卫法国的卓越事物，公开将头号敌人德国比下去！

俱乐部宗旨

→通过在社会上举足轻重的成员推广法国美食。
→崇尚团结的精神与交谈的艺术。
→摒弃附庸风雅。

神圣不可侵犯之周四午餐

→每周四12点40分至14点30分准时举行。
→几乎都在巴黎或近郊的餐厅举行，用餐价格在70~150欧元之间，各自买单。
→俱乐部会员从来不曾全员到齐，因为餐厅能容纳的人数有限。
→每次都会推举一位组长来主导下次聚会的地点、推荐菜单与餐酒。餐后则会有预先指定的会员提出评论，内容必须“公正与才情兼备”。俱乐部每年都会颁发最佳评论与介绍奖，以奖励评论出类拔萃的会员。

Curnonsky, bien entouré.

如何成为会员

首先需有两名正式会员推荐，且必须符合俱乐部要求的条件。条件因成员的年龄、职业和兴趣而异，目前不接受医生与45~65岁之间的成员。

接着是盛大的口试，选择过程与标准非常主观。口试问题诸如：您喜欢波尔多还是勃艮第的葡萄酒？美食飨宴（repas gourmet）与丰盛飨宴（repas gourmand）有什么差别？聊聊您最近吃过的美食？煮羊肉豆子锅该用哪一种豆子？您知道什么是“zist”（柑橘水果的白色皮膜）吗？享用芦笋时该搭配什么酒？哪一位19世纪初期的诗人非常擅长料理小牛头？在阿基坦沿岸捕捉的那种很像比目鱼的小鱼叫什么名字？

再来是实习阶段，从数周至数年不等，直到有正式会员的名额释出。

“当选”入会后，每位“百人成员”都会受封一个专属号码。除了极少数例外，会员都是终生任期。

百人同志的餐桌成员

百人俱乐部成员皆是法国举足轻重且富可敌国的美食爱好者，堪称同温层最高殿堂。会员每年都会颁发“百人俱乐部证书”，是备受大厨推崇的尊荣保证。

商界大佬：俱乐部的主席Jean Solanet、布伊格电信总裁Martin Bouygues、保乐力加集团执行长Patrick Ricard、标志汽车的Robert Peugeot、依云矿泉水的Éric Frachon、安盛保险集团的Claude Bébéar与Henride Castries、威望迪集团的Jean-René Fourtou、法国天然气苏伊士集团的Jean-François Cirelli、法国兴业银行前总裁Daniel Bouton、银行家Michel David-Weill、宝诗龙珠宝的Alain Boucheron……

媒体与艺文界名人：编剧Erik Orsenna、电视节目主持人Philippe Bouvard、记者Claude Imbert、作家Nicolas d'Estienne d'Orves、记者Bernard Pivot、历史学家Jean Tulard、雅马邑白兰地酿造商Jean Castarède以及演员Pierre Arditi、Jacques Sereys、Guillaume Galienne……

政坛人物与律师：前法国总理让·皮埃尔·拉法兰、外交官萨斐叶·达恪思、律师保罗·隆巴德……

五位星级主厨，免入会测试：保罗·博古斯、乔尔·卢布松、亚朗·杜卡斯、贝赫纳贺·巴寇（Bernard Pacaud）、尚·皮埃尔·维嘉托（Jean Pierre Vigato）……

女性成员芳踪？

很可惜，女性不许加入俱乐部。杰出的舞台剧演员莎拉·伯恩哈特（Sarah Bernhardt）宣称其一生中有两件憾事：一是没能移植花豹的尾巴，二是无缘加入百人俱乐部！

布列塔尼咸薄饼

撰文：吉勒・库桑

上布列塔尼与下布列塔尼地区壁垒分明，可丽饼（crêpe）并不是咸薄饼（galette），咸薄饼也绝对不是可丽饼！

美食与语义之藩篱

在高卢的土地，上布列塔尼地区，人们将这传统薄饼称为咸薄饼。皮普里亚克咸薄饼协会（Confrérie Piperia La Galette）坚持宣扬咸薄饼的成分只有荞麦粉，做出来的咸薄饼才会细致柔软。而在下布列塔尼地区，人们称之为黑麦可丽饼，以荞麦粉加一些小麦粉（绝不超过30%）制成，比咸薄饼更酥脆。幸好，所有布列塔尼人都一致同意，用小麦面粉做的可丽饼一定做成甜的！

雷恩体育场加油！

拯救布列塔尼香肠咸薄饼协会（Association de Sauvegarde de la Galette-Saucisse Bretonne）是由两位雷恩体育场的球迷在20多年前成立的，旨在将这道传统美食发扬光大。其实有点像布列塔尼版的热狗，烤猪肉香肠裹上冷的荞麦咸薄饼，在球场看台或是布列塔尼的主要市集都能看见其踪影。

布列塔尼以外的可丽饼……

可丽饼并不是布列塔尼的专利。法国北部皮卡第语区（皮卡第与加来附近）的煎饼称为“哈栋”（raton），在面糊里添加了酵母，口感比较蓬松。尼斯的索卡煎饼（socca）则是以鹰嘴豆粉制成，放入披萨窑里烤熟。法国东南部的普罗旺斯版薄饼叫作麻特方饼（matefaim或matefan，来自法语mater和faim，“止饥”之意），从原本简单的马铃薯饼进化成加了面粉、鸡蛋与奶酪的煎饼，热量剧增！

荞麦薄饼面糊

准备时间： 15分钟
冷藏静置时间： 12小时（或至少3小时）
分量： 24片荞麦薄饼

材料：

用石臼研磨的有机荞麦粉1千克（若使用比利格煎饼炉，请将10%~20%的荞麦粉换成小麦粉）
滤过的水1.5升
盖朗德粗盐30克
口味1：鸡蛋1颗
口味2：气泡水、啤酒或苹果酒少许，或选择任一种可让面糊更轻盈的发酵饮料，取代部分的水。

步骤：

- 混合荞麦粉、1升的水和盐，用手搅拌，让它们充分与空气接触，然后揉成软面团，排出气泡。
- 加入上述口味中喜欢的材料，然后重新拌均匀，放进冰箱冷藏12小时（或至少3小时）。
- 隔天再加入剩下的半升水，充分混合。最好在煎饼前1小时就将面糊从冰箱取出，煎饼时面糊必须为常温。

标准咸薄饼（鸡蛋、火腿、奶酪）

*以上两道食谱均摘自《薄饼屋Breizh Café食谱摘要》(*Recette extraite de Breizh Café*)，贝谭・拉荷薛（Bertrand Larcher）著。

准备时间： 10分钟
煎饼时间： 3分钟
分量： 咸薄饼1份

材料：

荞麦面糊150克
柏迪耶（Bordier）半盐黄油15克+15克
有机鸡蛋1颗
半年熟成的康堤奶酪50克，刨丝
无添加防腐剂的火腿50克

步骤：

- 在烧热的煎饼炉上将面糊刷平，接着在饼上抹黄油。
- 在饼中央先倒上蛋白并且抹平，再加上蛋黄。撒上奶酪丝，放上火腿，把饼折四方形，再煎3分钟。
- 最后，抹上剩下的黄油，即可装盘享用。

同场加映
可丽饼，布列塔尼的骄傲
（第88页）

来一点“豆”知识

撰文：詹维耶·马提亚斯

庞大的豆科家族不仅是植物性蛋白质的珍贵来源，也是农业领域的绿肥作物。除此之外，豆类更是上天恩赐的人间美味。

豆典故

法语haricot（豆）这个词很可能来自古老的动词harigoter，原指将肉切成零星小块来制作杂烩炖肉锅。而豆类在炖肉锅里如鱼得水，甚至抢尽风头，连名字都据为己有。

绿色豆？奶油豆？干豆？

这些全都是在说同一种植物，也就是西班牙殖民者从安第斯山脉带回来的菜豆（*phaseolus vulgaris*）。它很快就取代了旧大陆另一个品种相近但产量不高的豇豆属植物（*vigna*），例如长豆（*Vigna unguiculata*）与黑眼豆都是这个属种。经过数个世纪的去芜存菁，大众根据菜豆的成熟阶段，发展出不同的食用方法。

→嫩豆：豆荚还未成熟就采摘食用，内部的种子（豆子）也尚未成形，就是我们常吃的绿色四季豆与白色四季豆。

→新鲜豆：豆荚明显膨胀但仍保有水分，里面的豆子已长到最佳状态，可以剥出来吃了。

→干燥豆：豆荚枯黄干瘪不可食，豆子几乎毫无水分，硬到咬不下去，烹煮前需先泡水数小时。

为何用“豆子空空如也”来形容穷途末路？

过去，蔬菜是重要的蛋白质来源，因此，在冬天快结束前，其他新鲜蔬菜还未上市，豆类常常不够吃。在农村、船上或寄宿学校，说“豆子空空如也”其实就是“肚子空空如也”，令人深切感受到具体的饥饿感。

阿诺·达冈的孔卡诺尔辣豆海鲜锅

准备时间： 20分钟
烹调时间： 1小时15分钟
分量： 4人份

材料：
干燥的塔布豆500克（haricots tarbais）
综合贝类（文蛤、蛤蜊、斧蛤等）1千克
紫洋葱1大颗
大蒜4瓣
扁叶欧芹1束
不甜且酸味明显的白酒1/2升
伊特萨苏（Itxassou）辣椒
可进烤箱的大炖锅

步骤：
- 将塔布豆放在比豆子多两倍的冷水里，浸泡至少12小时。
- 将洋葱、大蒜与欧芹切碎，放在炖锅里与白酒同煮至汤汁浓缩。倒入泡好的豆子，搅拌使食材均匀，加水淹至豆子的高度，以小火煮约1小时。
- 等豆子快熟时，加入贝类，搅拌两下并盖上锅盖。进烤箱以150℃烤15分钟。享用前撒一些伊特萨苏辣椒。

吉尔*的白豆柠檬金砖蛋糕

准备时间： 20分钟
烹调时间： 15~20分钟
分量： 4人份

材料：
罐头白腰豆120克
红糖80克
香草荚1/2根，剖开并刮取香草籽
朗姆酒1汤匙
全蛋2颗
Maïzena玉米粉10克
黄油50克
柠檬皮丝1颗

步骤：
- 将罐头豆子冲洗沥干。加入红糖、香草籽、朗姆酒、柠檬皮丝拌一下，再加入蛋黄2颗、熔化的黄油、玉米粉，以打蛋器搅打。
- 将2颗蛋白打发，轻轻和豆子面糊拌匀。在小烤模或大烤模铺上抹好油的烘焙纸，倒入高度约2厘米的面糊，送进烤箱以160℃烤15~20分钟。
- 以刀尖插入蛋糕测试，若刀尖没有粘连就可取出蛋糕。享用时可淋一些加糖的柠檬汁。

*吉尔·达佛（Gilles Daveau），著有《您知道如何品尝豆类吗？》（*Savez-vous goûter...les légumes secs*）。

豆香美乃滋*

准备时间： 10分钟
分量： 一小盅

材料：
煮熟的白腰豆或潘波豆100克，冲洗沥干
混合食用油（例如菜籽油与橄榄油）
红葱20克
芥末酱20克
醋10克

步骤：
用食物调理机将所有食材绞碎混合，做好的酱可用来搭配水煮蛋、龙虾、蔬菜棒，或做成雷莫拉酱（sauce rémoulade）。

*食谱改编自吉尔·达佛的《替代料理手册》（*Manuel de cuisine alternative*）。

其他豆子家族

豆子早已融入我们的日常生活，而我们对豆子的称呼也有千百种……

干菜豆（fayot）： 这个法语词是菜豆的俚语与贬义词，来自拉丁语phaseolus（菜豆属），现在通常（带着傲慢态度地）指称所有形式的粒状物。

林果白豆（lingot）： 在法国北部、卡斯泰尔诺达里（Castelnaudary）或是卢瓦尔河地区，这种干燥的白色豆子称为lingot，在旺代（Vendée）地区则称为mogette。

白扁豆（mogette）： 这个名字来自法国南部的mongette（短豇豆），在奥克语（普罗旺斯方言）中，monge意为“僧侣”，因为白扁豆曾是修道院厨房中的必备食材。

潘波豆（coco）： 法国人称共产党为coco，不过潘波豆跟共产党没有什么关系（虽然有些潘波豆是红色的）。在潘波（Paimpol）当地，coco指的是新鲜的白豆，而且拥有原产地命名保护（AOP）。

黑眼豆（cornille）： 非洲富拉尼族称为niébé，英语则是black-eyed pea，很可能来自非洲。

笛豆（flageolet）： 新鲜食用的豆子，保留了美丽的绿色，是周日炖羊腿大餐不可或缺的配料。

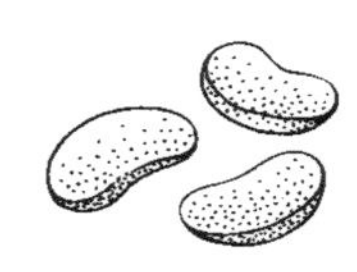

同场加映
卡酥来炖肉锅（第209页）

布拉格红豆
Coco rouge de Prague
易洛魁豆
Iroquois
红眼圣灵
Saint Esprità Œil Rouge
红笛豆
Flageolet rouge
市场奇迹
Merveille du Marché
中国黄豆
Coco Jaune de Chine
阿尔卑斯长号豆
Cor des Alpes
火舌蔓越莓豆
Borlotto Langue de feu
红卡里普索
Red Calypso
斑纹棕豆
Lingot brun panach
修女的肚脐
Nombril de Bonne Sœur
丝绒棕豆
Velour
黑豆
Soja noir
小菜豆
Pea Bean
蓬拉贝豆
Pont l'abbé
潘波棕豆
Coco brun panaché
黑眼黄豆
Coco jaune jaune à oeil noir
红笛豆
Flageolet rouge
鹧鸪眼豆
Œil-de-perdrix
鹊豆
Dolique Lab lab
早生矮白豆
Coco nain blanc précoce
多生双色豆
Coco bicolore prolifique
太极豆
Yin Yang
渔夫脚趾
Orteil du pêcheur
花豆
Espagne
小米白豆
Petit Riz
蒙巴利黑眼豆
Montbarry
蔓越莓豆
Borlotto
利马豆
Lima
沃格尔双色豆
Couvent Vogel
大红豆
Scarlet Emperor
沙巴内白利马豆
Lima dit de Chabannais

5A 认证的法式内脏肠

撰文：玛丽阿玛·毕萨里昂

法国人对内脏料理的态度可分三派，一派是连想到都得捏着鼻子；另一派则是在大卖场购买；还有一派是“三跪九叩”到特鲁瓦（Troyes），恭迎妙手制成的手工内脏肠。

历史典故

法式内脏肠很可能诞生于特鲁瓦，但身世仍然成谜。19世纪中以前，内脏肠指的是尺寸比较小的昂杜耶内脏肠（andouille）。现在特鲁瓦著名的内脏肠虽然是纯猪肉制品，但以前是用小牛的肠系膜。在1885年的一份重要期刊中曾提到一种英法混种的猪，“相当容易摄取脂肪，美味尽释于佳肴中，如圣梅内乌尔德猪蹄，或是特鲁瓦的内脏肠……”不过在20世纪60年代集约化畜牧业大量出现之前，猪肉在市集摊位上并不常见。

给我法兰西，其余免谈

法国小酒馆里的当红明星，是原汁原味、法国生产的香烤内脏肠，在夏布利（Chablis）、雅尔若（Jargeau）、鲁亚克（Rouillac）、佩里格（Périgord）、特鲁瓦、克拉姆西（Clamecy）等城市，以及薄酒莱、勃艮第、洛林、普罗旺斯、鲁昂（Rouennaise）等地区的餐桌上，都可以看见它的身影。不过到20世纪90年代，因为疯牛病，里昂、康布雷与阿朗松（Alençon）的内脏肠禁止使用小牛的肠膜，直到2015年底才解禁。

内脏肠买回家，如何料理？

直接吃：切片冷食当开胃小菜。
搭配清凉的香槟，是香槟酿酒师最爱的下酒菜。

香烤：以 200℃的烤箱烤 15 分钟，然后放在网架上烤至四面金黄。
搭配查尔斯奶酪（Chaource）。切去奶酪外皮再切成小丁，与液体鲜奶油及芥末酱同煮至熔化，当作淋酱。或是将煮熟的马铃薯、内脏肠及查尔斯奶酪切片，交错叠成两层，送入烤箱焗烤 20 分钟。

蒸煮：蒸 25 分钟，即有柔软润泽的独特美味。
搭配水田芥，焯烫后泡冷水，搅碎后和黄油或鲜奶油一起拌入自制的马铃薯泥。

水煮：在放了香料的高汤中以小火煮 20 分钟。
搭配牛肝菌，切厚片，用黄油炒熟。

油煎：开小火，用黄油煎 10 分钟，每一面都要煎熟。
搭配芥末酱。利用煎完内脏肠的锅底残余酱汁，加入红葱末炒至软化，倒入白酒与芥末酱，再加入鲜奶油使其更浓郁，熬煮收汁到剩下一半的量。

炭烤：以强力炭火旋转烧烤 5 分钟，然后小火烤 10 分钟。
搭配手工炸薯条与呛辣芥末酱。

妙手绳技的手工内脏肠

这是一项非常人能及的工作！将切好的内脏（大部分是用猪肠与猪肚）彻底洗净、刮去残油、焯烫、顺成长条形、调味（香料、当地特产的酒、芥末等），然后卷成长卷，以一根细绳拦腰捆绑，用两指穿过天然猪肠衣，然后夹住绳子一拉，内脏就塞进肠衣里了。做好的法式内脏肠会放在加了香草束的高汤中煮至少 5 小时，温度不能超过 90℃。

内脏料理AAAAA级认证，你是认真的吗？

正宗内脏肠爱好者协会（Association Amicale des Amateurs d'Andouillette Authentique）成立于20世纪60年代，缩写为AAAAA，也代表内脏肠的等级认证。原本只是协会创办人亨利·克罗斯儒夫（Henri Clos-Jouve）的玩笑之语，却成了猪肉制品界的圭臬。目前的协会主席是作家雅克路易·德尔帕尔（Jacques-Louis Delpal），他与协会会员（大部分是美食评论家）颁发5A标章给所有他们认为美味卓绝的内脏肠。而手工内脏肠因为充满工匠爱，所以特别得其厚爱？倒也未必如此。

红标认证，值得信任的新标章？

获得红标认证的高级内脏肠必须符合严格的要求*，至少含有95%的猪肉，长度至少10厘米，经过至少7小时的烹煮，油脂含量不能超过18%。但红标不代表一定是手工制作，也不保证一定美味……倒是长时间烹煮的规定能保证口感一定柔软。

*资料来源：根据2016年11月19日官方公报的法令，由制造商吉尔·雅蒙（Gilles Amand）倡议并取得认证。

如果闻起来像……

那就头也不回地离开那间餐厅吧！
接近肛门的部位一定要清洗干净。相反地，若是内脏肠飘着浓浓的“猪”味，倒可视为美味的征兆。

推荐店家

蒂埃里之家内脏肠专卖店
（Maison Thierry）
地址：73, avenue Gallieni, Sainte Savine,
网址：http://www.andouillet-tethierry.fr/

同场加映
臭味等级大评比（第 372 页）

马瑞里斯奶酪派

撰文：玛莉罗尔·弗雷歇

有两个传统食谱，皆使用上法兰西大区唯一的 AOC 奶酪：阿非诺阿地区（Avesnois）的韭葱马瑞里斯奶酪咸派（amiche au maroilles），瓦朗西纳（Valenciennes）的果叶尔奶酪咸派（goyère au maroilles）。

韭葱马瑞里斯奶酪咸派

准备时间： 20分钟
静置时间： 1小时30分钟
烘焙时间： 30分钟
分量： 大尺寸烤盘分量

材料：

T55面粉（中筋）250克
新鲜面包酵母10克
温牛奶3汤匙、糖1茶匙
油3汤匙、鸡蛋2颗
盐1/2茶匙
法式酸奶油100克
马瑞里斯奶酪180克
胡椒

步骤：

- 用温牛奶溶解糖和酵母。
- 在大沙拉碗中放入面粉，面粉中间挖个凹洞，加入盐、油和蛋搅拌均匀。加入溶解了酵母的牛奶，继续揉面团直到不粘手。盖住沙拉碗，移到温暖的地方静置1小时30分钟，让面团膨胀至两倍大。
- 在撒了面粉的工作台上将面团擀成0.5厘米的面皮，铺到涂好黄油的圆形烤盘中。用叉子在面皮上戳洞，接着涂满法式酸奶油。
- 将马瑞里斯奶酪切成薄片铺在面皮上，撒上胡椒。放入烤箱以180℃烘烤20~30分钟。

“生猛的马瑞里斯，奶酪之王，其鲜明如雷电的滋味绕梁不绝，犹如奶酪交响乐中独树一格的萨克斯风旋律……”

——法国美食评论家库诺斯基

果叶尔*马瑞里斯奶酪咸派

准备时间： 20分钟
静置时间： 1小时30分钟
烘焙时间： 25分钟
分量： 大尺寸烤盘分量

材料：

酥皮面团或千层挞皮1张
鸡蛋3颗
马瑞里斯奶酪180克
白奶酪或法式酸奶油100克
盐、胡椒

步骤：

- 将蛋白与蛋黄分开。切去奶酪皮，用叉子将马瑞里斯奶酪与白奶酪一起压碎，再加入蛋黄搅拌均匀。
- 将蛋白打发，小心地拌入奶酪糊，视情况调味。
- 用擀面棍将挞皮擀成0.5厘米厚度，放进涂好黄油的烤盘中，用叉子戳洞。填入奶酪糊，进烤箱以200℃烤25分钟。

* 果叶尔（goyère）是北法传统的舒芙蕾风格奶油咸派。

同场加映
奶酪咸泡芙（第288页）

牙尖嘴刁的嗜酒者

撰文：爱斯戴乐·罗讷托斯基

这位知名节目主持人出身薄酒莱，从小耳濡目染。以下列举三件逸事来证明他的葡萄酒资历。

贝尔纳·皮沃
Bernard Pivot（1935— ）

初恋薄酒莱

贝尔纳因为喜爱薄酒莱而受到布尔乔亚圈的诟病。薄酒莱一向被视为玩滚球时喝的酒、站在吧台一饮而尽的酒，或是在园游会和快餐店提供的廉价酒。即使如此，他也从未背弃他生命中的“愉悦启蒙”。他6到10岁的童年时光都在布伊（Brouilly）山坡下的薄酒莱坎西埃（Quincié-en-Beaujolais）葡萄园中穿梭，青少年时因采收葡萄而赚到人生第一笔钱。他说，他从葡萄酒当中学到了自由奔放、感官享受与谦虚耐心，当然还有“交际”的艺术！

布考斯基闹剧

法国电视史上最酒气冲天的一幕就发生在《猛浪谭》。1978年9月22日，作家查理·布考斯基（Charles Bukowski）来到录像现场时已然酩酊大醉。在惯例的问答单元之后，这位醉汉直接就着瓶口狂饮红酒，不断发出噪音，让其他来宾无法发言。作家卡万纳（Cavanna）破口大骂：“闭上你的狗嘴！”恬不知耻的醉汉边回嘴边摸上邻座的作家凯瑟琳·裴松（Catherine Paysan）的膝盖。凯瑟琳惊呼：“啊！欺人太甚！”这位曾是流浪汉的作家醉得跟猪一样，数千傻眼的观众目送他摇摇晃晃地离开现场。临去时他还拿刀向安全人员示威……

不胜酒力之词

皮沃在他的《恋酒事典》（*Dictionnaire amoureux du vin*）一书中，向法国喜剧作家莫里哀（Molière）的文字表达敬意，因其形容醉酒的词汇数量之多，令人难以置信。摘录如下：酒鬼（soûlographe）、醉鬼（soûlard）、醉汉（soûlot）、酒精中毒（alcoolique）、醉翁（poivrot）、酗酒者（picoleur）、烂醉（bituré）、醉猫（biturin）、醉客（pionard）、嗜酒者（pochetron）、酒袋子（sac à vin）、吸酒海绵（éponge à vin）、开瓶器（ouvre à vin）、饮酒过量（boit-sans-soif）、纵酒者（arsouille）、吸酒者（biberonneur）、爱喝酒者（cuitard）、酒吸管（vide-bouteilles）、渴得快死（meurt-de-soif）、嗜酒如命（soiffard）、杯不离手（galope-chopine）、啜饮者（siroteur）、舔杯中物者（relicheur）、酒糟鬼（vinassier）、蒸馏器（alambic）……还有更好的形容吗？

同场加映
让人醉上一场的词汇（第49页）

蔬菜汤一家亲

撰文：法兰索瓦芮吉·高帝

经典法国料理的伟大篇章！不管是奥古斯特·埃斯科菲耶的专业论述，还是布尔乔亚的烹饪指南，有数十道食谱能料理一菜园的收成。问题是，除非你是法国最佳园艺师，否则非常可能被一堆蔬菜名字淹没。以下小小求生手册，能让你免于在蔬菜汤中迷失方向。

你知道吗？

17世纪时，
法语的potage并不是指蔬菜汤，
而是与蔬菜同煮的大盘肉类
或鱼类料理。

然而，端上了一道汤，
里面有只公鸡及浮夸华丽
的排场。
——布瓦洛（Boileau），
《讽刺诗第三卷》（*Satire III*，1666）

蔬菜汤守则

→食谱的分量都是6人份。
→素食版的蔬菜汤以清水取代鸡高汤。
→传统料理方式喜欢加入米饭，让汤更浓稠。可用相同分量的布格麦（boulgour）、藜麦、燕麦片或去皮切块的马铃薯取代米饭。
→盛盘享用时，别忘了加一小块新鲜黄油、几块以黄油煎过的面包丁，并撕几片雪维草撒在汤上。

蔬菜汤大家族

根据《拉鲁斯美食百科全书》释义，蔬菜浓汤“主要出现在晚餐场合，是盛于凹盘中的液态菜肴，通常在用餐开始时提供并趁热享用”。

蔬菜清汤：肉类、禽类、鱼类、甲壳类熬制的清汤或高汤。

蔬菜浓汤：等于液体的食物，加入黄油、鲜奶油、贝夏梅酱、木薯粉、米饭、葛粉、蛋黄等，使汤汁浓稠。而蔬菜浓汤又可分为：

→**奶油浓汤**：以鱼类、甲壳类、肉类及蔬菜熬制，加入鲜奶油与／或贝夏梅酱使之浓稠。

→**丝绒浓汤**（velouté）：白色高汤烹煮基本食材（蔬菜、肉类、鱼类、甲壳类），再加入蛋黄或鲜奶油使之浓滑。

→**蔬菜泥汤**：液状蔬菜泥，加了淀粉类、豆类、甲壳类（比斯克海鲜浓汤）、鱼类、肉类，再加入米饭、马铃薯和面包使之浓稠。

用豆子煮成的浓汤

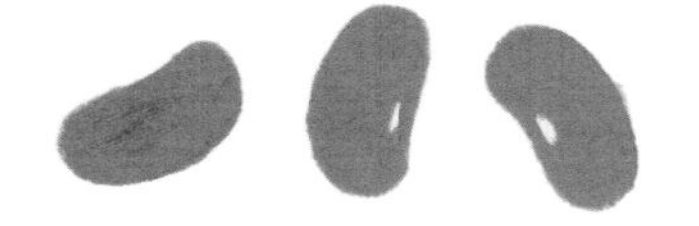

孔代汤

蔬菜：红腰豆
典故：献给17世纪法国“伟大的孔代亲王”（Grand Condé）及其后代。
做法：洗净红腰豆350克，放入冷水1.5升煮至沸腾，捞去浮沫，加盐调味。放入插了1粒丁香的洋葱1颗、综合香草1束、去皮切成圆片的胡萝卜1根，也可加点薄培根。淋上一杯红酒，以小火慢煨，再用调理棒搅碎。

以扫汤

蔬菜：扁豆
典故：以扫（Esaü）是《圣经》中的人物，曾为了一盘扁豆而将长子的权利让给弟弟雅各（Jacob）。
做法：洗净普依扁豆（lentilles du Puy）350克，放入冷水1.5升煮至沸腾，捞去浮沫，加盐调味。放入插了1粒丁香的洋葱1颗、综合香草1束、去皮切成圆片的胡萝卜1根，也可加点薄培根。淋上一杯红酒，以小火慢煨，再用调理棒搅碎。

圣杰曼汤

蔬菜：豌豆荚（以前是用新鲜豌豆）
典故：虽然圣杰曼昂莱（Saint-Germain-en-Laye）早以生产豌豆闻名，这道汤的名字却是来自路易十六的国防部长圣杰曼伯爵。
做法：将豌豆荚350克放入冷水中浸泡2小时。沥干后放入冷水1.5升煮至沸腾，捞去浮沫，加盐调味。继续以小火慢煨。在另一汤锅内放入黄油20克和去皮切成圆片的胡萝卜1根、韭葱的绿叶部位1根、去皮并切丝的洋葱1/2颗，煸炒至出汁后加入豌豆荚，用调理器搅碎。盛盘享用时放入香煎肥猪肉丁及一勺法式酸奶油。

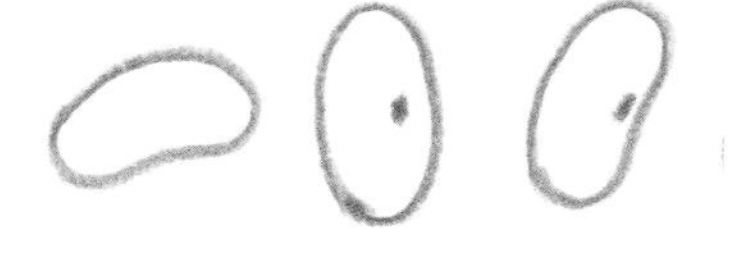

苏瓦松汤

蔬菜：白腰豆
典故：苏瓦松（Soissons）的豆类种植在法国史上有名。
做法：洗净白腰豆350克，放入1.5升冷水煮至沸腾，捞去浮沫，加盐调味。放入插了1粒丁香的洋葱1颗、综合香草1束、去皮切成圆片的胡萝卜1根，也可加点薄培根。淋上一杯红酒，以小火慢煨，再用调理棒搅碎。

只用一种蔬菜煮成的汤

阿让特伊汤

蔬菜：白芦笋

典故：阿让特伊（Argenteuil）自17世纪起就以盛产白芦笋闻名。

做法：用黄油50克翻炒白芦笋尖400克，加入洋葱1/2颗和盐1撮。加入鸡高汤1杯，再放入米100克，盖上锅盖以小火煨煮。最后加上法式酸奶油200毫升，用调理棒搅碎。

弗雷讷斯汤

蔬菜：芜菁

典故：弗雷讷斯（Freneuse）位于伊夫林省，芜菁曾是当地的特产。

做法：将芜菁500克切片，以黄油50克与1撮盐翻炒。加入鸡高汤700毫升、马铃薯250克，盖上锅盖以小火煨煮，最后用调理棒搅碎。

克雷西汤

蔬菜：胡萝卜

典故：克雷西拉沙佩勒（Crécy-la-Chapelle）过去以出产莫城（Meaux）品种的胡萝卜（根较长，颜色橘中带红）而享誉盛名。

做法：胡萝卜500克切圆片，以黄油50克翻炒，加入洋葱1/2颗和盐1撮。加入鸡高汤1杯，再放入米100克，盖上锅盖以小火煨煮。最后用调理棒搅碎。

杜巴利汤

蔬菜：花椰菜

典故：向杜巴利伯爵夫人（路易十五最后一任情妇）吹弹可破的白皙皮肤致意。

做法：将花椰菜400克切块，放入盐水中焯烫然后沥干。在花椰菜与马铃薯250克中放入牛奶600毫升煮熟，加1撮盐调味。加入牛奶或高汤100毫升稀释，最后用调理棒搅碎。

舒瓦希汤

蔬菜：莴苣

典故：舒瓦西（Choisy）自18世纪起即以盛产莴苣闻名。法国国王路易十五最爱的官邸就在舒瓦西勒鲁瓦（Choisy-le-Roi），也间接鼓励了当地的莴苣种植。

做法：洋葱1颗切丝，以黄油30克翻炒。加入高汤750毫升、马铃薯250克与牛奶500毫升，加盐调味。开火煮沸，直至马铃薯变软。加入切碎的莴苣270克，续煮5分钟，最后用调理棒搅碎。

热尔米尼汤

蔬菜：酸模

典故：英吉利咖啡馆（Café Anglais）的主厨发明了这道汤，献给他的客人热尔米尼伯爵（comte de Germiny）。

做法：将酸模400克洗净并切段，以黄油50克炒至软化。淋上鸡高汤1.2升，以调理棒搅碎。在另一口锅里放入蛋黄4颗与法式酸奶油300毫升搅匀，然后缓慢地倒入酸模汤里，一边不停以打蛋器搅拌，直到汤呈浓稠状并能黏附在打蛋器上。略微加热但不要煮滚。

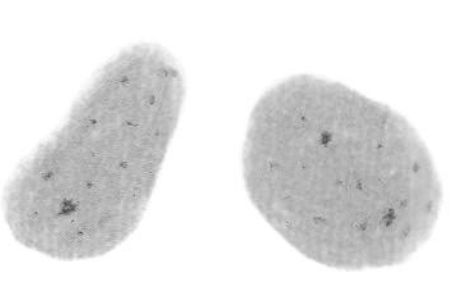

帕门提耶汤

蔬菜：马铃薯

典故：纪念药学家安东尼·帕门提耶（Antoine Parmentier），在法国推广马铃薯的重要人物。

做法：2根韭葱的葱白部分切成丝，以黄油25克翻炒。加入切成大块的马铃薯500克，淋上鸡高汤1升，加盐调味，煮到马铃薯变软，最后用调理棒搅碎。如果需要，可加几汤匙的高汤稀释。

苏法利诺汤

蔬菜：番茄

典故：汤名取自意大利伦巴第附近的小镇苏法利诺（Solferino），当时意大利与番茄经常被联想在一起。

做法：3根韭葱的葱白部分切成丝，以黄油30克翻炒。加入去籽切成大块的番茄700克、综合香草1束及压碎的大蒜1瓣。淋上鸡高汤1.5升，加入马铃薯4颗，煮到马铃薯变软。取出综合香草束，用调理棒搅碎。如果需要，可加点高汤稀释。

综合蔬菜汤

农夫蔬菜汤
（potage cultivateur）

名厨版的传统培根蔬菜汤。

做法：将培根切小块，在炖锅中以黄油30克翻炒。加入切成小块的蔬菜炒至柔软出汁。淋上鸡高汤1升，加盐调味，煮至沸腾。加入卷心菜与马铃薯，续煮至马铃薯变软，不需搅碎。盛盘时可加入当季的新鲜豌豆或四季豆切丁。

贤妻蔬菜汤
（potage Bonne Femme）

任何一本19世纪至20世纪初期的布尔乔亚烹饪书，都会提起这道家庭版农村韭葱马铃薯汤。

做法：3根韭葱的葱白部分切成丝，以黄油20克翻炒出汁。淋上鸡高汤1.5升，加入削皮后切薄片的马铃薯，加盐调味，煮到马铃薯变软。不需搅碎，加入1小块黄油及酥炸面包丁即可。

同场加映
好喝的汤在这里（第170页）

巴黎大堂，巴黎之胃

撰文：爱斯戴乐·罗讷托斯基

作为巴黎的建筑杰作与圣地，巴黎大堂（Les Halles）不仅曾有很长一段时间是首都食品供应的主要来源，也始终记录着法国奔驰的想象力，并长存于左拉、于斯曼等小说家笔下。

巴尔塔的巴黎大堂

在拿破仑三世与奥斯曼男爵倡议下，由建筑师维克多·巴尔塔（Victor Baltard）于1854—1874年间，建造了占地33公顷的食品市集。共有12座壮观的展馆，以钢材和玻璃建造的屋顶像把巨大雨伞，馆与馆之间相连的街道挤满人群。每个展馆各有主题：海鲜鱼类、禽类与野味、内脏与猪肉制品、蔬果、花材、面包、黄油、鸡蛋与奶酪……

市场的工作人员超过5,000名，生产者、批发商、货运商，各式各样的摊贩卖家，其中不乏来巴黎寻求工作机会的外地人。来自法国各地的成吨食品不分昼夜地涌入。凌晨一点，敲钟，即开始持续一整天的贩售，最迟于晚上8点结束。

从20世纪初期开始，每年都有超过1000吨的格鲁耶尔奶酪、26,000吨的鱼、10,000吨的淡菜与贝类、19,000吨的蔬果，以及23,000吨的肉类在巴黎大堂转运贩卖，喂饱首都的人们。

这里是巴黎最有活力也最热闹的区域，周围有十多家24小时营业的餐馆与咖啡馆：锅里的母鸡（La Poule au pot）、皮耶咖啡（Le Café Pierre）、大堂钟（La Cloche des Halles）、抽烟的狗（Le Chien qui fume）、绿色卷心菜（Au Chou vert）等。有些还附设行军露营床，可让筋疲力尽的货运司机休息。

然而无止境的人潮带来严重的卫生问题，巴黎大堂已不再符合巴黎的城市规模，遂于20世纪70年代初期被拆除，搬迁到新的兰吉（Rungis）批发市场。

同场加映
鱼摊巡礼（第218页）

埃米尔·左拉（Émile Zola）笔下的鱼摊

在鱼摊台子上，躺着一只极出色的鲑鱼，已经被切开，露出玫瑰金色泽的鱼肉；几只奶油白的大菱鲆；一些插着黑色大头针用以标示如何切片的康吉鳗；还有成群的比目鱼、红鲻鱼、鲈鱼，新鲜活跳地陈列着。在这些眼珠炯炯有神，鱼鳃仍在流血的鱼当中，四平八稳地躺着一只大魟鱼，浅红的身躯带着大理石花纹般的深色斑点，色调绝美又奇异；这只大魟鱼有点腐烂了，尾巴下垂，鱼鳍的细骨穿破粗糙的鱼皮……

——《巴黎之胃》（*Le Ventre de Paris*，1973）

昔日巴黎大堂的小工

巴黎大堂的壮丁：一眼就能从他们头上的大盘帽辨识出这些勇猛的搬运工，其中最强壮者甚至可肩负250千克货物。

领航员：负责引领货车穿过错综复杂的迷宫大堂，赚个3块钱。

堆货员：赖以为生的绝活是在摊位上将蔬果堆成惊人的金字塔。

检蛋员：经由总警局宣誓就职的认证人员，工作是每天待在地下室检查鸡蛋的质量，计算鸡蛋的正确数量。

守货员：只要几块钱，他们就可以帮忙看管已卖出的货品，或是堆放在展馆里的货物。

残羹商：游走于餐馆之间，收取残羹剩菜（与洗碗工串通好）再制成粥糊，转卖给生活贫困者。

巴黎之胃，人民的卢浮宫

这座"人民的卢浮宫"让左拉为之着迷，他以博物学家的角度充满热情地描绘其间种种，以文字重现充斥琳琅货品的大堂摊位，犹如一幅栩栩如生的巨型静物画，也是忠实呈现巴黎大堂与周边区域的伟大纪录片。

《巴黎之胃》一书中的主角，是一个从卡宴监狱逃脱的年轻共和党人，藏身在蔬菜运船上辗转返回巴黎。他很快就被聘任为巴黎大堂的稽查员，成为权力与爱情残酷斗争下的赌注，身不由己地陷入既得利益者与资源匮乏者之间的社会阶级对抗。

暗喻第二帝国布尔乔亚阶级贪婪吃相的巴黎大堂，是一座庞大的"金属肚腹"，迷宫般的地窖、展馆与巷弄犹如畸形而巨大的肠道，所有无法被消化的事物最终都会在这里被消磨、发酵，然后驱逐出境。

帕门提耶的
绞肉馅焗烤马铃薯泥

撰文：吉勒·库桑

只要有水煮马铃薯和没吃完的蔬菜炖肉锅，或是一块牛排，就能做出这道碎肉料理，轻松喂饱一家人。
这道超省钱佳肴也可以使用不同的肉类或蔬菜，变换成各种版本的绞肉馅焗烤马铃薯泥（hachis Parmentier）。

不！安东尼·帕门提耶（Antoine Parmentier）并不是马铃薯商人，而是18世纪的营养学家与药剂师。根茎植物在过去很长一段时间里被当成动物饲料，并被指可能导致麻风病。他为马铃薯的营养价值背书，并且大力推广，因此人们以他来命名这道料理。

三项黄金守则

1

选择粉质马铃薯，例如比提杰（bintje）；
或软质马铃薯，例如班巴（bamba）、
阿嘉塔（agata）。

2

抛开超市的汉堡绞肉，
去肉铺才能找到幸福。

3

必须留一手的小秘方：
加一点肉豆蔻在马铃薯泥里。

帕门提耶牛绞肉焗烤马铃薯泥

准备时间：40分钟
烹调时间：50分钟
分量：6人份

材料：

马铃薯泥
比提杰马铃薯1千克、全脂牛奶150毫升
液体鲜奶油100克、加盐黄油50克

肉馅
橄榄油20克、无盐黄油15克 + 10克
胡萝卜1根、洋葱2颗
绞肉500克、面包粉20克

步骤：

- 马铃薯削皮并直切成大块，用大量的水煮30分钟。用刀尖插入马铃薯检查熟度，能轻易拔出表示熟透。用捣泥器将马铃薯压成泥，倒入加热的牛奶与液体鲜奶油，加入切成小块的黄油，用力搅拌至整体浓郁滑腻。
- 利用煮马铃薯的空当，将胡萝卜削皮并切成细丁。放入加了橄榄油与黄油的热锅，以中火翻炒2分钟。洋葱去皮并切成薄片，加入锅中炒2分钟。放入绞肉，以盐和胡椒调味，持续拌炒5分钟后盛出备用。
- 预热烤箱至200℃。在刷上黄油的烤模内铺上绞肉，接着均匀地铺上马铃薯泥，撒上面包粉，进烤箱烤15分钟，直至表面呈金黄色。

帕门提耶绞肉馅焗烤马铃薯泥的三种变化

油封鸭焗烤红薯泥

按照上方食谱，将马铃薯泥换成1千克的红薯泥。将油封鸭腿4只撕成丝，红葱1颗切末。在热平底锅中加入1汤匙的鸭油，翻炒红葱末2分钟直到软化出汁。加入鸭肉丝，以大火持续翻炒5分钟。将鸭肉放入焗烤盘，铺上红薯泥，送入烤箱烘烤。

焗烤三色马铃薯泥

将根芹菜400克削皮后切成丁，放入水中煮15分钟直到变软，沥干后和加盐黄油15克与胡椒一起压成泥，置于一旁备用。将胡萝卜300克与芜菁300克去皮切半，分别放入水中煮15分钟，沥干后各自加入15克的加盐黄油压成泥，置于一旁备用。按照上方食谱准备绞肉馅，铺在烤盘上，再分别覆盖上三种蔬菜泥，送入烤箱。

黑线鳕焗烤卷心菜泥

在汤锅中倒入1升牛奶、1升清水和800克黑线鳕，加热至沸腾后熄火，放置15分钟让鱼肉泡熟，再取出沥干并拆碎鱼肉。用另一个小汤锅加热200毫升的液体鲜奶油（选用乳脂含量较低的）和1束虾夷葱，加入鱼肉搅拌均匀，置于一旁备用。将卷心菜400克洗净切丝，用无盐黄油15克翻炒，盖上锅盖以小火煮10分钟。将鱼肉铺入焗烤盘，铺上卷心菜丝，再铺上马铃薯泥，放入烤箱。

呛鼻的小种子

撰文：玛丽埃勒·高德里

聊到芥末，大多数人都会想到第戎（Dijon）。
其实法国还有许多地区也产芥末，清淡的、呛辣的、传统的、添加调料的。
芥末绝对可算是橱柜里的基本成员，关于它，有好多可以聊的。

芥末树

灌木属十字花科（Brassicaceae），原产于地中海区，长出的果荚称作“角果”，里面包着细小的黄色或黑色种子，其中有三种可以来制成芥末酱。

- **白芥**：花大，种子为淡黄色，味道较为温和。
- **黑芥**：叶子多毛，种子呈红色，成熟后转为黑色，甚辣。
- **褐芥**：植株较大，叶缘为锯齿状，芥籽大又呛。是第戎芥末酱的主要原料。
- 还有一种生长力很强的种类，名为**野芥**（*Sinapis arvensis*），通常被视为有害的杂草。

制作过程

一千克的芥末酱需要至少50万颗芥末籽才能制成。

- 清洗：洗去杂草与寄生虫。
- 浸泡：将芥末籽泡在醋、白酒、盐和数种香料里几小时。
- 研磨：放入石磨中磨碎，注意不能磨到过热，以免影响口感。
- 过筛：筛掉芥末籽表面的保护膜（种皮或糠）。但传统带芥末籽的芥末酱（moutarde à l'ancienne）不会过筛。

保存方法

未开罐前，存放在干燥且不受日照的地方即可。开罐后记得盖好盖子放入冰箱。因为含有醋，开罐后最多可存放18个月。

只有勃艮第产芥末酱吗？

第戎并非唯一产芥末酱的城市，过去在巴黎、波尔多、奥尔良和汉斯等地也有生产，不过人们讲到芥末酱就想到第戎。1382年，当时身为勃艮第公爵的菲利普二世（Philippele Hardi，或称勇敢的菲利普）宣告自己击败佛莱芒（Flamands）时曾说“moult me tarde”*，意思是迫不及待，此后这句话成为第戎的名言。

地利

勃艮第的葡萄树出产了许多可用来制造芥末酱的酒醋。加上这片土地过去木炭与煤炭业盛行，炭灰撒在林间土壤上作为肥料，为芥末树提供了良好的生长环境。

创意

大约在1752年，出身第戎的尚·奈仲（Jean Naigeon）用酸葡萄汁取代醋，改良了芥末酱的口感。这个新配方很快就传了出去。1853年，莫里斯·格雷（Maurice Grey）发明了制造芥末酱的机器，生产能力大增。1931年，雷蒙·萨修（Raymond Sachot）重新接管Moutarde A. Bizouard公司和它旗下的品牌Amora，并推出了第一批装饰玻璃罐芥末酱。

定名

1937年和2000年，政府各颁布了一道法令来规定芥末酱的制作程序，从此，“第戎芥末酱”成为一项专门的产品。

创举

尽管二战后，芥末的生产受到工业和加拿大芥末籽的倾销（市场占有率80%）影响而衰退，20世纪90年代的勃艮第农家还是在当地种起了芥末树。

别碰我的芥末

和全球通用的“第戎芥末酱”制作方法不同，“勃艮第芥末酱”于2009年获得地理保护标志（IGP），意味着芥末籽的种植、原产地命名保护（AOC）的白酒酿制，以及整个制作程序都必须在勃艮第进行。

巴黎v.s第戎

1351年，巴黎率先取得合法制造芥末酱的执照，第戎于1390年跟进，任何违反制造规定的人都会被罚钱。两个城市间的竞争在18世纪达到高峰，处于优势的Bordin和Maille两大家族品牌面临第戎Naigeon家族的创新挑战。19世纪时，第戎的Maurice Grey和巴黎的Bornibus分别以机器革新了芥末酱的生产过程。1845年，老牌Maille为了靠近芥末酱原产地勃艮第，在第戎开了一家分店。1923年起，Maille经过多次并购，最后与Amora一起并入英国与荷兰的跨国公司联合利华（Unilever）旗下。

维克桑芥末酱

维克桑（Vexin）过去未出产过任何芥末籽，直到2009年，艾曼纽·德拉古（Emmanuel Delacour）才在自家农场生产这种黄色酱料。他选择种植古老、产量少但风味十足的芥末，并发展出一套循环农业机制。他把成熟的芥末籽交到瓦兹（Oise），工匠会以石磨研磨芥末籽，并在地窖中熟成4~6个月，再加入各种调味，如苦艾、核桃、威廉斯梨、苹果酒，制成含白酒的传统芥末酱。地址：1, Grande Rue, Gouzangrez（Val-d'Oise）

为何会呛鼻？

这是一种化学反应！芥末籽在浸泡发酵时，会产生一种名为“异硫氰酸烯丙酯”的油脂，就是这个成分辛辣呛鼻。这种成分在一战期间曾被当作化学武器。

从前的从前 有个名叫柏尼布的人

亚历山德·柏尼布（Alexandre Bornibus），香槟人，在成为大型奶制品公司负责人之前是一名小学教师。40岁前夕，他买下了杜瓦永父子（Touaillon & fils）芥末工厂，更名为柏尼布工厂，厂内的机器和制作流程在当时都是最新的。

1869年，《法国小日报》（*Le Petit Journal*）给了他的芥末极高评价：“他将芥末酱变成一种大众化产品，成功地推广到每一个家庭中。”块状芥末就是他发明的！他的名声因各种广告越打越响，就连热爱这种黄色蘸酱的大仲马也十分推崇，甚至在《烹饪大辞典》为它写了一段激昂的文字。柏尼布于1882年逝世，由儿子继承事业。兄弟相继离世后，家族中最后一位掌事是保罗。1931年，工厂由查勒·布柏利（Charles Boubli）接管。1992年，布柏利家的两个女儿又将工厂卖给股东，虽然沿用原名，厂址仍被迫迁出美丽城（Belleville）。今日，我们依旧可以在巴黎看到原工厂的门面（58, boulevard de la Villette）。

同场加映
法式腌黄瓜大解密（第12页）

*这句话简写后就是芥末酱的法语moutarde。——译注

法国生产的芥末酱

阿尔萨斯芥末

芥末籽：白色
质地：顺滑，淡黄色
成分：醋、盐、香料
口感：较温和
老字号：Alélor（1873）

波尔多芥末

芥末籽：黑色、白色
质地：深咖啡色
成分：醋、糖、龙蒿
口感：温和
老字号：Louit（1825）

勃艮第芥末（IGP）

芥末籽：黑色、褐色
质地：顺滑，浅黄色
成分：酸葡萄汁
口感：辣
老字号：Fallot（1840）

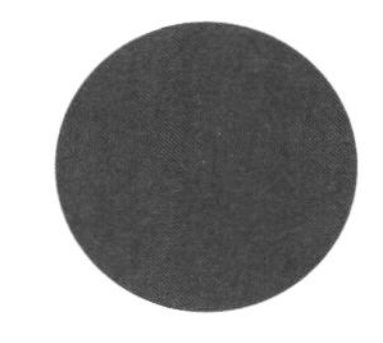

布里夫（Brive）紫芥末

芥末籽：黑色
质地：顺滑，紫色
成分：待发酵黑葡萄浆、醋、香料
口感：温和
老字号：Denoix（1839）

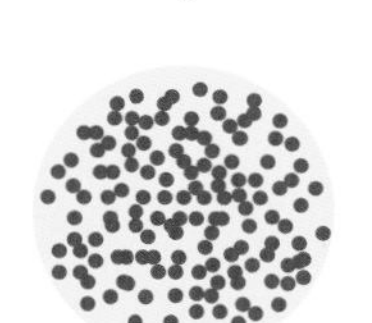

夏胡（Charroux）芥末

芥末籽：褐色
质地：黄色，含芥末籽
成分：酸葡萄汁、圣普尔桑葡萄酒
口感：辛辣
老字号：Huiles et Moutar de Charroux（1989）

第戎芥末

芥末籽：褐色
质地：顺滑，淡黄色
成分：酸葡萄汁
口感：辣、呛辣
老字号：Reinede Dijon（1840）、Amora-Maille（Maille，1747；Amora，1919）

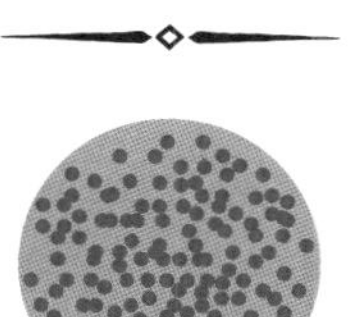

莫城芥末

芥末籽：褐色
质地：灰色，含芥末籽
成分：醋、香料
口感：辛辣、香气浓郁
老字号：Moutardede Meaux® Pommery®（1949）

诺曼底芥末

芥末籽：褐色、白色
质地：顺滑，蜂蜜黄
成分：诺曼底苹果酒醋、盐
口感：辣、香气浓郁
老字号：Rondel（1735）、Bocquet（1855）

奥尔良芥末

芥末籽：褐色
质地：顺滑，亮黄色
成分：奥尔良醋、盐、香料
口感：辣
老字号：Pouret（1797）

皮卡第芥末

芥末籽：褐色
质地：顺滑，正黄色
成分：苹果酒醋、香料
口感：温和
老字号：Champ's（1952）

芥末罐进化史

装芥末酱的罐子形状不一，材质也不同，陶罐、瓷罐和砂罐都有。最早的器皿是以软木塞为盖，覆上一层锡纸后再上蜡印封。芥末罐的功能除了保存酱料，也代表各家品牌商标。随着年份增长，这些罐子也成为收藏家的目标。

1820年前：三角罐，底座宽，圆腹，窄瓶颈。手写标签。

1820—1830年：圆筒罐，圆腹，圆形或尖嘴罐口。手写标签。

1850年前：圆筒罐，微斜肩，罐口较厚。模板打印标签。

1885年前：圆筒罐，斜肩，罐口较薄。模板打印标签。

1920年前：圆筒罐，折肩，印刷标签。

1990年后：包装渐趋花哨，有水桶、水壶甚至水杯形状。

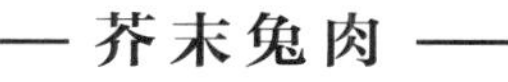

芥末兔肉

准备时间：15分钟
烹调时间：1小时
分量：4人份

材料：
切块兔肉1千克
红葱4颗
黄油30克
葵花油2汤匙
第戎芥末籽酱2汤匙
勃艮第白酒150毫升
鸡汤150毫升（熔解鸡汤块）
液体鲜奶油200毫升
百里香4枝或龙蒿1把
盐、研磨黑胡椒

步骤：
- 在铸铁锅中加热葵花油和黄油，中火煎兔肉5分钟，煎至表面金黄后取出，妥善保鲜。
- 红葱去皮切末，放入锅中翻炒2分钟至焦黄。放入兔肉，加入白酒、鸡汤、芥末酱和百里香（或龙蒿），搅拌均匀后以小火炖煮40分钟。
- 加入液体鲜奶油，搅拌均匀并续煮20分钟。撒上胡椒，视情况加盐调味。汤汁若过于浓稠，可再加点鸡汤。

我发现了！厨房里的重大发明

撰文：尚保罗·布兰拉

提升人类饮食质量的各项发明，有时来自研究员惊人的观察力、推断力和努力，有时却是美丽的巧合。这种出乎意料的巧合，或多或少还是需要一些直觉的。

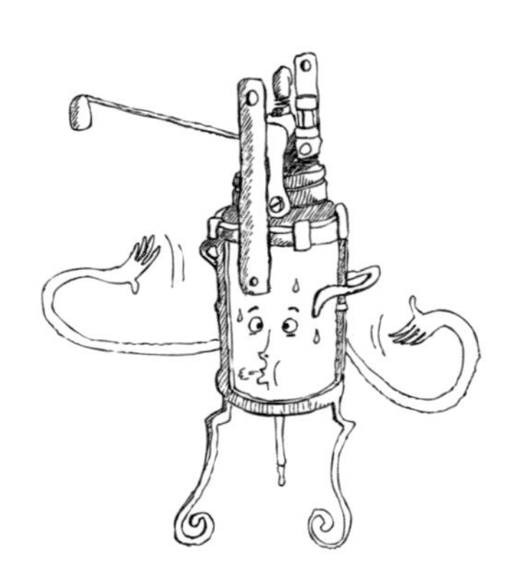

1679

高压蒸锅

丹尼·帕潘（Denis Papin，1647—1712）的众多发明之一，是一种锅壁很厚的生铁锅，配有安全气阀和一个可以用横杆卡紧的压力盖，可以加强蒸煮的效果，缩短烹调的时间。这个锅也就是高压锅的前身。

1795

加热密封法（Appertisation）

尼古拉·阿佩尔（Nicolas Appert，1749—1841）是巴黎的甜点师傅。当时拿破仑祭出赏金，征集适合军队、方便又迅速的食物保存法，阿佩尔便开始研究。他发现把蔬菜装进玻璃罐，然后泡在滚水中一段时间，再把罐子密封起来，食物便不容易变质，也因此发明了将罐装食物加热密封的保存方法。因为放弃专利，阿佩尔去世时一贫如洗。后世为纪念他的成就，便以他的名字为这种食物保存法命名*。

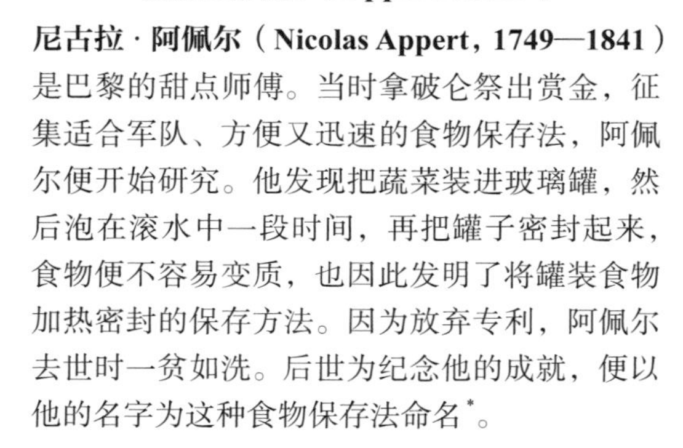

*加热密封法的法语为appertisation，就是以阿佩尔（Appert）为词首造出的词。——译注

1800左右

滴滤式咖啡壶

尚巴蒂斯·德贝洛伊（Jean-Baptiste de Belloy）研发了滴滤法，并且发明了第一个滴滤式咖啡壶。将两个容器上下堆在一起，中间放置磨好的咖啡粉。沸水倒入上方容器后，缓缓浸湿咖啡粉，萃取出的咖啡液体就会滴入下方容器。这种壶的原理不是浸泡，而是浸滤，让水缓慢地通过固体粉末，萃取原汁。

“咖啡因此显得高雅了……”

——巴尔扎克，《论现代兴奋剂》（*Traité de sexcitants modernes*，1838）

1812

甜菜糖

本杰明·杜利瑟（Benjamin Delessert，1773—1847）是植物学家，也是企业家。1801年，他把一家棉纺工厂改成制糖厂。在1806—1807年间，拿破仑封锁欧陆，企图对英国进行经济封锁，却也让法国境内的物资，包括蔗糖，全数短缺。拿破仑只好出资鼓励研发替代的糖类。经过多年努力，杜利瑟的工厂终于成功生产出第一批利用甜菜制成的结晶糖。1812年12月2日，拿破仑到工厂视察，因为太高兴了而将身上的荣誉军团勋章别在这位实业家的胸前，册封他为男爵。

1819

补糖酿酒法

尚安东·查普达（Jean-Antoine Chaptal，1756—1832）是化学家拉瓦节（Lavoisier）的学生。他认为酿酒过程中产生的酸性物质会影响酒的口感和鲜度，应想办法提高酒精度。而最合适的方式就是加入适量的糖，即所谓的“补糖”（chaptalisation）。查普达提出的这个理论改变了酿酒艺术。

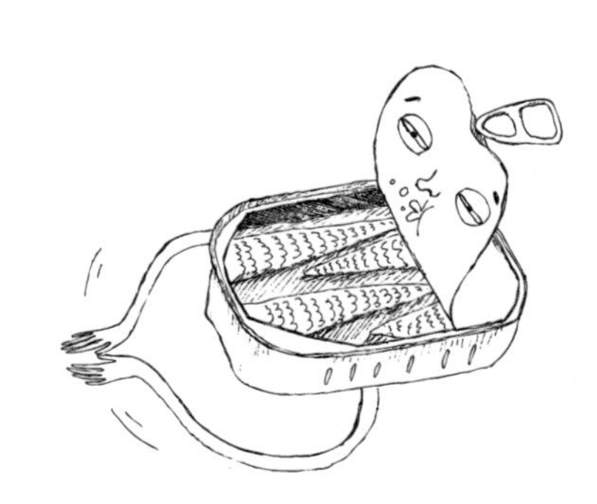

1823

沙丁鱼罐头

约瑟·高兰（Joseph Colin）将沙丁鱼的保存方法从原本的手工业转型为工业。除了把原本的黄油换成植物油，1824年，他在南特的港口工业区设立了布列塔尼第一间罐头工厂。在这之前，他的父亲约瑟就对阿佩尔发明的封存方法颇感兴趣。

1846

铸铁炉

尚巴蒂斯特·高登（Jean-Baptiste Godin，1817—1888），锁匠之子。这项发明来自他在工作室里做出的第一个铸铁炉，成功的要点在于炉灶的材质，生铁的导热能力比金属板更好。1846年，“高登法式炉”开始在埃纳省大量生产，让之后几代厨师创作出更多精彩料理。

1863

巴斯德杀菌法

路易斯·巴斯德（Louis Pasteur，1822—1895）应拿破仑三世的要求，研究葡萄酒病菌。他认为酒的质量和发酵时增生的微生物有关。为了证实自己的论点，他透过加热破坏这些菌类，进而阻止葡萄酒继续发酵（细菌增生）。这就是巴斯德杀菌法。

1890

卡蒙贝尔奶酪盒

欧仁·里戴尔（Eugène Ridel）是一位工程师，他的父亲是木匠，原本在利瓦罗（Livarot）经营一家锯木厂，后来开发出以白杨木片固定的奶酪盒，方便运送，因此打开了卡蒙贝尔奶酪的市场。

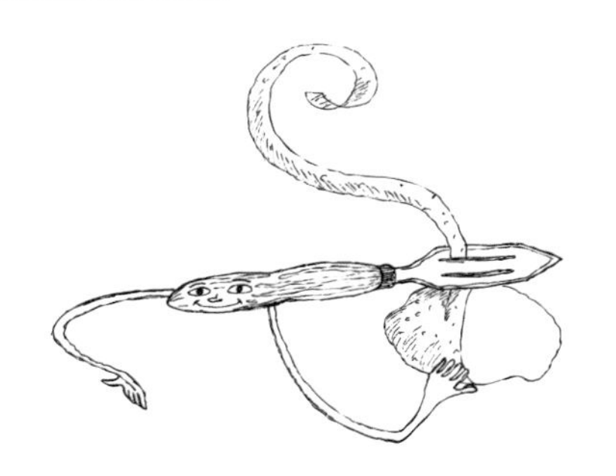

1907

大槽酿制气泡酒

尚欧仁·查尔曼（Jean-Eugène Charmat）是蒙彼利埃（Montpellier）大学的教授。他开创了大槽酿制法，后世称之为查尔曼酿制法。这种酿制法是把在第一阶段发酵后的“沉静的酒”* 留在酒槽中10~15天，进行第二次发酵，跟传统法（即香槟法）将酒放到酒瓶中二次发酵不同。多亏了这个方法，价格较低的气泡酒和苹果酒才能够量产。

* “vintranquille”指的是没有气泡，不会“噗嗞噗嗞”的酒。——译注

1929

握式削皮刀

维克多·普杰（Victor Pouzet）是法国制刀之都蒂耶尔（Thiers）的一名刀匠，他发明的握式削皮刀，刀柄上装了一个折成钝角的不锈钢刀片，中间开了两个刀槽，前端可用来取出蔬果的蒂头或芽眼。因为价格低廉，又能以最节省的方式削掉蔬果外皮，他将这把刀取名为 économe（节省）。它的广告台词是：“为您省下30%的时间和马铃薯。”

1953

高压锅（Cocotte-Minute©）

佛德希克（Frédéric）和亨利·勒斯居（Henri Lescure）的祖父是一名入户服务的镀锡工人。祖父的工作为他们奠定了基础。在这项创新发明中，他们采用一种名为“拉深”（emboutissage）的工业技术，即通过冲压的方式为一块金属塑形。两人因丹尼·帕潘的高压蒸锅萌生了灵感，投入研发高压锅。这项计划是铝合金产业的重要发明，但1954年时却被巴黎家事展拒绝展出，理由是过于先进！

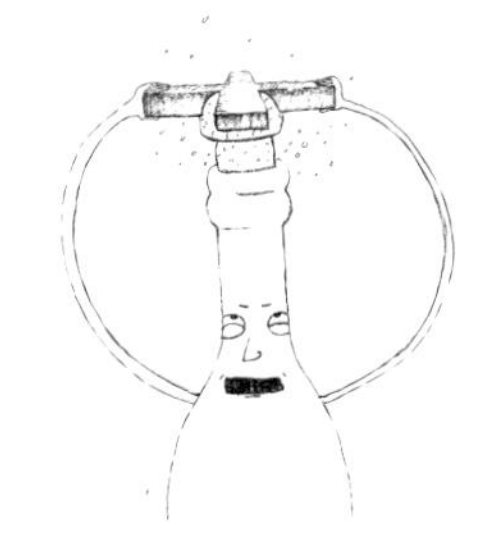

20世纪70年代

真空低温烹调

乔治·普拉鲁斯（Georges Pralus，1940—2014）身为厨师，一直研究如何保存食物的风味。这种方法首先被应用于制作鹅肝酱，之后才扩及蔬菜、肉品和鱼。烹调方式是把食物放在密封且耐高温的塑料袋，浸入定温的热水中隔水加热，数个小时后食物就熟了。这种烹调方式符合食品工业的生产标准，工厂经常用来生产即食食品。

20世纪90年代

生蚝线

伊夫·何诺（Yves Renaut）原本是一位电子技师，后来研究出快速开生蚝的方法。这种方法是把一条不锈钢线嵌入壳里，其中一截留在壳外，饕客们只要轻轻一拉，就能断开连接蚝壳的肌肉，生蚝立见。法国翻案法院在2002年10月2日下达判决，确立了这项（鲜为人知的）发明的由来。

2010

气泡酒开瓶戒（Bagues d'effervescence©）

阿尔多·马菲欧（Aldo Maffeo）是位专业雕塑家，发明了这种方便拔开气泡酒（如香槟）瓶塞的工具。这种工具可以节省开瓶的力气，并减少瓶身摇晃的程度。只要把开瓶戒套到软木塞的凹槽下，轻轻一转，酒瓶里的气压就会将软木塞推出瓶外了。

同场加映

海味珠宝盒：沙丁鱼罐头（第 39 页）

法国鱼子酱

撰文：查尔斯·帕丁·欧古胡

生长于里海和伏尔加河的鲟鱼，一路游到法国海岸，在阿基坦至索隆地区产下珍贵的“黑色黄金”。

味觉应该是五感中**最敏锐**的，但也是一般大众最欠缺的。他们宁愿大啖菊芋，也不肯好好品尝鱼子酱！

——幽默大师，皮耶·狄波吉（Pierre Desproges）

“法国制造”的鱼子酱

品牌：Caviar de Neuvic
网址：caviar-de-neuvic.com
品牌：La Maison nordique
网址：lamaisonnordique.com
品牌：Le caviar Perle noire
网址：caviar-perle-noire.com/fr
品牌：Sturia
网址：sturia.com/gb
品牌：Caviar Perlita（L'Esturgeonnière）
网址：caviarfrance.com
品牌：Caviar House & Prunier
网址：caviarhouse-prunier.de/fr
品牌：Caviar de France
网址：caviardefrance.com

养殖稀世珍宝

长久以来，欧洲鳇、俄罗斯鲟、闪光鲟产的鱼卵都被视为稀世珍宝。我们可以在乌拉河（Oural）和里海找到这三种鲟鱼的踪迹。2008年，野生鲟鱼数量大减，各地全面禁止捕捞。不久后，养殖业兴起，鱼子酱成为天上掉下来的礼物。在2000—2013年间，鱼子酱年产量从原本的500千克增长到160吨。世界各地的养殖场如雨后春笋般涌现，目前法国是世界第二大鱼子酱出产国。

法国，另一个鱼子酱国度

吉伦特河（Gironde）河口曾是鲟鱼在西欧产卵的最后一站，该地区直到20世纪50年代都还在生产鱼子酱。此后不久，许多地区都开始尝试养殖鲟鱼，到了1993年，法国已成为世界第一大养殖鲟鱼鱼子酱生产国。

法国养殖的鲟鱼

欧洲鳇（*Huso huso*）

原生长于多瑙河，是鲟类中体形最大的，身长可达5米。成鱼到15岁时开始产卵，卵很大但非常脆弱。这种鱼子酱的颜色由浅灰至灰黑，鱼卵膜较薄，口感细致滑润如奶油，是顶级的鱼子酱。

西伯利亚鲟（*Acipenser baerii*）

原产于西伯利亚的鱼类，非常适合养殖，是法国养殖量最大的鲟。成鱼7岁即可产卵，卵为深棕色，入口即化，大小适中，味道较清淡，带有淡淡的木质香气。

俄罗斯鲟（*Acipenser gueldenstaedtii*）

野生俄罗斯鲟分布于里海和黑海，体形中等，现为法国养殖数量第二。成鱼8岁后可产卵，颜色由褐黑色到金色，口感较为扎实，带有新鲜坚果风味。

用鱼子酱来形容……

- 大众媒体：“用鱼子酱涂掉”（caviarder）意指把文章中一部分抽掉，由此延伸出“审查内容”的意义。
- 足球运动员：足球场上的鱼子酱指的是绝妙、精准的传球。例如1998年世界杯决赛时，法国队的佩蒂特传到齐达内头上的那个角球，就是个鱼子酱！
- 政客：“左翼鱼子酱”（gauche caviar）指声称自己顺应民意当选，事实上却和民心疏离的政客。

鱼子酱制作步骤

1 **宰杀**

人工剖开鱼肚，取出鱼卵并过秤（占整条鱼重量的10%~15%）。

2 **过筛**

用金属网筛掉杂质。

3 **加盐腌制**

制作过程中最关键的步骤，腌制后就成了我们吃的鱼子酱。

4 **滤干**

滤掉多余水分，确保鱼子酱不会过干或过油。

5 **装填**

把鱼子酱装进传统的蓝盒子，每盒1.8千克。装好后加压排出空气。

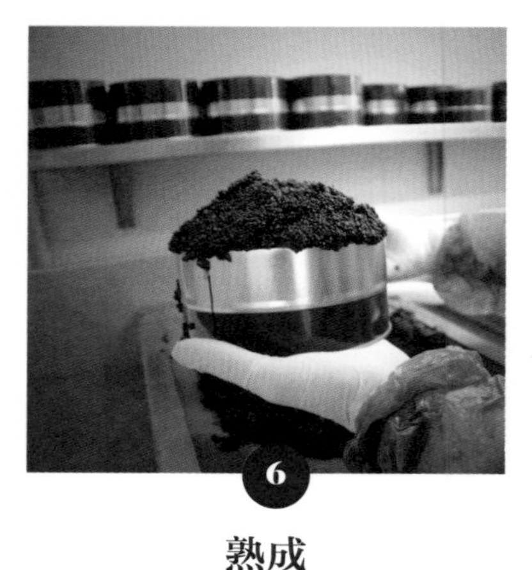

6 **熟成**

鱼子酱的风味就在这个阶段形成。从制作到熟成需等待3个月，确保鱼子酱释出香味即可重新包装。

法国鱼子酱的开创者

先锋：费尔南·候贝·拉拉加尔（Fernand de Robert de Lalagade）

一战后，拉拉加尔认识了几位在欧洲销售苏联鱼子酱的重要人物。1923年，他开办了Caviar Volga和la Maison du caviar两家鱼子酱专门店。

重要地位：将鱼子酱和上流社会与巴黎的奢华生活联结起来。

鱼子酱龙头：佩特仙王朝（Petrossian）

20世纪20年代，梅昆和穆谢格·佩特仙两兄弟从亚美尼亚到法国发展。几年后，他们开了一家食品杂货店，后来佩特仙鱼子酱成为他们的招牌商品。穆谢格的儿子亚孟·佩特仙接管了家族事业。

重要地位：佩特仙家族是第一个把鱼子酱量产并商业化的品牌。佩特仙鱼子酱的包装样式在那时家喻户晓。

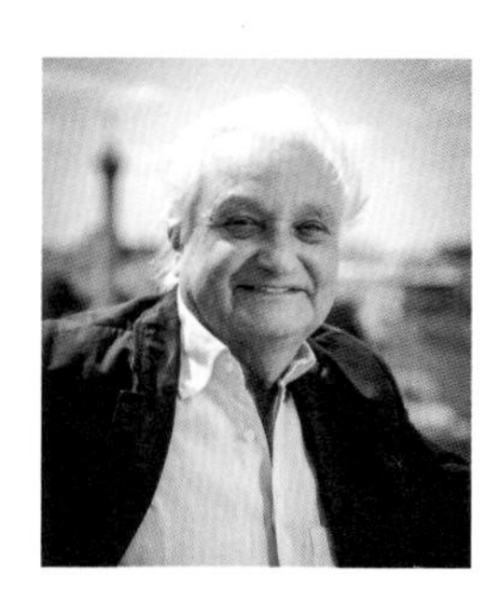

捕鲟人：贾克·内博（Jacques Nebot）

内博从20世纪70年代就在里海捕捞鲟鱼。1981年，他创立了一家进出口公司，1985年，他在巴黎开了第一间餐厅Le Coindu caviar，2001年，他创立经典品牌Maison Kaviari。

重要地位：最先鼓励大厨将鱼子酱放入菜单的人之一。

安娜苏菲*的海钓鲈鱼佐鱼子酱

分量：4人份

材料：

鲈鱼4份（每份100克）
阿基坦鱼子酱80克
无盐黄油15克
茴香球茎1/4颗
红葱末1/2颗
巴黎蘑菇1颗
香槟250毫升
鱼高汤150毫升
液体鲜奶油500毫升
全脂牛奶100毫升
细盐
烘焙纸

鲈鱼

- 在切片的鲈鱼上撒一点盐，放入蒸炉蒸3分钟。取出后静置2分钟，让鱼肉自然熟透。

香槟酱汁

- 用黄油爆香茴香末、红葱末和去梗切碎的巴黎蘑菇。倒入香槟，收汁至原本分量的一半。再倒入鱼高汤加热到沸腾，熬煮到剩下汤汁的一半。最后加入鲜奶油与牛奶，无须再收汁。炖煮15分钟，过筛后加盐调味。如有需要可再加入香槟调整口味。

装盘

- 将鱼子酱均匀铺在烘焙纸上。鲈鱼盛到深盘中，淋上搅打至起泡的香槟酱汁。摆上铺着鱼子酱的烘焙纸，再把纸抽出。最后淋上一点香槟酱汁即完成。

*安娜苏菲·皮克（Anne-Sophie Pic）是贾克·皮克（Jacques Pic）的女儿，La Maison Pic餐厅的三星主厨。食谱摘自安娜苏菲·皮克的《白皮书》（*Livre Blanc*）。

餐饮史上最重要的三道鱼子酱菜肴

乔尔·卢布松的花椰菜泥鱼子酱（1982）：俄罗斯鲟鱼鱼子酱浸在细致的肉酱中，佐上花椰菜泥……卢布松的成名菜肴之一，在他的任何一间餐厅都可看到它的身影。

贾克·皮克的鲈鱼佐鱼子酱（1971）：厚切地中海鲈鱼的鲜甜，与伊朗鱼子酱的咸香的完美结合。为了衬托乌黑的鱼子酱和珍珠白的鱼肉，这位大厨还调配了浓郁的香槟奶油酱，创造了一道传奇菜肴。

亚朗·杜卡斯的勒皮小扁豆佐鱼子酱与烟熏鳗鱼肉冻（2014）：这道闪着古铜色光泽的菜肴是巴黎Plaza Athénée餐厅的招牌菜。搭上淋了生乳的荞麦厚煎饼，既高雅又富有田园风情。

剩余的鱼肉呢？

鲟鱼雪白结实的鱼肉，长久以来都获得很高的评价，今日我们却忽略了它的价值。以下提供两种料理鲟鱼的方法。

- 做成肉酱：鱼肉蒸熟后剁碎，加入新鲜香草和红葱。
- 烟熏后腌制：把熏过的鱼肉装进容器，以橄榄油和新鲜香草腌制。

最佳拍档

- 马铃薯
- 面包和黄油
- 布利尼松饼（blinis）
- 鸡蛋

搭配什么酒？

虽然最常搭配的是伏特加，但葡萄酒也很合适。冒着细致气泡的香槟、夏多内葡萄酒或密斯卡岱（muscadet）白酒，也都是很棒的选择。

为何使用珍珠母贝品尝？

某些金属一碰到鱼子酱就会立即氧化，例如鱼子酱中的甲硫胺酸和胱氨酸会和银制汤匙发生化学反应，形成硫化银，破坏鱼子酱的味道。最好还是使用中性的材质，如珍珠母贝。

同场加映
布塔尔格，地中海的鱼子酱（第148页）

巴黎围城，犹如饥虎扑食

撰文：玛丽阿玛·毕萨里昂

1870年9月19日，巴黎被普鲁士军队围困，10月，整个城市陷入饥荒，全民惊恐。人们吞食了所有的猫、鼠和其他原本避之唯恐不及的肉品，比如6万匹马和狗肉。这座光之城[1]再也亮不起来……

恶魔屠夫

巴黎围城期间，一间英国肉铺的老板德博斯与动植物驯化园的园长圣伊莱干了件无耻勾当。园长先是牺牲园里的斑马和水牛，接着卖出羚羊和袋鼠，卖掉最后几头大象时，他嘱咐对方："要是您来取动物时我还没下班，请您给我写封信，注明您会付给我两头大象的钱，一共27,000法郎，并把信交给管理员布朗戴。"*

到了12月29日，卡斯特在圣伊莱面前倒下，死状惨烈，隔天轮到波鲁克斯[2]。两头大象以天价卖出，成为富人们的圣诞大餐。

*摘自周刊《家的欢愉》（*La joie de la maison*），1994年4月5日。

1. 19世纪时，巴黎街道装上了亮丽的灯饰，羡煞欧洲其他国家。伦敦人因此称巴黎为City of Lights。——译注
2. 大象的名字源自希腊神话中的孪生兄弟，两人为彼此牺牲，后因宙斯的恩典双双重生。——译注

异国风情圣诞大餐

1870年12月25日

冷盘

黄油、樱桃萝卜
驴头镶肉
沙丁鱼

汤

腰豆泥与面包丁
清炖象肉汤

前菜

炸鮈鱼
英式烤骆驼
红酒洋葱烧袋鼠肉
烤熊肋排佐胡椒酱

主菜

母狼腿佐野羊肉酱汁
猫鼠拼盘
水田芥沙拉
羚羊松露酱糜
波尔多酱牛肝菌菇
奶油豌豆

餐后蛋糕

果酱米蛋糕

甜点

格鲁耶尔奶酪

美食评论

昨日，我品尝了一片波鲁克斯的肉。波鲁克斯和他的兄弟卡斯特是两只刚被处死的大象。那片肉又硬又老又油。我建议英国人还是吃牛肉或羊肉就好，别碰象肉了。

——1871年1月6日，《英国日报》（*Daily News*）驻法国记者亨利·杜培拉布谢（Henry Du Pré Labouchère）

吃下肚的不是马肉。也许是狗肉？或是鼠肉？我觉得肚子开始翻腾。我们根本不知道自己吃了什么东西。

——1870年12月30日，雨果（Victor Hugo），《随见录》（*Choses vues*）

炖猫肉虽然偏硬，但整体而言极为出色。狗肋排有点腌制过头。英式马骨髓布丁十分美味。

——1870—1871年，阿道夫·米歇尔（Adolphe Michel），《巴黎围城》（*Lesiège de Paris*）

1871年1月1日，著名餐厅Peter's的主厨皮耶·弗黑斯（Pierre Fraisse）设计了菜单如下：

<u>冷盘</u>：新鲜黄油、橄榄、沙丁鱼、里昂香肠、布洛涅香肠、腌鲔鱼
<u>浓汤</u>：波尔多红酒炖僧帽猴、蔬菜粥、汤泡面包
<u>前菜</u>：烤骡肉佐马铃薯泥、雌鹿腿佐朱森内酱、象里脊佐马德拉酱、驴肉丁佐芜菁、布尔乔亚酱熊腿
<u>主菜（烧烤）</u>：鸡、小鸭、羊腿、孔雀肉冻、时蔬沙拉……

瓶塞的战争

撰文：辜立列蒙·德希尔瓦

软木塞、合成塞或金属旋盖，哪一种好？真是个大学问！

"瓶塞味"从何而来？

味道来自三氯苯甲醚（TCA），这种成分会造成软木内部发霉，破坏葡萄酒的味道，或散发出软木味。这问题95%源于瓶塞本身，但也有可能来自杀虫剂感染的树皮、酒窖内的木头，甚至是空气中的杂质闯的祸。

瓶塞放大镜

为了避免瓶塞污染造成的无谓损失，寻找更具经济效益的原料，部分酿酒厂开始使用其他材料封瓶。

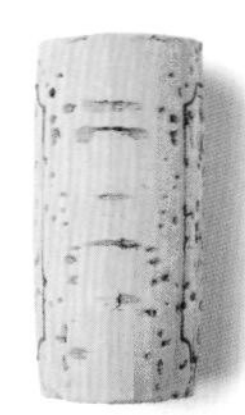

NDtech复合塞

100%纯天然软木制造，逐个筛检，丢弃所有检测到TCA痕迹的产品。
优点：外观与传统软木塞极为相似。
缺点：价格较高。

Diam软木塞

去除软木中的挥发性分子，确保不会产生木塞味。
优点：保持原有的香气。
缺点：缺乏美感，而且发明的时间较短，无法判断对陈年老酒的影响。

合成塞

可以做出和软木塞一样的细孔，也可添加海绵或塑形。
优点：以价格取胜。
缺点：这类制品缺乏美感。

金属旋盖

铝制金属盖加上一层莎隆锡膜（saran）封瓶。
优点：能够保存天然酒香。
缺点：看起来很廉价，开瓶时也没有瓶塞冲出的快感。

玻璃塞

圆柱状的瓶塞与一块密封橡胶垫片。
优点：保存天然酒香，可回收。
缺点：无法长期存放（最多3~4年）。

同场加映

香槟（第194页）

看看这些美味的小扁豆

撰文：艾丝黛拉·贝雅尼（Estérelle Payany）

以扫为了扁豆放弃长子的身份实在不无道理，因为扁豆太好吃了！
但是《圣经》上没有指明是哪一种扁豆，毕竟法国境内种植的种类多到难以抉择。

勒皮小扁豆

主厨的最爱。勒皮地区（Puy-en-Velay）自高卢罗马时期就种植这种扁豆。1996年，勒皮小扁豆成为第一个受到原产地命名保护（AOC）的豆类（2008年改制为AOP）。

外貌：皮薄，青铜色。

明辨真伪：烹煮时不会裂开。

饕客最爱：扁豆炖咸猪肉。

香槟红扁豆

梦幻少女系扁豆。因为得到路易十五的皇后喜爱而闻名，昵称“皇后扁豆”。勒泰勒（Rethel）和特鲁瓦地区都有种植。

外貌：体形小，带着梦幻粉红色。

明辨真伪：特别甜。

饕客最爱：温沙拉。

圣弗鲁尔（Saint-Flour）褐扁豆

最神秘的小扁豆，又称“熔岩高地扁豆”。

外貌：颗粒大。

明辨真伪：慢食农产保护计划（Sentinelle Slow Food），在它消失前尽力救回。

饕客最爱：糖渍扁豆（吃起来像果酱）。

贝利（Berry）绿扁豆

与勒皮小扁豆同种，种植地点不同而已。

外貌：皮薄，青铜色。

明辨真伪：红标认证。

饕客最爱：扁豆浓汤。

欧洲鲟黑扁豆

最抢眼的扁豆，因长得像鱼子酱而得名。

外貌：黑色，煮熟后变灰色。

明辨真伪：认颜色就行了！

饕客最爱：意大利炖饭。

珊瑚扁豆

烹煮时间最短（15分钟），产地主要分布于法国西南部。

外貌：无皮，橘色。

明辨真伪：容易煮烂与粉化。

饕客最爱：扁豆泥、扁豆汤。

锡拉奥（Cilaos）扁豆

18世纪起就有人在留尼汪岛上的火山区种植，品种至少有6种。

外貌：小颗，浅棕色。

明辨真伪：人称“锡拉奥金矿”，口感与价格（1千克约15欧元）一样高贵。

饕客最爱：搭配番茄辣酱（rougail）炖香肠一起享用。

扁豆炖咸猪肉

准备时间： 15分钟
烹调时间： 2小时25分
静置时间： 咸猪肉去盐12小时
分量： 6人份

材料：

半盐猪肉1.5千克
（肩胛肉、猪腱或腿肉）
半盐五花肉200克
勒皮小扁豆300克
洋葱1颗
胡萝卜2根
大蒜1瓣
丁香2粒
综合香草束1束
法式酸奶油2茶匙（可省略）
细盐、研磨胡椒

步骤：

- 购买咸猪肉时，务必确认是否需要脱盐。若有需要，把肉泡在冷水中12小时，其间换两次水。
- 洋葱剥皮切成两半，各插入1粒丁香。胡萝卜削皮切成4块。
- 把肉放进深锅中，加水盖过肉块，再加入一半的胡萝卜、半颗插了丁香的洋葱和带皮的大蒜，煮至沸腾后转小火煮1.5小时。捞出肉块，汤汁备用。
- 扁豆洗净放入另一锅内，加水盖过扁豆，放入香草束、剩下的胡萝卜和洋葱，煮至沸腾后转小火煮20分钟。取出扁豆并沥干。
- 将煮好的猪肉切成小块，与扁豆一起放进深锅，倒入刚刚的煮肉汤。开火煮沸后转小火煮20~25分钟，直到扁豆变软但没有裂开。试试味道，加点胡椒（其实不太需要加盐）。可在上桌前淋上些许法式酸奶油，添加一点丝滑口感。

同场加映
鹰嘴豆，逗不逗？（第56页）

法式血鸭

撰文：瓦伦提娜·屋达

这道菜从首次登场的那天起就广受欢迎，人们的喜爱让它成为法国美食的代表之一。
这道菜来自鲁昂（Rouen），后来由巴黎银塔餐厅（La Tour d'Argent）改良，食谱传遍各地，
至今发展出各种不同版本。

血鸭简史

这一切都得从都克莱鸭（Duclair）说起。这种鸭的名字取自鲁昂附近的小城，20世纪初，农民扛着家禽渡河贩卖，但身上担子过重沉入水中，时不时就有鸭子溺死。死去的鸭子还是得卖，鸭贩便决定将没有出血的鸭子卖给当地餐厅。邮便饭店（l'hôtel de La Poste）的老板丹尼老爹（Père Denise）买下了这些便宜的鸭子，做出一道以鸭血为酱汁基底的菜肴，取名"都克莱乳鸭"。

焦点人物

英国国王爱德华七世的大厨**路易·康弗（Louis Convert）**改良了丹尼老爹的食谱，1900年起在鲁昂的主教座堂餐厅提供这道菜。

后来**米歇尔·盖雷（Michel Guéret）**把这道菜端上扶轮社成员的餐桌，并以当时搭乘的游轮"菲立福尔"（Félix Faure）命名。1986年，他创立鸭农协会，保证鸭肉的产地并保护原创食谱。

1890年，银塔餐厅的主厨**费德里克·德莱尔（Frédéric Delair）**把这道菜介绍给巴黎人，他以鸡汁、马德拉酒、干邑白兰地和骨髓为基底做成另一种酱汁。和鲁昂的食谱不同，银塔餐厅使用夏隆鸭（Challans）做这道菜。

迪耶普饭店*的鲁昂血鸭

准备时间：要一点耐心
烹调时间：17~20分钟
分量：2人份

材料：

鲁昂乳鸭2千克（掐杀，不放血）
伯恩（Beaune）红酒1瓶
小牛肉高汤500毫升
柠檬1/2颗
黄油20克
波特酒1杯
干邑白兰地1杯
红葱末20克
四香料粉1小撮（肉桂、八角、丁香、肉豆蔻）
百里香、月桂、盐、研磨胡椒些许

步骤：

厨房内

- 准备波尔多酱，红葱末、百里香、月桂和红酒加热收汁到剩2/3。淋上小牛肉高汤，撒入四香料粉添加香气，静置1小时，等待高汤自然熟成。
- 去除乳鸭内脏，切碎鸭肝和鸭心，用滤勺过滤。倒入稍早做好的波尔多酱，就完成鲁昂高汤了。
- 将鸭肉串烤17~20分钟。

餐桌上

- 干邑白兰地倒入炒锅中火烧，倒入鲁昂高汤，煮到将近沸腾（90℃）。加入1颗柠檬的汁、波特酒和黄油，用打蛋器搅拌直到形成顺滑的酱汁。
- 将鸭杂涂上芥末后酥炸再火烤，和烤鸭肉串一起放入刷上黄油的盘子。
- 榨取鸭血，倒入加热中的酱汁，以小火熬汁（不可沸腾）。
- 在鸭肉盘淋上酱汁，上桌时以热盘盛装，再放些配菜（一个小的芹菜布丁塔）。

* 本食谱出自米歇尔·盖雷，鲁昂迪耶普饭店主厨。

为鸭子编号

1890年，德莱尔接管银塔餐厅的厨房时，决定按照传统仪式准备这道菜。他在客人面前片鸭，但刀子绝不碰盘！他也延续丹尼老爹的习惯，给鸭子编号。

328号：爱德华七世（1890）
112,125号：小罗斯福总统（1930）
236,970号：费南代尔（1953）
531,147号：米克·杰格（1978）
536,814号：塞吉·甘斯柏（1978）
604,200号：尚保罗·贝尔蒙多（1983）
724,025号：雅克·库斯托（1989）
738,100号：查尔斯·德内（1990）
759,216号：汤姆·克鲁斯和妮可·基德曼（1991）
821,208号：凯瑟琳·丹妮芙（1994）
843,769号：尚皮耶·马里埃尔和尚保罗·贝尔蒙多（1996）
1,079,006号：比尔·盖茨（2009）

在我们写下这一页时，
银塔餐厅烹调了第**1,148,787**只血鸭

鲁昂血鸭五大原则

1. 以掐杀法杀死乳鸭
2. 鸭肉只能三分熟（煮17~20分钟）
3. 鸭翅要取下
4. 榨取鸭骨中的血
5. 酱汁（鲁昂高汤）必须与鸭血混合

同场加映
血的滋味（第274页）

榨鸭机

这台银色机器是一位巴黎珠宝商为这道菜量身定做的，镀银的金属骨架极具设计感，甚至可当作摆设。每个富贵人家、城堡或大餐厅都会有自己的榨鸭机。银塔餐厅那台从1890年用到1911年，它是由著名银器品牌Christofle制造的。

细说法式餐厅分类

撰文：奥萝尔·温琴蒂

在法国，餐厅是一种社会基础建设，不是随便一家店而已。
人们走进餐厅用餐，不只是为了盘中物、杯中酒，
更是为了享受它的气氛和生活的滋味。

餐厅（Restaurant）

当我们停下手边的事务，坐下来吃一点东西或喝一杯时，就是serestaure，意思是“恢复体力、重新修整”。在这一天难得的放松时段，人们不事生产，唯有等待、沉思、交谈和消化。人们也会保留带有“恢复精力”意思的词根，将餐厅简称为restau或resto。

咖啡馆（Café）

咖啡一词源自1600年左右的阿拉伯文qâhwâ，经由土耳其语传到欧洲。而后奥斯曼帝国大使将咖啡带进路易十四的宫廷，此后不久就成为一种流行时尚。贩卖这种饮品的店如雨后春笋般遍布整片土地，人们称这种店为café。咖啡馆是社交的场合、阅读的所在和忿气争论之处。法国的咖啡馆美誉在外，更是法式生活艺术不可或缺的一部分。

小酒馆（Bistrot）

关于这个词的来源有许多奇特的说法。一说是1814年时，一个哥萨克人*走进酒吧，大喊“bystro！”要求服务生尽快上酒菜；另一说是来自普瓦图地区以bistraud称呼酒馆的服务生；还有一个版本是来自bistouilles和bistingos这两个词，分别指“昏暗的酒吧”和“莫名其妙的调酒”。总之，bistrot最早是用来称呼酒吧老板，今日则是指供应平价酒菜的法式小餐馆。迈入2000年后，法国兴起一股将小酒馆与美食结合的潮流，新创词汇bistronomie成为美食评论家的爱用语，意指“简单却有质感的料理”。

* 生活在东欧大草原的游牧民族；bystro为俄语，意思是“快点！”。——编注

酒吧（Bar）

这个词运用了借代修辞法！法语barre原本指用来供给饮料的木制或金属长吧台。以吧台代表整间酒吧，就是以部分代替全体的手法。

啤酒屋（Brasserie）

啤酒屋最早是酿造啤酒的地方。这个词来自高卢语的braces，指一种谷类。人类自19世纪开始喝啤酒（biere），啤酒屋逐渐在人们心中占有一席之地。啤酒屋通常很宽敞，装潢高雅，菜单上保证是法式料理，提供的肉品也相对豪爽。男服务生通常衣装整洁，绝不带酒味。

小酒店（Estaminet）*

在比利时瓦隆区（法语区），stamon这个词的意思是柱子，用来把牛拴在饲料槽附近。而最早的estaminet的确就是好几根柱子撑起来的房间。除了建筑上的特色外，这种小酒店跟酒馆、酒吧一样，都是交际的场所，人们在里面进食、抽烟。19世纪时，小酒店变得更接近咖啡馆，人们会到这里抽烟斗，和抽雪茄、香烟的烟馆（divan）比较起来，后者更布尔乔亚一些。

* 法国北方较常使用这个词。——译注

小吃部（Cambuse）

荷兰语kambuis指的是船上的厨房，从中古低地德语kambuse延伸而来。这两个词都是指简陋的房间，是储藏物品、煮饭或小睡的地方。在法语中，我们可以从18世纪的俚语中找到cambuse这个词，意指看起来不起眼的地方，类似工地的食堂或平价餐馆。这种餐厅不甚讲究，简单而言就是社区内的小吃店，所以要是连店里卖的薯条都有鳕鱼腥味，也就别太意外了。

古风酒馆（Winstub）

想要来点木色装潢、白底红格纹桌巾，和一片香甜的薯饼配苹果酱（grumbeerekiechle）吗？德语winstub本义是“喝酒的”（wein）“房间”（stub），是从17世纪中就存在于阿尔萨斯或摩塞尔（mosellan）地区的小酒馆。今日，人们依旧可以在这里享用当地美食，或大口品尝暖心的苹果酱薯饼。

廉价餐馆（Gargote）

这个地方的饭菜只能用“劣质”来形容，更不能期待有任何服务。总之就是不推荐。事实上，这个词的词源gargoter（沸腾、吃相难看）是从中古法语gargotte（喉咙、嗓子）派生出来的。在这个地方，无论顾客或服务生都态度随便，一切礼仪都抛诸脑后。但也许是因为词尾ote的发音，让这个词听起来还算亲切可爱。

同场加映
酒窖餐馆（第330页）

布洛丘奶酪，乳清的艺术

撰文：费德里克·拉里巴哈克里欧里

没尝过这种柔滑浓郁的口感，就别说你吃过科西嘉的美食。

什么是布洛丘？

➤ 制作凝乳或奶酪剩下的乳清。

➤ 一种用乳清制成的奶酪，特别之处在于使用科西嘉绵羊和/或山羊奶，油脂与香气都更为丰富。

➤ 季节限定产品，放在传统蔺草制成的容器中定型。主要产出时间从11月至隔年6月，适合趁新鲜品尝，但熟成后也不错（例如salitu、passu、seccu[1]）。

布洛丘不是……

➤ 瑞可塔奶酪（ricotta）、布鲁斯羊奶奶酪（brousse）、奥弗涅的荷古艾许奶酪（recuech）、贝亚恩的格尔奶酪（greuil）或巴斯克的桀美候那奶酪（zemerona），尽管它们都是用乳清制成的。

➤ 汝拉省或阿尔卑斯山脉的西哈克奶酪（sérac），这种奶酪混合了乳清、牛奶和醋，再以白酒烟熏制成。

布洛丘有点像……

希腊山羊奶酪（mizithra）和曼努里奶酪（manouri）、马耳他的利古塔（rigouta）、瓦隆地区的马可奶酪（maquée）、罗马尼亚的乌达奶酪（urda）……

如何品尝？

直接吃

➤ **原味或加糖**：涂在栗子煎饼上，加糖、白兰地、咖啡或果酱都很好吃。

➤ **咸味**：加胡椒和橄榄油，可做成冬日暖胃料理波伦达（pulenda）：栗子薄饼配煎蛋、干香肠（figatellu），偶尔也会搭炖羊肉。

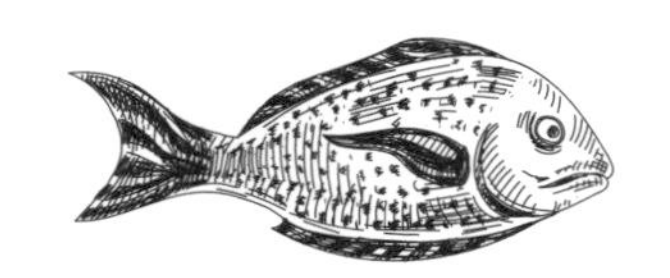

烹煮

经常做成炸饼（fritelli），当作受礼或婚礼等场合的小点心。还有其他各种烹煮方式：

➤ **煮汤**

➤ **菜卷或镶蔬菜**：西葫芦、朝鲜蓟、洋葱或罗马莴苣。

➤ **面食**：在意大利面饺（ravioli）、面卷（cannelloni）、千层面或巴斯蒂亚鱼糕（quenelle）中加入布洛丘奶酪、莙荙菜和薄荷（或马郁兰）。

➤ **欧姆蛋和舒芙蕾**

➤ **鱼料理**：沙丁鱼、鳟鱼、赤鲉（填入大蒜、罗勒和薄荷）、黄油烤鳕鱼。

➤ **作为内馅**：盐派、咸修颂[2]（胡椒、南瓜、莙荙菜或洋葱）。

➤ **甜点**：贝奈特饼、科西嘉布里欧修（panetta）、甜修颂、小甜塔、菲雅多那蛋糕（fiadone）、布丁，还有近年流行的冰激凌。

观光饕客注意

千万别错过！整个岛从北到南，添加柑橘类水果皮丝，淋上白兰地的布洛丘奶酪各展风姿，媲美一场精彩的四重奏。

北部，**菲雅多那蛋糕（fiadone）**：没有饼干底的科西嘉奶酪蛋糕。

中部，**法古蕾利饼（falculelli）**：放在栗叶上烤的薄饼。

西部，**云布恰堤（imbrucciati）**：边缘翘起的小甜塔。

南部，**可丘利饼（Cocciuli）/夏奇饼（Sciacci）**：酥炸或火烤的圆馅饼。

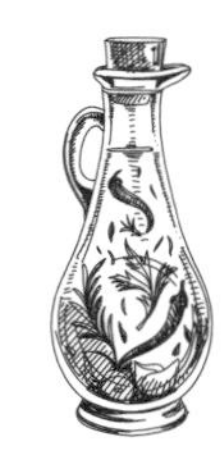

1. 这几个词是科西嘉方言，意指熟成、变咸或变硬的奶酪。——编注
2. Chausson，法语是室内拖鞋，这种酥皮馅饼的外观跟室内拖鞋很像，因而得名。——编注

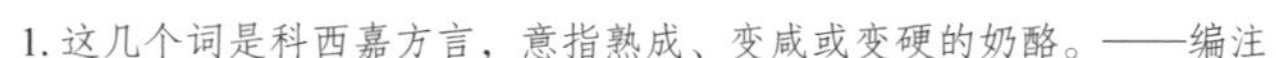

索莉耶奶奶*的菲雅多那蛋糕

这份食谱需要使用机器搅拌，不算传统，但仍旧广受欢迎。

准备时间：15分钟
烘焙时间：30分钟
分量：8人份

材料：

布洛丘奶酪500克
全蛋5颗
糖200克（20克抹在烤模上）
白兰地1汤匙
未经化学或加工处理的柠檬皮丝1颗

步骤：

- 烤箱火力转到最大。在深底蛋糕模（高20~25厘米）内部抹一层黄油，撒上一层砂糖。用电动搅拌棒把奶酪、蛋、剩下的糖、柠檬皮丝和白兰地拌匀，全部倒入烤模中。
- 将烤箱降温至180℃，烤30分钟，直到蛋糕表面呈现深咖啡色。插入刀尖测试蛋糕是否烤熟，刀面没有粘连即可。如果表面已上色，蛋糕却还没有熟，盖上一层铝箔纸继续烤。
- 蛋糕放凉后，撒上一汤匙砂糖再放入冰箱冷藏。这样可以保持蛋糕湿润，口感更好！

*作者法兰索瓦芮吉·高帝住在巴斯蒂亚的奶奶。

索莉耶奶奶的布洛丘朝鲜蓟

准备时间： 50~60分钟
烹调时间： 45分钟
分量： 3人份

材料：
中型朝鲜蓟6颗
布洛丘奶酪大约125克
欧芹1/2束
干贝莎草（Persa，巴斯蒂亚马郁兰）或几片新鲜薄荷叶
大蒜1颗
鸡蛋1颗
盐、胡椒
葵花油或橄榄油
面粉

酱汁
欧芹1/2束大
蒜1颗
洋葱2颗
浓缩番茄糊2汤匙
白酒或红酒1~2杯
盐、胡椒

步骤：

- 把布洛丘奶酪、大蒜、切碎的欧芹、一大撮贝莎草或几片剪碎的薄荷叶拌匀。加入盐、胡椒和鸡蛋，再次混匀。
- 切掉朝鲜蓟的梗，留4~5厘米即可，把外面的叶子拔掉，剩下里面最嫩的部分。从中间横切朝鲜蓟，滴一些柠檬汁避免变黑。把朝鲜蓟捧在手中，小心地用拇指从中心剥开成花形，除去茸毛。
- 用叉子填入刚才做好的馅料，填好填满，尽量将馅料压紧黏着在朝鲜蓟上，避免待会儿烹调时散出。外部裹满面粉，完全覆盖馅料。
- 油锅加热之后转小火，将朝鲜蓟头朝下一一放入锅中。待馅料呈金黄色后，看情况持续旋转朝鲜蓟，把蔬菜表皮也煎成均匀的金黄色。
- 在高压锅中倒入橄榄油，翻炒切碎的洋葱、大蒜和欧芹。倒入番茄糊和白酒，撒些盐和胡椒，小火炖煮一下。若汤汁太少可加一杯水。
- 将朝鲜蓟直立放入高压锅，小心内馅不要掉出来。盖上高压锅的盖子，气阀开始旋转后转小火煮20分钟。煮好后用刀子检查，可轻易插入朝鲜蓟梗就代表煮好了。若家里没高压锅，可用一般的锅加盖炖煮，煮久一点，并适时加水。

同场加映
奶酪之岛（第135页）

盘点低俗料理

撰文：赛巴斯汀·皮耶维（Sébastien Pieve）

以下五道料理都锁定了皮带下方部位，
有的来自工匠间的低级笑话，有的则有历史渊源……

小屁屁奶酪（Trouducru[1]）

这款来自勃艮第科尔多省的浸洗奶酪是1980年由贝尔多（Berthaut）奶酪公司研发，与艾帕瓦丝奶酪（époisses）是近亲，外皮橘红，内心柔软，添加了勃艮第渣酿烈酒，通常是圆盘状。

尝一尝？不像乡村奶酪，也不像生乳奶酪，味道见仁见智……

小弟弟泡芙（Pine[2]）

来自夏朗德省巴尔贝齐厄（Barbézieux）的传统糕点，因形状而得名。这种泡芙通常做成原味或加入鲜奶油内馅。原本是以烫面面团制作，口感较硬，后来就做成泡芙。每到春天时，当地人都会制作这种点心。

尝一尝？最好可以跟它的女性版cornuelle一起品尝。这种三角形酥饼与它，真是绝配啊！

姑姑捏糖（Coucougnette[3]）

这种椭圆形的糖是波城（Pau）特产，研发者法兰西丝·蜜欧（Francis Mio）最初是为了纪念生于这座城市的“风流国王”亨利四世而做。这种糖以杏仁为核心，裹上巧克力、杏仁膏和一点点姜，特殊的粉红色是泡覆盆子汁染色而成。

尝一尝？当然还要搭配同品牌的另一款糖果“玛歌皇后的乳头”一起食用。

贼贼饼干（Zézette[4]）

这种香草口味奶油酥饼的主要材料是面粉和白酒，外观长条状。最初由加斯东·本塔塔（Gaston Bentata）从祖国阿尔及利亚带到塞特（Sète）。

尝一尝？蘸着咖啡吃。

爱的苦涩（Tourment d'amour）

这种夹椰子内馅的圆形蛋糕，原产桑特群岛（Saintes），是当地妇女在丈夫出海回来时准备的慰劳品。

尝一尝？边吃边听法兰基·文森（Francky Vincent）的“爱的苦涩是种蛋糕，请到桑特岛寻找，亲爱的，有我的爱情的苦涩，你就能怀上一个宝”，多么浪漫啊……

同场加映
热水烫一下，就变成……脆饼！（第301页）

1. 音似 troudcul（屁眼）。——译注
2. 法国人戏称男性性器官时也用这个字。——译注
3. 睾丸的昵称。——译注
4. 指女性阴道。——译注

旅行途中的美食

撰文：吉勒·库桑

湿软的三明治、掺水的咖啡、干柴似的鱼肉，这些“移动餐厅”的食物通常不是旅行时最美好的回忆。要在众多限制下料理美食也不是一件容易的事。先简单了解移动餐厅的发展概况，再享受一道移动中的主厨料理吧！

水上餐厅

邮轮（packet-boat）原本是用来运送邮件包裹的船，其英语packet正是从法语paquet演变而来。19世纪末，豪华客轮风靡一时，开启了海上美食的大门。原本在饭店里的大厨开始掌管这些漂浮的厨房。在这些厨房里，每天有1,000名员工在为3,000张嘴料理三餐。

船舱里储藏了大量的粮食。下列是1972年一艘绕行法国的客轮订货清单：面粉44吨、新鲜和冷冻肉品150吨、香槟12,000瓶、葡萄酒8,000瓶、干邑白兰地1,600瓶……

“玛莉皇后号”邮轮（Queen Mary，1936年初航）的豪华餐厅每晚都会提供最流行的美食，比如华尔道夫沙拉或乌龟汤，都是客轮上的经典料理。

空中餐厅

远程航线开航之初，一次飞行要停下来数次添加燃料，乘客也习惯回到陆地上用餐。当时飞机上只贩卖空服员制作的三明治。后来随着机舱条件改善，美食也开始登上飞机。

商务舱菜单

大型航空公司通常会聘请媒体曝光率高的大厨，设计符合飞行限制的高级菜单。比如“协和号”最新的菜单就是由亚朗·杜卡斯设计的。菜单上的选择很多，前菜有布列塔尼龙虾切片或朗德油封鸭，主菜为小牛菲力或石板烤海钓鲈鱼，另外还有两种甜点可以选。19位澳门航空食品公司（Servair）的厨师和糕点师傅，以及30位航空厨师协会的厨师，会在飞机起飞前往纽约前几个小时把餐点准备好。

陆上的移动餐厅

野餐

1841年，第一辆自斯特拉斯堡到瑞士巴塞尔的长途火车启程，当然不能忽略了餐车的必要性。列车上的餐点要在不打扰任何人的情况下为乘客止饥，不能有油烟味，也不能弄脏车厢。“旭日和水煮蛋，是铁路乘客们的最佳伴侣。”——普鲁斯特，《追忆逝水年华：在少女花影下》（*À l'ombre des jeunes fi lles en fl eurs*，1919）

餐车

设置餐车是为了减少列车中途停站的次数，以此缩短行驶的时间。餐车上通常提供可以当场加热或料理的餐盒。1866年冬天，一辆列车从加来出发，在巴黎暂停后直达阳光普照的蔚蓝海岸，列车头等舱的餐盒就是由蓝火车餐厅（Train Bleu）提供的奥地利大公酱*鸡肉。

* Saucearchiduc，加了干邑白兰地的蘑菇酱。——译注

叫卖的小贩

铁路公司意识到，抓住乘客的胃才能抓住他们的心，便从19世纪起在列车上推车贩卖饮料和轻食，这种形式到了20世纪又进步了。

华尔道夫沙拉

出自纽约华尔道夫饭店大厨奥斯卡·奇尔基（Oscar tschirky）之手，最早的版本没有添加核桃。这份食谱后来闻名全球，甚至进了奥古斯特·埃斯科菲耶的厨房，也端上了各大皇宫和豪华客轮的餐桌。

准备时间：25分钟
分量：4人份

材料：
根芹菜1/2颗
小皇后苹果（reinette）2颗
柠檬1/2颗
新鲜核桃仁12个
清爽奶酪美乃滋3汤匙

步骤：
削去根芹菜和苹果的皮，切成边长半厘米左右的小块状。立刻滴柠檬汁，避免芹菜和苹果氧化变黑。放入沙拉盆中，加入压碎的核桃仁，倒入美乃滋拌匀即完成。

难以抗拒的核桃蛋糕

撰文：戴乐芬·勒费佛

这份食谱出自我们的好友克莉斯提安·玛朵黑（Christiane Martorell）。绵软的质地和浓郁的核桃味，包你一试成瘾。

准备时间：20分钟
烘焙时间：30分钟
分量：6人份

材料：
核桃仁150克（外加几个装饰用）
糖粉220克
蛋白6颗
面粉80克
蜂蜜2汤匙
半盐黄油160克

步骤：
- 用调理棒将核桃打成粉状，与糖粉混合，倒入沙拉盆，用打蛋器与蛋白一起打匀。
- 加入面粉拌匀，再倒入蜂蜜和微温的熔化黄油拌匀。
- 把面糊倒入直径25厘米的圆形烤模，烤模记得先涂上黄油、撒上面粉以防粘连。表面放上几颗核桃仁，送入预热至160℃的烤箱烤30分钟。蛋糕取出放凉即可享用。

法国核桃和榛果

佩里格（Périgord）核桃

这个认证名称之下包含了4个核桃品种：Corne、Marbot、Grandjean和Franquette。
认证：AOC和AOP
用法：新鲜、干燥、核桃仁、酿酒、制油

格勒诺勃（Grenoble）核桃

这种核桃的外壳呈金黄色，是最广为人所知的核桃。1938年获得原产地命名认证（AOC），是最早获得这项认证的水果之一。
认证：AOC和AOP
用法：新鲜、干燥、核桃仁、酿酒、制油

色维宏（Cervione）榛果

上科西嘉省生产的唯一一种榛果，名为“谷塔的丰饶”（fertile de Coutard）。和意大利、土耳其比起来，色维宏榛果的产量完全不够看，但岛屿上的微风让这种榛果自然风干，风味独特。
认证：IGP/用途：新鲜、制油、抹酱

同场加映
栗子，栗子（第214页）

你有听过 OIV 吗？

撰文：布鲁诺·富利尼（Bruno Fuligni）

国际葡萄与葡萄酒组织（OIV）的总部位于巴黎，
是一个小型无国界组织，
主要任务是协调各成员国之间的葡萄和葡萄酒贸易。

地址

位于巴黎第十八区，离总统官邸爱丽舍宫不远。（18, rue d'Aguesseau, Paris 18e）

地位

不属于联合国，是一个成立已久的“政府间国际组织”，前身为国际葡萄酒协会，1924年起改为现在的名字，也就是政治家白里安（Aristide Briand）活跃时期以及国际联盟（SDN）成立之时。当时人们带着“日内瓦精神”，乐观地认为通过外交协商可以解决所有冲突。

会员

该组织共有46个会员，包括南非、阿尔及利亚、德国、阿根廷、亚美尼亚、澳大利亚、奥地利、阿塞拜疆、比利时、波斯尼亚、巴西、保加利亚、智利、塞浦路斯、克罗地亚、西班牙、法国、格鲁吉亚、希腊、匈牙利、印度、以色列、意大利、黎巴嫩、卢森堡、马其顿、马耳他、摩洛哥、墨西哥、摩尔多瓦、黑山、挪威、新西兰、荷兰、秘鲁、葡萄牙、罗马尼亚、俄罗斯、塞尔维亚、斯洛伐克、斯洛维尼亚、瑞典、瑞士、捷克、土耳其和乌拉圭。
中国不在会员之列，但烟台市和宁夏回族自治区具有观察员的身份。

旗帜

一串6颗葡萄，其中一个代表地球，可见该组织的野心。

组织任务

☞20世纪20年代，美国执行禁酒令期间，其任务为推广葡萄酒并维持葡萄酒销售量。

☞每年颁发一次图书奖，同时也参与许多文化活动。

☞相较于石油输出国组织的做法，OIV没有设定任何产量目标，也不是一种企业联盟。它的任务是以质取胜，制定国际酿酒标准并公告相关数据。

☞OIV关心的不只是葡萄酒，还有其他葡萄制品，如葡萄干和葡萄汁。这也是为什么某些没有酿制葡萄酒传统的国家也占有席位的原因。OIV的会员占全世界国家和地区的1/4，葡萄产量占85%。除了目前的会员外，还有其他国家也可能加入，比如每人平均喝酒量最多的梵蒂冈。

同场加映
法式美食偏执狂（第126页）

你吃草莓了吗？

撰文：亚维娜·蕾杜乔韩森

法国每个家庭平均一年吃掉2.8千克的草莓，它是法国人最爱的水果。这位穿着红色洋装的"美莓"会在每年3月到11月撩拨大人、小孩的味蕾。

身份证

名字：草莓
属：草莓属（Fragaria）
科：蔷薇科（Rosaceae）
简介：草莓自希腊罗马时代起已闻名欧洲，罗马人除了吃它，还把它做成面膜！14世纪的欧洲人在自家花园种草莓，3个世纪后，法国植物学家、航海家弗雷纪耶（Amédée-François Frézier）从智利带回果实硕大的白草莓，但问题是这种草莓无法结果。直到另一位植物学家杜切斯（Antoine Nicolas Duchesne）出手相救，他发现只要种在维吉尼亚草莓（*Fragaria virginiana*）附近，智利草莓（*Fragaria chiloensis*）就能产出果实……于是首次"自然"授粉的草莓诞生了，也就是我们现在最常吃的草莓（*Fragaria × ananassa*）的祖先。今日在法国可以找到135种不同的草莓品种（品种目录记载），其中数十种占市场总量的90%。有些草莓一年可以收成多次，直到11月都还吃得到。

IGP和AOC标志

佩里格（Périgord）草莓：2004年成为第一个获得IGP认证的欧洲草莓，在这名称下有以下几个品种，盖瑞格特、喜哈斐（Cirafi）、达塞莱克特、克莱瑞（Cléry）、朵娜（Donna）、康蒂斯（Candiss）、马拉野草莓和夏洛特，在多尔多涅省的32个区和洛特省的9个地区种植。

尼姆（Nîmes）草莓：2013年起获得IGP，尼姆丘上28个区都生产这种草莓。拥有标志的品种是盖瑞格特和希福罗特（Ciflorette）。

洛特加龙（Lot-et-Garonne）红标草莓：产于阿让（Agen）附近区域的草莓，2009年获红标认证，共有三个品种：盖瑞格特、希福罗特和夏洛特。

普卢加斯泰勒（Plougastel）草莓：没有任何认证与标志，生产盖瑞格特、塞荷粉（Séraphin）和苏皮斯（Surprise）三个品种，主要由Saveol集团在菲尼斯泰尔省种植。

你知道吗？

我们吃的其实不是草莓的果实，而是它的花托膨大变成的"假果"，真正的果实其实是花托表面那些小颗粒，称作"瘦果"。

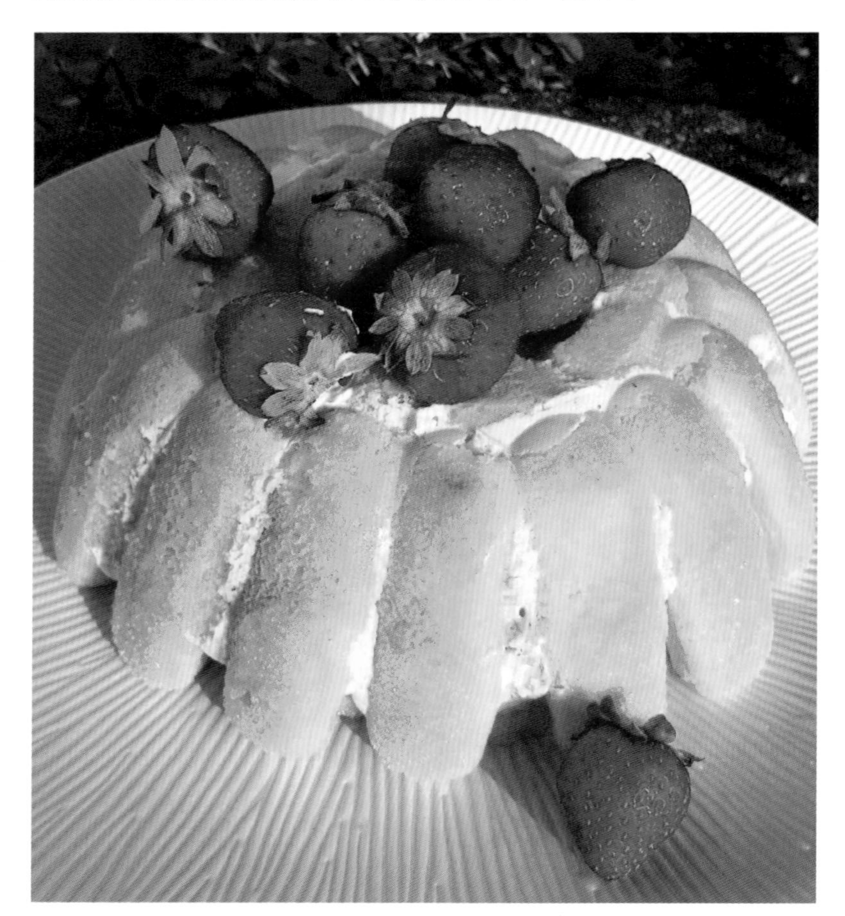

嘉莉塔的速成草莓夏洛特

这是我妈妈的食谱，非常美味，我吃了27年都吃不腻！

分量：8人份
准备时间：15分钟
冷藏时间：4小时

材料：
手指饼干30根
香草糖1汤匙
草莓500克（选择较甜的品种，例如马拉野草莓或夏洛特），其中100克用来装饰
白奶酪400克
全脂液体鲜奶油1汤匙
细砂糖
草莓糖浆
几滴朗姆酒（非必要）
夏洛特蛋糕模，或沙拉盆和盘子

步骤：
- 草莓过水冲洗一下，处理400克的草莓，每颗切成4块，备用。
- 把手指饼干泡在加水稀释的糖浆里，也可加入几滴朗姆酒，然后摆放到模具中。
- 在另一个碗里倒入白奶酪、鲜奶油和香草糖。按喜好添加砂糖（记得草莓和手指饼干都是甜的），再加入切好的草莓，混合后倒入模具直到半满，放上一层手指饼干，再倒入剩下的香草奶酪。放到冰箱冷藏至少4小时。
- 最后拆开模具，用整颗草莓装饰。

马莉咏内苗圃

马莉咏内（Marionnet）家族自1891年起就在索隆地区种植各种红莓和黑莓（草莓、覆盆子、黑莓、小红莓），并致力于培育更耐撞（方便运输）、味道更甜的品种，比如马莉咏内爷爷1991年培育出的马拉野草莓。草莓苗圃共2,800平方米，目前这份家族事业由父亲贾克和第三代的传人帕斯卡共同经营。

自制草莓糖浆

准备时间：10分钟

材料：
草莓250克
糖250克
水200毫升

步骤：
在深锅中将水和糖煮沸，加入切半的草莓，持续滚煮十几分钟，最后放凉。

法国草莓产地分布

年产量为**50,000**吨

❶阿基坦大区：52%（主要集中在洛特加龙省，占法国全国22%）
❷罗讷河-阿尔卑斯大区：18%
❸卢瓦尔河大区：10%
❹普罗旺斯大区：9%
❺南部-比利牛斯大区：8%
❻布列塔尼大区：3%

盘点草莓品种

卡普隆CARPON

较古老的品种，15世纪至19世纪种植于凡尔赛的皇家果园。

外观：比野莓大，椭圆，颜色略橘。

味道：果肉呈白、黄色，有麝香味。

产季：5~6月

用途：直接吃可尝到麝香味，叶子利尿。

夏洛特CHROLOTTE

2004年由草莓研究实验中心（CIREF）培育出的品种。

外观：心形，大红色，闪闪发亮。

味道：果肉软嫩多汁，味甜如野莓。

产季：4~11月

用途：直接吃、做沙拉、做糕点

希福罗特CIFLORETTE

1998年由CIREF培育出的品种。

外观：蛋形，橘色至深红色。

味道：果肉软嫩多汁，极甜。

产季：3~6月

用途：做果酱或果泥

达塞莱克特DARSELECT

1996年由达博恩苗园（Darbonne）培育成功。

外观：圆状，呈浅红色。

味道：多汁，果肉紧实，味甜。

产季：4~6月

用途：直接吃、做沙拉、做糕点

盖瑞格特GARIGUETTE

法国销售量最高的品种，由国家农业研究院一名女研究员培育而成。它的名字来自夏多纳德卡达涅的一条小路，是培育小组中一名男研究员居住的地方。

外观：瘦长，花托与花梗较长，闪亮的朱红色。

味道：酸甜

产季：3~6月中，最早收成的品种。

用途：做果酱或果泥

马格南MAGNUM

马莉咏内苗圃最新品种，每颗重20~25克。

外观：圆锥形，偏大红色，亮皮。

味道：果肉较紧实，香气浓郁、味甜美。

产季：5~7月

用途：直接吃、做沙拉、做糕点

马尼尔MANILLE

马莉咏内苗圃2005年培育出的品种。

外观：不大不小，深红色，亮皮。

味道：果肉紧实，味道很特殊，非常甜。

产季：5~6月

用途：做果酱或果泥

马拉野草莓MARADESBOIS

野莓与其他原生种配种而成，味道近似野莓。1991年上市，是法国产量最多的品种之一。它的名字来自培育者马莉咏内苗圃。

外观：圆锥状，整体亮红色。

味道：多汁，味道偏甜，甚至可以说是非常甜。

产季：5月至霜降

用途：直接吃、做沙拉、做糕点

玛丽格特MARIGUETE

盖瑞格特和马拉野草莓配种而成，也是马莉咏内的培育成果。

外观：体形大，偏瘦长，亮橘红色。

味道：果肉紧实偏脆，味甜，稍微带有野莓的味道。

产季：5月至霜降

用途：直接吃、做沙拉、做糕点

别忘了还有……

牧朵夫人MADA MEMOUTOT

原本是爷爷奶奶花园中最常见的品种，但现在几乎消失了。这种草莓体形不小，偏圆。

阿尔卑斯白莓ALPINE BLANCHE

阿尔卑斯山上的野莓，果实呈乳白色，椭圆形，带麝香味。

市场惊喜SURPRISE DES HALLES

1925年培育出的品种，体形较圆，粉色的果肉，味道甜中带酸。

杏桃草莓FRAISE ABRICOT

古老品种，果肉酸，看起来像小白蘑菇。

什么是四季草莓？

四季草莓指一年内可采收多次的草莓。春天结果一次，接着在霜降前还可以收数次。

同场加映

糖浆的各种滋味（第65页）

曾经的黑心食品与垃圾食物

撰文：布鲁诺·富利尼

“黑心食品”这个词虽然还算新，但那些变了质、掺了杂物的食物可一点也不鲜。
从19世纪起，这种食物就在城市里大肆泛滥，警察也不得不介入。

毒蘑菇

经过多起中毒事件，巴黎警察局自1809年起制定相关办法，严格管控蘑菇市场。工业革命期间，时有贫困家庭因此葬送健康。

臭酸鲭鱼和宠物肉

奥尔良王朝期间（1830—1848），警察局长亨利·吉斯格曾描述一家位于蒙福孔（Montfaucon）的黑工厂，就像个建在地面上的下水道：“我看到一个很大的厂房，墙上挂满剥了皮并尽可能清理干净的各种生肉，像是狗、猫、刚从被打死的母马身体里拉出的小马、割掉腐烂的部分后剩下的大块马肉。”这些肉会被切成块，以兔肉或烂掉的鹿肉名义卖出。

石膏面包

巴黎市警局到1876年才组成法国中央警察局实验室，自此消费者能够要求检查食品成分。尽管如此，还是吓阻不了不肖业者。警察局探员格宏费耶的报告中就记录了巴黎底层市民的状况，他们买到用涂着含铅涂料的回收木头烤出来的、掺了石膏或白垩的面包。

没有黑醋栗的黑醋栗冻

格宏费耶探员的记录里也提到：“几年前，著名的化学药剂师史丹利斯拉斯·马汀就在巴黎发现好几家店里的产品中根本没有水果。”这些“果”冻的成分是果胶（一种从植物中提炼出来的胶质），以甜菜根汁染色，用覆盆子添味，再加入吉利丁凝固。

石油蛋糕

以下内容摘自1885年7月10日的部长通告：“局长先生，经提醒，某些点心店使用凡士林、石蜡或石油凝胶等重油萃取物替代黄油或其他油脂。负责检测添加凡士林的食品是否有害健康的法国公共卫生咨询委员会指出，该物质不易酸败，尽管糕点中含有变质的面粉与蛋，消费者也无法在第一时间通过气味判断过期与否，唯有品尝后才能得知。”

同场加映
巴黎围城，犹如饥虎扑食（第256页）

时髦的马铃薯片

撰文：法兰索瓦芮吉·高帝

谁说马铃薯片永远只能当作打发时间的零嘴？
它们也可以在伟大厨师的餐盘上创造奇迹，以下介绍三道食谱以资证明。

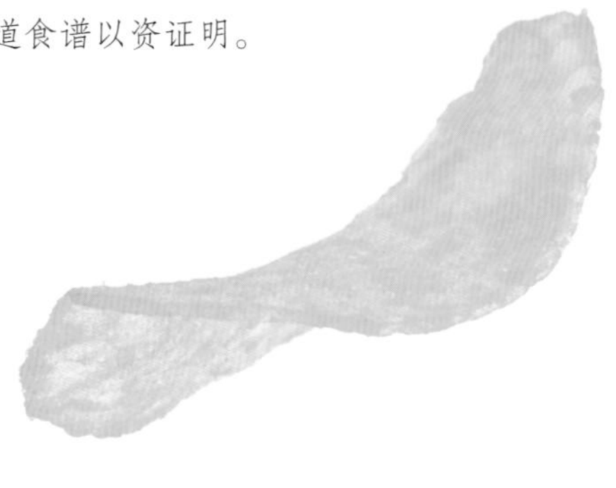

马铃薯片奶酥

- 中筋或低筋面粉50克、软化黄油50克（不要熔化）和马铃薯片250克放入沙拉盆里搅拌均匀，用手指压碎，铺在垫了烘焙纸的烤盘上。
- 烤箱预热至180℃，烤10分钟（可视情况烤久一点），烤出来的奶酥酥脆金黄。
- 将奶酥捣碎、放凉，可撒在煎过的蔬菜、番茄泥或费赛尔奶酪（faisselle）上。

口感：香酥可口！

*由贝阿提丝·冈萨雷斯（Beatriz Gonzalez）提供，地址：Neva Cuisine, Paris8e、Coretta, Paris17。

马铃薯片欧姆蛋

- 以下为4人份欧姆蛋食谱。
- 把鸡蛋6颗打入沙拉盆，撒点盐和胡椒，加入两把马铃薯片后放置10分钟。
- 热油，把刚才准备好的蛋汁倒入平底锅。
- 当蛋半熟时，轻轻移到盘子上，翻面倒入锅中继续煎。
- 煎熟后和沙拉一起品尝。

口感：像是西班牙玉米薄饼，但不必为了削皮和煮熟马铃薯而烦心。

*由L'Auberge bre tonne前主厨贾克·多雷尔（Jacques Thorel）提供。

酥炸鸡柳

- 打开一包家庭装马铃薯片，用手捏碎。
- 在一旁准备打好的蛋黄3颗。
- 鸡柳表面均匀裹上面粉后再沾蛋黄液，逐一放入马铃薯片的袋子里，裹上一层碎马铃薯片。
- 炸油加热至180℃，放入鸡柳炸至外表金黄。
- 取出后用吸油纸吸掉多余的油，即可享用。

口感：比用面包粉炸的更香更脆。

*由汤米·古塞（Tomy Gousset）提供，地址：Tomy & Co, Paris7。

同场加映
薯条大比拼（第332页）

厨艺学校

撰文：亚维娜·蕾杜乔韩森

您家的孩子有下厨的天分吗？您是否想转换跑道，重启事业第二春？
我们为您列出法国最具声望的几间厨艺学校，穿上围裙为您的人生开启另一扇窗吧。

数字会说话

法国境内有超过17,500家餐厅

每年开出**15,000**个职缺

2016年，共有32,500人获得职业适任证书（CAP）

条条道路通厨房

- 职业适任证书（CAP）：2年，386个机构
- 专业技术员职照（Brevet professionnel）：2年，114个机构
- 职业与技术类会考文凭（Bac professionnel et technologique）：3年，312个机构
- 高级技师（BTS，等同大学2年）：2年，131个机构
- 学士文凭（Bachelor，等同大学3年）：3年，少数几所大学

厨艺职业资格证书（CAP CUSINE）

迈向厨房最基础的证书。学习基本的料理与烘焙食谱、厨房卫生、餐饮管理和美食历史等。可选择基础训练或校企合作。

校企合作如何衡量？

这种方式适合急于踏入职场的人。选择参与校企合作的学生会与雇主签订学徒合约，一半的时间在学校上课，另一半则在餐厅或公司内实习。根据学徒年龄和选择的专业，有时候还可以获得一点酬劳。

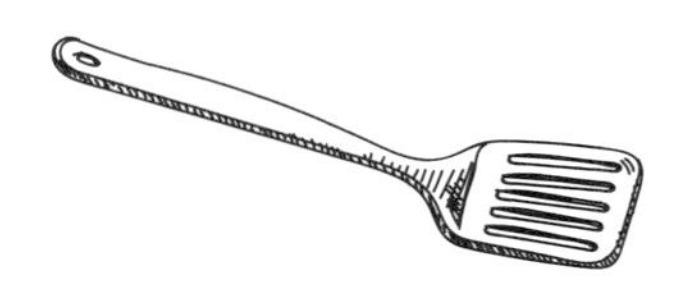

同场加映
法国美食主教（第278页）

➡知名机构

费航迪高等厨艺学校 ÉCOLE FERRANDI

闻名国际，巴黎校区占地25,000平方米。

城市：巴黎、茹伊若萨、波尔多

创校时间：1920

文凭：CAP、Bac Pro、BTS、Bachelor

入学资格审查：书面审查资料，某些专业需笔试和入学动机面试。

学费：CAP、Bac Pro与餐旅管理BTS免费，其他一年8,200~22,000欧元

合作餐厅：巴黎（Le Premier et le 28）、茹伊若萨（L'Orme rond）、波尔多（Le Piano du Lac）

杰出校友：威廉·勒得弋（William Ledeuil）、亚德琳·葛拉达（Adeline Grattard）

国际学生：提供全英语课程学位，文凭等同一般课程。

优点：师资包含多位法国最佳工艺师（MOF）和多位名厨客座讲师。

学校官网：ferrandi-paris.fr

保罗·博古斯酒店与厨艺学院 INSTITUT PAUL BOCUSE

由保罗·博古斯和杰哈德·贝里松〔Gérard Pélisson，同属雅高（Accor）集团〕创建。

城市：埃居里，里昂附近

创校时间：1990

文凭：Bachelor、Master

入学资格审查：书面审查资料、笔试和入学动机面试。

学费：一年10,200~16,400欧元

合作餐厅：位于埃居里和里昂的6间餐厅。

杰出校友：塔巴妲·梅（Tabata Mey）、塞巴斯蒂安·布拉斯（Sébastien Bras）

国际学生：要求基本的语言能力，课程皆以法语授课。

优点：高等教育课程由法国最佳工艺师（MOF）与知名大厨授课。

学校官网：institutpaulbocuse.com

蓝带厨艺学院 LECORDON BLEU

法国历史最悠久的厨艺学校之一，全球约有17个国家设有分部。

城市：巴黎

创校时间：1895

文凭：厨艺大证书（Grand Diplôme，CAP预备课程）、Bachelor

入学资格审查：书面审查资料。

学费：一年10,600~49,500欧元

合作餐厅：蓝带学院附设咖啡厅

杰出校友：胡安·阿贝雷兹（Juan Arbealez）

国际学生：杰出的国际课程，所有课程皆由口译员现场同步翻译。

优点：国际版图甚大，全球网络密集。

学校官网：cordonbleu.edu

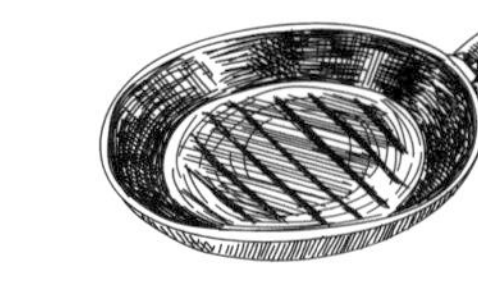

➡公立学校

萨瓦勒芒国际饭店管理学院 ÉCOLE HÔTELIÈRE INTERNATIONALE SAVOIELEMAN

法国历史最悠久的公立饭店管理学院，在温泉疗养盛行之时开办。

城市：托农莱班

创立时间：1912

文凭：Bac pro、BTS

入学审查：在学记录

学费：免费

合作餐厅：高级餐厅La Brasserie Antonietti和Le Savoie Leman

杰出校友：乔治·布朗克（Georges Blanc）、让克里斯托福·安撒内亚力克斯（Jean - Christophe Ansaay-Alex）

优点：拥有一座教学用花园，香草和蔬果现摘现用。

学校官网：ecole-hoteliere-thonon.com

保罗·欧吉耶餐旅学院 ÉCOLE HÔTELIÈRE ET DE TOURISME PAUL AUGIER

20世纪初蔚蓝海岸成为国际知名度假圣地时开办。

城市：尼斯

创立时间：1914

文凭：Bac pro、BTS

入学审查：高中甄试（AFFELNET）、在学记录、面试

学费：免费

合作餐厅：Le Bistrot des galets、Brasserie Capélina及天使湾数间精致餐厅

杰出校友：杰哈德·帕瑟达（Gérald Passédat）、茱莉亚·瑟戴芙洁（Julia Sedefdjian）

优点：与全球餐厅建立伙伴关系，鼓励学生多方发展。

学校官网：lycee-paul-augier.com

让·图安高中 LYCÉE JEAN DROUANT

巴黎第一间饭店管理高中，又称“梅代理克学校”（Médéric School）。

城市：巴黎

创立时间：1936

文凭：技术类会考、Bac pro、BTS

入学审查：AFFELNET、大学入学申请网络平台（APB）、在学记录

学费：免费

合作餐厅：高级餐厅le Julien François和la brasserie l'Atelier Bartholdi

杰出校友：派翠克·西卡（Patrick Scicard）、多明尼克·罗索（Dominique Loiseau）

优点：BTS文凭有Erasmus+*的计划，学生就学期间有16周可到欧盟其他国家实习。

学校官网：lyceejeandrouant.fr

* Erasmus+，欧盟联合硕士学位，由三个以上不同欧洲国家的大学组成学业联盟，申请的学生必须至少在大学联盟中的两所大学学习。——译注

哈利酒吧的鸡尾酒

撰文：乔丹·莫里姆

1911年，在巴黎开业的一间小酒吧是如何创造出世界上最神秘的鸡尾酒？请参考以下答案与酒谱。

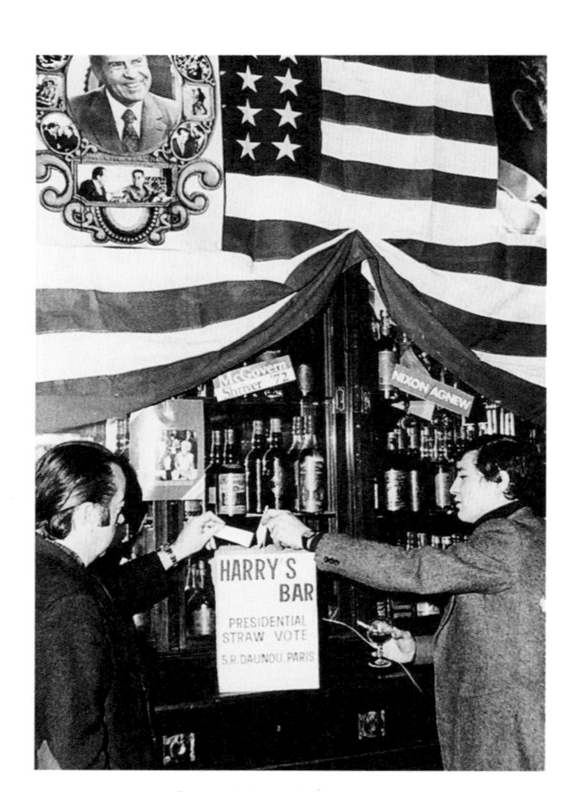

哈利纽约酒吧的传奇

据说最早的鸡尾酒来自美国，这些配方在美国禁酒期间（1920—1933）被带到大西洋彼岸，还有一些调酒师也移民到了法国。其中就有一个纽约酒保和他的马术师好友拆了他们的酒吧，到巴黎重启人生。1911年，他们在巴黎歌剧院附近开了一家“纽约酒吧”。10年后，来自伦敦的哈利·麦克艾尔宏（Harry McElhone）来到这间酒吧摇酒。1923年，这位专业调酒师买下酒吧并加上自己的名字，成为“哈利的纽约酒吧”（Harry's New York Bar），成了酒徒永恒的朝圣之地。地址：5, rue Daunou, ParisIIe

惯犯

Scofflaw

诞生年份：1924年

故事：这个词源于美国禁酒令执行期间，指那些躲在小酒吧里啜酒的人。这款鸡尾酒就是向那些无法抗拒酒精的酒徒们致敬。

材料：

裸麦威士忌45毫升

香艾酒（vermouth）25毫升

柠檬汁20毫升

红石榴糖浆20毫升

调制法：把所有材料放进雪克杯中，加入冰块后摇一摇，装杯上桌。

床笫之间

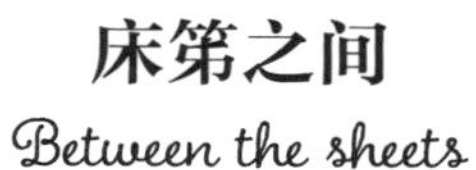

Between the sheets

诞生年份：20世纪30年代

故事：这款鸡尾酒大剌剌地以“床笫之间”为名，让人联想到20世纪30年代巴黎的夜生活。据说这款以烈酒为底的绝妙调酒深受妓女欢迎。

材料：

朗姆酒30毫升

干邑白兰地30毫升

柠檬汁20毫升

调配法：把所有材料放进雪克杯中，加入冰块后摇一摇，装杯上桌。

猴子腺体

Monkey gland

诞生年份：20世纪20年代

故事：哈利调配这款鸡尾酒的灵感来自佛隆诺夫（Voronoff）医生的实验。这位医生曾试着将猴子睾丸的皮移植到人类身上，以求患者长寿。据说这款鸡尾酒也能发挥同样的效果。

材料：

琴酒50毫升

柳橙汁30毫升

红石榴糖浆2滴

苦艾酒（absinthe）2滴

调配法：把所有材料放进雪克杯中，加入冰块后摇一摇，装杯上桌。

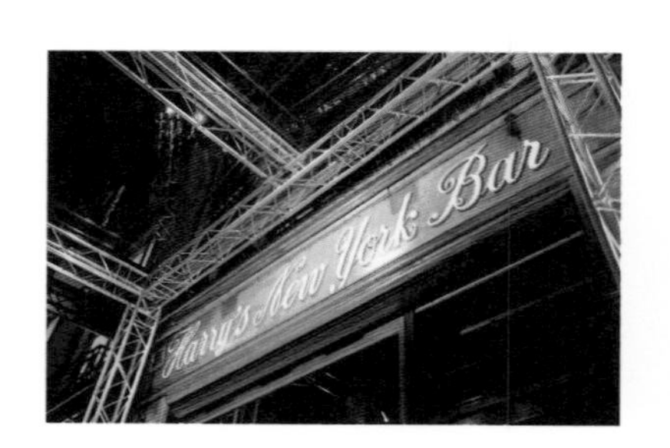

同场加映

被遗忘的开胃酒（第348页）

法式75

French75

诞生年份：1915年

故事：名称来自一战期间法国和美国使用的75毫米野战炮。这种武器以射速和立刻致死的能力闻名。喝下这款鸡尾酒大概就跟被大炮轰到一样。

材料：

香槟40毫升

琴酒30毫升

柠檬汁15毫升

糖浆2抖振*

调配法：把琴酒、糖浆和柠檬汁放入雪克杯内摇一摇，倒入鸡尾酒杯中，加满香槟，完成。

*1抖振（dash）大约是倒转瓶口上下抖振一次倒出来的量。——编注

白色佳人

诞生年份：1923年

故事：这款鸡尾酒最早是从伦敦传来的。当哈利把它带到酒吧时，用琴酒取代了原本的薄荷香甜酒，造就今日看到的白色调酒。

材料：

琴酒40毫升

柑橘酒30毫升

柠檬汁20毫升

调配法：把所有材料放进雪克杯中，加入冰块后摇一摇，装杯上桌。

蓝色珊瑚礁

Blue Lagoon

诞生年份：1960年

故事：蓝色珊瑚礁是1970—1980年间极具代表性的鸡尾酒，由哈利之子安迪·麦克艾尔宏调配而成，以此纪念父亲。这款带着电流般的蓝色鸡尾酒其实是白色佳人的变种，用库拉索柑橘酒取代君度橙酒，带动了彩色鸡尾酒风潮。

材料：

伏特加40毫升

库拉索柑橘酒（curaçao）30毫升

柠檬汁20毫升

调配法：把所有材料放进雪克杯中，加入冰块后摇一摇，倒入马丁尼酒杯中饮用。

血腥玛丽

Bloody Mary

诞生年份：1921年

故事：传说，这款鸡尾酒源自海明威，他请当时的酒保帮忙调制一种可以盖掉酒味的鸡尾酒，如此一来他的夫人玛丽才不会发现他喝了酒。这则故事过于梦幻，而且这款调酒的诞生地是巴黎的哈利酒吧。当时的酒保费南德·佩堤欧（Fernand Petiot）发现吧台上有一瓶由俄罗斯移民带来的伏特加，他觉得这种酒着实乏味，于是加入了美国制的罐头番茄（后来也有人加其他香料），“血桶”（Bucket of Blood）就诞生了。血腥玛丽这个名字还要更晚才会出现，玛丽这个名字来自英国女王玛丽·都铎（Mary Tudor），血腥则是指她对新教徒的屠杀。

材料：

伏特加40毫升、番茄汁90毫升

柠檬汁15毫升、伍斯特酱两三滴

塔巴斯科辣酱、芹菜盐、胡椒

调配法：把所有的材料倒入调酒杯里，缓缓搅拌后倒入高球杯（highball）中，插入一根芹菜作为装饰，上酒。

含羞草

Mimosa

诞生地点与年份：1925年，巴黎丽兹酒店

故事：这款简单到令人惊讶的鸡尾酒闻名全球，长久以来都是餐前开胃酒或是搭乘飞机时的最佳饮品。最早的酒谱来自丽兹饭店的调酒师法朗·梅耶（Fran Meier），调酒的颜色让人立刻联想到饭店花园里最引人注目的色彩——含羞草。

材料：

香槟75毫升

柳橙汁75毫升

调配法：把柳橙汁倒入笛形香槟杯中，倒满香槟，上酒。

粉红玫瑰

Rose

诞生地与年份：1906年，查塔姆饭店（Chatham Hotel）

故事：这款鸡尾酒的名字取得精确，是由查塔姆饭店的强尼·密塔（Johnny Mitta）创作。查塔姆饭店早期是巴黎上流社会夜生活场所，而这款还算烈的调酒则是咆哮年代的经典，它的出现带动了精致复古风。

材料：

香艾酒40毫升

樱桃白兰地20毫升

樱桃利口酒10毫升

调配法：把材料放进雪克杯里摇一摇，完成。也可放入一颗泡过马拉斯钦酸樱桃酒（marasquin）的樱桃。

牛轧糖，不加核桃*？

撰文：史蒂芬·索林涅

无论是科西嘉或普罗旺斯，白的或黑的，这种来自远方的甜食在法国各地找到容身之地！
从美索不达米亚一路旅行到法国南部，“核迁”之路漫漫。

牛轧糖大集合

普罗旺斯牛轧糖

首次登场：14世纪（名为pignolat）、16世纪（名为nougat）

产地：阿洛（Allauch）、艾克斯普罗旺斯（Aix-en-Provence）、索村（Sault）、西格（Signes）、奥利乌勒（Ollioules）、圣特罗佩（Saint-Tropez）、阿莱格尔莱菲马代（Allègre-les-Fumades）、沃居埃（Vogüé）

蒙特利马牛轧糖

首次登场：1701年

产地：蒙特利马（Montélimar）

配方：杏仁含量至少30%（或杏仁28%和开心果2%）、蜂蜜25%（薰衣草蜜为佳），只添加香草调味。

科西嘉牛轧糖

首次登场：20世纪

产地：巴斯蒂亚（Bastia）、索韦里亚（Soveria）、阿拉塔（Alata）、阿雅克肖（Ajaccio）

配方：普罗旺斯牛轧糖的近亲，有时黑有时白，有时硬有时软，成分变化多端。科西嘉蜂蜜（AOC）8%~35%、果干（要包含色维宏镇IGP榛果）20%~34%、糖渍水果（科西嘉水果，如香水柠檬、克里曼丁橘、无花果、栗子、香桃木果实等）5%~10%，还有一种用栗子粉做成的黑牛轧糖。

加泰罗尼亚法式牛轧糖

首次登场：1607年

产地：佩皮尼昂（Perpignan）、利慕（Limoux）、巴斯克地区

配方：白牛轧糖近似西班牙阿利坎特（Alicante）牛轧糖，有的口感脆硬（杏仁或烤过的榛果46%），有的较软，甚至有点膏状（添加松子）。黑牛轧糖内含杏仁和榛果，以焦糖为基底。也有一种杏仁牛轧糖跟西班牙希霍纳（Jijona）牛轧糖很像，是以口感较硬的杏仁牛轧糖（蜂蜜8%、杏仁60%）为基础，煮过后压成薄片再烤一次。

冒牌牛轧糖

巴斯克圆牛轧糖

巴斯克地区的传统糖果，来自西班牙比斯开（Biscaye），大多由巴约纳的工厂制造。这种糖的成分只有杏仁膏和糖渍水果，经常滚成小圆柱状并添加各种色素。它的名字touron就是从“toutrond”（圆圆的）演变而来。

都兰牛轧糖

19世纪下半叶诞生的糕点，油酥面团夹着杏桃果酱和零星的果干（香水柠檬），再铺上一层杏仁蛋白甜饼。

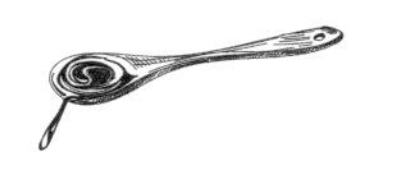

普罗旺斯白牛轧糖

蜂蜜30%，杏仁和开心果至少35%，通常会以橙花纯露提升香气。

普罗旺斯黑牛轧糖（糖分焦糖化）

蜂蜜25%，馅料（杏仁、开心果、榛果、核桃、松子、大茴香籽或香菜籽、糖渍水果等）15%~50%。

牛轧糖，吃软或吃硬？

白牛轧糖的硬度取决于糖的温度，软的牛轧糖因为保存方便（空气中的湿气会在短时间内让牛轧糖失去脆度），市场占有率约90%。

—丹尼丝的黑牛轧糖—

准备时间：5分钟

烘焙时间：20分钟

分量：4人份

材料：

整颗杏仁200克

洋槐或薰衣草蜂蜜250克

无酵饼（azyme）2片，自由添加

步骤：

- 用厚底小锅（最好是不粘锅）加热蜂蜜，沸腾时倒入杏仁，中火煨煮20分钟，过程中要偶尔翻一翻杏仁。
- 把煮好的牛轧糖倒入事先铺上一层无酵饼的金属模具（比如铁盒盖），表面整平，再盖上一层无酵饼，摆上重物施压。待牛轧糖冷却后切块。
- 煨煮牛轧糖时，可凭声音判断熟度。杏仁发出噼啪声时即可离火！无酵饼可用烘焙纸替代，但绝对不能用铝箔纸，容易粘连在糖上撕不下来。

牛轧糖的旅行路线

LÉGENDE:

TRIANGLE DE NAISSANCE DU NOUGAT MODERNE

PROVENCE — Pays, région, ville de production

NOGAT — Dénomination du nougat

XVIe s — Première trace écrite de la spécialité nougatière

“ROUTE DE LA NOIX”

同场加映

难以抗拒的核桃蛋糕（第263页）

* 牛轧糖的法语nougat是从核桃noix延伸而来。——译注

图瓦格家族的美食王朝

撰文：查尔斯·帕丁·欧古胡

图瓦格家族（Troisgros）传承4代，至今对法国料理仍有深刻的影响。原本落脚罗阿讷（Roanne），今日迁至乌谢（Ouches），他们的所在之处就是法国的美食重镇。

“我找到世界上最棒的餐厅了。”
——克利斯汀·米鲁（Christian Millau）于1968年给予图瓦格的评语

尚巴蒂斯特·图瓦格
（Jean-Baptiste Troisgros，1898—1974）
妻子玛丽·帕朵（Marie Badaut，1900—1968）
罗阿讷现代饭店（Hôtel Moderne de Roanne）

皮耶尔·图瓦格
（Pierre Troisgrosm，1928—）
妻子欧兰普·图瓦格（Olympe Troisgrosm）
图瓦格兄弟（Les Frères Troisgros）餐厅主厨

尚·图瓦格
（Jean Troisgros，1927—1983）
图瓦格兄弟餐厅酱汁主厨

克劳德·图瓦格
（Claude Troisgros，1956—）
里约欧兰普（Olympe Rio）餐厅主厨

米歇尔·图瓦格（Michel Troisgros，1958—）
妻子玛莉皮耶·朗博（Marie-Pierre Lambert）
图瓦格之家（La Maison Troisgros）主厨

汤玛士·图瓦格
（Thomas Troisgros）
里约欧兰普餐厅主厨

凯萨·图瓦格
（César Troisgros，1986—）
图瓦格之家二厨

里奥·图瓦格
（Léo Troisgros，1993—）
任职于图瓦格之家

凯萨·图瓦格的酥脆沙拉

以炸胡萝卜为主角，蔬菜清爽、色彩丰富，口感酥脆、略带酸味。

分量： 4人份

材料：
胡萝卜4根、葵花油2升
绿酸模叶4片、红酸模叶4片
水田芥4把、龙蒿叶20片
带叶小洋葱（oignon nouveau）2颗
大蒜1颗、醋渍酸豆20颗
几滴浓缩辣椒泥、青柠檬1颗
榛果油1汤匙

步骤：
- 胡萝卜去皮，再以削皮刀削出薄长的胡萝卜片，置于一旁备用。
- 取一个大锅，把油加热至150℃，逐一放入萝卜片炸8分钟，直到酥脆。用漏勺捞起放在餐巾纸上吸油，撒一点盐，置于一旁备用。
- 大蒜剥皮切成片，用同一锅油炸熟。两种酸模叶去梗洗净，切成长条状。挑拣并摘取龙蒿叶和水田芥叶。小洋葱去皮切成薄片。
- 把所有食材都倒进大碗中混合。加入辣椒泥、柠檬汁和柠檬皮丝、榛果油、酸豆拌匀，最后分装在4个盘中。

同场加映
谁将会成为大厨？（第171页）

图瓦格家族新据点
在罗阿讷车站前落脚87年后，图瓦格之家于2017年2月搬迁至乌谢，一座占地17公顷的新庄园和新餐厅。

波尔多Bordeaux 大对决 Bourgogne勃良第

撰文：辜立列蒙·德希尔瓦

大家常说，若想了解法国酒，就要先认识波尔多葡萄酒，等到自觉对波尔多的酒够熟了，就会倾向品尝勃良第的酒。一方认定一块“风土”只产出一两种葡萄酒；另一方则认为每种“气候”都能产出独特的酒。现在就让这两方“葡萄酒之王”来一场“至尊对决”！

土地面积

（单位：公顷）

波尔多 130 913

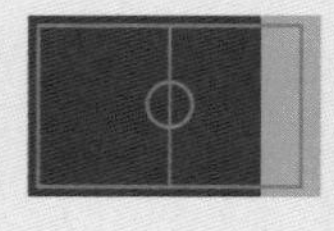

28 334 勃良第

葡萄园占全国比例

饮用数量

葡萄酒营收

（单位：十亿欧元）

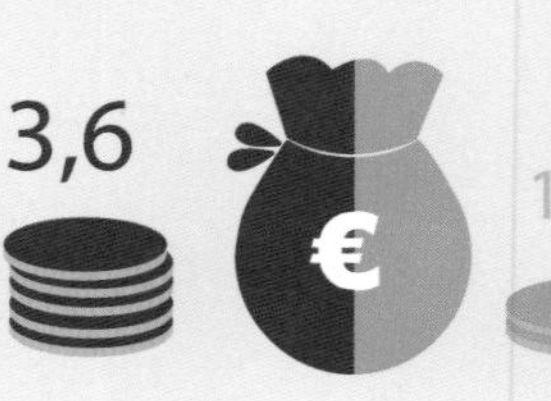

葡萄收成

（单位：百升）

6 400 000

1 400 000

葡萄酒杯

红酒

梅洛（Merlot）
卡本内弗朗（Cabernet Franc）
卡本内苏维浓（Cabernet-Sauvignon）
小维多（PetitVerdo）

波尔多

黑皮诺（PinotNoir）
加美（Gamay）

榭密雍（Sémillon）
苏维浓（Sauvignon）
蜜思卡岱勒（Muscadelle）

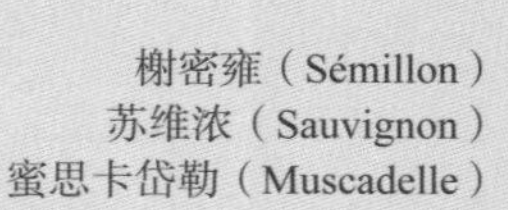

勃良第

夏多内（Chardonnay）
阿里哥蝶（Aligoté）

白酒

团队

葡萄酒农

外包

33 vs 17

合作酒窖

储存窖藏

木桶（大桶）

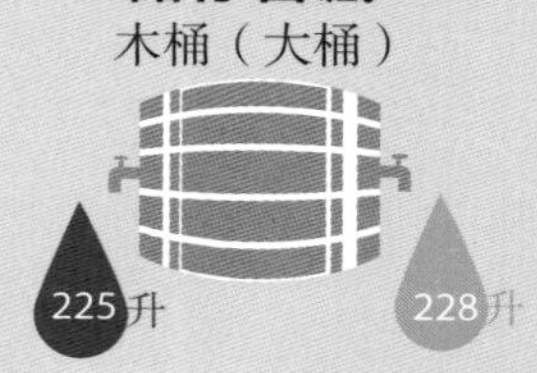

酿酒策略

混合品种葡萄酒 单一品种葡萄酒

中介

300 vs 282

葡萄酒经销商

管理

外商大集团 vs 多为家族经营

品尝时机

圣诞节一家团聚时

周末与朋友见面时

环保金球奖

10 439公顷 波尔多

2 690公顷 勃良第

外销市场

产量百分比

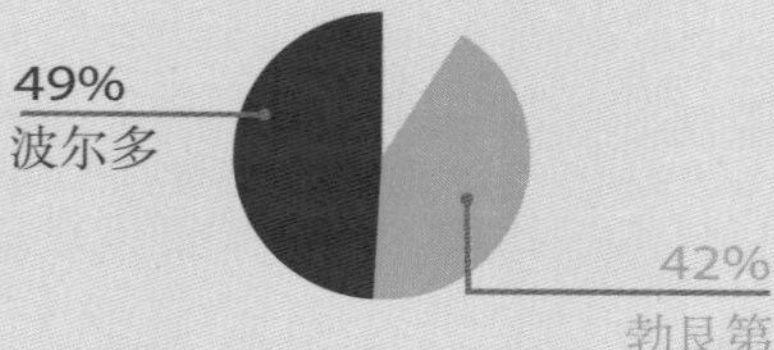

本场竞赛裁判

联合国教科文组织世界遗产：因圣埃米利翁（Saint-Émilion）法定产区的葡萄园风景入选。

人文世界遗产：因勃良第的气候入选。

缺点

波尔多：“酒庄对一般法国人来说太自以为高尚，参观程序过于繁复。”

勃良第：“一般价格偏高，少有酒庄开放参观。”

主要消费者

中国（波尔多） 美国（勃良第）

葡萄酒领导者

占世界葡萄酒饮用量百分比

圣多诺黑泡芙

撰文：吉伯特·匹泰勒

21 世纪初，圣多诺黑泡芙（saint-honoré）再度成为商店和餐厅内的头牌！乘着这股潮流，师傅们开始加入时令水果改变口味，尝试创新。

关于圣多诺黑的三个重要事件

1846年：这个名字是为了纪念糕点的守护圣人圣多诺黑而取的。最早是由位于巴黎圣多诺黑街区（rue du Faubourg-Saint-Honoré）的希布斯特（Chiboust）糕点店所创作。

1863年：甜点师奥古斯特·朱利安（Auguste Julien）改良了这款甜点，在圆形千层派皮上排一圈香缇鲜奶油馅或希布斯特鲜奶油馅的小泡芙，成为今日我们熟悉的模样。

2009年：甜点师傅菲利浦·康堤希尼（Philippe Conticini）让这款经典甜点重拾人气。

5 款必尝圣多诺黑

- 里昂，赛巴斯汀·布耶（Sébastien Bouillet）的**奶油太妃糖圣多诺黑**：醇厚的奶油太妃糖酱举世无双。
- 巴黎，阿尔诺·拉耶（Arnaud Larher）的**香草圣多诺黑**：酥松派皮上放了各种不同口味的泡芙，特别为香草迷创作的版本。
- 巴黎 Hugoet Victor 甜点店，于格·布杰（Hugues Pouget）的**草莓龙蒿圣多诺黑**：两种口味结合，新鲜感十足！
- 枫丹白露，费得里克·卡塞尔（Frédéric Cassel）的**传统圣多诺黑**：传统配方，吸引忠实顾客。
- 劳伦·勒丹尼耶（Laurent Le Daniel）的**圣多诺黑**：这位法国最佳工艺师以焦糖泡芙、穆斯林鲜奶油和香缇奶油抚慰了大众的味蕾。

同场加映
费劲擀出好吃千层酥（第342页）

格罗莱* 的圣多诺黑（莫里斯饭店）

准备时间：2小时30分钟
烘焙时间：55分钟
分量：10人份

材料：

千层挞皮
T45面粉（低筋）300克
T55面粉（中筋）125克
盐7.5克、水162克
常温的熔化黄油62.5克
冰黄油250克

泡芙面糊
牛奶100克、水100克
盐4克、糖2克
黄油90克、面粉110克
鸡蛋180克

樱桃白兰地卡士达
全脂牛奶200克、黄油4克
细砂糖20克、蛋黄18克
卡士达粉16克
T45面粉（低筋）4克
香草荚1/2根、樱桃白兰地5克

香草香缇鲜奶油
液体鲜奶油500克
糖17.5克、香草荚2根

焦糖
细砂糖300克、葡萄糖60克
水100克

步骤：

千层挞皮
- 将盐溶于水后，加入面粉和熔化黄油搅打1分钟。整形成面团放置在阴凉处。
- 将面团包覆冰奶油折叠擀压，重复这个动作5次，每次间隔2小时。
- 两人合力把面团放进压面机中压好，夹在两个烤盘之间，用180℃旋风模式烤10分钟，切成直径26厘米的圆后继续烘烤15分钟。
- 把上方烤盘拿开，撒上一层糖粉，放回烤箱用250度旋风模式烤5分钟，挞皮表面会裹上一层糖衣。

泡芙面糊
- 烤箱预热至180℃。将牛奶、水、糖、盐和黄油放入深锅煮滚。离火后倒入所有过筛面粉，再次开火，用刮刀搅拌，直到水分减少。
- 把面糊倒入搅拌盆里，加蛋搅拌并注意浓稠度的变化。
- 面糊填入挤花袋，用8号花嘴挤出泡芙，送入烤箱内烤10分钟，然后降温至160℃再烤5分钟。
- 在泡芙内挤入樱桃白兰地卡士达酱，外面裹上一层液态焦糖。

液态焦糖
- 糖水煮沸，加入葡萄糖煮成焦糖，离火后裹到泡芙上。可撒上一小撮金粉装饰。

樱桃白兰地卡士达
- 把香草荚放入煮沸的牛奶中浸泡。
- 将过滤的牛奶一半倒入放了蛋黄、糖、卡士达粉和面粉的盆中拌匀。
- 将全部材料倒回锅里，沸腾2分钟。等卡士达酱的温度降到4℃，倒入樱桃白兰地。
- 用4号花嘴把卡士达酱挤入泡芙中。

香草香缇奶油
- 把1/3的鲜奶油、糖和刮出的香草籽和香草荚一起煮沸，然后关火浸泡10分钟。
- 过滤香草鲜奶油，和剩下的鲜奶油倒入冰镇过的搅拌盆里打发。填入挤花袋，装上圣多诺黑专用花嘴。

组合
- 拿出挞皮，挤上200克的卡士达酱，均匀刮平。放上一圈泡芙，挤满泪珠状的香缇鲜奶油。最后加一颗泡芙装饰。

* 塞德里克·格罗莱（Cédric Grolet），人称“甜点界小王子”，获得2018年度最佳甜点师头衔。

血的滋味

撰文：瓦伦提娜·屋达

我们也许都算是吸血鬼？如今法国料理中某些以血为主的菜肴甚至被视为珍馐，但历史上很长一段时间血是禁止食用的。让我们仔细检视一下这个有生命的液体。

血的历史

历史上，教会曾以不洁和危险为由禁止民众食用血。艾蒂安·博埃娄（Étienne Boileau）于1212年出版的《行业大全》（*Le Livre des Métiers*）和1393年出版的《巴黎食事》（*Le Mesnagier de Paris*）中就已经提到以血为主要食材的料理了。然而一直到14世纪才有食谱书记载血料理的做法。三个世纪后，这项食材正式获得上桌许可，但始终无法摆脱几世纪来因宗教禁止造成的负面观感，直到18世纪才真正受到大众喜爱，成为家常食材。

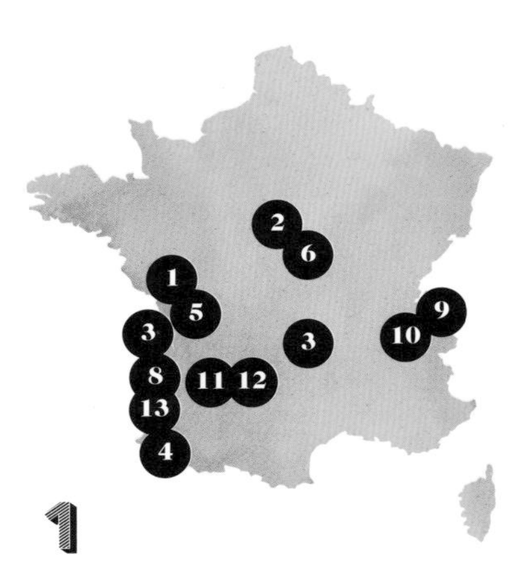

1

下水汤 Fressure

<u>地区</u>：旺代省

<u>动物</u>：猪

<u>食谱由来</u>：黑色的汤看起来有点可疑……这款农家菜混合了猪血、猪杂、烤过的猪皮、干掉的面包、洋葱和一些香料。在肉品店橱窗里看起来很像肉冻，加热就会化成汤。

大胆指数：9

1 2 3 4 5 6 7 8 9 10

胆小勿近……

2

黑炭猪杂 Charbonnée de porc

<u>地区</u>：中央大区

<u>动物</u>：猪

<u>食谱由来</u>：混合了猪杂、猪肝、猪肺和猪心的传统炖菜，名称来自把血煮得像黑炭的酱汁。

大胆指数：8

1 2 3 4 5 6 7 8 9 10

内脏爱好者会喜爱的料理。

3

鸡血煎饼 Sanquette / Sanguette

<u>地区</u>：奥弗涅省、阿列尔省、贝里、波尔多

<u>动物</u>：鸡、鸭、羊

<u>食谱由来</u>：在深盘里放入肥猪肉丁，或猪五花丁，或酥炸蒜香面包丁，也可以都放。接着在盘上放血，等到所有食材凝固后，用鹅油煎熟，加入欧芹就完成了。这道菜以家禽血为主，是幼儿强身的食补经典。

大胆指数：5

1 2 3 4 5 6 7 8 9 10

带点耐人寻味的铁味。

绵羊血肠 Tripotx

<u>地区</u>：巴斯克地区

<u>动物</u>：绵羊或猪

<u>食谱来源</u>：萨尔（Sare）特产，原本用小牛杂做成，包括小牛的肠子、胃、肺和头，搭配用埃斯佩莱特辣椒提味的牛血酱食用。

<u>血亲</u>：煮血肠的汤（tripasalda）。德拜戈里（Saint-Étienne-de-Baïgorry）的牧羊人为了不浪费任何部位会把汤也喝掉。

大胆指数：7

1 2 3 4 5 6 7 8 9 10

风味十足、浓郁、入口即化的血肠。

5

炖猪杂 Gigourit

<u>地区</u>：夏朗德省

<u>动物</u>：猪或家禽

<u>食谱来源</u>：冬日最冷的时节，在当地的宰猪日之后，农人会顺便杀几只的家畜，像是不生蛋的母鸡、不能繁殖的兔子等。将制作香肠、血肠和肉酱剩下的部位，和兔骨、鸡骨放一锅炖煮，做成红酒炖猪肉。然后挑出肉块，在汤里加入猪血增添浓稠度。

<u>血亲</u>：皮尔酱（sauce de pire）。可像肉酱一样冷食，或是加热后淋在其他料理上。

大胆指数：10

1 2 3 4 5 6 7 8 9 10

小心，这是货真价实的“血弹”。

6

脏脏鸡 Pouletenbarbouille

<u>地区</u>：贝里

<u>动物</u>：公鸡或母鸡

<u>食谱来源</u>：贝里地区最受欢迎的传统菜肴之一。乔治桑（George Sand）和诺昂地区（Nohant）的餐桌上都能看到它的踪影，至今仍是该地区最具代表性的料理。把肉质较老、不易烹煮的公鸡浸在红酒里，搭配鸡血做成的酱汁，是诺昂小旅馆Fadette的祖传菜肴。

大胆指数：4

1 2 3 4 5 6 7 8 9 10

鸡血只用来勾芡。

7

黑血肠 Boudin noir

<u>地区</u>：从城市到离岛，每个地方都有各自的食谱

<u>动物</u>：猪

<u>食谱由来</u>：按照阿尔代什人的食谱，地道的黑血肠应该要“跟乌鸦一样黑，跟僧侣一样肥，跟手套一样软”。黑血肠是最早用血做成的菜肴，是会让人想偷吃一口的小菜。肠衣里面包了许多腌肉和猪血、肥肉、耳朵、软骨等部位。

<u>血亲</u>：法国东南部的碎血肠蔬菜汤（gimbourra），把有血肠爆开的煮肠水再加点热水和蔬菜，煮成一道汤。

大胆指数：3

1 2 3 4 5 6 7 8 9 10

必尝经典。

炖羔羊内脏 Panturon de Rion-les-Landes

<u>地区</u>：朗德省

<u>动物</u>：羔羊

<u>食谱由来</u>：这份食谱的流传要归功于朗德里永（Rion-des-Londes）的兄弟会。每年复活节时，上朗德省的牧羊人会宰杀最美丽的羔羊献给主人，自己只留下一些内脏，心、肝、肺、头（越来越少使用了）和羊蹄，放到一锅清汤里，加胡萝卜、芜菁和一点火腿熬煮。煮好后用刀子剁碎，泡到加了血的高汤里继续炖煮。如今羔羊血被禁止食用，以小牛血取代。

大胆指数：5

1 2 3 4 5 6 7 8 9 10

颜色跟血一样深，但吃着很像巴斯克辣椒小牛肉（axoa basque）。

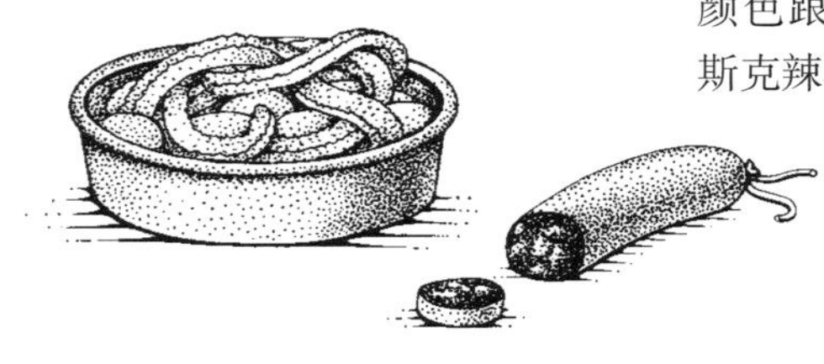

红酒炖兔肉 Civet de lièvre

地区：萨瓦

动物：野兔

食谱由来：根据萨瓦人的做法，野兔要“在枪杆上吃”，也就是说得趁鲜。杀了野兔后马上放血，取出肝脏做成酱汁，还要加上当地农场的鲜奶油。

血亲：佛兰德斯红酒炖兔肉、阿尔萨斯红酒炖兔肉、普瓦图红啤酒（rousse）酱兔肉。

大胆指数：3

1 2 3 4 5 6 7 8 9 10

血只用来勾芡。

10

卡依雍猪杂烩 Fricassée de caïon

地区：萨瓦

动物：猪

食谱由来：萨瓦地区的农夫杀了猪后会取血做成血肠和卡依雍杂烩（caïon，当地方言的“猪肉”）。用红酒和白酒炖煮猪的各部位，快煮好时加入猪血。

大胆指数：5

1 2 3 4 5 6 7 8 9 10

葡萄酒用于去除血腥味。

11

黑馅索吉酱鸡肉锅 Poule au pot périgourdine

地区：佩里格

动物：母鸡

食谱由来：清空母鸡的胸腔，塞入用内脏、香肠肉、泡过鸡血的面包、蛋和香料做成的内馅，或是另一种用泡了牛奶的过期面包做成的白内馅。

大胆指数：4

1 2 3 4 5 6 7 8 9 10

风味十足、内涵丰富的一道菜。

12

卡贝萨尔炖兔 Lièvre en torchon / Lièvre en cabessal

地区：源自凯尔西，后来在利穆赞、鲁埃格（Rouergue）和佩里格地区发扬光大。

动物：看菜名就知道！

食谱由来：卡贝萨尔（cabessal）在鲁埃格方言中指的是缠在妇女头上、用来顶水桶的布。这道菜的兔肉卷得像缠着的头巾一样，因而得名。这类似皇家炖兔肉的乡土版，把兔肉浸在红酒做成的酱汁里腌上一晚，塞入小牛肉卷、新鲜猪肉、生火腿后再炖煮6小时。

大胆指数：5

1 2 3 4 5 6 7 8 9 10

佳肴！

13

阿比涅德炖鹅内脏 Abignades

地区：朗德省

动物：鹅

食谱由来：养鹅人卖了油封鹅肉、肝和鹅腿后，就只剩下内脏了。阿比涅德（abignades）就是加斯科方言的鹅内脏，做法是用红酒加鹅血做成的酱炖鹅心和鹅肫等。主厨艾里克·寇斯特多阿（Éric Costedoat）传承了这道菜，但因为鹅血难寻，便用猪血代替。

血亲：热尔省也有一道配方相同的菜肴，名为马第宏（madiran）红酒炖鸭内脏。

大胆指数：6

1 2 3 4 5 6 7 8 9 10

对热爱内脏的饕客来说是一道诱人的料理。

同场加映
皇家兔肉（第336页）

认证标志圆舞曲

撰文：玛丽埃勒·高德里

地区限定、质量保证、真实性认可，这些标志经常出现在产品标签上，但大量的缩写搞得人们一头雾水，更不用说经常写得不清不楚。就让这些标志排好队，一次看清楚吧！

哪来的标志？

法国2006年12月的法令，以该年1月6日颁发的农业方针法（LOA）为依据，厘清所有产品质量的标志，并提升各产区的产品价值。

由谁决定？

受农业部管控的法国国家原产地名称管理局（INAO）。根据其公布的数据，全法国有一半的农民都在申请这些认证。那欧洲呢？受法国启发，欧盟也制定了唯一一项保护及提升欧洲产品价值的标志IGP。1970年，葡萄酒成为最早获得这项标志的产品，接着是1989年的烈酒和1992年的食品。

原产地命名控制（AOC）

19世纪60年代葡萄酒产业因根瘤蚜受到重挫，为重振酒业并遏制不肖酒商诈骗，1905年8月正式立法，葡萄酒为首批获得标志的产品，直到1990年才扩大到所有农产品与食品。任何获法国AOC认证的产品能同时拥有欧盟AOP标志。

生效年份：1935

保证：产区控制

认证：所有生产过程都由同一名专业人员在同一地理区域生产，并保障生产者的制作工艺。

原产地命名保护（AOP）

受到法国农产品增值法规和AOC启发，欧盟自1992年起推行AOP标志。两项标志代表意义相同。自2012年1月起，除葡萄酒外的所有产品都只能使用AOP标志。

生效年份：1992

保证：产区控制

认证：确保产品生产、加工与开发都在同一地理区域进行，制作过程需经过认证。

地理保护标志（IGP）

主要用来扩充AOC标志的规定。

生效年份：1992

保证：产区控制

认证：农产品和食品至少生产、加工或开发的某一步骤要在某一特定地理区中进行。

红标认证（LABELROUGE）

为了满足相关专业和养殖户的需求，同时应对工业养殖的竞争，1960年8月5日，LOA第28条中写明设置这项标志。最早获得红标的是朗德省的鸡。

生效年份：1965

保证：质量保证

认证：确保该产品保有特色，且质量应优于其他同质产品。

有机认证（AB）

1980年6月，农业方针法规定，拥有该认证的产品不得含有任何化学物质。

生效年份：1985

保证：对动物和环境的尊重。

认证：不得有任何基因改造的痕迹，应包含95%以上有机成分，尊重自然生态与畜养条件。

传统特色保证（STG）

1992年欧盟制定法规，用以标明欧盟境内生产的产品。传统木桩养殖淡菜（moule de bouchot）是法国目前唯一获得这项标志的产品。

生效年份：2006

保证：传统特色

认证：并非产区标志，而是用于提升传统成分或制作方式的价值。

同场加映
就是要有机！（第369页）

埋藏在地下的瑰宝——松露

撰文：查尔斯·帕丁·欧古胡

萨瓦兰说它是“厨房里的钻石”，乔治·桑说它是“仙女般的苹果”，大仲马更以“圣洁的美食”来形容它。
松露是美食界最闪亮的一颗星，是法国各地区都可以拾取的星。

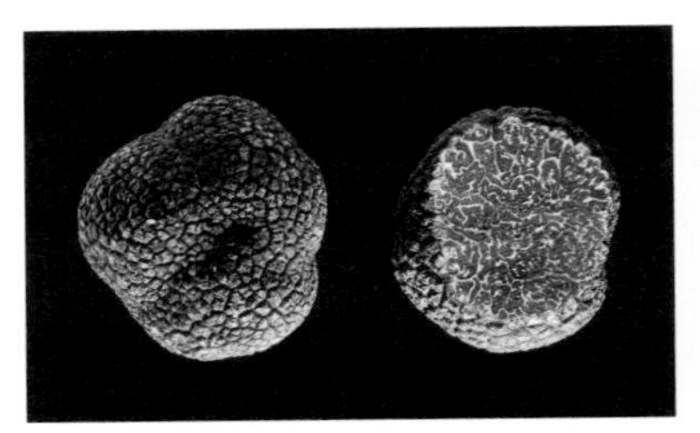

黑松露（佩里格黑松露）

学名：Tuber melanosporum
产区：沃克吕兹、德龙、洛特、加尔、罗讷河口、瓦尔、阿尔卑斯上普罗旺斯
外观：黑色泛点紫色或红色
特色：香气浓郁、口感微妙，名副其实的松露女王。
产期：11月中至隔年3月底

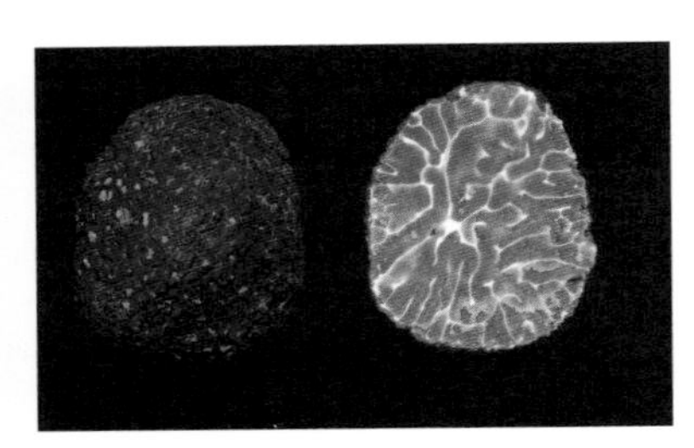

冬松露（麝香松露）

学名：Tuber brumale
产区：沃克吕兹、德龙、洛特、加尔、罗讷河口、瓦尔、阿尔卑斯上普罗旺斯
外观：体形较小，光线照射下泛紫光。
特色：味道较重，带麝香味。
产期：12月至隔年3月

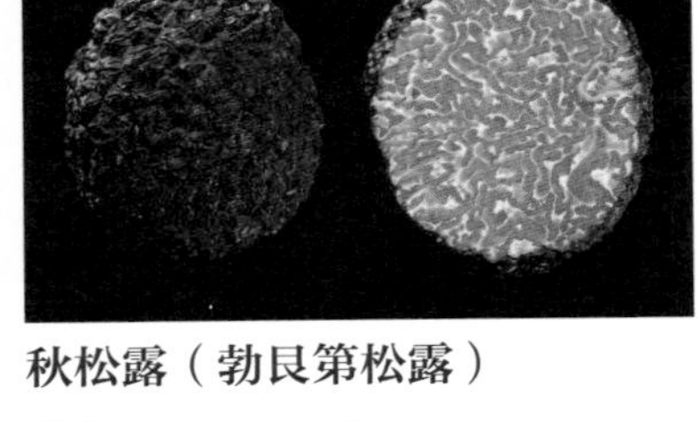

秋松露（勃艮第松露）

学名：Tuber uncinatum
产区：勃艮第、奥贝区、阿尔萨斯
外观：巧克力色
特色：带木质香气。
产期：9月至隔年1月

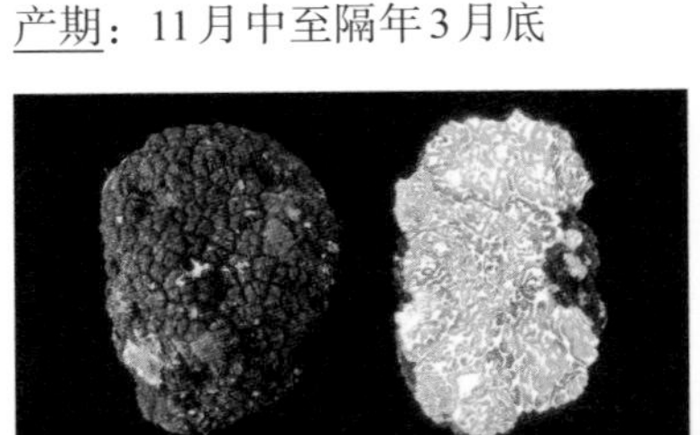

柴胡松露（洛林松露）

学名：Tuber mesentericum
产区：默兹
外观：黑色泛巧克力色
特色：闻起来有轻微甘草味，尝起来带杏仁味。
产期：9~12月

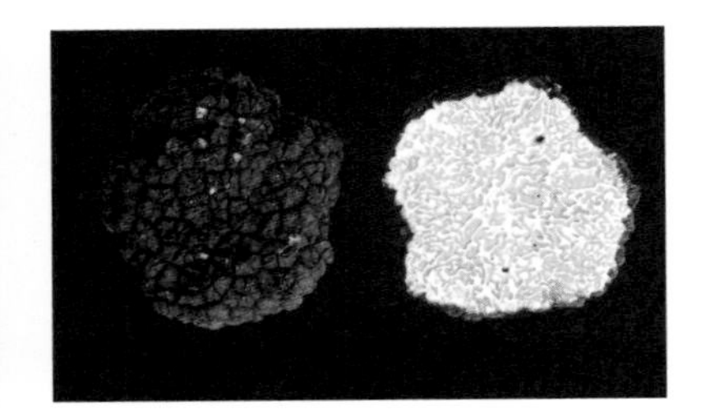

黑夏松露（夏季松露）

学名：Tuber aestivum
产区：沃克吕兹、德龙、洛特、加尔、罗讷河口、瓦尔、阿尔卑斯上普罗旺斯
外观：深咖啡色
特色：内部为白色，带野菇香气。

何处寻找松露？

毛栎、冬青栎、夏栎和（会长果实的）榛树是松露最喜爱的树种。此外，欧洲黑松、欧洲赤松、山毛榉、椴树、千金榆也都是森林里与松露亲近的树种。

松露的香气

有机化合物二甲硫基甲烷（**2,4-Dithiapentane**）是松露香气的主要成分。就是这味道从20世纪90年代起为厨师和食品工业带来新灵感。

如何寻找松露？

- 猪：这种菌类发出的味道就跟公猪交配时散发的信息素一样，让母猪特别敏感。
- 狗：嗅觉更灵敏，也没有猪那么贪吃。
- 苍蝇：容易被松露味道吸引，只要跟随特定品种即可找到。

三道松露满溢的料理

- 巴兹耶妈妈的寡妇鸡（poularde de Bresse demi-deuil）
- 保罗·博古斯的黑松露酥皮浓汤（soupe VGE）
- 吉·萨佛伊的松露朝鲜蓟浓汤（soupe d'artichaut à la truffe noire）

费相* 的粗盐派皮焖烤佩里格黑松露

分量：4人份

材料：
佩里格黑松露4个
（外形浑圆，每个80克）
鸡高汤100毫升
黄油80克

盐焗脆皮
粗盐500克、面粉1千克
蛋白100克、苔藓300克

菊芋奶泥
菊芋500克
液体鲜奶油500毫升
细盐

森林饼屑
扁叶欧芹25克
苔藓25克、黄油20克
蛋黄25克、蛋白40克
面粉50克、水60毫升
泡打粉1撮、盐1撮

步骤：

- 盐焗脆皮：所有的材料放入搅拌盆，混揉成表面光滑的面团。分成两份，其中一个擀成2厘米厚的面皮，另一个擀至1厘米厚，放置在阴凉处。
- 菊芋奶泥：菊芋削皮切丁，加盐和鲜奶油煮20分钟。滤掉水分，打成细腻的泥，放在碗中隔水保温。
- 森林饼屑：将欧芹、苔藓、面粉、黄油、盐和泡打粉放入搅拌机的盆子里，倒入热水后搅拌均匀。加入蛋黄和蛋白，再次搅拌后用锥形漏勺过滤。放入奶油枪中，灌进三瓶氮气。拿出两个纸杯，填满3/4，放入微波炉2分钟，取出敲碎。
- 料理松露：削掉松露表皮，刨下一些松露放入鸡高汤。在比较厚的面皮中央压一个坑，放入松露、高汤和黄油，盖上另一个较薄的面皮封好。放入已经预热至180℃的烤箱烤30分钟。
- 组合：把菊芋泥铺在盘子上，撒上森林饼屑。把上层面皮拿开，取出松露后放到盘子上，淋上派皮里的松露高汤，完成。

*食谱摘自《太阳》(*Solar*)，艾瑞克·费相（Éric Frechon）著。

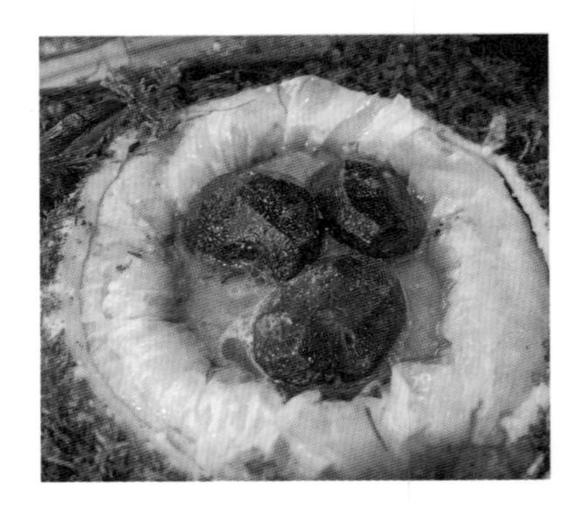

同场加映
盐，无论如何都要盐！（第320页）

夹心马卡龙

撰文：吉伯特·巴泰勒

这种夹心小圆饼又名“巴黎马卡龙”（macaron parisien）或“吉贝马卡龙”（macaron Gerbet）。
这个小甜心从巴黎风靡到东京，从伦敦红到纽约，让各地的食客垂涎三尺！

新图腾的诞生

传统的杏仁甜饼原是表面粗糙的单片饼干，经过很长一段时间，才演变成现在这样外表光滑、中间夹着甘纳许的小圆饼。

1862年，著名的甜点师路易恩内斯特·拉杜丽（Louis-Ernest Ladurée）在巴黎开了第一间店。他的孙子皮耶·德方登（Pierre Desfontaines）将马卡龙改造成夹心饼，并缩小成经典的一口大小，取名为“吉贝马卡龙”（Gerbet）。

在20世纪最后这20年间，这款“巴黎马卡龙”因皮埃尔·埃尔梅（Pierre Hermé）和菲利浦·昂德里约（Philippe Andrieu）两位甜点师而一跃成为甜点界的明星。

马卡龙的4个重要年份

1997：身为杜拉丽（Ladurée）甜点店的顾问，皮埃尔·埃尔梅调整了“吉贝马卡龙”的食谱，以精品的概念制作这个小点心。

2001：巴黎第一家皮埃尔·埃尔梅甜点店开业，推出各式微妙且复杂的口味，让马卡龙成为巴黎甜点的重要象征之一。

2006：电影《凡尔赛拜金女》（*Marie-Antoinette*）票房成绩亮丽，玛丽·安东妮公主大啖马卡龙的一幕让这个小小的圆饼红遍世界。

2009：歌手艾穆·费兹（Helmut Fritz）在专辑《让我抓狂》（*Çam'énerve*）的歌词中写道：“杜拉丽前排队的人潮让我抓狂，竟然都只为了马卡龙，但听说真的很好吃。”让这家马卡龙专卖店的日销量一飞冲天。

皮埃尔·埃尔梅的传奇无限香草马卡龙

分量：72个马卡龙（144片杏仁圆饼）

材料：

香草甘纳许

液体法式酸奶油400克（乳脂35%）
马达加斯加香草荚2根
塔希提香草荚2根
墨西哥香草荚2根
法芙娜的Ivoire35%白巧克力440克

香草杏仁圆饼

杏仁粉1300克
糖粉300克
液化蛋白*220克（平分成2份）
香草荚3根
细砂糖300克
矿泉水75克

*液化蛋白：把蛋白放在搅拌盆里常温保存2~3天。

步骤：

香草甘纳许

- 从香草荚刮取香草籽，两者皆放入酸奶油中煮沸。离火后盖上盖子等30分钟，让香草入味。
- 巧克力刨片后隔水加热熔化。把香草荚取出擦干，酸奶油分三次倒入巧克力中，用食物调理棒搅拌均匀，倒到焗烤盘内用保鲜膜封好，放进冰箱冷藏12小时。

香草杏仁圆饼

- 糖粉和杏仁粉过筛。刮取香草籽，与杏仁糖粉混合。淋上第一份蛋白，不要搅拌。
- 制作糖水，当加热到115℃时，打发第二份蛋白；当糖水达到118℃时，倒入打发的蛋白中，用打蛋器搅拌；待温度降到50℃时，倒入刚才做好的杏仁糖粉与蛋白混合物中拌匀。最后放入装了11号花嘴的挤花袋。

塑形与烘烤

- 把烘焙纸铺在烤盘上，挤出直径约3.5厘米的圆形面糊，每个面糊要间隔2厘米。挤好后，在工作台上铺一条布，将烤盘在布上垂直敲几下，然后放置一旁约30分钟，等面糊表面略干。
- 烤箱预热至180℃，使用旋风模式烤12分钟，期间要快速打开烤箱门两次，烤好后放到工作台上冷却。

组合

- 用挤花袋将甘纳许挤到杏仁圆饼上，再拿另一个圆饼盖上，冷藏24小时。享用前2小时取出。

同场加映
爱情蛋糕（第228页）

不可错过的5款马卡龙

1
巴黎，皮埃尔·埃尔梅的**莫加铎马卡龙（Mogador）**：牛奶巧克力和百香果

2
巴黎，杜拉丽的**咖啡马卡龙**

3
里昂，赛巴斯汀·布耶（Sébastien Bouillet）的**里昂马卡龙（Maca'Lyon）**：太妃糖圆饼夹70%巧克力

4
南特，文森·格勒（Vincent Guerlais）的**焦糖花生马卡龙**

5
巴黎，尚保罗·黑凡（Jean-Paul Hévin）的**马丘比丘马卡龙**：秘鲁黑巧克力

法国美食主教

撰文：亚维娜·蕾杜乔韩森

保罗·博古斯曾是战后最年轻的星级大厨。到了2018年，90高龄的他成为餐饮最资深的一线大厨。他一生致力于让厨师的工作获得大众认可，也建立了庞大的饮食帝国。

职业生涯

1934年：8岁就开始进出自家餐馆的厨房。“我自小就认识厨房工作台上的一切，像个奴隶似的刷锅底、磨刀，还有那个像大火炉般的战场。”

——《珍馐佳肴》（*La bonne chère*，1995）

1942年：在里昂克劳德·马黑（Claude Maret）的餐厅当学徒。“那是我这一生中最不堪的日子。那里就像个黑市，我们得先杀猪、杀小牛并把它们肢解，才能煮上一道黄油肋排。”

1947年：他一路骑到了里昂近郊的巴兹耶妈妈餐厅（La Mère Brazier），请求让他工作。“能骑着单车到这里的人一定很有勇气，孩子，你被录取了。”

1949年：费南·普安（Fernand Point）推荐他到巴黎Lucas Carton餐厅工作。

1950—1952年：取得进入费南·普安（Fernand Point）餐厅的门票。“他为我带来无尽的灵感，我也学会了精简的艺术。”

1958

获得第一颗米其林星星

✿

1960：米其林二星

1961：法国最佳工艺师

1965：米其林三星

2015：庆祝获得三星50年，前所未有的成就。

✿✿✿

保罗·博古斯

Paul Bocuse（1926—2018）

费南·普安的比目鱼

分量： 4人份

准备时间： 40分钟

烹调时间： 25分钟

材料：

比目鱼1条（600克）

中型番茄1颗

红葱3颗

中型巴黎蘑菇4颗

白酒200毫升

宽扁鸟巢面2捆

蛋黄1颗

澄清黄油*100克

液体鲜奶油1汤匙

盐、研磨胡椒

步骤：

- 剔出鱼刺，和鱼头、鱼皮一起用来熬制高汤。
- 番茄去皮切丁，红葱去皮切末。洗净蘑菇，菇盖切成条状，保留梗的部分。
- 从高处把水淋在鱼头、鱼皮和鱼刺上，再和白酒、红葱、菇梗一起炖煮20分钟。
- 用小火隔水加热蛋黄，加入一小汤匙的水，用打蛋器搅拌一下，再加入澄清黄油，加盐，用打蛋器搅拌直到顺滑，做成沙巴雍蛋黄酱（crème au sabayon）。
- 过滤高汤。把鱼、蘑菇和番茄放入汤锅中，倒入刚才准备好的高汤，用小火煮沸。取出鱼肉、番茄和蘑菇，留下高汤继续加热收汁。
- 打发鲜奶油，拌入高汤和蛋黄酱。
- 用盐水煮面5~6分钟，煮好之后和番茄、蘑菇一起放到盘子上。摆上鱼肉，淋上酱汁，放入烤箱2~3分钟，上色后即可取出上菜。

*将普通黄油加热蒸发水分，去除盐分、蛋白质、酵母及其他非乳脂固形物所得到的纯净油脂。——译注

♛

博古斯帝国

- 高级餐厅Auberge Paul Bocuse
- 庄园Abbaye de Collonges-au-Mont-d'Or（可接待宴会）
- 在里昂和卡露里耶（Caluire）拥有6家餐厅。
- 连锁快餐及简餐店
- 保罗·博古斯厨艺学校与实践厨房，每年能够训练700学生。
- 保罗·博古斯基金会：为“延续这项职业的传统、知识和态度”而存在。
- 美国、日本和瑞士的餐厅。

厨师的社会地位

保罗·博古斯一生致力改善厨师的工作环境，提升厨师的社会地位。

把厨房还给厨师

这句话来自他在费南·普安餐厅工作的时期。当时只有饭店经理能享受顾客和记者的重视。普安常说：“一名厨师得拥有属于自己的事业。”1960年，博古斯拿着一沓用报纸包起来的钞票，买下了原名为Hôtel du Pont的餐厅。

走出厨房

“餐厅就像一座剧院。”博古斯谨遵普安的教诲，每次上完菜都会亲自到餐桌旁和顾客握手、拍照和签名。

引以为豪

他和职业服饰公司创始者布拉盖（Bragard）设计了一套新的厨师服，使其更高雅、更合身。更重要的是，他为获得法国最佳工艺师表彰的厨师加上了蓝白红三色的领口。1987年，他更为“全球最佳厨师”设立了一个以自己为名的赛事“博古斯厨艺大赛”（Bocuse d'Or）。群众为之疯狂，记者蜂拥而上，这位大厨终成明星。

布列斯鸡杂佐羊肚菌

分量： 8人份

材料：

布列斯鸡1只，约1.8千克，切成8块
干羊肚菌30克
马德拉葡萄酒100毫升
鸡汤块2.5块
巴黎蘑菇100克
红葱6小颗
龙蒿3束
Noilly Prat苦艾酒100毫升
白酒500毫升
软化黄油20克
面粉20克
浓稠法式酸奶油500克

步骤：

- 羊肚菌用热水泡30分钟，挤干并切半。马德拉酒加热收汁，再加入羊肚菌和半块鸡汤块，加水盖过所有材料，中火炖煮40分钟。
- 在鸡肉表面涂盐。在万用锅中倒入250毫升的水、苦艾酒和白酒。加入洗净甩干的龙蒿、切成丝的红葱、蘑菇盖切片和2块鸡汤块，大火加热。
- 把鸡肉放入万用锅，不加盖煮12分钟。取出鸡胸肉，其他还微带血色的鸡肉再煮13分钟。汤汁不足时可加点水，让水位维持在鸡肉之上。
- 搅拌黄油，让它进一步软化，再加入面粉拌匀。
- 取出所有的鸡肉，沥干龙蒿。锅内的汤汁要继续加热收干，直到发出噼啪声响，再加入刚才处理好的黄油。
- 紧接着加入酸奶油，煮5分钟，过程中要不停搅拌。把所有的鸡肉都放回锅里加热，翻几次面。
- 把整锅白酱鸡肉倒入热的炖锅，加入沥干的羊肚菌和一点新鲜龙蒿碎片，趁热享用。

博古斯名言

“我有三颗星，做过三次心脏搭桥手术，而且一直以来都有三个女人。”

“我有两个文凭（瓶）*，一个热瓶、一个冷瓶。”

“我鼓励厨师走出厨房，但有时候也希望他们不要忘了回归本位。”

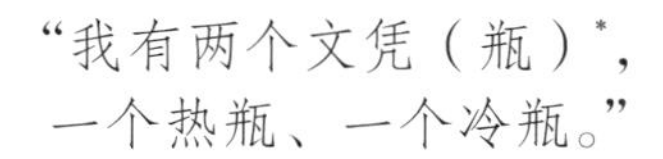

*原文中的bac可以指高中会考文凭，也可以指桶子。——译注

VGE黑松露酥皮汤

1975年2月25日，博古斯在爱丽舍宫接受总统季斯卡授予荣誉勋章，并且为这场晚宴创作了这道极具代表性的料理。

分量： 6人份

材料：

黑松露120克
鹅肝酱60克
牛高汤1.5升（使用高汤块也可以）
Noilly Prat苦艾酒6汤匙
松露煮汁6汤匙
黄油6汤匙
胡萝卜、洋葱、芹菜三种蔬菜各20克
牛肩胛180克（已煮熟）
盐、胡椒
千层挞皮6片（每片60克）
蛋黄3颗

步骤：

- 先把千层挞皮从冰箱取出，室温软化。烤箱预热至220℃。
- 三种蔬菜去皮切丁，用奶油炒过再加盖焖熟。
- 把切成丁的牛肉、蔬菜、小块鹅肝和松露薄片放到单人份的耐高温瓷汤碗里。加入苦艾酒和松露煮汁，把千层派皮摆到汤碗上，外圈压紧，完整保存容器内的香气。
- 在派皮上涂一层蛋黄液，进烤箱烤20分钟，直到表面呈金黄色时立即上桌。用汤匙敲开派皮，碎屑会掉入汤碗中，这时就可以享用了。

你不知道的保罗·博古斯

他的家族世代经营餐厅，最早可以追溯到1765年。

这位大厨偏爱布列斯母鸡。德军占领时期，父亲为了让他躲过强制劳动，曾把他藏在布列斯的一座农场里，这份情感自此萌生。

他的第一家餐厅La Gerentière开在梅杰夫（Megève），最早接待的客人包括作家尚·考克多（Jeon Cocteau）、编剧瓦迪姆（Roger Vadim）和女星碧姬·芭铎（Brigitte Bardot）。

20世纪70年代起，他餐厅的食材都来自一座占地三公顷的生机互动菜园。

他的荣誉勋章源自一玩笑。当时美食评论家克劳德·勒贝伪造了一张带有假签名的爱丽舍宫证明，季斯卡总统觉得这则玩笑很有趣，便顺水推舟让它成真了。

他会催眠动物，也会模仿鸟叫。

他的左肩上有个公鸡图案的刺青，是“二战”期间救了他的美国人刺的。

他有很长一段时间在从事摄影工作。

巴黎格雷万蜡像馆（musée Grévin）中有他的蜡像！

放胆喝粉红酒吧！

撰文：阿雷克西·古嘉禾（Alexis Goujard）

第一道阳光才刚洒下，就听见“砰”的一声！原来是开了粉红酒当开胃酒！看着各种深浅粉红色和产区，我们该如何选择呢？跟着本篇介绍选准没错。

两种主要制作方法

直接压榨法：这是酿制时髦迷人的粉红酒最普遍的做法。把红葡萄倒进压榨机，根据想要的颜色慢慢增加压力，让酒不至于过度染色。此时，酿酒师是决定一切的关键。接着就可以收集葡萄汁进行发酵。

浸皮法：用来酿制颜色鲜明、酒味浓烈粉红酒。将葡萄皮和果汁浸泡几小时，达到想要的颜色与味道，便滤出葡萄汁，装入酒槽中发酵。浸泡时间越长，颜色和层次就越鲜明。这个做法与“放血法”（saignée）相同，不过放血法释放出的葡萄汁有一部分用于制作红酒。

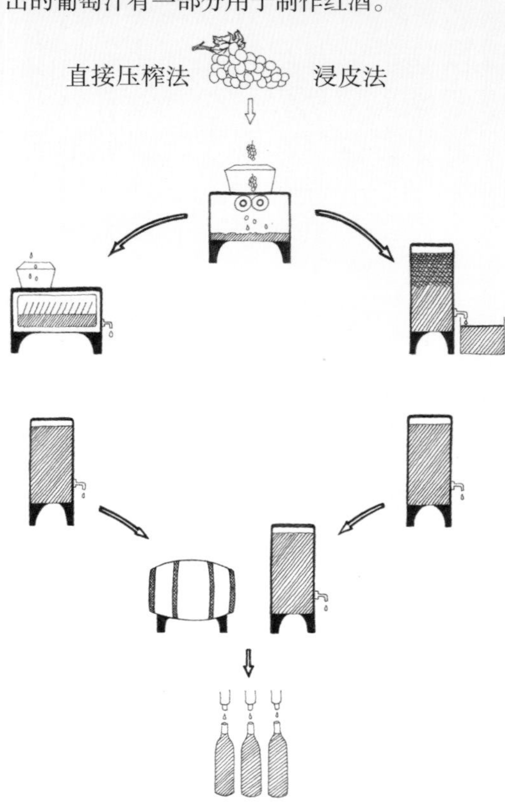

千万别拿红酒混白酒！

酿制粉红酒只使用红葡萄，有时在压榨前可能加一点白葡萄。只有粉红香槟例外，在装瓶前可加入一点红酒染色。

粉红酒的颜色有什么差别吗？

一般来说，粉红酒的颜色越浅，口味越清淡；颜色越深，酒的质感和层次就越适合佐餐。避免色泽（robe）太浅或太亮的酒，很有可能质量不高！

粉红酒颜色越浅，酒精含量越少？

错！浅浅的粉色给人清淡的感觉，不过别被外表给骗了，它的酒精浓度也可能达到12.5%，甚至14.5%！一旦喝了加冰块的粉红酒，是否就算堕落了？错！要是遇到粉红酒色泽过于荧光，或是味道太酸，倒入大酒杯里加些冰块就能掩盖这些缺点。

粉红酒能久放吗？

可以。塔维尔（Tavel）、巴雷特（Palette）和邦斗尔（Bandol）这几款难得的粉红酒，可以保存2年、3年、10年，甚至更久！如果意外在酒窖深处找到老粉红酒，先别急着倒掉，尝尝看也许会有惊喜。

搭配粉红酒的餐点

- 瓦华丘（Coteaux varois）和普罗旺斯丘的甘美粉红酒，适合搭配腌烤甜椒、披萨、尼斯洋葱塔、马赛鱼汤等。
- 要搭配毕勾尔黑毛猪火腿（Noir de Bigorre）或塞拉诺火腿（serrano），可以开一瓶伊鲁莱吉（Irouléguy）生产的塔那（tannat）粉红酒，或是科利乌尔（Collioure）的混酿粉红酒，也可以用科西嘉的霞卡露（sciaccarellu）粉红酒。
- 酸辣的泰式料理（牛肉沙拉、泰式炒河粉、酱油鸭）就要搭配带有香料味的卢瓦尔河强劲粉红酒，例如黑诗南（pineau d'Aunis）或果若（grolleau）。
- 不管用塔维尔或利榭粉红酒（Rosé-des-Riceys）搭配，都能与紧实的铁板煎鲔鱼鱼肉完美结合。

粉红酒产地

普罗旺斯：口感细致又有层次。

葡萄品种：普罗旺斯丘的希哈（syrah）、格那希（grenache）和仙梭（cinsault）混酿，邦斗尔的慕维得尔（mourvèdre），伯雷的布拉格（braquet）。

科西嘉岛：调性鲜明、强烈，有香料味。

葡萄品种：霞卡露与尼陆修（nielluciu）

罗讷河谷地：深色与浅色粉红酒皆有生产，前者口感如丝绒，后者强劲鲜活。

葡萄品种：罗讷河丘和阿尔代什的希哈、格那希、慕维得尔，塔维尔的卡利浓（carignan）。

香槟地区：气泡粉红酒细腻精致，无气泡粉红酒丰富大气。

葡萄品种：香槟地区只用黑皮诺酿制，或使用夏多内、莫尼耶（meunier）与黑皮诺混酿；利榭粉红酒只用黑皮诺酿制。

卢瓦尔河：这里的粉红酒充满活力，令人欢愉。

葡萄品种：都兰的加美（gamay），冯多马丘的黑诗南，安茹的果若，松塞尔的黑皮诺。

波尔多：想喝列级酒庄的酒，不用等15年了！波尔多粉红酒口感偏圆滑温醇。

葡萄品种：以梅洛为主，加一点卡本内苏维浓。

西南区：此区的粉红酒强劲热血，惯喝柔顺粉红酒的业余爱好者可以略过这一站了！

葡萄品种：弗隆东的内格瑞特（négrette），卡欧的马尔贝克（malbec），伊鲁莱吉的塔那，加雅克的杜哈（duras）。

朗格多克-胡西雍：各种滋味丰富、充满果味的粉红酒。

葡萄品种：地中海沿岸经典的格那希，科利乌尔和圣希尼昂的希哈，朗格多克-卡布里埃的仙梭。

五款令人欢愉赞叹的精选粉红酒

塔维尔
Domaine de L'Anglore
带有南方调性的葡萄所酿制的粉红酒，能带给人北方的清新感的有机葡萄酒。

科西嘉岛
Clos Fornelli
可以闻到霞卡露清新的覆盆子风味及温和的香料味，非常迷人！

普罗旺斯丘
Château de Roquefort
生长于砾岩之间，锻炼出优雅高傲的特质，富有现代感的珊瑚酒色引来各家效仿。有机葡萄酒。

冯多马丘灰皮诺
Patrice Colin
黑诗南酿成的粉红酒，为舌尖带来卢瓦尔河的清新风格。有机葡萄酒。

邦斗尔
Domaine de Terrebrune
一年酒龄能喝到热烈花香，十年酒龄则带细致香料味，滋味丰润美妙，极具收藏价值。有机葡萄酒。

阿尔萨斯酸菜腌肉

撰文：菲黛莉克·卡赛艾梅（FrédérickE. Grasser-Hermé）

这道菜是法国人最爱的料理之一，却没什么人敢在家自己做。不过就是腌制过的酸菜，没有想象的那么复杂。

源起

法语choucroute源自德语sauerkraut，也就是酸菜的意思。后来取其发音，用chou（卷心菜）加上croute（原义为脆皮，这里只取发音）。这道菜最主要的就是乳酸发酵的卷心菜丝，只不过后来食材越加越多。

各种版本的酸菜

- 斯特拉斯堡当地人会用鹅油或猪油烹煮，加上熏猪里脊、白香肠、肥猪肉和斯特拉斯堡香肠。
- 皇家酸菜锅使用阿尔萨斯气泡酒，更高级一点的会加入香槟，再搭配小茴香熏肠、法兰克福香肠和猪蹄髈。
- 酸菜配黑腺鳕。
- 酸菜配威士忌干烧螯龙虾。
- 圣诞节限定酸菜配烤鹅。

腌酸菜

腌制发酵是老祖宗保存蔬菜营养的技艺。你需要一个釉面陶罐，罐口最好有一圈装水的凹槽，密封性佳，但罐内气体仍可逸出。如果没有陶罐，一个大碗也是可以的。

材料：

容量1升的玻璃罐
卷心菜1千克、盐15克
杜松子1茶匙、葛缕子1茶匙
小茴香籽1茶匙

步骤：

- 摘下一大片菜叶，切掉硬梗，泡水软化后放置一旁备用。
- 把卷心菜切成4等份，用切片器削成0.2厘米宽的细丝，放在沙拉盆里和其他香料混合，让菜自然脱水1小时。
- 把菜和菜汁一起放进密封陶罐，用手腕的力量压实。表面盖上刚才泡水的大片菜叶，再放上一块重物（比如干净的石头）。盖上盖子，在室温下发酵2天，再移至阴凉处放置4周即完成。做好的酸菜可以保存一年。
- 建议吃酸菜时不要洗，这样可以保留所有的益生菌、酶和矿物质，有助消化。

阿尔萨斯酸菜腌肉拼盘

分量：8人份

材料：

猪油3汤匙
洋葱80克，切碎
没有煮过的酸菜2千克
大蒜3颗，去皮压碎
月桂叶2片
新鲜百里香2枝
猪五花500克
半盐猪蹄1只，前一天先泡水脱盐
熏猪肩肉600克
希尔瓦那（sylvaner）白酒1瓶
盐适量

香料

杜松子7粒
葛缕子1茶匙
黑胡椒粒1茶匙
蒙贝利亚尔（Montbéliard）香肠2根
法兰克福香肠或斯特拉斯堡香肠4根
马铃薯8颗
阿尔萨斯樱桃白兰地芥末酱1小杯

步骤：

- 把猪油放到深锅里加热熔化，放入洋葱炒一下，不要炒到变色。加入酸菜拌匀，加入大蒜、月桂叶和百里香。
- 把五花肉放入酸菜、蹄髈和肩肉之间，再盖上一层酸菜。倒入白酒，加盐，再加水盖过酸菜，小火炖煮2小时，最后半小时再放入香肠。煮好后的肉应该入口即化。
- 马铃薯要另外处理，带皮蒸熟，或用炭灰煨熟后再去皮，在酸菜煮好前5分钟加进锅里。另一边同时煮法兰克福香肠或斯特拉斯堡香肠，盖上锅盖用滚水煮5分钟，让香肠膨胀。
- 取出酸菜，在一个鱼雷艇陶盘上堆出一个圆丘。把肉切成小块叠到酸菜上，香肠切成马耳段，但法兰克福香肠或斯特拉斯堡香肠保持原状。最外围摆上马铃薯。搭配一份阿尔萨斯淡芥末、一杯清凉的丽丝玲白酒一起上桌。

认识单词

★ ★ ★

阿雷酪（Alélor）：阿尔萨斯芥末品牌，温和、顺滑，是酸菜的最佳搭档。也有些人喜欢搭配辣根酱。

樱桃白兰地（Kirschwasser）：一种无色烈酒，带有浓郁的樱桃子味，酒精浓度最低为45度。

鱼雷艇陶盘（Torpilleur）：长椭圆形，像艘船的形状。这种盘子最适合拿来装酸菜，架在酒精灯上保温。

芜菁酸菜

这种用芜菁腌制的酸菜叫süri-ruewe，用机器切成薄片，腌制方式同制作卷心菜酸菜一样。

步骤：

圆芜菁1千克切丝，加盐15克和杜松子1茶匙，装入1.5升的干净密封罐，覆盖一大片卷心菜叶，压上重物。在室温下发酵1~2天，再放至阴凉处3~4周。最好用蔬果削片机切薄片。

不要错过这里的酸菜

店名：Schmid
地址：76, boulevard de Strasbourg
这家位于巴黎第十区的熟食店提供传统阿尔萨斯菜，从1904年经营到现在，它的酸菜只能用完美形容。

同场加映
寻觅油脂（第341页）

蔬菜	茄子	朝鲜蓟	紫色朝鲜蓟	芦笋	甜菜根	莙荙菜	西蓝花	刺苞菜蓟
准备方式	切厚片	整颗	用弯刀削成橄榄状	整根削皮	整颗不削皮	菜梗去掉纤维较粗的部分，切段，每段7~8厘米	切成小朵	切掉大片的叶子、外皮和纤维，切段，每段5~7厘米
水煮		**25~40分钟**	用白汤**煮**10分钟**	**8~12分钟**	**60分钟**	**8~10分钟**	**3~7分钟**	用白汤**煮**45分钟到1.5小时**（煮好后应该是软的）
蒸煮	去皮切成丁，抓盐脱水**15分钟**，蒸**15分钟**。淋上橄榄油，用大蒜、青葱和香料调味	**35~50分钟**		**10~15分钟**		**10~15分钟**	**5~8分钟**	
焖煮				**15分钟**			**10分钟**	
煎炒	加一点大蒜，用橄榄油煎**15~20分钟**，随时注意翻面		整颗入锅或切2~4块，以橄榄油爆香蒜末后炒**20分钟**，可加点水或高汤			加入黄油，用中火炒叶子，直到水分蒸发	蒸熟后用黄油炒几分钟，上色即可	
炖煮			用白汤**煮熟后切成两半，放入深锅炖煮**25分钟**			叶和梗都切段，炖煮**20分钟**		
油炸	抓盐脱水15分钟，裹上面糊*，油炸**2~3分钟**		切4~5块，滚水煮5分钟，裹满面糊*，油炸**2~3分钟**					滚水煮熟后加欧芹和柠檬汁，裹上面糊*，油炸**2~3分钟**
烘烤	抓盐脱水15分钟，淋上油，放在烤箱上层，两面各烤**3~4分钟**		涂上橄榄油，和大蒜片一起烤**8~10分钟**		170℃烤**1.5小时**，削皮后搭配黄油一起吃。详见第320页，盐焗甜菜根			详见第26页，焗烤刺苞菜蓟

贾克·麦克西蒙的蔬菜烹饪指南

撰文：法兰索瓦芮吉·高帝

贾克·麦克西蒙（Jacques Maximin）是我烹煮蔬菜的学习目标。这位大师原本在罗杰·佛吉（Roger Vergé）的餐厅掌厨，他刀下的蔬菜总是蔚蓝海岸最美的。他的《蔬菜烹饪圣经》（*Lacuisine des légumes*）更是不可错过的经典。

胡萝卜	西洋芹	根芹菜	巴黎蘑菇	卷心菜	花椰菜	抱子甘蓝	南瓜	西葫芦
削皮，切成圆片、马耳段或条状	去掉底部较硬的部分和纤维，切段，每段4~5厘米	削皮，切成大小相等的块状	去掉菇梗带土的部分，整颗使用	去掉外层厚叶片、太粗的叶子和菜心	切成小朵	切掉菜梗，拿掉第一层叶子	拿掉中间的纤维和籽（不必花时间切掉厚皮）	切成“橄榄状”
8~12分钟	**10~15分钟**	用白汤**煮**5~10分钟**	加一点水、黄油、盐和柠檬汁，大火煮**25分钟**	**15~17分钟**	**8~10分钟**	**8~10分钟**	切成4块，煮**10~15分钟**	**5~7分钟**
10~15分钟	**15~20分钟**			**17~20分钟**	**10~12分钟**	**10~12分钟**	**15~20分钟**	**7~9分钟**
15~20分钟	**20~25分钟**		加入黄油、液体鲜奶油和少许香草一起焖煮**7~8分钟**					
用黄油煎，加一点水，中火加盖煎**12~15分钟**		厚片用黄油煎**15分钟**，薄片炒**5分钟**	用黄油大火煎**5~10分钟**，表面呈金黄色后加盐和欧芹与大蒜末做成的酱。详见第345页，法式蘑菇泥	较嫩的叶子用水煮过后沥干、切成粗丝，加入黄油炒**5分钟**	先蒸**5~6分钟**，接着用黄油炒到稍微上色	先用水煮熟，再用黄油炒到上色	南瓜块用水煮熟后，再用中火和黄油一起煎到上色	切成橄榄状后加水没过，加入黄油和糖，小火煮到水汽蒸发
切段，水加到和萝卜等高，加入1汤匙糖和50克的黄油。煮滚后转小火，直到水收干，萝卜表面焦糖化		大块状煮**5~10分钟**，再加黄油和一点煮汁一起放入烤箱**10~15分钟**		拿掉第一层叶子，切成4~6块，在已经准备好的蔬菜炖肉锅里炖煮**30分钟**		切两半，水加到一半高，放入一个核桃大小的奶油和一些新鲜小洋葱，用小火煮到水蒸发	详见第198页，南瓜浓汤。	切1厘米厚的圆片，开中大火和黄油、2汤匙的水一起炒，直到稍微上色
		切成薄片，油炸几分钟变得跟马铃薯片一样酥脆			先蒸熟，再放入炸锅中炸到呈榛果色			切0.5厘米厚的圆片，用少许橄榄油炸熟
整棵带叶的萝卜，以180℃烤**15~20分钟**		切成厚片，刷上橄榄油后以180℃烤**20分钟**		详见第147页和第312页	整颗菜淋橄榄油后放入烤箱，以130℃烤**1.5小时**		南瓜块用水煮过，放入用大蒜擦过的焗烤盘，加上切片黄油，撒上奶酪，以180℃烤**15~20分钟**	

法式厨艺

蔬菜可以这么煮！

水煮：用一大锅盐水煮过后沥干。可以先煮到半熟再油炸或煎熟，也可以直接煮熟。这种方式也叫“英式煮法”，专业人士则会说“烫煮”（blanchir）。

蒸煮：把蔬菜放在蒸锅带洞的隔层里，利用滚水的蒸汽蒸熟蔬菜，不会煮烂或湿透，也可保住更多营养成分。

焖煮：放在锅里，加一点水、黄油和盐，以小火焖熟。这种方式是利用蔬菜本身的水分把菜煮软，也会说是让菜“出汗”（suer）。

煎炒：可处理生的或已经先用水煮过的蔬菜。加一点黄油、橄榄油或鹅油，用大火煎炒时蔬菜会“紧缩”（pincé）。

蔬菜	草石蚕（甘露子）	吉康菜	菠菜	球茎茴香	四季豆	紫色芜菁	酸模	豌豆
准备方式	切掉两端，涂了盐后包上布巾用力搓	去掉菜梗和第一层受损的叶子	去掉菜梗	去掉菜梗和第一层叶子	切掉蒂头	冲洗后把叶子切掉，再搓洗根部	切掉叶梗	去壳
水煮	**10~11分钟**	整个煮**10分钟**，煮烂前取出（去苦味）	水滚后煮**3~5分钟**	**15~20分钟**	**10~12分钟**；较细、较嫩的煮**3分钟**	**10~12分钟**		**5~7分钟**
蒸煮	**12~13分钟**		**5~6分钟**	**20~22分钟**	**12~15分钟**	**12~15分钟**		**7~9分钟**
焖煮	加一点水，和黄油一起用小火煮到水蒸发	把8颗吉康菜排放进锅里，加入100毫升的水、1颗柠檬的汁、40克黄油、盐和1小撮糖。盖上锅盖，大火煮滚后转小火再煮**30~35分钟**	和黄油一起加盖焖煮**3~5分钟**	切半，和一点黄油、2汤匙水一起焖**10~15分钟**		切半，加黄油和几汤匙水，用中火一起焖到收汁	和黄油一起焖软，煮掉叶子里的水分，起锅前加入液体鲜奶油	几汤匙的水、少许黄油，加盖焖煮
煎炒	水煮后，“滚”过黄油再煎一下	平底锅内加入黄油后盖上锅盖，每边煎**10分钟**	先焖煮，加入液体鲜黄油后用中大火炒		用黄油炒，起锅前加入欧芹碎酱（大蒜+欧芹+橄榄油）或意式番茄酱	切0.5厘米厚的圆片，焯烫**30秒**，再用黄油炒**6~8分钟**		法式煮法：500克的豌豆、新鲜小洋葱、莴苣心、70克的黄油、百里香、欧芹、盐、胡椒、半杯水，加盖煎**20~25分钟**
炖煮		滚水煮过后，加入糖和黄油再煮**20分钟**		滚水煮**5分钟**，加入一点水、黄油和糖（或是1颗柳橙的汁），煮到水分收干		切成“大橄榄”状，加水没过，加入黄油和一点糖（或蜂蜜），煮到水汽蒸发		
油炸								
烘烤		焖煮后排在涂了油的烤盘上，盖上一层贝夏梅酱、刨碎黄油和埃曼塔奶酪丝，以180℃烤**20分钟**后，移到火上烧烤**5分钟**		加橄榄油和几颗大蒜，以180℃烤**45分钟**				

炖煮：炖煮是让带香气的蔬菜在油质或高汤中煮到出水（如红葱、萝卜、大蒜或香草束），再把其他蔬菜放进锅里，盖上盖慢慢煮熟。

油炸：跟炸薯条一样，把蔬菜放到高温炸油中。可以直接把生的蔬菜放进炸锅，或是裹粉炸，也可以煮熟后再裹面糊*油炸。

烘烤：油封、上色、放在架上烤或包起来烤。烤箱的用途很多，可以自由调整温度。中低温为50~125℃；中高温为125~200℃；高温或超高温为200~250℃。

荷兰豆 	韭葱 	各色甜椒 	较紧实的马铃薯：丰特莱美人（belle de Fontenay）、夏洛特等	淀粉感较重的马铃薯：比提杰	新生小马铃薯	婆罗门参 	菊芋 
去掉蒂头	去除根部和比较老的绿叶	去除蒂头和籽，切成粗条状	洗净	洗净	洗净，不削皮，整颗烹煮	去除叶子后切掉两端，削皮	削皮（需要一点耐心！）
4~5分钟	**8~10分钟**		可削皮也可不削，放入冷水中，水滚后煮**20~25分钟**	削皮，切成4块，放入冷水中，水滚后煮**20分钟**。详见第19页，马铃薯泥	详见第19页，马铃薯泥	用白汤[**]煮**15~20分钟**	**30分钟**
5~6分钟	**10~12分钟**	整颗连蒂头一起蒸**8~12分钟**，再剥皮、去蒂头、去籽	**25~30分钟**	**20分钟**	**10~15分钟**	**20~25分钟**	**30~35分钟**
	春天的韭葱，加入黄油和一点水后用中火加盖焖煮						切成薄片，加黄油和一点水以小火焖煮。用刀尖测试熟度
水煮到口感恰好（aldente）的程度，再放到炒锅里和黄油、一点水炒一下			削皮，切成圆片，用黄油、橄榄油、鸭油煎**25~30分钟**		切成小块状，用黄油、橄榄油或鹅油大火煎**5分钟**，转中火再煎**20分钟**	先用滚水煮过后沥干，用黄油以中两面火煎一下。可搭配法式酸奶油一起吃	
			马铃薯片：1千克马铃薯削皮，切0.2厘米薄片，清洗沥干。高温炸一次，**3~4分钟**即可捞起，过程中要不断翻搅	见第333页，薯条		先用滚水煮过，浸在加了柠檬和盐的花生油里**25~30分钟**，沥干，裹上炸粉后入锅，炸到上色即可	
		整颗甜椒用上火炙烤**45分钟**，表皮会变黑。放进密封的盒子里闷5分钟，剥皮、去籽，切成条状后淋上橄榄油	不削皮，沿长边切成两半，切面朝上放在烤盘上，撒上粗盐、迷迭香、百里香和几道橄榄油，以180℃烤**40~50分钟**	整颗不削皮，包在铝箔纸里烤**1.5~2小时**。烤好后切对半，搭配法式酸奶油和切碎的香草	刷上橄榄油，撒上粗盐、百里香、几颗大蒜，以180℃烤**40分钟**		

[*] 面糊：在1汤匙的牛奶里加入5克的泡打粉。混合120克的面粉、1颗蛋黄、泡打粉和盐，加入1/3杯的牛奶和3汤匙的啤酒，仔细搅拌成没有颗粒的面糊后，再倒入剩下2/3杯的牛奶和1汤匙的橄榄油，放在室温中静置2个小时。使用前把蛋白打发，小心拌入面糊中。

[**] 白汤：一种英式煮法，在沸腾的盐水里加入“白色”物质，防止食材氧化，常用来烹煮刺苞菜蓟和根芹菜。先在2汤匙的面粉中缓缓倒入4汤匙的柠檬汁并搅拌均匀。取一口锅，把盐水煮滚。在柠檬面粉中加入一点热水，搅拌到变得清澈无色再倒入热水锅中，并加入要煮的蔬菜。

抢救面包

撰文：费德里克·拉里巴哈克里欧里

把变硬的面包丢掉实在太浪费了！
隔夜的硬面包可以做成酥脆面包丁、肉丸、肉馅、面包粉，甚至可以制作欧姆蛋或夏洛特蛋糕！
有才的法国人就是这样把面包变成餐桌上的国王！

“干掉的面包一点也不难吃，
难的是没有面包可吃。”
——法国谚语

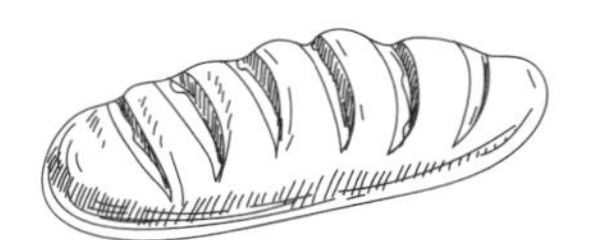

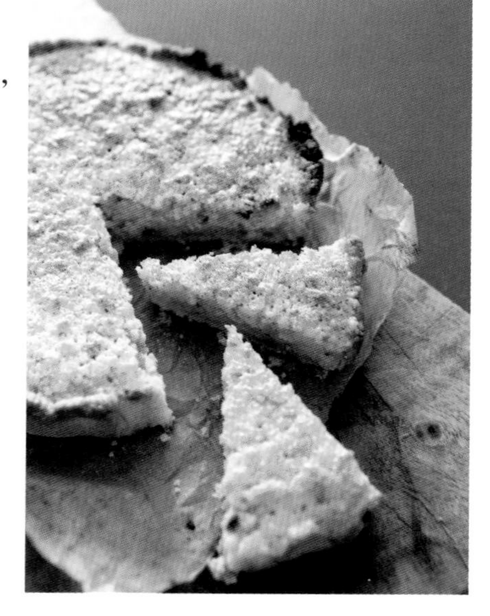

索妮雅*的面包屑甜派

分量：8人份
准备时间：10分钟
烘焙时间：30分钟

材料：
酥皮面团200克
面包屑150克
（不同面包做出来的口味各有特色）
糖70克
杏仁粉50克
炒过的松子100克
牛奶250毫升
泡打粉1包
全蛋3颗

步骤：
- 烤箱预热至200℃。把面包屑泡在牛奶里15分钟。
- 将糖和杏仁粉混在一起，慢慢加入蛋黄和打发的蛋白，再把泡好的面包屑和松子一起拌进去。
- 在抹了黄油的塔模内铺上酥面团皮，倒入准备好的面包屑内馅，烤25~30分钟，注意不要烤焦。上桌前淋一点柠檬糖浆。

*索妮雅·埃兹古礼安（Sonia Ezgulian）是料理厨余的专家，她最大胆的尝试是面包薯条和面包屑甜派。

	甜味	分量	咸味
汤品	**面包泡奶（布列塔尼方言称作boued laezh）**：这款泡在甜牛奶里的面包，让人想起作家柯蕾特（Colette）的咖啡牛奶。	−	**面包汤（panade）**：这类汤各地都有，口味不同，有时还会加入大蒜和蛋。Panade过去指的是大灾难，今日在口语上也用来表示艰困的情况。大仲马在《烹饪大辞典》中特地为这道菜写了一篇。
面包与蛋	**面包布丁（科西嘉方言称作pastizzu）**：一种以面包为底做成的焦糖布丁。经常有人误用粗粒小麦粉取代面包。		**面包欧姆蛋**：在蛋里加些烤过的面包丁和大蒜，也可根据个人喜好加入各种香草。
泡软的面包	**法式吐司（pain perdu）**：令人怀念的儿时味道。按地区不同会浸泡鲜奶油、苹果白兰地、诺曼底苹果酒（pommeau）、君度橙酒或莱姆酒。		**阿尔萨斯肉豆蔻面包（brotknepfle）**：以红葱和肉豆蔻为内馅的长条面包。
各种布丁	**法国北部的面包布丁（ch'pain d'chien）**：布丁（pudding）这个词来自法语的boudin（猪血肠）！这种布丁是把面包加到牛奶里，再加上葡萄干与红糖。 **阿尔萨斯乞丐布丁（bettelmann）**：内含黑樱桃和樱桃白兰地的面包布丁。	+	**阿韦龙和康塔尔的蓬蒂馅饼（pounti或picoussel）**：混合了鸡蛋、面包、莙荙菜、香肠肉馅和李子干。 **阿韦龙发苏饼（farsous）**：用莙荙菜、面包、香肠肉馅和鸡蛋做成的煎饼。现在人们会用面粉取代面包。 **奥弗涅球（boule auvergnate）**：由培根丁（或生火腿）、鸡蛋、欧芹、大蒜和奶酪做成的咸布丁。

梅莉耶*的法国吐司

准备时间：10分钟
放置时间：1~5小时
烹调时间：10分钟
分量：6人份

材料：
厚片乡村面包6片（白面包要放两天）
糖150克
黄油150克
全脂牛奶500毫升（最好是生乳）
鸡蛋3颗
香草荚1枝
雅马邑白兰地至少50毫升

步骤：
- 刮下香草籽，和香草荚一起加入鸡蛋，再加入白兰地和牛奶打匀。将面包浸泡蛋汁后置于一旁备用。
- 把1/3的黄油加入厚平底锅，中火加热，再加入1/3的糖和两片面包。待面包表面形成一层焦糖并逐渐变成金黄色，翻面前撒上一层糖。当面包和牛奶开始呈现焦糖色，就可以和锅内剩下的乳汁一起盛盘了！

*食谱由于盖·梅莉耶（Huguette Méliet）提供，他是连锁餐厅J'Go的老板，负责设计菜单。

同场加映
废弃食材大变身（第97页）

满腔热血的厨师

撰文：查尔斯·帕丁·欧古胡

法国美食黄金年代的巨星，与皮耶尔·图瓦格、保罗·博古斯、亚兰·桑德杭、米歇尔·盖拉德、贾克·皮克和罗杰·佛吉等人齐名。他重视时令，新鲜食材是他料理的核心价值。

> “我和手上的蔬菜生长在同一片土地上，对一名厨师而言，这是件重要的事。”
>
> ——阿兰·夏贝尔

一代名厨的成功之路

1960—1967

在尚·维纳（Jean Vignard）于里昂的Chez Juliette餐厅和三星主厨费南·普安于维埃纳的La Pyrammide餐厅当学徒。

1967

接管父母位于米奥奈（Mionnay）的La Mère Charles庄园。

1969

获米其林二星。

1972

获法国最佳工艺师。

1973

获米其林三星，成为法国最年轻的三星厨师。

1983

出版《料理不光只是食谱》（*La cuisine c'est beaucoup plus que des recettes*）。

1990

因心肌梗死过世。

从米奥奈到神户

在米奥奈的不知名小镇因为他一跃而成美食之城。他在书中这样写道：“没有人会专程到米奥奈晒日光浴、听卡拉扬或买阿贝苏里青春露……”他甚至将事业版图扩展到神户，成为第一位在日本开业的法国厨师。

阿兰·夏贝尔
Alain Chapel（1937—1990）

继承者：亚朗·杜卡斯

杜卡斯21岁时来到米奥奈的厨房，给他的恩师留下深刻的印象。他出版的7册料理百科《亚朗·杜卡斯的料理全书》（*Le Grand livre d cuisine d'Alain Ducasse*）中，每一册都写了“致阿兰·夏贝尔，教会我享受料理乐趣的人”。

肉冻与果冻

从红鲻鱼佐野鸽肉冻到陈年威士忌海胆冻，再到洛神花草莓冻，夏贝尔颠覆汲取原味的方式，从咸味到甜味全都难不倒他。伦敦肥鸭餐厅的三星主厨赫斯顿·布鲁门索（Heston Blumenthal），甚至在他的菜单上的鹌鹑肉冻佐虾酱旁写了“致阿兰·夏贝尔”。

金黄鸡肝蛋糕

克利斯汀·米鲁（Christian Millau）在著作《美食家辞典》（*Dictionnaire amoureux de la gastronomie*）中描述他的伙伴亨利·高特（Henri Gault）在尝到这道满溢虾酱风味的布列斯金黄鸡肝蛋糕时“眼中泛出了泪水”。纽约时报美食评论家克雷格·克莱本（Craig Claiborne）也声称这道菜“颠覆了自然界的法则，堪称一代厨师无与伦比的荣耀”。

布列斯金黄鸡肝蛋糕

分量： 4人份

材料：

颜色非常淡的布列斯母鸡肝4个
牛髓1/2个
盐、研磨胡椒
蛋黄3颗
全蛋3颗
牛奶750毫升
去皮的大蒜1/6颗
黄油20克

虾酱

北欧小龙虾24只
葡萄酒奶油高汤1升
奶油虾酱50克
荷兰酱200毫升
高级白兰地1斗振
法式酸奶油150毫升
松露1颗

步骤：

- 把鸡肝和牛髓拌在一起，用细孔筛网滤过，加入蛋液和牛奶并调味。
- 倒入已抹上一层黄油的烤模中，约1厘米高。隔水加热慢煮，注意水不能沸腾，并在锅内放一个小铁架，避免烤模接触底部。蛋糕不可裂开，应维持表面光滑紧实。烹煮1小时后，以手指按压确认熟度。用布擦干烤模，把蛋糕取出，放在加热过的瓷盘上，淋上虾酱。
- 虾酱：把活虾放到高汤里煮，不要让虾跳出来。虾去壳，用盐和胡椒调味，加入几片松露。放进炒锅中用奶油虾酱拌炒，淋上一点白兰地收汁。最后倒入酸奶油，煮1~2分钟离火，与荷兰酱拌匀。

奶酪咸泡芙

撰文：法兰索瓦芮吉·高帝

一颗颗热乎乎逸着奶酪香气的泡芙，还有比这个更好的开胃点心吗？

奶酪咸泡芙（gougère）是什么？

➢ 佛拉芒的特产？它看起来和果叶尔奶酪咸派（goyère）很像，酥皮加奶酪（最好是马瑞里斯奶酪）是佛兰德斯地区最受欢迎的特产。

➢ 弗朗什-孔泰（Franc-comtoise）的特产？食谱中大量的康堤奶酪的确容易产生误会，但别忘了勃艮第的巴拉丁伯爵曾在10至17世纪间统治这个地区。

➢ 勃艮第的特产？这个说法最有可能。这种泡芙跟当地一种用叫ramequin的小蛋糕模烤出来的乳酪泡芙长得很像。荷尼耶（Reynière）的《老饕年鉴》也证实了它的勃艮第血缘。

你知道吗？

20世纪20年代，大厨普斯佩·蒙塔宁（Prosper Montagné）称这种奶酪泡芙为"用格鲁耶尔奶酪点缀的皇冠"。尽管今日多数地区都把它做成泡芙形状，但仍有部分家庭保留了它原本皇冠的模样。酒窖会供应这种传统下酒菜，冷热皆宜。

勃艮第奶酪咸泡芙

分量：20个小泡芙

材料：

水175克
小块黄油90克
细盐2克
面粉125克
中型鸡蛋3颗
康堤奶酪125克
研磨胡椒
肉豆蔻

步骤：

- 烤箱预热至160℃。在煮沸的水中加入黄油和盐，离火后加入所有的面粉拌匀。用小火加热一下，让面糊变得浓稠，置于一旁冷却。
- 分次加入鸡蛋，每加一颗就要用力拌均匀（需要强壮的手臂或使用搅拌机）。
- 把一半的奶酪刨成丝，另一半切成丁，加入做好的面糊，再撒上胡椒和肉豆蔻提味。
- 用汤匙挖成球状（也可用挤花袋），放在铺了烘焙纸的烤盘上，入烤箱烤25分钟。烘烤期间千万不要打开烤箱的门！烤好后搭配勃艮第白酒一起享用。

巴贝特的盛宴

撰文：爱斯戴乐·罗讷托斯基

导演加布里埃尔·阿克谢（Gabriel Axel）受到卡琳·布里克森（Karen Blixen）的小说启发，拍了这一部刺激感官、歌颂美食的《巴贝特之宴》（*Babette's Feast*），并荣获1988年奥斯卡最佳外语片奖。

进厨房 斯特凡·奥德朗（Stéphane Audran）饰演的女主角巴贝特，曾经是巴黎一家高级餐厅的大厨，为躲避巴黎公社*期间的武力镇压而逃到丹麦日德兰岛的滨海小村生活。她在一对姊妹家里帮佣，谦逊努力地融入这个小村庄。某天她发现自己中了彩票，却没有拿着这笔钱回到法国，反而想要为村民料理一顿丰盛的大餐。

*巴黎公社（Commune de Paris），在1871年3月18日到5月28日期间短暂统治巴黎的政府。由于公社卫队杀死了两名法国将军，且拒绝法国当局的管理，终爆发血腥镇压。——编注

12位宾客 这12名"使徒"将在这一晚亲眼见证最精致的法国美食，并为之瞠目结舌。这些习惯吃马铃薯和黑麦面包的路德教徒平日虔心刻苦，这一晚的每道菜对他们来说都是诱惑。电影中的神秘美食体验竟如奇迹般改变了他们与上帝的关系。一场盛宴，餐桌上感受到的愉悦让他们因此体会了共融、奉献并感怀恩典。

菜单

料理
海龟汤（电影中可以看到活生生的海龟来到小船上）
戴米道夫薄饼（Blinis Demidoff）佐鱼子酱
鹌鹑酥饼佐鹅肝与松露酱
吉康菜核桃沙拉
奶酪
兰姆巴巴与糖渍果干
新鲜水果（葡萄、无花果、菠萝）

饮品
Amontillado雪莉酒（搭配汤品）
1860年份的凯歌香槟（Veuve Clicquot），搭配薄饼
1845年份的梧玖庄园（Clos de Vougeot）黑皮诺，搭配鹌鹑与奶酪
香槟
水，搭配水果
咖啡，搭配兰姆巴巴

"这个女人能把英国咖啡馆里最不起眼的料理化为爱恋，那一份轻盈的、浪漫的爱，让人再也无法分辨躯体和心灵的欲望。"

——《巴贝特之宴》，
卡琳·布里克森（1958）

同场加映
电影里的名厨（第387页）

葡萄酒探险家

撰文：希乐维·欧洁候（Sylvie Augereau）[1]

本篇要介绍5间葡萄酒庄，是酒庄里的这些人改变了法国葡萄酒的命运。

玛瑟勒·拉皮尔酒庄 / 薄酒莱
DOMAINE MARCEL LAPIERRE

玛瑟勒（Camille Lapierre）是第一位坚持酿制自然葡萄酒（vinnature）的人，也是第一个遭受批评的人。他很乐意承认，太过放纵于自然中的葡萄酒，质量一开始十分不稳定。添加硫化物提升质量的方法由来已久，葡萄酿酒矫正剂的使用更是普遍，当时没有不添加矫正剂的酒。他尝试、分析并消化这一切，然后把这段过程传递给来访学习的人和他的孩子们。玛瑟勒在2010年过世，在那之前，卡蜜耶和玛堤厄就已经掌握了酿制的关键，他们还有母亲玛希（Mathieu）。活力十足的玛希同时管理着康宝酒庄（Château Cambon）。从那之后，大家就开始喝薄酒莱了！

特酿[2]："高卢葡萄"（Raisin Gaulois）是能治愈病痛的神药，榨出来的葡萄汁滑溜得不得了！拉皮尔家族的格言就是："薄酒莱葡萄酒一喝下去就会直入肝肾，绝不停留。"

地址：Rue du Pré Jourdan, Villié-Morgon
网址：www.marcel-lapierre.com

普拉久勒酒庄 / 西南区
DOMAINE PLAGEOLES

普拉久勒（Plageoles）家族与西南产区葡萄酒兴起密切相关。在加雅克（Gaillac）葡萄酒还名不见经传的时候，第一位把这种酒装瓶的人就是这个家族的祖父马塞尔，他为此地葡萄园的两千年历史感到自豪。接着，父亲侯贝赫重现已被遗忘的古老品种，使该产区成了活的博物馆。米希安（Myriam）与贝赫纳（Bernard）以当地人特有的腔调和坚持延续这段故事，在面对规范诉讼时，他们经常因为不能在酒标上标示加雅克而发声。儿子罗曼与弗罗宏现在也加入行列。除了照顾有血缘关系的家人，普拉久勒家族也帮助小农发展，包括他们聘用的杰黑米·贾罗（Jérôme Galaup）与邻居玛希纳·雷斯（Marine Ley），以及这些人遍布西南产区的表亲。

特酿：自然气泡酒在普拉久勒可不是短暂跟风，"莫扎克自然酒"（Mauzac nature）已被奉为圭臬。莫扎克葡萄的特色是带有令人欢愉的青苹果风味，让人胃口大开、酒兴大增！

地址：Les Très Cantous, Cahuzac-sur-Verre
网址：vins-plageoles.com

格哈门侬酒庄 / 罗讷河
DOMAINE GRAMENON

格哈门侬的葡萄酒激起了不少人的使命感，使他们投身自然酒的产业。米雪乐·欧贝希（Michèle Aubéry-Laurent）与丈夫是自然酒的先锋（丈夫于1999年过世）。她不反对用硫化物，"能够不用是最大的奢侈，这也是我们酿酒师的乐趣。加了硫化物就斩断了葡萄酒的层次感，因为这样会损失酒的深度"。她不使用过度复杂的年份来隐藏酒的质地，对自己和葡萄酒十分自信。如此，获益最大的是葡萄园。"葡萄酒结合了天地的一切元素，我把日光能量锁在酒桶里，开瓶时就像开了一扇窗，一整年的时光也随之泻出。"格哈门侬的葡萄酒有唤起回忆的能力，而且总是能留下美好回忆。

特酿："一把葡萄"（Poignéederaisin）采用格那希与仙梭酿制，奠定了格哈门侬纯粹果味与初绽放花朵的调性。

地址：Montbrizon-sur-Lez
网址：domaine-gramenon.fr

图布夫酒庄 / 卢瓦尔河
CLOS DU TUE-BŒUF

堤耶希（Thierry Puzelat）与尚玛希（Jean-Marie）在卢瓦尔-谢尔省（Loir-et-Cher）创建了自然酒大家族，从此以后，想要加入自然酒行列的人不再有顾忌。他们会花整个秋天的时间挖犁沟，替16公顷的土地翻土。他们同附近的人一同用餐，发展酿酒事业。他们还有粉丝俱乐部，生活变得像大明星一样疯狂。甚至连阿蓝·苏雄[3]都来请他们照顾他的葡萄园。

特酿："2015年的拉卡耶尔"（La Caillère 2015），没错，就是这瓶！内含都兰的黑皮诺，细腻精致的程度甚至可媲美陈年的勃艮第名酒，而且便宜很多。

地址：6, route de Seur, Les Montils
网址：puzelat.com

贾克·塞罗斯香槟酒庄 / 香槟地区
CHAMPAGNE JACQUES SELOSSE

安瑟姆（Anselme Selosse）的做法一反常态。一般香槟都是顺应消费者而酿制，他却质疑一切，甚至连第一次来到他酒庄的客人也不放过，在他们品酒后会一一询问。塞罗斯可说是葡萄酒熟成的先锋，大家都认为他是生物动力法的执行者。他分析葡萄酒中的一切，从天然酵母到沉淀物，每个点都可能引领他到另一个方向，永无止境。他的香槟大概是世界上花最长时间酿制的葡萄酒了。

特酿："本质"（Substance）是一款慢工出细活的葡萄酒，我们在陈年老酒的年份上加入令它"文明"的条件。我们自己在感受过酒的咸味与活力之后，人都精神起来了。

地址：5, rue de Cramant, Avize
网址：selosse-lesavises.com

1. 记者、品酒者是每年2月在梭密尔（Saumur）举行的"圣瓶"（Dive Bouteille）自然酒大典的大祭司，也是梭密尔与翁杰（Angers）的葡萄农。她与安东·杰贝勒（Antoine Gerbelle）合著了《解今日的渴》（*Soif d'aujourd'hui*），收入大量关于自然酒的信息。
2. 指的是该酒庄的特色酒款。——译注
3. Alain Souchon，法国创作歌手。——译注

同场加映
自然葡萄酒（第86页）

好个法式咸派！

撰文：玛丽阿玛·毕萨里昂

这句话没有贬义*，而是发自内心对这个洛林出身的蛋奶咸派感到赞叹。

很久以前……

在洛林有一种食物叫作“蜜干”（migaine）。人们会在做面包剩下的面团放上一层薄薄的蛋、法式酸奶油和黄油，每次烤完面包就顺便把蜜干放到窑中。18世纪时，蜜干变厚了一点，原本的面团里也添加了黄油；到了19世纪，开始加培根。咸派（quiche）毫无疑问发源于洛林，有人怀疑这个词来自kéich（蛋糕）或kich（料理），无论如何都是从洛林方言来的！

感谢普鲁士人！

如果没有普鲁士人，这种咸派今天可能还藏在乡下不为人知。1870年，普法战争开打，法兰西节节败退，丢了色当（Sedan）、阿尔萨斯和摩泽尔。为了逃离普鲁士人的统治，许多洛林人跑到里昂和巴黎，这道传统菜就这样传开，让全世界为之疯狂。

正宗洛林咸派！

经过多次尝试，我们从洛林区两位大厨席里・勒克雷（Cyril Leclerc）和佛德希克・安东（Frédéric Anton）的食谱取得一个折中方案。前者使用了8颗蛋，后者用了4颗蛋、一半的鲜奶油和一小撮肉豆蔻。以下提供的是能够让人心花怒放的食谱。

油酥派皮

在大碗里混合面粉250克、盐2撮和软化切丁黄油125克。用手指压碎所有的成分，混合成粗粒状。加水2~3汤匙，快速揉成一团后，用手压入一个边稍微有点高度的烤模中，记得要先涂上黄油。用手掌慢慢把面团推开，靠感觉推成一个厚度平均的派皮。

熏五花肉

熏五花肉250克切丁，用盐水煮一下，沥干后用平底锅煎到金黄酥脆，平均铺在派皮上。

蛋汁

全蛋3颗、蛋黄3颗、液体鲜奶油400毫升、浓稠生鲜奶油（crème crue）1大汤勺和盐少许，混合后倒进派皮中，送入180℃的烤箱烤半小时，直到咸派表面呈金黄。放置15分钟，让食材充分融和。切块后，摆盘更好看。别忘了绿色沙拉是不可缺少的配角。

★

边境地区变奏版

孚日地区的人会加入奶酪，尤其是顶级生乳埃曼塔奶酪。阿尔萨斯地区则不一定会加五花肉，但一定会加用黄油炒过的洋葱。

★

试一下不同口味的咸派

鲔鱼

速成版，一整盒鲔鱼罐头沥干，加入咖喱和欧芹。

红椒

包铝箔纸进烤箱烤，取出后冷却，剥掉几乎要剥落的外皮，同蛋、鲜奶油和小茴香混合成橘色蛋汁。

熏鲑鱼

用剪刀剪成大块，和莳萝拌匀。

西葫芦

制作时间较长，因为要等橄榄油炒过的西葫芦圆片变干。加一点大蒜、几片略干变皱的薄荷叶，还有切成丁的布洛丘奶酪，冷了会更好吃。

绿芦笋

芦笋茎底部煮到口感恰好，沥干后放到派皮上。尖端和黄油一起烤，豪迈地刨上一层帕马森奶酪。

马瑞里斯奶酪和韭葱

韭葱切碎，用肥猪肉煸出的油炒过。这种组合可是北方传统口味。

椰奶（其实也是一种鲜奶油，不是吗？）

少一点蛋，加入虾仁、新鲜香菜、一片箭叶橙（会带点柠檬香味）、姜丝和一点辣椒。

一块咸派应该加入……

奶酪？不，错误的行为。**肉豆蔻？**也不行，不过放1小撮死不了。**盒装培根？**绝对不行。只能用农场自产的五花肥肉，原味或烟熏都可以，最好是洛林生产。**牛奶？**会结块。真的想加就加全脂牛奶，但用鲜奶油会更美味。**任何鲜奶油都行？**不，最好是没有发酵的生乳。**千层挞皮？**大错特错，会软烂掉的。只能用油酥派皮。**好吧，那市售派皮呢？**简直是亵渎的行为！这种只要5分钟就可以做好，比市售的好吃一百倍。不需要预烤，和蛋汁一起烤熟即可。

同场加映

尼斯洋葱挞（第192页）

*法语quelles quiches也用来笑反应迟钝的人。——译注

餐桌上的语言课

撰文：奥萝尔·温琴蒂

法国人吃“正餐”（repas），就是“恢复体力”（reprit）的时间，这两个词的词源相同。
直到16世纪拉伯雷笔下的“盛宴”（orgies）出现，repas这个词才被赋予
“在某些固定的时间搭配饮品享用好几道连续的菜肴”的意思。
然后就是一道接着一道的前菜、主菜、甜点。

Déjeuner（昔：早餐 / 今：午餐）

这个词就跟英语breakfast一样，从字面来看是“破戒开斋”的意思，也就是指早晨的第一餐。今日，法语以petit-déjeuner（小午餐）来指早餐，但19世纪的人用的是déjeuner à la tasse（杯里的午餐）这个说法，因为当时的早餐就是一杯牛奶、茶、咖啡或热巧克力，再加上一片烤吐司（rôtie）而已。16世纪时，午餐的时间是早上10点，17世纪才延后到十一二点，而déjeuner这个词也随之演变成“中午的正餐”（repas de la mi-journée）。在这之前，人们都是用dîner来指午餐，一直到1850年左右才变成second déjeuner（一天中的第二餐）或déjeuner à la fourchette（用刀叉享用的正餐）。1950年后，城市里的法国人甚至会到下午1点才吃午餐。

Dîner（昔：午餐 / 今：晚餐）

在16世纪30年代，dîner指的是午餐，到了现在却变成晚餐，这中间时差还真大！18世纪末，晚餐时间最晚是下午4点，到了19世纪就延后到下午五六点。然而现在比利时、魁北克和瑞士法语区，这个词都还是指正午时分的餐点，法国境内的某些地区也保留了这个用法。

Souper（昔：只有汤的晚餐 / 今：消夜）

这个字原指晚上喝一碗热汤，但今日城市里的人已不再这么做了，而是变成深夜吃个简单的消夜，特别是有钱人家看完表演后会这么做。现在法国某些地区也还保有这个习惯。

在梨子酒与奶酪中间

在生活条件优渥的圈子里，为了让用餐时间持续好几个小时，好几种刻意混合的小点心就此诞生。

Brunch（早午餐）就是其中一个例子。这个词是20世纪70年代从英语里借来的，原指赖床时的餐点。是由**breakfast（早餐）**和**lunch（午餐）**结合而成，意思是既然来不及吃早餐，只好直接进入午餐，但是不能错过咖啡和可颂。通常还会疯狂一下，甜的、咸的混在一起，咖啡、酒和香槟全部上桌！

19世纪开始流行**goûter soupatoire（晚餐前的小点心）**，这个词很快就被goûter dînatoire和déjeuner dînatoire取代。现在法国人邀请朋友到家里吃饭时，也会吃一些**apéritif dînatoire（晚餐前的开胃小点心）**。Apéritif就是**“打开胃口”**，来自拉丁语aperire，通常不是正餐，而是三五好友围在矮桌旁吃着一些肉品、咸蛋糕和蘸着各种奶油酱的萝卜，小酌微醺。也有人会用**thé dînatoire（晚餐前的茶点）**来称呼这种点心，从一杯热饮开始，但也没人规定最后不能来点基尔酒助兴。

小提醒：sluch（supper-lunch）和drunch（dinner-lunch）都试着打入法语圈，但法国人似乎还是偏好用apérodînatoire来称呼餐前开胃点心。

有一点饿

这种时候就要来一点collation légère（小点心）补充体力，有的时候是意料之外，有的时候可能真的饥饿难耐。法语collation（小吃）指的是小小的东西，然而这个词的原意其实跟吃没有关系。拉丁语的collatum意思是“交换意见、对谈”，引申为“交换意见的时刻”或“修士的阅读时间”。13世纪时，人们通常会在吃晚餐的时候做这件事，因此collation也就随之变成晚间吃的小点心。在法国大革命前，宫廷内偏好使用collation这个词，goûter（点心）则被认为是一般平民和中产阶级吃的。直到1789年后，goûter才成为通用的点心一词。如同英国人说**five o'clock tea（5点下午茶）**，法国人也会说**le quatre-heure（4点下午茶）**，都是指下午喝茶时顺便吃几块饼干磨牙。

★

家常便饭
（petitfrichti）

Frichti这个词有可能是从19世纪混入阿尔萨斯语的，源自德语frühstück（早餐）。但另外一些语言学家认为这个词来自高卢罗曼语（gallo-roman）的frixicare（炖肉）。以前frichti指的是一场盛宴，但现在常指的是一顿用爱调味的家常便饭。

★

同场加映
马瑞里斯奶酪派（第245页）

法国柑橘大赏

撰文：瓦伦提娜·屋达

它们能添加香气、提味，为料理带来更多层次和滋味。它们既是南法的骄阳，也是安的列斯群岛的暖流，是岛屿间充满异国情调的味道。让我们绕法国一圈，看看这片天空下栽种的柑橘吧。

米歇尔（Michel Bachès）和贝内蒂可·贝榭（Bénédicte Bachès）两夫妇是种植柑橘、培育苗圃、开发研究的探险家。他们两人对柑橘满腔热情，奔走于世界各地，寻找各种奇特的品种。他们的温室目前珍藏了800多个品种，其中也有一些是法国原生种！

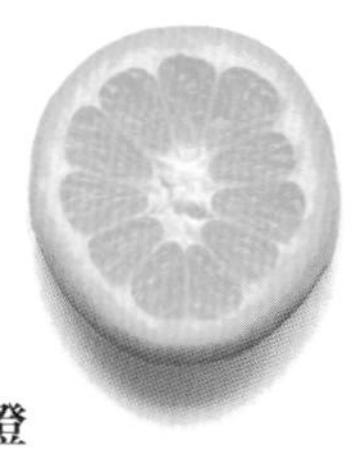

1 尼斯橙 Bigarade de Nice

树种：苦橙（*Citrus aurantium*）
原产地：原产于中国，9 世纪时传到北非，再到意大利。
特征：橙色，外皮粗糙如柳橙，带酸味和苦味。
季节：12 月至隔年 1 月
香味剖析：果皮和橙花皆可提炼精油或纯露。
用途：果肉较苦，可以做成果酱。

2 科西嘉克里曼丁橘 Clémentine de Corse

树种：科西嘉橘（*Citrus reticulata corsica*）
原产地：橘子和柳橙混种，为纪念在瓦赫兰（Oran）发现这个品种的克里曼丁修士而命名。
特征：连叶摘下，屁股青绿，表皮橘红色，光滑亮丽。果肉偏酸，没有籽。
季节：11 月至隔年 2 月
香味剖析：偏酸，几乎不甜。
用途：直接吃或榨成汁。

3 科西嘉柑 Mandarinier de Corse

树种：地中海红橘（*Citrus × deliciosa*）
原产地：中国（因为古代这种水果用来赠予官吏，所以称 mandarine），约 1850 年传至科西嘉。
特征：皮薄，橙色，籽多。
季节：12 月至隔年 1 月
香味剖析：果肉较克里曼丁橘更甜。
用途：直接吃或做成果酱。

4 大溪地莱姆 Lime de Tahiti

树种：莱姆（*Citrus latifolia*）
原产地：热带亚洲
特征：果皮光滑不厚，香气浓郁。成熟后果皮仍是绿色的，但会变得粗糙。
季节：10~11 月
香味剖析：果汁和果皮都很香。
用途：榨出的汁用来制作大溪地生鱼材料。

5 芒通柠檬 Citron de Menton

树种：柠檬（*Citrus limon*）
原产地：15 世纪起就在芒通当地种植。
特征：椭圆状，未成熟前呈绿色，成熟后呈亮黄色。汁多皮厚，表面凹凸。
季节：12 月至隔年 3 月
香味剖析：酸甜
用途：吃法跟苹果一样，可做芒通柠檬塔！

6 南锡香柠檬 Bergamote de Nancy

南锡真正出名的不是这种水果，而是它做成的糖果，是法国唯一获地理保护标志的糖果！这种酸酸的琥珀色糖果是用天然香柠檬糖浆制成。为符合 IGP 标准，所有的香柠檬糖都产自卡拉布里亚大区（Calabre）。

7 箭叶橙 Combava

树种：箭叶橙（*Citrus hystrix*）
原产地：东南亚
特征：长得像莱姆，只是表面有颗粒，看起来比较大。
季节：10 月至隔年 2 月
香味剖析：类似香茅
用途：皮很适合和鱼贝类一起料理，留尼汪人还会拿叶子制作香料香肠。

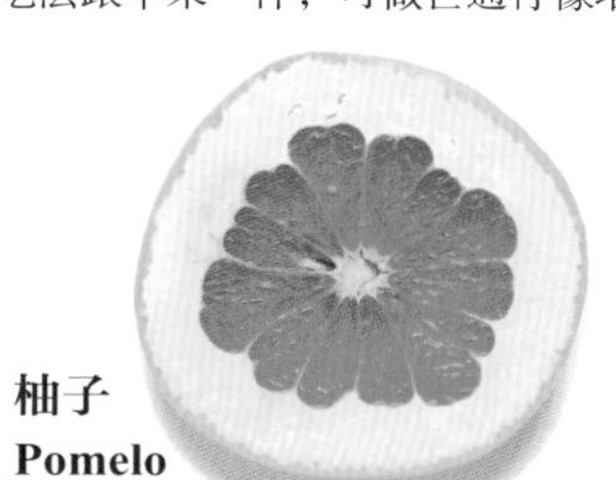

8 柚子 Pomelo

树种：葡萄柚（*Citrus × paradise*）
原产地：安的列斯群岛
特征：比葡萄柚小一点，果皮厚且光滑，黄色，有时带点粉红色。果肉较酸且有点苦。
季节：3~6 月
香味剖析：果肉嫩，带苦味。
用途：直接吃，或是搭酪梨和虾。

9 留尼汪柑 Tangor de la Réunion

树种：柑橘（*Citrus reticulata* Ortanique[1]）
产地：最早在牙买加发现，20 世纪 70 年代引进留尼汪。
特征：柑和橙混种。果皮呈橘红色，薄且粗糙。
季节：6~9 月
香味剖析：香甜多汁，带一点酸味。
用途：直接吃或榨成汁

10 科利乌尔多刺[2]香水柠檬 Pouncem ou Cédrat Poncire De Collioure

树种：香橼（*Citrus medica*）
原产地：谜！葡萄柚和香水柠檬混种而成，很少见，加泰罗尼亚地区 300 年前就出现过它的身影。
特征：看起来像大一点的柚子，成熟后呈橘黄色，多汁。
季节：11 月至隔年 1 月
香味剖析：果肉和汁都颇酸。
用途：常用于加泰隆尼亚区的料理。

11 圭亚那柚 Chadèque de Guyane

树种：柚（*Citrus grandis*）、圭亚那葡萄柚
原产地：17 世纪时由沙达克船长带到圭亚那。
特征：近似葡萄柚，皮厚，颜色为黄绿色，果肉较干。
季节：12 月至隔年 5 月
香味剖析：味道有点刺鼻也有点苦。
用途：可添加肉桂或香草糖渍。

12 科西嘉香水柠檬 Cédrat de Corse

树种：香橼（*Citrus medica*）
原产地：最早传到科西嘉的柑橘类之一。
特征：像大颗的柠檬，体形较长，皮又硬又厚但香气浓郁。
香味剖析：让人想到雪松（cedre），法语名 cédrat 也由此而来。味道比柠檬淡，也比较不酸。
用途：糖渍，也可切片后淋一点橄榄油或科西嘉当地产的柑橘利口酒（cédratine）生吃。

1. 为 20 世纪初在牙买加偶然发现之天然杂交变异，本品种名称为 Orange（甜橙）、Tangerine（桔）、Unique（奇特）字首字尾合成之 Ortanique。——编注
2. 米歇尔和贝内蒂可给这种水果取名 poncire de collioure，后来的人也都这么称呼它。

同场加映
柠檬挞（第 98 页）

长棍面包与巴黎风景

撰文：玛莉罗尔·弗雷歇

纤细的体态、修长的身形、美丽的古铜色，长棍面包绝对有本钱摆姿态，也难怪会成为巴黎的缪斯女神。

诞生

➢隐藏的真实年龄：真正出现的年份无从追溯，但至少也有百岁了，因为1920年时就有以“长棍”指称面包的说法。

➢没有任何关于长棍形状由来的叙述，但有两种可能。19世纪末时，国家针对原本长70厘米、重2千克的面包抽税，改变面包形状才能逃税；另外，1919年3月有一条新法令规定“晚间10点至隔天4点间严禁聘用劳工制作面包”，为了赶上清晨贩售，面包店老板想出改变形状以缩短制作时间，长棍面包就此诞生！直到20世纪50年代前，长棍面包对一般民众都是新奇、奢侈的享受。现在法国人每天要吃下3,000万根长棍，每年60亿根。

三围

一般而言，长棍面包的形状、重量没有硬性规定。《法兰西学院字典》（*Le Dictionnaire de l'Académie française*）关于长棍的词条写的是“形状瘦长且重量为250克的面包”。传统刀痕（面包表面用刀划开的痕迹，烘焙时产生的二氧化碳会从这儿逸出）是5道。2002年，具红标认证（Label Rouge）的长棍面包需符合以下规格：使用32.89号红标面粉、饮用水和盐，酵母使用不超过1.5%，刀痕5道，长度60~65厘米，宽度5~6厘米，重量250~300克。

近亲

➢笛子面包：较厚、较重（400克）

➢绳子面包：较瘦、较轻（125克）

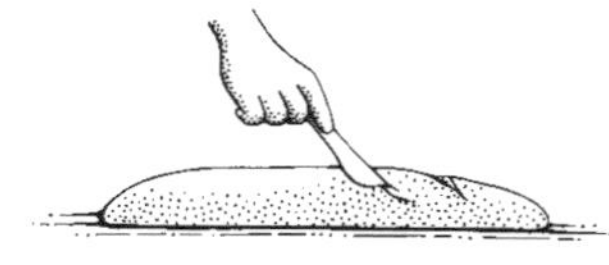

同场加映

目不暇接的环法面包飨宴（第158页）

黄油火腿三明治：30厘米的幸福滋味

黄油火腿三明治是时下法国人最喜爱的三明治口味，又名“巴黎三明治”，市场占有率高达51%，在2016年相当于售出12亿个三明治。想知道食谱吗？其实也没什么不可告人的，不过就是把纯黄油和高级火腿夹进一条美味的长棍面包。那这种组合又是从何而来的呢？

➢路易十四世狩猎时经常带着夹了鸡绞肉的圆形布里欧修面包，有些人认为这就是黄油火腿三明治的祖先。

➢19世纪末，人们会用“casse-croûte”（原为碾碎面包皮的工具）称呼以面包为主的简餐，工人和农民经常以此充饥（矿工则称之为“打火机”）。

➢黄油火腿三明治大约在同一时期出现，成为巴黎商场搬货工人最常吃的东西。更易于携带的长棍面包则要到20世纪50年代才出现。

《男孩、脚踏车与长棍面包》

1955年，美国摄影师艾略特·欧维特（Elliott Erwitt）将这三个象征法国的主题永恒地保存在同一个画面之中。

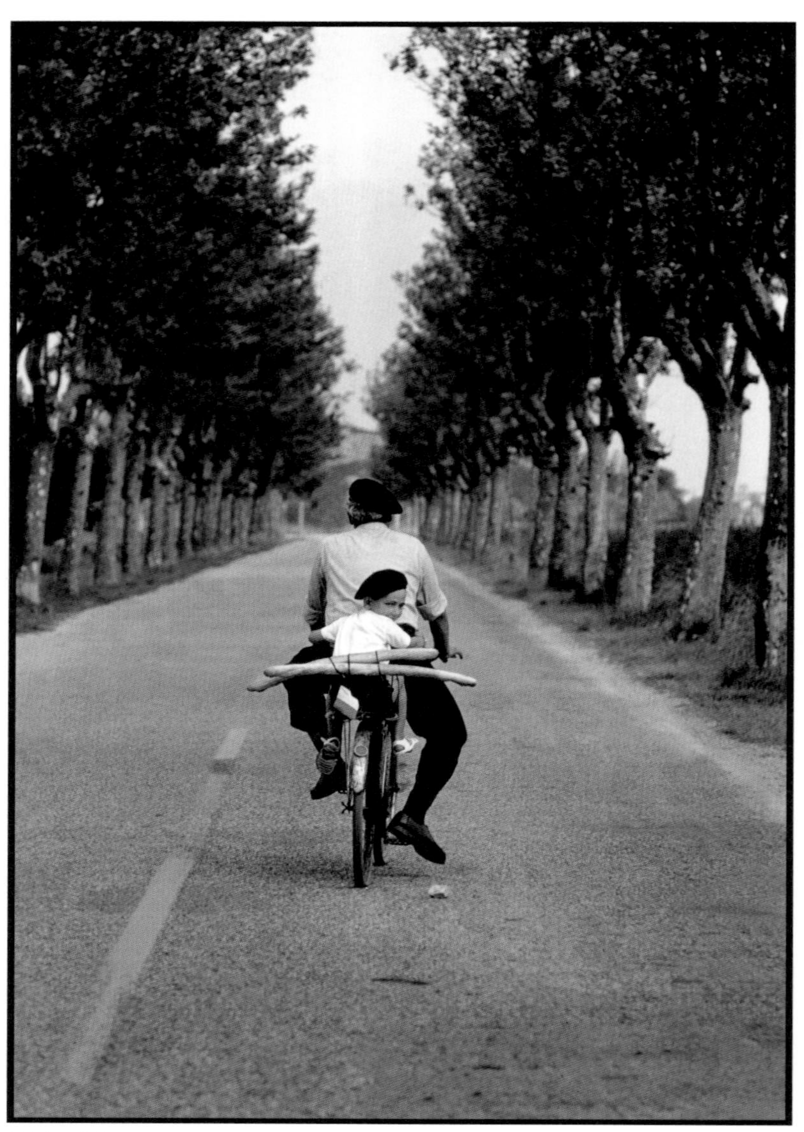

长棍选美大赛

法国传统长棍面包大赏

第四届大奖首次由女性摘下，获奖的是日本女性面包师成泽芽衣（Mei Narusawa），供职于梅兹维尔（Mertzwiller）的Durrenberger面包坊。这项大奖的主办单位是国家糕点面包协会（Confédération Nationale de la Boulangerie-Pâtisserie Française），评审项目包含外观、烘烤程度、口感、气味和气泡。

巴黎长棍面包赛

自1994年起，这个奖项每年都会评选出巴黎最好的十个手工长棍面包，并按名次公布。摘下首奖的面包师傅会得到一块奖牌和4,000欧元的奖金，并在接下来的一年内负责供应爱丽舍宫的面包。2017年的冠军是在巴黎十三区Boulangerie Brun工作的山米·薄图（Sami Bouattour）。

法国料理不可或缺的香草

撰文：法兰索瓦芮吉·高帝

中世纪的法国料理充斥着各种香料。你还不认识这些新鲜香草吗？赶快来看一下吧。

唇形科香草植物

银斑百里香（Thym commun）

学名：*Thymus vulgaris*

最常用于料理的百里香，还有品种相近的柠檬百里香（Thymus x citriodorus）和荷巴百里香（Thymas herba-barona，俗称科西嘉百里香），适合搭配羔羊和炖菜（普罗旺斯炖菜、朝鲜蓟镶肉等）。

红花百里香

学名：*Thymus serpyllum*

香气比一般的百里香内敛，带点柠檬味。普罗旺斯的食谱中，经常使用红花百里香取代一般百里香。

香薄荷

学名：*Satureja*（有超过150个品种）

又名风轮菜，普罗旺斯方言称之为驴胡椒，呛辣的胡椒味是兔肉和野味的良伴。

薄荷

学名：*Mentha*

青薄荷（Menthas picata L.）或辣薄荷（*Mentha × piperita*）经常用来做糖，只有法国南部会拿它入菜（帕洛酱、布洛丘薄荷欧姆蛋）。

鼠尾草

学名：*Salvia*

香味浓烈，带点樟脑香气，适合普罗旺斯炒猪肉，朗格多克地区菜肴也常使用。

迷迭香

学名：*Rosmarinus*

香气浓郁的树脂，为蔬菜炖肉、红酒炖肉增添香气，也可用于制作酱汁和烧烤。

奥勒冈

学名：*Origanum vulgare*

比起希腊、意大利和葡萄牙，法国人较少使用这种香草，通常用来制作意式番茄酱。

马郁兰

学名：*Organum majorana*

和奥勒冈同属，香气较请淡，和百里香相似。经常有人把它跟另一种唇形科的猫薄荷（Calamentnepeta）搞混。

罗勒

学名：*Ocimum basilicum L.*

带有薄荷和茴香的香气，是普罗旺斯青酱（pistou）的主角，许多普罗旺斯的特色料理也都有它为伴。

伞形科香草植物

香菜

学名：*Coriandrum sativum*

新鲜香菜叶和籽带着“压烂的椿象”的味道，绝对是香料界的经典。

欧芹

学名：*Petroselinum crispum*

卷叶欧芹用来装饰小牛头，平叶欧芹以浓郁的香气称霸。这种香草自查理曼时代就有人种植了。

雪维草（chervil）

学名：*Anthriscus cerefolium L.*

叶片细长，带着茴香的香味。

菊科香草植物

龙蒿

学名：*Artemisia dracunculus*

香气浓烈，带点苦味和茴香味，闻起来非常“法国”。法国龙蒿的香气比俄罗斯龙蒿浓，一般偏好使用前者。

石蒜科辛香植物

虾夷葱

学名：*Allium schoenoprasum L.*

长而空心的叶梗带点洋葱和韭葱的味道，切碎后可以直接撒在料理上。

樟科香草植物

月桂

学名：*Laurus nobilis*

来自地中海沿岸盆地，月桂的叶子可以现摘或干燥后使用。主要用来制作奶油炖汁、水手鱼、蔬菜炖肉和意式番茄酱。

推荐食谱

<u>红花百里香兔肉</u>

兔肉1.5千克剁成块放进深锅，淋上橄榄油，放3颗捣碎的大蒜、4颗切片洋葱、1束红花百里香、4根切成圆片的胡萝卜、半杯白酒、盐，盖上锅盖用小火煮2小时30分钟。

<u>鼠尾草酒</u>

在南方出产的红酒中加入60克的鼠尾草，浸泡十天。滤掉杂质后按个人喜好加糖。炎炎夏日来口冰凉鼠尾草酒，振奋一下心情。

<u>欧芹酱</u>

大蒜3颗磨碎，和1束欧芹混合，撒在用黄油炒过的四季豆上。这两种香料做成的黄油最适合用来做焗烤蜗牛。

<u>香草束</u>

自17世纪以来，香草束就是法国料理中不可或缺的材料。把百里香、欧芹、月桂叶、韭葱葱绿部分捆成一小束，也可以加迷迭香、香薄荷、西洋芹、龙蒿和球茎茴香。

神秘的自酿酒

撰文：布兰汀·包耶

“好了，喝这个可以帮助消化！”“那我只喝一点点……”
拒绝别人太无礼，接受了，又不知道自己会喝到什么！

探索

浸在白兰地里的蝮蛇、泡锈钉得出的锈铁水，这些现在都已经不流行了。我们把重点放在植物上，因为这么做不容易有“意外的惊喜”。

树叶与花朵：桦树、核桃、落叶松开花的树冠等。

香料植物：百里香、鼠尾草、迷迭香等。

果园里所有植物：水果、树叶、果核，当然不要忘了莓果类，水蜜桃、李子、樱桃、梨、黑醋栗等。

野生花类：山楂花、接骨木花等。

连不好吃的都可以拿来用：黑刺李、绿核桃……

异国材料：柑橘、辛香料、咖啡等。

强烈苦味的植物：蒲公英、朝鲜蓟、苦蒿（genépi）、龙胆等。

侵略性强的植物：菊蒿（tanaisie）

带硫味的植物：苦艾（absinthe）

迷信与怀旧

这类饮品从远古时代起就混合了药草，大家就像从前的行医人和巫师一样，会采集植物来晒干、堆积、搅拌、过滤。我们还是会在圣约翰节（Saint Jean）*时摘采这些花草，但不再迷信地只用左手采，也不再赤着脚倒退走。我们也不认为万物皆有灵，就像基督教发展过程中混乱的融合时期，虽然这个过程离现在还不算太久远。现代人则不如古人有创意，大家试着复制市场上代表性的酒品，像是茴香酒、君度橙酒和贝礼诗奶酒等，做出来的成品总有些相似。社交网站上充斥着大家分享的酒谱和手写酒标的照片，标签上写着：“阿嬷的核桃酒”。大家也感叹现在再也找不到用黄铜壶式蒸馏器蒸馏、酒如其名的“生命之水”（eau-de-vie）。于是我们又开始在星期天去逛二手市场，试图找到能装酒的大酒坛，怀旧情怀一发就不可收。

*指仲夏，通常可以泡酒的植物在这个时候长得特别好。——译注

自酿酒谱

在酒谱中很常看见 1 和 4 两个数字，这样的重复性的确怪异，难道是为了好记吗？这点不得而知，不过以下两款经典酒谱就符合这项规则，甚至不需要文字叙述。

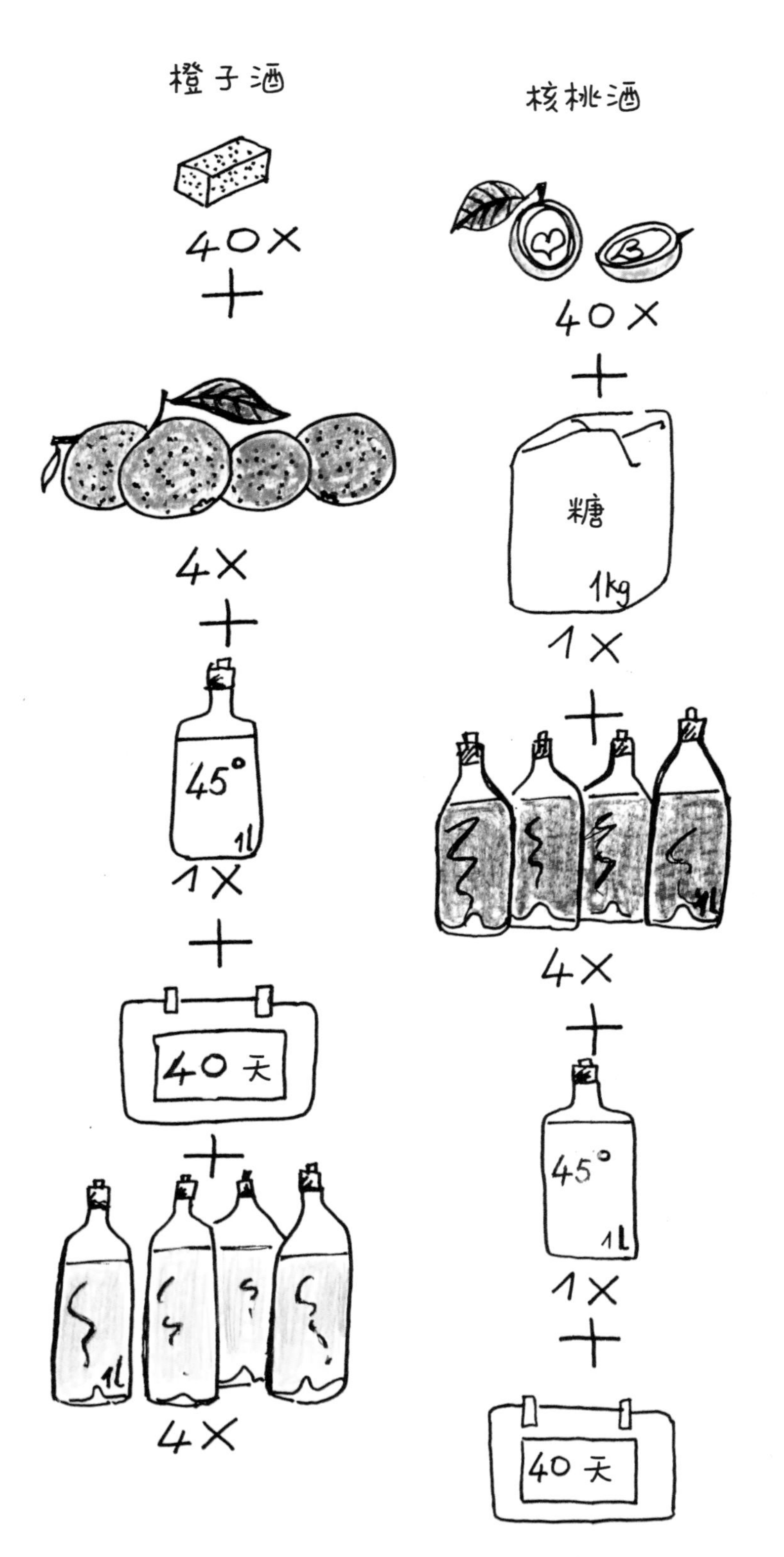

定义

甜腻、香气细致，或极端苦味，这类自酿酒谱多不胜数，不过制作原则皆同，就是在酒里加糖，浸泡辛香料或香草植物但不发酵。

嘉丽娜

朗格多克的嘉丽娜（cartagène）是一种酒精强化甜酒（vin de liqueur），例如夏朗德的皮诺甜酒（pineau des Charentes）也属于这种酒。其实不需要是专业酿酒师，在家也能自酿强化甜酒，只要有新鲜葡萄就可以了。

以下是加尔省和洛泽尔省一带的家传酒谱

“可以混用不同品种和颜色的葡萄，最好等葡萄非常熟，在收成期尾声才采收，尤其在榨汁前要用手把葡萄梗一颗颗摘下，以免果梗带来苦味。可用糖度计检测尚未发酵葡萄汁（moût）里的糖分含量，再加入所需分量的白兰地，以取得酒精浓度介于16%（超过16%才能抑制发酵）到20%（依个人喜好调整）的酒液，最重要的是绝对不要再加糖！把混合好的酒液倒入酒坛，每天搅拌并持续20天，接下来静置2到5年，最后用滤纸过滤装瓶即可。”

这种酒不用等待陈年就能饮用，通常呈粉红色，葡萄味更加鲜明。要陈年也可以放上几十年，颜色会变成琥珀色，并逐渐转为陈年氧化的葡萄酒。自酿酒不只能作为开胃酒，在尼姆附近还被用来搭配鹅肝，甚至还有人用它腌带皮猪五花，再以低温炭烤烤熟，这样就可以跟烤肉酱说再见了！

同场加映
被遗忘的开胃酒（第 348 页）

三明治，边走边吃的艺术

撰文：玛莉罗尔·弗雷歇

吃一块面包当作一餐，对三明治来说真是个大挑战。但法国人对这种吃法非常热衷，一年要吃掉20亿个三明治！

三明治传说

第一份三明治诞生于18世纪60年代，山德威治（Sandwich，英国城市）伯爵约翰·孟塔古（John Montagu）要求家仆制作夹了冷肉片的面包，让他在不中断牌局的情况下用餐。

正史

- 中世纪的贵族已经有用面包盛装肉片的习惯，当时称之为tranchoir。有时大家还会跟坐在隔壁的人一起分享，法语的“朋友”就是这么来的，一起（co）分享面包（pain）！
- 三明治（sandwich）这个名词一直到近代才出现在法语中。巴尔扎克说，这种东西是布尔乔亚家庭餐桌上分享的简餐。19世纪末时，市井小民称之为“casse-croûte”（用来碾碎面包表皮的容器），指劳工或农民吃的、以面包为主的简餐。三明治一直以来都是劳动时吃的食物，在某些职业中，还可以看到工作条件会写上补助“casse-croûte”。近来这种简餐则成为野餐和旅途中的良伴。

三明治与单面三明治

法国人的单面三明治（tartine）在英国称为开放三明治（open sandwich），就是直接把食材放在单片面包上品尝。法国人的早餐和下午茶习惯吃甜的单面三明治，正餐前的冷盘小点则是咸的单片三明治（canapé）。而三明治指的一定是用两片面包夹配料的吃法。

黄油火腿三明治

法国三明治的经典口味，最早是搬运工人的午餐。等到20世纪50年代，方便携带的长棍面包诞生后，三明治才变成现在的模样。

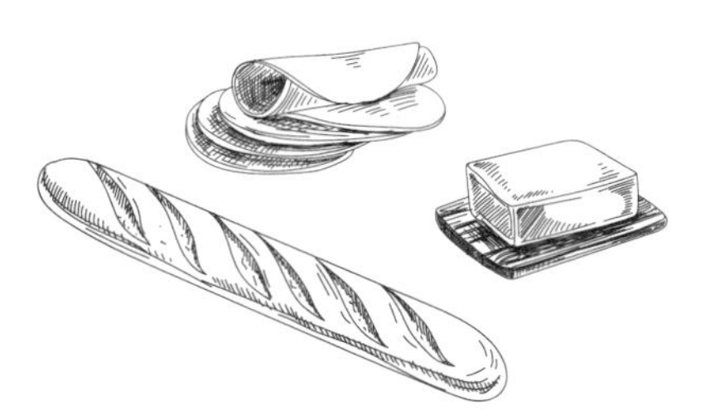

尼斯法式三明治（pain-bagnat）

这个词在奥克语中的字面意义即“泡水的面包”，是尼斯的特产。这种三明治最早是穷人的餐点，把干掉的面包泡到水或番茄汁里。根据“尼斯三明治自由协会”的规定，配料除了水煮蛋以外都必须是生的。该协会的任务就是要保护这款三明治的名字。

其他三明治口味

- 酸黄瓜肉酱：乡村酱糜+酸黄瓜
- 里昂玫瑰香肠：玫瑰香肠+黄油+酸黄瓜
- 总汇：巴黎火腿+黄油+格鲁耶尔奶酪
- 生鲜：巴黎火腿+莴苣叶+水煮蛋+番茄
- 美乃滋鲔鱼：鲔鱼碎肉+美乃滋
- 美式：汉堡排+薯条（比利时人称之为薯条堡）

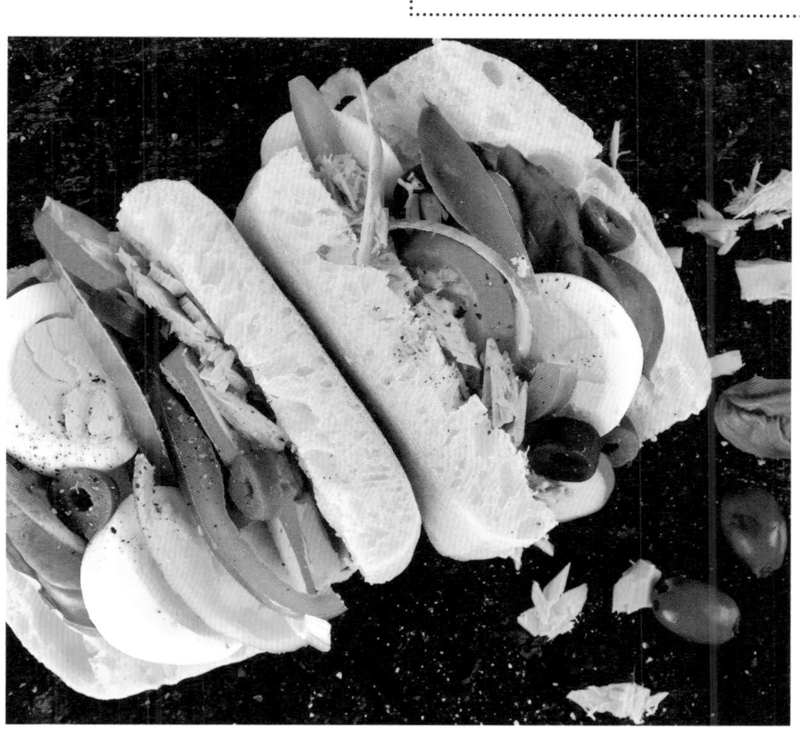

尼斯法式三明治

此为“尼斯三明治自由协会”官方食谱。

准备时间：10分钟

材料：

面包、大蒜
番茄1/4颗、青椒
樱桃萝卜和/或青葱
小蚕豆和/或朝鲜蓟心
鲔鱼或鳀鱼
黑橄榄、水煮蛋
橄榄油、罗勒
盐、胡椒
醋

步骤：

- 把圆形面包从中切开，取出一点面包芯，再用切半的大蒜磨擦一下。
- 用大量的橄榄油浸湿面包切面，淋上一点醋，撒点盐和胡椒。
- 把所有蔬菜切成圆片，夹进面包，接着放入鲔鱼或鳀鱼，和切成圆片的水煮蛋。把面包夹好，放到冰箱里冷藏至少1小时。

三款特色法式三明治

博基特三明治（bokit）

这款来自法属瓜德罗普的三明治是用油炸面包做成，又叫“热水器面包”（pain chaudière），里面夹了鳕鱼丝、火腿、奶酪、生菜、鲔鱼等。它的起源和名称都来自安的列斯的炸饼，是约翰尼饼（johnny cake）的变奏版。

打火机三明治

早期矿工有中间休息时间，可以吃点小东西，就是用两片面包夹奶酪或肉片。这种三明治可能长得像砖块（brique），取其发音而称之为打火机（briquet）；也有可能来自英语“休息”（break）的发音。矿工们晚间回到地上时，会把剩下的三明治送给孩子，被称为“火柴面包”（pain d'alouette）。

3

惊喜面包

西式自助餐的经典菜色，由许多口味的迷你三明治组成（火腿、鹅肝酱、熏鲑鱼等）。有可能来自瑞典一名家庭主妇的巧思，称为smörgåstårta，字面意义是“面包蛋糕”，就是用好几层吐司夹许多不同的配料，是家庭宴会的传统餐点。

同场加映
法国各地沙拉大不同！（第106页）
我们来咬咬先生吧！（第17页）

告诉我你吃什么，我就能说出你投给谁*

著名的美食评论家库诺斯基，
在1955年9月的《法国美食与美酒》(*Cuisine et vins de France*)
杂志上撰写了一篇名为《美食党派》的文章。
这篇文章把菜单变成了选票，非常有趣的美食政治学。

“谈到美食，只要想个5分钟，很快就能理出一个结果，把料理分成极右派、右派、中立派、左派或极左派。

极右派

喜欢“高级料理”的人。这种料理精致、讲究、有点复杂，**需要资深大厨和一流材料**。也可以称之为“官绅料理”，专为外交大使、银行总裁、宫廷大臣准备的。至于外面那些豪华大旅馆，只是东施效颦而已。

右派

坚持“传统料理”的人。只接受柴火窑烤、长时间炖煮，**认为世上只有家里的菜最香**，用餐时6到8人恰恰好，餐点还得出自家里那位待了30年以上的老厨师的手艺。家里通常有酒窖，几支曾祖父挑的生命之水、菜园、果园、鸡圈和兔窝。

中立派

区域特产和布尔乔亚料理的爱好者。这些人相信法国的任何一个角落，始终有舒适的客栈和质量可靠的饭店坚持使用真正的黄油，而且不用罐头酱料。**就是这些人保住了法国的美食和各地的美酒**。他们坚持食物要保持原味，不得加料，也不得过分修饰。

左派

喜爱简朴的料理，不做作、不复杂，可以随手拿起来吃。只要一个欧姆蛋、一个料理得宜的肋排、一块煎得恰好的牛排、白酒炖兔肉，甚至是一片火腿或一根香肠，他们就很满足了。这一派人偏好老板亲自下厨的“小餐馆”，也**喜欢探险**，比如只用家乡肉品的豪放派外省老板开的小店。他们有点像是**美食界的游牧民族**，我发明的那个新词**“美食游牧”**(**gastronomades**)就是从他们身上获得的灵感。

极左派

充满幻想，不安于现状，别创新格。他们**总是在寻找新的感觉和未知的乐趣**，对任何异国料理特产都抱持着好奇心。**他们创作新的菜色**，也想尝遍古往今来、四面八方的所有料理，是最快活也最灵活的一群人。”

*这句话改编自萨瓦兰的名言：“告诉我你吃什么，我就能说出你是谁。”——译注

勃艮第火锅

撰文：玛莉罗尔·弗雷歇

这道法式特色料理其实是从瑞士来的，是一种使用……
法国肉品的锅物。它的名称虽然叫fondue，
但跟融化(fondre)一点关系也没有！

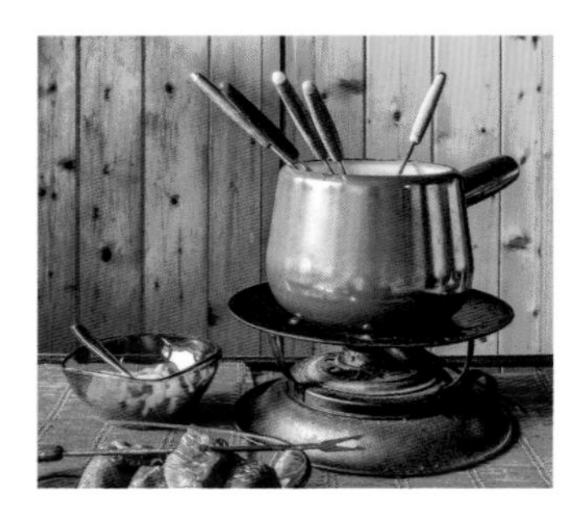

只融你口？

这种锅里没有任何会融化的东西，这么称呼大概是因为它跟奶酪锅一样，都用带柄的平底铁锅和长火锅叉。做法是把肉切成丁，同萨瓦奶酪锅里的小面包一样，然后放进用香料提味的油锅。至于它跟勃艮第有什么关系，有两种可能：一是使用高质量的勃艮第品种夏洛莱牛(Charolais)菲力，另一个则是瑞士发明家乔治·埃森维(Georges Esenwein)建议这道菜应搭配红酒而非白酒，尤以勃艮第红酒为佳。

石板年代

20世纪80年代，简约料理盛行，勃艮第火锅被石板(Pierrade®)取代。这种石板在1986年由里昂一名饭店老板乔尔·博杜雷(Joël Bauduret)发明并申请专利。灵感来自中央高地的猎人在石板上烤肉。

火锅肉

直到今日，我们还是可以在法国的肉铺里直接点“火锅牛肉”。肉铺老板会拿出一块很瘦的肉，通常是从后腿肉上切下来的。也可以选用菲力和牛腿。

必备蘸酱

- 美乃滋
- 鸡尾酒酱
- 塔塔酱
- 阿美利坚酱
- 伯那西酱
- 勃艮第酱

要用什么油？

耐高温且不易冒烟的优质植物油，例如葵花子油和葡萄籽油。烹煮火锅的时候，油温必须稳定维持在180℃。肉块必须保持干燥，不能沾任何酱汁或腌汁，这样锅里的油就不会到处乱喷。

勃艮第酱

准备时间：15分钟
熬煮时间：15分钟
分量：4人份

材料：

红酒250毫升
红葱1颗
大蒜1颗
百里香1束
蘑菇3朵
黄油75克
面粉10克
盐、胡椒

步骤：

- 把面粉和10克的黄油均匀拌在一起。
- 将红葱与大蒜切碎，和蘑菇与百里香一起放入汤锅中，倒入红酒，加盐和胡椒调味，以中火收汁到剩下一半的量。
- 酱汁用细孔筛网过滤，再继续以小火炖煮，并加入刚才混合好的面粉黄油拌匀。最后用打蛋器将酱汁和剩下的黄油搅打至浓稠。此酱汁冷热皆宜。

料理与情欲

撰文：奥萝尔·温琴蒂

美食和情欲都得从口说起，口腹之欲与情欲求的都是一种欢愉。
法语 apptit 同时可以指胃口和欲望。当我们说一个女人很丰满，也是说她的胃口很好，
总是在寻找猎物。不要想歪了，其实饥饿不过就是对肉的渴望罢了。

餐桌艺术

要说家里最“热”的房间，那肯定是厨房了！空间大小不重要，重要的是里面。好好利用每个角落，厨房总是能让我们**胃口大开**。

餐前小点、开胃菜、主菜、甜点和精致茶点，都是为了解决饥渴。

餐桌上坦率，餐桌下缠绵。白色的桌巾下藏着另一个世界，一个不受束缚的世界。人体被分成两半，上半部还保有矜持庄重的仪态，底下却在寻寻觅觅、一只手滑向邻座，另一只还能优雅地取来一片蛋糕。

禁忌的果实

人的躯体有时会被比喻成一片风景，只要仔细检视，就能找到一堆果实、海鲜、蔬菜和甜品。

说到这里，一定得提到的是夏娃采下的**禁果**。有人认为那是**苹果**（pomme），但《圣经》里其实没有明指这种从知善恶树上掉落的果实是什么。

圆润的乳房也像苹果，小小的果梗让人联想到乳首。法语也用西洋梨的形状（en poire）来形容乳房。

1875年以后，可以找到用**圆面包**（miche）来称呼屁股的说法。在制作过程中，**雪白有弹性**的面团必须反复搓揉，才能变成美味扎实的面包，所以，动手吧[1]！这浑圆和柔嫩，让人忍不住想咬一口或是捏一把。摸着刚出炉的圆面包，随心所欲烤成美丽的颜色，上面还铺着一层白扑扑的面粉。是不是也想拍一下滑溜溜的粉了呢？

淡菜（moule）与韭葱（poireau）[2]，就外形或状态而言，这些东西都是很好的喻依。女性的性器官让人联想到软体动物，像是**淡菜**和**牡蛎**。对了，牡蛎还有特殊功效呢！

1. mettre la main à la pâte，字面上的翻译是“把手放在面团上”，引申为“动手”。——译注
2. 法语用淡菜隐喻女性性器官，韭葱隐喻男性性器官。——译注

激情的行为：从食欲到性欲

有的人习惯把食物放在自己或伴侣的身上，这样的话就不需要把**小洋葱拿出来（sortir les petits oignons）**[3]放到锅里煮（passer à la casserole）。这种说法的确有点难听，感觉是没有选择的余地，或是没有时间在锅边看着（tourner autour du pot）[4]……但也可以**像马铃薯一样直接下锅炒（se faire sauter）**。所有的菜肴都可以用激情来调味。首先，让自己大饱眼福，然后舔一舔、咬一咬、吃进嘴里……再吞下肚！

在炫耀某些招式时，重点是要让对方融化。必须把**鲜奶油打发（faie monter la chantilly）**，才能做出完美的香缇鲜奶油。你现在要做的可不是**大蛋糕（gâteau）**，而是小点心（gâterie）。你可以使尽吃奶的力气**做酱汁（envoie la sauce）**，或是让女方替你加油（balance la purée）。当这些准备得差不多了，就可以把**长条面包泡到（tremper sa mouillette）带壳的溏心蛋（oeuf à la coque）**里。还可以准备一份让人迷醉的兰姆巴巴（avoir dans le baba），绝对没错。

3. 意思是拿出很好的食物，或指温柔对待对方。——译注
4. 意指不切入重点。——译注

★

法国女歌手克莱特·荷纳（Colette Renard）增添情趣的小方法：

“舔小糖果，摸小金鱼，涂一点蜂蜜，为衬衫上浆……吸吮棒棒糖，擦亮水果糖，捡起小点心，为烈火加柴。”
——《少女的夜》（*Les Nuits d'une demoiselle*，1963）

★

同场加映
盘点低俗料理（第261页）

法国人最爱喝的咖啡

撰文：伊伯利·库堤（Hippolyte Courty）

法国人对咖啡情有独钟，是除了水以外最常喝的饮料，每人每年消费五千克的咖啡，其中94%是被喝掉的。你可以说法国改变了咖啡的历史，而咖啡也改写了法国的历史。

法国的咖啡产区

法国的海外属地多位于热带地区，因此拥有十几个咖啡产区，其中不乏顶级的阿拉比卡咖啡豆。

➢留尼汪内日峰（Piton des Neiges）：历史最悠久也最知名。火山土壤和高海拔的环境，生产当今世界上最高级也最稀有的咖啡——尖波旁（Bourbon pointu），或称劳瑞那（Laurina）。

➢法属圭亚那：位于苏里南（Suriname）旁，为拉丁美洲最早种植来自法国（1719年）和荷兰（1720年）咖啡品种的海外属地。尽管地势不高，也没有火山土壤，但小型的阿拉布斯塔（Arabusta，罗布斯塔与阿拉比卡咖啡的混种）贸易市场正在形成。

➢安的列斯：1721年起开始种植咖啡，包括来自巴黎和阿姆斯特丹植物园，或是来自圭亚那和苏里南的阿拉比卡铁比卡（Arabica Typica）；还有来自遥远的波旁岛（留尼汪岛）的波旁咖啡（Bourbon），这种咖啡今日主要产地在法属瓜德罗普。

➢新喀里多尼亚：从留尼汪岛来的尖波旁在这座岛屿的高钴土壤上扎根，名为乐华咖啡（café Leroy，1860年）。

法国人喜欢热的淡咖啡，也可根据喜好添加其他东西

法国人可以接受任何形式的咖啡，除了冷的；这一点跟日本人不同。

北部：喜爱里约咖啡，带有生铁味、菊苣的苦味和蔬菜味。

东部与阿尔卑斯山区：偏好添加鲜奶油，勉强可以加牛奶。

西部：喜欢水多一点的淡咖啡，也经常加牛奶。

东南部：较浓的意式咖啡，甚至浓缩咖啡。

巴黎：小杯黑咖啡（petit-noir），有时会点榛子咖啡（noisette）[2]。

除了单纯喝咖啡外，法国各地也有添加酒精的习惯，特别是需要振奋一下或通宵狂欢的时候。

诺曼底：咖啡+苹果白兰地=Café-calva

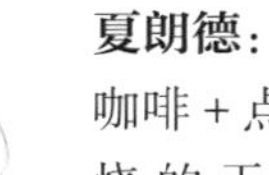

夏朗德：咖啡+点火燃烧的干邑白兰地=brûlot charentais

洛林：咖啡+黄香李酒=Brûlot lorrain

西南部：咖啡+雅马邑白兰地=Brûlot gascon

布列塔尼：咖啡+苹果白兰地=Café Lambig

阿尔萨斯：咖啡+格乌兹塔明那渣酿或樱桃酒或梨子酒=café-schnaps或Alsasicche Kaffe

北部：咖啡+生命之水=Café bistouille

留尼汪：咖啡+朗姆酒=Café rhum

咖啡之名

自17世纪引进法国后，法国人用各种方式称呼它：cavé、caphé、cavhé、kaffé、canua、kawa、caoua、caowan、kahwan、mêmechaube，但咖啡最初的名字bun（阿姆哈拉语，衣索比亚官方语言）却从未被采用。

咖啡名人榜

➢尚德·拉侯克（Jean de La Roque）：1715年出版《航向也门》（*Voyage de l'Arabie Heureuse*），带领法国人展开咖啡之旅。

➢苏里曼·艾佳（Soliman Aga Mustapha Raca）：路易十四时期的土耳其驻法大使，在皇宫附近开了间咖啡馆，提供东方风味的甜咖啡，也为莫里哀带来灵感，写出《贵人迷》（*Le Bourgeois gentilhomme*），咖啡因此征服了贵族。

➢幸福先生（Monsieur de La Merveille）：这位来自圣马洛（Saint-Malo）的水手直接开船到咖啡贸易大城亚丁（Aden）开拓市场。

➢杜弗赫纳船长（Guillaume Dufresne d'Arsel）：将阿拉比卡从也门带到波旁岛，自此全世界称之为波旁咖啡。

➢普罗可布·古多（Francesco Procopio dei Coltelli）：在巴黎左岸开了第一间高雅咖啡馆，法国演员们经常造访。咖啡因此红极一时，而左岸咖啡馆更成为社交与议论的场合。

➢狄克鲁（Gabriel de Clieu）：缔造咖啡神话与历史的重要人物。他冒险将阿拉比卡铁比卡种（Typica）带到马提尼克（安的列斯）。

➢安托万·德朱西厄（Antoine de Jussieu）：第一位记录咖啡树种的法国植物学家。

1. Levant，古法语意为太阳升起之处，指地中海东部的国家与岛屿。——译注

2. 这种咖啡里没加任何榛子，而是指榛子般大小的物体，即加一点点牛奶。——编注

咖啡的历史地理常识

马赛：人称"东方之门"。首先引进咖啡的是来自黎凡特地区[1]的人，还有其他亚美尼亚人，特别是1644年在此地煮了第一杯咖啡的尚·德拉侯克。

巴黎：到1654年，由戴维宁先生（Thévenin）和他的后代，那些从亚美尼亚来的咖啡店老板引进，巴黎人才认识这种饮品。

蔚蓝海岸：曼农果（Malongo）和优克（Unic）两位咖啡大亨来自此地。

利哈佛：几个世纪以来一直是最重要的咖啡贸易地，后来逐渐被北海的大城（安特卫普和汉堡），以及伦敦、纽约的证券交易所超越。

咖啡发明家的万神殿

19世纪初：贝卢瓦（Belloy）的教士发明了第一个咖啡萃取器。

1837年：珍妮·理查德（Jeanne Richard）发明第一款虹吸式咖啡壶，是Hellem和Cona咖啡壶的前身。

1910年：一位不知名人士发明了那不勒斯翻转壶。

1923年：马塞尔皮耶（Marcel-Pierre Paquet）发明了法式滤压壶。

1998年：尚·勒诺（Jean Lenoir）研发"咖啡闻香瓶"（Le Nez du Café），用来辨认咖啡香气。

法国咖啡的重要历程

17世纪中期

法国人接触到埃塞俄比亚和也门的（阿拉比卡）咖啡，因为觉得太苦就在里面加糖，欧洲人只喝摩卡咖啡豆冲的咖啡，芳香又清爽甘甜。

17世纪末期

莫南（Monin）医生发明了咖啡加牛奶的喝法，使口感变柔和，因此大受欢迎。咖啡牛奶（café au lait，咖啡欧蕾）成了法国人心头好。

18世纪初期

法国殖民地和荷兰成为欧洲主要咖啡供应国，口感较摩卡圆润但没有那么香。这时欧洲人开始喝原产地咖啡（pures origines，单品咖啡）。

18世纪

大溪地和安的列斯群岛成为主要产地，混合咖啡豆成为主流。

19世纪初期

拿破仑时期的大陆封锁政策，迫使法国采用菊苣取代咖啡（这是德国人不久之前发明的），从植物中提炼出的苦味成了当代法国的象征。

19世纪

法国人发明出许多萃取咖啡的机器（活塞、低压等），当时人们最常以滴滤法萃取阿拉比卡混合咖啡豆。

19世纪末期与20世纪初期

法国殖民赤道非洲及亚洲，也把罗布斯塔（Robusta）与利比亚咖啡带到亚洲。英国主推茶叶，荷兰主推阿拉比卡，法国则是罗布斯塔。这时的咖啡一定得具备浓度和苦味。

20世纪初期

这时法国人都在喝菊苣咖啡和劣质罗布斯塔，因为要保留高质量的咖啡出口。

20世纪80年代

在法国人心中，意大利浓缩咖啡与"美好生活"（Dolce Vita）成了"优质"的典范。"黑卡"（Carte Noire）以滴滤咖啡起家，这个品牌独占了法国咖啡市场将近50%的消费量。咖啡仍以强劲口味和滴滤冲泡为主。

1990年末期

法国人得放弃"边喝咖啡边抽烟"（café-clope）和"小杯黑咖啡"[3]，市场开始出现小包装咖啡。比起在咖啡馆吧台喝的强劲咖啡，包装咖啡更容易入口，打开了家庭消费市场。

2000年以后

法国展开精品咖啡（特选咖啡）革命，时间比其他西方国家要晚了十年。这时的咖啡口味较酸而不苦，口感层次更加复杂，并经常制成拿铁饮用。

巴尔扎克，喝咖啡成瘾

巴尔扎克（Honoré de Balzac）的房子位于巴黎奥德伊街区（Auteuil），他一天会在家里写作18小时。他长时间工作秘诀是什么呢？就是大量的咖啡因！这位写下《人间喜剧》的大作家，一天最多可以喝50杯咖啡。巴尔扎克故居博物馆馆长伊夫·卡纽（Yves Gagneux）说，巴尔扎克会混合来自波旁岛（现留尼汪岛）、马提尼克岛和也门的三种豆子，冲煮出十分浓郁的咖啡。是咖啡毁了巴尔扎克吗？他的作家生涯有如苦役般辛劳，年仅51岁时就死于全身性水肿。以下是巴尔扎克在著作《论现代兴奋剂》（*Traité des excitants modernes*，1838）里，叙述自己最爱"苦药"的一段："这种咖啡进到你的胃里……于是，身体内部一切全都动了起来，脑中的想法动摇，就像上了战场的大军营队，奋勇迎战。'记忆'已就位，展开军旗；'比较、对照'就像轻骑兵，在策马飞驰中整理好队形；'逻辑'就像炮兵，急忙地带着炮车及炮筒赶到；'机智才能'则变装成狙击手。写作技巧开始浮现于脑海，白纸上布满墨水笔迹，欲罢不能、彻夜通宵，直到墨汁如黑色豪雨般下满整桌纸张。犹如战争在满天的黑色粉末中结束。"

3. 因石油危机，物价飙升，大家开始缩衣节食，也就不会每天到咖啡店抽烟喝咖啡了。——译注

同场加映
香草，甜美的豆荚（第28页）

热水烫一下，就变成……脆饼！

大家都认识阿尔萨斯的扭结面包（bretzel），不过法国各地还有许多特殊糕点，形状怪异、口感酥脆，被命名为"烫面松糕（échaudé）"。

法国各地的烫面松糕

bourette 盘形松糕
teurquette 王冠松糕
garots 加洛松糕
cimenets 船锚松糕
cônuets ou trous/tras 星形四角松糕
craquelins 布列塔尼小圆松糕
échaudés de Brenne 培恩松糕
coireaux ou cartelins 卡特兰饼
carqualins ou craquelins 小圆松糕
pine de ★ Barbezieux 巴尔布济泡芙
tortillons 环形松糕
tortillons de Bon-Encontre 邦昂孔特尔环形松糕
janots de Carmaux 卡尔莫三角松糕
échaudés du Tarn 塔恩松糕
gimblettes d'Albi 阿勒比中空圆松糕
échaudés de l'Aveyron 阿韦龙松糕
gimbelettes ou naines 中空圆松糕（矮人松糕）
échaudés des Rameaux 圣枝主日松糕
brassados ou brassadeaux de Pâques 复活节中空圆松糕
i finuchjetti 八字形松糕
panioli di Sant'Antonu 圣安东的帕尼欧里松糕
chaudèu ★ 花冠彩蛋甜松糕
riotes 耳环松糕
carclins du Val de Thônes 瓦尔德东纳蝴蝶结饼
chaudelets de Bourgoin 布尔关酥脆饼
mauricette 莫利丝酥面包
bretzels 扭结面包

图例说明
★ 已经消失（或正在消失）的烫面松糕
甜或咸　茴香味　胡椒味
柑橘味（橙子、柠檬、香水柠檬、加入果皮或糖渍果肉、橙花）

什么是烫面松糕？

- 一种烹调技术：面团在进烤箱前先用滚水烫过。
- 自中世纪流传至今，除了法国，意大利普利亚的塔拉丽咸脆饼（taralli des Pouilles），还有犹太人的贝果，也都使用这项技术。
- 口感通常都是又酥又脆，原料也都很简单，包括面粉和水，有时加入古老的鲁邦种酵母。
- 不同口味：除了基本的甜味或咸味，还有茴香、柑橘和胡椒。
- 各种外形：三角形象征三位一体或驱除恶魔，圆形、八字形或奥米伽形象征了死而复生与长生不老，盘形则让人联想到朝圣者的碗盆，不过会做成这些形状都是为了方便在朝圣市集上贩卖和携带。

八字形松糕

准备时间：1~2小时
烘焙时间：45分钟

材料：
面粉500克、温水250毫升
商业酵母12克
大茴香25克、盐10克

步骤：
- 在水中调和商业酵母。混合面粉、盐、大茴香，再倒入酵母混合液，揉成面团后包起来，静置1小时。
- 用手把面团里的空气压出，再次静置30分钟。
- 把膨胀的面团揉成小指头的粗细、25厘米的长条，然后绕成8字形，末端接合处沾水黏好。
- 将塑形好的面团放入微滚的水中，每次各煮3条，一浮起就捞出沥干，放在干净的布上备用，重复动作直到全部煮完为止。
- 将煮好的面团全送进180℃的烤箱烤10~15分钟。

朗姆之路

撰文：辜立列蒙·德希尔瓦

法国一直以来都是饮用朗姆酒的大国。朗姆酒以甘蔗制成，法国更是专精于酿制农业朗姆酒（rhum agricole）。
不同于工业朗姆酒使用糖蜜，农业朗姆酒是以天然甘蔗汁蒸馏得出的酒。
朗姆酒酿制从加勒比海延伸到印度洋，就让我们细说这款“生命之水”！

甘蔗小档案

家族：禾本科甘蔗属

品种：超过四千种

高度：最高可达 5 米

直径：2~6 厘米

生长周期：12~16 个月

收成：一根甘蔗最多可采收十次（砍掉会再长回来）

起源：公元 1400 多年前源自新几内亚。

发展：波斯长期栽种甘蔗，7 世纪传入欧洲。

种植条件：需要大量阳光与水，多种植于热带气候国家。

食用量：每年超过 107 亿吨，供应全世界近 75% 的制糖需求。

加勒比海朗姆之路

1493 年：哥伦布在加勒比海地区种植甘蔗。

16 世纪：拥有首款蒸馏器的修士用糖蜜蒸馏出酒液，最早的朗姆酒就此诞生。

1654 年：荷兰人被葡萄牙人逐出巴西，来到瓜德罗普与马提尼克岛，带来制作结晶糖的新技术。

1694 年：马提尼克岛的神父制造出新型蒸馏机器，改善朗姆酒的质量。

20 世纪初：甜菜根糖进入市场，压低糖价。安的列斯的蔗糖制造商担心质量受影响，改以纯甘蔗汁蒸馏酒，农业朗姆酒于是诞生。

小字条

甘蔗汁（vesou）：碾压甘蔗得到的浅绿色甘蔗汁。

赤糖糊（mélasse）：精制的浓稠棕色糖蜜（无结晶）。

甘蔗渣（bagasse）：碾压甘蔗后留下的固状残渣与碎屑。

农业朗姆酒制造法

糖原本是十分珍贵的食品，根本不会有人想到要拿甘蔗原汁来蒸馏酒。然而甜菜根糖的出现使甘蔗汁变得不再那么稀有。法国殖民地利用甘蔗汁蒸馏出首款农业朗姆酒，极大提升了朗姆酒的质量。

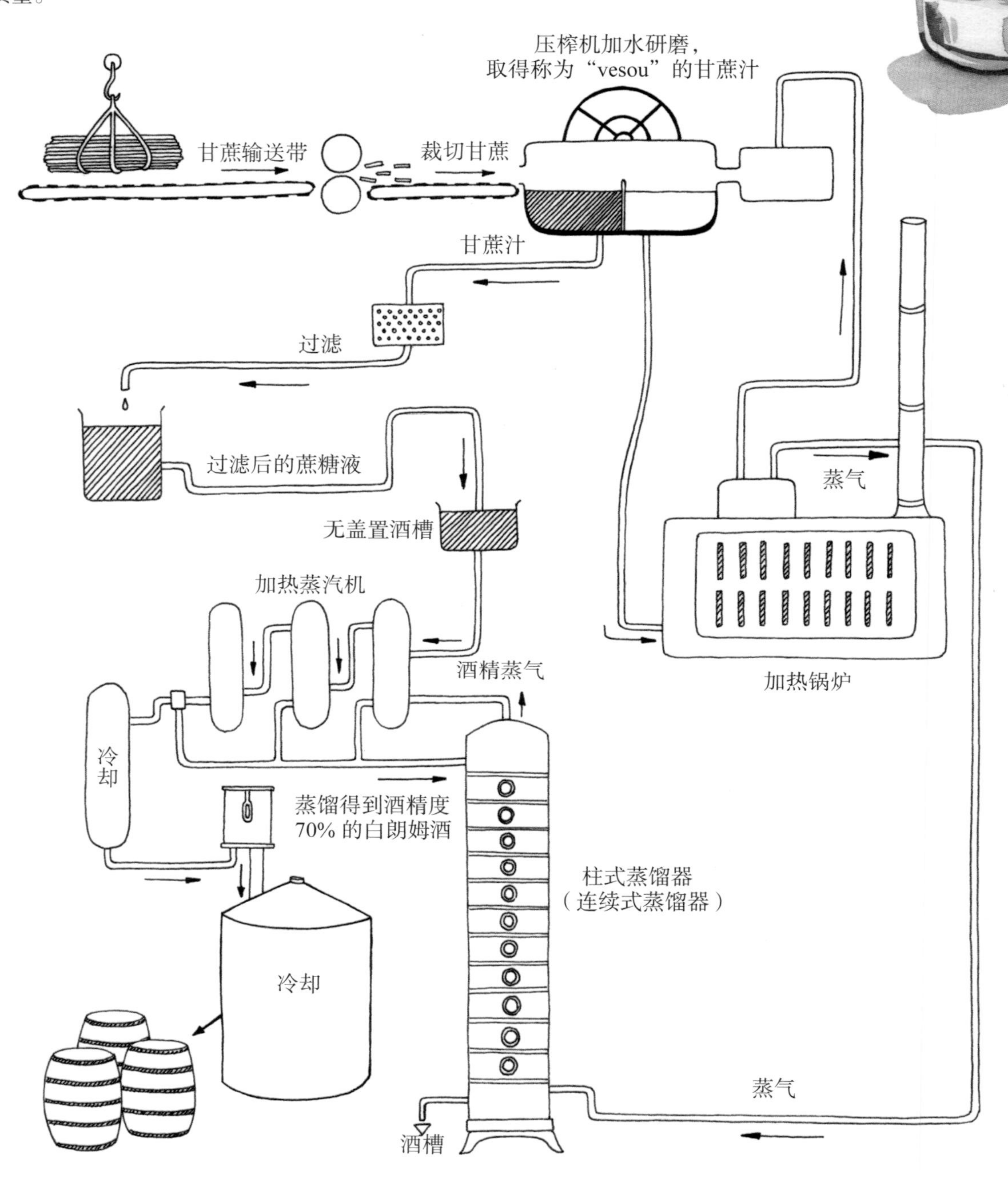

熟成

- 储存于不锈钢酒槽 = 白朗姆酒
- 储存于同一个橡木桶 1~1.5 年 = 金朗姆酒
- 储存于同一个或多个橡木桶至少 3 年 = 陈年朗姆酒

商品化销售

厂商会加入山泉水稀释酒精浓度，市售朗姆酒浓度介于 40~62%。

原产地命名控制（AOC）

马提尼克（Martinique）的农业朗姆酒于1996年获得AOC认证，保护传统生产技术与文化。

地理保护标志（IGP）

到2005年，部分法国朗姆酒才获得IGP认证，包括留尼汪朗姆酒、圭亚那朗姆酒、法国海外属地朗姆酒、加利恩湾朗姆酒（Baie de Galion）和法属安的列斯朗姆酒。

纪录保持者

马提尼克的朗姆酒厂克莱蒙（Clément）与珠宝品牌杜河雷（Tournaire）合作，出产一瓶价格至今仍高居世界首位的朗姆酒，要价10万欧元！酒瓶为巴卡拉水晶瓶，瓶盖则由黄金和红金打造，镶嵌了4克拉的宝石。瓶内的酒是1966年酿造，直到1991年才装瓶。

消耗量

法国人每年喝掉5,000万瓶朗姆酒，居世界第八，其中白朗姆占75%，陈年朗姆酒和金朗姆酒占25%。

朗姆酒糕点与甜点清单

可丽饼
潘趣酒（punch）
朗姆巴巴
安的列斯菠萝蛋糕
波兰人蛋糕（brioche polonaise）
萨瓦兰蛋糕
糖渍果干蛋糕
普罗旺斯欧雷特炸甜蛋酥（oreillette）
波尔多梅菲耶炸甜蛋酥（merveille）
千层派
布涅炸甜饼（bugne）
库斯塔脆皮苹果派（croustade aux pommes）
皇冠杏仁千层派（pithivier）
摩卡蛋糕、草莓蛋糕、覆盆子蛋糕（糖浆含朗姆酒）
火焰焦糖朗姆香蕉
史多伦圣诞面包（stollen）
国王派（galette desRois）
贝里的毕侯雷洋梨煎饼（Birolet aux poires）
杏仁糖膏（massepain）
外交官蛋糕（diplomate）
布列塔尼布丁蛋糕（far breton）

罗杰香料朗姆酒

每个人都有自己的香料朗姆酒谱，
把新鲜水果、香料或糖加入朗姆酒浸泡数月即可。

分量：1升

材料：
农业朗姆酒700毫升
留尼汪维多利亚菠萝1颗
马提尼克芒果1颗
留尼汪香草荚2枝
“勃起树”*树皮25克
红糖（cassonade）20克

步骤：
- 水果去皮，只留下果肉，全部切成相同形状。越成熟的水果越能散发香气。把香草荚切成两段，不需要刮出籽。
- 把果肉、香草荚、树皮和红糖全放入一个大口径密封玻璃罐中，淋上朗姆酒，所有材料都要确实浸湿。盖上盖子，把罐子倒过来，均匀混合内容物。尝一尝味道，根据喜好调整材料分量。如果觉得酒味过重，别犹豫，再加点红糖。置于室温下至少浸泡六个月。
- 开封后可用汤勺舀到杯子里和朋友享用。最佳的品尝温度是室温或者加冰块。

*学名为Richeria grandis，生长于加勒比海一代，据称能壮阳。——编注

亚朗·杜卡斯的朗姆巴巴

准备时间：35分钟
烘焙时间：45分钟
分量：10个巴巴

材料：

<u>巴巴面团</u>
商业酵母6克
面粉130克、盐1克
蜂蜜6克、黄油45克
鸡蛋3颗（180克）
葡萄籽油100毫升

<u>巴巴糖浆</u>
水1升、糖450克
柠檬皮丝1颗
柳橙皮丝1颗
刮除籽的香草荚1枝

<u>杏桃淋酱</u>
杏桃果肉125克
巴巴糖浆125克
NH果胶粉[1]14克
细砂糖75克

<u>打发鲜奶油</u>
液体鲜奶油250克
香草荚1枝，只取用香草籽
细砂糖25克、朗姆酒

步骤：

<u>巴巴面团</u>
- 把酵母和面粉放入搅拌盆混匀，再加入盐、蜂蜜、黄油和1颗蛋，用搅拌机拌成柔滑且具筋性的面团。取下搅拌盆，加剩下的蛋，用手将面团揉匀。
- 把面团放在刷了薄油的烤盘上，盖上一层保鲜膜，静置20分钟。

<u>糖浆</u>
- 把所有糖浆的材料一起煮到沸腾，置于一旁降温。

<u>杏桃淋酱</u>
- 把杏桃果肉和糖浆一起煮到40℃，加入糖和果胶粉拌匀，加热沸腾几分钟后放到一旁降温。
- 在直径约5厘米的小蛋糕模内侧刷上油[2]。取30克面团，把面团里的空气拍出，放入蛋糕模中，让面团膨胀[3]直到填满蛋糕模。
- 烤箱预热至180℃，烤到表面呈漂亮的金黄色[4]。
- 把烤好的蛋糕连同烤模泡到冷却的糖浆里，小心不要破坏蛋糕体。待蛋糕吸足糖浆膨胀后取出，放到网子上沥干。
- 用刷子在蛋糕表面刷上杏桃果胶，置于室温中。

<u>打发鲜奶油</u>
- 所有鲜奶油的材料加在一起打发[5]，打发的鲜奶油应该轻柔如慕斯。
- 把巴巴蛋糕放在深盘中央，切成两半。把朗姆酒倒在巴巴中间。打发鲜奶油另外装，一起上桌。

1.果胶粉（pectine NH）是从果籽和果皮萃取出的天然凝胶剂，可以在（法国）药房买到，若到超市购买可寻找Vitpris d'Alsa®品牌。
2.葡萄籽油耐高温且无味，很适合拿来涂在模具中。
3.膨胀（laisser pousser），就是让面团发酵。
4.巴巴蛋糕大概要烤25~30分钟。然而每个烤箱功能不一，还是要靠肉眼观察上色程度更保险。
5.打发（monter），用打蛋器把空气打入准备好的材料中，以此增加体积。

同场加映
哈利酒吧的鸡尾酒（第268页）

LE TOUR de FRANCE des biscuits

法国饼干之旅

撰文：吉勒·库桑

法国的每个地区都有酥脆的小饼干，饼干的种类几乎跟行政区一样多。关于它们的故事，有些是传说，也有些是真的。就让我们回到过去“试试”最有名的几款饼干，小心饼干屑别掉满地了。

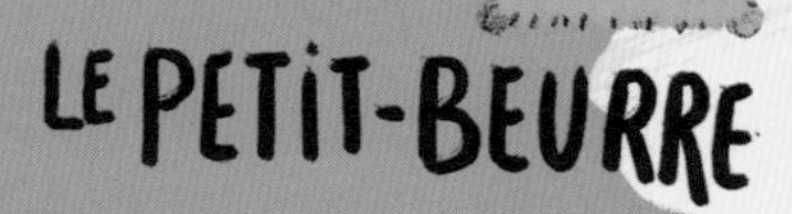

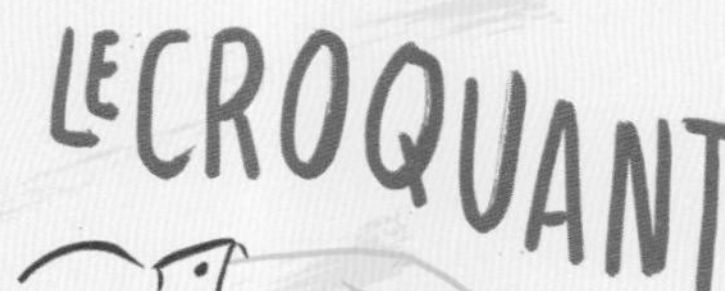

饼干（bi-cuit）的由来

中世纪时，烤炉逐渐普及，取代了原本用余烬煨烤的方式。法语biscuit这个词出自19世纪史学家尚·德尚维尔（Jean de Joinville）：“我们称之为biscuit，因为它们需要烤二到四次*。”

* “bis”意指重复，“cuit”则是煮熟的意思。——译注

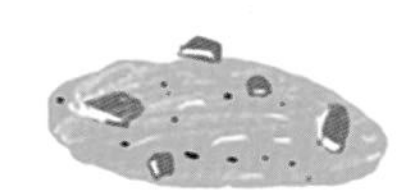

蛋白脆饼（croquant）

起源：17世纪时，谢河畔科尔德（Cordes-sur-Ciel）小旅馆的老板柏德妈妈（mère Bordes）做出这种点心饼干，搭配当地的加雅克（Gaillac）葡萄酒。

特征：使用打发蛋白，所以很轻，看起来像杏仁薄饼。

质量保证：Maison Bruyère / 拉格拉夫（Lagrave）

酥脆指数：4/5

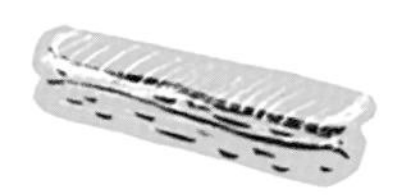

粉红酥饼（biscuit rose）

起源：17世纪末，香槟区的面包师傅为了充分利用烤窑的余温，便在烤完面包后把饼干留在窑里。

特征：原本是白色的，后来在这种长方形的甜脆饼中加入食用色素，就变成粉红色了。享用前浸到香槟里也不会溶化，真别致！

质量保证：Fossier / 汉斯

酥脆指数：5/5

猫舌饼（langue-de-chat）

起源：这种饼干的起源始终是个谜，只知道它的形状看起来像猫舌而已。

特征：扁平椭圆形，长5~8厘米，外圈呈咖啡色，中间较淡。加了黄油，口感外酥内软。

质量保证：杜拉丽（Ladurée）/ 法国境内和海外有多家分店

酥脆指数：3/5

夏朗德勾女爱饼（cornuelle de Charente）

起源：不确定，只会在圣枝主日前后出现。棕榈枝可以穿过中间的洞。

特征：正三角形奶油酥饼，每边约十几厘米，以蛋、面粉、黄油和糖做成，进炉前刷上一层蛋黄，撒一点大茴香，烤好呈金黄色。

质量保证：Jean Philippe、Villebois Lavalette / 夏朗德

酥脆指数：3/5

同场加映

旅人蛋糕（第102页）

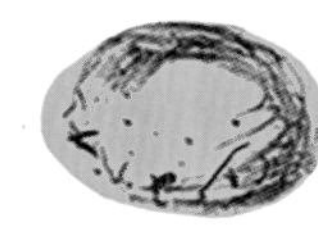

圣让德吕兹马卡龙（macaron de St-Jean-de-Luz）

起源：1660年，路易十四与西班牙的玛丽泰蕾兹（Marie-Thérèse）在巴斯克的教堂举行婚礼时吃的点心。

特征：扁圆形，由杏仁、糖和蛋白做成。

质量保证：Maison Adam / 圣让德吕兹

酥脆指数：2/5

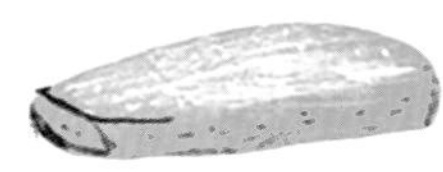

手指海绵饼干（biscuit à la cuillère）

起源：16世纪时，由凯瑟琳皇后的厨师发明。

特征：外观扁平，制作时用汤匙把面糊刮成长条状。这种饼干因为添加打发蛋白和糖，质地松软。可单独吃，也可用来制作夏洛特蛋糕和提拉米苏。

质量保证：Compagnie Générale de Biscuiterie / 巴黎

酥脆指数：1/5

南锡马卡龙（macaron de Nancy）

起源：1792年，法国大革命期间，玛格丽特与玛丽·伊丽莎白两位修女为了躲避宗教镇压，藏在南锡一名医师家中。为了贴补家用，她们按照圣体隐修院的食谱制作了杏仁蛋白饼。

特征：用捣碎的杏仁、糖和蛋白做成的圆形小蛋糕，外脆内软。

品质保证：Maison des Soeurs Macarons / 南锡

酥脆指数：5/5

梭子饼（navette）

起源：1781年，由住在马赛圣维克多修道院路上的面包师傅阿维扈（Aveyrous）发明。

特征：形状长得像船，成分包含黄油、面粉，还有一些调味砂糖和橙花纯露。

质量保证：Biscuiterie Les Navettes des Accoules / 马赛

酥脆指数：2/5

布列塔尼奶油酥饼（palet breton）

起源：法语palet来自一种同名游戏，玩法是在一块区域内丢圆盘，尽可能把一块丢到另一块旁边。

特征：基本上就是用酥皮面团做成高1.5厘米的圆形奶酥饼，材料有20%是咸奶油。

质量保证：Biscuiterie des Vénètes / 圣阿尔梅（Saint-Armel）

酥脆指数：3/5

亚眠马卡龙（macaron d'Amiens）

起源：16世纪时由凯瑟琳皇后引进这座中古世纪小城。

特征：皮卡第地区的特产，由瓦伦西亚杏仁、蜂蜜、苦杏仁和蛋做成，表面呈颗粒状，内部酥软。

质量保证：Jean Trogneux / 亚眠

酥脆指数：1/5

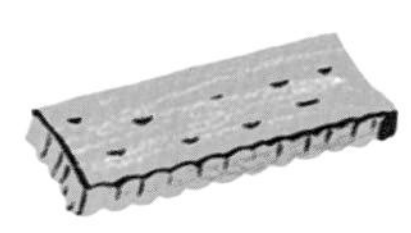

科西嘉杏仁脆饼（Canistrellu）

起源：似乎可以追溯到热那亚统治科西嘉时期，当时有一种叫作ligurie的饼干。

特征：和意大利的杏仁脆饼不同，科西嘉的脆饼加了白酒，而且使用无味的油脂而非黄油。通常会把面团做成血肠的形状，烘烤前再切成矩形。

质量保证：Stella Inzuccarata / 科纽科利-蒙第奇（Cognocoli-Monticchi）

酥脆指数：3/5

普多瓦手指饼干（boudoir）

起源：18世纪时，安东尼·卡汉姆看到塔列兰王子（Talleyrand）把手指海绵饼干泡马德拉酒吃，身为"厨师之王、王的厨师"，他改良出一种更坚固、不易解体的版本。

特征：长条状且口感酥脆，成分只有糖、面粉和蛋。

质量保证：Moulin des Moines / 克罗特维莱（Krautwiller）

酥脆指数：4/5

黄油饼干（petit-beurre）

起源：1886年，由住在南特的路易·勒费弗·于狄勒（Louis Lefevre-Utile）发明。他是法国饼干品牌LU的创始者尚罗曼·勒费弗（Jean-Romain Lefevre）和宝琳·伊莎贝尔·于狄勒（Pauline-Isabelle-Utile）的儿子。

特征：路易从下午茶桌巾的形状得到灵感，这款饼干的外形可看出时间的概念：四个角的耳朵形状代表四个季节，52个齿痕代表一年52个星期，24个洞则代表一天24小时。主要成分为黄油、面粉和糖。

质量保证：Vincent Guerlais（巧克力黄油饼干）/ 南特

酥脆指数：3/5

阿尔比蛋白酥饼*

准备时间： 15分钟
烘焙时间： 5分钟

材料：

糖250克
蛋白80克
面粉60克
榛果75克
杏仁75克

步骤：

- 烤箱预热至200℃。从侧面切开杏仁和榛果，每个切成2~3片，放入大碗和糖、面粉及蛋白一起拌匀。
- 用小勺子把面糊抹在铺了烘焙纸的烤盘上，每个面糊间要留点空间（每个烤盘放约12个），送入烤箱烤几分钟，注意不要烤过头。
- 饼干上色后就可以取出，拿起烘焙纸放至一旁，让饼干在纸上冷却。重复这个步骤直到面糊用尽。烤好的饼干放入密封罐中可保存好几天。

* Croquant d'Albi，食谱由米洁·莫梅吉（Mizette Momège）提供。

圣贾克扇贝之路

撰文：查尔斯・帕丁・欧古胡

法国人平均每人每年吃掉2.5千克的圣贾克扇贝（Saint-Jacques），排名世界首位。从加来海峡到布列塔尼，六边形国度的人们深深迷恋着这贝类之王。

关于圣贾克扇贝

- 这种双壳软体动物在夏季产卵，排出雌性和雄性的配子，并在水中授精。
- 贝苗的长度为0.1~0.25毫米，在水中成长需3周至1个月。
- 初入秋时，幼体会分泌出外壳并沉入海底。
- 它在沙里的一生就此展开，从青少年期（2个月时约1厘米）进入成年期，长成扇贝后可以活十几年，最大可达23厘米，但只要长到10.2厘米就可以捕捞了。
- 捕捞期为10月1日至5月14日。

贝类编年史

5亿年前：地球上出现第一批贝类。

600万年前：圣贾克扇贝出现。

史前时代：用作交易的筹码。

希腊罗马时期：埃及人当梳子使用，圣贾克扇贝的学名由此而来（pecten意指梳子）。

公元前8世纪：在母亲盖娅的协助下，泰坦之神克洛诺斯推翻父亲乌拉诺斯，并将父亲的生殖器扔进海里，维纳斯因此诞生。她裸身站在漂浮于海上的巨大贝壳上，来到塞浦路斯的一座岛屿，众神纷纷前来表示爱慕之意。

830年：人们在西班牙的史堤拉发现使徒圣贾克之墓。

12世纪:《加里斯都抄本》*的《委内兰达之死》章节中写道，贝壳形同张开的手掌，因此象征善行。

1485年：波提切利创作《维纳斯的诞生》。

1758年：瑞典自然学家林奈为圣贾克扇贝取学名为Pecten maximus。

1988年：扇贝骑士兄弟会成立。

2002年：诺曼底的圣贾克扇贝获红标认证。

*《加里斯都抄本》（*Codex Calixtinus*）是12世纪时由教皇加里斯都二世下令编写，书中详细记载了圣贾克之路的朝圣指南。——编注

烹调圣贾克扇贝小技巧

切片

用名厨大卫・杜谭（David Toutain）的方式将扇贝切片，可以保住扇贝的纤维，确保肉质软嫩。在水里放入一束综合香草，和扇贝裙边一起烫熟过筛，加入咖喱，与抱子甘蓝叶片一起享用。

密封烘烤

把干贝放在清洗过的贝壳里，再放些添加香气的食材（洋葱、萝卜、香料），淋上半匙白酒。用面粉、盐、水做成面团把扇贝封起来，放入预热的烤箱烤十几分钟。

做生干贝薄片

主厨堤耶・夏里耶（Thierry Charrier）的做法：干贝切3~4片薄片，浸入白酒、红葱末、柠檬汁和橄榄油调成的料汁中。将浓缩橙汁、从香草荚刮出的香草籽、莎弗拉（Savora）芥末、雪莉酒和花生油用打蛋器打成油醋汁，淋在干贝上，再搭配小扁豆享用。

裙边酱汁

摘自尚玛利・柏帝（Jean-Marie Baudic）的《鲜鱼料理》（*Il est frais mon poisson*）。将巴黎蘑菇切块放入深锅，和大蒜、洋葱、萝卜、红葱一起炒。加入扇贝裙边，倒入白酒煮干，再加入气泡苹果酒和鲜奶油。最后加入柳橙皮丝与综合香草束，小火加盖炖煮2小时。

扇贝黄（生殖腺）再利用

做成鱼子沙拉（tarama）。扇贝黄先用水煮几分钟，冷却后和浸了牛奶的吐司与鳕鱼子一起搅打，最后浇上柠檬汁，就可以和布林薄饼（blinis）一起上桌了。

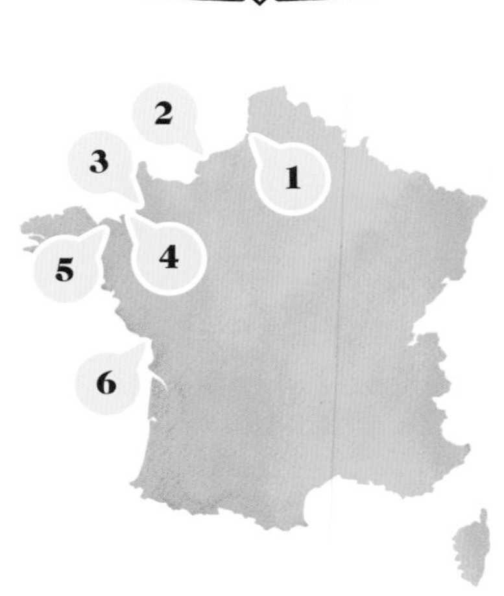

法国圣贾克产地

法国境内的扇贝活动区域，从皮卡第海岸到布列塔尼，主要的港口直销中心包括：

❶ 迪耶普（Dieppe）和费康（Fécamp），位于索姆湾。

❷ 贝桑港（Port-en-Bessin）和格朗德康迈西（Grandcamp），位于塞纳–马恩省湾。

❸ 格朗维勒（Granville），位于圣米歇尔湾。

❹ 圣马洛（Saint-Malo），位于圣马洛湾。

❺ 洛吉维德拉梅（Loguivy-de-la-Mer）和埃尔屈伊（Erquy），位于圣布里厄湾（Saint-Brieuc）。

❻ 大西洋岸的布雷斯特（Brest）、吉贝龙和奥莱龙（Oleron）。

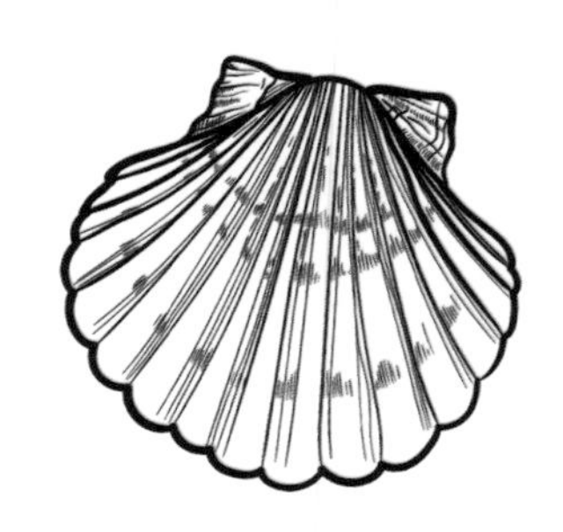

同场加映
海胆，妙趣横生的动物（第46页）

法兰西大厨

撰文：爱斯戴乐·罗讷托斯基

1651年，出版《法兰索瓦料理》(*Le Cuisinier françai*s)，成为17世纪最具革命性的料理著作。书内整理了创新料理的原则，法国料理的历史因此从中世纪走入现代。

首位现代料理大厨

关于拉瓦汉的一生，我们所知甚少。这位大厨在1618年生于第戎，后来在亨利四世和玛丽·美第奇的宫廷里学习厨艺。43岁时，他走进了余克塞莱侯爵（Uxelles）的厨房，创作了一道传世名菜“法式蘑菇泥”（Duxelles），以剁碎的蘑菇搭配红葱和黄油炒洋葱。它对当时亟欲创新的料理界是一个里程碑，激发了业内的改革精神。

现代料理奠基者

拉瓦汉以“健康、适度、精致”为目标，坚持“以最常见的平凡食材展现家常料理的本质”。首先想到的就是香草束、贝夏梅酱和最早的千层派食谱。他的书为厨师们立下了新典范。

黄油的地位：在他之前，黄油是被一线大厨轻视的材料，是用来煮蛋和做糕点用的。是他让黄油被运用到各种菜肴当中。

永别了香料，香草万岁！因充满异国风情而被厨师青睐的香料（番红花、姜、肉豆蔻等）逐渐被院子里的香草（欧芹、龙蒿、雪维草、罗勒、百里香、月桂叶、虾夷葱等）取代。

新式烹饪手法：为了保存食材的原味和口感，烹煮时间变短了，糖的用量也减少了。肉类食物从串叉取下后立即搭配肉汁享用，蔬菜也力求保留甘脆口感，和我们现在吃的一样！

菜园里的绿叶：拉瓦汉是首位对蔬菜感兴趣的厨师，花椰菜、芦笋、朝鲜蓟和黄瓜都因为他才进入料理之列。

法兰索瓦·皮耶·拉瓦汉
François Pierre de La Varenne（1618—1678）

费雍汀千层酥（Feuillantine）*

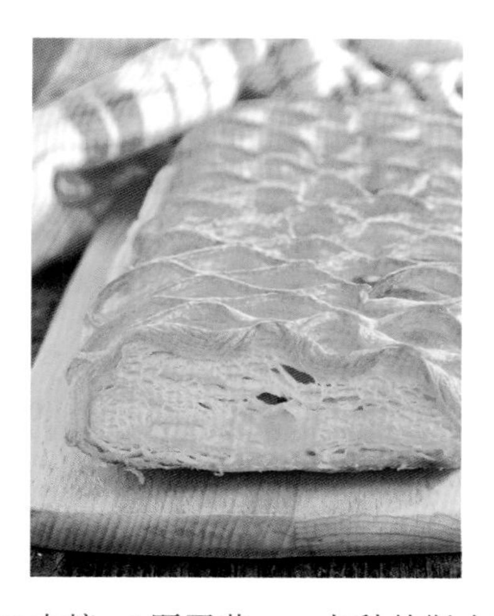

把2颗鸡蛋、125克糖、1颗蛋黄、一点科林斯小葡萄干（Black Corinth）、松子、柠檬皮丝、1~2个马卡龙的碎屑、一点肉桂粉和玫瑰水放到一个盆里。使用刮刀或银汤匙搅拌均匀，再加入几滴橙花纯露或柠檬汁（只要一点点就可以了）。也可以只使用卡士达酱、白面包心或饼干屑、一点科林斯小葡萄干、糖、一点肉桂和几滴柠檬汁拌匀。把千层面团擀开，制作成两份盘子厚度和大小的派皮。把其中一份派皮放到烘焙纸上，再倒上刚才准备好的卡士达酱，用刮刀抹匀。在这个派皮的边缘涂上一些水，取来另一个派皮盖好，上下两片派皮要完全黏合。放入烤箱，烤半小时。快烤好时撒上糖粉，再滴几滴橙花纯露，继续烤出一层糖霜。出炉后还要再撒一层糖。

*食谱摘自《法兰索瓦料理》第224页，2016年版。

17世纪料理词典

Abaisse de pâte：用擀面棍把面团擀开，擀薄。

Amer：动物的胆囊和流出的胆汁，也指其他带苦味的食物。

Échauder：一块肉或一整只动物用沸水煮过后拔毛。

Carde：植物的叶梗，像是甜菜或朝鲜蓟。

Mauviette：一种云雀。

Pourpier：马齿苋，一种可以用来做成沙拉的菜。

Ralle：大小和鹌鹑一样、有灰色羽毛的鸟。

Saloir：木制的坛子，用来储存肉品，通常很脏。

Sauce blanche：加了柠檬、柳橙、肉豆蔻、酸豆或鳀鱼的贝夏梅酱。

Sauce au pauvre homme：水、盐和青葱做成的酱，通常是冷的。

Sauce robert：用黄油炒过的洋葱、白酒、醋和盐做成的酱，收汁后加一汤匙芥末酱。

Crestes.
Foyes gras.
Syrop.
Givarts.
Oyes grasses pour saler aux poix.
Allouettes.
Canards de pallier.
Cochons de laict.
Poulettes d'eau.
Hairon.
Hairondelles de mer.

LE

LE
CUISINIER
FRANCOIS
ENSEIGNANT LA MANIERE

出版业的新景象

作为一本备受瞩目的料理书，《法兰索瓦料理》一经出版就引起很大的反响！百年内，这本书再版了七十次，更不用说被复印、模仿和抄袭……1653年，这本书成为第一本被翻译成英语的法语书。内文说明清晰、排版舒适，还有索引和食谱编码。作者在书中以第一人称的口吻，直接与读者对话，给予读者众多的建议。总之，这本书不仅建立了现代料理的新形象，更开辟了法国现代料理出版之路！

你真的懂法语吗？

撰文：巴蒂斯特·皮耶给

哦，看看这些假冒的词汇！我们自以为了解……
但知道真相后会失望透顶。料理词汇中也不乏这种"偷渡者"，
到处都写了"法式"，但它们真的是"法国制造"吗？

法国吐司（French toast）

这是什么东西？
就是法语中"遗失的面包"（pain perdu）。17世纪时，人们把面包、酒、柳橙汁和糖混在一起，到1870年后才会在里面加一颗蛋。
为什么是"法国"？
故事的起源在一间阿尔巴尼（纽约）的小酒馆，名为约瑟夫·法兰奇（Joseph French）的酒馆老板从1724年开始用这种方式处理剩下的面包。这么看来名为"法兰奇的吐司"（French's toast）也很合理吧？这则传说还有更奇妙的地方，据说这位老板在一战前是德国人，因为战争才改变身份。讽刺的是，在美国新奥尔良*地区，这种吐司反而叫"遗失的面包"，而不是法国吐司。
法国血统：无

法式滤压壶（French press）

这是什么东西？
威廉·哈里森·约克（William Harrison Ukers）在他1922年的著作《关于咖啡的一切》（*All about Coffee*）中，冒着惹火意大利人的危险写了这句话："法国人自始至终比任何一国人更重视咖啡。"他在杂志中介绍了12款萃取咖啡的机器，唯独不见滤压壶。
为什么是"法式"？
这种咖啡壶问世于1852年3月，出自一名金工商人之手，但直到1920年才真正传播开来。20世纪80年代，法式滤压（French plunger-type）传到美国。1993年，《纽约时报》美食记者弗罗伦斯·法布里肯（Florence Fabricant）也对"法式滤压"赞誉有加。
法国血统：确认

法国豆（French beans）

这是什么东西？
四季豆。七千年前出现在美洲大陆上，1493年，哥伦布第二趟航行时将它带回欧陆，但直到1597年才踏上法国的土地。从时间来看，称呼它为法国豆似乎有点站不住脚。
为什么是"法国"？
似乎纯粹为了让绿色的四季豆变得更具吸引力而已。
法国血统：无

法国薯条（French fries）

这是什么东西？
就是薯条。比利时的还是法国的？请见第332页，让薯条专家皮乐佩为您解说。
为什么是"法国"？
"一战"时，同盟国军队自比利时佛兰德斯（Flandre）上岸，很快就尝到这当地特产。比利时的军队说的也是法语，那些美国大兵也怀疑自己把比利时人和法国人搞混了。
法国血统：要是这么说会让邻国的人们高兴的话……

* 新奥尔良本来是法国的领土。——译注

环法荞麦之旅

撰文：瓦伦提娜·屋达

荞麦富含维生素、蛋白质和矿物质，还是零麸质，
是小麦的最佳替代品。

荞麦的异想世界

这种来自亚洲的植物自15世纪起在法国西部生根，接着又扩展到罗讷河–阿尔卑斯和利穆赞。它生长在贫瘠的土地上，三个月就能收成（其别名"百日植物"由此而来），不只鲜少染病还能抑制杂草。但因为收成量不稳定，20世纪60年代时被小麦和玉米取代。近来荞麦又因为布列塔尼传统黑麦协会的提倡和获得地理保护标志而回归。

布列塔尼煎饼（galette）：过去曾经是阿莫里肯人*的面包，他们会在里面加奶酪、肥猪肉、香肠或内脏香肠，并放在煎饼炉上煎熟。

莱翁荞麦糊（farz）：一般是用荞麦做的，但也有小麦的版本。把荞麦放到特殊的布袋中水煮，然后切成片或捣碎（见下方食谱）。

科雷兹荞麦煎饼（tourtou）：黑麦、水和酵母做成的煎饼，当地人以这种气孔很多的煎饼为主食。

科雷兹噗饼（pou）：名字的由来是煎的时候会发出"噗"的声音。这种饼是把黑麦和牛奶包在一块布里煮熟的。

萨瓦方形小片面（crozets）：原本是圆形，在17世纪变成边长5毫米、厚2毫米的方形面。传统上是由荞麦粉和普通小麦面粉混合制成。

康塔尔煎饼（bourriol）：一种厚软的煎饼，农家食物，由荞麦粉、普通小麦面粉、酵母和牛奶做成。

* 阿莫里肯（Armorica）为塞纳–马恩省河至卢瓦尔河之间高卢地区的古称，包括现在的布列塔尼地区。——编注

荞麦炖肉浓汤（kig ha farz）

布列塔尼版的火上锅（pot-au-feu）。

准备时间：30分钟
烹调时间：1小时
烹煮时间：3小时30分钟
分量：4人份

材料：
牛肩胛肉600克
猪五花300克
半盐猪蹄髈1块
西洋芹1根、洋葱1大颗
韭葱4根、胡萝卜6根
芜菁4颗、月桂叶1片
百里香1枝、欧芹2枝

荞麦糊
布袋1个（20厘米 × 30厘米）
荞麦粉500克
黄油200克
法式酸奶油40克
鸡蛋1颗、盐少许

步骤：
- 前一晚先将猪蹄髈泡在水里脱盐。
- 隔天，削去蔬菜的皮，切下一段韭葱绿色部分，置于一旁待用。把韭葱和百里香、欧芹、月桂捆成一束。
- 把脱盐的猪蹄髈和牛肩胛放到装了水的锅里，加入洋葱、香草束、西洋芹和韭葱绿煮沸，然后转小火继续沸煮30分钟。
- 准备荞麦糊，把面粉、软化的黄油、蛋、一撮盐、法式酸奶油和一点常温的水拌成表面光滑的面糊。缓缓加入1/2升的高汤，但不要让面糊变得太稀。
- 把面糊倒进布袋，束起袋口，记得留一点空间，因为煮熟的面糊会膨胀。把布袋放进锅里煮1小时30分钟，过程中捞去浮沫。加入五花肉再煮30分钟。加盐和胡椒调味。
- 煮好后把肉、菜和汤一起端上桌，一起分享荞麦糊。

以酒入菜

撰文：戴乐芬·勒费佛

第戎的红帽酒店（Hostellerie du Chapeaurouge）主厨威廉·法修（William Frachot）在菜肴中大量使用勃艮第的特产——葡萄酒。以下介绍三道“法修式”以酒入菜的食谱！

红酒炖蛋（ŒUFS EN MEURETTE）

分量： 4人份
准备时间： 1小时
烹调时间： 50分钟

材料：
肉汁或高汤600毫升
红酒800毫升
马铃薯淀粉2克
黄油70克
糖5克、盐、研磨胡椒

蛋
非常新鲜的鸡蛋8颗
白醋500毫升＋200毫升
红酒250毫升

勃艮第式配菜
巴黎蘑菇80克、培根丁80克
白色小洋葱90克
糖40克、黄油40克
长棍面包切片8片
油200毫升、大蒜1瓣
扁叶欧芹20克、柠檬

步骤：
酱汁
- 在长柄锅倒入肉汁或高汤，用小火慢煮收干到剩下100毫升；另一锅以相同方式收干红酒至80毫升。
- 混合红酒与汤汁，分两次加入马铃薯淀粉拌匀。加入切成小块的黄油，用打蛋器搅打至浓稠，以盐、糖和胡椒调味，调味料的量依个人喜好增减。

煮蛋
- 在炒锅里倒入红酒煮至沸腾，加入白醋500毫升。
- 利用空当将蛋分别打到8个咖啡杯里，把剩下的白醋平均倒入咖啡杯，静置3分钟。醋能预煮蛋的外层，产生的薄膜有助于煮水波蛋。
- 让炒锅中的酒醋液保持微滚，一次倒入一杯的蛋，用汤匙在锅内轻轻画圆制造旋涡，有助于蛋白完整包覆蛋黄。在微滚状态下煮蛋2分钟，然后用漏勺把蛋捞起，放入一碗冰水中，防止蛋继续加温，也能去除多余的醋味。

勃艮第式配菜
- 在滚水中加入蘑菇和柠檬煮一下，然后移至平底锅，用黄油翻炒。
- 在另一个平底锅里炒熟培根丁；再另取一个平底锅熔化黄油和糖，倒入小洋葱煮至上色。
- 用热橄榄油煎面包片，煎好之后拿切半的大蒜摩擦面包片表面，增添蒜味。
- 将上述煮好的食材保温备用。

盛盘
- 在加温过的盘中放2片蒜味面包，装盛配菜，再放入2颗水波蛋，淋上红酒酱汁，撒上切碎的欧芹即完成。

红酒炖鸡（COQ AU VIN）

分量： 8人份
准备时间： 45分钟
腌渍时间： 1晚
烹调时间： 3小时

材料：
全鸡1只（3千克），请肉贩先切割好
胡萝卜200克
洋葱200克
大蒜1球
红酒1.5升
面粉、植物油
百里香1束、月桂叶
小洋葱200克
黄油20克、糖5克
烟熏肥猪肉200克
巴黎蘑菇200克
黄油30克、橄榄油50克
白吐司或白面包8片
鸡血或猪血150克（向肉贩购买）
欧芹15克

步骤：
- 前一晚先把鸡肉块浸入红酒腌渍，并加入一半分量的胡萝卜、洋葱、大蒜，以及月桂叶和百里香。
- 隔天把食材捞起沥干，腌酱留着备用。在平底锅里倒入植物油，大火快炒腌过的食材至上色均匀。加入剩余的红萝卜、洋葱、大蒜，用小火炒至出汁。加入面粉，让肉块均匀裹上粉之后再煮2~3分钟。
- 倒入腌酱覆盖食材，加盖放入烤箱以180℃加热至微滚，保持这个状态烤3小时；或用中火炖煮，其间不时搅拌。
- 小洋葱放进锅里，加水淹过食材，加入黄油20克和糖，用盐和胡椒调味。盖上一张烘焙纸，煮至水分蒸发，不时搅拌以免烧焦，直到小洋葱变成金黄色即可捞出。
- 肥猪肉切成小丁，用滚水焯烫过再倒入平底锅中炒至稍微上色。用黄油炒熟蘑菇。混合小洋葱、蘑菇和肥猪肉丁做成配料。
- 吐司切成小块，油煎至金黄酥脆。
- 鸡肉煮好后盛出，用锥形漏勺过滤酱汁；如有需要可再加热收干酱汁，酱汁要浓郁但不能太浓厚。加入鸡血或猪血，再过滤一次，然后再次确认调味。加入鸡肉与配菜，加热保温但避免煮滚。
- 吐司片蘸上酱汁和欧芹碎末。在深盘内盛入鸡肉块与配菜，再摆上刚刚准备好的吐司片，让所有食材看起来很和谐。

关于威廉·法修

1970
生于巴黎。

1995—1996
先后在贝纳·洛索（Bernard Loiseau）、法布什斯·吉洛特（Fabrice Gillotte）与贾克·拉摩鲁斯（Jacques Lameloise）三位勃艮第主厨的餐厅打工。

1999
威廉·法修的父母收购第戎红帽餐厅。

2003
获得米其林一星评鉴。

2013
获得第二颗米其林星星。

同场加映
波尔多勃艮第大对决
（第272页）

勃艮第红酒炖牛肉（BŒUF BOURGUIGNON）

分量： 8人份
准备时间： 45分钟
腌渍时间： 3小时
烹调时间： 2小时

材料：
牛肩胛肉2千克
洋葱1颗（300克）、丁香
胡萝卜300克、大蒜2瓣（压碎）
综合香草束1束、欧芹梗
胡椒粒、四香料
红酒1.2升
面粉90克
未勾芡的小牛肉高汤2升

勃艮第式配菜

培根丁250克
蘑菇250克
小洋葱20克
糖20克、黄油60克
欧芹

步骤：
- 烤箱设定160℃，选用热风循环湿烘模式。洋葱切半，一半插入丁香，另一半切成小块备用。牛肩胛肉切成50克的小肉块。胡萝卜洗净去皮切块。
- 把牛肉、洋葱、胡萝卜、大蒜、综合香草束、欧芹梗、胡椒粒与四香料等食材全放入1.2升的红酒里腌渍至少3小时。
- 从腌汁里取出肉块，保留腌汁备用。把牛肉放入深炖锅中炒至上色后盛盘，再用小火把配菜食材煮到出汁而不过熟。重新倒入牛肉混合，加入面粉搅拌，使之均匀裹住所有食材，尤其是肉块。
- 倒入腌汁煮至几乎收干的状态，加入小牛肉高汤，加盖送入烤箱烤约2小时。
- 准备勃艮第式配菜：将培根丁炒香后放入切成薄片的蘑菇。在另一炒锅里加热黄油，加糖拌炒，放入小洋葱后加水至盖过食材，煮到水收干而洋葱呈金黄色。
- 取出炖锅里的食材，把汤汁收干到能黏上木汤匙背面为止，然后用锥形滤勺过滤酱汁，再把牛肉、勃艮第式配菜和酱汁倒入炖锅中煮至微滚。用凹盘装盛，撒上一点欧芹碎末即上桌。

阿斯泰利克斯美食之旅

撰文：查尔斯·帕丁·欧古胡

翻开 1965 年出版的《阿斯泰利克斯高卢历险记》[1]，跟着两位高卢人搜寻高卢地方小吃和时代错乱的料理，绝对是最美味的一次历险。

起点

一个被罗马帝国势力包围，但始终顽强抵抗的高卢村庄。为了证明他们仍然可以出发到任何想去的地方，阿斯泰利克斯和欧胖两人跟村民打赌，要带回高卢境内的特产，美味冒险就此展开……

吕特斯（Lutèc）[2]=巴黎

特产：火腿

首次出现时间为 1793 年，猪腿要先去骨剔筋再泡入盐水，最后在高汤内炖煮几小时，人称“巴黎火腿”。

2. 前者为当时高卢语地名。——译注

卡马拉古（Camaracum）=康布雷

特产：笨蛋薄荷糖

1850年，有人弄错食谱，却弄巧成拙做出这种糖，笨蛋之名由此而来。这是一种用添加了薄荷的焦糖做成的糖果，1994年申报了人类非物质文化遗产。

杜罗科托鲁姆（Durocortorum）=汉斯

特产：四种香槟（不甜、略甜、甜、很甜）

“这可是酒中之酒！里面有气泡，重要场合的时候才喝，比如战船第一次下水……”

吕格都伦（Lugdunum）=里昂

特产：香肠和鱼糕

“这些就是香肠和鱼糕。”

里昂香肠煮熟后，会冷却再搭配马铃薯吃。鱼糕则是把东布（Dombe）自然保护区池塘养殖的白斑狗鱼鱼肉混入泡芙面糊制成。

尼凯耶（Nicae）=尼斯

特产：从布列塔尼散步大道[3]带回的尼斯沙拉。

“一坛尼斯沙拉，外带，谢谢。”

尼斯沙拉里的蔬菜绝对不能煮，通常包含番茄、朝鲜蓟、尼斯橄榄、小蚕豆、水煮蛋、青葱或鳀鱼。

马西利亚（Massilia）=马赛

特产：马赛鱼汤

用红鲻鱼和岩岸小鱼熬成的鱼汤，搭配酥脆面包丁、鱼肉、马铃薯，是地中海沿岸最有名的炖鱼汤。

1. *Aventures d'Astérix, Le Tourde Gaule d'Astérix*，法国家喻户晓的漫画，以主角阿斯泰利克斯（Asterix）和欧胖（Obélix）为故事中心，展开一系列爆笑又富知识性的冒险。这个时期的高卢指的是法国本土。——译注

3. 尼斯知名的“英国人散步大道”，但在罗马帝国时期没有“英国”这个名称，所以用法语中对英国的另一称呼“大布列塔尼”代替。——译注

托洛萨（Tolosa）=图卢兹
特产：香肠

“托洛萨好美，这里的香肠好吃吗？”“是美食啊，欧胖，真正的美食！”
肥瘦各半的猪肉肠（火腿、五花和肩胛肉），只添加盐和胡椒调味，剁碎后塞到直径2.6~2.8厘米的肠子里。长度不限。

阿吉浓（Aginum）=阿让
特产：李子干

“首先，让我为你们送上著名的阿吉浓李子干。”
欧洲李的果实晒干制成，富含维生素和铁质。洛特加龙省自15世纪就种植这种李子树，2002年获得地理保护标志。

伯迪加拉（Burdigala）=波尔多
特产：伯迪加拉白酒和生蚝

“生蚝的确好吃，可是山猪肉就连没有R的月份[4]也可以吃到。”
阿尔卡雄（Arcachon）盆地附近有个生蚝之城。要搭配什么？榭密雍（sémillon）和苏维浓（sauvignon），波尔多产区主要的白酒。

下列这几项没有收录在《高卢历险记》中，但也是系列作品中不可错过的内容。

科西嘉
《科西嘉历险记》（*Astérix en Corse*）介绍了臭翻天的科西嘉奶酪。

“各位，闻闻这个。”

奥维涅
在《阿维尔尼之盾》（*Le Bouclier arverne*）中提到了白菜锅。

“叟先，当蓝要拿一些白塞。”

诺曼底
《诺曼底历险记》（*Astérixetles Normands*）中的生乳奶油。

“你要是不喝掉这碗奶油汤，怪兽就会吃掉你。”
当然也不能忘记他们在布列塔尼猎捕、火烤的山猪，每一本漫画里都可以看到。

同场加映
爱吃的高卢祖先（第217页）

4. 法语中有R的月份指的是9月至来年4月，即生蚝产季。——译注

包耶的香料脆皮山猪腿

分量： 6~8人份

材料：
猪油网1副
粗盐2茶匙
五色胡椒粒（cinqbaies）2汤匙
香菜籽2汤匙
紫芥末酱（以葡萄渣制成）或芥末籽酱6汤匙
橄榄油4汤匙
风轮菜或红花百里香1束
山猪腿1只
蔬菜高汤或清水500毫升

步骤：
- 烤箱预热至150℃。用冷水小心清洗猪油网，然后摊开放在干净的布上。
- 把胡椒粒、香菜籽和盐放入研磨钵磨成粗颗粒，再缓缓加入芥末、橄榄油和摘掉花叶的风轮菜搅拌至乳化。
- 将酱料涂满猪腿表面，放在大烤盘里，倒入高汤，再用铝箔纸密封。每千克猪腿至少要烤1小时。如有必要，每小时都加入一点高汤。肉烤到软嫩后，把猪腿拿出来放在烤架上，以180℃烤15分钟上色。
- 把盘底的肉汁倒入小锅，必要的话可开火煮到稍微收汁。用筛网过滤汤汁，再淋上烤猪腿。

包耶的栗子蜂蜜洛泽尔峰*

准备时间： 30分钟
烘焙时间： 3小时
分量： 8~10人份

材料：
蛋白4颗
红糖（cassonade）220克
栗子面粉50克
栗子蜂蜜2汤匙
全脂液体鲜奶油300毫升
浓稠鲜奶油200克（生乳为佳）
栗子酱200克

焦糖栗子
罐装炒栗子300克（也可以自制）
栗子蜂蜜2汤匙
半盐黄油30克

步骤：
- 烤箱预热至100℃。把蛋白打发至开始冒泡时，分次加入红糖，继续搅打到变成紧实且光滑的糖霜。用汤匙舀出大坨糖霜放在烘焙纸上，淋一点蜂蜜。使用烤箱的旋风功能，至少烤3小时。最后1小时要把烤箱的门打开。
- 把栗子、蜂蜜、黄油一起放入不粘锅内，用大火炒到焦糖化，继续炒3分钟，然后倒在一张烘焙纸上冷却。
- 把冷藏的两种鲜奶油打发，用硅胶刮刀轻轻拌入栗子酱，做成有大理石纹路的香缇鲜奶油。
- 把蛋白霜放入大盘或单人用的小盘上，盖上一层香缇鲜奶油，摆上一些焦糖栗子。如果气候较潮湿，要把蛋白霜收在气密盒里，直到要装盘时才拿出来。

*食谱摘自《高卢盛宴：70道来自祖先的食谱》（*Extraits de Banquet gaulois: 70 recettes venues directement de nos ancêtres...ou presque!*），布兰丁·包耶（Blandine Boyer）著。

用笔品尝普罗旺斯

撰文：爱斯戴乐·罗讷托斯基

他的书满溢着橄榄油和野生香草的气息。一手握着笔，一手握着叉，季奥诺连接土地和文字的能力无人可及。

让·季奥诺
JEAN GIONO（1895—1970）

巴哈伊丝，生机盎然的绿洲

“一棵棕榈树，一棵月桂树，一棵杏树，一棵柿子树，一片葡萄园，一片大得像帽子的盆地，一座喷水池。”作家让·季奥诺如此叙述巴哈伊丝（Paraïs）。1929年，他买下这座邻近马诺斯克（Manosque）的小庄园。当时他的著作《丘陵》（*Colline*，1929）出版后广获好评，后来他便经常在这儿写作，将普罗旺斯的风光自然且毫不修饰地呈现在作品中。

美食侧写

谦逊而简朴的品位：比起精致的高级料理，这位著有《屋顶上的骑兵》（*Le Hussard sur le toit*）、成就非凡的作家更钟情于简单朴实、用小火慢炖、能够温暖身心的菜肴。

自家菜园里的蔬菜：鹰嘴豆、白腰豆、扁豆、刺菜蓟、西葫芦、茄子、卷心菜……他们将这些菜做成汤、大份的沙拉和焗烤菜品。

橄榄油：什么东西都加橄榄油！他喜欢用石磨磨出来的新鲜橄榄油，香气浓郁，颜色是鲜亮的绿。小时候放学回家，妈妈都会帮他准备一块加了盐、淋上橄榄油的烤面包当点心。

羔羊与野味：季奥诺不爱吃肉，唯独钟情禽鸟野味，例如串烤小鸟和腌鹌鹑。为了这贪食的小毛病，他也付出了代价，患上了痛风。

季奥诺蛋

这是他的拿手好菜之一。从鸡舍取来新鲜鸡蛋，做成带壳的溏心蛋，或是直接将蛋打在盘子上，撒上一点粗盐和研磨胡椒，倒上大量的橄榄油，配着长条面包吃。

自制沙拉酱

在这个家里，所有沙拉酱都是用橄榄油和醋调制而成，其中关键的“四个角色”分别是：

- ➢ 倒醋的守财奴（醋少一点）
- ➢ 撒盐与胡椒的智者（适量调味）
- ➢ 加油的败家子（加很多橄榄油）
- ➢ 搅和的疯子（疯狂搅拌直到均匀）

妈妈煮的菜

母亲宝琳娜是皮卡第人，烧得一手好菜，季奥诺的味蕾就是被她训练出来的。他喜欢亲“妈妈带着香草味的脸颊”。他的诗人好友、诺贝尔文学奖得主T. S.艾略特曾称赞他母亲做的布丁：“这是我生平吃过最棒的布丁！”

卷心菜肉卷*

这是季奥诺最喜欢的菜之一，它让人爱上冬天寒冷与阴沉的日子。

分量：8人份
烹调时间：2小时

材料：

皱叶甘蓝卷心菜1大颗
香肠肉200克
半盐五花肉200克
胡萝卜2～3根
西洋芹1根
洋葱1颗
大蒜3瓣
橄榄油3汤匙
高汤0.5升（或高汤块1块）
番茄泥1杯
杜松子4粒
欧芹、百里香、月桂叶
盐、研磨胡椒

步骤：

- 将甘蓝菜叶层层剥开，最外层的大片叶子舍弃不用，切除叶梗，再将菜心部分切碎。整片的菜叶放入盐水烫10分钟，捞起滤干，平铺在厨房餐巾纸上。
- 等待菜叶煮好的时间，可以开始准备内馅。在炒锅里加入橄榄油，将香肠肉（或一块已煮熟切碎的火腿）、洋葱丝、菜心碎、一半分量的五花肉丁大火炒香，以少许胡椒和盐调味（香肠通常已经有咸味了）。加入切碎的百里香、月桂叶和切碎的杜松子增添香味。
- 把炒好的肉馅放到菜叶上，仔细卷好卷紧。
- 取一陶制深盘，倒入橄榄油和剩下的五花肉丁、胡萝卜和芹菜丝、压碎的大蒜。摆上卷好的菜卷，倒入番茄泥、另外2粒杜松子和少许切碎的欧芹。
- 盘内倒入高汤至一半高度，送入220℃的烤箱烤2小时，直到菜卷表面呈微褐色。

*食谱摘自《让·季奥诺普罗旺斯美食》（*La Provence gourmande de Jean Giono*），席乐薇·纪沃诺（*Sylvie Giono*）著。

大话法式布丁

撰文：戴乐芬·勒费佛

底层铺着酥脆饼皮、醇厚的香草布丁馅，还有金黄色的脆皮，微微颤抖的内馅，有点结实又带点松软的质地，无限的奶香，总让人怀想儿时的味道……

源起

英国人在中世纪就发明了卡士达挞（custard tart），法国境内则要到1399年英国国王亨利四世正式继承王位并统治法国后，才听到人们谈论“doucettys”，也就是“布丁挞”（tart au flan）这种点心。这种以卡士达奶酱做出来的法式布丁，其实就是葡萄牙人吃的pastel de nata，中国香港称之为“蛋挞”。

制作重点

挞皮：不添加泡打粉的酥脆挞皮，吃起来较爽口；也可使用千层挞皮，但不要擀得太薄，不然容易被内馅浸湿。有的人偏好先把挞皮烤过再倒入内馅。

内馅：材料不复杂，但质量要够好。农场鸡蛋、新鲜全脂牛奶，真没得选就混合牛奶和鲜奶油（乳脂含量35%），还有玉米粉和香草荚。

烘焙：低温（约170℃）且长时间烘烤，这样才能让内馅定型，同时让表层变成深棕色，内馅却不会烤焦。

静置：把布丁放进冰箱冷藏几小时甚至一晚，让内馅完全定型。享用前先拿出来回温，这样就好切了！

巴黎美味布丁店

➢**Utopie**，
地址：20, rue Jean-Pierre Timbaud, 11e

➢**Boulangerie Basso**，
地址：49, rue de la Jonquière,17e

➢**CyrilLignac**，
地址：133, rue de Sèvres, 6e

➢**Boulangerie du Nil**，
地址：3, rue du Nil, 2e

➢**Ladurée**，地址：75, avenue des Champs Élysées, 8e

菲利浦·康堤希尼的法式布丁

准备时间：20分钟
静置时间：1小时
烘焙时间：30分钟
分量：6人份

材料：

低脂牛奶165克
水165克
香草荚2根
细砂糖50克
Maïzena®玉米粉25克
鸡蛋1颗
蛋黄1颗
纯黄油千层挞皮1片
另外准备低脂牛奶50克（非必要）

步骤：

- 从香草荚刮出香草籽，和牛奶、水一起煮沸。把鸡蛋、蛋黄和细砂糖打入沙拉盆内，再加入玉米粉拌匀。
- 把香草荚从热牛奶中取出，三分之一倒入沙拉盆，用打蛋器拌匀再倒回锅中。开火煮1分钟，努力搅拌直到变得浓稠。如果喜欢更软嫩的布丁，这时可以把另外准备的低脂牛奶倒入锅中煮，然后用食物调理棒搅打一下。
- 在直径14厘米、高3.5厘米的圆形塔模内涂一层黄油，铺上千层挞皮，倒入蛋液至四分之三满即可，接着放到冰箱冷冻1小时。
- 从冷冻库取出布丁，直接放进160℃的烤箱烘烤30分钟。

布丁相关修辞

做一整个布丁（en faire tout un flan）：捕风捉影、夸大其词，一点小事也能长篇大论地扯谎。

这是一个布丁（c'est du flan）：这里的flan指以前用来制作钱币的金属，原本指假钱币，引申指一切假的东西。

眼睛跟布丁一样圆（En rester comme deux ronds de flan）：也是来自制作钱币的金属圆片，指瞪大双眼，十分惊讶。

布丁式作风（à la flan）：没有好好完成一件事，求快不求好。

变化版布丁

芙纽多（flognarde）：利穆赞、佩里格和奥弗涅地区的特产，经常添加苹果或李子。

克拉芙堤（clafoutis）：利穆赞的传统点心，在樱桃上盖一层布丁馅。

旺代菲雍布丁（fion vendéen）：质地厚实的布丁，使用瓷器作为烤模。先用水煮过，再倒入名为“菲梧内”（fiounée）的鲜奶油蛋液。

布列塔尼布丁蛋糕（farbreton）：最早的食谱会在内馅里加葡萄和苹果。

焦糖布丁（flanaucaramel）：隔水蒸烤，内馅淋一层焦糖。

椰子布丁（flancoco）：安的列斯使用炼奶和椰子，分两层烤熟。

同场加映
布列塔尼布丁蛋糕（第32页）

圣诞夜母鸡

撰文：丹妮丝·索林耶高帝

法语 poularde 指的是从小就被结扎，并且刻意养肥的母鸡。
以下三款食谱就是用它做成的节庆料理。

填馅母鸡

准备时间：45分钟
烹调时间：1小时30分钟
分量：6人份

材料：
母鸡1只（1.6~1.8千克）
黄油80克
葵花油3汤匙
法式酸奶油250毫升
水50毫升
马德拉酒或波特酒100毫升

步骤：
- 烤箱预热至200℃。选择下列一种内馅塞到鸡的肚子里，用针和料理棉线仔细把开口封好。把软化黄油和葵花油拌匀，用刷子大量刷在鸡皮上。
- 把剩下的油倒进深盘，加一点水，放上全鸡，撒一些盐，烤1.5小时，过程中要不时把流出来的肉汁淋到鸡皮上。刺一下鸡腿，如果流出的汁清澈无血就代表烤好了。

1 蘑菇肉馅

材料：
猪五花1片
牛肩胛300克
野生蕈菇400克（羊肚菌、鸡油菌、灰喇叭菌、小伞菇等）
吐司4片
牛奶100毫升
植物油2汤匙
鸡蛋2颗（蛋黄1颗+全蛋1颗）
虾夷葱10根
盐、胡椒

步骤：
- 把清洗过的虾夷葱剪碎。吐司捏碎后泡到牛奶里。
- 把牛肩胛、猪五花和泡好沥干的吐司一起剁碎。
- 在平底锅中放入2汤匙植物油，热炒蕈菇15分钟，让水汽蒸发。炒好后用刀切成碎块。
- 把所有东西拌在一起，加盐和胡椒调味。

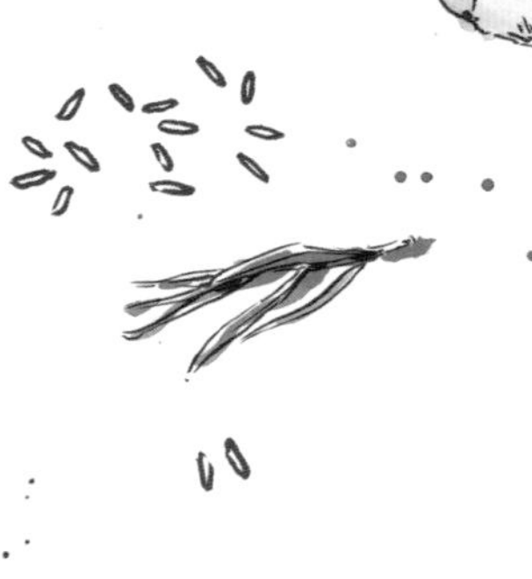

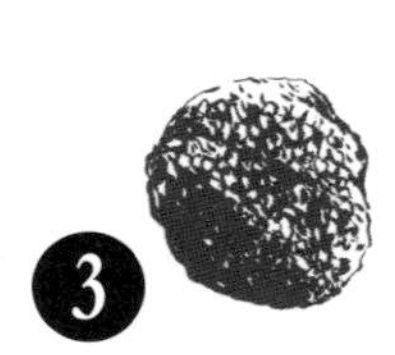

2 栗子肉馅

材料：
猪肩胛肉300克
栗子300克（真空包装或罐装）
红葱3颗
欧芹5枝
大蒜1瓣
鸡蛋1颗
吐司4片
牛奶100毫升
盐、胡椒

步骤：
- 把栗子切成粗块。吐司撕碎后泡在牛奶里。
- 红葱去皮切末，加少许油用小火炒10分钟。
- 欧芹洗净后摘下叶子，和去皮的大蒜一起切碎。
- 猪肉剁碎，和红葱末、吐司拌在一起，加盐和胡椒调味，再加入蛋、蒜末、欧芹碎末和栗子拌匀。

同场加映
埋藏在地下的瑰宝——松露
（第276页）

3 松露鹅肝馅

材料：
长粒米90克
鸡高汤（汤块）2升
生鹅肝300克
松露1个（20克）
蛋1颗
龙蒿4枝
肉豆蔻粉
盐、胡椒

步骤：
- 龙蒿洗净剪碎。
- 高汤煮滚并加盐调味，放入长粒米煮12分钟，煮熟后沥干。
- 鹅肝切丁。
- 在水龙头下将松露刷洗干净，削皮，先切成薄片，再切成细条状。
- 把所有东西拌在一起，加盐、胡椒和一些肉豆蔻粉调味。

高雅的蜗牛

撰文：玛丽阿玛·毕萨里昂

这种腹足动物花了很长时间才爬到法国人的盘子里，如今已经成为法国美食的重要象征。

蜗牛潮流

古罗马时期的人们就偏爱勃艮第蜗牛，会用牛奶和麸皮喂养它们。中世纪时，每到四旬期守斋，人们会吃蜗牛代替肉类。1538年，蜗牛进入宫廷，亨利二世为它醉心，甚至登上了当时的料理圣经。化学家卡戴特·德伽西科特（Cadet de Gassicourt）呐喊："怎么可能有人喜欢这种恶心的爬虫类！"*直到19世纪，人们重拾对蜗牛的喜好。根据作家彼得·西蒙（Peter Lund Simmonds）的记载："现在巴黎有50家餐厅提供蜗牛，人们视之为珍馐。"**现在法国人每年吃掉16,000吨蜗牛，为世界之最。

*摘自《美食课》（*Cours gastronomique*，1809）。
**摘自《美食好奇心》（*The Curiosities of Food*，1859）。

小常识

夏季，蜗牛会躲到地底下避暑，因而沾上土腥味。所以法国规定4月1日至6月30日禁止"收成"蜗牛。

健身法宝

蜗牛肉富含 ω-3脂肪酸和蛋白质，低脂、低热量，是减脂健身的最佳饮食。

特殊词汇

★★★

法语中把养蜗牛的人称为"héliciculteur"，指的是在蜗牛农场养殖食用蜗牛[通常为旋蜗牛科（helicidae）]的人。法国境内有四百多位蜗牛养殖者，但今日餐桌上的勃艮第蜗牛有95%是从波兰和匈牙利捡来的野生品种。法国本土的蜗牛因为饲养环境佳，始终是饕客的最爱。

菲利浦*的蜗牛食谱

料理前要先把蜗牛煮熟。虽然现在仍有人沿用旧习，把生蜗牛包在粗盐里煮，但这么做是没有用的。

准备时间：30分钟
烹调时间：2小时
分量：4人份

材料：
大灰蜗牛48只
水1升、白醋300毫升
高汤
西洋芹2根、洋葱1颗
茴香球茎1颗、韭葱1根
香草束1束
欧芹、盐

步骤：
- 滚水煮蜗牛6分钟，沥干后把蜗牛从壳中挑出来，用手指把软的部分拿掉，留下结实的肉。
- 把水煮蜗牛放入加了白醋和盐的水中，开火煮滚后把火调小，续煮15分钟，把浮沫捞掉。
- 取出蜗牛后放到冷水里，再加入切成丁的蔬菜和香草束，开火煮开后转小火煮1小时30分钟，捞掉浮沫，取出沥干。剩下的高汤可以收汁做成酱汁。

*菲利浦·艾尔堤耶（Philippe Héritier），他的蜗牛饲养在自然活动空间，是高级餐厅Maison du père Bise的主厨尚·苏比斯（Jean Sulpice），以及Closdes Sens的主厨罗伦·沛帝（Laurent Peti）的最爱。网址：domainedesorchis.fr

蜗牛品种

小灰蜗牛

学名：*Cornu aspersum*
体形最大值：3.5厘米，15克
外壳芥末黄带深色的线条，开口呈喇叭状，外圈为白色，身体灰色。法国各地都有这个品种，东南部除外。夏朗德地区称之为cagouille，是该地特产。料理方式是将100只蜗牛用高温油炒3分钟，加入150克的火腿丁、等量的小牛肉馅、洋葱2颗、几瓣大蒜、欧芹、盐和胡椒。最后淋上白酒，小火慢炖半小时，试吃后决定是否关火。

大灰蜗牛

学名：*Helix aspersa maxima*
体形最大值：4.5厘米，30克
体形较大，壳的外圈呈黑色。这种蜗牛的肉质和个头都很完美，是养蜗人的最爱。法国人喜欢先用水煮过，再和切成0.3毫米细末的胡萝卜、西洋芹和红葱一起炒20分钟，淋上小牛浓汤，再用大蒜和香草束腌30分钟，最后搭配撒了榛果的自制蔬菜泥。

勃艮第蜗牛（罗马蜗牛）

学名：*Helix pomatia*
体形最大值：5.5厘米，45克
布列塔尼和科西嘉地区找不到这个品种，也无法饲养。外壳偏浅褐色，身体为乳白色。由于体形较大，需要煮2小时。料理时要把软体塞回壳内，用大蒜和黄油堵住开口，放入烤箱烘烤。将大蒜10瓣、红葱1颗、扁叶欧芹1/2束、盐和胡椒搅打成粗粒状，和软化黄油200克一起拌成涂酱。

杰出的养蜗农场

➢L'Escargotière：大灰蜗牛与小灰蜗牛即食料理、冷冻蜗牛、罐装蜗牛。
电子邮箱：catherine.souvestre@nordnet.fr

➢Chapeaul'escargot：有机大灰与小灰蜗牛，明星产品为熊蒜蜗牛酱糜（春季限定）。
网址：chapeaulescargot.com

➢Escargots Jocelyn Poudevigne：生蜗牛或即食料理，有大灰与小灰蜗牛，推荐冷冻勃艮第蜗牛。
电子邮箱：jocelyn.poudevigne@orange.fr

新鲜奶酪的世界

撰文：薇若妮卡·勒鲁日

新鲜奶酪和鲜奶制品向来是法国的特产，这些食物简直是诱人的魔鬼。牛奶、山羊奶、绵羊奶，甜的、咸的，都值得拿起汤匙细细品尝。

"我自己也一样，我认为抹上粉红色鲜奶油的奶酪更有价值，其实无非是想把草莓捣烂罢了。"
——普鲁斯特，《追忆似水年华》

相关词汇

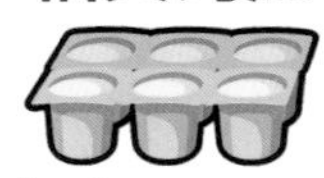

小瑞士（petit-suisse）

虽然名称是小瑞士，却是来自诺曼底的乳制品！这款奶酪诞生于1850年，一名来自瑞士的养牛工人率先提出制作这种奶酪的想法。来自瓦兹省的艾湖（Héoult）女士接受了这名员工的建议，制作出这款无盐奶酪。和瑞士人的习惯一样，她在添加了凝乳酶的牛奶内加入大量鲜奶油。刚做好的小瑞士质地柔软，呈软木塞的形状，外绕一圈吸水纸，一组六个包装好。这种奶酪一路红到巴黎，一名在巴黎大堂工作的经理查尔斯·杰维（Charles Gervais）便与该农场合作，共同拓展这项产品的市场。

凝乳块（caillebotte）

指的是来自欧尼斯地区（Aunis）的一种新鲜奶酪，在加了凝乳酶后，放到底部有洞的容器中或层板上有洞的架子上沥干。凝乳块的质地光滑如珍珠，旺代草编奶酪（jonchée vendéenne）属于同类型奶酪。

酸奶

根据1963年的官方规定，酸奶特指在鲜奶中添加嗜热链球菌（保加利亚乳杆菌、嗜酸乳杆菌、链球菌）发酵的乳制品，而且发酵完成后，内含的菌种仍要保持活力。

新鲜奶酪环法之旅

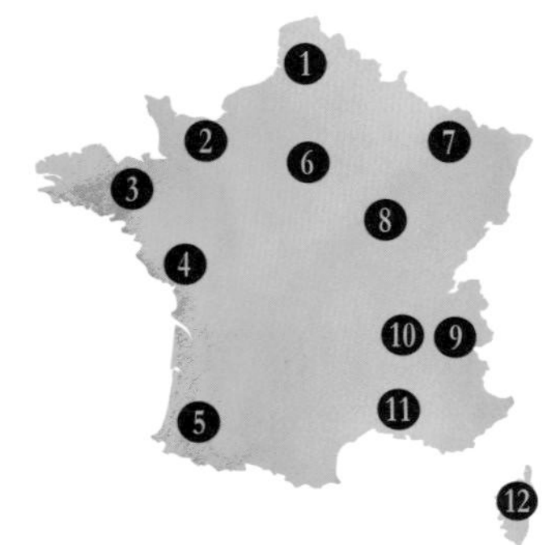

❶ 北部

在马瑞里斯地区可以找到一种重油白奶酪（fromage blanc à graisser），非常适合当面包抹酱和焗烤。布洛涅地区的特产则是来自精致酪农菲利浦·奥利维（Philippe Olivier）的风干白乳酪（fromage blanc ressuyé）。还有一种名气较小的布洛涅心形山羊奶酪（coeur de chèvre du pays boulonnais），用春天的山羊初乳制成。

❷ 诺曼底

布黑地区除了出产纳沙泰尔奶酪（neufchâtel）和小瑞士，还有古尔奈新鲜奶酪（gournay frais），又叫马拉可夫（malakoff），通常会做成圆球、橄榄或心形，和水果或蜂蜜一起当甜点吃。还有比较少见的，像是高帝欧（caudiau）和心形奶酪（coeur de la crème），这两种都可以加液体鲜奶油和果酱品尝。

❸ 布列塔尼

格厚雷奶酪（gros-lait），或称固德威奶酪（Gwell®），使用布列塔尼黑斑牛乳，经过30多次不同菌种发酵制成类似酸奶的奶酪，质地浓稠，味微酸。

❹ 旺代和普瓦图

南特白奶酪（crémet nantais）是把凝结的鲜奶加热后捞掉油脂，加糖，装到模子里冷却，通常当点心吃。翁杰有另一个版本，名为安茹白奶酪（crémet d'Anjou），把打发的液体鲜奶油、浓稠鲜奶油和打发的蛋拌在一起，倒入模子里沥干而成。普瓦图-夏朗德地区也有尼奥尔草编奶酪（jonchée niortaise），这种山羊奶奶酪在中世纪就存在了，以灯芯草（jonc）或麦秆编成的草帘裹着，因而得名。制作方式是把凝结的鲜奶包入传统手工织布沥干，淋上月桂杏仁水，最后放到形状像泄气橄榄球的长形模子中定型，配水果利口酒品尝。现在多用尼奥尔的山羊奶、欧尼斯（Aunis）牛奶或奥雷龙岛（Oléron）上的绵羊奶制作。

❻ 西南部

热尔省著名的格赫伊乳酪（Greuilh）以绵羊奶为原料，用手搓揉制成，搭配一点雅马邑白兰地。巴斯克地区最受欢迎的则是一种淋了西班牙蜂蜜的卡斯通贝拉奶酪（gastanberra）。

❼ 法兰西岛

枫丹白露乳酪（fontainebleau）是法国精致乳制品的代表。尚保罗·热内（Jean-Paul Géné）在2016年《世界报》的专刊中写道："轻盈的慕斯、令人愉悦的口感，这款著名奶酪的原始食谱始终是个谜。制造商们为它撕破脸，饕客却满心欢喜。"枫丹白露通常盛装在小盒中，用一层薄纱罩住，既可做甜点，也可当奶酪食用。制作时使用质地顺滑松软的白奶酪和打发鲜奶油（现在几乎找不到生乳鲜奶油了）各半，师傅灵巧的手会把它们仔细拌匀，绝不添加任何糖分。

❽ 孚日省

穆恩斯特地区有一种传统白奶酪，叫作布洛寇奶酪（brocotte），由孚日高山牧场里的挤乳工人制作。还有毕巴拉卡奶酪（bibalakas），是一种混合香草和香料的白奶酪，类似里昂的"纺丝工人的脑"（cervelle de canut或claqueret），搭配带皮煮熟的马铃薯，简直是人间美味。

❾ 勃艮第

种植葡萄的农人把克拉克毕度奶酪（claquebitou）当作野餐良伴，和夏洛莱羊奶奶酪（charolaisfrais）一样做成小圆柱状。以凝结的新鲜山羊奶为原料，沥干一半水分，装到加了胡椒、盐、欧芹和一些碎香草的盒子里定型。布列斯地区的瓦尔纳圣索沃尔（Varennes Saint-Sauveur）有一种用汤瓢定型的传统费赛尔奶酪（faisselle），名字是拉布列森（La Bressane®），食用时会淋一层液体鲜奶油。

❿ 萨瓦

瑞布罗申奶酪的产地托纳和萨莫安斯，也有一种多姆白奶酪（tomme blanche），用牛奶或山羊初乳做成。来到这里不能错过西哈克奶酪（sérac），用制作奶酪剩下的乳清制成，装在方形木盒中定型，待水分滴干后取出，并放到壁炉上烟熏。新鲜的西哈克奶酪味道温和，带点山羊味，可搭配马铃薯做成咸的口味，也可以加蜂蜜或果酱当点心吃。

⓫ 罗讷河谷地

阿尔代什省有一种萨哈松奶酪（sarasson），以牛奶或羊奶的乳清为原料，看起来很像搅打过的白奶酪，可品尝原味或添加一些新鲜香草调味。

⓬ 普罗旺斯与科西嘉

普罗旺斯是布鲁斯羊奶奶酪的主要产区，罗夫布鲁斯奶酪（broussedu Rove）是当地必点的单品，还有威苏比布鲁斯奶酪（brousse de Vésubie），口感清新，带着些许甜味。享用时可加点橙花纯露，或是搭配普罗旺斯青酱、盐、胡椒和半茶匙的蒸馏酒。来到科西嘉地区，布鲁斯奶酪变成了受原产地名保护（AOP）的布洛丘奶酪（brocciu）。

甜点良伴：法式酸奶油

法式酸奶油是由酪蛋白（caséine）和乳清混合而成的乳制品。鲜奶放置一段时间后，乳清就会浮上表面，油水分离后的脂肪就是鲜奶油。酸奶油则是包含30%~40%乳脂的鲜奶油发酵而成。如果够幸运能买到农场的新鲜生乳，把它置于冰箱两三天，就会看到油水分离。

法式“新鲜”酸奶油（crème fraîche）是法国的特产，使用乳酸轻微发酵，熟成后会变得较绵密且略带酸味。要是再延长发酵时间，就可以制成美式酸奶油（sour cream）。乳脂杀菌的时间越长，制作时就需要越多乳酸帮助发酵。现在的包装规范并没有强制标明杀菌时间。

市面上可以看到很多法式酸奶油产品，超市里有小盒包装，市集上也有酪农称重贩卖，有液态的，也有半稠和半脂的。

伊思尼AOP酸奶油

一种经过杀菌的浓稠法式酸奶油，原料限定为贝桑（Bessin）或科唐坦（Cotentin）的牛奶。质地顺滑、口感丰富，使用传统方式熟成16~18小时而成。

布列斯AOP酸奶油

产地包括安河和索恩卢瓦尔省（直到汝拉省边界），市面上可以找到浓稠和半浓稠两种质地。特色为新鲜且散发水果的香气，奶香中带有淡淡的甜味。

白奶酪

白奶酪还有许多不同的名称：新鲜凝乳、鲜奶油奶酪、枫丹白露、“喜鹊奶酪”、柔滑白奶酪、乡村白奶酪、半盐、小瑞士、胖瑞士、凝乳块、绵羊鲜奶酪……传统制作方法只有经过乳酸发酵。凝乳（非全脂）过程中会形成一层薄膜，将乳清和凝乳隔离。接着把凝乳块放进一条布或是一个底部有洞的容器（称作faisselle），沥干后的奶酪就称为费赛尔奶酪（faisselle）。完成后可以直接食用，或是拌进其他奶酪让质地更绵密。可依个人喜好搭配酸奶油一起享用，更添滋味。

品尝：味道香甜、油而不腻，略带酸味，有点像酸奶。春天时，牛羊在牧场吃草，产出的鲜奶制成的白奶酪香气特别浓郁。

料理良伴：可以加糖、蜂蜜、果干或新鲜水果，或者和勃艮第南部一样加入法式酸奶油当甜点吃；也可和里昂人一样，加入洋葱、盐、胡椒、新鲜香草和大蒜。

➢ 白奶酪是法国料理和烘焙不可缺少的奶类材料，甜咸（咸派、欧姆蛋、咸塔、慕斯和焗烤）皆宜。

同场加映
贵族出身的鲜奶油：香缇鲜奶油（第161页）

共济会：守护味蕾的骑士

撰文：阿得瑞安·冈萨雷斯

共济会向来神秘，三百年前创会，以博爱为宗旨，也是疯狂热爱美食的团体。

飨宴会：充满美食的聚会

巴黎地区有个隶属于大东方共济会（Grand Orient）的组织，名为飨宴会（Le Banquet），主要成员都是餐厅的工作人员。为什么要另外成立这个集会？因为共济会通常在周间晚膳时间集会，所有的厨师、服务生和侍酒师都无法参加。飨宴会就是特别为了这些人准备，在星期天下午休息时召开的集会。

知识补给：在巴黎的大东方共济会博物馆中，收藏了一份1922年“拉伯雷的孩子”（Les enfants de Rabelais）集会的公开菜单。

乔尔·卢布松的自白

卢布松身为法国最佳工艺师与世界上最多米其林星的厨师，是唯一一位公开坦承自己是共济会法国大会所（GLF）成员的人。2005年，《共济会料理》（*La cuisine des francs-maçons*）出版时，他也在前言中挂名。另外，他把餐厅命名为L'Atelier*，难道也是无心之举吗？

*原义为工作坊，共济会用以称呼餐桌。——译注

神秘的美食指南：GITE

指南的扉页上写着这句话：“严禁在任何社交网络如脸书或推特上引用G.I.T.E的内容。”1947年，法国的共济会成员成立了国际旅游互助会（Groupement International de Tourisme et d'Entraide, GITE），每年出版一本神秘的白皮书，记载了52个国家、2200个由该会成员开设的旅馆和餐厅地址，共济会成员造访这些地方时都可以接受特殊招待。矛盾的是，某些成员竟效仿米其林指南，将GITE的三环标志光明正大地贴在车上，甚至是店面玻璃窗上，等于昭告天下。

无法否认的标志

法国最佳工艺师（MOF）的头衔始于1913年，奖杯上刻了手中拿着一把圆规的所罗门王。圆规正好就是共济会独有的标志。难道只是巧合吗？

共济会美食辞典

Agapes：每次集会后的餐点，也称为“餐桌上的工作”或“咀嚼工作”

Atelier：餐桌

Baril / barrique：瓶子

Canon：杯子（原义为大炮），现在日常生活中也会使用这个字

Charger le canon：斟酒（原义为填弹）

Ciment：胡椒（原义为水泥）

Dégrossir：切开

Drapeau：餐巾纸（原义为国旗）

Feu/grand feu：喝吧！

Glaive：刀（原义为剑）

Maître de banquet：集会中监督飨宴和年度盛宴的负责人

Mastication：咀嚼，《共济会通用辞典》（*Dictionnaire universel de la franc-maçonnerie*）中的词条说明为：“需表现高尚、优雅的气质，咀嚼时不得张口。”

Matériaux：餐点（原义为材料）

Truelle：汤匙（原义为建筑用的抹刀）

Tuile：盘子（原义为瓦片）

Pierre brute：面包（原义为未经雕琢的原石）

Pioche：叉子（原义为十字镐）

Poudre：饮品（原义为火药），红火药指的是葡萄酒，白火药是水，黑火药是咖啡，强力火药是利口酒，雷管火药是蒸馏酒

Sable：盐（原义为沙子）

Stalle：椅子

Tirer une santé：喝酒（直译为敬健康）

同场加映
百人俱乐部（第240页）

又吃面了

撰文：爱斯戴乐·罗讷托斯基

1984年，《法国美食与美酒》（*Cuisine et Vins de France*）杂志邀请用词尖酸刻薄的黑色幽默大师皮耶·狄波吉（Pierre Desproges）写专栏。他在那一年内亲自下厨，并为该专栏执笔，内容精彩又骇人。该专栏的名称就叫：又吃面了！（*Encore des nouilles!*）

意料之外的专栏

没人想到以资产阶级为主要读者的《法国美食与美酒》杂志，会邀请皮耶·狄波吉撰写专栏。“订阅这本杂志的人多是医生或律师，很少有市井小民。这些人阅读的内容以星级餐厅、雪茄、高级酒和高档车为主。”促成这个专栏的记者伊丽莎白·莫赫维尔（Elisabeth de Meurville）这么说。当时，身为杂志副编的她，每个月的主要工作是访问爱好美食的名人。一位朋友推荐了刚因为幽默节目《席克罗佩德先生的关键一分钟》（*Laminute nécessaire de Monsieur Cyclopède*）而走红的狄波吉。两人在大厨吉·萨佛伊（Guy Savoy）家的晚餐聚会上见了面，才咽下第一口食物，这位编辑就被狄波吉的魅力吸引。狄波吉在餐桌上坦白了自己对美酒的迷恋：“我的酒窖就是我的生命。大概可以这么说吧……我很用心维护它，经常走下去跟酒说话，用眼神给予它们关爱。”餐后喝咖啡时，莫赫维乐提出撰写专栏的建议：“您能不能每个月为我们写一篇文？”“没空，工作太多了……”狄波吉这么回答。可是隔天这位编辑又送上一个无法拒绝的酬劳。“您要是能为专栏撰文，我就以物易物……红的或白的都可以！”电话那头传来一阵大笑，事情就这么定下来了！

美食侧写

厨房：“我走进厨房是因为双手需要做点事。”他还表示，“身为左撇子很让人困扰，更何况我还有阅读障碍，正因如此，我无法从事修缮的工作。由于做不出书柜或阅读架，我才把重点放到食物上。这个选择并非不得已，因为料理也是一种艺术创作，色香味都得兼顾。”他的菜单中经常有面，他用各种不同的食材调味，其中有一种“香草肉酱”，是他自己发明的狄波吉波隆纳肉酱。

酒窖：狄波吉过世时，酒窖里仍有上千瓶的藏酒，包括波尔多红酒〔主要是格拉夫（graves）〕、高级勃艮第白酒〔夏布利（chablis）和梅索（meursault）〕、香槟和卢瓦尔河谷的特级酒。他最爱哪一瓶呢？是圣爱美浓（saint-émilion），1971年的费贾克（Figeac），因为它“好似低音提琴低沉的A小调”“比威尔第的余韵更绵长”“闪着光芒的番茄红有如伊斯坦堡的日落”。

狄波吉的蔬菜水果

番茄：“如同雌雄同株难以定义性别，这种果实既非水果亦非蔬菜。它那难以掌控的迷人魅力来自味觉的冲突，又咸又酸，又甜又苦，就像咬下一口炸弹，在嘴里爆开。番茄绝对值得我们认真对待。”

吉康菜：“吉康菜的特色就是平淡。平淡到无以复加。难以形容它平淡的颜色，外表的光泽也是毫无存在感。平淡的味道让失忆的人想起自己失去了所有记忆……迷恋吉康菜的人很容易辨识，步伐适中，眼里看不到热情，没有脾气，总是对就职辅导人员微笑……热爱平庸的生活。天气好的时候，这种人会去投票，这种行为让他觉得自己多少是个有用之人。”

芦笋：“芦笋搭配炒蛋最能展现美味。它让所有的白酱显得高贵，却无法跟加了很多香草的油醋相处。在那可耻的冰箱发明以前，人们会用烧红的铁板把芦笋的茎烧焦，然后埋在炭灰中保存。”

ENCORE DES NOUILLES !...

C'est avec l'humilité d'un gastronome approximatif doublé d'un buveur anarchique que j'ose aujourd'hui, chers lecteurs de *Cuisine et Vins de France,* ternir d'une plume profane votre éclatante revue chérie.
Cela dit, pour être gugusse, on n'en est pas moins bon vivant, en vertu de quoi il m'arrive parfois d'avoir la fibre olfactive en éveil ou les papilles émoustillées devant ces merveilles du génie humain que sont les vins et les mets de par chez nous.
Pire : quand l'appétit m'éxacerbe les sens et que l'envie m'en prend, j'ose alors carrément mettre la main à la pâte et confectionner quelques plats dont les moins bien intentionnés de mes amis reconnaissent qu'ils ont mangé pire dans le T.G.V., le vendredi saint.
A titre d'exemple, et, encore une fois, toute honte bue, mâchée et digérée, qu'il me soit permis de vous soumettre ici l'une de mes recettes, celle qui aurait pu me rendre célèbre au-delà des frontières naturelles du cocon familial, si elle n'avait été à l'origine d'une poussée d'hépatites B chez les plus rancuniers de mes beaux-frères, oncles et cousins du côté de ma femme, laquelle est originaire de la Vendée, contrée probablement sous-développée sur le plan culinaire, au point que tout plat qui s'écarterait des deux modèles de base, « haricots blancs-crème fraîche » ou « canard challandais », y passerait pour inconsidérément exotique.
Cette recette, c'est celle de la cigale melba, un plat que j'ai eu l'occasion d'évoquer sur scène ou à la radio, mais dont j'ai toujours jalousement gardé la recette par devers moi jusqu'à ce jour béni d'aujourd'hui où je vous la livre, à vous, lecteurs de *Cuisine et Vins de France,* qui en êtes seuls dignes.

PIERRE DESPROGES

CIGALE MELBA POUR 6 PERSONNES

Comptez une douzaine de cigales (de La Havane, ce sont les meilleures).
Enfoncez-les vivantes dans un teckel que vous aurez préalablement muselé pour éviter les morsures.
Jetez le teckel dans un fait-tout avec deux litres d'eau salée.
Quand l'eau frémit, le teckel aussi. S'il se sauve, faites-le revenir avec un oignon.
A l'aide d'une écumoire, chassez le naturel.
Attention :
s'il revient au galop, ce n'est pas un teckel, c'est un cheval.
En fin de cuisson, passez au chinois, ou au nègre si vous n'avez pas de chinois.
Servez très vite, ne m'attendez pas.

“**吃好吃饱**是很重要的事。我个人**瞧不起那些无法在餐桌上找到乐趣的人**。要知道，**缺乏对美食的好奇、不为美食而动心**的人，经常都是**暴躁**、蛮横、**易怒和无信仰**的。”

——皮耶·狄波吉，《法院对公然妄想的起诉》节目（*Les réquisitoires du tribunal des flagrants délires*，2006）

同场加映
海味珠宝盒：沙丁鱼罐头（第39页）

布雷斯特泡芙

撰文：菲利浦·康堤希尼

2009年，我在巴黎梦幻甜点（La Pâtisserie des rêves）工作时，决定复刻这款被遗忘的甜点。
秘诀在于那流泻而出、令人无法抗拒的榛果奶馅。试试看，你就会明白了。

传说中的布雷斯特（paris-brest）

准备时间：1小时20分钟
静置时间：1小时
烘焙时间：50分钟
分量：6人份

材料：

奶酥面团
室温黄油40克
红糖（cassonade）50克
面粉50克、盐1撮

泡芙面糊
水125克
低脂牛奶125克
冰黄油110克，切丁
鸡蛋5颗、面粉140克
细砂糖1尖茶匙、细盐1茶匙

榛果奶油馅
低脂牛奶155克
Maïzena® 玉米粉15克
细砂糖30克、蛋黄2颗
吉利丁片1片，泡冷水后拧干
榛果酱80克、黄油70克

步骤：

奶酥面团

- 将面粉、红糖和盐花混匀后加入软化黄油，使用搅拌扇叶中速搅打至黄油和面粉完全结合成面团。
- 把面团夹在两张烘焙纸间，擀成厚度约2毫米的面皮，放到冰箱里冷藏一下。接着用刀模切出直径3厘米左右的圆形。

泡芙面糊

- 将牛奶、水和黄油丁放入锅里煮滚，面粉、盐和糖过筛后一次倒入锅中，转中火把多余的水分煮干。
- 倒进搅拌盆里，使用搅拌扇叶，一次加入一颗蛋，搅拌成柔软顺滑的面糊。在面糊上刮出一条深痕，若面糊会缓缓地恢复光滑状态就代表完成了。如果没有，可再慢慢加入一些打散的蛋液搅拌。
- 在烤盘抹上一层油，使用挤花袋在烤盘上挤出8个直径4厘米的圆球，连接成一个圆环状，环状内圈直径约16厘米。挤面糊时，从四个对角先挤，再补满整个圈。把刚才做好的圆形面皮一一放在面糊上。放进预热至170℃的烤箱烤45分钟，取出后于室温冷却。

榛果奶油馅

- 牛奶倒入锅中煮滚后离火。在沙拉盆加入蛋黄和砂糖搅拌至泛白，再加入玉米粉拌匀。
- 加入一半温热的牛奶，持续搅拌一会儿再全数倒回牛奶锅中。开火加热约1分钟，其间不断用打蛋器搅拌，当奶油馅开始变得浓稠后即可离火。
- 加入吉利丁、榛果酱和冰黄油，仔细搅拌一下，再用食物料理棒搅打，让奶油馅变得更柔顺。
- 把奶油馅摊在一个焗烤盘上，这么做可快速降温。在表面上盖一层保鲜膜，直接贴紧奶油馅表面密封，放入冰箱冷藏1小时。等到奶油馅变冰，再倒进搅拌盆里，用打蛋器搅打3分钟。
- 把榛果奶油馅倒入8个半球状的硅胶膜中，放入冰箱冷冻。

组合

- 将冷却至室温的泡芙从侧面横切一刀。使用挤花袋，在泡芙中间凹陷处先挤一些奶油馅，接着从冰箱取出半球状奶油馅，塞入刚才挤好的奶油馅中间，确认每个冷冻奶油馅都被软奶油馅包裹。最后把另一半的泡芙盖上，撒一些糖粉就完成了。

同场加映
泡芙家族（第120页）

盐，无论如何都要盐！

撰文：亚维娜·蕾杜乔韩森

很多盐和一点技巧，放进烤箱，只差敲开脆皮……极致的满足！

原则

用盐裹住食材，高温烘烤。烘烤过程中，“流汗”的盐块会变硬，逐渐把食材密封起来，食材便能利用本身冒出的水分煮熟。这种方式能够完全锁住食材的原味，让质地变得柔软，同时也能保住营养成分，而且不必添加任何油脂！

基础

抛开餐桌上使用的细盐吧！盐焗外壳的品质来自粗盐，可选择盖朗德（Guérande）或诺穆提耶（Noirmoutier）粗盐。这两种盐的水分充足，烘烤后的延展性好，能够贴在食材表面。

变化

也可以混合面粉、水或蛋白，但盐的用量绝不能少。盐焗的食材下方要先铺一层粗盐，然后覆满整个食材表面。每份食谱都要使用2～3千克的盐。可以将这些材料全放进搅拌盆，慢速搅拌成均匀的面团，也可添加一些香草。做好的盐面团至少要静置1小时才能使用。

❶ 蔬菜

哪一种脆皮？盐，只要盐就够了！

根茎类蔬菜很适合盐焗，烘烤过后的口感无可比拟，外酥内软，而且不需削皮。

—阿兰·帕萨德的盐焗甜菜根—

分量： 2人份

材料：

白色甜菜根500克

盖朗德粗盐2千克

步骤：

- 甜菜根不用去皮，洗净后用盐包好。进烤箱以160℃烤1小时，取出后静置30分钟。待甜菜根冷却后切4等份，与一小块半盐黄油（或半茶匙的橄榄油）和几滴油酥一起上桌。

鱼类

哪一种脆皮？盐、面粉和水。

盐焗的鱼不需刮掉鳞片，烤好后很容易就能取下来，鱼肉也会软嫩得令人惊讶。

—盖尔·欧立厄[1]的盐焗金头鲷—

分量： 4人份

材料：

金头鲷1条（1.6千克）

绿藻（d'algues vertes）100克

橄榄油1汤匙

蛋1颗＋蛋黄1颗

油冰块

果味橄榄油100毫升

脆皮

粗灰盐500克

细盐250克

面粉750克

水375毫升

步骤：

前一天晚上准备好橄榄油冰块。鲷鱼内脏清空，刮除鳞片后塞入绿藻。表面涂上一层蛋液后用两层盐裹紧，淋上一点橄榄油。用手压紧两层盐。沿着鱼的线条整理好。在蛋汁里加点冷水，涂在盐层表面。180℃的烤箱烘烤40分钟。上桌前把冰块放到烤熟的鱼上。

1 盖尔·欧立厄（Gaël Orieux），巴黎Auguste餐厅主厨。

同场加映

鳐鱼酱（第232页）

牛肉

哪一种脆皮？盐，蛋白、面粉和水。

这种做法能让肉质鲜嫩多汁。

—乔尔·卢布松的烤牛肉—

分量： 6人份

材料：

菲力牛排1千克

黄油15克

橄榄油1汤匙

百里香1枝

蛋白2颗

研磨胡椒

盐焗脆皮

粗盐500克

百里香1束

迷迭香数枝

蛋白2颗

面粉400克

步骤：

烹煮前2小时将牛肉从冰箱里取出。将盐焗的材料充分混合。煎牛肉并适当调味，用盐面团包好后涂上加了水的蛋汁。以190℃的烤箱烘烤牛肉12分钟，烤到三分熟。上桌前要静置20分钟。

家禽

哪一种脆皮？盐，蛋白、面粉。

盐焗烤出来的鸡肉非常鲜嫩，而且能锁住肉汁，避免鸡肉变柴。

—艾瑞克·葛航[2]的焗阉鸡—

分量： 4人份

材料：

阉鸡1只

盐焗脆皮

盖朗德粗盐375克

面粉500克

蛋白6颗

水田芥

比提杰马铃薯5颗

水田芥3捆

第戎芥末2汤匙

苹果酒高汤

鸡高汤1升

不甜苹果酒500毫升（cidre brut）

月桂叶10片

半盐黄油50克

盐、研磨胡椒

步骤：

阉鸡裹上盐面团，烤箱180℃烘烤2小时30分钟。静置30分钟再敲开盐焗脆皮。马铃薯削皮后和两捆水田芥一起煮（白汤）[3]，加入芥末捣成泥状，放入冰箱冷藏。将鸡高汤、苹果酒和2片月桂叶小火煮滚，再加入剩余月桂叶煮10分钟。离火后加入黄油乳化，以盐和胡椒调味。最后敲开脆皮，在鸡皮上涂水田芥泥，把还没用到的水田芥剪碎撒上。

2 艾瑞克·葛航（Eric Guérin），La Mare aux oiseaux餐厅主厨。

3 做法参见第285页。

甜点天才

撰文：吉尔伯特·匹泰勒

法国甜点界的代表性人物之一。这位大师在2009年陨落，但他亲手创建的品牌雷诺特之家（la maison Lenôtre）始终延续着他的精神。

奢华的甜点

贾斯东·雷诺特是当代糕点的奠基人，他的法式蛋糕充满创意、少糖、无负担，其中几款堪称经典。他重视材料的质量和简化，但也未曾忽视产品的外观、包装和客户服务。

关键时刻

1947年：他的第一家店在多维尔（Deauville）附近的城市蓬奥代梅（Pont-Audemer）开业。

1957年：巴黎首家店铺开业。

1998年：成为世界杯足球赛法国队的官方糕点师傅。

2000年：雷诺特之家的首席侍酒师奥利维·普席耶（Olivier Poussier）获选为“世界最佳侍酒师”。

2003年：成为香榭大道上Pavillon Elysée餐厅的老板。

贾斯东·雷诺特
Gaston Lenôtre（1920—2009）

经典创作

秋叶巧克力：最受欢迎的甜点之一，由法式蛋白霜和杏仁叙榭*组合而成，外层搭配香浓的黑巧克力慕斯和巧克力刨片。

小巧草莓蛋糕：1966年的创作，以热内亚杏仁海绵蛋糕、波旁香草穆斯林鲜奶油馅、两种杏仁膏和新鲜草莓组合而成。

夏日水果舒斯（schuss）蛋糕：为1968年冬季奥运创作的点心，结合覆盆子酥（sablé framboisé）、白奶酪慕斯和打发鲜奶油，最后用水果点缀。

* 叙榭（succès）是一种传统法式甜点，两片圆形的达克瓦兹饼干（dacquoise）中间夹榛果口味的奶油霜。——译注

雷诺特帝国

➢ 法国境内共15间店（13间在巴黎、2间在蔚蓝海岸）。在其他八个国家（德国、西班牙、泰国、沙特阿拉伯、科威特、摩洛哥、卡塔尔和中国）有22家店。

➢1968年，在伊夫林省的普来西（Plaisir）地区兴建一间占地12,000平方米的制造工厂。

➢ 创立一间甜点学校，每年培养3,000多名实习生，其中40%为外国学生。

➢1976年，雷诺特买下Le Pré Catelan餐厅；2007年，餐厅主厨佛德希克·安东（Frédéric Anton）获得米其林三星。

雷诺特之家的榛果叙榭蛋糕

分量：8人份
准备时间：15分钟
静置时间：1小时
烘烤时间：1小时20分钟
组合：20分钟

材料：

两片直径20厘米的达克瓦兹

第一份：
蛋白5颗
细砂糖20克

第二份：
细砂糖170克
糖粉90克
杏仁粉90克
牛奶50毫升
糖粉2汤匙（最后撒上）

意式蛋白霜
蛋白140克
细砂糖90克
水20克

奶油霜
全脂牛奶90克
细砂糖50克
蛋黄4颗（70克）
无盐黄油250克

装饰
糖粉100克
碾碎的花生糖50克

步骤：

- 底层（放置在密封罐中隔离湿气可以保存15天）
- 第一份：蛋白打到湿性发泡（尾端下垂），打到一半时加入砂糖继续打。放到烤盘以150℃烘烤。
- 第二份：细砂糖、糖粉、杏仁粉和牛奶一起放到碗里拌匀。取一点刚才做好的第一份蛋白，放到第二份里搅拌一下，再全数倒回第一份蛋白中。使用刮刀快速拌匀，小心不要破坏泡沫，也不要过度搅拌。
- 在一个冷的烤盘涂上黄油，撒一点面粉，或者拿两张烘焙纸。在四个角落都挤一点蛋白霜，把两张纸粘在烤盘上。用铅笔在两张纸上各画出一个直径20厘米的圆。使用直径2厘米的花嘴，以同心圆的方式绕着画出两片蛋白榭。撒一些糖粉，烤1小时20分钟。留意上色的程度，如果上色速度太快，就把烤箱温度调低。

意式蛋白霜
- 将70克的糖放水里，加热至118℃。剩下20克的糖用来打发蛋白。把煮好的糖水倒在蛋白霜上，不停搅拌直到冷却。

奶油霜
- 将牛奶和25克的糖一起煮沸。另一半的糖和蛋黄一起混合均匀。把牛奶倒入蛋黄里，边倒边用打蛋器不停搅打，然后倒入牛奶锅，加热煮成安格斯酱。小心不要煮到沸腾，煮到可以在汤匙上形成一层薄膜即可。
- 继续搅打安格斯酱直到冷却至室温（30℃）。拌入黄油和意式蛋白霜，取出2汤匙待用。花生糖加入剩下的奶油酱，置于一旁待用。
- 如果提早制作奶油霜，要放入冰箱冷藏，使用前1小时取出回温。

组合
- 在卖相较差的达克瓦兹饼干上涂上600克的奶油霜，再盖上另一片比较好看的饼干，用手轻压让厚度一致。
- 用铲刀把剩下的奶油霜包在整个蛋糕上，撒上厚厚一层糖粉，冷藏1小时。上桌前在侧边沾满花生糖碎粒。

保存
- 冷藏3~4天亦可保持叙榭柔软的质地。

同场加映
小小果仁糖（第14页）
重生吧，被遗忘的蛋糕！（第52页）

包装盒上的历史

撰文：薇若妮卡·勒鲁日

俗话说，一幅好图胜过千言万语。卡蒙贝尔奶酪就是最好的示范。

自1888年起，它的包装盒披上各种旗帜，用彩色图片和特殊观点叙述法国的历史。

维钦托利

维钦托利（Vercingetorix）戴着翅角的帽子，带领高卢人反抗罗马帝国！金辫子的高卢人这种民间形象很受欢迎。上下两个包装分别出自20世纪30年代和70年代。

查理·马特

带着铁锤的查理·马特（Charles Martel）"攻击"食物爱好者。20世纪50年代初期出现的图案。

圣路易

受众人爱戴的圣路易（路易九世）在他的橡树下，以卡蒙贝尔之名伸张正义。1920年的包装。

圣女贞德

这个包装很少见，只出现在阿登区（Ardennes）高质量的卡蒙贝尔外盒上。被牛群和羊群包围的圣女贞德，赞美畜牧业的美好。大约1915年的包装。

法兰索瓦一世

20世纪20年代出口用的卡蒙贝尔，上面印着最懂得生活的文艺复兴君主。

1515年

马里尼亚纳战役（Marignan）中，"无所畏惧、无懈可击"的巴亚尔骑士（Chevalier Bayard）骑着马，代表了奶酪业的骄傲。约1935年的包装。

亨利八世与法兰索瓦一世

英法君主著名的金缕地（camp du Drapd'or）外交会面。20世纪40年代末期的包装。

黎塞留

彭勒维克（Pont-l'évêque）一位卡蒙贝尔奶酪的制造商对包装厂的人说："来个刺激一点的图案。"黎塞留（Richelieu）和勇敢的火枪手达太安（Artagnan）就诞生了！上面两个是20世纪20年代的包装，最下面则是20世纪40年代。

路易十四世

一位爱好美食与勃艮第美酒的君主，照亮了富足灿烂的法国土地。背景是绿意盎然的大地与奶酪工厂。20世纪30年代出口至其他国家的包装盒。

1789年

法国大革命，支持还是反对？拥有大爱精神的卡蒙贝尔想同时讨好西部天主教保守人士和居住在北部与东部城市的共和党人士，所以创造了这两款图案。上下分别是20世纪50年代的米拉波（Mirabeau）头像和20世纪30年代的丹顿（Danton）金色头像。

拿破仑

一款是为了迎合法国人，一款让击败拿破仑的英国人引以为傲，但无论如何都是为了纪念拿破仑而设计的。上方20世纪20年代的包装是拿破仑的招牌胜利站姿s，站在一片战场前；下方则是“雏鹰”拿破仑二世独自面对着卡蒙贝尔，这个包装是20世纪30年代为缅怀第一帝国而设计。

玛丽安

颂扬共和国的女性形象玛丽安（Marianne），自第二帝国时期便存在了。共和国的一些象征符号自20世纪初逐渐出现在奶酪包装上，比如1904年有“共和国的卡蒙贝尔”，而上图这张20世纪30年代末出现的包装则是“皮卡第的玛丽安”。厂商为了吸引都市消费者，特别是巴黎，才会使用这么前卫的共和国符号。

播种者

第二帝国时期创造的共和国象征符号之一，她四处撒播卡蒙贝尔种子，希望能吸引巴黎的顾客上门。20世纪40年代末由皮卡第的厂商生产。

共和国

纪念共和国成立的包装。20世纪60年代。

7月14日

庆祝法国国庆节的包装。20世纪60年代。

第一次世界大战

“一战”激发出法国人的爱国主义。这些包装当时遍布全国，军队每天都有配给一定的量。为供应军队，法国北部工厂生产了上百万个这种包装的卡蒙贝尔。

法国女性的图像是为了纪念“一战”时征调的女性。1914—1918年。

协约国包装上印的是法国、意大利、俄罗斯和英国的士兵。1915年。

一战法国兵的包装颂扬爱国主义，将战壕里的英雄与普通人团结起来。1915年。

胜利女神，法国女性化的形象，一手拿着辫形的皇冠，另一手则是三色旗，呐喊着：“法国是世界的女王。”所有和法国荣耀相关的象征符号都不免有些宗教意味。

1940—1945年

二战的包装反映了当时的社会状况，比如民兵、粮票、美国大兵……这段时期卡蒙贝尔奶酪的生产量十分有限。

掌旗的士兵代表高脂、健康的卡蒙贝尔。1942年前后。

默兹省自一战开始生产卡蒙贝尔。包装上是一个美国大兵与象征法国的卡蒙贝尔奶酪。1948—1950年

洛林十字架总算出现了！这是法国抗争运动的标志，图中的十字架加上了蓟花和稻穗。蓟花是洛林区的代表花，平常不会跟洛林十字架、自由法国和对戴高乐的拥戴之情联结在一起，但这款特别的包装是科隆贝双教堂*贩卖给游客的纪念产品。20世纪50年代。

*法国前总统戴高乐将军的故居与长眠之处。——编注

征服太空

1969年开始进入太空时代，科幻小说的出版盛况空前。卡蒙贝尔的包装盒也跟上了这股风潮。

- 史泼尼克号（Spoutnik）：未来奶酪，夏朗德生产，冲向高峰。
- 布列塔尼一款用杀菌鲜奶制作的卡蒙贝尔奶酪，命名为“飞碟”，要把顾客带向新的美食领域。
- 这款以LEM为名的卡蒙贝尔讲述的是登陆月球的故事。

卡蒙贝尔市长

自从卡蒙贝尔的包装成为重要的传播媒介，卡蒙贝尔市的市长甚至带着他的黄金玛丽安一起自我宣传。2012年。

可口的乳制品

撰文：薇若妮卡·勒鲁日

卡蒙贝尔的标签做得就像明信片和邮票，绝对是让这种奶酪驰名内外的原因之一。

1905—1958年的包装演化

没有盒子，何谈包装

19世纪80年代，人们开始正视运送奶酪的方式，特别是质地柔软、脆弱、对温度敏感且容易变形的卡蒙贝尔。工程师欧仁·里戴尔（Eugène Ridel）统一了规格，与伐木工人乔治·勒华（Georges Leroy）一起发明了这款白杨树木盒，原型来自1890年利哈佛（Le Havre）的出口商用来运送奶酪到美国的包装。

随着印刷技术的发展，卡蒙贝尔的外包装进入了另一个创作领域，吸引更多顾客购买这种名气蒸蒸日上的奶酪，在19世纪末成为连接生产者与消费者的桥梁。

奶酪盒的时尚

卡蒙贝尔包装上的女性形象从美丽的农妇到贵妇，就像时尚型录。这些插图也诱发了饕客的第六感。厂商热爱红色，让人感到温暖，也同样热衷使用蓝色、绿色、黄色，反映各地风情。此外，除了插图，偶尔也会印上相片，让品牌形象更现代化。

奶酪包装收藏家
（Tyrosémiophiles）

这个词是由几个古希腊文单字组合而成，包括τυρός / turós（奶酪）、σημεῖον / sêmeĩon（标志）和φίλος / phílos（朋友）。

*感谢法国奶酪包装俱乐部的亚兰·库樹（Alain Cruchet）和尚皮耶·德罗姆（ean-Pierre Delorme）热情提供数据。

上菜的学问

撰文：路易·毕安纳西

法式上菜和俄式上菜的方式曾引起极大争论，
虽然今日已经没什么差别了，但对法国美食界而言，
这个过渡时期的确影响深远。

法式上菜

今日所说的法式上菜来自中世纪至19世纪的贵族家宴，一顿晚餐会上几轮菜，每轮会有几道菜同时上桌，吃完后再全数撤下，换下一轮上桌。

几世纪以来，上菜的次数和方式不断改变。17世纪末的晚餐大致如下：

第一轮

汤品：通常是汤汤水水。
前菜：搭配酱汁的肉、肉酱或圆馅饼等，菜色多样。
开胃菜：通常是热的，但分量较前菜小。

第二轮：烧烤

主餐：烤肉串、水煮鱼、炸鱼、鸡肉、野味……
配菜：沙拉、马齿苋、酸豆、鳀鱼、酸黄瓜……

第三轮：点心

甜咸皆可：蔬菜盘、蘑菇、蛋料理、内脏、冷肉酱、炸物、奶油浓汤……

第四轮：水果、甜点

水果、奶霜、果酱、水果软糖、杏仁巧克力、雪酪、马卡龙……

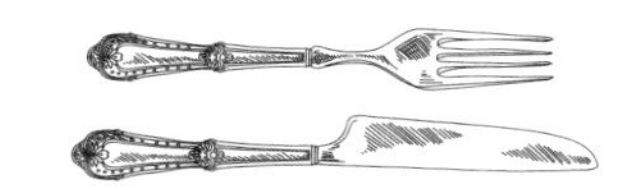

吃俄式餐的法国人

19世纪时，“俄式上菜”开始流行，尽管与今日的定义不同，但终究还是变成了法国人习惯的方式。俄式上菜是事先分切分装，一道菜撤下后再换下一道。但两种上菜方式有时也会共存，热的菜肴以俄式上菜，冷盘（特别是甜点）则全数留在桌上。

有点复杂……

今日在法国餐饮界提到“俄式”和“法式”上菜，其内涵跟历史学家所言完全不同！

配对小游戏

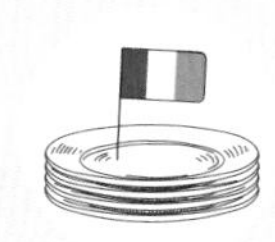

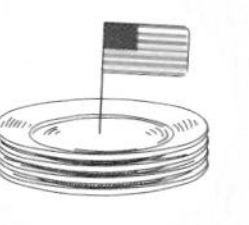

1.俄式上菜 2.英式上菜 3.法式上菜 4.德式上菜 5.美式上菜

A.上一大盘菜，由客人自己分享。

B.不存在。

C.服务生一手托着菜肴，另一手拿叉子和汤匙当作夹子为客人服务。

D.这种称呼有时代表上菜服务的质量。今日已成常态的“盘装上菜方式”其实在20世纪70年代才进入高级餐厅。图瓦格兄弟被认为是这种上菜方式的主要推手。

E.使用小圆桌或推车上菜，把菜肴带到客人面前盛盘。

答案：1E, 2C, 3A, 4B, 5D

去你的蛋蛋

撰文：玛丽埃勒·高德里

蛋是厨房不可缺少的食材，料理方式千变万化。
如何烹煮一颗美丽的蛋？以下食谱全都献给您！

蛋的学问

蛋壳是由什么组成的？一层石灰质的壳加上一层薄膜。在鸡蛋底部，蛋壳和薄膜之间形成气室。气室越大，蛋就越不新鲜。想知道蛋的新鲜度，就把它放到一盆水里；新鲜的蛋会沉到水底，两天后会浮在中间，过期的蛋则会浮在水面。

“煮蛋时，如果手边没有计时工具，可以诵读兰波（Rimbaud）的《山谷里的长眠者》（*Le Dormeur du val*）三次，煮溏心蛋则要念四次。”
——埃尔韦·勒泰耶（Hervé Le Tellier），《失忆者没有难忘的经历》（*Les amnésiques n'ont rien vécu d'inoubliable*，1997）

3颗、6颗、N颗蛋？

煮水煮蛋首先要选新鲜且室温保存的蛋，然后按照黄金守则在沸水中煮3、6、9分钟……

- **带壳水煮蛋**：室温鸡蛋放入滚水3分钟；或是滚水煮1分钟，离火浸泡3分钟；或是把蛋放入冷水，开大火直到煮沸即可。
- **溏心蛋**：室温鸡蛋放入滚水6分钟。剥掉蛋壳，浸在热盐水中直到上桌。
- **水煮蛋**：根据蛋的大小，放入滚水8~10分钟，取出后让蛋冷却。

“听起来很矛盾，虽然水煮蛋不是最难煮，但不得不承认它是最难控制的。煮带壳蛋时，如果不小心煮过头，还可以变成溏心蛋；原本要煮溏心蛋的，也可以煮成水煮蛋。但那些决定做水煮蛋的可怜人，一不小心放在滚水里超过8分钟，只会得到一个不知道是什么的东西，一个连在那个谁之前就出生的特土良（Tertullien）* 都不知道的任何一个语言里都不存在的东西。水煮蛋之后什么都没有……”——莫里斯·勒龙（Maurice Lelong），《蛋的庆典》（*Célébration de l'oeuf*，1962）

*罗马帝国时期的知名神学家与哲学家。——编注

完美蛋？

65℃低温烹煮约45分钟，这种蛋柔软滑嫩，蛋白光滑如丝，蛋黄流动如乳霜。完美蛋诞生于20世纪90年代末，由分子料理的创始者之一艾维·提斯（Hervé This）在他的实验室创造出来。

煮蛋技巧

- **铸铁锅**：将小蛋糕模涂一层黄油，根据大小打入1~2颗鸡蛋，放入铸铁锅隔水加热6~8分钟，上桌前加点盐和胡椒。
- **平底锅**：锅面刷一点黄油，开火后打入1~2个鸡蛋，加热过程中再加一些熔化黄油，上桌前撒点盐和胡椒。还有另一种“镜面蛋”，做法是把蛋打在小平底锅中，放进烤箱烘烤，蛋白会在蛋黄上形成一片像是上了亮光漆的薄膜。
- **水波蛋**：把蛋打进小蛋糕模，再放到一锅加了白醋的滚水中，2分钟后用漏勺把蛋捞出浸冷水。上桌前可放回锅内加热。

同场加映
法式欧姆蛋（第90页）

烹调比目鱼

撰文：玛莉罗尔·弗雷歇

库诺斯基说：“比目鱼是所有鱼类中可塑性最强的食材，鱼骨熬出的汤更是无与伦比的美味。”

全家福

比目鱼完美的橄榄身形，乳白色和褐色（有眼睛的那边）的皮，一眼就能辨认出来。同属鳎科（Soleidae）的鱼类很多，都是扁扁的形状，通称为比目鱼。最常见的是鳎鱼（Solea solea），主要捞捕海域在英吉利海峡。欧洲沿海水域很常见到这种鱼，它和鲽鱼、黄盖鲽是近亲，全年皆可捕捞，高峰期为四月。

烹煮技巧：皇冠比目鱼

这种做法是把鱼肉放在萨瓦兰蛋糕的模子里，绕成皇冠的模样。在20世纪50年代，这种摆盘方式非常流行，冷热皆可。首先把三条比目鱼洗净去骨，留下鱼肉部分，压进一个已经抹了黄油的萨瓦兰蛋糕模里，放的时候要稍微倾斜交叠。接着在蛋糕模内填满鱼肉馅，送入烤箱加盖隔水加热25分钟，温度不要太高。取出后静置几分钟再脱模放到盘子上。把表面的水分和泡沫吸掉，刷上黄油让表面光滑。在皇冠中间放一些配菜（蔬菜、虾子），淋上奶油酱即可上桌。

为鱼穿上衣服

在预先处理比目鱼时，法语使用“穿衣服”（habiller）这个动词，实际上却是为鱼脱衣，意思是把鱼尾、鱼翅、尾鳍、鱼皮去掉，取出中间的鱼肉。

料理比目鱼

可以平摊、切长条、塞肉馅或卷成鱼肉卷……

小提醒

卷成肉卷后以牙签固定，避免在烹煮过程中散开。

埃斯科菲耶的技巧

为了保持洁白的颜色，煮比目鱼的时间不能太长，煮时要加盖而且水不能沸腾。一片比目鱼只需要100毫升的水就够了。

经典食谱

埃斯科菲耶的《烹饪指南》中，收录了近两百道比目鱼食谱，可见它受欢迎的程度。

加尼叶的磨坊风味香缇鲜奶油比目鱼

整条比目鱼裹上面粉后油炸，即是磨坊风味的做法。炸好后加入柠檬汁和榛果酱，再撒一些欧芹碎末。

准备时间：15分钟
烹煮时间：10分钟
分量：2人份

材料：
比目鱼2条（500克）
黄油180克、红葱末10克
虾夷葱末10克、鸡高汤200毫升
柠檬汁1茶匙、盐、胡椒

步骤：
- 在平底锅内放100克黄油，把比目鱼煎熟。小心不要把黄油烧焦了，后面还会用到。比目鱼煎熟后先取出保温。
- 使用同一个平底锅，将鱼骨架煎过后倒入鸡高汤，煮到剩下3/4的汤汁，过滤后备用。依序加入虾夷葱末、红葱末和柠檬汁，再放入剩下的软化黄油，隔着容器浸在冰水中打发，直到变成香缇鲜奶油的质地。
- 把比目鱼盛入热盘，搭配一点马铃薯泥，香缇鲜奶油则放到另一个碗里当作酱料蘸着吃。

埃斯科菲耶的道格莱列比目鱼

这份食谱的名字来自波尔多名厨阿道夫·道格莱列（Adolphe Dugléré）。他曾是巴黎格宏大道上的英国咖啡馆（Café Anglais）的厨师。这道菜的做法是把比目鱼放入加了白酒、番茄、洋葱丁、红葱丁和欧芹碎末调味的鱼高汤里烹煮。搭配的酱汁是高汤加黄油打发而成。

准备时间：15分钟
烹煮时间：10分钟
分量：4人份

材料：
中型比目鱼8条
洋葱丁1/2颗、红葱2颗
番茄2颗，去皮切碎
欧芹碎末1汤匙
白酒100毫升
柠檬、黄油40克
盐、胡椒

步骤：
- 将10克黄油、洋葱丁、红葱丁、番茄丁、欧芹碎末和白酒加入炒锅里，再放入卷起来的比目鱼片，加盐和胡椒调味，小火煮8分钟。把比目鱼盛到盘子里。
- 在炒锅里放入剩下的黄油，用打蛋器打发，再滴几滴柠檬汁。把酱汁淋到比目鱼上就完成了。

瓦西勒尔*的诺曼底比目鱼

虽然名为诺曼底，其实并非当地的做法。
这道菜是1837年由巴黎Au rocher de Cancale餐厅的主厨朗各莱（Langlais）创作，灵感来自水手炖鱼（matelote）。
这道菜早在安东尼·卡汉姆的食谱中就曾出现过了。

准备时间：45分钟
烹煮时间：30分钟
分量：10人份

材料：
比目鱼3条（每条约700克）
煮熟的褐虾500克
淡菜750克
巴黎蘑菇500克
不甜苹果酒（cidre brut）1/2瓶
红葱3颗
浓稠法式酸奶油500毫升
欧芹（非必要）
盐、胡椒

步骤：
- 刮去鱼鳞，取出鱼肉的部分（也可以直接请鱼贩处理），沿长边切成两半。剥掉虾壳。切除蘑菇沾土的梗，洗净后切4等份。淡菜仔细刷过洗净。把2颗红葱切末。
- 把250毫升的苹果酒和红葱末、几枝欧芹放进万用锅中，加胡椒调味，大火煮滚。放入淡菜，盖上锅盖，不时摇晃一下，直到淡菜的壳打开。关火，沥干淡菜，并把剩下的汤汁滤到一个大平底锅里。
- 切碎最后1颗红葱，和300毫升的酸奶油一起加进平底锅，开小火煮滚5分钟后放入比目鱼片。汤汁开始冒泡后继续煮3分钟（或是当鱼肉完全变白、刺入刀子不粘连）即可取出。
- 将鱼肉沥干，先放在一旁的盘子上。把蘑菇放进同一个锅里，小火滚10分钟，和煮鱼时的汤汁一起煮成酱。
- 趁空当把淡菜取出。酱汁煮好后，先将蘑菇沥出放到一边，在锅内加入剩下的酸奶油和苹果酒，和酱汁一起慢慢煮到浓稠收汁，加盐和胡椒调味。
- 上桌前把鱼肉、蘑菇、虾子和淡菜放回煮酱汁的锅里拌一拌，盖上锅盖，用小火加热一下不要沸腾。上桌！

*贝尔纳·瓦西勒尔（Bernard Vaxelaire），Gourmandises餐厅前主厨。

还可以这样料理……

老妇比目鱼
用添加欧芹碎末和红葱末的鱼高汤煮比目鱼。酱汁以黄油或鲜奶油勾芡。

香槟比目鱼
用香槟煮比目鱼。搭配鲜奶油酱汁或加黄油打发。

迪耶普瓦滋比目鱼
用白酒鱼汤煮比目鱼，剩下的汤汁加黄油面糊、蘑菇、酸奶油、淡菜和褐虾一起煮成酱。

佛罗伦萨比目鱼
比目鱼用水煮熟，放到菠菜泥上，加上莫尔奈酱（贝夏梅酱加奶酪）一起焗烤。

炸比目鱼
把比目鱼肉切成条状，用英式炸鱼的方式油炸，搭配塔塔酱食用。

莫奈尔比目鱼
比目鱼用水煮熟，加上莫奈尔酱放进烤箱焗烤。

穿上厨师服！

撰文：阿得瑞安·冈萨雷斯

当代厨师们在服饰上花的心思和摆盘相当，这种风气在过去并不存在。以下整理厨师服演变史的关键时刻。

厨师服

立领双排扣让人联想到军装，这并非偶然。在埃斯科菲耶提倡把厨房当作军队管理后，才出现这款厨师服，因清洁考虑而选择白色。1976年，布拉盖公司（Bragard）推出一款奢华的埃及棉“主厨”厨师服。同年，保罗·博古斯成为首位加上蓝白红三色领的最佳工艺师，同时也是第一位把名字绣在胸前的厨师（只有主厨才能享有这项特权）。2000年初，卢布松从日本引进黑色厨师服。伊夫·坎德伯（Yves Camdeborde）的厨师服则有大翻领和翻边袖口。

厨师帽

1823年，糕点师卡汉姆在乔治四世的宫廷中看到一个小女孩戴的帽子，不由惊叹：“也许我们该把头上这顶让我们看起来病恹恹的软绵帽，换成那样轻盈的高桶帽，观感和清洁感都能提升。”他提出了这样的意见。很快地，所有厨师都在帽子里加了筒状纸板。后来博古斯把这顶帽子变成厨师声望的标志。在最传统的厨房里，团队中的小厨师只戴15厘米高的帽子，主厨们的帽子则有25厘米。现今厨师偏好放弃其他配件，把心思放在船形帽、鸭舌帽、钟形帽或宽边黑帽（马克·维杭）上。巴黎的Plaza Athénée厨师团队则是不戴帽的。

围裙

这个配件原本并非厨师专属，当时的铁匠、小学生和女仆也都穿着围裙。这些围裙或半身或连身，有的是围脖绑带，有的是绕腰绑带。但为讲究吸水、防污和防溅油，通常都是棉麻混合材质。颜色呢？当然是白色。近来有一些以贝特杭·葛雷布（Bertrand Grébaut）为首的反骨厨师，尝试重新诠释蓝色工作服。

厨师裤

今日只剩厨艺学校的学生还穿着蓝白千鸟格的裤子，餐厅厨师大多穿着黑色聚酯纤维长裤或牛仔裤。剪裁方式随时代改变，20年前流行宽裤，近10年来则多为合身窄裤。

领巾

以前厨房没有空调，厨师会把三角形的麻质领巾卷起绕在脖子上吸汗。不小心受伤时也可当作止血带。领巾被厨师遗忘了一段时间，近来才又回归到一些讲究衣装的大厨身上。其中最赏心悦目的当属穿Louboutin红底鞋的尚方索瓦·皮耶吉（Jean-François Piège）了。

厨师工作鞋

这种鞋子自20世纪80年代开始流行。布拉盖公司以丹麦服饰为灵感，推出一款黑白两色的皮鞋，楦头较宽，有益于脚部血液循环，减轻疲劳。某些鞋款甚至会加上一层金属壳，以防刀子或锅子掉落砸脚。

袜子

没有硬性规定，但有些会特别强调按摩舒压功能，缓解腿部疲劳。

法国美食王子

撰文：阿涅丝·罗宏（Agnès Laurent）

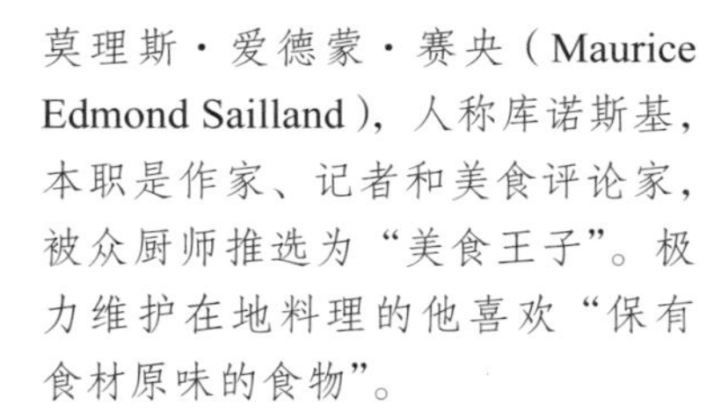

莫理斯·爱德蒙·赛央（Maurice Edmond Sailland），人称库诺斯基，本职是作家、记者和美食评论家，被众厨师推选为“美食王子”。极力维护在地料理的他喜欢“保有食材原味的食物”。

不凡的一生

作家出身：库诺斯基最初是带着文字走进美食界的。昂热（Angers）出身的青年只身前往巴黎，积极加入作家阿莱斯（Alphonse Allais）和库特林（Courteline）等人的圈子。1895年，他成为柯蕾特的丈夫维利（Willy）的幕后写手，维利也公开承认他“最好的小说”都必须归功于库诺斯基。这段时间锻炼出的幽默风格也成就了他的美食评论。

不下厨的美食王子：他在巴黎第八区的公寓住了40年，屋里从未有厨房和饭厅。他曾形容自己只是个“一文不值、个性单纯、厚道，成年后再也没有过任何厨子或蓝带厨师，家里也没有厨房、酒窖、饭厅的作家”。他在1946年出版的文集中收录的食谱都不是他创作的，而是他曾品尝过并真心喜爱的。

每日只吃一餐的美食评论家：库诺斯基身形壮硕，因为伙食太好，使他本来就高达100千克的体重直线上升，60岁时已经126千克了。为了回归正常体重，他决定一天只吃一餐。

活跃的学士与王子：曾有段时间，法国社会流行王子的封号，库诺斯基也乐在其中。1927年，众人推崇他成为美食王子，后来又接下法兰西美食学院院长的职位。

神秘的死因：库诺斯基于1956年7月22日逝世，享年84岁，但真正的死因不得而知。他从自宅的四楼掉到内院，是自杀还是意外？外界一般相信第二种说法。

库诺斯基
Curnonsky（1872—1956）

库诺斯基的菲力牛排*

分量：4人份

材料：

小牛菲力4份（每份100克）
芦笋1捆
红葱1颗
黄油50克
面粉
松露1个（40克）+松露煮汁
鲜奶油250毫升
盐，胡椒

步骤：

- 芦笋用滚水煮熟，切掉根部。红葱切末，用黄油炒软，加入鲜奶油后用小火收汁。松露切细条放入奶油酱，加盐和胡椒调味。
- 接着在小牛排上加一些盐和胡椒调味，撒上面粉，放到平底锅中用黄油煎，双面各煎4分钟。煎好后放到盘子上保温。
- 加入松露煮汁，熔化锅底烧得焦香的部分，再把这些汁倒入刚才做好的酱里。把芦笋摆到小牛排上，和玉米饼一起享用。

* 食谱出自 Auberge de l'Ill 餐厅主厨保罗·哈伯兰（Paul Haeberlin）。

有趣的笔名

这位先生本名莫理斯，后来和阿莱斯开玩笑，无意间想出“库诺斯基”这个名字。当时他正在寻思笔名，想取个听起来像斯拉夫人的名字。阿莱斯提议：“何不（加上）斯基？”库诺斯基想把这句话改得漂亮一些，用拉丁语直译为“Cur non Sky”，即是该笔名的由来。

厨房里的三位母亲

玛丽·瑟瓦利耶（Marie Chevalier）

库诺斯基祖父母家的厨师，为这个家族煮了40年的饭。库诺斯基如此形容她：“她做起饭来就像鸟鸣一般自然……她从未在专业学校学习，也从未看书学艺。她的厨艺是存在血液里的天分。”

布朗妈妈（La mère Blanc）

1933年，他把“世界最佳厨师”的美名颁给在沃纳斯（Vonnas）掌厨的布朗妈妈。两年后，他又把这份荣誉颁给了高卢首都，称里昂为“世界美食之都”。

美拉妮·胡雅（Mélanie Rouat）

库诺斯基对贝罗讷河畔（Riec-sur-Bélon）的这位厨师赞不绝口。她拥有两颗米其林星星，拿手菜是奶油螯龙虾及蛤蜊镶红葱海鳗鱼。二战期间，库诺斯基还曾住在她家里。

餐饮界的认可

库诺斯基不懂厨艺，却留下许多挂了他名字的食谱，都是大厨们为缅怀他而标上的。

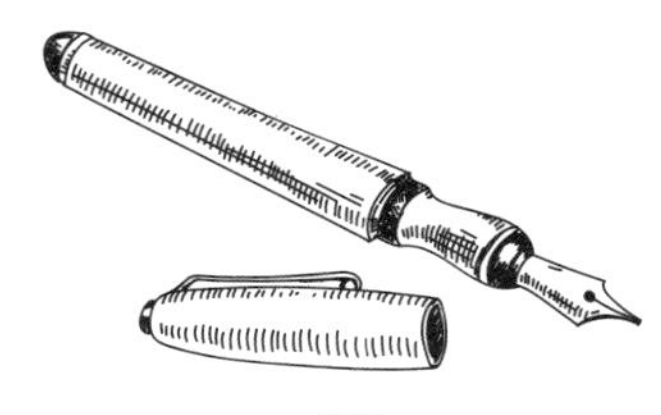

成就

《法国美食指南》（*Le guide La France gastronomique*）

1921年，他和伙伴莫里斯·罗夫（Marcel Rouff）着手一项大计划，结合美食与当时因汽车逐渐普及而开始发展的观光产业。这一套指南共计27册，首册以佩里格为主题，接着是安茹、诺曼底、布列斯……可惜这项计划最后在1930年宣告终止。

法兰西美食学院（Académie des gastronomes）

设立学院的想法起于1927年的一顿午餐。效仿法兰西学术院（Académie française），美食学院共设40位院士，包含“味蕾最细腻的、知识最丰富的、最懂品尝的和美食评论家中的翘楚”。每一位院士都以一名作家为象征，并坐在刻有作家姓名的座椅上。1930年，学院成立的首位院长即为库诺斯基，他座椅上刻的名字是“萨瓦兰”。

《法国美食与美酒》期刊（Cuisine et vins de France）

1946年，长达6年的“二战”终于结束，库诺斯基也重新回到巴黎。当时他已74岁高龄，收入微薄，希望能找回战前的英姿，便于1947年提笔撰写《法国料理》（*Cuisine de France*）期刊，后来改名为《法国美食与美酒》，至今仍持续出版。

库诺斯基的水田芥煮鸡*

分量：4人份

材料：

布列斯母鸡1只（1.9千克）
胡萝卜250克
芜菁250克
煮熟四季豆150克
煮熟的绿色细芦笋12根，切除尾端
水田芥1束
鸡高汤2升
法式酸奶油500毫升
雪维草碎末

步骤：

- 按一般的方式处理母鸡，用绳子捆好后放到美味的鸡高汤里煮40分钟。取出后用一条以鸡高汤浸湿的布盖好保温。
- 将高汤收汁到只剩1/3，加入酸奶油后继续小火收汁，直到用汤匙舀起时可以产生皱褶。
- 利用煮鸡的空当清洗水田芥，放到白汤里煮一下，沥干后用调理棒打成细致的泥。把胡萝卜和芜菁切成大蒜大小，放到鸡汤里煮熟。
- 上桌前把酱汁加热至沸腾，放入水田芥泥，用锥形漏勺过滤。扯掉鸡皮，切成8块。酱汁分盛入4个大盘，正中央摆鸡肉块，再把鸡翅和鸡腿放到盘里装饰（酱汁不要用淋的）。外圈按颜色交替搭配摆上芜菁、萝卜、簏笋和切成5厘米长的四季豆。

* 食谱出自Taillevent餐厅主厨克劳德·德利涅（Claude Deligne）。

荣耀归于……

2010年，法国美食被列入人类非物质文化遗产。比起料理技巧，法国人讲究食物与用餐方式的习俗更值得保存。非常重视这种文化的法国演员杰拉尔·德帕迪约（Gérard Depardieu）把推广法国美食的荣耀归于一人：“这是周日午餐的价值所在。我们必须感谢像身为美食评论家和美食王子的库诺斯基这一类的人，为我们保住了这仪式般的一餐。”

美食回忆录

神秘的卡酥来炖肉锅

1927年，库诺斯基与三位好友从马赛前往比亚里茨。目的为何？他们只是想在卡斯戴尔诺达里（Castelnaudary）停下来吃顿饭。一位朋友写了推荐信，请“对陌生人和游客避之唯恐不及的”阿朵芬妈妈（mère Adolphine）为他们料理“上帝卡酥来”。库诺斯基于上午登门拜访，但对方迟迟没有响应。最后这位女士总算拉开大门打量了他一番，在得知来访目的后，她非常不满地说：“做这道菜要花14到15小时……你们明天再来吧，听清楚了吗？我会为你们准备午餐。”库诺斯基之后回忆：“吃过清淡的开胃小点和蔬菜，我们品尝了、享受了那道卡酥来，不禁流下幸福的泪水……”这段被记载在《文学与美食回忆录》（*Souvenirs littéraires et gastronomiques*）中。

品尝鹅肝的艺术

“要在对的时间点品尝鹅肝……我认为有必要说明，应该是食欲正开、欢欣接受任何食物时吃鹅肝，作为一餐之始的开胃小点……只为了品尝它而吃（它绝对值得你这么做），作为第一道菜，搭配清新、振奋的白酒享用。”

了解更多库诺斯基

- 《文学与美食回忆录》，序言由他的私人医师雷内·修弗罗（René Chauvelot）执笔。
- 《一代之味，库诺斯基》（*C. Cur-nonsky, la saveur d'une époque*），菲利浦·修弗罗（Philippe Chauvelot）著。
- 《美食王子，库诺斯基》（*Curnonsky, prince des gastronomes de A à Z*），贾克·勒伯（Jacques Lebeau）著。

库诺斯基的四种料理类型

在《不幸的料理》（*L'infortune du Pot*）中，库诺斯基把法式料理分为四类。每一类他都喜欢也倾力支持，但私心仍偏好第三类，他自己也是这种在地料理的代言人。

高级料理是“法国的华美衣装”。“使用最好的食材，经由最具天分的主厨之手……是富豪的料理，但不该成为抨击或否认它的理由。”

2

布尔乔亚料理是“家庭主妇们的胜利”。“对所有家境优渥的家庭而言，再平凡的餐点也可以是激发生活热情的元素。”

3

地区料理“绝对是法国最美好的事物”。“法国境内32个省，每一省都有独特的料理和食物，都是我们的厨师或蓝带大厨的佳作。”

4

即兴料理或意外的料理是“随意取用眼下的食材料理”。“有没有试过夹着木柴灰烬的肋排或汉堡排？真是令人愉悦的吃法。”

酒窖餐馆

撰文：圭蓝·德塞瓦（Gwilhernde Cerval）

把“酒窖”和“餐馆”放在一起，用力摇几下，“酒窖餐馆”就诞生了。

结合自然酒和简单的料理，这种餐厅兴起了一股叛逆风潮。从玫瑰之城图卢兹出发，经过巴黎的玻璃橱窗，抵达里尔。

以下是我们推荐的十个法国酒窖餐馆！

巴黎

Le Verre volé

菜单：穆尔登（Maldon）熏鲱鱼、熊蒜、面包粉和野生芝麻菜

酒单：超过600种酒，包括2016年的冯度丘白酒（AOC Ventoux, Domaine de Fondrèche）

地址：67, rue de Lancry, Paris 10e

巴黎

Le Bel Ordinaire

菜单：熏鳟鱼、挪威面包、小茴香酸奶

酒单：超过260种酒，包括2015年的卡塔朗白酒（IGP Côtes catalanes « Mon P'tit Pithon » Domaine Olivier Pithon）

地址：54, rue de Paradis, Paris 10e

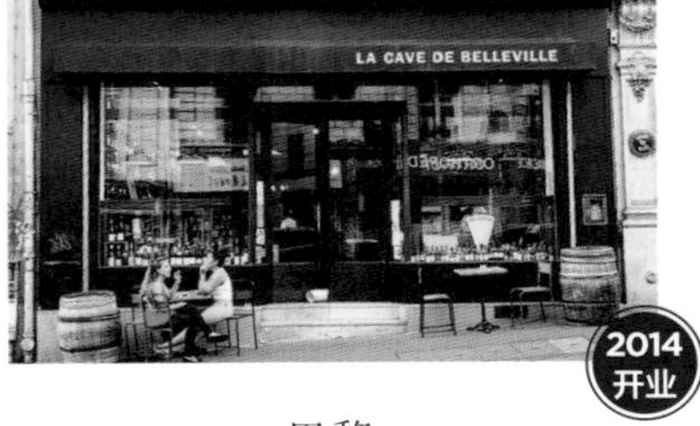

巴黎

La Cave de Belleville

菜单：综合肉肠和奶酪

酒单：超过650种酒，包括2015年的胡密谷红酒（AOC Côte roannaise, Domaine Sérol）

地址：51, rue de Belleville, Paris 19e

巴黎

Les Caves de Prague

菜单：绿芦笋、熏黑腺鳕鱼、百香果

酒单：超过350种酒，包括2015年的摩恭红酒（AOC Morgon, Domaine Georges Descombes）

地址：8, rue de Prague, Paris 12e

里尔

Au Gré du Vin

菜单：Maison Bignalet的综合肉肠和沙拉

酒单：超过600种酒，包括2014年的佛杰尔红酒（AOC Faugères « Tradition »Domaine Léon Barral）

地址：20, rue Péterinck, Lille

斯特拉斯堡

Jour de Fête

菜单：油封小羊腿、烤胡萝卜和香菇

酒单：超过750种酒，包括2015年的阿尔萨斯白酒（AOC Alsace « Entre chien et loup » Domaine Jean-Pierre Rietsch）

地址：6, rue Sainte-Catherine, Strasbourg

特鲁瓦

Aux Crieurs de vin

菜单：农场烤猪肉串、白菜泥、欧芹酱

酒单：超过450种酒，包括自然派香槟“Les Vignes de Montgueux”（Domaine Jacques Lassaigne）

地址：4, place Jean Jaurès, Troyes

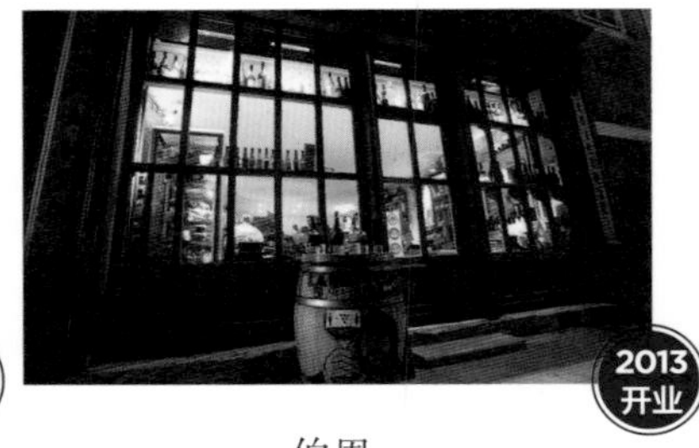

伯恩

La Dilettante

菜单：有机沙拉

酒单：超过900种酒，包括2012年的侏罗丘白酒（AOC Côtes du Jura « Grusse en Billat » Domaine Jean-François Ganevat）

地址：11, rue du Faubourg Bretonnière, Beaune

比亚里茨

L'Artnoa

菜单：Maison Balme的松露火腿盘

酒单：超过450种酒，包括2015年的摩恭红酒（AOC Morgon, Domaine Marcel Lapierre）

地址：56, rue Gambetta, Biarritz

图卢兹

Le Tire-Bouchon

菜单：脆皮猪脚、榛果、熊蒜青酱

酒单：超过600种酒，包括2015年的阿韦龙红酒（IGP Aveyron « Mauvais Temps » Domaine Nicolas Carmarans）

地址：23, place Dupuy, Toulouse

“酒窖餐馆”是怎么出现的？

这个新出现的名称指的是同时提供好酒与料理的酒窖，价格通常平易近人，而且偏好提供自然酒。这种形式的餐馆逐渐兴盛，创造了一个介于酒窖与小酒馆的新空间。通常也可以自带酒水，但要支付开瓶费。这股潮流似乎是20世纪90年代末期由特鲁瓦的Aux Crieurs de vin带动起来的。接着Le Verre volé在巴黎也开启了这种新的美食形式。这股风气会不会将小本经营的城市酒窖和其他连锁店的生意带向终点？时间会为我们找到答案！

维也纳式甜酥面包

撰文：玛莉罗尔·弗雷歇

维也纳式甜酥面包是面包店里代表性的糕点，通常在早餐和点心时间享用，让我们来看一看有哪些经典。

什么是"维也纳式"甜酥面包？
这个词出现于20世纪初期，原指维也纳面包和可颂，由奥地利人奥古斯特·张格（August Zang）引进法国。这两种面包遵循维也纳食谱，使用精白面粉、牛奶、酵母做成（但不添加黄油，也不做千层酥皮）。事实上，制作面包的商业酵母就是1847年在维也纳出现的。人们也会使用"维也纳式烤炉"（fours viennois），也就是蒸汽烤法。现在的维也纳式甜酥面包是指以发酵饼皮或酥皮（法式做法）制作的糕点。

❶ **柏林果酱包（boule de Berlin）**
类似贝奈特饼（beignet），包着果酱或卡士达酱的布里欧修经油炸后再撒上糖粉。形状似大炮炮弹，由普鲁士国王的糕饼师发明的。

❷ **僧侣布里欧修（brioche à tête）**
在原本的布里欧修上多叠一小颗布里欧修，因此而得名。又称巴黎式布里欧修（brioche parisienne）。

❸ **那不勒斯修颂（chausson napolitain）**
以酥皮做成的馅饼，也称为意式修颂，内含卡士达酱与浸渍朗姆酒的葡萄干。外形类似意式千层酥（sfogliatella）而得其名。

❹ **苹果酥皮修颂（chausson aux pommes）**
以酥皮制成的半圆形馅饼，内包烤熟的苹果或苹果泥。拉瓦汉（La Varenne）在著作《法兰索瓦糕点书》（*Le Pastissier françois*）中曾提及酥皮修颂的制作技巧。

❺ **奶油馅蛋糕（Chinois）**
布里欧修夹卡士达酱，螺旋造型类似蜗牛壳。其来源有两种可能，一是使用中国来的苦橙糖渍后作为内馅（它的法语名称意为"中国"），也可能是源自德国的"蜗牛蛋糕"（schneckenkuchen）。

❻ **脆糖小泡芙（chouquette）**
撒上珍珠糖的小泡芙。制作泡芙面糊的技术约在1540年由意大利糕点师波佩里尼（Popelini）传入法国。

❼ **可颂面包（croissant）**
面团中夹入黄油折叠多次，卷成半月形，是巴黎面包店里最具代表性的产品。这个造型可追溯至1920年。

❽ **杏桃酥皮面包（oranais）**
内馅含卡士达酱、两片半月形的杏桃与珍珠糖，可能源自阿尔及利亚的奥宏（Oran），由移居者带到法国。因外形原因又称"杏仁眼镜"（lunettes aux abricots）。

❾ **巧克力面包（pain au chocolat，在法国西南地区称为Chocolatine）**
可颂面团卷起包入一或两条巧克力馅。

❿ **牛奶面包（pain au lait）**
长形的甜味小面包，烘烤前用剪刀在表面划出纹路。

⓫ **葡萄干面包（pain aux raisins）**
可颂面团加入葡萄干和卡士达酱，卷成螺旋形，也称作"蜗牛面包"或"俄罗斯面包"。

⓬ **维也纳风味面包（painviennois）**
表皮有光泽的长棍形软面包，以长斜纹装饰，也有加入巧克力豆的。

⓭ **棕榈叶酥饼（palmier）**
酥皮卷成心形，裹上糖之后烤成焦糖，形状像棕榈叶而得名（在其他国家又称"蝴蝶酥"）。

⓮ **熊掌面包（patt d'ours）**
千层酥皮面团包入卡士达酱，一边割出几道切口，看起来像熊掌一样。

⓯ **杏仁酥卷（sacristain）**
扭转的棒状千层酥皮面团，撒满杏仁碎片与糖，形状类似教堂司事（sacristain）的手杖。

⓰ **瑞士面包（suisse）**
长方形甜面包，内含香草卡士达酱与巧克力豆。

*照片来源：maisonlandemaine.com
拍摄者：侯多勒夫·隆德曼纳（Rodolphe Landemaine）

同场加映
可颂史诗（第63页）
甜滋滋的糖挞（第150页）

薯条大比拼

撰文：皮耶布莉丝·乐佩

切成条状的马铃薯常引起法国和比利时这两个邻居的激烈讨论，本篇让我们再重新较量一下！

发明

1760年12月23日，在佩黑希勒佛赫居（Perrecy-les-Forges，位于勃艮第）的修道院里，布侯斯（Brosses）院长试图用砒霜毒死伊拉希雍（Hilarion）修士。官方侦查记录中提到修士的碗里有“几根炸过的马铃薯”和“白色粉末”。几年之后，巴黎就出现了第一份炸马铃薯的食谱。

炸马铃薯在1834年随着尚佛黑德希克·齐费（Jean-Frédéric Kiefer）来到比利时王国，他在巴黎学到制作薯条的方式，于是想回到家乡罗马尼亚开炸物店。他回到列日与双亲会合后，就在流动的街头剧场前摆摊，因为生意实在好得不得了，他最后决定留在比利时。

尺寸

切面为1厘米正方形的新桥状（Pont-Neuf）薯条方便入黄油、猪油或鸭油里炸，自法国大革命以来，这种薯条就装在圆锥形纸袋中供人在塞纳河边品尝。不过当时薯条价格相对昂贵，要等到在殖民地种植花生，并改用花生油油炸，薯条才变得大众化。

齐费的炸马铃薯被称作“佛黑滋先生”（Monsieur Fritz），在比利时各地的市集上大受欢迎。他和兄弟合作生产更多炸马铃薯，还发明了“佛黑滋切薯条器”，把马铃薯切成条状。

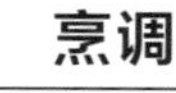

在法国很难找到未加工的牛脂，也很难吃到遵循传统、经过两次油炸的薯条。然而薯条如此美味的原因，正是来自这种炸法。法国薯条通常都只经过一次植物油油炸，下锅的也通常是冷冻薯条。

齐费想出了预炸薯条的方式，并用较便宜的牛脂取代原本的炸油。比利时薯条的秘密就是用加热到170℃的动物油脂炸6~7分钟，起锅后静置沥油20分钟，再下锅用160℃的植物油炸6~7分钟。这能让薯条更酥脆！

味道

薯条不论是太熟、不够熟，还是在油里不够久，都会像缺乏关爱的孩子一样，味道贫乏、惨淡无比。因此法国人炸薯条仍尽量遵循几道不可或缺的步骤，并顽强抵抗用过热的油炸冷冻的薯条这种蛊惑人心的做法。我们应该要多鼓励那些坚守原则的人才是！

二次油炸与牛脂赋予薯条不可取代的颜色与滋味。制作得宜的薯条吃起来不会像看起来那么油腻，金黄的外皮闪闪发亮，一口咬下表皮酥脆不已，而内里既美味又始终保持柔软。

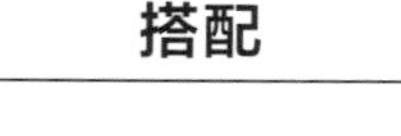

薯条可搭配牛排、内脏肠、星期天的烤鸡、土耳其旋转烤肉或汉堡。薯条很少单独食用（一定都会搭配其他食物），也很少一个人独享，通常都是和亲朋好友分享。

薯条可以个人享用，拿在手上搭配酱料（有些炸薯条店可能会排队排到50多人），坚持纯粹吃法的人绝对不能忘记珍贵的美乃滋，最好是用圆锥形纸袋装。

文化

不少比利时人和法国北方人在法国各地开薯条专门店和小吃摊，这些人是名副其实的薯条文化大使，光是他们的热忱和决心就值得再加一分！

在人口1,000万的比利时拥有5,000家炸薯条店。每个比利时人都有自己“专属”的店家，尤其是星期五晚上，家人会团聚在这些店里，共享热腾腾的薯条佐酱料、热狗或肉丸子。

最好吃的薯条排名

在les-friteries.com这个网站上，大家都可以参与评选，选出法国和比利时最棒的炸薯条店。上法兰西大区的店家垄断了前几名，位于朗斯（Lens）的“维侯妮克与米薛勒家”（Chez Véronique et Michel）则在2016年赢得了法国最佳炸薯条店首奖。

揭晓成绩

比利时在这场较劲中获胜！虽然比利时人没有发明薯条，不像意大利人发明了意大利面或美国人发明了汉堡那样，不过比利时无疑是薯条的故乡。法国仍是吃牛排配薯条的冠军，这都要归功于法国的优质牛肉，像是夏洛来牛（Charolais）、菲兰德斯牛（Ferrandaises）、巴萨斯牛（Bazas）等。

炸薯条店专属音乐播放清单

Valérie Lemercier；*Goûte mes frites*（尝尝我的薯条）
Marcel et son Orchestre；*Les frites*（薯条）
Les Blaireaux；*Pom Pom frites*（彩球薯条）
T omas Dutronc；*Les frites bordel*（混乱薯条）
Yves Montand；*Cornet de frites*（一袋薯条）
Stromae；*Moules-frites*（淡菜薯条）
Regg'Lyss；*Mets de l'huile*（加油）
Las Ketchup；*The Ketchup Song*（番茄酱之歌）
Georgette Plana；*Là où il y a des frites*（有薯条的那个地方）
Simon Colliez；*Ch'est toudis des frites*（薯条就是一切）
Marcel Amont；*Bleu blanc rouge et des frites*（红白蓝与薯条）

来吃薯条

撰文：玛莉罗尔·弗雷歇

如果说比利时是薯条冠军，那么法国北部就是薯条的最后一道防线，至今仍顽强抵制美式的软烂冷冻薯条。在 20 世纪，仅法国北部与加来海峡地区就有约 8,000 家炸薯条店（或餐车），现在只剩下不到 500 家。我们甚至强力鼓吹这些炸薯条摊应该纳入联合国教科文组织的非物质文化遗产。

风土调查

炸薯条摊或餐车都有种自相矛盾的情况：店面不固定，但常驻在固定地点，有些甚至已开业20年。

➢位置是首要条件，大广场就是很理想的驻点，或是城市重要道路的交叉口。举办庆典时，一定会有炸薯条的摊子，在球场也是。在朗斯，只要遇到举行重要球赛，朗斯足球俱乐部的球迷可以吃下两吨薯条。

➢没有写上名字的招牌，就不能算是正宗的炸薯条摊。取名大致分成两派，玩文字游戏的招牌：“爱炸薯条”（La frite à dorer）、“笑笑薯条”（La Frite Rit）；或直接用店主名字命名：“诺诺家”（Chez Nono）、“娜汀的炸食店”（Friterie Nadine）。

备料

以150°C的热油第一次油炸

薯条放在接油盘上等客人

以180°C的热油第二次油炸

放在滤网上沥油

撒盐调味

淋上一点醋

插上叉子即可享用

蘸酱

薯条蘸酱有60余种，
最有人气的是：

番茄酱	英式酸辣酱
芥末酱	希腊酸奶
塔塔酱	酸黄瓜酱
美乃滋	Banzaï 辣酱
汉堡酱	Samurai 酱
美式酱	Ch'ti 酱……

世界最赞薯条

分量： 8人份

材料： 比提杰马铃薯4千克

步骤：

· 马铃薯去皮、清洗后切成条状。
· 用干净的布吸干马铃薯的水分，重复两次，第三次用纸吸水。
· 葵花油加热至 170℃，第一次下锅炸 7 分钟。
· 捞起油锅里的马铃薯沥油，置于一旁 20 分钟待凉。
· 第二次下油锅，170℃再炸 7 分钟。
· 撒上盐之后尽快享用。

薯条应该配什么好？

在家用吸油纸装好（用小盒装更环保），把薯条带着边走边吃。薯条是主菜，可以配热狗肠一起吃，或夹在美式三明治*里享用。

* 法国的“美式三明治”是将半条长棍面包从侧边切开，夹入汉堡肉、生菜、番茄与薯条，淋上酱料一起吃。——译注

完美薯条

★ 最适合炸薯条的品种：比提杰马铃薯（bintje）。
★ 步骤：只要是重名誉的炸薯条店，一定都会买新鲜的马铃薯，削皮切好之后用水清洗。
★ 尺寸：切面 1 厘米见方。
★ 炸油：牛脂（疯牛病暴发之后就很难找到了）或植物油；纯粹主义者会使用马脂。
★ 油炸时间：炸薯条的厨师为了保密，都会回答“这要看情况……”

煮鱼的艺术

撰文：玛丽阿玛·毕萨里昂

法国本土加上海外领土，海岸线总长18,455千米。在大革命之前，海岸沿线各省使用不同的方言，因此水手使用剩下的鱼货做菜时，也不会发生抄袭食谱的情况。

大伊风的鱼汤

14世纪法国皇室御厨纪尧姆·堤黑勒（Guillaume Tirel），人称“大伊风”（Taillevent），他的著作一直到20世纪都还被当作参考书。书里有一道使用香料和高级鱼类的食谱：“鱼肉需细细去除鳞片，浸入热油直到熟透，接着替面包上色，加入泥状的豌豆搅拌并过滤，洋葱切厚片，过油酥炸；最后加入姜、肉桂、少量香料与所有材料一同烹煮，淋上少许醋，捻一小撮番红花上色……”* 简单说就是在汤里加入豌豆、洋葱、番红花、姜、肉桂、醋和烤面包，然后把汤淋在炸鱼上。

绝不失败的乡村口味

现代厨师以各种材料重新诠释了这道食谱，其实想做这道鱼汤不需要特别的设备，而且易如反掌。准备三四种当地渔产，买最便宜的那几种就好，可以的话，再买几只小螃蟹，类似穷人版的马赛鱼汤。在万用汤锅里加一点油，用小火炒洋葱末，然后加入番茄、压碎的大蒜、月桂叶、茴香籽和1颗柳橙果皮，让所有材料炖煮一下。加入处理过的鱼并搅拌，等鱼肉碎散时加水（每千克的鱼要加2升的水），以盐和胡椒调味。开大火煮20分钟后，加2小撮番红花丝，关火。在锥形滤勺上放一块过滤用的纱布，滤出汤锅内的汤汁，用汤匙挤压滤布上的材料。你可以戴上手套（避免被鱼刺扎伤），把滤布拉起包紧，然后使出美食家的决心用力拧挤滤布，萃取出汤汁的所有精华。

*摘自《料理大全》（*Le Viandier*，1380），本书收录145道食谱。

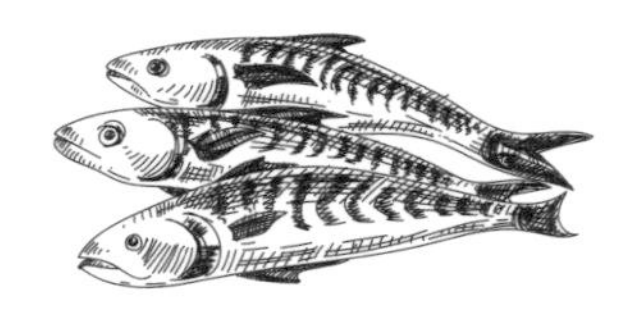

炖鮟鱇鱼蒜泥蛋黄酱浓汤

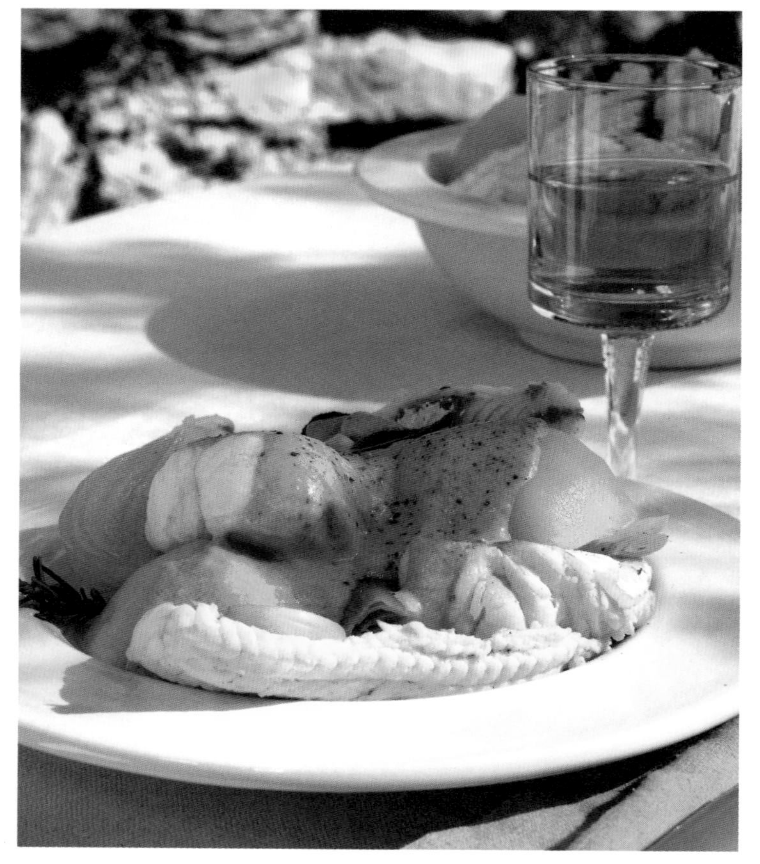

准备时间： 15分钟
烹调时间： 55分钟
分量： 4人份

材料：
鮟鱇鱼1千克，切大块
蛋黄4颗
橄榄油蒜泥酱1碗

快煮蔬菜高汤
中型洋葱1颗
韭葱葱白1根
小胡萝卜2根
西洋芹1根
百里香1枝
月桂叶1片
欧芹4枝
风干茴香1块
柳橙1颗，取橙皮
橄榄油2汤匙

步骤：
- 洋葱、韭葱、胡萝卜去皮切块，西洋芹切大段。
- 在万用汤锅里倒入橄榄油，开火热油后加入蔬菜拌炒，避免煮炒到上色或焦化，10分钟后倒入800毫升的水，加入香草，炖煮30分钟。关火，汤锅静置待凉15分钟。
- 接着把鮟鱇鱼块放入锅中，开火加热汤锅，让汤汁保持微滚10分钟（不要煮到大滚）。鱼肉捞起放到碗里，加盖保温。用锥形漏勺过滤汤汁。
- 取一把长柄厚底平底锅，加入蛋黄、橄榄油蒜泥酱1/2碗，用汤勺慢慢舀入过滤的汤汁。开小火把锅内材料煮至变浓，注意不要煮滚，就跟煮安格斯酱一样，过程中不停搅拌，直到汤汁够浓稠、会附着在汤匙背面为止。关火并且把锅从火炉上移开。
- 用鮟鱇鱼块蘸取刚刚煮好的汤，把另一半橄榄油蒜泥装在船形酱料杯里一起摆盘。通常在每个汤盘里摆两片抹了蒜泥酱的烤面包，最后才放进鱼肉。
- 这款浓汤也可以使用其他白肉鱼制作，例如大西洋鳕、牙鳕、鲂鱼等，这些也是马赛人习惯用来煮汤的鱼。

一把剪刀、一点水，接着就可以开动了！

美极（Maggi）这个品牌在1963年发明了袋装鱼汤。从那时候开始，美极就不断推出各式鱼高汤粉，而且市场上没有竞争对手。高汤粉虽然能节省时间，不过啊……

来一点法式英语

法国渔夫从旺代沿海出发到北美捕鱼，因此也把“chaudrée”（意指用汤锅煮出来的浓汤）的食谱传到美国。后来美国人重新命名这道汤品为“chowder”（巧达浓汤），所以大名鼎鼎的波士顿蛤蛎巧达浓汤根本就是来自法国！

打破世界纪录的汤

滨海布洛涅的企业家在2007年创立了协会，目的只有一个，就是要获得世界最大锅蔬菜鱼汤（gainée）的纪录。他们在2008年成功了！每年在码头上，当地居民会在巨大的汤锅里煮这种鱼汤，使用的材料包括沿海地区的鱼类一吨、两种不同蔬菜、法式酸奶油和白酒各150升。在盛会上卖出的上千份鱼汤收入会捐给当地慈善机构，这可是号召大家来煮鱼汤的好理由！

小秘诀

要是当天捕鱼量不多，市场没什么鲜鱼好买，那就用一些冷冻鱼吧。这道汤品毕竟要经过长时间熬煮，就算不是现捕的鱼，其实也没关系。

同场加映
马赛人的马赛鱼汤（第113页）
追忆“科西嘉汤”的美味（第95页）

法国各地的海味汤品巡礼

汤锅浓汤（caudière）、巧达浓汤（chaudrée）、蔬菜鱼汤（gainée）

起源：在当地方言中，caudière和caudrée都是指“锅炉”，每户渔夫都用汤锅加海水煮剩下的鱼货；gainée则是老板给水手的鱼。

材料：康吉鳗、比目鱼、小鲽鱼、红鲂鱼、淡菜等，加蔬菜、鲜奶油、白酒炖煮。

汤锅浓汤、巧达浓汤

起源：这种大锅汤有许多变化做法，像是富拉（Fouras）的鱼汤里就加了乌贼和大蒜。

材料：小魟鱼、鲻鱼、鳗鱼等小鱼，加密斯卡岱（muscadet）白酒煮的奶油酱。

马赛鱼汤（bouillabaisse）

起源：希腊弗凯亚人在2,600年前带来的鱼汤，当时的材料只有水和鱼。鱼汤的名字来自普罗旺斯方言，意思是“水滚了就转小火”。

材料：用鲉鱼和杂斑盔鱼等岩岸小鱼炖汤底，鲈鱼和牙鳕等肉质柔嫩的鱼供食用，佐番红花酱、蒜、辣椒。

迪耶普海鲜锅（marmite dieppoise）

起源：同名餐厅在40年前发明了这道汤品，推广当地的优质渔产。

材料：鲽鱼、鲛鲽鱼、比目鱼、菱鲆、圣贾克扇贝等，加入苹果酒、鱼高汤、鲜奶油与黄油，滋味更丰富。

多罗汤（ttoro）

起源：巴斯克渔夫出海捕鱼时会用剩下的东西加马铃薯，煮成鱼汤犒劳自己。

材料：将红鲂鱼、无须鳕、淡菜、挪威海螯虾分别煮熟，浇上加了埃斯佩莱特辣椒的鱼高汤。因口味浓厚如竞技场里狂奔的公牛而得名。

尼斯鲂仔鱼汤（soupo de poutino à la nissarto）

起源：尼斯把沙丁鱼和鳀鱼的鱼苗统称为“poutine”，当地捕捞鲂仔鱼至今已28个世纪，捕捞期为一月到三月。

材料：鲂仔鱼、蔬菜汤底、细面。

布列塔尼鱼汤（cotriade）

起源：原指用“kaoter”锅煮的汤。渔夫在船上用海水煮鱼汤，配隔夜面包。

材料：用香料蔬菜高汤煮红鲻鱼、无须鳕、康吉鳗、鲭鱼、红鲂鱼、淡菜等，蘸面包吃，最后浇上香草油醋酱配鱼肉。在孔卡尔诺（Concarneau）只用沙丁鱼煮这道汤。

加泰罗尼亚炖鱼汤（suquet de peix）

起源：渔船到岸后，拿不值钱的小鱼和马铃薯熬制而成。

材料：淡菜、蛤蜊、白肉鱼、虾子，加甜椒、马铃薯、传统酱料（杏仁、面包与番红花打碎）熬煮。

科西嘉鱼汤（aziminu）

起源：在船上用一点鱼肉、马铃薯和硬面包料理的鱼汤。

材料：料理方式和使用鱼类同马赛鱼汤，外加一瓶盖茴香酒增添香气。

孔戴尔鱼汤（godaille）

起源：渔夫留下的次等渔产煮的汤。

材料：乌贼、红鲂鱼、魟鱼，一定要加鲭鱼，全放入马铃薯洋葱高汤炖煮，上桌时佐香草油醋酱。

普罗旺斯海鲜汤（bourride）

起源：普罗旺斯地区最古老的鱼汤食谱，既不加香料，也不加蔬菜。

材料：只能用白肉鱼烹煮，加入橄榄油蒜泥酱和蛋增添风味。

烩鱼汤（blaff）

起源：原指加入香料的快煮汤。以前，渔夫在海上收网后会当场烹煮这道汤。

材料：女王扇贝、鲔鱼及各种鲜鱼，挤上柠檬汁，丢进用柠檬、多香果、辣椒煮的高汤，与米饭和香蕉一起食用。比较不新鲜的鱼要先腌柠檬汁。

皇家兔肉

撰文：瓦伦提娜·屋达

这道菜是法国美食的荣耀，入口即化的兔肉，油亮光滑的棕色酱汁，引出醉人的滋味。这道名菜的狂热爱好者分成不同的派别，你可能也要选边站了。

朱利昂·杜玛的食谱

准备时间： 1小时
静置时间： 8小时
烹调时间： 12小时
分量： 10~12人份

材料：

野兔肉3千克（去骨剁碎，保留骨架）
干邑白兰地500毫升

内馅
面包心150克
牛奶
洋葱1颗
黄油10克
猪咽喉肉200克
猪腰内肉200克
兔腿200克
松露皮屑100克
鹅肝丁200克
兔心、兔肺、兔肝
扁叶欧芹2把
风轮菜（依个人喜好添加）
四香料1茶匙
整块肥鸭肝1.2千克（2片）
松露刨片300克

腌酱
洋葱2颗
胡萝卜2根
灰皮红葱2颗
西洋芹1根
大蒜2瓣
朗格多克红酒2升
雅马邑白兰地500毫升

酱汁
香菜籽2汤匙
杜松子2汤匙
柠檬皮与柳橙皮各1颗
糖

配料
新鲜鸡蛋中宽面600克
黄油

步骤：

处理野兔
去皮，保留头与颈部不要切断。把广口瓶塞进野兔肚子开口处接血。去背脊骨，一段段从开口处拉出剔除，小心勿穿透兔子背部的皮，保留剔除的骨头。以干邑白兰地涂抹兔子内部，加一点点盐及胡椒，放入冰箱静置备用。

制作内馅
用牛奶泡面包心。洋葱去皮剁碎，用10克黄油炒5分钟，炒软。猪咽喉肉、猪腰内肉、兔腿、黑松露皮屑、肥肝丁、兔心、肺、肝全部绞碎。用手捏碎牛奶面包，加入刚刚绞碎的所有材料和炒软的洋葱、扁叶欧芹、切碎的香薄荷、四香料、野兔血1茶匙、适量盐与胡椒，混合后放入冰箱冷藏。用热水浸一下刀，纵向切开鸭肝并挑除血管。

兔内填料
把馅料填满兔胸至兔腿的空间。沿着开口长度放置一片鸭肝、一排松露片、第二片鸭肝，再盖上一层内馅。拉起肚子上开口两侧，从大腿内侧较坚实处开始用包缝法缝合，把开口牢牢缝紧。把前脚与后脚收入下方，用厨用棉绳捆紧，让兔子保持这个姿势。

腌渍兔肉
洋葱、胡萝卜、红葱去皮，西洋芹去粗丝切成小丁。大蒜去皮切半并去除芽心，用一小块纱布包起来。小火慢炒洋葱和红葱直到出汁，加入胡萝卜和西洋芹。倒入红酒与雅马邑白兰地煮沸，点火让酒精燃烧5分钟，放凉后再放入兔子腌8小时。腌好的兔子沥干，再次涂抹腌酱，烤箱180℃烤12小时，静置待凉。

制作酱汁
萃取骨架的汁液和烤兔肉的肉汁，收汁到微呈浓稠。取2汤匙，加糖不加水熬成焦糖，一变色就加入香菜籽、杜松子、柠檬皮与柳橙皮，然后倒入先前酱汁，用以熔化锅底的焦糖浆。再加入兔血2汤匙，加热保持微滚而不沸腾，直到变稠。

烹调配料
用滚水煮中宽面2~3分钟，沥干后拌一点黄油，盛盘。或把根芹菜削成宽条状，滚水煮几分钟后起锅，搭配皇家酒焖兔肉一起食用。

皇室风格？

这道菜的名称是怎么来的？几种说法曾引起激烈笔战。据说路易十四随着年纪增长，牙都要掉光了，只能用汤匙进食，皇室大厨创造出这道入口即化的菜肴，讨国王欢欣。也有人说是因为兔耳煮熟后，形状看起来像皇冠，才在菜名加上“皇家”。还有人说这道菜是卡贝萨勒炖野兔（lièvre en cabessal）*的现代版，出炉时的形状让人联想到皇冠。

* cabessal在方言中指抹布或餐巾。制作这道炖兔肉时，会把兔子的前脚与后脚向腹部收起捆绑，以前人觉得形状类似“拧扭的布”。——译注

两派之争

阿西斯堤德·库托

（Aristide Couteaux，1835—1906）

记者、议员，外号“贾奇禄”（Jacquillou）。

认定发源地：普瓦图

做法：整只野兔放在大蒜和红葱糊里煮，煮熟后撕碎（原食谱用红葱60颗、大蒜40瓣和香贝丹特级葡萄酒2瓶）。

吃法：用汤匙吃，因为质地极为软嫩，近似油封，几乎入口即融，让人联想到热乎乎的熟肉抹酱。

拥护者：卢布松、博古斯、阿兰·佩故黑（Alain Pégouret）、帕斯卡尔勒·巴尔波（Pascal Barbot）、特希克·塔内西（Patrick Tanésy）

安东尼·卡汉姆

（Antonin Carême，1784—1833）

厨师、糕点师，法国第一位“主厨”。

认定发源地：佩里格

做法：野兔去骨后塞入用肥肝和新鲜松露制作的内馅。

吃法：切片品尝，肉质与库托派有所不同，软嫩度介于红酒炖牛肉和陶罐炖兔肉之间。

拥护者：埃斯科菲耶、亚兰·桑德杭、艾瑞克·费相（Eric Fréchon）、朱利昂·杜玛（Julien Dumas）、鲁道夫·帕昆（Rodolphe Paquin）、贝尔通·给恩洪（Bertrand Guéneron）

这道食谱不仅是美食界里程碑，也是法国传统料理中少数能引起美食家大战的一道佳肴。

莴苣与菊苣

撰文：詹维耶·马提亚斯

只要讲到“沙拉”，就一定会想到莴苣与菊苣。
不过这两种菜一甜一苦，让我们来比较一下吧。

莴苣与菊苣的族谱

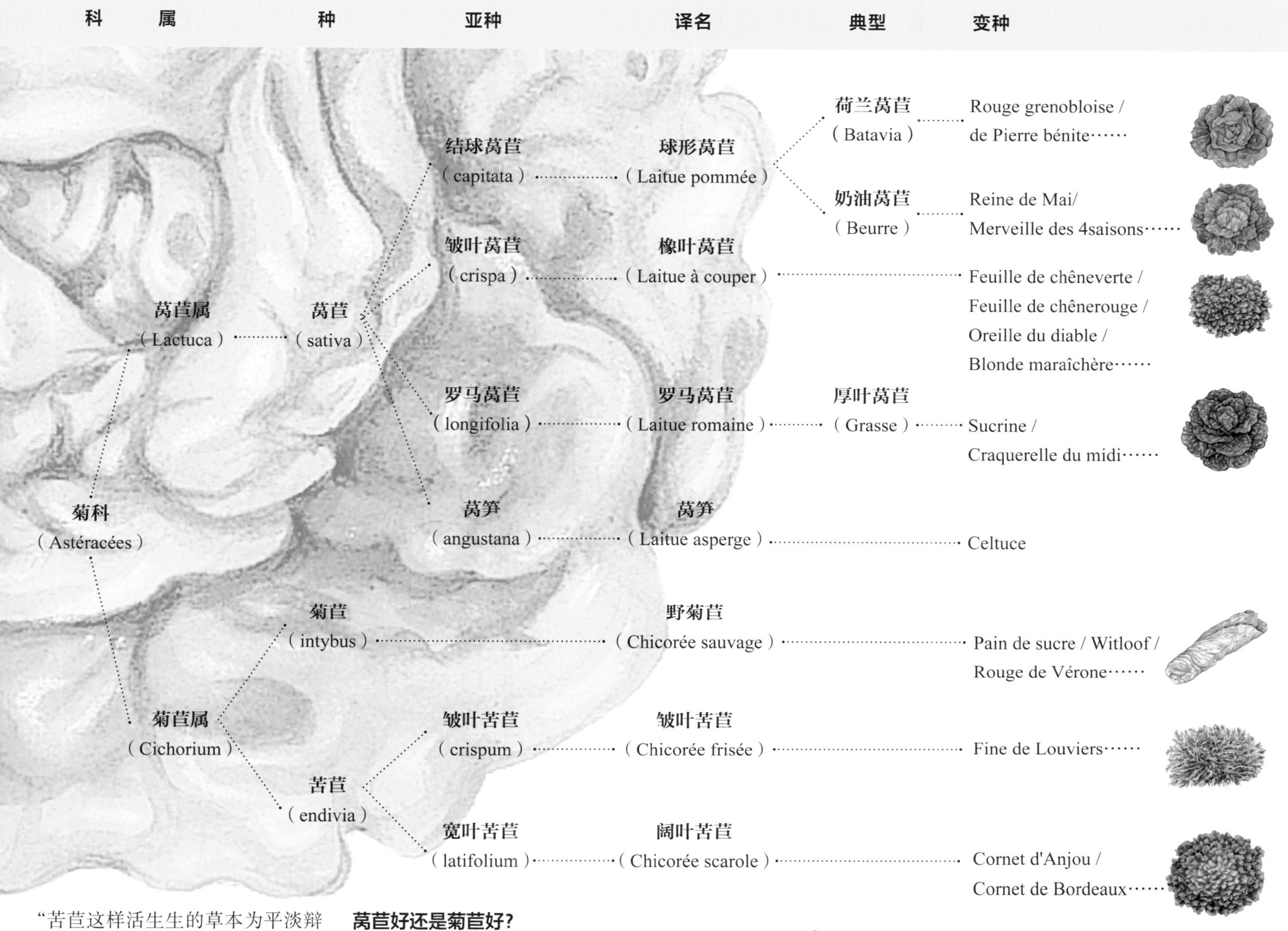

“苦苣这样活生生的草本为平淡辩护，苦苣是人类的敌人，因为苦苣以和缓的狂暴使人类保持在平庸的阶级；苦苣就像是一场梦，才开始就醒了的梦，如同骑脚踏车时夹裤脚防脏的夹子。”*

——皮耶·狄波吉，《精英与特权者超模糊用语字典》（*Dictionnaire superflu à l'usagede l'élite et des biens nantis*）

同场加映
法国各地沙拉大不同！
（第 106 页）

莴苣好还是菊苣好？

一个甜美，另一个总是带点苦味；一个完全融于口中、根本不用出任何力气，另一个似乎总在防卫、在饕客唇齿间做无谓的抵抗。你觉得哪一个更受到大众青睐？当然是莴苣！不过，人们可是铆足了劲为菊苣带来一丝甜蜜，甚至还用烫煮法煮上几天，才把这甜蜜滋味端上桌。菊苣从此被钟形罩笼盖、不见光明，又或是叶片被相互捆绑，以阻绝光合作用，失去了叶绿素，只为增添温和口感。唯用一丝若有似无的苦味提醒我们，它的确还是菊苣。

*出自法国幽默大师，他用平淡无奇的苦苣讽刺人们比苦苣更笨、更无聊。——译注

像安茹人一样卷毛的菊苣

冬天里想准备均衡的一餐？简单，选几颗质地柔软的马铃薯，在煮马铃薯的同时清洗菊苣，起锅炒一点培根，再加点洋葱丝一起炒。把煮熟的马铃薯用叉子碾碎，做成颗粒感的马铃薯泥，拌入培根炒洋葱。菊苣叶铺在盘子上，淋上用苹果酒醋做成的油醋汁，趁温热倒上培根洋葱马铃薯泥享用。

大肚子上餐桌

撰文：瓦伦提娜·屋达

爱吃的法国人对猪肚、牛肚、小牛肚、羊肚的贪念到现在从来都没停过。
更棒的是，在法国还有风干、烟熏、塞馅等料理法，每个地区都有一套“填满肚子”的方法。

镶猪肚（maocho）

种类：猪
地区：阿尔代什
材料：羽衣甘蓝、香肠肉馅、猪五花、猪膘、洋葱、红葱、马铃薯和李子干。所有材料塞进猪肚，小心缝合后包裹干净的布，放入微滚的水中煮至少四小时。
变化：塞猪肚（pouytrolle），用菠菜或君达菜取代羽衣甘蓝和李子干。
饱足感：5/5（还好没有额外的配菜），口感平衡，咸甜味美。

猪胃镶肉（gefilltersäumawe）

种类：猪、小牛或羊
地区：阿尔萨斯
材料：胃里填入肩胛肉、猪咽喉肉、洋葱、鸡蛋、欧芹、墨角兰、猪油、肉豆蔻粉、胡萝卜、韭葱、卷心菜、马铃薯……就这样，没有其他材料了！
变化：迁居阿尔萨斯的犹太人改用蔬菜、洋葱、欧芹碎末、无酵薄饼和姜，让这道菜变成他们饮食中不可或缺的一品。
饱足感：5/5，滋味浓郁，让人精力充沛。

伯那西内脏肠（andouille béarnaise）

种类：猪
地区：贝亚恩
材料：猪肚刮除脂肪并调味，风干数月。传统做法会把猪肚置于谷仓，到来年的宰猪季节食用。
饱足感：3/5。根据美食评论家库诺斯基所言，这“味美量十足”的内脏肠绝对独一无二，因为一只猪只拿来做一条内脏肠。

一袋白骨（sac d'os）

种类：猪
地区：洛泽尔省
材料：农民秉持绝不浪费的精神，留下肋排、肩肉、脊椎骨、胛骨及胸骨，加入猪皮、猪耳和猪尾，再

以大蒜、百里香和月桂叶调味，加盐防腐或风干保存。有时会加入著名的香肠杂菜锅（potée）一起煮。
变化：在阿韦龙省称为pastre，在康塔尔省则称louschadoche。
饱足感：3/5。不管怎么说，猪骨加猪皮吃起来还是很撑！

内脏肉肠（gandeuillot）

种类：猪
地区：法兰琪康堤大区
材料：这道有点像是结合香肠与内脏肠，做法是在猪大肠里塞满猪肉和猪肚，浇上樱桃白兰地，再烧柴烟熏制成。原文名称中的“gant”（手套）取自饱满的大肠，因为看起来就像一只连指手套；“deuille”（地下涌出的水）则来自石砌喷泉，那是从前清洗猪肠衣的地方，与内脏肠（andouille）的字源相同。
饱足感：3/5，最适合冬夜在火炉边吃的一道佳肴。

杂碎锅（manouls）

种类：羊
地区：洛泽尔省
材料：在胃袋里填满切碎的内脏和羊肚、小牛肠和咸猪五花，和插了丁香的洋葱、胡萝卜、火腿骨、白酒、综合香草束浸在炖锅里煮七个小时。
变化：米约（Millau）的羊瘤胃包火腿（trenèl）、热尔扎（Gerzat）的羊瘤胃包杂碎（pansette）。
饱足感：5/5。早餐坚持吃可颂的人最好别来洛泽尔省冒险，因为这里都是吃杂碎锅配咖啡的。

羊肠肉卷（falett）

种类：羊
地区：阿韦龙省
材料：羊瘤胃、香肠肉馅、白火腿丁、小牛瘦肉、君达菜、欧芹、鸡蛋和浸过牛奶的白面包。
饱足感：4/5，肉与蔬菜的口感平衡，非常柔软。

小牛肉卷（lou piech）

种类：小牛
地区：滨海阿尔卑斯省（芒通与尼斯一带）
材料：将小牛胸前肉去骨做成“袋子”，填入君达菜、米饭、鸡蛋、帕马森奶酪、大蒜和欧芹碎末当馅料。填好馅后在中央加入两颗水煮蛋，切开来时可以呈现美丽的切片。肉卷放在深锅里，以微滚的水煮1小时，开始煮30分钟后加入胡萝卜、韭葱、马铃薯和西洋芹。
饱足感：4/5。小牛肉卷通常冷食，这样才能一次享受米饭、君达菜与肉的美妙滋味。

炖牛肚卷（tripoux）

种类：小牛和羊
地区：康塔尔省和阿韦龙省
材料：羊瘤胃切成边长15厘米的正方形，接着缝合三边，填入小牛瘤胃、小牛内脏与肠膜（皆切成小丁）、绞碎的肥猪肉、火腿、大蒜和欧芹。开口缝合之后放入炖锅，加入猪皮、胡萝卜、洋葱、小牛蹄，倒入白酒和蔬菜汤淹过所有材料，用面团密封炖锅，焖烧6小时。
饱足感：4/5。这是阿韦龙省必吃美食，如果你还没尝过，可以到康塔尔省的蒂埃扎克翁卡拉戴（Thézac-en-Carladès）一探究竟，这里每年都会在“One Two Tripoux”庆典上颂扬这道特色料理。

猪肚杂碎（U ventru）

种类：猪

地区：科西嘉岛

材料：在猪胃里填入新鲜洋葱末、薄荷、卷心菜、莙荙菜、欧芹、猪油和猪血，依猪胃大小煮4~8小时不等。切片放在火上烤过，佐以马铃薯品尝。

饱足感：4/5，料多且扎实，香味十足。

小肚子（petits ventres）

种类：羔羊

地区：利摩日（Limoges）

材料：在羔羊的肚子里塞进羊脚。羊脚提前在加了香料的羔羊高汤里浸渍，煮熟后和胡萝卜与欧芹一起包进羔羊肚子里。当地的小肚子节（Frairie des Petits Ventres）就来自这个鲜为人知的传统食谱，于每年十月的第三个周五举行。

饱足感：3/5，吃肚子里的脚来填饱肚子！

*参考书目：

《法国料理文化遗产的发明——奥弗涅篇》（*L'Inventaire du patrimoine culinaire de la France, Auvergne*, 2011）

席维特·贝侯威廉斯（Sylvette Béraud-Williams），《阿尔代什农民料理》（*La Cuisine paysanne d'Ardèche*, 2004）

三个填饱肚子的好去处

➢ **巴宏肉铺（Boucherie Paran）**

这家店到现在仍会为客人制作一袋白骨。

地址：20, Grand-Rue, Saint-Albansur-Limagnole（洛泽尔省）

➢ **苏雄猪肉食品铺（Charcuterie Souchon）**

这家猪肉食品铺位于纳斯比纳勒（Nasbinals），他们在网上贩卖罐头装的一袋白骨，现在不用到洛泽尔省就能买到了！

网址：charcuteriedelaubrac.com

➢ **夏内雅克民宿（Auberge Chanéac）**

对镶猪肚的爱好者来说，是夏内雅克家族几代的努力，才将这道传统食谱延续下去。这间家族经营的民宿已经变成镶猪肚的代名词，而镶猪肚则是当地代表料理。

地址：Les Sagnes, Sagnes-et-Goudoulet（阿尔代什）

—夏内雅克的镶猪肚食谱—

准备时间：20分钟

烹调时间：3小时

分量：6人份

材料：

猪胃袋1个，去除脂肪并刮净内壁

羽衣甘蓝2千克

香肠肉馅600克

猪膘250克

新鲜五花肉400克，切丁

洋葱3大颗

大蒜3瓣

李子干300克

步骤：

- 将甘蓝、大蒜和洋葱切细碎，与切丁的新鲜五花肉、猪膘、香肠肉馅、李子干混合拌匀，塞进猪肚里并封口。
- 用干净的布包裹猪肚然后打结，放入温水细心慢煮3小时。注意过程中绝对不能让水烧滚起来！煮熟之后搭配蒸马铃薯享用。

* 尚法兰索瓦·夏内雅克（Jean-François Chanéac），夏内雅克民宿主厨。

法国制造

撰文：巴蒂斯特·皮耶给

看看手边优秀耐用的锅子和刀具，是否标着“法国制造”呢？

哈克雷烤奶酪器

品牌：Bron-Coucke
来自上萨瓦尔省，
1975年成立至今。

烤肉架

品牌：Invicta
来自阿登省，
1924年成立至今。

铜制果酱大盆

品牌：Atelierducuivre
来自芒什省，
1985年成立至今。

长柄平底锅

品牌：Sitram
来自安德尔-卢瓦尔省，
1960年成立至今。
品牌：Aubecq
来自加来海峡省，
1917年成立至今。

铸铁锅

品牌：Le Creuset
来自埃纳省，
1925年成立至今。

可丽饼煎盘

品牌：Émaillerie Normande
来自卡尔瓦多斯省，
1909年成立至今。

直立式蒸煮芦笋锅

品牌：Baumalu
来自下莱茵省，
1971年成立至今。

万用锅

品牌：Mauviel
来自芒什省，
1830年成立至今。

薯条油炸锅

品牌：SEB
创建于1857年的铜铁器具制造商，1944年由创建者孙子命名为S.E.B，共有九家工厂，分别在科多尔省（Côte d'or）、索恩卢瓦尔省、上比利牛斯省、马耶讷省（Mayenne）、厄尔省和伊泽尔省。

松饼机

品牌：Krampouz
来自菲尼斯泰尔省，
1949年成立至今。

横纹炙烤盘

品牌：Staub
来自上莱茵省，
1974年成立至今，
2008年被德国双立人集团（Zwilling）收购。

蔬菜切片器

品牌：De Buyer
来自孚日省，1830年

甜面包烤模

品牌：Gobel
来自安德尔-卢瓦尔省（Indre-et-Loire），1887年成立至今。

手摇蔬菜研磨器

品牌：Tellier来自瓦兹河谷省，1947年成立至今。

面包烤模

品牌：Émile Henry
来自索恩-卢瓦尔省（Saône-et-Loire），
1850年成立至今。

黑胡椒研磨器

品牌：Marlux
来自塞纳-马恩-圣德尼省（Seinee-Saint-Denis），1875年成立至今。
品牌：Peugeot
来自杜省坎热（Quingey），
1840年成立至今。

网格蔬菜吊篮

品牌：Combrichon
来自安河特雷武（Trévoux），
1945年成立至今。

直立式系统瓦斯炉加烤箱

品牌：La Cornue
来自瓦兹河谷省圣旺（Saint-Ouen），
1908年成立至今。
品牌：Lacanche
来自科多尔省，
1982年成立至今。

高温煎烤铁盘

品牌：Eno
来自德塞夫勒省，
1909年成立至今。

不锈钢烘烤盘

品牌：Matfer Bourgeat
来自奥恩省，
1814年成立至今。

塔吉锅

品牌：Appolia
来自莫尔比昂省，
1930年成立至今。

平底锅

品牌：Tefal
来自上萨瓦尔省，1956年成立至今，1968年被赛博（SEB）收购。
品牌：Crafond
来自上莱茵省，
1948年成立至今。

彩陶餐具

品牌：Nature Utile
来自上阿尔卑斯省，
2003年成立至今。

自动料理机

品牌：Moulinex
来自马耶讷省，
1937年成立，2001年由赛博代理其品牌。

轮转式香肠热狗机

品牌：Le Marquier
来自朗德省（Landes），
1971年成立至今。

双耳大汤盅

品牌：Revol
来自德龙省，
1789年成立至今。

炒锅

品牌：Cristel，原品牌为Japy，1983年由该公司员工接手。来自杜省，1983年成立至今。

同场加映
昔日法国各省的手工小刀（第196页）

美丽的番茄

撰文：玛丽埃勒·高德里

番茄身为蔬菜中的水果之王，有如糖苹果的外表，因各种优点而红遍半边天，而且不限于意大利！

番茄小历史

12世纪：人们在秘鲁境内的安第斯山脉发现野生番茄，后来传入墨西哥。

1521年：埃尔南·科尔特斯（Hernán Cortés）在墨西哥发现番茄，随后引进西班牙（1523年）与意大利（1544年）。

1600年：法国农学家奥利维耶·德塞赫（Olivier de Serres）在阿尔代什的领土上耕种，并把番茄归类为观赏植物。直到18世纪中期，番茄才被用在普罗旺斯料理中，做法由意大利传入。

1790年：在联盟节（当时的法国国庆）期间，普罗旺斯人北上巴黎，不管到哪间餐厅都要求要吃番茄。当时位于皇宫花园街区的两间南方菜餐厅——普罗旺斯三兄弟（Trois Frères Provençaux）和时髦牛肉（Bœuf à la Mode）提供了番茄做成的菜肴，之后逐渐变得普及。

丹妮丝·索林耶高帝的番茄镶肉

番茄有“金苹果”的美称。
普罗旺斯传统的番茄镶肉食谱，让每个家中的厨房香气四溢。

准备时间：30分钟
烹煮时间：50分钟
分量：6人份

材料：
可用来镶肉的圆番茄6颗
剩肉（炖肉锅、鸡肉、烤猪肉）600克
或牛肉400克+猪肩胛肉200克
长棍面包1/3条，或白吐司4片
鸡蛋1颗
牛奶200毫升
大蒜1瓣
红葱1颗
扁叶欧芹6枝
鸡高汤100毫升
橄榄油2汤匙
盐、胡椒

步骤：
- 烤箱预热至200℃。番茄洗净擦干，顶端横切开，挖出果肉备用，顶端也留下来当盖子。
- 在番茄挖空处加盐，然后倒置在吸水纸巾上。面包剥掉脆皮（吐司切边），切成小块浸入牛奶中。大蒜和洋葱去皮，欧芹摘下叶子。
- 把肉、沥干的面包、鸡蛋、大蒜、红葱和欧芹叶一起绞碎，加盐与胡椒调味。
- 把肉馅填入番茄中，盖上顶端，放到烤盘上。把刚刚留下的果肉切成小块，均匀铺在四周，浇上高汤和橄榄油，进烤箱烤50分钟。

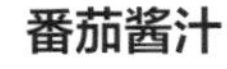

番茄酱汁

成熟饱满的番茄3千克
容量500毫升的大口径玻璃罐3个

小贴士：番茄不用去皮也不用加盐

保存：放在无光照射的阴凉处，可保存数月至一年。

超简单做法：番茄去蒂后横切成下上两半，分别放入两个炖锅，加冷水盖过番茄，开火煮到大滚后续滚5分钟。取出番茄沥干，放入食物调理机打碎，将做好的酱汁倒入干净的玻璃罐中。

油渍番茄

成熟饱满的番茄12颗

小贴士：番茄要先去皮。番茄用刀尖划十字，放入滚水快速浸泡（不超过10秒），捞起放入冰水泡一下，即可轻松剥去外皮，切掉蒂头。

保存：浸在橄榄油中，装在玻璃罐里，置于厨物柜内避光可保存一年。

超简单做法：番茄纵切成两半后去籽。将烤盘刷上油，放上番茄并撒上粗盐2撮和糖10克。用手掌压碎大蒜6瓣，均匀铺在番茄之间，撒一点百里香并倒一点橄榄油，入烤箱以80℃烤3小时，烘烤期间要翻面两次。

法国的古老番茄品种

狐狸堡早熟扁番茄（plate précoce de châteaurenard）：又叫“大红番茄”，来自普罗旺斯的变种，颜色鲜红，形状宽扁，6月中旬成熟。

翁贝国王番茄（ro-humbert）：普罗旺斯的卵形小番茄，重约30克，多用于制作酱汁。

马尔芒德番茄（marmande）：颜色艳红，形状扁圆，略带棱纹。这个品种于1863年出现在洛特加龙省（Lot-et-Garonne）。与番茄同名的马尔芒德市每年都以番茄为主题举办庆典，他们正朝着获得质量认证而努力。

“番茄成熟的果实红得美丽，内含细致果肉，清爽多汁，在汤品和各式杂烩中的煮熟番茄带有微酸的浓郁滋味，极为宜人。在西班牙和南部地区普遍以上述方式食用番茄，在这些地方从没发现番茄有任何不好的影响。”

——狄德罗（Diderot），《百科全书》（*L'Encyclopédie*）

丹妮丝·索林耶高帝的普罗旺斯番茄

以前在普罗旺斯小镇，大家会到面包坊借烤箱做油封番茄。
以下是现代版做法。

准备时间：20分钟
烹煮时间：40分钟
分量：4人份

材料：
圆番茄6颗
面包粉
大蒜2瓣
欧芹1/2把
糖1撮
橄榄油50毫升
盐、胡椒

步骤：
- 烤箱预热至180℃。欧芹和大蒜剁碎，混合备用。番茄对切后并排入焗烤盘内，撒上盐、胡椒和糖调味。
- 把欧芹和大蒜末加面包粉均匀铺在番茄上，淋上橄榄油，进烤箱烤40分钟，烤到表面金黄为止。出炉后尽快享用。
- “遗忘式番茄”：想要让番茄更香甜软嫩，可以多烤20分钟，关火后把烤好的番茄“忘”在烤箱里，让番茄浸在烤出的汁液中。这样吃起来更是极大享受！

贾桂琳·邦其的番茄酱汁

科西嘉岛盛产番茄，
我们尝过最棒的番茄酱汁来自巴斯蒂亚的邦其奶奶，
用菜园里吸收满满阳光的番茄做成。这款酱汁也很适合做意大利面。

准备时间：30分钟
烹煮时间：1小时
分量：一大罐番茄酱汁

材料：

熟透的番茄2千克
（马尔芒德或牛心番茄）
白洋葱3颗
月桂叶2片
罗勒4~5把
大蒜3瓣
盐1大撮、糖1大匙
墨角兰1撮（非必要）

步骤：

煮第一次

- 在厚底炖锅里加一点水，番茄和洋葱切薄片后放入锅中，再加入月桂叶与墨角兰、盐、糖。盖上锅盖，用小火煮至大滚并持续煮半小时，番茄应该要保留鲜红的色彩。
- 待稍凉后取出香料叶片，把煮软的番茄洋葱倒进压泥器，保留汁液及炖锅中残留的番茄“红水”备用。若完成的酱汁太浓稠可用来稀释。

续煮

- 因为酱汁分量较多，要重复几次步骤才能煮出均匀质地。
- 白洋葱1颗切细丝，用少许橄榄油小火炒到微微金黄上色。取1/4刚刚煮出的番茄酱汁，一点一点加入锅中，并转成大火烹煮。
- 加盐和胡椒调味，再加入切成末的大蒜和罗勒，盖上锅盖，转小火炖煮20~30分钟，等到橄榄油浮上表面，看起来均匀顺滑且呈鲜红色就可以了。重复续煮的程序以完成番茄酱汁。

丹妮丝．索林耶高帝的番茄派

在20世纪80年代，（几乎）每位妈妈都烤过这个夏天吃的派，
简单好做而且绝不失败。

准备时间：10分钟
烹煮时间：25分钟
分量：6人份

材料：

酥皮面团（pâte brisée）1张
多肉番茄（牛心番茄）3颗
鸡蛋1颗
液体法式酸奶油150毫升
第戎浓味芥末酱满满1汤匙
埃曼塔奶酪丝70克
盐、胡椒

步骤：

- 烤箱预热至180℃。将酥皮铺进烤模，用小刷子均匀刷上芥末酱，撒一半分量的奶酪丝。
- 番茄切成厚度0.5厘米的圆片，铺在酥皮上，边缘稍稍重叠，撒上盐和胡椒调味。
- 在大碗里打蛋并混入法式酸奶油，加少许的盐和胡椒后倒入模具中。撒上另一半奶酪丝，进烤箱烤大约25分钟。取出后趁微温时佐芝麻菜沙拉享用。

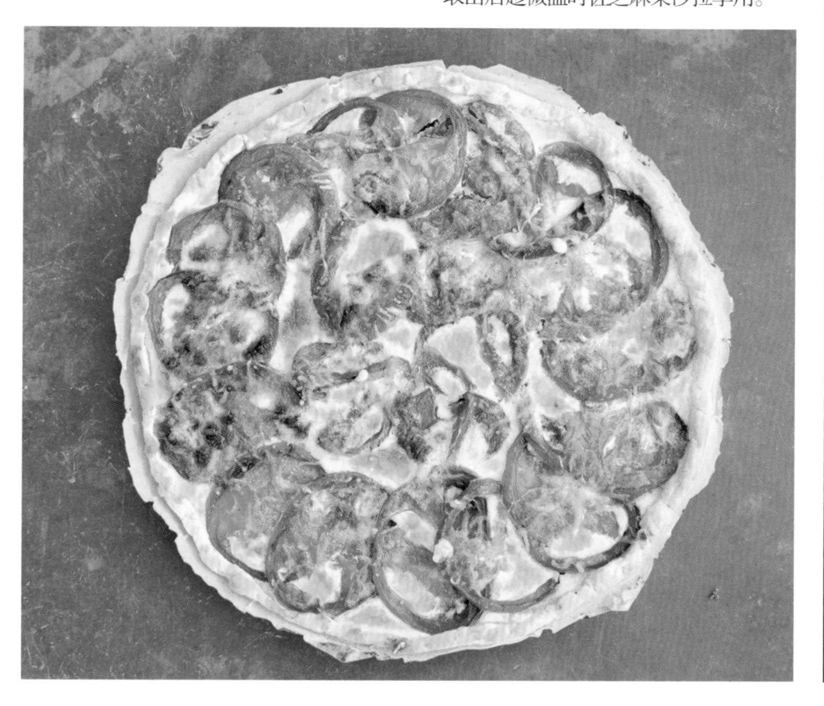

寻觅油脂

撰文：费德里克·拉里巴哈克里欧里

你还以为法国北方只用黄油煮菜，南方只用橄榄油吗？

农民时代（20世纪60年代以前）

- 奶油占地理优势及社会主导地位。
- 山间地区多使用猪油，阿尔萨斯和西南大区使用鸭油与鹅油，诺尔省则用牛脂或黄油。
- 法国南部近地中海有橄榄油、核桃油，还有早已被遗忘的山毛榉坚果油（faîne）。这种油在当时很普遍，到20世纪50年代末就消失了。
- 于1869年发明人造黄油，又被叫作“穷人黄油”。

农业劳动生产（1960—1990）

菜籽油、葵花油（法国新种植作物）与花生油（来自前殖民地）逐渐普及。20世纪60年代要求卫生制度、现代化与生产主义的结果，让这些中性口味的新油品兴起，取代味道浓厚粗糙的传统植物油。

油脂回归（20世纪90年代至今）

- 几乎消失的牛脂与猪油被应用于文化遗产的料理（例如诺尔省的炸薯条）。
- 法国与地中海饮食的“好油”受到赞扬，橄榄油盛行。人们开始认为鸭油是好油，但实际会用鸭油的还是少数。
- 出现各种高级植物油（核桃油、榛果油、南瓜子油、葡萄籽油）和被遗忘的油，像是亚麻籽油。
- 黄油始终如一，在料理用的各种油脂维持冠军地位。人造黄油也脱颖而出，这里说的是以低脂和抗胆固醇的植物油制成的人造黄油。

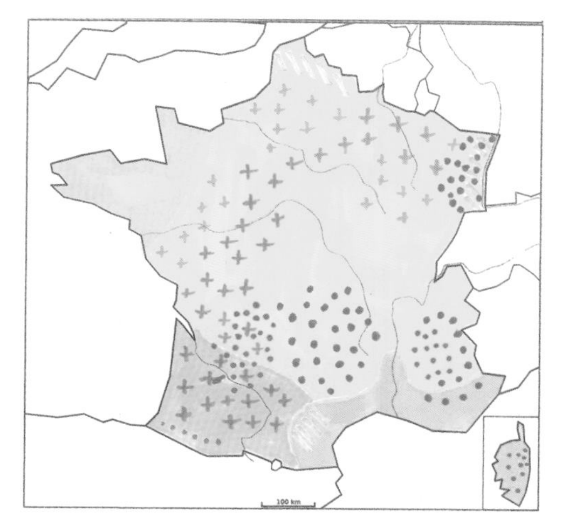

油腻菜肴比一比

猪颊腊肉／科西嘉岛：类似西南大区的猪腹肉，只不过瘦肉消失了！
油脂等级：10/10

猪油渣／里昂、都兰与夏朗德：猪或鸭剩下的肥肉拿去炸成油腻腻的油渣！
油脂等级：10/10

诺曼底油汤／科唐坦半岛（Cotentin）：马铃薯、洋葱和蔬菜熬煮成浓汤，再用满满一汤勺牛脂勾芡。
油脂等级：9/10

圃鹀／西南大区：用肥猪肉包住小鸟，或在鸟肚填入肥肝和骨髓当内馅。
油脂等级：8/10

卡酥来／西南大区：集油腻之大成，包含油封家禽肉与油封猪肉。
油脂等级：7/10

卢布松的马铃薯泥／巴黎：马铃薯1千克加黄油250克。有美食家认为其黄油含量比官方说法更多。
油脂等级：7/10

焦糖奶油酥（kouign-amann）／布列塔尼：加了糖的黄油或加了黄油的糖馅，全包进做面包用的千层酥皮。
油脂等级：7/10

奶酪：极精妙的发明，可保存高达40%的脂肪与蛋白质。
油脂等级：6/10

油甜饼（bugnes）：这些油炸面团会成为嘉年华的主角不是没有原因！
油脂等级：5/10

费劲擀出好吃千层酥

撰文：玛莉罗尔·弗雷歇

想做出质地轻盈的千层酥皮，技巧非常重要，严谨的折叠方式才能擀出美味的面团。

千层酥皮的起源

千层酥皮源于希腊拜占庭文化，从古希腊罗马时期就有人制作，在层层叠起的面团内包入食用油脂，然后将面团一点点拉长。法国在中世纪时出现了千层蛋糕，拉伯雷（Rabelais）在1552年出版的《巨人传》中就有提到。

千层酥皮面团的发明

我们不知道是谁发明了这种夹了黄油的面团，经过连续折叠的手法，烤熟之后就会形成层层酥皮。有人说这都要归功于画家克罗德·热莱（Claude Gellée，1600—1682），他在开始绘画生涯之前，曾跟在糕点师傅身边当学徒。据说他在做面团时常忘记加黄油，所以后来才把黄油包进面团里折叠好几次。这个折叠做法第一次出现在《法国糕点》（*Le Pâtissier français*，1653）中，拉瓦汉建议使用这种面团做圆馅饼和肉酱，而面团一般是由糕点师制作。安东尼·卡汉姆在19世纪改良了酥皮面团的食谱，他甚至还制定了面团折叠的规矩。

制作技巧

这种面团的特殊之处在于混合奶油的方式。

千层酥皮面团由两种特定材料组成：
基础面团：水＋面粉＋盐＋黄油（可省略）
油脂成分：黄油，或黄油＋面粉（反转千层酥皮）

传统千层酥皮面团

以基础面团包覆黄油，"基础三折"（tour simple）折叠五到六次，或"基础双折"（tourdouble）折叠四次。
基础面团：面粉500克＋水250克＋黄油375克＋盐10克
折叠面团使用奶油：500克。

反转千层酥皮

将基础面团包覆在黄油面团里（黄油＋面粉），然后折叠五次。
基础面团：面粉350克＋水175克＋盐15克
黄油面团：面粉15克＋黄油400克
跟传统做法相比，反转千层酥皮更轻盈酥脆。

千层式发酵面团

这种基础面团包含了商业酵母、牛奶、油脂，依据用途还可加入鸡蛋。通常用于制作维也纳式甜酥面包、可颂面包、巧克力面包和酥皮布里欧修，一般折叠三次。

绝不失手的小秘诀

- 准备含脂量84%的专用黄油，或普瓦图夏朗德（Charentes-Poitou）原产地命名保护（AOP）的黄油，这种黄油含水量较低。
- 使用麸质含量高的面粉：低筋面粉（T45）或精白面粉（gruau）。
- 在基础面团里加入一汤匙白醋，可减缓面团氧化，强化麸质结构。
- 在固定温度下操作及使用所有材料。
- 每折叠一次就把面团进放冰箱静置一小时。

为什么会有"千层"？

在烘焙过程中，面团中的水分会变成水蒸气并试图挥发。然而在挥发途径中会遇上黄油形成的层层关卡，无法找到出路。各层面团中的水蒸气会不断向上施加压力，每一层分别膨胀开后，就呈现出千层的结构。

折叠步骤

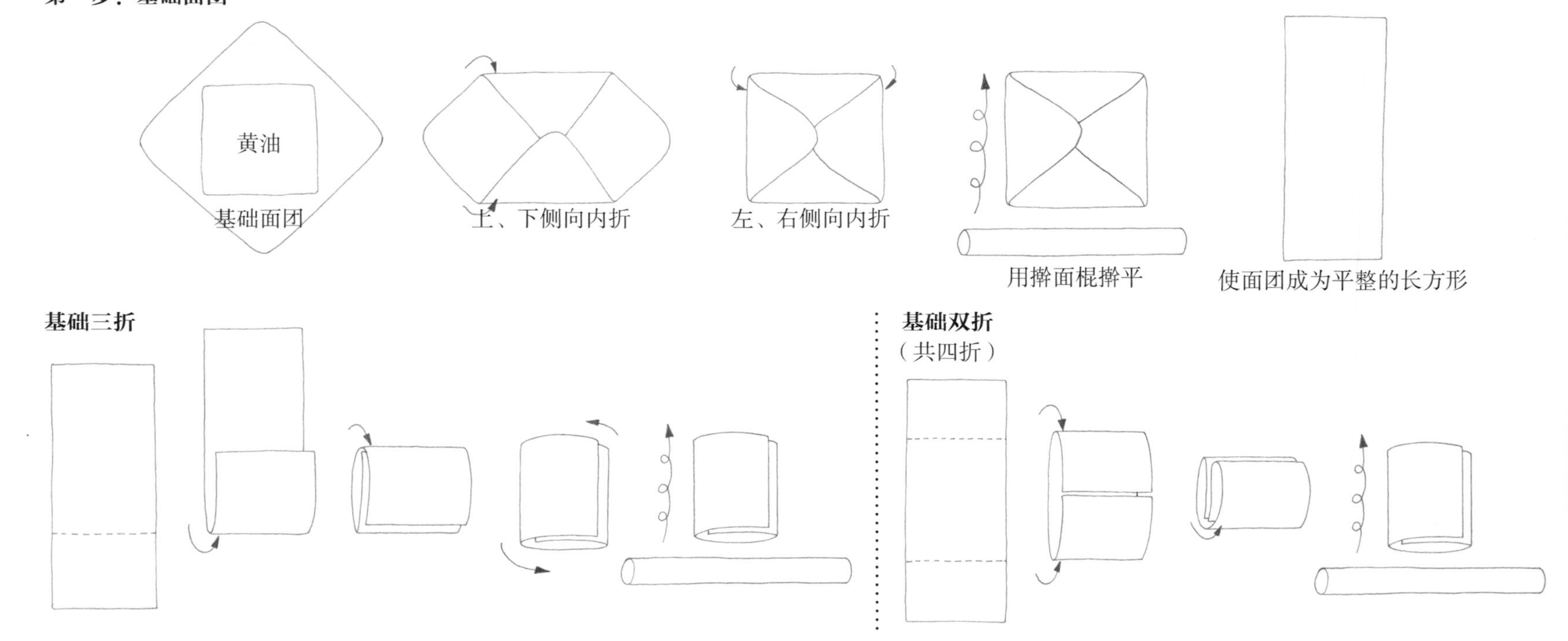

法式千层酥

准备时间： 45分钟
烹煮时间： 25分钟
静置时间： 2小时
分量： 一份10厘米×40厘米的千层酥

材料：

反转千层酥皮面团400克

卡士达酱

蛋黄120克（约6颗蛋）
全脂牛奶500毫升
细砂糖150克
Maïzena®玉米粉50克
香草荚1枝

白色镜面糖霜

蛋白1颗
糖粉100克

装饰

黑巧克力50克

步骤：

卡士达酱

- 刮下香草籽，和香草荚一起放入牛奶中，开中火煮滚后熄火静置10分钟，让香草与牛奶充分融合。
- 挑掉香草荚。拿个大碗，加入蛋黄、细砂糖和玉米粉，快速搅拌但不要让混合液变色。再次煮滚带香草牛奶，一边过筛一边慢慢倒进蛋黄混合液，同时搅拌均匀。
- 把碗中所有材料倒入长柄锅，开大火加热，一边快速搅拌，直到酱汁变浓稠为止。
- 锅子离火，将煮好的卡士达酱倒进容器里，用保鲜膜包紧以避免酱汁表面变硬，包好后进冷藏备用。
- 把面团擀成厚度2毫米的面皮，放入冰箱静置30分钟。把面皮裁成3块10厘米×40厘米的长方形，放在铺了烘焙纸的烤盘上，均匀撒上砂糖，然后再放上一张烘焙纸与烤架重压。
- 送入180℃的烤箱20~25分钟。取出烤盘，让烤熟的长方形酥皮在烤架上完全凉透。

白色镜面糖霜

- 在大碗中倒入糖粉，再加入蛋白，搅拌混合到质地均匀不黏稠。

组合

- 从冰箱里拿出卡士达酱，用打蛋器快速搅拌让卡士达酱软化，填入挤花袋。
- 在一张烤好的酥皮上挤上卡士达酱，从上到下沿着边长挤满整张酥皮。放上第二张酥皮，重复上述动作，然后再放上第三张酥皮。
- 在酥皮表面淋上镜面糖霜，利用刮刀整平。熔化巧克力，倒入用烘焙纸做成的三角锥形袋。袋尖处剪开，由左至右在糖霜上挤出平行的巧克力线，然后用刀尖轻轻垂直拨过线条。把成品放入冰箱冷藏，要品尝时再拿出。

你知道吗？

想知道千层酥皮里到底有几层，可用以下公式计算：

黄油层：b =（p + 1）n

酥皮层：f =（b + 1）6

p代表的是折子的数量，n代表的是面团折叠的次数。

如果参考经典食谱，做出来的千层酥皮有几层？

每次折叠三折，共折叠六次，可得到：

b =（2 + 1）6

算下来等于729层黄油与730层酥皮。

千层酥皮家族

料理类

干酪条

细条状的千层酥皮里有奶酪夹心，可以当作开胃菜。

皇后酥（Bouchée à la reine）

一人份的猪肉馅饼，饼皮里塞入小牛胸腺、家禽肉、炒蘑菇，裹上至尊白酱（sauce suprême）。灵感来自路易十五的王后玛丽·莱什琴斯卡（Marie Leczinska），想透过一些能刺激性欲的食物唤回出轨另一半的热情。

芙利安咸馅饼（Friand）

两片千层酥皮内夹香肠肉馅，或奶酪与其他材料混合的浓稠内馅。

新月酥饼（Fleuron）

千层酥皮裁切成半月形，用于餐点装饰。

黑松露酥皮浓汤（Soupe VGE）

保罗·博古斯为致敬法国总统季斯卡，在1975年发明了这款汤品。汤盅上用薄千层酥皮封口烘烤，食用前先敲破酥皮。

千层酥皮馅饼（Vol-au-vent）

卡汉姆发明的猪肉馅饼，内有酱汁肉馅。根据埃斯科菲耶的说法，传统馅料为"公鸡肉冠和腰子、家禽肉肠、蘑菇、黑松露、橄榄，并加入马德拉酒做成的酱汁，使所有材料呈稠糊状"。

糕点类

圆圈千层薄饼（Arlette）

千层酥皮卷成一卷，再切成薄片制成焦糖酥饼，由达洛悠甜点店（Dalloyau）发明，其法语名称取自店里包装这种酥饼的店员名字。

尚皮尼蛋糕（Champigny）

用千层酥皮做成的方形蛋糕，内含杏桃果酱。

苹果修颂
（Chausson aux pommes）

薄千层酥皮中间夹烤苹果或苹果泥，经典款甜面包。

达图瓦千层酥（Dartois）

两片长方形薄酥皮组合而成，内含奶油馅或果酱。

杏仁奶油夹心塔
（Conversation）

用千层派皮做成的小圆塔，酥皮表面的横纹类似百叶窗，外裹皇家糖霜。这道甜点发明于18世纪，在德毕内夫人（Mme d'Epinay）的著作《与爱蜜莉对谈》（*Les Conversations d'Emilie*）出版之际诞生。

费雍汀千层酥（Feuillantine）

其名称来自巴黎费雍汀修道院，那里的修女会制作这道甜点。

妒忌（Jalousie）

千层酥皮做成的小蛋糕，酥皮表面的横纹让人联想到百叶窗，内含杏仁奶油酱，还有黑醋栗果冻或水果果冻。

耶稣派（Jésuite）

三角形的千层酥派，包裹杏仁奶油酱，表面再裹上一层皇家镜面糖霜。以前糖霜的颜色较暗，看起来就像耶稣会修士的帽子。

法式千层酥

拉瓦汉首先于17世纪描述了这道甜点："薄千层酥和卡士达夹心，表面涂上糖霜，挤上巧克力酱装饰，加起来共有2,190层酥皮。"

米利顿塔（Mirliton）

内馅含杏仁奶油酱，是鲁昂的传统甜点。

棕榈叶酥饼（蝴蝶酥）

酥皮卷成心形，裹上糖再烤，形状让人联想到棕榈叶。

皇冠杏仁千层派（Pithiviers）

这个派与卢瓦尔河畔的城市皮蒂维耶同名，是当地名产，边缘有月牙形的圆弧花纹。

爱之井（Puits d'amour）

将圆柱形的酥皮馅饼中间挖空，原是填入黑醋栗果酱，后来改用焦糖卡士达酱当内馅。

杏仁酥卷（Sacristain）

扭转的棒状千层酥皮面团，撒满杏仁碎片与糖，形状类似教堂司事的手杖。

前卫厨师暨美食作家

撰文：查尔斯·帕丁·欧古胡

爱德华·尼农
ÉDOUARD NINGON（1865—1934）

替达官显贵烹饪

1884

在巴黎金色之家餐厅（La Maison Dorée）接待**金融大亨罗斯柴尔德**（Rothschild）。

1890

在比利时的马西佛旅馆（Marivaux），以小珠鸡佐朝鲜蓟心与穆尔奈酱收服了**比利时国王利奥波德二世**（Léopold II）的胃。

1892

移居奥地利，成为**皇帝弗兰茨·约瑟夫一世**（L'empereur François Joseph）的御厨，并改良法国都兰的地方菜布榭尔（beuchelle），将小牛胸腺与酸奶油佐蘑菇牛腰子呈现给皇帝。

1898

埃斯科菲耶在伦敦萨佛伊饭店（Savoy）担任主厨，他则任职于克拉提杰饭店（Claridge）。英国国王**爱德华七世**（Édouard VII）也是他的常客。

1900

掌管圣彼得堡冬宫的厨房，负责俄罗斯沙皇**尼古拉二世**（Nicolas II）的晚宴甚至在沙皇的要求下开了一间法式面包店。

1908

回到巴黎，买下罗许餐厅（Larue）。餐厅立刻成为上流社交圈的聚会所，**普鲁斯特**（Marcel Proust）、**阿纳托尔·法朗士**（Anatole France）、**埃德蒙·罗斯唐**（Edmond Rostand）、**尚·考克多**（Jean Cocteau）和**阿里斯蒂德·白瑞安**（Aristide Briand）皆为座上嘉宾。

1914

为法国外交部掌厨，负责接待结盟国的餐宴，后来还成为美国总统**伍德罗·威尔逊**（Woodrow Wilson）的专属主厨。

同场加映
腰子 VS 胸腺，谁比较牛？（第121页）

鲜为人所知的杰作！

爱德华·尼农是极为重要的美食作家，撰写了大量厨艺书籍。为了鼓励现代作家，还以他之名举办了烹饪诗文写作比赛。他自己也写了三本重要的美食文学：《餐桌上的愉悦》（*Plaisirs de la table*，1926）、《法式料理颂歌》（*Éloges de la cuisine française*，1933）、《谈美食》（*L'Heptaméron des gourmets*，1917）。其中最独特的一本《谈美食》，现在几乎已经找不到了。书中分成七个部分，描述理想的一周七天，分别由阿波利奈尔（Guillaume Apollinaire）、罗伦·塔亚德（Laurent Tailhade）及亨利·雷尼耶（Henri de Régnier）等文学名家来陈述，并附上一套午餐及一套晚餐的建议菜单。在书里有许多精彩片段，像是阿波利奈尔在第四天那一部分的序言里提到了裘瑟夫·梅希（Joseph Méry）所写下的关于马赛鱼汤的文字：

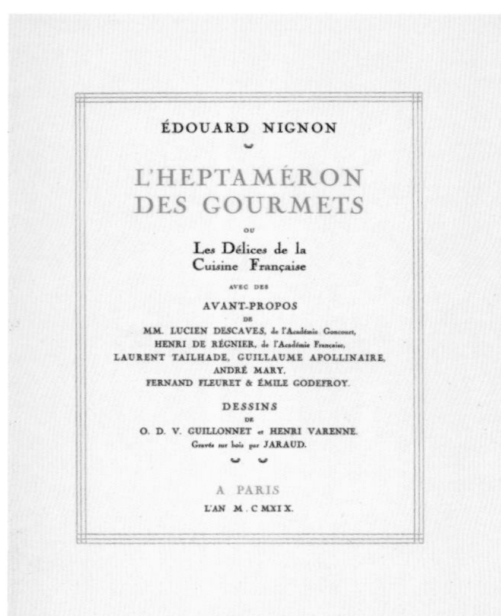

ÉDOUARD NIGNON

L'HEPTAMÉRON
DES GOURMETS

OU

Les Délices de la
Cuisine Française

AVEC DES

AVANT-PROPOS

DE

MM. LUCIEN DESCAVES, de l'Académie Goncourt,
HENRI DE RÉGNIER, de l'Académie Française,
LAURENT TAILHADE, GUILLAUME APOLLINAIRE,
ANDRÉ MARY,
FERNAND FLEURET & ÉMILE GODEFROY.

DESSINS

DE

O. D. V. GUILLONNET et HENRI VARENNE.
Gravés sur bois par JARAUD.

A PARIS
L'AN M. C MXIX.

冰隙滋养成长的鲉鱼
覆盖月桂叶与香桃木的雪特拉湾里
或是在满布百里香花的岩石前
带着香气来到宴席餐桌上
接着是在海湾里孕育的鱼类
在暗礁曲折处有美妙纵带羊鱼
细致的鲷鱼、芬芳的扇贝
来自海中的野味由贪婪的狼鱼接棒
最后是眼睛鼓凸的红体绿鳍鱼
和其他被鱼类学遗忘的鱼
极品鱼类在炙热天空的火焰下
由涅普顿精挑细选，用的是叉子而绝非三叉戟

爱德华·尼农与埃斯科菲耶属同一个年代，以烹饪手法革新料理界。身为苦味爱好者，他用苦苣、龙胆草或姜入菜。他替法国料理打开一扇世界的门，他的阿莫里肯式螯龙虾（homard à l'armoricaine）和改良式布榭尔（beuchelle，小牛胸腺和腰子与蘑菇拌炒），都在食谱中刻下属于他的时代。

茄子三明治

茄子6根去皮，在每根茄子上纵向划下四刀，下手不要太重，切勿把茄子切开。番茄切厚片夹进茄子的划痕，用棉绳在每根茄子上绕几圈。拿一口浅炖锅，放入茄子并加水淹没。用波尔多葡萄酒杯倒一杯上等橄榄油加入锅中，再加入1颗柠檬的鲜榨汁，以盐和胡椒调味，并加入一小撮红椒粉，小火煮至水收干，直到只剩下油为止。拿一个椭圆形浅口盆，拆下棉线后把茄子放进去，用刚刚煮茄子的酱汁做成油醋汁，倒入浅口盆中，再以柠檬汁、盐、胡椒调味。用塞维亚镶馅橄榄装饰浅口盆边缘，整盆放在碎冰上，上桌。

顾尔德式芦笋

挑选漂亮的白芦笋煮熟，沥干并擦干水分，裹以熔化的黄油，再用新鲜去边白吐司卷起煎烤，其间不时浇上熔化黄油。佐以伯那西酱食用。

尼农豌豆奶酱汤

取一口长柄锅，准备家禽煮成的白色高汤1升。混合蛋黄10颗和重乳脂鲜奶油300毫升，将蛋奶混合液倒入高汤中，开火慢熬至浓稠，像熬煮安格斯酱那样，用汤匙背面测试酱汁浓稠度。在恰到好处时将长柄锅移开炉火。新鲜豌豆500毫升用盐水煮熟、沥干后压成泥，然后把豌豆泥加入煮好的奶酱汤中稀释。用家禽煮成的白色高汤煮熟50克西米，奶酱汤上桌前加入煮好的西米。

*以上食谱均节录自爱德华·尼农的《谈美食》。

巴黎蘑菇

撰文：路易·毕安纳西

双孢蘑菇（*Agaricus bisporus*）是世界上栽种数量最多的菇类，在法国尤其以"巴黎蘑菇"（champignon de Paris）之名为人所知。这个名称诞生于19世纪，但其实很少有蘑菇在巴黎周边种植。

从"双孢蘑菇"变成"巴黎蘑菇"

16世纪末至17世纪初：户外种植蘑菇的技术已经纯熟，但直到17世纪中期，巴黎附近才开始产蘑菇。菜农发现作物堆肥上长满了蘑菇，并从中看见增加额外收入的可能性。

1670年左右：路易十四有一座"国王菜园"，菜园总管拉坎蒂尼（La Quintinie）在凡尔赛宫种植蘑菇。

18世纪：人们开始在地窖里种蘑菇，使蘑菇免受恶劣天气影响。

1810年左右：菜农襄伯熙（Chambry）是第一个想到在巴黎地下矿场种蘑菇营利的人。

19世纪前期：蘑菇大量入侵巴黎的地下区域，大约位于现在特罗卡德罗宫（palais du Trocadéro）的所在地。

19世纪中期：巴黎南泰尔（Nanterre）、圣德尼（Saint-Denis）、巴纽（Bagneux）、利夫里（Livry）、罗曼维尔（Romainville）、蒙特松（Montesson）、让蒂伊（Gentilly）、诺瓦西勒塞克（Noisy-le-Sec）等地的地下矿场都用来种蘑菇，1880年后的10年间有将近300个种植点。

19世纪末期：巴黎蘑菇征服了其他地区的地底，如昂古穆瓦（Angoumois）和两海之间（Entre-Deux-Mers），在卢瓦尔河谷地区的种植量尤其多，因为当地有石灰华矿场，为蘑菇提供了理想的生长环境。

如何种蘑菇？

- **阴暗**：温度保持在约13℃，湿度要高（85%~95%）。
- **堆肥**：混合马粪和稻秆（或麦秆），待其发酵腐烂。
- **地底播种**：以堆肥上的白蘑菇菌丝体（攀附在谷物上的菌丝体）播种。
- **覆土**：混合磨碎的石灰石和泥煤，在所有蘑菇上覆盖薄薄的一层。
- **覆土二到三周后**：蘑菇开始长大。
- **手采收成**：每天都要摘采，收成期会持续约六周。

蘑菇镶肉

由克里斯丁·康斯坦与伊夫·坎德伯撰写食谱，
节录自埃斯科菲耶的《我的菜肴》（*Lacuisine d'Auguste Escoffier*）。

分量：6人份

材料：

鲜美的巴黎蘑菇15颗
橄榄油
瘦肉培根（de lardons bien maigres coupés）150克，切丁
红葱3颗，剁碎
意式番茄酱（saucetomate）3汤匙
欧芹碎末
面包心2茶匙
面包粉1汤匙

步骤：

- 打开烤箱，温度设定为180℃。清洗并擦干蘑菇水分，摘下12颗蘑菇的菇柄。在烤盘抹油，蘑菇凸起的那面朝下放入烤盘中，进烤箱烤5分钟后取出备用，让烤箱继续运转。
- 准备馅料：菇柄和剩下的蘑菇剁碎，在炒锅里加2汤匙油炒热培根丁，再加入红葱末和蘑菇碎末，用盐和胡椒调味。以大火完全收干蘑菇出的水，加入意式番茄酱、欧芹碎末、面包心均匀混合。
- 将馅料填入刚刚烤过的蘑菇，撒上面包粉，淋上几滴橄榄油，进烤箱以200℃烤10~15分钟。

蘑菇飨宴

弗朗索瓦·马西洛特（François Massialot）在1691年出版的著作《宫廷与中产阶级的料理》（*Le Cuisinier royal et bourgeois*）中写道："蘑菇在炖菜里被大量使用，甚至还被用来做餐间甜点和汤品，所以最好总是储藏足够的分量。"

法国蘑菇产量

1896年，生产白蘑菇
4,000吨
20世纪60年代中期生产
40,000吨
今日可生产
110,000吨

法国有四分之三的蘑菇都来自卢瓦尔河谷地区，索米尔（Saumurois）为主要产区，但仍远不及中国230万吨的产量。

目前法兰西岛大区只剩下五个蘑菇种植区。

现在每年只销售几吨蘑菇，其中三个种植区位于伊夫林省，包括塞纳-马恩省河石矿场（Carrière-sur-Seine）、蒙特松、孔弗朗圣奥诺里讷（Conflans-Sainte-Honorine），另外两处位于瓦兹河谷省的瓦兹河畔梅里（Méry-sur-Oise）和圣乌昂洛莫纳（Saint-ouen-l'Aumône）。

法式蘑菇泥（Duxelles）

出现于19世纪，其名称是为了向于赛尔侯爵（Uxelles）致敬。他是《法兰索瓦料理》的作者拉瓦汉的雇主。

蘑菇500克，切除菇柄带土部分，用湿润的吸水纸擦去表面脏污后剁碎。洋葱和红葱各1颗切薄片，用黄油30克小火慢炒至出汁，加入蘑菇碎末，用盐和胡椒调味。然后转大火快炒，直到蘑菇出的水收干，再盖上锅盖以小火续煮20分钟。

同场加映
野生蘑菇（第68页）

里昂妈妈

撰文：亚维娜·蕾杜乔韩森

这些“妈妈”是专业的厨师，为大众提供精致美味的料理，成就了里昂“美食之都”的美名，实在居功至伟。

众所皆知的故事

这些后来成为“妈妈”（mère）的女性大多出身农村家庭，她们离家到城市里碰运气，主要在中产阶级家庭里工作。一开始是什么都做的女仆，随后渐渐发现自己在烹饪上的才华。后来她们决定自立门户，使用当地农产并发扬光大。客座上有哪些贵宾？当地的工业大亨、政治人物和当代的大明星。那么有谁继承了妈妈的手艺？保罗·博古斯、阿兰·夏贝尔、尚保罗·拉康伯（Jean-Paul Lacombe）、贝赫纳贺·巴寇，甚至乔治·布朗克（Georges Blanc）等人。

最具知名度的

费尤妈妈

MÈRE FILLIOUX（1865—1925）

餐厅：位于里昂第六区的小酒馆。她的丈夫卖酒，她在酒馆里掌厨。

招牌菜：里昂香肠、里昂鱼糕佐小龙虾风味奶油焗烤马铃薯、朝鲜蓟佐鹅肝松露，当然还有大名鼎鼎的寡妇鸡。

轶闻趣事：本名为法兰索瓦·费尤勒（Françoise Fayolle），总会拖着长裙在餐桌间来回穿梭，因此有“扫地机”的绰号。

12 rue royale —— lyon
téléphone : burdeau 15-49
...chez.... la mère brazier
le bungalow au col de la luère
téléphone : 35, vaugneray

最具知名度的

巴兹耶妈妈

MÈRE BRAZIER（1895—1977）

餐厅：在皇家路上一家老旧的杂货铺，接着又在15公里外的山上小屋里开了另一家餐厅。

招牌菜：朝鲜蓟心佐鹅肝、浓酱鱼糕、欧罗拉龙虾，还有用布列斯鸡做的寡妇鸡。

事迹：名下两间餐厅在1933年皆获米其林三星认证。

继承人：儿子贾斯东和孙女贾蔻特接手，现任主厨为马修·维亚内（Mathieu Viannay）。

轶闻趣事：巴兹耶妈妈曾因在黑市购买储备食材而坐了一周的牢。

最具知名度的

布朗妈妈

MÈRE BLANC（1883—1949）

餐厅：和身为咖啡馆老板的先生一起经营公婆家在安河沃纳斯（Vonnas）开的民宿。

招牌菜：奶油布列斯鸡、东布池塘小龙虾、加了马铃薯泥的沃纳斯可丽饼。

事迹：获米其林二星，被美食评论家库诺斯基评为“世界最佳女厨师”。

继承人：媳妇包蕾特（Paulette），和现为三星主厨的孙子乔治·布朗克。

轶闻趣事：当年的里昂市长爱德华·赫里欧（Édouard Herriot）热爱沃纳斯可丽饼。

最前卫的

吉妈妈

MÈRE GUY

年代：18世纪，第一位被提及的妈妈。

餐厅：位于罗讷河边的露天小咖啡馆，和从事航海的丈夫一起经营。

招牌菜：用丈夫捕的鱼制作的水手鳗鱼。

继承人：两个孙子在半世纪后重新接管了餐厅。

最前卫的

布什古斯妈妈

MÈRE BRIGOUSSE

年代：19世纪

餐厅：位于维勒班（Villeurbanne）的夏本纳街区。

招牌菜：甜点维纳斯乳头、酥胸鱼糕、醋汁鸡

轶闻趣事：许多男士在结婚前都会到餐厅里品尝“维纳斯的乳头”，庆祝当单身汉的最后一天。

法国其他地区：

- 巴黎的阿拉赫妈妈（Marthe Allard）
- 奥弗涅的甘东妈妈（mère Quinton），先后在巴黎和尼斯开设分店。
- 奥弗涅的贾内凡妈妈（mère Gagnevin）
- 诺曼底的普拉赫妈妈（mère Poulard），以欧姆蛋闻名。

被遗忘的

布赫乔妈妈

MÈRE BOURGEOIS（1870—1937）

餐厅：安河的普里艾（Priay）。

招牌菜：热肉酱、粉煎鳟鱼、奶油鸡、漂浮之岛佐粉红果仁糖。

事迹：1933年获米其林三星认证。

继承人：先后由女儿和几位大厨继任，最后一位主厨是艾赫维·侯德希格兹（Hervé Rodriguez）。餐厅在2010年永久歇业。

轶闻趣事：她是第一个获得“百人俱乐部”（Club des Cent）颁奖的人，第一名的奖状就放在餐厅里展示。

同场加映

酥皮肉酱（见129页）

被遗忘的

碧都妈妈

MÈRE BIDAUT（1908—1996）

餐厅：里昂第十一区，靠近白莱果广场的小酒馆，名为“穹顶”（La Voûte）。

招牌菜：镶牛肚、焗烤通心面，以及腌24小时的羊腿再佐以香槟炙烤。

事迹：获米其林一星。

继承人：先后由当时的餐厅二厨菲利浦·哈巴奈勒（Philippe Rabanel）与主厨克里斯坦·戴德华（Christian Têtedoie）接任。

轶闻趣事：在她买菜的推车上有这样一行字：“注意，本人身材娇弱但嘴巴恶毒。”她的确以古怪的性格为人所知。

名副其实的美味牛肝菌

撰文：布兰汀·包耶

牛肝菌被青苔围绕着，生长在林中空地上。唯有愿在湿润苔藓前跪下之人，以及冒着在冰冷风雨中空手而归风险之人，才能体会牛肝菌这份自然赠礼不可思议的价值。

牛肝蕈类千百种，只有四种有正式名称。

❶ **美味牛肝菌**（*Boletus edulis*）
美味牛肝菌是蕈类中的巨星，也称波尔多牛肝菌。黄色蕈盖，质地细致，带有新鲜榛果味道，略带大茴香的香气，风味层次随时间增长，晒干后食用有惊人的鲜甜滋味。

黑牛肝菌（*Boletus aereus*）
蕈盖呈黑色或黄铜色。

❸ **网柄牛肝菌**
（*Boletus aestivalis* 或 *Boletu sreticulatus*）
夏天生，菇柄有网状纹路。

❹ **褐红牛肝菌**
（*Boletus pinophilus* 或 *Boletus pinicola*）
生长在松树林中的牛肝菌。

☞ 如何处理

- 带回家就挑除杂质和可疑物质，如果天气干爽，最好就地清理，之后还要额外处理剔除下来的东西。
- 用湿布擦拭。如果牛肝菌很脏或带有昆虫和蛞蝓，放进加了冷水和白醋的盆里快速清洗几秒钟，洗好后平放在干净的布上沥水，马上烹调食用。
- 采到较老的牛肝菌，可剔除蕈伞下呈海绵状的苔藓。如果表皮厚而黏，也要一并剥除。
- 不宜久放，最好尽快食用。存放时蕈脚朝上放在干燥的蔬果篮里。

简单烹调就能享用的天然美味

生吃

个头小、肉质丰厚的牛肝菌和非常嫩的新鲜牛肝菌可以生吃，切薄片，撒一点盐花，淋上几滴柠檬汁和一点橄榄油或核桃油。如果想做成时髦小酒馆的生食版本，可加搭配沙拉嫩叶、水波蛋1颗和巴斯克熏烤猪肉（ventrèche）。

热炒

- 炒锅里加入黄油或橄榄油（也可以混合），以大火快炒牛肝菌切片，依据个人喜好加入欧芹碎末、蒜末或红葱末，可当配菜或配欧姆蛋吃。或是加入法式酸奶油收汁为酱汁，佐意大利面、厚切肉排、小牛腰肉、烤牛菲力、鸡肉……
- 牛肝菌切成约7毫米的厚片，在锅里用橄榄油两面煎过，煎到外缘金黄而中心软嫩，撒一点盐花，加1颗完整的生蛋黄即可享用。

煮汤

没那么新鲜的牛肝菌可加点红葱，用黄油炒到出汁，倒入鸡高汤或蔬菜高汤慢炖，倒一点法式酸奶油混合，撒上雪维草末。另取一些牛肝菌削成极薄片，最后加入汤中。

保存牛肝菌的好方法

消毒杀菌

想要消毒蘑菇，使用高温并加入酸性物质是绝对必要的。牛肝菌清理后切成四等份，放入煮滚的盐水，待水再次滚起后续煮1分钟捞起，过冷水并仔细沥干，放入消毒过的广口瓶中，填入时尽量把牛肝菌压紧压实。

自然保存法：在广口瓶中加满柠檬盐水（每升水加10克盐和4汤匙柠檬汁或苹果醋），拧紧瓶盖后放入炖锅或高压锅，以110~115℃消毒1小时30分钟。使用时取出沥水擦干，烹煮方式与新鲜牛肝菌相同。

油渍保存：在广口瓶中加满橄榄油（每升油加10克盐和4汤匙柠檬汁或苹果醋），加入不去皮的蒜瓣、整颗胡椒粒和个人喜爱的香料香草（奥勒冈叶、小茴香、百里香等），拧紧瓶盖后放入炖锅或高压锅，以110~115℃消毒1小时30分钟。可搭配香肠火腿、披萨、意大利面一起享用，罐里的油也可用来烹饪。

争取保存期限：如果家中的厨具无法用100℃以上的温度消毒，最好在48小时后再次煮沸，以确保食用安全。以上两种方法皆同。

冷冻

采完牛肝菌，回到家马上清理干净，切薄片或数等份，不用焯烫，直接放在保鲜袋里，放入冷冻库保存。使用时不需要提前解冻。

晒干

法国南部会把牛肝菌切成约2毫米的薄片，平铺在铁格网上，靠太阳和空气自然风干，晚上收进室内，重复此动作几天。也可用热风循环烤箱以50℃烘干，若有食物烘干机最好。烤好的碎片可用咖啡磨豆机磨成粉，加入酱汁调味。小心市面上贩卖的牛肝菌，若形状奇怪或有黑斑点，可能是里面长满了小虫，或是不新鲜的老牛肝菌充数，这种只要一浸水表面就会出现黏腻感。

雷诺* 的酥皮牛肝菌

分量：4人份

材料：
鲜美牛肝菌4小朵
熟肥肝150克
千层酥皮250克
鸡蛋1颗（上色用）
盐、胡椒

步骤：
- 清理牛肝菌并擦干，用肥肝把牛肝菌包起，加盐和胡椒调味，再用酥皮分别包起来。
- 用刷子在酥皮表面刷上混合液（打好的蛋＋水＋盐），放入冰箱备用。重复动作四次。
- 上菜前15分钟放入烤箱，以210℃烤熟，成品表面应呈漂亮的金黄色。

*艾曼纽·雷诺（Emmanuel Renaut），上萨瓦尔省Floconsdesel餐厅主厨。

被遗忘的开胃酒

撰文：雷欧·德瑟斯特
（Léo Dezeustre）

这些开胃酒会一直被遗忘吗？
形势可能有所转变，新一代调酒师可以解救这些酒的命运！

名称	杜本内（Dubonnet）	丽叶（Lillet）	海角科西嘉（Cap Corse L.N. Mattei）	皮贡（Picon）	皮尔（Byrrh）	诺利帕特（Noilly Prat）
酒精属性	奎宁酒	奎宁酒	奎宁酒	苦味药酒	香艾酒	香艾酒
起源	19世纪中，化学家约瑟夫·杜本内（Joseph Dubonnet）为治疗疟疾而发明这款药酒，由植物药方、葡萄酒和奎宁制成。	1872年由波尔多酒商雷蒙与保罗·丽叶发明，以白葡萄酒与利口酒制成，分成红丽叶、白丽叶与粉红丽叶。	1872年，科西嘉人路易·玛泰（Louis Napoléon Mattei）在加勒比海旅行时想出来的。	1837年，年轻士兵贾埃东·皮贡（Gaetan Picon）在服役时发了高烧，于是发明了柳橙和龙胆混合的苦液。	牧羊人兄弟希蒙与帕拉德·维欧雷在1866年以哑红葡萄酒（vin rouge muté）加入一些植物，以及从药房买来、具有疗效的香料。	1813年出现在埃罗省，使用橡木桶熟成的白酒，装桶一年后加入香菜、洋甘菊、橙皮等。
你知道吗？	英国女王伊丽莎白二世常会在中午要求喝一杯用琴酒和杜本内调制的鸡尾酒。	出口至美国的开胃酒第一名。	有60%的销售份额集中在科西嘉岛，货真价实的特产。	1872年引进马赛，当时的名称是"苦味皮贡"。法国军队也因其疗效而让士兵喝这款酒。	皮尔酒因其疗效闻名，在殖民时期被法国军队用来治疗疟疾。	这款酒在大城市里被遗忘已久，在马提尼克岛却很受欢迎，尤其在庆祝新年时饮用。
祖父母怎么喝？	餐前饮用，加冰或不加冰皆可。	适饮温度为6~8℃，有时会加一片柠檬或柳橙。	随时都可饮用，通常加几块冰块。	加气泡水稀释，或加入啤酒饮用。	通常在餐前加冰块纯饮。	"欧式"喝法，也就是纯饮，加冰或不加冰皆可。
孙子会怎么喝？	骄傲地荣登巴黎酒吧排名前几名的酒类。	为了减轻苦味，建议调制成鸡尾酒，或搭配葡萄柚汁。	调制具有植物调性与苦味的鸡尾酒。	当成苦精调制鸡尾酒饮用。	在庆祝会上调制鸡尾酒，一起享用。	"美式"喝法，用来调制不甜马丁尼（Dry Martini）。
建议酒谱	**宾特利**（Bentley） 卡尔瓦多斯苹果白兰地15毫升 杜本内15毫升 斐乔氏苦精2抖振* 创作者：Harry Craddock	**蒙佛**（Montford） Tanqueray 伦敦干琴酒60毫升 白丽叶30毫升 Noilly Ambre 香艾酒15毫升 柳橙苦精2抖振 创作者：Gary Regan	**海角斯比滋**（Capo Spritz） 蔗糖浆20毫升 海角科西嘉40毫升 蜜思嘉（muscat）气泡葡萄酒倒满杯 创作者：Florie Castellana	**噢！瑟希儿**（Oh Cécilie） Tanqueray 伦敦干琴酒45毫升 艾普罗（Aperol）22.5毫升 Martini 红香艾酒22.5毫升 皮贡7.5毫升 安格仕苦精1抖振 创作者：Carl Wrangel	**莫内时光**（Monet's Moment） 干邑白兰地45毫升 皮尔酒30毫升 苦艾酒3.75毫升 普通糖浆7.5毫升 克里奥尔式（Creole）苦精1抖振 创作者：Erik Lorincz	**三叶草俱乐部**（Clover Club Cocktail） 诺利帕特香艾酒7.5毫升 Martini 红香艾酒7.5毫升 Monin 甘蔗糖浆7.5毫升 蛋白1/2颗 覆盆子5颗 创作者：Paul E.Lowe

名称	苏兹（Suze）	柑曼怡（Grand Marnier）	夏特勒兹（Chartreuse）	保乐苦艾酒（Abshinte Pernod et fils）	利加茴香酒（Pastis Ricard）
酒精属性	黄龙胆利口酒	柑橘利口酒	药草利口酒	茴香酒	茴香酒
起源	瑞士发明的开胃酒，自1885年配方被费赫依·穆侯（Fernand Moureaux）收购后就归化成法国酒。	柑橘与干邑细腻调配而成。1880年由路易亚历山大·拉珀斯托（Louis Alexandre Lapostrolle）发明。	18世纪于格勒诺勃附近出现，多是由伊泽尔省的修士和药商生产销售。	说到苦艾酒，就会想到著名的亨利路易·保乐（Henri-Louis Pernod），以及用茴芹、茴香、苦艾三样原料制作的这款酒。	保罗·利加（Paul Ricard）决定生产一款比苦艾酒更清爽的开胃酒（苦艾酒在1915年被禁），茴香酒便在1932年诞生。
你知道吗？	毕加索非常喜爱苏兹，甚至在1912年为这款酒画了一幅画，很清醒地将画取名为《苏兹酒瓶与酒杯》（*Verre et bouteille de Suze*）。	埃斯科菲耶把柑曼怡视为制作完美橙香火焰可丽饼的关键材料。	直到今天，夏特勒兹仍由两位修士使用拥有130种药草的秘密配方调制这款酒。	很多人把这款苦艾酒当消化酒喝，小心喝多了天旋地转！	茴香酒的饮用方法跟一般人认为的相反，要先在杯子里倒水，再倒入茴香酒。
祖父母怎么喝？	苏兹的酒精浓度在1945年从32%下降到16%，通常会加冰块纯饮。	餐前加冰块稀释，或餐后不加冰块饮用。	以医疗效果闻名。	当消化酒喝：在有孔的平匙上放糖，淋上苦艾酒，减缓酒中的苦味。	因1936年开始施行带薪假而流行起来。通常加冰水在餐前饮用。
孙子会怎么喝？	跟威士忌一样，与可乐一起调配。加通宁水稀释为经典喝法。	高度赞赏酒中的苦味。	冰镇后清凉饮用，以中和强烈的酒味并增加层次。	神秘的吸引力，让巴黎的酒吧在每一款鸡尾酒里都想办法加入苦艾酒。	因为苦艾酒又流行起来，年轻一辈其实不太喝茴香酒了。
建议酒谱	**埃菲尔铁塔**（tour Eiffel） Courvoisier V.S.O.P 干邑白兰地75毫升 白橙皮酒（triple sec）15毫升 苏兹15毫升 苦艾酒4滴 创作者：Gary Regan	**A1鸡尾酒** Tanqueray 伦敦干琴酒45毫升 柑曼怡30毫升 柠檬汁7.5毫升 石榴糖浆3.75毫升 创作者：W.J. Tarling	**珍宝**（Bijou） Tanqueray 伦敦干琴酒45毫升 绿色夏特勒兹15毫升 Martini 红香艾酒15毫升 柳橙苦精4滴 非常冰的冰水15毫升 创作者：Harry Johnson	**安索尼亚（Ansonia）** 苏格兰帝王（Dewar）12年威士忌60毫升 Martini 红香艾酒15毫升 Luxardo 马拉斯钦樱桃利口酒7.5毫升 保乐苦艾酒3.75毫升 创作者：Charles Christopher	**金丝雀**（Canarie） 利加茴香酒30毫升 Monin 柠檬糖浆15毫升 很冰的矿泉水倒满杯

*1抖振（dash）就是倒转瓶口上下抖振一次所倒出的液体量。——编注

米其林指南

法国唯1三星女主厨，安娜-苏菲·皮克。她的餐厅“皮克之家”位于德龙省瓦朗斯。

15 800 €

“1900年版米其林指南”在2012年的拍卖价格。

乔尔·卢布松遍布世界各地的餐厅于2016年拿下了这么多颗星星，创了纪录。

31

2 2 7

东京米其林餐厅的总桌数。东京是世界上米其林餐厅最多的城市，数量超越京都、大阪和巴黎。

1933年共有23间餐厅获得米其林三星，包括Café de Paris、银塔餐厅（Tour d'Argent）、Lapérouse、Carton、里昂巴兹耶妈妈和卢埃山口（col de la Luère）的两间餐厅、波尔多的Chaponfin、滨海博略（Beaulieu）的La Réserve、维埃纳的金字塔餐厅（Pyramide）……

20%

餐厅在获得第一颗米其林星星之后，来客率会增加20%。

15€

在中国香港添好运吃一餐的费用。这是全世界最便宜的米其林星级餐厅。

27%

餐厅获得第一颗星之后，餐点价格的平均增长率。

4

得到星星又还回去的主厨。分别是：
- 1996年，乔尔·卢布松（Joël Robuchon）
- 2005年，亚兰·桑德杭（Alain Senderens）
- 2006年，亚兰·魏斯特曼（Alain Westermann）
- 2008年，奥利维·罗林涅（Olivier Roellinger）

240

米其林指南的“密探”（评鉴员）一年平均造访的餐桌数量。

米其林宝宝调查评审

米其林指南在20世纪30年代成立了一支美食评鉴团队，现在团队里专门负责评鉴法国餐厅的大概有30多人。尽管如此，法国指南的区域总裁每次谈到这个话题时，仍一贯宣称：“大家现在看到的数据大多是错的。”

- 美食评鉴员是米其林雇用的员工，一定要保持匿名，只有在用完餐并结账之后才能透露身份，并继续完成任务*。
- 法国被分成15个大区，每区至少会分配两名美食评鉴员。
- 评鉴员在造访过餐厅后，必须写一份详细的用餐报告。
- 每年会进行两次“星级会议”，出席者包括总裁、总编辑与所有评鉴员，以决定星星要颁给哪些餐厅。
- 米其林指南中所有的餐厅（2017年版就包含了4,600家餐厅）都被评鉴过至少一次，摘下星星的餐厅在一年内可能接受评鉴三到四次。

* 因为要表明身份，才有可能进到厨房里去观察。——译注

顺道一提，我们到底是该说星星，还是马卡龙呢？米其林自1926年出现评等以来，一直用星星，不过大家经常会用马卡龙来取代，以避免重复。传说是一位记者在看到红色指南上印的小花之后得到了灵感，才开始使用这个说法。

红皮书年鉴

1904 米其林指南走出法国，发行了比利时版。米其林指南原是提供给驾驶员的实用信息，从1911年起，其内容已涵盖了整个西欧区域。

1956 意大利红色指南出现，星级评鉴遍布欧洲。

2005 米其林指南离开旧大陆，展开新的冒险旅程。专为纽约发行的指南出版，旧金山、拉斯维加斯和芝加哥等其他美国大城市也陆续跟进。

2007 米其林指南抵达亚洲，先有东京指南，接续而来的是京都、大阪、香港、澳门、新加坡、上海、首尔等各城市。

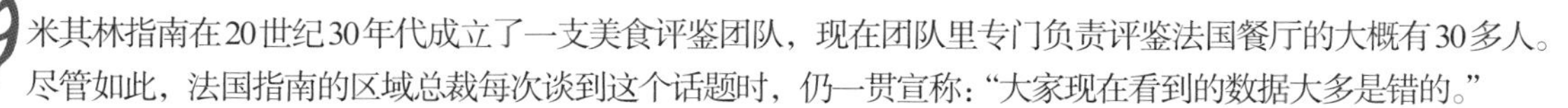

1898 米其林宝宝诞生，由插画家欧佳洛（O'Galop）设计绘制。

1900 为司机和单车客编辑的米其林指南首次出版，免费分送给购买同名轮胎的客人。指南中的重要信息包括修车厂列表、医生地址和旅馆等。

1908 指南改小版型，这个尺寸一直沿用至今。书中首次以“舒适等级”来评鉴旅馆，包括其提供的餐点质量。

1920 开始贩卖米其林指南。

1923 开始区分出“推荐的旅馆与餐厅”。

1925 开始以星星标示推荐的餐厅，不过评定规则仍摇摆不定。

1933 确立星级评鉴制度，推及全法国：
- *** 值得为了餐点专门前往
- ** 值得绕道前往
- * 经过时可停下来一试

LE MEILLEUR DES ANTILLES françaises

法属安的列斯之最

撰文：法兰索瓦芮吉·高帝

不要说我们太爱国，我们只是很有自知之明。说到加勒比海上最棒的美食景点，那绝对是——法国！只不过是位于热带的法国。
在那里，吃就跟呼吸一样重要，在马提尼克和瓜德罗普，光是品尝当地料理，就是一趟完整的美食之旅！
来自瓜德罗普的知名厨师苏西·帕拉汀（Suzy Palatin），将向我们展示几道最棒的家传食谱。

你认识地方水果吗？

在皮特尔角城（Pointe-à-Pitre）或法兰西堡（Fort-de-France）的水果摊上，可以看见一些有点熟悉的水果名称，不过最好小心，这些水果跟你想的可不一样！

俗名：**地方覆盆子**
学名：*Rubus Rosifolius*（蔷薇科）
其他名称：棕莓、树莓
发源地：东南亚
说明：类似大城市里的覆盆子，尺寸较大，没那么多汁。
味道：味温和，跟普通覆盆子相比香气较弱。
烹饪方式：生吃，制成果酱，或用来调制潘趣酒。
跟法国本土的覆盆子同种吗？同种。

俗名：**地方柠檬**
学名：*Citrus aurantifolia*（芸香科）
其他名称：酸莱姆、酸橙、莱姆、ti sitwon、sitwon péyi〔方言，念起来就像法语的柠檬（citron）〕
发源地：亚洲热带地区
说明：亮绿色小球状果实，表皮柔软带些颗粒，黄色果肉，多汁。
味道：酸酸甜甜，略偏酸。
烹饪方式：制成果酱，用于糕点、潘趣酒、酱料、鱼料理调味。
跟法国本土的柠檬同种吗？同种。

俗名：**地方洋葱**
学名：*Allium fistulosumL.*（百合科）
其他名称：青葱、loignon pèy〔方言，念起来就像法语的地方洋葱（oignon-pays）〕
发源地：东南亚
说明：可能是西方人带来的植物。球茎小，外形细长，与葱相似，地面上的部分为绿色，地下部分为白色。
味道：带甜味与蒜味，类似青葱。
烹饪方式：可用于各式菜肴、酱料、烩鱼（blaff）、综合香草束（加欧芹和百里香），通常剁碎使用。
跟法国本土的洋葱同种吗？同种。

俗名：**地方樱桃**
学名：*Malpighia emarginata*（金虎尾科）
其他名称：安的列斯樱桃、西印度樱桃（acérola）、卡宴樱桃（cayenne）
发源地：拉丁美洲
说明：鲜红色的小球状果实，表面光滑，外形略扁带凹凸状，果肉呈黄色，多汁味美。
味道：酸酸甜甜，略偏酸。
烹饪方式：生吃或榨汁，制成果泥、果酱、冰激凌，用于鸡尾酒。
跟法国本土的樱桃同种吗？不同种。

俗名：**地方栗子**
学名：*Artocarpusaltilis*（桑科）
其他名称：Chatenn〔方言，念起来就像法语的栗子（châtaigne）〕
发源地：东南亚
说明：与栗子大小相同的椭圆形果实，重量可达1.5~2.5千克，果肉呈白色，外有角形软瘤突，每颗果实内含约80颗种子。
味道：剔除果肉，将种子清洗并以盐水煮熟，味极甜，近似一般栗子。
烹饪方式：作为圣诞火鸡的填料或搭配佐酱菜肴。
跟法国本土的栗子同种吗？不同种（跟面包树同种）。

俗名：**地方杏桃**
学名：*Mammea americanaL.*（藤黄科）
其他名称：马米果（mamey、mamet）、z'abricot、pyé zabricot〔方言，念起来就像法语的杏桃（abricot）〕
发源地：加勒比海地区
说明：球形带核果实，表皮呈淡灰色，内有两到四颗果核，果肉呈橙黄色。
味道：酸甜芳香，类似杏桃。
烹饪方式：生食，腌渍，制作果酱、带皮果酱、水果软糖。
跟法国本土的杏桃同种吗？不同种。

深受外来影响的菜肴

安的列斯菜肴中的细致与强烈的迷人对比，全都要感谢曾经来此的外人，为当地料理增添了风味。安的列斯的烹调方式结合了各国特色，本篇就要介绍一下这些特色来源。

英国殖民者

18世纪末期

产品：面包树

美洲原住民

阿拉瓦克人（Arawaks）与
加勒比印第安人（Caraïbes）
中石器时代至17世纪

产品：辣椒、多香果、木薯、番薯、酪梨
食谱与技术：肉类与野味、烟熏肉（boucanés）、木薯饼（Cassaves）

印度移民者

1854—1885年

产品：姜黄、姜
食谱与技术：科伦坡（Colombo）香料粉、玛萨拉（Massalé）综合香料粉

荷兰犹太人

1654年被葡萄牙宗教裁判所驱逐出巴西

产品：面团子（dombrés），类似犹太黄油面团（knèfes）的翻版。

非洲奴隶

1640年起

产品：秋葵、山药、木豆（pois d'angole）
食谱与技术：绿叶菜汤（Calalou）、刚果汤（刚果奴隶吃的蔬菜炖肉）、炸物（油炸鳕鱼丸）、贝雷雷（bélélé，动物肚胃与香蕉煮成的炖菜）、面包果炖菜（Migan de fruit à pain）

法国人

16世纪末期

产品：动物肚胃、扁豆、鳕鱼
食谱与技术：杏仁牛奶冻（blancmanger）、填料螃蟹、章鱼炖菜（Daube de chatrou）、鱼高汤、猪血肠、奶油烤鳕鱼（Brandade）、长棍面包、维也纳式甜酥面包、蔗糖、朗姆酒、蛤蟆鸡（poulet crapaudine）

西班牙航海家

16世纪

产品：山羊（变成半野生的小山羊）、猪（变成半野生的棕色猪）

维维祖父的风味猪肉

这道了不起的菜，我们在苏西家吃过无数次，食谱是她马提尼克籍的祖父传下来的，不可或缺的配菜当然就是手工薯条（见第333页食谱）。

准备时间：15分钟
烹调时间：1小时45分
分量：8人份

材料：

半盐腌猪肉
猪肩肉 1千克
猪肋排 1千克
猪肩胛肉 1千克
猪尾 3条
黄柠檬 3颗
黑胡椒粒 20颗
洋葱 1颗
丁香 4粒

洋葱油醋
黄皮洋葱 1千克
安的列斯辣椒 1/4根
花生油 150毫升
白醋 7汤匙

蔬菜
红心番薯 4个
水 1/2升

步骤：

- 用柠檬清理猪肉：柠檬切成两半，用力在肉上摩擦，操作时要稍微挤压让柠檬汁流出，完成后用大量的水冲肉，同时用锋利的小刀刮猪尾皮毛。
- 处理好的猪肉全都放进深锅，倒入冷水至盖过肉的高度，开火加热，等到水微滚但尚未沸腾前就把水倒掉，然后再次加水煮水，这个动作要重复三次（总共四次）。
- 完成后把肉移至炖锅，倒入冷水至盖过肉的高度，加入插上丁香的洋葱和黑胡椒粒煮滚，等水沸腾起来就转成小火，以小火慢炖1小时30分钟。
- 黄皮洋葱剥皮切至细碎，加入辣椒、花生油、白醋和炖锅里已滚的汤汁2大勺，用打蛋器快速搅拌，把所有材料拌匀。
- 在水龙头底下把番薯表面刷干净。煮一锅滚水加盐，放入番薯煮约20分钟直到煮熟。上桌前剥除番薯皮，纵切成两半。
- 把猪肉放在加热过的大盘上，附洋葱油醋酱，摆上番薯即可上桌。

我的瓜德罗普鳕鱼炸三明治

一半是三明治，一半是炸饼，
这种炸过的夹馅面包是瓜德罗普必吃的街头美食。

准备时间：20分钟
烹调时间：30分钟
饼皮静置时间：2小时
分量：6人份

材料：
面粉 300克
商业酵母 20克
盐 1/2茶匙
炸油 1升
温水 150毫升

步骤：

- 酵母与温水混合后静置5~10分钟。面粉过筛后加盐混合，在正中央挖一个凹洞，倒入酵母温水，揉出柔软的面团。
- 使用附有钩状搅拌头的搅拌机，以中速搅拌4~5分钟。揉好的面团静置2小时，面团应该会膨胀一倍。用擀面棍把面团擀成0.5厘米厚的面皮，再用模具或玻璃杯压出直径8厘米的圆片。
- 在工作台上撒一点面粉，放上压好的圆片并用干净的布覆盖，静置至少30分钟。
- 热油至170℃，把圆片放入锅中油炸6~7分钟，取出后放在吸油纸上尽量把油吸干。
- 切开炸饼，中间放入鳕鱼丝（做法见右栏）。瓜德罗普炸三明治通常混合冷、热食，原味实用。也可加入小块肉块、鸡丝、鲔鱼碎肉和生菜，佐以克里奥尔式油醋或美乃滋。

我的鳕鱼丝食谱

撕碎、切细、拉丝……鳕鱼因此成为细丝，调味后就会带出克里奥尔沙拉的绝佳美味。

准备时间：至少20分钟
水煮鳕鱼时间：15分钟
分量：8人份

材料：
风干咸鳕鱼 700克
小洋葱 250克
大蒜 5瓣
白醋 3汤匙
花生油 150毫升
安的列斯辣椒 1/4条
莱姆 2颗
扁叶欧芹 1束
盐

步骤：

- 依照“鳕鱼酪梨酱”食谱的方法（见右页）浸鳕鱼并弄散鱼肉。欧芹清洗后沥干，小洋葱剥皮，和辣椒一起全都剁成细末。大蒜去皮，用压蒜器压成末。
- 将上述材料（除了鳕鱼之外）全部放进大碗里，加入莱姆汁、油、醋搅拌均匀，调成油醋酱。把酱汁淋在鳕鱼上拌匀，尝一下味道，如有需要可再加盐。

主厨建议：在传统做法中，鳕鱼去盐后会经过一道“晒黑”的程序，指的就是在柴火上烘烤。你也可以使用不粘锅，以干煎的方式让鳕鱼两面煎上色，这样鳕鱼肉质更饱满，还带着美味的烧烤味。

香炖猪肉

准备时间： 20分钟
烹调时间： 50分钟
分量： 6人份

材料：
圆切片猪排 800克
猪肩胛肉 600克
葵花油 2汤匙
柠檬 2颗
安的列斯辣椒 1/8条
青葱 6根
欧芹 3枝
百里香 1枝
洋葱 1颗
大蒜 1瓣
盐、胡椒
水 500毫升

步骤：
- 柠檬切成两半，用力在所有肉品上摩擦，操作时要稍微挤压让柠檬汁流出，完成后用大量的水冲肉，擦干后切成约7厘米的肉块。
- 青葱、洋葱与大蒜去皮，欧芹洗净后用厨房纸巾吸干水分。洋葱大致切块。
- 在炖锅里倒油热锅，以中火炒肉块至上色。炒肉时不要只用一点油炒到底，所有肉块应该都要均匀浸润，慢慢翻炒至上色，大概每2分钟就加1~2大匙水，重复这个动作约20分钟。
- 加入洋葱块，所有食材再拌炒2分钟。把青葱、欧芹、百里香绑在一起，与辣椒一同加入炖锅中，倒入500毫升的水盖过所有食材后煮至沸腾。用盐和胡椒调味后把火转小，用中火续煮25分钟。若有需要可加一点水稀释酱汁。
- 上菜时佐以克里奥尔米饭、红米或原味根茎蔬菜食用。

我的科伦坡香料鸡

准备时间： 20分钟
烹调时间： 45分钟
分量： 8~10人份

材料：
全鸡2只（每只1.2千克）
西葫芦3根
玛萨拉（Massalé）综合香料2汤匙
科伦坡（Colombo）香料粉2汤匙
洋葱4大颗
油3汤匙
青葱10根
欧芹4枝
莱姆5颗
大蒜8瓣
盐1茶匙

步骤：
- 柠檬1颗切半，在鸡肉上到处摩擦后用冷水洗净、擦干水分。
- 把1颗莱姆榨汁。鸡肉切块后撒上科伦坡香料粉1大匙，加入盐与莱姆汁腌渍，同时准备其他食材。
- 洋葱去皮切成小块，大蒜去皮后取3瓣切细丝。在炖锅里加油炒洋葱块与蒜丝，炒至洋葱呈半透明，取出保温备用。
- 大火快炒鸡肉，不要炒到变色。西葫芦切块，和洋葱大蒜一起加入炖锅拌炒。拿一个碗，加入科伦坡与玛萨拉香料粉，倒入热水调和。清洗青葱，与欧芹绑在一起，和香料水粉一起加入炖锅中，再倒入200毫升的水，以小火煮30分钟（若有需要可再加水）。把辣椒放入炖锅中，以小火续煮15分钟。
- 将3颗莱姆榨成汁，与3大匙的油和蒜末用打蛋器拌匀，倒入炖锅中。让锅里的水大滚两次，煮好后佐以克里奥尔米饭食用。

我的鳕鱼酪梨酱食谱

千万不要说这是安的列斯版本的酪梨莎莎酱。虽然同样使用酪梨泥，但这个酱因木薯粉与鳕鱼更加浓郁，无敌美味。

准备时间： 25分钟
烹调时间： 10分钟
分量： 8人份

材料：
风干咸鳕鱼 300克
酪梨 1大颗
莱姆 2颗
青葱 1把，或带叶小洋葱 4颗，或洋葱 1大颗
大蒜 4瓣
安的列斯辣椒 1/4条
花生油 50毫升
颗粒状木薯粉 3汤匙

步骤：
- 制作前一晚，先把鳕鱼浸在冷水里去盐分，其间换水2~3次。
- 隔天开始制作时，在长柄锅里加入冷水，放入鳕鱼并煮到微滚，继续煮10分钟后取出鱼肉，放在滤锅里冲冷水。挑出鱼刺，尽量挤压鱼肉，把鱼肉弄碎并挤出水分。
- 酪梨切成两半，取出果核，挖出果肉放入调理机。莱姆榨汁倒入调理机，再加入鳕鱼、去皮切块的洋葱、去皮蒜瓣、辣椒与油，搅拌直到质地细致均匀。
- 把刚刚做好的酪梨酱倒入大碗中，再加入木薯粉搅拌，调味后试试味道，若有需要可再加盐，完成后放入冰箱冷藏。制作好的美味酪梨酱可佐以面包片享用。

苏西·帕拉丁的克里奥尔菜肴

饮食文化评论权威

撰文：艾曼纽·罗宾

这些“权威们”有男有女，他们以刀叉和纸笔创造又改写了法国美食篇章。就由美食评论家艾曼纽·罗宾为您剖析这独特的族群。

才智非凡

克劳德·利瓦伊史陀

（ClaudeLévi-Strauss，1908—2009）

人类学大师利瓦伊史陀所著《神话学》四部曲：《生食和熟食》《从蜂蜜到烟灰》《餐桌礼仪的起源》《裸人》。这套书以民族哲学史的角度出发，探讨人类与食物的关系，并致力于启发“人性的本质”，实为巨作。

推荐书单：《神话学》（*Mythologiques*）

尚方苏瓦·何维尔

（Jean-François Revel，1924—2006）

杰出的思想家、散文家、反传统主义者，1979年出版一套从古代美食到现代的博学观察评论集，借由文学的迂回辞藻及多面向的敏锐直觉，成为一本划时代作品。

推荐书单：《语言的盛宴》（*Un festin en paroles*）

米榭·翁福雷

（Michel Onfray，1959—）

当代哲学家，以美食与哲学反思奠定他的学术地位，发展出现代享乐主义，并顺势创办“味觉大学”。

推荐书单：《美食之道》（*La Raison gourmande*）

开宗始祖

拉伯雷

（Rabelais，1494—1553）

这位人文主义学家利用其语言天分，描写人性喜剧的铺陈与对食欲方面的随想，成就了这本史诗巨作。其丰富的语汇让现代语言出现了“拉伯雷式”（rabelaisien）、“高康大式”（gargantuesque，指食量很大）及“庞大固埃式”（pantagruélique，指胃口很大）等名词。

推荐书单：《巨人传》（*Gargantua*）

荷尼耶（Alexandre Balthazar Laurent Grimod de La Reynière，1758—1837）

这位冒险家触角广及各项领域，喜欢冒险和开大师玩笑，也是第一位将美食信息以媒体专栏形式公诸于世的人。他甚至设立美食评鉴会，将餐厅分类，替食物贴标签，作品还出版成册。

推荐书单：《老饕年鉴》（*Almanach des gourmands*）

尚安坦·布利亚-萨瓦兰

（Jean-Anthelme Brillat-Savarin，1755—1826）

身为法官、第三级议会议员，因法国大革命的恐怖统治而流亡瑞士与美国。萨瓦兰去世两个月前出版了其毕生力作，这本让人惊讶的博学创作如同一本超越美食的冥想录，内容包括食谱节录、回忆录及其名言。

推荐书单：《好吃的哲学》（*Physiologie du goût*）

异于常人

莫理斯·爱德蒙·赛央，又名库诺斯基

（Maurice Edmond Sailland / Curnonsky，1872—1956）

这位“美食王子”样样都行，他撰写书籍、专栏，创立协会与学院，积极推动产地认证制度。

推荐书单：《法国美食》（*La France gastronomique*）、《法国美食评论》（*Les Fines Gueules de France*）、《文学与美食回忆录》（*Souvenirs littéraires et gastronomiques*）

爱德华·彭米安

（Edouard de Pomiane，1875—1964）

真名为爱德华·波塞斯基（Edouard Pozerski），是任职于巴斯德研究院的医学研究者，热爱美食与研究食物卫生。他的医学背景让他得以出版不同于美食评论的全新作品（《吃得好就活得好》《十分钟料理》）。他也是最早在广播上谈论厨艺的专栏作家之一。

推荐书单：《广播烹饪》（*Radio Cuisine*）

莫里斯·罗夫

（Marcel Rouff，1877—1936）

这位诗人及小说家因其所创造出的美食家杜丁布逢（Dodin-Bouffan）冒险故事而家喻户晓，他同时也是美食学院（Académie des gastronomes）的共同创办者。

推荐书单：《杜丁布逢热爱美食的一生》（*La vie et la passion de Dodin-Bouffant, gourmet*）

地位崇高

布什斯男爵（Baron Brisse，1813—1876）

这位普罗旺斯人来到巴黎《自由报》，起初任管理职，后来凭着对美食的渴望开始撰写美食专栏，大获成功。他买下巴黎史奇贝旅馆（Hôtel Scribe），并于丰特奈罗斯镇的吉古餐厅（L'Auberge Gigout）餐桌上过世。

推荐书单：《366份菜单》（*Les 366menus*）

查理·蒙瑟垒

（Charles Monselet，1825—1888）

写作范围广泛，擅长于戏剧、诗歌、小说和散文，以享乐主义作家跟美食记者先锋为名，创办了《美食报》（*Le Gourmet*）。

推荐书单：《美食信件，于餐桌者指南》（*Lettres gourmandes, manuel de l'homme à table*）

尚卡密·富贝都蒙特

（Jean-Camille Fulbert-Dumonteil，1831—1912）

喜好享受，个性融合了巴尔扎克《高老头》与莫泊桑《美丽的朋友》中的主角，利用自身对美食的喜好及烹饪科学的知识，借由报章杂志提升地位，直到能够独当一面，配得上“鳕鱼诗人”这个称谓。

推荐书单：《法国美食》（*La France gourmande*）

詹姆士·寇格

（James de Coquet，1898—1988）

30年代至40年代的伟大记者，也是杰出记者奖（prix Albert-Londres）的评审委员，战后在《费加罗杂志》担任戏剧及美食评论家。他的著作《关于餐桌》至今仍是美食典籍中的珍宝。

推荐书单：《关于餐桌》（*Propos de table*）

罗伯·朱立安·库合汀，又名拉汉尼耶

（Robert Julien Courtine / La Reynière，1910—1998）

库合汀经历过德国占领时期的维希政府，以及战后黄金三十年的法国新料理运动。他为《世界报》的美食专栏写作，该报的创始人波夫梅西（Beuve-Méry）称他为“我的最佳伙伴”。

推荐书单：《吃的新知》（*Un nouveau savoirmanger*）

尚·费尼欧

（Jean Ferniot，1918—2012）

法国戴高乐主义政治记者，在文学界和美食界皆有影响力。他负责编撰库诺斯基创办的《法国美食与美酒》（*Cuisine & Vins de France*）杂志。

推荐书单：《吃的笔记》（*Carnet de croûte*）

大众媒体

尚皮耶·柯飞

（Jean-Pierre Coffe，1938—2016）

从事广告业，当喜剧演员，开餐厅，或是在电视节目上当个口无遮拦的难搞食客。他不仅引人发笑，同时也唤醒了人们对食物原有的味道该有所要求。

推荐书单：《柯飞的一生》（*Une vie de Coffe*）

尚吕克·普提何努

（Jean-Luc Petitrenaud，1950—）

喜剧演员及马戏团学院认证小丑，现广播美食节目与电视美食旅游节目主持人。他极具亲和力的形象，以及对创新菜肴的热情，让他成为90年代的大众与美食之间的桥梁。

推荐书单：《法国小点》（*La France du casse-croûte*）

法兰索瓦·西蒙

（François Simon，1953—）

从1987年《费加罗镜报》成立以来，法兰索瓦·西蒙历经《海洋报》《巴黎晨报》到《高特与米鲁杂志》，这位不愿露脸的"蒙面侠"评论家文字极具杀伤力，领导着现代美食评论。

推荐书单：《要如何在一无所知的情况下成为一位美食评论家》（*Comment se faire passer pour un critique gastronomique sans rien y connaître*）

佩里科·勒加斯

（Périco Légasse，1959—）

为《周四大事周报》与《玛丽安周报》撰文，经常以食物专家身份批评人们盲从法国料理主权主义及所推崇的原产地认证，并因此而闻名。

推荐书单：《不适当的美食字典》（*Dictionnaire impertinent de lagastronomie*）

文森·费尼欧（Vincent Ferniot，1960—）

文森·费尼欧敦厚不做作，有强烈的好奇心，致力于让大众追求合乎道德的产品与烹饪的乐趣。

推荐书单：《土地的宝藏》（*Trésors du terroir*）

茱莉·安德鲁（Julie Andrieu，1974—）

演员妮可·库赛（Nicole Courcel）的女儿，为克劳德·勒贝的美食界社交圈成员之一。她走遍全世界介绍料理，将魅力跟现代感融入电视节目中。

推荐书单：《茱莉的笔记》（*Les Carnets de Julie*）

天才

大仲马（Alexandre Dumas，1802—1870）

身为作家同时也酷爱美食，写出著名的《烹饪大辞典》，将食谱真正提升到文学层次。

推荐书单：《烹饪大辞典》（*Le Grand Dictionnaire de cuisine*）

约瑟夫·德尔泰

（Joseph Delteil，1894—1978）

诗人与小说家，被誉为超现实主义作家，却永远脚踏实地。1964年，他出版一本简洁的小食谱，兴高采烈地向读者介绍最接近自然的料理。

推荐书单：《旧石器时代烹饪》（*La cuisine paléolithique*）

贝纳·法兰克

（Bernard Frank，1929—2006）

这位美食爱好者活跃于法国文学界，联合几位作家创立名为"骑兵"的团体，包括安东尼·布龙汀（Antoine Blondin）、米榭·德龙（Michel Déon）、罗杰·尼米耶（Roger Nimier）和贾克·罗宏（Jacques Laurent），通过专栏发表其美食观察。77岁时，于巴黎第八区的一间餐厅里过世，死时餐具还拿在手上。

推荐书单：《肖像与格言》（*Portraits et aphorismes*）

皮耶·狄波吉

（Pierre Desproges，1939—1988）

比起幽默作家，狄波吉倒更像是专栏作家，直接承袭作家拉布鲁耶（La Bruyère）、哲学家圣西门（Saint Simon）与小说家朱尔·何纳（Jules Renard）的风格。他花了一年的时间在《法国美食与美酒》杂志上连载专栏，阐述菜肴如何反映现代人的习惯。

推荐书单：《又吃面了》（*Encore des nouilles*）

新兴评论家

亨利·高特（Henri Gault，1929—2000）**与克利斯汀·米鲁**（Christian Millau，1928—2017）

高特与米鲁分别为司法专栏作家和政治记者。60年代时，偶然因为美食走在一起，创造出以两人为名的美食指南，成功地在现代饕客与主厨之间产生回响。1971年推动法国新料理运动，引起世界料理界的革新。但因发展迅速，曾经高瞻远瞩的他们慢慢变得短视近利，与这个圈子渐行渐远。

推荐书单：《美食指南；服务生，担架抬来》（*Les Guides; Garçon, un brancard!*）

克劳德·勒贝

（Claude Lebey，1923—2017）

他在《巴黎竞赛》与《巴黎快报》两家周刊所扮演的角色，对1980至2000年的美食界产生了重大影响。他成为主厨们的消息来源，出版最优秀的法国新料理书籍，提升"小酒馆"在餐厅指南中的地位，一直担任烹饪界的智多星一职。

推荐书单：《法国烹饪的发明遗产，22册》（*L'Inventaire du patrimoine culinaire de la France, 22volumes*）

菲利·库德克

（Philippe Couderc，1932—）

80年代的美食界是严峻的批评时代！经历《分钟》（*Minute*）和《新观察家》（*Nouve lObservateur*）的洗礼，培养出咄咄逼人的态度和手腕，但或许是太高高在上了，渐渐被其他人孤立。

推荐书单：《造就法式料理》（*Lesplats qui ont fait la France*）

吉尔·普德劳斯基

（Gilles Pudlowski，1950—）

诞生于高特与米鲁的年代，出身洛林区却十足像个巴黎人。在重量级前辈评论家环伺下，于80年代至90年代间借由写作崭露头角，如今已从报刊媒体的工作转型为美食博主。

推荐书单：《普德劳指南》（*Les guide sPudlo*）、《美食评论到底有啥用？》（*À quoi sert vraiment un critique gastronomique?*）

餐盘上的青蛙！

撰文：玛丽阿玛·毕萨里昂

法国人被叫青蛙佬不是没有原因的，青蛙可是法国美食的经典，烹饪这种两栖类动物的历史已超过十个世纪。

恒久不变的面糊炸蛙腿

制作面包汤的程序和艺术，从以前到现在没有改变过。根据《巴黎食事》（*Mesnagier de Paris*，1393）的食谱，14世纪的人已经会替青蛙裹上面粉，再用油或猪油炸过，撒上胡椒品尝。

关于食用蛙历史的重要日期

- 12世纪，青蛙不被视为肉品，直到卡汉姆才开始认真看待它。
- 20世纪60年代之前，法国的食用青蛙都来自国内，像东布的欧洲绿水蛙（*Rana esculenta*），以及生活在汝拉省、阿登省和孚日省间的红色林蛙（*Rana temporaria*）。
- 从1970年开始，青蛙数量变少，需求增加，因此促成从南斯拉夫进口活蛙。
- 1980年5月6日，政府下令禁止贩卖青蛙，以保护法国蛙种。来自欧洲东部的活蛙寥寥可数，印度尼西亚的冷冻青蛙一夕蹿红，每年进口四千万吨。

养了十万只青蛙的男人

帕特利斯·法兰索瓦（Patrice François）在2010年成为法国第一位以工业化方式养殖青蛙的专业养殖者。他在德龙省的皮耶尔拉特（Pierrelatte）设立养殖场，每年供给市场四吨的湖侧褶蛙（*Rana ridibonda*）。他希望再过几年可达到每年20吨的产量。因为他的努力，法国人至少可以少吃一点其他国家的青蛙。

自作自受

英国人给法国人冠上"青蛙佬"（froggies）、"吃青蛙的人"（frogeaters）这样的绰号。不过，2013年考古学家在英国巨石阵附近挖出了煮熟且食用过的青蛙腿残骸，时间至少可回溯至八千年前。这可是有史以来发现最古老的青蛙化石*。所以说，到底谁才是青蛙佬呢？

*摘自《卫报》，2013年10月16日。

青蛙的明争暗斗

源自亚洲的青蛙一旦肢解冷冻，要怎么样才能确认它的种类呢？这个问题让两位学者伤透脑筋*，而他们的结论令人大跌眼镜：DNA分析显示，99%以印度尼西亚牛蛙（*Rana macrodon*）之名贩卖的青蛙，实际上是肉质较差的海蛙（*Fejervarya cancrivora*）。

*安玛莉·欧勒（Anne-Marie Ohler）与薇欧莲·寇蓝（Violaine Nicolas Colin），2017年5月25日发表于theconversation.com。

—亚历山大·高提耶的—磨坊风味青蛙

主厨亚历山大·高提耶（Alexandre Gauthier）追随父亲侯隆·高提耶（Roland Gauthier）的步伐，传承这道经典食谱。这家名为"青蛙园"（La Grenouillère）的餐厅就在加来海峡省的沼泽地区。

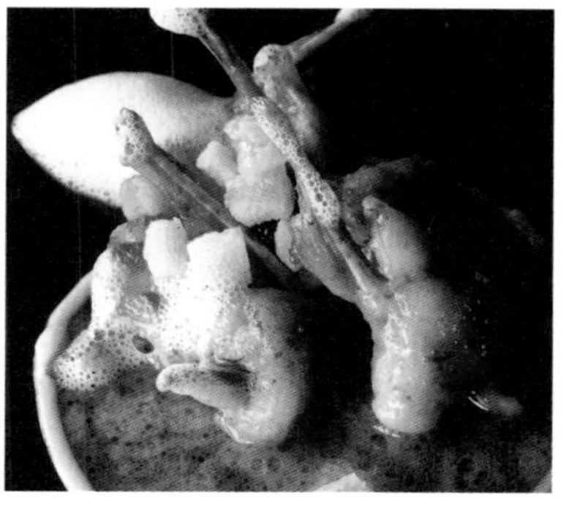

分量： 6人份（前菜）
准备时间： 50分钟
烹调时间： 30分钟

材料：

青蛙腿1千克
柠檬4颗
橄榄油
白吐司1/4条
澄清黄油100克
加盐黄油250克
研磨白胡椒、盐

步骤：

- 柠檬2颗榨汁，另外2颗柠檬去皮和白膜，取柠檬果肉并切成小块备用。
- 白吐司切成0.3厘米的细丁，用澄清黄油（熔化后捞除浮沫的黄油）煎成金黄色。
- 加热平底锅，用橄榄油煎青蛙腿至上色，待腿皮煎至酥脆时放入加盐黄油，直到黄油熔化起泡，加入柠檬汁和盐、胡椒。
- 青蛙腿盛盘后以柠檬果肉丁和面包丁装饰，淋上锅内的焦化黄油。

法国传统面包工艺

撰文：罗兰·福拉（Roland Feuillas）

面粉、盐和水，是最古老也最基础的面包成分。

面包是一种日常食物，但法国面包师傅的烘焙技术却带领它登峰造极。

从古埃及到法国的面包简史

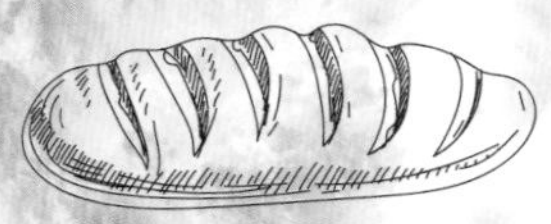

公元前3000年	埃及人意外发现，将富含酵母的尼罗河水与面粉揉合可以让面包膨胀。
公元前5世纪	希腊人发明了漏斗状的碾磨机，开始使用葡萄酒酵母制作各种面包。
1世纪	老普林尼曾写到，高卢人在面团中添加啤酒泡沫后，口感更轻盈的面包广受欢迎。
6世纪	磨坊和烤炉为领主所有，一般人需支付“使用税”才可使用。
中世纪	共享碾磨机和磨粉匠出现，一般家庭也可以自制面包。
1200年	腓力二世开放让磨粉匠可以拥有烤炉，这些人便成为面包工人（panetier）。
1250年	取消“使用税”，面包工人成为面包师傅（boulanger，意指制作球状〔boule〕面包的人）。
1790年	取消盐税，人们开始制作咸面包。
1793年	实行“平等面包”制度，无论身份贵贱，一律吃同一种面包。
1838年	奥地利人奥古斯特·张格（August Zang）在巴黎开了一家面包店，专卖商业酵母制作的维也纳甜酥面包。
1857年	细菌学家路易斯·巴斯德证实，酵母这种微生物就是引发酒精发酵的成分。
1872年	福德思宾格（Fould-springer）爵士开办法国第一家酵母公司。
1873年	燕子牌（Lesaffre）酵母上市，成为全球酵母领导品牌。
1903年	巴黎市郊南泰尔（Nanterre）一家手工面包店师傅查尔斯·赫德贝（Charles Heudebert）发明了干面包（biscotte）。
1993年	《面包法案》修订完成，规定法国传统面包的制造方法。
1997年	当时法国总理尚皮耶·哈法汉（Jean-Pierre Raffarin）订立每年5月16日，也就是面包的主保圣人圣多诺黑节当天为“法国面包节”，同时也为这个行业制定了相关的规章。

自己制作鲁邦天然酵母

要制作天然酵母面包，就要使用高质量有机面粉和泉水混合成的酵种。

- 第一日：在容器内混合25克的T80小麦面粉（或数字更高的面粉）或裸麦面粉和25克的常温水。盖上一个不密封的盖子，或是戳了洞的保鲜膜，放置于室温环境（最佳温度为25℃）。
- 第二日：把50克的面粉和50克的水掺入前一天的液种中搅拌均匀，再次盖好，任其发酵。
- 第三日：拿出一部分液种丢掉。在剩下的100克液种中，加入200克的面粉和200克的水。盖好，继续发酵。每2~3天重复一次这个工序（注意每天要丢掉一半的量，以免最后产生1千克的酵母），直到液种开始冒泡，并散发出一股醋酸味（像优酪或酸菜的味道），鲁邦种（levain-chef）就完成了。
- 做面包时不会直接使用鲁邦种，而是使用唤醒后的酵种，或称之为老面种（levain tout-point）。唤醒的方法是拿出一部分鲁邦种，与至少双倍的水和面粉混合。如需要200克的老面，就用50克的鲁邦种加入100克的水和100克的面粉，放置4小时发酵后再使用（仍是加盖不密封）。酵种膨胀三分之一，并且看起来像巧克力慕斯，这时老面种就成熟了。别忘了保留一部分唤醒后的酵种，下一次做面包再用。如果三天内还会再使用，就放在室温中保存，放到冰箱里则可保存一到两周。
- 所谓商业干酵母指的是新鲜酵母脱水或冻干后的产品，可以直接放入面粉中使用。如果是速发干酵母，就要先加到水中活化。

★揉面

这个阶段除了混合水和面粉，也会把空气揉进面团（大约占总重量的10%）。先混合材料，再折压面团。揉得不够，面团的结构会过于松散；揉过头，麸质又会失去弹性，面包也会塌掉。

★基本发酵

让面团休息。酵母开始增生，也会逐渐散发香气。

★整形

把面团分割成几个短棍，再整成圆球或长棍状。

★二次发酵

入炉前的最后一次发酵。

★裂纹

裂纹是面包师傅的签名。烘烤的过程中，水蒸气和二氧化碳会从这些裂缝中逸出，面包因此膨胀。

面包比一比

天然酵母面包

我们称鲁邦种为“天然酵母”，是因为面粉和空气中的酵母与活菌会自然作用，促使面团下种。它复杂的成分确保了真正的天然酵母面包拥有的香气与养分。此外，发酵的时间拉长后，麸质更容易消化，面包的保存期也较久。

商业酵母面包

相较之下，一般面包和工厂制造的面包使用了单一菌种酵母来发酵。为了缩短发酵时间（与制作时间），业者经常会提高商业酵母的用量，再加上使用的面粉质量低劣，内含的养分不足以喂养酵母，便需要依赖添加物，也因此增加麸质结构的形成，容易引发不耐症。另外，为了增添风味，制作面包的过程中也会多加盐和一种名为菌元（starter）的天然酵母。这种酵母在高温的情况下不会起任何作用，也就是不会再发酵。

天然酵母鲁邦种

历史：这种方法肯定是在无意间发现的，最初大概就是一堆被遗忘在高温环境下的谷物吧。妇女和面包师傅慢慢学会从前一天揉好并发酵的面团中，取出一部分下种。

生物学：鲁邦种是一种活的共生介质，由空气、面粉和容器表面的多种微生物组合而成。它们是单细胞真菌，就和其他生物一样需要呼吸和进食，主要的养分来源是谷物中的碳水化合物。在消耗这些养分的同时，酵母会释放出二氧化碳，带动面团膨胀，并产生酒精、乳酸和乙酸。野生酵母的发酵是自发的，时间拉得较长，大量的菌种促发乳酸和乙酸发酵，为面包带来特殊风味和养分。其中的乳酸也会产生二氧化碳，让面团变得膨松。

操作方式：必须依靠经验，包括使用者的观察、环境条件和添加的材料，才能得到稳定的成果。鲁邦种需要定时喂养以维持活力。

商业酵母

历史：1857年，路易斯·巴斯德发现了活菌和酵母的作用，随后分离出酿酒酵母（*Saccharomyces cerevisiae*，意思是“吃糖的啤酒菌”），或称啤酒酵母。用于制作面包的商业酵母就是从其中某些菌株培育出来的。起初的酵母不甚稳定，为了延长保存期，要经过“奥地利式挤压”（将酵母压模定型成一块块方形），又称为维也纳式手法，与法式的天然酵母制作方式刚好是对立的。

生物学：商业酵母由微生物菌组成，也就是酿酒酵母。它们从面粉中的碳水化合物获得养分，并逸出二氧化碳。一克的商业酵母包含了一百亿个活菌。

操作方式：用水或常温牛奶溶解，静待15分钟即可活化。这种酵母发酵所需的时间很短。新鲜酵母要低温或冷冻保存，若温度超过50℃就会失效。干酵母则是新鲜酵母脱水或冻干后的产品，可直接混入面粉使用。如果是快发干酵母，就要先加到水中活化。

天然酵种面包

准备时间： 10分钟
发酵时间： 14~18小时
烘焙时间： 40分钟
分量： 面包1个

材料：

T80有机面粉500克
泉水400毫升＋50毫升
鲁邦老面150克
盐10克

步骤：

- 依序在搅拌盆里加入盐、400毫升的水、面粉和鲁邦老面，用桌上型搅拌器的钩形搅拌头以1速（低速）搅拌3分钟。接着转到2速（中速）搅拌3分钟，一边加入50毫升的水。也可以用手揉面10分钟，最后再加入50毫升的水。
- 搅拌到面团表面光滑后折压两次，把面团留在搅拌盆或放到沙拉盆里静置。盖上保鲜膜，用刀子戳几个洞，放进冰箱里14~18小时。
- 等面团明显膨胀后，用沾了面粉的刮刀刮出面团，放到撒了面粉的工作台上（木头为佳）。轻轻折压3~4次，小心不要揉。接着把面团滚圆。
- 把滚圆的面团放到沙拉盆中，盖上一条干净且沾了面粉的布，在室温下发酵1~2小时。
- 等待发酵时，可以预热烤箱至260℃。在烤箱内放入披萨石板或原本烤箱附的烤盘，下方再加一层滴油烤盘。
- 预热完成后，用面包铲把面团倒置在石板上，在滴油烤盘中倒入一杯水，赶紧关上烤箱门。20分钟后，把温度降到220℃，接着烤20分钟。
- 当面包表面呈金黄色，且敲打底部时感觉是中空的，就可以取出在网架上放凉了。

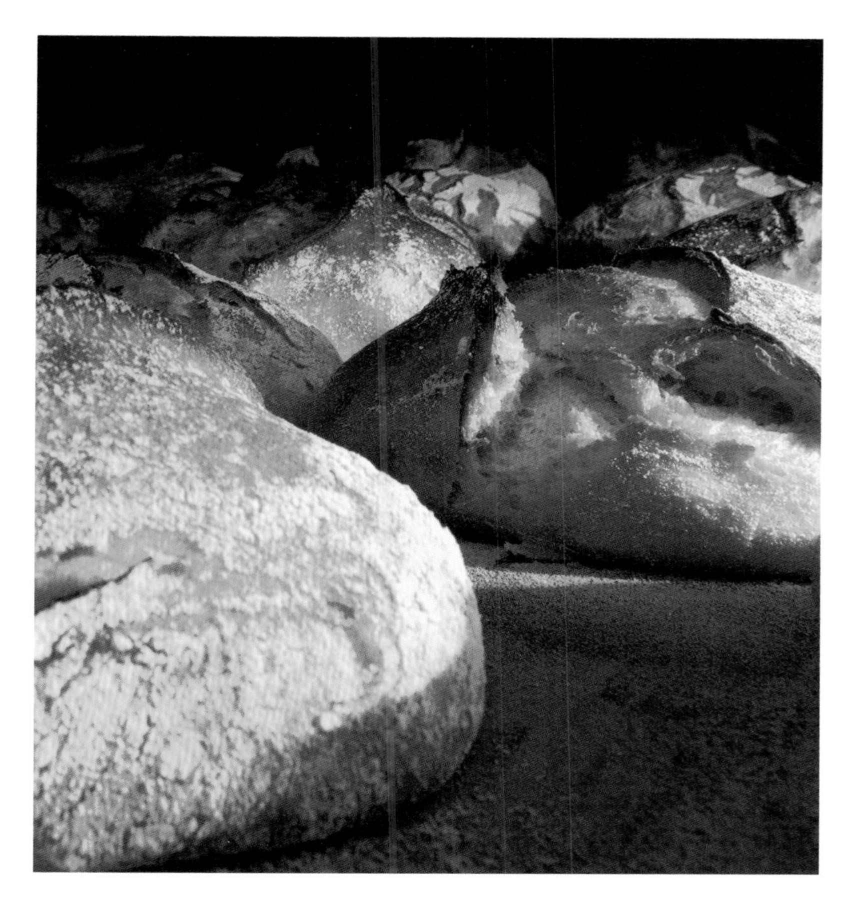

同场加映
谷物与面粉（第370页）

布里奶酪竞赛

撰文：罗杭·赛米奈尔（Laurent Seminel）

莫城（Meaux）和默伦（Melun）的布里奶酪（brie）都获得了原产地命名保护（AOP），但法国还有其他许多的布里奶酪，让我们来实际对比一下。

比一比

莫城布里奶酪	默伦布里奶酪
2.6~3.2千克	1.5~1.8千克
直径36~37厘米	直径27~28厘米
熟成4~8周	熟成4~12周
乳脂含量45%	乳脂含量45%
2014年生产6,255吨	2014年生产255吨

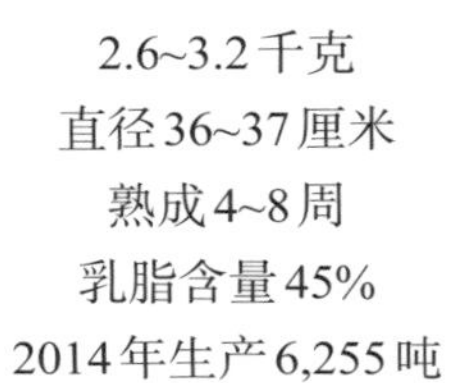

令皇室也疯狂的布里奶酪

- 法兰克人的传奇首领**法拉蒙德**（Pharamond）吃的布里奶酪来自马恩省边界（位于巴黎东方）。
- **查理曼**在何雍布里（Reuil-en-Brie）的隐修院吃到布里奶酪时说："我刚刚发现了世上最好吃的食物。"
- **腓力二世**（Philippe Auguste）在1180年承继父亲路易七世的王权，他常用布里咸派款待宫廷贵族。
- **路易十六**在大革命逃亡期间，来到瓦雷讷（Varennes）暂歇用餐，因坚持吃完布里奶酪而遭逮捕。
- 外交官**塔列朗-佩里戈尔**（Charles Maurice de Talleyrand-Périgord）在1815年维也纳会议期间，为了推广布里奶酪而协助策划一场欧洲奶酪竞赛，其中一款布里被评选为"奶酪之王、甜点之首"。

三块奶酪放在圆木盘上，好似黯淡的月亮一般抑郁。干掉两块还是月圆，第三块被切成四份，两份心还在流着，流出的白色乳霜掏空了奶酪，摊成一池湖水。我们试着用小盘装却徒劳无功，它就这么流到薄盘之外了。

——佐拉，《巴黎之胃》（*Le Ventre de Paris*，1873）

小钵布里，被遗忘的美食

这款奶酪也能放在小钵里享用，却无法这样在市场上销售；我们见到这种形状的布里，都是业余饕客直接到莫城跟奶酪商买的，在市场上可是看不到的。

——荷尼耶（Grimod de la Reynière）

被遗忘的布里奶酪：

- Coulommiers布里，也称"小模子布里"。
- Montereau布里
- Nangis布里
- Macqueline布里
- Malhesherbes布里
- Provins布里
- Nanteuil黑布里，过度熟成的干硬黑布里，通常在农作物收获期食用，因此得小名"丰收布里"。
- 默伦蓝布里，在奶酪表面撒上木炭。
- Somerset布里，英国人制造的布里奶酪！

布里欧修这个名字源自布里奶酪，因为从前会用它来制作这款糕点。

——大仲马，《烹饪大辞典》

咕咕洛夫蛋糕

撰文：皮埃尔·埃尔梅

终于要揭露最经典的咕咕洛夫（kougelhopf）* 食谱了！

秘诀

秘诀就在蛋糕模，形状一定要是"弯曲花瓣形"，而且一定要用陶瓦制成，禁止使用金属和硅胶膜！

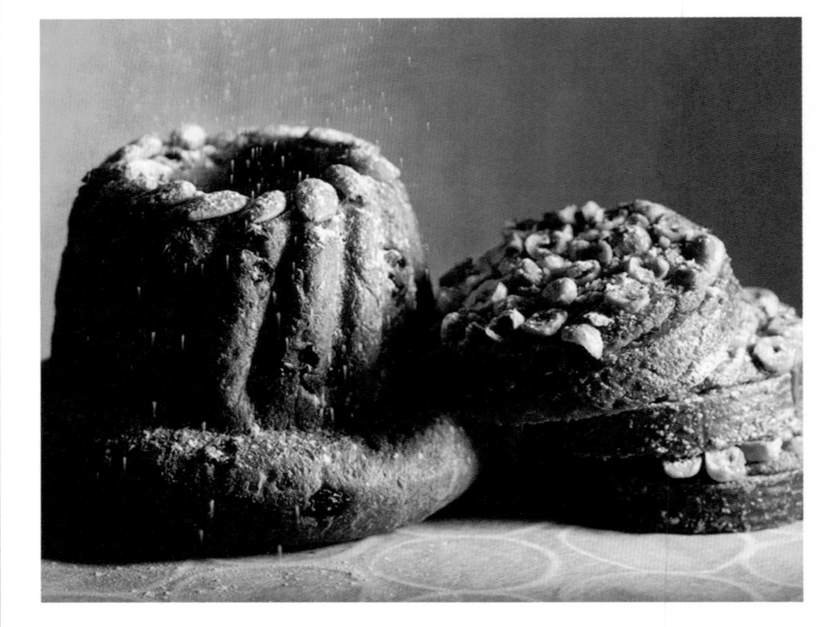

准备时间：40分钟
静置时间：1晚＋8小时
烘焙时间：35~40分钟
分量：咕咕洛夫蛋糕2个

材料：

直径16厘米的陶瓦蛋糕模2个

<u>酵种</u>
面粉115克
商业酵母5克
牛奶80毫升

<u>面团</u>
商业酵母25克
牛奶80毫升、面粉250克
盐3小撮、细砂糖75克
蛋黄2颗、黄油85克
葡萄干145克
农业朗姆酒60毫升
去壳整颗杏仁40克
黄油50克、糖粉

步骤：

- <u>前一晚</u>，把葡萄干全部放在朗姆酒里浸泡。
- <u>制作当天</u>准备酵种：在大碗里混合面粉、商业酵母和牛奶，搅拌均匀后用干净的湿布覆盖，把碗放进冰箱冷藏4~5个小时，直到酵种表面出现小气泡。
- 酵种静置完成后制作面团。用牛奶溶化酵母，然后和鲁邦种、面粉、盐、糖、蛋黄一起倒入一个大碗，混合所有材料，直到面团不会粘碗壁为止。加入85克的黄油切块，继续搓揉搅拌面团，直到不会粘碗壁的状态。把浸在酒里的葡萄沥干加入大碗，与其他材料混合后用布覆盖碗口，放在室温下静置约2小时，直到面团膨胀一倍。
- 在蛋糕模内侧涂上黄油，每个凹槽底部都放1颗杏仁。把面团放在撒了面粉的工作台上，两等份，用手掌分别按压面团，再折回原本形状，反复揉捏。把面团放在工作台上，用手掌紧触面团画圆，把面团滚成球形。
- 手指沾一点面粉，分别把球形面团放在手上，用大拇指从中心下压，把面团稍微拉开，放进蛋糕模中。让面团在室温下静置约1小时30分钟，要是环境比较干燥，可以用干净的湿布盖住蛋糕模。
- 预热烤箱至200℃，把两个蛋糕模一起放进烤箱烤35~40分钟。烤好的蛋糕放在烤架上脱模。将黄油熔化后，用刷子刷在蛋糕上，让蛋糕不要太快变干。刷好后静置待凉，撒上一些糖粉即可食用。如果要保存咕咕洛夫蛋糕，就用保鲜膜把蛋糕包起来。

*一般拼法为kouglof，阿尔萨斯原本的拼法为kougelhopf。——编注

当名厨成为电视明星

撰文：布兰汀·包耶

他是法国美食节目第一位代表人物，也是大维富（Grand Véfour）餐厅的主厨，更是他把地方菜肴重新带回巴黎餐桌。

雷蒙·奥利维
Raymond Oliver（1909—1990）

从吉伦特省到大维富的历程

1909
出生于吉伦特省（Gironde）朗贡镇（Langon）。

1948
买下巴黎大维富餐厅。

1953
获得米其林三星。

1954
电视节目《烹饪的艺术与魔法》开播。

1971
开始尝试健康饮食料理。

1984
把大维富卖给泰亭杰（Taittinger）家族。

1990
在巴黎去世。

座上名人

巴黎名人很快就习惯到大维富用餐，常客名单包括：

安德烈·马尔罗（André Malraux）
让·季洛杜（Jean Giraudoux）
萨沙·吉特里（Sacha Guitry）
路易·阿拉贡（Louis Aragon）
爱尔莎·特奥莱（Elsa Triolet）
马塞勒·施沃布（Marcel Schwob）
尚保罗·沙特（Jean-Paul Sartre）
西蒙·波伏娃（Simone de Beauvoir）
马瑟·巴纽（MarcelPagnol）
朱丽叶·葛芮柯（Juliette Gréco）
路易·儒韦（Louis Jouvet）
尚·考克多（Jean Cocteau）
柯蕾特（Colette）

招牌菜肴

➤ 柯蕾特烤饼
来自俄罗斯的千层烤饼，内馅包含鲑鱼、鸡蛋与菠菜。

➤ 尚·考克多的珠鸡
将肥肝、干邑白兰地和松露做成的馅料填入珠鸡。

➤ 小牛胸腺佐酸葡萄汁
鲜美完整的小牛胸腺佐青葡萄汁做成的酱料。

➤ 大伊风鱼酱糜
向《料理大全》的作者纪尧姆·堤黑勒（Guillaume Tirel）致敬。

辣椒杏仁焗烤贝类 *

材料：
欧洲蚶蜊6颗
灰蛤蜊6颗
布修淡菜6颗
面包粉1汤匙
杏仁碎1汤匙
粗盐100克
白酒1/2杯

蒜味黄油青酱
欧芹碎末1汤匙
雪维草1汤匙
龙蒿1汤匙
红葱末1汤匙
大蒜末1瓣
黄油80克
茴香酒1茶匙
埃斯佩莱特辣椒粉1小撮

步骤：
- 清理贝类，把贝类浸在盐水里吐沙30分钟。
- 在长柄锅内放入贝类，倒入白酒，开大火加热让贝壳打开，捞起沥干，去除上壳。
- 将黄油、香料、红葱末、大蒜末、辣椒粉与茴香酒混拌成黄油酱，用汤匙分别抹在贝类上。
- 把贝类放在烤盘上，撒上粗盐、面包粉与杏仁碎，进烤箱用上火烘烤。

* 食谱摘自《爷爷的料理》（*La cuisine de mon grand-père*），布鲁诺·奥利维（Bruno Oliver）著。

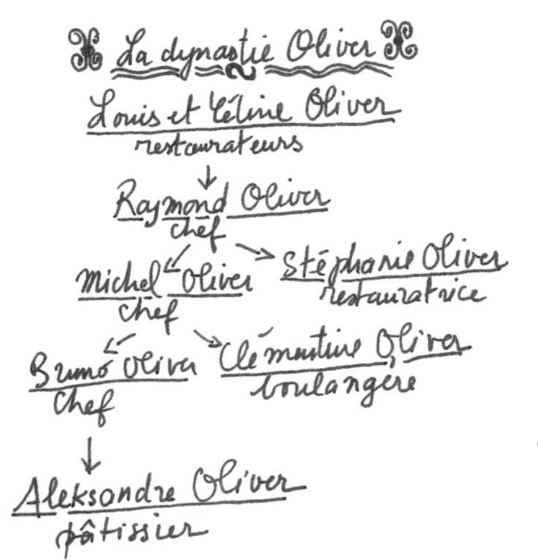

博学多闻

他读过的书籍近六千本，将法国美食从古到今彻底研究一番。他还重新编辑了几本经典，包括大伊风在1501年出版的《料理大全》。

电视名厨

1954年末，法国广播电视公司为美食厨艺专门制作了一档节目，由雷蒙·奥利维和凯瑟琳·朗杰黑（Catherine Langeais）搭档主持的《烹饪的艺术与魔法》（*Art et magie de la cuisine*），每集长度约20分钟，在13年时间里征服了法国家家户户。奥利维因此声名大噪，成为法国最受欢迎的主厨之一，也是外国人最熟悉的主厨。料理从此成为可以在媒体上展现的表演。

大屏幕演出

奥利维不只在电视上表现杰出，他还在尚·谢哈斯（Jean Chérasse）执导的电影《莫伯日的月光》（*Clair de Lune à Maubeuge*，1962）出演他自己；同一年，他也在吉勒·格宏吉耶（Gille Grangier）执导的《埃普索姆的拉弗雷切酒店》（*Le Gentleman d'Epsom*）中也有参演，与米歇尔·欧迪亚（Michel Audiard）演对手戏。

广播剧

皮埃尔·达克（PierreDac）和弗朗西斯·布兰奇（Francis Blanche）在50年代合作演出广播剧，他们在剧中饰演两位笨拙的侦探小白与小黑。故事描述他们如何阻止大坏蛋爱德蒙·菲侯（Edmond Furax），以及过程中发生的曲折情节。奥利维在第二季《神圣血肠》（*Boudin Sacré*）的其中一集里插了一“角”。

国王派的秘密

撰文：法兰索瓦芮吉·高帝

一月抽签当国王！这个日子是法国人最热衷的糕点传统。
每年，糕饼师傅都绞尽脑汁，制作兼具技术与创意的国王派。
但最好吃又好玩的，还是自制的家常国王派。
以下是国王派制作（游戏）说明书。

词汇补给

干国王派（galette sèche）：没有内馅的国王派，专门给热爱千层派皮的人。

瓷偶收藏家（fabophile）：专指收藏国王派瓷偶的人。

杏仁奶油酱（crème d'amandes）：奶油、杏仁粉和糖混合成的内馅。

杏仁奶油糊（frangipane）：在杏仁奶油馅里添加卡士达酱。但纯的杏仁奶油馅口感佳、油质少，制作也比较方便。

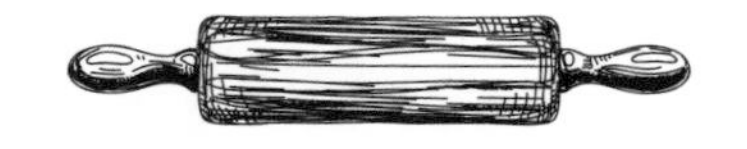

自制国王派大哉问

➢千层派皮？

一定要用纯黄油制作！最好在口碑好的面包店、专门制作手工派皮的店，或是连锁冷冻食物超市购买。

➢杏仁？

用带薄膜的有机杏仁制作杏仁粉，杏仁放到烤箱里烤一下，和薄膜一起打成粉状。这么做质量较好，也比市面零售的便宜。你也可以学克莱尔·海兹勒（Claire Heitzler，杜拉丽的首席糕点师）的方式，在杏仁粉里加入一些碎杏仁粒，增加酥脆的口感。

➢杏仁精？

老派的师傅会添加杏仁精，加强杏仁的味道。这里推荐添加1/2茶匙的杏仁糖浆，就会有淡淡的香气了。

➢一瓶盖朗姆酒？

传统的杏仁奶油酱里总会添加一瓶盖的朗姆酒（白朗姆或黑朗姆都可以）。新生代糕点师傅则偏好无酒精的版本。

布杰*的传统杏仁奶油国王派

准备时间： 20分钟
烘焙时间： 30~45分钟
分量： 直径30厘米的国王派1个（8~10人）

材料：
纯黄油千层派皮2张
杏仁粉125克
软化黄油125克
红糖100克
鸡蛋2颗
蛋黄1颗，加1汤匙的水或牛奶搅打（刷在表面上色用）
瓷偶1个

步骤：

- 用手指把黄油按软，分次加入红糖和室温的鸡蛋，再加入杏仁粉拌匀。混合后的馅质地应该要均匀柔软。
- 在烤盘上放一张烘焙纸，铺上第一张派皮。使用挤花袋或汤匙把杏仁奶油酱放到派皮上。请注意，奶油酱的厚度要一致，派皮周围要留一圈2~3厘米的空隙。
- 放上瓷偶，绝对不要放在正中央！
- 用刷子在派皮边缘刷上一些冷水，然后铺上另一张派皮，用手指把上下两张派皮压合，力道不要太重，以免形成凹槽。
- 在派皮上刷一层打好的蛋液，最好能先静置几小时，再送入180℃的烤箱烤30~45分钟（按烤箱性能决定）。冷却后就可以和大家一起享用了。

* 于格·布杰（Hugues Pouget），巴黎Hugo & Victor甜点店主厨，地址：40, boulevard Raspail和7, rue Gomboust

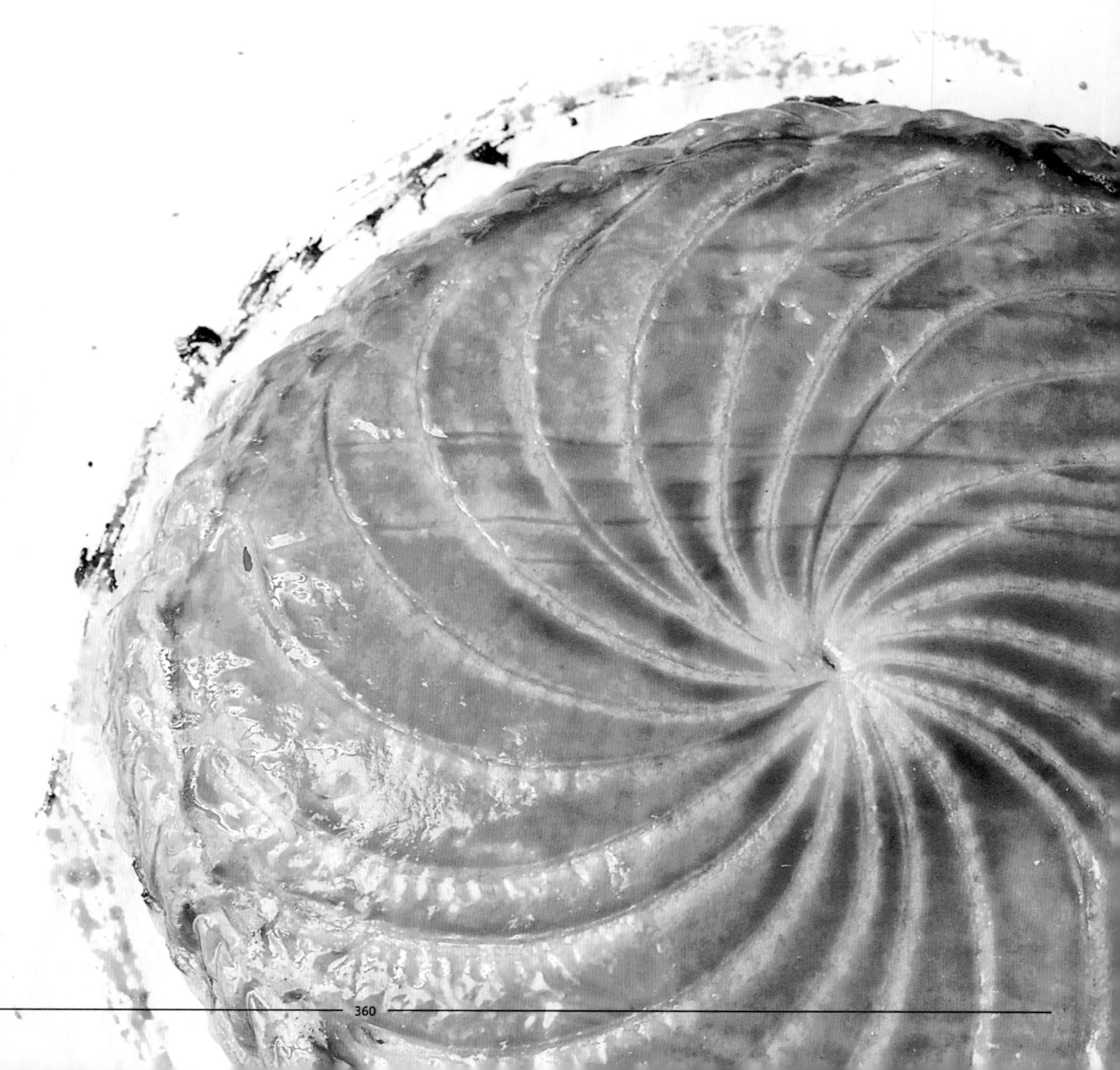

番薯国王派

翻阅《甜食大辞典》*时，我们意外发现一款1839年的“西班牙甜马铃薯奶油馅”（18世纪，番薯刚传入法国南部时，法国人是这么称呼它的）。专栏作家艾丝黛拉·贝雅尼（Estérelle Payany）成功地将这个食谱用在国王派上。这种内馅的黄油较少，而且有天然的甜味，吃起来更无负担！

准备时间：30分钟
烘焙时间：1小时
分量：直径约30厘米的国王派（8~10人）

材料：
纯黄油千层派皮2张、番薯150克
软化黄油60克、糖80克
杏仁粉120克、鸡蛋1颗
蛋黄1颗，加1汤匙的水或牛奶搅打过（刷在表面上色用）
黑朗姆酒1瓶盖、细盐1撮
瓷偶1个

步骤：
- 番薯带皮放入滚水煮15~20分钟，用刀尖测试是否煮熟了。煮好后剥皮打成泥。
- 用打蛋器搅打软化黄油和糖，依次加入鸡蛋、杏仁粉、番薯泥、朗姆酒和盐。搅拌时小心不要拌入空气，直到变成顺滑的奶油馅。把做好的奶油馅放到千层派皮上，边缘留下2厘米的空隙。
- 放上瓷偶，绝对不要放在正中间！
- 用刷子在派皮边缘刷上一些冷水，然后铺上另一张派皮，用手指把两张千层派皮的边缘捏紧黏合。放进冰箱冷藏1小时。
- 预热烤箱至180℃。在派皮表面刷一层打好的蛋液，用刀背画出想要的花纹，进烤箱烤30~45分钟（按烤箱性能决定）。冷吃热吃都好吃。

*《甜食大辞典》（*Dictionnaire de la Gourmandise*），安妮·佩耶罗贝（Annie Perrier-Robert）著。

这一块给谁？抽瓷偶当国王的简单由来

古罗马时期的人已经会在农神节时玩这种抽签当王的游戏。人们会让家中最小的孩子躲到桌下决定如何分配国王派，当时派里藏的不是瓷偶，而是一块蔬菜干。

公元元年（耶稣诞生时），国王派是东方三贤者（又称“东方三王”）第一次见到耶稣时享用的食物。小小的瓷偶代表了耶稣。

中世纪时期，波旁公爵路易二世立下了“一日国王”的惯例，每年都会邀请一位出身贫贱的八岁孩子，为他穿上王室的服装后同桌进餐，并且提供奖学金让他接受教育。

路易十五时期，人们吃国王派时会留一块献给圣母，这块派最后会分送给穷人吃。

法国大革命时期，人们吃的是“自由派”或“平等派”。当时获得小瓷偶的人不戴皇冠，而是用另一种更具革命意义的佛里几亚无边帽（bonnet phrygien）。

1975年，总统季斯卡把这个传统带进爱丽舍宫，只是里面没有任何瓷偶。怎么能在共和国的天空下指定一个国王呢！

是千层派，还是布里欧修？

据说北部人用派皮制作国王派，南部人则用布里欧修？实际情况比这复杂多了。根据皮耶·垃坎（Pierre Lacam）在《糕点的历史与地理回忆录》中提到：“巴黎用的是派皮，而在30古里（约120公里）外的里昂则用天然酵母做的布里欧修，汉斯和梅斯也是；南特是用酥皮面团；布列塔尼使用添加波旁香草糖的天然酵母派皮；波尔多有环形松糕（tortillon）和香水柠檬蛋糕；图卢兹有利慕蛋糕（gâteaux de Limoux）；地中海沿岸地区一般和里昂一样都用甜布里欧修。抽瓷偶时，法国人会说‘le roi boit’（国王要喝酒），这种说法也是里昂人带头开始的。”

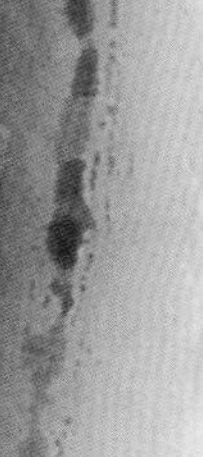

同场加映
费劲擀出好吃千层酥（第342页）

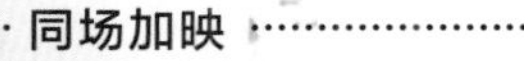

林涅克的巧克力震撼

撰文：法兰索瓦芮吉・高帝

西利・林涅克（Cyril Lignac）从阿韦龙省来到巴黎，参加电视节目、出书、开餐厅、做面包，当然还有一间甜点店！他的美食冒险触及各个层面，与甜点师本诺・辜孚宏（Benoît Couvrand）的组合更是震惊了大家的味蕾。本篇介绍使用高纯度巧克力制作的三款甜点食谱。

虎皮蛋糕

分量：10块

材料：

黄油95克
糖粉175克、杏仁粉65克
T45面粉（低筋）65克
泡打粉2克、盐2克
蛋白180克（约6颗蛋）
黑巧克力豆150克

甘纳许

液体鲜奶油170克
黑巧克力90克
牛奶巧克力30克

工具

咕咕洛夫蛋糕模10个

步骤：

- 预热烤箱至175℃。用长柄锅熔化黄油，持续加热至颜色转深（榛果色），然后倒入碗中以免黄油继续变色。
- 混合糖粉、杏仁粉、面粉、泡打粉和盐，慢慢加入蛋白拌匀，再倒入温黄油，最后加入巧克力豆。
- 在蛋糕模里涂上黄油，每个模型倒入面糊50克，送进烤箱烤15分钟。一出炉就马上脱模放凉。
- 烤蛋糕期间制作甘纳许。将鲜奶油煮沸，倒在两种巧克力上搅拌一下，再用手持搅拌器混合均匀，静置待凉。
- 盘子先铺上烘焙纸或硅胶垫，放上虎皮蛋糕，等甘纳许开始变浓稠凝结，尽快倒在蛋糕中央，待凉食用。

占度亚派

这款派酥脆美味，
是必尝的西利・林涅克甜点。

分量：8人份

材料：

杏仁粉30克
T55面粉（中筋）165克
糖粉70克、黄油100克
鸡蛋1颗、盐1克

占度亚甘纳许

牛奶40克
液体鲜奶油130克
榛果牛奶占度亚巧克力330克
巧克力片少许

步骤：

- 把黄油放入桌上型搅拌机的不锈钢盆，打发黄油至顺滑，加入杏仁粉、糖粉和盐花，然后先混入1/3的蛋和1/3的面粉，搅拌至完全均匀后再分两次加入剩下的蛋和面粉，搅拌成球形面团，放入冰箱静置1小时。
- 混合牛奶和鲜奶油，加热至沸腾。隔水熔化占度亚巧克力，倒上煮滚的牛奶和鲜奶油，稍微拌过后用手持搅拌器打匀。
- 预热烤箱至150℃。稍微揉一下面团，在工作台上撒上面粉，用擀面棍把面团擀开成厚度2.5毫米的面皮。
- 在派模里涂上黄油，放入面皮塑形后进烤箱烤20分钟，出炉后放凉。倒入甘纳许，放进冰箱静置2小时，食用前撒上巧克力片。

热可可

分量：8人份

材料：

液体鲜奶油230克
全脂冰牛奶350克
香草荚1/2枝，切开并刮下香草籽
牛奶巧克力190克
黑巧克力320克

步骤：

混合液体鲜奶油、牛奶、香草荚与刮下的香草籽，加热至沸滚后捞起香草荚，把混合液倒在两种巧克力上，搅拌至均匀，倒入杯中趁热享用。

*西利・林涅克的巧克力坊
Chocolaterie Cyril Lignac，地址：25, Rue Chanzy, Paris 11e
Gourmand Croquant，地址：34, rue du Dragon, Paris 6e

同场加映
浓情巧克力（第139页）

拥有蓝色血脉的洛克福奶酪

撰文：史蒂芬·索林涅

洛克福（Roquefort）是奶酪中具有身份认证*的贵族，套用库诺斯基的话来说也是“山与海之子”。

关于洛克福奶酪的九个重要日期

传奇时代

一位年轻的牧羊人因为陷入爱河，把一块奶酪和面包忘在洞穴里，“尊贵的蓝霉”就此诞生。

77年

老普林尼谈到一种来自嘉巴利地区（pays des Gabales，现为洛泽尔省和上卢瓦尔省的一部分）的奶酪，这种奶酪在罗马十分尊贵。

795年

查理曼在阿韦龙省瓦布雷（Vabres）修道院里，吃到一种奇怪的发霉奶酪，不过他越吃越爱这个口味。

1411年

查理六世下令认可洛克福居民有制作奶酪的专利权，因为他们“仍如同远古时代的传说，在村子的岩洞里精炼奶酪”。

1550年及1666年

图卢兹议会判决惩处卖假洛克福奶酪的商人。

1782年

狄德罗与达朗贝尔在《百科全书》里如是说：“洛克福无疑是欧洲第一名的奶酪。”

1912年4月

泰坦尼克号上的50吨洛克福奶酪随着船难沉没，这也成了洛克福征服美国的路上所遭遇的障碍。

1925年

成为第一个获得原产地命名保护（AOC）的奶酪。

1996年

获得原产地命名保护（AOP）认证。

生产洛克福奶酪的七间公司

Ets Carles（1927年成立）
Ets Combes（1923年成立）
Fromageries Occitanes（1994年成立）
Fromageries Papillon（1906年成立）
Ets Gabriel Coulet（1872年成立）
Société des Caves et desProducteurs réunis（1863年成立）
Ets Vernières（1890年成立）

简述洛克福奶酪原产地命名保护的条件

- 必须使用未经加工的全脂羊奶。
- 产奶的羊一定要是拉卡尼羊（Lacaune）。
- 养殖的羊圈和奶酪生产区有固定范围，这个范围（共含6个省）称为“光芒区”（leRayon）。
- 制作过程中在乳汁中加入发酵的酵素凝乳，接着注入洛克福青霉菌。
- 用海盐干擦。
- 奶酪在阿韦龙省苏宗河畔罗克福（Roquefort-sur-Soulzon）的窖房内熟成，窖房位于康巴卢（Combalou）山区的天然岩洞中，是产地所划出长2公里、宽300米的区域，这个区域因洞穴裂缝形成高耸有如烟囱的自然通风系统，可有效保证窖房内的温度与湿度。
- 窖房内熟成至少要14天。
- 熟成期90天以上的洛克福奶酪才可销售。

从数字了解洛克福奶酪

位居康堤奶酪之后，洛克福奶酪是法国人食用量第二多的奶酪。

16,900吨
洛克福奶酪2014年的产量（与近十年相比算少，但这个产量比1800年高出74倍！）

769,000头
洛克福奶酪产区内奶羊养殖场里母羊的数量。

32.8%
乳脂含量。

2.5~2.9千克
完整洛克福奶酪饼的总重量。直径20厘米、高9厘米圆柱形洛克福奶酪。

11层
熟成地窖最多可达11层。

7~8℃
窖房里固定的温度。

90天
AOC洛克福奶酪的最少熟成天数。

90
每年进口洛克福奶酪的国家数量。

1,700人
每天制作洛克福奶酪的工人人数。

产于科西嘉岛的洛克福奶酪？

有些洛克福奶酪生产者考虑到扩大收集区域的必要性，以及市场需求，再加上阿韦龙母羊和科西嘉母羊产奶期不同（阿韦龙母羊2~7月、科西嘉母羊11~5月），于是在19世纪末至科西嘉岛设厂。

路易·希卡勒（Louis Rigal）在1899年来到科西嘉岛设厂，随后很快有人效仿，其中有大公司也有小公司。从1905年开始，科西嘉的奶酪厂提供市场上5%的洛克福奶酪。

随着第一次世界大战爆发，法国本地的乳品工厂和品牌数量快速增加。就和光芒区一样，科西嘉岛也经历了小公司被大公司吸收的过程。虽然现在经销商很少提到奶源来自科西嘉岛，但科西嘉岛至今仍然对洛克福奶酪的生产贡献卓越（岛上在2010年时共有95位羊乳生产者，产出250万升的羊奶）。

什么是“光芒区”？

- 收集羊奶来制作AOC洛克福乳酪的地区。
- 几世纪以来都仅限于阿韦龙周遭的天然岩穴。
- 从19世纪后半开始，首先放宽至鲁埃格（Rouergue）及边界地区（洛泽尔省、加尔省、埃罗省、塔恩省、奥德省），然后才是比利牛斯山和科西嘉岛。

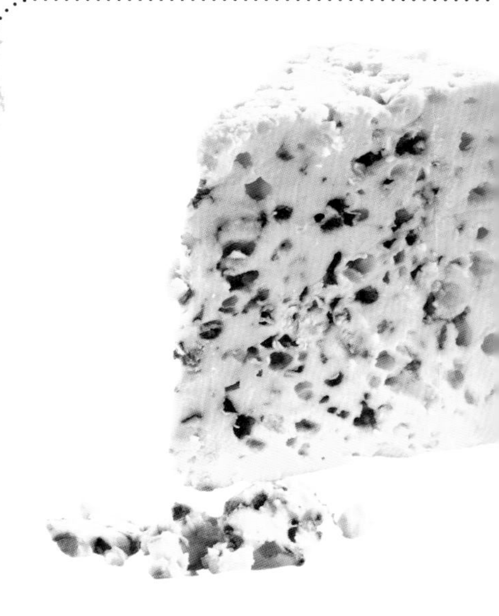

洛克福青霉菌

- 制作洛克福奶酪的必要原料。
- 是一种天然活菌。
- 必须在法国培植。
- 在窖房流通的空气和湿度影响下，青霉菌会在奶酪内部发展。一旦注入这种霉菌，奶酪上就会出现蓝绿的斑纹。
- 不同的生产者会使用不同的菌株，也会产生不同的风味与滑腻感。

*库诺斯基曾写过一本*Lettres de noblesse*，由一位专门生产洛克福的奶酪商出版，书里包括以洛克福为材料的食谱；Lettres de noblesse原指古时可证明贵族身份的文件，在这里有双关意涵。——译注

同场加映
意外的美味（第66页）

鳕鱼在他方

撰文：费德里克·拉里巴哈克里欧里

讲到鳕鱼就想到葡萄牙？不！鳕鱼可是法国的珍宝。这种原本是穷人吃的鱼，后来怎么变得过度捕捞，而成为稀少又昂贵的鱼种，让我们重新探索……

布列塔尼

· 布雷斯特风味鳕鱼：加入韭葱和马铃薯炖煮
· 班波勒风味鳕鱼：加入马铃薯的焗烤料理
· 迪纳尔风味鳕鱼：加入马铃薯的炸鳕鱼球

诺曼底

· 诺曼底风味焗烤鳕鱼：马铃薯、法式酸奶油和淡菜

上法兰西大区

· 鳕鱼沙拉：配马铃薯与甜菜根
· 马瑞里斯奶酪烤鳕鱼

阿尔萨斯

· 奶酪鳕鱼菜卷
· 鱼酸菜：搭配蜗牛一起吃

鳕鱼脱盐

食用前12~24小时，把切块的鳕鱼鱼皮朝上（鱼皮防水，效果会打折扣）放在滤锅里（避免鳕鱼接触到大盆底部，因为会有溶出的盐沉积），再把滤锅放进装有冷水的大盆里，其间固定换水。

法国海外地区

法属安的列斯

· 油炸鳕鱼丸
· 鳕鱼丝沙拉：配上莱姆、小黄瓜、大蒜、辣椒
· 鳕鱼酪梨酱：加入酪梨、柠檬及木薯
· 鳕鱼肉酱：内含青葱和欧芹的咸修颂
· 番茄碎鳕鱼

留尼汪岛

· 辣番茄酱炖鳕鱼：用姜、番茄、箭叶橙、蒜、洋葱、辣椒、芒果或青木瓜炖煮

圣皮耶与密克隆群岛

· 鳕鱼炖菜
· 炸马铃薯鳕鱼球

新阿基坦大区

· 莳萝鳕鱼欧姆蛋
· 夏朗德式蒜味鳕鱼：葱、夏朗德风味蜗牛和橄榄
· 鳕鱼馅饼：佩里格风味料理，内馅还有马铃薯和核桃油

普罗旺斯-阿尔卑斯-蔚蓝海岸大区

· 鳕鱼火上锅，又称蒜泥酱大冷盘：内含鳕鱼干、海螺、鸡蛋和蔬菜
· 鳕鱼佐哈伊朵酱：酱汁由红酒、洋葱、橄榄和番茄调制
· 番茄炖鳕鱼干
· 尼斯鳕鱼：与番茄、甜椒和西葫芦一起炖煮

巴斯克地区

· 圣星期五欧姆蛋：加入糯米椒
· 巴斯克风味鳕鱼：鳕鱼、番茄、甜椒和埃斯佩莱特辣椒
· 鳕鱼汤：鳕鱼、韭葱、辣椒和马铃薯

奥克西塔尼大区

· 鳕鱼卡酥来（塔恩省）
· 鱼佐伯那西酱：搭配白腰豆与韭葱
· 鳕鱼干马铃薯泥（阿韦龙省）：鳕鱼干、鸡蛋、蒜、核桃油
· 奶油鳕鱼（尼姆）

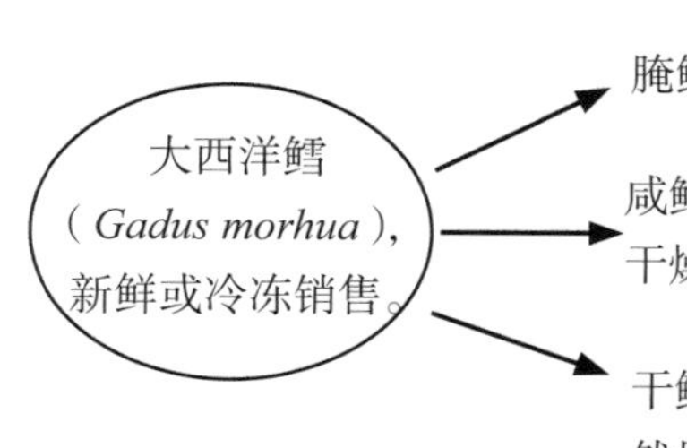

科西嘉岛

· 莙荙菜煮鳕鱼：加韭葱、葡萄干一起煮
· 鳕鱼炸饼
· 科西嘉布洛丘奶酪烤鳕鱼

探一探鳕鱼的历史与地缘

➤自**1500年起**（或更早），巴斯克人在纽芬兰附近发现了鳕鱼群，因此在那里定居下来。

➤**16到19世纪**，鳕鱼捕捞快速发展时期。法国渔夫被称为“terre-neuvas”（在纽芬兰附近的捕鳕人）或“islandais”（到冰岛捕鱼的渔民），他们对圣让德吕兹、波尔多、贝格莱、班波勒、迪纳尔、圣布里厄、圣马洛、格朗维勒、费康、第厄普、敦刻尔克等地区的港口扩建有很大的贡献。

➤**18世纪**，被称为“帝国灰尘”（因为面积非常小，位置又不具战略性）的圣皮耶与密克隆群岛，持续鳕鱼工业活动（包括捕鱼、制造加工产品等）。

➤**1988—1992年**，同英国和冰岛的“鳕鱼之战”一样，法国和加拿大也因为捕鱼区域划分起冲突。

渐渐改变的鳕鱼

大西洋鳕（*Gadus morhua*），新鲜或冷冻销售。

→ 腌鳕鱼，盐腌但不风干。
→ 咸鳕鱼，盐腌干燥（盐会使鳕鱼干燥）。
→ 干鳕鱼条，不经过盐腌，选择自然风干。

圣星期五炸鳕鱼*

准备时间：10分钟
烹调时间：10分钟
分量：4~6人份

材料：
鳕鱼500克（需要脱盐）
面粉100克
牛奶100毫升
鸡蛋1颗
泡打粉1/2小包
番茄泥1罐
红葱5颗
方糖2~3颗
橄榄油
盐、胡椒

步骤：
- 甜味番茄酱汁：红葱切丁后用橄榄油炒，加入番茄泥、盐、胡椒、糖，用小火收干。
- 油炸用面糊：混合面粉、鸡蛋、牛奶、泡打粉和胡椒。
- 鳕鱼去皮，切成长、宽皆为4厘米的正方形。仔细去除鳕鱼的水分，用手大力按压鱼肉，然后用干净的布（或厨房纸巾）拭干水分。
- 将处理好的鳕鱼浸入面糊中，用橄榄油煎炸。炸好的鳕鱼佐上番茄酱、米饭或者水煮马铃薯食用。

*由乔瑟特与玛德莲·巴哈柳利（Josett & Madeleine Baraglioli）提供的家常食谱。

奶油鳕鱼

准备时间：25分钟
烹调时间：30分钟
分量：4人份

材料：
鳕鱼600克（需要脱盐）
浓稠法式酸奶油200毫升
大蒜2瓣
橄榄油150毫升
胡椒

步骤：
- 在万用汤锅里加满水（不要放盐），把鳕鱼放进汤锅中，开火煮至水滚，水一滚就关火，让鳕鱼在水中静置10分钟。鳕鱼沥干放凉，一边去除鱼皮和鱼刺，一边剥开鳕鱼肉。
- 烧一锅加了盐的水，在咸滚水中放入大蒜煮5分钟，沥水后去皮，用食物调理机打成细泥。
- 在万用汤锅中倒入一半分量的橄榄油，热油至微温，放入剥开的鳕鱼肉，尽量翻炒至鱼肉呈现泥状，然后再加入另一半橄榄油，一边加油一边搅拌鱼肉，然后加入酸奶油、蒜泥和胡椒，试味道并斟酌调整。煮好的奶油鳕鱼应该呈现顺滑泥状，建议趁热享用。

你知道吗？

埃斯科菲耶在最后一本著作《实惠生活：鳕鱼》（*La Vie à bon marché. La Morue*，1929）中，整理了80道鳕鱼食谱以向鳕鱼致敬。

鳕鱼为什么会这么受欢迎？

长久以来，因为捕获量多、价格实惠，再加上能提供优质蛋白质，鳕鱼备受欢迎。冬季，新鲜渔产稀少，价格又昂贵，鳕鱼因此成了“必备”的鱼肉。
味道中性，可替菜肴添加咸味，再加上可以长期保存，这些特质让鳕鱼可以轻易使用于各种料理，而且不仅限于滨海地区（盐腌或风干之后就可以运送到世界各地）！

同场加映
鲱鱼，来头不小的贵族（第50页）

肉酱竞赛

撰文：玛丽埃勒·高德里

把来自都兰的产物还给都兰！就算勒芒的法式肉酱最受欢迎，拉伯雷非常喜爱的这种“猪肉制棕色果酱”其实源自都兰。这两地的肉酱将在本篇中一较高下。

什么是法式肉酱（rillettes）？

最初制作肉酱是为了在冬季保存肉类。制作时肉块必须长时间在油脂中熬煮，主要使用猪肉，不过也可以用鸭肉、家禽肉甚至兔肉。巴尔扎克认为肉酱是“最鲜美多汁的咸味小点”。在16世纪时，肉酱使用肉块煮成入口即化的丝条状，因此被称为“rille”（细丝）。

	都兰	勒芒
起源	诞生于15世纪。	19世纪时因为铁路发展与三明治快速流行而大受欢迎。
烹调时间	6厘米厚的肉块不加盖，连续煮5个半小时到12个小时，有时会加入白酒增添香气。	6厘米厚的肉块通常加盖焖煮5小时，煮的过程中不时开盖，只用盐和胡椒调味。
外观／质地	大条的肉类纤维，质地较干，用叉子直接品尝。	肉类纤维，质地较软也较油腻，像肉糜般抹开吃。
颜色	棕色	带粉红的灰色
肉酱美食协会	自1977年成立的都兰肉酱与卤肉协会（La Confrérie des rillettes et rillons de Touraine）。	自1968年成立的萨尔特熟肉抹酱骑士协会（La Confrérie des chevaliers des rillettes sarthoises）。
地理保护标志（IGP）	于2013年取得	申请中
推荐店铺	Hardouin（1936年成立至今） 地址：50, rue de l'Étang-Vignon 37210（Vouvray）	Prunier（1931年成立至今） 地址：23-25, rue de la Jatterie 72160（Connerré）

各式肉酱

法国各地有许多不同的肉酱，虽然各产地的界线有点模糊。为了不浪费，这些肉酱使用了猪肉脂肪制作，猪肉皮、三层肉、猪咽喉肉、猪背脂肪、猪肚脂肪，甚至五花肉都能拿来做肉酱用的猪油脂，不过制作方式也各有不同。以下介绍几种特殊肉酱。

康堤肉酱（Rillettes comtoises）：
这种制作方法始于20世纪70年代，依照当地传统使用烟熏猪肉制作。这种肉酱涂抹在面包上的确有无法取代的特殊香气。

里昂猪油渣（Grattons lyonnais）：
猪油渣在里昂就像花生米，通常用来搭配开胃酒，口感酥脆，可冷食或热食，主要取包覆猪肠肚的脂肪油炸制成。

巴斯克肉酱（Chichons basques）：
也称肥肉渣（graisserons），由鸭肉或猪肉制成肉酱，通常依照不同食谱加入大蒜，再使用埃斯佩莱特辣椒提味。

佩里格肉酱（Grillons périgourdins）：
跟夏朗德或利穆赞这些邻近地区不同，制作佩里格肉酱的肉块在炖煮前需要先腌渍，并使用胡椒、肉豆蔻、肉桂和丁香等（辛）香料调味。

同场加映
来一片美味的风干香肠（第190页）

法式甜甜圈大集合

撰文：玛丽埃勒·高德里

法式甜甜圈的正式名称叫贝奈特饼（beignet），然而法国不同的地区又有不同的称呼，
口味和做法也不尽相同，本篇就来认识一下这个油炸点心大家族。

名称：Croustillon
地区：皮卡第
金黄色小圆球。制作面团时加了白奶酪，内馅柔软，入口即化。

名称：Corvechet
地区：洛林
裹满糖粉的圆球，口感类似布里欧修面包，有时会加入朗姆酒增添香气。

名称：Tourtisseau
地区：普瓦图
菱形。内馅扎实却柔软，通常会加入橙花纯露和朗姆酒，炸好后撒上糖粉。

名称：Rondiau
地区：索洛涅
不规则长条形。制作面团时加了温牛奶或白兰地，炸好后撒上细砂糖。

名称：Schenkele
地区：阿尔萨斯
饱满的长条形，内馅加了樱桃白兰地，炸好后撒上砂糖。

名称：Bottereau
地区：南特
菱形，中间有一道开口。外皮酥脆，内馅柔软有空气感，有时会加入白兰地，炸好后撒上糖。

名称：Guenille
地区：奥弗涅
以轮刀裁切成不规则的薄片，内馅有时会加入朗姆酒，炸好后撒上糖粉。

名称：Bugne
地区：里昂
长方形，表面撒满糖粉，口感薄而酥脆。

名称：Foutimasson
地区：旺代
菱形。吃起来扎实却仍保有柔软口感，有时会加入白兰地，炸好后撒上糖。

名称：Ganse
地区：尼斯
用轮刀切成菱形，中间有一道开口。内馅加了橙花纯露，吃起来扎实酥软。

名称：Oreillette
地区：普罗旺斯、朗格多克
长方形脆薄片，中间有一道开口。带橙花香味。

名称：Merveille
地区：波尔多
长条菱形，吃起来薄而酥脆。面团中加了雅马邑白兰地，炸好后撒上砂糖或裹上蜂蜜。

名称：Frappe
地区：科西嘉岛
三角形，中间有一道开口。特色是在面团中加入橙花纯露、茴香酒或白兰地，炸好后撒上砂糖。

名称：Chichi Fregi
地区：马赛
约30厘米长棒状，外表有直条花纹，裹上糖霜、巧克力或香缇鲜奶油食用。

名称：Crouchepette
地区：朗德
饱满的三角形，既酥脆又松软，特色是在面团中加入大量的香草糖。

名称：Bougnette
地区：胡西雍
薄脆的大圆饼，制作面团时加了橙花和柠檬，炸好后撒上砂糖。

炸相思树花

相思树花既甜美细致又娇贵脆弱，花期也十分短暂
（依区域不同，花期在4~5月或5~6月）。

准备时间： 15分钟
面糊静置时间： 1小时
分量： 25朵炸花

材料：
相思树花25朵
面粉150克
鸡蛋1颗
蛋白1颗，打成蛋白霜
糖1汤匙
葵花油1汤匙
盐1小撮
水150毫升
炸油

步骤：
- 混合（除了蛋白和花以外的）所有材料，边加水边搅拌均匀，做好的面糊静置1小时。
- 小心把花清洗干净，沥干后装在沙拉碗里。把蛋白打成蛋白霜，再用硅胶刮刀均匀拌入面糊中。
- 锅子里的油加热至170℃。把花放进面糊里，注意面糊不要裹得太厚。把挂着面糊的花轻放入油锅炸至金黄，每次炸4朵花，要边炸边翻动花。入锅大约10秒之后，用不锈钢漏勺将花捞起，放在厨房纸巾上吸油。撒上糖之后即可享用。

*食谱由丹妮丝·索林耶高帝提供。

里昂 VS 圣埃蒂安炸饼面对面

这种特产源于15世纪的萨伏依公国，随后扩展到罗讷河与阿尔卑斯地区。

到底是来自里昂还是圣埃蒂安？根据典籍，“bugne”这种炸饼应该是源自里昂。在1532年版本的《巨人传》中，拉伯雷就提到里昂特产，并且列了一份清单。里昂举办了一场官方盛宴，拉伯雷的清单上列的就是这场餐宴里的所有菜肴，而bugne炸饼也在其中。

酥脆还是柔软？虽然说酥脆的里昂炸饼源自软嫩甜甜圈，是传统贝奈特饼进化的现代版本，不过里昂与圣埃蒂安这两个城市的炸饼还是有所不同；里昂炸饼口感较薄脆，圣埃蒂安炸饼则较饱满，更接近布里欧修的口感。

电视名厨

撰文：杰宏·勒弗（Jérôme Lefort）

料理现在已经入侵了各大电视频道，本篇就要回顾一下从20世纪50年代到今天，那些我们喜欢的电视料理节目。

烹饪的艺术与魔法

播出日期：1954—1966/节目长度：15~30分钟
播出频道：原在法国广播电视部门（RTF Télévision）播出，后来在法国广播电视公司（ORTF）第一频道播出。
主持阵容：米其林三星餐厅大维富主厨雷蒙·奥利维，跟假扮家庭主妇的凯瑟琳·朗杰黑搭档主持。朗杰黑会在奥利维做菜时装不懂来提问题。
有所不知：名为《洋葱！》（*Les Oignons* !）的节目主题曲由席德尼·布歇（Sidney Bechet）编曲制作。

大炖锅

播出日期：1976—1977年/节目长度：25分钟
播出频道：法国电视一台（TF1）
主持阵容：新料理运动的一位名厨（博古斯、盖拉德、佛吉、桑德杭、雷诺特等）会在节目中制作一道菜，与扮演“女主人”的影星玛赫特·梅荷卡迪耶（Marthe Mercadier）搭档主持。
有所不知：美食记者克劳德·勒贝与尚·费尼欧是本节目的联合制作人。

清淡料理

播出日期：1977—1981年/播出频道：TF1
节目长度：15分钟
主持阵容：米歇尔·盖拉德向女主持人安玛丽·佩森（Anne-Marie Peysson）传授厨艺秘方与诀窍。本节目受到新料理运动启发，内容充满玩笑与幽默。
有所不知：第一个用摄影机潜入长柄锅拍摄锅底的节目。

深锅里的真相

播出日期：1978—1983年/节目长度：30分钟
播出频道：法国电视二台（Antenne 2）
主持阵容：米歇尔·奥利维着便服，在每集节目中介绍一道家常菜。节目背景是开放式厨房，煮好之后会端上桌与一位特别来宾一起享用。来宾有奥利维耶·德韩克松（Olivier de Rincquesen）、莫希斯·法维耶（Maurice Favières）、克里斯坦·莫函（Christian Morin）等人。
有所不知：米歇尔·奥利维曾上过戏剧表演课，因此多以剧场表演形式呈现厨艺，节目中所有的对白都提前写好并经过彩排。

亲爱的，今天吃什么？

播出日期：1987—1988年/播出频道：TF1
节目长度：20分钟
主持阵容：巴黎圣西蒙农场餐厅（La Ferme Saint-imon）的主厨法兰西·冯德内德（Francis Vandenhende），会在每集节目中烹调一道菜肴。与之搭档的是他在节目（与现实生活）中的妻子德妮丝·法珀（Denise Fabre）。在让小孩动手做一道菜之后，会有讨论餐桌艺术的单元。
有所不知：不管是食谱、厨具或食材，节目中到处充斥着植入性广告。

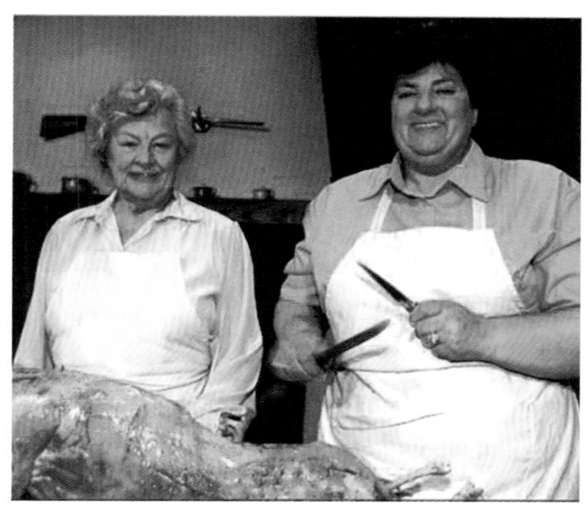

快枪手料理

播出日期：1983—1997年/节目长度：15分钟
播出频道：法国电视三台（France 3）
主持阵容：玛希泰黑丝·欧多内（Marie-Thrèse Ordonez）在节目中烹煮乡村料理，以大剌剌的方式展现她直率坦白的风格。
有所不知：本节目的制作灵感与命名，皆来自大仲马以及其著作《烹饪大辞典》。

芭贝特的小秘密

播出日期：1997年/节目长度：3分钟
播出频道：France 3
主持阵容：由人称芭贝特的伊莉莎贝特·德侯齐耶（Élisabeth de Rozières）主持，每集邀请一位来宾。节目一开始，她会先去寻找必要的异国食材，接着进到厨房烹调安的列斯菜肴。
有所不知：芭贝特在节目开播前做了好多年提案，后来终于可以在法国电视上烹调异国料理。

同场加映
当名厨成为电视明星（第359页）

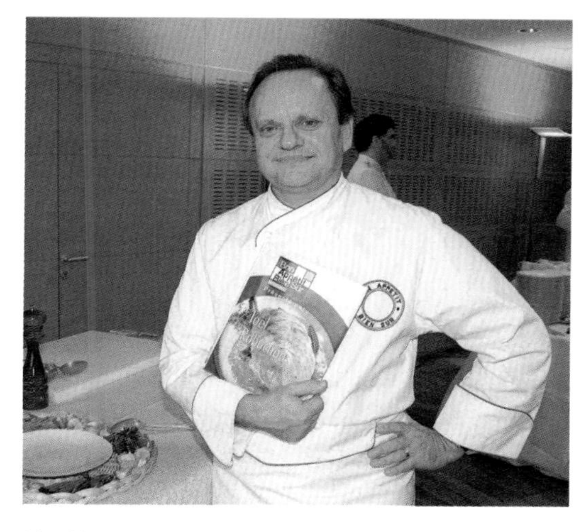

绝对好胃口！

播出日期：2000—2009年/播出频道：France3
节目长度：25分钟，自2007年起改为5分钟。
主持阵容：每日播出，由乔尔·卢布松每周在节目中接待一位大厨。
有所不知：这可不是卢布松第一次主持电视节目，他在1996—1999年就曾以名厨身份主持TF1的节目，节目名为《来煮菜吧》。

遵命，主厨！

播出日期：2005年/节目长度：2小时
播出频道：法国电视六台（M6）
主持阵容：收视冠军的料理实境节目，每次会邀请五位所谓的“问题青年”，上五集厨艺课程，获胜者最后可以到西利·林涅克的餐厅工作。
有所不知：当时节目制作人对西利·林涅克很感兴趣，结果因此成了La Suite餐厅的主厨（法国知名DJ戴维·库塔在巴黎投资的餐厅）。

顶尖主厨大对决

播出日期：2010年起/节目长度：2小时20分钟
播出频道：TF1及卢森堡广播电视独立台（RTL-TVI）
主持阵容：由专业人士组成评审团，参赛者是12到16位年轻厨师，他们要在节目中展现厨艺并一决高下，通过考验角逐年度顶尖厨师。
有所不知：本节目“创造出”不少大厨。

顶尖甜点师大对决：专业人士特辑

播出日期：2017年/节目长度：120分钟
播出频道：TF1及RTL-TVI
主持阵容：三位专业甜点师各自带领12位团员，在业界知名评审面前一决高下，历经层层关卡，获胜者最终能赢得年度“最佳糕点师”头衔。
有所不知：这个节目的灵感直接取自英国广播公司（BBC）制作的节目《英国烘焙大赛》，撷取其中所有精华。

来煮果酱

撰文：亚维娜·蕾杜乔韩森

早餐餐桌、厨房、面包店、甜点店，都看得到“它”的身影——“它”就是全年都好吃的果酱！
本篇将介绍做果酱的技巧与涂抹果酱的艺术。

环法果酱巡礼

普瓦图-夏朗德

天使果酱，以普瓦图沼泽地区代表性的植物制成。

中央-卢瓦尔河谷大区

希农红酒果酱，适合使用在红酒炖鸡、苹果塔和红酒炖梨中。

科蒂尼亚（Cotignac）

糖渍榅桲果冻酱

洛林

鹅毛去籽醋栗果酱，巴勒迪克（Bar-le-Duc）特产，搭配肥肝或肉类食用。

黄香李果酱，使用南锡的黄香李制成，适合搭配芒斯特一类的奶酪。

诺曼底

焦糖奶油酱，源自拿破仑军队，因主厨的失误，原本要煮给军人喝的甜牛奶煮过了头，于是诞生了这项甜品。

巴斯克地区

伊特萨苏樱桃果酱，适合搭配欧索伊拉堤奶酪或当作巴斯克糕点的内馅。

辣椒果酱，可用来搭配当地经典的辣椒小牛肉（axoa）、巴斯克番茄炒辣椒（piperade）和巴斯克炖鸡。

法兰西岛

普罗万玫瑰花瓣果酱，多米尼克·格菲里耶（Dominique Gaufilier）是现在唯一的生产者。

卢瓦尔河地区

波美（pommé）苹果果酱，把苹果放在苹果酒里熬煮而成。

法兰琪康堤大区

卡梅优特（cramaillotte）蒲公英果冻酱，可涂抹面包，也可加入酸奶中。

阿尔萨斯

蔷薇果果酱或果冻酱

普罗旺斯

西瓜果酱

科西嘉岛

栗子酱、无花果酱和香桃木果酱，用来搭配当地奶酪。

马约特岛（Mayotte）

猴面包树果酱

做果酱成功的秘密

无论是要做果酱、果冻酱还是果糊，都需要借由水果里的果胶产生浓稠口感。不同的水果，果胶的含量也不同。富含果胶的水果包括苹果、榅桲、醋栗、黑醋栗、覆盆子和柑橘水果；果胶含量极少的水果包括梨子、樱桃、草莓。

遇到果胶不足的水果，可使用果胶含量高的果酱专用糖补足，或加入几块果胶含量丰富的水果，也可以加入带籽苹果核（用薄纱布包好果核捆紧，在煮果酱时加入锅中），还可以加一点柠檬汁或苹果汁。

为什么最好使用铜制深锅？

1. 铜的导热性极佳，能够快速吸收热能，促使果酱质地均匀。
2. 铜能帮助果酱凝结，有效聚集果胶分子、水果与水。
3. 铜盆的大开口能帮助水汽蒸发。

果酱瓶消毒

为避免果酱腐败，用来装果酱的玻璃瓶一定要提前消毒。

1. 把玻璃瓶全放进深锅，加满水，水一定要没过整个瓶身。将水煮至沸腾后，继续煮约10分钟。准备一块干净的布，从深锅中取出瓶子后就放在布上沥水，自然风干。
2. 玻璃瓶只要装好热果酱，就要立刻盖紧盖子然后倒置几分钟；这么做是为了让瓶内热气膨胀。果酱降温之后，瓶盖就会因此被往内吸而产生真空效果。

果酱装罐一定要装好装满

为了避免水果浮上表面，装罐时一定要有耐心地慢慢装，这样果酱里的水果才会均匀分布在罐子里。

怎么知道果酱到底煮好了没？

因水果本身特质和使用的数量，熬煮的时间也有所不同。如果想知道果酱是否已经煮好：

凭借科学技术：用温度计测量，当熬煮温度升高到104℃的时候就可以关火了。

凭借个人经验：拿一个冰镇过的小碟子，滴上几滴果酱，如果果酱凝住不动，就可以装瓶了。

同场加映
法式水果软糖（第18页）

小词汇

果酱（confiture）
水果（果泥与／或果肉）+ 糖 + 水
或水果占总重量35%以上

特级果酱（confiture extra）
无浓缩的果肉 + 糖
或水果占总重量45%以上

果冻酱（gelée）
水果汁及／或水果萃取物 + 糖
或水果占总重量35%以上

特级果冻酱（gelée extra）
水果汁及／或水果萃取物 + 糖
或水果占总重量45%以上

果酱糊（marmelade，也称柑橘酱）
水 + 糖 + 柑橘水果（果肉、果泥、果汁、水果萃取物、果皮）
或水果占总重量20%以上，其中有7.5克来自内果皮

随季节熬煮不同果酱

春季

草莓果酱

“这是最需要小心对待的一种水果，要做草莓果酱有好几种方法，这里是最简单、最快速的做法。”*

分量：4罐果酱

草莓1千克
糖740克、水

- 在锅里放糖、浇水，煮到“小滚”，温度为116~125℃。
- 水滚后仔细捞出浮沫，加入草莓，然后离火静置7~8分钟，直到草莓释出的汁液与糖浆融合。
- 滤出草莓，继续将草莓糖浆煮到上述指示的温度，这时就可再次加入草莓，煮5分钟即可装瓶。

*摘自埃斯科菲耶的《烹饪指南》。

秋季

祖母的绿番茄果酱

“这款果酱非常适合调味，建议搭配肥肝糜酱或奶酪品尝。我们的祖母用这道食谱保存无法成熟的番茄，可保存一整个冬季。”*

分量：12罐果酱

绿番茄3千克
糖2千克

柳橙2颗，取完整果皮

- 每颗番茄切八等份，混合番茄块和橙皮后静置，待番茄释出果汁。
- 开小火熬煮，一边搅动避免番茄粘锅底，再开大火煮16分钟。
- 以手持搅拌器将深锅内的材料搅打均匀即可装罐。

*摘自爱德华·卢贝的《普罗旺斯料理》。

夏季

带核杏桃果酱

分量：6罐果酱

去核杏桃1.5千克
（未去核前约1.6千克）
添加果胶的砂糖1千克
杏桃果仁15颗

- 杏桃洗净擦干，去核切小块，放入锅内加糖混合。
- 敲碎果核，取出果仁，剥皮后对切备用。
- 将杏桃以大火煮至沸腾，其间不停搅拌，煮开之后就转小火，续煮8分钟。
- 在煮好前1分钟加入果仁搅拌，熄火后捞除浮沫即可装瓶。

冬季

圣诞果酱

果酱女王克里斯廷·法珀（Christine Ferber）的煮果酱秘方是什么？那就是一次不要煮超过4千克的水果！

分量：6罐果酱

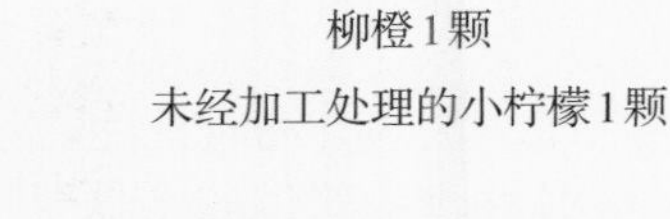

榅桲1.5千克
冰糖1千克
水1.5升
糖渍果干与香料1千克
柳橙1颗
未经加工处理的小柠檬1颗

- 用干布擦拭榅桲，洗净去核并切成八等份。
- 放入深锅，加水至盖过水果，煮滚后转小火续煮1小时，其间不时搅拌。煮好后用滤网滤出材料，果汁备用。
- 糖渍果干切成小块混入榅桲果汁，加入柳橙、柠檬的汁和皮丝，加入糖、香料，边搅拌边煮滚。
- 大火续煮5~10分钟，一边搅拌一边捞除浮沫。最后再滚5分钟即可。

就是要有机！

撰文：安妮罗尔·范（Anne-Laure Pham）

有机农产品在市场上大放异彩，而且越来越受欢迎，十个法国人里就有七个会经常购买有机产品。本篇带大家认识有机标签。

官方认证

欧洲绿叶标志（EUROFEUILLE）

有机农业认证
创立时间：2010年
特色：

- 必须标示产品组成的所有原料生产地，依生产地分成三类：欧盟农业、非欧盟农业、混合欧盟与非欧盟农业。
- 受到认证并印有绿叶标志的产品，必须内含100%以有机方式生产的原料，如果是加工产品则需内含至少95%有机农业产品。
- 允许混合（传统与有机）农场。
- 目前一年对农场进行两次实地品管，改革后条件可能放宽，品管次数改成每两年一次。这么一来，也许有可能失去控制？

AB标志

创立时间：1985年
特色：

- 本标志专属农业部，就跟欧洲绿叶标志一样，AB标志代表100%有机产品，以及内含至少95%有机农产品制成的加工产品。
- 预计会渐渐被欧盟标志取代。
- 如果要贩卖有机农业产品，生产者（或加工者、餐饮业者等）每年则必须接受9个机构品管控制。这些机构受到法国国家原产地名称管理局（INAO）认证，包括国际生态认证中心（Ecocert）、农业生物有机认证机构（Agrocert）、必维国际检验集团（Bureau Veritas）等。
- 所有认证的生产者每年都必须接受至少一次品管。

其他认证

法国国内有机产品营运者有46,000人，而这些其他认证仅占了其中不到5%。在得到以下标章认证之前，需要先获得有机认证（自然与进步联合会〔Nature & Progrès〕除外）。

德米特有机认证（DEMETER）

创立时间：1932年
特色：专门认证生物活力农业产品，法国有超过七百位行业相关专业人士为其会员，在世界各地60余国里也有超过六千五百位成员。

自然与进步联合会（NATURE & PROGRÈS）

创立时间：1964年
特色：结合厂商与消费者，大力推广有机产品。这个协会形容欧洲对有机产品的制度是“仅限于技术层面，既不质疑有机工业化，也不讨论其对社会和生态的影响”。协会共有1,000位专业人士成员与一千位消费者成员。

有机一致性标章（BIO COHÉRENCE）

创立时间：2010年
特色：因认为欧洲有机规范太过松散，协会协调有机产品生产者、经销商与消费者，在2009年欧洲有机农业规范改革后成立了此标章。有机一致性标章标榜“不只要环境进步，也要社会与经济共进”，协会共含550位成员。

同场加映
认证标志圆舞曲（第275页）

法国有机农业包括生产者**32,330**人，其他营运者（加工者、经销者与进口者）**14,800**人，有机农地超过**150万公顷**，占全国农地总面积的**5.7%**。**奥克西塔尼地区**共有**7,227**位有机作物生产者，占全法国有机产品生产者的**20%**；奥弗涅-罗讷河-阿尔卑斯大区与新阿基坦大区紧接在后，共有4,700到4,800位有机产品生产者。如果**混合各行各业**（包括餐饮业）的有机产品销售情况，在2015年年底可达到57.6亿欧元，**到了2016年底能超过70亿欧元**。

谷物与面粉

撰文：玛莉罗尔·弗雷歇与罗兰·福拉

一个质量上乘的面包，要从谷物挑选开始。制作面包的第一步，就是认识麦类植物。

麦类图鉴

下列麦类都是禾本科（Poaceae）植物，而小麦本身则是小麦属（Triticum）。

一粒小麦

学名：*Triticum monococcum*

经常有人称它“小斯佩尔特”，这种称呼其实是错的，因为它跟那个软粒小麦的近亲斯佩尔特小麦毫无关联。一粒小麦是人类最早种植的谷物之一，中世纪后逐渐被遗忘，今日产量也非常少。法国因此以地理保护标志（IGP）保护“上普罗旺斯一粒小麦”。这种小麦富含蛋白质、微量元素和必需氨基酸。因为麸质含量较少，做出来的面包比较扎实。

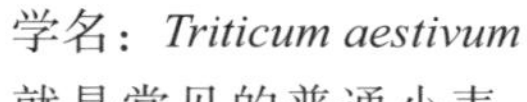

软粒小麦

学名：*Triticum aestivum*

就是常见的普通小麦，由二粒小麦和山羊草（Aegilops）杂交而成，是法国与全世界最早栽培的麦种。主要产地集中在巴黎盆地、北加来海岸、中央大区、普瓦图夏朗德地区和勃艮第，耕地总面积五百万公顷，占法国谷物种植地的一半。泛白的淀粉与易碎的麦粒正如其名，与偏黄透光的硬粒小麦（用来制作粗磨小麦粉和意大利面，又称杜兰小麦）不同。

斯佩尔特小麦

学名：*Triticum spelta*

这种小麦是一个独立的麦种，有时候我们会看到“大斯佩尔特”的说法，其实“大”字是多余的。它的别名是“高卢人的小麦”，主要种植区是巴黎盆地和勃艮第。这是一种包壳小麦，使用时需要脱壳。因结穗量少，许多农民转种软粒小麦，但它是一种营养丰富的麦种。

裸麦

学名：*Secale cerealeL.*

禾本科植物中很接近小麦属的麦种。古老的谷物，抗寒耐旱，能够适应贫瘠和酸性的土壤。罗马人厌恶它的味道，并视食用这种谷物的人为野蛮人。它的法语名seigle来自法国西边阿韦龙省塞加拉（Ségala）区域。这个地区位于塔恩省北边和洛特省东北，以前整片种植裸麦。裸麦除了用来做面包，也可制作香料蛋糕。容易感染麦角菌，这种菌会让面粉产生毒素，引发的疾病称为“圣安东尼之火”（mal des ardents）。

地区麦种

从前法国的每个农民都可以自由种植谷物并为它命名，称之为“地区麦种”。换句话说，当地的人会大致给相近的麦种一个称呼，如Blanc de Flandre、Hâtif de la Saône和Bladette de Bordeaux等。后来，这些小麦逐渐被西班牙或俄罗斯来的麦种取代，亨利·德维尔慕兰（Henryde Vilmorin）在19世纪末时还为这些麦种配种。

为了明确麦种的类别，1933年政府制定了一套附有销售许可的软粒小麦目录。1945年，原本的562种小麦减缩到剩40种。至今已培育出250种的混种小麦，其中10种可以用来制作面包的小麦占总种植面积的50%，产量最高的是Rubisko。这些小麦中主要有5种在市场上流通，但近15年来，农民又开始热衷于种植古老麦种，如 Rouge de Bordeaux、Barbu du Roussillon或blé meunier d'Apt（也叫Touselle blanche de Pertuis）。

其他谷物

玉米（*Zea mays l.*）

玉米是哥伦布从墨西哥带回欧洲的谷物，品种繁多、用途广泛。玉米粉可以跟其他面粉混合，也可做成各种点心，如米拉蛋糕（millas，法国西南部的糕点）和巴斯克玉米饼（巴斯克地区特产）。另外还有高德粉（Guades），是用烤过的玉米做成的面粉，为布列斯地区的特产。玉米淀粉则是只取用玉米中的淀粉制成，而非整颗玉米。

荞麦

荞麦是蓼科植物（**Polygonaceae**），跟酸模和大黄一样，其实不能算谷物。它的籽长得有棱有角，颜色很深，因此也叫“黑麦”。荞麦随十字军东征进入法国，由布列塔尼安妮女爵（Anne de Bretagne）推广至各地。布列塔尼自15世纪起就种植这种植物，“布列塔尼传统黑麦”在2000年获得地理保护标志（IGP），是荞麦可丽饼和荞麦炖肉浓汤的主要材料。荞麦粉中没有麸质，所以不能单独用来做面包。

面粉

法语的面粉（farine）来自拉丁语farina，由far（耕种小麦）、farris（斯佩尔特小麦）延伸而来，指的是由各种谷物研磨而成的粉末。

全麦面粉

谷类的麸皮（谷物的外壳）含有许多矿物质。用900℃的高温烘烤时，这些矿物质会被烤成灰烬（称之为灰分）。灰分的含量越低，面粉就越白；相反地，按照法国的标志方式，灰分含量越高，字母T（过筛）后接的数字越大。举例来说，T55的面粉就是100克的面粉中含有约0.55克的灰分。谷物的营养成分通常存在于胚芽与麸皮中，面粉越白代表营养成分越少；反之，全麦面粉中包含的矿物质和维生素较多。

法国境内经过认可的六种面粉

Type 45	Type 55	Type 65	Type 80	Type 110	Type 150
用来制作糕点的白面粉，也称为面粉花或精致面粉→制作糕点	最常见的白面粉→制作白面包、派皮、披萨	白面粉→制作乡村面包、披萨	褐面粉或半全麦面粉→制作褐面包	全麦面粉→制作全麦面包	全谷面粉→制作麸皮面包

麸质

麸质是一种胶性的蛋白复合物，其中以麦胶蛋白和小麦蛋白为主，由共价键（二硫键）和非共价键（氢和离子键）联结，且与疏水性交互作用。麸质是由蛋白质（75%~85%）、脂肪（5%~7%）、淀粉（5%~10%）和水（5%~8%）结合而成，法语为gluten，即拉丁语的“胶水”。麦胶蛋白带来韧性和弹性，加上酵母的作用，面团发酵时逸出的二氧化碳就会被麸质和面粉形成的薄膜包覆，面包就会因此膨胀。

最早发现麸质的是一名在波隆那大学任职的意大利教授雅各布·贝卡里（Jacopo Beccari）。他把面团放在流动的水下，分离淀粉后得到一些具黏性和弹性的物质，就是麸质。

麸质是造成乳糜泻的元凶，受此困扰的人需严格控管麸质摄取。多年来，我们观察一名对麸质极为敏感的女性，只要她吃的面包是使用麸质含量高的面粉制作，或缩短发酵过程让酵母没有足够的时间先消化麸质，就会让她感到不适。

混合添加物

根据1993年9月13日的93-1074号法令，“法国传统面包”除了面粉、水、盐、天然酵母（或商业酵母）外，为增加口感，可以添加其他安全原料。这些添加物能调整发酵效果、颜色、面包心和面包外皮的口感，还有面包的膨胀程度等。以下列出几项添加物：

- 蚕豆粉
- 麦芽精
- 麸质
- 卵磷脂
- 维生素C
- 淀粉酶

面粉加入这些添加物成为复合面粉，由磨坊直接配送到面包店。某些复合面粉甚至成为知名的品牌，比如由40个磨坊联合运作的Banette、由欧洲面粉工厂龙头NutriXo领导的Campaillette，还有Baguépi（Soufflet集团）、Retrodor（Viron集团）等。

同场加映
法国传统面包工艺（第356页）

臭味等级大评比

撰文：戴乐芬·勒费佛（Delphine Le Feuvre）

好臭，臭死了，臭晕了！盘点让人“闻”之退却的法国特产。

1. 下水（肠肚）
不管是卡昂（Caen）的白酒炖牛肚、马塞堡（Ferté-Macé）的肠肚肉串，还是科西嘉岛的杂碎，只要是下水料理，绝对臭到不行。
闻起来的味道：肠臭味（什么，你刚刚说“肠臭味”吗？）。

2. 鳕鱼肝油
鳕鱼肝油是把蒸过的鳕鱼肝压碎后过滤制成，一般作为营养补充品。
闻起来的味道：鱼丢在垃圾桶里忘了倒掉。

3. 臭里尔奶酪（puant de Lille）
这款奶酪的名字说明了一切。
闻起来的味道：高温环境下的鞋柜。

4. 卡斯吉欧卡苏奶酪（casgiu merzu）
这款科西嘉奶酪在熟成过程中用开窗自然风干法，有苍蝇在奶酪里下蛋，结合大量活蛆制成……
闻起来的味道：就像腐坏的奶酪，不过制作过程让人感觉更恶心。

5. 煮太熟的蛋
水煮蛋如果太熟，蛋黄中的铁和蛋白中的硫会结合，释放出难闻气体。除了气味，蛋黄与蛋白接触面也会看到一层灰绿色薄膜。
闻起来的味道：瓦斯味。

6. 普罗旺斯鱼酱（melet）
“Melet”既可指普罗旺斯捕获的鱼苗，也可以表示用这种鱼苗做成的鱼酱。
闻起来的味道：在马赛老港口晒太久的鱼。

7. 大蒜
大蒜是普罗旺斯蒜泥酱的精髓，只有在切成碎末时会散发刺鼻味，因为蒜氨酸会转化成蒜素，产生这种强烈气味。
闻起来的味道：不太清新的口气。

8. 芒斯特奶酪（munster）
这款橘黄奶酪有软质流动的内心，其气味源自水洗外皮上的红菌（也叫红发酵）。
闻起来的味道：遇到热浪的垃圾箱。

9. 马瑞里斯奶酪（maroilles）
做咸派烹煮后的味道不那么强烈，不去外皮生吃也一样美味。
闻起来的味道：三天没洗澡时腋下的味道。

10. 法式内脏肠（andouillette）
前里昂市长爱德华·赫里欧说：“政治就跟内脏肠一样，应该要闻起来有点像屎但又不能太臭。”
闻起来的味道：上面已经讲完了。

11. 甘蓝菜及富含硫的蔬菜（韭葱、花椰菜等）
在烹煮的过程中，这些蔬菜中的硫化物会释放出令人窒息的味道，因此要用大量的水煮。
闻起来的味道：巴黎地下铁的过道。

12. 老布洛涅奶酪（vieux boulogne）
这款奶酪在熟成时，会固定使用圣雷欧纳（Saint-Léonard）啤酒擦洗奶酪外皮。
闻起来的味道：跑完马拉松的臭袜子。

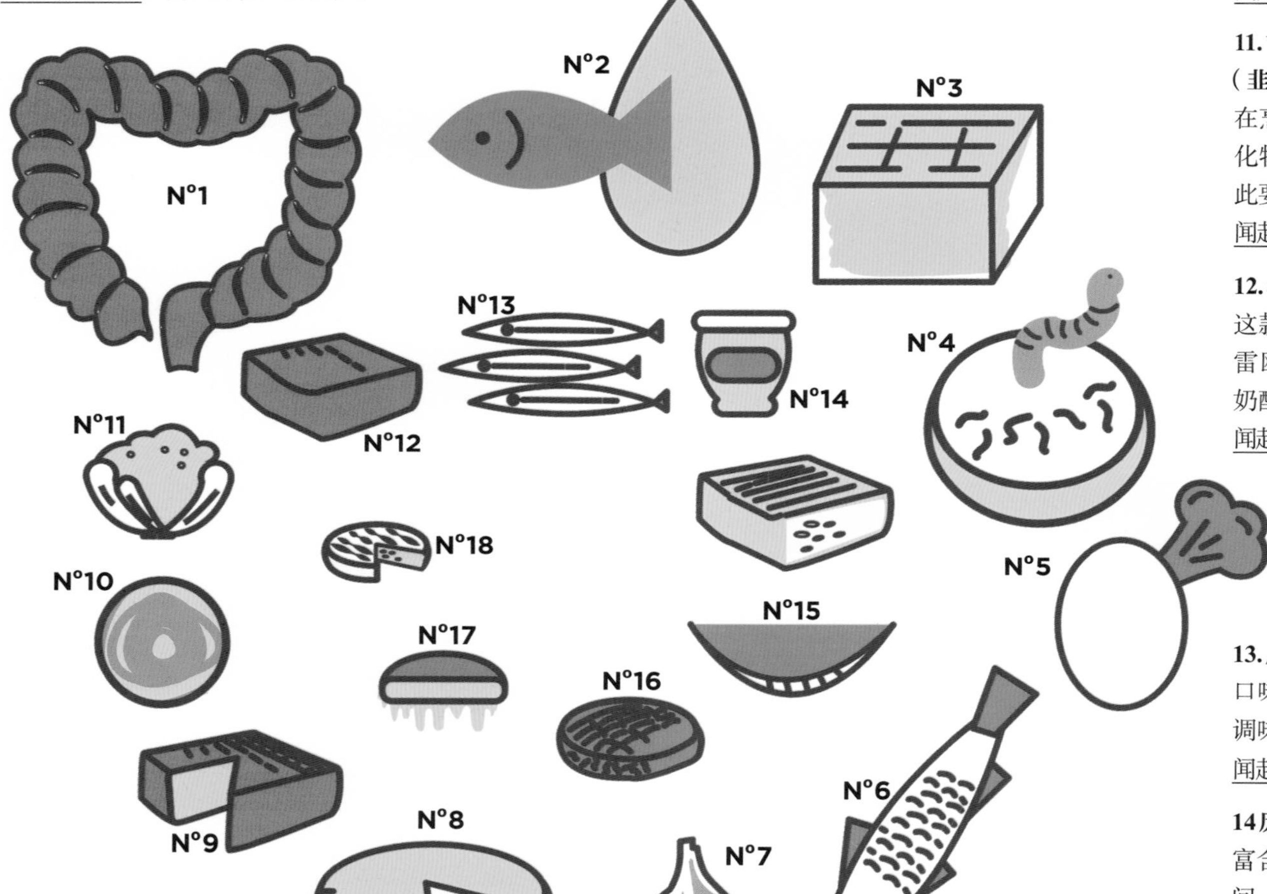

13. 咸鱼酱（pissalat）
口味很咸的酱料，南法地区常用的调味料。
闻起来的味道：腐臭的海水味。

14 庞特伊维克奶酪（pont-l'évêque）
富含产地风土风味，因为在熟成期间，有长达6周的时间以卡尔瓦多斯苹果白兰地（Calvados）浸洗。
闻起来的味道：橄榄球员的更衣室。

15 甜瓜
一旦过熟就会产生乙醇。
闻起来的味道：经太阳曝晒的垃圾桶。

16. 埃普瓦斯奶酪（époisses）
萨瓦兰认为埃普瓦斯是奶酪之王，制作期间会用勃艮第的渣酿白兰地（marc de Bourgogne）洗浸。
闻起来的味道：鞋穿太久的脚臭味。

17. 熔化的瑞布罗申奶酪
这款来自萨瓦省的奶酪常用来做焗烤马铃薯（tartiflette），其强烈的榛果味很好识别。
闻起来的味道：刚上完体育课的体育馆。

18. 诺曼底卡蒙贝尔奶酪（camembert normand）
法国各类臭奶酪里最出名的可能就是它了！
闻起来的味道：强烈的乳腥味。

同场加映
用“脚”煮饭（第209页）

与众不同的欧洲峨螺

撰文：法兰索瓦芮吉·高帝

你觉得峨螺吃起来很普通吗？只要用心烹调，峨螺也能有多种吃法，不是只能蘸美乃滋！

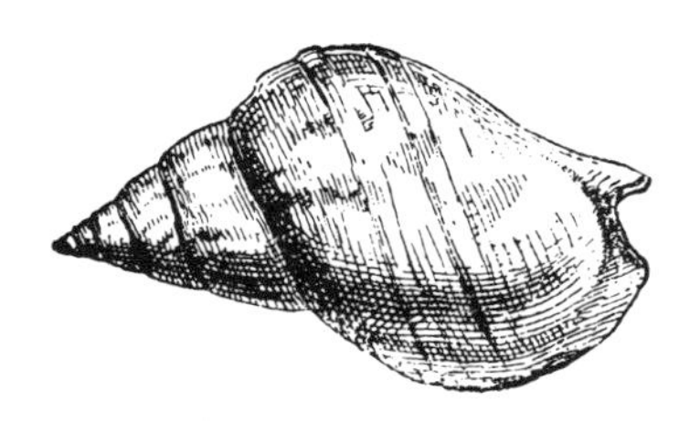

峨螺的其他名称

- ➢**Chanteur**（索姆省）
- ➢**Calicoco**（科唐坦半岛）
- ➢**Ran**(科唐坦半岛南部、格朗维勒)
- ➢**Torion**（康卡尔）
- ➢**Killog**（菲尼斯泰尔省）
- ➢**Burgaudmorchoux**（旺代省）
- ➢**Murex**(这是地中海峨螺的近亲，外壳呈长尖角)
- ➢**Bourgot**（魁北克省）

这个可以吃吗?

峨螺有一块黑色的部分常会留在壳内，这部分是否可食经常引起争议。有些人会吃，但是吃过的人可能会改变心意。那其实是峨螺的内脏：心脏、消化管和腮。

格朗维勒海湾的峨螺

自2017年起获得地理保护标志（IGP）认证，约有40位渔夫在格朗维勒海湾专捕峨螺，每年捕获三千到四千吨。格朗维勒海湾就位于科唐坦半岛西部，那里的峨螺产量特别丰富。渔夫使用渔笼捕峨螺，这种温和的方式能有效“收集”峨螺，过程中也不会给峨螺造成太大压力。

你知道吗?

峨螺是会食用动物尸体的食肉性动物，会吃刚死去的螃蟹尸体、蛆和双壳贝类。

同场加映
大海的鲜味：野生贝类（第84页）
家常美乃滋（第100页）

在家烹煮

最好向鱼贩买鲜活的峨螺，至少可以确定峨螺是新鲜的，而且当天“现煮现吃”。不过很多海鲜摊都这样标榜，却不一定真的会这么做，品尝时若有怪味就要当心了！

❶ 仔细清理

买回家的峨螺要在冷水中浸泡至少20分钟，不需要加粗盐让峨螺吐沙，加盐反而会让肉质变硬。浸泡后再用大量清水冲掉黏液与杂质。

❷ 大锅煮

把仔细清洗过的峨螺放进炖锅中，加入大量冷水后加盖并加热，煮到水小滚之后，依照峨螺大小，继续煮12~15分钟，其间保持小滚。

❸ 使肉质软化

秘诀在于煮过的峨螺要继续留在煮汁里放凉，这样能让肉质更软嫩。如果赶时间，煮过之后也可以不放凉，直接捞出食用。

变换峨螺各种滋味!

在家煮峨螺的好处，就是可以在煮峨螺的水里随意加入各种材料。

➢**法式快煮蔬菜高汤**：加入综合香草束和百里香1枝。

➢**东方式快煮温和香料高汤（最推荐）**：去皮洋葱1颗（插上2粒丁香）、八角1颗、胡椒粒几颗、月桂叶1片和姜黄2小撮，煮好的汤汁应呈现淡橘黄色。

➢**泰式快煮高汤**：柠檬香茅1根切半加入，再加一点新鲜姜末和几片箭叶橙的叶子。

峨螺与维尔内脏肉肠佐面包片

贝尔纳·瓦西勒尔（Bernard Vaxelaire）是Gourmandises餐厅的主厨，这家餐厅位于厄尔省的科尔梅伊（Cormeilles）。他创作的这道食谱结合了“山珍”与“海味”，而他的继承人亚历克希·欧斯蒙（Alexis Osmont）也保留这道菜，至今仍在餐厅中供应。

分量：面包片5片

材料：
煮熟的峨螺500克
轻烟熏维尔内脏肠圆切片8片（约200克）
红葱1颗
调味蔬菜（欧芹、虾夷葱、雪维草）
美乃滋3汤匙、柠檬1颗半
乡村面包切片5片（不要太厚）
橄榄油50毫升、胡椒

步骤：

- 处理峨螺，去壳，切除角状口盖和消化系统。把内脏肠切成小丁，红葱切细丝，香草类切碎。
- 拿一个大碗，放入处理好的峨螺、肉肠丁、红葱丝、香草碎、美乃滋和一点柠檬汁，混合所有材料并以胡椒调味（不要再加盐，肉肠已经是咸的了）。
- 在炒锅里倒入橄榄油加热，放入面包片煎至上色（煎一面就好），放凉备用。在放凉的面包片上涂上大量准备好的峨螺肉肠酱，可以把面包切小片佐开胃酒，也可以整片放在盘中搭配沙拉当开胃菜。

轻盈蓬松的舒芙蕾

撰文：史蒂芬·索林涅

膨膨的舒芙蕾，怎么就消失了呢？现在很少在餐桌上见到舒芙蕾，不过在20世纪50年代到70年代间，布尔乔亚的餐桌上常见它的身影。在这个追求零风险的年代，舒芙蕾也许是任性了点，不过我要替它辩护一下。

我们对舒芙蕾心存怀疑，因为……

➤**很难掌握“膨胀”的技巧**：做舒芙蕾要一次到位，中间出了差错就回不了头了！

➤**蛮横**：被贾克·布纽尔形容为“像非洲君主的浅黄高帽”的舒芙蕾，制作的绝对关键就是时间掌控！

➤**过时**：太有“50年代的风格”，感觉是“资产阶级的食物”。

我们崇拜舒芙蕾，因为……

➤它具有魔力，令人惊叹。

➤孩子**喜欢它**。

➤用鸡蛋、黄油、面粉、剩菜、一点酒等唾手可得的食材，就能做出**惊人的外观与口感**。

➤准备和制作**时间很短**，30分钟内搞定！

而且舒芙蕾非常法式……

➤**因为法国人一直都很爱空气感**，不管是香槟、各式各样的乳化霜酱（慕斯、美乃滋、香缇鲜奶油等），或是贝奈特饼、蛋白霜、千层酥皮馅饼……当然还有舒芙蕾！各种法国美食似乎都少不了这种“若有似无”的制作艺术！

法国制造

舒芙蕾发明者安东尼·博维利（Antoine Beauvilliers）在1814年出版的《料理的艺术》（*Art du cuisinier*）中已有多款包肉的咸舒芙蕾食谱。同辈的路易厄斯塔胥·育德（Louis-Eustache Ude）也在著作《法国厨师》（*The French Cook*，1813）中介绍了一系列甜点舒芙蕾。

以法语命名

舒芙蕾（soufflé）来自法语动词“souffler”（使膨胀、蓬松），18世纪时指煮糖的特定温度，19世纪就成了这咸甜小点的代名词。在多数语系中，舒芙蕾几乎都以原文呈现，例如英语、西班牙文、意大利语、葡萄牙语……

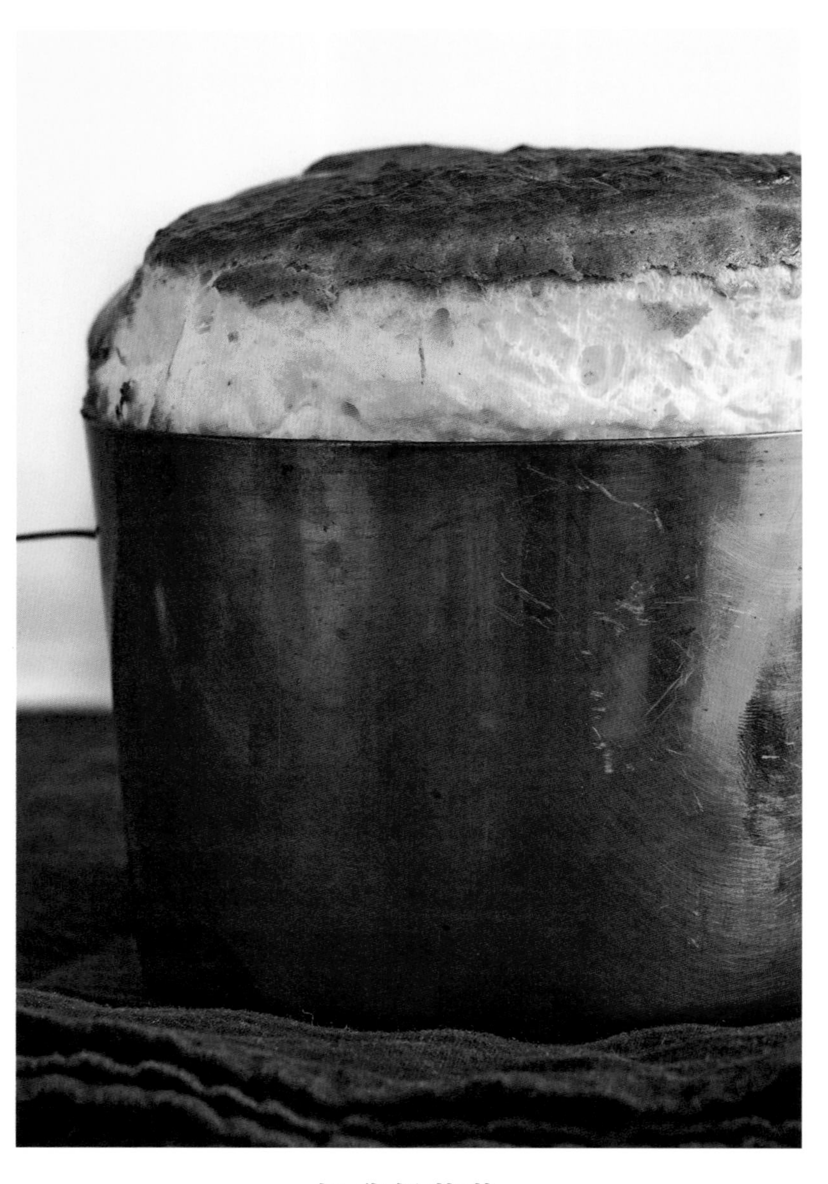

奶酪舒芙蕾

分量：4人份

材料：

黄油50克
面粉50克
温牛奶330毫升
鸡蛋4颗
奶酪丝100克，康堤、爱曼塔、米莫雷特（mimolette）等皆可
面包粉1汤匙
肉豆蔻
盐、胡椒

同场加映
拉丝的美味（第114页）

步骤：

- 烤箱预热至180℃。在制作舒芙蕾用的模型内涂上黄油，并在边缘沾上面包粉。
- 在长柄锅里熔化黄油，加入面粉搅拌均匀，然后分次倒入牛奶，边倒边大力搅拌锅中材料。加盐和胡椒调味，再擦一点肉豆蔻粉进锅里。
- 把锅从炉火上移开，等1~2分钟再把蛋黄分四次加入锅中，接着加入奶酪丝。蛋白打至硬性发泡后，加入锅中小心拌匀。
- 把准备好的面糊倒进模型里，进烤箱烤30~35分钟，其间不要打开烤箱门。

文学作品也替舒芙蕾打广告

舒芙蕾在法国文学里也占有一席之地，不只乔治·桑会请“文学共和国”的同伴吃舒芙蕾，大仲马在《烹饪大辞典》中也收录了至少八道舒芙蕾食谱。安德烈·纪德更是装点美化舒芙蕾的先锋，他在著作《纪德家庭》（*Gide familier*）中曾写过，1924年他在伦敦尝到的“加了蜂蜜的冰冷奶蛋酥，仍以一种令人难以承受的抒情在他唇齿间膨胀”。这位小说家因此变成了业余的舒芙蕾专家，替舒芙蕾辩护：“没什么比舒芙蕾更容易做的了，也没什么会比舒芙蕾更快塌顶的，就算不是这样，你吃下这类菜肴的喜悦也会很快就消失无踪。”

——《纪德日记》（*Journal*，1931）

舒芙蕾也征服了普鲁斯特笔下人物的味蕾，《追忆似水年华》中的精明女厨佛朗索瓦丝就以赛蕾斯特·阿勒巴黑（Céleste Albaret）为原型，拥有烘焙舒芙蕾的“知名巧手”；而大使诺布瓦男爵则是“确认了不管在任何其他地方，都吃不到像你家做的冷牛肉和舒芙蕾”。

——《在少女花影下》（À l'ombre des jeunes files en fleurs，1919）

谈舒芙蕾膨胀

舒芙蕾会膨起应该是蛋液里的水珠膨胀造成的？美食分析家艾维·提斯（Hervé This）曾表示：“水分受热膨胀不过占了20%的成因，主要是密度与压力改变，让蒸发的水汽试图冲出表层，才会有膨胀效果。当蛋白中的蛋白质适时凝结，让水汽无法散出而留在内部。这样说来，不用蛋也能做舒芙蕾，只要有其他蛋白质就能达到膨胀效果。”

真正的外交官

舒芙蕾令人惊奇的细致口感，绝对让贵客印象深刻！以制作咸舒芙蕾闻名的巴黎Le Récamier餐厅主厨杰哈·伊度（Gérard Idoux）受到委托，为当时的德国总理格哈德·施罗德（Gerhard Schröder）献上装在海胆壳里的海胆舒芙蕾。不过舒芙蕾的“不稳定性”也常让人捏把冷汗。前总统密特朗的私厨丹妮耶勒·玛塞戴勒伯许（Danièle Mazet-Delpeuch）准备了西葫芦舒芙蕾招待戈尔巴乔夫，没想到对方迟到了，让她不得不中断烘焙过程。“通常一中断就再也膨不起来了，没想到奇迹发生，后来我的舒芙蕾继续膨胀，神和艺术保佑了我。”

出自大厨之手，质量保证的舒芙蕾

宴会精品舒芙蕾

安东尼·卡汉姆，19世纪20年代：罗斯柴尔德舒芙蕾加入糖渍水果做成的馅料，水果要浸泡但泽（Dantzig）的水果白兰地，成品再用草莓片或菠萝片装饰。

如勒·古菲，1867年：香草舒芙蕾

奥古斯特·埃斯科菲耶，1903年：牙鳕松露舒芙蕾、榛果舒芙蕾

咸舒芙蕾

米榭·布拉斯：老罗德兹奶酪舒芙蕾（soufflé au vieux Rodez），内含不同香草。

安娜苏菲·皮克：米莫雷特奶酪舒芙蕾、康堤舒芙蕾、孜然舒芙蕾

亚尼克·阿勒诺（Yannick Alléno）：鳗鱼甜菜根酸洋葱舒芙蕾、扇贝舒芙蕾

布鲁诺·班吉亚（Bruno Bangea）：番茄舒芙蕾

甜舒芙蕾

保罗·博古斯：柑曼怡舒芙蕾

阿兰·帕萨德：酪梨舒芙蕾、香草舒芙蕾

皮耶·加尼叶：波拉香草舒芙蕾、南非黄金葡萄干浸陈年樱桃白兰地舒芙蕾

帕特利克·博赫通（Patrick Bertron）：热舒芙蕾佐勃艮第卡赛特榛果浆

克里斯丁·康斯坦：柑曼怡香草舒芙蕾，内含焦糖夹心。

杰宏·杜蒙：柑曼怡巧克力焦糖舒芙蕾

佛德希克·希孟南（Frédéric Simonin）：百香果舒芙蕾

杰罗姆·班克特：番红花巧克力舒芙蕾

吉·萨佛伊：黄香李舒芙蕾

布鲁诺·杜塞：柑曼怡舒芙蕾

尚方索瓦·皮耶吉：柳橙柑曼怡舒芙蕾

马克·维杭：苕莛菜水梨舒芙蕾

米歇尔·盖拉德：清爽口感马鞭草舒芙蕾

想成功制作舒芙蕾，一定要这样做：

- 从下方加热的烤箱（不要用热风烤箱）加导热好的金属模具。
- 在舒芙蕾上制作一层脆皮（也可以用上火烤箱或放在一般烤箱上层，也可以撒上糖或奶酪丝），这层脆皮就像热气球的表面，可以减少水汽蒸发。
- 蛋白一定要打成硬性发泡的蛋白霜（加盐完全没有帮助）！
- 制作内馅用的蔬菜或水果在搅拌前，水分一定要完全沥干。
- 在舒芙蕾凝结之前绝对不要打开烤箱！之后可以快速打开看一下，次数不要太频繁。
- 烤好出炉的舒芙蕾要尽快食用，才能避免顶层崩塌。

若你想要失败，一定要这样做：

- 在舒芙蕾内馅凝结之前打开烤箱，让它开着20秒，或把模具拿出来。这么做保证舒芙蕾绝对膨不起来。

小秘诀：如果烤出来的舒芙蕾顶部真的不膨，这样的糕点也有名字，叫作“穆斯林（mousseline）圆柱小蛋糕”*。遇到这种情况，你就可以说你做的“穆斯林”烤好了！

*《烹饪工艺技术实践》（*Travaux pratiques de techniques culinaires*，2004），芮内·布斯杰（Renée Bousquet）与安娜·罗宏（Anne Laurent）合著。

令人头晕目眩的葡萄园

撰文：阿雷克西·古嘉禾

顶级葡萄酒经常诞生在陡峭的丘陵地上，而这些葡萄农得要付出加倍精力，才有办法在这些极端地形上工作。

阿尔萨斯省

葡萄园：Clos Saint Urbain Rangen de Thnn

酒庄：Domaine Zind-Humbrecht

倾斜度：90% / 土壤：火山砂岩

葡萄品种：丽丝玲、灰皮诺

简述：阿尔萨斯最南的葡萄园，也是法国最陡峭的葡萄园。

葡萄酒特色：偏南的位置与当地特别的水土气候，交织出细致的化学作用。

推荐葡萄酒：Grand cru Rangen de Thnn riesling 2013；带有岩石与干草的强劲，味道令人惊艳。

罗讷河省

葡萄园：Maison Rouge（罗第丘）

酒庄：Domaine Georges Vernay

倾斜度：60% / 土壤：片麻岩

葡萄品种：希哈（syrah）

简述：只有来自维埃纳虔诚的大主教，才有办法坚持爬上这座小山。从前这里葡萄种植密集（每公顷种植将近一万株葡萄），1975年由乔治·维贺内（Georges Vernay）接手管理。处于花岗岩地，仰赖人工用木棍固定葡萄枝条。但除杂草只能用十字镐挖地，再用牛筋绳除草。

推荐葡萄酒：Maison Rouge 2013；深层韵味带细致胡椒味，需要有敏锐的品酒资历和味觉才能喝出它的优雅。

香槟区

葡萄园：Clos des Goisses

酒庄：Maison Philipponnat

倾斜度：45% / 土壤：白垩岩

葡萄品种：黑皮诺与夏多内

简述：这块丘陵地质在香槟区评价极高，皮耶赫·菲利波纳（Pierre Philipponnat）在1935年特别把这块地圈出来。

推荐葡萄酒：Clos des Goisses 2007；这款香槟经十年熟成，丰富醇厚的口感带有突出的酸调与绵长的余韵。

西南大区

葡萄园：Virada（居宏颂）

酒庄：Domaine Camin-Larredya

倾斜度：40%/土壤：含硅石的黏土

葡萄品种：大蒙仙、小蒙仙、小古尔布、卡拉多（camaralet）

葡萄酒特色：丘陵梯地上的葡萄藤可攀高超过2米，吸收山间的阳光，从令人振奋的微风中呼吸新鲜空气。

推荐葡萄酒：Sec La Virada 2015；这款白酒带异国水果味与细腻咸味，入口便能感受到阳光的朝气，以细腻微苦的韵味结束。甜型酒产区里了不起的一支不甜白酒。

卢瓦尔河流域

葡萄园：Clos de Beaujeu

酒庄：Domaine Gérard Boulay

倾斜度：70%

土壤：启莫里阶（Kimmeridgian）泥灰岩

葡萄品种：白苏维浓

简述：靠近松塞尔的小圆丘，耸立在首都之上。

葡萄酒特色：含石灰质和牡蛎化石的土壤，酝酿出不可思议的顶级白酒。

推荐葡萄酒：Sancerre Clos de Beaujeu 2015；这款苏维浓需要两年熟成，才能塑造出成熟柑橘水果和碘味的丰富口感，入口韵味十足、刺激味蕾，可放30年的顶级好酒。

国王的御厨，厨师之王

撰文：查尔斯·帕丁·欧古胡

第一位获得荣誉军团勋章的厨师，这位“王厨与厨王”在制定法国厨房规范上功不可没。

1846
出生于滨海阿尔卑斯省的卢贝新城（Villeneuve-Loubet）。

1859
开始在尼斯“法式餐厅”（Restaurant Français）当学徒。

1876
在坎城开设第一间餐厅“金鸡饭店”（Faisan Doré）。

1884
凯萨·丽思（César Ritz）聘请他为摩纳哥大饭店（Grand Hôtel de Monte-Carlo）的主厨。

1890
管理伦敦萨佛伊饭店（Savoy）的厨房。

1898
与凯萨·丽思合伙创办的丽思酒店开业。

1899
伦敦卡尔登饭店（Carlton）开业，他在这里工作了20年。

1903
出版《烹饪指南》（*Le Guide Culinaire*），这是一本包含5,000道食谱的厨艺指导书，主题从酸柠檬奶油酱到香缇鲜奶油，应有尽有。

1919
出版《烹饪笔记》（*L'Aide-mémoire culinaire*）。

1928
接受法国总理爱德华·赫里欧（Édouard Herriot）颁给他的荣誉军团勋章。

1934
出版《我的菜肴》（*Ma cuisine*）。

1935
卒于蒙地卡罗。

奥古斯特·埃斯科菲耶
AUGUSTE ESCOFFIER（1846—1935）

埃斯科菲耶创作的三道甜品

以下食谱完全复制原食谱的比例，不过含糖量真的很高，现在要做，可以减少一些糖量。

美丽海莲娜甜梨

起源：1864年，埃斯科菲耶用水煮过梨子，再裹上热巧克力酱，并把这道甜品命名为“美丽海莲娜”（La Belle Hélène），向贾克·奥芬巴哈（Jacques Offenbach）的同名喜歌剧致敬。

做法：将水1升、糖100克与1颗柠檬榨出的果汁混合，煮滚后放入削皮梨子6颗继续煮，煮好后让梨子在糖浆中冷却。隔水加热熔化黑巧克力200克，移开热水后再倒入牛奶200毫升拌匀。梨子盛盘时佐一勺香草冰激凌，淋上牛奶巧克力酱即可上桌。

蜜桃梅尔芭

起源：当时城里演出瓦格纳的歌剧《罗恩格林》，埃斯科菲耶用水蜜桃精心制作了这道甜品，向澳洲歌剧名伶海伦·波尔特·米契儿（Helen Porter Mitchell）致敬，这款甜点也用她最广为人知的艺名内莉·梅尔芭（Nellie Melba）命名。

做法：水蜜桃6颗，水煮后剥皮去核，然后撒上糖。用食物调理机混打覆盆子250克和细砂糖150克。以香草冰激凌做底，摆上水蜜桃之后再淋上覆盆子果泥。

莎拉·伯尔尼哈特式草莓

起源：埃斯科菲耶首创“享速晚餐”*，目的是将法国杰出料理发扬光大，他在第一场餐宴上以草莓向法国伟大的女演员莎拉·伯尔尼哈特（Sarah Bernhardt）致敬。

做法：将1千克的草莓撒上糖，并淋上6小杯的植物利口酒（如绿夏特勒兹）。将另外500克的草莓和250克的糖混合，加入香缇鲜奶油，用食物调理机搅打均匀。以香草冰激凌做底，摆上草莓与草莓泥，再淋上满满的菠萝果泥。

大厨的规范

提供游客固定价格的菜单

新一代主厨纷纷设计起套餐菜单。他们在邀功前最好三思，因为发明这种做法的人正是埃斯科菲耶。

俄式上菜

这是餐饮界的小革命。所谓的法式上菜是一次把所有菜肴摆满餐桌，这种做法经过埃斯科菲耶改革，从此以后由侍者按照顺序，把准备好的菜肴一道一道分开上菜。

厨房军事化管理

他与凯萨·丽思规定了厨师要带厨师帽，并创造厨师职位分级制度。

错把东施当西施？

英国人很厌恶青蛙，并因此替法国人冠上“吃青蛙的人”（frog eaters）的称号。埃斯科菲耶被他们这种论调逗乐了，于是决定来场善意的报复。

“我向自己承诺，我在萨佛伊饭店的期间，就要让这些英国绅士们吃下青蛙。这样的机会很快就来了。几天后饭店刚好要办盛大的舞会晚宴，餐宴菜单上包含了许多不同的冷菜，其中有一道便是特地为了这个场合制作，命名为‘曙光精灵’（Nymphe à l'Aurore）。这些杰出又聪明的上流人士吃了都赞不绝口，未曾想到让他们吃得这么开心的，正是他们所睥睨的青蛙腿。”

埃斯科菲耶的神奇把戏：为了要骗过英国人，他煮了一锅以香料调味的高汤，然后把青蛙腿浸在高汤里。等煮好的蛙腿凉了，再淋上加了红椒做成的粉红浓稠冷酱（saucechaud-froid）。他用方盘装盛蛙腿，并以焯烫过的龙蒿叶装饰，然后再盖上薄薄一层鸡汤水晶冻。

*“享速晚餐”（Dîner d'Épicure）是同一天在世界各地多个城市，尽可能为更多的宾客提供同一种套餐。这项活动是由埃斯科菲耶在1912年发起。——译注

人与蔬菜的关系

撰文：奥萝尔·温琴蒂

蔬菜究竟是穷人的食物还是富人的佳肴？是普通的配料还是盘中的主角？法语跨越这模糊的界线，从中得到启发，借由蔬菜的形状、制作和味道，发展出各种有趣的比喻。

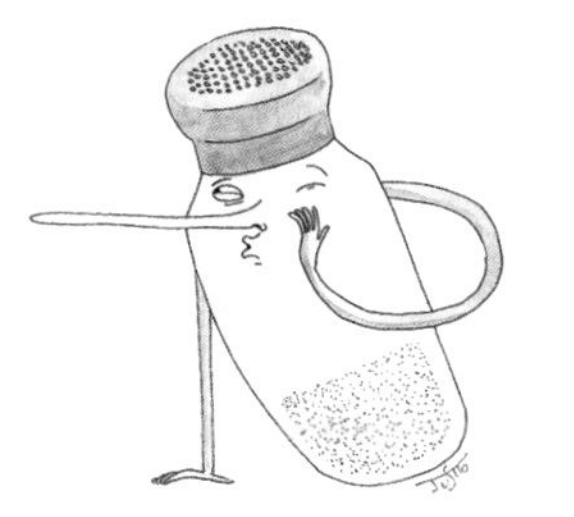

说沙拉（raconter des salades）

这里的沙拉跟你想的不一样！法语salade来自拉丁语sal（盐）。不是要说沙拉很咸，它原本指的是混合香草、蔬菜、油、胡椒和盐的一道菜肴，而盐就是这道菜的精髓。借由这项调味品，法语衍生出“说沙拉”的俗语，表示某人很会说故事，而且故事里经常“加盐调味”（同中文“加油添醋”），总之就是“用自己的方式来陈述事实”，通俗一点就是胡扯。

朝鲜蓟的心（Cœur d'artichaut）

朝鲜蓟是要一层层剥开的植物，饕客得花时间和功夫，才能吃到嫩心。朝鲜蓟的叶片化为苞片（bractée），词源上有“带刺”与“金属感”，竖起的样子有如城墙，仿佛是为了劝贪吃的人打消念头。这绿色莲花轻蔑地看着我们的手擦伤、刺伤，当它终于投降，把柔软的心交付于我们，我们该要细细品尝，还是狼吞虎咽？所以“朝鲜蓟的心”用来形容一颗脆弱且年轻的心，就算有成熟朝鲜蓟强硬的外皮，内心其实很柔软，等待着被人征服。

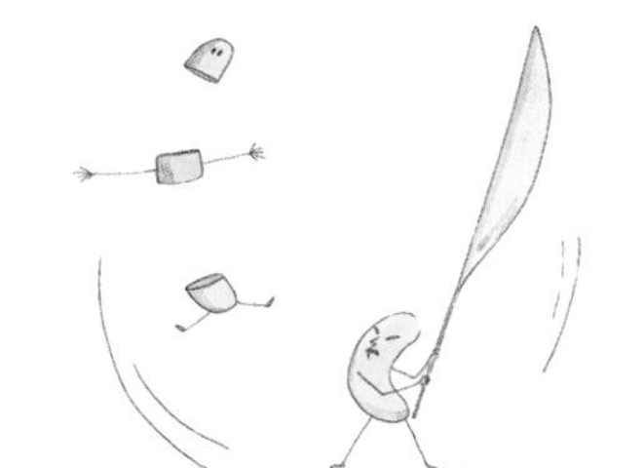

豆子用完了（La fin des haricots）

讲到haricot，你想到的是长条的豆荚，放上熔化的黄油配着吃？你可别被骗了，这个字来自动词harigoter，意为“切成小块放进锅里煮”，最早指一种加入豆子熬煮的羊肉炖菜，后来渐渐变成各种豆子的代名词。到了20世纪，当人们说豆子用完了，跟炖菜没有关系，而是“所剩无几”。当你真的什么都没有，连豆子都没有，那就真的是“完了”。

加了小洋葱（Aux petits oignons）

如果我让你等、让你煎熬，等到你终于来的时候，再用精心烹调的食物接待你，那你很有可能下次会再来……用小洋葱烹煮的食物总带着“回味无穷、还想再来”的滋味。煮洋葱要剥皮、切丝，切到泪流满面；要细心地煮到金黄香甜，又不能煮过头……所以说我们为难自己、让自己悲伤痛苦，都是为了成就最后的好事，为自己带来好处。

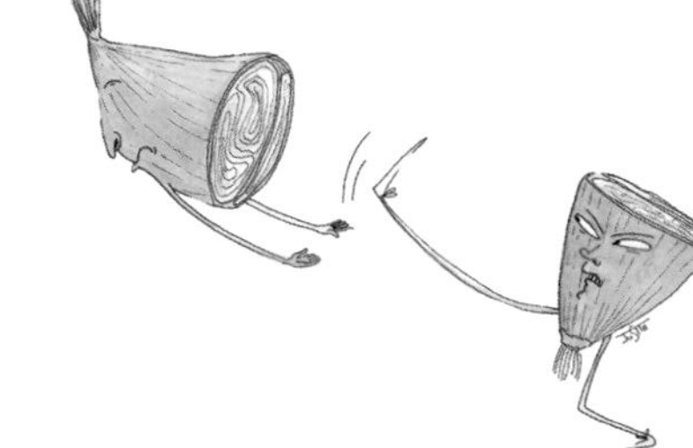

红葱赛跑（La course à l'échalote）

在这里，红葱被用来表示“屁股”，猜想是受到洋葱的牵连，因为只有在俗语里，这两种食物才会跟人体部位扯上关系。“红葱赛跑”意思是拉着人的裤裆和衣领，强迫他领先前进。在20世纪30年代指“紧追不放”；现在则被用来指“争夺权力”，不惜手段一定要赢，在媒体上常可听到这种用法。这应该就和“屁股”没什么关系，毕竟被人提着裤裆跑步也没办法跑很远吧。

好个芜菁！（Quel navet!）

芜菁一定是被魔鬼陷害才会招来坏名声，而这魔鬼就寄居在另一个长得跟芜菁很相似的植物上，名字就叫“魔鬼芜菁”（navet du diable），而且还有毒。所以大家都觉得芜菁和狡诈之人签了合约，也因此从13世纪末开始，我们用“芜菁”来表示没有价值、无用武之地的人或物。另一个意思是指“难看的电影”，就像有人很喜欢吃芜菁，有人不喜欢，不过周日晚上的烂电影不失为放空的好方法。

卷心菜（Tête de chou）

蔬菜有数不清的营养价值，因此被用来形容头脑，或者说，头圆圆的形状让人联想到许多蔬菜。当有人说你是卷心菜，表示他欣赏你的想法。想象那层层菜叶包裹住中央的“脑袋”，感觉就是饱读诗书、很有深度。不过拿蔬菜来比喻大脑的，可不一定都是赞美。如果说一个人的脑袋“是豌豆假装的”，那绝对是语带贬义。想想豌豆的尺寸你就知道了。

蔬菜与金钱

放进嘴里吃的东西，和填饱肚子要付出的代价，常有密切联系。“进到菠菜里”（aller aux épinards）指的是“做艰难的工作赚钱”。这句俗语和菠菜其实没什么关系，但épinard的“pin”，让人联想到“pine”（男性生殖器），所以究竟是什么样艰难的工作，也就说不准了。从1866年开始，这句话也用来形容老鸨去向客人收钱。“摸一把酸模”（palper un peu d'oseille）就比较容易想象了，把绿绿的叶子放进口袋，颜色刚好跟钞票一样！而小小圆圆的樱桃萝卜就像钱币，所以缺钱时就要说“连樱桃萝卜都没有了”（je n'ai plus un radis）。

源自蔬菜的动词变化

有些蔬菜的名字经过转意之后，大家每天都用，却从没想过来由！我们排队时站得直挺挺，就像“排排种的韭葱”（planté comme un poireau），后来衍生出poireauter（久候）这样的动词。17世纪末的人“只靠胡萝卜维生”（ne vivre que de carottes），表示精打细算过日子；后来某篇讲赌博的文章把carotter当作“小赌一把”，结果让这个词慢慢趋向贬义。不过最近这种说法又出现在年轻人的用语中，毕竟“胡萝卜可没那么容易被埋进土里隐没”啊！别忘了还有chouchoute这样充满“溺爱”的动词，不过这昵称里的chou指的到底是卷心菜、花椰菜还是奶油小泡芙，我们就不知道了。

法国生产的蜂蜜

撰文：朱立安·亨利（Julien Henry）

从科西嘉岛到阿尔萨斯，中间经过布列塔尼，法国各地都有让蜜蜂采蜜的好去处。
不过密集型农业使用化学药物，导致蜜蜂死亡，使这甜美温顺的产物也随之受到威胁。本篇就来看看法国各式各样的绝佳蜂蜜。

巴黎蜂蜜

采集地区：巴黎
收集时间：7月底至9月底
颜色：琥珀色
味道：轻微薄荷味，让人联想到椴树花沾了花粉、凸出的柱头。
使用：多用途蜂蜜（烹饪、浸泡、抹酱等）
注意：现在城市里的蜜蜂比乡下的蜜蜂健康，产能也更高，因为法国城市里的公园和花园都禁止使用杀虫剂。城市里每个蜂巢平均可收获30到60千克的蜂蜜，乡村地区的产量只有20多千克。

洋槐蜂蜜

采集地区：全法国
收集时间：5月到7月
颜色：半透明到浅黄色
味道：十分甜美，带香草味。
使用：完美的甜味适合搭配绿茶，甘美而不掩细致茶味。洋槐蜂蜜也常在做料理时用来熔化锅底酱汁。
注意：洋槐蜂蜜在法国供不应求，因此常由东欧国家（匈牙利、罗马尼亚）进口。进口蜂蜜常被认为质量不好，但情况正好相反，因为在过去50年里，这些土地受到的农药影响比法国少。

百里香蜂蜜

采集地区：普罗旺斯阿尔卑斯蔚蓝海岸大区、塞文山脉、旧朗格多克-胡西雍大区
收集时间：5月到6月
颜色：琥珀色至深褐色
味道：强烈麝香调性，余韵持久。
使用：冬季最佳蜂蜜，适合搭配热柠檬水，可抵抗感冒和舒缓喉咙痛。

欧鼠李蜂蜜

采集地区：大西洋沿岸、中央高原地区
收集时间：4月到7月
颜色：深褐色
味道：有巴萨米克醋的味道，香气让人联想到有舒缓作用的花，如紫罗兰、锦葵、药蜀葵等。
使用：搭配新鲜乳制品或白奶酪。

椴树蜂蜜

采集地区：主要在北部、法兰西岛大区和山区（阿尔卑斯山、比利牛斯山、中央高原地区）
收集时间：7月
颜色：白色至琥珀色（因甘露蜜含量多寡而有所不同）
味道：带薄荷味，口感绵长持久。
使用：蜂蜜常会具备来源植物的优点，椴树蜂蜜很适合搭配有放松效果的花草茶。

冷杉蜂蜜

采集地区：主要位于孚日、汝拉和阿尔萨斯
收集时间：6月到9月
颜色：带绿色调的深褐色（各区有所不同）
味道：味甜但不持久，具麦芽和轻微巴萨米克醋味，余韵有些许树脂感。
使用：冬天适用，睡前吃一大匙，也很适合用来做香料面包。
注意：孚日的冷杉甘露蜜有AOC认证，阿尔萨斯省的冷杉甘露蜜有IGP认证。

葵花蜂蜜

采集地区：全法国皆有，最知名的是在西南大区。
收集时间：7月到8月
颜色：黄色
味道：细致的果味和香气，口感生动宜人。
使用：乳霜状的质感，最适合用来涂抹面包。
注意：葵花是法国第二大油料作物，非常依赖蜜蜂传播花粉。然而葵花喷洒很多杀虫剂，造成蜜蜂死亡。

白欧石楠蜂蜜

采集地区：普罗旺斯省、旧朗格多克-胡西雍大区、科西嘉岛
收集时间：6月至12月
颜色：浅红棕色
味道：强烈甘草味，有焦糖的香气，让人联想到焦糖牛奶酱。
使用：可取代甜抹酱涂面包片吃。

油菜花蜜

采集地区：全法国皆有生产，这是法国最多产的蜂蜜之一。
收集时间：5月
颜色：琥珀色
味道：气味让人联想到卷心菜，香气较隐晦。
使用：较适合用于盐味的菜肴。
注意：油菜属于密集型农业植物，且油菜花内含的物质可能会危害蜜蜂健康，造成死亡。矛盾的是，油菜花也是一种新的“绿色能源”，让养蜂人陷入两难。他们偏好把这种蜂蜜叫作“春蜜”或“乳霜蜜”，还有蜂蜜制造厂混合其他花蜜制作成“百花蜜”。

栗子蜂蜜

采集地区：主要在西南大区、东南区和科西嘉岛
收集时间：8月到9月
颜色：棕色
味道：味道跟洋槐蜜恰巧相反，栗子蜂蜜味道非常强烈，而且很难取得。蜂蜜质地为液态，香味浓郁，有木质微苦调性，余韵持久。
使用：适合做糕点。大家都喜欢栗子蜂蜜做成的甘纳许，尤其是贾克·吉宁（JacquesGénin）的版本。

迷迭香蜂蜜

采集地区：旧朗格多克-胡西雍大区
收集时间：5月到6月
颜色：白色至淡琥珀色
味道：带有微微巴萨米克醋的香气，味甜，余韵悠长。
使用：乳霜状的质感，最适合在早餐时用来涂抹面包片。
注意：从罗马帝国时代以来，有段时间都被称为“拿邦蜂蜜”。

杜鹃花蜜

采集地区：阿尔卑斯山和比利牛斯山（海拔超过1,500米的山区）
收集时间：7月到9月
颜色：白色至琥珀色
味道：香气不浓，花香味与香草味。
使用：可加在花草茶中，带来口感细致的香草味。
注意：富含微量元素，有滋养功效。

荞麦蜜

采集地区：布列塔尼、法国东部
收集时间：8月到9月
颜色：浅红棕色到深红棕色
味道：树木、土壤和烘焙谷物的混合风味，风味细腻却很突出，辨识度高，而且会在口中留下清新余韵。
使用：多用在烘焙，尤其用来制作香料面包。荞麦蜜也是少数能为咖啡提味的蜂蜜。
注意：中国和加拿大目前是世界上最大的荞麦蜜生产国。

薰衣草花蜜

采集地区：普罗旺斯省、加尔省东北部、上普罗旺斯阿尔卑斯、上阿尔卑斯省、沃克吕兹省、瓦尔省、阿尔代什省东部、德龙省
收集时间：7月到9月
颜色：白色至琥珀色
味道：尝起来有水果味，带着树木、植物与花朵的混合香气。
使用：制作牛轧糖经常使用薰衣草花蜜，早餐搭配牛奶、面包也很适合。
注意：有IGP与红标认证。

帚石楠蜂蜜

采集地区：主要在法国西南部地区。
收集时间：6月到10月
颜色：棕色至黑色
味道：微苦，余韵持久，香气层次丰富，味中具有烟草和甘草调性，甚至带着野性。
使用：强烈的味道和复杂的香气层次，让帚石楠蜂蜜成为美食界宠儿。巴黎Landemaine面包坊在鲁邦种里加入帚石楠蜂蜜，口感无与伦比。
注意：因为采收过程很复杂，所以收集次数也不多。帚石楠蜂蜜结晶速度很快，可能才取出蜂巢就结晶了。

同场加映
香料面包之王（第121页）

荞麦蜜

质地

液状 奶油状 结晶状 固状

杜鹃花蜜

质地

液状 奶油状 结晶状 固状

洋槐蜂蜜

质地

液状 奶油状 结晶状 固状

白欧石楠蜂蜜

质地

液状 奶油状 结晶状 固状

椴树蜂蜜

质地

液状 奶油状 结晶状 固状

栗子蜂蜜

质地

液状 奶油状 结晶状 固状

薰衣草花蜜

质地

液状 奶油状 结晶状 固状

帚石楠蜂蜜

质地

液状 奶油状 结晶状 固状

冷杉蜂蜜

质地

液状 奶油状 结晶状 固状

油菜花蜜

质地

液状 奶油状 结晶状 固状

欧鼠李蜂蜜

质地

液状 奶油状 结晶状 固状

葵花蜂蜜

质地

液状 奶油状 结晶状 固状

百里香蜂蜜

质地

液状 奶油状 结晶状 固状

迷迭香蜂蜜

质地

液状 奶油状 结晶状 固状

巴黎蜂蜜

质地

液状 奶油状 结晶状 固状

什么是甘露蜜？

甘露蜜（miellat）事实上是昆虫的分泌物。叶蝉、蚜虫和其他介壳虫吸取树脂浆液，吸收过滤后会排出水滴状的蜜液，可以在树叶上找到。蜜蜂被蜜液香甜的味道吸引，采集后就会把蜜液转化成蜂蜜。甘露蜜富含微量元素，冷杉蜜就是其中一种。科西嘉岛也以灌木林甘露蜜闻名。

法国岛屿上的花蜜

科西嘉岛

科西嘉岛风土特殊，环境丰富，多亏辛勤的蜜蜂，岛上产出蜂蜜，尤其是“欧洲黑蜂的科西嘉生态型蜂种”（Apismellifera mellifera corsica），受到原产地命名保护认证（AOP Mele di Corsica）。岛上共有六种不同口味的蜂蜜，每款的口感都十分丰富。

春之蜜

从5月开始收集。口感香甜带花香味。在条件好一点的年份里，作为蜂蜜主要来源的克里曼丁柑橘树，也会为这款蜂蜜添加细致的柑橘味。

春林之蜜

在春天收集。有琥珀与焦糖或可可豆的细腻调性，十分美味。通常源自白欧石楠、海洋性头状薰衣草及金雀花。

秋林之蜜

从11月起开始收集。呈琥珀色，味道很苦，主要源自草莓树。很受厨师与糕点师喜爱，带有榛果和烧焦的焦糖味。

夏林之蜜

从8月开始在岛上的山谷间收集。这款蜂蜜很稀有，呈浅琥珀色，源自百里香与黑莓树，因此蜂蜜带有水果味与水果香气。

栗子蜂蜜

从7月底在较矮的山上收集。来自栗子树的蜂蜜口味强劲且具单宁味，经常被“强烈味道蜂蜜”爱好者推选为最棒的蜂蜜。尾韵微苦的滋味缓和了甜腻口感，让这款蜂蜜无可比拟。

林之甘露蜜

从5月到9月收集制成。颜色由琥珀色至深色，带麦芽味与樟脑味。

留尼汪岛

留尼汪岛的生态环境多样，有各种不同滋味绝妙的蜂蜜，以下介绍最常见的两种：

粉红胡椒花蜜

粉红胡椒是巴西胡椒树的果实，在当地被称为“留尼汪的粉色黄金”。粉红胡椒花蜜不会结晶，呈琥珀色，带着些许香料味。这种蜂蜜经常被用于烹饪。留尼汪岛生产的蜂蜜中，仅粉红胡椒花蜜就占了8%。

荔枝花蜜

留尼汪岛沿岸满是荔枝树，蜜蜂很喜欢吸取这种花蜜。荔枝花蜜的大颗白色结晶具有独特风味，可以感受到玫瑰和榅桲调性，被某些养蜂者认为是世上最好的花蜜之一。

圭亚那

圭亚那的森林保护是世界数一数二的，但蜂蜜的产量却是相对少的。最常见的是红树林蜂蜜，带有微妙的柑橘味，尝起来非常甜，却不失为一款风味细致的蜂蜜。

安的列斯群岛
（瓜德罗普与马提尼克）

法属安的列斯群岛属于热带气候，却有季风调节，因此有丰富而多样的植物种类，这更利于蜂蜜生产。在当地常见的主要蜂蜜有三种：

墨水树花蜜

墨水树是一种小树，树上会开成串的黄色小花。颜色清澈、香气十足的墨水树花蜜，是安的列斯群岛最知名的蜂蜜之一，有些人会拿来与洋槐蜂蜜比较。

红树林蜂蜜

红树林是生长在沿岸或沼泽地区的植物群落。红树林蜂蜜结合了这两个岛的特色，近似于大都市里的“百花蜜”。

到手香蜂蜜

到手香也称作安的列斯大百里香（gros thym），这种植物混合了百里香、薄荷、鼠尾草和奥勒冈的香气，蜂蜜呈现深琥珀色，香气强烈、浓郁丰富。

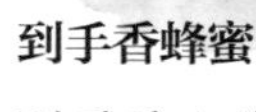

那就吃布里欧修*

撰文：艾维拉·麦森

布里欧修是发酵面团做成的维也纳式甜面包，内含黄油和鸡蛋。
各种蓬松柔软的布里欧修，踪迹遍及全法国！

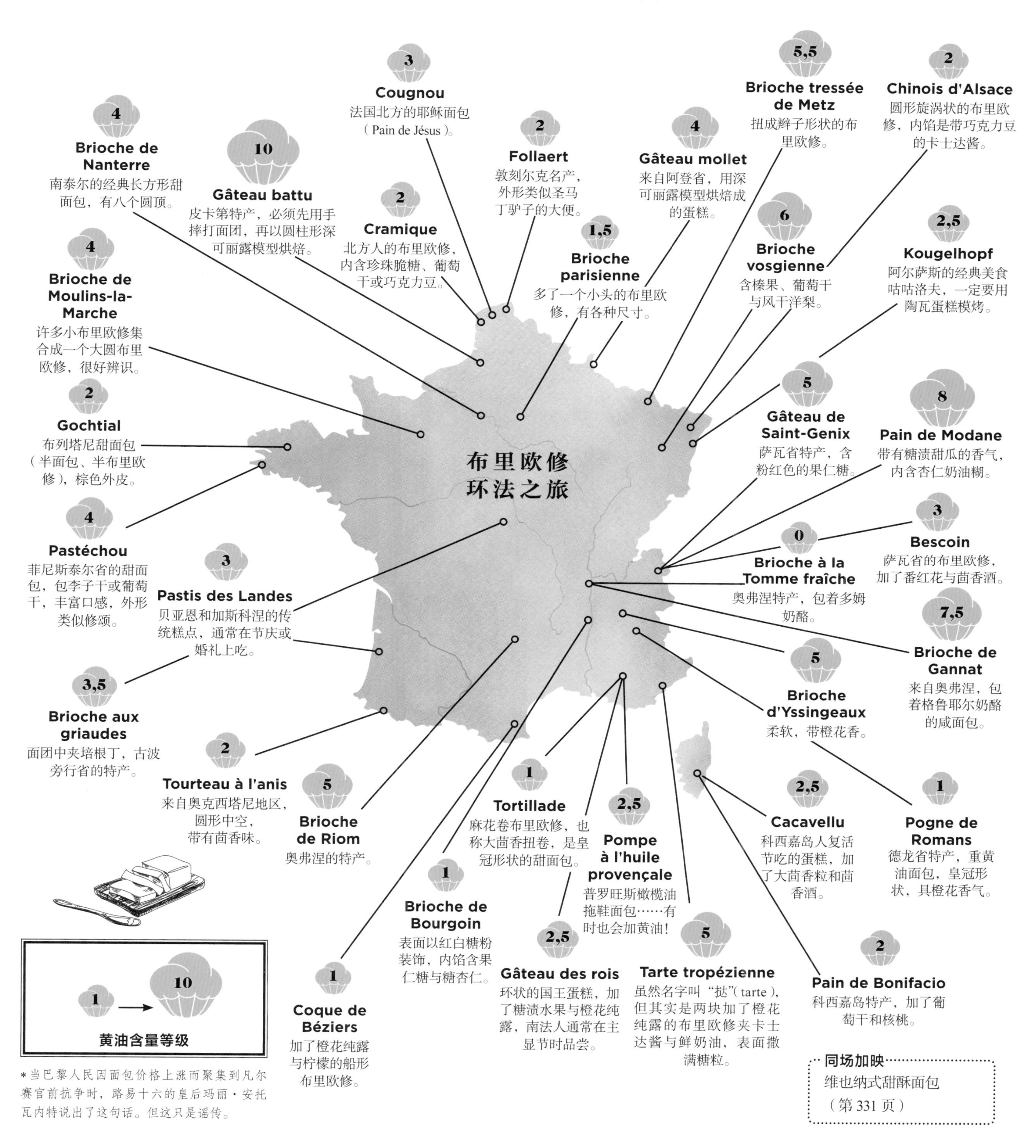

同场加映
维也纳式甜酥面包（第331页）

*当巴黎人民因面包价格上涨而聚集到凡尔赛宫前抗争时，路易十六的皇后玛丽·安托瓦内特说出了这句话。但这只是谣传。

篱笆上的莓果

撰文：丹妮丝·索林耶高帝

野生莓果富含维生素，滋味绝佳，是上天赐予的珍贵食物，而且遍布法国乡间、俯拾即是。可惜莓果并未随着乡村人口外流而普及，本篇就要详细介绍20种令人垂涎欲滴的小小果实。

唐棣

学名：*Amélanchier ovalis*（蔷薇科）

唐棣的尺寸和一颗豌豆一样，成熟时颜色会从粉红色变成蓝黑色，花萼包覆果实，只在顶端有小开口。果实香甜味美，在乡间自由生长，是身强体壮的小树，树枝柔软。

分布地区：法属比利牛斯山东部

采收时间：7月和8月

营养价值：维生素C、抗氧化物、矿物质

食用方式：甜派、果酱、克拉芙缇

唐棣玛芬：烤箱预热至200℃。将牛奶200毫升煮到温热，加入黄油60克、面粉180克、泡打粉1小包、鸡蛋1颗、糖45克和唐棣一把，用打蛋器把所有材料搅拌均匀。把面糊倒入硅胶玛芬蛋糕模一半的高度，进烤箱烤25分钟，出炉后立刻脱模。重复前述动作至用完面糊为止。

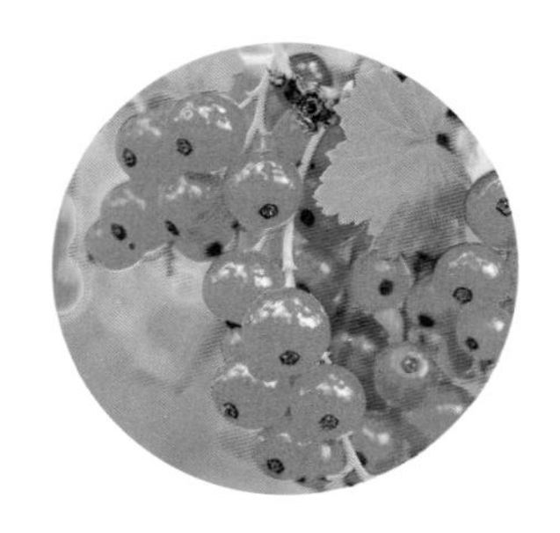

红醋栗

学名：*Ribes rubrum*（醋栗科）

成串的鲜红小圆果实，呈半透明状，内含几粒小籽，味偏酸。小灌木可长至1~2米高，枝直立挺拔。另外也有野生醋栗，生长在阿尔卑斯山或岩石间。

分布地区：法国北半部林间灌木丛里皆可见

采收时间：7月

营养价值：维生素C、矿物质，还有对血液循环和皮肤都很好的黄酮类化合物。

食用方式：做成果冻酱十分美味（醋栗含丰富果胶），也可以用于水果派、糖浆。

红醋栗冰沙：把醋栗果实和水半杯用中火加热至果实爆裂，用锥形滤勺过滤。称重，混合一半水果、一半刚刚滤出的糖水果汁，混合后倒入容器，放进冷冻库，其间不时用叉子搅拌。搭配草莓冷汤享用。

西洋接骨木

学名：*Sambucus nigra*（五福花科）

接骨木果为甜而软的黑色小核果，生吃有些许毒性。接骨木可生长至2~5米高。

分布地区：法国各地海拔超过一千米以上之处

采收时间：花期5月到6月，果实8月底到9月。

营养价值：接骨木的花叶具消炎和抗组织胺的效果，花和果可治疗感冒与流行性感冒。

食用方式：接骨木花可做柠檬水或汽水、接骨木果可做果冻酱和糖浆。

油炸接骨木花：准备面粉180克、泡打粉1小包、糖1汤匙、葵花油1汤匙、盐1小撮、柳橙1颗榨汁、鸡蛋1颗、水100升，用打蛋器将上述材料混合成面糊。取蛋白1颗，打至硬性发泡后拌入面糊中。准备接骨木花20朵，洗净沥干。热油，将接骨木花沾面糊，放入锅里炸至金黄。起锅沥油后放在吸油纸上，撒上糖粉。

越橘

学名：*Vaccinium vitis-idaea*（杜鹃花科）

果子大小类似山桑子（越橘的近亲），味酸，从一开始的白色会变为鲜艳的红色，并在灌木顶端成串结果，植株可长到10~30厘米高。大家常会把越橘误认为熊果（Arctostaphylos uva-ursi），两者皆可食用。

分布地区：斜坡上、酸质土壤的山间草地

采收时间：9月到10月

营养价值：维生素A、维生素C

食用方式：熟食（与野味一起烹煮），或做成果冻酱、果泥和果酱。

越橘果泥夹心苹果：苹果削皮去核（中空），放入烤箱烤熟。将越橘200克和糖80克煮10分钟，做成果泥，填入烤好的苹果中间。可作为配菜，搭配珠鸡享用。

南欧山楂

学名：*Crataegnus azarolus*（蔷薇科）

樱桃般大小的果实，略呈梨形，表面有纹路，皮为红色或黄色。果肉酸甜，内有五颗果核。生吃味近苹果，熟食味似洋李。南欧山楂树高3~10米，生长速度慢，十年以上才会结果，但树龄很长。

分布地区：地中海气候型地区

采收时间：9月和10月

营养价值：维生素A、维生素C，黄色的叶和花可治忧虑与不眠症状。

食用方式：果冻酱、果酱、利口酒

糖葫芦：把1颗山楂果插在牙签上（准备至少20颗）。冰糖250克、水1杯、柠檬半颗榨汁、红色食用色素几滴，用以上材料熬成焦糖，静置30秒。浸入插上牙签的山楂果，甩掉多余糖浆，放在烘焙纸上即完成。

欧亚花楸

学名：*Sorbus domestica*（蔷薇科）

果实是直径2~3厘米的核果，外观呈圆形或梨形，颜色从粉黄色到红色都有。未成熟时味道苦涩，熟透之后软嫩芬芳；大家会铺稻草，让花楸果在上面成熟。欧亚花楸可长至20米高，不要跟欧洲花楸（Sorbus aucuparia）搞混了。

分布地区：源自地中海，由罗马人带到法国各地。

采收时间：9月

营养价值：维生素A、维生素C

食用方式：酿成气泡酒、白兰地，或做果酱。

花楸苹果泥：史密斯老奶奶苹果（granny-smith）4颗，加入糖50克与半杯水，用中火煮20分钟。准备花楸果12颗，取熟透的花楸果肉加入锅中，将所有材料混合均匀，趁温热吃或放凉食用皆可。

大果山茱萸

学名：*Cornus mas*（山茱萸科）

椭圆形的亮色核果，直径2厘米，每颗果实中带一粒果核。未成熟时味涩，成熟后口感佳，颜色会由绿转红。灌木可长至10~15米。

分布地区：法国东部与东南部，喜石灰质土壤。

采收时间：8月和9月

营养价值：维生素C

食用方式：果冻酱、果酱、糖浆（味道类似石榴）

盐水腌山茱萸果：把青色（未熟）的果实浸在水里，每天换水，十天后擦干果实，放进有盖的广口玻璃瓶。在锅中倒入1升水和60克盐，煮至大滚后再煮5分钟。待盐水凉后倒入玻璃瓶，加入月桂叶2片与百里香2枝，盖上盖子，三个月后即可开盖享用，像油渍橄榄一样直接吃或搭配其他小食。

森林草莓

学名：*Fragaria vesca*（蔷薇科）

其他名称：普通草莓、野草莓

呈圆形或略长形，果实小，肉多（食用的部位其实是膨大的花托），味芳香但不太甜。生命力顽强的草本植物，高10~15厘米。

分布地区：遍布各地，林下灌木丛间、潮湿的斜坡道上、林中空地，甚至在海拔高度一千米处也能生长，唯地中海地区除外。

采收时间：6月到8月间，视气候变化。

营养价值：维生素C和微量元素。

食用方式：水果塔、冰沙、果糊酱汁、果酱、利口酒

红莓果沙拉：混合野草莓和其他红色莓果，滋味绝妙。

刺檗

学名：*Berberis vulgaris*（小檗科）

成串的长形小果，呈胭脂色，果实内有三颗籽，果肉很酸。带刺灌木，高1~4米。

分布地区：各地围篱和林下灌木丛里。

采收时间：9月和10月

营养价值：助消化、止咳

食用方式：未熟果实可替酱汁提味，风干带酸甜滋味，可做果冻酱、果酱、花草茶。

黄油香煎魟鱼佐刺檗果：在大碗里加水，放入风干刺檗果实3汤匙，静置15分钟让果实吸水然后沥干。在炒锅里放入黄油60克和葵花油2汤匙，油热后放入魟鱼胸鳍4片，两面煎熟（10~15分钟），以盐和胡椒调味，最后加入刺檗果实续煮2分钟。

欧刺柏（杜松子）

学名：*Juniperus communis*（柏科）

蓝紫色球形的欧刺柏浆果，表面有鳞片并互相联结，内有三粒籽。欧刺柏高1~10米，蓝绿色的叶呈针尖状，生命力强。

分布地区：主要在地中海地区

采收时间：10月起

营养价值：制成精油可利尿、助消化。

食用方式：浸泡、煎煮、腌浸，可替酸菜香肠增添香气，或搭配野味，也可酿制琴酒。

杜松子酥皮鸡肝：准备鸡肝4份、红葱切丝、番茄切成四等份。在炒锅里加一点油，放入上述材料炒3分钟，以盐和胡椒调味。将杜松子6颗加入干邑白兰地1汤匙，用手持搅拌器搅打成泥。长棍面包切片，抹上果泥，送入预热至180℃的烤箱烤10分钟。烤好后可当开胃菜享用。

狗蔷薇

学名：*Rosa canina*（蔷薇科）

狗蔷薇果是附果，由花托胀大而成，里面充满果实（这才是真正的果实），表面有绒毛（需刮除），味道酸甜宜人。狗蔷薇是带刺的灌木，高1~2米，树枝下垂。

分布地区：法国各地的干燥土壤，生长在篱笆、斜坡、草原上。

采收时间：11月，第一次结霜后。

营养价值：利尿，富含维生素C。

食用方式：果冻酱、糖浆、花草茶

狗蔷薇果酒：狗蔷薇果1千克，洗净后晒干，放进大广口玻璃瓶中。水1升加糖600克，煮2分钟至沸腾，放凉后倒入玻璃瓶，瓶口以保鲜膜封紧，用牙签在上头戳几个小洞。静置三个月，其间偶尔搅拌，过滤后装瓶。

覆盆子

学名：*Rubus idaeus*（蔷薇科）

单核果聚生果实，每个果实里带一粒种子，呈圆形或圆锥形，比人工栽种的覆盆子小。颜色粉红或红色，味道甜美且香气十足。小型带刺灌木，1~1.5米高。

分布地区：阿尔卑斯山区、孚日省、中央高原的森林边缘地带、林间空地。

采收时间：7月到9月

营养价值：富含维生素C与抗氧化物。

食用方式：水果塔、冰沙、果汁、果糊酱汁、水果醋、白兰地

覆盆子果冻酱：准备覆盆子1千克，加入半杯水，中火加热5分钟让果实爆裂，用锥形滤勺过滤，称一下得到的果汁重量。用中火煮果汁，加入等量的果胶砂糖粉，煮滚后续煮7分钟，捞除浮沫，倒进消毒的玻璃瓶中，加盖密封倒置。

洋杨梅

学名：*Arbutus unedo*（杜鹃花科）

圆形带刺莓果，直径2厘米，成熟时果实为红色。果肉口感较粉，带小籽，可以生吃，不过最好熟食。灌木平均高2~3米，最高可长到10米。

分布地区：科西嘉岛丛林、普罗旺斯、朗格多克-胡西雍、大西洋沿岸、布列塔尼

采收时间：9月至1月

营养价值：维生素、矿物质、抗氧化物

食用方式：果酱、果冻酱、利口酒

洋杨梅果酱：洋杨梅1千克加水100毫升，用中火煮到果实破裂，过滤之后再加入1颗柳橙榨的汁和糖150克，煮10分钟即可。

欧洲甜樱桃

学名：*Prunus avium*（蔷薇科）

其他名称：野生樱桃、鸟樱桃

深色核果，果实内含核，比一般樱桃小，肉甜芳香。树高25~30米。

分布地区：鸟儿非常喜欢吃这种樱桃，也因此将樱桃核散播至法国各地。

采收时间：6月、7月、8月，依地区而有所不同。

营养价值：维生素、矿物质、抗氧化素

食用方式：酿造阿尔萨斯樱桃白兰地和樱桃利口酒（guignolet），做果酱、果糊酱汁等。

樱桃克拉芙缇：烤箱预热至180℃。蛋糕模内层涂上黄油。将甜樱桃500克清洗去梗去核，放入烤模中备用。混合面粉50克、糖60克、牛奶300毫升和鸡蛋3颗，用打蛋器搅拌均匀，倒入蛋糕模，进烤箱30~35分钟。烤好前5分钟撒上2汤匙糖。

黑莓

学名：*Rubus fruticosu*（蔷薇科）

黑莓是由许多小核果组成的聚合果，每个聚合果里都有一粒籽。果实颜色通常由红转亮黑色，香味浓，甜中带酸。灌木长茎上有棘刺。别把黑莓与黑桑（Morusnigra）搞混，黑桑树叶可以养蚕。

分布地区：法国各地海拔超过1,500米处。

采收时间：8月到9月

营养价值：维生素B、维生素C、抗氧化素

食用方式：果冻酱、果酱、塔派

黑莓果糊酱汁：准备黑莓500克，仔细清洗干净后放入长柄锅中，加水半杯同煮，用中火煮5分钟至莓果爆裂，放进手摇蔬菜研磨器（选细格滤网）绞碎再用锥形滤网过滤。滤出的果汁倒入长柄锅中，加糖100克与琼脂2克，煮2分钟至滚。这款果糊酱汁是搭配意式奶酪的绝佳伙伴。

欧楂

学名：*Mespilus germanica*（蔷薇科）

果实呈略为扁平的圆形，靠近顶端处向内凹陷，会从铁锈色转为棕色。每颗果实内有果核三颗，熟透才可食用。欧楂树是高3~5米的小树，别跟枇杷（Eriobotrya japonica）搞混。

分布地区：法国各地

采收时间：10月到11月，用干稻草铺底，把欧楂果放在上面风干15天。

营养价值：富含维生素A、钾，有滋补功效。

食用方式：果酱、果冻酱

山楂软糖：果实对切，取出果核，果肉过秤备用。把果肉放入长柄锅，加入与果肉等量的冰糖与水半杯，开火熬煮期间需要经常搅拌，直到锅中糖糊不粘锅壁（煮15~20分钟）。在方形凹盆内侧铺上冰糖*，倒入糖糊约2厘米高度，静置风干几天。撒上糖粉，切成小块食用。

欧洲越橘（山桑子）

学名：*Vaccinium myrtillus*（杜鹃花科）

圆形果实，成熟时为蓝黑色，表面有果霜。味道宜人，微酸。欧洲越橘树为林下灌木，高50厘米，生长力强。

分布地区：阿尔卑斯山和比利牛斯山山区、中央高原区、孚日省

采收时间：7月底至9月初

营养价值：维生素C与抗氧化物，可用来辅助治疗视力与记忆力。

食用方式：塔派、果酱、利口酒

越橘派：烤箱预热至180℃。甜酥派皮摊开铺进模型里，塑形之后用叉子在各处戳一戳，先放进烤箱里空烤15分钟。在派皮中倒入粗磨小麦粉2汤匙，均匀撒上越橘。取法式酸奶油2汤匙、牛奶100毫升与糖3汤匙，用打蛋器搅拌均匀后倒入烤模，烤箱烤约35分钟。

香桃木果

学名：*Myrtus communis*（桃金娘科）

果实微呈椭圆，颜色由紫红转为蓝黑色，果肉不多，表皮上有冠状果霜。香气浓郁，味道带树脂与巴萨米克醋味。属常绿灌木，枝色偏红，3~5米高。

分布地区：科西嘉岛、普罗旺斯、朗格多克-胡西雍

采收时间：9月与10月

营养价值：具杀菌效果，可改善呼吸不顺与失眠。

食用方式：调味、利口酒

香桃木利口酒：准备香桃木果80克，清洗后晒干，放入有盖的广口玻璃瓶，倒入水果烈酒750毫升，盖上瓶盖静置两个月。两个月后，混合糖120克与水250毫升，中火煮5分钟至滚，放凉后倒入玻璃瓶，搅拌均匀即可过滤装瓶。装瓶后等至少一个月才能饮用。

黑刺李

学名：*Prunus spinosa*（蔷薇科）

果实为直径1~1.5厘米的小核果，表面有果霜，味涩具收敛感。黑刺李树为带棘刺的小型灌木，树皮为灰褐色。

分布地区：各地海拔超过800米处。

采收时间：8月到11月

营养价值：抗氧化剂、维生素C

食用方式：果冻酱、果酱、酿白兰地或利口酒，例如巴斯克地区的刺李酒（Patxaran）。

黑刺李利口酒：准备刺李果实300克，洗好擦干后放进广口玻璃瓶，倒入无色蒸馏酒1升，盖上瓶盖静置一个月，期间需要偶尔摇晃玻璃瓶。混合糖600克与水100毫升煮滚，煮好的糖浆放凉后倒进玻璃瓶，静置两个月后即可过滤装瓶。

沙棘

学名：*Hippophae ramnoides*（胡颓子科）

沙棘是类核果，每颗果实内含籽一粒，呈卵形，在树枝上成串结实。皮为黄色或橘色，颜色鲜艳，味道微酸中带涩。是具有棘刺的小灌木，树枝柔软。

分布地区：芒什省沙丘、罗讷河和莱茵因河沿岸。法国在萨瓦省和阿尔卑斯山脉南部皆种植了沙棘。

采收时间：9月和10月

营养价值：维生素C含量比柳橙高30倍

食用方式：榨汁，做果冻酱或糖果。

沙棘果汁：果实洗净沥干后放入手摇蔬菜研磨器（选细格滤网），打出来的果泥果汁用锥形滤勺过滤，取汁备用。榨等量的柳橙汁，将两种果汁混合饮用。

*法国市售冰糖做得跟砂糖一样颗粒细小，并非大块结晶状。——编注

法国的香肠

撰文：瓦伦提娜・屋达

香肠的法语saucisse源自古法语saussiche，古法语则来自拉丁语salsicius，意指“绞碎加盐的肉”；而salsus在拉丁语里则当形容词，表示“加盐的”（salé）。本篇就要好好介绍这油滋滋的美味，来看一看法国各地不一样的香肠。

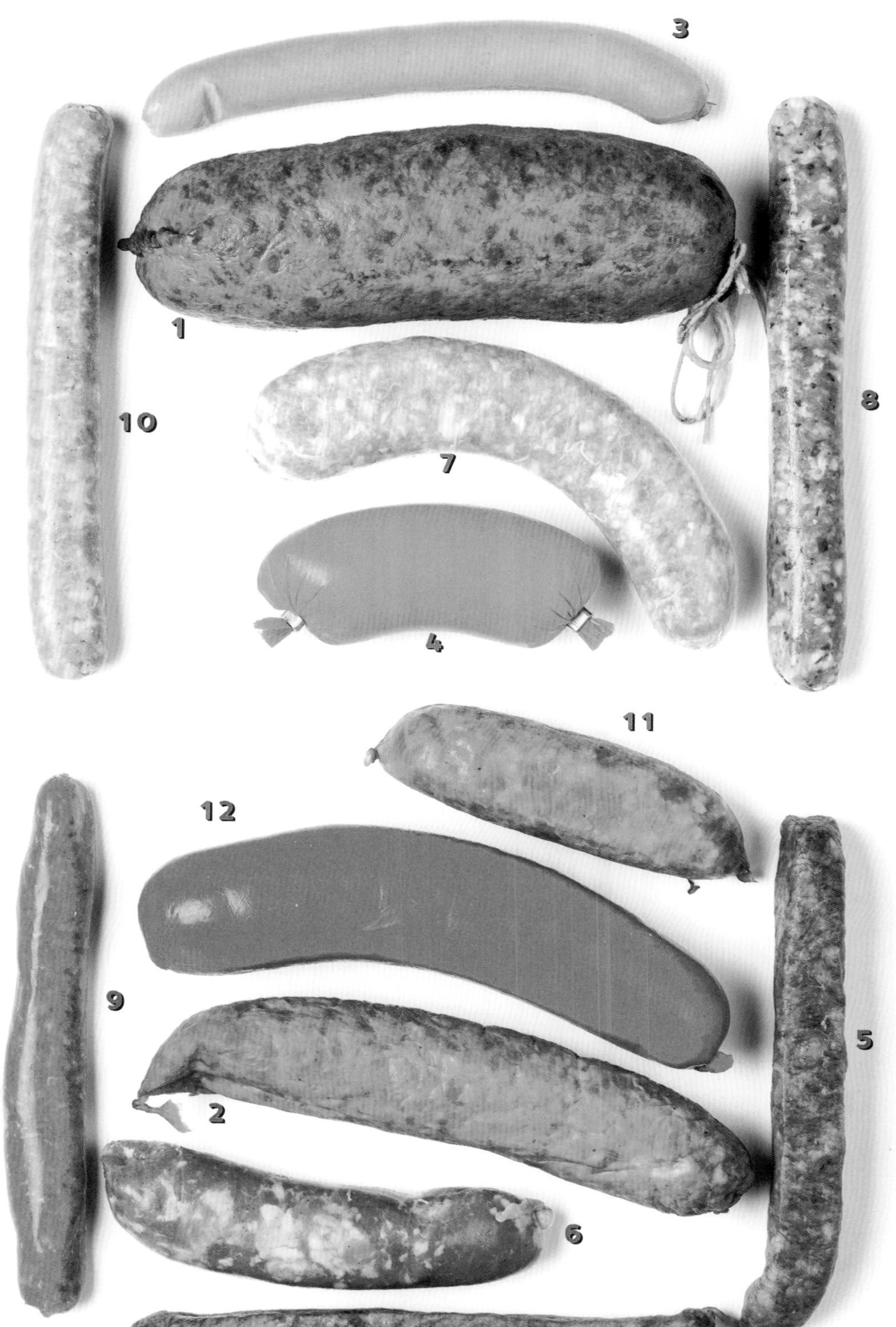

同场加映

看啊，这就是血肠！（第156页）

1穆尔托香肠 SAUCISSE DE MORTEAU / 法兰琪康堤大区

纯猪肉制作（喝当地乳牛的奶长大的猪），以葛缕子、红葱、香菜、肉豆蔻与葡萄酒调味，在大型烟熏房里用木屑（产树脂的树）烟熏。有IGP与AOP认证。

2蒙贝利亚香肠 SAUCISSE DE MONTBÉLIARD / 法兰琪康堤大区

传统香肠，含瘦肉与肥肉（喝当地乳牛的奶长大的猪），以葛缕子和胡椒调味，使用冷杉或欧洲云杉木烟熏制成。已获IGP认证。

萨瓦香肠 DIOTS DE SAVOIE

当地最受欢迎的香肠，取猪肩肉或臀尖肉、去皮五花肉和猪脂绞碎，以大蒜、盐、胡椒、肉豆蔻、四香料调味，据说还加了红酒。

内脏肉饼 ATTRIAUX / 上萨瓦尔省

使用内脏（心、肝、肺、肾、咽喉及下水）与猪肉制成，调味后包覆猪油网。

阿若谷香肠 GANDEUILLOT DU VAL-D'AJOL / 孚日省

混合猪肉和猪肠肚后装入猪瘤胃，以木柴烟熏，煮熟后美味无比。

3斯特拉斯堡香肠 SAUCISSE DESTRASBOURG

牛猪混合，以孜然和其他提味剂制成。咬下时会发出细微的脆裂声而得“脆肠”（knack）的外号。

4阿尔萨斯生香肠 METTWURSCHT ALSACIENNE

生肉香肠，软质油脂多，经烟熏，适合抹面包品尝。使用猪牛混合肉馅，以红椒粉、辣椒、小豆蔻和朗姆酒制成。

5孚日警察香肠 GENDARME DES VOSGES

外形呈长方形，颜色偏红，牛猪混合，以欧洲山毛榉木烟熏制成。香肠上下两端打结，联结成串，看起来像旧时着红制服、两两行动的警察而得其名。

软香肠 SAUCISSE DE MOU / 奥弗涅大区

康塔尔和鲁埃格的特产，混合猪心、猪肝和猪肉，以红酒调味。常被称为“表亲香肠”，因为用内脏做的较便宜，分送出去也不心疼。

马铃薯香肠 SAUCISSE DE POMME DE TERRE / 康塔尔省

混合马铃薯与内脏（如猪皮、肠肚、猪心和肥肉）制成。

6猪肝香肠 FIGATELLU / 科西嘉岛

取猪的肝、脾、心、肺尖、胸肉、背膘和猪血，以大蒜、红酒和香草调味。可生食，也可烟熏或风干品尝。

肥肉肠 SALCICETTA / 科西嘉岛

只用盐和胡椒调味，只取高级肉品不要的部位与肥肉，做成U字形。知名度比猪肝香肠低。

7图卢兹香肠 SAUCISSE DE TOULOUSE

最长的香肠！因为不是一根一根卖，而是一尺一尺卖，通常卷成螺旋形，使用放养猪肉制成。

8昂迪兹香肠 SAUCISSE D'ANDUZE / 塞文山脉

风干香肠，以吃橡实和栗子的猪肉制成，保存了猪肉本身的香气，通常会对折成两半，再用一条棉线绑紧。

9北非风味辣香肠 MERGUEZ

混合牛羊绞肉，以孜然、北非综合香料（rasel-hanout）、哈里萨辣酱与香菜调味。香肠名源自柏柏语amrguaz，“am”表示“就像”，“rguaz”则指“男人”，所以这条香肠名称其实来自男性生殖器官。

10 契普拉塔香肠 CHIPOLATA

取猪肩肉与五花肉，加红椒粉调味制成。其名字源自意大利语cipolla，意指洋葱，cipollata是托斯卡尼的油渍洋葱，搭配香肠块一起吃。

思华力肠 CERVELAS

以前用猪肉和猪脑制成（香肠名称来自法语中的脑〔cervelle〕），现在则由牛肉、猪瘦肉、咽喉肉、猪背膘、大蒜、香料和洋葱制成，放入添加染色剂的水中煮熟，表皮会变成红色。

11 巴斯克香肠 LUKINKE

取猪瘦肉与肥肉制成，可风干食用，或经油渍后放入炻器（罐）中保存。

12 巴斯克生肉辣香肠 TXISTORRA

使用牛猪混合肉，按口味加入埃斯佩莱特辣椒（因此呈鲜红色），灌入羊肠衣中。

美食之路：国道七号

欢愉的爱就在路上，令我们不禁微笑，我们在国道七号上快乐无比。
——夏勒·特雷内（Charles Trenet）

撰文：查尔斯·帕丁·欧古胡

这条公路从巴黎通往芒通，总长996公里，沿途满布知名餐厅。本篇整理了法国国道七号（N7）上的15个美食歇脚点。

● 营业中 ● 已歇业

茹瓦尼 JOIGNY
美食歇脚点：La Côte Saint-Jacques
主厨与掌厨年份：
Marie Lorain（1945—1958）
Michel Lorain（1958—1993）
Jean-Michel Lorain（1983—）
招牌菜：香槟蒸布列斯小母鸡

索略 SAULIEU
美食歇脚点：Relais Bernard Loiseauz
主厨与掌厨年份：
Alexandre Dumaine（1932—1964），Bernard Loiseau（1975—2003）
招牌菜：农家鸡烩鹅肝及松露泥

沙尼 CHAGNY
美食歇脚点：La Lameloise
主厨与掌厨年份：Pierre Lameloise（1921—1937），Jean Lameloise（1937—1971），Jacques Lameloise（1971—2009），Eric Pras（2009—）
招牌菜：马铃薯包鸭肝

土努斯 TOURNUS
美食歇脚点：Greuze
主厨与掌厨年份：Jean Ducloux（1947—2004）
招牌菜：维埃纳梭鲈鱼排

沃纳斯 VONNAS
美食歇脚点：La Maison Troisgros
主厨与掌厨年份：
Marie Troisgros（1930—1957），Pierre Troisgros（1957—1983），Michel Troisgros（1983—2017）
招牌菜：鲑鱼排佐酸模奶酱
原址在罗阿纳，2017年3月迁至乌谢。

米奥奈 MIONNAY
美食歇脚点：Alain Chapel
主厨与掌厨年份：Roger Chapel（1939—1967），Alain Chapel（1967—1990），Philippe Jousse（1990—2012）
招牌菜：牛膀胱包布列斯小母鸡

乌谢 OUCHES
美食歇脚点：Relais Bernard Loiseauz
主厨与掌厨年份：
Alexandre Dumaine（1932—1964），Bernard Loiseau（1975—2003）
招牌菜：农家鸡烩鹅肝及松露泥

寇隆 COLLONGES
美食歇脚点：Auberge du Pont de Collonges
主厨与掌厨年份：Paul Bocuse（1958—2018）
招牌菜：黑松露酥皮浓汤

维埃纳 VIENNE
美食歇脚点：La Pyramide
主厨与掌厨年份：Fernand Point（1925—1955）
Paul Mercier, Guy Thivard（1955—1986）
Patrick Henriroux（1986—）
招牌菜：比目鱼排佐面条

里昂 LYON
美食歇脚点：La Mère Brazier
主厨与掌厨年份：
Eugénie Brazier（1921—1971），Jacotte Brazier（1971—2004），Mathieu Viannay（2008—）
招牌菜：寡妇鸡佐蔬菜

尼斯 NICE
美食歇脚点：Le Negresco
主厨与掌厨年份：Jacques Maximin（1978—1988）
Dominique Le Stanc（1988—1996）Jean-Denis Rieubland（2007—）
招牌菜：尼斯甜菜馅饼佐橙花

蓬德利塞尔 PONT-DE-L'ISÈRE
美食歇脚点：Michel Chabran
主厨与掌厨年份：
Michel Chabran（1970—）
招牌菜：修道院牛菲力佐松露薯泥

慕吉安 Mougins
美食歇脚点：Le Moulin de Mougins
主厨与掌厨年份：
Roger Vergé（1969—2003）
Alain Llorca（2003—2009）
招牌菜：西葫芦花佐黑松露奶油酱

瓦伦斯 VALENCE
美食歇脚点：La Maison Pic
主厨与掌厨年份：
André Pic（1934—1950），Jacques Pic（1950—1995）
Alain Pic（1995—1997），Anne-Sophie Pic（1997—）
招牌菜：海钓鲈鱼佐鱼子酱

摩纳哥 MONACO
美食歇脚点：Hôtel de Paris
主厨与掌厨年份：Alain Ducasse（1987—）
招牌菜：路易十五脆皮巧克力蛋糕佐核桃慕斯

电影里的名厨

撰文：罗宏·戴尔马

法国电影似乎非常喜欢这群在厨房里穿着围裙的英雄，时常可以看到来自各大餐厅、知名酒馆的大厨，其中甚至还有总统官邸的御厨！以下介绍在大屏幕崭露头角的厨师。

屏幕上的大厨

法国料理一直是法国电影最重要的主题和“道具”之一。像是在路易·卢米埃尔（Louis Lumière）于1895年拍摄的《婴儿喝汤》（*Le Repas de bébé*）中，可以看到一对夫妻喂女儿吃各种早餐食品。从此之后，法国电影就不断创造出屏幕大厨，讲述历史名厨的故事。

最佳历史名厨

杰拉尔·德帕迪约／《巴黎春梦》（*Vatel*，2000），罗兰·约菲（Roland Joff）执导

剧中角色：孔代亲王的御厨

屏幕上的美味程度：8/10

我们的评语：瓦尔特从古至今对美食界一直都有深刻的影响，而杰拉尔·德帕迪约的演出则可说是如鱼得水。德帕迪约演出了一个谦逊的瓦尔特，也许是因为他死前的极端抉择，毕竟大家都知道，这位总管大厨因为要给国王和宾客的食物未能及时送达，羞愧地自杀身亡。

最佳巴黎餐厅名厨

尚·嘉宾／《我们都是杀人犯》（*Nous sommes tous des assassins*，1956），朱利安·迪维维耶（Julien Duvivier）执导

剧中角色：由尚·嘉宾饰演的安德赫·夏特林经营一家位于巴黎大堂区的高级餐厅，提供夏布利白酒龙虾、圃鹀酱糜、香贝丹红酒炖鸡等菜肴，顾客慕名而来。剧中大厨说话一点也不客气，一位美籍客人点可口可乐时，他直接回说：“女士，你搞错了，我们这里可不是药局。”

屏幕上的美味程度：9/10

我们的评语：无论如何，电影名称指的绝对不是才华横溢的夏特林。

最佳地区餐厅主厨

阿赫诺迪（Arnaudy）／《斯加隆》（*Cigalon*，1935），马瑟·巴纽执导

屏幕上的美味程度：8/10

我们的评语：剧中易怒的厨师斯加隆，在灵魂深处其实是个艺术家，他会花长时间熬煮美味的普罗旺斯白酒番茄炖羊瘤胃包羊蹄，厨艺超群的他也讽刺意大利面卷，“面管里包的全是当天的剩菜”。马瑟·巴纽的热情与文笔，透过剧中主厨精彩演绎，呈现一场细腻的美食与文字飨宴。

最佳巴黎餐厅老板

米歇尔·欧蒙（Michel Aumont）/《在玛格里小餐馆》（*Au petit Marguery*，1995），洛朗·贝内吉（Laurent Bénégui）执导

屏幕上的美味程度：7.5/10

我们的评语：片中的希波吕忒是巴黎城区餐厅的厨师代表典范，这位餐厅老板在太太乔瑟芬协助下，提供经典的肥肝酱、鸭胸与其他当季菇类。这里也许不是最著名的美食景点，却是纯粹享受饮食乐趣之所在。

最佳亦敌亦友的名厨

布尔维尔（Bourvil）、费南代尔（Fernandel）/《黄油烹饪》（*La Cuisine au beurre*，1963），吉尔·格朗吉（Gilles Grangier）执导

屏幕上的美味程度：6/10

我们的评语：在同一间餐厅工作的两位大厨，一位来自马赛，另一位则来自诺曼底。工作过程中不仅有文化差异，也要确立各自的风格。当黄油对上橄榄油，这厨房里的火花在戏院里也绝不冷场。这部片甚至都可以改名叫《面红耳赤》了，不过片中关于美食的表现雷声大、雨点小。

最佳里昂小酒馆老板

米歇尔·加拉布（Michel Galabru）/《一周假期》（*Une semaine de vacances*，1980），贝特朗·塔维涅（Bertrand Tavernier）执导

屏幕上的美味程度：9/10

我们的评语：片中的加拉布原型就是里昂小酒馆老板，焗烤鱼糕和牛肝菌欧姆蛋都出现在今日特餐的小黑板上。客人等待用餐的期间，他还会送上一杯蒙哈榭（montrachet）白酒，而这正是女主角重振精神最需要的！

最佳私厨

李昂·拉希福（Léon Larive）/《游戏规则》（*La Règle du jeu*，1939），让·雷诺阿（Jean Renoir）执导

屏幕上的美味程度：10/10

我们的评语：他是谢思奈侯爵的厨师，带着厨师帽在大厨房里忙碌。厨房也是仆人用餐的地方，他就是在那里透露了做美味马铃薯沙拉的秘诀：在滚烫的马铃薯上倒白酒。本片中十分滑稽的一幕，却蕴含了在厨房工作的真相，绝对经典的好片。

最佳元首御厨

凯瑟琳·弗洛（Catherine Frot）/《爱丽舍宫的女大厨》（*Les Saveurs du palais*，2012），克里斯汀·文森特（Christian Vincent）执导

屏幕上的美味程度：8.5/10

我们的评语：故事灵感来自丹妮耶勒·马瑟·戴勒波许（Danièle Mazet Delpeuch）的生平事迹，她是法国前总统密特朗的御厨。片中一幕展现了爱丽舍宫的“简单料理”：烤乡村面包片涂黄油和新鲜松露抹酱。

同场加映
上桌啰！开麦啦！（第193页）

来自意大利的法国特产

撰文：路易·毕安纳西

文艺复兴时期发明的诸多产品和食谱，
据说都是由亨利二世的妻子带到阿尔卑斯山脉的另一边。
这到底是传说还是事实？让我们来一探究竟。

高级烹饪艺术

传说：凯瑟琳·德·梅第奇（Catherine de Médicis）约1533年来到法国，并且带了厨师与糕点师同行，他们后来成为创建法国高级烹饪（haute cuisine）的极为重要的角色。

事实：没有任何证明显示当代料理曾因受到意大利影响而出现显著改革。16世纪的法国料理仍延续中世纪传统：重视香料、偏好酸甜、使用面包让酱汁稠糊等。

叉子

传说：凯瑟琳皇后将叉子引进法国宫廷，成了尊贵的象征。

事实：叉子的确是从15世纪开始出现在意大利贵族的餐桌上，在法国则要等到16世纪，用叉子吃饭的习惯才慢慢在贵族间普及。

朝鲜蓟

传说：凯瑟琳皇后在16世纪来到法国，把朝鲜蓟装在行李中一起带过来。

事实：朝鲜蓟的确来自意大利，不过12世纪就已出现在西班牙境内的阿拉伯花园里，400年后才来到法国。

马卡龙

传说：1581年，凯瑟琳皇后在乔尤斯公爵的婚礼上送马卡龙，法国宫廷因此认识这道甜点。

事实：拉伯雷是第一个使用“macaron”这个法语词的人（1552年）。这个词源于意大利，不过被称为“macaron”的小圆饼是不是也来自意大利还有待考证，因为意大利半岛上完全找不到叫作“macaron”的食品。马卡龙食谱第一次出现于17世纪中期。

泡芙面团

传说：名为波佩里尼（Popelini）的糕点师随着凯瑟琳皇后来到法国，是他在1540年左右发明了泡芙面团。

事实：传说中的这位波佩里尼在19世纪90年代初才出现在皮埃尔·拉康（Pierre Lacam）笔下。拉康是糕点师，泡芙面团似乎是他发明的。现在大家吃到的泡芙面团，食谱首次出现于曼农（Menon）在1739年所著的《料理新论》（*NouveauTraité de la cuisine*）中。

冰激凌

传说：凯瑟琳皇后的仆人科西莫·鲁杰利（Cosimo Ruggieri）发明了冰的奶霜，之后在巴黎传开。

事实：在她嫁给国王之前，法国已经有人吃冰激凌了。不过意大利人在用料和技术上应该更胜一筹吧。

藏在意大利料理中的法语

撰文：亚历山德拉·皮耶里尼（AlessandraPierini）

也许在意大利的厨艺中，也能找到一点法式风味？

根据《在巴黎受训的皮埃蒙特厨师》（*Il cuoco Piemontese perfezionato a Parigi*, 1766）中记录：一位皮埃蒙特厨师在巴黎学习法国美食的制作秘诀后撰写了这本书，把所学内容带回了意大利北部，像是旋转切朝鲜蓟的刀法、普罗旺斯风味朝鲜蓟镶蘑菇洋葱馅、佩里哥式炙烤羊肉搭配油醋芥末酱等。不管是白酒炖乳猪还是猪油嫩煎鸽肉，他都没有错过。他还向意大利人介绍了各种蛋糕、千层酥和焦糖布丁，于是，意大利人的餐桌上出现了蔬菜炖肉、乳酪锅、蔬菜杂烩等。

美乃滋

意大利作家佩莱格里诺·阿图西（Pellegrino Artusi），在他的著作《厨艺科学与饮食艺术》（*La scienza mangiar bene*，1891）中推广法国的美乃滋，并大力赞扬柠檬香草奶油酱（见第394页），与烤肉或肋排搭配相得益彰。

贝夏梅酱

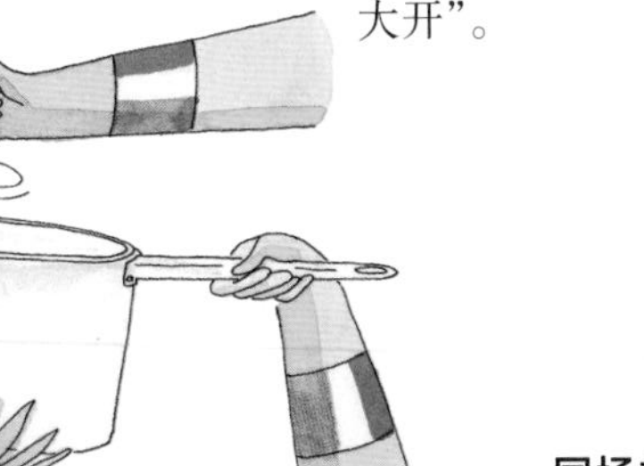

凯瑟琳皇后到法国后，“稠糊酱”（salsa colla）也跟着托斯卡尼厨师传入法国。后来路易14的总管路易·贝夏梅（Louis de Béchameil）改良了这个古老配方，变成我们现在吃的贝夏梅酱。

意大利馅饼

南意大利的街头小吃之王，这种类似修颂的馅饼（rustico leccese）藏着法式风味，虽然甜美的番茄和软嫩的奶酪是绝对意式的馅料，但不管是外层酥皮或贝夏梅酱内馅，都让人联想到法国的千层酥皮馅饼（vol-au-vent）。

大厨

法语monsieur在那不勒斯语变成了monsù，指的是18世纪末，从波旁王朝来到法国的知名厨师，他们在当时可是那不勒斯美食界的明星，而deragù、gattò、sciù等词也出现在他们的食谱里〔类似于法语ragoût（肉酱）、gâteau（蛋糕）、chou（卷心菜）〕。

肉酱

意大利语ragù跟法语ragoût有相同词源，都是指“使用碎肉在酱汁中炖煮”；ragoût是古法语ragoûter的变体，后者意指“使胃口大开”。

同场加映
英式滋味，绝妙好味？（第132页）

面包语言学

撰文：奥萝尔·温琴蒂

面包在日常饮食中占有重要地位，也衍生出许多抒发情感的语言。它的存在本身就是个矛盾：既是人间粮食，也是天上辞喻；既是民主的产物，也强调了阶级的差异。

面包即是生命

面包是个极具象征性的食物，人只吃面包就可以生存，它的存在就等于生命。16世纪的俗语说**"赚到他的面包"**（**gagner son pain**）指的就是"赚到足以过活的薪水"。如果赚到的是屁股面包（pain de fesses），那就跟妓女扯上关系了。面包的问题攸关生死。**把嘴里的面包挖出来**（**ôter le pain de la bouche**），意思是拒绝提供帮助。更严重的是取走了**面包味**（**passer le goût du pain**），代表杀死一个人。另外，**"砧板上有面包"**（**avoir du pain sur la planche**）原本说一个人"不必工作就可以过活"，但在一战期间，砧板和面包比喻的对象变成工程和待处理的工作。

"没有面包，何不吃布里欧修？"这句话据（讹）传是玛丽·安托瓦内特在看到饥饿的百姓时脱口而出。面包作为**人民的象征**，一直是抗议活动和大革命的核心元素。面包对穷人而言是讲究粗饱的餐点，满足基本的生理需求。而它既可以做成下饭酱汁，也是佐餐小点，可见在社会阶级这场游戏中扮演的矛盾角色。今日，我们会把面包蘸着汤吃掉。法语中的soupe（汤）原本就是指淋了高汤的面包。反正，只要用点牛奶、蛋和糖，再干的面包都能（避免）遗失*。

先吃白面包（**manger son pain blanc le premier**），意思是**先从简单的部分下手**。富人们认为白面包珍贵，面粉越白就越精致；相反地，全麦面包或黑麦面包则是穷人的食物。吃**黑面包**（**pain noir**）就是**从最难的部分下手**。但自20世纪70年代起，价值观完全翻转。白面包因为营养成分含量低而失宠，面包的颜色越深，价值就越高。

*在法语中，法式吐司就是"遗失的面包"（pain perdu），详见第286页。——译注

你知道吗？

法语的**好朋友**（**boncopain**）意思就是可以**一起分享面包的人**。Copain是交（面包）心的好友（l'ami à la mie），这个字来自拉丁语cum（和）和panis（面包）。总之，友情绝对是建立在相同的品位（口味）之上。

还要来一块面包吗？

法语的面包（pain）和拳头（poing）发音相近，也许这就是19世纪俗语中以吞**一块面包**（**se prendre un pain**）代表吞一拳的由来。面包还可以用贝奈特饼（beignet）取代，**给一个贝特**（**une beigne**）意思也是赏对方一拳。

面包即是灵魂

面包象征生命，犹太人和基督教徒都赋予它**崇高的价值**。它是上帝的恩典，也代表了耶稣的肉体。《主祷文》中提及"日用的饮食"，在法语中就是"日用的面包"，即每日所需所求与所做。面包是生活的一部分，是每日的例行公事。

遇到倒霉事时，法国人会用**"这是上天赐予的恩典面包"**（**c'est pain bénit**）来讽刺一个人活该。但这句话也不只有负面意义，也可用来赞叹"出色"或"巧合"的事物。

同样是吃面包，你可以学农户和底层百姓用面包槌（casse-croûte）敲开干掉或过硬的面包（casser la croûte），或是像圣餐礼仪那样剥开面包分给他人（rompre le pain），就看你如何抉择。

关于面包的价值，大家似乎也有话说。有句俗语说接受以**"一口面包的代价"**（**pour une bouchée de pain**）帮忙，听起来似乎贬低了任务和面包的价值。这种用法感觉面包是可以用低价购得的物品。相反，当我们说**"不必吃到面包"**（**si ça ne mange pas de pain**），意思是"这个东西不贵（或不难，不需要动用面包来支付）"，这个用法又把面包的价值提高了。换句话说，如果得动用面包，那可就贵重了！另外也有一个用法是**"我不吃这种面包"**（**ne mange pas de ce pain-là**），意思是拒绝和我们的价值观不同的事物。"这种面包"虽然有轻视的意味（类似中文的"这不是我的菜"），但主要还是指无法认同的价值观。

盘点各种面包俗称

- Bricheton
- Briffe
- Briffeton
- Brignolet
- Tourteau
- Boule
- Baguette
- Flûteoublierd'yrevenir

同场加映
目不暇接的环法面包飨宴（第158页）

胃口惊人的伟大作家

撰文：爱斯戴乐·罗讷托斯基

维克多·雨果的食量就跟他的作品一样惊人！中午他会到巴黎林荫大道上的餐厅用餐，晚餐则会准备丰盛菜肴。就算在写作时，他也喜欢"每两个小时就享用大罐冷汤"。

推己及人

孩子：雨果非常关心孩子，尤其是家境贫困的孩童。他从1862年3月开始定期在家接济贫童，并提供他们餐点。"他们吃的和我们吃的并没有不同。他们在桌前祷告：神啊，请赐予我们恩典。他们离开餐桌时也感恩：神啊，我们感谢您，赐给我们从周一以来的第一餐。"

动物：雨果那宽容的善意同样延伸到餐盘上，他因为"听到它在滚水里尖叫声"而同情螯虾。某天一道羊肉上了他的餐桌，他询问在场的宾客："如果我们不吃这可怜的动物，它的下场会是怎么样呢？"

冉·阿让的消夜："就在这时，马格洛太太端来夜宵。这是一道用水、油、面包跟盐做成的汤，还加上些许猪油、一块羊肉、一些无花果、鲜奶酪和一大块黑麦面包。"——《悲惨世界》

维克多·雨果
VICTOR HUGO（1802—1885）

比美食家更爱吃！

惊人的食量

文学评论家圣伯夫（Sainte Beuve）曾说："自然界的历史上存在三个大胃王：鸭子、鲨鱼和维克多·雨果。"

"有趣"的进食习惯

将螯龙虾连壳一起吞，柳橙也连皮一起吃？这对雨果来说一点也不奇怪。作家的天职就是创作，所以他会在咖啡牛奶中加点巴萨米克醋来提味，或是在布里奶酪上加点芥末。

嗜甜如命

多数诗人离不开酒精，雨果则是嗜甜如命，这件事众所皆知。"当冰激凌端上桌时，他通常会分到最大的那一份。"里夏尔·莱斯里德（Richard Lesclide）在他的回忆录《维克多·雨果的餐桌》(*Propos de table de Victor Hugo*，1885）中提到。"他过度使用那令人赞赏的洁白牙齿。他用那口牙咬碎核桃及杏仁，无论他的孩子们如何劝阻都没有用。他用牙齿咬苹果，如果你看过他咬苹果的样子定会背脊发凉。"

蛤蟆鸡

这是雨果最喜欢的一道菜。这道菜同样出现在《悲惨世界》中，特色是鸡被剖半摊平，看起来就像只蛤蟆！

准备与烹调时间：1小时
分量：4人份

材料：
农场放养鸡或春鸡2只
卡宴辣椒粉或埃斯佩莱特辣椒粉
橄榄油50毫升，并加入以下材料浸泡
大蒜1瓣（切碎）
迷迭香2枝（切碎）
甜椒2颗、盐、胡椒

洋葱酱
紫洋葱6颗（切片）
大蒜6瓣（剔芽）
葡萄籽油50毫升、花椒10克

恶魔酱
黄油20克、红葱4颗（切片）
大蒜4瓣（剔芽压碎）
红辣椒2根（去籽切片）
（或红甜椒1颗+卡宴辣椒粉）
白酒20毫升、柠檬1颗取汁
用鸡或牛熬煮的浓稠肉汁酱100毫升
伍斯特酱1汤匙、盐、胡椒

步骤：

魔鬼酱
- 在小铸铁锅里用黄油拌炒红葱、大蒜和辣椒。倒入白酒溶化锅底焦化的部分，加入肉汁酱炖煮15分钟。
- 用搅拌器将锅内所有食材搅打成光滑浓稠的酱汁。加入柠檬汁、伍斯特酱、盐和胡椒调味。

洋葱酱
- 将洋葱和大蒜一同浸入烧热的葡萄籽油，小心不要炸到变色。加入花椒后盖上锅盖，煮到洋葱变透明为止。加盐调味。

烤鸡
- 用橄榄油浸泡大蒜、迷迭香和甜椒。
- 用剪刀从鸡的背部剪开，将鸡肉摊平，但不要压过头将肉压烂。将鸡肉内外刷上浸泡的橄榄油，静置至少15分钟。
- 将两根不锈钢烤肉棒横向插入两根鸡翅（穿过鸡脖子或鸡胸），让鸡在烘烤时保持展开的样子。
- 用布或厨房纸巾沾油涂刷烤架并加热。先将鸡皮那面烘烤6~8分钟，接着转90度再烤7~8分钟，让鸡皮烙上烤纹。接着送入180℃的烤箱烘烤8分钟或直到烤熟。操作每个烘烤步骤时，都要刷一次浸泡的橄榄油。烤好后静置5分钟。

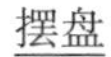

摆盘
- 将鸡肉切成四块。在每个盘子里摆上两块，或用一个大盘子盛装所有鸡肉，旁边摆上洋葱酱和热过的魔鬼酱一起上菜。

*摘自《沉思美食》(*Contemplations gourmandes*)，佛罗杭·雨果（Florian V. Hugo）著，亚朗·杜卡斯写序。

就爱吃牛肋排

撰文：查尔斯·帕丁·欧古胡

喜爱吃肉的人情愿遭天谴也一定要吃到这个部位，这块在牛肋上方、包覆住肋骨的肉就叫作“牛肋排”。
不管用烤箱烤、用铁板煎或烧烤，烹调牛肋排都需要严格遵守几项原则。

烹调美味牛肋排的技术

你一直想问却始终不敢问的牛肋排烹调问题，在此一次厘清。

牛肋排在下锅前的最佳温度？
确定要料理牛肋排，就得早点把肋排从冰箱里拿出来。牛肋排在烹调前应该置于室温下至少三小时，这样才能软化肋排中心部分。

下锅前应该在牛肋排上撒盐吗？
不用，因为盐可能会让肉质变干而失去原本多汁的口感。在烹饪的最后再撒盐即可。

下锅前应该在牛肋排上撒些胡椒吗？
不用，因为过熟的胡椒会失去香味，还会释放出苦味。等到最后再撒胡椒即可。

烹煮前应该在肋排上抹油吗？
是的，用橄榄油均匀按摩牛肋排，可以煎或烤出更酥脆的外皮。

牛肋排应该要烹饪多久？
只需要几分钟。一块厚度4~6厘米的牛肋排，两面各用大火煎7分钟即可。另外还各需要30秒将表面烫出烙纹。

煎好的牛肋排需要静置吗？
静置时间就和烹调时间一样重要，因为静置能让肉质放松。在煎好的牛肋排上盖一张铝箔纸静置，静置时间和煎牛排的时间相同。

如何控制牛肋排的熟度？
用手指按压牛排。牛排肉质的硬度取决于蛋白质凝结程度，肉越熟越硬。如果用手指压一压还是软的，那就表示牛肋排里面还是生的。

煎烤牛肋排
大小写有差，看菜单时可别搞混了！“Côte Rôtie”（罗第丘）是罗讷河谷地的葡萄酒法定产区，因当地受日晒而呈棕色的丘陵地而得其名；放在烤盘上烤熟的牛肋排则称为“côte rôtie”。在放进烤箱之前，涂满油的牛肋排会先用大火煎至两面上色，骨头上的脂肪和烤箱里渗出的油脂能浸润牛肋排。这样的技术最早出现在19世纪的维耶特区，那里当时是巴黎的屠宰场。

切牛肋排
牛肋排不好处理，因为尺寸的关系，需要先把骨、肉切分开来，再稍微斜切肉排。切肉片的厚度掌握在一厘米左右为佳。

★★★

牛肉熟成的重要性

将牛肉风干熟成的这个过程，可以**大大提升牛肉的质量**。牛被屠宰后肌肉会变软，而整副骨架会被**吊挂在冷藏室几天**。当肌肉纤维凝结时，肌肉就会变硬，这种僵硬挛缩的现象叫作“尸僵”。一旦蛋白分解酶开始作用，胶原蛋白就会消失，**肉质便自动变软**，**脂肪也会侵入**肌肉纤维中。这种时间或长或短的熟成法能释放出肉的香气与口感，使肉质更软嫩。牛肉经过熟成后，**最多会减少60%的重量**。

牛肋排的配对良伴

葡萄美酒

圣爱美浓（Saint-Émilion）
搭配带血的强劲牛肋排，要选具有细致丹宁的年轻红酒。酒中的丹宁通常会让嘴巴干燥，大火炙烤的牛肋排则更需要咀嚼，两者相得益彰。来自波尔多右岸知名的圣爱美浓是非常完美的选择。

罗讷河的希哈（syrah）
多汁的肉质，需要搭配具备矿物风味和浑圆口感的红酒，高纳斯（Cornas）、圣约瑟夫（Saint-Joseph）或罗第丘（Côte-Rôtie）的葡萄酒皆带有莓果和辛香料调性，非常适合搭配牛肋排。

美味酱汁

图瓦格兄弟（Troisgros）的花漾牛肋排
煎牛肋排，把煎煮过程中释出的肉汁倒入炒锅，然后加入红葱，与肉汁一起慢煮到出汁。倒入1/4瓶薄酒莱花漾（Fleurie）红酒熔化锅底肉汁，并加入黄油使酱汁浓稠。牛骨髓用盐水煮滚，把煮好的牛骨髓放在牛肋排上，再浇上花漾酱汁。将肋排沿骨头切成8份。

依福玛希（Yves-Marie Le Bourdonnec）的铸铁锅牛肋排佐威士忌酱
在铸铁锅里煎牛肋排，同时熔化半条黄油。拿支汤匙，在煎牛肋排的时候不断舀起熔化黄油淋上去。煎好牛排取出静置。在铸铁锅里倒入威士忌和芝麻酱1汤匙，熔化锅中肉汁做成微酸的酱汁。

同场加映
把酱汁端上来！（第186页）

糖的神奇变化：焦糖

撰文：玛莉罗尔·弗雷歇

少少几克糖，经过火焰催化，立即产生令人惊喜的味觉与口感。
无论是装饰料理或制作糖果，焦糖总是能融化所有人的心。

历史

焦糖是糖果业的始祖，原本的做法很简单，把煮过的糖铺在平板上然后敲成小块。后来由制糖师负责的这项煮糖工艺，在17世变成一门艺术，慢慢发展出混合了焦糖与地方特产的各式食谱，尤其是在布列塔尼、诺曼底和法国北部地区。在现代制糖业中，只有以糖、蜂蜜、牛奶或奶蛋白（至少1.5%）加上一种食用油制成的产品，才能叫作“焦糖”（caramel）。

制作

把糖煮到烧焦之前的最高温度，就会形成焦糖。由于焦糖液中几乎已经不含任何水分，因此也失去了甜味而变为烘焙风味，甚至还会进化成苦味。

焦糖甜点

焦糖布丁：将蛋、糖和牛奶混合，倒入铺了焦糖的烤模等待凝固。也称“鸡蛋布丁”。

焦糖牛奶酱：以牛奶1升兑糖300~500克的比例混合并煮至浓稠，也可以使用加糖炼乳制作。

烤布蕾：等蛋、糖和牛奶混合液凝固后，在表面烤出一层脆焦糖。它的食谱最早于1961年出现在法兰索瓦·玛西亚罗（François Massialot）撰写的《烹饪：从王室到贵族》（*Le Nouveau Cuisinier royal et bourgeois*）中。20世纪90年代后，烤布蕾也成了餐厅里的经典甜点。

泡芙塔（croquembouche）：内含卡士达酱的小泡芙堆成三角尖塔，再以拔丝焦糖固定泡芙。这道甜点从19世纪开始流行起来，不过多半还是婚礼或受洗时才会出现。

反烤苹果塔：苹果片放入烤模之前，先浸过用黄油和糖做成的焦糖，烤好之后翻过来就是焦糖苹果塔。

焦糖黄油酥（kouign-amann）：千层酥皮包覆混合黄油与糖的内馅，在烘烤过程中，内馅因受热焦化并使表面膨胀，形成外酥脆、内松软的质地与口感。

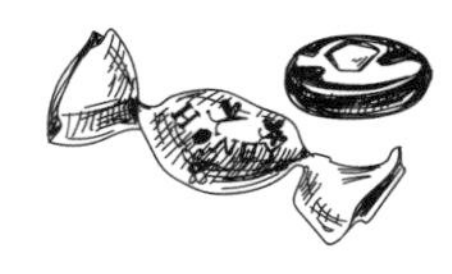

别忘了还有焦糖糖果与巧克力……

果仁糖（praline）、伊思尼软焦糖（caramel d'Isigny）、卡宏巴软糖（Carambar）、璐笛牌软糖（Lutti）、焦糖牛奶太妃糖（Magnifiat）、里尔蜂蜜软焦糖（Babe-lutte de Lille）……

焦糖咸黄油

焦糖咸黄油源自布列塔尼的一份古老的食谱。这种黄油酱会大受欢迎，全都要归功于亨利·勒胡（Henri Le Roux）。这位布列塔尼糕点师在1977年使用焦糖咸黄油与榛果制作糖果，从此之后，焦糖咸黄油也成为许多甜点不可或缺的材料，还常用来搭配米布丁。

各式焦糖熬煮技巧与食谱

制作焦糖不失手的诀窍

煮焦糖不能贪心，每次煮的量少一点，煮出来的焦糖质量就会好一点！

➢使用厚底高缘的长柄锅。

➢一开始干煮，只用糖，不加水。有需要的话可加入一点葡萄糖。

➢把刮勺和打蛋器收起来！焦糖不需要搅拌，如有需要，轻轻摇晃锅身即可。

➢保持专注，短短一分钟，糖就有可能烧焦。

➢想要及时阻断糖焦化，把煮焦糖的长柄锅浸入一锅冷水即可。如有需要，最后可加一点黄油或几滴柠檬汁。

干熬煮

在干净的厚底长柄锅中倒入糖150克，开火加热，不用搅拌。煮到糖轻微变色，抓住锅柄轻轻摇晃锅身，使锅里的糖均匀上色。一旦变成理想的颜色就马上离火。

— ••• —

焦糖浆

把250克的糖浸润在50毫升的水中（可加入白醋或柠檬汁1茶匙*），等糖溶化后，倒入干净的长柄锅中，不用搅拌直接加热。糖煮成琥珀色时熄火，把锅泡冷水中，并在锅内加100毫升的水稀释。拿回炉子上继续煮至锅里的糖结晶熔化，达到理想黏稠状态即可。

*可抑制糖凝固。

— ••• —

牛奶焦糖

用小火干熬煮糖250克煮至琥珀色，倒入牛奶250毫升混合续煮，再加入法式酸奶油250毫升煮至浓稠。

— ••• —

焦糖咸奶油

在长柄锅里加入细砂糖100克和非常少量的水稍微浸润，不用搅拌，以小火煮糖，煮成琥珀色时离火，锅泡冷水里。加入液体鲜奶油150毫升混合均匀，再用小火继续煮，最后加入切块的加盐黄油50克。

— ••• —

焦糖脆片（nougatine）

准备两张刷上油的烘焙纸。在锅里放入杏仁片70克稍微干煎。干煮糖250克，煮至琥珀色时加入杏仁片，混合后倒在一张烘焙纸上，然后盖上另一张烘焙纸，用擀面棍擀开摊平，放在室温下静置风干。

— ••• —

焦糖牛奶酱

❶准备一罐甜炼乳，整罐隔水加热2小时30分钟，或放在电子锅里煮1小时。煮好放凉后再打开罐头。

❷在长柄锅中倒入全脂牛奶1升，加入糖400克与香草荚1条（刮下香草籽，连同香草荚加入锅中），所有材料煮至沸腾，再以小火继续煮2小时，不时搅拌，煮至浓稠上色即可。

翻转焦糖布丁

准备时间： 25分钟
烹调时间： 30分钟
分量： 4人份

材料：
全脂牛奶1/2升
全蛋3颗＋蛋黄3颗
细砂糖100克＋50克（做焦糖用）
香草荚1枝

步骤：
- 烤箱预热至180℃。先准备焦糖。在厚底长柄锅里倒入糖50克，用大火加热至熔成焦糖，其间不用搅拌。煮好的焦糖倒入长36厘米、宽10厘米的蛋糕模或4个杯模。
- 香草荚剖半，连同刮下的香草籽一起放入牛奶中加热，关火后待牛奶变温。将糖100克和全部的蛋搅拌均匀，加入牛奶混合。
- 用锥形滤网把准备好的奶蛋液过滤至模具内，隔水加热30分钟。放凉后用保鲜膜封口，放到冰箱冷藏。吃的时候取出脱模即可。

烤布蕾

准备时间： 15分钟
静置时间： 1小时
烹调时间： 30分钟
分量： 6人份

材料：
牛奶350毫升
液体鲜奶油350毫升
细砂糖100克
蛋黄8颗、香草荚1枝
红糖（cassonade）6汤匙

步骤：
- 在锅中倒入牛奶和鲜奶油，香草荚剖半，连同刮下的香草籽一起加入，加热至沸腾后把锅离火。
- 把蛋黄和糖放进碗中，用打蛋器搅拌，同时一边慢慢倒入热牛奶。用锥形滤网过滤混合好的奶蛋液，放入冰箱冷藏1小时。
- 烤箱预热至120℃，把奶蛋液分别倒入6个带把手的浅烤杯。烤杯放在装水的烤盘上，进烤箱烤25~30分钟，直到奶蛋液凝结。
- 出炉待凉后进冰箱里冷藏，要品尝时先在布丁撒上红糖，用喷枪把糖烤成焦糖即可。

煮糖的变化过程

	温度（℃）	状态	使用
糖浆或糖液	100~105℃	能附着在汤匙表面	加入有酒精的果露、水果糖浆、果酱、果冻酱、冰沙
细丝	105~107℃	会在两指间成细丝	糖渍水果、果冻酱、水果慕斯
拔丝	107~115℃	延展性更好的糖丝	糖渍水果、糖霜栗子、蛋白奶油霜
小糖球	115~117℃	在冷水里会凝成小球	芭菲*、冰舒芙蕾、意式蛋白霜
糖球	118~120℃	在冷水里会凝成更坚硬的小球	软糖膏、乳脂软糖
大糖球	125~130℃	在冷水里会凝成坚硬的球体	硬翻糖、软杏仁糖膏、乳脂软糖
软脆片	135~140℃	在冷水里可折断	杏仁糖膏、牛轧糖、糖果与焦糖
硬脆片	145~150℃	在冷水里可直接折断	牛轧糖、拉糖装饰、舒芙蕾
清澈焦糖	155~165℃	浅黄色	泡芙塔、圣多诺黑泡芙、坚果酥糖
清澈焦糖	170~180℃	深金色	焦糖布丁、烤模内铺糖底、咸味焦糖
深色焦糖	185~190℃	变黑并释出呛人的烟	着色剂

*芭菲（parfait），扁圆形的冷冻甜点，主要由糖浆、鸡蛋和鲜奶油制成，加上配料食用。——编注

自制美味鱼糕

撰文：法兰索瓦芮吉·高帝

如果你知道鱼糕（quenelle）的正确读音是“可内勒”，这样当然很好，如果能知道在家自制鱼糕的方法，那就更棒了！

维欧莱*的里昂鱼糕佐南迪亚酱

分量： 8人份

材料：

面团
牛奶250毫升
黄油70克
面粉160克
肉豆蔻磨粉1次的分量

鱼糕
去皮白斑狗鱼鱼排500克（切成长、宽各2厘米的块状后冷冻）
全蛋5颗＋蛋白3颗
黄油125克
盐10克、白胡椒粉2克
肉豆蔻磨粉1次的分量

南迪亚酱
活的小龙虾40只
胡萝卜100克切小丁
洋葱60克剁碎
红葱60克剁碎
橄榄油100毫升
浓缩番茄糊2汤匙
干邑白兰地50毫升
不甜白酒150毫升
液体鲜奶油1升
百里香1枝、月桂叶1片
盐10克、白胡椒粉2克

步骤：

面团（前一天准备）
- 混合牛奶、肉豆蔻粉和黄油，在锅里煮至滚，然后转小火续煮。一次倒入所有面粉，用刮刀持续搅拌所有材料6~7分钟。做好的面团静置于冰箱。

鱼糕
- 冷冻鱼肉直接绞碎，拌入面团，加入蛋白和全蛋拌匀（分次加入，不要一次全部倒入），以盐、胡椒、肉豆蔻粉调味。加入黄油搅拌均匀，移至不锈钢盆以保鲜膜封口，放入冰箱冷藏6小时。
- 在锅里煮盐水，当水温上升到70℃时，利用汤匙舀起面团塑形，放入盐水中煮20分钟，翻面后再煮20分钟。煮好的鱼糕要先过冰水，然后放入冰箱冷藏一晚。

南迪亚酱
- 在深炖锅里倒入橄榄油，大火炒小龙虾至虾壳变红，再加入胡萝卜、洋葱、红葱炒至出汁。加入番茄糊搅拌，再倒入白兰地并点火燃尽酒精。用白酒熔化锅底酱汁并收汁，加入液体鲜奶油、百里香和月桂叶，滚煮2分钟。捞出小龙虾剥壳，把虾头放进锅中煮20分钟。以锥形滤勺过滤锅中材料，尽量按压虾头萃取精华。酱汁应呈现浓稠状。

盛盘
- 上桌前蒸煮鱼糕20分钟，鱼糕体积应该会膨胀一倍。
- 把鱼糕放在深盘中央，加入虾尾，浇上南迪亚酱。

* 约瑟夫·维欧莱（Joseph Viola），法国最佳工艺师，Daniel et Denis餐厅主厨。

你知道吗？

在奥地利和德国，有一种可甜可咸的马铃薯丸子（knödel），可能源自里昂传统鱼糕。

同场加映
海陆大餐（第117页）

黄 油 料 理

撰文：查尔斯·帕丁·欧古胡

用力搅打乳脂，就能得到金黄的黄油！
这里整理出调制黄油的食谱供你参考。

不断上升的温度！

40°C：适合制作澄清黄油或某些酱汁，如伯那西酱。
56°C：蛋白质凝结的温度，黄油的味道会开始发展，可以制作乳化黄油的热酱汁和黄油白酱。
100°C：食物会快速上色。
165°C：制作榛果黄油的温度。
200°C：煮到这个温度的黄油称为炭黑黄油，不能拿来做菜，事实上也只有在家政课才有机会看到。

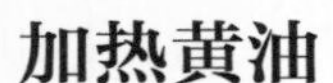

加热黄油

①澄清黄油（beurre clarifié），也称无水黄油
黄油熔化后除去杂质，就变成澄清黄油，比较容易保存，也比新鲜黄油能承受更高的烹煮温度。
动手做：将切成小块的黄油放入锅内加热，过滤浮上表面的白色杂质（酪蛋白）。

②焦化黄油（beurre noisette），也称榛果黄油
煮至起泡的黄油，可用来搭配水煮蔬菜或脑髓一类的内脏菜肴。
动手做：在炒锅里以小火加热黄油，直到呈金黄色并散发榛果香气。千万不能让黄油颜色变黑！

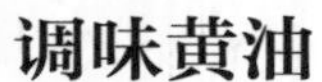

调味黄油

③加盐黄油
加盐黄油是布列塔尼的象征，黄油表面还有盐晶，推荐搭配甜可丽饼。
动手做：从前在黄油里加盐是为了保存，现在的加盐黄油包含3%的盐，在搅打乳脂时加入。

④酸模黄油
软化黄油加入酸模糊，非常适合搭配欧姆蛋和鲑鱼排。
动手做：捣碎酸模50克，和黄油100克混合即可。

⑤鳀鱼黄油
20世纪50年代，随着烤牛排的热潮，鳀鱼黄油也跟着流行起来。鳀鱼赋予黄油咸味，扮演了调味剂的角色。
动手做：将软化黄油125克、橄榄油渍鳀鱼10条（使用前要先沥油）、去皮剔芽切末的大蒜1瓣混合。可当成牛肋排、牛肋眼排、炙烤菲力牛排的佐酱，上菜时放在牛排上任其慢慢熔化。

⑥蜗牛黄油（beurre d'escargot）
加了欧芹和大蒜的黄油，通常先填入蜗牛壳内再进烤箱。
动手做：黄油125克、大蒜4瓣剁碎、红葱1/2颗剁细碎、欧芹20克切碎，混合以上材料，用盐和胡椒调味。

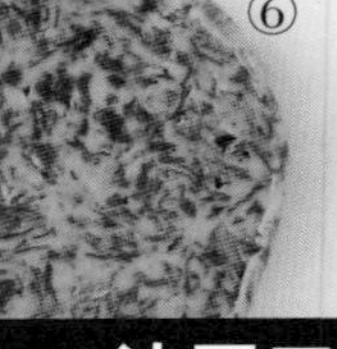

⑦柠檬香草黄油（beurre maître d'hôtel）
酒馆的标准佐料，依厨师口味调制，通常用来佐烤肉、烤鱼或甲壳类海鲜。
动手做：将软化黄油125克和欧芹碎20克混合，加入1/2颗的柠檬汁，用精盐4克与细磨黑胡椒1小撮调味。

烹煮过的黄油

⑧黄油白酱（beurre blanc）
加入醋和红葱熬煮至乳化的黄油，也称为南特黄油酱（beurre nantais），主要用来搭配鱼类料理。
动手做：红葱5颗切碎，加入白酒醋250毫升煮至分量减少1/3。将锅离火，加入切块的黄油250克，用力搅打混合，并加入盐和胡椒调味。

⑨红酒黄油酱汁（beurre marchand de vin）
加了红酒的黄油酱汁，是搭配红肉的绝佳选择。小酒馆经典菜式。
动手做：红葱1颗切碎，加入红酒300毫升煮至分量减少一半。加入牛高汤300毫升续煮收汁，再加入黄油150克、欧芹碎末15克与柠檬汁少许。

⑩鼠尾草黄油酱
搭配意式面疙瘩、意式面饺和意大利面，滋味绝佳。
动手做：在炒锅里放入黄油125克，加入橄榄油1汤匙加热至黄油熔化，放入鼠尾草叶几片，让叶子在油里煎炸几秒钟，最后取柠檬1/4颗刨皮丝加到锅里。

法国三种 AOP 黄油

布列斯黄油（Beurre de Bresse）
产地包括安省和索恩卢瓦尔，直到汝拉边界。黄油柔软，带有草本植物、花朵及干果的香气。

夏朗德普瓦图黄油（Charentes-Poitou）
产自夏朗德、滨海夏朗德、德塞夫勒、旺代、维埃纳等地。质地扎实带有榛果味，非常适合制作糕点。

伊思尼黄油（Isigny）
产地位于贝桑跟科唐坦半岛之间，黄油质地柔软，有如花毛茛般的鲜黄色。

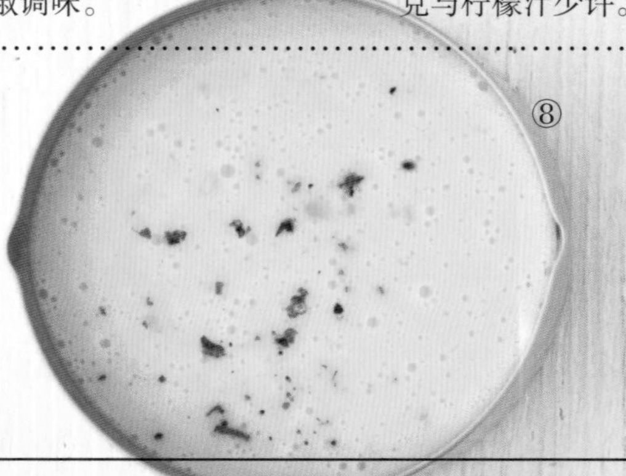

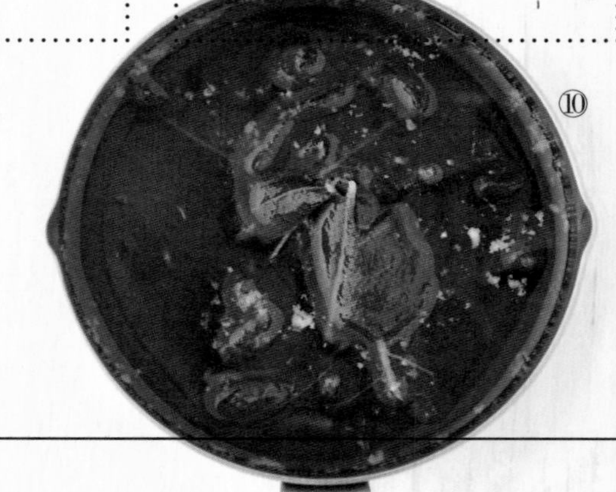

爱丽舍宫餐宴的幕后功臣

撰文：阿得瑞安·冈萨雷斯

为法国元首掌厨将近40年的贝赫纳·沃松（Bernard Vaussion）退休了。这位行事十分谨慎的大厨将要揭开鲜为人知的秘密，他说的小故事包含了重要的历史时刻。

1980年1月，季斯卡（Valéry Giscard d'Estaing）向爱丽舍宫职员拜年。

1982年1月，密特朗（François Mitterrand）向爱丽舍宫职员拜年。

1985年3月，戈尔巴乔夫（Mikhaïl Gorbatchev）当选为苏联共产党中央委员会总书记。七个月后，密特朗在10月3日会见了戈尔巴乔夫夫妇，餐宴菜单包括煎肥肝与渥尔内橡树庄园1976年份的红酒。虽然不确定俄罗斯当时的状况，不过那时已经开始实施经济改革，柏林围墙也在不久之后倒下。

2007年，与尼古拉·萨科齐。

萨科齐（Nicolas Sarkozy）上任后，菜单封面就只印上法国国徽，因为要重印经典艺术作品当封面太贵了。奥朗德（François Hollande）后来也因成本考量而禁止松露和鱼子酱。

默克尔（Angela Merkel）非常喜欢在爱丽舍宫用餐，因为萨科齐取消餐末的奶酪盘，默克尔都会特地要求主厨为她专门准备一盘奶酪。她自己的御厨恩立克·克尔茨（Ulrich Kerz，照片中左二，左一为奥朗德）甚至还来跟贝赫纳·沃松实习。也许德、法在餐饮上有志一同、惺惺相惜？

法国长久以来都会印制法国的经典艺术作品当菜单封面，这里看到的是马谛斯的《蓝黄内装》（*Intérieur Jaune et Bleu*）。在1992年6月9日接待英国女王伊丽莎白二世时，就用了这幅画当成晚宴菜单的封面。

1969年至1984年担任御厨的马塞耶·勒赛诃弗（Marcel Le Servot）发明了马铃薯蛋糕，从此之后，这道料理成为爱丽舍宫的“代表性”餐点，可用来搭配肉类或鱼类，也可以加入松露或胡萝卜。照片摄于2012年。

贝赫纳·沃松生平小档案

1953
出生于奥尔良。

1974
以厨工身份进入爱丽舍宫，当时总统还是蓬皮杜（Georges Pompidou），几个月后就由季斯卡接任。

1981
密特朗当选总统。

1995
希拉克（Jacques Chirac）当选总统。

2005
希拉克指派贝赫纳·沃松为主厨。

2007
萨科齐当选总统。

2012
奥朗德当选总统。

2013
贝赫纳·沃松退休。

马铃薯蛋糕

准备时间：45分钟
烹调时间：60分钟
分量：6人份
材料：
中型夏洛特马铃薯2.5千克
澄清黄油200克
盐、胡椒
格鲁耶尔奶酪丝与帕马森奶酪丝
特福牌（Téfal）圆形深烤模

步骤：
- 马铃薯切3毫米厚的圆片，放入滚水里焯烫5分钟，起锅后沥干，放在干净的布上，以盐、胡椒调味。
- 烤模内侧涂上黄油，以绕圆方式把马铃薯片放入烤模中，每片稍微互相重叠，中心也以同样方式铺满马铃薯片，并撒上奶酪丝。第二层做法与上述相同，唯马铃薯片排列方向相反，重复堆叠马铃薯（顺时针、逆时针、顺时针、逆时针……），叠6~7层，再倒入熔化的澄清黄油。
- 烤箱预热至180℃。把烤模放进烤箱里1小时，出炉后倾斜烤模倒出多余黄油。把烤模放在盘子上，脱模后即完成。

法国各地的珍宝

撰文：路易·毕安纳西（Loïc Bienassis）

本篇收集了法国各地的几乎所有特产。

由于品种众多，而且可能随着时间有所增减或修改（例如产品标识认证），以下内容仅供参考。

法国各地的珍宝

撰文：路易·毕安纳西（Loïc Bienassis）

- 本篇中会提及拥有地理保护标志（IGP）与原产地命名保护（AOP）认证，不过我们以大区分别而不细究各个法定产区。
- 没有确切地缘的产品，若是能强烈代表某一地区的传统特色，我们也在本表中整理归类。
- 如果一项产品分属于几个法定产区，本表只取其中一个产区标明。
- 我们在“餐饮业”这项分类中稍微自由发挥，例如把卡马格（Camargue）的米放到市场菜摊上卖。
- 虽然很多产品都跨越原产地至别处生长、发展，我们还是顺利替这些产品找到根源，例如长棍面包就始于巴黎。
- 本篇中提到的人物不归于出生地，而是以他们施展才能或执业的所处地区来分类，例如我们把主厨普斯佩·蒙塔宁（Prosper Montagné）归在卡尔卡松（Carcassonne）。

AOP AOP 原产地命名保护
IGP IGP 地理保护标志
IG IG 地理标志

本区精华

奥弗涅-罗讷-阿尔卑大区
AUVERGNE-RHÔNE-ALPES

AB：奥贝克（AUBRAC）/ AN：安锡（ANNECY）/ AR：阿尔代什（ARDÈCHE）/ AU：奥弗涅（AUVERGNE）/BE：薄酒莱（BEAUJOLAIS）/BO：波旁（BOURBONNAIS）/ BR：布列斯（BRESSE）/ CA：康塔尔（CANTAL）/ DA：多菲内（DAUPHINÉ）/ DO：东布省（DOMBES）/ DR：德龙（DRÔME）/ FO：福雷（FOREZ）/ GE：杰克斯地区（PAYS DE GEX）/ LB：布尔歇湖（LAC DU BOURGET）/ LN：里昂内（LYONNAIS）/ LO：卢瓦尔河地区（LOIRE）/ LY：里昂（LYON）/ ML：里昂山脉区（MONTS DU LYONNAIS）/ SA：萨瓦（SAVOIE）/ VE：韦莱（VELAY）/ VI：维瓦莱（VIVARAIS）

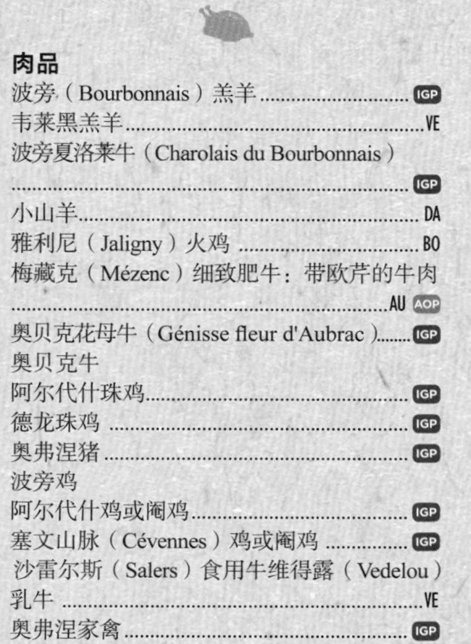

肉品

波旁（Bourbonnais）羔羊 …… IGP
韦莱黑羔羊 …… VE
波旁夏洛莱牛（Charolais du Bourbonnais） …… IGP
小山羊 …… DA
雅利尼（Jaligny）火鸡 …… BO
梅藏克（Mézenc）细致肥牛：带欧芹的牛肉 …… AU AOP
奥贝克花母牛（Génisse fleur d'Aubrac） …… IGP
奥贝克牛
阿尔代什珠鸡 …… IGP
德龙珠鸡 …… IGP
奥弗涅猪 …… IGP
波旁鸡
阿尔代什鸡或阉鸡 …… IGP
塞文山脉（Cévennes）鸡或阉鸡 …… IGP
沙雷尔斯（Salers）食用牛维得露（Vedelou）乳牛 …… VE
奥弗涅家禽 …… IGP
布列斯家禽 …… AOP
安省（Ain）家禽 …… IGP
德龙家禽 …… IGP
福雷家禽 …… IGP
维瓦莱家禽 …… GP

蔬果

奥弗涅大蒜 …… AU
德龙大蒜 …… IGP
贝瑟奈碧加洛甜樱桃（Bigarreau de Bessenay） …… LN
安布伊（Ampuis）白纹蕈莲菜 …… LN
瓦鲁昂维蓝（Vaulx-en-Velin）刺苞菜蓟 …… LY
哈塔菲亚樱桃（Ratafifia） …… DA
栗子 …… CA
阿尔代什栗子 …… AOP
栗干（风干栗子） …… AR
圣桑佛里恩多宗（Saint-Symphorien d'Ozon）水田芥 …… LN
圣弗鲁（Saint-Flour）褐扁豆 …… CA
勒皮（Puy）绿扁豆 …… AOP
阿尔代什山桑子 …… AR
格勒诺勃（Grenoble）核桃 …… AOP
图尔农（Tournon）洋葱 …… AR
尼永（Nyons）黑橄榄 …… AOP
埃里约谷（vallée de l'Eyrieux）水蜜桃 …… AR
里昂丘（coteaux du Lyonnais）葡萄园水蜜桃 …… LN
索莱兹（Solaize）蓝韭葱 …… LY
圣弗鲁尔普拉涅兹黄扁豆（Pois blond de la planèze de Saint-Flour）
安布伊（Ampuis）甜椒 …… LN
奥弗涅苹果：加拿大小皇后白苹果（reinette blanche du Canada）、加拿大灰苹果（canada grise）
萨瓦苹果和梨子 …… IGP
阿尔代什哈特马铃薯（Ratte）
格勒诺勃红莴苣（Rouge grenobloise）
特里卡斯坦（Tricastin）黑松露

水产

白斑狗鱼和鲤鱼 …… DO, FO
小龙虾
白鲑鱼、突唇白鲑 …… SA
炸河鲈 …… LB
索恩河（Saône）酥炸欧白鱼
青蛙 …… DO
鲮鳙鱼 …… SA
北极红点鲑 …… SA, AU
河鲈 …… SA
湖鳟 …… SA

面包糕点

贝斯官（Bescoin）布里欧修：内含番红花与大茴香 …… SA
布尔关布里欧修（Brioche de Bourgoin）：表面以红白糖粉装饰，内含果仁糖与杏仁糖
加纳布里欧修（Brioche de Gannat）：内馅为格鲁耶尔奶酪 …… BO
圣热尼布里欧修（Brioche de SaintGenix）：内含果仁糖 …… SA
多姆布里欧修：内馅为新鲜多姆奶酪 …… AU
弗亚斯（Fouace）：以发酵面团烤制的甜面包 …… CA
培根佛卡斯（Fougasse） …… AR
圣阿嘉特之手（Main de Sainte-Agathe）：鲁邦种面团，加入大茴香或番红花增添香气 …… SA
奥弗涅面包：裸麦制成，经发酵膨胀的圆桶形面包，表面做成小盖形状 …… AU
莫达讷面包（Pain de Modane）：加入糖渍水果的甜面包，表面覆盖一层杏仁粉糖霜 …… SA
烟盒面包（Pain tabatière）：类似奥弗涅面包，上端以内部掀起，类似开了小窗 …… AU
培根拖鞋面包（Pompe aux grattons）：加入小块炸肉渣的中空圆面包 …… BO
黑麦圆面包：鲁邦种面团 …… AU

肉类及内脏制品

沙尔留内脏肠（Andouille de Charlieu）：猪大肠或猪胃肚切成细长条状 …… BE
里昂内脏小香肠（Andouillette lyonnaise）：小牛小肠切成细长条状
内脏肉饼（Attriau）：猪肉和内脏混合，外层包覆猪油网 …… SA
猪血肠（Boudin）：内含洋葱、猪头肉或咽喉肉、牛奶 …… CA
布列松血肠（Boudin bressan）：内含米饭与鲜奶油
蔬菜血肠：内含卷心菜、韭葱葱绿、菠菜、欧芹、雪维菜，用猪血使所有材料稠糊 …… FO
卡列肉丸（Caillette）：用猪油网包猪肉和蔬菜
松露与开心果思华力肠（Cervela）：需要煮过才能吃，亦可作为布里欧修的内馅 …… LY
咸羊肉：盐水浸渍制成 …… GE
布列松水晶肴肉（Civier bressan）
萨瓦香肠（Diot） …… SA
培根咸蛋糕（Farcement）：以马铃薯、五花肉、李子干和葡萄干制成的“蛋糕” …… SA
费里东（Friton）：油渍猪肉制成的肉酱 …… AU
风干盐腌全羊腿 …… SA
猪油渣（Gratton）：用烤或油炸逼出油脂的肥猪肉 …… LN
油渍肉酱：类似肉糜，煮过的小块猪肉浸渍在动物油脂里 …… AR, DR, LO
奥弗涅生火腿 …… IGP
阿尔代什火腿 …… IGP
带皮圆火腿（Jambonnette）：将猪皮缝合成圆形袋状，里头包裹猪肉 …… AU
风干生火腿：味咸，有些会经过烟熏 …… FO, SA
里昂耶稣香肠（Jésus de Lyon）与里昂玫瑰肠（Rosette de Lyon）：耶稣肠粗而短，玫瑰肠为长条状，以剁碎而非绞碎的猪肉制成；两者皆为风干香肠 …… LY
力欧格（Liogue）：以猪大腿内侧肉、香肠馅和红酒制成，需煮熟食用 …… CA
朗杰欧勒（Longeole）：以猪肉和猪皮制成，需煮熟食用 …… SA
拉米尔穆松（Murson de La Mure）：需煮熟食用 …… DA
热尔扎羊瘤胃包杂碎（Pansette de Gerzat）：羊瘤胃里包入绞碎的胃肚 …… AU
贝莱（Belley）酥皮肉酱：千层酥皮做成的修颂，内馅由小牛大腿内侧肉、火腿和猪喉肉混合而成
波摩纳斯（Pormonaise）：内含卷心菜的烟熏香肠 …… SA
波摩尼耶（Pormonier）：以猪肉脏和蔬菜（菠菜、韭葱、莙荙菜）制成的香肠 …… SA
蓬蒂馅饼（Pounti）：猪肉和莙荙菜混合制成肉馅，和整颗李子干一起加入可丽饼面糊 …… AU
比热（Bugey）肉卷：咸猪肉卷
沙巴汀（Sabardin）：以牛肠和猪内脏、香肠肉馅制成 …… FO
沙博代（Sabodet）：猪头肉与肉皮制成的香肠，需煮熟食用 …… DA
一袋白骨（Sac d'os）：在猪肠里填入肋排、猪尾、猪耳朵等带骨部位，加盐保存或风干，需煮熟食用 …… AU
香草香肠：内含猪肉与蔬菜（卷心菜、菠菜、莙荙菜），需煮熟食用 …… AR, DR
卷心菜香肠 …… FO
马格朗（Magland）香肠：风干烟熏肠 …… SA
软香肠：混合猪心、猪肺及香肠肉馅制成，有干肠也有需煮熟食用的版本 …… AU
山羊干肠 …… SA
阿尔代什香肠 …… IGP
里昂香肠：风干的细香肠，内含培根丁
奥弗涅香肠与干肠 …… IGP
拉米尔咸肉派（Tourte muroise）：在派皮中加入腌过的猪肉、小牛肉、蘑菇、橄榄、洋葱等内馅 …… DA
炖牛肚卷（Tripoux）：小牛或羔羊胃肚做成的内脏包 …… AU

奶酪及乳制品

阿邦当斯干酪（Abondance） …… SA AOP
里昂芬芳奶酪（Arôme de Lyon）
博尔特奶酪（Beaufort） …… SA AOP
乳清生奶油 …… AU
布列斯黄油（Beurre de Bresse） …… AOP
奥弗涅蓝纹奶酪（Bleu d'Auvergne） …… AOP

上汝拉省吉克斯蓝纹奶酪（Bleu de Gex haut Jura）/ 塞普特蒙塞蓝纹奶酪（Bleu de Septmoncel）AOP

拉戈伊蓝纹奶酪（Bleu de Laqueuille）........AU

拉瓦尔当蓝纹奶酪（Bleu de Lavaldens）........DA

泰尔米尼翁蓝纹奶酪（Bleu de Termignon）........SA

维柯尔萨瑟纳日蓝纹奶酪（Bleu du Vercors-Sassenage）........DA AOP

福雷野山羊奶酪（Brique du Forez）........FO

卡贝库羊酪（Cabécou）........AU

圣费利西安凝乳（Caillé doux de Saint-Félicien）........AR

康塔尔奶酪（Cantal）........AOP

匈巴宏奶酪（Chambarand）........DA

尚贝拉奶酪（Chambérat）........BO

雪佛丹羊酪（Chevrotin）........SA AOP

布列斯软酪（Crème de Bresse）........AOP

萨瓦埃曼塔奶酪（Emmental de Savoie）........IGP

法国东部与中央大区埃曼塔奶酪（Emmental Français est-central）........IGP

昂贝尔蓝纹奶酪（Fourme d'Ambert）........AU AOP

蒙布里松蓝纹奶酪（Fourme de Montbrison）........AOP

罗什福尔山蓝纹奶酪（Fourme de Rochefort-Montagne）........AU

工匠奶酪（Fromage aux artisons）........AU

富朱奶酪（Foudjou）

加普隆奶酪（Gaperon）........AU

大目侯奶酪（Grand Murols）........AU

包佛丹加塔宏奶酪（Grataron du Beaufortain）........SA

格鲁耶尔奶酪（Gruyère）........SA, DA IGP

拉基奥尔奶酪（Laguiole）........CA AOP

莫尔比耶干酪（Morbier）........GE AOP

上塔朗泰兹蓝纹奶酪（Persillé de Haute Tarentaise）........SA

阿拉维蓝纹奶酪（Persillé des Aravis）........SA

皮科东奶酪（Picodon）........DE, AR AOP

萨瓦哈雷奶酪（Raclette de Savoie）........IGP

比热小圆酪（Ramequin du Bugey）

瑞布罗申奶酪（Reblochon）........SA AOP

孔德里约利可特干酪（Rigotte de Condrieu）........AOP

圣玛尔瑟兰奶酪（Saint-marcellin）........DA IGP

圣内泰尔奶酪（Saint-nectaire）........AU AOP

萨莱尔奶酪（Salers）........AU AOP

萨哈松奶酪（Sarasson）........VI, FO

西哈克奶酪（Sérac）........SA

塔米埃干酪（Tamié）........SA

多隆奶酪（Thollon）........SA

博日多姆奶酪（Tome des Bauges）........SA AOP

新鲜多姆奶酪（Tome fraîche）........AU

奥弗涅多姆奶酪（Tomme d'Auvergne）

贝莱多姆奶酪（Tomme de Belley）

萨瓦多姆奶酪（Tomme de Savoie）........IGP

多姆山羊灰奶酪（Tomme grise de chèvre）........SA

阿邦当斯瓦许翰奶酪（Vacherin d'Abondance）........SA

博日瓦谢杭奶酪（Vacherin des Bauges）........SA

咸食

奶酪马铃薯泥锅（Aligot）：加入康塔尔的新鲜多姆奶酪与法式酸奶油........CA, AB

瓦龙式甜菜菜（Blettes à la voironnaise）：加入鸡蛋与奶酪一起煮

康塔尔煎饼（Bourriol）：黑麦粉和小麦粉制成的薄煎饼........AU

青煮白斑狗鱼（Brochet au bleu）：将整只活鱼直接放入蔬菜高汤中煮熟，可加一点醋和盐........LY

沙伯伊卡列肉丸（Caillettes de Chabeuil）：将猪肉、甜菜菜和菠菜做成肉丸，外层裹上猪油网........VI, DA

鸭肉佐都匈贝酱（Canard à la Duchambais）：酱汁以醋、红葱、法式酸奶油、高汤制成，再加入腌渍过的鹅肝使酱汁稠糊........BO

焗烤骨髓与刺苞菜蓟：水煮过的骨髓和其他材料焗烤而成........LY

东布镶鲤鱼（Carpe farcie de la Dombes）：馅料有面包、牛奶、红葱、大蒜、蛋、香草，还可以加入鲤鱼鱼白

香草白奶酪蘸酱（Cervelle de canut）：新鲜奶酪加入盐、胡椒、醋、油、红葱、虾夷葱、调味香草、大蒜、白酒和鲜奶油搅拌后制成........LY

卷心菜卷（Chou farci）：内馅有猪肉、洋葱、欧芹........AU

奥弗涅卷心菜卷（Chou farci auvergnat）：内馅有小牛肉、香肠肉馅、肥猪肉、生火腿、洋葱等

红酒炖野兔（Civet de lièvre）：用红酒调制腌酱，与野兔和肥猪肉加入炖锅，最后用血、肝和鲜奶油勾芡........SA

尚杜尔格红酒炖鸡（Coq au vin de Chanturgue）........AU

栗子汤（Cousinat）：加入肥猪肉熬煮........AU

方形小片面（Crozet）：分成一般小麦和荞麦两种口味........SA

多菲内式蛙腿（Cuisses de grenouilles à la dauphinoise）：加入洋葱、鲜奶油和蘑菇

多菲内牛肉炖菜（Daube dauphinoise）：加入红酒、肥猪肉、胡萝卜、番茄、洋葱等

奥弗涅菜卷（Falette auvergnate）：羊胸肉片卷入当地火腿、半盐肥猪肉和莙荙菜做成的内馅

盐焰饼（Farinade）：类似咸可丽饼，经常在内馅添加马铃薯丝........AU

萨瓦式汤面（Fidés à la savoyarde）：在鸡高汤里加入洋葱和粗面条

卡依雍猪杂烩（Fricassée de caïon）：切成方形的猪肉块，用油、白酒、洋葱先腌过，再加入红酒、家禽肥肝、鲜奶油炖煮........SA

里昂式内脏咸派（Gâteaux de foies de volailles à la lyonnaise）：佐番茄做成的酱汁食用........LY, BR

玉米饼（Gaudes）：用玉米粉做成的薄饼，也可用来煮汤........BR

布哈悠德羊腿（Gigot brayaude）：羊腿镶入大蒜，再加入白酒、胡萝卜和马铃薯焖烧........AU

波旁咸挞（Gouère bourbonnaise）：加入凝乳和马铃薯制成的挞派

里昂式杂烩牛肚（Gras-double à la lyonnaise）：加入洋葱碎、欧芹和红葱一起炒

多菲内焗烤马铃薯（Gratin dauphinois）：马铃薯切片，和液体鲜奶油一起进烤箱烤，不加奶酪

里昂式焗烤通心面（Gratin de macaronis à la lyonnaise）：加入埃曼塔奶酪、帕马森奶酪和法式酸奶油

萨瓦蛙肉欧姆蛋（Grenouilles à la savoyarde）

白腰豆炖肉（Haricots blancs farcis）：加入香肠肉馅和小牛绞肉........AU

奥弗涅式炖野兔（Lièvre à l'auvergnate）：使用圣普尔桑（Saint-Pourçain）红酒炖野兔，佐猎人酱

奥弗涅式鳕鱼（Morue à l'auvergnate）：鳕鱼泥加入洋葱与马铃薯

香红花炖鸡（Mourtayrol）：用肥鸡加入香红花做成的火上锅........AU

布列松式焗烤蛋（Œufs à la bressane）：加了鲜奶油和康提奶酪，用烤箱烤好配面包吃

香烤北极红点鲑佐蘑菇........SA

布哈悠欧姆蛋（Omelette brayaude）：内含马铃薯、康塔尔奶酪、生火腿........AU

马铃薯咸派：用马铃薯、洋葱、欧芹做成的派........BO

奥弗涅奶酪酱（Patranque auvergnate）：将隔夜的硬面包浸泡牛奶，再和新鲜多姆奶酪打匀

勒皮绿扁豆炖咸猪肉........AU

珍珠鸡镶卷心菜与奥弗涅黑松露........AU

波伦塔（Po-lente）：意式玉米粥........SA

维希菜汤（Potage vichyssois）：以马铃薯和韭葱煮成的冷食浓汤

奥弗涅蔬菜炖肉（Potée auvergnate）：以猪五花、蹄髈、香肠，再加入卷心菜和各式蔬菜炖煮

寡妇鸡（Poularde demi-deuil）：鸡皮下面塞黑松露片，在炖锅里用鸡高汤炖煮........LY

奶油鸡（Poulet à la crème）：在炒锅里加入鲜奶油和鸡蛋做成的酱汁，翻炒让酱汁裹在鸡块上........BR

醋香煮鸡（Poulet au vinaigre）：在炒锅加入白酒和醋翻炒........LY

奥弗涅红酒炖肉（Pouteille auvergnate）：以红酒熬炖牛肉与猪蹄

塞猪肚（Pouytrolle）：猪胃填入蔬菜和肉做成的内馅........VI

鱼糕（Quenelles）........LY

圣埃蒂安煎饼（Râpée de Saint-Étienne）：用马铃薯丝做成的煎薄饼

多菲内面饺（Raviole du Dauphiné）：内馅包括康提奶酪和 / 或埃曼塔奶酪、新鲜白奶酪、欧芹、鸡蛋........IGP

肉馅饼（Rissole à la viande）........BO

圣弗鲁尔油炸千层酥（Rissole de Saint Flour）：酥脆挞皮做成的修颂，包裹康塔尔奶酪做成的内馅........CA

里昂沙拉（Saladier lyonnais）：皱叶沙拉、称为“克拉波东”的羊脚、鸡肝、水煮蛋、鲱鱼排

比热胡桃咸派（Sâlé aux noix du Bugey）：内含洋葱碎、胡桃碎，再淋上胡桃油

鸡血煎饼（Sanguette）：鸡血做成的软糕........AU

康塔尔奶酪汤（Soupe au cantal）：用康塔尔奶酪和鸡汤煮成........AU

红酒汤（Soupe au vin）：韭葱、胡萝卜、洋葱、芜菁和薄酒莱红酒与木薯粉煮成........LY

奥弗涅卷心菜汤（Soupe aux choux auvergnate）：灰藜菜与风干咸猪肉煮成

坡地汤（Soupe de l'ubac）：牛奶、马铃薯、奶酪丝加小牛腿肉煮成........DA

蒂兰汤（Soupe de Tullins）：内含白腰豆、洋葱、胡萝卜、韭葱........DA

里昂洋葱汤：用猪油炒过的洋葱加入鸡高汤熬煮而成

镶牛肚（Tablier de sapeur）：牛肚沾蛋汁和面包粉之后油煎或炙烤........LY

塔勒涵宽面（Taillerin）：用软质和硬质小麦与荞麦制成的扁面条

布里乌德鲑鱼咸派（Tourte de saumon à la brivadoise）：加了硬柄小皮伞菇的千层酥派........BO

特吕法德焗烤薯块（Truffade）：内含马铃薯、烟熏培根、康塔尔奶酪、大蒜........AU

肥猪肉香煎鳟鱼：以奥弗涅火腿的肥培根包裹鳟鱼

艾克斯式小牛肉（Veau à l'aixoise）：肥肉包小牛大腿内侧肉，加入栗子和其他蔬菜炖煮........SA

比热式镶小牛肉（Veau farci à la mode du Bugey）：小牛肩包裹硬柄小皮伞菇、小牛肉、肥猪肉、家禽肥肝制成的内馅，绑紧

甜食

里昂贝奈特饼（Bugne lyonnaise）

克雷斯奶油酥饼（Couve crestoise）：鸡窝造型的圆酥饼，内含橙皮

烘饼（Farinette）：非常膨厚的可丽饼，多加糖食用........AU

布列松薄饼（Galette bressane）：布里欧修面团制成，涂上法式酸奶油和糖

佩鲁日薄饼（Galette de Pérouges）：大而薄的派饼，涂上奶油和焦糖

福雷栗子蛋糕（Gâteau aux marrons du Forez）

胡桃蛋糕：内含蜂蜜、焦糖、胡桃奶油........DA

萨瓦蛋糕（Gâteau de Savoie）

布列松格子松饼（Gaufre bressane）：口感轻盈，以面粉和盐水制成，在铁网上烤

米耶（Millard）/ 弗罗戈纳（flflognarde）：类似克拉芙缇的甜派；后者以苹果或梨子做内馅........AU

南瓜布里欧修........DR

水果派（Pâté de la batteuse）：大型修颂包水果馅........FO, ML

烤梨子甜面包（Piquenchâgne）：将整颗梨子直接“插入”布里欧修面皮烘烤........BO

瓦龙水果蛋糕（Plum-cake voironnais）：含糖渍水果与朗姆酒的长方形蛋糕

罗马人甜面包（Pogne de Romans）：类似布里欧修，圆形中空的造型，加入橙花纯露制作而成

苹果拖鞋（Pompe aux pommes）：黄油酥皮或酥皮面团做成的修颂或馅饼........AU

萨瓦甜饺子（Rissole savoyarde）：黄油酥皮或酥皮面团做成的修颂，内含果酱或果泥

瓦朗斯瑞士人形饼（Suisse de Valence）：做成瑞士近卫队人形的油酥饼，内含糖渍柳橙的橙皮

昂卡拉奶酪派（s）/ 维克派（Tarte de vic）：沙布列酥皮面团，包裹凝乳制成的液状内馅........AU

面包心酥派（Tarte à la mie de pain）：酥皮面团包裹以硬面包、牛奶、糖、杏仁粉做成的液状内馅........LY

给莫奶酪挞（Tarte aux quemeaux）：用白奶酪制成的挞派，有咸有甜

其他

尼永橄榄油........DA AOP

烤油菜籽花油........FO, BE

胡桃油........DA

夏胡（Charroux）芥末........AU

糖果与零食

芒斯夹心包（Bouffette de Mens）：两片小圆海绵蛋糕夹一层糖霜........DA

萨莱尔方酥饼（Carré de Salers）

夏特勒兹夹心巧克力：咬一口会流出夏特勒兹利口酒

安锡钟形巧克力（Cloche d'Annecy）：巧克力内含榛果果仁糖粒，夹心加入柑曼怡增添风味

里昂茧糖（Cocon de Lyon）：黄色的杏仁糖泥，内含碎坚果酥糖粒、杏仁糖浆、椰子油和库拉索利口酒

罗亚之心（Cœur de Royat）：小颗心形白巧克力，内含杏仁糖泥与糖渍水果........AU

弹牙饼（Copeau）：加入橙花纯露调味的麻花卷饼........AR, DR

缪拉角（Cornet de Murat）：卷成三角锥状的饼干

里昂的绿枕头（Coussin de Lyon）：杏仁糖糕内夹巧克力甘那许，全部再浸入库拉索利口酒增添风味

栗子酱（Crème de marrons）........AR

奥弗涅蛋白脆饼（Croquant d'Auvergne）

侯爵巧克力球（Crotte de Marquis）：牛奶巧克力做成的巧克力球，内含巧克力果仁糖........BO

糖渍糖霜水果........AU

马西亚克马卡龙（Macaron de Massiac）：加入榛果，不含杏仁........AU

维奇夹心糖（Marocain de Vichy）：焦糖小球，内含软质咖啡或巧克力夹心

艾格佩尔斯小杏仁饼（Massepain d'Aigueperse）：外形类似马卡龙

普罗旺斯蜂蜜........IGP

塞文山脉（Cévennes）蜂蜜........IGP

萨瓦蜂蜜、板栗蜂蜜、阿尔代什山蜂蜜、卢瓦尔河冷杉蜂蜜、德龙普罗旺斯薰衣草花蜜、韦蒙和维柯尔洋槐蜂蜜

蒙特利马牛轧糖（Nougat de Montélimar）：白色软质或硬质牛轧糖，内含开心果与杏仁金箔巧克力........BO

阿诺奈粉红饼（Pantin d'Annonay）：奶油酥饼，表面覆盖一层粉红色的糖霜........AR

维希手工甘草糖（Pastille de Vichy）：用维希当地矿泉水中的矿物盐做成的糖

水果糖糕（Pâte de fruits）........AU

瓦龙方形巧克力（Pavé de Voiron）：正方体巧克力，在两层碎果仁糖中间夹一层榛果碎糖粒

艾格尔佩斯果仁糖（Praline d'Aigueperse）：以烤杏仁做成的褐色酥饼........AU

河中芦苇（Roseau du lac）：黑巧克力棒中带咖啡夹心........AN

维希麦芽糖（Sucre d'orge de Vichy）：有各种口味的圆形糖果

香贝里（Chambéry）松露巧克力
拉帕利斯真理（Vérités de Lapalisse）：内含各种口味利口酒的糖球 BO

饮料与烈酒
昂帖希特（Antésite）：以甘草制成，无酒精，须兑水饮用 DA
阿格布斯（Arquebuse）：用33种植物酿制成的烈酒，其中包括龙胆草、薄荷等 DA
波纳勒（Bonal）：以蜜甜儿（葡萄汁加烈酒）为主的开胃酒，加入黄龙胆与金鸡纳树皮 DA
夏特勒兹（Chartreuse）：用植物酿制成的利口酒，用了130种以上的植物酿造 DA
樱桃罗雪（Cherry Rocher）：樱桃利口酒 DA
契那契那（China-china）：甘橙与苦橙的橙皮酿成的利口酒，内含香草植物与香料 DA
核桃白兰地（Eau de noix）：青核桃浸入水果白兰地中酿制而成 DA
苦蒿酒（Génépi） SA, DA
艾格贝勒修道院利口酒（Liqueur de l'abbaye d'Aiguebelle）：以大约70种不同植物酿制而成，其中包括椴树、鼠尾草、马鞭草、龙胆草等 DR
龙胆草利口酒（Liqueurs de gentiane） AU
奥弗涅渣酿白兰地（Marc d'Auvergne）：以葡萄果渣酿制而成的白兰地
比热与萨瓦渣酿白兰地（Marc du Bugey et de Savoie）
柯尔比埃山酒（Mont Corbier）：植物酿成的利口酒，其中包括神香草、百脉豆、洋甘菊 SA
瑞典人利口酒（Suédois）：末药、芦荟、龙胆草、大黄等植物酿成的利口酒 SA
香贝里香艾酒（Vermouth de Chambéry）：苦艾、神香草、金鸡纳树皮等植物浸在不甜白酒中酿制而成
马鞭草利口酒（Verveine） AU
核桃红酒（Vins de noix）：用红葡萄酒和青核桃酿制而成的开胃酒 DA

知名人物
乔瑟夫·巴哈德侯（Joseph Baraterro，1887—1941）：拉马斯特尔（Lamastre）的Hôtel du Midi餐厅
乔瑟夫·贝赫修（Joseph Berchoux，1760—1839）：著有《*La Gastronomie, ou l'homme des champs à table*》（1801）
莫希斯·贝赫纳宏（Maurice Bernarchon，1919—1999）、尚贾克·贝赫纳宏（Jean Jacques Bernarchon，1944—2010）、菲力普·贝赫纳宏（Philippe Bernarchon）：里昂的Bernachon巧克力糕饼铺
何内·贝松（René Besson）：里昂的Bobosse猪肉食品店
蕾雅·碧都勒（Léa Bidault，1908—1996）：里昂的La Voûte餐厅
玛格丽特·比斯（Marguerite Bise，1898—1965）、弗朗索瓦·比斯（François Bise，1928—1984）：塔卢瓦尔（Talloires）的L'Auberge du Père Bise餐厅
艾莉丝·布朗（Élisa Blanc，1883—1949）、宝蕾特·布朗（Paulette Blanc，1910—1992）、乔治·布朗（Georges Blanc，1943—）：沃纳斯（Vonnas）的Georges Blanc餐厅
保罗·博古斯（Paul Bocuse，1926—2018）：寇隆欧蒙多（Collonges-au-Mont d'Or）的Paul Bocuse餐厅
菲力克斯·伯纳（Félix Bonnat，1861—）：瓦龙（Voiron）的Bonnat巧克力坊
玛莉·布赫乔（Marie Bourgeois，1870—1937）：普里艾（Priay）的La Mère Bourgeois餐厅
厄絮妮·巴兹耶（Eugénie Brazier，1895—1977）：里昂和卢埃山口的La mère Brazier餐厅
让-安泰尔姆·布里亚-萨瓦兰（Jean Anthelme Brillat-Savarin，1755—1826）：著有《好吃的哲学》（1825）
宝蕾特·卡斯谭（Paulette Castaing，1911—2014）：孔德里约（Condrieu）的Beau Rivage餐厅
亚伦·夏贝尔（Alain Chapel，1937—1990）：米奥奈（Mionnay）的Alain Chapel餐厅
弗朗索瓦丝·费尤勒（Françoise Fillioux，1865—1925）：里昂的La Mère Fillioux餐厅
亨利·吉欧德（Henri Giraudet）：1910在布雷斯堡创立吉欧德公司，使鱼糕成为当地名产
吉妈妈（mère Guy）：18世纪下半期的第一位"里昂妈妈"
黑居·马贺孔（Régis Marcon，1956—）、贾克·马贺孔（Jacques Marcon，1978—）：圣博内莱弗鲁瓦（Saint-Bonnet-le-Froid）的Régis et Jacques Marcon餐厅
阿贺伯特·孟维格（Albert Mennweg，1896—1950）：里昂的Le Filet de Sole餐厅
乔安内·纳德宏（Joannès Nandron，1896—1950）、杰哈·纳德宏（Gérard Nandron，1934—2000）：里昂的Nandron餐厅
厄内斯特·佩贺诺雷（Ernest Pernollet，1918—1995）：贝莱（Belley）的Hôtel Pernollet餐厅
安德烈·皮克（André Pic，1893—1984）、贾克·皮克（Jacques Pic，1932—1992）、安娜苏菲·皮克（Anne-Sophie Pic，1969—）：瓦朗斯（Valence）的Maison Pic餐厅
费贺纳·普安（Fernand Point，1897—1955）：维埃纳（Vienne）的La Pyramide餐厅
芮内·希夏（Renée Richard，1930—2014）：里昂的Renée Richard奶酪铺
米榭勒·侯胥帝（Michel Rochedy，1936年出生）：谷雪维尔（Courchevel）的Le Chabichou餐厅
侯杰·户谷（Roger Roucou，1921—2012）：里昂的La Mère Guy餐厅
寇蕾特·希碧莉亚（Colette Sibilia，1933—）：里昂的Sibilia猪肉食品店
克里斯坦·戴德华（Christian Têtedoie，1961—）：里昂Christian Têtedoie餐厅
尚巴蒂斯特·图瓦格（Jean-Baptiste Troisgros，1898—1974）、尚·图瓦格（Jean Troisgros，1926—1983）、皮耶尔·图瓦格（Pierre Troisgros，1928—）、米歇尔·图瓦格（Michel Troisgros，1958—）：乌谢（Ouches）的Troisgros餐厅
莫希斯·托利叶（Maurice Trolliet）、阿雷克希·托利叶（Alexis Trolliet）：里昂的Trolliet肉铺
安东·瓦他贺（Antoine Vettard，1883—1975）：里昂的Café Neuf Vettard餐厅
马克·维杭（Marc Veyrat，1950—）：马尼戈（Manigod）的La Maison des bois餐厅
赛吉·维耶维哈（Serge Vieira，1977—）：热针（Chaudes-Aigues）的Serge Vieira餐厅
尚·维纳（Jean Vignard，1899—1972）：里昂的Chez Juliette餐厅

本区精华

勃艮第–弗朗什–孔泰大区
BOURGOGNE-FRANCHE-COMTÉ

BO：勃艮第（BOURGOGNE）/ FC：弗朗什–孔泰（FRANCHE-COMTÉ）/ MO：莫尔旺（MORVAN）

肉品
夏洛莱牛（Bœuf charolais） IGP
沙罗勒牛（Bœuf de Charolles） AOP
夏洛莱羊（Mouton charolais）
弗朗什–孔泰猪 IGP
勃艮第鸡与阉鸡
勃艮第家禽 IGP
布列斯（Bresse）家禽：阉鸡、火鸡、小母鸡、母鸡 AOP
夏洛莱（Charolais）家禽 IGP
朗格勒高原（Langres）家禽 IGP

蔬果
吕夫（Ruffy）芦笋 BO
萨兰美女苹果（Belle fifille de Salins） FC
勃艮第黑醋栗
玛莫特樱桃（Cerise marmotte） BO
奥克松（Auxonne）洋葱 BO
维托（Vitteaux）洋李干 BO

水产
白斑狗鱼
索恩河酥炸欧白鱼 BO
河鲈
丁鲅

面包糕点
波隆大麦面包（Bôlon） FC
布列塔尼小圆松糕（Craquelin）：以发酵面团做成的维也纳式甜酥面包 FC

肉类及内脏制品
夏布利内脏肠（Andouillette de Chablis） BO
克拉姆西内脏肠（Andouillette de Clamecy） MO
布雷希肉干（Brési）：烟熏牛肉干 FC
内脏肉肠（Gandeuillot）：烟熏猪内脏香肠 FC
阿泰侯（Hatereau）：内脏肉丸 BO
葡萄酒渣火腿（Jambon à la lie de vin） BO
带骨火腿：抹盐腌熏后煮熟 FC
吕克赛火腿（Jambon de Luxeuil）：在葡萄酒中浸腌，用干盐涂抹后稍微烟熏制成 FC
莫尔旺生火腿（Jambon du Morvan）：抹盐风干制成
上杜省（Haut-Doubs）烟熏火腿
勃艮第欧芹火腿：猪火腿和肩肉抹盐煮熟后，与欧芹做成肉冻状
烟熏牛舌 FC
莫尔旺玫瑰干肠（Rosette du Morvan）
烟熏野猪肉与烟熏鹿肉 FC
卷心菜香肠 FC
上丰西纳烟熏香肠（Saucisse de Foncine-le Haut）：内含卷心菜 FC
蒙贝利亚尔香肠（Saucisse de Montbéliard） IGP
莫尔托香肠（Saucisse de Morteau）：较粗、较油，烟熏味更重 IGP
莫尔旺咸派（Tourte morvandelle）：以猪肉制成烟熏咸猪肉 FC

奶酪及乳制品
安希灰羊酪（Aisy cendré） BO
布列斯黄油（Beurre deBresse） AOP
上汝拉杰克斯蓝纹奶酪（Bleu de Gex Haut-Jura）/塞普特蒙蓝纹奶酪（Bleu de Septmoncel） FC AOP
内裤纽扣羊酪（Bouton de culotte） BO
萨瓦兰奶酪（Brillat-Savarin） BO
康库瓦约特软质奶酪（Cancoillotte） FC
查尔斯软质白霉奶酪（Chaource） BO AOP
夏洛莱奶酪（Charolais） BO AOP
上汝拉山羊奶酪（Chevret du Haut-Jura） FC
西托修道院白羊奶酪（Cîteaux） BO
克拉克毕度奶酪（Claquebitou） BO
康堤奶酪（Comté） FC
布列斯鲜奶油（Crème de Bresse） AOP
法国东部与中央大区埃曼塔奶酪（Emmental français est-central） IGP
埃曼塔顶级奶酪（Emmental grand cru） FC
埃普瓦斯奶酪（Époisses） BO AOP
格鲁耶尔奶酪（Gruyère） FC IGP
马贡内奶酪（Mâconnais） BO
马米罗勒奶酪（Mamirolle） FC
上杜省金山奶酪（Mont-d'or du Haut Doubs） FC AOP
莫尔比耶干酪（Morbier） FC AOP
变色石奶酪（Pierre-qui-Vire） BO
圣弗洛朗坦奶酪（Saint-flflorentin） BO
瑟拉奶酪（Serra）：以乳清制作而成 FC
苏曼特兰奶酪（Soumaintrain） BO IGP

咸食
勃艮第红酒炖牛肉（Bœuf à la bourguignonne）：内含红葡萄酒、肥猪肉、洋葱
青蛙汤（Bouillon de grenouille） FC
沃苏勒式烤白斑狗鱼（Brochet à la vésulienne）：整条白斑狗鱼搭配硬柄小皮伞菇和红葱做成的酱汁烤熟
葡萄风味鹌鹑或斑鸠 BO
野鸭佐地狱酱（Canard sauvage à la sauce infernale）：酱汁以土梭（Trousseau）红酒与肥肝制成 FC
咸羊肉：盐水腌制羊肉 FC
黄酒焖鸡佐羊肚菌（Coq au vin jaune et aux morilles） FC
莫尔旺酥油煎饼（Crapiaux morvandiaux）：以猪油制成的厚煎饼
汝拉炸饼（Croquettes jurassiennes）：内馅裹康堤奶酪 FC
康堤焗烤蘑菇面包（Croûte comtoise）：用鲜奶油酱汁烹调蘑菇，放在烤过的面包片上焗烤 FC
奶油小龙虾 FC
牛肋排佐红酒酱（Entrecôte bareuzaï）：以红葱、蘑菇、红酒制成酱汁 BO
小牛排佐康堤奶酪酱（Escalopes de veau au comté）
勃艮第式蜗牛（Escargots à la bourguignonne）：以黄油、红葱、大蒜、欧芹做成酱料
猪油渣饼（Galette aux griaudes） MO
玉米饼（Gaudes）：用玉米粉做成的薄饼，也可用来煮汤 BO, FC
奶酪咸泡芙（Gougère）：康堤奶酪或格鲁耶尔奶酪夹心的小泡芙 BO

弗朗什-孔泰式牛肚（Gras-double à la franc comtoise）：加入醋、鲜奶油和黄油
康堤式焗烤马铃薯（Gratin comtois）：内含莫尔托香肠、马铃薯与康堤奶酪丝
阿尔布瓦焗烤白酒大葱（Gratin de poireaux au vin blanc d'Arbois）........FC
奶油煮鸡油菌........FC
尼维尔式莴苣（Laitues à la nivernaise）：加入鲜奶油焖烧
汝拉牛舌：用汝拉白酒做腌酱，在火上炙烤........FC
尼维尔式羊舌（Langues de mouton à la nivernaise）：加入葡萄酒炙烤，配料有猪膘和洋葱
第戎式焖兔（Lapin à la dijonnaise）：芥末酱风味
康提奶酪扁豆（Lentilles au comté）：用红葱、鲜奶油与康提奶酪做成调料后，混合黄扁豆烹煮而成........FC
野兔佐老夏绿蒂酱（Lièvre à la sauce de la vieille Charlotte）：酱汁用面粉、黄油、野兔煮汁、醋、高汤制成........FC
红酒炖蛋（Œufs meurette）：用勃艮第红酒酱汁煮蛋
莫尔旺欧姆蛋（Omelette morvandelle）：内含莫尔旺火腿
尼维尔式奶油绿豌豆佐当季新鲜蔬菜
水手鱼（Pochouse）：加了酒和洋葱烹煮........BO
勃艮第肉汤（Potée bourguignonne）：用猪肉、卷心菜和其他蔬菜熬煮而成
康堤肉汤（Potée comtoise）：加入当地烟熏肉类，包括猪脚、莫尔托香肠
沃苏勒式镶鸡（Poulet à la vésulienne）：全鸡塞入用洋葱、肥猪肉、鸡内脏做成的内馅........FC
布列斯鸡佐酸葡萄汁
莫尔旺炖鸡（Poulet morvandelle）：炖锅中加入欧芹和莫尔旺火腿
喇叭菌沙拉（Salade de cratérelles）：内含新鲜灰喇叭菌菇、欧芹、虾夷葱........FC
葡萄园沙拉（Salade vigneronne）：加了蒲公英和肥瘦相间的五花肉........BO
葡萄园莫尔托香肠（Saucisse de Morteau vigneronne,）：内含阿尔布瓦白酒、培根肉........FC
阿莫里奶油酱火腿（Saupiquet des Amognes）：焖烧莫尔旺火腿佐酸奶油与红葱头做成的酱汁
红酒汤（Soupe au vin）：以肉汤和阿尔布瓦红酒熬煮........FC
樱桃汤（Soupe aux cerises）：以欧洲酸樱桃、黄油、糖做成的开胃菜........FC
尼维尔蔬菜汤（Soupe nivernaise）：在羊肉高汤中加入蔬菜熬煮而成
红酒鳟鱼........BO
节庆蛋糕（Tutsche）：布里欧修面团做成的蛋糕，有甜有咸........FC

甜食

希翁白奶酪甜挞（Cion）........BO
南瓜布丁蛋糕（Flamusse）........BO
软奶酪蛋糕（Galette de goumeau）：布里欧修面团做成的派皮，内含用蛋和鲜奶油做成的液态内馅........FC
第戎香料面包（Pain d'épices de Dijon）
韦尔塞香料面包（Pain d'épices de Vercel）........FC
希钧东（Rigodon）：布里欧修做成的软面包........BO
塔宾内特（Tapinette）：凝乳做成的挞派........BO
塔杜拉（Tartouillat）：类似克拉芙缇的甜派........BO
泰梅黑尔（Téméraire）：水果蛋糕，内含苹果、榛果、葡萄干........FC

其他

勃艮第蜗牛
第戎芥末酱/勃艮第芥末酱........IGP
勃艮第松露
勃艮第红酒醋

糖果与零食

皇家杏仁糖（Amande royale）：做成杏仁形状的糖果，内含果仁糖、牛轧糖与巧克力........FC
弗拉维尼茴香糖（Anis de Flavigny）：裹覆调味糖的大茴香籽
夏布利（Biscuit de Chablis）饼干/杜歇（Biscuit de Duché）饼干
蒙博宗饼干（Biscuit de Montbozon）：添加橙花纯露........FC
软焦糖糖果（Caramel mou）........FC
第戎黑醋栗软糖（Cassissine de Dijon）：黑醋栗糖糕中带黑醋栗利口酒夹心
卢昂甜面包（Comiotte）：酥脆挞皮呈三角形，内含泡芙面团........BO
东齐杏仁脆饼（Croquet de Donzy）........BO
贝桑松糖衣杏仁果（Dragée de Besançon）
马孔内松饼（Gaufrette mâconnaise）：很薄的松饼卷成圆柱状
中空圆松糕（Gimblette）：中空形状的香料面包，内含杏仁........BO
格里欧特（Griotte）：加了樱桃利口酒的酸樱桃，外层裹上巧克力
孚日（Vosges）冷杉蜂蜜........AOP
纳韦尔帝王糖（Négus）：软焦糖里带巧克力或阿比西尼亚咖啡夹心，外层有硬糖包覆
诺内特小圆蛋糕（Nonnette）：小香料蛋糕里有果酱夹心........BO
纳韦尔花生糖（Nougatine de Nevers）：花生糖外裹覆染色的皇家糖霜
布特陆地方花生糖片（Pavé bisontin Bouteloup）：内含榛果与果仁糖
勃艮第葡萄冻（Raisiné de Bourgogne）：葡萄做成的果冻酱
康堤酥饼（Sèche comtoise）：用千层酥皮面团做成的脆饼干

饮料与烈酒

龙胆草开胃酒（Apéritifs à la gentiane）........FC
第戎黑醋栗利口酒（Cassis de Dijon）
奥特佩伊苹果酒（Cidre du pays d'Othe）........BO
覆盆子香甜酒（Crème de framboises）........BO
龙胆草白兰地（Eau-de-vie de gentian）........FC
弗朗什-孔泰原产酒渣白兰地（Eau-de-vie de marc originaire de Franche-Comté）........IG
弗朗什-孔泰原产葡萄白兰地（Eau-de-vie de vin originaire de Franche Comté）........IG
勃艮第纯酿（Fine de Bourgogne）：葡萄白兰地........IG
富日罗勒樱桃白兰地（Kirsch de Fougerolles）........FC IG
马尔搜特樱桃白兰地（Kirsch de la Marsotte）........FC
蓬塔尔利耶茴香酒（Pontarlier）
黑刺李利口酒（Liqueur de prunelles）........BO
冷杉利口酒（Liqueur de sapin）........FC
汝拉酒渣甜酒（Macvin du Jura）：混合汝拉葡萄渣与酒渣白兰地........AOP
勃艮第酒渣白兰地（Marc de Bourgogne）........IG
汝拉酒渣白兰地（Marc du Jura）........IG
勃艮第黑刺李利口酒（Prunelle de Bourgogne）
勃艮第哈塔菲亚利口酒（Ratafifia de Bourgogne）
哈塔菲亚苹果酒（Ratafifia de cidre）........BO

知名人物

维克多·布尔丹（Victor Burtin，1877—1937）：马孔（Mâcon）的Hôtel d'Europe、Hôtel d'Angleterre餐厅
亚历山大·杜曼恩（Alexandre Dumaine，1895—1974）：索略（Saulieu）的La Côte d'Or餐厅
威廉·法修（William Frachot，1970—）：第戎（Dijon）的Hostellerie du Chapeau Rouge餐厅
厄内斯特·钟（Ernest Jung，1921—2004）：第戎的Le Chapeau Rouge餐厅
阿德里安·齐厄（Adrien Kir，1921—2004）：第戎市长，他把用自己名字命名的鸡尾酒发扬光大
弗朗索瓦·皮耶·拉瓦汉（François Pierre de La Varenne，1618—1678）：厨师，著有《弗朗索瓦料理》（1653）
尚·拉美罗雅斯（Jean Lameloise，1921—）：沙尼（Chagny）的Lameloise餐厅
贝赫纳·罗阿索（Bernard Loiseau，1951—2003）：索略的La Côte d'Or餐厅
马克·莫诺（Marc Menau，1944—）：圣佩尔苏瓦兹莱（Saint-Père-sous-Vézelay）的L'Espérance餐厅
亨利·哈胡修（Henry Racouchot，1883—1954）：第戎的Les Trois faisans餐厅
皮埃尔·胡梭（Pierre Rousseau，1863—1912）：泰坦尼克号的主厨

本区精华

布列塔尼 BRETAGNE

肉品

苏热阿（Sougéal）鹅
雷恩（Rennes）杜鹃鸡
圣米歇尔山盐田羔羊（Prés-salés du Mont Saint-Michel）........AOP
布列塔尼家禽........IGP
让泽（Janzé）家禽........IGP

蔬果

卡慕朝鲜蓟（Artichaut camus）
卷心菜嫩苗（Bricolin）
桑泰克沙地胡萝卜（Carotte de sable de Santec）
布列塔尼球形卷心菜
冬季花椰菜
红葱
凯尔卢昂（Kerlouan）吉康菜
普卢加斯泰勒（Plougastel-Daoulas）草莓
潘波豆（Haricot coco de Paimpol）........AOP
雷东（Redon）栗子
雷恩灰皮小香瓜（Melon petit gris de Rennes）
罗斯科夫（Oignon rosé de Roscoff）粉红洋葱........AOP
阿莫里肯小皇后苹果（Pommes reinette d'Armorique）

水产

鳗鱼
蜘蛛蟹
欧洲鲈
海螺
康吉鳗
圣贾克扇贝（Coquille Saint-Jacques）
阿摩尔海岸（Côtes d'Armor）圣贾克扇贝........IGP
虾：明虾与灰虾
天鹅绒梭子蟹
布列塔尼生蚝
螯龙虾
龙虾
海螯虾
线钓青鳕
鮟鱇鱼
线钓鲭鱼
布修淡菜（Moule de bouchot）
圣米歇尔湾（Baie du Mont-Saint-Michel）布修淡菜........AOP
鲍鱼
蛤蜊
鹅颈藤壶
文蛤
纵带羊鱼
油渍沙丁鱼
网捕沙丁鱼
墨鱼
长鳍鲔鱼
黄道蟹

面包糕点

布尔歌（Bourgueu）：布里欧修
福威斯（Fouesse）：布里欧修
勾斯提亚（Gochtial）：布里欧修
帽子面包（Pain chapeau）：形如修女的高大面包，故以此得名
布列塔尼裸麦面包
甜软面包（Pain doux）：布里欧修
裸麦黑面包
折叠面包（Pain plié）：以其高大形状取名的面包
帕斯帖舒（Pastéchou）：加了葡萄干或李子干的布里欧修

肉类及内脏制品

盖梅内（Guémené）内脏肠
咸猪油（Graisse salée）：猪油中加盐、胡椒、洋葱
布列塔尼培根（Lard breton）：用盐水浸渍后烤熟的猪胸肉
布列塔尼肉酱冻（Pâté breton）
雷恩肉酱冻（Pâté rennais）：以猪下水与猪头皮制成
布列塔尼牛肚（Tripes bretonnes）：加洋葱和胡萝卜，呈肉冻状

奶酪及乳制品

布列塔尼半盐黄油（Beurre breton）
康佩内阿克奶酪（Fromage de Campénéac）
提玛宴克奶酪（Fromage de Timadeuc）
格厚雷奶酪（Gros lait）：质地黏稠的凝乳酪浆（又称白脱奶）

咸食

雷恩式朝鲜蓟（Artichauts à la rennaise）：加瘦肉培根和洋葱炖煮
燕麦粥
布列塔尼式康吉鳗（Congre à la bretonne）：煨菜马铃薯、洋葱、密斯卡岱白酒
布列塔尼式圣贾克扇贝（Coquilles Saint Jacques à la bretonne）
柯提亚德（Cotriade）：布列塔尼鱼汤
苹果酒烩灰虾
布列塔尼荞麦薄饼（Galette）
布列塔尼式盐田羊腿佐潘波豆
洛里昂歌岱儿（Godaille lorientaise）：鱼汤
布列塔尼式白豆锅（Haricots blancs à la bretonne）：潘波豆、洋葱、番茄炖锅
阿莫里肯式螯龙虾（Homards à l'armoricaine）：番茄、龙蒿、红葱、白酒
莫尔比昂式香料龙虾（Homards au cari à la

morbihannaise）：黄油、洋葱、苹果烈酒、高斯混和香料
荞麦炖肉锅（Kig ha farz）：布列塔尼火上锅，除了牛肉与猪腿，还加了荞麦粉
坤帕塔特（Kouign patatez）：厚煎马铃薯饼
白酒鲭鱼
坎佩尔式鲭鱼（Maquereaux à la quimpéroise）：蔬菜白酒高汤搭奶油酱汁
雷恩米通浓汤（Miton rennais）：面包汤
布雷斯特风味鳕鱼（Morue à la brestoise）：烤箱料理，加入马铃薯与韭葱酱汁
班波勒风味鳕鱼（Morue à la paimpolaise）：焗烤马铃薯泥与鳕鱼
迪纳尔风味鳕鱼（Morues à la dinardaise）：鳕鱼可乐饼
雷东栗子浓汤（Potage aux marrons de Redon）
贝勒岛康吉鳗火上锅（Pot-au-feu de congre bellilois）
布列塔尼蔬菜炖肉锅（Potées bretonnes）：雷恩地区加猪腿肉、猪蹄、猪尾、猪耳朵；潘波勒地区加牛肉、培根、烟熏香肠
鳕鱼舌蔬菜炖锅（Ragoût de langues de morue）：加入洋葱与马铃薯
苹果酒烩牛腰（Rognons de veau au cidre）
布列塔尼白豆汤
培根荞麦汤
梭子蟹汤
帽贝汤
卷心菜嫩苗汤
柯尔努艾渔夫鲔鱼炖锅（Thon cocotte des pêcheurs de Cornouaille）：加胡萝卜和豌豆
苹果酒煮韭葱牛肚

甜食
可丽饼（Crêpes）
布列塔尼布丁蛋糕（Far breton）：有时会加入李子
布列塔尼蛋糕（Gâteau breton）：加入半盐黄油的厚蛋糕
焦糖奶油酥（Kouign-amann）
雷恩苹果派（Pommé rennais）

其他
布列塔尼荞麦粉 .... IGP
盖朗德（Guérande）灰盐与盐花 .... IGP

糖果与零食
布列塔尼小圆松糕（Craquelin）
卷心可丽饼（Crêpe dentelle）
荞麦蜂蜜酱（Miel de sarrasin）
尼尼奇条状棒棒糖（Niniche de Quiberon）
布列塔尼奶油酥饼（Palet breton）
圣马洛奶油酥饼（Patate de Saint-Malo）
波美苹果酱（Pommé）：用苹果酒熬煮果酱

饮料与烈酒
布西诺（Bouchinot）：牛奶与植物为基底的利口酒
布列塔尼苹果酒（Cidre de Bretagne）........ IGP
柯尔努艾苹果酒（Cidre de Cornouaille）..... AOP
布列塔尼苹果烈酒（Eau-de-vie de cidre de Bretagne）.................... IG
阿莫里克长生不老药（Élixir d'Armorique）：薄荷和蒿类植物酿制的利口酒
依托媚（Hydromel）/舒�（chouchen）：蜂蜜加水稀释后的发酵饮料
布列塔尼苹果酒（Pommeau de Bretagne）.................... IG

知名人士
米歇尔·凯何菲（Michel Kerever，1934—）：利夫雷（Liffré）的 Lion d'Or 旅店
奥利维·罗林涅（Olivier Roellinger，1955—）：康卡尔（Cancale）的 La Maison de Bricourt 饭店

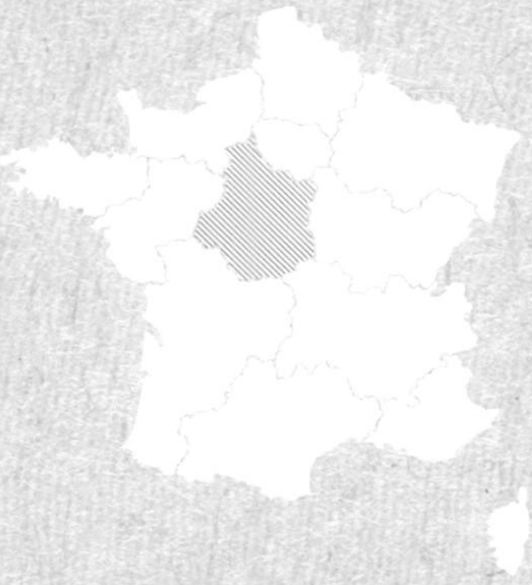

本区精华

中央-卢瓦尔河谷大区 CENTRE-VAL DE LOIRE

BE：博斯（BEAUCE）/ BY：贝里（BERRY）/ GA：嘉第内（GÂTINAIS）/ OR：奥尔良（ORLÉANAIS）/ SO：索洛尼（SOLOGNE）/ TO：杜尔（TOURAINE）

肉品
索洛涅（Sologne）黑火鸡
杜尔洁利那鸡（Géline de Touraine）
索洛涅羊
杜尔鹅
贝里黑母鸡（Noire du Berry）
奥尔良家禽 .... IGP
贝里家禽 .... IGP
嘉第内家禽 .... IGP

蔬果
蘑菇 .... TO
贝里甜南瓜（Courge sucrine du Berry）
香波女伯爵米白豆（Haricot riz comtesse de Chambord）
贝里（Berry）绿扁豆 .... IGP
番红花
松露

水产
西鲱
鳗鱼
七鳃鳗
布伦自然保留区（Brenne）与索洛涅湖（Sologne）的白斑狗鱼与鲤鱼

面包糕点
勒拿弗亚斯（Fouace de Lerné）：香料小布里欧修 .... TO
窑烤口袋面包（Fouée）.................... TO
哈迪耶（Radillat）/ 祝圣面包（pain bénit）：奶油圆面包 .... BY

肉类及内脏制品
雅尔若内脏肠（Andouillette de Jargeau）....... OR
梧雷内脏肠（Andouillettes de Vouvray）........ TO
沙特尔肉酱冻（Pâté de Chartres）：酥皮肉酱派，中间镶嵌鹅肝
复活节肉酱冻（Pâté de Pâques）：酥皮肉酱派，中间镶嵌水煮蛋 .... BY
杜尔肉酱（Rillettes de Tours）.................... IGP
猪皮渣（Rillons）：以猪油炸过的猪胸肉丁 .... TO

奶酪及乳制品
查维格诺尔奶酪（Crottin de Chavignol）.................... BY AOP
德勒叶片奶酪（Feuille de Dreux）
皮蒂维耶干草奶酪（Pithiviers au foin）
普里尼圣皮耶奶酪（Pouligny saint-pierre）.................... BY AOP
杜尔圣莫尔德奶酪（Sainte-maure de Touraine）.................... AOP
谢河畔瑟莱奶酪（Selles-sur-cher）...... BY, SO AOP
瓦隆榭奶酪（Valençay）.................... BY, TO, AO

咸食
酸模西鲱
杜尔布榭尔（Beuchelle tourangelle）：小牛胸腺与腰子，蘑菇与法式酸奶油
贝里南瓜汤（Citrouillat berrichon）
杜尔圣莫尔羊干酪千层酥饼（Feuilleté au sainte-maure）.................... TO
酥炸卢瓦尔河鱼：欧白鱼、鮈鱼、拟白鱼等
马铃薯泥千层酥饼 .... BY
水手风味鳗鱼（Matelote d'anguilles）
驴睾丸水波蛋（Œufs à la couille d'âne）：红酒酱汁煮水波蛋 .... BY
马铃薯酥皮馅饼（Pâté de pomme de terre）...... BY
索洛涅马铃薯（Pommes de terre solognotes）：以牛奶煮熟再放进烤箱，加鲜奶油一起焗烤
脏脏鸡（Poulet en barbouille）：鸡肉杂烩锅，放入鸡血使酱汁浓稠 .... BY
博斯炖菜（Rata beauceron）：加猪胸肉、洋葱、马铃薯
梧雷式梭鲈（Sandre à la vouvrillonne）：梭鲈加入武弗雷白酒，置于蚝菇与蔬菜上，送入烤箱烘烤 .... TO

甜食
克拉芙缇（Clafoutis）.................... BY
杏仁圆饼（Croquets aux amandes）.................... SO
布尔盖圆饼（Galette bourgueilloise）：香草夹心面包 .... TO
蒙特里沙尔（Montrichard）：杏仁做的松软蛋 .... TO
杜尔牛轧糖（Nougat de Tours）：糖渍水果夹心蛋糕，外层是马卡龙饼皮
皮蒂维耶千层酥饼（Pithiviers feuilleté）：以蓝姆酒调味的杏仁奶油馅糕点
皮蒂维耶翻糖蛋糕（Pithiviers fondant）
贝里坡哈馅饼（Poirat du Berry）：西洋梨馅饼桑修（Sanciau）：苹果酱夹心厚可丽饼 .... BY
巴里欧格塔（Tarte aux barriaux）：李子酱内馅 .... BY
葡萄园挞（Tarte du vigneron）：加了葡萄酒果酱的焦糖苹果千层酥饼 .... TO
反烤苹果挞（Tarte tatin）.................... SO

其他
核桃油 .... TO
西洋梨干 .... TO
奥尔良醋

糖果与零食
贵族饼干（Aristocrate）：含有杏仁碎粒的焦糖饼干 .... SO
啃坏嘴（Casse-museau）：羊奶干酪小糕点 .... BY
奥尔良科蒂尼亚（Cotignac d'Orléans）：榅桲果冻酱
培恩松糕（Échaudé de Brenne）.................... BY
拉丝糖（Forestine）.................... BY
科尔默里马卡龙（Macaron de Cormery）....... TO
朗热马卡龙（Macaron de Langeais）.................... TO
门奇柯夫（Mentchikoff）：瑞士蛋白霜夹巧克力杏仁糖内馅 .... BE
嘉第内（Gâtinais）蜂蜜
麝香糖（Muscadin）：酒酿樱桃外裹栗子泥与巧克力 .... TO
蒙塔基果仁糖（Prasline de Montargis）......... GA
南赛油酥饼（Sablé de Nançay）.................... BY

饮料与烈酒
贝尔纳许（Bernache）：发酵葡萄汁 .... TO
奥利韦西洋梨蒸馏酒（Eau-de-vie de poire d'Olivet）
刺芽（Pousse d'épine）：黑刺李嫩芽开胃酒

知名人士
尚·巴德（Jean Bardet，1941—）：杜尔（Tours）的 Château Belmont 城堡酒店
夏尔勒·巴里耶（Charles Barrier，1916—2009）：杜尔的 Le Nègre 与 Charles Barrier 餐厅
吕西安·德沛（Lucienne-Anne Dépée，1906—2006）：布瓦斯莫朗（Boismorand）的 Auberge des Templiers 客栈
罗杰·多候（Roger Doreau，1919—1981）：布瓦斯莫朗的 Auberge des Templiers 客栈
贾克·贝吕塞（Jacques Puisais，1927—）：葡萄酒专家，杜尔法国味觉研究所（Institut français du goût à Tours）创办人
拉伯雷（Rabelais，1494？—1553）：作家，《巨人传》作者

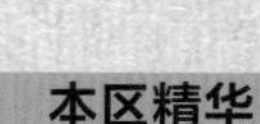

本区精华

科西嘉 CORSE

肉品
科西嘉品种奶羊（Agneau de lait）
小山羊
曼祖（Manzu）：科西嘉品种牛，十个月以下的小牛
科西嘉猪（Nustrale）：所有原产地命名保护（AOP）等级的猪肉制品都是使用此品种野猪

蔬果
杏仁
野草莓
香水柠檬（枸橼）

栗子
柠檬
科西嘉克里曼丁橘（Clémentine de Corse）...... IGP
无花果
梨果仙人掌（Figue de Barbarie）
石榴
柑橘
色维宏（Cervione）榛果...... IGP
柳橙
柚子...... IGP

水产
鳀鱼
鳗鱼
鲂仔鱼（Bianchettu）
布尔塔格（Boutargue）：乌鱼子
赤鲉
细点牙鲷
海蜘蛛蟹
生蚝
龙虾
薄唇鲮鱼
海胆
红鲻鱼
沙丁鱼
鲔鱼
鳟鱼

面包糕点
亡者面包（Pan di i morti）：葡萄干与核桃布里欧修

肉类及内脏制品
柯帕（Coppa）：风干猪脊肉...... AOP
费卡特律（Ficatellu）：新鲜或风干的肝肠
隆祖（Lonzu）：风干猪肉条...... AOP
邦塞塔（Panzetta）：猪胸肉
猪肝酱糜
科西嘉生火腿（Prisuttu）...... AOP
撒拉木（Salamu）：干肠
撒西谢塔肥肉肠（Salcicetta）：生香肠
桑吉（Sangui）：猪血肠，加洋葱、莙荙菜、葡萄干、小块猪脑等
芙勒塔（Vuletta）：猪咽喉肉

奶酪及乳制品
巴斯特利卡丘奶酪（Bastelicacciu）
布洛丘奶酪（Brocciu）...... AOP
卡伦扎纳奶酪（Calinzana）
库丘奶酪（Cuscio）
尼欧罗奶酪（Niolo）
维纳给奶酪（Venaco）

咸食
羔羊肉佐醋味面包
鳀鱼酱（Anchoïade）
朝鲜蓟镶布洛丘奶酪
雅兹米努（Aziminu）：科西嘉鱼汤
布格利提恰（Bugliticcia）：羊奶酪夹心炸面包
焖羊肉（Cabri à l'étouffée）
蔬菜炸饼
炸鳗鱼
马铃薯佐龙虾
大蒜兔肉
焗烤通心面（Macaronis en pastizzu）
密内斯特拉（Minestra）：夏季或秋季杂菜汤，加了胡萝卜、南瓜、韭葱、马铃薯、洋葱与猪肉
布洛丘奶酪欧姆蛋（Omelette au brocciu）
佩斯图（Pestu）：鳕鱼干料理，加上番茄糊与捣碎的鳀鱼、番茄、辣椒、核桃、大蒜橄榄炖乳鸽
科西嘉皮维鲁纳塔胡椒酱（Piverunata de Corte）：加红酒、番茄与甜椒
蜗牛砂锅（Poêlon d'escargots）：以橄榄油、洋葱、鳀鱼与番茄为基底
雅格利欧图鱼（Poissons à l'agliotu）：以几种不同鱼类做成的料理，鲷鱼、鲻鱼、小鲷鱼，加入食用油、醋、大蒜与香料植物鼠尾草鸡
栗子波伦塔
野猪肉丸：野猪肉、香肠肉、洋葱、大蒜制成的丸子
沙丁鱼镶莙荙菜与布洛丘奶酪
番茄烩墨鱼或花枝
科西嘉香草蔬菜汤（Soupe aux herbes du maquis）：马铃薯、洋葱、豆子；香料植物：蒲公英、薄荷、菊苣、玻璃苣、酸模、香薄荷、茴香、野生萝卜、迷迭香、香桃木等
巴斯蒂亚斯托萨佩提丸子（Storzapreti de Bastia）：奶酪与香草植物做成的鱼丸
斯图法图炖肉锅（Stuffatu）
烤鲔鱼
提亚努橄榄炖饭（Tianu de riz aux olives）：以釉面砂锅炖煮，加入费卡特利香肠
绿馅饼（Tourte au vert）：以菠菜或莙荙菜为内馅

甜食
卡卡维吕（Caccavellu）：布里欧修复活节糕点
卡斯塔尼亚丘（Castagnacciu）：栗子粉做成的蛋糕
法尔库勒拉（Falculella）：布洛丘奶酪甜圆饼
菲雅多那（Fiadone）：新鲜布洛丘奶酪糕点
法沛（Frappes）：炸面包
布洛丘奶酪夹心炸面包
安布恰塔（Imbrucciata）：布洛丘奶酪及柠檬皮内馅的小圆挞
依努利亚塔（Inuliata）/芙佳萨（fugazza）：无蛋面饼；后者加了八角或茴香酒
米格利亚丘（Migliacciu）：羊奶酪咸饼
庞萨罗图（Panzarottu）：含有米成分的炸饼
布洛丘帕斯特拉（Pastella au brocciu）：薄皮炸布洛丘奶酪
萨尔维亚塔（Salviata）：撒满糖粉的S形面包

其他
科西嘉栗子粉...... AOP
科西嘉橄榄油...... AOP
各式面点：塔格利亚瑞尼（tagliarinis）、宽扁面（tagliatelles）、千层（lasagnes）、马铃薯面疙瘩（gnocchis）、面饺（raviolis）、方形意式面饺（agnolotis）等

糖果与零食
卡尼斯特（Canistrelli）：加了油和白葡萄酒的硬饼干
阿雅克肖茴香八字形松糕（Fenuchjettu d'Ajaccio）
糖渍香水柠檬
科西嘉蜂蜜：春之密、春林之蜜、夏林之蜜、秋林之蜜、林之甘露蜜、栗子蜂蜜...... AOP

烈酒与饮料
阿夸维塔（Acquavita）：水果白兰地，有葡萄、树莓、山楂等风味
海角科西嘉（Cap Corse）：加了金鸡纳树皮的甜葡萄酒
希达丁柑橘利口酒（Cédratine）
香桃木利口酒（Liqueur de myrte）
蜜思嘉海角科西嘉（Muscat du cap corse）...... AOP
达米茴香酒（Pastis Dami）
哈皮（Rappu）：天然甜葡萄酒
哈塔菲亚斯（Ratafifias）：水果白兰地，有克里曼丁橘、桃子、葡萄、栗子、樱桃、风干无花果等风味
水果酒：将柑橘、樱桃、桃子等水果浸泡葡萄酒和白兰地

本区精华

大东部大区
GRAND EST

AL：阿尔萨斯（ALSACE）/ AR：阿登（ARDENNES）/ CH：香槟区（CHAMPAGNE）/ LO：洛林（LORRAINE）/ VO：孚日（VOSGES）

肉品
洛林（Lorraine）羔羊
阿登（Ardennes）羔羊
阿登红火鸡
孚日（Vosgienne）：品种牛
阿尔萨斯家禽...... IGP
香槟区家禽...... IGP
朗格勒高原（Langres）家禽...... IGP

蔬果
南锡杏桃（Abricot de Nancy）
阿尔萨斯/香槟区芦笋
比希芜菁（Boulette de Bussy）...... CH
科尔马红心胡萝卜（Carotte de Colmar à cœur rouge）
阿尔萨斯公担（Quintal d'Alsace）：专门制作酸菜的卷心菜
法式腌黄瓜（Cornichon）...... AL
瓦皮草莓（Fraise de Woippy）...... LO
香槟红扁豆（Lentillon de Champagne）
阿尔萨斯/洛林黄香李...... IGP
山桑子...... AL, LO
盐渍白芜菁...... AL
博尔维莱（Bollwiller）优质榛果...... AL
米卢斯洋葱（Oignon de Mulhouse）
大马士革李子...... AL, LO
大黄...... CH
香槟区/默兹省（Meuse）松露...... LO

水产
欧洲鳗鲡...... AL
白斑狗鱼
鲤鱼
奥斯塔欧洲小龙虾...... LO
大西洋鲱鱼...... AL
小鲈鱼：鲈鱼鱼苗，油炸食用...... LO
白梭吻鲈
孚日鳟鱼...... LO
虹鳟与褐鳟

面包糕点
纽结面包（Bretzel）...... AL
辫子布里欧修（Zopf）...... AL
加鲁面包（Pain gallu）：内馅包水果...... LO
莫勒载面包（Pain molzer）：用小麦、大麦、黑麦等综合谷麦做成...... AL

肉类及内脏制品
勒万内脏肠（Andouille de Revin）...... AR
阿洛谷内脏肠（Andouille du Val-d'Ajol）...... LO
特鲁瓦（Troyes）内脏肠与内脏小香肠 ...... CH
洛林内脏小香肠（Andouillette lorraine）
洋葱白香肠（Boudin blanc à l'oignon）...... AR
勒泰勒白香肠（Boudin blanc de Rethel）...... AR IGP
阿尔萨斯布丁牛奶白香肠（Boudin d'Alsace）：用浸过牛奶的洋葱和面包制成
南锡血肠（Boudin de Nancy）
阿尔萨斯思华力肠（Cervelas d'Alsace）：用猪肥肉、瘦肉煮熟制成的小香肠
特鲁瓦思华力肠（Cervelas de Troyes）：用牛颈肉和猪肥肉做成的香肠
乳猪肉冻...... LO
猪肉酪冻（Fromage de cochon）：用猪头做成的肉酱...... LO
瑜尔熟香肠（Hure）...... AL
瑜尔猪头肉酱（Hure de porc）...... CH
阿尔萨斯烟熏生火腿
汉斯（Reims）生火腿：去骨带猪蹄，浸在酱汁中冷藏做成肉冻
洛林腌熏熟火腿
雅登风干火腿（Noix de jambon sec des Ardennes）...... IGP
凯斯勒（Kassler）：烟熏猪肉...... AL
特鲁瓦（Troyes）烟熏羊舌...... CH
香槟酥皮肉酱（Pâté champenois）：猪肉圆馅饼
肥肝酥皮肉酱...... AL
圣默努（Sainte-Menehould）猪脚：带骨，裹面包粉烤至金黄...... CH
小牛胸肉...... AL
普黑斯寇（Presskopf）：猪下水做成的肉酱...... AL
肥肝肠（Quenelle de foie）...... AL, LO
牛肉骨髓软糕（Quenelle de moelle）...... AL, LO
阿尔萨斯的干肠和肉肠：水煮、油炸；香肠抹酱、啤酒香肠、肥肝肠、火腿肠、舌肉肠、自制香肠、马铃薯肠、肉肠、黑血肠；警察香肠（gendarme）；阿尔萨斯脆肠（knack d'Alsace）
洛林的干肠和肉肠：油炸、火烤；脆肠、香肠抹酱、白香肠或乡村香肠、小牛肝肠、血肠、火腿肠

奶酪及乳制品
巴卡斯奶酪（Bargkas）...... VO
萨瓦兰奶酪（Brillat-savarin）...... CH IGP
东部方酪（Carré de l'Est）...... LO
香槟区灰酪（Cendré de la Champagne）
查尔斯软质白霉奶酪（Chaource）...... CH AOP
阿尔萨斯液态鲜奶酪（Crème fraîche flfluide d'Alsace）...... IGP
顶级埃曼塔奶酪（Emmental grand cru）...... CH, LO
埃普瓦斯奶酪（Époisses）...... CH AOP
埃尔维莱沙泰奶酪（Ervy-le-châtel）...... CH
朗格勒奶酪（Langres）...... CH AOP
梅根软酪（Mégin）...... LO
芒斯特杰罗姆奶酪（Munster-géromé）...... AL, LO AOP
苏曼特兰奶酪（Soumaintrain）...... CH IGP

咸食

三酱芦笋（Asperges aux trois sauces）：包含穆斯林酱、美乃滋、油醋酱......AL

毕备尔卡斯（Bibeleskäs）：白奶酪，通常加入大蒜、洋葱和香草调味，佐马铃薯食用......AL

香槟式白斑狗鱼（Brochet à la champenoise）：加入巴黎蘑菇，佐以狗鱼煮汁和香槟调配的酱汁

默兹式白斑狗鱼（Brochet à la façon des Meusiens）：用大蒜、洋葱、胡萝卜薄片、香槟区自然白酒烹调而成

白酒白斑狗鱼冻（Brochet à la gelée au vin）......LO

白斑狗鱼佐美西纳酱（Brochet à la sauce messine）：内含鲜奶油、黄油、蛋、红葱、扁叶欧芹、雪维菜

啤酒鲤鱼：加入金黄啤酒......LO

犹太式鲤鱼：做成鱼肉冻......LO

镶鲤鱼（Carpe farcie）：使用面包汤和巴黎蘑菇做成填馅......AL

桑果式炸鲤鱼（Carpe frite du Sundgau）：裹粗粒小麦粉油炸的鱼片......AL

齐戈（Chique）：白奶酪与红葱、大蒜、调味香草调制而成......LO

阿尔萨斯酸菜腌肉拼盘（Choucroute à l'alsacienne）

布济红酒焖鸡（Coq au vin de Bouzy）......CH

灰酒焖鸡（Coq au vin gris）：用烟熏肥猪肉、洋葱、胡萝卜烹煮而成......LO

油煎野猪肋排......AR

亚尔丁式猪排（Côtes de porc à l'ardennaise）：含火腿和格鲁耶尔奶酪的内馅

南锡式酥脆芥末小牛排（Côtes de veau panées à la nancéienne）

亚尔丁式油煎羊颈（Cous de mouton à l'argonnaise）：裹粉后用猪油煮熟......CH

洛林式啤酒炖牛肉

野猪炖肉：烹煮前肉会先腌过，以食用油、肥猪肉、胡萝卜、洋葱、葡萄酒、醋做成腌酱......AR

酸味肥肝薄片：以红葡萄酒与醋烹调......AL

亚尔丁式吉康菜（Endives à l'ardennaise）：吉康菜煮熟后，以亚尔丁火腿卷起食用

香槟式镶羔羊肩肉：羊肉先用香槟区自然白酒腌过，镶料用家禽肥肝和香肠肉馅做成

阿尔萨斯蜗牛（Escargots à l'alsacienne）：用白葡萄酒、水、调味香草混合成煮汁煮熟蜗牛，再塞入加了红葱、大蒜和欧芹的黄油，用烤箱烤

镶猪肚（Estomac de porc farci）：用马铃薯、洋葱、红葱、卷心菜、韭葱、猪脊肉做成填馅......AL

白奶酪派（Fiouse au fromage blanc）......LO

默兹（Meuse）炸鱼条......LO

猪油薄饼......CH

南锡炖菜锅（Gras-double à la nancéienne）：在炖锅中加入白酒、红葱、格鲁耶尔奶酪、法式酸奶油烹煮而成......AL

奶汁兔肉佐甜菜：用灰葡萄酒和腌熏肥猪肉煮兔肉，佐以焖炒红甜菜......LO

香槟水手炖鱼（Matelote champenoise）：用香槟区自然白葡萄酒烹调的河鱼

梅斯水手炖鱼（Matelote de Metz）：与洋葱一起煮成

鹿排佐奶酱......AR

圣马丁烤鸭（Oie rôtie de la Saint-Martin）：烤鸭中有填馅，以家禽肥肝、鹅胃肚和鹅肝、鹅油、猪脊肉、小牛大腿内侧肉、咸肥猪肉、卷心菜、栗子做成内馅......AL

南锡血肠欧姆蛋（Omelette au boudin）......LO

查尔斯奶酪欧姆蛋（Omelette au chaource）......CH

洛林欧姆蛋（Omelette lorraine）：内含法式酸奶油、格鲁耶尔奶酪、肥猪肉

孚日酥皮鳟鱼肉酱（Pâté de truite des Vosges）：用松露汁腌鳟鱼......LO

阿尔萨斯鸡蛋面......IG

德式馒头（Dampfnüdle）：蒸熟膨胀的小面包......AL

马铃薯佐白奶酪酱（Pommes de terre au roncin）......LO

默兹式马铃薯（Pommes de terre façon meusienne）：与红葱末炖煮而成......CH

马铃薯镶肉：使用火上锅没吃完的肉......AL

骨髓火上锅：加入牛骨髓烹煮而成......AL

面包师傅炖肉（Potée boulangère）：使用多种肉类，包括猪脊肉、牛肩肉、羊肩、猪脚、猪尾......AL

香槟式葡萄园蔬菜炖肉（Potée champenoise des vendangeurs）：使用猪各部位的肉，加入胡萝卜、芜菁、韭葱、卷心菜心熬煮而成

咸芜菁炖肉（Potée de navets salés）：加入肥猪肉、猪上肩肉，用丽丝玲白酒炖煮......AL

洛林蔬菜炖肉（Potée lorraine）：内含猪肉、白腰豆、洋葱、胡萝卜、芜菁、韭葱

香槟鸡（Poulet à la champenoise）：加肥猪肉和半只小牛脚一起煮，鸡里塞有家禽肥肝和香肠肉馅做成的填料白奶酪丸子......AL

洛林咸派（Quiche lorraine）

梅斯盒子（Ramequin messin）：内含奶酪的舒芙蕾......LO

哈贝马铃薯炸饼（Râpés）......LO

酸味烤猪肉佐新马铃薯：使用猪脊肉......AL

血肠酸菜沙拉：内含皱叶生菜、红甘蓝、腌酸菜和血肠......AL

蒲公英沙拉佐默侯酸酱（Salade de pissenlits à la chaude meurotte）：加上热的油醋酱汁与马铃薯......LO

肥猪肉蒲公英沙拉......AR

亚尔丁红酒炖鹿脊肉：加肥猪肉、洋葱、红葡萄酒

啤酒汤（Soupe à la bière）：加洋葱、鸡高汤、啤酒......AL

热拉尔梅面粉汤（Soupe à la farine de Gérardmer）：在熔化的黄油里炒面粉成糊，再加入高汤烹调而成......VO

鹅下水汤（Soupe aux abattis d'oie）：使用鹅脖子、翅端、胃肚制作生马铃薯丝汤：用牛高汤或煮面汤制作......AL

奶油蔬菜汤：内含四季豆、韭葱、胡萝卜，煮熟直接食用（不需要打碎所有材料成汤糊）......AR

德式面疙瘩（Spätzle）：用沸水煮过后捞起沥干食用......AL

洋葱挞：酥皮面团，内馅使用洋葱、鲜奶油、蛋、牛奶制成......AL

火焰奶酪薄饼（flflamekueche）：窑烤的薄派饼，以鲜奶油、白奶酪、洋葱、培根丁为馅料......AL

马铃薯炖菜（Toffifilles / roïbrageldi）：马铃薯与洋葱、肥猪肉焖煮而成......LO

油醋面团子（Totelots vinaigrette）：将方形小面团在加入法式酸奶油的油醋里烹煮而成......LO

咸肉圆馅饼（Tourte à la viande）：以小牛肉、猪肉、巴黎蘑菇、阿尔萨斯白酒（丽丝玲）为内馅......AL

青蛙圆馅饼（Tourte aux grenouilles）：以青蛙腿和粉红小蘑菇为内馅......LO

鸽肉圆馅饼（Tourte de pigeons：）：以猪咽喉肉、鸽子肝、小牛肩肉做成内馅......CH

洛林圆馅饼（Tourte lorraine）：在酥皮面团中加入肉馅（当地称为migaine，包含小牛肉与猪肉），上面再覆盖千层酥皮；洛林肉酱派：做法相同，使用野猪或野兔代替猪肉

勒泰勒圆馅饼（Tourtelets de Rethel）：内含白香肠......AR

奶酱鳟鱼......LO

丽丝玲白酒烧鳟鱼......AL

甜食

巴巴蛋糕（Baba）：原始的巴巴不加朗姆酒，而是加番红花与水果干......LO

白奶酪贝奈特饼（Beignets de fromage blanc）......CH

贝哈维克（Berewecke）：用面包面团与水果干和糖渍水果揉合烘烤而成......AL

重奶油麻花布里欧修......LO

布里欧修甜蛋糕......AR

南锡（Nancy）巧克力蛋糕：内含黄油

梅斯（Metz）巧克力蛋糕：内含鲜奶油

软蛋糕（Gâteau mollet）：咕咕洛夫形状的布里欧修，口感清爽......AR

咕咕洛夫（Kougelhopf）：特色是花环状的螺旋外形，使用发酵面团和马拉加酒制成......AL

香料面包（Pain d'épices）......AL

圣埃普夫馅饼（Saint-Epvre）：上下两块大马卡龙饼，中间有碎花生糖与香草奶油酱夹心的蛋糕......LO

苹果卷（Strudel aux pommes）：挞皮卷起，包入苹果、肉桂、葡萄干和杏仁......AL

塔蒂摩勒（Tantimolles）：加入大量鸡蛋的可丽饼......AR

大黄挞......AL

洛林大黄挞：使用酥皮面团并加入法式酸奶油、蛋制成的液态内馅

白奶酪派：使用酥皮面团，以白奶酪制成液态内馅......AL, LO

奶酪挞（Tarte au maugin）：使用酥皮面团，以白奶酪和法式酸奶油制成液态内馅......LO

给莫挞（Tarte au quemeu）：以朗格勒鲜乳酪为内馅......CH

黄香李挞......LO

蓝莓挞......AL, LO

美西纳式苹果挞（Tarte aux pommes à la messine）：使用千层酥皮，内含葡萄干

奶蛋馅苹果挞（Tarte aux pommes à la migaine）......LO

红李子挞......CH

大马士革李子挞：用面包面团而不是酥皮面团

林兹挞（Tarte de Linz）：覆盆子果酱内馅野莓挞：使用野生蓝莓......LO

黄香李蛋糕（Tôt-fait à la mirabelle）......LO

樱桃松饼（Vaute aux cerises）......LO

糖果与零食

斯特奈猪饼干（Biscuit cochon de Stenay）：汉斯的一种饼干......LO

巴斯卡羊饼干（Agneau pascal）：做成羔羊形状的饼干，以糖霜装饰......AL

南锡香柠檬糖（Bergamote de Nancy）：加了香柠檬香精的硬糖果......IGP

汉斯玫瑰饼干（Biscuit rose de Reims）

香槟酒渣白兰地瓶塞糖（Bouchon au marc de Champagne）：内含香槟酒渣白兰地的巧克力糖

梅斯巧克力球（Boulet de Metz）：甘纳许、杏仁膏、焦糖、榛果粒做成内馅，再裹上黑巧克力或牛奶巧克力的糖球

孚日冷杉硬糖（Bourgeon de sapin des Vosges）：加入冷杉精油制成

茹万维勒蛋白霜糖（Caisse de Joinville）：杏仁口味的短棍状蛋白霜......LO

胥匈（Cheuchon）：薄片苹果干......CH

奶油馅蛋糕（Chinois）/ 蜗牛蛋糕（Gâteau aux escargots）：用发酵面团做成的几个小蛋糕拼成大而圆的蛋糕，内含杏仁与榛果......AL

巴勒迪克醋栗去籽果酱（Confiture de groseille de Bar-le-Duc）......LO

黄香李果酱......LO

坚果酥糖（Craqueline）：以杏仁面团制作，外圈加上焦糖......LO

圣米希尔小脆饼（Croquet de Saint Mihiel）：内含杏仁的硬饼干......LO

寇吉纽勒（Croquignole）：小而硬的饼干......CH

凡尔登糖衣杏仁（Dragée de Verdun）

南锡公爵夫人糖（Duchesse de Nancy）：坚果巧克力外裹皇家糖霜

水果面包（Gomichon）：以面团包住苹果或梨子，用烤箱烘烤而成......CH

布莱马卡龙（Macaron de Boulay）......LO

南锡马卡龙（Macaron de Nancy）......LO

科梅尔西玛德莲小蛋糕（Madeleine de Commercy）......LO

利韦尔丹玛德莲小蛋糕（Madeleine de Liverdun）......LO

玛娜拉（Mannala）：用发酵面团做成小人形状的面包......AL

汉斯杏仁糖膏（Massepain de Reims）：类似马卡龙

乞食果干面包（Mendiant）：面包上加入黑樱桃和各种水果......AL

糖渍黄香李......LO

蜂巢蛋糕（Nid d'abeilles）：布里欧修面团内加入卡士达酱夹心，外层再抹上一层糖、蜂蜜和杏仁做成的糖霜......AL

汉斯小圆蛋糕（Nonnette de Reims）

勒米尔蒙小圆蛋糕（Nonnette de Remiremont）：用孚日冷杉蜂蜜做成的蛋糕

热拉尔梅茴香酥饼（Pain d'anis de Gérardmer）：硬饼干......LO

汉斯香料面包（Pain d'épice de Reims）

圣诞小饼（Petits gâteaux de Noël）：奶油饼干，有各种口味和造型，包括肉桂口味、茴香口味、奶油口味、沙布列口感、加上糖霜、杏仁口味、柠檬口味、核桃口味、香草口味，用挤花袋塑形制作而成......AL

红糖果（Sucre rouge）：做成动物造型的麦芽糖......AR

南锡威斯坦汀修女小蛋糕（Visitandine de Nancy）：用杏仁做成的小蛋糕，费南雪的前身

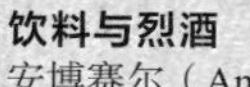

饮料与烈酒

安博赛尔（Ambroseille）：醋栗发酵而成的饮品......LO

阿尔萨斯与洛林黄金啤酒

奥特地区苹果啤（Cidre du pays d'Othe）......CH

马恩葡萄白兰地（Eau-de-vie de vin de la Marne）......IG

法国东北酒渣白兰地（Eaux-de-vie de marc du Centre-Est）......IG

法国东北葡萄白兰地（Eaux-de-vie de vin du Centre-Est）......IG

阿尔萨斯水果白兰地（Eaux-de-vie alsaciennes）：使用野生莓果（冬青、楸树、刺李、蓝莓、野玫瑰、花楸、接骨木等）、黄香李、覆盆子、葡萄酒渣、大马士革李、樱桃白兰地酿制富日罗勒樱桃白兰地（Kirsch de Fougerolles）......IG

罗希娜柠檬汽水（Limonade Lorina）......LO

洛林黄香李白兰地（Lorraine mirabelle）......AOP

阿尔萨斯格乌兹塔明那白兰地（Marc d'Alsace Gewurztraminer）......IG

香槟酒渣白兰地（Marc de Champagne）......IG

洛林酒渣白兰地（Marc de Lorraine）......IG

大黄珍珠液（Perlé de rhubarbe）：用新鲜大黄茎液发酵制作而成

孚日小酒庄（Petits crus des Vosges）：用蒲公英或接骨木花发酵制作而成的饮品......LO

哈塔菲亚（Ratafifia）：取制作香槟的酒渣加入酒精酿制而成......CH

黑醋栗红宝石汁（Rubis de groseille）：黑醋栗发酵制作而成......CH

其他

阿尔萨斯蜂蜜......IGP

香槟区蜂蜜

孚日（Vosges）冷杉蜂蜜......AOP

阿尔萨斯芥末（Moutarde d'Alsace）：使用白芥末的芥末子制成，口感温和

汉斯芥末（Moutarde de Reims）

辣根酱......AL

汉斯醋（Vinaigre de Reims）

知名人物

尼古拉·阿佩尔（Nicolas Appert，1749—1841），罐头发明者，生于香槟沙隆（Châlons sur-Marne）

贾思东·博耶（Gaston Boyer，1913—2000）：汉斯（Reims）的La Chaumière餐厅

杰哈赫·博耶（Gérard Boyer，1913—2000）：汉斯的Les Crayères餐厅

尚皮耶·克罗兹（Jean-Pierre Clause，1757—1827），据说是酥皮鹅肝酱的发明者

路易·佛瑞斯特（Louis Forest，1872—1933），人称路易·纳东（Louis Nathan），百人俱乐部的创始者，生于梅斯（Metz）
保罗·哈伯兰（Paul Haeberlin，1923—2008）、马克·哈伯兰（Marc Haeberlin，1954—）：斯特拉斯堡的L'Auberge de l'Ill餐厅
埃米尔·钟（Émile Jung，1941—）：斯特拉斯堡Au Crocodile餐厅
尚乔治·克兰（Jean-Georges Klein，1950—）：莫代尔河畔温让（Wingen-sur-Moder）的L'Arnsbourg，Baerenthal餐厅与Villa René Lalique餐厅
阿诺·拉勒芒（Arnaud Lallement，1974—）：坦科（Tinqueux）的L'Assiette Champenoise餐厅
唐培里侬（Dom Pérignon，1638/1639—1715），传说他是气泡香槟的创始人
米歇尔·菲力普（Michel Philippe，1936—）：热拉尔梅（Gérardmer）的Hostellerie des Bas Rupts餐厅
安东尼·卫斯特曼（Antoine Westermann，1936—）：斯特拉斯堡的Buerehiesel餐厅

本区精华

上法兰西大区
HAUTS DE FRANCE

FL：佛兰德斯地区（FLANDRE / HA：埃诺省（HAINAUT）/ NO：诺尔省（NORD）/ NP：北部加来海峡（NORD-PAS-DE-CALAIS）/ PA：加来海峡省（PAS DE-CALAIS）/ PI：皮卡第大区（PICARDIE）/ TH：蒂耶拉什（THIÉRACHE）

肉品
白底蓝斑牛（Bœuf Blanc-Bleu）
索姆湾咸羔羊（Prés-salés de la baie de Somme）...... AOP
利克（Licques）家禽 ...... IGP

蔬果
亚路（Arleux）烟熏大蒜 ...... IGP
拉昂朝鲜蓟（Artichaut gros vert de Laon）
圣瓦莱（Saint-Valéry）胡萝卜：索姆湾（baie de Somme）沙岸种植的胡萝卜
布雷斯莱（Bresles）水田芥
吉康菜
大黄
苏瓦松菜豆（Haricot de Soissons）：当地称Gros jacquot blanc
诺尔省元宝（Lingot du Nord）：白腰豆 ...... IGP
梅尔维勒（Merville）马铃薯 ...... NP IGP
皮卡第马铃薯：阿米卡马铃薯（aminca）、丰特莱美人马铃薯（bellede-fontenay）、比提杰马铃薯（bintje）、卡斯帕马铃薯（caspar）、夏洛特马铃薯（charlotte）、欲望马铃薯（désirée）、佛兰馨马铃薯（francine）、吉普希马铃薯（gipsy）、妮可拉马铃薯（nicola）、彭巴杜马铃薯（pompadour）、哈特马铃薯（ratte）、侯斯瓦勒马铃薯（roseval）、候新娜马铃薯（rosine）；以上皆为品种名称

水产
上索姆（Haute-Somme）欧洲鳗鲡
乌蛤
灰虾
大西洋鲱：淡鲱鱼、醋渍鲱鱼、腌熏咸鲱鱼（bouffifi）、烟熏半剖咸鲱鱼（kipper）、盐熏鲱鱼（saur）
淡菜
沙丁鱼
鲽鱼
纵带羊鱼

面包糕点
圣诞面包（Coquille de Noël）：布里欧修口感的面包 ...... NP
斯佩尔特小麦传统葡萄干面包（Couquebotrom）...... FL
凯密克（Cramique）：葡萄干布里欧修
法露许（Faluche）：形状圆而扁的小面包，通常不烤到熟透 ...... NP
皮卡第面包（Pain picard）：使用斯佩尔特小麦

肉类及内脏制品
利斯河畔艾尔（Aire-sur-la-Lys）和康布雷（Cambrai）内脏肠 ...... NO
康布雷内脏小香肠（Andouillette de Cambrai）：使用新鲜小牛肉制成 ...... NO
佛拉芒甜血肠（Boudin à la flflamande）：使用洋葱、鲜奶油、柯林斯葡萄、肉桂制成
瓦朗谢讷牛舌肥肝酱（Lucullus de Valenciennes）：一层牛舌、一层肥肝堆叠而成的肥肝酱
阿布维勒肉酱（Pâté d'Abbeville）：游禽水鸟野味制成的肉酱
亚眠鸭肉肉酱（Pâté de canard d'Amiens）
皮卡第肉酱（Pâté picard）：使用猪肉做成的肉酱

奶酪及乳制品
贝尔瓦蓝纹奶酪（Belval）...... FL
贝尔格奶酪（Bergues）...... FL
卡塞尔球形奶酪（Boulet de Cassel）...... FL
阿韦讷红皮奶酪（Boulette d'Avesnes）...... HA
多菲内奶酪（Dauphin）...... TH
贝修恩浓味奶酪（Fromage fort de Béthune）：把奶酪与香料、白葡萄酒（时而加入酒精）放在瓮里熟成的奶酪
里尔灰皮奶酪（Gris de Lille）
马瑞里斯奶酪（Maroilles/marolles）...... AOP
米莫雷特奶酪（Mimolette vieille）...... FL
梦德卡奶酪（Mont-des-cats）...... FL
罗洛奶酪（Rollot）...... PI
圣维诺克奶酪（Saint-winoc）...... FL
干草多姆奶酪（Tomme au foin）...... PI

咸食
亚眠猪肉内脏肠（Andouillette d'Amiens）
苹果酒炖欧洲鳗鲡 ...... PI
佛拉芒式芦笋（Asperges à la flflamande）：搭配白煮蛋、熔化黄油和欧芹做成的配菜
比祖（Bisteu）：内含肥猪肉、马铃薯和洋葱的馅饼 ...... PI
皮卡第炖牛肉（Bœuf à la picarde）：加入白酒、洋葱、胡萝卜炖煮
烟熏冷咸鲱鱼佐焖马铃薯 ...... PI
苹果酒烧白斑狗鱼 ...... PI
皮卡第式鸭肉（Canard à la picarde）：使用绿头鸭，在炖锅里加入苹果烹煮
卡胡斯（Caqhuse）：切成圆片的猪肉，与洋葱一起炖煮 ...... PI
啤酒炖肉（Carbonade）：啤酒酱炖牛肉
汤锅浓汤（Caudière）：鱼汤
佛拉芒酸甜红甘蓝（Chou rouge à la flamande）：加苹果
西洋李烧绿头鸭 ...... PI
啤酒炖鸡（Coq à la bière）...... NP
波威式小牛肋（Côtes de veau à la bellovaque）：使用只喝牛奶长大的小牛的肉，在炖锅中加入野蘑菇、鲜奶油一同烹煮而成 ...... PI
海鲜浓汤（Courquinoise）：内含康吉鳗、螃蟹、红羊鱼、淡菜、韭葱
多萨德（Daussades）：混合鲜奶油、醋、洋葱、莴苣碎，涂抹在面包片上 ...... NP
皮卡第薄饼（Ficelles picardes）：大片可丽饼，内含熟火腿、巴黎蘑菇，用烤箱焗
烤韭葱馅饼 ...... PI
加来式鲱鱼（Hareng à la calaisienne）：新鲜鲱鱼内填入用洋葱、洋菇、鱼白做成的馅料
奶酱乌蛤：使用索姆湾（baie de Somme）乌蛤
佛拉芒火锅（Hochepot flflamand）：加入不同肉类的火上锅（牛肉、羊肉、羔羊肉、猪肉切成不同形状加入）
辣酱牛舌：酱汁以红葱和醋调制而成
阿莱城式兔肉（Lapin à l'artésienne）：与羊蹄、蘑菇一起煮成
洋李葡萄干兔肉 ...... NP
红糖奶酱通心粉 ...... NP
布洛涅式烤鲭鱼：内含淡菜、洋葱、洋菇，使用烤箱制作
皮卡第炖菜（Menouille picarde）：内含干豆、肥猪肉、洋葱、马铃薯
卡克塔马铃薯（Pommes caquettes）：马铃薯内填入用蒜末、调味香草、法式酸奶油做成的馅料 ...... NP
索姆湾（Haute-Somme）欧洲鳗鲡肉酱
阿莱城式蔬菜炖肉（Potée artésienne）：内含猪头、内脏肠、咸猪肉、白腰豆、结球白甘蓝菜
综合肉冻（Potjevlesch en terrine）：小牛肉、兔肉、猪肉、鸡肉四种肉类混合做成的肉冻 ...... FL
白腰豆泥 ...... PI
啤酒汤（Soupe à la bière）：内含洋葱、面粉、鲜奶油
豌豆汤（Soupe aux pois cassés）
亚眠沼泽汤（Soupe des hortillonnages）：内含新结球甘蓝菜、韭葱、新马铃薯、豌豆荚、结球莴苣、酸模 ...... PI
马瑞里斯挞（Tarte au maroilles）：也叫作果叶尔（goyère）
威尔士干酪（Welsh rarebit）：在吸饱啤酒的面包片上放火腿片，再淋上切达奶酪做成的奶酱

甜食
亚眠炸饼（Beignets d'Amiens）：又称驴蹄（pets d'âne），内含白羊酪与牛骨髓
布洛涅脆饼（Craquelin de Boulogne）：甜味千层派皮制成
佛拉芒圆饼（Galette flflamande）：加入朗姆酒，内含鲜奶油夹心
加洛乓（Galopins）：用法式吐司做成的可丽饼 ...... PI
厨师帽面包（Gâteau battu）：口感扎实的布里欧修 ...... PI
南瓜煎饼（Gaufre au potiron）...... PI
佛拉芒市场煎饼（Gaufre de foire flflamande）
红糖夹心煎饼（Gaufre fourrée）...... NO
法式吐司（Pain perdu / Pain crotté）：蘸取奶、蛋液的油煎吐司 ...... NP
酥皮苹果（Rabote / talibur）：酥皮包覆整颗苹果 ...... PI
利布里挞（Tarte au libouli）：使用布里欧修面团和布丁内馅做成的挞派，常加入洋李 ...... NP
帕德雷挞（Tarte à l'badré）：类似布丁蛋糕 ...... PI
寇露许挞（Tarte à l'coloche）：苹果挞 ...... NP
水果干挞（Tarte à l'pronée）...... PI
红糖啤酒挞 ...... NP
大黄挞 ...... NP
糖挞（Tarte au sucre）...... NP

其他
皮卡第手工芥末酱：有苹果醋口味、啤酒口味或和蜂蜜口味
醋渍盐角草或海芦笋 ...... PI, PA

糖果与零食
尼厄勒（Nieulle）：甜饼干 ...... NO
里尔蜂蜜软焦糖（Babelutte de Lille）
康布雷薄荷糖（Bêtise de Cambrai）：带条纹的硬糖果，现代版本加入薄荷和焦糖
卡库勒（Cacoule）：焦糖口味的三角形糖果 ...... NO
巴韦薄荷糖（Chique de Bavay）...... NO
亚眠马卡龙（Macaron d'Amiens）：内含水果与蜂蜜 ...... PI
波威巧克力脆片（Tuile du Beauvaisis）：杏仁糖外裹上巧克力
甜菜红糖（Vergeoise）：使用甜菜制成的糖，依烹调过程不同而呈金黄或褐色

饮料与烈酒
绿颈鸭啤酒（Bière Colvert）：佩罗讷（Péronne）特产
北部啤酒：Angélus、Anosteké、Bavaisienne、Blanche de Lille、Ch'Ti、Choulette、Cuvée des Jonquilles、Épi de Facon、Jenlain、Palten brune des Flandres、Pastor Ale、Pelforth brune、Réserve du Brasseur、SansCulottes、Saint-Landelin、Saint-Léonard、Scotch Triumph、Trois Monts；以上皆为啤酒品牌
菊苣咖啡 ...... NP
蒂耶拉什苹果酒（Cidre de Thérache）
法兰德-阿尔图瓦杜松酒（Genièvre Flandre-Artois）...... IG
珍珠黑醋栗酒（Perlé）
梨子酒（Poiré）：类似苹果酒 ...... NO

知名人物
大仲马（Alexandre Dumas，1802—1870）作家，著有《烹饪大辞典》
侯隆·高提耶（Roland，1951—）、亚历山大·高提耶（Alexandre Gauthier，1971—）：拉马德兰苏蒙特勒伊（La Madeleinesous Montreuil）的La Grenouillère餐厅
安东尼·帕门提耶（Antoine Parmentier，1737—1813），法国马铃薯提倡者
弗朗索瓦·瓦戴尔（François Vatel，1625—1671），御厨，出生于阿莱纳（Allaines）

本区精华

法兰西岛大区 ILE-DE-FRANCE

BR：布里（BRIE）/ GA：嘉第内（GÂTINAIS）/ SE：塞纳–马恩省（SEINE-ET-MARNE）

肉品

法兰西岛羔羊
嘉第内兔肉
乌当（Houdan）家禽 .... IGP
嘉第内家禽 .... IGP

蔬果

阿让特伊（Argenteuil）芦笋
蒙特莫朗西（Montmorency）樱桃
巴黎蘑菇
托姆里夏斯拉葡萄（Chasselas de Thomery）
梅勒维尔水田芥
米利拉福雷胡椒薄荷（Menthe poivrée de Milly-la-Forêt）
蒙特勒伊（Montreuil）水蜜桃
蒙特马尼（Montmagny）蒲公英
法鲁苹果（Pomme Faro）.................................... BR
香布赫希克劳德女王李（Reine-claude de Chambourcy）

面包糕点

长棍面包
巴黎式布里欧修（Brioche parisienne）
可颂
维也纳式甜酥面包（Pain viennois）

肉类及内脏制品

巴黎血肠（Boudin noir de Paris）
巴黎猪肉瑜尔（Hure de porc à la parisienne）：内含猪头、熟猪舌，做成肉冻
巴黎火腿（Jambon de Paris）
乌当肉酱（Pâté de Houdan）：外有脆皮，内含家禽肉和肥肝
蒜味香肠

奶酪及乳制品

莫城布里奶酪（Brie de Meaux）.................... AOP
莫伦布里奶酪（Brie de Melun）.................... AOP
蒙特罗布里奶酪（Brie de Montereau）
南吉布里奶酪（Brie de Nangis）
萨瓦兰奶酪（Brillat-Savarin）.................... IGP
库洛米耶奶酪（Coulommiers）
枫丹白露（Fontainebleau）：加入香缇鲜奶油的奶酪

咸食

棉线捆牛肉（Bœuf ficelle）：用棉线捆好的牛肉块，放入蔬菜汤中烹煮而成
粗盐牛排（Bœuf gros sel）
焗烤花椰菜
红酒牛肋排（Entrecôte marchand de vin）：佐红酒和红葱做成的酱汁
腌鲱鱼排佐马铃薯
贝西小牛肝佐贝西酱（Foie de veau Bercy）：红葱、白葡萄酒、黄油、牛骨髓
维莱特的小玩意（Frivolités de La Villette）：公羊睾丸，外裹面包粉油煎
巴黎大堂焗烤汤（Gratinée de Halles）：洋葱汤
巴黎大堂酱（Sauce des Halles）：用胡椒、红葱、醋与红酒调制而成
布吉瓦尔水手炖鱼（Matelote de Bougival）：内含鳗鲡、鲤鱼、鮈鱼、小龙虾
洋葱煮回锅牛肉（Miroton）：水煮牛肉与洋葱炖煮而成
羊肉炖菜（Navarin）
白酱蛋（Œufs à la tripe）：加入贝夏梅酱与洋葱
法式豌豆（Petits pois à la française）：豌豆里拌入黄油、莴苣与小洋葱
阿让特伊芦笋汤（Potage Argenteuil）
克雷西汤（Potage Crécy）：用胡萝卜煮成
巴黎蔬菜汤（Potage parisien）：内含韭葱和马铃薯
圣日耳曼豌豆汤（Potage Saint-Germain）
布里式焖鸡（Poularde à la briarde）：使用苹果酒与芥末
拉杜耶神父式烤鸡（Poulet façon Père Lathuille）：内含朝鲜蓟与马铃薯
阿尔帕容四季豆（Purée Musard）
小牛头佐克丽比琪酱（Tête de veau sauce gribiche）：盐水煮小牛头，酱汁放在一边搭配食用

甜食

阿蒙丁水果挞（Amandine）：杏仁卡士达内馅
国王派（Galette des rois）
想念家常蛋糕（Manqué）：内含蛋、糖、黄油、面粉
摩卡蛋糕（Moka）：内含咖啡奶油酱的海绵蛋糕
尼芙奈特（Nifeltte）：千层挞派内放入卡士达酱，以橙花纯露调味的小挞派.................... SE
欧培拉蛋糕（Opéra）：层层叠起的饼干或海绵蛋糕
蒙娜丽莎蛋糕（Joconde）：内含甘纳许与咖啡奶油酱
布雷斯特泡芙（Paris-Brest）
爱之井（Puits d'amour）：使用千层派皮做成的甜点，形似水井，现在加入卡士达酱作为内馅
圣多诺黑泡芙（Saint-honoré）：千层派皮堆叠小泡芙、希布斯特酱、焦糖制成
萨瓦兰蛋糕（Savarin）：现在也有人叫它“朗姆巴巴”（baba au rhum）
布达鲁洋梨挞（Tarte bourdaloue）：使用酥皮面团，半颗梨子在糖浆里煮，与杏仁与其他材料做成内馅

其他

莫城芥末籽酱（Moutarde de Meaux）
拉尼醋（Vinaigre de Lagny）：使用纯酒精或植物萃取物（胡萝卜、薄荷、柳橙）调味

糖果与零食

脆糖小泡芙（Chouquette）
糖渍玫瑰花果酱（Confifit de pétales de roses）.. BR
巴黎马卡龙（Macaron parisien）/ 吉贝马卡龙（Macaron Gerbet）：两片马卡龙及调味奶酱夹心
嘉第内蜂蜜
莫雷（Moret）传统大麦糖 .... GA

饮料与烈酒

布里葡萄酒（Cidre de la Brie）
克拉斯钦（Clacquesin）：挪威松树脂与其他植物浸泡而成的利口酒
柑曼怡（Grand Marnier）：使用干邑白兰地与苦橙制成的利口酒
普瓦西果仁利口酒（Noyau de Poissy）：使用干邑白兰地和杏桃果核制成的利口酒

知名人物

亚尼克・阿勒诺（Yannick Alléno，1968—）：巴黎的 Pavillon Ledoyen 餐厅
皮埃尔・安德鲁埃（Pierre Androuët，1915—2005），奶酪师傅，巴黎 Androuet 奶酪铺
佛德希克・安东（Frédéric Anton，1964—）：巴黎的 Le Pré Catelan 餐厅
亨利・乔瑟夫・赛佛兰. 巴比斯金（Henri Joseph Séverin Babinski，1855—1931），著有多本厨艺作品，出生于巴黎
安东尼・博维利（Antoine Beauvilliers，1754—1817）：开设法国第一间高级餐厅
伊夫・坎德伯（Yves Camdeborde，1964—）：巴黎的 Le Comptoir du Relais 餐厅
马利安东尼・卡汉姆（Marie-Antoine Carême，1784—1833），厨师与糕点师，出生于巴黎
弗朗索瓦法兰西・卡尔东（François Francis Carton，1879—1945）：巴黎的 Lucas Carton 餐厅
尚・德拉维恩（Jean Delaveyne，1879—1945）：布吉瓦尔（Bougival）的 Le Camélia 餐厅
尚巴蒂斯特・德蒙佛贡（Jean-Baptiste Demonfaucon，1882—1956）：巴黎的 Le Georges V 餐厅
亚朗・杜卡斯（Alain Ducasse，1956—）：巴黎的 Alain Ducasse au Plaza Athénée 餐厅
阿道夫・道格莱列（Adolphe Dugléré，1805—1884）：巴黎的 Café Anglais 餐厅
亚兰・杜图尼耶（Alain Dutournier，1949—）：巴黎的 Le Carré des Feuillants 餐厅
奥古斯特・埃斯科菲耶（Auguste Escoffier，1846—1935）：巴黎的 Ritz 餐厅
艾瑞克・费相（Éric Fréchon，1963—）：巴黎的 L'Épicure（Hôtel Bristol）餐厅
皮耶・加尼叶（Pierre Gagnaire，1950—）：巴黎的 Pierre Gagnaire 餐厅
菲力亚斯・吉贝赫（Philéas Gilbert，1857—1942）：巴黎的 Bonvalet 餐厅
如勒・古菲（Jules Gouffé，1807—1877）：拿破仑三世御厨，出生于巴黎
葛里莫・德拉荷尼耶尔（Alexandre Balthazar Laurent Grimod de La Reynière，1758—1837）：美食评论创导者，出生于巴黎
安德烈・吉尤（André Guillot，1908—1993）：马里勒鲁瓦（Marly-le-Roi）的 Auberge du Vieux Marly 餐厅
皮耶・艾曼（Pierr Hermé，1961—）：烘焙师，巴黎的 Pierre Hermé 糕饼铺
路易恩内斯特・拉杜蕾（Louis Ernest Ladurée，1836—1904）：糕饼师，出生于巴黎
贺内・拉赛尔（René Lasserre，1912—2006）：巴黎的 Lasserre 餐厅
贾克・勒迪维耶（Jacques Le Divellec，1932—）：巴黎的 Divellec 餐厅
贾斯东・勒诺特（Gaston Lenôtre，1920—2009）：普来西（Plaisir）的 Lenôtre 餐厅
克里斯坦・雷斯奎（Christian Lesquer，1962—）：巴黎的 Le V 餐厅
堤耶希・马克思（Therry Marx，1962—）：为巴黎东方文华酒店量身定制餐点
克利斯汀・米鲁（Christian Millau，1928—2017）：美食评论家，出生于巴黎
普斯佩・蒙塔宁（Prosper Montagné，1865—1948）：巴黎的 Prosper Montagné 餐厅
雷欧波・穆希耶（Léopold Mourier，1862—1923）：巴黎的 Le café de Paris 与 Le Fouquet's 餐厅
爱德华・尼农（Édouard Nignon，1865—1934）：巴黎的 Larue 餐厅
雷蒙・奥利维（Raymond Oliver，1909—1990）：巴黎的 Le Grand Véfour 餐厅
阿兰・帕萨德（Alain Passard，1956—）：巴黎的 L'Arpège 餐厅
让–弗朗索瓦・皮耶吉（Jean—François Piège，1970—）：巴黎的 Le Grand 餐厅
爱德华・彭米安（Édouard Alexandre de Pomiane，1875—1964）：著有多本厨艺作品，出生于巴黎
普罗科皮奥・法兰西斯柯・卡托（Coltelli Francesco Procopio，1650/1651—1727）：Café Procope 餐厅创始人
乔尔・卢布松（Joël Robuchon，1945—）：巴黎的 L'Atelier Étoile/ Saint-Germain 餐厅
吉・萨佛伊（Guy Savoy，1953—）：巴黎的 Restaurant Guy Savoy 餐厅
阿兰・桑德杭（Alain Senderens，1939—2017）：巴黎的 Senderens 餐厅
亚利克希・梭耶（Alexis Soyer，1909—1858）：出生于莫城（Meaux）的法国大厨，一生在英国执业
安德烈・泰哈尔（André Terrail，1877—1954）、克罗德・泰哈尔（Claude Terrail，1917—2006）、安德烈・泰哈尔（André Terrail，1980—）：巴黎的 La Tour d'Argent 餐厅
路易・沃达博（Louis Vaudable，1902—1983）：巴黎的 Maxim's 餐厅
安德烈・沃希纳（André Vrinat，1903—1990）、尚–克劳德・沃希纳（Jean-Claude Vrinat，1936— 2008）：巴黎的 Le Taillevent 餐厅

本区精华

诺曼底大区 NORMANDIE

AU：奥日地区（PAYS D'AUGE）/ BR：布黑地区（PAYS DE BRAY）/CA：卡尔瓦多斯省（CALVADOS）/ CO：科唐坦半岛（COTENTIN）CX：科镇（PAYS DE CAUX）/ MA：芒什省（MANCHE）/ MO：圣米歇尔山（MONTSAINT-MICHEL）/ NL：滨海诺曼底（NORMANDIE LITTORALE）/OR：奥恩省（ORNE）

肉品

芒什省羔羊：科唐坦羊（cotentin）、阿夫朗什羊（avranchin）、拉海格区胡珊羊（roussin de la Hague）卢昂鸭（Canard de Rouen）
诺曼底兔
诺曼底鹅
科镇鸽（Pigeon cauchois）
巴约猪（Porc de Bayeux）
古尔奈鸡（Poule de Gournay）
圣米歇尔山盐田羔羊（Prés-salés du Mont Saint-Michel）.................................... AOP
诺曼底奶牛（Veau de lait）
诺曼底家禽 .... IGP

蔬果
克雷昂塞（Créances）胡萝卜
塞纳河谷樱桃
圣桑（Saint-Saëns）卷心菜
赛尔谷（Val de Saire）花椰菜
科镇（Pays de Caux）水田芥
马赫多（Martot）芜菁
费赛梨（Poire de fifisée）.. BR
卡灵顿（Carentan）韭葱
克雷昂塞韭葱.. IGP
诺曼底苹果：班尼迪克丁苹果（bénédictin）、卡尔维勒红苹果（calville rouge）、闪电苹果（pomme d'éclat）、科镇小皇后苹果（reinette de Caux）、黑维尔苹果（Revers）等
瑞米耶日（Jumièges）李子
赛尔谷紫芜菁

水产
蜘蛛蟹
欧洲海鲈
峨螺
大西洋鳕
鲽鱼
鸟蛤
圣贾克扇贝
灰虾与玫瑰虾
黑椎鲷
天鹅绒梭子蟹
红鲻鱼
鲱鱼：新鲜鲱鱼、盐腌鲱鱼、烟熏鲱鱼
螯龙虾
诺曼底生蚝
青鳕
欧洲黄盖鲽
鲭鱼
牙鳕
咸鳕鱼
巴尔芙萝黄金淡菜（Moule blonde de Barflfleur）
布修淡菜
鲍鱼
布纹浅蜊
文蛤
背棘鳐
纵带羊鱼
白斑角鲨
比目鱼
条长臀鳕
黄道蟹
大菱鲆

面包糕点
布哈萨耶（Brasillé）：使用可颂面团和加盐黄油制作而成，长方形，有原味或苹果、覆盆子口味
瓦斯特布里欧修（Brioche du Vast）
穆利内布里欧修（Brioche moulinoise）：几个小圆球组合成的圆面包
法虑（Fallue）：扁平布里欧修
浓汤面包（Pain à soup）：干的圆面包，蘸汤食用.. CO
布里面包（Pain brié）：口感非常扎实
荞麦面包
折叠面包（Pain plié）

肉类及内脏制品
卢昂内脏肠（Andouillette de Rouen）
维尔烟熏内脏肠（Andouille de Vire）
利哈佛白香肠（Boudin blanc havrais）
科镇血肠（Boudin coutançais）：内含猪血、生洋葱、肥猪肉与猪油
莫尔塔尼欧佩什血肠（Boudin de Mortagne au-Perche）：内含洋葱
莱格勒思华力肠（Cervelas de L'Aigle）：烟熏干肠
科唐坦烟熏火腿（Jambon fumé du Cotentin）
瑟堡熟血肉酱（Sang cuit de Cherbourg）：陶罐猪血肉酱
航海人香肠（Saucisson du marin）：使用整条猪脊风干而成.. CX
马塞堡肠肚肉串（Tripes en brochette de La Ferté-Macé）：牛肠切块卷起串成内脏肉串

奶酪及乳制品
伊思尼黄油（Beurre d'Isigny）........................ AOP
伊思尼鲜奶油（Crème d'Isigny）........................ AOP
诺曼底卡蒙贝尔奶酪（Camembert de Normandie）........................ AOP
利瓦侯奶酪（Livarot）........................ AU AOP
纳沙泰尔奶酪（Neufchâtel）........................ BR AOP
奥日奶酪（Paveéd'Auge）
彭勒维克奶酪（Pont-l'évêque）........................ AOP
布里克贝克苦修会奶酪（Trappe de Bricquebec）

咸食
科省烤菱鲆（Barbue cauchoise）：加入剁碎的红葱及奶油洋葱蘑菇泥、苹果酒、法式酸奶油
韭葱炖肉砂锅佐马铃薯：加入马铃薯、苹果酒、洋葱及法式酸奶油
诺曼底式炖牛肉（Bœuf braiseéà la normande）：和肥猪肉一起放在苹果酒、卡尔瓦多斯苹果白兰地及香草中腌制，炖煮时加入大蒜及洋葱
荞麦糊（Bouillie de sarrasin）：热食或冷食皆可，也可在锅中拌炒至金黄色........................ MA
卢昂血鸭（Canard à la rouennaise）：第一轮烹煮过后，将鸭身放进压榨机中研磨以榨出所有的汁液，接着利用鸭血制作酱汁鸭腿，鸭翅裹上面包屑油炸，薄肉片加入以鸭血和鸭肝为基底的酱汁
翁佛勒尔式圣贾克扇贝（Coquilles Saint Jacques à la honflfleuraise）：加入鲜奶油、卡尔瓦多斯苹果白兰地及苹果酒的炖锅
阿夫朗什式圣贾克扇贝（Coquilles Saint Jacques à l'avranchaise）：剁碎的圣贾克扇贝加苹果酒、大蒜及红葱
瑟堡式苹果酒虾（Crevettes à la cherbourgeoise）
瑟堡式白酱龙虾（Demoiselles de Cherbourg à la nage）：使用以白酒为基底的快煮蔬菜高汤来料理小只螯龙虾
诺曼底式小牛肉炸饼（Escalopes de veau à la normande）：以鲜奶油料理，加入洋葱、蘑菇及卡尔瓦多斯苹果白兰地
诺曼底式比目鱼（Filets de sole à la normande）：加入淡菜、虾子及蘑菇，佐以比目鱼及蘑菇煮汁制成的酱汁
诺曼底式羊腿（Gigot à la normande）：加入苹果酒焖煮，并在煮汁中加黄油及鲜奶油做成酱汁
费康式熏鲱鱼（Harengs fumés à la fécampoise）：加入水煮蛋，覆盖贝夏梅酱汁
热生蚝佐诺曼底苹果酒：酱汁以苹果、苹果酒及鲜奶油为基底
烧莴苣（Laitues braisées）：加入小洋葱、胡萝卜及培根丁
利哈佛式兔肉（Lapin farci à la havraise）：在砂锅中和猪脚一起煮，通常是冷食
酸模鲭鱼：包裹在酸模叶子中进烤箱烘烤
迪耶普海鲜锅（Marmite dieppoise）：价值不菲的鱼和海鲜，包括鮟鱇鱼、大菱鲆、龙虾、淡菜、粉红虾及圣贾克扇贝等
柯德贝克鳗鱼炖锅（Matelote d'anguilles de Caudebec）：加入苹果酒
烤翁弗勒尔鳕鱼（Morue d'Honflfleur）：加入马铃薯及香料
鲜奶油淡菜
费康式鸡蛋（Œufs à la fécampoise）：填充灰虾仁及蘑菇内馅
卢昂式绵羊脚（Pieds de mouton à la rouennaise）
蘑菇浓汤（Potage aux meuniers）：鸡胸肉和小型的莫尼耶蘑菇........................ OR
奥日谷地鸡肉（Poulet vallée d'Auge）：加入蘑菇、卡尔瓦多斯苹果白兰地、苹果酒、法式酸奶油
科省式野兔背脊肉（Râble de lièvre à la cauchoise）：炖锅烹煮，包裹在肥猪肉中，加入红葱、黄油、法式酸奶油及白酒
诺曼底式小牛腰子（Rognons de veau à la normande）：加肥猪肉、小洋葱及法式酸奶油
苹果烤猪肉：加入卡尔瓦多斯苹果白兰地及法式酸奶油
科省沙拉（Salade cauchoise）：马铃薯、西洋芹、火腿、鲜奶油、苹果酒醋
诺曼底式绿沙拉（Salade verte à la normande）：佐以使用液体鲜奶油和苹果酒醋制成的酱汁
五月豌豆汤（Soupe aux peis de mai）
卡昂的炖牛肚（Tripes à la mode de Caen）：牛肚、牛胃及牛脚，加入蔬菜（胡萝卜、西洋芹、韭葱、洋葱）、苹果酒及卡尔瓦多斯苹果白兰地一起炖煮

甜食
诺曼底奶油蛋糕（Beurreénormand）：清淡的苹果蛋糕，加了卡尔瓦多斯苹果白兰地及葡萄干
布德洛水果馅饼（Bourdelot）/杜昂水果馅饼（douillon）：使用苹果或是梨子，外层裹上派皮烘烤
卢昂式米利顿挞（Mirliton de Rouen）：千层派皮充填清淡的杏仁奶油酱
梨子馅饼：诺曼底费赛梨子馅饼
科李维特式苹果（Pommes à la grivette）：苹果切丝与酸奶混合烤苹果（Pommes au four）：加入蜂蜜及苹果酒
奕博苹果挞（Tarte aux pommes d'Yport）：内馅以苹果、糖粉、卡尔瓦多斯苹果白兰地及法式酸奶油制成
诺曼底苹果挞（Tarte normande）
烫歪嘴布丁（Teurgoule）：加入肉桂的法式牛奶饭

其他
诺曼底油脂（Graisse normande）/汤油脂（Graisse à soupe）：小牛腰子的油脂混合蔬菜（胡萝卜、白萝卜、洋葱……）及各式香草（百里香、月桂叶、肉豆蔻……）熬煮，凝固后可加入蔬菜汤或其他菜肴作为调味.. MA
苹果酒醋

糖果与零食
依思尼牛奶糖（Caramel d'Isigny）：加入黄油、牛奶或是依思尼鲜奶油，可加入其他香料调味或不加
圣米歇尔山金壳糖（Coques d'or du Mont Saint-Michel）：烹煮过的糖浆，堆叠翻折加入巧克力果仁糖
蓬奥代梅米利顿塔（Mirliton de Pont Audemer）：充填果仁糖慕斯的千层派皮卷，两端涂抹黑巧克力
苹果酱（Raisineéde pomme）：苹果汁浓缩而成，不加任何其他糖分.. CA
诺曼底酥饼：卡昂风味（Caen）、图韦尔风味（Trouville）、冬冯泰风味（Domfrontais）
卢昂苹果糖（Sucre de pomme de Rouen）

饮料与烈酒
班尼迪克丁（Bénédictine）：加入植物、香料及香草的利口酒.. CX
卡尔瓦多斯苹果白兰地（Calvados）........................ IG
冬冯泰苹果白兰地（Calvados Domfrontais）.. IG
奥日地区苹果白兰地（Calvados pays d'Auge）.. IG
诺曼底苹果酒（Cidre deNormandie）........................ IGP
科唐坦半岛苹果酒（Cidre du Cotentin）........................ AOP
奥日地区苹果酒（Cidre pays d'Auge）........................ AOP
康布雷梅奥日地区苹果酒（Cidre pays d'Auge Cambremer）.. AOP
苹果酒：贝桑（Bessin）、科唐坦（Cotentin）、布雷地区（pays de Bray）、佩尔胥（Perche）
冬逢梨子酒（Poiré Domfront）........................ AOP
梨子酒
诺曼底苹果餐前酒（Pommeau de Normandie）：混合了苹果汁与白兰地........................ IG

知名人物
亨利·高特（Henri Gault，1929—2000），美食评论家
玛丽·阿雷尔（Marie Harel，1761—1844），传说她是卡蒙贝尔奶酪的创造者
马塞尔·朵杭（Marcel Rouen，1887—1967）及卢西昂·朵杭（Lucien Rouen，1889—1956）：卢昂的La Couronne餐厅
安奈特·普拉赫（Annette Poulard，1851—1931）：圣米歇尔山（Mont-Saint-Michel）的Hostellerie de la Mère餐厅
大伊风（Taillevent，1314—1395），原名纪尧姆·堤黑勒（Guillaume Tirel），查理六世皇室御厨

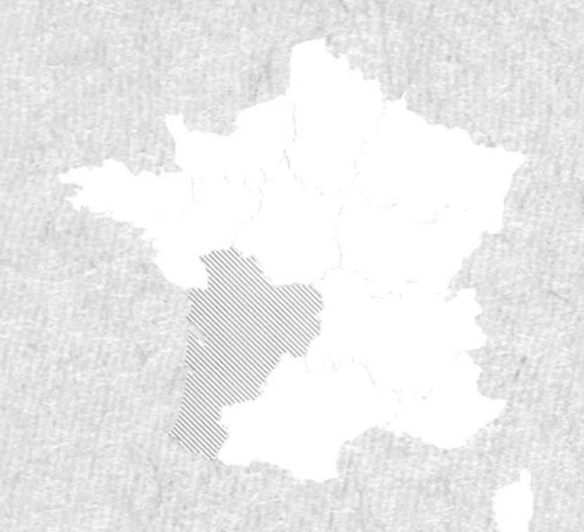

本区精华

新阿基坦大区
NOUVELLE-AQUITAINE

AG：阿让（AGENAIS）/ BE：贝阿恩（BÉARN）/ BO：波尔多（BORDEAUX）/ CH：夏朗德（CHARENTE）/ CM：滨海夏朗德（CHARENTE-MARITIME）/ CO：科雷兹（CORRÈZE）/ CR：克勒兹（CREUSE）/ DO：多尔多涅（DORDOGNE）/ DS：德塞夫勒（DEUX-SÈVRES）/ GA：加斯科涅（GASCOGNE）/ GE：热尔（GERS）/ GI：吉伦特（GIRONDE）/ HV：上维埃纳（HAUTE VIENNE）/ LA：朗德（LANDES）/ LI：利穆赞（LIMOUSIN）/ LO：洛特加龙（LOT-ET-GARONNE）/ MA：马凯（MARCHE）/ MP：普瓦图沼泽自然公园（MARAIS POITEVIN）/ PB：巴斯克地区（PAYS BASQUE）/ PE：佩里哥（PÉRIGORD）/ PO：普瓦图（POITOU）/ PY：比利牛斯大西洋（PYRÉNÉES-ATLANTIQUES）/ SO：西南部（SUD-OUEST）

肉品

比利牛斯奶羊（Agneau de lait des Pyrénées）……BE, PB IGP
波雅克（Pauillac）羔羊……GI IGP
利穆赞（Limousin）羔羊……IGP
佩里哥（Périgord）羔羊……IGP
普瓦图–夏朗德（Poitou-Charentes）羔羊……IGP
阿基坦金牛（Bœuf blond d'Aquitaine）
巴萨斯牛（Bœuf de Bazas）……GE, GI, LA IGP
夏洛斯牛（Bœuf de Chalosse）……LA
巴尔贝齐厄鸡（Chapon de Barbezieux）……CH IGP
佩里哥鸡（Chapon du Périgord）……IGP
小山羊……PO
基托纳（Kintoa）：巴斯克猪……AOP
利穆赞羊、利穆赞牛：当地羊肉与牛肉
黑臀猪（Cul noir）
马朗（Marans）鸡蛋……CM
普瓦图白鹅
西南区灰鹅
斑尾林鸽（Palombe）……GI, LA, LG, PY
帕尔特奈牛（Parthenaise）……PO
利穆赞猪……IGP
西南区猪肉……IGP
佩里哥小母鸡……IGP
佩里哥阉鸡……IGP
沙莱（Chalais）小牛……CH
利穆赞小牛……IGP
喝母牛牛乳长大的小牛……BE, DO, LI, PB
加斯科涅家禽……IGP
朗德（Landes）家禽……IGP
贝阿恩（Béarn）家禽……IGP
瓦尔塞夫勒（Val de Sèvres）家禽……IGP

蔬果

蒜苗……SO
朝鲜蓟……PO
马柯朗（Macau）朝鲜蓟……BO
朗德沙地芦笋（Asperge des sables des Landes）……AGP IGP
卡波丁甜菜（Betterave crapaudine）……CM
卷心菜嫩苗（Bricolin）……PO
比欧雄卷心菜（Piochon）……PO
牛肝菌……LI, SO
伊特萨苏（Itxassou）黑樱桃……PB
白栗子……LI, MA
佩里哥（Périgord）栗子
普瓦图鸡腿红葱
帕挞卡悟（Patacaou）无花果……BE
佩昂（Prin）草莓……PO
佩里哥草莓……IGP
香豌豆（Gesse）……GA
贝阿恩玉米豆（Haricot-maïs du Béarn）
阿杜尔（Adour）奇异果……IGP
夏朗德甜瓜
内拉克（Nérac）甜瓜……BE
上普瓦图甜……IGP
白扁豆（Mogette）：又称"蓬拉贝"（pont l'Abbé）、"瓦兹省腰子"（rognon de l'Oise）……PO
山桑子……LI, MA
佩里哥核桃……AOP
尼欧尔（Niort）洋葱
圣特罗让（Saint-Turjan）洋葱……CM
昂格雷绿辣椒（Piment d'Anglet）……PB
埃斯佩莱（Espelette）辣椒……PB AOP
朗德长型甜辣椒（Piment doux long des Landes）
马尔萨内（Marsaneix）梨子……PE
普瓦图大型黄韭葱（Poireau jaune gros du Poitou）
埃斯特（Estre）苹果……LI
雷岛（Île de Ré）马铃薯……AOP
利穆赞金苹果……AOP
小皇后苹果（Pomme reinette clochard）……PO
阿让（Agen）李子……IGP
利穆赞芜菁
瓦尔欧洲李（Reine-claude de Vars）……CO
莫南胡姗桃子（Roussane de Monein）……BE
马尔芒德（Marmande）番茄
松露……PE, CO, NORD PO

水产

西鲱鱼
鳗鱼
鳗鱼
玛黑普瓦特韦纳鳗鱼（Anguille du Marais poitevin）
鲤鱼
墨鱼：极小型的乌贼
圆尾双色鳎
小鱿鱼：小型的枪乌贼
幼鳗
乌蛤
虾子
小龙虾
马雷内奥莱龙（Marennes-Oléron）生蚝……CM IGP
阿尔卡雄（Arcachon）生蚝
七鳃鳗
海螯虾
布修淡菜……CM
缀锦蛤
扇贝
鳗鱼：幼鳗
黑斗鳐鱼
沙丁鱼
卡贝鲑鱼（Saumon des gaves）
长鳍鲔鱼
蓝鳍鲔鱼

面包糕点

柯尔努（Cornue）：长形布里欧修，其中一端做成两个角状……MA, LI
弗亚斯（Fouace）：以发酵面团烤制的甜面包……PO
波尔多国王蛋糕（Gâteau des rois bordelais）：皇冠状布里欧修蛋糕，以橙花纯露调味，上面装饰糖渍香水柠檬及糖霜
酸酵玉米面包（Méture）：未经发酵的玉米面包……BE
科雷兹面包（Pain corrézien）
旋转面包（Pain tourné）……LI
舒芙兰（Sous fflamme）：扁形面包……CH

肉类及内脏制品

伯那西酱内脏肠（Andouille béarnaise）：以猪胃为主的干肠
利穆赞内脏肠（Andouille de viande limousine）：保存在盐卤中
火鸡片肉卷（Ballottine de dinde）：火鸡肉内卷以松露、鹅肝、开心果仁、肥猪肉、牛舌为基底的内馅，外裹一层肉冻
栗子猪血肠……LI
贝阿恩血肠（Boudin du Béarn）：除了猪血还加入剁碎的猪头、猪舌、猪心、猪咽喉肉、猪皮、洋葱等
佩里哥血肠（Boudin du Périgord）：加入猪头肉及洋葱，较不油腻
普瓦图血肠（Boudin du Poitou）：菠菜、小麦、粉、洋葱油封鹅肉、鸭肉……SO
油封猪里脊……LI
夏朗德法果肉丸（Fagot charentais）：加入猪肝的肉丸，以细线捆绑
普瓦特韦纳内脏（Fressure poitevine）：内脏肉酱，加洋葱和红酒炖煮而成
炖猪杂（Gigourit）：猪头肉加入洋葱，以葡萄酒烹调，加入猪血调味……CH, PO
吉罗血肠（Giraud）：绵羊血为主，其次是小牛血，装进小牛肠衣中烹煮……LI
波尔多猪油渣（Gratton bordelais）：猪肩肉和背脊肉
梅多克猪肉冷盘（Grenier médocain）：猪胃充填猪胃肉、猪内脏、切成长条的火腿肉，以蔬菜高汤烹煮
夏朗德肉酱（Grillon charentais）：外形似熟肉酱
利穆赞肉酱（Grillon limousin）：猪瘦肉剁碎煮熟，加入胡椒及欧芹
肥肉酱（Gros grillon）：以鹅油烹煮猪胸肉……PO
巴约火腿（Jambon de Bayonne）：盐渍后干燥……IGP
通南斯火腿（Jambon de Tonneins）……LO
基托纳火腿（Jambon du Kintoa）……PB AOP
烟熏绵羊舌
复活节酥皮肉酱（Pâté de Pâques）：猪肉或猪牛肉混合馅饼，中间包一颗水煮蛋……PO
佩里哥肉酱（Pâté périgourdin）：鹅肝酱加入松露
风干猪胸肉卷……SO
夏朗德猪嘴（Ratis charentais）：猪的嘴边肉在油脂中烹调
内拉克肉酱（Terrine de Nérac）：野味肉酱内镶鹅肝酱……BE
特里坎迪猪肠（Tricandille）：猪内脏及猪胃切成长条状，放进香料高汤中烹调，烘烤后食用……GI
特里波萨血肠（Tripotxa）：绵羊血肠，内含剁碎的内脏肉及洋葱……PB

奶酪及乳制品

夏朗德普瓦图黄油（Beurre Charentes Poitou）……AOP
艾许黄油（Beurre d'Échiré）……PO
夏朗德黄油（Beurre des Charentes）……AOP
德塞夫勒黄油（Beurre des Deux Sèvres）……AOP
布尔贡奶酪（Bougon）……DS
佩里哥卡贝古奶酪（Cabécou du Périgord）
卡耶博特（Caillebote）/ 草编奶酪（jonchée）：新鲜奶酪
普瓦图查比舒奶酪（Chabichou du Poitou）……AOP
科雷宗多休奶酪（Corrézon au torchon）……CO
库厄维拉克奶酪（Couhé-vérac）……PO
巴尔多烟熏奶酪（Fromage fumé de Bardos）……PB
古宗奶酪（Gouzon）……CR
格赫伊奶酪（Greuil）：凝乳……BE, PB
木黛包叶羊奶酪（Mothais sur feuille）……PO
欧索伊拉提奶酪（Ossau-iraty）……PB AOP
皮古依羊奶酪（Pigouille）……DS
比利牛斯山多姆奶酪（Tomme des Pyrénées）……IGP
艾舒尼雅克苦修院奶酪（Trappe d'Échourgnac）……DO

咸食

欧芹拌炒鳗鱼……PO
辣椒小牛肉（Axoa）：小牛肉炖肉锅，加入洋葱、熏火腿、青辣椒及红辣椒
普瓦特韦纳甜菜（Betteraves à la poitevine）：切丝的洋葱拌炒
马铃薯腊肉菜汤（Bréjaude）：肥猪肉汤加卷心菜、韭葱、芜菁、胡萝卜、马铃薯
夏朗德风味蜗牛（Cagouilles à la charentaise）：食材有小洋葱、大蒜、火腿、白酒、番茄为基底
圣东日风味蜗牛（Cagouilles à la saintongeaise）：食材有大蒜、红葱、欧芹、绞肉馅、红酒、小洋葱
黑樱桃鸭肉……LI
圣东日风味炒墨鱼（Casserons sautés à la saintongeaise）：加入大蒜及欧芹
波尔多牛肝菌（Cèpes à la bordelaise）：加入切碎的红葱、面包心、欧芹、大蒜末和少许柠檬汁拌炒
利穆赞奶油牛肝菌（Cèpes à la crème）：加红葱拌炒
磨坊风味圆尾双色鳎（Céteaux meunière）……CM
巧达浓汤（Chaudrée）……CM
鲁兹式乌贼（Chipirons à la luzienne）：以番茄、洋葱、埃斯佩莱特辣椒为基底的酱汁调理而成
卷心菜镶栗子……LI
酒汁炒兔肉佐李子：放进以红酒为基底的酱汁中腌制，加入洋葱、胡萝卜、丁香、雅马邑白兰地、油脂，放进炖锅中，加入酒渍李子、培根肉、小洋葱及腌制酱汁……AG
普瓦特韦纳（Bussière-Poitevine）鹅肉或鸭肉糊：加入番茄、洋葱及白酒，经长时间烹饪而成油封鹅肉或鸭肉……PE, LA, SO
鹅颈镶肉（Cou d'oie farci）：在脖子里镶入鹅肉及内脏……PE, LA, SO
梅多克式鳗鱼快煮调味高汤（Court-bouillon d'anguilles à la médocaine）：加入小型白洋葱、李子、大蒜，浓厚酱汁中含鳗鱼血
里夏德面（Cruchade）：以玉米粉、细致的小麦粉为基底的面糊
青蒜烤小山羊臀部肉：烘烤小山羊臀肉，烘焙结束前涂抹以酸模、春季大蒜及白酒为基底的酱汁
圣东日炖牛肉（Daube de bœuf saintongeaise）：加入胡萝卜、红葱、培根肉，以炖锅炖煮
吉伦特牛肝菌炖肉（Daube de cèpes à la girondine）：与生火腿、番茄、洋葱、红葱、大蒜、白酒、鸡汤制成的酱汁一起熬煮
火焰淡菜（Éclade）：将淡菜放在以松树针叶点燃的火中烹制而成……CM
奶油卷心菜（Embeurrée de choux）：卷心菜放进沸腾的水中烹煮，剁碎后加入黄油
佩里哥昂休油渍猪肉（Enchaud périgourdin）：猪肉放进猪油脂中油渍而成
波尔多牛排骨肉：加入以红葱、红酒及牛骨髓为基底的酱汁
利穆赞蜗牛（Escargots à la Limousine）：镶入大蒜、欧芹、白吐司，黄油
埃思杜法（Estouffat）：炖牛肉……SO
法瑟杜和（Farcedure）：水煮发酵面团，搭配汤品或炖锅……LI
普瓦特韦纳镶肉（Farci poitevin）：卷心菜叶包肉馅，馅料有绿色蔬菜、香草、肥猪肉及鸡蛋
利穆赞牛里脊肉佐牛肝菌：牛肝菌、大蒜及

欧芹拌炒后，进烤箱烘烤............................LI
牛里脊肉佐佩里哥酱汁（Filet de bœuf sauce Périgueux）
波尔多小牛肝（Foie de veau bordelaise）：大蒜以猪油拌炒后，加入红葱及切碎的牛肝菌，再以猪网膜捆绑后进炖锅烹调
鹅肝嵌松露：鹅肝上镶入松露，锡箔纸包装后进烤箱烘烤，搭配以松露、洋葱及红葱为基底的酱汁............................PE
鹅肝或鸭肝：不同食谱，包含鹅肝酱、热食鹅肝、新鲜鹅肝佐苹果或葡萄等............ IGP
西南部鸭肝：夏洛斯（Chalosse）、加斯科涅、热尔（Gers）、朗德、佩里哥、凯尔西（Quercy）
黑臀猪栗子炖肉：炖锅烹调猪脊肉，加入洋葱、胡萝卜、白栗子............................LI
炸鳐鱼............................CM
荞麦薄饼............................LI, MA
贝阿恩腌肉菜汤（Garbure béarnaise）：切大块的蔬菜炖锅，汤品中一定会有卷心菜跟蚕豆，一般来说也会加入肉类，如巴约火腿
红烧羔羊后腿肉佐牛肝菌：加入番茄、牛肝菌、大蒜末及欧芹，以炖锅烹调............................LI
佩里哥蒜烤羔羊后腿肉：羔羊后腿肉与60瓣大蒜及蒙巴济亚克葡萄酒炖煮前，先以白兰地火烧
皮诺甜酒小牛踝关节：炖锅烹调，加入胡萝卜、韭葱、大蒜、番茄、皮诺甜酒
鸠德炖鸡肉（Jaud en fricassée）：公鸡肉经干邑白兰地火烧处理，接着加入肥猪肉、小型洋葱、巴黎蘑菇及白酒，以炖锅烹调............CH
波尔多七鳃鳗鱼：加入红酒，搭配巴约火腿、韭葱、大蒜等
拉维尼翁酱汁（Sauce de Lavignons / Fausses palourdes）：取一炒锅，加入白酒、红葱、欧芹大蒜油醋酱，最后加入奶油鸡蛋混合............................CM
红酱野兔肉（Lièvre à la sauce rousse）：以野兔血和肝制成酱汁，加入黄油及洋葱
夏坡萨拉野兔肉（Lièvre en chabessal）：放在烤盆中微火慢炖，加入白酒烹调时间极长，加入以猪肉及小牛肉为基底的肉馅 .LI
夏洛斯式胡椒拌炒鸭胸肉（Magrets de canard poêlés）
马密塔可（Marmitako）：鲔鱼炖锅，加入马铃薯、洋葱、青椒及番茄............................PB
贝阿恩玛他阿摩（Matahami béarnais）：马铃薯、猪胸肉、剁碎的洋葱与大蒜一起烤
科雷兹米阿苏（Milhassou à la corrézienne）：切成丝的马铃薯烤饼
莫捷特皮雅特（Mojhettes piates）：白腰豆加洋葱、胡萝卜、大蒜拌炒
鳕鱼佐腰豆：鳕鱼内镶入白腰豆，与以大蒜、韭葱、猪油制成的酱汁混合............................BE
鳕鱼佐马铃薯：鳕鱼镶入马铃薯后焗烤.....PB
布里夫式鳕鱼佐马铃薯（Morue aux pommes de terre à la briviste）：鳕鱼弄碎，加上切成圆片状的马铃薯、欧芹大蒜油醋酱汁后以烤箱烘烤
咖喱奶油炖菜（Mouclade）：加入白酒、奶油、咖喱的淡菜料理............................CM
鲤鱼欧姆蛋............................LI
韭葱面包：韭葱剁碎，加入黄油，及法式酸奶油与蛋黄的混合液............................CH
牛肝菌馅饼：以酥脆挞皮或布里欧修制成的塔，加入生火腿、洋葱、法式酸奶油
马铃薯馅饼............................LI, MA
大蒜欧芹炒鳗鱼............................CH
埃斯佩莱特辣椒炒鳗鱼............................PB
香草炖鸽肉（Pigeons aux herbillettes）：淋上以鸽子肝及肫、火腿、大蒜、香草、红葱、巴黎蘑菇、白酒做的酱汁
香醋皮尔雄（Piochons vinaigrette）：圆形嫩叶卷心菜............................PO
巴斯克番茄炒辣椒（Piperade basquaise）：蔬菜火锅，搭配巴斯克鸡肉，或是加入打散的鸡蛋为售作完整的主餐，以巴约火腿、番茄、绿辣椒、洋葱、大蒜为基底
马铃薯肉汤（Pommes de terre à l'échirlète,）：将马铃薯放进牛肉高汤及大蒜中炖煮，再加入鹅油拌炒............................PE
密丝盖特炒马铃薯（Pommes de terre à la misquette）：加入剁碎的香草及红葱拌炒，再淋上鲜奶油与蛋黄的混合液............................LI
萨尔拉马铃薯（Pommes sarladaises）：放进鹅油脂中拌炒，加入剁碎的大蒜及欧芹
波瑟鲁（Porcellous）：卷心菜叶镶肉，肉馅以猪肉、小牛肉、瘦猪胸肉、大蒜、面包制成............................LI
小灰蜗牛火上锅（Pot-au-feu de cagouilles）：在炖锅中加入白酒、洋葱、胡萝卜、韭葱、番茄、马铃薯，可以在面包片上淋上滤后的高汤与油醋酱搭配食用
利穆赞炖汤（Potée limousine）：加入咸猪肉内脏肠及克勒兹肉肠
亨利四世鸡肉锅（Poule au pot Henri IV）：以巴约火腿、鸡内脏、洋葱、大蒜、欧芹为基底的肉馅，在蔬菜高汤中炖煮；在法国西南有许多变化做法
佩里哥鸡肉锅（Poule au pot périgourdine）：肉馅为剁碎猪肉、鸡内脏、面包、动物血，在蔬菜高汤中炖煮，搭配以鸡蛋、核桃油、白酒醋、红葱为基底的酱汁
巴斯克炖鸡（Poulet basquaise）：加入巴约火腿、洋葱、昂格雷埃斯佩莱特辣椒、番茄、大蒜及当地白酒
红酱鸡肉（Poulet sauce rouilleuse）：炖锅烹调，加入洋葱、猪胸、大蒜末、白酒，以鸡血、鸡肝及鸡心，让酱汁浓稠并带红色............................PE
利穆赞式鸡肉炒牛肝菌：炖锅烹调，加入大蒜及洋葱，酱汁使用内脏及鲜奶油
普提胡牛肝菌镶黑麦面包（Poutirous farcis au pain de seigle）：牛肝菌镶内馅，馅料为黑麦面包屑、蛋黄、红葱、大蒜............................LI
带皮马铃薯（Primes grâlées au diable）：带皮当季马铃薯放进陶土炖锅中烹调............CM
朗德小牛胸腺（Ris de veau à la landaise）：加入巴黎蘑菇、白酒、红葱、胡萝卜，以炖锅烹调
核桃烤小牛肉：加入蔬菜及剁碎的核桃碎，以炖锅烹调
鸽子炖肉（Salmis de palombes）：烘烤并淋上以红酒与鸽子心及肝、洋葱、胡萝卜、红葱、火腿、大蒜制成的酱汁............................SO
鸡血煎饼（Sanguette）：以家禽血为基底制成的小型烤饼，加入洋葱、大蒜、红葱、面包............................SO, LI
朗德鸡肉酱汁（Sauce de poulet landaise）：炖锅烹调，加入生火腿、洋葱、白酒、番茄、压碎的大蒜以炖锅炖煮，加入家禽的肝脏与心脏可让酱汁浓稠
酸模汤............................PO
扁南瓜浓汤
新鲜蚕豆汤............................MP
栗子汤：可使用鸡高汤为底，加入布里夫洋葱............................LI
锦葵香草绿菜汤（Soupe verte à la mauve）：荨莛菜、菠菜、菊苣以及锦葵............BE, PB
普瓦特韦纳式丁鳜（Tanches à la poitevine）：红葱、大蒜、欧芹、酒醋为基底的酱汁煮过
番茄杜杭汤（Tourin à la tomate）：加入洋葱及油渍用油脂............................LA
佩里哥杜杭白汤（Tourin blanchi du Périgord）：大蒜洋葱汤，有许多变化做法，类似贝阿恩乌亚德炖菜（ouillade béarnaise）
科雷兹杜杭汤（Tourin corrézien）：以猪胸肉、肥猪肉、番茄、酸模为基底的汤品
婆罗门菊花鸡肉馅饼（Tourtière de poulet Aux salsifis）............................CO
普瓦特韦纳鸡肉馅饼（Tourtière poitevine au poulet）：酥皮面团，加入红葱、绞肉馅、火腿
安古莫牛百叶（Tripes à l'angoumoise）：加红葱、大蒜、胡萝卜、西洋芹、白酒，放进炖锅中以烤箱烘烤
烘烤松露（Truffes en papillotes）：外裹一层薄油脂，以烤箱烘烤
科雷兹式河鳟鱼佐肥猪肉及核桃（Truites de rivière au lard et aux noix）：加入剁碎肥猪肉、核桃、雪维菜拌炒
克勒兹式香料河鳟鱼（Truites de rivière aux herbes）：放进香草及白酒高汤中炖煮
多罗汤（Ttoro basque）：鳕鱼、鳗鱼及海鲜，加入蔬菜（马铃薯、胡萝卜、洋葱、番茄）
夏朗德鳗鱼（Vermée charentaise）：将鳗鱼放进以红酒制成的高汤中炖煮，加入胡萝卜、洋葱、大蒜最后放进炒锅，与洋葱、培根肉、及过滤后的高汤一起拌炒

甜食

阿雷纳（Aréna）：以杏仁为基底的软蛋糕
利穆赞布莱古（Boulaigous limousins）：大型厚片可丽饼
卡斯穆索（Cassemuseaux）：以鲜奶酪为基底的酥脆饼干，加入朗姆酒、柠檬或橙花纯露调味............................PO
克拉芙堤（Clafoutis）：加入未去核的黑樱桃............................MA, LI
佩里哥茴香可丽饼（Crêpes à l'anis du Périgord）：在可丽饼面液中加入茴香子汁
克雷斯贝（Crespet）：大型蓬松炸饼............BE
克尔索瓦（Creusois）：榛子松软蛋糕
普瓦图白女士蛋糕（Dame blanche du Poitou）/漂浮之岛（Île flflottante）：蛋白霜
芙纽多（Flognarde）：类似克拉芙堤蛋糕，可加或不加水果（主要是苹果与梨子）.........MA, LI
芙罗马杰塔（Fromaget）/杜尔托奶酪蛋糕（Tourteau fromagé）：酥脆挞皮，内馅以新鲜羊奶酪为基底............................PO
烤酥饼（Galette de plomb）：单纯的甜酥饼，以面粉、黄油、牛奶或鲜奶油、鸡蛋为基底............................LI
年轮蛋糕（Gâteau à la broche）：锥形蛋糕，外表许多粗刺形的面身，由蛋糕转动时逐次加入的面液所制成............................BE, PB
栗子蛋糕............................LI, MA
巴斯克蛋糕（Gâteau basque）：外部清淡油酥感，内部带奶味与杏仁香气，充填卡士达酱或樱桃果酱
圣东日蛋糕（Gâteau saintongeais）：松软，内含杏仁
普瓦特韦纳蜂蜜蛋糕（Gâteaux poitevins au miel）：以蜂蜜为基底的扁状小型蛋糕
克里默勒（Grimolle）：一种面衣中包裹苹果块的可丽饼............................PO
精彩饼（Merveille）：贝奈特饼............SO, CH, PO
米拉蛋糕（Millas）：一种以玉米粉为基底的布丁............................CM
尼尼奇（Niniche）：熔岩巧克力蛋糕............BO
发酵蛋糕（Pastis bourrit）：松软的布里欧修蛋糕，以橙花纯露、朗姆酒及茴香调味............................BE, LA
欧罗宏杏仁饼（Russe d'Oloron）：两片以杏仁、榛子及蛋白霜制成饼中充填果仁奶油酱............................BE
凯雅德挞（Tarte à la caillade）：凝乳蛋糕.....LI
尼奥尔炸饼（Tourtisseaux de Niort）............PO
科雷兹杜尔图甜荞麦煎饼（Tourtous corréziens）

其他

阿基坦鱼子酱
醋渍盐角草：当作调味料使用............................CM
小灰蜗牛............................CH
鹅油............................SO
核桃油............................GA, CM
利穆赞欧石楠蜂蜜
布理夫紫芥末酱（Moutarde violette de Brive）：以葡萄浆为基底
贝阿恩的萨利盐（Sel de Salies-de-Béarn）：淡水盐
雷岛（île de Ré）海盐
波尔多葡萄酒醋

糖果与零食

尼欧尔天使当归糖（Angélique de Niort）：糖渍、糖霜、果酱、糖果............................PO
裂木糖（Bois-cassé）：不同香料调味的牛奶糖，外观有如裂开的木头............................CM
普瓦图饼（Broyé du Poitou）：干燥的油酥挞皮制成的糕饼
可丽露（Cannelé）：小巧的蛋糕，外观呈焦糖状，以朗姆酒调味............................BO
卡特兰饼（Cartelin）：烫面松糕............................PO
埃穆洁圣饼（Cène d'Eymoutiers）：轻巧薄脆的糕饼，外观有不同图案花纹............................HV
陈年干邑白兰地巧克力............................CH
巴约巧克力（Chocolat de Bayonne）
圣枝主日公鸡（Coq des Rameaux）：油酥挞皮制成的蛋糕，外观似公鸡，撒上珍珠糖粉............................CR
柯林奈特（Corinette）：长形玛德莲蛋糕......CH
勾女爱饼（Cornuelle）：三角形酥饼，中间有个洞，于圣枝主日时食用............................CH
博尔杏仁脆饼干（Croquant de Bort）：以橙花纯露调味............................CO
波尔多杏仁脆饼干（Croquet de Bordeaux）
美味容扎克（Délicieux de Jonzac）：类似手指饼干............................CH
杜札内（Douzane）：小型卷曲蛋糕，以布里欧修面团制成............................CH
安古兰公爵夫人（Duchesse d'Angoulême）：奶油夹心糕点，内含果仁糖
波尔多的冯宋奈特（Fanchonnette de Bordeaux）：糖果内部充填软糖，也可充填巧克力或是杏仁膏
夏朗德煎饼（Galette charentaise）：又称圣东日（Saintonge），湿润的油酥挞皮制成的糕饼
葛拉维特（Gravette）：来自波尔多：一种以柳橙调味的巧克力，内部充填果仁糖或杏仁膏
吕西尼昂马卡龙（Macaron de Lusignan）............................PO
圣埃米利翁马卡龙（Macaron de Saint-Émilion）
圣让德吕兹马卡龙（Macaron de Saint Jean-de-Luz）............................PB
达克斯玛德莲（Madeleine de Dax）：大型玛德琳，以柠檬调味
圣提里耶玛德琳（Madeleine de Saint Yrieix）：以苦杏仁调味............................HV
安古兰的雏菊（Marguerite d'Angoulême）：做成雏菊外观的巧克力，以糖渍柳橙皮调味
圣莱奥纳尔德诺布拉的杏仁糖膏（Massepain de Saint-Léonard de Noblat）............................HV
朗德（Landes）欧石楠蜂蜜
巴斯克地区（Pays basque）蜂蜜：椴树、栗子树
普瓦图焦糖脆片（Nougatine du Poitou）：糖粉与捣碎的杏仁一起熬煮，外层裹上粉红色糖霜
圣莱奥纳尔（Saint-Léonard-de-Noblat）糖渍小李子............................HV
欧罗宏的胡斯季尔（Rousquille d'Oloron）：外形长得像甜甜圈，以茴香及橙花纯露调味，淋上白色糖霜............................BE
环形松糕（Tortillon）：烫面团制成的糕饼，外观为皇冠状............................AG, PE
巴斯克圆形牛轧糖（Touron basque）
杜提耶水果挞（Tourtière）：薄酥的千层派皮制成的糕点，外层许多皱褶，内部充填苹果或李子............................SO

饮料与酒品

茴香酒............................BO
雅马邑白兰地（Armagnac）............................AOP
巴斯克苹果酒（Cidre basque）：极少带气泡
利穆赞苹果酒（Cidre du Limousin）
干邑白兰地（Cognac）............................IG
核桃利口酒（Liqueur de noix）：绿核桃放在酒精中浸泡，接着加了酒精的葡萄汁或生命之水做混合............................LI, PE
波尔多白兰地（Fine Bordeaux）............................IG
加斯科涅甜葡萄酒（Floc de Gascogne）：粉红酒或白酒............................AOP
以萨哈利口酒（Izarra）：有黄色和绿色，取植物和香料（小豆蔻、当归等）先浸泡再进行蒸馏
尼欧尔当归利口酒（Ligueur d'angélique de Niort）：干邑白兰地，先浸泡再蒸馏............................PO
丽叶葡萄利口酒（Lillet）：分成白丽叶、红丽叶、粉红丽叶，以葡萄酒及水果利口酒制成............................BO

蒲公英利口酒（Liqueur de pissenlit）............ CH

夏朗德皮诺甜酒（Pineau des Charentes）............ AOP

赛夫（Sève）：来自利穆赞，以植物及水果（杏仁、黑刺李核、核桃青果皮）为基底的利口酒

知名人士（评论家、主厨……）

马歇尔·布雷斯丹（Marcel Boulestin，1878—1943），厨师，在英美世界大力推广法式料理，出生于普瓦捷（Poitiers）

厄杰那·布里孚（Eugène Briffault，1799—1854），记者，著有《巴黎餐桌》（Paris à table，1846），出生于佩里哥（Périgueux）

理查·库同梭（Richard Coutanceau，1949—）：拉罗歇尔（La Rochelle）的Richard Coutanceau餐厅；克里斯多福·库同梭（Christopher Coutanceau，1978—）：拉罗歇尔的Christopher Coutanceau餐厅；克雷果里·库同梭（Grégory Coutanceau，1975—）：拉罗歇尔的L'Entracte餐厅

尚·塔罗兹（Jean Darroze，1902—1981）：马尔桑新城（Villeneuve-de-Marsan）的Darroze酒店

梭朗居·卡尔帝吾（Solange Gardillou，1939—）：尚帕尼雅克德伯莱尔（Champagnac-de-Belair）的Le Moulin du Roc餐厅

米歇尔·盖拉德（Michel Guérard，1933—）：厄热涅莱班（Eugénie-les-Bains）的Les Prés d'Eugénie餐厅

马丁·伊巴布尔（Martin Ibarboure，1958）、大卫·伊巴布尔（David Ibarboure，1985—）：盖塔里（Guéthary）的Briketenia餐厅；菲利普·伊巴布尔（Philippe Ibarboure，1950—）、查比·伊巴布尔（Xabi Ibarboure，1982—）及派特里斯·伊巴布尔（Patrice Ibarboure，1986—）：毕达尔（Bidart）的Les frères Ibarboure餐厅

皮耶·拉坎（Pierre Lacam，1836—1902），糕饼师、作家，出生于圣阿芒德贝尔维（Saint Amand-de-Belvès）

罗伯·拉波特（Robert Laporte，1905—1885）、皮耶·拉波特（Pierre Laporte，1931—2002）：比雅里兹（Biarritz）的Le Café de Paris

弗朗索瓦·玛西亚罗（François Massialot，1660？—1733），厨师、作家，出生于利摩日（Limoges）

安德烈·诺耶拉（André Noël，1726—1801），厨师，效力于普鲁士腓特烈二世，出生于佩里哥（Périgueux）

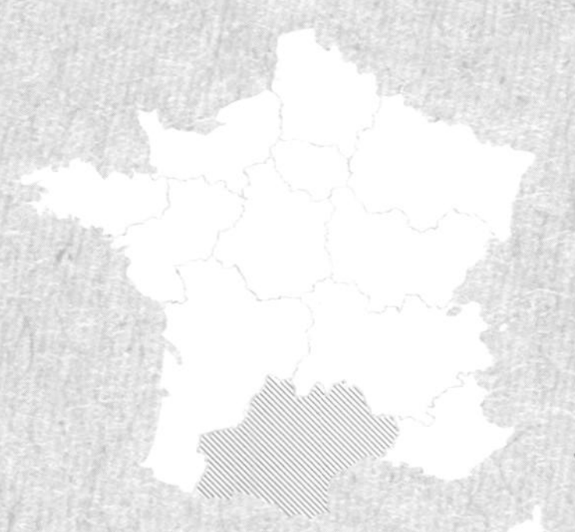

本区精华

奥克西塔尼大区
OCCITANIE

AL：阿尔比（ALBIGEOIS）/AR：阿列日（ARIÈGE）/AU：欧德（AUDE）/AV：阿韦龙（AVEYRON）/BI：比考尔（BIGORRE）/BL：下朗格多克（BASLANGUEDOC）/CA：卡马格（CAMARGUE）/CE：塞文山脉（CÉVENNES）/CH：夏洛兹（CHALOSSE）/CO：科曼日（COMMINGES）/CS：高斯（CAUSSES）/GA：嘉德（GARD）/GC：加斯科涅（GASCOGNE）/GE：热尔（GERS）/HE：埃罗（HÉRAULT）/HG：上加龙省（HAUTE-GARONNE）/HL：上朗格多克（HAUT LANGUEDOC）/HP：上比利牛斯（HAUTES-PYRÉNÉES）/LA：朗德（LANDES）/LL：朗格多克滨海区（LITTORAL LANGUEDOCIEN）/LO：洛泽尔（LOZÈRE）/LT：洛省（LOT）/ML：拉卡尼山区（MONTS DE LACAUNE）/OC：奥克西塔尼（OCCITANIE）/PE：佩里哥（PÉRIGORD）/PO：东比利牛斯（PYRÉNÉES-ORIENTALES）/QU：凯尔西（QUERCY）/RG：鲁埃格（ROUERGUE）/RO：卢西永（ROUSSILLON）/SO：西南区（SUDOUEST）/TA：塔恩（TARN）/TO：图卢兹（TOULOUSE）/TG：塔恩加隆（TARN-ET-GARONNE）

肉品

阿韦龙羔羊............ IGP

洛泽尔羔羊............ IGP

凯尔西羔羊............ IGP

比利牛斯奶羊（Agneau de lait）............ HP IGP

奥贝克牛............ LO, AV

巴雷日加瓦尔涅羊（Barèges-Gavarnie）............ HP

阿基坦金牛（Bœuf blond d'Aquitaine）............ GE, TA, TG

加斯科牛（Bœuf gascon）

洛哈盖（Lauragais）鸡

热尔黑火鸡

奥贝克花朵小母牛（Génisse flfleur d'Aubrac）............ IGP

图卢兹灰鹅

蒙托邦（Montauban）鸽子

西南区猪肉............ IGP

比考尔黑猪............ AOP

塞文山脉鸡肉............ IGP

科萨德黑鸡............ QU

卡马格公牛............ AOP

阿韦龙及塞加拉（Ségala）小牛............ IGP

加泰罗尼亚比利牛斯山的维戴尔牛（Vedell des Pyrénées catalanes）：小牛肉............ IGP

加斯科涅（Gascogne）家禽............ IGP

热尔（Gers）家禽............ IGP

朗格多克家禽............ IGP

洛哈盖家禽............ IGP

皮耶吉（Piège）肥家禽............ AU

蔬果

卢西昂红杏............ AOP

罗曼尼雅（Lomagne）白大蒜............ IGP

罗特列克（Lautrec）粉红大蒜............ IGP

卡杜尔（Cadour）紫大蒜............ AOP

杏仁

卢西昂朝鲜蓟............ IGP

法国南部白芦笋（Asperge blanche du Midi）

沙地芦笋（Asperge des sables）............ LL, CA

热尔绿芦笋............ GE

庐西昂贝亚马铃薯（Béa du Roussillon）：当季马铃薯............ AOP

埃勒讷绿枝西洋芹（Céleri branche vert d'Elne）............ RO

牛肝菌............ GE, HL

塞雷樱桃（Cerise de Céret）

穆瓦萨克的夏萨拉白葡萄（Chasselas de Moissac）............ TG AOP

栗子............ AV, HP

塞文山脉栗子

皱叶菊苣（Chicorée scarole）............ RO

帕米耶的白豆（Coco de Pamiers）............ AR

法式腌黄瓜............ HL

无花果............ BL, HL, RO

尼姆（Nîmes）草莓............ IGP

洛哈盖林果白豆（Haricot lingot du Lauragais）

塔布豆（Haricot tarbais）............ IGP IG

雷克图尔（Lectoure）甜瓜............ GE

凯尔西甜瓜............ IGP

帕尔代扬（Pardailhan）黑芜菁............ HE

凯尔西核桃

西图（Citou）洋葱............ AU

特雷邦（Trébons）甜洋葱............ HP

莱奇尼昂（Lézignan）甜洋葱............ HE

塞文山脉甜洋葱............ AOP

朗格多克卢卡橄榄（Olives lucques du Languedoc）............ AO

尼姆橄榄............ AOP

卢西昂桃子

欧芹

卡尔朗卡（Carlencas）鹰嘴豆............ HE

维甘小皇后苹果（Pomme reinette du Vigan）............ CE

克莱蒙耶罗尔葡萄（Raisin de table de Clermont-l'Hérault）

金黄李子（Reine-claude dorée）............ LT, TG

浆果薯蓣（Tamus Communis / respountsous / tamier）：通常会吃浆果和嫩茎（长得像芦笋）............ AL, RG

卡马格米............ IGP

图卢热紫洋葱（Rouge de Toulouges）............ RO

黑松露............ QU

水产

科利乌尔（Collioure）鳀鱼............ IGP

康吉鳗

灰虾

灰色金头鲷（Daurades grise et royale）

海螺

布齐盖（Bouzigues）与勒卡特（Leucate）生蚝

约尔斯鱼（Jols）：用来油炸的小鱼

海鲈鱼

鲭鱼

鳕鱼

布齐盖淡菜

薄唇鲮鱼

缀锦蛤

鲉鱼

红鲻鱼

沙丁鱼

比目鱼

樱蛤

黑鲔鱼

紫海鞘

面包糕点

彼戴华斯（Biterroise）：以橙花纯露调味的布里欧修............ HE

凯尔西圆形面包（Coque quercinoise）：布里欧修内夹糖渍水果

圣阿芙罗狄兹圆形面包（Coque saint Aphrodise）：以橙花纯露及柠檬调味的布里欧许............ HE

加泰罗尼亚圆形面包（Coques catalanes）............ RO

猪油渣佛卡斯（Fougasse aux fritons）............ BL

阿韦龙佛卡斯（Fougasse aveyronnaise）

艾格莫尔特圣诞佛卡斯（Fougasse de Noël d'Aigues-Mortes）：方形布里欧修，带有强烈橙花香味

利穆蛋糕（Gâteau de Limoux）：皇冠形布里欧修，上面覆盖糖渍水果............ AU

茴香面包（Pain à l'anis）............ AL

博凯尔面包（Pain de Beaucaire）：长方形面包，中间凹陷............ GA

洛代夫面包（Pain paillasse de Lodève）............ HE

油面包（Pompe à l'huile）：使用核桃油或花生油............ AV

茴香圆形大面包（Tourteau à l'anis）：布里欧修皇冠形面包，茴香调味............ RO

肉类与内脏制品

奥德血肠（Boudin audois）：内含内脏及百里香花朵

卡拉巴血肠（Boudin galabar）：大型黑血肠，内馅以猪头肉、内脏为主，偶尔会加洋葱............ SO

布奈特（Bougnette）：包裹在肠衣中的猪肉丸............ AL, AR, HE

坎萨拉达（Cansalada）/萨居（Sagi）：猪油香肠............ RO

库德纳特（Coudenat）：猪皮香肠............ TA

昂布提斯（Embotits）：猪肉肠............ RO

斐巨（Fetge）：猪肝经盐渍及干燥............ AL, AU

弗李冈都（Fricandeau）：猪肉丸............ AU

猪油炸小块内脏（Friton fifin）：内脏经剁碎后放进猪油中油炸............ GC, HL

猪油炸整颗内脏（Friton gros）：整颗内脏、耳朵、舌头............ AV

刚巴究（Gambajo）：风干火腿............ RO

猪耳镶肉：以猪里肌肉及红酒做为馅............ LO

比考尔火腿（Jambon noir deBigorre）............ AOP

拉卡尼干火腿（Jambon sec de Lacaune）：整只干燥火腿............ IDP

奈碎锅（Manoul）：以羔羊胃制成，内部充填羊内脏............ LO

梅尔莎（Melsat）：充填猪内脏、面包和鸡蛋的肉肠............ TA, AV

杜松子猪肝肉酱（Pâté au genièvre）............ LO

加泰罗尼亚猪肝肉酱（Pâté catalan）

一袋白骨（Sac d'os）：猪胃中充填带骨的部位（肋骨、尾巴、耳朵等），以盐渍保存，或盐渍后再干燥............ LO

猪油肠（Saucisse à l'huile）：以猪瘦肉及肥肉制成，放在油脂中保存............ ML, AV

昂迪兹干肠（Saucisse d'Anduze）............ CE

图卢兹香肠（Saucisse de Toulouse）：将猪瘦肉大块剁碎制成的新鲜肉肠

马欧许香肠（Saucisse maôche）：内含蔷莛菜及猪肉............ LO

长竿干燥肉肠（Saucisse sèche à la perche）：以猪瘦肉、肥肉为基底，卷在长竿上干燥............ ML, AV

拉科纳干肠（Saucisson de Lacaune）：瘦肉为主，但有加肥肉丁............ ML, TA

瓦拉布赖格肉肠（Saucisson de Vallabrègues）：以牛肉和猪肉为内馅，干燥并烟熏............ GA

收获季节肉肠（Saucisson des moissons）：大型的干燥肉肠，成蛋形，以猪肥肉和瘦肉为基底............ LO

羊胃内脏包（Trenel）：羔羊胃，充填猪大腿及猪胸肉为内馅............ AV

鲁埃格牛肚（Tripous du Rouergue）：牛肚中充填内脏及火腿肉

奶酪及乳制品

高斯蓝纹奶酪（Bleu des Causses）............ AV, LT, LO AOP

卡贝谷奶酪（Cabécou）............ QU, RG

拉基奥尔奶酪（Laguiole）…… AV, LO AOP
佩拉东奶酪（Pélardon）…… CE, CS AOP
佩拉伊奶酪（Pérail）…… AV, TA, CS
罗卡马杜奶酪（Rocamadour）…… QU AOP
洛克福奶酪（Roquefort）…… AV AOP
库瑟朗牛乳多姆奶酪（Tome au lait cru du Couserans）…… AR
巴鲁斯多姆奶酪（Tome de Barousse）…… HP
洛泽尔多姆奶酪（Tome de Lozère）
比利牛斯山多姆奶酪（Tomme des Pyrénées）…… IGP

咸食

蒜泥小牛肉（Aillade de veau）：蒜味相当重的炖菜，加入新鲜番茄或番茄…… GC
蒜泥蛋黄酱（Aillolis）…… LL
奥贝克奶酪马铃薯泥锅（Aligot de l'Aubrac）：非常黏稠的奶酪泥，以新鲜的多姆奶酪制成
加泰罗尼亚式鳀鱼（Anchois à la catalane）：加入条状的煮熟红椒、剁碎大蒜及欧芹
阿兹纳（Azinat）：炖汤，加蔬菜（卷心菜、胡萝卜、马铃薯等）以及猪脚…… AR
蒙彼利埃黄油（Beurre de Montpellier）：加入水田芹、龙蒿、欧芹、雪维菜及菠菜，搭配鱼类料理
碎肉丸子（Boles de picolat）：牛绞肉做的肉丸，与番茄糊、肥猪肉、火腿、橄榄、洋葱和白豆一起炖煮…… RO
塞特式蒜泥蛋黄酱鮟鱇鱼汤（Bourride de baudroie à la sétoise）：炖汤中加入韭葱、胡萝卜、莙荙菜、洋葱
尼姆奶油烤鳕鱼（Brandade de Nîmes）
布里纳达（Bullinada）：类似马赛鱼汤，加鲈鱼、鮟鱇鱼、鲉鱼等，还有马铃薯及肥猪肉…… RO
卡勾拉（Cargolada）：在火炭中烧烤的蜗牛，装满熔化的肥猪肉，跟涂上蒜泥蛋黄酱的面包片一起食用…… RO
卡斯泰尔诺达里的卡酥来锅（Cassoulet de Castelnaudary）：来自图卢兹及卡尔卡松
牛肝菌炒欧芹：加大蒜调和油醋酱调味…… HG
卡欧葡萄酒炒鹅肉（Civet d'oie au vin de Cahors）：以红酒腌制鹅肉块，加洋葱、大蒜、腌制酱汁、培根肉一起炖煮，上桌前加入拌炒过的羊肚菌
卡马格酒汁鮟鱇鱼锅（Civet de lotte camarguaise）：使用以红酒、红葱、洋葱为基底的酱汁烹调鮟鱇鱼，最后在酱汁中加入乌贼墨汁调味
油封鹅肉或油封鸭肉…… GE, HG, LT
鹅颈镶肉（Cou d'oie farci）：内馅使用鹅肉和内脏…… GE, HG, LT
朗格多克白酒金头雕鱼：加入番茄、大蒜、红葱、洋葱
塞特式乌贼镶肉（Encornets farcis à la sétoise）：肉馅使用猪肉及小牛肉
埃斯卡古伊雅德（Escargouillade）：蜗牛放进以火腿、洋葱、红葱、白酒、大蒜制成的酱汁中烹调…… CO, AR
埃斯多伐（Estofat）：肉品放进红酒中腌制，再与不同的食材一起焖煮，包括肥猪肉、洋葱、番茄、大蒜、马铃薯、新鲜蘑菇…… RO
鳕鱼干马铃薯泥（Estofinado rouergat）：鳕鱼干重新泡水后撕成碎片，跟捣碎的马铃薯、鲜奶油、大蒜混合均匀
加斯科涅牛肝菌佐鳕鱼干马铃薯泥：与白酒、火腿、大蒜一起炖煮
埃思多伐阿帕美安（Estouffat appaméen）：帕米尔白豆与生火腿、胡萝卜、肥猪肉、大蒜、番茄一起炖煮
埃斯帕利翁煎饼（Falette d'Espalion）：小牛胸镶肉，加入莙荙菜、火腿、肥猪肉、栗子，切成片状食用…… AV
伏列克（Flèque）：马铃薯炖锅，加入猪胸肉、百里香、月桂叶，用小火慢炖…… LO
鹅肝或鸭肝…… CH, GC, GE, LA, PE, QU
西南区熟鸭肝…… IGP
利穆炖猪肉锅（Fricassée de porc de Limoux）：瘦肉、猪肝、猪腰子、火腿，加入白酒、洋葱、大蒜、浓缩番茄糊一起小火慢炖，与白腰豆一起上桌食用
腌肉菜汤（Garbure）：大块切碎的蔬菜炖汤，通常会油封鹅肉或油封鸭肉…… GE, BI
卡蒂安公牛炖肉锅（Gardiane de taureau）：腌料使用红酒、洋葱、大蒜、西洋芹、胡萝卜、柳橙果皮，与卡马格米一起食用…… CA
阿尔比牛肚（Gras-double à l'albigeoise）：牛肚放进蔬菜高汤中烹调，接着与生火腿绞肉混合，加入番红花调味
辣汁烤野兔（Lièvre en saupiquet）：淋上索毕格辣酱（sauce piquante），一种以大蒜、洋葱、醋及酒为基底的辣酱汁…… RG
拉葛斯踏达（Llagostada）：酒汁炒龙虾，加黄洋葱、大蒜、番茄、生火腿、贝雍酒醋等
比考尔的马塞卡纳（Massacanat de Bigorre）：加入小牛肉的大型欧姆蛋
米拉（Millas）：以玉米粉为基底，甜食或咸食皆可…… OC
塞特式淡菜镶肉（Moules farcies à la sétoise）：内馅使用猪肉及小牛肉，放进加了诺利帕特（Noilly Prat）香艾酒的番茄酱中烹煮
胡耶嘉的穆塔祐乐（Mourtayrol rouergat）：蔬菜炖肉火上锅，加入火腿、牛肉、白菜、胡萝卜、白萝卜
欧拉达（Ollada）：炖锅，主要使用猪肉、肥猪肉，加入马铃薯、卷心菜、胡萝卜、韭葱、干燥菜豆…… RO
佩泽纳小馅饼（Petits pâtés de Pézenas）：圆柱形的馅饼，内部充填带甜味的绵羊肉酱
图卢兹式小母鸡（Poularde à la toulousaine）：内部充填小母鸡内脏碎、图卢兹香肠、大蒜，加入白酒、洋葱、番茄，放进炖锅中烹调
红酒炖肉（Pouteille）：牛肉、猪脚、红葱、马铃薯，在葡萄酒中烹调…… LO
胡左拉（Rouzole）：以火腿、猪肥膘、肚皮肉为内馅的馅饼…… AR
塞特红汤（Soupe rouge de Sète）：以小型鱼类及小贝湖泊螃蟹为基底
沙丁鱼挞：加入洋葱及番茄…… BL
圣吉里斯式公牛（Taureau à la saint gilloise）：公牛的肉排放进橄榄油及香料中腌制，淋上调和了胡椒盐酱汁及橄榄酱的调味…… CA
杜杭（Tourin）：一种以大蒜、鹅油、鼠尾草为基底的汤品，图卢兹的煮法是在汤中加入蛋白
娑罗门参家禽馅饼…… QU, RG

甜食

吉卜赛手臂（Bras de gitan）：热那亚海绵蛋糕充填加了柠檬味的卡士达酱…… RO
姑姑捏糖（Cougnettes）：果仁裹上杏仁糕和巧克力的圆形糖果…… LT
古贝拢德（Coupétade）：硬面包浸过牛奶后，与布丁馅混合，加入李子或是水果干…… LO
加泰罗尼亚布丁（Crème catalane）：牛奶、鸡蛋、糖、玉米淀粉
库斯塔（Croustade）/ 帕斯提脆皮苹果派（Pastis gascon aux pommes）…… GE, LT
芙隆纳（Flône）：内馅以羊奶奶酪为基底，加热母羊乳清制成…… AV, TA
年轮蛋糕（Gâteau à la broche）：锥形蛋糕，外表许多粗刺形的面身，由蛋糕转动时逐次加入的面液所制成…… AV, HP
葛洛里雅（Gloria）：萨瓦蛋糕，加入柠檬及杏仁调味…… AU
蒙巴藏的马瑟邦小馅饼（Massepain de Montbazens）：未加任何油脂的饼干…… AV
南瓜米拉苏（Milhassou au potiron）…… HG
米拉（Millas）：一种以玉米粉为基底的布丁，甜食或咸食皆可…… CG
朗格多克欧雷特炸甜蛋酥（Oreillette）：以柠檬或橙花纯露调味的炸饼
油炸千层酥（Rissole）：酥脆挞皮做成的卷边果酱饼，咸食或甜食皆可；在阿韦龙区会加入李子
马西雅克的太阳（Soleil de Marcillac）：太阳形状的杏仁粉蛋糕…… AV
昂卡拉奶酪塔（Tarte à l'encalat）：酥脆挞皮为底座，甜内馅以牛凝乳为基底…… AV

其他

小灰蜗牛
尼姆橄榄油…… BL AOP
核桃油…… HL
海盐…… CA, AU

糖果与零食

卡斯泰尔诺达里的哈利路亚泡芙（Alléluia de Castelnaudary）
科特雷特水果糖（Berlingot de Cauterets）…… HP
佩泽纳斯水果糖（Berlingot de Pézenas）…… HE
甘草糖果…… HE
甘草软糖（Cachou Lajaunie）…… TO
科尔德杏仁脆饼（Croquant de Cordes）：加入整片杏仁…… TA
芒德杏仁脆饼（Croquant de Mende）…… LO
维拉黑杏仁脆饼（Croquant Villaret）：加入杏仁、橙花纯露、柠檬…… GA
于泽斯松软酥脆饼干（Croquignole d'Uzès）：内部包裹杏仁或是榛子…… GA
科尔德苦尔贝雷卷饼（Curbelet de Cordes）：非常薄的薄饼卷成细长圆筒状…… TA
埃斯卡莱特（Escalette）：表面有花纹的薄松饼…… HE
阿勒比中空圆松糕（Gimblette d'Albi）
蒙佩利尔弹珠糖（Grisette de Montpellier）：以蜂蜜及甘草制成的小糖球
纳尔本蜂蜜（Miel de Narbonne）：迷迭香花蜜
塞文山脉蜂蜜：刺槐花、白色欧石楠花、帚石楠花、杉树树蜜…… IGP
米奈尔芙（Minerve）/米奈尔维特（Minervette）：表面涂上糖霜的布里欧修…… GA
阿尔比那维特饼干（Navette albigeoise）：甜酥挞皮制成的菱形饼干，以整片杏仁装饰
利穆牛轧糖（Nougat de Limoux）…… AU
佩布拉（Pébradou）：卷成环状的麻花饼，加盐和胡椒…… AU
小尚努饼干（Petit jeannot）：加了大茴香的三角形小饼干
胡斯季尔（Rousquille）：环形蛋糕，外层覆盖糖霜…… RO
杜宏（Tourons）：软质或硬质的牛轧糖…… RO
图卢兹紫罗兰花糖（Violette de Toulouse）：花朵放进糖浆中熬煮至焦糖化

饮料与烈酒

雅马邑白兰地（Armagnac）…… AOP
皮尔香艾酒（Byrrh）…… PO
嘉丽娜（Cartagène）：添加酒精的未发酵葡萄汁…… BL
贝济耶的卡达侯斯（Cataroise de Béziers）：添加酒精的未发酵葡萄汁
核桃奶油甜酒（Crème de noix）…… AU
朗格多克渣酿白兰地（Eau-de-vie de marc du Languedoc）…… IG
李子白兰地（Eau-de-vie de prune）…… QU
朗格多克葡萄酒白兰地（Eau-de-vie de vin du Languedoc）
佛杰尔上等白兰地（Fine-Faugères）…… IG
加斯科涅甜葡萄酒（Floc de Gascogne）…… GE AOP
奥贝克龙胆草酒（Gentiane d'Aubrac）
彭塔斯托尔布柠檬汽水（Limonade de Fontestorbes）…… AR
米拉柠檬气水（Limonette Milles）…… PO
核桃利口酒（Liqueur de noix）…… QU, RG
米歇尔林（Micheline）：植物萃取利口酒…… AU
诺利帕特（Noilly Prat）：香艾酒…… HE
奥尔齐纳（Or-Kina）：香艾酒…… AU

知名人士

米歇尔·布拉斯（Michel Bras，1946—）、赛巴斯汀·布拉斯（Sébastien Bras，1971—）：拉基奥尔（Laguiole）的 Michel et Sébastien Bras 餐厅
维克多·柯斯特（Victor Coste，1807—1873），生蚝养殖创始者，出生于卡斯特里耶（Castries）
安德烈·达冈（André Daguin，1935—）：经营法国酒店，法国料理大使，出生于奥什（Auch）
荷内·德尚（René Déjean，?—1936）：圣戈当（Saint-Gaudens）的 Le Comminges 餐厅
查理·杜杭（Charles Durand，1756—1854），尼姆厨师，著作有《杜杭厨师》，率先介绍法国区域料理的早期经典书籍
米歇尔·凯瑟（Michel Kayser，1955—）：加龙（Garons）的 Alexandre 餐厅
吕西昂·瓦内拉（Lucien Vanel，1928—2010）：图卢兹（Toulouse）的 Le Restaurant Vanel 餐厅

本区精华

卢瓦尔河流域区
PAYS DE LA LOIRE

AN：安茹（ANJOU）/ LA：大西洋卢瓦尔省（LOIRE ATLANTIQUE）/ MA：曼恩（MAINE）/ SA：萨尔特（SARTHE）/ VE：旺代（VENDÉE）/ YE：约岛（ÎLE D'YEU）

肉品

旺代牛…… IGP
曼恩牛…… IGP
曼恩安茹牛（Maine-Anjou）…… AOP
卢埃（Loué）鸡蛋…… IGP
安茹鹅…… IGP
萨尔特猪…… IGP
旺代猪…… IGP
卢埃农场鸡
昂瑟尼（Ancenis）家禽…… IGP
沙朗（Challans）家禽：鸭子、阉鸡、黑鸡…… IGP IG
绍莱（Cholet）家禽…… IGP
旺代家禽…… IGP
曼恩家禽…… IGP

蔬果

南特胡萝卜（Carotte nantaise）
蘑菇…… AN
安茹卷叶菊苣
南特羊莴苣（Mâche nantaise）…… IGP
旺代白扁豆（Mogette de Vendée）…… IGP
马泽（Mazé）洋葱…… AN
世纪梨（Poire doyenné du comice）…… AN
诺穆提耶（Noirmoutier）马铃薯
压扁的整颗苹果干（Pomme tapée）…… AN
曼恩小皇后苹果（Reinette du Mans）

水产
西鲱鱼
鳗鱼
梭子鱼
幼鳗
勒夸西客（Croisic）乌蛤
旺代大西洋（Vendée-Atlantique）生蚝
七鳃鳗
布修淡菜
白梭吻鲈鱼
油渍沙丁鱼
沙布莱斯比目鱼（Sole sablaise）

面包糕点
旺代布里欧修（Brioche vendéenne）：加香料、白兰地、橙花纯露调味……IGP
南特弗亚斯（Fouace nantaise）：六角星形发酵面包
安茹窑烤口袋面包（Fouée d'Anjou）：圆形中间凹陷的面包
旺代卡须面包（Gâche vendéenne）：比旺代布里欧修还要甜，有鲜奶油馅
佩莱芙（Préfou）：扁平咸味面包，内部充填大蒜黄油……VE
南特牛奶面包（Tourton nantais）

肉类及内脏制品
旺代下水汤（Fressure vendéenne）：肉类及内脏炖锅
沟格（Gogue）：蔬菜血肠……AN, LA
旺代肉酱（Grillon vendéen）：猪胸肉切块放进熬熟的猪油中油渍
旺代生火腿（Jambon de Vendée）
山扁豆猪肉酱（Pâté de casse）……AN, LA
安茹里攸（Rillaud d'Anjou）：猪胸肉块放进猪油中烹调
密斯卡岱葡萄酒香肠（Saucisse au muscadet）……LA

奶酪及乳制品
新鲜凝乳奶酪
辅祭奶酪（Fromage du curé）……LA
拉瓦拉特拉普奶酪（Trappe-de-Laval）……MA
波特莎露奶酪（Véritable Port-Salut）……MA

咸食
西鲱鱼镶酸模
安茹式朝鲜蓟镶肉（Artichauts farcis à l'angevine）：加入蘑菇，放进白酒中炖煮
巴尔达特（Bardatte）：卷心菜镶野兔肉……LA
卢瓦尔布伊莱图雷（Bouilleture de la Loire）：酒汁炖鳗鱼
梭鲈佐奶油白酱
旺代卷心菜（Chouée vendéenne）：春季卷心菜佐肥猪肉
幼鳗欧姆蛋……LA
蒙索罗烤小牛臀肉（Cul de veau à la Montsoreau）……AN
安茹鸡肉炖锅（Fricassée de poulet à l'angevine）：加入白酒、蘑菇、法式酸奶油
炸王筋鱼……VE
鲜奶油蛙腿（Grenouilles des marais à la crème）……VE
南特猪脚（Jambonneau à la nantaise）：蔬菜炖肉锅
南特肥猪肉：小火煨过的猪肋排，与猪皮及内脏放进烤箱烘烤
旺代式野兔（Lièvre à la vendéenne）：放进红酒中炖煮
牛奶努纪雅德（Nouzillards au lait）：牛奶煮栗子……AN

旺代兔肉酱（Pâté de lapin vendéen）：加入小牛前腿肉及旺代火腿
波提宏内（Potironnée）：旺代南瓜汤
博日式小牛腰子（Rognons de veau à la Baugé）：加入红葱、白酒、蘑菇
小皇后苹果烤猪肉……SA
木薯粉粥（Soupe au tapioca）：以鸡高汤或牛高汤为底
皮尔雄汤（Soupe aux piochons）：圆形嫩叶卷心菜汤
约岛（Île d'Yeu）鱼汤

甜食
安茹白奶酪（Crémet d'Anjou）：以法式酸奶油、白奶酪及打发的蛋白来制作
菲雍布丁（Fion）……VE
弗提马松（Foutimasson）：贝奈特饼，橙花纯露调味……VE
杜埃拉丰坦烤饼（Galette de Doué-la Fontaine）：油酥挞皮制成的大型糕点……AN
密努特蛋糕（Gâteau minute）……VE
南特蛋糕（Gâteau nantais）：加了以朗姆酒调味的杏仁膏
昂热李子挞（Pâté aux prunes d'Angers）

其他
布列塔尼黑麦面粉……IGP
核桃油……AN
盐角草……LA
盖朗德（Guérande）灰盐与盐花……IGP
诺穆提耶（Noirmoutier）盐

糖果与零食
南特水果糖（Berlingot nantais）：不同香味的水果糖
南特水果夹心糖（Rigolette nantaise）
富瓦的弗朗索瓦丝（Françoise de Foix）：巧克力球，内含加了果仁糖的甘纳许及朗姆酒葡萄……LA
圣杰诺雷奶油饼干（Galette de Saint Guénolé）……LA
穆济永小饼干（Petit mouzillon）……LA
板岩巧克力（Quernon d'ardoise）……AN
萨布雷的沙布利饼干（Sablé de Sablé）……SA

饮料与烈酒
卡尔瓦多斯苹果酒（Calvados）、冬冯泰卡尔瓦多斯（Calvados domfrontais）……IG
苹果酒（Cidre）
布列塔尼苹果酒（Cidre de Bretagne）……IGP
诺曼底苹果酒（Cidre de Normandie）……IGP
君度橙（Cointreau）：甜橙及苦橙利口酒……AN
安茹黑醋栗甜酒（Crème de cassis d'Anjou）
苹果酒及梨子酒白兰地（Eau-de-vie de cidre et de poiré）
布列塔尼苹果酒白兰地（Eau-de-vie de cidre de Bretagne）……IG
诺曼底梨子酒白兰地（Eau-de-vie de poiré De Normandie）……IG
樱桃利口酒（Guignolet）……AN
卡莫克（Kamok）：咖啡利口酒……VE
薄荷巴斯蒂（Menthe-Pastille）：胡椒薄荷利口酒……AN
梨子酒（Poiré）……MA
冬冯泰梨子酒（Poiré Domfront）……AOP
布列塔尼苹果餐前酒（Pommeau de Bretagne）……IG
诺曼底苹果餐前酒（Pommeau de Normandie）……IG
曼恩苹果餐前酒（Pommeau du Maine）……IG

知名人物
库诺斯基（Curnonsky），本名莫理斯·爱德蒙·赛央（Maurice Edmond Sailland, 1872—1956），出生于昂热（Angers）的美食评论家
查理·蒙瑟垒（Charles Monselet, 1825—1888），出生于南特（Nantes）的美食作家

本区精华

普罗旺斯–阿尔卑斯–蔚蓝海岸大区
PROVENCE - ALPES-CÔTE D'AZUR

AL：阿尔皮耶山（ALPILLES）/ AP：上普罗旺斯阿尔卑斯（ALPES DE HAUTE PROVENCE）/ CA：卡马格（CAMARGUE）/ CV：教宗领地（COMTAT VENAISSIN）/ DA：多菲内（DAUPHINÉ）/ HP：上普罗旺斯（HAUTE PROVENCE）/ NI：尼斯（NICE）/ PN：尼斯地区（PAYS NIÇOIS）/ PR：普罗旺斯（PROVENCE）/ VA：瓦尔（VAR）

肉品
西斯特龙（Cisteron）羔羊……IGP
小羔羊
卡马格公牛……AO

蔬菜
粉红波曼杏桃（Abricot poman rosé）
大蒜
普罗旺斯紫色朝鲜蓟
洛里（Lauris）芦笋
罗勒
尼斯莙荙菜
刺苞菜蓟
青葱（Cébette）：葱和洋葱混种的小洋葱
卷叶菊苣
沙托雷纳尔的春季卷心菜（Chou pointu de Châteaurenard）
苹果酒
芒通（Menton）柠檬
普罗旺斯榅桲
尼斯长形或圆形西葫芦及西葫芦花朵
索利耶蓬黑无花果（Bourjassote noire de Solliès）……AOP
塔拉斯孔灰色无花果（Figue grise de Tarascon）
卡庞特拉（Carpentras）草莓
佩兰德卡罗斯的草莓（Fraises du plan de Carros）
埃拉盖豆（Haricot coco rose d'Eyragues）
普罗旺斯香草：百里香、迷迭香、牛至、香薄荷、药用鼠尾草
普罗旺斯麝香柿子（Kaki muscat de Provence）
厚叶莴苣（Laitue grasse）
瓦尔栗子
卡瓦永（Cavaillon）甜瓜

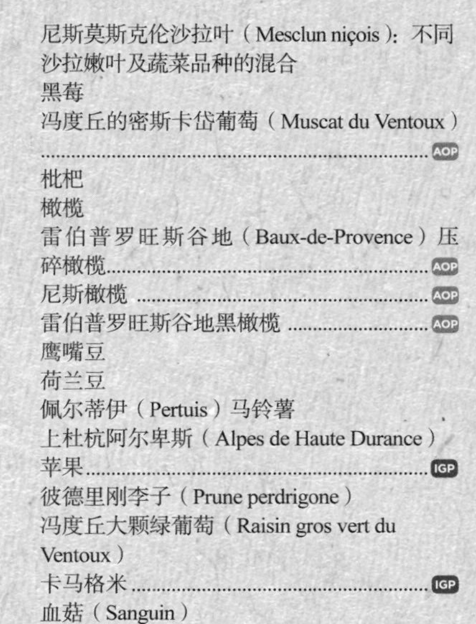

尼斯莫斯克伦沙拉叶（Mesclun niçois）：不同沙拉嫩叶及蔬菜品种的混合
黑莓
冯度丘的密斯卡岱葡萄（Muscat du Ventoux）……AOP
枇杷
橄榄
雷伯普罗旺斯谷地（Baux-de-Provence）压碎橄榄……AOP
尼斯橄榄……AOP
雷伯普罗旺斯谷地黑橄榄……AOP
鹰嘴豆
荷兰豆
佩尔蒂伊（Pertuis）马铃薯
上杜杭阿尔卑斯（Alpes de Haute Durance）苹果……IGP
彼德里刚李子（Prune perdrigone）
冯度丘大颗绿葡萄（Raisin gros vert du Ventoux）
卡马格米……IGP
血菇（Sanguin）
冬季黑松露

水产
鳀鱼
鳗鱼
鮟鱇鱼
蝉虾
金头鲷
乌贼、墨鱼、章鱼
小绿蟹（Favouille）
康吉鳗
鲈鱼
薄唇鲅鱼
紫菜
岩岸小鱼
马尔提格的布塔尔格（Poutargue de Martigues）：腌乌鱼子
鲂仔鱼（Poutine）：沙丁鱼和鳀鱼的鱼苗
鲉鱼
纵带羊鱼
日本海鲂
沙丁鱼
樱蛤
黑鲔鱼
紫海鞘

面包糕点
佛卡斯（Fougasse）……PR
佛卡斯特（Fougassette）：甜味佛卡斯，以橙花纯露调味……PR
艾克斯面包（Pain d'Aix）……PR
油面包（Pompe à l'huile）：加很多橄榄油做的面包……PR
托蒂雅德（Tortillade）：布里欧修……PR

肉类及内脏制品
卡列猪杂肉丸（Caillette）：内含莙荙菜或菠菜……VA
穆图内斯（Moutounesse）：干燥盐渍的羔羊肉，有时经过烟熏（生炭）……AP
亚尔风干火腿（Saucisson d'Arles）

奶酪及乳制品
巴侬奶酪（Banon）……DA, HP AOP
凯拉蓝纹奶酪（Bleu du Queyras）……DA
罗夫布鲁斯奶酪（Brousse du Rove）……PR
卡歇尔（Cachaille）：混合不同奶酪及白兰地……PR, PN
尚普索（Champsaur）、威苏比（Vésubie）、凯拉（Queyras）多姆奶酪……DA, HP
亚尔多姆奶酪（Tomme d'Arles）

咸食
酥炸小鱼
鳀鱼酱（Anchoïade）：混合鳀鱼、大蒜和油脂，涂抹在面包上食用......PR
朝鲜蓟镶肉（Artichauts à la barigoule）：小型的朝鲜蓟用炖锅烹调，加入洋葱、红葱及红萝卜......PR,AL
马赛鱼汤（Bouillabaisse）：以岩岸小鱼及其他不同种类（主要是鲉鱼、康吉鳗）为基底，加入韭葱、洋葱、番茄与蒜泥蛋黄酱一起搭配食用......PR
独眼马赛鱼汤（Bouillabaisse borgne）：加了马铃薯、韭葱、洋葱、番茄及数颗水煮蛋
卷心菜肉卷（Chou farci）：大颗卷心菜内部充填肉馅，肉馅以肥猪肉、大蒜、卷心菜心、莙荙菜、猪绞肉、米、洋葱、豌豆、番茄、数颗鸡蛋及香料制成......PR
普罗旺斯顿牛肉（Daube de bœuf à la provençale）：在炖锅中加入用白酒和油腌制的肥猪肉、番茄、橄榄、小白洋葱、大蒜等
阿维尼翁炖羊肉（Daube de mouton à l'avignonnaise）：羊肩肉放进腌料中腌渍，腌料以油脂、白酒、洋葱、胡萝卜、香料为基底全部放进炖锅中烹调
普罗旺斯炖野猪肉（Daube de sanglier à la provençale）：肉品放进红酒、油脂及醋的酱汁中腌渍，在炖锅中加入肥猪肉及腌料汁
鲷鱼佐海胆：加入以海胆为基底的酱汁......PR
土伦式埃斯基纳多（Esquinado à la toulonnaise）：以黄道蟹（当地人称之为“埃斯基纳多”）为基底，加入洋葱、酸豆、大蒜、鸡蛋，装在蟹壳中食用
巴赛隆奈特羊腿炸饼（Fritots de pieds d'agneau de Barcelonnette）：放在油中腌渍，裹上面包粉后油炸......PR
烤鲅鱇鱼和鳕鱼：加入甜椒、茄子、西葫芦、红葱头、白酒......PR
面疙瘩（Gnocchi）：以马铃薯为基底的小面团......NI
蒜泥蛋黄酱大冷盘（Grand aïol）：蒜泥蛋黄酱搭配水煮鳕鱼、水煮蛋、胡萝卜、花椰菜、马铃薯、以胡椒调味的朝鲜蓟......PR
布里尼奥勒式炖兔肉（Lapin en paquets à la brignolaise）：兔肉加红葱、番茄、肥猪肉、大蒜，放进烤箱烘烤盐渍鲈鱼：以快煮蔬菜高汤烹调，加入索孙酱汁（鳀鱼、杏仁、茴香及薄荷）......PR
梅列胡椒酱（Mélets au poivre）：以小鳀鱼为基底的调味料......PR
鳕鱼佐哈伊朵酱（Morue en raïto）：以番茄、红酒、橄榄、酸豆制成的浓厚酱汁......PR
尼斯法式三明治（Pan bagnat）：小圆面包中间包裹一种类似尼斯沙拉的食材......PN
鹰嘴豆炸糕（Panisse）......PR, PN
绿面（Pâtes vertes）：加入香草制成的面条......PN, AP
羊瘤胃包羊蹄（Pieds et paquets）：将羊内脏及羊脚包在胃袋中进行烹调......PR
尼斯洋葱挞（Pissaladière）：以洋葱及咸鱼酱为基底的薄派......PN
咸鱼酱（Pissalat）：现在大多使用沙丁鱼苗来制作，至于其他“真正的”鳀鱼酱则是使用盐渍过的鳀鱼来制作......PN
波伦塔（Polenta）：玉米粥......PN
茴香酒炖鸡（Poulet au pastis）：鸡肉以茴香酒、油脂、番红花腌制，加入洋葱、番茄、马铃薯一起炖煮，并蘸着大蒜、辣椒、马铃薯、鸡肝和鸡油做的酱汁食用......PR
尼斯炖菜（Ratatouille niçoise）：加入番茄、茄子、绿甜椒、洋葱、西葫芦，分开个别料理
面饺（Raviole）：南瓜面饺、福尔斯面饺（ravioles de Fours）、尼斯面饺（加入莙荙菜和炖肉）......PN
尼斯式纵带羊鱼：用炒锅炒熟鱼肉之后，再和番茄一起进烤箱烤
尼斯沙拉（Salade niçoise）：加番茄、白煮蛋、鳀鱼、青椒、白洋葱、黑橄榄
橄榄烤野鸭（Sarcelle aux olives）：野鸭内塞肥猪肉、欧芹、橄榄、白兰地等馅料......PR
沙丁鱼镶菠菜：用菠菜、鳀鱼片、大蒜、欧芹做成馅料......PR
埃斯塔克式乌贼：在炖锅中加入乌贼、番茄、大蒜、白酒炖煮
尼斯索卡煎饼（Socca）/土伦卡德煎饼（Cade）：鹰嘴豆粉做成的煎饼
普罗旺斯青酱汤（Soupe au pistou）：在汤锅里加入各式蔬菜（以白豆为主）和面条，混合用罗勒、橄榄油和大蒜做成的普罗旺斯青酱而成
淡菜汤：内含洋葱、番茄、细面、番红花......PR
尼斯马齿苋汤：内含马铃薯、韭葱、马齿苋鸡蛋宽扁面（Taillerin）......AP
酸豆橄榄酱（Tapenade）......PR
卡庞特拉焗烤波菜（Tian d'épinards de Carpentras）：用牛奶、面粉、大蒜、欧芹做成面糊，撒上面包屑后进烤箱烤
普罗旺斯烤番茄：切半的番茄上放大蒜、欧芹和面包屑进烤箱烤
南瓜咸馅饼......PR
尚普索咸馅饼（Tourton du Champsaur）：内含蔬菜和奶酪的炸饼，也有甜的口味......DA
图查蔬菜煎蛋（Trouchia）：类似欧姆蛋，内含莙荙菜（普罗旺斯方言称 bléa）、蛋、帕马森干酪、雪维菜、欧芹......PN

甜食
富雷吉奇奇炸饼（Chichi-frégi）：长条形的炸饼，起锅后裹上糖粒......PR
国王蛋糕（Gâteau des rois）：圆形中空布里欧修蛋糕，表面有糖渍水果......PR
欧雷特炸甜蛋酥（Oreillette）......PR
松子米布丁（Riz aux pignons）：牛奶和米饭做成的甜布丁，内含松子与糖渍水果......PN
圣托佩圆蛋糕（Tarte tropézienne）：布里欧修口感，由鲜奶油和卡士达酱混合而成的夹心
烤牛奶布丁（Tian au lait）：加入朗姆酒和橙花纯露的布丁......PR
莙荙菜馅饼（Tourte de bléa）：内含莙荙菜、糖、苹果、葡萄干、松子......PN

其他
橙花纯露
橄榄油
艾克斯普罗旺斯橄榄油、上普罗旺斯橄榄油、普罗旺斯雷伯堡橄榄油、尼永橄榄油、尼斯橄榄油、橄榄油......AOP
上普罗旺斯斯佩尔特小麦......IGP
上普罗旺斯斯佩尔特小麦粉......IGP
卡马格盐（Sel de Camargue）
史匹勾乐（Spigol）：用辣椒、姜黄、番红花制成的综合香料
卡庞特拉椴树花草茶（Tilleul de Carpentras）

糖果与零食
卡庞特拉水果糖（Berlingot de Carpentras）：三角硬糖果，以糖浆和糖渍水果做成
艾克斯的卡里颂杏仁饼（Calisson d'Aix）
喜哥棒棒糖（Chique）......PR
柑橘果酱......PN
杜松子果酱......AP
蛋白脆饼（Croquant）：内含杏仁与蜂蜜
阿普特糖渍水果（Fruits confifits d'Apt）
普罗旺斯蜂蜜：板栗蜂蜜、欧石楠蜂蜜、薰衣草蜂蜜......IGP
梭子饼（Navette）：带橙花香味的硬饼干......PR
白牛轧糖......PR
黑牛轧糖......PR
阿洛特蜜糖（Suce-miel d'Allauch）：带状蜂蜜糖糕
艾克斯小酥饼（Biscotin d'Aix）：有橙花香味小圆油酥饼干
布拉萨多（Brassadeau）：圆形中空面包......CV

饮料与烈酒
弗里戈莱（Frigolet）：植物酿制的利口酒，内含百里香、迷迭香......PR
雷丽娜（Lérina）：有绿色和黄色，植物酿制的利口酒......PR
香草利口酒（Liqueur de génépi）......AP
茴香酒：知名品牌有利加（Pastis Ricard）、保乐（Pernod）......PR
墨角兰利口酒（Origan du Comtat）
圣诞烧酒（Vin cuit de Noël）：葡萄酒渣加热发酵而成......PR

知名人物
海伦·巴哈勒（Hélène Barale，1916—2006）：尼斯的Barale餐厅
文森·布端（Vincent Baudoin，1899—1993）：昂蒂布（Antibes）的 La Bonne Auberge 餐厅
雷昂·布什斯（Léon Brisse，1813—1876），人称布什斯男爵（Baron Brisse），出生于热芒奥（Gémenos）的美食作家
尚安德烈·夏希亚勒（Jean-André Charial，1945— ）：普罗旺斯雷伯堡（Baux-de Provence）的 L'Oustau de Baumanière 餐厅
余尔班·杜布瓦（Urbain Dubois，1818—1901）：出生于特雷（Trets）的名厨
安德烈·希耶利（André Hiély，1903—1971）、皮埃尔·希耶利（Pierre Hiély，1927—2008）：阿维尼翁（Avignon）的 Lucullus 与 Hiély-Lucullus 餐厅
罗伯特·拉勒蒙（Robert Lalleman，1897—1984）、安德烈·拉勒蒙（André Lalleman，1931— ）、罗伯特·拉勒蒙（Robert Lalleman，1966— ）：诺韦（Noves）的 L'Auberge de Noves 餐厅
贾克·麦克西蒙（Jacques Maximin，1948— ）：旺斯（Vence）的 Jacques Maximin 餐厅
路易·乌第耶（Louis Outhier，1930— ）：拉纳普勒（La Napoule）的 L'Oasis 餐厅
尚保罗·巴赛达（Jean-Paul Passédat，1933— ）、杰哈赫·巴赛达（Gérald Passédat，1960— ）：马赛的 L'Oasis 餐厅
尚巴蒂斯特·何布尔（Jean-Baptiste Reboul，1862—1926）：厨师，著有《普罗旺斯料理》（1895）
乔瑟夫·塔隆（Joseph Talon，1793—1873），原籍沃克吕兹省（Vaucluse），被视为松露文化的创始者
雷蒙·堤利埃（Raymond Thilier，1897—1997）：普罗旺斯雷伯堡（Baux-de Provence）的 L'Oustau de Baumanière 餐厅
罗杰·佛吉（Roger Vergé，1930—2015）：穆然（Mougins）的 Le Moulin de Mougins 餐厅

本区精华

法国海外部分 OUTRE-MER

AN：安的列斯（ANTILLES）/ RE：留尼汪（RÉUNION）/ GY：圭亚那（GUYANE）/ GU：瓜德罗普（GUADELOUPE）/ MY：马约特（MAYOTTE）/ MA：马提尼克（MARTINIQUE）

肉品
瓜德罗普克里奥尔牛（Bovin créole de Guadeloupe）
咸山羊肉......AN, RE
克里奥猪（Cochon planche）......AN
瓜德罗普畜饲养猪......GY
圭亚那野味：栗腹鹭、刺豚鼠、水豚、西貒、美洲鬣蜥、冠雉、凤冠雉、驼鼠、领西貒、貘（南美貘）、九带犰狳、白犰狳
马岛猬（Tangue）......RE
布拉曼牛（Zébu brahmane）......AN, GY

蔬果
地方杏桃......AN, GY
柑橘：柚子、苦橙、地方柠檬/青柠/酸橙、箭叶橙、柳橙、葡萄柚......AN, GY, RE
凤梨：罐装凤梨、空气凤梨......AN, GY, RE
茄子......AN, GY, RE
酪梨......AN, GY, RE
香蕉：芭蕉、红芭蕉、佛莱希纳香蕉、青蕉、大蕉......AN, GY, RE
大果西番莲（Barbadine）......AN
可里奥红油酱（Bè rouj）：红木染色并以香料调味的猪油......GU
三敛（Bélimbi）：很酸的水果，当调味料使用......AN, GY, RE
多香果：香料......AN, GY
综合生菜（Brèdes）：来自不同种植物的可食绿色菜叶，其中包括佛手瓜、南瓜、金纽扣、芋头等的叶片......RE
金星果（Caïmite）：又名牛奶果......AN, GY
秋葵......AN, GY
肉桂......AN, GY
杨桃......AN, GY
卡宴樱桃（Cerise de Cayenne）/红果仔（Pitanga）......AN, GY, RE
地方樱桃/西印度樱桃......AN, GY
地方栗子......AN, GY
千年芋（Chou caraïbe）、芋头、紫芋......AN, GY
露兜树果（Chou de vacoa）......RE
佛手瓜......AN, GY, RE
丁香......AN, GY, RE
牛番茄......RE
小黄瓜：长黄瓜、刺黄瓜（piquant）、沙拉黄瓜......AN, GY, RE
刺果番荔枝（Corossol）......AN, GY, RE
甜木薯（Cramanioc）......GY
姜黄......AN, GY, RE
芋头......AN, GY
圭亚那菠菜
面包果（Fruit à pain）......AN, GY, RE
百香果、鸡蛋果（maracudja）......AN, GY, RE

姜 ...... AN, GY, RE
扁南瓜 ...... AN, GY
番石榴 ...... AN, GY, MY, RE
大百里香：调味用 ...... AN, GY
山药 ...... AN, GY, RE
枣（Jujube）...... RE
锡拉奥扁豆（Lentilles de Cilaos）...... RE
荔枝 ...... RE
龙眼 ...... RE
芒果：美国芒果（américaine）、奥古斯特（auguste）、巴西尼亚克芒果（bassignac）、糖果芒果（bonbon）、乔瑟夫芒果（josé）、佩希内芒果（persinet）；以上皆为当地品种名 ...... AN, GY, RE
木薯 ...... AN, GY
瓜德罗普甜瓜 ...... IGP
西瓜 ...... AN, GY, RE
欧洲甜樱桃（Merise）/ 咖啡李（prune café）...... AN
黄酸枣（Mombin）...... AN, GY
椰子 ...... AN, GY, RE
肉豆蔻 ...... AN, GY, RE
地方洋葱：调味用 ...... AN
棕榈
棕榈心：又称棕榈菜（chou palmiste）...... AN, GY, RE
棕榈果（Comou）...... GY
Maripa 棕榈：这种品种的棕榈果肉可食用 ...... GY
Patawa 棕榈：这种品种的棕榈果实可用来做原味或甜味牛奶汤 ...... GY
Wassey 棕榈：这种品种的棕榈芽（棕榈心）可以食用，棕榈果也可做成原味或甜味牛奶汤、冰沙 ...... GY
木瓜 ...... AN, GY, MY, RE
番薯 ...... AN, GY, RE
辣椒：zoiseau、z'indien、lampion、bonda man Jacques、sept-bouillons、piment de Cayenne、piment martin；以上皆为当地品种名 ...... AN, GY, RE
木豆（Pois d'Angole）...... AN, GY
棉豆（Pois du Cap）...... RE
胡椒 ...... AN, GY, RE
腰果 ...... AN, GY
波罗蜜（Ti Jacque）...... AN, GY, RE
马六甲蒲桃（Pomme rosa）...... GY
释迦 ...... AN, GY, MY, RE
西番果（Pomme-liane）...... AN, RE
莎梨（Prune Cythère）...... AN, GY
红酸枣（Prune du Chili）...... AN
蜜果（Quénette）...... AN
米 ...... GY, RE
红木（Roucou）：染色剂 ...... AN, GY
人心果（Sapotille）...... AN, GY
芋头（Songe）...... RE
酸豆 ...... AN
菊芋（Topinambour）...... AN
香草 ...... AN, GY
波旁香草（Vanille Bourbon）...... RE
长荚豌豆（Zambrevattes）...... RE
一口可梅（Zicaque）...... AN

水产

苏里南犬牙石首鱼（Acoupas）...... GY
血色利齿脂鲤（Aïmara）...... GY
滨岸护胸鲶（Atipa）...... GY
秋刀鱼 ...... AN
梭子鱼 ...... RE
兔头瓢鳍鰕虎（Bichiques）...... RE
川纹笛鲷 ...... AN
螺 ...... AN
河鲈 ...... RE
珍鲹（Carangue）...... RE
海胆蛋（Chadron）...... AN
章鱼（Chatou / Zourite）...... AN, RE
小螺（Chaubette）...... AN
锯额米虾（Chevaquines）：淡水小河虾 ...... RE
蓝蟹（Cirique / Chancre）...... AN, GY
石首鱼（Coco）...... GY
红脂鲤（Coulan）...... GY
竹荚鱼 ...... AN
海鲶 ...... GY
菱体锯腹脂鲤（Coumarou）...... GY
红树林蟹 ...... AN, GY
圭亚那野虾（Crevettes sauvages de Guyane）...... GY
松鲷 ...... GY
石鲫 ...... GY
鲯鳅 ...... AN, RE
剑鱼 ...... AN, RE
苏里南哈氏甲鲶（Goret）...... GY
大隆背海鲶（Grondé）...... GY
障泥蛤 ...... GY
女王凤凰螺（Lambi）...... AN
龙虾 ...... AN, RE
欧洲鲈 ...... GY
派克海鲶 ...... GY
蓝点笛鲷 ...... RE
鳕鱼 ...... AN, RE
鲻薄唇鲮鱼 ...... GY
大西洋海鲢（Palika / tarpon）...... AN, GY
蛤蜊 ...... AN
沟鲻 ...... GY
鲶鱼 ...... GY
马拉巴利齿脂鲤（Patagaye）...... GY
钻嘴鱼（Petite gueule）...... GY
小银鱼（Pisquette）...... AN
飞鱼 ...... AN
箱鲀 ...... AN
丝条短平口鲶（Poussissi）...... GY
双斑両体鱼（Prapra）...... GY
鲨鱼 ...... AN, GY, RE
沙丁鱼 ...... RE
圣罗兰沙丁鱼（Sardine de Saint-Laurent）...... GY
沙氏刺鲅 ...... AN, GY, RE
黑刺鲅 ...... RE
鲔鱼：白鲔鱼、黑鲔、黄鳍鲔、红鲔 ...... AN, RE
鰕虎 ...... AN
撒旦鸭嘴鱼（Torche）...... GY
石斑鱼 ...... GY
长臂虾 ...... AN, RE

面包糕点

卡萨芙（Cassave）：木薯饼 ...... AN, GY
唐吉特（Danquitte）：内含鸡肉或火腿的咸炸饼 ...... GU
笛形面包（Flûte）：细长的面包，口感近似饼干 ...... AN
马卡蒂亚（Macatias）：小圆甜面包 ...... RE
黄油面包（Pain au beurre）：做成中空圆形、麻花或螺旋形 ...... AN, GY
姜黄箭叶橙辣椒面包（Pain curcuma combava-piment）：香料面包 ...... RE
猪油面包（Pain enrichi au saindoux）...... AN
弗特面包（Pain frotté）：香草布里欧修 ...... RE
玛萨拉香料面包（Pain massalé épicé）：内含香菜、姜黄、丁香、孜然 ...... RE
辫子面包（Pain natté）：发酵面团加入黄油与人造黄油制成 ...... GY
肉桂苹果面包（Pomme cannelle）：维也纳式甜酥面包 ...... MA
萨卡里（Zakari）/ 迪克希优内（Diksiyonnè）：长方形面包，带金黄酥皮，表面有小洞，具有层层叠加的外观造型 ...... GY

肉类及内脏制品

克里奥尔内脏肠（Andouille créole）...... RE
烟熏肉品（Boucané）...... AN, GU, RE
克里奥尔血肠（Boudin créole）：风味鲜明强烈，食谱随各地变化，大部分使用地方洋葱、多香果、丁香制成 ...... AN, GY, RE
猪油渣 ...... RE
圣诞火腿（Jambon de Noël）：辣味火腿，撒上糖和糖霜 ...... AN, GY
咸肉酱：制成圆形的肉酱，内含猪肉与辛香料填馅 ...... AN
咸猪肉：用猪下水（猪耳、猪鼻等）和牛肉制成 ...... AN

咸食

留尼汪风味综合豆仁：混合腰豆、皇帝豆、扁豆等制成，作为配菜，各地做法不同，可以加入洋葱和大蒜调味
糖醋泡菜（Achards）：小型蔬菜（酸黄瓜、四季豆、柠檬）浸在醋、辣椒和香料的腌汁里，各地皆有变化做法，可当调味料、用来做开胃菜的汤品或配菜 ...... AN, GY, MY, RE
炸丸子（Acra / Marinade）：使用小龙虾、豌豆、鳕鱼、海胆、芋头、棕榈心、茄子等制成的圆形炸物 ...... AN, GY
青蕉、大蕉食品：香蕉可以做成炸饼、汤、脆薄片、切成条状油炸、焗烤、炖菜 ...... AN, GY, RE
炸饼：用南瓜、茄子、面包果、木薯、章鱼、龙虾、辣椒、虾子、鸡块等做成 ...... RE
蟹泥：用小圆轴蟹做成泥，搭配红萝卜、洋葱、地方洋葱、韭葱等配菜 ...... AN
布拉夫（Blaffs）：加入香草和辛香料的快煮蔬菜调味高汤，尤其用来搭配鱼类料理，在烹煮鱼肉之前，会先用柠檬、辣椒、香草做成腌酱腌鱼，可用来烹调海胆蛋、石鲷、加勒比海鱼类和蛤蜊 ...... AN, GY,
香料甜甜圈：中空圆形炸饼，用皇帝豆泥做面糊，再加入孜然、姜、青葱、青辣椒等做成软木塞米肉卷（Bouchons）：米饼里加入猪肉或鸡肉和洋葱制成的填料卷起，蒸熟后也可以夹入面包里，和熔化的奶酪一起吃，这样的做法又称"美式软木塞三明治" ...... RE
蜘蛛螺肉肠（Boudin de lambis）：蜘蛛螺螺肉切碎后，与地方洋葱、大蒜、香草、辣椒、面包、牛奶混制而成 ...... AN
星实榈汤（Bouillon d'awara）：一种炖菜：星实榈果做成又浓又稠的面糊，加入咸火腿、咸肥猪肉、咸牛肉、猪鼻、猪尾、鳕鱼、辣椒、卷心菜、小黄瓜、刺黄瓜、地方菠菜、茄子、火麻、玫瑰虾、烟熏鱼肉、烤鸡 ...... GY
菜叶汤（Bouillon de brèdes）：可食用的瓜果叶放入高汤中，加入洋葱和大蒜煮成 ...... RE
香料炖鸡（Briani poulet）：鸡腿放入炖锅中，与优格、辛香料、香草（番红花、肉桂、丁香、大蒜、姜等）一起熬煮，最后再加入米饭和马铃薯 ...... RE
绿叶菜汤（Calalou）：菜叶与蔬菜煮成的浓汤，内含秋葵、木薯、地方菠菜 ...... AN, GY
卡拉雾安格（Calaouangue）：加了辣椒的青木瓜沙拉，可当前菜或调味用
香草鸭肉：鸭肉切块浸在红酒和香草制成的腌酱里，与洋葱、番茄、大蒜、姜、蘑菇和红酒香草腌酱一起全部放进炖锅中熬煮 ...... RE
油煎胡蜂蛹
咖喱：通常不加咖喱粉，指用洋葱、大蒜、姜黄、地方百里香、番茄制成的菜肴，常见有咖喱鸡、咖喱马岛猬、咖喱虾、咖喱鲂仔鱼、咖喱虎鱼、咖喱鲔鱼 ...... RE
章鱼饭（Chatrou au riz）：用柠檬和地方洋葱、大蒜做成腌酱腌章鱼，腌过的章鱼和腌酱、番茄放入炖锅中熬煮，之后再加入半熟的饭续煮而成 ...... MA
椰奶虾：用虾、大蒜、番茄、洋葱做成的炖菜 ...... AN, GY
鳕鱼丝沙拉：烤过的鳕鱼丝放凉后，混合洋葱、地方洋葱、大蒜、香草、辣椒、青柠汁、食用油做成的沙拉 ...... AN
烤乳猪：通常整只猪直接烤，各地准备方式不同，内含用猪内脏做成的填馅，也经常加入洋葱、地方洋葱、辣椒、面包心、多香果果实、白酒、朗姆酒 ...... AN, GY
香炖猪肉：在炖锅里加入洋葱、地方洋葱、大蒜、辣椒熬煮而成，搭配木豆食用 ...... AN
科伦坡羔羊、科伦坡山羊、科伦坡猪肉、科伦坡鸡肉、科伦坡龙虾：通常在炖锅里加入科伦坡香料煮成 ...... AN, GY
镶螃蟹：用蟹肉蟹膏混合面包心和香料做成填馅后，再放回螃蟹壳里食用 ...... AN, GY
茄子炖肉：内含肥猪肉、洋葱、番茄 ...... AN, GY
佛手瓜炖菜：内含洋葱、大蒜、番茄 ...... AN, RE
鲔鱼炖菜：鲔鱼用地方柠檬、洋葱、大蒜腌过之后，放入炖锅并加入洋葱、葱、番茄、大蒜炖煮，最后加入水和朗姆酒续煮而成 ...... AN
鳕鱼酪梨酱：使用酪梨、烤鳕鱼丝做成，鳕鱼丝放在辣椒水中先腌过，再混合酪梨与木薯粉做成
苏里南犬牙石首鱼排佐百香果酱：用地方柠檬榨汁，加入大蒜和地方洋葱腌鱼排，然后在炒锅里煮鱼，并加入用法式酸奶油和浓缩百香果汁制成的酱汁一起煮成 ...... GY
炖刺豚鼠（Fricassée d'agouti）：加入百里香、多香果叶、培根肉、洋葱、地方洋葱、大蒜、不甜白酒煮成 ...... GY
炒蔬菜：绿色菜叶与洋葱、大蒜、姜 ...... RE
炖蜘蛛螺（Fricassée de lambis）：加入番茄、地方洋葱、辣椒、大蒜、丁香煮成 ...... AN
炖长臂虾：内含洋葱、葱、胡萝卜、番茄、大蒜、辣椒
炸山药条 ...... AN
炸银鱼 ...... AN
炸红鱼：红鱼会先用柠檬大蒜汁腌过 ...... MA
大蒜南瓜汤（Giraumonade）：在炖锅中煮到南瓜"融化"成泥之后，再加入洋葱和大蒜 ...... MA
番茄酱秋葵：在炖锅中与洋葱一起炖煮而成 ...... AN
秋葵佐克里奥尔酱：在炖锅中与地方洋葱、百里香、欧芹、辣椒一起炖煮而成，煮好盛盘后再淋上柠檬汁和大蒜食用 ...... MA
焗烤棕榈果 ...... GY
焗烤佛手瓜：佛手瓜泥和肥猪肉、地方洋葱、洋葱、浸过牛奶的面包心、欧芹混合，撒上面包粉和格鲁耶尔奶酪制成 ...... AN, GY, RE
焗烤蜘蛛螺：蜘蛛螺先用青柠辣椒汁腌过，加入洋葱、地方洋葱、大蒜、蘑菇，撒上面包粉后用烤箱烤熟 ...... AN
红腰豆佐克里奥尔酱：在大量水里加入肥猪肉、洋葱、地方洋葱、辣椒、大蒜煮成
山药镶肉：内馅主要以牛肉做成 ...... AN
烤龙虾佐狗子酱：狗子酱（sauce chien）用洋葱、地方洋葱、大蒜、青辣椒、调味香草、白酒醋、食用油条配而成 ...... AN
番茄碎鳕鱼（Macadam de morue）：内含洋葱、地方洋葱、番茄、大蒜、辣椒 ...... MA
玛萨拉炖羊肉、玛萨拉炖公鸡、玛萨拉炖鸡肉：在炖锅中加入玛萨拉香料炖煮而成
马塔巴（Mataba）：在椰奶中慢熬木薯叶 ...... MY
辣炖螃蟹（Matété de crabes）：在炖锅中加入洋葱、地方洋葱、米饭、番茄、大蒜、辣椒、调味香草等煮成 ...... AN
油煎螃蟹（Matoutou de crabe）：螃蟹加入柠檬、肥猪肉、洋葱、地方洋葱、木薯粉一同煎煮 ...... MA
椰奶团子（Mhogo wa piki）：木薯粉做成的干团子，在椰奶中煮熟食用 ...... MY
面包果炖菜（Migan de fruit à pain）：加入猪肉、洋葱、地方洋葱、大蒜、多香果果实与叶、欧芹、青辣椒炖煮而成 ...... MA
白酱鳕鱼（Morue raccommodée）：类似奶油鳕鱼酪，内含马铃薯、洋葱、地方洋葱、辣椒、大蒜 ...... MA
米梭罗拉（Mtsolola）：香蕉和面包果、木薯做成的炖菜，通常加入鱼或肉 ...... MY
火烧长臂虾佐克里奥尔酱：与洋葱碎和地方洋葱碎一起煮，再加上番茄和大蒜 ...... AN
酸烤大西洋海鲢：地方柠檬榨汁，加入地方洋葱、大蒜制成腌酱，腌过的海鲢炙烤后，佐以辣酱食用，辣酱用洋葱、地方洋葱、青辣椒调配 ...... GY
克里奥尔肉酱（Pâté créole）：或称酥皮肉酱，甜酥挞皮包覆加入姜黄、香料和猪油的鸡肉或猪肉 ...... RE
下水汤（Pâté en pot）：用绵羊或山羊下水（头、肠、胃）与多种蔬菜煮成的汤 ...... MA
香料肉饭（Pilao）：香料牛肉或鸡肉与米饭一起焖煮 ...... MY
辣番茄酱（Pimentades）：类似辣味番茄糊，加入辣椒和地方洋葱，浓稠版本中加入鱼肉或甲壳类动物肉馅，还有鲜虾辣番茄酱、鲶鱼辣番茄酱、鲨鱼辣番茄酱等，有时也会加入椰奶 ...... GY
烟熏鱼肉和肉类：腌过后在烤架上烤，燃料中加入调味香草（地方百里香、劈开的甘蔗和椰子、多香果叶子），烟熏过即可食用，也

可用来制作其他菜肴……AN, GY, RE

青柠烩鸡：在炒锅中加入大蒜、调味香草后淋上柠檬汁煮成……AN

烟熏鸡肉佐青柠汁：鸡肉在大蒜青柠汁中先腌过，再用香草香料（百里香、多香果）堆成的燃料火烤，期间不时刷上腌酱……AN, GY

山药泥……AN, GY

布都布都（Putu-putu）：辣椒制成的调味品……MY

炖/烩猪肋：猪肋排切成小块先腌过，腌酱用食用油、洋葱、地方洋葱、大蒜、辣椒调配而成，接着所有食材再放进炖锅中，与马铃薯一起炖煮……AN, GY

综合豆子炖饭：米饭混合各式蔬菜制成，各地做法不同，通常加入红腰豆、洋葱、地方洋葱、皇帝豆……AN

炒饭：煮熟的饭在热油中与大蒜和辣椒一起炒，有时也加入前一晚剩菜中的肉类……RE

螃蟹饭：用炒锅煮，先加入洋葱与地方洋葱，再混合米饭和蟹膏做成"奶酱"……GY

姜黄饭：加了姜黄的米饭……RE

牛肉炖饭（Romazava）：牛肉在炖锅中与洋葱、大蒜、姜、番茄、金钮扣的叶子一起煮……MY, RE

辣酱烩鳕鱼（Rougail morue）：风干鳕鱼油煎后，加入酱汁煮熟，酱汁用洋葱、番茄、辣椒丝调配而成……MY, RE

辣酱烩香肠（Rougail saucisses）：烟熏香肠油煎后，加入酱汁煮熟，酱汁用洋葱、番茄、辣椒丝调配而成……MY, RE

棕榈心沙拉（Salade de palmiste）：棕榈心混合地方洋葱、大蒜、欧芹、食用油和醋做成沙拉……MA

炸饺子（Samoussa）：三角形的炸饼，内含奶酪及肉或鱼做成的馅料……RE

叉烧（Sarcives）：猪肋排先用酱油、蜂蜜和茴香腌过，接着再炙烤食用……RE

蔬菜烩（Shop-suey）：猪肉、牛肉或家禽肉切成条状，用香艾酒、大蒜、鱼露做成腌酱，腌过的肉加入太白粉之后，再与各式蔬菜快炒……RE

舒芙蕾（Soufflflé）/面包树面包（pain de fruit à pain）：后者比前者更扎实……AN, GY

刚果汤（Soupe à Congo）：内含肉类与蔬菜，类似居民汤的浓稠汤品……MA

扁南瓜汤：内含米饭、大蒜、调味香草、牛奶……MA

安的列斯鱼汤（Soupe de poissons à l'antillaise）：有不同做法，用岩岸鱼、甲壳类动物与蔬菜（地方洋葱、洋葱、韭葱、大蒜）熬煮而成

居民汤（Soupe z'habitants）：有很多做法，用肉类（猪尾、咸牛肉）或蔬菜（韭葱、胡萝卜、扁南瓜、番薯）熬煮……AN

腌青芒果（Souskaï）：用地方柠檬榨汁，加入盐、大蒜、辣椒碎、食用油做成腌汁……MA

海胆挞：使用油酥挞皮，用海胆做成内馅，并加入红葱、番茄、大蒜、调味香草

椰奶刺鲅（Thzard au lait de coco）：鱼排切块，用青柠汁和洋葱做成腌汁，腌过的鱼煮熟后再加入椰奶食用……MA

青柠焖鲨鱼肉：用青柠汁、大蒜、多香果做成腌汁，腌过的鲨鱼肉放进炖锅中，加入洋葱、地方洋葱、番茄、青柠汁煮

焖巴巴多斯飘鰕虎鱼（Touffé de titiris）：用青柠汁和大蒜先腌鱼，再加入洋葱、大蒜、番茄碎焖煮……MA

椰汁香蕉（Trovi ya nadzi）：通常还会加入鱼或肉……MY

海鲜柠檬汤（Ubu wa ndrimu）：加入海鲜和柠檬的米饭汤……MY

姜汁千年鲷鱼汤（Vivaneau au gingembre）：加入洋葱、姜、柠檬，通常佐以用姜、番茄、醋、木薯粉调制而成的辣酱……RE

烤千年鲷佐狗子酱（Vivaneau grillé sauce chien）……AN

熏肉辣豆饭（Zembrocal）：米饭混合熏肉和豆类（四季豆、长荚豌豆、扁豆）和辛香料（大蒜、胡椒、辣椒、姜黄）……RE

甜食

班谷香料奶霜（Bangou）：混合玉米汁、椰奶和甜炼乳，并加入香料（肉桂、肉豆蔻、青柠）做成……GY

朗姆火焰香蕉（Bananes flflambés au rhum）/朗姆火焰凤梨（Ananas flflambés au rhum）……AN, RE

香蕉、芒果、凤梨、木瓜等水果炸饼……AN, GY, RE

板旦威（Bindingwel）：平形六面体的面包，口感扎实，内含猪油……GY

椰奶冻糕（Blanc-manger coco）：用甜炼乳和龙胆草叶做成……AN

秀都酱（Chaudeau）：类似安格斯酱，加入香草、柠檬和肉桂调配而成……GU

铁路面包（Chemin de fer）：内含香草奶油酱的蛋糕卷……AN

玉米奶酱……AN, GY

克里奥尔蛋白霜饼（Crème frite à la créole）：油炸蛋白霜饼……AN

狄萨奶油甜馅饼（Dizé milé）：内含卡士达酱的炸饼……GY

朵孔侬（Doconon）：用玉米粉、香蕉、椰丝做成面团，再用竹芋叶包起水煮的饼干……GY

芬椰椰希（Fenyenyetsi）：在椰奶中煮熟的米饼……MY

香草椰子布丁（Flan coco）……AN, RE

克里奥尔国王派（Galette créole）：用椰子取代杏仁奶油糊的国王派……AN, GY

美式饼干（Gâteau américain）：口感清爽柔软，带香草与苦杏仁味……GY

椰子蛋糕……RE

香蕉蛋糕……AN

甜木薯派（Gâteau de cramanioc）：类似布丁面包，用甜木薯做成……GY

面包树果派（Gâteau de fruit à pain）：类似布丁，口感扎实，加朗姆酒调味……AN, GY

芋头蛋糕：芋头煮熟捣成泥之后加入卡士达制成……RE

糖浆蛋糕（Gâteau gwo sirop）：用蔗糖糖浆做成……GU

马蕾蕾维蛋糕（Gâteau malélivé）：用番薯和椰子做成……AN

番薯蛋糕……AN, RE

堤松蛋糕（Gâteau ti'son）：类似磅蛋糕的扎实蛋糕，用玉米粉做成……RE

大蛋糕（Gros gâteau）：加入柠檬和肉桂调味，通常内含一层果酱夹心，最常见的是椰子果酱……AN

妒忌（Jalousie）：千层派皮做成的小糕点，内含果酱……MA

马斯潘（Massepain）：用香草、肉桂、橙花调味的清爽蛋糕

水果慕斯：用青柠、芒果、荔枝、人心果等水果做成……RE

玉米面包……AN

甜软面包（Pain doux）：类似海绵蛋糕，以香草和青柠调味……AN

肉桂派：长方形的油酥挞皮，内含香蕉果酱，带肉桂香味……MA

糖渍木瓜酱：类似克里奥尔式肉酱，不过用木瓜取代肉……RE

椰子派……AN

水果糖糕：用香蕉、椰子、番石榴等水果制成果酱修颂（Chaussons fourrés à la confifiture）……GY

波潭（Potin）：米做成的圆锥状小蛋糕，内含卡士达酱……MA

罗宾森果酱馅饼（Robinson）……MA

水果沙拉：混合凤梨、香蕉、葡萄柚、芒果、番石榴、杨桃、红毛榴莲、鸡蛋果、人心果、百香果而成……AN

希丝帕（Sispa）：用木薯粉做成的挞派，加入椰子和各种不同香料（肉桂、肉豆蔻）……GY

木瓜、荔枝、椰子等水果冰沙……AN, GY, RE

嘟嘟球（Toubtoub）：椰子风味的木薯球……MY

爱的折磨（Tourment d'amour）/隐藏的爱（amour caché）：以油酥挞皮为杯皮，使用椰子果酱或大蕉果酱混合饼干面团做内馅，也有许多人会混入卡士达酱……AN

其他

咖啡……AN, GY

科伦坡香料粉（Colombo）：混合多种辛香料而成的调味粉，内含姜黄、番红花、香草籽、孜然、芥末籽、黑胡椒粒……AN, GY

美人蕉淀粉（Conflflore / Toloman）……AN, RE

达卡汀（Dakatine）：花生奶油……AN

玉米粉……AN, GY

木薯粉……AN, GY

岩爱草淀粉（Fécule de dictame）/竹芋粉（arrow-root）……AN, GY, RE

卡瓦必欧（Kwabio）：辣椒碎浸在木薯盐水中，做调味料使用……GY

玛萨拉香料粉（Massalé）：混合多种辛香料而成的调味料，内含香菜、黑胡椒、孜然、小豆蔻、肉豆蔻、芥末籽……RE

品达花生膏（Pinda）……GY

芒果番茄柠檬红膏：佐菜辣酱，把水果和蔬菜切碎，放入食用油中，再加入洋葱丝和辣椒调配而成……RE

蔗糖……AN

甘蔗醋……GU

松黛特（Zendettes）：油炸昆虫幼虫……RE

糖果与零食

慕萨需糖（Bonbon moussache）：慕萨需指的是用木薯粉做成的小圆球，烘焙后食用……AN

领带糖（Bonbons cravate）：蝴蝶结形状的薄饼，油炸后食用……RE

呼呼特糖（Bonbons la rouroute）：竹芋做成的小圆饼……RE

甜炸饼（Bonbons millet）：外层撒满芝麻的小炸饼……RE

糖霜葡萄柚（Chadec glacé）……AN

伯爵夫人小圆酥饼（Comtesse）：带苦杏仁和香草味……GY

椰子果酱：椰子果肉丝做成的果酱，也用来制作糕饼……AN, GY

番石榴果酱……AN, GY

百香果果酱（barbadine，一种大型百香果）、柠檬果酱（整颗地方柠檬和青柠浸入糖浆中制成）、地瓜酱、芒果酱、番石榴酱、香蕉酱、姜汁酱、佛手瓜酱……AN, GY, RE

焦糖椰子（Cratché / Crétique）：裹上焦糖的椰子块……AN, GY

小甜蜜（Doucelette）：软心椰奶蛋糕……AN

椰子粉：椰子粉放入蔗糖中煮成……AN, GY

菲莉波（Filibo）：软质水果糖……MA

酸模果冻……GY

可可条（Gros kako）：可可酱做成的长条形糖果……AN, GY

中式瓏慕（Lanmou chinois）：长条千层酥皮上撒满糖粉……GY

椰膏糖（Lotchio）：用椰膏做成的褐色糖果……AN, GY

奇基尼（Chikini）：用椰子丝做成的硬饼干……AN

荔枝蜂蜜……RE

蜂蜜……GU, MA

森林蜂蜜、红树林蜂蜜……AN

开心果牛轧糖：内含烤花生……AN, GY

番石榴派：番石榴泥煮熟后放入烤箱烤干而成的小甜点……GU

面包树波波特（Popote de fruit à pain）：取面包树的雄花糖渍结晶而成……AN

糖渍腰果……GU

拐杖糖（Ramiquin）：带薄荷味或茴香味的长条糖果……GY

希诺宝（Sinobol）：碎冰放入脆皮甜筒中，加入糖浆食用……AN

糖渍酸模……AN

糖椰丝（bonbons coco）：椰丝放在糖浆里煮，然后堆成一小叠……AN, GY, RE

糖霜酸豆（Tamarin glacé）：酸豆树果实裹上糖浆……AN

旺烤芝麻饼（Wang）：烤芝麻和可可粉混合，加盐或糖食用……GY

佐雅（Zoa）：烤玉米烤到剩下粉末状后加糖食用……GY

饮料与烈酒

苦酒（Amer）：植物（金鸡纳树皮、波叶青牛胆）放入塔菲亚甘蔗酒中煎出的苦酒……GY

菠萝啤酒：菠萝发酵制成的气泡饮品……GY

嘟嘟啤酒（Bière dodo）……RE

木薯浊酒（Cachiri）：某种木薯（cachiri）发酵制成的气泡饮品

萨波特利口酒（Crème de sapote）：榛果和杏仁浸在甘蔗酒中酿制而成……GU

浓缩甘蔗糖浆……AN

百香果汁……AN

莎梨汁（Jus de prune de Cythère）……AN

马碧（Mabi）：蛇藤木浸泡而成的无酒精饮料……MA

马度（Madou）：水果果肉（甚至也会用可可豆和红毛榴莲）浸在糖水中而成的饮料……GY

瓜德罗普朗姆酒（Rhum de la Guadeloupe）……IG

玛丽加朗特（Marie Galante）：瓜德罗普朗姆酒……IG

圭亚那朗姆酒（Rhum de la Guyane）……IG

马提尼克朗姆酒（Rhum de la Martinique）……IG

留尼汪朗姆酒（Rhum de la Réunion）……IG

加利恩湾糖厂朗姆酒（Rhum de sucrerie de la Baie du Galion）……IG

法属安的列斯朗姆酒（Rhum des Antilles françaises）……IG

法国海外行省朗姆酒……IG

朗姆酒与以朗姆酒调制的鸡尾酒：潘趣酒（punch）、椰子潘趣酒、堤潘趣酒、爱之潘趣、浸泡潘趣、种植园主潘取酒……AN, GY, RE

柑香利口酒（Schrubb）：橘皮和橙皮浸入白朗姆酒中，并加入调味香草酿制而成……AN

洛神花糖浆……GY

醋栗糖浆：使用地方醋栗和洛神花花汁做成的糖浆……AN

斗牛士糖浆（Sirop matador）：混合加味水和蔗糖的糖浆，制作克里奥尔潘趣酒不可或缺的材料……GY

塔菲亚甘蔗酒（Tafifia）：甘蔗糖蜜中提炼制成的朗姆酒……GY, RE

篇章目录

成就本书的幕后功臣

布兰汀 · 包耶
BLANDINE BOYER
创作出来的食谱好吃又好看。

茱莉 · 安德鲁
JULIE ANDRIEU
作者，美食记者，美食节目主持人。

希乐薇 · 欧洁侯
SYLVIE AUGEREAU
美酒作家，酿酒师，《一起来品尝》（*On va déguster*）节目客座专家，la Dive Bouteille酒展策划人。

班尼迪克＆米歇尔 · 巴奇
BÉNÉDICTE BACHÈS ET
BÉNÉDICTE MICHEL
柑橘种植专家，其柑橘园Agrumes Bachès位于东比利牛斯省。

雷欧 · 德瑟斯特
LÉO DEZEUSTRE
葡萄酒和烈酒专家，任职于Compagnie des Vins Surnaturels餐厅。

纳塔利 · 包德
NATHALIE BAUD
编辑，对这份工作尽心尽力，参与各种事务并共同策划。除此之外也是个老饕，是个勇于纠正团队老大法兰索瓦芮吉 · 高帝的狠角色！

阿雷克西 · 古嘉禾
ALEXIS GOUJARD
近十年来，走遍世界各地，每年尝遍成千上万种葡萄酒，为《法国美酒杂志》（*La Revue du vin de France*）撰写它们的故事。同时也是《法国最佳葡萄酒指南》（*Guide des meilleurs vins de France*）的作者之一。

珂达 · 布蕾克
KÉDA BLACK
杂学天才，在英法美食界如鱼得水。

尚保罗 · 布兰拉
JEAN-PAUL BRANLARD
法学教授，图书作家与专栏作家。专精食品与料理相关法律。

克里斯丁 · 康斯坦
CHRISTIAN CONSTANT
以身为西南部人自豪。训练出多位大厨，并以"精致的粗茶淡饭"虏获大众的胃。

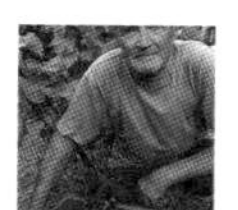

米歇尔 · 苞德
ROBERT BAUD
学者，Nathalie Baud的父亲，协助振兴勒穆特罗（杜省）当地世代相传的葡萄酒事业。

贾克 · 布纽尔
JACQUES BRUNEL
《高特米鲁美食指南》和《费加罗镜报》的资深记者。

朱利安 · 德布耶
JULIEN DUBOUÉ
出生于朗德的主厨，拥有包括A.Noste和近年刚开业、提供玉米（无麸质）料理的Corn'R在内的数家餐厅。

菲黛莉克 · 卡塞艾梅
FRÉDÉRICK E.GRASSER HERMÉ（人称FEGH）
美食之乡的原住民。一颗既温和又尖锐的闪亮之星。以达利之名创作了软面条、把香肠放到哈雷机车的引擎盖上煎、烹调可乐鸡……这么说够明白了吧！

娜蒂雅 · 秀吉
NADIA CHOUGUI
节目执行制作。

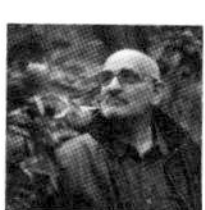

阿兰 · 柯恩
ALAIN COHEN
知名蔬果店Comptoir des Producteurs的供货商。

伊夫 · 坎德伯
YVES CAMDEBORDE
专长"精致小酒馆"料理的一线主厨，跟他的导师克里斯丁 · 康斯坦一样出身法国西南地区。

杰宏 · 勒弗
JÉRÔME BERGER(LEFORT)
担任美食专栏作家15年，走遍大大小小的市场和各家餐厅，但总是在家为妻子料理。

菲利浦 · 康堤希尼
PHILIPPE CONTICINI
巴黎Pâtisserie des Rêves甜点店的糕点师傅。

伊伯利 · 库堤
HIPPOLYTE COURTY
2009年开业的L'Arbre à Café咖啡连锁店创始人，为法国咖啡艺术开拓新视野，提供落实生物动力农法和食物本地化的出色产品。

赛巴斯汀 · 皮耶维
SÉBASTIEN PIÈVE
《一起来品尝》与《一起品尝法国》（*On va déguster*原创节目与书籍）的忠实观众与读者，对法国的遗产与历史充满兴趣，对这个国家丰富的料理了如指掌。

布鲁诺 · 杜塞
BRUNO DOUCET
巴黎La Régalade小酒馆主厨。

海伦 · 达洛兹
HELÈNE DARROZE
三星主厨，在伦敦、巴黎等地都有自己的餐厅。

阿诺 · 达冈 & 阿妮丝 · 德维勒
ARNAUDDAGUIN & AGNÈSDEVILLE
青梅竹马，德维勒是自由广告人，达冈则是笔锋尖锐的美食作家。

罗宏 · 戴尔马
LAURENT DELMAS
平日是法国联合电台（France Inter）的电影记者和影评，闲暇时是个饕客，渴望成为美食家。

堤柏 · 德圣莫希斯
THIBAUT DE SAINT-MAURICE
哲学教授，饱食土地和精神的养分，特别喜爱柠檬塔。

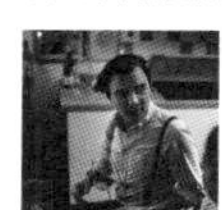

辜立列蒙 · 德希尔瓦
GWILHERM DE CERVAL
巴黎Ritz和Royal Monceau Raffles的侍酒师。《勒贝指南》（*Guide Lebey*）的评鉴权威。《巴黎快报》和《巴黎风格快报》酒类专栏作家。

玛丽阿玛 · 毕萨里昂
MARIE-AMAL BIZALION
在黎巴嫩、摩洛哥和克勒兹省之间喝着橄榄油和生乳鲜奶油长大的女人。后来成为美食记者，为《巴黎快报》、《费加罗杂志》等媒体撰写文章。

盖瑞·朵尔
GARRY DORR
鲜鱼和海产专家，巴黎生蚝吧 Le Bar à Huîtres 老板。

亚朗·杜卡斯
ALAIN DUCASSE
出生于朗德的主厨，管理着 le Plaza Athénée（巴黎第八区）和 le Louis XV（摩纳哥）两家米其林三星餐厅。

赛巴斯汀·高达
SÉBASTIEN GAUDARD
巴黎同名甜点店主厨。

朱利昂·杜玛
JULIEN DUMAS
主厨，掌管坐落于玛德莲广场（巴黎第八区）的高级餐厅 Lucas Carton。

布鲁诺·富利尼
BRUNO FULIGNI
政治学院副教授，已出版30多本书籍，同时为《180℃》杂志撰写专栏文章。

贾克·吉宁
JACQUES GENIN
巴黎同名甜点店主厨。

德博拉·度朋
DÉBORAH DUPONT
巴黎美食书店老板，美食评论家。

安东尼·杰贝尔
ANTOINE GERBELLE
记者，也是网络葡萄酒电视台tellementSoif.tv制作团队的一员。《一起来品尝》节目客座嘉宾。

安洁·费侯马格
ANGÈLEFERREUX-MAEGHT
“排毒魔术师”，巴黎 La Guinguette d'Angèle店主。

威廉·法修
WILLIAM FRACHOT
第戎餐厅 Hostellerie du Chapeau Rouge 的主厨，1999年获得米其林一星，后又取得二星资格。

杨·毕斯
YANN BRYS
法国最佳工艺师。

罗兰·福拉
ROLAND FEUILLAS
库库南（Cucugnan）的农家面包师，面包店Maîtres de Mon Moulin的创始者。

玛莉罗尔·弗雷歇
MARIE-LAURE FRÉCHET
来自法国北方的姑娘，支持本地食材与厨师。身为美食记者的她热爱品尝美食，也钟情于分享料理故事。

皮耶·加尼叶
PIERRE GAGNAIRE
巴黎 LeBalzac 餐厅主厨。

杰洪·加尼耶
JÉRÔME GAGNEZ
葡萄酒与烈酒专家，Vers le vin 创始人。

帕特里克·宏布尔
PATRICK RAMBOURG
料理与饮食历史学家，著有《餐桌、艺术与法国美味料理的历史》（*L'Art et la table et Histoire de la cuisine et de la gastronomie fr ançaises*）。

路易·毕安纳西
LOÏC BIENASSIS
历史学家，任职于欧洲历史与饮食文化研究所（都兰大学）。

埃米莉·弗朗索
ÉMILIE FRANZO
blog作者、作家、摄影师和料理风格设计师。有她出马，盘子上绝对连一点面包屑都不剩！

玛丽埃勒·高德里
MARIELLE GAUDRY
美食评论家。

贝谭·拉荷薛
BERTRAND LARCHER
薄饼屋 Breizh Café 创始人，可丽饼和薄饼的专家。

芙萝·高达
FLEUR GODART
家族农场与自己钟爱的葡萄酒最佳代言人，曾和贾丝婷·山罗合作出版漫画《纯果汁》（*Pur Jus*）。

艾瑞克·费相
ÉRIC FRECHON
巴黎小酒馆 114Faubourg 主厨。

皮埃尔·埃尔梅
PIERRE HERMÉ
同名甜点店主厨。

阿得瑞安·冈萨雷斯
HADRIEN GONZALES
记者。《费加罗报》专页《开饭了》（À table）共同策划人。对文化与生活艺术求知若渴，充满好奇心，嘴角总是挂着笑，也为《巴黎快报》和《巴黎全球杂志》撰写文章。

塞德里克·格罗莱
CÉDRIC GROLET
巴黎第一区甜点店 Meurice 的甜点师，以制作各种水果点心著称。

亚历山大·高提耶
ALEXANDRE GAUTHIER
主厨，在2003年接管位于法国滨海蒙特勒伊（下加来省）的家族餐厅 La Grenouillère。

朱立安·亨利
JULIEN HENRY
巴黎 La Maison du miel 经理。

克里斯提安·尚皮耶
CHRISTIAN JEAN-PIERRE
热爱樱桃，在塞雷盆地（东比利牛斯）种植各种品种的樱桃。

吉勒·库桑
JILL COUSIN
美食作家，早餐菜单经常是咖啡加洛克福奶酪，致力于发掘法国出色的面包师傅。

法兰索瓦芮吉·高帝
FRANÇOI S-RÉGIS GAUDRY
本书制作团队老大。

索妮雅·埃兹古礼安
SONIA EZGULIAN
新一代里昂妈妈。

皮耶里克·杰古
PIERRICK JÉGU
记者、作家，专写料理与美酒。为《巴黎快报》《风味》《180℃》《12°5》《Yam》《法国葡萄酒杂志》等刊物撰写文章。

费德里克·拉里巴哈克里欧里
FRÉDÉRIC LALY BARAGLIOLI
饕客，也喜爱文字与风景。自小在科西嘉和地中海风味中成长，热衷阅读食谱、诗句等。

阿涅丝·罗宏
AGNÈS LAURENT
《巴黎快报》记者。

尤洪·拉斯特
YOHAN LASTRE
世界酥皮肉酱冠军。

艾维拉·麦森
ELVIRA MASSON
专栏作家，也是《巴黎快报》生活风格版主编。

法博斯·勒布达
FABRICE LE BOURDAT
巴黎Blé sucré甜点店主厨。

纪尧姆·隆
GUILLAUME LONG
正职为漫画家，周末时变身厨师与美食家。作品有《大吃大喝》（*À boire et à manger*）

戴乐芬·勒费佛
DELPHINELEFEUVRE
年轻的记者，沉迷于甜食、美剧和Instagram，最爱半盐黄油，没有之一。

贾丝婷·山罗
JUSTINE SAINT-LÔ
拥有埃米尔科尔艺术学校和西英格兰大学双文凭。主要为哥哥绘制酒标，与芙萝·高达一起创作漫画《纯果汁》（*Pur Jus*）。

亚维娜·蕾杜乔韩森
ALVINA LEDRU-JOHANSSON
美食记者，吃瑞典肉丸和法国奶酪长大。拥有法国厨师执照（CAP），对料理抱持热情、好奇，有个好胃口。

威廉·勒得弋
WILLIAM LEDEUIL
巴黎Ze Kitchen Galerie餐厅主厨。

爱斯戴乐·罗讷托斯基
ESTELLE LENARTOWICZ
美食文学记者。

爱德华·卢贝
ÉDOUARD LOUBET
沃克吕兹Domaine de Capelongue庄园餐厅主厨。

乔治·马戈
GEORGES MARQUES
巴黎Le Bonbon au Palais糖果店创始人。

西利·林涅克
CYRIL LIGNAC
Gourmand croquant的大厨，制作各种咸甜食物和巧克力，在巴黎拥有好几间店铺。

玛莉咏内·帕斯可
PASCAL MARIONNET
育种农，种植草莓，祖父是玛拉野草莓的培育者。

法兰索瓦·普拉吕斯
FRANÇOIS PRALUS
手中握有玫瑰杏仁糖面包（Praluline®）的秘密，他的父亲当年在罗阿讷研发出这款面包，也是少数能自己生产巧克力的手工巧克力师傅之一。

贾克·麦克西蒙
JACQUES MAXIMIN
地中海料理界的重要人物，在主掌尼斯Riviera饭店的厨房之前，他是好友亚朗·杜卡斯的巴黎Rech餐厅主厨。

阿兰·帕萨德
ALAIN PASSARD
巴黎L'Arpège餐厅主厨。

安妮罗尔·范
ANNE-LAURE PHAM
美食评论家。

詹维耶·马提亚斯
MATHIAS XAVIER
有机种植农户，近来开始致力向大众传授种植经验。以作者和培训者身份参与许多活动。

尚安东尼·欧大维
JEAN-ANTOINE OTTAVI
美食评鉴家、饕客，现居科西嘉。

麦考特
MERCOTTE
生于萨瓦的blog作者，甘愿为甜点融化。与西利·林涅克同为“最佳甜点师”的评审。

克里斯多福·密夏拉克
CHRISTOPHE MICHALAK
甜点师，独立前曾在Plaza Athénée（巴黎第八区）工作。

堤耶希·卡斯珀维奇
THIERRY KASPROWICZ
留尼汪岛第一本指南《卡斯普洛指南》（*Guide Kaspro*）的作者，也为《赏心悦目的饮食》（*Mets Plaisirs*）撰文，推广小岛丰饶的物产。

瓦伦提娜·屋达
VALENTINE OUDARD
美食记者，为电视节目《非常非常美味》（*Très Très Bon*）带着叉子走遍各地小吃店。

苏西·帕拉汀
SUZY PALATIN
美食作家，特别喜爱薯条和巧克力。

查尔斯·帕丁·欧古胡
CHARLES PATIN O'COOHOON
《巴黎快报》美食评论家。

艾丝黛拉·贝雅尼
ESTERELLE PAYANY
记者、美食评论家、作家，更重要的是，一名饕客。

安娜苏菲·皮克
ANNE-SOPHIE PIC
其家族餐厅位于法国瓦朗斯。

巴蒂斯特·皮耶给
BAPTISTE PIEGAY
《时装》（*L'Officiel Hommes*）的总编辑。到了39岁还不知道自己最爱的食物是什么，应该是件值得庆祝的事。

巴斯提恩·杜摩堤耶
SÉBASTIEN DUMOTIER
各种塔类食物的专家，甚至开了一家专门的餐厅。

马修·布尼亚
MATHIEU BURNIAT
比利时青年漫画家，于Dargaud出版社出版了《热爱美食的杜丁布逢》（*La passion de Dodin-Bouffant*，2014）和《餐桌图鉴》（*Les illustres de la table*）。

阿诺·凡纳姆
ARNAUD VANHAMME
法国鱼贝类最佳工艺师，拥有一家位于巴黎第十六区的鱼类熟食店。

乔丹·莫里姆

JORDAN MOILIM

认真尽责的美食记者，玩乐团，脚踩运动鞋，胡须上总是粘着几块面包屑。

亚历山德拉·皮耶里尼

ALESSANDRA PIERINI

拥有全巴黎最棒的意大利食材专卖店。

卡蜜·皮耶哈尔德

CAMILLE PIERRARD

Fooding.com的特约作家，四处寻访美味料理，对圣奈克特奶酪情有独钟。

吉尔伯特·匹泰勒

GILBERT PYTEL

自由作家与记者，蛋糕、甜塔、巧克力、冰激凌、糖果、饼干，这些甜食他都为之疯狂。

席维雅·沃夫

SYLVIE WOLFF

《巴黎快报》记者。

伊丽莎白·皮耶

ELISABETH PIERRE

一名啤酒学家（没错，啤酒可以自成一家！）。

艾力克·桑塔格

ÉRIC SONTAG

汉斯同名甜点店主厨。

丹妮丝·索林耶高帝

DENISESOLIER-GAUDRY

全世界最棒的厨师，没有第二人选！

艾曼纽·罗宾

EMMANUEL RUBIN

《费加罗》美食评论专栏作家。

艾曼纽·雷诺

EMMANUELRENAUT

来自萨瓦，位于梅杰夫（Megève）山区的三星餐厅Flocons de Sel的主厨。

史蒂芬·黑诺

STÉPHANE REYNAUD

蒙特勒伊Villa 9 trois餐厅主厨。

米歇尔·胡邦

MICHEL RUBIN

美食书籍作家，曾任巴黎瑞典文化协会（Cercle Suédois）会长。

薇若妮卡·勒鲁日

VÉRONIQUE RICHEZ-LEROUGE

专门研究乳制品与农业问题的记者，踏遍每一块土地为保护现存的饮食遗产而努力。

帕斯卡尔勒·欧利

PASCAL ORY

历史教授，尤其热衷美食文化的历史。

奥利维·罗林涅

OLIVIER ROELLINGER

拥有几颗米其林星的大厨，对香料满怀热情。

史蒂芬·索林涅

STÉPHANE SOLIER

文学副教授，意大利语化狂热爱好者。

米娜·桑德罕

MINA SOUNDIRAM

《巴黎快报》记者，街头小吃爱好者。

埃希克·特罗雄

茱莉亚·沙缪

JULIA SAMMUT

知晓世界美味的美食家，但特别钟爱马赛和地中海美食。

吉·萨佛伊

GUY SAVOY

巴黎La Monnaie de Paris餐厅主厨。

尼古拉·斯通伯尼

NICOLAS STROMBONI

任职于Chemin des vignobles集团位于阿雅克肖（Ajaccio）的酒窖和葡萄酒吧。

米歇尔·托勒梅

MICHEL TOLMER

先后学习了平面艺术和酒类课程，自然而然地喜爱绘制和酒相关的海报、酒标和图画。

罗杭·赛米奈尔

LAURENT SÉMINEL

费汀食谱出版社创始人。

埃希克·胡

ERIC ROUX

记者、社会学家、作家，也是一位大众饮食专家。

皮耶布莉丝·乐佩

PIERRE-BRICE LEBRUN

比利时拉伯雷研究家，肉丸子专家。

米歇尔·图瓦格

MICHEL TROISGROS

1983年叔叔过逝后接管了原本位于罗阿讷的家族餐厅，2017年将其搬至乌谢（Ouches）。

费利克斯·托尔

FÉLIX TORRE

在科西嘉饲养猪，也从事筛选猪肉的工作。

贝尔纳·瓦西勒尔

BERNARD VAXELAIRE

生于孚日，Bistrot à deux têtes（巴黎第九区）餐厅主厨。

奥萝尔·温琴蒂

AURORE VINCENTI

语言学家，尖锐而伶俐，但经不起美食诱惑。

皮耶·波德

PIERRE BAUD

专业果农与苗圃达人。

米榭·布拉斯

MICHELBRAS

阿韦龙Suquet à Laguiole餐厅的主厨，1999年获米其林三星。

阿兰·布当

ALAIN BOUTIN

沙丁鱼罐头收藏家。巴黎第十三区La Petite Chaloupe海味杂货商店老板。

利昂·杰宏

JÉRÔME RYON

卡尔卡松La Barbacane餐厅主厨。

乔尔·卢布松

JOËL ROBUCHON

法国最佳工艺师。

参考书目

食谱

- Alleno (Yannick), *Sauces, réflexions d'un cuisinier,* Hachette Cuisine, 2014
- Andrieu (Julie), *Les carnets de Julie,* Alain Ducasse éditions, 2013
- Anonyme, *Livre fort excellent de cuisine très utile et profitable,* Olivier Arnoullet, Lyon, 1542
- Artusi (Pellegrino), *La science en cuisine et l'art de bien manger* (1911), Actes Sud, 2016
- Audot (Louis-Eustache), *La cuisinière de la campagne et de la ville (76e éd. ; éd. 1898),* Hachette Livre BNF, 2012
- Baudic (Jean-Marie), *Il est frais mon poisson,* La Martinière, 2012
- Beauvilliers (Antoine), *L'art du cuisinier (éd. 1814),* Hachette Livre BNF, 2012
- Béraud-Williams (Sylvette), *La Cuisine paysanne d'Ardèche,* La Fontaine de Siloë, 2005
- Bernard (Françoise), *Les recettes faciles,* Paris, Hachette, 1965
- Bousquet (Renée), Laurent (Anne), *Travaux pratiques de techniques culinaires,* Doin, 2004
- Boyer (Blandine), *Banquet gaulois : 70 recettes venues directement de nos ancêtres...ou presque !,* Larousse, 2016.
- Chapel (Alain), *La cuisine, c'est beaucoup plus que des recettes,* Robert Laffont, 1980
- Cochard (Marie), *Les épluchures, tout ce que vous pouvez en faire,* Eyrolles, 2016
- Collectif, *Larousse de la cuisinie*
- Collectif, *Larousse gastronomique*
- Constant (Christian) et Camdeborde (Yves), *La cuisine d'Auguste Escoffier,* Michel Lafon, 2016
- Curnonsky, *À l'infortune du pot. La meilleure cuisine en 300 recettes simples et d'actualité,* éditions de la Couronne, 1946
- Darenne (Émile) et Duval (Émile), *Traité de pâtisserie moderne,* 1909
- Darroze (Hélène), *Mes recettes en fête,* éditions du Cherche-Midi
- Daveau (Gilles), Couderc (Bruno), Mischlich (Danièle), Rio (Caroline), *Savez-vous goûter... les légumes secs,* éditions de l'EHESP
- Daveau (Gilles), *Le Manuel de cuisine alternative,* Actes Sud, 2014
- Delteil (Joseph), *La Cuisine paléolithique,* Arléa, 1964
- Derenne (Jean-Philippe), *Cuisiner en tous temps, en tous lieux,* Fayard, 2010
- Derenne (Jean-Philippe), *Cuisiner en tous temps, en tous lieux,* Fayard, 2010
- Desproges (Pierre), *Dictionnaire superflu à l'usage de l'élite et des biens nantis,* Points, 2013
- Douvet (Bruno), *La Régalade des champs,* Édition de la Martinière, Paris, 2014
- Dubois (Urbain), *La Pâtisserie d'aujourd'hui,* 1894
- *Le Livre de la ménagère, ou Petite encyclopédie de la famille, Flammarion,* 1930
- Ducasse (Alain), *Le Grand livre de cuisine,* Alain Ducasse éditions, 2009
- Dudemaine (Sophie), *Les cakes de Sophie,* Minerva / La Martinière, 2005
- Durand (Charles) *Le Cuisinier Durand (éd. 1830),* Hachette Livre BNF, 2013
- Emanuelli (Philippe), *Une Initiation à la cuisine du champignon,* Marabout, 2011
- Escoffier (Auguste), *L'Aide-Mémoire culinaire,* Flammarion, 2006
- *La vie à bon marché. La morue,* Flammarion, 1929
- *Le Guide culinaire,* Flammarion, 2009
- *Le riz, l'aliment le meilleur, le plus nutritif, 130 recettes pour l'accommoder,* Menu Fretin, 2016
- *Ma Cuisine,* Syllabaire éditions, 2017
- Etchebest (Christian), Ospital (Éric), *Tout est bon dans le cochon,* First, 2015
- Ezgulian (Sonia), *Anti-gaspi,* Flammarion, 2017
- Felder (Christophe), *Pâtisserie !,* La Martinière, 2011
- Flouest (Anne) et Romac (Jean-Paul), *La cuisine gauloise continue,* Bleu Autour, 2006
- Frechon (Éric), *Éric Frechon,* Solar, 2016
- Frechon (Éric), Ferreres (Clarisse), *Un chef dans ma cuisine,* Solar, 2009
- Giono (Sylvie), *La Provence gourmande de Jean Giono,* Belin, 2013
- Gouffé (Jules), *Le livre de cuisine : comprenant la cuisine de ménage et la grande cuisine (éd.1867),* Hachette Livre BNF, 2012
- *Le livre de pâtisserie (éd. 1873),* Hachette Livre BNF, 2012
- *Le livre des conserves, ou Recettes pour préparer et conserver les viandes et les poissons (éd. 1869),* Hachette Livre BNF, 2013
- Guérard (Michel), *La Grande Cuisine minceur,* Robert Laffont, 1976
- Hugo (Florian V.), *Les Contemplations gourmandes,* Michel Lafon, 2011
- Jacquemin (Frédérique), *À table avec Marcel Pagnol,* Agnès Viénot, 2011
- La Chapelle (Vincent), *Le Cuisinier moderne (éd. 1735),* Hachette Livre BNF, 2016
- La Varenne (François-Pierre), *Le cuisiner français : 400 recettes du XVIIᵉ siècle,* Vendémiaire, 2016
- Lacam (Pierre), *Le Glacier classique et artistique en France et en Italie,* 1893
- *Le Mémorial historique et géographique de la pâtisserie (éd. 1900),* Hachette Livre BNF, 2017
- Lacroix (Muriel) et Pringarbe (Pascal), *Les carnets de cuisine de George Sand : 80 recettes d'une épicurienne,* Chêne, 2013
- Larcher (Bertrand), *Breizh Café,* La Martinière, 2014
- Le Caisne (Arthur), *La cuisine, c'est aussi de la chimie,* Hachette Cuisine, 2013
- Lebrun (Pierre-Brice), *Petit traité de la boulette,* Le Sureau, 2009
- *Petit traité de la pomme de terre et de la frite,* Le Sureau, 2016
- Lenôtre (Gaston), *Faites votre pâtisserie comme Lenôtre,* Flammarion, 1975
- Lepage (Isabel), *Les routiers : les meilleures recettes,* Tana, 2017
- Loubet (Édouard), *Le Cuisinier provençal,* Skira, 2015
- Mallet (Jean-François), *Simplissime,* Hachette Cuisine, 2015
- Marfaing (Hélène), Lemarié (Julien), Mollo (Pierre) et Vigneau (Johanne), *Savez-vous goûter... les algues ?* Éditions de l'EHESP, 2016
- Massialot (François), *La nouvelle instruction pour les confitures, les liqueurs et les fruits,* 1692
- *Le cuisinier royal et bourgeois,* 1691
- Mathiot (Ginette), *Je sais cuisiner,* Albin Michel, 1932
- *La Cuisine pour tous,* Albin Michel, 1955
- Maximin (Jacques), Jolly (Martine), *Jacques Maximin cuisine les légumes,* Albin Michel, 1998
- Menon, *La cuisinière bourgeoise,* 1746
- *Les soupers de la cour, ou l'Art de travailler toutes sortes d'alimens pour servir (éd. 1755),* Hachette Livre BNF, 2017
- *Nouveau Traité de la cuisine,* 1739
- Mercier (Louis-Sébastien), *Le tableau de Paris,* La Découverte, 2006
- Mercotte, *Le Meilleur de Mercotte,* Altal, 2016
- Montanay (Jean-Pierre), *Poulpe,* Hachette Cuisine, 2015
- Oliver (Bruno), *La cuisine de mon grand-père,* Alternatives, 2016
- Oliver (Michel) *La cuisine est un jeu d'enfants,* Plon, 1963
- Orieux (Gaël), *Cuisiner la mer : 70 espèces et 90 recettes,* La Martinière, 2016
- Palatin (Suzy), *Cuisine créole, les meilleures recettes,* Hachette Cuisine, 2014
- Pic (Anne-Sophie), *Le Livre blanc d'Anne-Sophie Pic,* Hachette Cuisine, 2012
- Pomiane, de (Édouard), *La Cuisine en 10 minutes,* Menu Fretin, 2017
- Reboul (Jean-Baptiste), *La cuisinière provençale* (1897), Tacussel, 2001
- Reynaud (Stéphane), *Cochon & Fils,* Marabout, 2005
- *Terrines,* Marabout, 2009
- Rozières, de (Babette), *La cuisine d'Alexandre Dumas par Babette de Rozières,* Chêne, 2013
- Rubin (Michel), *Le goût de l'agneau : traité de recettes monothéistes, méditerranéennes & moyen-orientales,* Encre d'Orient, 2011
- Simon (François), *Chairs de poule, 200 façons de cuire le poulet,* Agnès Viénot, 2000
- Stromboni (Nicolas), *Du pain, du vin, des oursins,* Marabout, 2016
- This (Hervé), *Les secrets de la casserole,* Belin, 1993
- *Révélations gastronomiques,* Belin, 1995
- Tirel (Guillaume), dit Taillevent, *Le Viandier (éd. 1892),* Hachette Livre BNF, 2012
- Toussaint-Samat (Maguelonne), *La très belle et très exquise histoire des gâteaux et des friandises,* Flammarion, 2004
- Vergé (Roger), *Les légumes, recettes de mon moulin,* Flammarion, 1997, *Ma Cuisine du soleil,* Robert Laffont, 1999
- Viard (André), *Le cuisinier impérial, ou L'art de faire la cuisine et la pâtisserie (éd.1806),* Hachette Livre BNF, 2012
- *Le cuisinier royal, ou L'art de faire la cuisine (éd.1822),* Hachette Livre BNF, 2012
- Vié (Blandine), *Testicules,* L'Épure, 2005
- Viola (Joseph), *La Cuisine canaille,* Hachette Cuisine, 2017
- Violier (Benoît), *La Cuisine du gibier à plumes d'Europe,* Favre, 2015

烹饪书籍与文章

- Anonyme, *Le Maistre d'Hostel,* 1659
- Anonyme, *Le Mesnagier de Paris (1393),* Le Livre de poche, 1994
- Augereau (Sylvie), Gerbelle (Antoine), *Soif d'aujourd'hui, la compil des vins au naturel,* Tana, 2016
- Baylac (Marie-Hélène), *Dictionnaire Gourmand,* Omnibus, 2014
- Berchoux (Joseph), *La gastronomie, ou L'homme des champs à table (éd. 1803),* Hachette Livre BNF, 2012
- Bertin (François), *Camembert, histoire, gastronomie et étiquettes,* Grand Maison Éditions, 2010
- Blain (Christophe), *En Cuisine avec Alain Passard,* Gallimard, 2015
- Brillat-Savarin (Jean Anthelme), *Physiologie du goût, ou Méditations de gastronomie transcendante,* coll. Champs, Flammarion, 2017
- Brisse (Baron), *Les 366 menus,* 1869
- Buc'hoz (Pierre-Joseph), *L'art alimentaire ou Méthode pour préparer les aliments,* 1787
- Buren (Raymond), Pastoureau (Michel) et Verroust (Jacques), *Le Cochon. Histoire, symbolique et cuisine du porc,* Sang de la terre, 1987
- Cadet de Gassicourt (Charles-Louis), *Cours gastronomique ou Les diners de Manant-Ville,* 1809
- Carême (Marie-Antoine), *L'art de la cuisine française au XIXᵉ siècle,* Menu Fretin, 2015
- Chauvelot (Philippe), *Curnonsky, la saveur d'une époque,* Du Lérot, 2015
- Coffe (Jean-Pierre), *Une vie de Coffe,* Stock, 2015
- Collectif, *Fooding, le dico,* Albin Michel, 2004
- Collectif, *L'inventaire du Patrimoine culinaire de la France*
- *Alsace,* CNAC, Albin Michel, 1998
- *Auvergne,* CNAC, Albin Michel, 1994, 1998, 2011
- *Bourgogne,* CNAC, Albin Michel, 1993
- *Bretagne,* CNAC, Albin Michel, 1994
- *Languedoc-Roussillon,* CNAC, Albin Michel, 1998
- *Poitou-Charentes,* CNAC, Albin Michel, 1994
- *Rhône-Alpes,* CNAC, Albin Michel, 1995
- Collectif, *Les 100 ans du Club des Cent,* Flammarion, 2011
- Coquet, de (James), *Propos de table,* Albin Michel, 1984
- Cormier (Jean), *Gueules de chefs,* éditions du Rocher, 2013
- Corneille (Thomas), *Dictionnaire universel géographique et historique (éd. 1708),* Hachette Livre BNF, 2016
- Couderc (Philippe), *Les plats qui ont fait la France,* Julliard, 1995
- Coulon (Christian), *La table de Montaigne,* Arléa, 2009
- Courtine (Robert Julien), *Un nouveau savoir manger,* Grasset, 1960
- Courty-Siré (Isabelle), Guitard (Claude), *Lipp, la brasserie,* éditions Ramsay
- Curnonsky (Maurice Edmond Saillant, dit), *Souvenirs littéraires et gastronomiques,* Albin Michel, 1958
- Curnonsky, Andrieu (Pierre), *Les fines gueules de France,* 1935
- Curnonsky, Rouff (Marcel), *La France gastronomique,* 1923
- Curnonsky, Saint-Georges (André), *La table et l'amour, nouveau traité des excitants modernes,* La Clé d'or, 1950
- Delfosse (Claire), *La France fromagère (1850-1990),* La Boutique de l'Histoire éditions, 2007
- Desgrandchamps (François), Donzel (Catherine), *Cuisine à bord : les plus beaux voyages gastronomiques,* La Martinière, 2011
- Desproges (Pierre), *Encore des nouilles (chroniques culinaires),* Les Échappés, 2014
- Drouard (Alain), « Aperçu historique du costume du cuisinier », *La Revue culinaire,* n°865, mai-juin 2010
- Dumas (Alexandre), *Dico Dumas : le grand dictionnaire de cuisine par Alexandre Dumas,* Menu Fretin, 2008
- Dumay (Raymond), *Du silex au barbecue, guide géogastronomique de la France,* Julliard, 1971
- Fantino, Pr (Marc), « Le goût du gras : une nouvelle composante gustative », *Revue du Centre de Recherche et d'Information Nutritionnelles,* n°108, juillet-août 2008
- Ferniot (Jean), *Carnet de croûte,* Robert Laffont, 1980
- Ferniot (Vincent), *Trésors du terroir,* Stock, 1996
- Franck (Bernard), *Portraits et aphorismes,* Le Cherche-Midi, 2001
- Fulbert-Dumonteil (Jean-Camille), *La France gourmande,* 1906
- Fuligni (Bruno), « La Franche mâchonnerie », *Revue 180°C,* n°4, octobre 2014
- *Les gastronomes de l'extrême,* éd. du Trésor, 2015
- Gault (Henri) et Millau (Christian), *Garçon, un brancard !,* Grasset, 1980
- Gilliers, Joseph, *Le Cannameliste français (éd. 1751),* Hachette Livre BNF, 2012
- Gramont, de (Élisabeth), *Almanach des bonnes choses de*

France, G. Crès, 1920
- Grimod de la Reynière (Alexandre Balthazar Laurent), *L'almanach des gourmands*, Menu Fretin, 2012
- *Manuel des amphitryons*, Menu Fretin, 2014
- *Réflexions philosophiques sur le plaisir*, Hachette Livre BNF, 2014
- Gringoire et Saulnier, *Le Répertoire de la cuisine* (1914), Flammarion, 2010
- Guilbaud (Jean), *Au temps des Halles, marchés et petits métiers*, Sutton, 2007
- Henryot (Fabienne), *À la table des moines. Ascèse et gourmandise de la Renaissance à la Révolution*, Vuibert, 2015
- Joignot (Frédéric), « Éloge du gras. Entretien avec le neurobiologiste Jean-Marie Bourrée », fredericjoignot.blogspirit.com
- Lanarès (Jean-Pierre), *Le Bon Roy Camembert ou l'art populaire dans notre quotidien*, Bréa, 1982
- Lebeau (Jacques), *Curnonsky, prince des gastronomes, de A à Z*, L'Harmattan, 2014
- Lebey (Claude), *À Table ! La vie intrépide d'un gourmet redoutable*, Albin Michel, 2012
- Légasse (Périco), *Dictionnaire impertinent de la gastronomie*, François Bourin éditeur, 2012
- Lelong (Maurice), *Célébration de l'œuf*, Robert Morel, 1962
- Lesclide (Richard), *Propos de table de Victor Hugo (éd. 1885)*, Hachette Livre BNF, 2013
- Lévi-Strauss (Claude), *Mythologiques*, Plon, 2009
- Long (Guillaume), *À boire et à manger*, Gallimard, 2012
- Malouin (Paul-Jacques), *Description et détails des arts du meunier, du vermicellier et du boulenge*, 1767
- Masui (Kazuko) et Yamada (Tomoko), *French Cheeses*, Dorling Kindersley, 1996
- Mérienne (Patrick), *Atlas des fromages de France*, Ouest France, 2015
- Mervaud (Christiane), *Voltaire à table*, Desjonqueres, 1998
- Millau (Christian), *Dictionnaire amoureux de la gastronomie*, Plon, 2008
- Monselet (Charles), *Lettres gourmandes, manuel de l'homme à table*
- Nignon (Édouard), *L'Heptaméron des gourmets*, Régis Lehoucq éditeur, 1919
- *Les plaisirs de la table*, Menu Fretin, 2016
- *Éloges de la cuisine française*, Menu Fretin, 2014
- Oliver (Raymond), *Célébration de la nouille*, Robert Morel éditeur, 1965
- Onfray (Michel), *La Raison gourmande*, Le Livre de poche, 1997
- *Le ventre des philosophes*, Livre de poche, 1990
- Passard (Alain), Delvaux (Catherine), Ploton (Olivier), *Le meilleur du potager*, Larousse, 2012
- Pastoureau (Michel), *Le Cochon. Histoire d'un cousin mal aimé*, Gallimard, 2009
- Payany (Estérelle), « Le gras, c'est le goût », *Atlas de la France gourmande*, Autrement, 2016
- Payen (Anselme), *Des substances alimentaires et des moyens de les améliorer, de les conserver et d'en reconnaître les altérations*, Hachette Livre BNF, 2017
- Pendergrast (Mark), *For God, Country & Coca-Cola, The Definitive History of the Great American Soft Drink and the Company That Makes It*, Basic Books, 1993
- Perrier-Robert (Annie), *Dictionnaire de la gourmandise*, Robert Laffont, 2012
- Peters-Desteract (Madeleine), *Pain, bière et toutes bonnes choses… L'alimentation dans l'Égypte ancienne*, éditions du Rocher, 2005
- Petitrenaud (Jean-Luc), *La France du casse-croûte*, Hachette, 1995
- Pitte (Jean-Robert), *Gastronomie française. Histoire et géographie d'une passion*, Fayard, 1991
- Pivot (Bernard), *Dictionnaire amoureux du vin*, Plon, 2006
- Poilâne (Lionel), *Guide de l'amateur de pain*, Robert Laffont, 1991
- Pomiane, de (Édouard), *Radio Cuisine*, Menu Fretin, 2016
- Pudlowski (Gilles), *À quoi sert vraiment un critique gastronomique ?*, Armand Colin, 2011
- *Les guides Pudlo*, Michel Lafon
- Rambourg (Patrick), *À table… le menu*, Honoré Champion, 2013
- *Histoire de la cuisine et de la gastronomie françaises*, coll. Tempus, Perrin, 2010
- *L'art et la table*, Citadelles & Mazenod, 2016
- Revel (Jean-François), *Un festin en paroles*, Texto, 2007
- Rouff (Marcel), *La vie et la passion de Dodin-Bouffant, gourmet*, Sillage, 2010
- Rousseau (Vanessa), *Le goût du sang*, Armand Colin, 2005
- Roux (Éric), « Changement de gras ! », observatoirecuisinespopulaires.fr
- Rudder, de (Orlando), *Aux Petits Oignons ! Cuisine et nourriture dans les expressions de la langue française*, Larousse, 2006
- Sarran (Michel), « Le gras, sixième saveur ? », leplus.nouvelobs.com, 31/07/2015
- Schneider (Jean-Baptiste) et Vallier (Éric), *Le Canard de Duclair : d'une production locale à un rayonnement mondial*, Université François Rabelais de Tour, 2012
- Simmonds (Peter Lund), *The Curiosities of Food*, 1859
- Simon (François), *Comment se faire passer pour un critique gastronomique sans rien y connaître*, Albin Michel, 2001
- Staffe (Blanche, dite la baronne Staffe), *Usages du Monde : règles du savoir-vivre dans la société moderne (éd. 1891)*, Hachette Livre BNF, 2012
- Stéfanini (Laurent), sous la direction de, *À la table des diplomates*, L'Iconoclaste, 2016
- Taber (George M.), *Le Jugement de Paris : Le jour où les vins californiens surclassèrent les grands crus français*, éditions Gutenberg, 2008
- Tendret (Lucien), *La Table au pays de Brillat-Savarin*, Menu Fretin, 2014
- This (Hervé), « Éloge de la graisse », *Pour la Science*, N°231, p. 13, janvier 1997
- This (Hervé), Lissitzky (Tatiana), « Et si vous adoptiez la cuisson au lave-vaisselle ? » *Ouest France*, 21 octobre 2015
- Ude (Louis-Eustache), *The French Cook*, 1813

其他文献资料来源

- Anonyme, *Il cuoco Piemontese perfezionato a Parigi*, 1766
- Bazot (Étienne-François), *Manuel du franc-maçon*, 1817
- Boileau (Étienne), *Les métiers et les corporations de Paris : XIIIe siècle. Le livre des métiers*, Hachette Livre BNF, 2012
- Chevallier (Pierre), *Histoire de la Franc-maçonnerie française*, Fayard, 1974
- Cuvier (Georges), *Le règne animal distribué d'après son organisation*, 1817
- Delord (Taxile), *Les petits-Paris. Paris-étranger (éd. 1854)*, Hachette Livre BNF, 2016
- Freeman (Frederick), *The History of Cape Cod*, 1858
- Girard (Xavier), « La soupe des morts », *La pensée de midi*, Actes Sud, numéro 13, juillet 2004
- Jode, de (Marc), Cara (Monique et Jean-Marc), *Dictionnaire universel de la Franc-Maçonnerie*, Larousse, 2011
- La Roque, de (Jean), *Le Voyage de l'Arabie Heureuse*, 1715
- Lamothe-Langon, de (Étienne-Léon), *Mémoires et souvenirs d'un pair de France*, Hachette Livre BNF, 2016
- Michel (Adolphe), *Le siège de Paris : 1870-1871*, Hachette Livre BNF, 2012
- Miot (Henry), *La Gazette des campagnes*, 1870
- Mistral (Frédéric), *Lou Tresor dou Felibrige, Dictionnaire provençal français*, éditions des régionalismes, 2014
- Société d'agriculture, Sciences et Arts, *Revue agricole, industrielle et littéraire du Nord*, 1885, p. 168
- Nemeitz (Joachim Christoph), *Séjour de Paris pour les voyageurs de condition*, 1718
- Pérau (Gabriel-Louis), *L'Ordre des Francs-maçons trahi*, 1745
- Smollett (Tobias), *Voyages à travers la France et l'Italie*, José Corti, 1994
- Von Kotzebue (August), *Souvenirs de Paris* (éd. 1804), Hachette Livre BNF, 2016

文学

- Apollinaire, *Œuvres poétiques*, « Le repas », La Pléiade, 1956
- Balzac, de (Honoré), *Albert Savarus*, Le Livre de poche, 2015
- La Muse du Département, *La Comédie humaine*, tome 4, La Pléiade, 1976
- *La Peau de Chagrin*, Le Livre de poche, 1972
- *La Rabouilleuse*, La Comédie humaine, tome 4, La Pléiade, 1976
- *Le Cousin Pons*, Le Livre, de poche, 1973
- *Le Lys dans la vallée*, Le Livre de poche, 1972
- *Le Message, La Comédie humaine*, tome 2, La Pléiade, 1976
- *Le Père Goriot*, Le Livre de poche, 2004
- *Les Employés*, La Comédie humaine, tome 7, La Pléiade, 1977
- *Les Illusions perdues*, Le Livre de poche, 2008
- *Les Petits bourgeois*, La Comédie humaine, tome 8, La Pléiade, 1978
- *Physiologie du mariage*, Folio, 1987
- *Traité des excitants modernes*, Berg International, 2015
- *Un début dans la vie, La Comédie humaine*, tome 1, La Pléiade, 1976
- *Une fille d'Ève, La Comédie humaine*, tome 2, La Pléiade, 1976
- Barthes (Roland), *Mythologies*, Points, Seuil, 2014
- Baudelaire (Charles), *Les Fleurs du Mal*, « L'âme du Vin », Le Livre de Poche, 1972
- Beauvoir, de (Simone), *Entretiens avec Jean-Paul Sartre*, Folio, 1987
- Bernanos (George), *La Joie*, Le Castor astral, 2011
- Blixen (Karen), *Le festin de Babette*, Folio, 2008
- Buffon, *Histoire naturelle*, seconde édition in-12°, tome VI, 1769
- Cioran (Emil), *De la France*, Carnets de L'Herne, 2009
- Claudel (Paul), *L'Endormie*, Théâtre, tome I, La Pléiade, 2011
- Colette, *Colette journaliste : Chroniques et reportages*, Seuil, 2010
- « La vigne, le vin », *Prisons et Paradis*, Le Livre de poche, 2004
- *Les vrilles de la vigne*, Le Livre de poche, 1995
- Deleuze (Gilles), *Abécédaire*, 1988
- *Dictionnaire de Trévoux*, 1752
- Diderot, D'Alembert, *Encyclopédie*, 1re édition, 1765
- Dumas (Alexandre), *Les Trois Mousquetaires*, Le Livre de poche, 2011
- *Le Vicomte de Bragelonne*, Le Livre de poche, 2010
- Flaubert (Gustave), *Salammbô*, Folio, 2005
- Foucault (Michel), *Histoire de la sexualité*, Gallimard, 1997
- Gide (André), *Journal*, Folio, 2012
- *Les Nourritures terrestres*, Folio, 1972
- Giono (Jean), *Colline*, Le Livre de poche, 1967
- Goscinny (René), Uderzo (Albert), *Astérix en Corse*
- *Astérix et les Normands*
- *Le bouclier Arverne*
- *Le tour de Gaule d'Astérix*
- Harrison (Jim), *Aventures d'un gourmand vagabond*, Christian Bourgeois, 2002
- *Dalva*, 10/18, 1991
- *Entre chien et loup*, 10/18, 1994
- *Légendes d'Automne*, 10/18, 2010
- Hugo (Victor), *5e agenda de Guernesey*, 19 janvier 1863
- *Choses vues*, Le Livre de poche, 2013
- *Les Misérables*, Le Livre de poche, 1998
- Jullien (Dominique), « La Cuisine de Georges Perec », *Littérature*, n°129, p. 3-14, 2003
- Lambert (Jean), *Gide familier*, Julliard, 1958
- Le Breton (Auguste), *Razzia sur la chnouf*, Série Noire/Gallimard 1954
- Le Tellier (Hervé), *Les Amnésiques n'ont rien vécu d'inoubliable*, Le Castor astral, 1997
- Maupassant, de (Guy), « Le Vieux », *Contes et nouvelles*, tome 1, La Pléiade, 1974
- *La Parure*, Le Livre de poche, 1995
- Mirbeau (Octave), *Chroniques du diable*, Belles Lettres, 1995
- Montaigne, *Essais*, Folio, 2009
- Pagnol (Marcel), *Judas*, éditions de Fallois, 2017
- Perec (George), *La Disparation*, Gallimard, 1989
- *La Vie mode d'emploi*, Le Livre de poche, 1980
- *Les Choses*, Pocket, 2006
- *Penser/Classer*, Points, 2015
- Platon, *Lois*, GF, Flammarion, 2006
- Pline l'Ancien, *Histoire naturelle*, Folio, 1999
- Prévert (Jaques), *Paroles*, Folio, 1976
- Proust (Marcel), *À la recherche du temps perdu*, La Pléiade, 1987
- Rabelais (François), *Cinquiesme livre*, Points, 1997
- *Gargantua*, Le Livre de poche, 1994
- *Pantagruel*, Le Livre de poche, 1979
- Rey (Alain), *Dictionnaire historique de la langue française*, Le Robert, 2011
- Richelet (Pierre), *Dictionnaire françois (éd. 1706)*, Hachette Livre BNF, 2013
- Rigolot (François), *Les langages de Rabelais*, Droz, 2000
- Rimbaud, « Les Effarés », *Poésies complètes*, Le Livre de poche, 1998
- Ronsard, de (Pierre), *Odes, Œuvres complètes*, La Pléiade, 1993
- Rousseau, *Émile ou de l'éducation*, GF Flammarion, 2009
- Saint-Amant, Girard de (Marc-Antoine), *Œuvres complètes*, « Le Melon », Hachette Livre BNF, 2012
- Sévigné (Madame de), *Lettres de l'année 1671*, Folio, 2012
- Tite-Live, *Histoire romaine*, GF Flammarion, 1999
- Verne (Jules), *20 000 lieues sous les mers*, Le Livre de poche, 1976
- *Michel Strogoff*, Le Livre de poche, 1974
- Voltaire, *Dictionnaire philosophique*, Hachette Livre BNF, 2013
- Zola (Émile), *L'Assommoir*, Le Livre de poche, 1971
- *Le Ventre de Paris*, Le Livre de poche, 1971

版权出处

Chronologie gourmande de la France, p. 8 : Aurore Carric/**Le cornichon**, p. 12 : Joseph Bail, la Ménagère, Photo © RMN-Grand Palais (musée d'Orsay)/ Hervé Lewandowski **Brillat-Savarin**, p. 13 : Youssef Boubekeur (portrait)/ **Ma petite praline**, p. 14 : D.R. Maison Pralus/**L'art du ti-punch**, p. 16 : Pierre Javelle/**On croque-monsieur**, p. 17 : Valéry Drouet & Pierre-Louis Viel/**Pâtes de fruits**, p. 18 : D.R. Jacques Génin (photographie de Pascal Lattes) **Oh, purée !**, p. 19 : © Shutterstock/**Un tour de France aux petits oignons**, p. 20 : Pierre Javelle (tableau), Valéry Drouet & Pierre-Louis Viel (soupe) **Fromage ET dessert**, p. 23 : © Cenwen Isabelle Gillet - La Cuisine des Anges/**Sidonie-Gabrielle Colette**, p. 24 : Youssef Boubekeur (portrait), © Philippe Asset, Les Carnets de cuisine de Colette, Chêne, 2015 (la flognarde) **Anémones de mer en friture**, p. 25 : ©D.R. Ottavi/**Pas si blette, le cardon !**, p. 26 : © Sucré Salé/StockFood/Rosenfeld, Christel , © François-Régis Gaudry (gratin), **Vanille, douce gousse**, p. 28 : © La Vanilleraie - Ile de la Réunion, David Japy (nature morte), © Akiko Ida (crème anglaise) **L'endive, la belle du Nord**, p. 30 : © Shutterstock/**Musées gourmands**, p. 31 : Junko Nakamura/**Le far (Thierry) Breton**, p. 32 : © François-Régis Gaudry, © Shutterstock (drapeau) **Pierre Gagnaire**, p. 33 : Youssef Boubekeur (portrait), D.R. Gagnaire (bisque)/**L'autre pays des pâtes**, p. 34 : RG/**Le gâteau qui colle aux Basques**, p. 36 : Lucile Prache/**Ça ne manque pas de sel !**, p. 36 : © Comité des Salines de France/**Le guide du savoir-verre**, p. 37 : Jane Teasdale/**Cuissons alternatives**, p. 38 : Justine Saint-Lô/**Les sardines, les pépites en boîte**, p. 39 : David Japy/**Rabelais par le menu**, p. 40 : Gargantua (Gustave Doré), © Costa/Leemage/**L'art du tartare**, p. 42 : Valéry Drouet & Pierre-Louis Viel/**Vestiges du fruit confit**, p. 43 : © François-Régis Gaudry (fruits), © Marie-Laure Fréchet (glace) pour OVDF/**Les boles de picolat**, p. 45 : Valéry Drouet & Pierre-Louis Viel/**L'oursin, quel piquant !**, p. 46 : © Shutterstock, Jane Teasdale (schéma)/**L'hippophagie**, p. 48 : Tuchi (Marta Hernandez Galan)/**Hareng, un poisson de haut rang**, p. 50 : © Marie-Laure Fréchet pour OVDF/**Ressuscités, les gâteaux oubliés**, p. 52 : David Japy/**Histoires d'aulx !**, p. 53 : © Blandine Boyer/**Claude Sautet à table !**, p. 54 : © Valéry Drouet & Pierre-Louis Viel (recettes), © Coll. Christophel (affiche)/**Chiche ou pois chiche ?**, p. 56 : Valéry Drouet & Pierre-Louis Viel (recette), © Shutterstock/**Sanglier, une bête au poil**, p. 57 : JRM (dessins), David Japy (recette) **Barbajuans**, p. 58 : © Guillaume Long pour OVDF/**Des « mythes » dans le verre ?**, p. 60 : D.R. de chaque domaine/**L'épopée du croissant**, p. 63 : Joerg Lehmann/**Le pot-au-feu**, p. 64 : Valéry Drouet & Pierre-Louis Viel/**Les sirops**, p. 65 : LP/**L'art de l'accident**, p. 66/Justine Saint-Lô/**Champignons sauvages**, p. 68 : Frédéric Raevens (recettes), © Shutterstock (champignons)/**Les bons tuyaux de l'alambic**, p. 70 : Jane Teasdale/**La carbonade flamande**, p. 71 : Frédéric Lucano/**Leçon de tourbillon**, p. 72 : Pierre Javelle/**Marcel Pagnol**, p. 74 : Youssef Boubekeur (portrait), Valéry Drouet & Pierre-Louis Viel (recette) **L'œuf mayo**, p. 75 : Valéry Drouet & Pierre-Louis Viel/**Des algues dans nos assiettes**, p. 76 : Pierre Javelle/**Bûche-bée**, p. 78 : Pierre Javelle/**Ail Ail Ail !**, p. 80 : Pierre Javelle, CL (recette)/**George Sand**, p. 83 : © Shutterstock (sablés), © Claude Quiec (plan du domaine) **Les coquillages sauvages**, p. 84 : Jane Teasdale/**Le vin nature**, p. 86 : © François-Régis Gaudry/**Recette d'un vin Pur Jus**, p. 87 : © Justine Saint-Lô/**Les crêpes**, p. 88 : © Roger-Viollet (dame au billig), © Shutterstock (recette) **Le camembert**, p. 89 : Valéry Drouet & Pierre-Louis Viel, © V.RIBAUT/Les Studios Associés/CNIEL (camembert), © La Ferme Mercier (procédé) **L'omelette**, p. 90 : © François-Régis Gaudry/**Ça rime en cuisine**, p. 92 : Extraits de poèmes de Charles Baudelaire, *Les Fleurs du Mal*, « L'âme du Vin », 1857, in *Les Fleurs du Mal*, NRF-Gallimard, 1972 ; Rabelais, *Cinquiesme livre*, chapitre XLIV, Prière de Panurge à la Dive Bouteille, 1564, © BNF ; Saint-Amant, « Le Melon », 1634, in *Poètes français de l'âge baroque. Anthologie (1571-1677)*, Imprimerie Nationale La Salamandre, 1999 ; Arthur Rimbaud, « Les Effarés », 1870, in Classiques Garnier, Garnier Frères ; Francis Ponge, *Pièces*, « Plat de poissons frits », 1961, NRF-Poésie Gallimard ; Apollinaire, *Quelconqueries*, « Le Repas », 1915, in *Œuvres poétiques*, NRF-Bibliothèque de la Pléiade, 1956 ; Ronsard, *Odes*, « III, 24 » (à Gaspar d'Auvergne), 1550-1552, Prière de Panurge à la Dive Bouteille, 1564 in *Oeuvres complètes*, tome 1, NRF-Bibliothèque de la Pléiade, 1993 ; Jacques Prévert, *Paroles*, « La grasse matinée », 1946, in *Paroles*, Folio, Gallimard, 1949/ **La crème pâtissière**, p. 93 : Pierre Javelle/**Abats sans tabou**, p. 94 : Valéry Drouet & Pierre-Louis Viel **À la recherche de la « soupe corse »**, p. 95 : © François-Régis Gaudry/**Couscous royal**, p. 96 : Orathay Sousisavanh et Charlotte Lascève/**L'école des fanes**, p. 97 : Aurore Carric/**La tarte au citron**, p. 98 : D.R. Jacques Génin (photographie de Pascal Lattes) **Stanislas Leszczynski, roi du baba**, p. 98 : Youssef Boubekeur (portrait)/**Gibiers insolites**, p. 99 : Justine Saint-Lô/**La mayonnaise**, p. 100 : © Shutterstock/**Les gâteaux voyagent**, p. 102 : © Shutterstock, Marie Pierre Morel (le fondant au chocolat) **Ça sent le soufre !**, p. 103 : Justine Saint-Lô/**À la recherche de la madeleine perdue**, p. 104 : Pierre Javelle/**Le grand aïoli**, p. 105 : D.R. Edouard Loubet/**Raconte-moi des salades !**, p. 106 : Valéry Drouet & Pierre-Louis Viel/**Michel Guérard**, p. 108 : Youssef Boubekeur (portrait), Pascal Lattes/Thuriès gastronomie magazine (la tarte chaude) **Jeux de lames**, p. 109 : Pierre Javelle/**Le rougail saucisses**, p. 110 : © François-Régis Gaudry/**Partis trop tôt**, p. 110 : Amélie du Petit Thouars & Eloïse de Guglielmo (moshi moshi studio) **Le plus ancien des nouveaux mondes**, p. 111 : Pierre Javelle/**La bouillabaisse de Marseille**, p. 113 : Aurore Carric/**La fonte des fromages**, p. 114 : © Shutterstock/**Roger Vergé**, p. 116 : Youssef Boubekeur (portrait), David Japy (recette) **Accords terre-mer**, p. 117 : © François-Régis Gaudry/**Le musée imaginaire de la table française**, p. 118 : *Très riches heures du Duc de Berry* – Le Duc de Berry à table mois de janvier, photo Josse/Leemage ; Abraham Bosse, Conversation de dames, Photo Josse/Leemage ; Claude Monet, *Le Déjeuner*, 1868, DeAgostini/Leemage ; Henri Gervex, *Armenonville*, Photo12/Archives Snark ; *Table bleue*, Aktion Rest (Tableau Piège), 1972 (mixed media), Spoerri, Daniel Issac (b.1930) Private Collection/Photo © Christie's Images/Bridgeman Images ©ADAGP 2017/**La famille pâte à choux**, p. 120 : Mélanie Rueda/**Rognon vs ris : pour qui veauter ?**, p. 121 **:** © Shutterstock/**Alain Senderens**, p. 122 : Youssef Boubekeur (portrait), © Julie Limont/**Hors-d'œuvre en péril**, p. 124 : © François-Régis Gaudry, © Shutterstock/**Les confréries de la gastronomie**, p. 126 : Amélie du Petit Thouars & Eloïse de Guglielmo (moshi moshi studio) **Les insectes à la sauce française**, p. 128 : © Shutterstock/**Le pâté en croûte**, p. 129 : David Japy/**Beau monde, bonne chère**, p. 130 : La Colombe d'or, crédit photo : Office de tourisme de Saint-Paul de Vence, photographe : Jacques Gomot ; Les Vapeurs, Archives maison ; Brasserie Lipp, Archives maison et photos extraites du livre « Lipp, la brasserie » de Claude Guitard et Isabelle Courty-Siré, aux éditions Ramsay : Crédit pour Antoine Pinet, photo Eclair Continental/Simone Veil : Jacques Peg/Mitterand : Manuel Bidermanas/Picasso : Brassaï/Giscard et Pompidou : Manuel Bidermanas/Bernard Pivot : Bernard Loyau/Blier et Belmondo : Raphaël Gaillarde et Gamma/Jane Birkin & Gainbourg : Georges Beutter/**Pas de Noël provençal sans ses 13 desserts**, p. 132 : David Japy/**Sacrés rosbifs !**, p. 132 : © Shutterstock/**Un cheval dans les vignes ?**, p. 133 D.R. Domaine Hausherr/**Le temps des cerises**, p. 134 : Nicola Giganto (cerises), Marie Pierre Morel (recette) **L'île aux fromages**, p. 135 : Frédéric Laly-Baraglioli/**La blanquette de veau**, p. 136 : Pierre Javelle/**Le feu aux moules !**, p. 137 : Jane Teasdale/**Les victuailles de Noailles**, p. 138 : Agnès Canu/**Fort en chocolat**, p. 139 : D.R. Michel Bras (le moelleux), Marie Pierre Morel (le mi-cuit), Akiko Ida (la mousse), © Shutterstock/**Alain Passard**, p. 140 : Youssef Boubekeur (portrait), © Alain Passard (recettes en collages) **Foie gras : l'art de la terrine**, p. 142 : © Valéry Drouet & Pierre-Louis Viel, photo extraite de Mes recettes en fête, Éditions du Cherche Midi/**Infusions de France**, p. 143 : Rebecca Genet/**Par le menu**, p. 144 : Menus issus de la collection particulière de Jérôme Dumant, restaurateur à Paris (Les Marches) **Miss K**, p. 146 : © Emilie Franzo/**Pauvre chou ?** , p. 147 : © François-Régis Gaudry (recette), Jane Teasdale (dessins) **Grimod de la Reynière**, p. 148 : Youssef Boubekeur (portrait), gravure tirée de L'Almanach des Gourmands de Grimod de la Reynière, réédité par Menu Fretin/**La boutargue, caviar de Méditerranée**, p. 148 : © Shutterstock/**L'autre pays du whisky**, p. 149 : David Japy/**La tarte au sucre**, p. 150 : © Marie-Laure Fréchet/**La cocotte chabrolienne**, p. 151 : © Valéry Drouet & Pierre-Louis Viel/**Anne-Sophie Pic**, p. 152 : Youssef Boubekeur (portrait), collection d'archives personnelles, D.R. Anne-Sophie Pic (Homard aux fruits rouges par Jean-François Mallet et Huître au café par Ginko), © François-Régis Gaudry (poulet estragon) **Espèce de poisson d'eau douce !**, p. 153 : Emilie Guelpa/**Un Belge en Aveyron**, p. 154 : © Mathieu Burniat pour OVDF/**Voilà du boudin !**, p. 156 : © Blandine Boyer pour OVDF (illustration crayon), © Shutterstock (photo) **Tour de France des pains**, p. 158 : carte de France des Pains Régionaux, réalisée par Lionel Poilâne en 1981 au terme d'une longue enquête menée dans toute la France, © photo Bogdane **La poularde au vin jaune et aux morilles**, p. 160 : Marie Pierre Morel/**Le vin des pendus**, p. 160 : Détail de la Perspective de la Ville et Forteresse de Montbéliard – aimablement communiquée par les musées de Montbéliard – Photo Claude-Henri Bernardot/**La crème Chantilly, noblesse oblige**, p. 161 : © Shutterstock/**Le magret de canard**, p. 162 : © Shutterstock, D.R. André Daguin/**Le jour où Vatel se suicida**, p. 162 : Youssef Boubekeur (portrait)**Les 3 écoles de la tarte aux pommes**, p. 163 : David Oliveira (caramélisée), © François-Régis Gaudry (normande et fine) **La ronde des bonbons de France**, p. 164 : Pierre Javelle/**Sur le billot du boucher**, p. 166 : Hachette Collection © Isabelle Arslanian (vaches), © Sophie Surber (porcs et poules), © André Vial (agneaux), Tuchi (Marta Hernandez Galan), découpes/**Le Bäckeoffe**, p. 169 : Lucile Prache/**Par ici la bonne soupe !**, p. 170 : © Shutterstock/**Que sont-ils devenus ?**, p. 171 : © photographie parue dans Cuisine et vins de France en sept 1984, © Maurice Rougemont/**La tarte Bourdaloue**, p. 172 : Pierre Javelle/**L'art du poulet rôti**, p. 173 : © François-Régis Gaudry/**Un restaurant parisien sous l'Occupation**, p. 174 : © Estérelle Payany (recette)/**Michel Bras**, p. 175 : Youssef Boubekeur (portrait), D.R. Michel Bras (le Gargouillou)/**Les vins de France**, p. 176 : La Carte des vins, s'il vous plaît/**Les philosophes à table**, p. 178 : Extraits de Émile, Jean-Jacques Rousseau, 1762, Garnier Flammarion; Essai III, Montaigne, Œuvres complètes, La Pleiade ; Mythologies, Roland Barthes, Œuvres complètes, Éditions du Seuil ; Dictionnaire philosophique, Voltaire, Garnier Flammarion, Histoire de la sexualité, Michel Foucault, Tel Gallimard ; L'Abécédaire de Gilles Deleuze, Réalisation de Pierre-André Boutang, disponible en DVD aux Éditions Montparnasse, © Shutterstock (télévision) ; **Olivier Roellinger**, p. 180 : Youssef Boubekeur (portrait), ©agence Etsen (carte), © D.R Olivier Roellinger - photo Hugo Roellinger (recette)/ **Mes petits agneaux**, p. 181 : JN/**Huîtres, nos perles rares**, p. 182 : D.R. Garry Dorr, photos de Donald Van Der Putten/**L'art de la potée**, p. 184 : © Shutterstock/**Le combat de toques**, p. 185 : Stéphane Trapier/**Envoyez la sauce !**, p. 186 : Pierre Javelle/**Tranches de saucisson**, p. 190 : RB/**Benoît Violier**, p. 191 : Youssef Boubekeur (portrait), D.R Violier (recettes)/**Pissaladière et compagnie**, p. 192, © François-Régis Gaudry/**À table ! Ça tourne**, p. 193 : Benjamin Adida/**Champagne !**, p. 194 : Jane Teasdale (dessins), Union des Maisons de Champagne/**Les couteaux de nos provinces hier**, p. 196 : David Japy/**Chapeau Marc Veyrat !**, p. 197 : Youssef Boubekeur (portrait), D.R Marc Veyrat (recette)/**Le gratin dauphinois**, p. 197 : © François-Régis Gaudry/**La courge, un monde à part(s)**, p. 198 : © François-Régis Gaudry (soupe), Pierre Javelle/**Tour de France des fromages**, p. 200 : © V.RIBAUT/Les Studios Associés/CNIEL/**Tablettes grands crus**, p. 204 : Pierre Javelle/**Une ratatouille inratable**, p. 205 : © François-Régis Gaudry/**Gault & Millau se mettent à table**, p. 206 : D.R Gault&Millau/**Ça sent le pâté !**, p. 206 : Charlotte Lascève/**Huile d'olive, notre or liquide**, p. 207 : Rebecca Genet/**Piments !**, p. 208 : Pierre Javelle / **Le cassoulet**, p. 209 : © StockFood/Riou, Jean-Christophe/Sucré Salé/**Cuisiner avec les pieds**, p. 209 : Valéry Drouet & Pierre-Louis Viel/**Bières des villes, bières des champs**, p. 210 : © Elisabeth Pierre/**Ma bibliothèque de cuisine**, p. 213 : David Japy/**La châtaigne**, p. 214 : Sandra Mahut/**Les bonnes manières de la baronne Staffe**, p. 215 : Tous droits réservés/**Le riz dans les desserts**, p. 216 : Riz au lait, p. 216 : La Régalade des champs de Bruno Doucet – photographies de Charlotte Lascève - © 2014 Éditions de La Martinière, Paris ; Akiko Ida (gâteau de riz), Lucile Prache (teurgoule)/ **Nos ancêtres les Gaulois...**, p. 217 : © Shutterstock/**L'étal du poissonnier**, p. 218 : Marie Pierre Morel/**Les artichauts à la barigoule**, p. 224 : © François-Régis Gaudry/**L'ivresse du flacon**, p. 225 : Jane Teasdale/**Le vinaigre**, p. 226 : CL/**Le cake d'amour**, p. 228 : © Pierre Hermé Paris, Vera Kapetanovic (dessin) **Le Coca-Cola, une invention française ?** , p. 229 : © Lee/Leemage/**Le dico Dumas**, p. 230 : © Laurent Séminel (recettes), Justine Saint-Lô (dessins)/**Phylloxéra : ennemi vinique N°1**, p. 232 : © akg-images/**L'anchoïade**, p. 232 : D.R. Edouard Loubet/**Fromages et vins, nos accords (r)affinés**, p. 233 : © V.RIBAUT/Les Studios Associés/CNIEL, © Shutterstock/**Dingues de meringues**, p. 234 : Pierre Javelle, David Japy(merveilleux)/ **La moussette se fait mousser**, p. 236 : © François-Régis Gaudry/**La cuisine des hommes politiques**, p. 237 : © Bernard Deubelbeiss/**Les figues, bombes sucrées**, p. 239 : Pierre Javelle, © François-Régis Gaudry/**Le Club des Cent**, p. 240 : © Roger-Viollet/**Les galettes**, p. 241 : © François-Régis Gaudry/**La faim des haricots**, p. 242 : Pierre Javelle/**AAAAArgh, l'andouillette !**, p. 244 : Marie Pierre Morel, © François-Régis Gaudry/**La**

tarte au maroilles, p. 245 : © Marie-Laure Fréchet pour OVDF/**Bernard Pivot, Bouche B**, p. 245 : Youssef Boubekeur (portrait)/ **Dans la famille potage !**, p. 246 : Junko Nakamura/**Les Halles, ventre de Paris**, p. 248 : *Scène parisienne au 19e siècle : une marchande de poissons et une cliente aux Halles centrales.* Gravure de Derbier d'après le tableau de Gilbert. Fin 19e siècle. In «Les capitales du monde : Paris», © Lee/Leemage ; *La halle au poisson – arrivée du poisson sur le carreau de la halle à Paris en 1870 (église Saint-Eustache, Quartier des Halles) & La halle au poisson – vente en gros du poisson à la criee a Paris en 1870* © Bianchetti/Leemage/**Le hachis Parmentier**, p. 249 : © Valéry Drouet & Pierre-Louis Viel/**La petite graine qui monte au nez**, p. 250, © Shutterstock, Emilie Guelpa/**Eurêka ! en cuisine**, p. 252 : Justine Saint-Lô/**Le caviar et la France**, p. 254 : fabrication du caviar, © Harald Gottschalk sauf mise en boîte © Emeline/Champarnaud, Portraits Melkoum et Mouchegh Petrossian, © Collection Petrossian Maïloff/Portrait de Jacques Nebot, © Nicolas Izarn/Bar de ligne au caviar, p. 255 : D.R Anne-Sophie Pic, © Ginko/**La guerre des bouchons !**, p. 256 : © Shutterstock, © Diam Bouchage (type Diam), © Amorin France (type NdTech)/**Ayez l'œil sur les lentilles**, p. 257 : Marie Pierre Morel/**Le canard au sang**, p. 258 : © Michel Guéret (recette), *Frédéric Delair, propriétaire du restaurant La Tour d'Argent à Paris, prépare le canard au sang inventé en 1890*, Peinture anonyme. 19ème siècle Collection privée ©SuperStock/Leemage/**Le broccíu, ou l'art du petit-lait**, p. 260 : SM, © Solier (artichauts)/ **Mauvais goût**, p. 261 : © Shutterstock/**Bienvenue à bord**, p. 262 : © Rue des Archives/PVDE, © Mary Evans/Rue des Archives, Arkivi/DPA/Leemage/**L'irrésistible gâteau aux noix**, p. 263, Arkivi/DPA/Leemage/**Connaissez-vous l'OIV ?** , p. 263 : D.R. OIV/**La fraise**, p. 264 : © Fraises Marionnet, © CIREF (ciflorette), © Shutterstock/**Chic, les chips !**, p. 266 : © Shutterstock/ **Les savants cocktails du Harry's Bar**, p. 268 : D.R. archives du Harry's Bar, © Difford's guide(cocktails) **Le nougat, c'est pas de la noix !**, p. 270 : © François-Régis Gaudry et Stéphane Solier/**Michel Troisgros**, p. 271 : D.R. Michel Troisgros/**Le match bordeaux/bourgogne**, p. 272 : Charlotte Juin/**Le saint-honoré**, p. 273 : D.R Cédric Grolet/**La truffe**, p. 276 : © Pierre Sourzat (truffes), © Benoît Linero (D.R. Fréchon)/**Le macaron au carré**, p. 277 : © Pierre Hermé Paris/**Paul Bocuse**, p. 278 : © François-Régis Gaudry/**Osez le rosé !**, p. 280 : Jane Teasdale (dessin), David Japy (photo)/ **La choucroute**, p. 281 : © Shutterstock/**La cuisson des légumes**, p. 282 : Junko Nakamura/**À la rescousse du pain perdu**, p. 286 © Emmanuel Auger (recette), © Shutterstock/**Alain Chapel**, p. 287 : Youssef Boubekeur (portrait), Lucile Prache/**La gougère**, p. 288 : Valéry Drouet & Pierre-Louis Viel/**Le festin de Babette**, p. 288 : Archives du 7e Art/D.R./**Les aventuriers du vin**, p. 289 : Michel Tolmer/**Quelles quiches !**, p. 290 : Richard Boutin/**Tour de France des agrumes**, p. 292 : Pierre Javelle/**La baguette, la belle Parisienne**, p. 294 : © Elliott Erwitt/Magnum Photos/**Plantes aromatiques**, p. 295 : Pierre Javelle/**Les liqueurs de ménage**, p. 296 : © Blandine Boyer/**Sandwich, l'art de casser la croûte**, p. 297 : © Shutterstock/**La fondue bourguignonne,** p. 298 : © Marie-Laure Fréchet, © Shutterstock/**Le café, une passion française**, p. 300 : © Shutterstock, Lucile Prache/**... Trempez-la dans l'eau et ça fera... des échaudés, tout chauds !**, p. 301 : Stéphane solier/ **Les routes du rhum**, p. 302 : Jane Teasdale, Lucile Prache, D.R. Alain Ducasse, photo de Valéry Guedes/**Le tour de France des biscuits**, p. 304 : Aurore Carric, © François-Régis Gaudry/**Sur le chemin de la coquille Saint-Jacques**, p. 306 : © François-Régis Gaudry/**François Pierre de La Varenne**, p. 307 : Youssef Boubekeur (portrait), © Shutterstock/**Do you speak French?** , p. 308 : © Shutterstock, grander NYC/Rue des Archives/**Tour de France du sarrasin**, p. 308 : © Fondacci-Markezana/Photocuisine/**Le tour de Gaule gastronomique d'Astérix**, p. 310 : Asterix®- Obelix®- Idefix®/ © 2017 Les Editions Albert Rene/Goscinny – Uderzo; © Aimery Chemin pour *Banquet Gaulois* de Blandine Boyer, paru chez Larousse en 2016 (recettes)/**Jean Giono**, p. 312 : Youssef Boubekeur (portrait), © Shutterstock/**Tout un flan**, p. 313 : Valéry Drouet & Pierre-Louis Viel/**Une poularde de Réveillon**, p. 314 : Aurélie Sartres/**L'escargot, quelle allure !** , p. 315 : © Collection Im/Kharbine-Tapabor/ **Chez le crémier**, p. 316 : © Shutterstock/**Encore des nouilles !**, p. 318 : © Cuisine et Vins de France N°400, sept 1984/**Le paris-brest**, p. 319 : D.R. Philippe Conticini pour la Pâtisserie des Rêves/**Du sel, croûte que croûte !**, p. 320 : Akiko Ida/**Gaston Lenôtre**, p. 321 : D.R. Lenôtre/**L'histoire de France en boîtes**, p. 322 : David Japy/**Bon pour le service**, p. 325 : © Shutterstock/**Va te faire cuire un œuf**, p. 325 : © Shutterstock/**La sole passe à la casserole**, p. 326 : D.R. Pierre Gagnaire, photo de Jacques Gavard/**Au vestiaire !**, p. 327 : D.R Archives de la Maison Bragard/**Curnonsky**, p. 328 : Youssef Boubekeur (portrait), © L'Auberge de l'Ill (photo), Lucile Prache (poularde)/ **Les caves à manger**, p. 330 : D.R. de chaque lieu/**La famille viennoiserie**, p. 331 : Pierre Javelle/**La frite casse la baraque !**, p. 333 : © Marie-Laure Fréchet pour OVDF/**L'art de noyer le poisson,** p. 334 : David Japy/Junko Nakamura/**Le lièvre à la royale**, p. 336 : © Julien Dumas/**Laitues & chicorées**, p. 337 : Hachette Collection © André Vial/**La panse passe à table**, p. 338 : © Auberge Chanéac, © Collection Kharbine-Tapabor/**Fabriqué en France**, p. 339 : tous droits réservés/**La tomate**, p. 340 : Akiko Ida, © François-Régis Gaudry/**La quête du gras**, p. 341 : © Frédéric Laly-Baraglioli/**La pâte feuilletée, un tour de force**, p. 342 : Pierre Javelle/**Le champignon de Paris**, p. 345 : Pierre Javelle/**Les mères lyonnaises**, p. 346 : © Collection Im/Kharbine-Tapabor (mère Fillioux), Coll. Jeanvigne/Kharbine-Tapabor (mère Brazier)/ **Le cèpe**, p. 347 : © Blandine Boyer, D.R. Flocons de sel, recette d'Emmanuel Renaut/**Les apéritifs oubliés**, p. 348 : Collection Im/Kharbine-Tapabor/**Le guide Michelin**, p. 349 : Charlotte Juin/**Le meilleur des Antilles**, p. 350 : © Shutterstock, BNF (carte), Lucile Prache (buffet créole)/**Les gastrocrates,** p. 354 : Stéphane Trapier/**On fait sauter les grenouilles !**, p. 355 : © Marie Pierre Morel/**Le pain de tradition française, l'art et la manière**, p. 356 : © Marie-Laure Fréchet pour OVDF, © Jean-Pierre Gabriel (pains)/ **Beaucoup de bries pour rien...**, p. 358 : © V.RIBAUT/Les Studios Associés/CNIEL/**Le kouglof**, p. 358 : © Pierre Hermé Paris/**Raymond Oliver**, p. 359 : David Japy/**J'aime la galette, savez-vous comment ?**, p. 360 : Justine Saint-Lô/**Le choc Lignac**, p. 362 : © Virginie Garnier/**Roquefort, le fromage au sang bleu**, p. 363 : www.collin.francois.free.fr/D.R. (carte), © V.RIBAUT/Les Studios Associés/CNIEL/**L'autre pays de la morue**, p. 364 : Lucile Prache, © François-Régis Gaudry/**Tour de France des beignets sucrés**, p. 366 : © Shutterstock/**Des toques très cathodiques !**, p. 367 : *La cuisine légère*, © Rue des Archives/AGIP; *La cuisine des mousquetaires*, © Frederic Reglain/Gamma, *Bon appétit, bien sûr*, © leroux philippe/sipa/**La confiture**, p. 368 : Lucile Prache, David Japy/**Céréales et farines**, p. 370 : D.R. (dessins), Joerg Lemman (photos)/ **L'échelle de la puanteur**, p. 372 : Charlotte Juin/**Le bulot sort du lot !**, p. 373 : © Alexis Osmont/**Le soufflé ne manque pas d'air**, p. 374 : David Japy/**Auguste Escoffier**, p. 376 : Youssef Boubekeur (portrait)/**Des légumes et des hommes**, p. 377 : Justine Saint-Lô/**La France fait son miel**, p. 378 : Pierre Javelle/**Les miels de nos îles**, p. 380 : Lucile Prache/**Les baies de nos haies**, p. 382 : © Shutterstock/**Saucisses**, p. 385 : Pierre Javelle/**N7, la route du goût**, p. 386 : © Cartes Taride/**Les toqués du cinéma**, p. 387 : Dominique Corbasson/**Ce que l'Italie doit à la France... et inversement**, p. 388 : Justine Saint-Lô/**Victor Hugo**, p. 390 : Youssef Boubekeur (portrait), Caste/Photocuisine (recette)/**La côte de bœuf**, p. 391 : Marie Pierre Morel/**Caramel, l'alchimie du sucre**, p. 392 : © Shutterstock, Marie Pierre Morel (recette),/**Ma belle quenelle**, p. 393 : © Julien Bouvier/**Le beurre en cuisine**, p. 394 : Valéry Drouet & Pierre-Louis Viel/**Les dessous de table de l'Élysée**, p. 395 : D.R. Archives personnelles de Bernard Vaussion/ **Trésors de nos Provinces**, p. 397 : Lucile Prache

Merci à Sabatier, fabricant de couteaux à Thiers (couteaux page 109).

图书在版编目（CIP）数据

一起品尝法国 /（法）法兰索瓦芮吉 · 高帝著；洪碧霞等译. -- 北京：北京联合出版公司，2022.4（2024.3重印）
ISBN 978-7-5596-5994-1

Ⅰ. ①一… Ⅱ. ①法… ②洪… Ⅲ. ①饮食－文化－法国 Ⅳ. ①TS971.205.65

中国版本图书馆CIP数据核字(2022)第035976号

审图号：GS（2021）6209号

一起品尝法国

著　　者：[法] 法兰索瓦芮吉 · 高帝
译　　者：洪碧霞　柯志仪　谢佩琪　许雅雯　林琬淳　粘耿嘉
出 品 人：赵红仕
选题策划：后浪出版公司
出版统筹：吴兴元
编辑统筹：王　頔
特约编辑：余椹婷　李志丹
责任编辑：管　文
封面设计：王　莹
营销推广：ONEBOOK
装帧制造：墨白空间

北京联合出版公司出版
（北京市西城区德外大街83号楼9层 100088）
北京雅昌艺术印刷有限公司印刷　新华书店经销
字数 480 千字　720 毫米 × 1030 毫米　1/8　53.25 印张
2022 年 4 月第 1 版 2024 年 3 月第 3 次印刷
ISBN 978-7-5596-5994-1
定价：450.00元